ENCYCLOPEDIA OF PHYSICS

EDITED BY

S. FLÜGGE

VOLUME XXXIII

OPTICS OF CORPUSCLES

WITH 492 FIGURES

SPRINGER-VERLAG

BERLIN · GÖTTINGEN · HEIDELBERG

1956

HANDBUCH DER PHYSIK

HERAUSGEGEBEN VON

S. FLÜGGE

BAND XXXIII

KORPUSKULAROPTIK

MIT 492 FIGUREN

SPRINGER-VERLAG
BERLIN · GÖTTINGEN · HEIDELBERG
1956

ISBN-13: 978-3-642-45854-5   e-ISBN-13: 978-3-642-45852-1
DOI: 10.1007/978-3-642-45852-1

Inhaltsverzeichnis.

Elektronen- und Ionenquellen.

Von

Detlef Kamke.

Mit 102 Figuren.

1. Einleitung und Übersicht. Die Erzeugung freier Elektronen, negativer un
positiver Ionen (zusammengefaßt als „freie Träger" bezeichnet) in Trägerquellen
erfolgt in zwei Schritten. Zunächst werden Träger aus festen, flüssigen oder
gasförmigen Materialien befreit und anschließend zu einem Bündel (Elektronenbündel, Ionenbündel) geformt, welchem die für bestimmte Untersuchungen gewünschten Eigenschaften aufgeprägt werden können. Im vorliegenden Artikel
werden dementsprechend jeweils zuerst die Methoden der *Träger*bildung und
anschließend die Methoden der *Bündel*bildung behandelt. Diesen Hauptteilen
schließt sich eine Darstellung gebräuchlicher Trägerquellentypen an.

Der erste Abschnitt befaßt sich mit *Elektronenquellen*. Nach einem Bericht
über die Glühemission aus Reinmetallen, ist dort die Emission aus Glühelektroden
zu besprechen, für welche die Namen Adsorptions-, Oxyd-, Schicht- oder Paste-
kathoden gebräuchlich sind. Da eine eingehende Darstellung der zum Elektronen-
austritt führenden Vorgänge *im Material* in Bd. XXI des Handbuches erfolgt, ist
dieser Teil der Darstellung der Elektronenquellen nur ein Bericht über erzielte
Emissionsdaten. Dagegen nimmt die Darlegung der für den *Bau* der Elektronenquellen wichtigen Gesichtspunkte, insbesondere was die Strahlbildung anbelangt
einen größeren Raum ein. Hier ist das wesentliche Ergebnis, daß bei den heute
erreichten hohen Emissionsströmen bis zur Größenordnung einiger Ampere
(Emissionsstromdichten im Impulsbetrieb bis zu 30 Amp/cm²) die Bündelformung
erheblich durch Raumladungskräfte erschwert wird, welche jedoch bei niedrigen
Stromdichten, wie sie z.B. in Elektronenmikroskopen vorhanden sind, nur eine
untergeordnete Rolle spielen. Soweit allgemeinere Formeln für elektronenoptische
Daten von Strahlbildungssystemen herangezogen werden, ist für deren Begründung und Herleitung auf den Artikel über Elektronen- und Ionenoptik in diesem
Band verwiesen.

Fast ganz entfällt eine Besprechung der „Kathodenstrahlen", wie sie vor
einigen Jahrzehnten noch notwendig war, da ihre Bedeutung stark zurückge-
gangen ist. Erst in neuerer Zeit wurde wieder auf diese Gasentladungskathode
als Elektronenquelle für Zwecke der Durchstrahlungsmikroskopie zurückge-
griffen, und um elektronenmikroskopische Bilder von Festkörperoberflächen zu
erhalten.

Die Erscheinung der Feldemission[1] hat bisher nicht zur Entwicklung von
Kathoden geführt, welche als Trägerquelle allgemeinere Bedeutung haben. Daher werden Feldemissionskathoden hier nicht besprochen.

Über Glühemission und Technik der Kathodenherstellung sind schon eine
ganze Reihe zusammenfassender Publikationen erfolgt, so daß dieser Abschnitt
relativ knapp gehalten werden konnte. Eine ausführlichere Darstellung haben

---

[1] Siehe Bd. XXI des Handbuches.

dagegen im zweiten Abschnitt die *Ionenquellen* gefordert. Ihre Entwicklung ist erst in den beiden letzten Jahrzehnten, besonders von der Seite der Kernphysik her, systematisch gefördert worden. Im Vergleich zu der bei der Erzeugung freier Elektronen vorliegenden Situation, sind die Verhältnisse hier grundsätzlich anders: wir kennen nicht wie dort Substanzen, welche durch einfache Erhitzung zur Abgabe praktisch beliebiger Mengen von Trägern zu veranlassen wären. Sondern Ionen werden überwiegend in einer Gasentladung erzeugt und müssen aus dem Entladungsgefäß extrahiert werden. Abgesehen von der Aufgabe der Herstellung von Gasentladungen mit hoher Trägerdichte bei niedrigem Entladungsdruck, führt dies auf Strahlbildungsprobleme deren Lösung entscheidend durch Raumladungen beeinflußt sein kann, denn bei gleicher Energie sind die Raumladungskräfte wegen der größeren Masse der Ionen um ein Vielfaches größer als bei Elektronen der gleichen Trägerstromdichte.

Der Weg der Ionenerzeugung über eine Gasentladung schließt ein, daß die Substanzen, deren Ionen gewonnen werden sollen, zuvor in den Gaszustand gebracht werden. Damit kann es notwendig werden, einen Verdampfungsofen in die Quelle einzubauen, wodurch der Gesamtaufbau recht kompliziert wird und mannigfache Fragen der Verwendung temperatur- und legierungsbeständiger Materialien auftreten. Da ferner mit der Ionenerzeugung, wiederum als charakteristischer Unterschied zur Elektronenerzeugung, ein Masseverbrauch verknüpft ist, so kommt hinzu, daß der Materialverbrauch eine unter Umständen entscheidende Rolle spielt. Schon diese wenigen Gesichtspunkte zeigen, daß die Ionenbündelerzeugung schwieriger als die Elektronenbündelerzeugung ist. Diese Schwierigkeiten werden dann besonders groß, wenn Ströme der Größenordnung Milliampere hergestellt werden sollen, während die Größenordnung Mikroampere in relativ einfachen Anordnungen erreicht werden kann. Hierfür eignen sich besonders Quellen, in welchen die Ionen mittels des LANGMUIR-Effektes an heißen Oberflächen entstehen, oder wo aus erhitzten Festkörpermischungen Ionen emittiert werden.

Mit den bisher gebauten Ionenquellen sind in Extremfällen Ionenstromdichten bis zur Größenordnung 100 mA/cm^2 am Quellenausgang erreicht worden; die Gesamtstromstärken liegen meistens im Bereich von 1 mA und weniger. Diese Größenordnung ist sicher für viele Untersuchungen ausreichend. Denn man bedenke, daß z.B. bei Kernreaktionen der Energieumsatz im Target durch Bremsung der Ionen so beträchtlich werden kann, daß man in besonderen Fällen gezwungen wird, die Ionenstromstärke niedrig zu halten[1]. Demgegenüber ist es aber z.B. für die massenspektrographische Gewinnung getrennter Isotope unbedingt erforderlich die Ionenemission der Quelle so hoch wie möglich zu treiben um zu erträglichen Trennzeiten zu kommen. Wie aus Tabelle 1 ersichtlich, entspricht nämlich 1 mA einwertiger Ionen bei 24stündigem Betrieb etwa 1 Millimol aufgefangener Substanz, woraus sich für die gewünschte Masse bei bekanntem Auffängerstrom sofort die minimale Trennzeit ergibt.

Tabelle 1. *Umrechnung von elektrischer Stromstärke in Massenstromstärke* (1 Ncm³ ist 1 cm³ bei 760 Torr und 0° C).

1 mA z-wertiger Ionen	$\widehat{=} \dfrac{1}{z} \cdot 6,25 \cdot 10^{15} \dfrac{\text{Teilchen}}{\text{sec}}$
	$\widehat{=} \dfrac{1}{z} \cdot 3,75 \cdot 10^{-5} \dfrac{\text{Mol}}{\text{h}}$
	$\widehat{=} \dfrac{1}{z} \cdot 0,9 \dfrac{\text{m Mol}}{24 \text{ h}}$
1 Mol	$\widehat{=} 2,24 \cdot 10^{4}$ Ncm³

---

[1] Als Beispiel hierfür sei genannt, daß bei Zirkon-Targets, in welchen Tritium absorbiert ist, starke Erwärmung zu einer unerwünscht schnellen Verdampfung des Tritiums führt.

Wegen der großen Bedeutung freier Trägerbündel für alle Fragen der experimentellen Physik sind natürlich viele Methoden der Trägererzeugung erprobt worden. Dabei sind von besonderem Interesse die Trägerquellen mit *hoher* Trägerstromerzeugung, oder solche, welche sich in besonderer Weise von den bisher bekannten unterscheiden, und meist sind auch nur solche publiziert worden. So müssen notwendig in diesem Bericht eine Reihe kleinerer, für bestimmte Fragestellungen vielleicht nicht unwichtiger Einzelheiten fehlen. Man bedenke auch, daß es unmöglich ist, die vielen kleinen Verbesserungen, welche an industriellen Elektronenquellen für Fernsehzwecke und Elektronenmikroskope, oder welche an Ionenquellen für industriell hergestellte Massenspektrometer angebracht worden sind, hier zu besprechen. Es war vielmehr das Ziel die *Grundlagen* der Trägerquellen darzulegen. Trotzdem wird man aus den mit Einzelheiten wiedergegebenen, tatsächlich gebauten und erprobten Anlagen charakteristische Züge entnehmen können, welche die Ausnutzung des dargestellten Grundsätzlichen erleichtern.

Das zu behandelnde Gebiet ist dahingehend abgegrenzt worden, daß Trägerquellen für Umlaufbeschleuniger oder Linearbeschleuniger nicht besprochen werden. Diese Quellen sind in Aufbau und Wirkungsweise vielfach so eng mit dem Problem der Trägereinschleusung in den Beschleunigungscyclus verbunden, daß eine gesonderte Besprechung gerechtfertigt erschien. Vgl. hierzu Bd. XLIV des Handbuches.

A. Elektronenquellen.

I. Elektronenemission, Kathoden[1].

2. Glühemission aus Reinmetallen. Der Elektronenstrom, welcher von einer Kathode der Temperatur T °K emittiert wird und in einer Diodenanordnung als Sättigungsstrom I_s gemessen werden kann, ist durch das RICHARDSON-DUSHMANsche Gesetz gegeben:

$$I_s = F \cdot G \cdot (1-r)\, A_1\, T^2\, e^{-\frac{B}{T}} = F \cdot A \cdot T^2\, e^{-\frac{B}{T}} \quad \text{Amp}, \qquad (2.1)$$

wenn die emittierende Kathodenfläche F in cm² und B in °K eingesetzt wird. B hängt dabei mit der Austrittsarbeit (work-function) $e\varphi_a$ des Metalles nach der Beziehung

$$B = 11\,600\, \varphi_a \quad \text{°K/Volt} \qquad (2.2)$$

zusammen. Die Aufteilung der vor den Temperaturfaktoren stehenden Größe A (RICHARDSON-Konstante) in (2.1) geht auf die quantenmechanische Behandlung des Problems der Glühemission mit Hilfe der FERMI-Statistik zurück [8]: G ist die Besetzungszahl eines Niveaus im Leitfähigkeitsband des Metalles, r der Reflexionskoeffizient der Elektronenwellen am Metallrand. Mit der einfachsten Annahme $G = 2$ und $r = 0$ wird der ganze Zahlenfaktor eine universelle Konstante

$$2A_1 = A = 4\pi\, m\, e\, k^2/h^3 = 120{,}3 \; \text{Amp/cm}^2\,\text{grad}^2. \qquad (2.3)$$

Als einziger von der Art des Metalles abhängiger Parameter ist in (2.1) dann noch B und damit die Austrittsarbeit enthalten. Ihre Bestimmung erfolgt meist aus der logarithmischen Auftragung des gemessenen Sättigungsstromes

---

[1] Zusammenfassende Darstellungen siehe Literaturverzeichnis S. 122, Nr. [1] bis [13].

in Abhängigkeit vom Kehrwert der Kathodentemperatur[1]. Dabei ist zu beachten, daß es für einen quantitativen Vergleich der gemessenen Stromwerte mit den aus (2.1) berechenbaren notwendig ist, die eventuell pyrometrisch gemessene Kathodentemperatur auf „wahre Temperatur" umzurechnen[2]. In Tabelle 2 sind einige experimentell ermittelte Werte von A und der Austrittsarbeiten verschiedener in Glühkathoden verwendeter Substanzen zusammengestellt[3]. Man erkennt, daß vielfach der theoretische Wert von A nicht erreicht und nur selten überschritten wird. Dabei ist zu bemerken, daß durch nicht korrekte Umrechnung der gemessenen Temperaturen auf „wahre Temperatur" vor allem die Richardson-Konstante A beeinflußt wird[4]. Die Diskussion des Problems der A-Werte wird in Bd. XXI des Handbuches durchgeführt. Hier ist wichtiger welche Emissionsstromdichten sich experimentell erreichen lassen.

Tabelle 2. *Austrittsarbeit und* Richardson-*Konstante verschiedener Elemente, Elementkombinationen und Verbindungen. Wo Werte der* Richardson-*Konstanten fehlen und in der zugehörigen Spalte ein — steht, sind die Austrittsarbeiten mit Glühemission bestimmt, sonst dort meist photoelektrisch.*

Material	Austrittsarbeit (eV)	Richardson-Konstante (Amp./cm² grad²)	Material	Austrittsarbeit (eV)	Richardson-Konstante (Amp./cm² grad²)
Ag	3,56	0,76	Ta[5]	4,19	55
Au	4,2	40	Th	3,35	60
Ba	2,1	60	U	3,27	—
C	4,34	30	W	4,54	60—100
	5,9	3,9	Zr	4,12	330
Ca	2,24	60	W—Cs	1,36	
Cb	4,01	37	W(ox)—Cs. . .	0,71	$1 \cdot 10^{-3}$
Ce	2,6	—	W—Ce	2,71	8,0
Co	4,41	41	W—La	2,71	8,0
Cr	4.60	48	W—U	2,84	3,2
Cs	1,81	162	W—Y	2,70	7,0
Fe (β)	4,48	26	W—Zr	3,14	5,0
Fe (γ)	4,21	1,5	W—Th	2,63	3,0
Hf	3,53	14,5	W—Ba	1,66	—
K	2,15		W(ox)—Ba . .	1,1	0,3
La	3,3	—	Mo—Th	2,58	1,5
Li	2,39		Re—Th[6] . . .	2,83	11,7
Mg	3,46		PtIr—BaO . .	1,0—1,1	$10^{-4}—10^{-2}$
Mo	4,15	55	PtIr—BaSrO .	1,03	$10^{-3}—10^{-2}$
Na	2,27		PtNi—BaSrO .	1,00	$1 \cdot 10^{-2}$
Nb	3,96	57	PtIr—CaO. . .	1,77	$10^{-4}—10^{-2}$
Ni	4,61	30	PtIr—SrO. . .	1,27	$10^{-4}—10^{-2}$
Os	4,55		CaB$_6$	2,86	2,6
Pb	4,02		SrB$_6$	2,67	0,14
Pd	4,99	60	BaB$_6$	3,45	16
Pt	5,32	32	LaBa$_6$	2,66	29
Rb	2,13		CeB$_6$	2,59	3,6
Re	5,1	—	ThB$_6$	2,92	0,5
Rh	4,80	33			
Sr	2,35				

---

[1] Weitere Methoden sind in [*9*] ausführlich besprochen.

[2] Umrechnungsformeln in [*13*] S. 331, [*9*] und bei H. F. Ivey: J. Appl. Phys. **21**, 616 (1950).

[3] [*10*], [*6*], [*9*] sowie H. B. Michaelson: J. Appl. Phys. **21**, 536 (1950) (Austrittsarbeiten für 57 Elemente).

[4] Vgl. [*9*], sowie Ivey: Fußnote 2,

[5] M. D. Fiske: Phys. Rev. **61**, 513 (1942); die Boride wurden von Lafferty gemessen, J. Appl. Phys. **22**, 299 (1951).

[6] G. A. Esperson: J. Appl. Phys. **21**, 261 (1950).

In Fig. 1 sind gemessene Daten zusammengestellt, aus welchen zu ersehen ist, daß bei Reinmetallkathoden Sättigungsstromdichten bis zu einigen Amp/cm²

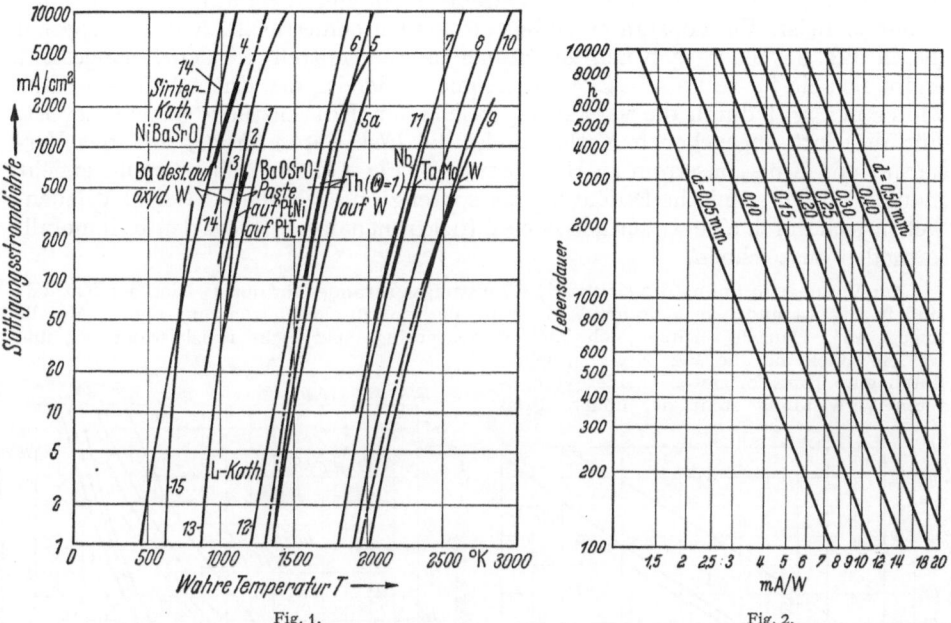

Fig. 1.   Fig. 2.

Fig. 1. Sättigungsstromdichten von Glühkathoden (nach [6] mit Ergänzungen). 1: R. W. KING: Bell Syst. Techn. J. 2, Nr. 4 (1923). 2: [4]. 3: W. ESPE: Z. techn. Phys. 10, 489 (1929). 4: [13]. 5: [13]. 5a: W. B. NOTTINGHAM: Phys. Rev. 36, 386 (1930). S. DUSHMAN u. J. W. EWALD: Phys. Rev. 29, 857 (1927) (Θ Bedeckungsgrad). 6: S. DUSHMAN: Gen. electr. Rev. 26, 156 (1923). 7: S. DUSHMAN: Phys. Rev. 25, 338 (1925). 8: S. DUSHMAN u. a.: Phys. Rev. 25, 352 (1925). 9: [13]. 10: H. A. JONES u. J. LANGMUIR: Gen. electr. Rev. 30, 310 (1930). 11: H. B. WAHLIN u. L. O. SORDAHL: Phys. Rev. 44, 1030 (1933); 45, 886 (1934). 12: J. M. LAFFERTY: J. Appl. Phys. 22, 299 (1951). 13: LEMMENS, JANSEN u. R. LOOSJES: Philips techn. Rev. 11, 342 (1950). 14: D. MacNAIR, R. T. LYNCH u. N. B. HANNAY: J. Appl. Phys. 24, 1335 (1953). (——— Impulsbetrieb, — — Gleichstrombetrieb). 15: [9]. Daten weiterer Glühkathoden s. Tabelle 3a und b.

Fig. 2. Lebensdauer von Wolframdrähten in Abhängigkeit vom Durchmesser (Drahtlänge 300 · d).

erreichbar sind, die im übrigen durch Wahl der Temperatur eingestellt werden können. Der zulässige Temperaturbereich ist, abgesehen von der durch die Schmelztemperatur gegebenen oberen Grenze, durch die Verdampfungsgeschwindigkeit des Materials bestimmt. Da hier mit genügender Genauigkeit der Kondensationskoeffizient zu Eins angenommen werden kann, so lassen sich aus den Werten in Fig. 37 leicht die Verdampfungsgeschwindigkeiten berechnen[1]. Die Lebensdauer der Kathoden sollte für technische Geräte einige tausend bis zehntausend Stunden betragen, für physikalische Fragestellungen im Laboratorium kommt

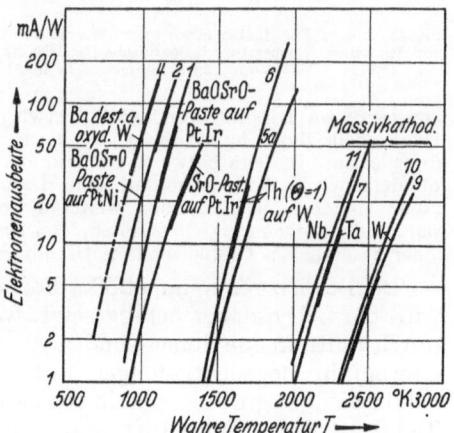

Fig. 3. Elektronenausbeuten von Glühkathoden (nach [6]). Literatur s. Fig. 1.

[1] Für Hg, Cu, Be, Cd, Ag, Fe, Pt wurde der Kondensationskoeffizient experimentell zu Eins bestimmt; siehe G. WESSEL: Z. Physik 130, 539 (1951). — Verdampfungsgeschwindigkeiten bei S. DUSHMAN: Vacuum Technique. New York: Wiley & Sons 1949.

man vielfach mit geringeren Zeiten aus. Von RUKOP und SIMON[1] ist für reine W-Drähte empirisch gefunden worden, daß die Lebensdauer proportional dem Verhältnis des Quadrates des Durchmessers zum Quadrat der Emissionsstromdichte ist. Für konstantes Verhältnis von Durchmesser zu Länge sind speziell die in Fig. 2 wiedergegebenen Zusammenhänge ermittelt worden[1]. Insgesamt ergibt sich ein für technische Zwecke geeigneter Bereich der Kathodentemperatur wie er in Fig. 1 durch die verstärkt gezeichneten Kurvenstücke angedeutet ist. Für die dort angegebenen Kathoden ist die *Elektronenausbeute*, d.h. das Verhältnis von Emissionsstrom zu Heizleistung in Fig. 3 dargestellt. Aus ihr ersieht man die große technische Bedeutung der später zu besprechenden Oxydkathoden, welche sich durch eine wesentlich höhere Elektronenausbeute vor den Reinmetallkathoden auszeichnen.

Zur Vorausberechnung des elektrischen Leistungsaufwandes für den Betrieb der Kathode sind in Fig. 4a und b elektrischer Widerstand und spezifische Heizleistung einiger Metalle angegeben[1]. Danach zeichnet sich Niob durch geringe spezifische Heizleistung aus, und wie ein Blick auf die Fig. 2 und 4 lehrt, durch gute Emissionsdaten. Seiner verbreiteten Verwendung steht der höhere Preis

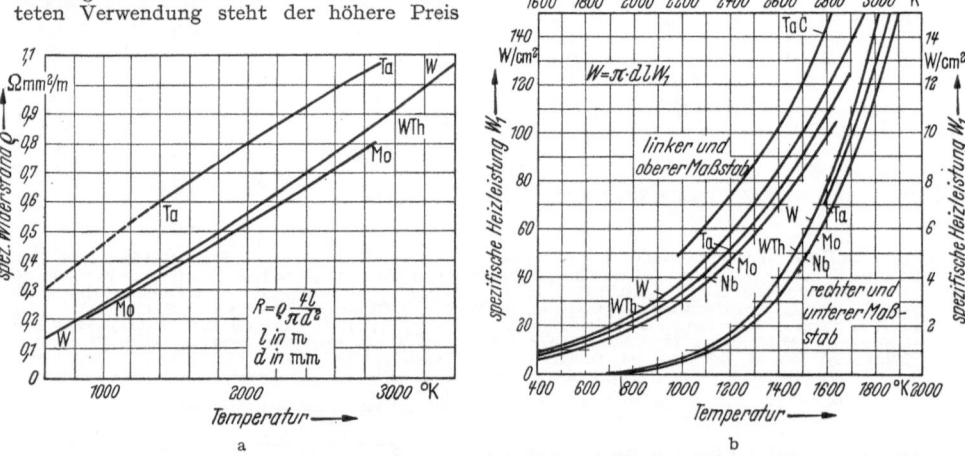

Fig. 4a u. b. a Spezifischer elektrischer Widerstand von W-, WTh-, Mo- und Ta-Kathodendrähten in Abhängigkeit von der wahren Temperatur. b Spezifische Heizleistung von direkt geheizten Glühkathoden aus W, WTh, Mo und Nb sowie von karburiertem Ta in Abhängigkeit von der wahren Temperatur.

entgegen; im Laboratorium wird überwiegend reines W oder Ta verwendet. In Form der Haarnadelkathode haben diese Metalle auch in Elektronenmikroskopen ein weites Anwendungsgebiet. In Geräten wo es auf besonders hohe Punktschärfe des fokussierten Elektronenbündels der Kathode ankommt, sind dagegen häufiger Oxydkathoden in Gebrauch, welche außer später zu schildernden weiteren Vorteilen (S. 22) sich leicht in Form von Äquipotentialkathoden herstellen lassen. Bei Reinmetallen ist hierzu Elektronenstoßheizung aus einer zusätzlichen Glühkathode notwendig[2].

Bei Betrieb der Reinmetallkathoden in Gasentladungen (z. B. in Ionenquellen) wird die Lebensdauer herabgesetzt, was im wesentlichen durch die Zerstäubung durch auftreffende Ionen, und auch durch chemischen Angriff, verursacht ist. Obwohl in Bogenentladungen mit niedrigem Kathodenfall die Zerstäubungsgefahr nicht so groß ist, sind in Ionenquellen die Glühkathoden der empfindlichste Teil der Anlage. Ta und Nb werden in H_2-Atmosphäre brüchig; Ta wird in H_2O-Dampf, O_2 und CO_2 durch Pentoxyd- und Karbidbildung angegriffen. Diese

[1] Nach M. KNOLL, F. OLLENDORF u. R. ROMPE: Gasentladungstabellen, S. 101 ff. Berlin 1935. Weitere elektrische Daten wie z. B. Temperaturverteilung längs des Glühdrahtes in [6], ferner J. W. CLARK u. R. E. NEUBER: J. Appl. Phys. 21, 1084 (1950).
[2] Zum Beispiel ENIS B. BAS: Z. angew. Phys. 7, 337 (1955).

letztere Veränderung setzt die Emission von Ta herab, und die Oberflächenschichten verdampfen nicht so leicht wie dies z. B. bei W der Fall ist, wo zwar
ein beschleunigter Abbau des Materials erfolgt, aber die Oberfläche wieder sauber
gebrannt werden kann [6]. In Ionenquellen führt das Problem der kurzen Lebensdauer der Gühkathode zur Verwendung großer Drahtstärken (1 bis 2 mm ⌀)
und damit zu hohen Heizströmen (s. Ziff. 32 ff., sowie Tabelle 20). Ferner
können die Oberflächenveränderungen der Kathode beim Betrieb in Massen-
spektrometer-Ionenquellen zu störenden Emissionsschwankungen führen, welche
durch Karburierung der Kathode und Trennung von Elektronenerzeugungs-
und Ionisierungsraum herabgesetzt werden können.

3. Elektronenemission aus Adsorptions- und Schichtkathoden. Der Einfluß
von adsorbierten Oberflächenschichten geht aus der typischen, in Fig. 5 dargestellten Temperaturabhängigkeit des Emissionsstromes einer W-Kathode in Cs-
und Ba- Atmosphäre hervor. Das relative
Maximum der Emission tritt in der Nähe
des atomaren Bedeckungsgrades Eins der
W-Oberfläche auf [3]. Mit steigender
Kathodentemperatur wird zunächst die
Dicke der Adsorptionsschicht auf diesen
Wert reduziert, sie wird dann weiter
abgebaut bis schließlich der Emissionsstrom des reinen Wolframs angenommen
wird. In Gl. (2.1), welche auch für diese
aktivierte Glühemission bestätigt wird, findet die Adsorption ihren Niederschlag in
einer Änderung sowohl des Wertes der
RICHARDSON-Konstanten A als auch der
Austrittsarbeit (s. Tabelle 2). Bei konstanter Temperatur führen schon Änderungen von φ_a um wenige Zehntel Volt
zu Änderungen des Emissionsstromes von
einigen hundert Prozent, welche zusammen
mit den Änderungen von A die beobachteten Emissionsströme ergeben.

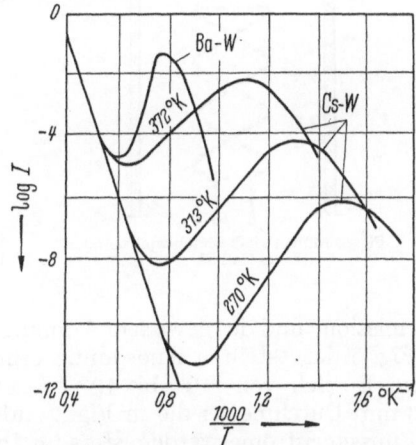

Fig. 5. Elektronenemissionsstrom I einer W-Kathode
in Cs- und Ba-Dampf in Abhängigkeit von der Draht-
temperatur. Parameter der Cs-Kurve: die den Sätti-
gungsdruck des Cs-Dampfes bestimmende Temperatur.
[Nach [2] und J. LANGMUIR u. I. B. TAYLOR: Phys.
Rev. 44, 423 (1933).]

Die technische Aufbringung der Adsorptionsschicht geschieht einmal in einem
Aktivierungs- und Formierungsprozeß, zum anderen kann sie durch Destillation
auf das Grundmetall erfolgen. Beim ersten Verfahren, welches in dem technisch
wichtigsten Fall, der W—Th-Kathode, angewandt wird, werden Drähte hergestellt, welche im Innern geringe Mengen, z. B. etwa 1 %, ThO enthalten. Bei
der Erhitzung im Vakuum auf eine Temperatur, welche etwas höher als die
Arbeitstemperatur liegt (bei W—Th 2000 bis 2300° K) wird das ThO reduziert
und Th diffundiert an die Oberfläche des Drahtes. Im Arbeitsbereich (1800 bis
2000° K) findet nur eine geringfügige Verdampfung des Th von der Drahtober-
fläche statt, welches durch Diffusion von Th aus dem Innern wieder ersetzt
wird.

Die zweite Art der Aufbringung hat letztlich zu Kathoden geführt, welche
die größten bekannten Emissionsstromdichten ergaben, und als *Metall-Kapillar-
Kathoden (MK-Kathoden)*[1] oder *L-(Layer-) Kathoden*[2] bezeichnet werden. Der
grundsätzliche Aufbau der Anordnung geht aus Fig. 6 hervor. Eine poröse

---

[1] H. KATZ: J. Appl. Phys. **24**, 597 (1953).
[2] H. J. LEMMENS, M. J. JANSEN u. R. LOOSJES: Philips techn. Rev. **11**, 341 (1950).

Wolfram- (oder auch Mo-) Scheibe schließt den z.B. mit $BaCO_3$ gefüllten Raum zur Vakuumseite hin ab. Unter dem Boden des das Karbonat enthaltenden Raumes wird ein Heizelement eingebaut. Bei Erhitzung wird das $BaCO_3$ zunächst zu BaO zersetzt. Dieses verdampft aus dem $BaCO_3$-Raum in die Poren der W-Scheibe hinein, wird dort reduziert und wandert schließlich bis zur Oberfläche der W-Scheibe, wo die Elektronen-

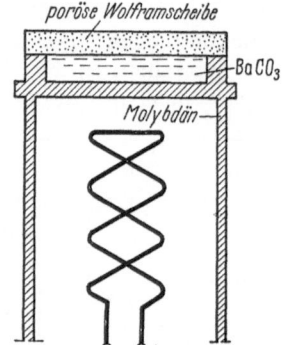

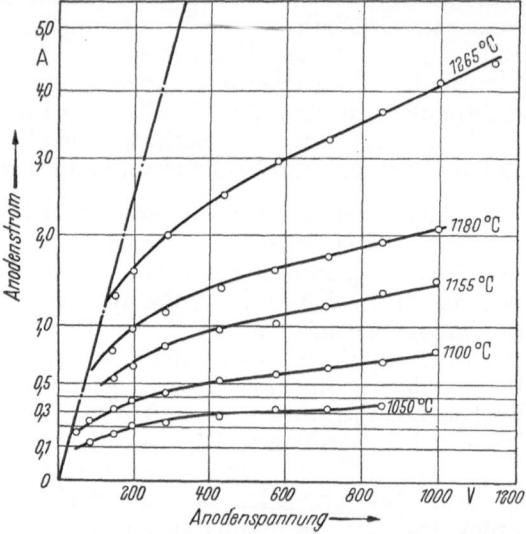

Fig. 6. Aufbau einer Metallkapillar- oder L-Kathode.

Fig. 7. Emissionsstrom einer L-Kathode wie in Fig. 6 dargestellt. Durchmesser der Wolframscheibe 3 mm, Betriebstemperatur 1100 bis 1200° C, Messung im Impulsbetrieb.

emission, und in gewissem Umfang auch Ba-Verdampfung erfolgt. Mit der in Fig. 6 dargestellten Anordnung erhielten SCHAEFER und WHITE[1] beim Betrieb im Bereich von 1100 bis 1200° C und unter Verwendung einer W-Scheibe von 3 mm Durchmesser die in Fig. 7 aufgezeichneten Elektronenströme. Derart hohe Emissionsströme werden stets im Impulsbetrieb ausgemessen, da im stationären Betrieb die Adsorptionsschichten durch Aufheizung zerstört werden[2]. Die an-gegebenen Daten führen auf eine Emissionsstromdichte bis zu 30 Amp/cm². Wie ein Blick auf Fig. 1 und 3 zeigt, haben diese Kathoden, die als typische Destillationska-thoden zu bezeichnen sind, auch die höchste Elektronen-ausbeute. Von KATZ[3] ist über die Erprobung einer ganzen Reihe verschiedener Anord-

Tabelle 3a. *Emissionsdaten einiger Metall-Kapillar-Ka-thoden.* [KATZ: J. Appl. Phys. **24**. 597 (1953).]

Kathodentyp	Arbeitstemperatur (wahre Temperatur) in °C	Emissionsstromdichte (Impulsbetrieb) in Amp/cm²
W, Th	1500	3
W, BaSrCO₃ . . .	1000	3
W, BaBe	900	5
Mo, BaBe	850	5
W, BaCO₃ Si . . .	900	4

nungen und Materialien berichtet worden; einige seiner Daten sind in Ta-belle 3a zusammengestellt, während Tabelle 3b eine Zusammenstellung von Daten verschiedener Autoren anläßlich einer Tagung über Oxydkathoden ent-hält[4]. In dieser Tabelle sind auch mittlere Betriebsdaten aufgeführt. Inter-essant ist noch die Bemerkung von KATZ[3], daß für das System W—Th und Mo—Th dieselben Werte der Austrittsarbeit gefunden werden wie schon

[1] D. L. SCHAEFER u. J. E. WHITE: J. Appl. Phys. **23**, 669 (1952).
[2] Über Impulsmessungen an Glühkathoden siehe S. 13.
[3] KATZ: J. Appl. Phys. **24**, 597 (1953).
[4] New Forms of Thermionic Cathode, Nature, Lond. **174**, 1176 (154).

von der Emission thorierter W- oder Mo-Drähte her bekannt. Dagegen ergibt sich die RICHARDSON-Konstante als im besten Falle 100mal so groß wie bei Drähten. LEVI[1] hat gezeigt, daß auch Mischungen von normalem und basischem Barium-Aluminat benützt und zusammen mit W-Pulver gleich zu einer Scheibe gepreßt werden können, deren Erhitzung wie üblich erfolgt. Dadurch wurde es möglich, diese Kathoden mit Durchmessern von 0,25 mm bis zu 20 mm

Tabelle 3b. *Emissionsdaten von Glühkathoden.* [New Forms of Thermionic Cathode: Nature, Lond. **174**, 1176 (1954).]

Kathodentyp	Arbeitstempera-tur (wahre Temperatur) in °K	Maximal nutzbare Stromdichte (Amp/cm^2) (Gleichstrom)	Lebensdauer (h)	Antrittsarbeit (eV)	A (Amp/cm^2 grad^2)
Wolfram, rein . .	2600	0,5	10000	4,5	60
Tantal, rein . . .	2400	0,5	10000	4,1	37
Wolfram, thoriert .	2000	1—3	5000	2,6	3
LaB$_6$	1680	1	>250	2,6	25
L-Kathode, W—Ba	950[2]	1,3	8000	2,1	100
Sinterkathode . .	1050[2]	1,0	4000	} 1,72	3
(Ba$_3$WO$_6$+Al+W)	1200[2]	4—5	≈ 400		
Sinterkathode . .	1340	3	3000	} 1,8	20
BaCO$_3$+W) . . .	1270	1,5	9000		

herzustellen. Eine ähnliche Anordnung von zusammengesintertem Ni-Pulver mit Ba- und SrCO$_3$ *(Sinterkathode)* erwies sich als sehr beständig[3]: Lebensdauer von 5000 Std bei 500 mA/cm^2 Emissionsstromdichte.

Die oben besprochenen MK- oder L-Kathoden haben einen Vorläufer in den sog. Aufheiz-Pastekathoden [6], bei welchen in eine W-Wendel ein zylindrisches Stück einer Mischung von Erdalkali-Karbonaten eingeschoben ist. Diese Kathoden finden vorwiegend in Niederdruckbogenentladungen Verwendung. Der Entladungsstrom von einigen Ampere führt zu genügender Erwärmung, insbesondere durch die Brennfleckbildung, so daß Verdampfung, Reduktion und Emissionserhöhung einsetzt. Wegen des großen Karbonatvorrates haben die Kathoden eine hohe Lebensdauer (einige hundert Stunden).

Sowohl die W—Th- wie die MK-Kathoden sind Adsorptionskathoden, die ihre größte Wirksamkeit bei einatomiger Bedeckung der Basismetalle haben. Im Gegensatz dazu ist bei den eigentlichen Oxydkathoden eine makroskopisch dicke Schicht von z.B. BaCO$_3$ auf dem Basismetall aufgebracht. Als solches können W und die bisher besprochenen Metalle Verwendung finden, ebenso wie reines Pt und PtIr-Legierungen sowie reines und legiertes Nickel[4]. Die, einige 10 bis 100μ dicke, Schicht erfordert zur Elektronenemission zuvor eine Aktivierung durch welche, nach den heutigen Vorstellungen, BaO mit Störstellen von atomarem Erdalkalimetall geschaffen wird, welch letztere den Emissionsvorgang bestimmen[5]. Die Situation an der Grenzfläche Oxyd-Vakuum kann dann wie in Fig. 8 aufgezeichnet werden [2]. Die Zahl der im Leitfähigkeitsband vorhandenen Elektronen ist berechenbar aus der Zahl der im Gleichgewicht aus den

[1] R. LEVI: J. Appl. Phys. **24**, 233 (1953); **26**, 639 (1955).

[2] Pyrometrisch gemessene Strahlungstemperatur.

[3] D. MacNAIR, R. T. LYNCH u. N. B. HANNAY: J. Appl. Phys. **24**, 1335 (1953) (vgl. Fig. 1). Ferner A. H. BECK, A. B. CUTTING, A. D. BRISBANE u. G. KING: Nature, Lond. **174**, 1010 (1954).

[4] Untersuchung der Emissionsunterschiede für reines und legiertes Ni z.B. bei H. A. POEHLER: Proc. I. R. E. **40**, 190 (1952); für weitere Legierungszusätze siehe A. EISENSTEIN, H. JOHN u. J. H. AFFLECK: J. Appl. Phys. **24**, 631 (1953).

[5] [9], sowie dieses Handbuch, Bd. XXI.

Störniveaus dorthin gehenden Elektronen und der Zahl der von dort zurückgehenden. Der ins Vakuum emittierte Elektronenstrom ergibt sich im übrigen
in der gleichen Weise wie bei Reinmetallen zu

$$I_s = F \cdot G \left(1 - r\right) A_2 \sqrt{N}\, T^{\frac{5}{4}} \cdot e^{-\frac{B}{T}} \rightarrow F \cdot A \cdot T^2 e^{-\frac{B'}{T}} \quad \text{Amp.} \qquad (3.1)$$

Dabei ist N die Zahl der Störatome pro cm³, und B hängt mit den in Fig. 8 angegebenen Größen gemäß der Beziehung

$$B = 11\,600 \left(\Phi + \frac{Q_1}{2}\right) \quad {}^{\circ}\text{K/Volt} \qquad (3.2)$$

zusammen. Aus den experimentellen Stromdaten werden ebenso wie bei Reinmetallkathoden die Größen B' und A des zweiten Teils von (3.1) ermittelt.

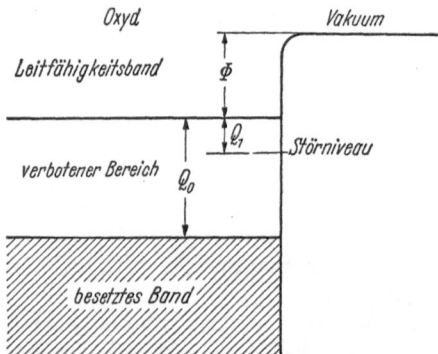

Fig. 8. Termschema an der Grenzfläche Erdalkali-Oxyd-
Vakuum nach der Formierung einer Schichtkathode [2].

Diese Daten sind in Tabelle 2 aufgenommen. In einem Temperaturbereich, in
welchem sich bei der Messung N praktisch nicht ändert, kann experimentell
bekanntlich nicht unterschieden werden,
in welcher Potenz T eingehen muß.
Daher liefern in diesem Bereich die Meß-
resultate auch die Größe B und damit
$\Phi + Q_1/2$ bis auf wenige 1/100 V genau[1].
Während des Aktivierungsvorganges einer
mit BaO hergestellten Schicht fällt Q_1
von etwa 5 V auf etwa 1,6 V, wie man
aus Leitfähigkeitsmessungen feststellen
kann [2]. Da andererseits Messungen des
Sättigungsstromes für B etwa 1,2 V er-
gaben, so folgt, daß Φ etwa 0,4 V ist. Aus der Theorie ergibt sich für die
Konstante der Gl. (3.1), wieder unter der Annahme $r = 0$ und $G = 2$,

$$2 A_2 = 2 e \left(\frac{\sqrt{2\pi m}\, k^{\frac{5}{2}}}{h^3}\right)^{\frac{1}{4}} = 2,3 \cdot 10^{-6} \,\text{Amp cm}^{-\frac{7}{2}}\,\text{grad}^{-\frac{5}{4}}. \qquad (3.3)$$

Über Oxydkathoden, ihre Herstellung und die günstigsten Schicht- und Basismaterialien
liegen eine große Zahl von Untersuchungen vor, welche besonders in der Monographie von
ESPE und KNOLL [6] zusammengestellt sind. Es braucht daher hier nicht in Ausführlichkeit
auf diese präparative Seite eingegangen zu werden. Da BaO, SrO und CaO an Luft nicht
beständig sind, ist die Ausgangssubstanz in der Mehrzahl Ba-, Sr- oder CaCO₃. Eine passende
Mischung dieser Substanzen wird in Amylazetat zusammen mit einem Bindemittel, etwa einer
geringen Menge Zaponlack, aufgeschlemmt. Die kathodischen Metallteile werden entweder
in die Mischung getaucht, oder sie werden damit gespritzt[2]. Das Bindemittel wird durch
Einbrennen an Luft dann entfernt, oder die nichteingebrannte Kathode wird im Vakuum
erhitzt, wo bei etwa 1400° K die Umwandlung der Karbonate in Oxyde erfolgt. In diesem
Zustand fließen nach Anlegen der Anodenspannung schon wenige μA Elektronenstrom. Bei
weiterer Erhitzung der Kathode steigt die Emissionsstromdichte schließlich bis auf etwa
300 mA/cm², womit die Aktivierung abgeschlossen ist. BaO und SrO-Schichten sind beträchtlich besser als CaO; BaO ist besser als SrO allein, und eine Mischung aus gleichen Teilen BaO
und SrO, die vielfach verwendet wird, hat etwas höhere Emission als BaO allein. Außer diesen
Substanzen werden auch noch Mischungen aus BaO (25%) mit Al₂O₃ (75%) und von BaO (25%)
mit BeO (75%) benutzt, sowie weitere, welche in Tabelle 3b aufgeführt sind. Ferner werden
vielfach Reduktionsmittel zugesetzt (Al, Zirkonhydrid, Si). — Hingewiesen sei noch auf die

---

[1] Es ist dabei zu beachten, daß B auch noch feldstärkeabhängig ist (vgl. Bd. XXI des
Handbuches).
[2] Kataphoretischer Niederschlag des Schichtmaterials führt zu besonders feinem Korn
der Schicht; siehe C. P. HADLEY: J. Appl. Phys. 24, 49 (1953).

Gruppe der Boride, die LAFFERTY[1] untersucht hat, und von denen sich vor allem LaB$_6$ durch hohe Emissionsstromdichte und durch um etwa zwei Größenordnungen geringere Verdampfungsgeschwindigkeit als Wolfram auszeichnet.

Von der Herstellung der Kathodenschicht bis zum Erlöschen ihrer Emission am Ende der Lebensdauer ist der Elektronenstrom durch die Zahl der freien Störatome N in der Schicht bestimmt. Vielfach ist die Emission der Kathode erloschen ehe ersichtlich ist, daß ein merklicher Bruchteil des Schichtmaterials verbraucht ist. Diese, als *Vergiftung* (poisoning) der Kathode bezeichnete Erscheinung, hat ihre Urache in der während des Betriebes erfolgten Oxydation der freien Atome in der Schicht, welche zum Teil durch auffallende positive Ionen verursacht wird. Diese Ionen entstehen entweder im Gasraum durch Ionisation des Restgases, oder beim Aufprall schneller Elektronen auf mit Schichtmaterial verunreinigte Anoden, speziell auch beim Aufprall auf Leuchtschirme[2]. WAGENER[3] weist darauf hin, daß der positive Ionenstrom allein wahrscheinlich nicht ausreicht, sondern, daß noch Reaktionen der Schicht direkt mit dem Restgas stattfinden müssen. Wird die Ursache der Ionenentstehung beseitigt, so kann die Emission der Kathode durch erneute Formierung wiederhergestellt werden. Von dieser Art der Vergiftung ist die irreversible Vergiftung zu trennen, welche z.B. durch zu hohe Erhitzung im Betrieb entstehen kann. Da die Vergiftung eine technisch wichtige Erscheinung ist, sind viele Untersuchungen durchgeführt worden, um einmal die Quelle der Ionenbildung zu suchen und um zum anderen die elektrischen Betriebsdaten so zu wählen, daß Vergiftung möglichst vermieden wird. Danach ist es wichtig, den O$_2$-Druck im Entladungsraum so niedrig wie möglich zu halten[4]: nach REIMANN und MURGOCI[5] genügt ein O$_2$-Druck von 10^{-4} Torr um die Emission um mehrere Zehnerpotenzen herabzusetzen. REDHEAD[6] konnte zeigen, daß die Emission einer Diode, welche mit nur 4 V Anodenspannung betrieben wird, also einem Wert welcher unterhalb der Ionisierungsspannung der Gase liegt, sowohl im unterheizten wie im Raumladungsbereich keinen Abfall aufweist, im ersten Fall innerhalb 20 Stunden (danach Abbruch des Versuches), im zweiten Fall innerhalb 6000 Stunden. Bei dieser niedrigen Spannung steigt die Lebensdauer mit wachsender Emission an, im Gegensatz zur sonstigen Erfahrung.

Durch die Anwendung massenspektrometrischer Methoden konnte sowohl das von der Kathode emittierte Trägerbündel, wie auch das auf die Kathode auffallende positive Trägerbündel (mittels einer durchbohrten Kathode) hinsichtlich der Massenzusammensetzung analysiert werden. VICK und WALLEY[7] sowie GRATTIDGE und SHEPHERD[8] fanden bei einer sehr sorgfältigen Untersuchung, daß vielfach beim Ausheizen von Glasapparaturen Chlor entsteht, welches zur Vergiftung Anlaß gibt. Ein Teil des Chlors wird aber sicher schon in der Kathode erzeugt, und es wird vermutet, daß die Cl$^-$-Ionen Anlaß zur Zerstörung der Leuchtschirme und damit zur Gasbildung geben, wenn auch ihre Stromstärke um den Faktor 10^6 kleiner als der Elektronenstrom ist. Das negative Ionenspektrum weist große Ähnlichkeit mit dem von BACHMANN, HALL und SILBERG[9] gefundenen

[1] J. M. LAFFERTY: J. Appl. Phys. **22**, 299 (1951).
[2] H. JACOBS: J. Appl. Phys. **17**, 596 (1946). — K. AMAKASU u. T. IMAI: J. Appl. Phys. **24**, 107 (1953).
[3] S. WAGENER: Proc. Phys. Soc. Lond. B **67**, 369 (1954).
[4] Oxydkathoden geben im Betrieb stets geringe Mengen Sauerstoff ab.
[5] A. L. REIMANN u. R. MURGOCI: Phil. Mag. **9**, 440 (1930).
[6] P. A. REDHEAD: Canad. J. Phys. **29**, 362 (1951).
[7] F. A. VICK u. C. A. WALLEY: Proc. Phys. Soc. Lond. B **67**, 169 (1954).
[8] W. GRATTIDGE u. A. A. SHEPHERD: Proc. Phys. Soc. Lond. B **67**, 177 (1954). Dort weitere Literaturangaben.
[9] C. H. BACHMANN, G. L. HALL u. P. A. SILBERG: J. Appl. Phys. **24**, 427 (1953).

auf, welches in Fig. 9a wiedergegeben ist. Dieses wurde durch magnetische Ablenkung des Bündels im Anodenraum einer Oszillographenröhre gefunden. Die

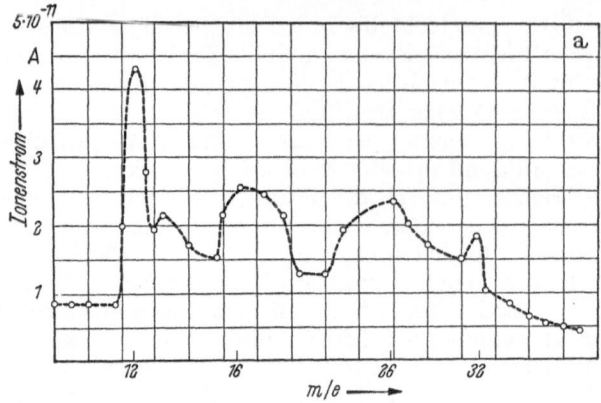

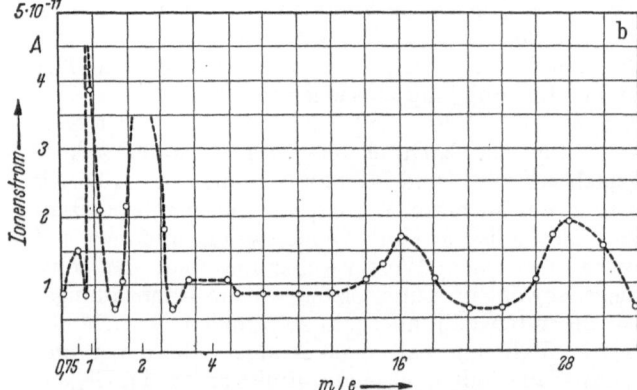

Fig. 9a u. b. a Massenspektrum der negativen Ionen in einem Elektronen-bündel einer Oxydkathode (Emissionsstrom 4,7 mA, Beschleunigungsspannung 8 kV). b Massenspektrum der positiven Ionen, welche in einer Elektronenstrahlröhre auf die Oxydkathode zulaufen (Emissionsstrom 3,6 mA, Beschleunigungsspannung 6 kV, das gleiche Rohr wie bei Fig. 9a).

von VICK[1] und GRATTIDGE[2] gemessenen Spektren haben höhere Genauigkeit, da vollständige Massenspektrometer verwendet wurden, jedoch haben die Untersuchungen des Ionenanteils noch zu keinem abschließenden Ergebnis geführt, auch deshalb, weil das Spektrum im Betrieb Veränderungen erfährt. Als Hauptbestandteile treten aber selbst bei langdauerndem Betrieb die m/e-Werte 12, 16, 26, 27, 32, 35, 37, 42 und 43 auf. Das positive Ionenspektrum enthält noch mit großer Häufigkeit Ionen mit dem m/e-Wert 1, wie dies aus Fig. 9b hervorgeht. PELCHOWITCH[3] konnte überdies zeigen, daß sowohl neutrales Material der Oxydschicht verdampft, wie auch Basismetall, welches offenbar durch Löcher in der Oxydschicht hindurchtreten kann.

Um die Zerstörung der emittierenden Schicht durch den Aufprall positiver Ionen herabzusetzen (die Zerstörung erfolgt außer durch Vergiftung natürlich auch durch Kathodenzerstäubung), ist es zweckmäßig, entweder die Kathode wie in Fig. 10 dargestellt, auszubilden, oder an passenden Stellen des ganzen Elektronengerätes Ionenfallen anzubringen (siehe Ziff. 7; dort ist eine Fernsehröhre mit Ionenfalle wiedergegeben).

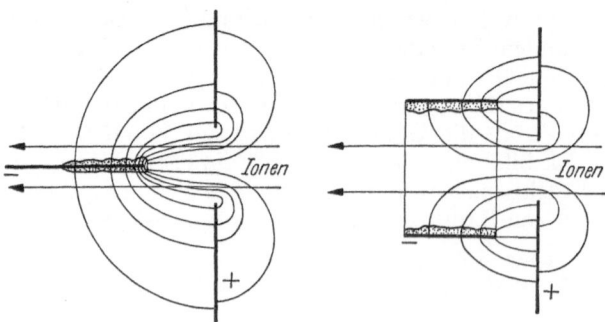

Fig. 10. Gegen Ionenaufprall geschützte Glühkathoden [15].

[1] Siehe Fußnote 7, S. 11.
[2] Siehe Fußnote 8, S. 11.
[3] I. PELCHOWITCH: Philips Res. Rep. 9, 42 (1954). Ferner R. H. PLUMLEE u. L. P. SMITH: J. Appl. Phys. 21, 811 (1950); L. T. ALDRICH: J. Appl. Phys. 22, 1168 (1951). — L. A. WOOTEN, A. E. RUEHLE u. G. E. MOORE: J. Appl. Phys. 26, 44 (1955).

Wie schon oben betont, muß bei Messung von Emissionsstromdichten der Größenordnung einiger Amp/cm² zur Impulsmessung übergegangen werden, da im Dauerbetrieb bei solch hohen Strömen der Zustand der Schicht durch Aufheizung verändert wird. Wahrscheinlich ist daran auch der Übergangswiderstand Metall-Schicht maßgeblich beteiligt[1]. Aber auch technische Anwendungsgebiete erfordern gelegentlich den Impulsbetrieb der Glühkathode, wie z.B. in Thyratrons oder Gleichrichtern[2]. Durch den Impulsbetrieb können sehr hohe Stromdichten erreicht werden[3], aber diese sind nicht während der Impulsdauer konstant, sondern schon in wenigen μsec tritt ein mehr oder weniger großer Stromabfall auf[4]. Von diesem zu trennen ist der Abfall der Stromdichte im Verlauf

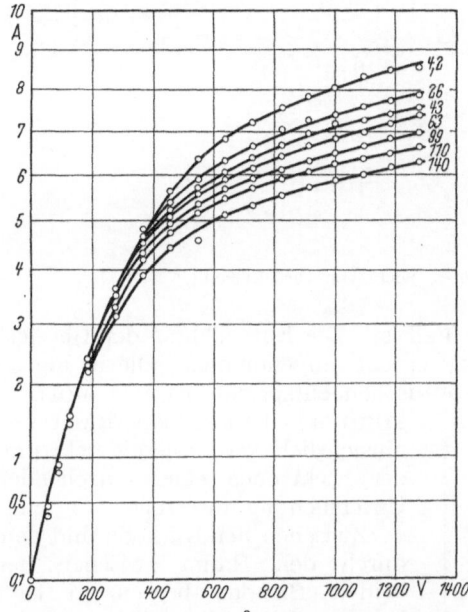

von Minuten oder Stunden, welcher auf mehr oder weniger komplizierten Vergiftungsvorgängen beruht. Von MATHESON und NERGAARD[5] sind Oxydkathoden bei Impulsbetrieb ausführlich untersucht worden. Fig. 11a und b stellen einige charakteristische Kurven dar. Aus ihnen ist zu entnehmen, daß der Stromabfall vor allem beim Einsatz des Sättigungsgebietes ausgeprägt ist, und daß bis zur Wiederherstellung der ursprünglichen Emission nach Abschalten des Impulses eine Zeit von einigen

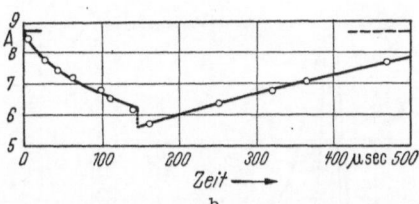

Fig. 11 a u. b. a Strom-Spannungskennlinie einer Oxydkathode bei Impulsmessung. Abszisse: Höhe des Anodenspannungsimpulses; Kurvenparameter: Zeit in μsec nach Einschalten der Anodenspannung. Nach dieser Zeit wird für 3 μsec die Anodenspannung unterbrochen und ein Meßimpuls angelegt. Länge des Anodenspannungsimpulses 145 μsec, Wiederholungsfrequenz etwa 100 pro sec, Kathodentemperatur etwa 1240° K. b Emissionsstrom derselben Glühkathode wie in a im zeitlichen Verlauf während eines Impulses und nach Abschalten der Anodenspannung: dann werden nur noch kurze Meßimpulse angelegt.

100 μsec erforderlich ist. Der Abfall der Emission rührt wahrscheinlich von einem unter dem Einfluß des angelegten Feldes sich vollziehenden Abwandern von Ba⁺⁺-Ionen ins Innere der Schicht her. Von HORAK[6] wurde gezeigt, daß bei Impulsen von nur 4 μsec Dauer Werte von Austrittsarbeit und RICHARDSON-Konstante gemessen werden können, welche mit den im stationären

---

[1] An der Grenzfläche Metall-Schicht bilden sich sicher chemische Verbindungen des Schichtmaterials mit dem Basismetall. Untersuchungen hierüber sind eng gekoppelt mit dem Einfluß von Legierungszusätzen zum Basismetall; für diese siehe Fußnote 4, S. 9. Ferner R. C. HUGHES, P. P. COPPOLA u. H. T. EVANS: J. Appl. Phys. **23**, 635 (1952).
[2] KNIGHT, HERBERT: J. Inst. Electr. Engrs., III A, **93**, 949 (1946). — O. SCHADE: Proc. I. R. E. **31**, 341 (1943).
[3] E. A. COOMES: J. Appl. Phys. **17**, 647 (1946).
[4] R. L. SPROULL: Phys. Rev. **67**, 166 (1945). — S. DEB: Indian J. Phys. **34**, 197 (1951).
[5] R. M. MATHESON u. L. S. NERGAARD: J. Appl. Phys. **23**, 869 (1952).
[6] F. A. HORAK: J. Appl. Phys. **23**, 346 (1952).

Betrieb (Anlaufstrom) gemessenen übereinstimmen. Das Gebiet der Impulsmessungen bei Schichtkathoden ist, wie die bisherigen Publikationen zeigen,
durchaus noch nicht abgeschlossen; man hat in ihnen ein wichtiges Hilfsmittel
zur weiteren Aufklärung des Mechanismus der Elektronenemission.

4. Gasentladungs-Elektronenquellen. Diese Elektronenquellen waren zeit-
weise fast vollständig verdrängt von den Glühkathoden, da bei ihnen Elektronenstrom und -energie nicht in so weitem Bereich unabhängig voneinander einstell-

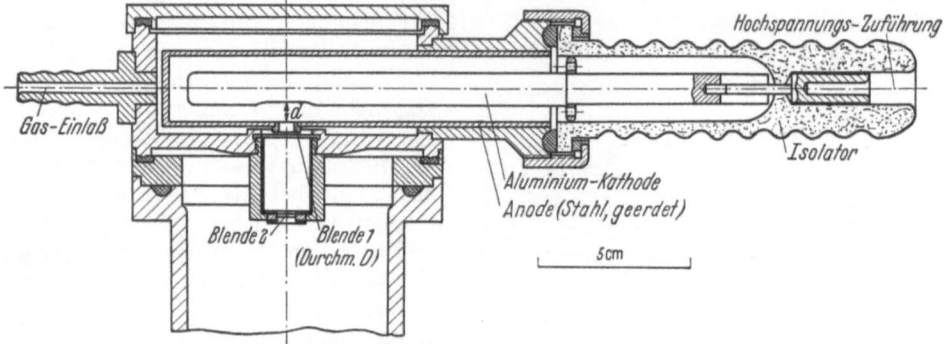

Fig. 12. Gasentladungskathode (nach Möllenstedt und Düker).

bar sind wie dies bei Glühkathoden der Fall ist. Die Entwicklung der Gaselek-
tronenquellen wurde jedoch von Induni[1] erneut aufgenommen. Die in Fig. 12
dargestellte Anordnung, welche der Indunischen entspricht, ist von Möllenstedt und Düker[2] entwickelt und
hinsichtlich des Energiespektrums
der Elektronen einer eingehenden
Untersuchung unterzogen worden.

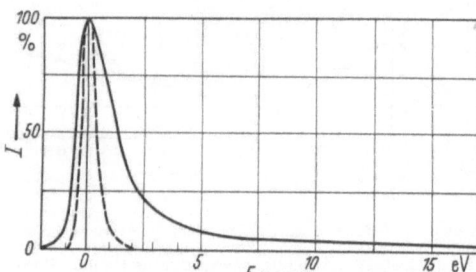

Fig. 13. Energiespektrum der Elektronen einer Gasentladungskathode (————) und einer Wolfram-Glühkathode (2900° K)
(— — —) in derselben Apparatur gemessen (nach Möllenstedt
und Düker).

Zwischen der Kathode und dem
durch den Raum zwischen den
beiden Blenden begrenzten Entladungsgebiet (Fig. 12) brennt eine
selbständige Entladung vom Typ
der Kanalstrahlentladung (siehe
Ziff. 18 ff.) mit stabilen Betriebsdaten, wenn die mittlere freie Weglänge[3] der Moleküle des Betriebsgases λ zwischen dem Wert des
Durchmessers der Blende 1 (d) und der Größe des Abstandes der beiden
Entladungselektroden (D) liegt

$$d \leq \lambda \leq D, \tag{4.1}$$

wie Induni empirisch gefunden hat. Bei einem Gasdruck von 10^{-2} Torr führt
diese Beziehung auf Werte von D von einigen mm; in demselben Bereich wird
auch d gewählt. Die Entladungsspannungen können bis zu 50 kV betragen, die
Entladungsströme 50 bis 300 μA. — Eine interessante Abart dieser Quelle
ist die, bei welcher Ionen schräg von einer gesondert angebrachten Ionenquelle

---

[1] G. Induni: Helv. phys. Acta **20**, 463 (1947). — Die Gasentladungs-Elektronenquelle
(„kalte Kathode") wird in Oszillographen und Elektronenmikroskopen von Trüb, Täuber
& Co. verwendet, ferner vom Seemann-Laboratorium auch noch in Röntgenröhren.
[2] G. Möllenstedt u. H. Düker: Z. Naturforsch. **8a**, 79 (1953).
[3] Tabelle der mittleren freien Weglänge s. S. 45.

auf das Kathodenmaterial geschossen werden, und dort Elektronen befreien. Die Emissionsstromstärke ist dann, ebenso wie beim Betrieb der selbständigen Entladung durch den Elektronenauslösungsfaktor γ bestimmt, für welchen sich Zahlenwerte in Ziff. 9 finden.

Die durch Ionenaufprall auf der Kathode ausgelösten Elektronen, haben eine Energieverteilung wie sie in Fig. 13 aufgezeichnet ist[1]. Zum Vergleich ist dort die mit derselben Apparatur gemessene Energieverteilung der Elektronen einer bei 2900° K emittierenden W-Kathode eingetragen. Man sieht, daß zwar das Energiespektrum breiter als das der Glühelektronen ist; wie INDUNI gezeigt hat, können aber trotzdem in einer Elektronenmikroskop-Anordnung Bilder erhalten werden, welche den mit Glühkathode erzielten nicht nachstehen. MÖLLENSTEDT und KELLER[2] haben diese Methode zur direkten Oberflächenuntersuchung der Kathode weiterentwickelt. Ihre Nachteile sind, daß wegen des Restgasdruckes im Entladungsraum die Oberflächenbilder wechselnde Kontraste ergeben je nach der Beladung der Kathode mit Fremdstoffen und wegen der Kathodenzerstäubung.

II. Strahlerzeugungssysteme[3].

5. Mehrelektrodensysteme. Die von der Glühkathode emittierten Elektronen können mit Hilfe elektrischer oder magnetischer Felder zu einem Trägerbündel geformt werden. Für diese, zunächst in unmittelbarer Nähe der Kathode erfolgende Strahlbildung wird ausschließlich die elektrische Methode gewählt. Dies gilt auch für die sog. Niederspannungsröhren, bei welchen nach der Anfangsbeschleunigung in Kathodennähe die weitere Führung des Bündels mit magnetischen Linsen erfolgt (z. B. Image-Orthikon) und damit die höchste erreichte Elektronenenergie nur größenordnungsmäßig 200 eV beträgt. Das hier behandelte kathodennahe Gebiet der Strahlbildung geht über in ein Gebiet in welches ein schon geformtes Bündel eintritt. Sein weiterer Verlauf ist mit Methoden zu behandeln, welche in dem Artikel über Elektronen- und Ionenoptik in diesem Band beschrieben werden.

Als Elektrodensysteme zur Strahlbildung werden das Trioden- und Tetrodensystem, sowie das PIERCE-System benützt. Im ersten Fall handelt es sich um Mehrelektrodensysteme, die in dieser Ziffer besprochen werden sollen, und welche sich vom PIERCE-System dadurch unterscheiden, daß bei ihnen zur Bahnberechnung die Raumladung im Trägerbündel in erster Näherung vernachlässigt wird, während das PIERCE-System die volle Raumladungswirkung zu berücksichtigen versucht. Daher sind auch beide Systeme in der Praxis bei verschiedenen Geräten anzuwenden: das erste bei Fernsehröhren, Elektronenmikroskopen, kurzum bei allen Geräten mit geringem Strahlstrom[4], das zweite zur Fokussierung von Strahlströmen der Größenordnung einiger 100 mA.

Als Mehrelektrodensysteme sind die in Fig. 14 schematisch dargestellten üblich. Bei ihnen erfolgt die Intensitätssteuerung des Trägerstromes mit der gegen die Kathode negativen Elektrode [WEHNELT-Zylinder, Gitter, Lochblende (auch Steuerscheibe genannt)]. Das eventuell eingebaute Schirmgitter kann dazu benützt werden geringe, beim Herstellungsprozeß aufgetretene Abstandsungleichheiten der Elektroden elektrisch auszugleichen und um in bekannter Weise den Durchgriff der Anode herabzusetzen. Das in Fig. 14g dargestellte System wird auch als Fernfocuskathode bezeichnet[5] (s. S. 15). Bei Fernsehröhren beträgt

[1] G. MÖLLENSTEDT u. H. DÜCKER: Z. Naturforsch. **8**a, 79 (1953).
[2] G. MÖLLENSTEDT u. M. KELLER: Phys. Verh. **5**, 71 (1954).
[3] Zusammenfassende Darstellungen siehe Literaturverzeichnis S. 122, Nr. [14] bis [22].
[4] Genauere Definition der „Strahlkonstanten" in Ziff. 6.
[5] K. H. STEIGERWALD: Optik **5**, 469 (1949).

die Spannung der ersten Anode bis zu mehreren 1000 V, in Elektronenmikroskopen bis zu 100 kV. Die Gitterspannungen haben die Größenordnung 10 bis
einige 100 V negativ gegen Kathode.

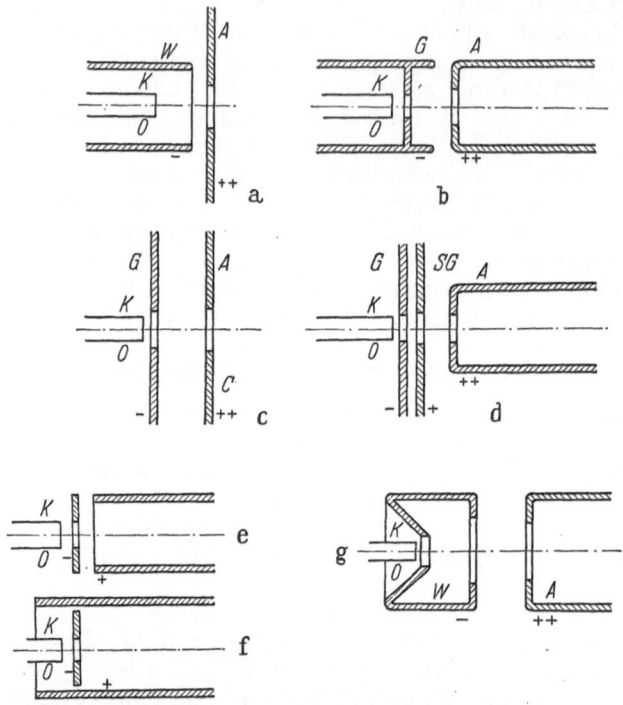

Fig. 14 a—g. Strahlerzeugungssysteme für Elektronenquellen. *K* Kathode, *G* Gitter, *W* Wehnelt-Zylinder,
A Anode, *SG* Schirmgitter.

Alle hier zu besprechenden Systeme sind zylindersymmetrisch. Daher ist der
Verlauf des statischen elektrischen Potentials $\varphi(r, z)$ bestimmt durch das Potential
$\Phi(z)$ auf der z-Achse (Symmetrieachse) der Anordnung[1]:

$$\varphi(r, z) = \Phi(z) - \frac{r^2}{4} \Phi''(z) + \frac{r^4}{64} \Phi^{(4)}(z) - + \cdots. \tag{5.1}$$

Wird $\Phi(z)$ um $z=0$ (Kathode) in eine Taylor-Reihe entwickelt und in (5.1)
eingesetzt, so ergibt sich[2]

$$\varphi(r, z) = \Phi_0' \cdot z + \frac{1}{6} \Phi_0^{(3)} z \left(z^2 - \frac{3}{2} r^2\right) + \frac{1}{120} \Phi_0^{(5)} z \left(z^4 - 5 r^2 z^2 + \frac{15}{8} r^4\right) + \cdots. \tag{5.2}$$

Wenn man sich auf eine Umgebung der Kathode beschränkt wo $r^2 \ll 16 \left|\frac{\Phi_0^{(3)}}{\Phi_0^{(4)}}\right|$
und $z^2 \ll 16 \left|\frac{\Phi_0^{(3)}}{\Phi_0^{(5)}}\right|$, so wird

$$\varphi(r, z) = \Phi_0' z \left[1 - \left(\frac{r}{r_0}\right)^2 + \frac{2}{3}\left(\frac{z}{r_0}\right)^2\right] \tag{5.3}$$

wo

$$r_0 = 2 \sqrt{\frac{\Phi_0'}{\Phi_0^{(3)}}} \tag{5.4}$$

---

[1] Siehe den Artikel von W. Glaser in diesem Band.
[2] Man beachte, daß auf der ganzen Kathodenfläche $\varphi(r, 0) = 0$ sein soll, also $\Phi_0''(0) = \Phi_0^{(4)}(0) = \cdots = 0$ ist

als ein charakteristischer Radius der Anordnung eingeführt wurde. An der als
eben angenommenen Kathode ist also der
radiale Verlauf der Feldstärke

$$\frac{\partial \varphi}{\partial z}\bigg|_{z=0} = \Phi_0' \left[1 - \left(\frac{r}{r_0} \right)^2 \right]. \qquad (5.5)$$

Bei den hier vorliegenden Systemen ist
nun im Betrieb stets $\Phi_0^{(3)} > 0$ [1] und damit
durch Φ_0' der Bereich bestimmt in welchem Emission möglich ist: 1. $\Phi_0' > 0$.
Dann ist bei einem bestimmten $r = r_0 =
2\sqrt{\Phi_0'/\Phi_0^{(3)}}$, wie aus (5.5) folgt, die z-Kom-
ponente des elektrischen Feldes Null. Also
ist nur innerhalb dieses Radius Emission
möglich. 2. $\Phi_0' = 0$, dies ist der Fall
wo das Emissionsgebiet auf den Radius
Null zusammengeschrumpft ist; und 3.
$\Phi_0' < 0$, dann wird auf der gesamten
Kathodenfläche die Emission unterdrückt.
Potentialflächen wie sie den eben besprochenen Fällen entsprechen sind in
Fig. 15 aufgezeichnet [1]. Aus (5.4) und (5.5)
ist die zweifache Steuerung der elektrischen
Verhältnisse an der Kathode durch die
Wahl verschiedener Elektrodenspannungen
ersichtlich: sowohl die statische Feldstärke
wie auch der Emissionsbereich sind zu beeinflussen. Bei nicht zu hoher Kathodenheizung werden zentrale Teile wegen der
höheren Feldstärke im Sättigungsgebiet arbeiten, dagegen andere, in der Umgebung
von r_0, im Raumladungsfall. Bei erhöhter
Heizung geht dieser Betriebszustand in
einen solchen über, wo auf der ganzen
Kathode der Raumladungsfall vorliegt. Die
Aufweitung des Emissionsbereichs bei Steigerung der Gitterspannung konnte qualitativ
durch eine Reihe experimenteller Untersuchungen bestätigt werden [2]. Die Situation
ist derjenigen ganz ähnlich welche bei der

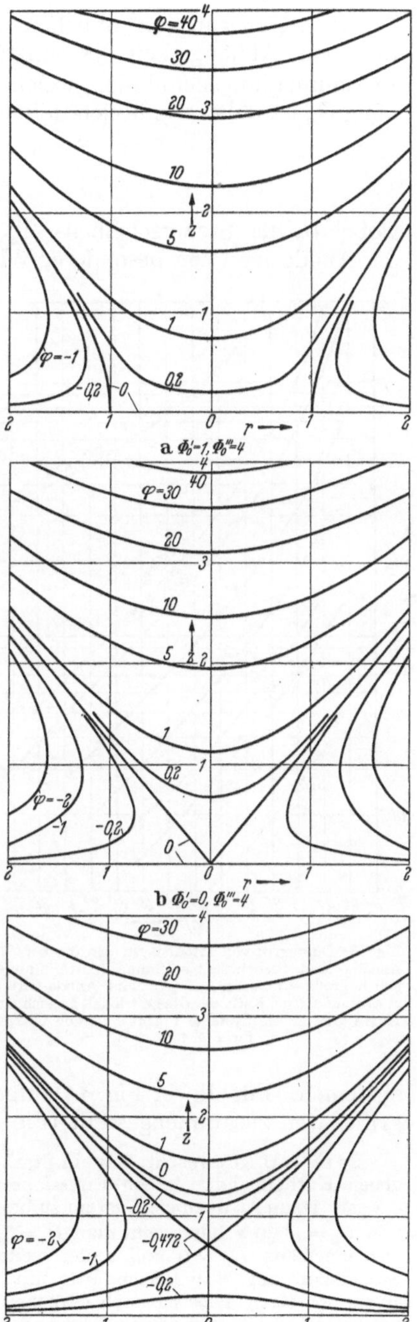

[1] M. PLOKE: Z. angew. Phys. **3**, 441 (1951);
4, 1 (1952). $\Phi_0^{(3)}$ kann aus *Messungen* des Potentialverlaufes experimentell ermittelt werden. Bei
der genauen *Berechnung* aus vorgegebenen geometrischen Daten ergibt sich $\Phi_0^{(3)} > 0$, wenn z.B.
der Kathodenabstand von der Steuerscheibe klein
ist gegen den Radius ihrer Öffnung, und wenn
die Feldstärke im Anodenraum groß ist gegen Φ_0'.
Ist $\Phi_0^{(3)} > 0$, so ergibt sich rechnerisch, daß in
Gl. (5.7a) der Exponent $n = 2,5$ ist. (M. PLOKE,
persönliche Mitteilung.)

[2] H. MOSS: J. Brit. Instn. Radio Engrs. **6**, 99 (1946). Siehe auch E. GUNDERT: Z. techn.
Phys. **24**, 267 (1943); [*14*] S. 130. — L. JACOB: Proc. Phys. Soc. Lond. B **65**, 421 (1952).

Fig. 15. Verlauf des elektrostatischen Potentials
vor einer ebenen Kathode in der Nähe der z-
Achse eines um diese rotationssymmetrischen
Strahlerzeugungssystems.

Emissionssteuerung in üblichen Verstärkerröhren vorliegt[1]. Ebenso wie dort führt eine Abhängigkeit des emittierenden Bereiches von den elektrischen Daten zu Raumladungskennlinien, welche stärker als mit $U_{st}^{\frac{3}{2}}$ ansteigen, die Steuerspannung U_{st} ist dabei wie üblich definiert durch

$$U_{st} = \frac{U_g + D U_a}{1 + D}, \tag{5.6}$$

wobei U_g die Steuerscheiben-, U_a die Anodenspannung und D der Durchgriff der Anode ist. Von besonderer Wichtigkeit ist die *Unterdrückungsspannung U_u*,

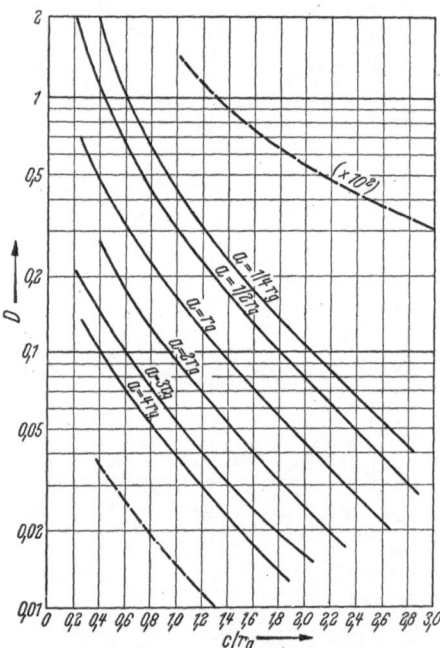

das ist derjenige Wert der *Gitter-* (Steuerscheiben-) Spannung, bei welchem die Kathodenemission unterdrückt wird. Dieser Wert ist natürlich nicht exakt definierbar. Es ist aber vielfach bequem und ausreichend diejenige Gitterspannung zu nehmen, bei welcher der Emissionsstrom auf die Größenordnung 10^{-7} Amp abgesunken ist [18] oder wo der Leuchtfleck auf dem Schirm visuell verschwindet. Empirisch gilt dann für den Emissionsstrom

$$I_{em} = P'' (U_g - U_u)^n, \tag{5.7a}$$

wobei P'' eine Konstante für das spezielle System ist, und n für eine ganze Reihe technischer Fernsehröhren den Wert 2,5 hat[2]. Dagegen gab Moss[3] die Beziehung an

$$I_{em} = P' \frac{(U_g - U_u)^{\frac{7}{2}}}{U_u^2}. \tag{5.7b}$$

Fig. 16. Durchgriff von Triodensystemen (nach [18]). Anoden- und Steuerscheibenöffnung (Gitteröffnung) gleich groß: Radius r_g. a: Abstand Anode-Gitter, c: Abstand Gitter-Kathode. Die gestrichelt gezeichnete Kurve gilt für die Systeme Fig. 14e, f. Die übrigen für Fig. 14b, c.

Nach KLEMPERER [18] liegt der Geometriefaktor P' für Triodensysteme zwischen 3 und $5 \cdot 10^{-6}$ Amp Volt$^{-\frac{3}{2}}$. Die Beziehungen (5.6) und (5.7) eignen sich nach Kenntnis von P' nun zur Festlegung von Durchgriffsdaten und damit geometrischen Daten von Strahlbildungssystemen. Für die in Fig. 14 aufgezeichneten Systeme hat KLEMPERER Durchgriffsdaten zusammengestellt (Fig. 16), die sich wie folgt benützen lassen.

Es sei z.B. gewünscht, daß ein Strahlbildungssystem, dessen erste Anode 300 V Spannung gegen Kathode habe, einen Emissionsstrom von 0,5 mA ergibt, wenn die Gitterspannung 0 V ist. Dann ist dazu ein System zu bauen, welches nach (5.7) eine Unterdrückungsspannung von $U_u = -30$ V hat (wenn man $P' = 3,5 \cdot 10^{-6}$ Amp Volt$^{-\frac{3}{2}}$ setzt). Bei $U_g = -30$ V ist dann also einerseits $I_{em} = 0$ und andererseits gehört zu diesem stromlosen Zustand immer die Steuerspannung Null (gleichgültig mit welcher Potenz der Steuerspannung der Emissionsstrom ansteigt). Dies ist nach (5.6) bei gegebener Anodenspannung von 300 V nur möglich, wenn $D = 0,1$ ist, und daraus folgt aus Fig. 16 nach Wahl eines bestimmten Typs eines Mehrelektrodensystems sofort welche geometrischen Daten, d.h. Werte von c und a (s. Fig. 16) eingehalten werden müssen. — PLOKE[4] hat ebenfalls in seinen ausführlichen Arbeiten Kurven-

---

[1] H. ROTHE u. W. KLEEN: Grundlagen der Elektronenröhren, 3. Aufl. Leipzig 1948.
[2] E. GUNDERT: Z. angew. Phys. **5**, 340 (1953).
[3] Siehe Fußnote 2, S. 17.
[4] M. PLOKE: Fußnote 1, S. 17.

material und Zahlenwerte für Triodensysteme zusammengestellt welche sich zur Bestimmung von Abständen und Durchmessern der Elektroden eignen.

Ebenso wie über die Frage der Intensitätssteuerung sind eine große Zahl von Publikationen über die eigentliche Strahlbildung in dem der Kathode vorgelagerten Immersionssystem (im elektronenoptischen Sinne) erfolgt[1]. Der allgemeine Bündelverlauf geht aus Fig. 17 hervor. Von jedem Punkt der Kathode gehen Elektronen aus, welche isotrop und mit Geschwindigkeitsbeträgen welche durch die MAXWELLsche Geschwindigkeitsverteilung bestimmt sind, starten. Diese von einem Punkt ausgehenden Elektronen bilden ein Elementarbündel, welches bei idealer Abbildung einen Bildpunkt des Emissionspunktes ergibt, oder besser, ein Flächenelement der Kathode in ein vergrößertes oder verkleinertes des Bildraumes abbildet. Charakteristisch für das Immersionssystem mit starkem Durchgriff ist, daß von verschiedenen Punkten der Kathode ausgehende Träger-

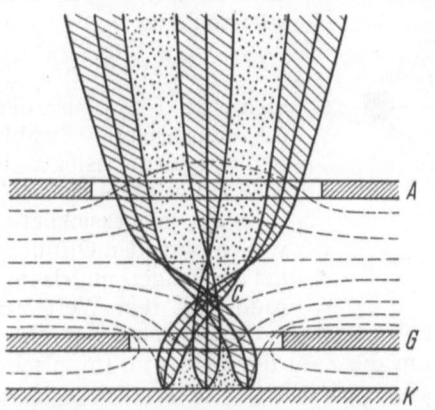

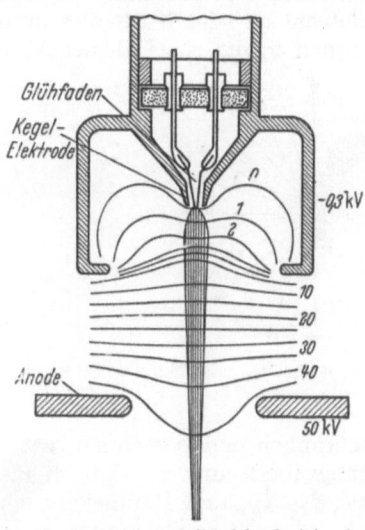

Fig. 17. Ausbildung des Überkreuzungs„punktes" C (Cross-over) vor der Kathode eines Triodensystems bei großer Steuerscheibenöffnung in G. A Anode, K Kathode.

Fig. 18. Potential- und Bündelverlauf in einer Fernfocuskathode (nach STEIGERWALD).

bündel einen gemeinsamen Überkreuzungspunkt auf der Achse des Systems haben können (Cross-over). Dieser ist der bildseitige Brennpunkt. Sein Abstand von der Kathode wächst mit wachsender Steuerscheibenspannung; bei positiven Spannungen kann die Brennweite unendlich groß gemacht werden, wenn Gitter- und Anodenöffnung klein gegen ihre Abstände untereinander und von der Kathode sind. Dann muß aber der Nachteil in Kauf genommen werden, daß Gitterstrom fließt. Der bei negativer Gitterspannung sich einstellende Überkreuzungspunkt ist natürlich genau genommen ein endliches Gebiet mit besonders hoher Stromdichte. Um eine hohe Leuchtdichte auf Schirmen zu erreichen, wird vielfach dieser Überkreuzungspunkt durch die weiteren elektronenoptischen Linsen abgebildet.

Der Auffindung der Überkreuzungspunkte, Bahnverläufe und ihrer Abhängigkeiten von den Betriebsgrößen sind eben die zitierten Arbeiten[2] gewidmet. Dabei ergeben sich auch *prinzipielle* Leistungsgrenzen der Bündelerzeugungssysteme, die uns hier besonders interessieren und welche daher im folgenden geschildert werden.

---

[1] Zum Beispiel L. JACOB: Proc. Phys. Soc. Lond. B **63**, 75 (1950). — J. Appl. Phys. **21**, 966 (1950) (Triode, Feldausmessung im elektrolyt. Trog). — W. E. SPEAR: Proc. Phys. Soc. Lond. B **64**, 233 (1951) (Röntgenröhrenfeld). — J. DOSSE: Z. Physik. **115**, 530 (1940). — R. R. LAW: Proc. I. R. E. **25**, 954 (1937). — H. Moss u. M. PLOKE: Fußnoten 2, 1, S. 17.

[2] M. PLOKE: Fußnote 1, S. 17.

Zuvor sei darauf hingewiesen, daß die stark fokussierende Wirkung des Gitter-Anodensystems dadurch vermindert werden kann, daß dieses geometrisch so ausgebildet wird, daß in geringer Entfernung vor der Kathode eine Zerstreuungs-linse entsteht. Dies ist in der von STEIGERWALD[1] vorgeschlagenen Fernfocus-kathode geschehen (Fig. 18), wo das zerstreuende Feld durch den kegelförmigen Bau des WEHNELT-Zylinders entsteht. Mit der Vermeidung des Überkreuzungs-punktes ergibt sich ein System welches hohe elektrische Raumladungen an einer Stelle vermeidet, wo eine scharfe Bündelkonzentration noch nicht notwendig ist.

Die Tatsache, daß die Elektronen die Kathode mit endlicher Geschwindigkeit verlassen, welche durch die Kathodentemperatur T bestimmt ist, führt zu grund-sätzlichen Beschränkungen der erreichbaren Stromdichte[2]. Die von einem Flächen-element dF_g der Kathode mit isotroper Richtungsverteilung ausgehenden Elek-tronen erzeugen bei idealer Abbildung alle zusammen ein Bild dF_b, dessen Größe bei linearem Abbildungsmaß-

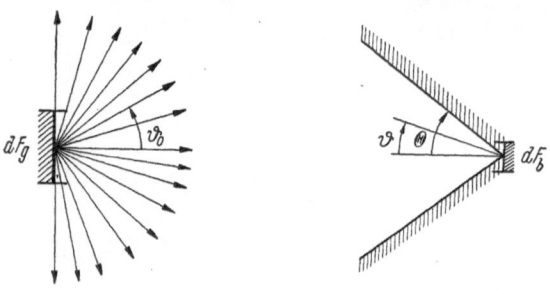

stab M mit dF_g in dem Zu-sammenhang

$$dF_b = M^2\, dF_g \qquad (5.8)$$

steht. In Fig. 19 ist der von dF_g ausgehende Strahlenke-gel für eine Elektronenge-schwindigkeit zwischen v_0 und $v_0 + dv_0$ eingezeichnet. Wir wollen nun den Öffnungswin-kel des Trägerbündels im Bild-raum auf den Wert 2Θ be-

Fig. 19. Elektronenstrahlkegel an der Emissionsfläche dF_g und an der Bildfläche dF_b.

schränken und berechnen, wie hoch die erreichbare Stromdichte ist. Die Aus-gangsüberlegung ist, daß im Phasenraum die Zahl der Träger im Impulselement $dp_x\, dp_y\, dp_z$ und Raumelement $dx\, dy\, dz$ gegeben ist durch

$$dN = C \cdot e^{-H/kT}\, dp_x\, dp_y\, dp_z\, dx\, dy\, dz\,, \qquad (5.9)$$

wobei

$$H = \frac{1}{2m}\left[(p_x + e A_x)^2 + (p_y + e A_y)^2 + (p_z + e A_z)^2\right] - e\varphi(x, y, z) \qquad (5.10)$$

ist. Nehmen wir an, daß kein Magnetfeld vorhanden ist, und daß an der Kathode das elektrische Potential $\varphi = 0$ ist, so ergibt sich für die Stromdichte in z-Rich-tung (senkrecht zur Kathodenfläche) an der Kathode

$$j_0 = 2\pi\, em C\, (kT)^2. \qquad (5.11)$$

Die Gültigkeit der Beziehung (5.9) über den ganzen Bereich der Elektronen-strömung mit derselben Temperatur T ist gewährleistet durch den LIOUVILLE-schen Satz über die Dichte der Phasenpunkte in der Umgebung der Phasenbahn eines Elektrons (vgl. PIERCE[2]). Ersetzt man p durch mv und führt an Stelle der Komponentenschreibweise für den Geschwindigkeitsvektor die Betrags- und Winkelschreibweise ein, ersetzt man ferner $mv^2/2kT$ durch die Größe u^2 und $e\varphi/kT$ durch W, so ist die Stromdichte in z-Richtung allgemein

$$j = 4j_0 \iint_{u\ \vartheta} u^3\, e^{-(u^2 - W)} \sin\vartheta \cos\vartheta\, d\vartheta\, du. \qquad (5.12)$$

[1] STEIGERWALD: Fußnote 5, S. 15.
[2] J. R. PIERCE: J. Appl. Phys. **10**, 715 (1939). — D. B. LANGMUIR: Proc. I. R. E. **25**, 977 (1937). — R. R. LAW: Proc. I. R. E. **25**, 954 (1937).

Fordert man, daß der ganze von dF_g ausgehende Strom das Flächenelement dF_b erreicht, so ergibt sich der Sinussatz[1]

$$u_0^2 \sin^2 \vartheta_0 = M^2 u^2 \sin^2 \vartheta. \tag{5.13}$$

Zusammen mit dem Energiesatz

$$u_0^2 + W = u^2 \tag{5.14}$$

lassen sich dann die richtigen Integrationsgrenzen für die Auswertung von (5.12) für den von uns betrachteten Fall der Ausblendung im Bildraum angeben. Betrachten wir zunächst ein spezielles u_0, so ist der zu dem Einfallswinkel ϑ gehörende Startwinkel ϑ_0 (vgl. Fig. 19) festgelegt durch die Beziehung (5.13). Durch die eingeführte Blende, welche ϑ auf den Wert Θ begrenzt, ist also der Startwinkel im Bereich

$$0 \leq \sin^2 \vartheta_0 \leq \left(1 + \frac{W}{u_0^2}\right) M^2 \sin^2 \Theta \tag{5.15}$$

zugelassen. Nach der Integration von (5.12) über diesen Winkelbereich der ϑ_0-Koordinate, bleibt noch die Integration über u_0 auszuführen. Beginnen wir bei $u_0 = \infty$, so erreicht man schließlich mit fallendem u_0 einen Wert $u_{0,\mathrm{grenz}}$, für den aus (5.15) $\sin \vartheta_0 = 1$ folgt. Von diesem Grenzwert an muß also bei der vorherigen Integration über ϑ_0 von $\sin \vartheta_0 = 0$ bis $\sin \vartheta_0 = 1$ integriert werden. Insgesamt bleibt also

$$j = \frac{j_0}{M^2} \int_{u_{0,\mathrm{grenz}}}^{\infty} u_0^2\, e^{-u_0^2}\, d(u_0^2) \int_0^{\left(1 + \frac{W}{u_0^2}\right) M^2 \sin^2 \Theta} d(\sin^2 \vartheta_0) + \frac{j_0}{M^2} \int_0^{u_{0,\mathrm{grenz}}^2} u_0^2\, e^{-u_0^2}\, d(u_0^2) \int_0^1 d(\sin^2 \vartheta_0).$$

Führt man die Integrationen aus und setzt $u_{0,\mathrm{grenz}}$ ein, so ergibt sich mit $M \sin \Theta = \beta$ schließlich

$$j = \frac{j_0}{M^2} \left[1 - (1 - \beta^2) \exp\left(-\frac{\beta^2 W}{1 - \beta^2}\right)\right]. \tag{5.16}$$

Geht man zur Abbildung von Spalten über, und läßt entsprechend im Bildraum einen Strichfocus entstehen, für den eine Ausblendung des Öffnungswinkels also nur in einer Richtung erfolgt, so findet man ebenso[2]

$$j = \frac{j_0}{M} \left[\mathrm{erf}\left(\frac{\beta^2 W}{1 - \beta^2}\right)^{\frac{1}{2}} + \beta\, e^W \left\{1 - \mathrm{erf}\left(\frac{W}{1 - \beta^2}\right)^{\frac{1}{2}}\right\}\right]. \tag{5.17}$$

Die Diskussion der gewonnenen Beziehungen verläuft in beiden Fällen sehr ähnlich, sie genügt also für (5.16). Die Grenze der Gültigkeit der Gleichung ist dort erreicht, wo $\beta = 1$ ist. Dann wird

$$j = \frac{j_0}{M^2}\,;$$

d.h. der gesamte emittierte Strom trägt zur Intensität im Bild bei, selbst wenn der Öffnungswinkel $\Theta < 90°$ aber dann der Abbildungsmaßstab $M > 1$ ist. Bei $\beta \ll 1$ ist andererseits die Stromdichte

$$j_i = \frac{j_0}{M^2} \beta^2 (1 + W) = j_0 (1 + W) \sin^2 \Theta \tag{5.18}$$

---

[1] W. GLASER: Elektronen- und Ionenoptik in diesem Band.

[2] J. R. PIERCE: Fußnote 2, S. 20. $\mathrm{erf}(x) = \dfrac{2}{\sqrt{\pi}} \displaystyle\int_0^x e^{-t^2}\, dt.$

also um so größer, je größer W ist, d.h. bei gegebener Beschleunigungsspannung je kleiner die Kathodentemperatur ist. Daher rührt die Bevorzugung von Oxydkathoden für Zwecke der Erzielung höchster Stromdichten. Setzt man noch den oben angegebenen Maximal-Stromdichtewert

$$ j_c = \frac{j_0}{M^2} = j_0 \sin^2 \Theta \tag{5.19} $$

so kann man nach dem Vorgang von PIERCE[1] die Diskussion mit Hilfe der Größen

$$ E_i = \frac{j}{j_i} \quad \text{und} \quad E_c = \frac{j}{j_c} \tag{5.20} $$

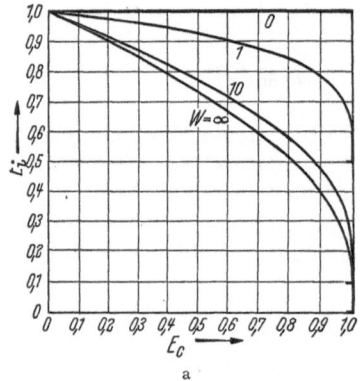 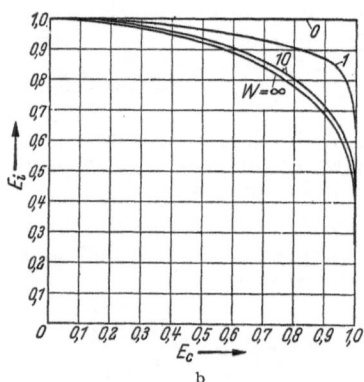

Fig. 20a u. b. a Verlauf von E_i in Abhängigkeit von E_c bei zylindersymmetrischen Elektronenstrahlsystemen. Bei kleinem β geht $E_c \to 0$, $E_i \to 1$. b Verlauf von E_i in Abhängigkeit von E_c bei Elektronenstrahlsystemen mit rechteckigem Bündelquerschnitt (Länge groß gegen Breite).

durchführen. Von diesen hat E_c eine unmittelbar anschauliche Bedeutung. Ist die Stromstärke bei einer Bildgröße F_b gerade I, so ergibt sich mit Hilfe von (5.20)

$$ I = F_b j = F_b j_c E_c = F_b j_0 E_c / M^2 = F_g j_0 E_c = I_{em} E_c , $$

d.h. E_c ist der Bruchteil des Emissionsstromes, welcher im Bild ankommt. Ist dieser Bruchteil z.B. durch große Blenden sehr hoch gemacht worden, so läßt sich trotzdem keine so hohe Stromdichte erreichen wie sie z.B. nach (5.18) für wachsende Winkel möglich wäre, sondern es ergeben sich prozentual niedrigere Werte (Fig. 20). Das zeigt, daß die Stromdichte eine eigentümliche Winkelverteilung im Bildpunkt hat. Suchen wir nämlich die Strahlungscharakteristik (Strahlungsdiagramm), so haben wir die Stromdichte für einen Winkelbereich zwischen ϑ und $\vartheta + d\vartheta$, sowie φ und $\varphi + d\varphi$ zu bestimmen, wobei φ der Rotationswinkel um die z-Achse ist. Wir gewinnen diese Verteilung durch Differentiation aus (5.16). Und zwar ist die Stromdichte pro Raumwinkeleinheit in Richtung (ϑ, φ) gegeben durch $f(\vartheta, \varphi)$:

$$ \frac{d\varphi}{2\pi} \frac{1}{\cos\vartheta} \frac{dj}{d\vartheta} d\vartheta = f(\vartheta, \varphi) \sin\vartheta\, d\vartheta\, d\varphi\, ^{\dagger}. \tag{5.21} $$

So ergibt sich

$$ f(\vartheta, \varphi) = \frac{1}{\pi} j_0 \left[1 + \frac{W}{1 - M^2 \sin^2\vartheta} \right] \exp\left(- \frac{M^2 \sin^2\vartheta\, W}{1 - M^2 \sin^2\vartheta} \right). \tag{5.22} $$

$\dagger$ $\cos\vartheta$ muß besonders berücksichtigt werden, da (5.16) die Stromdichte nur in z-Richtung betraf.

Man überzeugt sich schnell, daß plausible Werte von W, z. B. die Größenordnung 1000, und M, z. B. 0,1, auf Strahlungscharakteristiken führen, bei welchen die Stromdichte schon bei Bruchteilen von Grad auf $1/e$ abgesunken ist. [Speziell für $\vartheta = 0$ (Vorwärtsrichtung) ergibt sich

$$f(0, \varphi) = \frac{1}{\pi} j_0 (1 + W) \qquad (5.23)$$

also bei $W = 1000$ ein Wert der um drei Größenordnungen über der Emissionsstromdichte der Kathode liegt.] Von DOSSE[1] sind Strahlungsdiagramme gemessen worden. Der von ihm eingeführte *Richtstrahlwert* eines Elektronenstrahlers ist definiert als *mittlere* Stromdichte pro Raumwinkeleinheit. Bei einem Triodensystem fand er bei einem Strahlstrom von 100 µA, welcher in einem Brennfleck von etwa 0,1 mm Durchmesser vorhanden war, einen Öffnungswinkel von etwa $3 \cdot 10^{-2}$, so daß sich hier ein Richtstrahlwert von etwa 550 Amp/cm² ergab. Der von ihm theoretisch berechnete betrug hierfür etwa 800 Amp/cm².

Von DOSSE[1] u. a.[2] wurde auch die Stromdichteverteilung in radialer Richtung

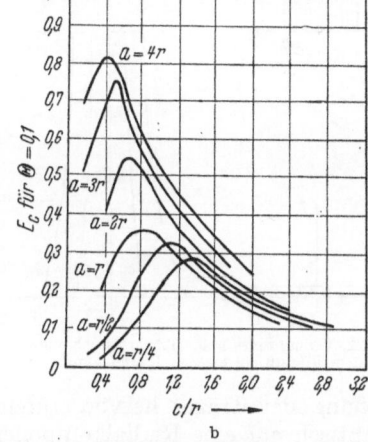

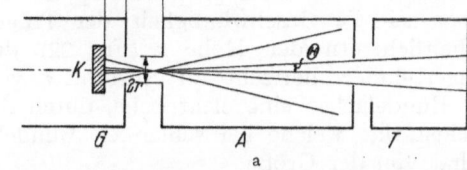

a

b

Fig. 21 a u. b. a Triodensystem von KLEMPERER und MAYO. K Kathode, G Gitter (Steuerscheibe), A Anode (1. und 2. Öffnung gleich groß), T Elektronenauffänger. b Verhältnis von Elektronenstrom im Auffänger zu Emissionsstrom (E_c) für das Triodensystem a.

im Brennfleck gemessen. Sie muß nach (5.13) ebenfalls von der endlichen Austrittsgeschwindigkeit der Elektronen herrühren. Diese führt also sowohl zu einer Winkelverteilung so wie, wegen M, zu einer radialen Verteilung der Stromdichte. Historisch ist von dieser endlichen Breite des Brennflecks und seiner radialen Abhängigkeit nach einer GAUSSschen Glockenkurve die ganze Frage der prinzipiellen Begrenzung der Stromdichte aufgerollt worden.

KLEMPERER und MAYO[3] haben die Größe E_c für das in Fig. 21 a wiedergegebene einfache Triodensystem gemessen und die in Fig. 21 b aufgezeichneten Kurven gewonnen. Sie zeigen, daß E_c experimentell weitgehend variiert werden kann, und daß optimale geometrische Daten erreichbar sind durch passende Wahl der Elektrodenabstände und -öffnungen. Bei diesen optimalen Werten hat das Bündel minimale Divergenz. Der gesamte Kurvenverlauf wird von KLEMPERER und MAYO diskutiert unter Berücksichtigung dessen, daß durch Raumladungen der Überkreuzungspunkt nach Abstand und Durchmesser noch modifiziert wird. — Von FIELD [16] wurde angegeben, daß es tatsächlich möglich ist Systeme zu bauen, welche E_i und E_c-Werte haben, die nahe bei den in Fig. 20 aufgezeichneten liegen. Eine Zeichnung eines solchen Systems wird aber nicht angegeben.

[1] J. DOSSE: Z. Physik **115**, 530 (1940). — Weitere Angaben über Richtstrahlwerte siehe den Artikel von LEISEGANG in diesem Band.

[2] R. R. LAW: Fußnote 2, S. 20.

[3] O. KLEMPERER u. B. J. MAYO: J. Instn. Electr. Engr., Part III **95**, 135 (1948).

6. Strahlbildung unter Berücksichtigung der Eigenraumladung. In der vorigen Ziffer hatten wir schon angedeutet, daß durch die Eigenraumladung der Träger eine Felddeformation und damit eine Abänderung der Trägerbahn erfolgen wird. Hier sollen nun die Verhältnisse bei hoher Raumladung dargestellt werden, und zwar zunächst für den Fall der Trägerbewegung in einem feldfreien Raum, und dann in Gebieten, wo Trägerbeschleunigung stattfindet (Berechnung der Elektrodenform nach PIERCE).

α) *Freie Trägerbündel.* Die bekannteste quantitative Untersuchung der Verbreiterung eines freien Trägerbündels wurde von WATSON[1] für ein Trägerbündel kreisförmigen Querschnittes durchgeführt. Seine Überlegungen wurden später auf den Fall rechteckiger Strahlbegrenzung (Bündelformung mit Spaltblenden) ausgedehnt[2]. Wir beginnen mit dem radialsymmetrischen Fall. Ein Trägerbündel vom Radius r_0 trete in den feldfreien Raum ein, es sei während des betrachteten Verlaufes „schlank", d. h. der durch die Raumladung verursachte Potentialunterschied zwischen Mitte und Rand soll noch klein sein gegen die der kinetischen Energie der Träger entsprechende Spannung, ferner sei die Geschwindigkeit der Träger einheitlich. In der Höhe z (Fig. 22) des Trägerbündels herrscht im Abstand r von der Bündelachse eine elektrische, durch die Ladung der Träger hervorgerufene Feldstärke, welche bei schlanken Bündeln praktisch nur eine Radialkomponente hat von der Größe

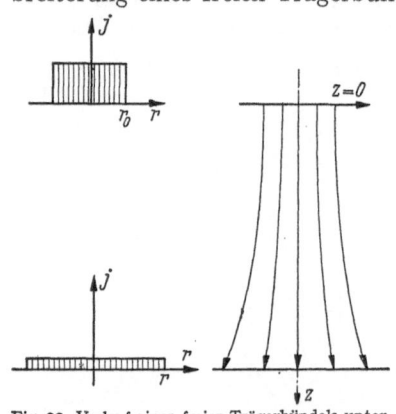

Fig. 22. Verlauf eines freien Trägerbündels unter dem Einfluß der eigenen Raumladung.

$$E(r) = \frac{j(r)}{\varepsilon_0 \sqrt{8 \frac{q}{m} U}} \, r = k^2 \sqrt{\frac{M}{Z}} \frac{j(r) \cdot r}{\sqrt{U}}, \tag{6.1}$$

wenn die kinetische Energie der Träger qU, ihre Masse m und ε_0 die Influenzkonstante ist. Drückt man die Ladung durch Vielfache der Elementarladung ($q = Ze$) und die Trägermasse durch das Atomgewicht aus ($m = M \cdot 1{,}66 \cdot 10^{-27}$ kg) so wird der von der Trägerart unabhängige Zahlenfaktor in (6.1)

$$\frac{1}{k^2} = \varepsilon_0 \sqrt{8 \frac{1{,}6 \cdot 10^{-19}}{1{,}66 \cdot 10^{-27}}} = 24{,}55 \cdot 10^{-8} \quad (\text{Amp/Volt}^{\frac{3}{2}}). \tag{6.2}$$

Unter dem Einfluß dieser Feldstärke wirkt auf jeden Träger eine Radialkraft, so daß $m\ddot{r} = qE(r)$. Da die z-Geschwindigkeit der Träger konstant bleiben soll, kann die Differentiation nach der Zeit durch eine solche nach z ersetzt werden. Überdies soll z durch z/r_0 ausgedrückt werden. Deuten wir die Differentiation nach z/r_0 durch Striche an, so wird die Bahnkurve eines Trägers bestimmt durch

$$r'' = \frac{k^2}{2} \frac{r_0^2 j(r)}{U^{\frac{3}{2}}} \sqrt{\frac{M}{Z}} \cdot r. \tag{6.3}$$

[1] E. E. WATSON: Phil. Mag. (VII) **3**, 849 (1924).
[2] J. THOMPSON u. L. B. HEADRICK: Proc. I. R. E. **28**, 318 (1940). — F. G. HOUTERMANS u. K. H. RIEWE: Arch. Elektrotechn. **35**, 686 (1941). — B. v. BORRIES u. J. DOSSE: Arch. Elektrotechn. **32**, 221 (1938). — D. L. HOLLWAY: Austral. J. Sci. Res. A**5**, 430 (1952).

Bis hierher ist die durchgeführte Rechnung auch noch für nichthomogene Stromdichte korrekt. Läßt man diese Voraussetzung fallen, so ist die vollständige Lösung des Problems nicht möglich, da ein Vielkörperproblem vorliegt, ebenso wenn am selben Punkt verschiedene Trägergeschwindigkeiten zugelassen werden. Gewisse Spezialfälle bei welchen die Trägergeschwindigkeit eine eindeutige Ortsfunktion ist, lassen sich dagegen wieder lösen (vgl. Abschnitt δ). Nehmen wir also an, daß innerhalb des Bündels keine Bahnüberschneidungen stattfinden, so gibt speziell die Randkurve des Bündels den Gesamtverlauf, und die Bahnen der einzelnen Träger sind geometrisch ähnliche Kurven. Zunächst ist der Gesamtstrom in jedem Querschnitt konstant (dies gilt auch in bezug auf jeden Teilquerschnitt), also $\pi\, r_0^2 j_0 = \pi\, r^2 j$. Ferner können wir für jede Teilchenbahn die Verbreiterung

$$R = \frac{r}{r_0} \tag{6.4}$$

einführen. Sucht man die Verbreiterung der Randbahn, so können wir die Größe $\pi\, r_0^2 j_0$ ersetzen durch den Gesamtstrom I. Damit wird schließlich aus (6.3)

$$\frac{d^2 R}{d\left(\frac{z}{r_0}\right)^2} = \frac{k^2}{2\pi} \sqrt{\frac{M}{Z}} \frac{1}{R} \frac{I}{U^{\frac{3}{2}}} = \frac{K^2}{2} P \frac{1}{R}, \tag{6.5}$$

wenn wir mit P, wie im englischen Sprachgebrauch üblich, die Größe $I/U^{\frac{3}{2}}$ bezeichnen („perveance"). K sei als *Strahlkonstante* bezeichnet. Zahlenwerte finden sich in Tabelle 4 zusammengestellt einmal für Elektronen und zum anderen für Ionen wie sie in kernphysikalischen Anlagen erzeugt werden. Ein erstes Integral der Gl. (6.5) ist

$$\left[\frac{dR}{d\left(\frac{z}{r_0}\right)}\right]^2 = \left[\frac{dR}{d\left(\frac{z}{r_0}\right)}\bigg|_0\right]^2 + K^2\, P \log R, \tag{6.6}$$

woraus als vollständige Lösung der Zusammenhang

$$\frac{z}{r_0} = \int\limits_1^R \frac{dR}{\sqrt{K^2 P \log R + R_0'^2}} \tag{6.7}$$

für die Abhängigkeit des durchlaufenen Strahlweges von der Verbreiterung (und umgekehrt) folgt. Bei dieser Lösung ist vorausgesetzt, daß dieselben Ähnlichkeitsbeziehungen, die zwischen den verschiedenen Abständen eines Trägers von der Achse gelten, auch für die Anfangsrichtungen gelten,

$$[dr/dz]_0 = r_0\, [dR/dz]_0,$$

Tabelle 4. *Werte der Strahlkonstante K^2.* [Definition Gl. (6.5) und (6.1).]

Trägersorte	$K^2 \cdot 10^{-6}$ (Amp^{-1} Volt$^{\frac{3}{2}}$)
Elektron	$3{,}04 \cdot 10^{-2}$
H$^+$	1,3
H$_2^+$	1,83
D$^+$	1,83
D$_2^+$	2,6
T$^+$	2,25
He$^+$	2,6
He^{++}	1,83

daß also ein homozentrisches Trägerbündel vorliegt. Der rechnerische Gang für die Lösung von (6.7) ist so, daß zunächst bei schiefem Einfall aus (6.6) diejenige Verbreiterung R bestimmt wird, bei welcher der Strahlquerschnitt sein Minimum hat. Vor dort aus kann dann der ganze Bündelverlauf mit der einfacheren Beziehung

$$\frac{z}{r_0} = \frac{1}{K\sqrt{P}} \int\limits_1^R \frac{dR}{\sqrt{\log R}} \tag{6.8}$$

berechnet werden. Der Wert des Integrals ist in Fig. 23 aufgezeichnet. Beim kreiszylindrischen Bündel führen auch hohe Anfangsneigungen zu einem endlichen Minimalradius des Bündels. Dagegen kann bei Bündeln mit rechteckigem Querschnitt im Rahmen dieser Theorie die Minimalbreite Null werden. Behandeln wir zunächst den Fall eines in x-Richtung unendlich ausgedehnten Bandes, welches beim Eintritt in den feldfreien Raum die Breite $2 y_0$ haben möge, während es sich in z-Richtung bewege (Fig. 24a). Dann ist die Randfeldstärke, welche nur eine y-Komponente hat,

$$E = \frac{2 y j}{\varepsilon_0 \sqrt{\frac{8q}{m}} \sqrt{U}} = \frac{I}{\varepsilon_0 \sqrt{\frac{8q}{m}} \sqrt{U}}, \quad (6.9)$$

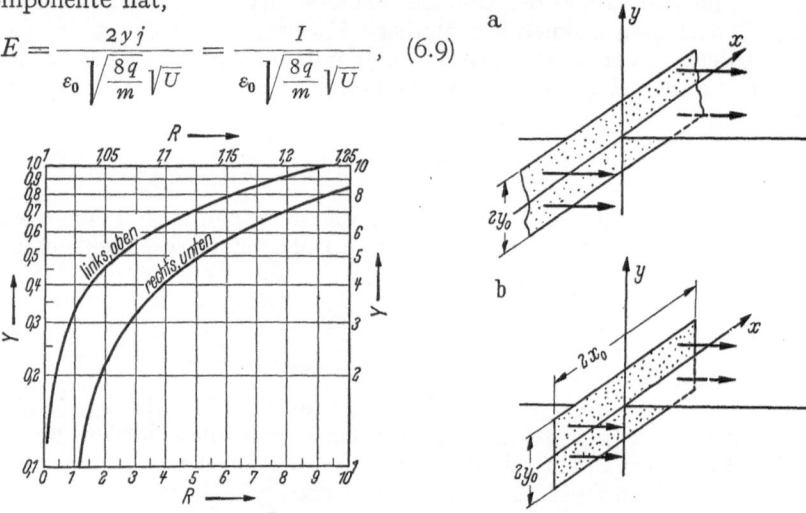

Fig. 23. Die Funktion $Y = \int\limits_{1}^{R} \frac{dr}{\sqrt{\log r}}$.

Fig. 24. Koordinatensystem für die Berechnung der Bündelaufweitung bei rechteckigem Bündelquerschnitt.

da $2 y j = 2 y_0 j_0 = I$. Diese Beziehung führt für die Randkurve auf die Differentialgleichung

$$y'' = \frac{k^2}{z} \frac{I}{U^{\frac{3}{2}}} \sqrt{\frac{M}{Z}} = \frac{K_{\text{Spalt}}^2}{2} P, \quad (6.10)$$

wenn I hier den Bündelstrom pro cm Spaltlänge angibt, und die Striche Differentiation nach z bedeuten. Wir sehen, daß sich die Strahlkonstante für den Fall des unendlich ausgedehnten Bandes von der des kreiförmigen Querschnittes um π unterscheidet:

$$K_{\text{Spalt, lang}}^2 = \pi K_{\text{Kreis}}^2. \quad (6.11)$$

Die Strahlkonstanten lassen sich also leicht aus denen der Tabelle 4 berechnen. Die Lösung der Gl. (6.10) ist

$$y = y_0 + y_0' z + \frac{K^2}{2} P \frac{z^2}{2}, \quad (6.12)$$

Bei von Null verschiedenem y_0 und y_0' gibt es Bahnkurven, bei denen das Bündel die z-Achse passiert, nämlich dort, wo

$$z = \frac{2}{K^2 P} \left(-y_0' + \sqrt{y_0'^2 - y_0 K^2 P} \right){}^\dagger \quad (6.13)$$

ist. Bei sehr kleinem y_0 ist der Radikand negativ, also existiert kein solcher „Überkreuzungspunkt", ebenso bei großer Perveance P.

$\dagger$ $y_0'^2 = y_0 K^2 P$; dann Überkreuzung bei $z_{\ddot{u}} = -\frac{2 y_0'}{K^2 P} = -2 \frac{y_0'}{y_0'^2} y_0 = -2 \frac{y_0}{y_0'}$, d.h. in doppelter Entfernung wie ohne Raumladung.

Von THOMPSON und HEADRICK[1] ist zur Ableitung des oben formulierten Ergebnisses nicht die geometrische Methode der Bahnberechnung benutzt worden, sondern sie haben als Bahnparameterdarstellung die Abhängigkeit der Bewegungskoordinaten von der Zeit belassen. Sie konnten dann im Fall des langen Spaltes auch noch die Beeinflussung des Überkreuzungsabstandes durch ein homogenes elektrisches Längsfeld in die Betrachtung mit einbeziehen und haben in einigen Kurven spezielle Beispiele dargestellt. — Etwas grundsätzlich Wichtiges kommt in die Überlegungen hinein, wenn man vom „langen" Spalt zum kurzen Spalt übergeht. Dann tritt eine Verbreiterung des Bündels sowohl in x- wie in y-Richtung auf. Diesen Fall haben insbesondere HOUTERMANS und RIEWE[1] behandelt. Wie in Fig. 24b angedeutet, trete in den feldfreien Raum ein Bündel von rechteckigem Querschnitt mit den Kantenlängen $2x_0$ und $2y_0$ ein. Wie HOUTERMANS und RIEWE gezeigt haben, sind die Komponenten der Feldstärken in den Mitten der Seiten des Rechteckes

$$E_{ym} = k^2 \sqrt{\frac{M}{Z}} \frac{I}{\sqrt{U}} \cdot \frac{1}{2\pi} \left[\frac{1}{\alpha} \log(1 + 4\alpha^2) + 4 \arctan \frac{1}{2\alpha} \right], \qquad (6.14)$$

$$E_{xm} = k^2 \sqrt{\frac{M}{Z}} \frac{I}{\sqrt{U}} \cdot \frac{1}{2\pi} \left[\log\left(1 + \frac{4}{\alpha^2}\right) + \frac{4}{\alpha} \arctan \frac{\alpha}{2} \right], \qquad (6.15)$$

wobei $\alpha = y_0/x_0$ gesetzt wurde. Ist man sicher, daß sich das Bündel während des Fortschreitens längs der z-Achse nicht wesentlich verformt, so sind E_{ym} und E_{xm} konstant, d.h., es darf bei beliebigem z für α der Wert für den Bündelanfang eingesetzt werden. Eine einfache Rechnung zeigt, daß (6.14) für kleines α übergeht in (6.9), dagegen wird aus (6.15)

$$E_{xm} \to k^2 \sqrt{\frac{M}{Z}} \frac{I}{\sqrt{U}} \frac{1}{\pi} \log \frac{2}{\alpha}.$$

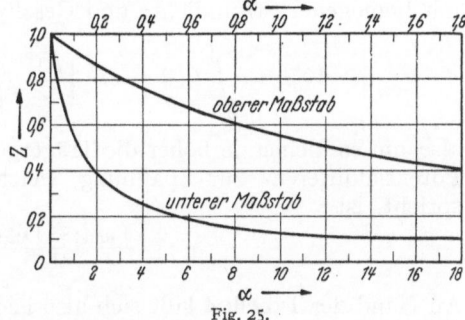

Fig. 25.

Die Funktion $Z = \frac{1}{2\pi} \left[\frac{1}{\alpha} \log(1 + 4\alpha^2) + 4 \arctan \frac{1}{2\alpha} \right]$.

Aus der Bahnkurvengleichung für die x-Koordinate ergibt sich aber, daß die relative Verbreiterung in x-Richtung für $\alpha \to 0$ ebenfalls $\to 0$ geht. Wir können also bei hinreichend kleinem α auch für endlich lange Spalte mit einer Verbreiterung in y-Richtung rechnen wie sie beim Fall des unendlich langen Spaltes auftreten würde. Beim endlich langen Spalt kann man für kleine α korrigierte Verbreiterungswerte gewinnen, indem man von korrigierten K-Werten ausgeht. Aus (6.14) und (6.9) folgt nämlich

$$\frac{K^2_{\text{Spalt}, \infty}}{K^2_{\text{Spalt}, \text{endlich}}} = \frac{1}{2\pi} \left[\frac{1}{\alpha} \log(1 + 4\alpha^2) + 4 \arctan \frac{1}{2\alpha} \right]. \qquad (6.16)$$

Aus Fig. 25 sind für $0 \leq \alpha \leq 18$ die Korrektionswerte zu entnehmen[2]. In (6.11) hatten wir schon einen ähnlichen Vergleich zwischen den K-Werten für Kreis und langen Spalt angestellt. Man sieht, daß das kreissymmetrische Bündel sehr niedrige und damit günstige K-Werte ergibt. (Man beachte dabei, daß P für Spalt und Kreis verschieden definiert wurde!)

[1] Siehe Fußnote 2, S. 24.
[2] E. W. BECKER u. W. WALCHER: Z. Physik 131, 395 (1951).

Die vollständige Durchrechnung der Verbreiterung eines Trägerbündels ursprünglich rechteckigen Querschnittes ist dadurch erschwert, daß die Kräfte nicht mehr überall Zentralkräfte sind wie dies beim kreisförmigen Querschnitt der Fall war. Ist $\alpha \approx 1$, so kann man näherungsweise natürlich mit dem kreissymmetrischen Fall rechnen. Dann kann auch gezeigt werden, daß die Entfernungen vom Bündelbeginn z_x und z_y, bei denen für x- und y-Koordinate gleiche relative Verbreiterungen auftreten, sich wie $\sqrt{\alpha}$ verhalten (Houtermans und Riewe[1].

$\beta)$ Außer der durch die elektrische Ladung verursachten abstoßenden Kraft existiert in einem Trägerbündel noch eine durch die Anziehung paralleler Stromfäden verursachte Kraft, welche erst im Grenzfall der Trägergeschwindigkeit = Lichtgeschwindigkeit die elektrische Raumladungsfeldstärke vollständig kompensiert. Für den kreissymmetrischen Fall ergibt sich, wenn wiederum die auftretenden Radialbeschleunigungen klein sind

$$m\ddot{r} = qE + qvB = \frac{q\,j(r)\,r}{2\,\varepsilon_0\,v}\,(1 - \beta^2)$$

worin m für wachsendes $\beta = v/c$ durch den relativistischen Ausdruck zu ersetzen ist (V. Borries und Dosse[2]), und B die magnetische Kraftflußdichte ist.

$\gamma)$ *Potentialverlauf in freien Trägerbündeln. Raumladungskompensation durch Träger.* Die oben entwickelte Theorie ist, wie dort vorausgesetzt wurde, abgeleitet für Strömungen bei welchen kein großer Potentialunterschied zwischen Mitte und Rand des Trägerbündels vorhanden ist. Bei kreiszylindrischem Bündel mit homogener Stromdichte und Geschwindigkeit ist diese Potentialdifferenz

$$V_{\text{Rand}} - V_{\text{Mitte}} = \int_0^r E_r\,dr = k^2 \sqrt{\frac{M}{Z}}\,\frac{1}{\sqrt{U}}\,j(r)\,\frac{r^2}{2} = \frac{1}{2}\,K^2\,\frac{I}{\sqrt{U}} = \frac{1}{2}\,K^2\,P\,U,$$

also um so kleiner je höher die Trägergeschwindigkeit ist. Das Verhältnis dieser Potentialdifferenz zur Spannung, welche der Geschwindigkeit der Träger entspricht, ist

$$\frac{V_{\text{Rand}} - V_{\text{Mitte}}}{U} = \frac{1}{2}\,K^2\,P. \tag{6.17}$$

An Hand der Tabelle 4 läßt sich also leicht entscheiden, bei welchen elektrischen Daten die Voraussetzung $\frac{V_R - V_M}{U} \ll 1$ noch zutrifft. Bisher vorliegende Erfahrungen sprechen dafür, daß $\frac{1}{2}K^2 P < 0,1$ sein sollte. — Von Smith und Hartman[3] sind die Verhältnisse in zylindersymmetrischen Trägerbündeln unter Berücksichtigung des Potentialunterschiedes Mitte-Rand ausführlich untersucht worden. Dabei ergab sich, daß in metallischen Röhren (Anode, Radius R), in deren Achse ein Trägerbündel vom Radius r_T läuft, welches zunächst von einer Kathode gestartet war, das Potential im Zentrum des Bündels um etwa 30% niedriger liegen kann als das Anodenpotential. Diese Differenz gilt für große R/r_T und wird für kleines R/r_T noch größer. Die Zahlenwerte gelten für den Fall, daß die Stromstärke des Bündels so bemessen ist, daß maximaler Strom transportiert wird. Smith und Hartman benutzten bei dieser Überlegung als gedankliches Hilfsmittel, daß durch ein hinreichend kräftiges Magnetfeld das Bündel

---

[1] Siehe Fußnote 2, S. 24.
[2] Siehe Fußnote 2, S. 24. — Ferner M. Sangster: Appl. Sci. Res. B **4**, 261 (1953), wo Lösungen auch für den Fall aufgeprägter elektrischer Längsfeldstärke angegeben sind.
[3] L. P. Smith u. P. L. Hartman: J. Appl. Phys. **11**, 220 (1940). Rechteckige Bündelquerschnitte siehe A. V. Haeff: Proc. I. R. E. **27**, 586 (1939).

in zylindrischer Form zusammengehalten wird. So ergibt sich z. B., daß bei einem Anodenpotential von 1000 V und $R/r_T = 10$ der maximale H_2-Ionenstrom 2,6 mA wäre, für Elektronen wäre er im Verhältnis der Wurzel aus den Massen höher. Versucht man, den Trägerstrom über den Maximalwert hinaus zu steigern, so springt die Strömung in einen Zustand, wo das Potential auf der Achse erniedrigt ist bis zur Ausbildung einer „virtuellen Kathode". Bei $R/r_T = 1$ ist der Maximalstrom für Elektronen nach CALBICK[1] $29,3 \cdot 10^{-6}$ AmpVolt$^{-\frac{3}{2}}$.

Die Absenkung des Potentials im Bündel hat zur Folge, daß die Träger im Innern langsamer sind als am Rand. Infolgedessen wird das Bündel im Mittel stärker auseinanderlaufen als bei homogener Geschwindigkeit. SMITH und HARTMAN berichten, daß es je nach den Stromdaten bis zu doppelt so schnellem Auseinanderlaufen kommen kann, wie in der einfachen Theorie nach WATSON. Es ist einleuchtend, daß durch diesen Effekt auch die Homozentrizität des Bündels beeinträchtigt wird, so daß zusätzliche Störungen bei Abbildungen auftreten können[2].

Da es unmöglich ist im Trägerlaufraum den Druck Null herzustellen, werden dort je nach der Größe des Restgasdruckes Ionisationsprozesse stattfinden, deren Zahl pro cm durch das Produkt aus differentialer Ionisierung und Druck bestimmt ist. Handelt es sich um ein Elektronenbündel, so werden die bei Ionisierungsprozessen gebildeten Elektronen schnell das Bündel verlassen. Dagegen werden die Ionen in das Bündel hineingezogen und dort zu teilweiser Raumladungskompensation führen. Weiter gebildete Ionen werden daher nicht mehr von so starken Feldern in das Bündel hineingezogen, und so stellt sich schließlich ein Gleichgewichtszustand ein. FIELD, SPANGENBERG und HELM[3] haben eine solche Raumladungskompensation schon bei Drucken von 10^{-7} Torr beobachtet. HERNQUIST und LINDER[4] geben in einer ausführlichen Untersuchung für Elektronenbündel von 300 eV Energie, $r_T = 1$ mm, $R = 5$ mm in Luft folgende Potentialsenken im Bündel an:

p (Torr)	10^{-4}	10^{-5}	10^{-6}	10^{-7}	10^{-8}
ΔV (Volt)	$-0,01$	$-0,07$	$-0,13$	$-0,19$	$-0,25$

Die Aufbauzeit des kompensierten Zustandes wächst umgekehrt proportional zum Druck und erreicht bei sehr niedrigen Drucken[4] den Bereich Millisekunden [18].

In Trägerbündeln, bestehend aus positiven Ionen, ist grundsätzlich eine ebensolche Raumladungskompensation durch gebildete Elektronen möglich[5]. Da diese aber eine wesentlich höhere Beweglichkeit haben als Ionen, so werden sie nur einen schwächeren Einfluß haben als dies im umgekehrten Fall bei Elektronenbündeln mit den Ionen der Fall war. Werden aber die Elektronen durch Magnetfelder gehindert das Bündel durch radiale Diffusion nach außen zu verlassen, und werden negative Ionen gebildet, so kann sich selbst bei niedrigen Drucken eine beträchtliche Raumladungskompensation bemerkbar machen. Dies Problem ist weiterhin diskutiert von SMITH und Mitarbeiter[6], ZILVERSCHOON[7] sowie HOFMANN und WALCHER[8] für Ionenpakete im Trägerlaufraum.

---

[1] C. J. CALBICK: Bull. Amer. Phys. Soc. **19**, 14 (1944).

[2] O. KLEMPERER: Proc. Phys. Soc. Lond. **59**, 302 (1947).

[3] L. M. FIELD, K. R. SPANGENBERG u. R. HELM: Electr. Commun. **24**, 108 (1947).

[4] K. G. HERNQUIST u. E. G. LINDER: J. Appl. Phys. **21**, 1088 (1950).

[5] R. BERNAS u. J. L. SARROUY: C. R. Acad. Sci. Paris **233**, 1092 (1951). — R. BERNAS, L. KALUSZYNER u. J. DRUAUX: J. Phys. Radium **15**, 273 (1954). Die Elektronen können durch Ionisationsprozesse gebildet werden oder beim Passieren eines metallischen Netzes ausgelöst werden und damit in das Ionenbündel gelangen [R. MARTIN u. W. WALCHER: Marburger Sitzgsber. **75**, 5 (1952)].

[6] L. P. SMITH, W. E. PARKINS u. A. T. FORRESTER: Phys. Rev. **72**, 989 (1947).

[7] C. J. ZILVERSCHOON: Diss. Amsterdam 1954.

[8] R. HOFMANN u. W. WALCHER: Z. Physik **141**, 237 (1955).

δ) Trägerbündel in äußeren Feldern; das PIERCE-*Feld.* Verschiedentlich ist versucht worden, exakte Lösungen für Strömungen von Trägern in elektrischen Feldern zu geben bei vollständiger Berücksichtigung der Raumladung[1]. Dabei zeigte sich, daß es tatsächlich streng lösbare Fälle von Anordnungen von Träger-quellen und Trägersenken gibt. Diese sind aber nicht für Bündelbildungsanord-nungen geeignet, haben aber z.B. nach den IVEYschen Untersuchungen Bedeu-tung für die Bewegung von Trägern in Sekundärelektronenvervielfachern. Als allgemeine Charakterisierung für die lösbaren Fälle sei angegeben, daß es dort nie zu Bahnüberschneidungen der Träger kommt, und daß ihr Geschwindigkeits-vektor eine eindeutige Ortsfunktion ist.

Zunächst sei darauf hingewiesen, daß man den Bündelverlauf in einem Poten-tialfeld bei Berücksichtigung der Raumladung auch durch eine Näherungskon-struktion erhalten kann[2]. Das Potentialfeld wird in stufenweisen Sprüngen unter-teilt. An den Sprüngen findet eine Brechung der Trägerbahn nach dem elek-tronenoptischen Brechungsgesetz statt. Zwischen je zwei Potentialstufen wird die Randbahn des Trägerbündels als Parabelstück gezeichnet, für welches die Konstante P jeweils nach Passieren einer Potentialstufe einen anderen Wert hat. Die Genauigkeit der Methode kann durch feine Unterteilung der Potentialstufen genügend weit getrieben werden. Ihr haften aber alle Fehler an, welche bei graphischer oder numerischer Integration von Bewegungsgleichungen üblich sind.

Hier soll nun die von PIERCE[3] angegebene Möglichkeit zur Kompensation der Raumladungsverbreiterung von Trägerbündeln besprochen werden. Diese Möglichkeit ist für ebene, zylindersymmetrische und kugelsymmetrische Strö-mung angegeben worden. Im ebenen Fall gehe von einer ebenen Kathode ein Trägerbündel aus, welches etwa die Form eines unendlich langen Spaltes habe (senkrecht zur Bewegungsrichtung). Parallel zur Kathode sei im Abstand d eine ebene Anode aufgestellt. Die Äquipotentialflächen, welche zwischen Kathode und Anode ohne Raumladung parallele Ebenen waren, werden durch die Raum-ladung im Gebiet des Trägerbündels und auch außerhalb verzerrt, und zwar werden sie bei Elektronenströmung zur Anode hin durchgebogen. Der PIERCE-sche Gedanke war der, durch eine gegenläufige Krümmung der Kathoden- und Anodenfläche, diese Krümmung der Potentialflächen im Innern zu kompensieren, so daß im Gebiet des Trägerbündels die Äquipotentialflächen wieder parallele Ebenenstücke sind. Nimmt man die Austrittsgeschwindigkeit der Elektronen zu Null an, so ist dann nach dem LANGMUIR-CHILDschen Raumladungsgesetz die Strömung bestimmt durch dieselben Daten wie sie bei unendlich ausgedehnter emittierender Kathode vorhanden wären, nämlich der Potentialverlauf in der Achse, und am Rand des Bündels, ist

$$\varphi = \left(\frac{9\pi}{2} K^2 j\right)^{\frac{2}{3}} z^{\frac{4}{3}} = A z^{\frac{4}{3}},\tag{6.18}$$

die Stromdichte

$$j = \frac{2}{9\pi K^2}\frac{U^{\frac{3}{2}}}{d^2}.\tag{6.19}$$

Soll nun die Form der Kathoden-, bzw. Anodenelektrode festgelegt werden, so folgt diese aus der Form der Äquipotentialflächen im Außenraum des Bündels. Für das elektrische Potential sind die Bedingungen im Außenraum, wenn man

[1] K. SPANGENBERG: J. Franklin Inst. **23**, 365 (1941). — B. MELTZER: Proc. Phys. Soc. Lond. B **62**, 431, 813 (1949). — G. B. WALKER: Proc. Phys. Soc. Lond. B **63**, 1017 (1950). — H. F. IVEY: J. Appl. Phys. **23**, 240 (1952); **24**, 227 (1953).
[2] W. WALCHER: Z. angew. Phys. **3**, 189 (1951).
[3] J. R. PIERCE: J. Appl. Phys. **11**, 548 (1940).

ein z, y-Koordinatensystem mit der z-Achse an der Berandung des Bündels, die y-Achse in den Außenraum weisend, einführt,

$$\frac{\partial^2 \varphi}{\partial z^2} + \frac{\partial^2 \varphi}{\partial y^2} = 0 \tag{6.20}$$

und die Randbedingungen

$$y = 0: \quad \varphi(z, 0) = A z^{\frac{4}{3}}, \quad \frac{\partial \varphi(z, 0)}{\partial y} = 0,$$

d.h. stetiger und mit Vertikalfeldstärke Null übergehender Potentialverlauf an der Bündelgrenze. Wir fassen nun den Realteil einer analytischen Funktion $\varphi + i\psi$ als Lösung unseres Potentialproblems auf. Die LAPLACEsche Gleichung ist dann erfüllt. Für diese Funktion sei

$$\varphi + i\psi = A(z + iy)^{\frac{4}{3}}$$

gesetzt. Dann geben die Kurven konstanten Realteiles die gesuchten Potentialflächen an. Der Realteil wird in diesem Fall

$$\varphi = A(z^2 + y^2)^{\frac{2}{3}} \cos\left[\frac{4}{3}\arctan\frac{y}{z}\right]. \tag{6.21}$$

Flächen mit dem Potential Null sind diejenigen, für welche

$$\frac{4}{3}\arctan\frac{y}{z} = \frac{\pi}{2}$$

ist. Das führt zu einem Winkel von $67,5°$ als Anstellwinkel der Potentialfläche Null an der Kathode. In Fig. 26 sind Äquipotentialflächen nicht für den ebenen Fall, sondern gleich für den Fall eines Bündels mit kreisförmigem Querschnitt aufgezeichnet, welcher ebenso wie der ebene Fall behandelt werden kann[1].

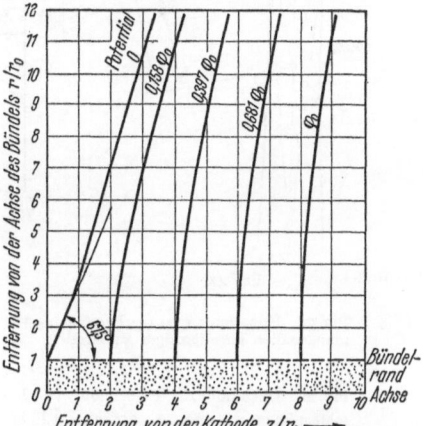

Fig. 26. Äquipotentialflächen und Bündelverlauf eines um die z-Achse rotationssymmetrischen Bündels im PIERCE-System. φ_0: Potential einer beliebig herausgegriffenen Potentialfläche, r_0: Bündelradius.

Eine besondere Bedeutung hat die Methode dadurch gewonnen, daß es auch möglich ist, *fokussierende Felder* zu berechnen. Man geht aus vom zylindersymmetrischen oder kugelsymmetrischen Problem, d.h. man schneidet einen Sektor aus einer zylindersymmetrischen Anordnung von Kathode und Anode heraus, und sucht das Feld im Außenraum so zu bestimmen, daß die Strömung erhalten bleibt. Dasselbe gilt für den Kugelfall, wo man einen Raumkegel mit Spitze im Zentrum der Kugeln herausschneidet und für das Außengebiet das Feld passend bestimmt. Geht dann der Trägerstrom von der äußeren zur inneren Elektrode so hat man ein Strahlbildungssystem, mit Fokussierung, für welches das Raumladungsfeld elektrisch kompensiert ist. HELM, SPANGENBERG und FIELD[2] haben eine Zusammenstellung der notwendig einzuhaltenden Daten beim kugelsymmetrischen Problem angegeben. In Fig. 27 ist die von ihnen zugrunde gelegte Anordnung dargestellt. Stromstärke und Spannung hängen zusammen nach der Beziehung

$$P = \frac{I}{U^{\frac{3}{2}}} = \frac{8}{9}\frac{1}{K^2\,\xi^2}\frac{1 - \cos\Theta}{2} \tag{6.22}$$

in welcher Formel I in Ampere, U in Volt anzugeben sind, und

$$\xi = \log\frac{R_a}{R_c} - 0,3\left(\log\frac{R_a}{R_c}\right)^2 + 0,0075\left(\log\frac{R_a}{R_c}\right) - + \cdots \tag{6.23}$$

---

[1] Der Anstellwinkel der Äquipotentialfläche an der Kathode ist in allen Fällen $67,5°$.
[2] R. HELM, K. SPANGENBERG u. L. M. FIELD: Electr. Commun. **24**, 101 (1947).

ist[1]. Zahlenwerte für ξ finden sich in Tabelle 5. Fig. 28 enthält eine Kurvenschar, welche den Zusammenhang zwischen P, Θ und γ wiedergibt. Es ist aber auf der Abszisse nicht das durch (6.22) definierte P aufgetragen,

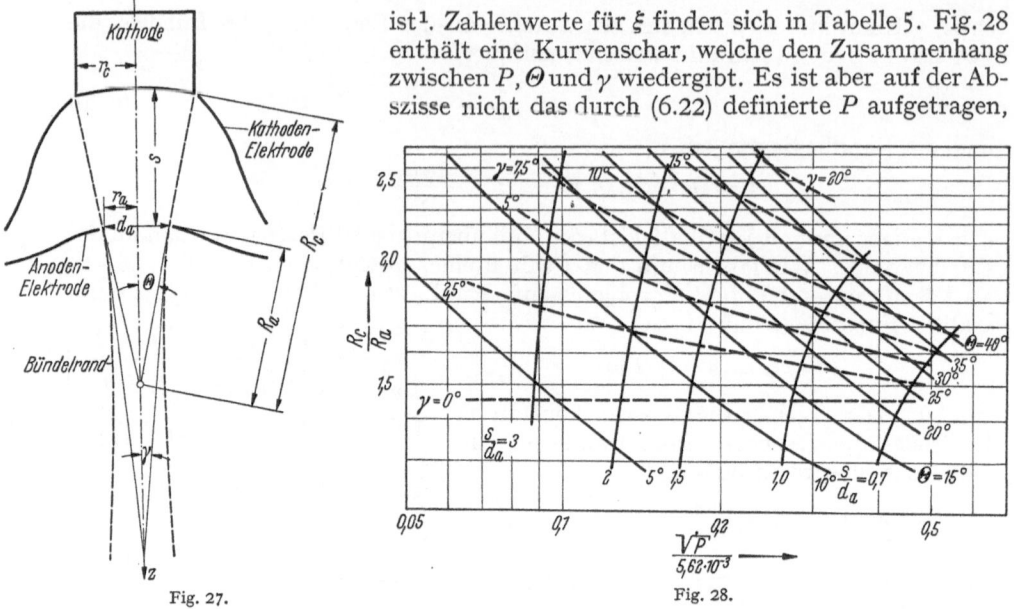

Fig. 27.   Fig. 28.

Fig. 27. Koordinaten für die Berechnung von PIERCE-Systemen nach HELM, SPANGENBERG und FIELD. R_a, R_c Krümmungsradien kugelförmiger Elektroden; r_a, r_c Radien der Anodenöffnung und der Kathode (zylindersymmetrisch um die z-Achse).

Fig. 28. Diagramm zur Berechnung von Elektroden-Radien und -Abständen für PIERCE-Systeme zur Elektronenbeschleunigung wie Fig. 27. Abszisse: $\sqrt{P}$ ist definiert in Gl. (6.22) mit $K^2 = 3,04 \cdot 10^4$ V$^{\frac{3}{2}}$/Amp. (Tabelle 4, S. 25).

Tabelle 5. *Geometriefaktor* $(-\xi)^2$ *der raumladungsbeschwerten Strömung zwischen konzentrischen Kugelelektroden.* R_c *Radius der äußeren, emittierenden, Elektrode,* R_a *der inneren Elektrode.*

R_c/R_a	$(-\xi)^2$	R_c/R_a	$(-\xi)^2$	R_c/R_a	$(-\xi)^2$	R_c/R_a	$(-\xi)^2$
1,00	0,0000	2,5	1,531	6,5	13,35	100	1144
1,05	0,0024	2,6	1,712	7,0	15,35	120	1509
1,10	0,0096	2,7	1,901	7,5	17,44	140	1907
1,15	0,0213	2,8	2,098	8,0	19,62	160	2333
1,20	0,0372	2,9	2,302	8,5	21,89	180	2790
1,25	0,0571	3,0	2,512	9,0	24,25	200	3270
1,30	0,0809	3,2	2,954	9,5	26,68	250	4582
1,35	0,1084	3,4	3,421	10	29,19	300	6031
1,40	0,1369	3,6	3,913	12	39,98	350	7610
1,45	0,1740	3,8	4,429	14	51,86	400	9303
1,5	0,2118	4,0	4,968	16	64,74	500	13015
1,6	0,2968	4,2	5,528	18	78,56		
1,7	0,394	4,4	6,109	20	93,24		
1,8	0,502	4,6	6,712	30	178,2		
1,9	0,621	4,8	7,334	40	279,6		
2,0	0,750	5,0	7,976	50	395,3		
2,1	0,888	5,2	8,636	60	523,6		
2,2	1,036	5,4	9,315	70	663,3		
2,3	1,193	5,6	10,01	80	813,7		
2,4	1,358	5,8	10,73	90	974,1		
		6,0	11,46				

---

[1] J. LANGMUIR u. K. B. BLODGETT: Phys. Rev. **24**, 49 (1924).

sondern eine Größe P', welche durch Wahl anderer Einheiten der elektrischen Größen einen anderen Zahlenfaktor für Elektronen hat. Der Winkel γ gibt den Randwinkel des Bündels beim Passieren der Anode an. Er ist in praxi nicht identisch mit Θ, da die Anodenöffnung zu einer Felddeformation in ihrer Nähe führt, welche eine Linsenwirkung hat. Aus Fig. 28 läßt sich entnehmen, welche geometrischen

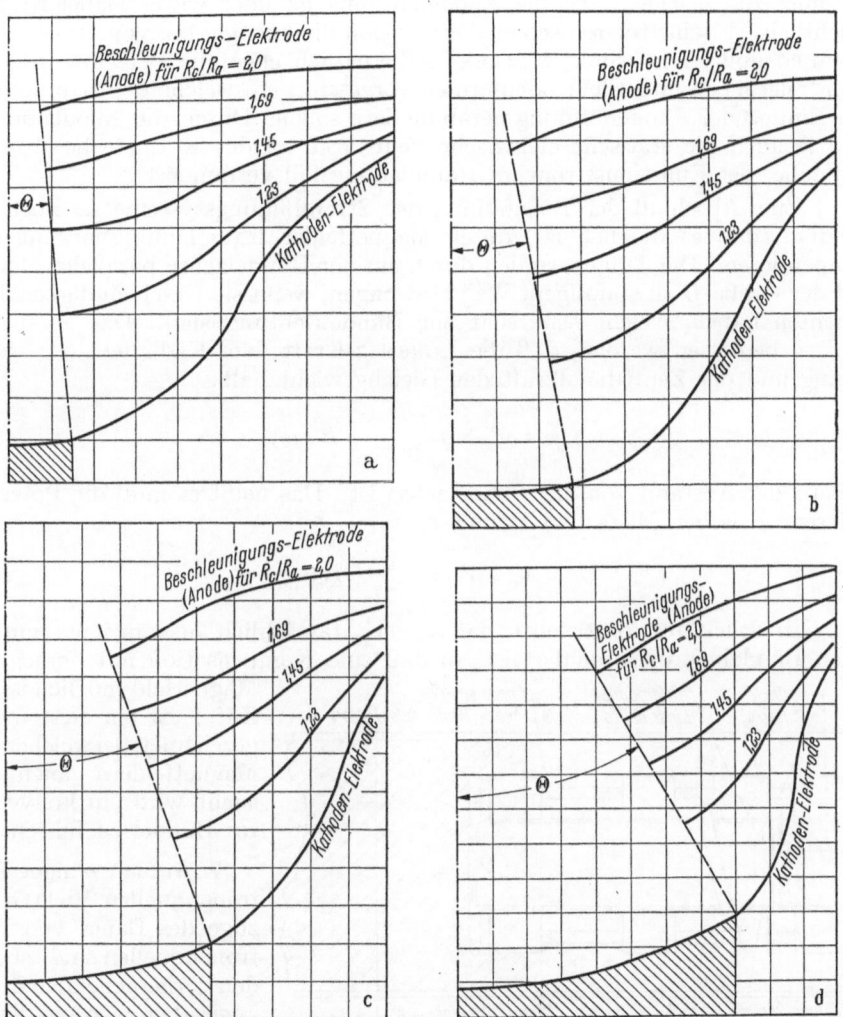

Fig. 29a—d. Elektrodenformen einiger PIERCE-Systeme. a: $\Theta = 5^\circ$, b: $\Theta = 10^\circ$, c: $\Theta = 20^\circ$, d: $\Theta = 30^\circ$.

Daten eingehalten werden müssen, um einen gegebenen Strom zu transportieren. Anschließend daran muß aber noch die genaue Elektrodenform festgelegt werden. Fig. 29a—d enthält die von HELM, SPANGENBERG und FIELD berechneten Elektrodenformen. Für ein spezielles System haben sie die theoretischen Stromwerte durch Messung überprüft und gefunden, daß die experimentellen Stromwerte nur wenige Prozent unter den theoretischen lagen. Im Gegensatz dazu berichtete KLEMPERER[1] über starke Diskrepanzen zwischen experimentellen und

---

[1] O. KLEMPERER: Proc. Phys. Soc. Lond. **59**, 302 (1947).

theoretischen Daten. Er führt dies darauf zurück, daß tatsächlich die einfache Raumladungstheorie deshalb versagt, weil in ihr nicht berücksichtigt ist, daß durch das Potentialgefälle quer zum Bündel die Homozentrizität gestört werden kann. Samuel[1] hat in einem Pierce-System ebenfalls zu geringen Strom gefunden (Wiedergabe seiner Anordnung in Ziff. 7) und schreibt dies der Zerstreuungslinse zu, welche durch die Anodenöffnung gebildet wird. Dabei ist nicht ersichtlich, ob seine theoretischen Werte schon die korrigierten von Helm, Spangenberg und Field sind. Müller[2] hat kürzlich ebenfalls Berechnungsgrundlagen angegeben und Elektrodenformen vorgeschlagen, welche den stromsenkenden Einfluß der Anodenöffnung herabmindern sollen. Durch die Anodenöffnung wird ja auch die statische elektrische Feldstärke an der Kathode herabgesetzt und daher der Emissionsstrom im Raumladungsfall vermindert.

ε) Zum Abschluß der Behandlung der Strahlbildungssysteme sei noch hinzugefügt, daß es möglich ist, durch Magnetfelder Raumladungswirkungen zu kompensieren. Die Träger werden durch ein der Bündelachse paralleles Magnetfeld der Größe B zu spiraligem Weg gezwungen, wenn sie Geschwindigkeitskomponenten haben, welche senkrecht zur Bündelrichtung sind. Das Magnetfeld muß so bemessen werden, daß die Lorentz-Kraft dem Radialfeld der Raumladung und der Zentrifugalkraft das Gleichgewicht hält:

$$m\,r\,\omega^2 + q\,\frac{\partial V}{\partial r} = q\,B\,r\,\omega, \tag{6.24}$$

wobei r der Abstand von der Bündelachse ist. Das heißt es muß die Potentialdifferenz zwischen Mitte und Radius r

$$V_r - V_M = \frac{q}{8\,m}\,(B\,r)^2 \tag{6.25}$$

sein. Ein Blick auf (6.17) lehrt, daß $V_r - V_M$ tatsächlich in rotationssymmetrischen Bündeln proportional r^2 ist, so daß eine Kompensation mit homogenem Magnetfeld möglich ist[3]. In Ziff. 7 ist ein System aufgezeichnet, bei welchem mit Magnetfeldern auch versucht wird ein konvergentes Bündel zu führen.

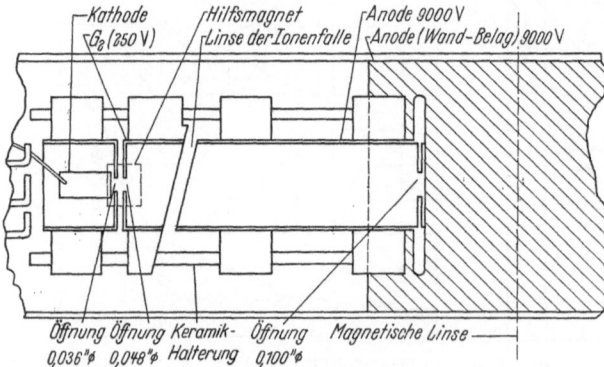

Fig. 30. Elektronenstrahler (electron-gun) der Ikonoskop-Röhre 10 BP 4 [19].

7. Aufbau einiger Elektronenquellen. Viele Grundzüge des Baues von Elektronenquellen sind schon in den vorhergehenden Ziffern angegeben worden. Es soll daher hier nur über einige besondere Konstruktionen berichtet werden. Reinmetallkathoden werden vor allem in Elektronenmikroskopen verwendet, meist in der Form der Haarnadelkathode, deren Spitze direkt unterhalb der Steuerscheibenöffnung sitzt (vgl. auch den Artikel von Leisegang über Elektronen-

[1] A. L. Samuel: Proc. I. R. E. **33**, 233 (1945).

[2] M. Müller: Arch. elektr. Übertragg. **9**, 20 (1955). Eine Pierce-Anordnung wird auch von H. Huber und W. Kleen [Arch. Elektrotechn. **39**, 394 (1949)] beschrieben.

[3] L. Brillouin: Phys. Rev. **67**, 260 (1945). — A. L. Samuel: Proc. I. R. E. **37**, 1252 (1949), [21]. — J. R. Pierce: Phys. Rev. **68**, 229 (1945).

mikroskope in diesem Band). Das Strahlerzeugungssystem ist dort fast ausschließlich ein Triodensystem, dessen Anode auf Spannungen bis zu 100 kV gegen Kathode liegen kann. Die Steuerspannung wird über den Spannungsabfall des Emissionsstromes an einem in die Kathodenzuleitung gelegten Widerstand eingestellt. Diese Art der Einstellung führt zu einer gewissen Emissionsstabilisierung, da bei Absinken des Emissionsstromes die Steuerscheibenspannung positiver wird.

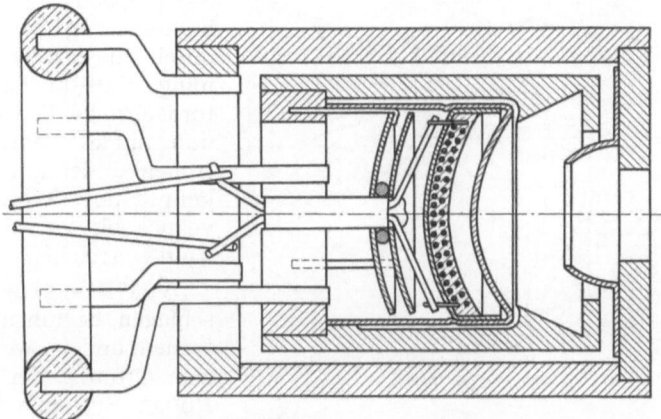

Fig. 31. Das PIERCE-System von SAMUEL.

Trioden- und Tetrodensysteme finden vielfach in Fernsehröhren Verwendung. Fig. 30 zeigt einen Schnitt durch eine Ikonoskopröhre. Interessant ist dort die Verhinderung der Kathodenzerstörung mittels Einbau von Ionenfallen. Durch die schräge Trennlinie zwischen der Anode (9000 V) und dem Schirmgitter (250 V) wird erreicht, daß die aus dem Anodenraum kommenden positiven Ionen aus der Strahlachse herausgelenkt werden. Um andererseits die Gesamtlage des Elektronenbündels durch diesen Aufbau nicht zu verändern, wird in Kathodennähe ein kleiner Magnet eingebaut, der das Elektronenbündel zunächst etwas ablenkt. Zusammen mit der zwischen Schirmgitter und Anode erfolgenden Strahlumlenkung kann erreicht werden, daß das Elektronenbündel im Anodenraum wieder in der Rohrachse verläuft. Die Gitter - Kathodenabstände können herabgesetzt sein bis zu einigen $^1/_{1000}$

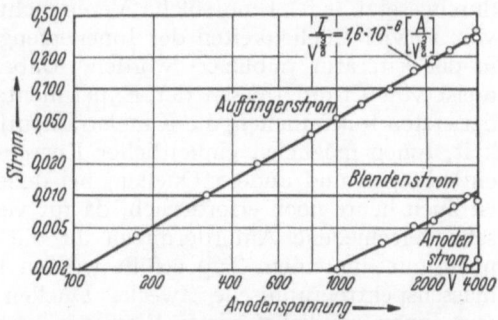

Fig. 32. Gemessene Ströme des Elektronenstrahlers Fig. 31.

inch; bei dem System von Fig. 30 ist die Unterdrückungsspannung -45 V, der Anodenstrom (Strahlstrom) mehrere hundert μA, der Strahldurchmesser auf dem Schirm bis zu einigen $^1/_{1000}$ inch.

Die von SAMUEL[1] erprobte Elektronenquelle ist ein PIERCE-System, welches in Fig. 31 enthalten ist. Die von ihm gemessenen Ströme enthält Fig. 32. Der Auffängerstrom wurde in einiger Entfernung vom System gemessen (genaue Entfernung nicht angegeben), der Blendenstrom ist gemessen als Strom auf eine Lochblende mit einer Bohrung von 0,1″, welche am Ort des berechneten Brennpunktes stand, während der Anodenstrom auf der Anode des Systems gemessen

---

[1] A. L. SAMUEL: Proc. I. R. E. **33**, 233 (1945).

wurde. Man sieht, daß über 96% des totalen Auffängerstromes tatsächlich durch die Lochblende hindurchgehen, und daß die „Perveance" ausgezeichnet konstant ist. Der gemessene Wert ist aber, wie SAMUEL berichtet, viel zu klein,

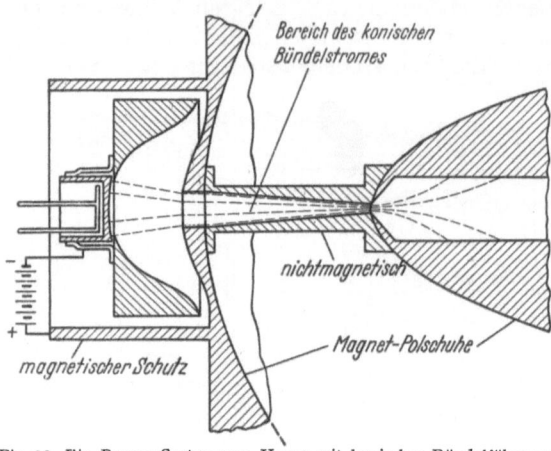

denn der theoretische Wert ist $6 \cdot 10^{-6}$ Amp Volt$^{-\frac{3}{2}}$. Wahrscheinlich liegt dies, wie auch SAMUEL bemerkt, an der Feldherabsetzung an der Kathode durch die große Anodenöffnung. SAMUEL hat auch eine torusförmige Kathodenanordnung mit konusförmigem Elektronenbündel untersucht. Er konnte dort Werte der Perveance bis zu $66 \cdot 10^{-6}$ Amp Volt$^{-\frac{3}{2}}$ erreichen.

Von HINES[1] wurde vorgeschlagen, die Führung des Elektronenbündels, welches durch eine Öffnung der Anode ein PIERCE-System verlassen hat,

Fig. 33. Ein PIERCE-System von HINES mit konischer Bündelführung durch ein inhomogenes Magnetfeld.

bis zum Brennpunkt mit Hilfe eines inhomogenen Magnetfeldes vorzunehmen. Fig. 33 zeigt eine solche Elektronenquelle. Ein Bericht über erreichte elektrische Daten lag noch nicht vor.

B. Ionenquellen[2].

Die Darstellung der Elektronenquellen war dadurch wesentlich vereinfacht, daß sich die Elektronenerzeugung durch glühelektrischen Effekt als Hauptmethode durchgesetzt hat. Eine solche Vereinfachung liegt bei den Ionenquellen nicht vor: so viel Möglichkeiten der Ionenerzeugung es gibt, so viel Einzeltypen sind in der Literatur publiziert worden. Dabei ging die Neuentwicklung natürlich meist von Erfordernissen der Experimentalphysik aus. — So wurde z.B. eine der ersten Ionenquellen, die Kanalstrahlentladung, seit Entstehen der Notwendigkeit, Ionen möglichst einheitlicher Energie herzustellen, abgelöst durch Bogenentladungen und andere Quellen, bei denen dies möglich ist. — Diese Vielfalt ist auch heute noch erforderlich, da für verschiedene Verwendungszwecke meist sehr verschiedene Anforderungen an die Ionenquelle gestellt werden, welche nicht mit nur einem Typ erfüllt werden können. Zum Beispiel wird man für massenspektrographische Zwecke Quellen bevorzugen, welche die Erzeugung von Ionen möglichst vieler Elemente gestatten, während man sich für Kernreaktionsuntersuchungen auf die Herstellung von Ionen der Elemente am Beginn des periodischen Systems beschränken kann.

In den folgenden Abschnitten werden zunächst die Methoden der Trägererzeugung und Trägerextraktion geschildert und anschließend Größen eingeführt, welche die „Güte" (economy) von Ionenquellen charakterisieren. Diese Größen

[1] M. E. HINES: Proc. I. R. E. **40**, 60 (1952).

[2] Zusammenfassende Darstellungen: I. DUJARDIN u. M. HOYAUX: Nucleonics **1949**, H. 5 u. 6. — H. EWALD u. H. HINTENBERGER: Methoden und Anwendungen der Massenspektroskopie. Weinheim 1953. — P. C. THONEMANN: Progr. in Nucl. Phys. **3**, 219 (1953). — H. BOMKE: Erzeugung von Atom- und Ionenstrahlen. Braunschweig 1939. — H. KORSCHING: Phys. Z. **42**, 74 (1941).

werden unter den im Einzelnen beschriebenen Quellen einen quantitativen Vergleich erlauben. Der größte Raum ist der Darstellung der mit Gasentladungen arbeitenden Ionenquellen gewidmet, da diese am weitesten verbreitet sind und über ihren Mechanismus ein einigermaßen gerundetes Bild vorliegt. Dagegen ist die Klärung der zur Ionenemission aus Festkörpern führenden Vorgänge erst durch weitere Untersuchungen zu erwarten.

Besonderes Interesse haben heute auch Impuls-Ionenquellen gefunden (Ziff. 44). Aus ihnen werden z.B. 50mal pro sec Ionenimpulse von 250 μsec Dauer entnommen. Da selbst bei niedrigem *mittlerem* Leistungsaufwand im Impuls eine beträchtliche Leistung der Gasentladung zugeführt werden kann, können so Ionenströme mit Spitzenwerten bis zu mehreren 100 mA erzielt werden. Diese Quellen scheinen noch nicht in größerem Ausmaß benützt worden zu sein.

I. Ionenerzeugung und Ionenextraktion.

8. Ionisierungszahlen und Ionenwechselwirkung im Gasraum. Das einfachste Modell einer Ionenquelle ist eine selbständige oder unselbständige Gasentladung, aus welcher Ionen aus einer Öffnung in der Gefäßwand austreten können. Der Gasdruck wird dabei stets so niedrig wie möglich gehalten, um den Gasverbrauch herabzusetzen[1]. In Ionenquellen haben daher einige Elementarprozesse größere Bedeutung als andere, welche im technischen Entladungsbereich vielleicht die entscheidenden sind. So ist für zahlenmäßige Abschätzungen der *Ionisierung durch Elektronen* in Ionenquellen meist die differentiale Ionisierung s (cm^{-1} Torr^{-1}) zu benützen und nicht die Ionisierungszahl[2] α/p (cm^{-1} Torr^{-1}), da die Energie der stoßenden Elektronen wegen des geringen Gasdruckes und der geringen Gefäßdimensionen durch die von ihnen durchlaufene Spannung, und nicht durch die Feldstärke am Stoßort bestimmt ist. In Fig. 34 ist zur Gewinnung einer Übersicht eine Zusammenfassung von Daten der differentialen Ionisierung in verschiedenen Gasen wiedergegeben[3]. Mit der Verwendung des Massenspektrometers zur Messung von Stoßionisationsprozessen in Ionenquellen, ist dieser Zweig der Gewinnung von Daten für Elementarprozesse erneut aufgenommen worden[4]. Dabei werden fast immer absolute Daten nur für die Appearance-Potentiale bestimmt, die Werte der differentialen Ionisierung werden meist an die in Fig. 34 aufgezeichneten angeschlossen. Weiter fehlen noch Daten für viele Metalldämpfe und chemische Verbindungen, welche in Ionenquellen benutzt werden[5].

Ist der Gasdruck p Torr, der mittlere von einem Elektron zurückgelegte Weg im Gasraum l cm, so ist der maximal entnehmbare Ionenstrom

$$I^+ = I_{el} \cdot p \cdot l \qquad (8.1)$$

ohne Berücksichtigung der eventuell sekundär erzeugten Ionen. Bei $p = 1 \cdot 10^{-3}$ Torr und $s = 3$ cm^{-1} Torr^{-1} (H$_2$, 160 eV Elektronenenergie) ist demnach ein Elektronenweg von etwa 33 cm notwendig, damit im Mittel jedes Elektron ein Ionenpaar bildet. Niedrigere Drucke erfordern noch längere Wege. Man benützt dann Magnetfelder, um das Elektron über möglichst lange Wege im Ionisierungsraum zu führen (s. Ziff. 32, 36). Die in Fig. 34 angegebenen Werte von s geben über die Gesamtzahl der Ionenpaare Aufschluß ohne Rücksicht auf den

---

[1] Die Größenordnung 0,1 Torr wird als obere Grenze anzusprechen sein, die niedrigsten Arbeitsdrucke liegen bei 10^{-4} Torr.

[2] Definition der Ionisierungszahl und der differentiellen Ionisierung siehe A. v. ENGEL u. M. STEENBECK: Elektrische Gasentladungen, Bd. I. Berlin 1932.

[3] Ausführliche Tabellen in LANDOLT-BÖRNSTEIN, Zahlenwerte und Funktionen, Bd. I, Teil 1. Berlin-Göttingen-Heidelberg 1950. Ferner sei auf Bd. XXI des Handbuches verwiesen.

[4] Zum Beispiel H. D. HAGSTRUM: Rev. Mod. Phys. **23**, 185 (1951).

[5] Eine tabellarische Zusammenstellung der in Calutron-Ionenquellen verwendeten Substanzen s. Ziff. 42.

Ionisierungsgrad und die Art der entstehenden Ionen. Entsprechend der höheren Ionisierungs-energie entstehen Ionen höherer Ladung nach denen niedrigerer Ladung. Durch Wahl der Elektronenenergie hat man also die Möglichkeit mehrfach geladene Ionen in wechselndem Verhältnis herzustellen[1]. Bei einer Elektronenenergie von 700 eV treten z. B. in Cs-Dampf schon Cs^{7+}-Ionen auf, der Anteil höherer Ionisierungsgrade fällt mit wachsender Ionenladung[2]. Mit der zunehmenden Verwendung von Massenspektrometern für Zwecke der chemischen Analyse sind auch Ionisierungsfunktionen für die Entstehung bestimmter Molekülbruchstücke ermittelt worden. Bei mehratomigen Molekülen kann eine große Zahl von Bruchstücken auftreten, deren Häufigkeiten empfindlich von der Elektronenenergie (besonders in der Nähe

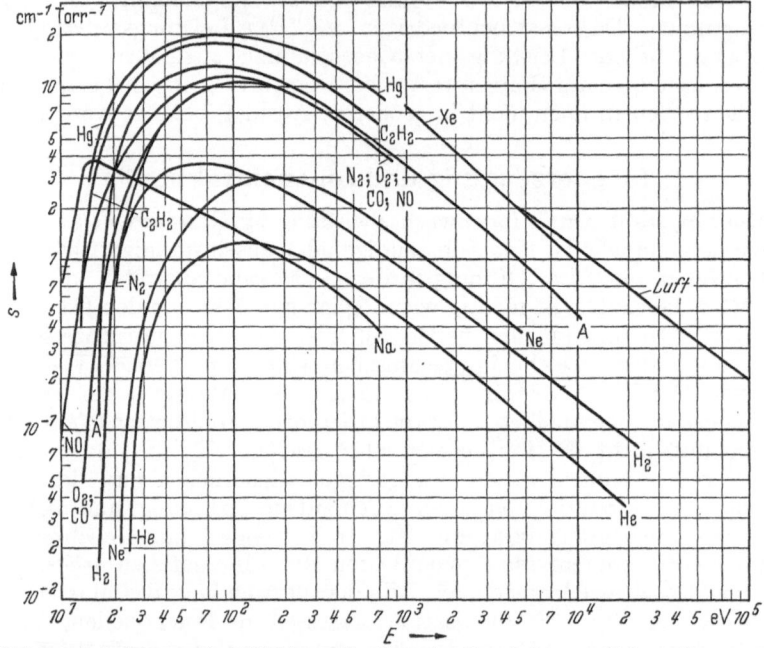

Fig. 34. Differentiale Ionisierung s durch Elektronen der kinetischen Energie E in verschiedenen Gasen von 1 Torr Druck bei 0° C. (Nach KNOLL, OLLENDORF, ROMPE, Gasentladungstabellen.) Daten für Na nach J. T. TATE und P. T. SMITH [Phys. Rev. **46**, 773 (1934)]. Xe nach W. HANLE und D. RIEDE [Z. Physik **133**, 537 (1952)], A und He ergänzt nach HANLE und RIEDE [Z. Physik **133**, 537 (1952)].

der Appearance-Potentiale) und auch vom Elektronenstrom abhängen können; da ferner an eventuell verwendeten Glühkathoden eine Teildissoziation einsetzen kann, so ergibt sich, daß Ionenquellen für chemische Fragestellungen besonders sorgfältige Überlegungen für Konstruktion und elektrische Betriebsdaten erfordern, und daß daher fast ausschließlich mit Eichspektren gearbeitet wird[3]. Relativ einfach werden die Verhältnisse nur, wenn es sich darum handelt innerhalb ein und derselben Molekülgruppe Isotopen-Mischungsverhält-nisse zu bestimmen. — Es sei noch betont, daß in Massenspektrometern Molekülbruchstücke nachgewiesen werden können, welche nur Bruchteile von Sekunden existieren, was die Situation zusätzlich verkompliziert. — In Ziff. 17 werden noch Methoden besprochen, welche zur Erhöhung des Protonenanteils in mit Wasserstoff betriebenen Quellen dienen.

Ionisation durch Ionen ist bei niedrigen Entladungsspannungen bzw. niedrigen Ionenenergien zu vernachlässigen. Nur bei Hochspannungs-Ionenquellen, wie

---

[1] Da die Beschleunigung mehrfach geladener Ionen in elektrischen Feldern zu Vielfachen der Endenergie einfach geladener Ionen führt, wurden schwere Ionen hoher Ladung schon zu Kernreaktionsuntersuchungen verwendet. D. WALKER u. J. H. FREMLIN: Nature, Lond. **171**, 189 (1953). — H. L. REYNOLDS, D. W. SCOTT u. A. ZUCKER: Proc. Nat. Acad. Sci. **39**, 975 (1953). — D. WALKER: Progr. in Nucl. Phys. **4**, 215 (1955).

[2] J. T. TATE u. P. T. SMITH: Phys. Rev. **46**, 773 (1934).

[3] H. EWALD u. H. HINTENBERGER: Methoden und Anwendungen der Massenspektro-skopie. Weinheim 1953. Ferner der Artikel von EWALD in diesem Band.

der Kanalstrahlentladung, muß sie zur vollständigen Erklärung des Mechanismus mit herangezogen werden. Bei genügend hoher Energie (>10 kV) kann die differentiale Ionisierung durch Ionen sogar größer sein als die durch Elektronen, wie ein Vergleich gemessener Daten (Fig. 35 und 34) zeigt. Der Hauptteil der Wechselwirkung von Ionen mit Gasmolekülen besteht jedoch aus *Umladung* und *Streuung*, wovon Umladung wiederum der weitaus häufigere Prozeß ist; der Umladungsquerschnitt kann ein Vielfaches des gaskinetischen Wirkungsquerschnittes betragen. In Fig. 35 ist eine Reihe von Zahlenwerten für Wasserstoff-Ionen in Wasserstoff aufgezeichnet. Für weitere Daten, auch für andere Ionen, sei auf die Zusammenstellung in LANDOLT - BÖRNSTEIN [1] verwiesen. Genaue Messungen von Umladungs- und Ionisierungsdaten für Ionen wurden erst durch die Entwicklung energiehomogener Ionenquellen möglich; sie sind durchaus noch nicht vollständig, besonders was das überdeckte Energieintervall anbelangt. Die Umladung der Ionen im Ionisierungsraum oder nach Passieren des Extraktionskanals trägt in Nachbeschleunigungsanlagen zur Verbreiterung des Energiespektrums der Ionen bei, während die Gesamt-Ionenzahl zunächst nicht verändert wird. Da aber die durch Umladung entstandenen Ionen langsam sind,

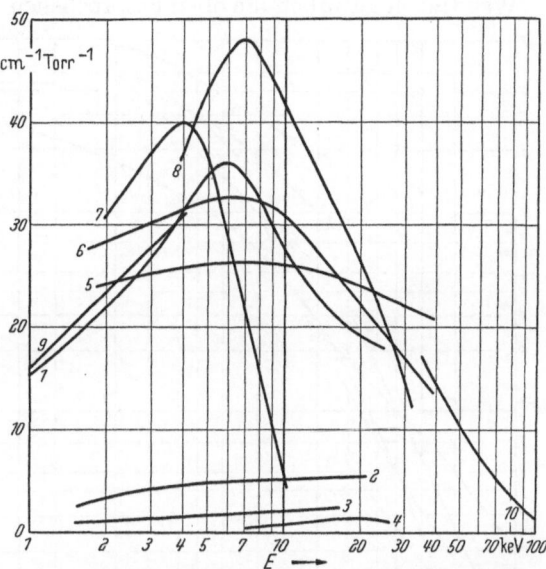

Fig. 35. Differentiale Ionisierung, Umladung und Dissoziation von H_2^+-, H^+-Ionen und H_2-Molekülen der kinetischen Energie E in Wasserstoff von 1 Torr Druck bei 0° C. *1, 2, 3, 4* K. MÜLLER [Dissertation Karlsruhe 1951] (Umladung H_2^+, differentiale Ionisierung H_2^+, differentiale Ionisierung H_2, Dissoziation H_2^+). *5, 6* J. P. KEENE [Phil. Mag. (VII) **40**, 369 (1949)] (Umladung H_2^+, Umladung H^+). *7* R. A. SMITH [Proc. Cambridge Phil. Soc. **30**, 514 (1934)] (Umladung H^+). *8* H. BARTELS [Ann. Phys. **13**, 373 (1932)] (Umladung H). *9* F. GOLDMANN [Ann. Phys. **10**, 460 (1931)] (Umladung H). *10* H. MEYER [Ann. Phys. **30**, 635 (1937)] (Umladung H).

werden sie im feldfreien Raum schnell aus dem Ionenbündel ausscheiden. Die gebildeten schnellen Neutralteilchen laufen ohne weitere Fokussierung und Beschleunigung im Ionenbündel mit, werden also bei kalorimetrischen Messungen des Ionenstromes zum Teil mitgemessen.

Durch Benützung der Umladung ist mit Erfolg versucht worden, He^{++}-Ionen für Nachbeschleunigungsanlagen zu gewinnen [2]. Dabei werden He^+-Ionen von einigen 100 keV Energie durch ein Gebiet erhöhten Gasdruckes (bis zu 1 Torr) geschossen. Der Prozentsatz an He^{++}-Ionen im Vergleich zur Gesamtzahl der austretenden Ionen kann dann bis zu 50% betragen. Als Umladungsgas sind O_2 und CO_2 benutzt worden. O_2 muß dauernd abgepumpt werden (Verbrauch etwa 10 Ncm³/h), CO_2 wird in einer mit flüssigem Stickstoff beschickten Kühlfalle ausgefroren. Es gelingt so He^{++}-Ströme bis zur Größenordnung 10 µA zu erzeugen.

Durch Elektronenanlagerung entsteht in Ionenquellen auch ein geringer Prozentsatz negativer Ionen. Das Studium dieser Ionenbildung gilt vorerst der

---

[1] LANDOLT-BÖRNSTEIN: Siehe Fußnote 3, S. 37.

[2] J. W. BITTNER: Rev. Sci. Instrum. **25**, 1058 (1954). — Phys. Rev. **94**, 769 (1954). — R. GELLER u. F. PREVOT: C. R. Acad. Sci. Paris **238**, 1578 (1954). — Neuere Untersuchungen des Ladungszustandes eines He-Ionenbündels in H_2, A und Luft: E. SNITZER: Phys. Rev. **89**, 1237 (1953).

Messung von Elektronenaffinitäten und Dissoziationsenergien[1]. Quellen negativer Ionen werden in Ziff. 46 besprochen. Es sei noch auf eine Arbeit von WHITTIER[2] hingewiesen, von dem bei Durchstrahlung einer H_2-Gasschicht mit Protonen zu 22% H^--Ionen erzeugt wurden.

Außer Umladung und Ionisation ist als Ionenwechselwirkung auch die Bremsung der Ionen im Gasraum anzuführen. Zum gesamten Energieverlust pro cm Weg tragen natürlich die oben besprochenen Einzelprozesse mit bei. Für Zahlenwerte sei auf Band XXII des Handbuches verwiesen.

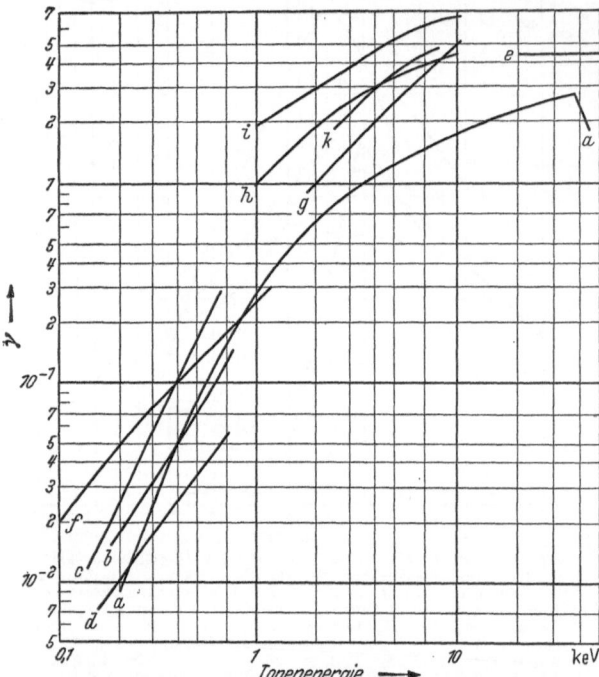

Fig. 36. Zahl der Elektronen (γ), welche pro auffallendes Ion aus verschiedenen Metallen ausgelöst werden. a: H_1- und Na-Ionen an Cu; b: K-Ionen an Al; c: Li-Ionen an Al; d: Rb-Ionen an Al; e: H_1-Ionen an Cu, Al, Au; f: H_1-Ionen an Ni; g: Rb-Ionen an AgMg (1,7%) (45°-Incidenz) INGHRAM, HAYDEN, HESS (NBS Circular 522, 1953); h: Li-Ionen an AgMg (1,7%) (45°-Incidenz, INGHRAM, HAYDEN, HESS (NBS Circular 522, 1953); i: H^--Ionen an AgMg (1,7%) (INGHRAM, HAYDEN, HESS (NBS Circular 522, 1953); k: A-Ionen an NiChrom V (HIGATSBERGER, DEMOREST, NIER [J. Appl. Phys. **25**, 883 (1954)], dort auch AgMg und CuBe untersucht sowie He, Ne, Kr und Xe-Ionen).

9. Vorgänge an der Entladungskathode. Die Prozesse an der Entladungskathode sind Elektronenemission durch glühelektrischen Effekt, Elektronenbefreiung durch Ionenstoß (gegeben durch den Zahlenwert $\gamma =$ Zahl der Elektronen pro auftreffendes Ion) und Kathodenzerstäubung durch Ionenstoß, wobei auch ein geringer Prozentsatz Ionen des Kathodenmaterials entsteht (vgl. Ziff. 12 und 45). Die Glühemission wurde schon im ersten Teil dieses Artikels besprochen. Von dort zu übernehmen ist, daß es zweckmäßig ist, Reinmetallkathoden zu verwenden, da in Ionenquellen Oxydkathoden infolge von Zerstäubung und Vergiftung zu geringe Lebensdauern haben. Bei Reinmetallkathoden wird wegen der Kathodenzerstäubung zu großen Drahtstärken übergegangen, wie schon in Ziff. 2 berichtet wurde. Der Ersatz der Glühkathode bedeutet

im allgemeinen, daß eine Meßreihe unterbrochen werden muß. Daher haben Ionenquellen ohne Glühkathoden immer wieder besonderes Interesse gefunden (Hochfrequenz-Ionenquelle, PENNING-Ionenquelle). In massenspektrometrischen Quellen und auch solchen, bei welchen nur geringe Ionenströme erforderlich sind, hat aber die Ionenquelle mit Glühkathode ein weites Anwendungsgebiet. Sie wird dort als unselbständige Entladung verwendet, und bei ihr ist eine einfache Regelung der Ionenstromstärke durch Emissionsänderung der Kathode möglich. Einstweilen nicht ersetzbar ist die Glühkathode bei elektromagnetischen Massentrennern, in deren Quellen die verdampfte Substanz in einer Bogenentladung ionisiert wird. Da der Kathodenfall dort gering sein kann, sind auch gelegentlich Oxydkathoden verwendet worden.

[1] Siehe z.B. H. S. W. MASSEY: Negative Ions, 2. Aufl. Cambridge: University Press 1950.
[2] A. C. WHITTIER: Canad. J. Phys. **32**, 275 (1954).

Die Elektronenemission durch Ionenstoß ist besonders von HAGSTRUM[1] gemessen worden. Für die uns interessierenden Zahlenwerte von γ können wir uns weitgehend mit älteren Meßdaten begnügen (Fig. 36), da die extrem reinen Oberflächen wie sie für genaue γ-Messungen erforderlich sind, in Ionenquellen selten vorliegen. Das Zahlenmaterial zeigt, daß erst bei hohen Ionenenergien (5 bis 10 keV) γ den Wert 1 übersteigt, aber dann mit wachsender Ionenenergie Beträge bis zu 10 annehmen kann. In Gasentladungs-Ionenquellen hat γ die gleiche Bedeutung wie bei sonstigen Gasentladungen; für die PENNING- und die Kanalstrahl-Ionenquelle ist der γ-Prozeß ein entscheidender Elementarprozeß.

Wichtig für den Ionennachweis in Auffängern oder mittels Elektronenvervielfachern ist, daß erstens ohne besondere Vorsichtsmaßnahmen der ausgelöste Elektronenstrom einen zu hohen Ionenstrom vortäuscht (s. Ziff. 15), und daß zweitens die Elektronenemission nicht nur von Element zu Element verschieden sein kann, sondern daß auch isotope Ionen desselben Elementes verschiedene γ-Werte haben können[2]. Beim Ionennachweis mit Sekundär-Elektronenvervielfachern kann dies störend bei der Bestimmung von Isotopenmischungsverhältnissen sein.

Zahlenwerte der *Kathodenzerstäubung* sind nach älteren Messungen in Tabelle 6 angegeben. Sie zeigen, daß in Entladungen mit H_2 als Betriebsgas

Tabelle 6. *Zerstäubung verschiedener Metalle in H_2 unter gleichen Entladungsbedingungen. Die Reihenfolge ist für die meisten Metalle unabhängig von der Gasfüllung (Q=Gewichtsverlust der Kathode).* (KNOLL, OLLENDORF, ROMPE, *Gasentladungstabellen*.)

Kathoden-material	Q $\frac{mg}{Ah}$	Kathoden-material	Q $\frac{mg}{Ah}$	Kathoden-material	Q $\frac{mg}{Ah}$	Kathoden-material	Q $\frac{mg}{Ah}$
Mg. . . .	9	Mo . . .	56	C. . . .	262	Sb . . .	890
Ta. . . .	16	Co . . .	56	Cu . . .	300	Tl . . .	1080
Cr. . . .	27	W . . .	57	Zn . . .	340	As . . .	1100
Al	29	Ni . . .	54	Pb . . .	400	Te . . .	(1200)
Cd. . . .	32	Fe . . .	68	Au . . .	460	Bi . . .	1470
Mn . . .	38	Sn . . .	196	Ag . . .	740		

Tantal ein besonders günstiges Baumaterial ist, da wegen der großen Dichte die Volumenverluste sehr gering sind. Ta hat aber den Nachteil des hohen Preises, und daß es bei Betrieb in H_2 unter H_2-Aufnahme brüchig wird. Al und Mg haben den Nachteil des niedrigen Schmelzpunktes, so daß im allgemeinen Fe, Ni, Cu, Mo und W als Baumaterialien bevorzugt werden. Die angegebenen Zahlenwerte sind für andere Betriebsgase als Wasserstoff nicht stichhaltig, man hat bei schwereren Ionen mit erhöhter Zerstäubung zu rechnen, jedoch ist die Reihenfolge des Zerstäubungsgrades etwa dieselbe. Bei Massentrennern ist das Problem des günstigsten Auffängermaterials von besonderer Bedeutung, da durch die Zerstäubung auch das aufgefangene Material verschwindet. Die Tabelle in Ziff. 42 enthält auch Angaben über günstigste Auffängermaterialien. Daraus geht hervor, daß Graphit ein bevorzugtes Material mit geringer

---

[1] H. D. HAGSTRUM: Phys. Rev. **89**, 244 (1953); **91**, 543 (1953). — Elektronenemission durch 250 keV-Ionen in Abhängigkeit von der Feldstärke an der Kathode bei E. W. WEBSTER, R. J. VAN DE GRAAFF u. J. G. TRUMP: J. Appl. Phys. **23**, 264 (1952). — Ferner H. BOURNE, R. CLOUD u. J. TRUMP: J. Appl. Phys. **26**, 596 (1955).

[2] W. PLOCH: Z. Physik **130**, 174 (1951). — W. PLOCH u. W. WALCHER: Rev. Sci. Instrum. **22**, 1028 (1951). In beiden Arbeiten weitere Literatur.

Zerstäubung[1] ist. Von Bedeutung ist die Zerstäubung noch besonders für die Extraktionskanäle der Quellen, denn diese können im Laufe des Betriebes durch Zerstäubung aufgeweitet werden.

10. Gaseinlaß und Dampfdrucke. Bei Zimmertemperatur gasförmige Substanzen werden einfach aus einem Vorratskolben über ein Ventil in die Ionenquelle eingelassen (genaueres unten), feste Substanzen können aus einem Verdampfungsöfchen, welches in der Nähe des Ionisierungsraumes eingebaut ist,

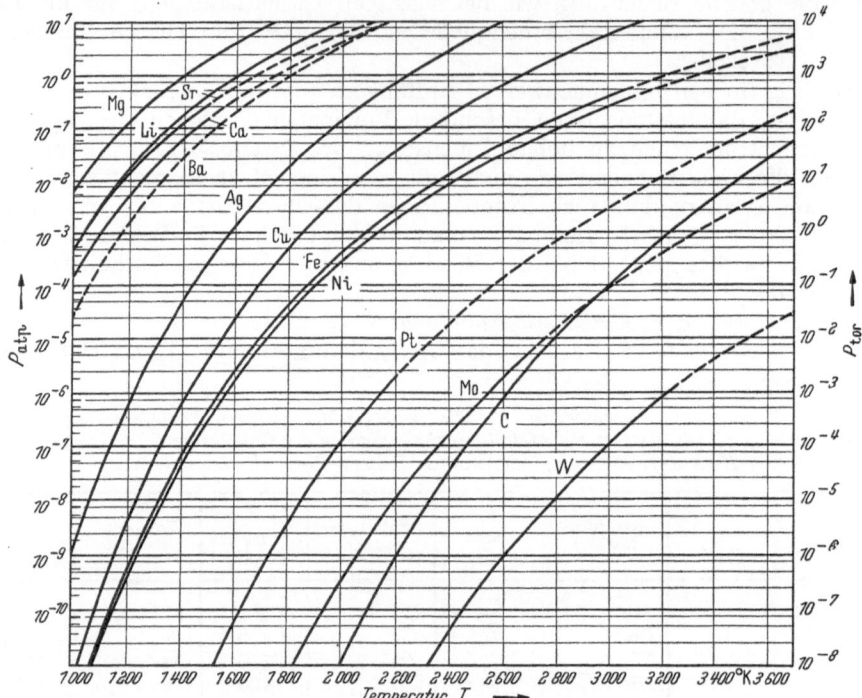

Fig. 37. Sättigungsdrucke p verschiedener Metalle und von Graphit 1 atp $\hat{=}$ 760 Torr.

während des Betriebes verdampft, bei Nichtbetrieb wegen des niedrigen Dampfdruckes dort belassen werden. Feste Substanzen können ferner als Elektrodenmaterial verwendet werden, aus welchen im Betrieb direkt Ionen, oder zunächst neutrale Atome herausgeschlagen werden, welche dann in der Entladung, die in einem Hilfsgas brennen kann ionisiert werden (z.B. Funken-Ionenquellen, Ziff. 43). *Flüssigkeiten* werden vielfach mit einer Hg- oder Ga-überschichteten Glasfritte in ein Vorratsvolumen verdampft, und dann weiter wie Gase eingelassen[2]. Diese Methode wird fast nur bei Massenspektrometern angewandt. Bei größerem Verbrauch wird man zu heizbaren Gaseinlaßsystemen übergehen.

In Fig. 37 sind Dampfdrucke für eine Reihe fester Substanzen aufgezeichnet. Aus dem notwendigen Entladungsdruck, welcher im Bereich von 0,1 bis 10^{-4} Torr liegt, läßt sich die notwendige Temperatur entnehmen, auf die das Material bzw. der Ofen gebracht werden muß. Dabei ist zu beachten, daß eventuell auch

---

[1] In dem Bericht von R. R. WILSON über das Isotron (AECD-3373) wird angegeben, daß Al als Auffänger wegen *hoher* Zerstäubung ungeeignet, Graphit dagegen am besten geeignet ist.

[2] R. C. TAYLOR u. W. S. YOUNG: Industr. Engng. Chem. **17**, 811 (1945). — V. A. YARBOROUGH: Analyt. Chem. **25**, 1914 (1953). — M. J. O'NEAL u. T. P. WIER: Analyt. Chem. **23**, 830 (1951).

die näheren Entladungsgefäßwände auf ähnlich hoher Temperatur gehalten werden müssen um merkliche Kondensation zu vermeiden. Dies gilt besonders für die Ionenaustrittsöffnung, welche bei zu niedriger Temperatur schnell verschlossen wird. Aus der Dampfdrucktabelle folgt auch, welches Material für den Aufbau von Hochtemperatur-Ionenquellen geeignet ist. Abgesehen davon, daß es günstig ist ein Material zu verwenden welches sich im Vakuum schnell entgasen läßt, kann der Zusammenbau von Leitermaterial mit Isoliermaterial bei höheren Temperaturen noch zu Störungen im Betrieb führen. So wirkt Kohle (Graphit) als starkes Reduktionsmittel und es ist zweckmäßig z.B. Al_2O_3 durch vollständige Umkleidung mit Metallen, etwa mit Ta, vor Berührung mit Graphit zu schützen. Da einerseits wegen der notwendigen erhöhten Temperatur der

Tabelle 7. *Konstanten der Gleichung für durchgelassene Gasvolumina* $D = \frac{k}{d}\sqrt{p}\exp(-b/T)$. *D in Ncm³/sec bei einer Metallschicht der Dicke d mm und der Temperatur T°K, die eine Fläche von 1 cm² hat, und auf deren Seiten die Druckdifferenz p Torr herrscht. Die Zahlenwerte von D liegen für Deuterium für die Strömung durch Ni, Pt, Mo, Cu, Fe, Al, Pd, SiO₂ bei etwa 75% der Werte für H₂. Bei SiO₂ ist die Druckabhängigkeit p^{+1} nicht $p^{+\frac{1}{2}}$.*

System Gas-Metall	k	b (°K)	$\frac{D}{D(H_2—Pd)} \cdot 10^3$ bei 1200° K
H_2—Ni . .	0,023	7500	7,1
H_2—Pt . .	0,014	9800	0,64
H_2—Mo . .	0,009	10000	0,33
H_2—Cu . .	0,0023	8300	0,39
H_2—Al . .	3,30	15500	1,4
H_2—Fe . .	0,0016	4820	4,5
H_2—Pd . .	0,004	2220	1000
O_2—Ag . .	0,037	11300	0,51
N_2—Mo . .	0,083	22600	$8,2 \cdot 10^{-5}$
N_2—Fe . .	0,0045	11900	$3,7 \cdot 10^{-2}$
CO—Fe . .	0,0013	9350	$9 \cdot 10^{-2}$
He—SiO₂ .	$1,3 \cdot 10^{-8}$	1400	$1,7 \cdot 10^{-2}$
Ne—SiO₂ .	$1,1 \cdot 10^{-9}$	2400	$6,3 \cdot 10^{-4}$

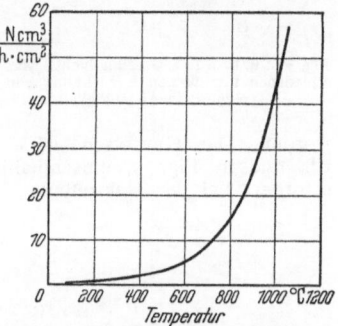

Fig. 38. Durch ein Nickelrohr von 0,05 mm Wandstärke strömende Wasserstoffvolumina in Abhängigkeit von der Temperatur des Ni-Röhrchens. Druckdifferenz 1 Atmosphäre.

Festkörperquellen mit Ofen Materialschwierigkeiten auftreten und andererseits der Verbrauch an zu ionisierender Substanz mit dem notwendigen Dampfdruck (welcher auch die Verdampfungsgeschwindigkeit aus Ofenöffnungen bestimmt) steigt[1], so ist hier besonders das Augenmerk darauf gerichtet, Ionenquellen mit niedrigem Betriebsdruck zu verwenden. Dies ist ein Grund, warum weitgehend hierfür Quellen mit Glühkathoden verwendet werden.

Der Gasverbrauch von Ionenquellen für Massenspektrometer liegt in der Größenordnung 0,01 bis 0,1 cm³/Std, für Nachbeschleunigungsanlagen im Bereich bis über 100 Ncm³/Std. Die einfachsten der entwickelten Gaseinlaßvorrichtungen sind diejenigen, bei welchen durch die Wand eines erhitzten, einseitig geschlossenen Metallröhrchens Gas aus einem Raum mit hohem Druck (1 atm) direkt ins Vakuum eingelassen werden kann. Die bekannteste Form ist das Pd-Röhrchen für H_2-Einlaß. Die Wandstärken sind etwa 0,2 mm, der Durchmesser des Röhrchens z.B. 2 mm, Länge etwa 40 mm. Mit solchen Röhrchen können bequem Gasstromstärken bis zu einigen 10 Ncm³/Std erzielt werden. Auch eine Reihe anderer Kombinationen Gas-Metall sind ausprobiert worden, von denen Tabelle 7 eine Zusammenstellung enthält[2]. Danach ist das System H_2-Ni noch recht gut geeignet zum Wasserstoffeinlaß. In neuerer Zeit haben LANDECKER und GRAY[3] ein solches Einlaßventil gebaut und die in Fig. 38

---

[1] Verdampfungsgeschwindigkeiten und Dampfdrucke in S. DUSHMAN: Vacuum Technique. New York: Wiley & Sons 1949.

[2] E. L. JOSSEM: Rev. Sci. Instrum. **11**, 164 (1940). — A. NIKURADSE u. R. ULBRICH: Das Zweistoffsystem Gas-Metall. München: R. Oldenbourg 1950. — Ferner System He-Glas: F. J. NORTON: J. Amer. Ceram. Soc. **36**, 90 (1953).

[3] K. LANDECKER u. A. J. GRAY: Rev. Sci. Instrum. **25**, 1151 (1954).

aufgezeichnete Einlaßcharakteristik gemessen. Ni eignet sich auch für Deuteriumeinlaß. Edelgase diffundieren durch keinerlei Metalle. — Ohne elektrische Heizung im Betrieb kommen die mechanischen Einlaßventile aus, meist in Form der Nadelventile verwendet[1], ferner das Fowler-Ventil[2] und dasjenige von Alpert[3]. Das letztere kann bis 500° C ausgeheizt werden. Fowler- und Nadelventile werden sowohl an massenspektrographischen Apparaten wie an Hochspannungsanlagen verwendet; sie sind für alle Gase geeignet, die das Ventilmaterial chemisch nicht angreifen.

Durch Heizung elektrisch regulierbare Ventile sind noch von Martin[4], Green[5] und Flinta[6] publiziert

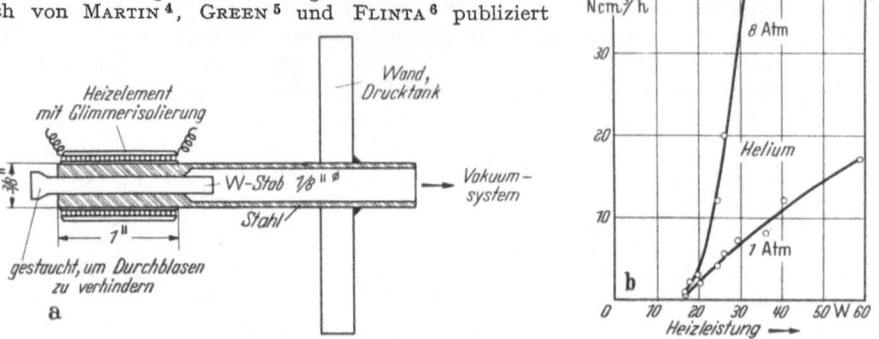

Fig. 39 a u. b. a Das Gaseinlaßventil von Green. Bei Erwärmung des Stahlröhrchens wird das Ventil wegen der verschiedenen thermischen Ausdehnung von Stahl und Wolfram geöffnet. b Durch das Ventil von Green strömende Gasvolumina in Abhängigkeit von der Heizleistung (der Druck an der Niederdruckseite ist etwa 10⁻⁴ Torr.).

worden. Das Greensche ist eine Weiterentwicklung des von Martin angegebenen Ventils und in Fig. 39, einschließlich der Durchlaßcharakteristik dargestellt. Dieses Ventil erfordert bei der Herstellung Sorgfalt, damit erstens bei der niedrigsten Betriebstemperatur (Zimmertemperatur) vollständiger Verschluß erfolgt (bei dem von Green angegebenen Ventil bleibt ein Reststrom von $0,5 \cdot 10^{-3}$ Ncm³/Std), und zweitens nicht zu hohe Heizleistung für die Öffnung des Ventils notwendig ist, welche auf der verschiedenen thermischen Ausdehnung von W-Stab und Stahlmantel beruht. Das von Martin in Ganzglas mit einem geheizten Platindraht versehene Ventil läßt sich ausheizen und ist auch für chemisch agressive Dämpfe geeignet. Beide Ventile arbeiten sehr betriebssicher und haben nur geringe Wärmekapazität. — Bei dem von Flinta angegebenen Ventil wird als Strömungswiderstand der Ringspalt zwischen einer Hartgummischeibe und einer aufgedrückten Metallcapillare von 0,5 mm Durchmesser benützt. Der Abstand zwischen beiden ist durch thermische Längenänderung eines Stahldrahtes von 0,5 mm Durchmesser einstellbar. Das Ventil ist besonders geeignet für hohe Strömungsgeschwindigkeiten, aber nach Pahl[7] für Ionenquellen

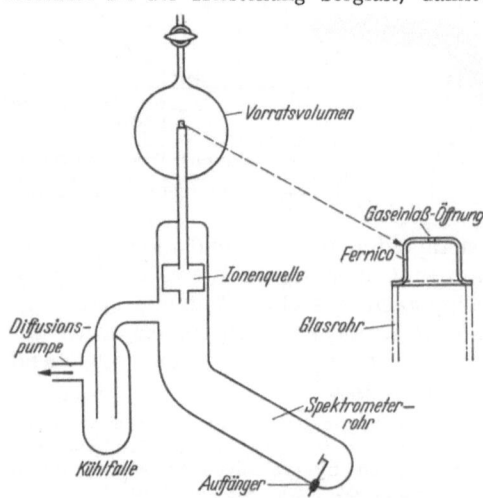

Fig. 40. Einfaches Gaseinlaßsystem an einem Massenspektrometer (nach Zemany).

für Massenspektrometer weniger gut geeignet, da der Gaseinstrom nicht nach einem Gesetz erfolgt, das dem Knudsenschen für Molekularströmung ähnlich ist.

[1] Zum Beispiel H. Ewald: Z. Naturforsch. 5a, 230 (1950).

[2] R. D. Fowler: Phys. Rev. 6, 26 (1935). — A. O. C. Nier, E. P. Ney u. M. G. Inghram: Rev. Sci. Instrum. 18, 191 (1947).

[3] D. Alpert: Rev. Sci. Instrum. 22, 536 (1951).

[4] J. H. Martin: Rev. Sci. Instrum. 19, 404 (1948).

[5] G. W. Green: J. Sci. Instrum 30, 171 (1953).

[6] J. Flinta: J. Sci. Instrum. 31, 388 (1954).

[7] M. Pahl: Tagung Massenspektrometrie. Bremen 1954.

Für alle an Massenspektrometer angeschlossenen Gaseinlaßsysteme ist wichtig, wie weit eine Entmischung der Gase während des Durchganges durch das System eintritt. Diese Frage ist mehrfach untersucht worden[1]. Aus der Ionenquelle und durch das Massenspektrometer hindurch zur Pumpe ist stets Molekularströmung im KNUDSENschen Sinne vorhanden. Bis zur Ionenquelle hin tritt aber dann eine Entmischung auf, wenn das Gaseinlaßsystem nicht nur KNUDSENsche, sondern auch POISEUILLEsche Strömungswiderstände enthält. In Fig. 40 ist das Schema eines einfachen Gaseinlaßsystems in Form eines Loches in einer dünnen Metallscheibe gezeichnet[2]. Hier herrscht dann Molekularströmung,

Tabelle 8. *Physikalische Konstanten verschiedener Gase.* (Aus R. JAECKEL: Kleinste Drucke. Berlin-Göttingen-Heidelberg: Springer 1950.)

Gas	Molekulargewicht M	Masse des Normalliters g	Mittlere freie Weglänge bei 1 Torr und Temp. $\to \infty$ cm	Verdoppelungstemperatur (SUTHERLAND-Konstante) °K	Koeffizient der inneren Reibung bei 20° C η $\frac{\text{g}}{\text{sec} \cdot \text{cm}}$
H_2	2,016	0,08987	$10,56 \cdot 10^{-3}$	76	$0,88 \cdot 10^{-4}$
N_2	28,016	1,2507	6,1	112	1,75
O_2	32	1,4290	6,87	132	2,03
Luft	28,8	1,2928	—	113	1.81
He	4,003	0,1786	16,0	79	1,96
Ne	20,183	0,9002	11,19	56	3,10
A	39,944	1,7838	7,03	169	2,22
Kr	83,7	3,708	5,96	142	2,46
Xe	131,3	5,845	4,87	252	2,26
Hg	200,61	—	$9,5^3$	942^3	$2,28^3$
H_2O (Dampf) . . .	18,016	—	$9,5^3$	600^3	$8,80^3$
CO	28,010	1,2504	6,02	100	1,77
CO_2	44,010	0,9768	5,7	273	1,47
HCl	36,465	1,6392	7,22	360	1,43
SO_2	64,06	2,9267	—	—	∼1,3
Cl_2	70,914	3,214	—	—	∼1,4
C_2H_5OH	46,068	—	—	—	—
NH_3	17,032	0,7708	—	—	∼1,0

wenn der Lochdurchmesser kleiner als $1/10$ der mittleren freien Weglänge der Moleküle auf der Hochdruckseite ist[4]. Der Lochdurchmesser kann z.B. $1/100$ mm betragen, womit sich aus der Tabelle 8 ein zulässiger Höchstdruck im Vorratsvolumen von etwa 0,1 Torr ergibt.

Die durch ein Loch des Querschnittes F cm² strömende Molzahl pro sec ist bei Molekularströmung (KNUDSEN-Strömung)

$$\dot{n} = \frac{F(p_1 - p_2)}{\sqrt{2\pi R M T}}, \qquad (10.1)$$

wenn $p_1 - p_2$ die Druckdifferenz für die durch das Loch getrennten Druckbereiche und T die absolute Temperatur, M das Molekulargewicht ist. Die Strömung

---

[1] R. E. HONIG: J. Appl. Phys. **16**, 646 (1945). — R. E. HALSTED u. A. O. NIER: Rev. Sci. Instrum. **21**, 1019 (1950). — J. KISTEMAKER: Physica Haag **18**, 163 (1952).

[2] P. D. ZEMANY: J. Appl. Phys. **23**, 924 (1952). Dieses Gaseinlaßsystem wurde zuerst von HONIG (Fußnote 1) angegeben. Es wird in Form einer durchlochten Goldfolie auch in technischen Massenspektrometern verwendet.

[3] Abgeschätzte oder extrapolierte Werte.

[4] Die Grenze für die Molekularströmung wird bei mittlerer freier Weglänge $\lambda \approx$ Lochdurchmesser D liegen; nach PAUL genügt auch $\lambda \gtrsim 0,1\ D$ [Z. Physik **117**, 774 (1941)].

erfolgt für jede Gassorte unabhängig von der anderen. Für das „Loch", das „lange Rohr" und das „kurze Rohr" soll stets die Beziehung

$$\dot{n} = \frac{L}{\sqrt{M}}\,(p_1 - p_2) \tag{10.2}$$

benutzt werden (p in Torr). L ist für jede Geometrie des Strömungswiderstandes verschieden, für drei Fälle ist in Tabelle 9 Zahlenmaterial zusammengestellt. Dabei ist zugrunde gelegt, daß $T = 293°$ K ist; eine Umrechnung ist leicht möglich mit der Beziehung $L \sim T^{-\frac{1}{2}}$. Bei Poiseuillescher Strömung lautet die entsprechende Beziehung für $\dot{n}$:

$$\dot{n} = L_p\,\overline{P}\,(p_1 - p_2)\,, \tag{10.3}$$

wobei $\overline{P} = \frac{1}{2}(p_1 + p_2)$ ist. L_p ist ebenfalls in Tabelle 9 angegeben.

Eine einfache Rechnung zeigt, daß *reine* Knudsen-Strömung längs des ganzen vom Gas zurückgelegten Weges zu *keiner* Verschiebung des Mischungsverhältnisses führt. Es seien im Vorratsvolumen zwei Gase der Molmassen M_a und M_b vorhanden mit den Partialdrucken p_{a1} und p_{b1}, die Partialdrucke an den Enden des Einlaßsystems seien p_{a2} und p_{b2} (Drucke in der Ionenquelle), sie seien klein gegen die Drucke im Vorratsvolumen. Bis dahin, und auch durch das Meßsystem (Massenspektrometer) soll Molekularströmung erfolgen. Da ein einheitlicher Massestrom herrscht, gilt für die durchströmenden Molzahlen pro Sekunde

Tabelle 9. *Konstanten der Gleichungen für Gasströmung durch Rohre und Öffnungen [Gl. (10.2) und (10.3)]. F, l, U und r sind Querschnitt, Länge, Umfang und Radius der Rohre, einzusetzen in Quadratzentimeter bzw. Zentimeter. η: Koeffizient der inneren Reibung, s. Tabelle 8.*

$$L_{\text{langes Rohr}} = 18{,}2 \cdot 10^{-3}\,\frac{F^2}{l\,U}\left[\frac{\text{Mol}}{\text{sec Torr}}\right]$$

$$L_{\text{Öffnung}} = 3{,}41 \cdot 10^{-3}\,F$$

$$L_{\text{kurzes Rohr}} = 3{,}41 \cdot 10^{-3}\,\frac{F}{1 + \dfrac{3}{16}\,l\,\dfrac{U}{F}}$$

$$L_P = 2{,}87 \cdot 10^{-5}\,\frac{\eta\,l}{r^4}\left[\frac{\text{Mol}}{\text{sec Torr}^2}\right]$$

$$\left.\begin{aligned}
\dot{n}_a &= \frac{L_1}{\sqrt{M_a}}\,p_{a1} = \frac{L_2}{\sqrt{M_a}}\,p_{a2}, \\[2mm]
\dot{n}_b &= \frac{L_1}{\sqrt{M_b}}\,p_{b1} = \frac{L_2}{\sqrt{M_b}}\,p_{b2}.
\end{aligned}\right\} \tag{10.4}$$

Die Division beider Gleichungen ergibt

$$\frac{p_{a1}}{p_{b1}} = \frac{p_{a2}}{p_{b2}}$$

also keine Verschiebung des Mischungsverhältnisses. Nun kommt etwas weiteres hinzu, nämlich eine mehr oder weniger schnelle Drift des Mischungsverhältnisses, weil der Vorratskolben von beiden Komponenten verschieden schnell entleert wird. Für die Masse M_a gilt im Vorratsvolumen

$$\frac{dp_{a1}}{dt} = -\frac{RT}{V_v}\,\frac{L_1}{\sqrt{M_a}}\,p_{a1}, \tag{10.5}$$

wenn V_v das Vorratsvolumen ist. Eine entsprechende Beziehung gilt für die Masse M_b und damit für den zeitlichen Verlauf des Mischungsverhältnisses

$$\frac{p_{a1}}{p_{b1}} = \frac{p_{a1}^0}{p_{b1}^0}\,\exp\left(-\frac{RT}{V_v}\,L_1\,t\left(\frac{1}{\sqrt{M_a}} - \frac{1}{\sqrt{M_b}}\right)\right). \tag{10.6}$$

Aus Fig. 41 ist ersichtlich, mit welcher Präzision tatsächlich der logarithmische Abfall der Peakhöhe (in diesem Fall für Wasserstoff) in einem Massenspektrometer entsprechend der Beziehung (10.5) gemessen wird. Aus (10.6) ergibt sich auch die von vornherein einsehbare Feststellung, daß V_v möglichst groß sein sollte.

Zusammengesetzte Capillar-Einlaßsysteme sind besonders von Kistemaker untersucht worden. Für das in Fig. 42 dargestellte System bei welchem im Vorratsvolumen ein so hoher Druck herrsche (100 Torr), daß Poiseuille-Strömung einsetzt, können die räumlichen und zeitlichen Verschiebungen des Mischungsverhältnisses einfach berechnet werden, wenn man annimmt, daß $p_1 \approx p_2$ und

$p_4 \ll p_3 \ll p_2$ ist, und wenn wieder berücksichtigt wird, daß konstanter Massestrom herrscht. Es ergibt sich: 1. Im stationären Zustand können sich die Mischungsverhältnisse schon am Beginn der Capillare erheblich verschieben (Tabelle 10). 2. Die Einstellung des stationären Zustandes erfordert unter ungünstigen Verhältnissen mehrere Stunden. 3. Ein minimales Vorratsvolumen kann für einstündigen Betrieb mit einer zulässigen Drift des Mischungsverhältnisses von 0,01% angegeben werden: das Vorratsvolumen sollte nicht kleiner als 100 cm³ sein. 4. Wegen der Totaldruckabhängigkeit der gefundenen Effekte, sollten verschiedene Proben unter denselben Vorratsgefäßdrucken gemessen werden.

Unter extremen Bedingungen, besonders wenn nur geringe Mengen zum Einlaß in die Ionenquelle zur Verfügung stehen, ist es notwendig, das gesamte

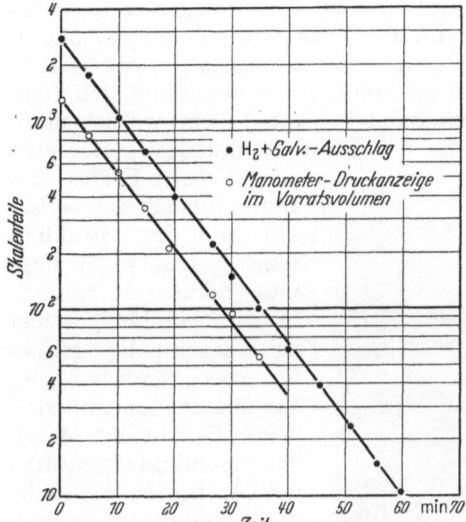

Fig. 41. Druckabnahme im Vorratsvolumen des Gaseinlaßsystems Fig. 40 und Abnahme der Peak-Höhe für H₂ im Massenspektrometer (nach ZEMANY).

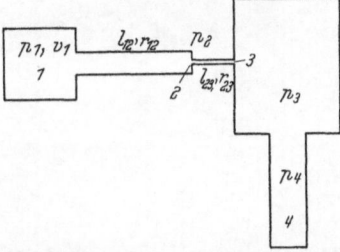

Fig. 42. Schematische Zeichnung eines Capillar-Gaseinlaßsystems. Raum 3 entspricht der Ionenquelle eines Massenspektrometers, Raum 4 dem Massenspektrometerrohr.

Gaseinlaßsystem auszuheizen. Dann werden alle Zuleitungen in Metall ausgeführt, ebenso die notwendigen Ventile und Hähne. Eine solche Anordnung ist von WARMOLTZ[1] beschrieben worden. Sie konnte bis zu 350° C erhitzt werden und es gelang damit Massenspektren von Gasvolumina von etwa 10^{-5} bis 10^{-4} Ncm³ aufzunehmen.

11. Ionenextraktion und Strahlbildung. Nach den bei der Extraktion vorliegenden Problemen sind die Ionenquellen in vier Gruppen einzuteilen: 1. Ionenquellen mit Emission von Festkörperoberflächen. 2. Ionenextraktion aus gasverstärkten

Tabelle 10. *Verschiebung des Mischungsverhältnisses innerhalb des Gaseinlaßsystems von Fig. 42. Erläuterungen siehe Text. Eingetragen sind die Drucke nach Einstellen des Gleichgewichtes $t \to \infty$.*

Gasmischung	Werte von $(p_{b2}/p_{a2})_{t=\infty} \cdot (p_{a1}/p_{b1})$			
	$p_1 = p_{a1} + p_{b1} = 100$ mm Hg; $p_{a1} = p_{b1}$; $l_{23} = 1$ cm; $r_{23} = 1 \cdot 10^{-3}$ cm			
	$l_{12} = 10$ cm $r_{12} = 0,5$ cm	$l_{12} = 100$ cm $r_{12} = 0,5$ cm	$l_{12} = 100$ cm $r_{12} = 0,1$ cm	$l_{12} = 10$ cm $r_{12} = 0,01$ cm
H₂—O₂	1,00064	1,0064	1,141	1,666
H₂—He	1,00016	1,0016	1,033	1,145
N₂—O₂	1,00005	1,0005	1,009	1,021
H₂—HD	1,00008	1,0008	1,017	1,070
$^{16}O_2$—$^{16}O^{18}O$ . . .	1,000024	1,00024	1,0042	1,011

[1] N. WARMOLTZ: Conf. appl. Mass Spectrometry, October 1953.

Elektronenströmungen, d.h. ohne wesentliche positive Raumladungswirkungen. 3. Ionenextraktion aus Gasentladungsplasmen, und 4. Ionenquellen vom Kanalstrahlentladungstyp. Der Typ 1. führt zu den selben Überlegungen wie sie schon bei den Elektronenquellen vorlagen, wobei zu beachten ist, daß die Raumladungskonstante K nach Tabelle 4 für Ionen größere Werte hat als für Elektronen, daß also Raumladungseinflüsse früher eine Rolle spielen als dies bei Elektronen der Fall ist.

Der Typ 4. wird bei der Besprechung der Kanalstrahl-Ionenquellen (S. 64ff.) gesondert behandelt; wir wollen uns hier im Einzelnen nur mit Typ 2. und 3. befassen. — Die Ionenextraktion aus gasverstärkten Elektronenströmen liegt in den sog. Elektronenstoß-Ionenquellen vor (S. 100ff.): ein geradlinig den Ionisierungsraum durchquerendes Elektronenbündel erzeugt Ionen, welche unter dem Einfluß eines senkrecht zur Richtung des Elektronenbündels gerichteten

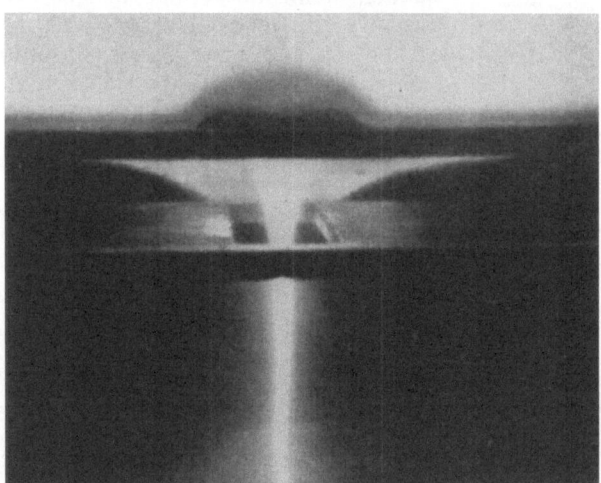

elektrischen Feldes das Ionisierungsgebiet verlassen und im Strahlbildungssystem beschleunigt und fokussiert werden. Das Ionenbildungsgebiet ist ein schmaler, strichförmiger Bereich. Der Verlauf des Ionenbündels beim Durchgang durch das Strahlbildungssystem wurde in einer Reihe von Arbeiten untersucht[1], wobei entsprechende Begriffsbildungen wie bei Elektronenquellen auftreten, wie z.B. Überkreuzungspunkt, Brennpunkt usw. Da im Ionenerzeugungsgebiet die Ionen

Fig. 43. Photographie der Plasmagrenze einer Hochfrequenz-Ionenquelle vor der Extraktionselektrode (THONEMANN).

langsam sind, so wird genau genommen, die Stärke des Extraktionsfeldes in diesem Gebiet herabgesetzt, und es ist eine Mindestspannung quer zum Ionisierungsgebiet notwendig um alle gebildeten Ionen abzuführen. Diese Mindestspannung führt an der der Extraktionselektrode abgewandten Seite gerade zur Feldstärke Null. WALCHER[2] hat speziell diesen Fall der Ionenextraktion untersucht, wo Elektronen- und Ionenbewegung senkrecht zueinander verlaufen (vgl. auch Ziff. 14), SMITH und SCOTT[3] behandelten den Fall, daß beide Bewegungsrichtungen parallel, aber entgegengesetzt sind. Diese notwendige Potentialdifferenz zwischen den Rändern des Ionisierungsgebietes führt zu einer endlichen Breite des Energiespektrums der extrahierten Ionen. In dem von WALCHER berechneten Fall der Ionisierung eines Ag-Atomstrahles ergeben sich etwa 10 eV, bei der von SMITH und SCOTT angegebenen Anordnung noch höhere Werte. Die Spannung der eventuell in größerer Entfernung vom Ionisierungsgebiet angeordneten Extraktionselektrode gegenüber dem Ionisierungsgebiet ist experimentell so einzustellen,

---

[1] R. MOCH, E. ROTH u. J. SALMON: J. Phys. Radium **11**, 524 (1950). — R. VAUTHIER: C. R. Acad. Sci. Paris **231**, 764, 1218 (1950). — M. E. REINDERS, C. J. ZILVERSCHOON u. J. KISTEMAKER: Appl. Sci. Res. B **2**, 264 (1951).
[2] W. WALCHER: Z. Physik **122**, 62 (1944).
[3] L. P. SMITH u. G. W. SCOTT: Phys. Rev. **55**, 946 (1939).

daß quer zum Ionisierungsgebiet die Mindestspannung für Extraktion erreicht oder überschritten wird.

Über die Ionenextraktion aus Gasentladungsplasmen ist eine Reihe von Untersuchungen publiziert worden[1]. Für sie alle ist die LANGMUIRsche Sondentheorie grundlegend, nach welcher in einer gewissen Entfernung von der Extraktionselektrode, welche gegen das Plasma negative Spannung hat, das Extraktionsfeld durch die positive Raumladung abgeschirmt ist. Die Plasmagrenze wirkt dann als Ionen emittierende Fläche. An dieser ist die Ionenstromdichte durch den aus dem Plasma hereindiffundierenden Strom gegeben:

$$j = \frac{n^+ w^+}{4}. \qquad (11.1)$$

Bei ebener Anordnung gilt zwischen Sondenspannung U, Schichtdicke d und Stromdichte j im übrigen der Zusammenhang (6.19), in welche Beziehung für die Strahlkonstante K ein aus Tabelle 4 sich ergebender Wert einzusetzen ist. Gl. (6.19) gilt für den durch (11.1) bestimmten *Ionensättigungsstrom*, gibt also den Zusammenhang zwischen U und d. Bei kugelsymmetrischer Anordnung ist die Beziehung (6.22) anzuwenden, aber es gehen noch kompliziertere Geometriefaktoren ein[2], deren genaue Berücksichtigung jedoch nur für die Gewinnung von Gasentladungsdaten aus Sondenmessungen vorgenommen wird.

In Fig. 43 ist eine Photographie der Plasmagrenze einer Hochfrequenz-Ionenquelle vor der Extraktionselektrode wiedergegeben, die von THONEMANN[3] aufgenommen wurde. Bei ihr ist deutlich

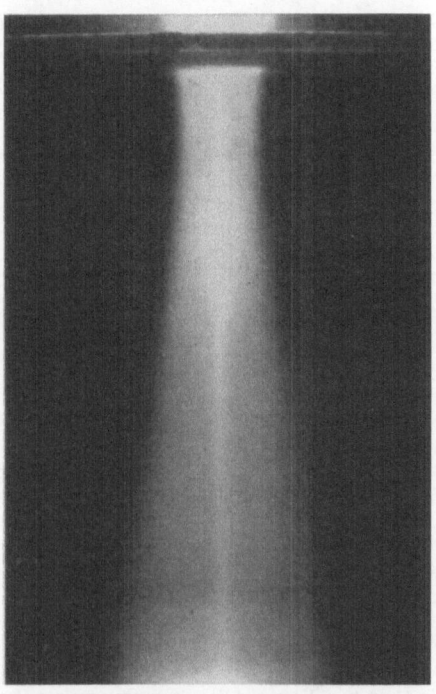

Fig. 44. Photographie eines Argon-Ionenbündels einer Hochfrequenz - Ionenquelle, welches das Extraktionssystem nach Fig. 43 verlassen hat und sich in einem feldfreien Raum bewegt. Die verstärkte Strahlung in der Achse des Bündels wird von Sekundärelektronen verursacht, welche sich im Bündel von unten nach oben bewegen (THONEMANN).

die Einbeulung der Plasmagrenze durch das Extraktionsfeld zu erkennen. Fig. 44 zeigt wie das Ionenbündel in einem feldfreien Raum weiter verläuft. Sie ist ebenfalls von THONEMANN aufgenommen worden und zeigt die Aufweitung des Ionenbündels unter dem Einfluß der Eigenraumladung.

Aus dem gemessenen Verlauf des Ionenstromes in Abhängigkeit von der Spannung der Extraktionselektrode ist nicht ohne weiteres die Gültigkeit der Raumladungsgesetze zu erkennen. Sondern zunächst können die *ionenoptischen*

---

[1] R. D. FOWLER u. G. E. GIBSON: Phys. Rev. **46**, 1075 (1934). — J. KISTEMAKER u. H. L. DOUWES DEKKER: Physica, Haag **16**, 198, 209 (1950). — J. SOMMERIA: J. Phys. Radium **13**, 645, 651 (1952). — O. REIFENSCHWEILER: Ann. Physik (6) **14**, 33 (1954). — W. FISCHER u. W. WALCHER: Z. Naturforsch. **10** a, 857 (1955).

[2] Siehe z.B. F. WENZL: Z. angew. Phys. **2**, 59 (1950). — GUTHRIE u. WAKERLING: Electrical Discharges in Magnetic Fields. New York: McGraw-Hill 1949. — Über Sondenmessungen siehe auch R. BOYD: Proc. Roy. Soc. Lond. **201**, 329 (1950). — A. v. ENGEL u. M. STEENBECK: Elektrische Gasentladungen, Bd. II. Berlin: Springer 1934. — L. LOEB: Fundamental Processes of Electrical Discharge in Gases. New York: Wiley & Sons 1939.

[3] P. C. THONEMANN: Progr. in Nucl. Phys. **3**, 219 (1953).

Eigenschaften des ganzen Extraktionssystems die wesentliche Spannungsabhängigkeit ergeben. Sehr deutlich geht dies aus Fig. 45a u. b hervor, wo die Anordnung und gemessene Daten für den Ionenstrom einer Hochfrequenz-Ionenquelle aufgezeichnet sind[1]. Die Kanalstücke K_1, K_2, K_3 und der Auffänger haben sämtlich das gleiche Potential. Fig. 45b zeigt, daß mit wachsender Spannung U (Plasma-Kanalstücke) sowohl eine Änderung der auf die einzelnen Kanalteile fallenden Ströme eintritt, wie auch daß der Gesamtstrom geändert wird. (In i_1, i_2 und i_3 sind auch die von der Elektronenauslösung an der Kanalwand herrührenden Stromanteile

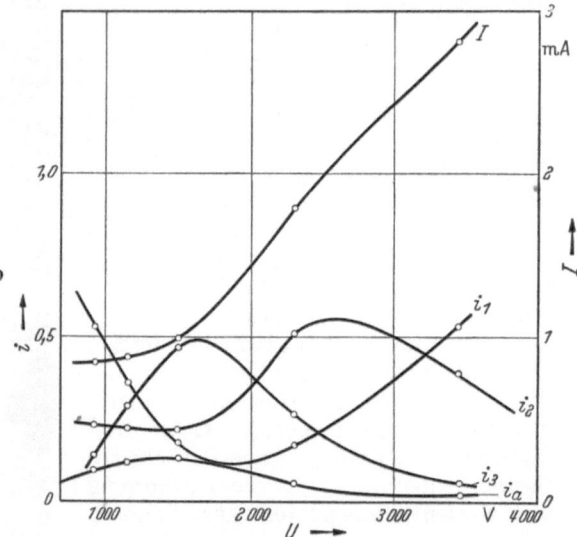

Fig. 45 a u. b. a Kanal und Extraktionssystem einer Hochfrequenz-Ionenquelle (REIFENSCHWEILER). b Relative Stromanteile i_1, i_2, i_3 und i_a auf die verschiedenen Kanalstücke und den Auffänger, und Gesamtstrom I in Abhängigkeit von der Extraktionsspannung U (alle Kanalstücke und der Auffänger haben das gleiche Potential).

enthalten, so daß der starke Anstieg von I nur zum Teil von einem wirklichen Anstieg des Ionenstromes herrührt.) Daraus folgt, daß der Verlauf des *Auffängerstromes* in Abhängigkeit von der Extraktionsspannung durchaus wenig zu tun haben kann mit der durch die Langmuirsche Theorie geforderten Abhängigkeit. Die Übereinstimmung mit der Theorie kann erst geprüft werden, wenn der gesamte Ionenstrom bekannt ist, und dieser müßte dann bei ebener Anordnung sogar unabhängig von der Extraktionsspannung sein. Da das Extraktionssystem im allgemeinen kompliziertere Geometrie hat, so ergibt sich, daß nur in seltenen Fällen die Langmuirsche Theorie im Detail geprüft werden kann. Wir werden bei der Besprechung der Bogenentladungs-Ionenquellen, die typische Quellen mit Plasma sind, auf diesen Punkt erneut zurückkommen.

Aus Fig. 45b geht auch hervor, daß das Ionenbündel die Quelle mit einer beträchtlichen inneren Apertur verlassen kann. Daher ist es in jedem Falle zweckmäßig, das Trägerbündel sofort nach Verlassen des Extraktionskanals durch eine elektrische Einzellinse oder durch eine Beschleunigungslinse zu fokussieren[2]. —

---

[1] O. Reifenschweiler: Z. Naturforsch. 6a, 331 (1951).

[2] Diese Einzellinse wurde von Reifenschweiler als *Ionenkondensor* bezeichnet.

Ein besonders günstiges Extraktionssystem hat SOMMERIA[1] vorgeschlagen: das Entladungsgefäß erhält eine große Öffnung in der Wand (Fig. 46) mit einem Rohransatz, dessen unteres Ende durch eine mit einer kleinen Öffnung versehene Elektrode abgeschlossen wird. An diese Elektrode wird die Extraktionsspannung gelegt. Die Plasmagrenzfläche wird dadurch sehr groß; das Ionenbündel ist bis zum Kanal der Extraktionselektrode aber schon so schmal, daß ein Kanaldurchmesser von wenigen mm ausreicht um das ganze Bündel passieren zu lassen. Trotz der großen Rohrweiten ergibt sich durch diese Anordnung ein sehr niedriger Gasverbrauch der Quelle. Wir werden über die elektrischen Daten einer von SOMMERIA erprobten Anordnung in Ziff. 33 berichten.

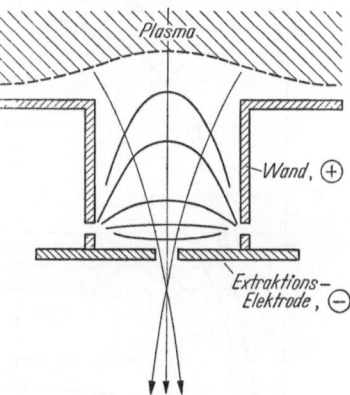

Fig. 46. Extraktionssystem von SOMMERIA.

Hingewiesen werden soll noch auf einige von REIFENSCHWEILER[2] formulierte Gesetzmäßigkeiten (Ähnlichkeitsgesetze) für Extraktions- und Strahlbildungssysteme, die sich aus einer Zusammenfassung der LANGMUIRschen Sondentheorie und der KNUDSENschen Gasströmungsgesetze ergeben. Eines dieser Gesetze besagt, daß bei einer Änderung aller Dimensionen des Extraktionssystems um den Faktor k und einer gleichzeitigen Änderung der Extraktionsspannung um $k^{\frac{3}{2}}$ Ionenstrom und Gasverbrauch auf das k^2-fache steigen. Es hat also Sinn an kleinen Extraktionssystemen charakteristische Betriebszustände zu erproben, um dann mit einer vergrößerten Anordnung höhere Ströme zu erzielen.

Eine konsequente Anwendung der PIERCEschen Überlegungen zur Gestaltung von Beschleunigungsfeldern für Ionen ist bisher nicht erfolgt. Dies ist deshalb von nicht so großer Bedeutung wie bei Elektronenquellen, weil bei Ionenquellen mit Veränderung und optimaler Einstellung der Extraktionsspannung auch die Form der Äquipotentialfläche an der Plasmagrenze variiert und so eingestellt wird, daß zusammen mit dem Anfangsbeschleunigungssystem maximaler Ionenstrom erzielt wird. Über die günstigste Wahl von Rohrlinsenspannungen und günstigste Anfangsfokussierungssysteme für Beschleunigungsanlagen ist eine Reihe von Untersuchungen durchgeführt worden[3], deren wesentliches Ergebnis zeigt, daß es zweckmäßig ist, die Spannung der ersten Beschleunigungslinse nicht höher als 50 kV gegen die Ionenquelle einzustellen; bei höherer Spannung wird die Brennweite des Beschleunigungssystems zu klein.

12. Ionisierung an Oberflächen, Ionenaustritt aus Festkörpern. Die überwiegende Zahl der Oberflächen-Ionenquellen sind die sog. *Therm-Ionenquellen*, die auf der Erscheinung beruhen, daß z.B. Alkali-Metalldampf an glühendem Wolfram nicht nur zu verstärkter Elektronenemission führt (Ziff. 3), sondern daß auch ein Teil der vom Grundmetall abdampfenden Atome ionisiert ist, so daß in einer

---

[1] J. SOMMERIA: J. Phys. Radium **13**, 645, 651 (1952). — Fig. 46 entsprechende Strahlbildungsfelder wurden auch verwendet von H. EWALD u. A. HENGLEIN: Z. Naturforsch. **6a**, 463 (1951) und D. KAMKE: Z. Naturforsch. **7a**, 341 (1952).

[2] O. REIFENSCHWEILER: Ann. Physik (6) **14**, 33 (1954).

[3] W. W. BUECHNER, E. S. LAMAR u. R. J. VAN DE GRAAFF: J. Appl. Phys. **12**, 141 (1941). — L. P. SMITH u. P. L. HARTMAN: J. Appl. Phys. **11**, 220 (1940). — J. D. CRAGGS: J. Appl. Phys. **13**, 772 (1942). — M. M. ELKIND: Rev. Sci. Instrum. **24**, 129 (1953). — E. K. INALL: Proc. Phys. Soc. Lond. B **63**, 1068 (1950).

Diodenstrecke ein positiver Ionenstrom gemessen werden kann. In Fig. 47 sind solche Meßergebnisse für den Na-Ionenstrom von einem erhitzten Re-Draht aufgezeichnet[1] (Kurvenparameter: Temperatur des Na-Dampfes im Entladungsraum). Nach einer von LANGMUIR entwickelten Theorie[2] ist das Verhältnis der als Ion (n^+) zu der als Neutralteilchen (n^*) abdampfenden Menge

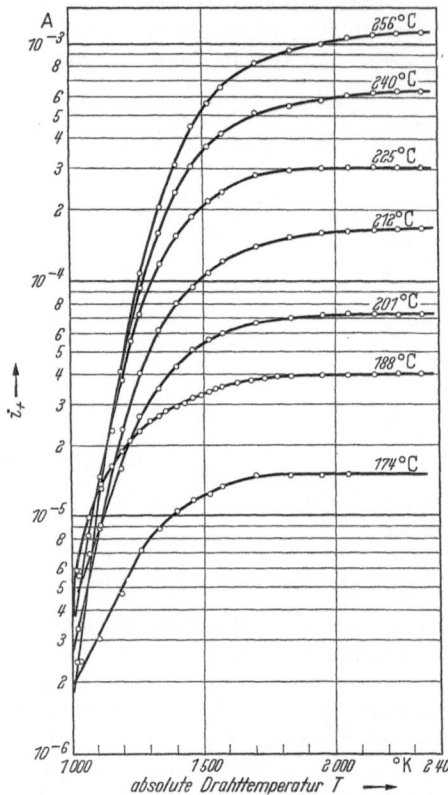

Fig. 47. Na-Ionenstrom einer Diodenanordnung (geheizter Re-Draht in einer Na-Dampfatmosphäre). Parameter: Temperatur welche den Druck des Na-Dampfes bestimmt (Entladungsraumtemperatur).

$$\frac{n^+}{n^*} = \exp\left[-\frac{11\,600}{T}(I - \varphi_a)\right], \quad (12.1)$$

wobei I die Ionisierungsspannung (Volt) der adsorbierten Atome, φ_a die Austrittsspannung (Volt) des Grundmetalles und T seine Temperatur (°K) ist. Für einige Elemente sind Werte der Ionisierungsspannung in Tabelle 11 angegeben, Werte der Austrittsarbeit finden sich in Tabelle 2 (S. 4). Nach (12.1) genügen schon geringe Unterschiede von I und φ_a um entweder praktisch alle Substanz als Ion oder als Neutralteilchen abzudampfen. Um hohes n^+/n^* zu erhalten ist es zweckmäßig Grundmetalle zu benützen, welche eine hohe Austrittsarbeit haben. Dies sind nach Tabelle 2 auch diejenigen Substanzen mit hohem Schmelzpunkt, so daß bei ihnen die Temperatur verhältnismäßig hoch gewählt werden kann, was nach (12.1) die Ionenemission noch weiter begünstigt. Das häufigste Grundmetall ist W, aber auch Pt, Mo und Ta werden verwendet.

Die Gültigkeit von Gl. (12.1) wird durch eine Reihe von Widersprüchen eingeschränkt. Zunächst konnte gezeigt werden, daß beim Aufbringen einer Mischung aus Cs, Rb und K auf Wolfram tatsächlich beim Erhitzen der Reihe nach Cs-, Rb- und K-Ionen auftreten, ferner, daß z.B. Rb aus einer monoatomaren Adsorptionsschicht zu praktisch 100% ionisiert wird[3]. Bei Li nimmt dieser Bruchteil, wie aus (12.1) zu erwarten, ab (genauere Definition des „Ionisierungsbruchteiles" in Ziff. 13). Hingegen werden Ga, In, Tl in demselben Temperaturbereich ionisiert, in dem auch die Alkali-Ionen auftreten, obwohl ihre Ionisierungsspannungen deutlich höher sind als die Austrittsarbeit des Wolframs. Im Gegensatz dazu werden wiederum Ba, Sr und Ca erst bei wesentlich höheren Temperaturen ionisiert, obwohl die Ionisierungsarbeiten in derselben Größenordnung wie die von Ga, In, Tl liegen. Al wird sogar erst bei Weißglut des W ionisiert, während Ga mit derselben Ionisierungsspannung schon bei Rotglut des W als Ion emittiert wird.

[1] H. ALTHERTUM, K. KREBS u. R. ROMPE: Z. Physik **92**, 1 (1934).
[2] I. LANGMUIR: Proc. Roy. Soc. Lond., Ser. A **107**, 61 (1925). Ferner Literaturverzeichnis S. 122, Nr. [3] und [13].
[3] W. WALCHER: Z. Physik **121**, 604 (1943).

Tabelle 11. *Ionisierungsspannungen und Elektronenaffinitäten einiger Elemente.* (LANDOLT-BÖRNSTEIN: Zahlenwerte und Funktionen, Bd. I, Teil 1. Berlin-Göttingen-Heidelberg: Springer 1951.)

Element	Ionisierungs-spannung V	Element	Ionisierungs-spannung V	Element bzw. Ion	Elektronen-affinität V
Al	5,97	La.	5,6	Br^- . . .	3,52
Au	9,23	Li	5,40	C^-	1,2
Ba	5,21	Mg	7,64	F^-	4,1
Ca	6,11	Mo	7,06	H^-	0,72
Ce.	6,54	Na.	5,14	J^-	3,12
Cs	3,89	Os	∼ 8,7	Li^-	0,5
Cu	7,72	Pd	8,1	O^-	2,34[1]
Dy	∼ 6,8	Pt	∼ 8,9	S^-	2,5
Eu	5,64	Rb	4,17		
Ga	5,97	Re	∼ 8		
Gd	6,7	Sm	∼ 5,6		
In	5,79	Sr	5,69		
Ir	∼ 9,2	Tb	6,7		
K	4,34	Tl	6,12		
		Yb.	6,22		
		W	7,94		

All diese Erscheinungen entbehren noch einer vollständigen Begründung. Komplizierend tritt hinzu, daß beim Aufbringen von Salzen der zu ionisierenden Elemente teilweise Element-Ionen gleichzeitig mit Element-Oxyd-Ionen auftreten, und daß schließlich bei der bisher eingehaltenen Technik des unmittelbaren Aufbringens der zu ionisierenden Substanz auf das Grundmetall mit der Temperaturerhöhung sowohl der Oberflächenzustand des Metalles (besonders wichtig das Verhalten der Austrittsarbeit) wie auch der Ionenbruchteil verändert werden. Die von INGHRAM und CHUPKA[2] vorgeschlagene Mehrwendelanordnung gestattet erst eine Trennung von Ionisierung und Oberflächenbeschaffenheit. Diese Anordnung entspricht dann im Grundsätzlichen der beim LANGMUIR-TAYLOR-Detektor[3] zum Nachweis von Neutralteilchen benutzten.

Zu den Therm-Ionenquellen gehören auch die Quellen welche bei dem oben beschriebenen Verfahren negative Ionen emittieren. Ihre Emission wird mit einer ähnlichen Beziehung wie (12.1) beschrieben:

$$\frac{n^-}{n^*} = \exp\left(-\frac{11\,600}{T}\,(A - \varphi_a)\right), \tag{12.2}$$

wobei A die Elektronenaffinität (Tabelle 11) der als Ion abzudampfenden Substanz ist.

Schließlich sind noch einige Sondertypen anzugeben. Zunächst die sog. Ion-Dipol-Quelle. Bei ihr wird der Effekt ausgenützt, daß in der Nähe eines erhitzten Drahtes sich z.B. ein Gleichgewicht der Art

$$RbCl + Rb^+ \rightleftharpoons Rb_2Cl^+$$

einstellen kann, so daß je nach dem Wert der Gleichgewichtskonstanten ein höherer Prozentsatz Rb^+ oder $RbCl^+$ auftritt.

---

[1] SCHÜLER und BINGEL [Z. Naturforsch. **10**a, 250 (1955)] schlugen kürzlich für O^- einen Wert von etwa 1 eV vor.

[2] M. G. INGHRAM u. W. A. CHUPKA: Rev. Sci. Instrum. **24**, 518 (1953).

[3] J. LANGMUIR u. K. H. KINGDON: Phys. Rev. **21**, 380 (1923). — J. B. TAYLOR: Z. Physik **57**, 242 (1929).

Auch erhitzte Alkali-Silikatmischungen können als Quellen positiver Ionen benützt werden[1]. — All diese Quellen zeichnen sich dadurch aus, daß Mengen von wenigen Mikrogramm ausreichen um über Stunden konstante Ionenströme der Größenordnung 10^{-8} Amp zu erhalten. Die Therm-Ionenquellen sind daher besonders für massenspektrometrische Analysen geeignet. Dort können sie aber nur zu qualitativen Analysen herangezogen werden, da die Häufigkeit, mit welcher bestimmte Ionen auftreten von vielen Parametern abhängt; nicht zuletzt ist die Therm-Ionenquelle geradezu geeignet für Spurennachweise, da diese einen besonders hohen Ionisierungsbruchteil haben können. INGHRAM und HAYDEN[2] haben eine tabellarische Übersicht für 53 Elemente gegeben, die sich für Therm-Ionenquellen eignen. Tabelle 12 enthält ergänzende Ergebnisse, Ausbeutedaten werden in Ziff. 13 besprochen.

Tabelle 12. *Daten von Therm-Ionenquellen. Basismetall: Wolfram (Wendel). Erscheinungstemperatur: pyrometrisch bestimmt.* (Nach VIEHMANN.)

Element	Chemische Verbindung	Ion	Erscheinungs-Temperatur Grad abs.	η %	Emissionsstromdichte im Bereich konstanten Stromes Amp/cm²	Emissionsstromdichte für 2 Std. Amp/cm²
Li	LiCl	Li$^+$	1350	7	$1,5 \cdot 10^{-8}$	$1,5 \cdot 10^{-7}$
Ba	Ba(NO$_3$)$_2$	Ba$^+$	1700	0,17	$1 \cdot 10^{-8}$	$1 \cdot 10^{-7}$
Sr	Sr(NO$_3$)$_2$	Sr$^+$	1700	0,65	$3 \cdot 10^{-8}$	$3 \cdot 10^{-7}$
Ca	Ca(NO$_3$)$_2$	Ca$^+$	1700	0,14	$1 \cdot 10^{-8}$	$1 \cdot 10^{-7}$
Mg	MgO	—	—	—	$1 \cdot 10^{-13}$	—
Tl	Tl/HNO$_3$	Tl$^+$	1200	0,01	$1 \cdot 10^{-9}$	$1 \cdot 10^{-8}$
Ga	Ga$_2$O$_3$	Ga$^+$	1150	0,01$_5$	$1 \cdot 10^{-9}$	$1 \cdot 10^{-8}$
In	In/HNO$_3$	In$^+$	1100	3,5	$8 \cdot 10^{-8}$	$1 \cdot 10^{-6}$
Al	Al(NO$_3$)$_3$	Al$^+$	1650	0,16	$1 \cdot 10^{-8}$	$1 \cdot 10^{-7}$
B	B(OH)$_3$	—	—	—	$1 \cdot 10^{-13}$	—
La	La(NO$_3$)$_3$	LaO$^+$	1650	17,5	$5 \cdot 10^{-8}$	$5 \cdot 10^{-7}$

Die in der letzten Spalte angegebene Emissionsstromdichte kann mit 100 µg Substanz für eine Versuchsdauer von etwa 2 Std mit guter Konstanz, d.h. mit kurzzeitigen Schwankungen $< 1°/_{00}$ aufrecht erhalten werden.

In Ziff. 9 wurde schon bemerkt, daß beim Aufprall positiver Ionen auf Metalle (Festkörper) außer dem zerstäubten Material auch Ionen des Metalles auftreten können. Eine Ionenquelle auf dieser Basis haben HERZOG und VIEHBÖCK[3] beschrieben: ein Ionenbündel einer Kanalstrahl-Ionenquelle trifft auf eine Metallfläche, die ausgelösten Ionen werden mit einem genügend starken elektrischen Feld fokussiert und können in einem Massenspektrographen analysiert werden. — Auch Elektronenbeschuß von Festkörpern kann zur Emission von Ionen führen. PLUMLEE und SMITH[4] haben diese Methode benützt um festzustellen welche Materialien dabei aus Oxydkathoden ausgelöst werden.

II. Güte von Ionenquellen.

13. Definition der Güte (economy) von Ionenquellen. Zur Festlegung der Güte von Ionenquellen werden Größen definiert, welche einerseits über die Ionenerzeugung in der Quelle und zum anderen über das Verhältnis von erzeugter

[1] Zum Beispiel G. COUCHET: C. R. Acad. Sci. Paris **233**, 1013 (1951). — J. P. BLEWETT u. E. J. JONES: Phys. Rev. **50**, 464 (1936).

[2] M. G. INGHRAM u. R. J. HAYDEN: Mass Spectroscopy, University of Chicago and Argonne National Laboratory, 1952. — M. G. INGHRAM: Modern Mass Spectroscopy. Adv. Electronics **1**, 219 (1948).

[3] R. F. K. HERZOG u. F. P. VIEHBÖCK: Phys. Rev. **76**, 855 (1949).

[4] R. H. PLUMLEE u. L. P. SMITH: J. Appl. Phys. **21**, 911 (1950).

Ionenzahl zu extrahierter Ionenzahl Auskunft geben. Entsprechende Größen bei den Elektronenquellen sind die Elektronenausbeute (Fig. 3) und E_i oder E_c (s. S. 22). Hier ist demnach zuerst einzuführen die *Ionenausbeute*, anzugeben in mA/Watt. Der Leistungsaufwand enthält mehrere Anteile, die in Publikationen über Ionenquellen vielfach nicht getrennt angegeben werden, nämlich: Leistung für die Elektronenerzeugung in Elektronenstoß-Ionenquellen, für Magnetfelder, für Extraktionsspannungserzeuger usw.

Die Ionenausbeute ist aber allein nicht ausreichend für den Vergleich verschiedener Ionenquellen, sondern es werden noch folgende Größen angegeben[1]:

1. Das Verhältnis von *positivem Trägerstrom* i_i *in der Entladung* zum dort vorhandenen Elektronenstrom i_e, $i_i/i_e = \alpha_d$. Diese Zahl ist besonders bei unselbständigen Entladungen von Bedeutung, wo i_e der von außen in einen Ionisierungsraum eingeschossene Elektronenstrom ist.

2. Das Verhältnis von *entnommenem Ionenstrom* i_t zum Elektronenstrom i_e in der Entladung. Der Zahlenwert $i_t/i_e = \alpha_e$ (auch Elektronenwirkungsgrad genannt) kann durch Verbesserung des Extraktionssystems beeinflußt werden. Die obere Grenze ist in Entladungen mit Plasma durch den mit Sonden bei verlustloser Abführung zu entnehmenden Strom i_t gegeben.

3. Das Verhältnis von Ionenstrom welcher die Quelle verläßt, i_t, zum gleichzeitig die Quelle verlassenden *Neutralgasstrom* i_m. Quellen, welche bei niedrigen Drucken mit kleinen Ionenaustrittsöffnungen hohe Ströme liefern, haben also einen großen Wert von $i_t/i_m = \alpha_m$ (als „Gasökonomie" wird auch der Ausdruck $\gamma_m = \dfrac{\alpha_m \cdot 100}{\alpha_m + 1}$ % bezeichnet). Zum Beispiel ist bei einem Gasdruck in der Quelle von $1 \cdot 10^{-2}$ Torr und einem Extraktionskanal von 3 mm Durchmesser und 4 mm Länge, durch welchen ein H_2-Ionenstrom von 1 mA entnommen wird nach Tabelle 1 und 9 $\alpha_m = 0,01$.

4. Schließlich ist, wie oben schon gesagt, die *Ionenausbeute* wichtig definiert durch: entnommener Ionenstrom/Leistungsaufwand. Die Zahlenwerte sind als günstig anzusprechen, wenn sie die Größenordnung einiger Hundertstel mA/Watt erreichen, sie sind noch klein gegen die bei Elektronenquellen erreichten.

5. Mit den Daten für α_m ist auch der absolute Gas- oder Masseverbrauch der Quelle anzugeben[2]. Er wird meist gemessen in Ncm³/Std oder g/Std.

Die bisher definierten Daten betreffen den elektrischen Teil der Ionenerzeugung. Angaben über das Energiespektrum und die Art der herstellbaren Ionen, also die *Qualität der Ionenerzeugung* werden in Ziff. 16 und 17 besprochen.

Die *Oberflächen-Ionenquellen*, insbesondere auch die *Therm-Ionenquellen*, sind nicht mit dem oben formulierten Schema der Gütedaten zu erfassen, sondern bei ihnen ist für die Ionenerzeugung charakteristisch das Verhältnis von abgedampftem Ionen- zu Neutralteilchenstrom. Eine Schwierigkeit ist dabei die, daß bei konstanter Heizung des Basismetalles der Ionenstrom im Laufe der Zeit sinkt, wie dies von VIEHMANN[3] für den LaO⁺-Strom einer mit La(NO₃)₃ beschickten Wendel gemessen wurde (Fig. 48). Vergleicht man die bei verschiedenen, aber konstanten Heizleistungen emittierten Gesamtladungsmengen bis zur Erschöpfung

---

[1] H. HEIL: Z. Physik **120**, 212 (1943). — W. WALCHER: Z. Physik **122**, 62 (1944). — J. KISTEMAKER u. H. L. DOUWES DEKKER: Physica, Haag **16**, 209 (1950).

[2] Die später berechneten Gasmengen für den Verbrauch einer Quelle, unterscheiden sich vielfach beträchtlich von den von den Verfassern angegebenen. Vermutlich liegt dies an nicht genügend genauer Druckmessung.

[3] W. VIEHMANN: Diplomarbeit Marburg a. d. Lahn 1953 (unveröffentlicht).

der Quelle, so ergibt sich, daß der Quotient aus Ionenmenge und aufgebrachter Substanz N_0 um so kleiner wird, je höher die Anfangsemission ist. Für Emissionsstrom gegen Null, ergibt sich ein endlicher Grenzwert, welcher für jede Kombination aus Basismetall und Substanz charakteristisch ist. Als *Ionisierungsbruchteil* der Quelle soll eben dieser Grenzwert bezeichnet werden:

$$\eta = \frac{1}{N_0} \cdot \frac{1}{e} \int I^+ dt. \qquad (13.1)$$

Er erweist sich als unabhängig von der Größe der aufgebrachten Substanzmenge. In Tabelle 12 sind Daten für einige der von VIEHMANN untersuchten Kombinationen zusammengestellt, aus welchen auch zu entnehmen ist, welche, für 2 Std konstante, Ionenstromdichten erzielbar sind.

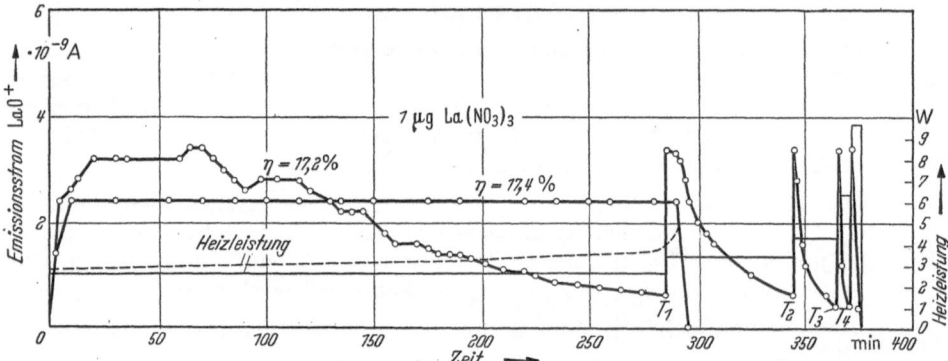

Fig. 48. Zeitlicher Verlauf des Emissionsstromes von LaO⁺ von einer W-Wendel bei konstanter Heizleistung der Wendel. Bei T_1, T_2, T_3 und T_4 wurde die Heizleistung erhöht um den Ausgangs-Emissionsstrom wieder zu erreichen (nach VIEHMANN). - - - Heizleistung für die Kurve $\eta = 17,4\%$

14. Die Berechnung von Gütedaten. Für die in Fig. 49a—d aufgezeichneten speziellen Typen und Anordnungen sind derartige Berechnungen publiziert worden.

In Fig. 49a handelt es sich um die Ionisierung eines durch rechteckige Spalte (lange Seite senkrecht zur Zeichenebene) ausgeblendeten Atomstrahles. Hierfür ergibt sich die Beziehung

$$\alpha_d = \frac{i_i}{i_e} = 3 \cdot 10^{-3} s \cdot \tan^2 \beta^\dagger. \qquad (14.1)$$

Die Anordnung ist dabei so zu wählen, daß das Ionisierungsgebiet unmittelbar an die im Abstand a vom Atomstrahlofen gesetzte Blende anschließt, und daß diese ebenso breit wie der Ofenspalt ist, dessen Breite wiederum gleich der mittleren freien Weglänge der Atome im Ofen gewählt wurde. In (14.1) ist s die differentiale Ionisierung; der Faktor $3 \cdot 10^{-3}$ ist ein Mittelwert, die genauen Werte liegen zwischen 1 und $5 \cdot 10^{-3}$ [††]. Setzt man z.B. $\tan \beta = 0,1$ und $s = 10$ cm⁻¹ Torr⁻¹ ein, so wird $\alpha_d = 3 \cdot 10^{-4}$. Die Ausnutzung des Elektronenstromes ist also sehr gering. Günstiger werden die Verhältnisse dann, wenn der Atomstrahl nicht ausgeblendet wird, sondern wenn unmittelbar nach dem Ofenspalt (oder der Gaseinlaßöffnung) ionisiert wird (Fig. 49b, Anordnung von HEIL[1]).

[†] W. WALCHER: Z. Physik **122**, 62 (1944).

[††] Entsprechend der Variation der mittleren freien Weglänge verschiedener Gase bei gleichem Druck (Tabelle 8).

[1] H. HEIL: Z. Physik **120**, 212 (1943).

Hierfür gilt

$$\alpha_d = 3 \cdot 10^{-3}\, s \cdot \varkappa \cdot \frac{l}{b}, \qquad\qquad (14.2)$$

wobei l die Länge, b die Breite des Ofenspaltes und $\varkappa$ der Pendelfaktor ist, d.h. das Verhältnis von mittlerem Gesamtweg eines Elektrons in der Entladung zum Abstand der beiden Kathoden[1]. Mit den von HEIL verwendeten Daten $b = 3$ mm und $l = 15$ mm und einem s wiederum von 10 cm^{-1} Torr^{-1} wird nach (14.2) $\alpha_d = 0,15\varkappa$. Dieser Wert ist schon sehr günstig, selbst bei $\varkappa = 1$. In dem von SMITH und SCOTT[2] untersuchten Fall (Figur 49c) ergibt sich bei dem von ihnen durchgerechneten Beispiel $\alpha_d \approx 0,01$. Wie aus den Tabellen 16, 17, 19, 20 ersichtlich, ist dies ein für viele Ionenquellentypen charakteristischer Wert.

KISTEMAKER und DOUWES DEKKER[3] haben für die in Fig. 49d skizzierte Anordnung Zahlenwerte gewinnen können, welche den mittleren Elektronenweg beschreiben. Es sei $P(x)\, dx$ die Wahrscheinlichkeit dafür, daß ein Elektron, welches ursprünglich an der Kathode gestartet ist, im Bereich zwischen x und $x + dx$ aus dem Elektronenbündel ausscheidet. Diese Verlustwahrscheinlichkeit setzt

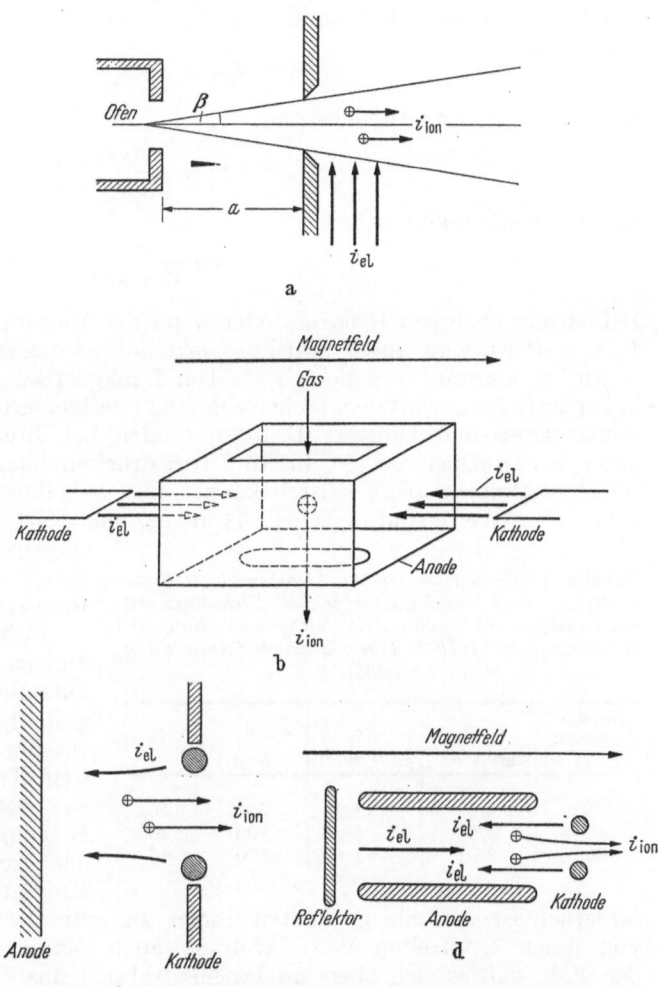

Fig. 49 a—d. Ionenquellen (schematisch) mit typischen Richtungen von Elektronenstrom (i_{el}), Ionenstrom (i_{ion}) und Magnetfeld.

sich zusammen aus einem Anteil P_a für den Fall, daß der Gasdruck Null ist, und einem druckproportionalen Anteil $p \cdot P_c$, beide seien unabhängig von x. Dann ist aus der Beziehung für die Abnahme des Elektronenstromes in

---

[1] W. WALCHER: Z. Physik **122**, 62 (1944).

[2] L. P. SMITH u. G. W. SCOTT: Phys. Rev. **55**, 946 (1939).

[3] J. KISTEMAKER u. H. L. DOUWES DEKKER: Physica, Haag **16**, 198, 209 (1950). — Berechnung von i_i in Bogenentladungen auch bei P. C. THONEMANN: Progr. Nucl. Phys. **3**, 219 (1953); s. auch Ziff. 32.

x-Richtung

$$\frac{d i_e}{d x} = - (P_a + p\, P_c) \tag{14.3}$$

sofort der mittlere Elektronenweg zu

$$\bar{x} = \frac{1}{P_a + p\, P_c} \tag{14.4}$$

angebbar. Die längs dieses mittleren Weges erzeugten Ionen ergeben einen Strom der Größe

$$i_i = i_e\, s\, p\, \bar{x}, \tag{14.5}$$

so daß der gesamte Anodenstrom

$$i_a = i_e \left(1 + \frac{s\, p}{P_a + p\, P_c} \right) \tag{14.6}$$

ist. Aus (14.5) ergibt sich

$$\alpha_d = s\, p\, \frac{1}{P_a + p\, P_c}. \tag{14.7}$$

Bei extrem niedrigen Drucken, oder wenn die Anordnung so ungünstig ist, daß $P_a \gg p \cdot P_c$ ist, wird also α_d druckproportional; ist dagegen P_a zu vernachlässigen, so wird α_d konstant und gleich s/P_c. Durch magnetische Führung der Elektronen in der Entladung wird der Nenner von (14.7) verkleinert und damit α_d vergrößert. Kistemaker und Douwes Dekker fanden bei ihrer Anordnung (Fig. 81b), daß i_a bei Drucken von 10^{-3} bis 10^{-5} Torr druckunabhängig war. Daher konnten sie P_c bestimmen, denn s ist bekannt. Die von ihnen für H_2 als Betriebsgas gefundenen Werte sind in Tabelle 13 angegeben. Dort ist auch der Pendelfaktor eingetragen, welcher aus $\varkappa = \bar{x}/h$ ($h = 13$ cm; Abstand Kathode—Reflektorplatte) berechnet wurde.

Tabelle 13. *Verlustwahrscheinlichkeit, mittlerer Elektronenweg und Pendelfaktor $\varkappa$ für Elektronen in einer magnetisch stabilisierten Bogenentladung in Wasserstoff bei $4 \cdot 10^{-4}$ Torr Gasdruck (Anordnung Fig. 49d).*

Anoden-spannung [V]	s [cm^{-1} Torr^{-1}]	P_e [cm^{-1} Torr^{-1}]	$\bar{x}$ [cm]	$\varkappa$
50	3,5	13	200	16
100	3,5	5	500	40
200	3,0	3	800	46

Bisher wurden nur Rechnungen über die Elektronenausnützung zur Ionenerzeugung dargestellt, und noch nicht untersucht wie hoch der Prozentsatz der als freie Träger extrahierten Ionen ist. Smith und Scott, sowie Walcher haben gezeigt, daß bei der Atomstrahlionisierung eine Mindestextraktionsspannung erforderlich ist um alle gebildeten Ionen zu extrahieren. Insofern stellen die von ihnen ermittelten Werte von α_d auch Maximalwertevon α_e dar. Für den Fall, daß es sich aber um Ionenextraktion aus Plasmen handelt, ist eine Angabe von α_e nur selten möglich. Zum einen muß nämlich der Elektronenemissionsstrom i_e der Glühkathode angegeben werden, der bei Bogenentladungen auch nicht annähernd mit dem Entladungsstrom übereinzustimmen braucht und in Publikationen fast niemals notiert ist. Und zum anderen ist auch eine *theoretische* Bestimmung von α_e, genauer des Maximalwertes von α_e bei verlustloser Ionenabführung, schwierig. Denn man muß, um die Formel für den Ionenstrom

$$I^+ = F\, \frac{n^+ w^+}{4} \tag{14.8}$$

anzuwenden, die Größe der Ionenemissionsfläche F, die positive Trägerdichte n^+ und w^+ kennen. Über F läßt sich sicher eine abschätzende Angabe in bestimmten

Fällen machen, n^+ (bzw. $n^+ w^+$) erfordert eine zusätzliche Messung, und über die Nachlieferungsgeschwindigkeit, die in der älteren LANGMUIRschen Theorie die thermische Geschwindigkeit der Ionen im Plasma ist, kann man heute nur sagen, daß sie etwa der halben Elektronentemperatur entspricht. Weiterhin ist auch die experimentelle Ermittlung des Ionensättigungsstromes nicht ohne weiteres möglich. Im allgemeinen Fall ist der Gesamt-Ionenstrom einer Ionenquelle eine Funktion der Spannung U einer Extraktionselektrode, welche sich in beliebigem Abstand von der Plasmagrenze befinden kann. Diese Funktion braucht nicht wie bei Elektronenströmungen sich zusammenzusetzen aus einem konstanten Geometriefaktor und der Potenz $U^{\frac{3}{2}}$, denn mit Veränderung von U verschiebt und deformiert sich die Plasmagrenze, d.h. die Ionen emittierende Fläche. Zum Beispiel ist im ebenen Fall der Ionenstrom theoretisch konstant und der Abstand Plasma—Extraktionselektrode ändert sich nach (6.19) proportional $U^{\frac{3}{4}}$. Man kann zwar auch versuchen kompliziertere Fälle mit der Gl. (6.19) zu berechnen, gewinnt dabei aber keine neuen Gesichtspunkte. Es muß dann eine „Äquivalentdiode" ähnlich wie bei Elektronenströmungen (Durchgriff!) eingeführt werden, für welche U und d von (6.19), ausgehend von gemessenen Werten des Ionenstromes, zu bestimmen sind.

Theoretische Angaben über α_m erhält man durch Kombination der Extraktionsgesetze mit den KNUDSENschen Strömungsgesetzen. Es ergibt sich aus (14.8) und (10.1), daß α_m mit wachsendem Ionisierungsgrad und mit wachsendem Verhältnis von *Elektronen*temperatur zu *Gas*temperatur steigt[1]. Übliche Werte von α_m sind einige Prozent.

15. Die Messung des Ionenstromes erfolgt fast ausschließlich mit elektrischen Hilfsmitteln durch Messung des auf eine Auffängerplatte fallenden Trägerstromes. Eine einfache Anordnung wie in Fig. 50a ergibt aber nicht den wahren Wert des Ionenstromes, da die

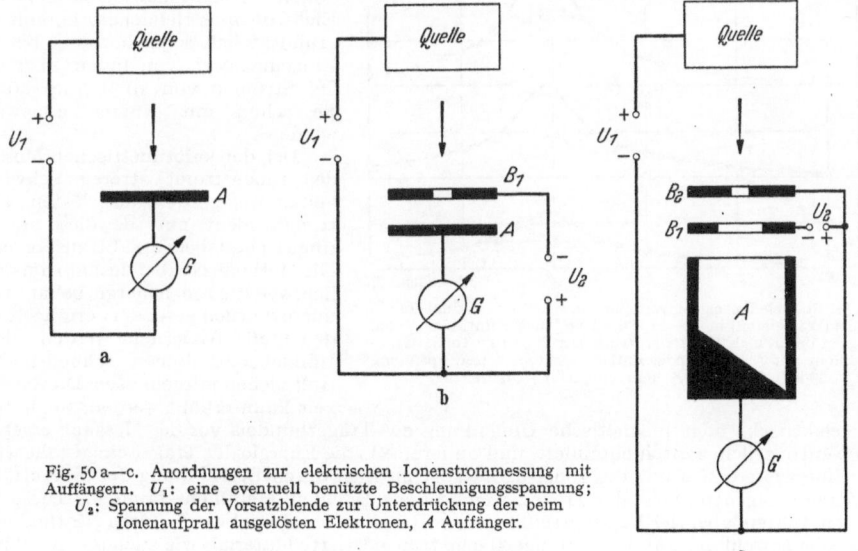

Fig. 50a—c. Anordnungen zur elektrischen Ionenstrommessung mit Auffängern. U_1: eine eventuell benützte Beschleunigungsspannung; U_2: Spannung der Vorsatzblende zur Unterdrückung der beim Ionenaufprall ausgelösten Elektronen, A Auffänger.

ausgelösten Elektronen (γ pro Ion, Zahlenwerte in Fig. 36) zu einer Vergrößerung des Meßwertes führen, welche ein Vielfaches des Trägerstromes betragen kann. Am einfachsten werden die Elektronen durch Vorsetzen einer gegen den Auffänger negativ vorgespannten Blende unterdrückt (Fig. 50b). Die notwendige Spannung muß experimentell ermittelt werden; im allgemeinen kommt man mit einigen hundert Volt aus, bei sehr engen Lochblenden auch

---

[1] W. FISCHER u. W. WALCHER: Z. Naturforsch. **10**a, 857 (1955).

mit nur wenigen Volt. Eine Verfälschung des Ionenstromes ist dann nur noch durch die an der Blende selbst ausgelösten Elektronen möglich, welche den gemessenen Strom herabsetzen, ferner durch Ionenreflexion. All diese Effekte können mit einer Anordnung nach Fig. 50c beseitigt werden, für welche die notwendigen Werte der Spannungen wieder experimentell zu bestimmen sind. Zweckmäßig werden die Blendendurchmesser so abgestuft, daß die am weitesten vom Auffänger entfernte den geringsten Durchmesser hat. Dann kann dieser auch einfach mit dem Auffänger verbunden werden (Fig. 50c).

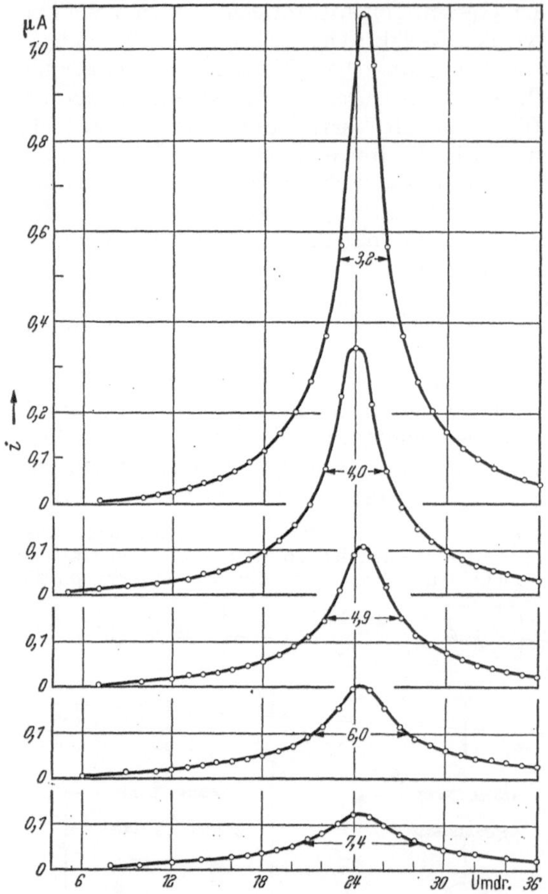

Die Anordnung der Fig. 50c ist für Träger hoher Energie (mehrere keV) geeignet, da diese durch die Blendenspannungen von einigen hundert Volt nicht beeinflußt werden. Bei sehr niedrigen Ionenenergien kommt man vielfach mit der einfacheren Anordnung Fig. 50b aus, da γ bei niedrigen Ionenenergien klein ist. — An Stelle der vorgespannten Blenden können auch kleine Ablenkmagnete zur Unterdrückung der Elektronen verwendet werden[1].

Ist durch die angeführten Maßnahmen ein einwandfreies Meßsignal am Auffänger geschaffen, so erfolgt die Strommessung bei genügend hohem Strom direkt mit einem Galvanometer passender Empfindlichkeit, bei Strömen bis herunter zu 10^{-13} Amp auch elektrometrisch durch Messung des Spannungsabfalles an einem genügend hohen Präzisionswiderstand[2]. Mit Elektronenvervielfachern kommt man grundsätzlich sogar herunter bis zum Einzelnachweis von Ionen, aber auch bei Strömen von 10^{-13} Amp können sie schon mit Nutzen angewandt werden[3].

Bei der kalorimetrischen Messung des Ionenstromes treten Schwierigkeiten wegen der ausgelösten Elektronen nicht auf, da diese nur geringe Energiebeträge abtransportieren. Die Methode ist aber deshalb umständlich, weil die Ionenenergie bekannt sein und eventuell gesondert ermittelt werden muß. Außerdem werden alle im Bündel enthaltenen schnellen Neutralteilchen mitgemessen. Die Genauigkeit kann erhöht werden, wenn durch

Fig. 51. Radiale Ionenstromverteilung in einem Kanalstrahl-Ionenbündel (Wasserstoff) in 16, 21, 36, 41 und 46 cm Entfernung vom Ausgang des Kanals (feldfreier Raum, Druck $5 \cdot 10^{-4}$ Torr). Ganzmetallrohr mit Anodenblende, Entladungsstrom 4 mA, Spannung 29 kV; Abszisse: 0,51 mm entspricht 1 Umdrehung.

eine elektrische oder magnetische Umlenkung des Trägerbündels vor der Messung einerseits der Neutralteilchenanteil eliminiert, und andererseits die Energie der Träger eingestellt wird[4].

Eine weitere Messung des Ionenstromes ist möglich durch Bestimmung der im Auffänger niedergeschlagenen Masse der Träger, wenn diese z. B. einem Metall entstammen. Diese Messungen führen aber leicht zu irreführenden Resultaten: einmal wird durch Kathodenzerstäubung sowohl das auf die Auffängerfläche transportierte Material, wie auch das Auffänger-

---

[1] P. C. THONEMANN: Nature, Lond. **158**, 61 (1946), vgl. Fig. 59.

[2] Einige Anordnungen bei H. EWALD u. H. HINTENBERGER: Methoden und Anwendungen der Massenspektroskopie. Weinheim 1953.

[3] Zum Beispiel C. F. BARNETT, G. E. EVANS u. P. M. STIER: Rev. Sci. Instrum. **25**, 1112 (1954).

[4] Die Verfälschung der Ionenstrommessung durch die Zerstäubung wurde von H. ALFVEN und H. J. COHN-PETERS [Ark. Mat., Astronom. Fys., Ser. A **31**, 18 (1944)] diskutiert.

material selbst zerstäubt, zum anderen können mittransportierte schwere Ionen (Fettdämpfe!) einen viel zu großen Massenzuwachs des Auffängers ergeben. Durch Heizung des Auffängers kann das letztere vermieden werden, das erstere wird umgangen indem der Auffängerboden schräg zum Bündel gestellt wird, so daß zerstäubtes Material sich weitgehend an der gegenüberliegenden Wand des Auffängers niederschlägt. Über geeignete Auffängermaterialien für Massentrenner s. Ziff. 42.

Selbst wenn durch die oben beschriebenen Maßnahmen die Trägerstrommessung einwandfrei gelingt, muß für Vergleichsmessungen an verschiedenen Quellen darauf geachtet werden, daß die Messung unter den gleichen geometrischen Verhältnissen stattfindet. Insbesondere sollte der Abstand des Auffängers vom Quellenausgang grundsätzlich zwischen 3 und 5 cm liegen. In größerer Entfernung machen sich die innere Apertur des Bündels sowie Umladungs- und Streuprozesse bemerkbar, die dann keine vergleichbaren Aussagen mehr zulassen. Fig. 51 zeigt wie das Trägerbündel einer Kanalstrahl-Ionenquelle bei Durchqueren des feldfreien Raumes nach der Quelle sich verändert[1]. Am zweckmäßigsten wäre stets eine Messung des Ionenstromes sowohl in geringer wie in großer Entfernung vom Extraktionskanal.

16. Energiespektrum. Die Energie der Ionen beim Austritt aus der Quelle ist zunächst durch die im Extraktionsfeld durchlaufene Spannung bestimmt, sodann durch die Breite des Bereiches des Extraktionsfeldes innerhalb dessen sie erzeugt wurden, und schließlich durch Energieverlustprozeß auf dem Weg bis zum Auffänger. Oberflächen-Ionenquellen (Therm-Ionenquellen) haben daher das schärfste Energiespektrum. Bei Gasentladungsionenquellen wird man die Ionenerzeugung in einen Bereich geringer Feldstärke verlegen und die Ionenwege bis zum Extraktionskanal kurz machen.

Die Ionenquelle mit dem breitesten Energiespektrum ist die Kanalstrahlquelle. Bei ihr erstreckt sich das Spektrum von der Energie Null bis zur Energie, welche der Betriebsspannung (einige 10 kV) entspricht, wobei eines oder mehrere breite Maxima auftreten können. Überdies ist das Spektrum im Zentrum und in den Randpartien des Bündels verschieden (vgl. Ziff. 20). Ein wesentlich schärferes Spektrum liefern alle Quellen mit ausgebildetem Plasma. Da dort das Extraktionsfeld an der Plasmagrenze abgeschirmt ist, ist eine Energieunschärfe nur von der Größenordnung 1 eV zu erwarten, und diese rührt von dem im Sinne moderner Sondentheorien vorhandenen durchgreifenden Feld her[2]. In der Hochfrequenz-Ionenquelle treten Energieunschärfen bis zu wenigen hundert eV auf, trotzdem auch dort eine Sondenextraktion vorliegt. Dieser Sachverhalt ist noch nicht genügend geklärt. Während für Kernreaktionen Energieunschärfen der Größenordnung 100 eV noch zulässig sind (aus Ausbeutegründen wird man die Targets nicht dünner machen als einem Bremsverlust von etwa 100 eV entsprechend), muß für massenspektrometrische Ionenquellen die Breite des Energiespektrums auf Bruchteile von 1 eV herabgesetzt werden. Das Massenauflösungsvermögen eines Massenspektrometers ist

$$\frac{m}{\Delta m} = \frac{1}{\dfrac{S}{R} + \dfrac{\Delta U}{U}} \qquad (16.1)$$

wo S die Summe der Spaltbreiten (Eingang und Ausgang), R der Umlenkradius eines Magnetfeldes und $\Delta U/U$ die Energieunschärfe des Ionenbündels ist (U ist die Beschleunigungsspannung der Ionen, gewöhnlich einige 1000 V). Bei $S = 0,2$ mm und $R = 200$ mm ist $S/R = 1 \cdot 10^{-3}$ und mit $\Delta U = 0$ das theoretische Auflösungsvermögen 1000. Dieser Wert wird experimentell nur erreicht, wenn $\Delta U/U$ mindestens eine Größenordnung kleiner ist als S/R. Läßt man $\Delta U/U = 1 \cdot 10^{-4}$ zu, so ist bei $U = 2000$ V also ΔU von nur 0,2 V zulässig. Solch niedrige

---

[1] S. WAGNER: Diplomarbeit Marburg a. d. Lahn 1951 (unveröffentlicht).
[2] Siehe besonders die Untersuchungen von BOYD und WENZL, Fußnote 2, S. 49.

Energieunschärfen lassen sich nur durch sorgfältige Stabilisierung aller Betriebsspannungen und durch weitere Maßnahmen, auch innerhalb der Quelle, erreichen,
die in Ziff. 36 zu besprechen sind. Wichtig ist dabei noch, daß bei einem *langen*
Ionisierungsgebiet, wie z. B. bei den Elektronenstoß-Ionenquellen geringe
Energieunschärfen sich nur erreichen lassen, wenn die Ionenextraktion senkrecht zur Richtung des Elektronenbündels erfolgt.

17. Herstellbare Ionensorten, Massenspektrum, Atom-Ionenbildung. Grundsätzlich können Ionen aller Elemente hergestellt werden. Das Augenmerk ist
daher mehr darauf gerichtet Substanzen anzugeben, welche sich zur Erzeugung
hoher Stromstärken *bestimmter Ionen* besonders gut eignen. Diese Frage ist teilweise eine Frage des chemischen Verhaltens, da die gewünschten Substanzen
chemisch nicht agressiv und leicht zu handhaben sein sollen. In Tabelle 12
(Ziff. 13) hatten wir schon Materialien für Therm-Ionenquellen angegeben. In
Tabelle 26 (Ziff. 42) folgt eine Zusammenstellung von Substanzen, welche sich
für den Einsatz in Ionenquellen für Massentrenner, speziell für die Verdampfung
aus Öfen in Ionenquellen eignen.

Für massenspektrometrisch durchzuführende Analysen besteht die Aufgabe
darin, Massenspektren herzustellen, innerhalb deren die Intensitätsverhältnisse
der Komponenten dieselben sind wie in der Ausgangssubstanz in der Quelle.
Diese Aufgabe ist schwierig zu lösen und erfordert in den dafür benützten Elektronenstoß-Ionenquellen besondere Maßnahmen, welche in Ziff. 38 besprochen werden[1].

Tabelle 14. *Wandrekombinationskoeffizient, definiert als Bruchteil des auf eine Wand von 1 cm^2 Fläche auffallenden H-Atomstromes, welcher rekombiniert* (nach W. V. SMITH).

Material	Rekombinationskoeffizient
Quarz	$7,0 \cdot 10^{-4}$
K_2SiO_3, feucht	$1 \cdot 10^{-4}$
K_2SiO_3, trocken	$7 \cdot 10^{-2}$—$1 \cdot 10^{-1}$
K_2CO_3, feucht	$1 \cdot 10^{-4}$
K_2CO_3, trocken	$\geqq 1 \cdot 10^{-1}$
Metaphosphorsäure, feucht.	$2 \cdot 10^{-5}$
Pyrexglas	$1,9 \cdot 10^{-5}$
Metalle	~ 1

Einfachere Verhältnisse liegen
vor, wenn es nur darauf ankommt nachzuweisen, ob bestimmte Elemente oder Ionen in
einer Substanz vorhanden sind.
Dann kommt man z. B. bei Legierungen oder bei einfacheren
chemischen Verbindungen auch

mit den Funken- und Therm-Ionenquellen aus. Die letzteren eignen sich sogar
vielfach gerade für den Spurennachweis, da die Ionisierungsspannung einzelner
Elemente günstig liegen kann.

Die Präzisionsmassenbestimmung in Massenspektrographen erfordert Spektren
sehr großer Linienschärfe, so daß meist elektrische *und* magnetische Umlenkfelder
zur Erzeugung des Spektrums notwendig sind. Dann kommt man auch mit der
Kanalstrahl-Ionenquelle aus und hat mit ihr den Vorteil, daß wegen der hohen
Betriebsspannung auch höhere Ionisierungsgrade der Ionen vorkommen, also an
verschiedenen Stellen des Spektrums Linien desselben Elementes erscheinen,
welche zur Orientierung oder als Eichlinien benützt werden können.

Um den *Wasserstoff-Atom-Ionenanteil* in mit H_2 betriebenen Quellen für
Kernreaktionsanlagen heraufzusetzen, ist auf Ergebnisse zurückzugreifen, welche
besagen, daß es notwendig ist die Atomrekombination im Entladungsraum herabzusetzen[2]. Bei Niederdruck-Ionenquellen (unter 10^{-2} Torr) ist für den Atomverlust vor allem die Rekombination an der Gefäß*wand* maßgebend, während
die Atom-Ionenbildung *im Gasraum* in zwei Schritten durch Elektronenstoß

---

[1] Siehe auch den Artikel von H. EWALD in diesem Band.
[2] R. W. WOOD: Proc. Roy. Soc. Lond., Ser. A **102**, 1 (1922). — H. v. WARTENBERG
u. G. SCHULTZE: Z. phys. Chem., Abt. B **6**, 261 (1930).

erfolgt:

$$H_2 + e \to H + H + e\,^\dagger$$
$$H + e \to H^+ + 2e\,^{\dagger\dagger}.$$

Die Wandrekombination ist in verschiedenen Untersuchungen quantitativ gemessen worden. Danach ist Pyrexglas als Wandmaterial durch niedrigen Rekombinationskoeffizienten ausgezeichnet (Tabelle 14)[1] und es ist günstig alle Metallteile des Entladungsraumes möglichst mit Glas zu umgeben. Dann ergeben sich z.B. bei der Hochfrequenz-Ionenquelle Protonenströme die bis über 90% des gesamten Ionenstromes betragen können. WARD[2] u. a. berichten, daß manchmal erst nach 1- bis 2stündigem Betrieb einer Hochfrequenzquelle diese hohen Protonenanteile auftreten, daß also die von FINCH[3] vertretene Ansicht, nur die Restfeuchtigkeit in der Ionenquelle sei für die hohen Protonenanteile verantwortlich, nicht richtig sein kann. — Durch Einlaß von feuchtem Wasserstoff (bis zu 45% Wassergehalt), oder von Wasserstoff mit wenigen Prozent Sauerstoffzusatz, läßt sich das Ionenspektrum verändern. Günstigste Mischungen werden in jeder Quelle besonders ausprobiert. Als Beispiel sind in Tabelle 15 Ergebnisse welche

Tabelle 15. *Massenspektrum einer* PENNING-*Ionenquelle (nach* KELLER).

Gas	Druck (10⁻³ Torr)	H_1^+ bzw. D_1^+ %	H_2^+ bzw. D_2^+ %	H_3^+ bzw. D_3^+ %	O_2^+ und andere %	i_{total} μA
H_2	8,2	16,5	18,5	42,7	22,3	32
D_2	10,6	14	24	49	13	39
94% H_2 + 6% O_2	2,9	15	23,7	9,3	52	36
94% D_2 + 6% O_2	4,1	11	27	13,5	49	35
85% H_2 + 15% O_2	3,7	11	22	3,5	63,5	29,5
H_2O	2,7	9,2	0,6	—	90	41
D_2O	>2,7	11	1,5	—	87,5	28

von KELLER[4] bei einer PENNING-Ionenquelle gefunden wurden, zusammengestellt, wo auch ersichtlich ist, daß stets ein gewisser Anteil H_3^+-Ionen gemessen wird, welcher auf Atom-Ionenverlust durch Anlagerung an Moleküle hinweist. Bei Sauerstoffzusatz wird besonders diese Anlagerung unterbunden, dafür entsteht aber stets ein beträchtlicher Anteil an O_2^+-Ionen. THONEMANN[5] diskutierte die Frage der guten oder schlechten Wandrekombination mit Hilfe der Vorstellung der Bildung von Hydriden, mit dem Wandmaterial. Bilden sich Hydride, so kann ein auftreffendes H-Atom diesen wieder ein H-Atom entreißen, so daß Rekombination zustande kommt und ein Molekül die Wand verläßt. Bilden sich keine Hydride, dann ist Rekombination auf diese Weise nicht möglich.

Dieselben Überlegungen wie für *Wasserstoff* gelten auch für *Deuterium* als Betriebsgas[6]. — Um den Verbrauch von *Tritium* zu reduzieren, kann man nach

---

[†] H. S. W. MASSEY u. C. B. O. MOHR: Proc. Roy. Soc. Lond., Ser. A **135**, 258 (1932). — K. E. DORSCH u. H. KALLMANN: Z. Physik **53**, 80 (1929). — W. BLEAKNEY: Phys. Rev. **35**, 1180 (1930). — Maximaler Wirkungsquerschnitt für Dissoziation 21 cm²/cm³ Torr bei 16 eV Elektronenenergie.

[††] Wirkungsquerschnitt berechnet zu etwa 1 cm²/cm³ Torr bei 100 eV Elektronenenergie. N. F. MOTT u. H. S. W. MASSEY: Theory of atomic Collisions, 2. Aufl. Oxford: Clarendon Press 1949.

[1] W. V. SMITH: J. Chem. Phys. **11**, 110 (1943).

[2] A. G. WARD: Helv. phys. Acta **23**, Suppl. III, 27 (1950).

[3] G. E. FINCH: Proc. Phys. Soc. Lond. **62**, 465 (1949).

[4] R. KELLER: Helv. phys. Acta **22**, 78 (1949).

[5] P. C. THONEMANN: Progr. in Nucl. Phys. **3**, 219 (1953).

[6] R. E. HONIG [J. Chem. Phys. **16**, 837 (1948)] fand für Elektronenenergien von 50 eV, daß das Verhältnis der Ionenbildung $H_2/D_2 = 0{,}961$, also praktisch $= 1$ ist.

ARNOLD[1] eine Mischung von Helium mit Tritium benützen, welche schon bei 10% Tritiumanteil denselben T-Ionenstrom liefern soll wie reines Tritium. Erprobt ist dies aber erst für den Betrieb mit $H_2 + He$. ARNOLD berichtete ferner, daß nach Betrieb seiner Hochfrequenz-Ionenquelle mit Luft der Protonenanteil sich bis auf 97% steigern ließ.

III. Ionenquellen mit kalten Kathoden.

a) Kanalstrahl-Ionenquellen.

18. Mechanismus und Aufbau der Quellen. Bei einem Gasdruck von 10^{-2} bis zu einigen 10^{-1} Torr brennt in Entladungsgefäßen wie in Fig. 52 skizziert, eine selbständige Entladung mit Betriebsspannungen von einigen kV bis zu

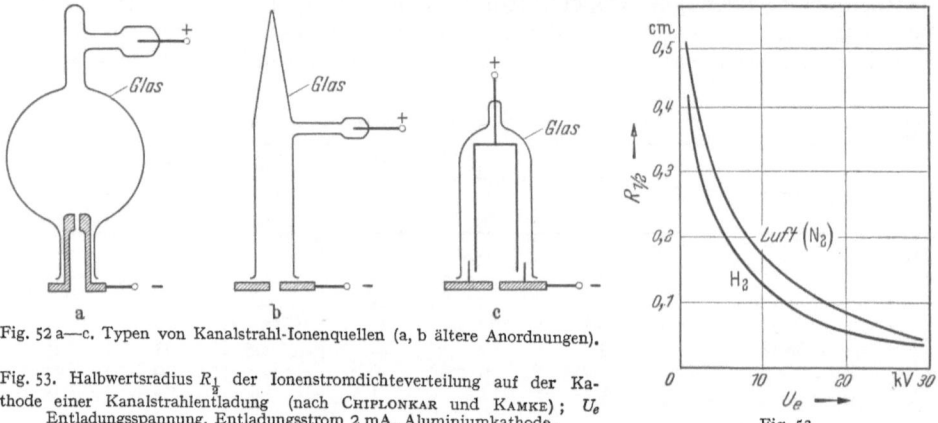

Fig. 52 a—c. Typen von Kanalstrahl-Ionenquellen (a, b ältere Anordnungen).

Fig. 53. Halbwertsradius $R_{\frac{1}{2}}$ der Ionenstromdichteverteilung auf der Kathode einer Kanalstrahlentladung (nach CHIPLONKAR und KAMKE); U_e Entladungsspannung, Entladungsstrom 2 mA, Aluminiumkathode.

Fig. 53.

100 kV und Entladungsströmen bis zu einigen 10 mA. Diese Entladung erfüllt nicht den ganzen zur Verfügung stehenden Raum, sondern die intensive Leuchterscheinung beschränkt sich (an der Kathode ansetzend) auf einen schmalen, 3 bis 7 cm langen, pinselartigen Bereich in der Umgebung der Symmetrieachse der Anordnung. Im Pinsel bewegen sich Ionen des Gases in dem die Entladung brennt und schnelle Neutralteilchen, welche durch Umladung entstanden sind, auf die Kathode zu, während die dort durch Ionenaufprall ausgelösten Elektronen geradlinig und senkrecht zur Kathodenfläche in den Entladungsraum hinauslaufen. Das Entladungsbündel ist besonders schmal für Ganzmetallrohre (Fig. 52c), auch läßt sich die Stromstärke zu kleineren Werten ohne Abreißen herunterregeln als dies bei Glasrohren (Fig. 52a, b) möglich ist. Der Entladungspinsel hat für verschiedene Gase und elektrische Betriebszustände verschiedene Durchmesser. An einem Rohr vom Typ der Fig. 52c wurden die in Fig. 53 dargestellten Kurven gemessen, welche deutlich die besonders scharfe Bündelung der Ionen bei hohen Betriebsspannungen erkennen lassen[2,3].

Durchbohrt man an der Auftreffstelle des Ionenbündels die Kathode, so treten aus diesem Kanal die Ionen aus. Infolge der guten Fokussierung des

---

[1] W. R. ARNOLD: Rev. Sci. Instrum. **23**, 97 (1952).

[2] Der Bündeldurchmesser hängt stark von der Gasart ab und erreicht für Argon den dreifachen Wert wie bei Wasserstoff.

[3] V. T. CHIPLONKAR: Proc. Ind. Acad. Sci. A **12**, 440 (1940). — D. KAMKE: Z. Physik **218**, 212 (1950).

Bündels ist es notwendig, daß die Kathodenbohrung genau im Zentrum des Bündels sitzt. Da eine mechanische Zentrierung bei der Herstellung der Quelle nicht ausreicht, sind alle modernen Anordnungen mit Vorrichtungen versehen, welche im Betrieb eine Justierung des Anodenzylinders erlauben.

Entladungsrohre des Typs der Fig. 52a, b werden kaum noch verwendet, da die Rohre nur mit Leistungen bis zu etwa 100 W betrieben werden können. Statt dessen benützt man Ganzmetallrohre, bei welchen die Anode als einseitig geschlossener Zylinder ausgebildet ist, so daß sich die Entladung in einem nur von metallischen Wänden umschlossenen Raum abspielt. Einerseits kann die metallische Anode, an welcher der Hauptenergieumsatz erfolgt, durch Öl oder Wasser intensiv gekühlt werden, so daß Leistungen bis zu mehreren kW möglich sind. Andererseits kommt man zu leichter übersehbaren Feldverhältnissen und kann daher leicht ausbeuteerhöhende Änderungen des elektrischen Feldes vornehmen. Ein Nachteil der Ganzmetallrohre ist der etwa dreimal höhere Entladungsdruck wie bei Glasrohren. Als Isoliermaterial wird Glas vielfach durch Porzellan ersetzt. In Fig. 54 sind einige moderne Kanalstrahl-Ionenquellen aufgezeichnet, aus denen diese Bauprinzipien hervorgehen[1]. Die Porzellanoberfläche soll überall senkrecht zu den elektrischen Feldlinien verlaufen um Nebenentladungen zu unterdrücken (besonders ausgeprägt bei der Anordnung Fig. 54a). Dann kann die Betriebsspannung bis etwa 90 kV gesteigert werden, während sonst nicht über 40 kV gegangen wird; darüber brennt die Entladung unruhig. Teilweise wird die Kathode um die Anode herum ein beträchtliches Stück hochgezogen um die Isolationsstelle in ein Gebiet zu verschieben wo geringe Gefahr der Metallisierung durch Kathodenzerstäubung besteht. Dort muß dann der Abstand zwischen Kathoden- und Anodenrohr auf wenige mm beschränkt bleiben um Nebenentladungen zu vermeiden. Ferner ist aus den verschiedenen Typen zu entnehmen, daß das offene Ende der Anode nach dem Vorgang von HAILER[2] mit einer Blende versehen werden kann (Durchmesser nicht unter 13 mm). Diese Lochblende erhöht durch gute Fokussierung des Ionenbündels die Stromdichte beträchtlich, wie aus Fig. 55 hervorgeht, führt aber auch zu einer Steigerung des Betriebsdruckes um den Faktor 2 bis 3. Diese Drucksteigerung kann wegen erhöhten Gasverbrauchs dazu führen, daß der Kanaldurchmesser wieder verkleinert werden muß, wodurch ein Teil des gewonnenen Vorteils wieder verlorengeht. Auch die Gestalt des Kanaleinganges hat Einfluß auf die Größe des entnehmbaren Ionenstromes; ein zur Entladung hin um wenige mm erhöhter Kanal liefert höheren Ionenstrom als ein ebener Kanal[3].

---

[1] Die wiedergegebenen Ionenquellen sind der Reihe nach von (a) O. HIRZEL u. H. WÄFFLER: Helv. phys. Acta **20**, 373 (1947); (b) S. EKLUND: Ark. Mat., Astronom. Fys. Ser. A **29**, 1 (1943); (c) T. BJERGE, K. J. BROSTRØM, J. KOCH u. T. LAURITSEN: Kgl. danske Vid. Selsk., **18**, 1 (1940); (d) K. DEUTSCHER u. D. KAMKE: Z. Physik **135**, 380 (1953). — Weitere Anordnungen bei K. ALEXOPOULOS: Helv. phys. Acta **8**, 601 (1935). — E. BALDINGER, P. HUBER u. H. STAUB: Helv. phys. Acta **11**, 245 (1938). — E. BLEULER u. W. ZÜNTI: Helv. phys. Acta **19**, 137 (1946). — W. BOTHE u. W. GENTNER: Z. Physik **104**, 685 (1937). — A. BOUWERS, F. A. HEYN u. A. A. KUNTKE: Physica, Haag **4**, 153 (1937). — J. D. CRAGGS: Proc. Phys. Soc. Lond. **54**, 245 (1942). — H. EWALD: Z. Naturforsch. **1**, 131 (1946). — A. FLAMMERSFELD: Z. Naturforsch. **1**, 3 (1946). — C. HAILER: Wiss. Veröff. Siemens-Werke **17**, Nr. 3, 115 (1938). — P. HUBER u. F. METZGER: Helv. phys. Acta **19**, 200 (1946). — J. V. JELLY u. E. B. PAUL: Canad. J. Res. (F) **26**, 419 (1948). — H. LUKANOW u. W. SCHÜTZE: Z. Physik **82**, 610 (1933). — L. H. MARTIN, R. D. HILL u. J. DARBY: Proc. Roy. Soc. Victoria **58**, 135 (1947). — M. L. E. OLIPHANT u. E. RUTHERFORD: Proc. Roy. Soc. Lond., Ser. A **141**, 259 (1933). — H. REDDEMANN: Z. Physik **110**, 373 (1938). — W. SCHÜTZE: Wiss. Veröff. Siemens-Werke **17**, Nr. 3, 135 (1938). — H. SEEMANN: Mitteilung aus dem SEEMANN-Laboratorium, Freiburg i. Br., Nr. 37, 1934. — E. W. TITTERTON: Nucleonics, **10**, Nr. 5 (1952). — G. WETTERER: Ann. Phys. **30**, 284 (1937).

[2] C. HAILER: Wiss. Veröff. Siemens-Werke **17**, Nr. 3, 115 (1938).

[3] D. KAMKE: Z. Naturforsch. **4a**, 391 (1949).

Interessant ist auch eine von HUBER und METZGER[1] angegebene Konstruktion mit unterteiltem Anodenzylinder, wodurch die Betriebsspannung auf 65 kV erhöht werden konnte (der Zwischenzylinder liegt auf 30 kV).

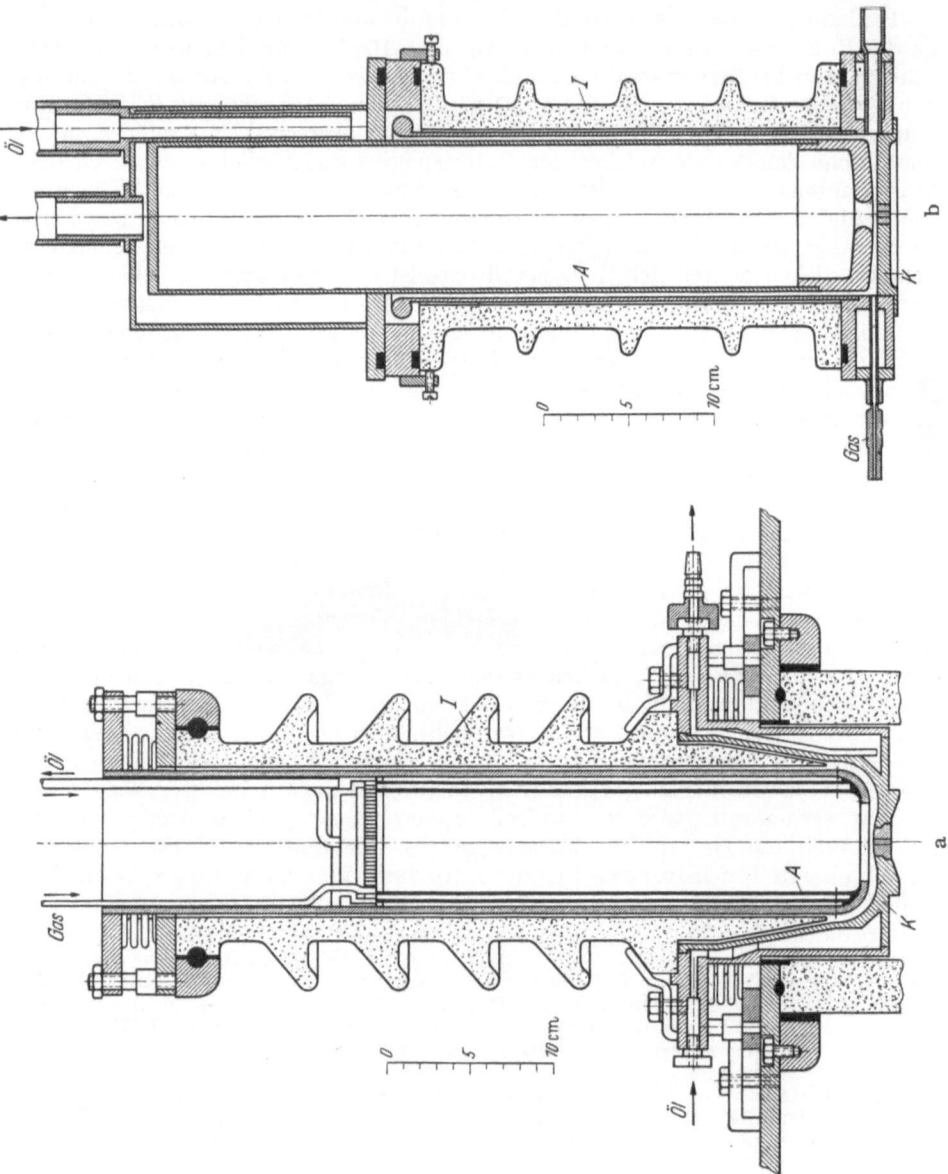

Die Länge der Anode soll nicht kleiner als der doppelte Rohrdurchmesser sein, denn bei weiterer Verkürzung steigt der notwendige Entladungsdruck[2]. Da die Kanalstrahlent-

---

[1] P. HUBER u. F. METZGER: Helv. phys. Acta **19**, 200 (1946).

[2] Nach H. SEEMANN und G. ORBAN soll eine sehr kurze Anode zu hoher Ausbeute führen. [Ann. Phys. (5) **23**, 137 (1935)]. Eigene Erfahrungen zeigen, daß bei zu geringer Anodenlänge die Entladung unruhig brennt. (Länge kleiner als Durchmesser.)

ladung zu harten Durchschlägen neigt, wird zweckmäßig das Material unter dem Gesichtspunkt der Hochspannungsfestigkeit ausgewählt (bevorzugt Eisen und Kupfer) und hochglanzpoliert und vernickelt oder verchromt.

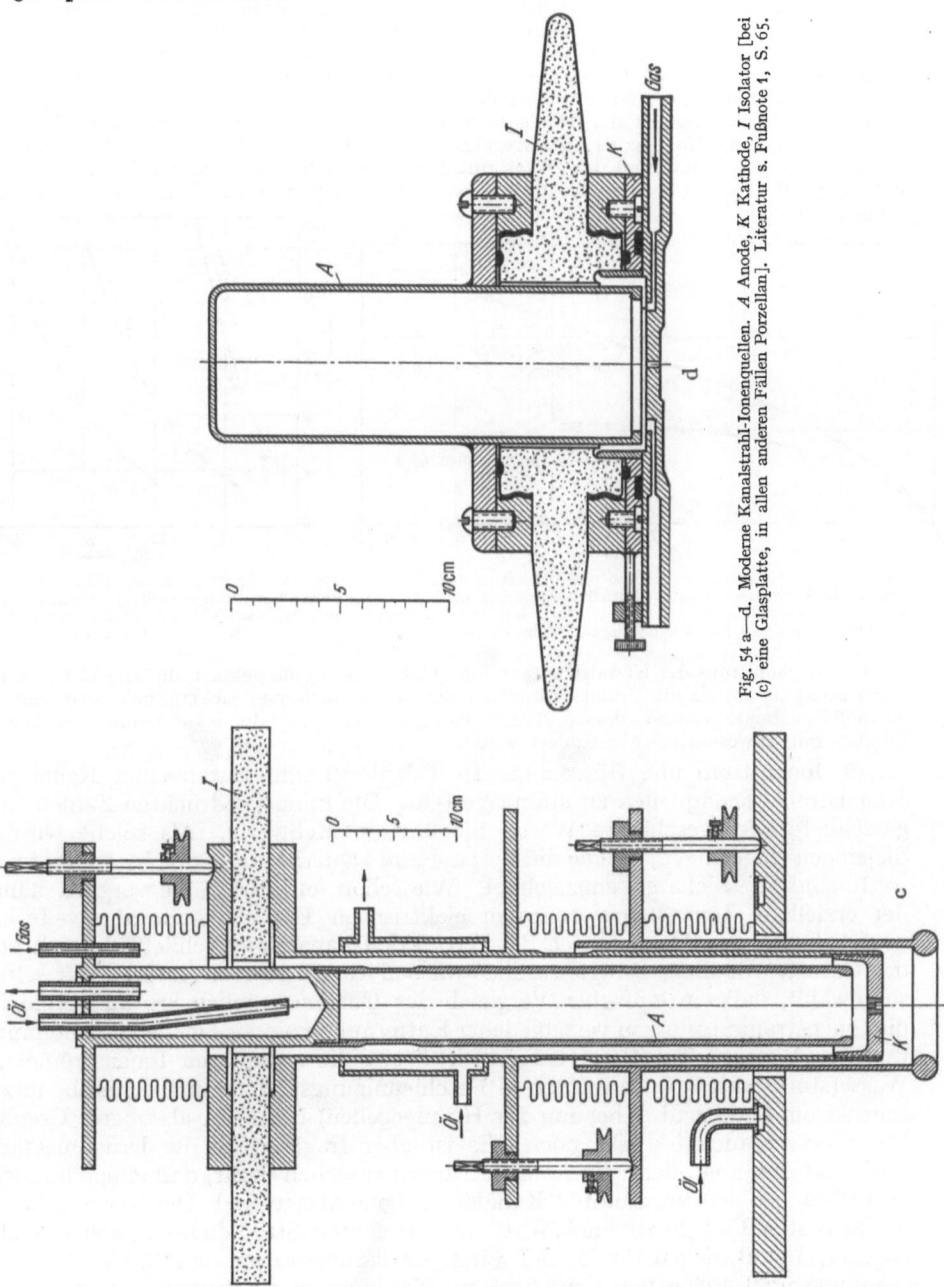

Fig. 54 a—d. Moderne Kanalstrahl-Ionenquellen. A Anode, K Kathode, I Isolator [bei (c) eine Glasplatte, in allen anderen Fällen Porzellan]. Literatur s. Fußnote 1, S. 65.

In die Hochspannungszuleitung zur Anode ist ein Widerstand von 50 bis 100 kΩ zu legen. Die Stromspannungs-Charakteristik ist zwar positiv (Fig. 56) [1], aber besonders beim Betriebsbeginn entstehen durch Gasausbrüche leicht Durchschläge. Die Einstellung der Betriebsdaten

---

[1] J. D. CRAGGS: Proc. Phys. Soc. Lond. **54**, 245 (1942).

erfolgt vielfach von der Primärseite des Hochspannungsgerätes, von der GERTHSENschen Schule[1] wird für die Stromeinstellung auch eine in die Anodenzuleitung gelegte Hochspannungsdiode gelegt, deren Emission durch Regelung der Kathodenheizung gesteuert werden kann. — Die mögliche ununterbrochene Betriebsdauer kann bis zu einigen hundert Stunden dauern, wenn durch günstige Formgebung dafür gesorgt wird, daß die Isolationsstrecken nicht durch metallische Niederschläge leitend werden. Die Kanalstrahl-Ionenquelle ist daher die robusteste Ionenquelle, welche sich durch einfachen Aufbau und einfache Regelung auszeichnet.

Die Gaszufuhr geschieht mit den üblichen Mitteln (Ziff. 10). Sofern nicht durch Aufstellung der Entladung auf der Hochspannungsseite eine Nachbeschleunigungsanlage, die Zuleitungsregelung die einzige Druckregelungsmöglichkeit ist, kann auch mit konstantem Gaseinstrom gearbeitet, und der Druck mit dem Pumphahn einer unmittelbar an das Entladungsgefäß angeschlossenen Diffusionspumpe eingestellt werden (WIENsche Durchströmungsmethode).

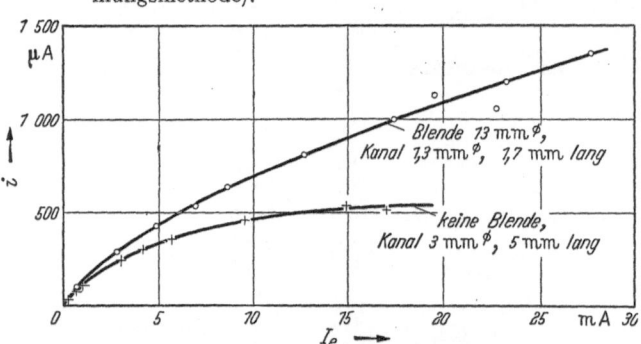
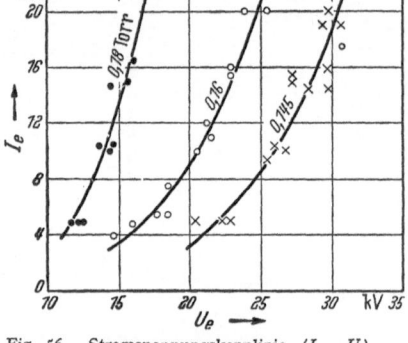

Fig. 55. Gesamter Ionenstrom i einer mit Wasserstoff betriebenen Kanalstrahl-Ionenquelle bei 30 kV Entladungsspannung in Abhängigkeit vom Entladungsstrom I_e. Ganzmetallrohr, Messung etwa 10 cm hinter dem Kanal, Nachbeschleunigung wenige kV (HAILER).

Fig. 56. Stromspannungskennlinie (I_e, U_e) einer Kanalstrahlentladung; Ganzmetallrohr mit Anodenblende von 13 mm Durchmesser; Wasserstoff (CRAGGS).

Der Mechanismus der Kanalstrahlentladung ist dahingehend geklärt, daß die Kontraktion der Entladung durch die Fokussierung der Ionen im statischen elektrischen Feld vor der Kathode zustande kommt, dessen radiale Komponente durch die Raumladung des Ionenbündels nur unwesentlich abgeändert wird[2].

19. Ionenstrom und Gütedaten. In Tabelle 16 sind Daten einer Reihe von Kanalstrahl-Ionenquellen zusammengestellt. Die kursiv gedruckten Zahlen sind gerechnete oder geschätzte Werte, die übrigen Meßwerte. Als solche wurden diejenigen eingetragen, welche die Verfasser im Dauerbetrieb erreichten, Maximalwerte sind als solche gekennzeichnet. Wie schon aus Fig. 55 hervorging, hängt der erzielbare Ionenstrom von den elektrischen Betriebsdaten ab, weiterhin natürlich von den Dimensionen des Extraktionskanals und schließlich auch von der Gasart. All diese Daten wurden von den verschiedenen Autoren nur selten so gewählt, daß ein einfacher Vergleich der Quellen möglich ist, außerdem ist die Ionenstrommessung in verschiedener Entfernung von der Quelle vorgenommen worden. Wie aus Tabelle 16 ersichtlich, liegen die erzielbaren Ionenströme für Wasserstoff (andere Gase werden in Beschleunigungsanlagen nur selten benutzt; Ionenstromdaten sind daher nur für H_2 angegeben) bei 2 mA als oberer Grenze. Der Gasverbrauch ist sehr hoch. Es ist aber fraglich, ob die Druckmessung genügend genau ist, denn eigene Erfahrungen sprechen dafür, daß einige hundert Ncm³/Std bei den verwandten Kanälen zu hohe Werte sind. Die Ionenausbeute ist im besten Fall $2 \cdot 10^{-3}$ mA/Watt. Die erreichten Stromdichten, welche nicht angegeben sind, liegen für H_2 bei 4 mA Entladungsstrom und 30 kV Betriebsspannung im Bereich von 6 mA/cm² (im Maximum der Stromdichteverteilungsfunktion an der Kathodenoberfläche), bei Rohren mit Anodenblende wurden aber schon Werte bis zu 100 mA/cm² erreicht.

---

[1] Zum Beispiel R. PLESCH: Diss. Karlsruhe 1951.
[2] D. KAMKE: Z. Physik **128**, 212 (1950).

Tabelle 16. *Betriebsdaten einiger Kanalstrahl-Ionenquellen.* Normaldruck: Angaben der Verfasser; *Kursivdruck:* daraus berechnete Werte; **Fettdruck:** geschätzte Werte. Die Angaben für den erzielten Ionenstrom werden teilweise nur für größere Entfernung vom Kanal gemacht, so daß die daraus berechneten Gütedaten für die Ionenerzeugung der Quelle zu ungünstig ausfallen.

	CRAGGS (1942)	HALLER (1938)	MARTIN, HILL, DARBY (1947)	JELLY, PAUL (1948)	EKLUND (1943)	BOUWERS, HEYN, KUNTKE (1937)	HIRZEL, WÄFFLER (1947)	BLEULER, ZÜNTI (1946)	BOTHE, GENTNER (1937)	BJERGE, BROSTRÖM, KOCH, LAURITSEN (1940)
Druck (mTorr), Gas	150, H_2	180, H_2	100, D_2	—	180, H_2	20, H_2	—	50, D_2	50, H_2	20, H_2
Betriebsspannung (kV)	26	30	30	30	26	50	90	50	30	30
Entladungsstrom (mA)	13	28	22	—	30	40	8	einige mA	4	3
Leistung (W)	*340*	*840*	*660*	—	*780*	*2000*	—	—	*120*	*90*
Ionenstrom (mA)	1,8 (max)	1,4 (max)	0,23	0,3	0,46	0,6 (max)	0,7 (max)	$70 \cdot 10^{-3}$	0,1	0,15
Entfernung (cm)	**2,1**	**7**	**50**	**220**	**30**	**40**	—	**600**	**400**	**400**
Kanal (mm Ø × mm Länge)	1,5×2,1	1,3×1,7	1,5×6	3,2×12	1,8×3	3×5	—	1,5×4	1×3	—
Anodenblende (mm Ø)	13	13	13	keine	15	keine	keine	30	keine	keine
Gasverbrauch (Ncm³/Std)	*250*	*155*	*60*	—	*400*	*122*	—	*40*	*24*	—
Entladungsraum (mm Ø × mm Länge)	75×150	80×240	80×200	—	85×400	130×160	—	70×450	40×80	80×500
Material: Kathode } Kühlung / Anode	Stahl (Öl) / Messing (Öl)	Mo (H_2O) / Stahl (H_2O)	Stahl (Str.) / Stahl (H_2O)	Al (Öl) / Stahl (Öl)	Cr (H_2O) / Cr (Öl)	Al (Strahlg.) / Cr (Öl)	— / —	Stahl (Petr.) / Stahl (Petr.)	Al / Ni	— (Öl) / Stahl (Öl)
H^+- bzw. D^+-Anteil	40—45%	30%	—	80%	—	**50%**	60%	—	65%	—
Breite des Energiespektrums (keV)	26	30	30	30	26	50	90	50	30	30
Ionenausbeute (mA/W)	$5,3 \cdot 10^{-3}$	$1,7 \cdot 10^{-3}$	$0,35 \cdot 10^{-3}$	—	$0,6 \cdot 10^{-3}$	$0,3 \cdot 10^{-3}$	—	—	$0,8 \cdot 10^{-3}$	$1,67 \cdot 10^{-3}$
α_d	*0,39*	*0,2*	*0,21*	—	*0,22*	*0,21*	—	—	*0,23*	*0,26*
α_e	*0,19*	*0,06*	*0,013*	—	*0,019*	*0,02*	—	—	*0,03*	*0,06*
$\alpha_m \cdot 10^3$	*6*	*7,6*	*3,2*	—	*1*	*4*	—	*1,5*	*3,5*	—

Die Angaben über die Elektronenausnützung α_d sind nur als Schätzung zu betrachten. Es wird zu ihrer Berechnung so vorgegangen, daß zunächst für einen bestimmten Entladungsstrom mit Hilfe eines mittleren Wertes für die Elektronenauslösung an der Kathode ($\gamma \approx 5$) der Elektronenanteil am Entladungsstrom bestimmt wird. Dann ist sofort α_e und α_d angebbar. Man gewinnt dabei natürlich nicht einen Zahlenwert für die Ionisationswahrscheinlichkeit eines Elektrons im Gasraum als Primärprozeß, sondern einschließlich sämtlicher Sekundärprozesse. Insofern ist diese Berechnung von problematischem Wert. Aus den Daten für den Entladungsdruck und für die Abmessungen der Kanäle läßt sich die durchströmende Gasmenge berechnen und damit auch α_m bestimmen. Manchmal ist auch der *gemessene* Gasverbrauch publiziert.

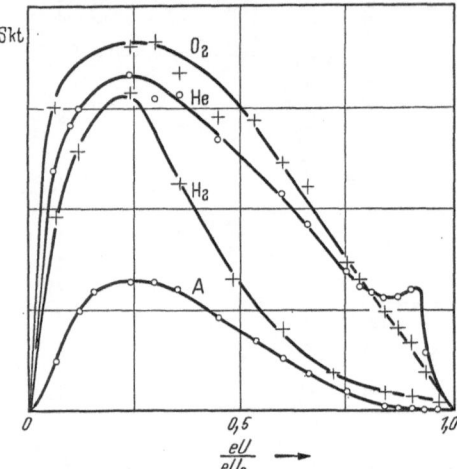

Fig. 57. Energiespektrum der Kanalstrahlionen des Gesamtbündels an der Kathodenfläche. U_e Entladungsspannung, Ordinatenmaßstab willkürlich, aber linear (Deutscher und Kamke).

20. Energie- und Massenspektrum.
Innerhalb der Entladung lädt sich ein großer Teil der auf die Kathode zulaufenden Ionen um, wird also durch ein langsames Ion ersetzt. Daher enthält das Ionenbündel unmittelbar an der Kathode in der überwiegenden Mehrzahl langsame Ionen. In Fig. 57 ist ein an der Kathodenfläche gemessenes Spektrum des gesamten Ionenbündels aufgezeichnet[1]. Da einerseits die schnellen Ionen am besten in der Entladung fokussiert sind, und andererseits die langsamen mit wachsender Entfernung vom Kanal bevorzugt aus dem Ionenbündel ausscheiden, unterscheidet sich das Spektrum in größerer Entfernung vom Kanal stark von dem an der Kathodenfläche gemessenen, so daß z. B. in 30 cm Entfernung von Schütze[2] im Zentrum des Bündels ein Spektrum gemessen wurde (Fig. 58), welches ganz andere Züge hat als das

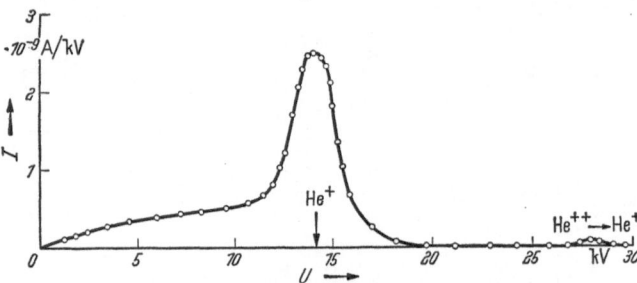

Fig. 58. Energiespektrum im Zentrum des Bündels einer in Helium bei 20 kV und 1 mA brennenden Kanalstrahlentladung gemessen in 50 cm Entfernung vom Kanal (Schütze).

der Fig. 57. Die zunächst von Hailer[3] vermutete Verbesserung, d. h. Schmälerung, des Energiespektrums bei einem Rohr mit Anodenblende konnte nicht bestätigt werden[4]. In Tabelle 16 wurde als Breite des Energiespektrums stets die Betriebsspannung angegeben.

Bei Betrieb der Kanalstrahlentladung mit verschiedenen Gasen erhält man viele Ionensorten, auch solche hohen Ionisierungsgrades und bei Betrieb mit

[1] K. Deutscher u. D. Kamke: Z. Physik **135**, 380 (1953.)
[2] W. Schütze: Wiss. Veröff. Siemens-Werke **17**, Nr. 3, 135 (1938).
[3] C. Hailer: Wiss. Veröff. Siemens-Werke **17**, Nr. 3, 115 (1938).
[4] A. J. Dempster u. C. W. Sherwin: Phys. Rev. **55**, 582 (1939).

organischen Gasen auch viele kurzlebige Bruchstücke. Die Bündelbreiten der verschiedenen Ionensorten können sehr unterschiedlich sein, so daß bei Massenbestimmungen in Präzisions-Massenspektrographen wegen verschiedener Ausleuchtung der Spalte Fehler entstehen können[1]. Die Protonenanteile am Ionenstrom liegen meist unterhalb 50%. Systematische Versuche die Protonenausbeute z.B. durch Gasbeimischungen zu erhöhen, liegen nicht vor; der Protonenanteil steigt bei langen Kanälen, da dort Dissoziation in merklichem Umfang einsetzt[2]. Die Brennspannung kann durch Zumischen geringer Mengen Luft nach einer Bemerkung von CRAGGS[3] stark herabgesetzt werden; bei Kohlenwasserstoffzusatz ist dies auch der Fall, wobei aber der Protonenanteil herabgesetzt wird[4]. — Die Erzeugung von Ionen fester Substanzen in der Kanalstrahlentladung ist ebenfalls versucht worden; einerseits durch Aufbringen der Substanz auf eine der Elektroden, andererseits durch Einbau eines kleinen Verdampfungsöfchens in die Anode[5]. Die Entladung wird dann auch mit einem Hilfsgas gebrannt. Diese Anordnung und ältere sind in dem zusammenfassenden Bericht von RÜCHARDT[6] besprochen, auf welchen hier für weitere, insbesonders gasentladungsphysikalische Fragen über Kanalstrahlen verwiesen werden kann.

Außer den im Bündel vorhandenen Ionen, bewegen sich dort noch Neutralteilchen, welche durch Umladung entstanden sind. Ihr Anteil beträgt beim Verlassen der Quelle bis zu 50%, nach CRAGGS[3] sogar bis zu 80%.

21. Verwendung. Außer für viele atomphysikalische Fragestellungen für deren Behandlung wiederum auf den Bericht von RÜCHARDT[6] verwiesen werden kann, hat sich die Kanalstrahl-Ionenquelle auch in gewissen Bereichen der Kernphysik behaupten können. Überall dort nämlich, wo die große Energieunschärfe der Ionen ohne Bedeutung ist (man denke an die Erzeugung thermischer Neutronen durch Bremsung z.B. von Neutronen der D, D-Reaktion), ist die Kanalstrahl-Ionenquelle verwendbar. Ohne großen Aufwand lassen sich Ionenströme der Größenordnung einiger 100 μA erreichen. Außerdem ist diese Quelle wegen der großen Lebensdauer (bis zu einigen hundert Stunden) und da sie nur wenige Regelungseinrichtungen erfordert besonders für die Montage am Hochspannungsteil einer Nachbeschleunigungsanlage geeignet. Über ihre Verwendung in Präzisions-Massenspektrographen vgl. den Artikel von H. EWALD in diesem Band.

Die Kanalstrahlröhre ist bisher nur von NEUERT[7] daraufhin untersucht worden, ob sie bei kurzzeitigem Betrieb (Entladung eines Kondensators) höhere Ströme liefert als im Gleichstrombetrieb. Tatsächlich war die mittlere Stromstärke in einem Impuls bis zu einigen 10 mA. Eine Untersuchung des Massen- und Energiespektrums wurde nicht durchgeführt.

b) Hochfrequenz-Ionenquellen.

22. Mechanismus und Aufbau der Quellen. In einem zylindrischen oder kugelförmigen Glasgefäß (Inhalt etwa 1 Liter) brennt bei einem Gasdruck von 10^{-1} bis 10^{-4} Torr eine Gasentladung, wenn man die Elektroden, an welchen eine Hochfrequenzspannung liegt, entweder nur von außen auflegt oder in das

[1] H. EWALD: Z. Naturforsch. 2a, 384 (1947); 3a, 114 (1948). — Ferner H. EWALD: Artikel über Massenspektroskopische Apparate in diesem Band.
[2] W. SCHÜTZE: Wiss. Veröff. Siemens-Werke 17, Nr. 3, 135 (1938).
[3] J. D. CRAGGS: Proc. Phys. Soc. Lond. 54, 245 (1942).
[4] E. BLEULER u. W. ZÜNTI: Helv. phys. Acta 19, 137 (1946).
[5] J. KOCH: Z. Physik 100, 669 (1936).
[6] E. RÜCHARDT: In Handbuch der Physik, 2. Aufl., Bd. XXII/2. Berlin 1933.
[7] H. NEUERT: Reichsber. Phys. 1, 43 (1945).

Glasgefäß hineinbringt, oder auch, wenn man eine von hochfrequentem Wechselstrom durchflossene Spule über das Rohr schiebt. In den beiden ersten Fällen nennt man die Anregung der Entladung *elektrisch*, im dritten *magnetisch*, wenn auch natürlich bei allen Anregungsarten elektrisches und magnetisches Feld zusammenwirken. Die Brennspannung kann einige hundert bis herunter zu einigen 10 V betragen, die Betriebsfrequenz liegt bei Ionenquellen im Bereich von einigen MHz bis zu einigen 100 MHz. Im Entladungsraum bildet sich ein leuchtendes Plasma aus, welches noch eine räumliche Struktur haben kann, die

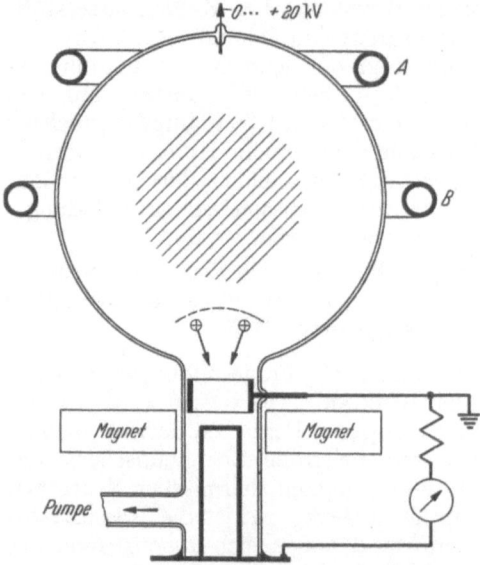

von den Gefäßdimensionen und den elektrischen Daten abhängt. Mit H_2 als Entladungsgas leuchtet das Plasma intensiv rot, dies ist der gewünschte Betriebszustand mit hohem Atomanteil im Gas. Bei bläulicher Farbe ist der Molekülanteil noch weit überwiegend.

Das Plasma der Hochfrequenzentladung stellt ein Trägerreservoir dar, aus welchem Ionen gewonnen werden können. Entweder läßt man die Träger aus einer Öffnung des Entladungsraumes herausdiffundieren (es handelt sich dabei mehr um das Herausschießen eines Plasmastrahles[1]), oder, was mit überwiegender Häufigkeit geschieht, es wird der Entladung mit Hilfe eingebrachter Elektroden ein zeitlich konstantes

Fig. 59. Hochfrequenz - Ionenquelle. Erste Anordnung von THONEMANN mit Andeutung der Plasmagrenze; *A* und *B* sind die Elektroden für elektrische Anregung. Der Permanentmagnet dient zur zusätzlichen Unterdrückung von am Auffänger ausgelösten Elektronen.

elektrisches Feld überlagert. Vor der negativen Elektrode (Kathode; auch Sonde genannt) bildet sich dann ein Dunkelraum aus, dessen Tiefe von der Sondenspannung abhängt, und in welchem sich ein Ionenbündel auf die Sonde zu bewegt. Das Ionenbündel setzt bei genügender Sondenspannung mit nur wenigen mm Durchmesser auf der Kathode auf (quantitative Messungen der Stromdichteverteilungen liegen noch nicht vor). Die positive Elektrode dient im Sinne der LANGMUIRschen Sondentheorie nur zur Festlegung des Potentials des Plasmas. Bei Durchbohrung der Kathode kann ein Ionenbündel, dessen Energie durch die Sondenspannung bestimmt ist, die Quelle verlassen. Gebräuchliche Sondenspannungen betragen einige kV. Fig. 59 enthält die erste Anordnung von THONEMANN[2], aus welcher das eben geschilderte Prinzip der Quelle erkennbar ist. Die als Trägerstrom auf die Extraktionselektrode erreichbaren Ionenströme betragen leicht bis zu 20 mA. In dieser Höhe ist der Ionenstrom aber nicht unmittelbar verwendbar, sondern wegen des notwendigen Strömungswiderstandes in Form eines Kanals zwischen Quelle und weiterer Apparatur wird der als freier Trägerstrom verwendbare Anteil reduziert. Da aber die Hochfrequenzentladung bei Drucken arbeitet, welche gegenüber anderen Quellen sehr niedrig sind, so kann der Kanal weiter geöffnet bleiben als bei jenen, und für α_m ergibt sich ein günstigerer Wert.

---

[1] F. KIRCHNER: Z. Naturforsch. **3**a, 620 (1948).
[2] P. C. THONEMANN: Nature, Lond. **158**, 61 (1946).

Nach der ersten THONEMANNschen Anordnung hat sich später allgemein das zylindrische Entladungsgefäß durchgesetzt. In der Fig. 60 sind einige als Ionenquellen entwickelte Anordnungen wiedergegeben[1], aus welchen auch die Anregungsart erkennbar ist. Am häufigsten wird magnetische Anregung verwandt. Dies ist darin begründet, daß die Wirbelstromverluste im Glas kleiner sind als die dielektrischen Verluste bei elektrischer Anregung. Eine große Zahl von Untersuchungen ist durchgeführt worden, um einerseits günstige Elektroden- und Entladungsrohrmaterialien und andererseits ein günstiges Extraktionssystem zu finden[2].

Als Material für das Entladungsgefäß wird ein Hartglas verwendet, meist Pyrex wegen des niedrigen Rekombinationskoeffizienten für atomaren Wasserstoff[3]. Die thermische Beanspruchung des Glases ist in der Nähe des Extraktionskanals besonders groß. Die Anode wird als Stift (Wolfram) eingeschmolzen, neuerdings auch durch eine Verjüngung des Entladungsrohres, oder durch eine Glasplatte vom Entladungsgebiet getrennt, um den Rückstrom von an der Anode rekombiniertem molekularem Wasserstoff herabzusetzen. Das Entladungsrohr wird entweder mit Hilfe von Gummiring und Flansch, oder durch Kittung auf einem kathodenseitigen Teller aufgesetzt, meist wird es dort mit einem kleinen Kaltluftgebläse gekühlt. BUDDE und HUBER[4] führten das Entladungsrohr selbst sogar als doppelwandiges, von Öl durchflossenes, Gefäß aus. Zu beachten ist, daß beim Aufsetzen des Rohres dieses sorgfältig zum Extraktionskanal justiert werden muß.

Das Material für den Extraktionskanal ist fast ausschließlich Aluminium, welches in ein möglichst gut wärmeleitendes Material eingesetzt werden soll. Zur Erhöhung des Protonenanteils im Ionenstrom ist die Extraktionselektrode auf der Entladungsseite weitgehend von Glas umgeben. Ferner wird zwischen Kanalstück (auch *Ionendüse* genannt) und Glaswand nach dem Vorschlag von MOAK, REESE und GOOD[5] ein Quarzrohr gesetzt, welches den am weitesten in die Entladung hineinragenden Teil bildet. Dieses Quarzrohr soll möglichst genau zylindrisch geschliffen und poliert sein. Es führt zu einer durch den Ionenaufschlag verursachten positiven Aufladung und damit zu einem elektrischen Feld, welches vielleicht die Einschleusung der Ionen in den Kanal begünstigt[6]. Die ionenoptischen Eigenschaften des Extraktionssystems sind in einer

---

[1] Die wiedergegebenen Quellen wurden publiziert von (a) L. K. GOODWIN: Rev. Sci. Instrum. **24**, 635 (1953); (b) C. D. MOAK, H. REESE u. W. M. GOOD: Nucleonics 9, Nr. 3, 18 (1951); (c) C. P. SWANN u. J. F. SWINGLE: Rev. Sci. Instrum. **23**, 636 (1952); (d) P. C. THONEMANN: Conf. on Ion Sources, Amsterdam, The Netherlands, Utrecht 1949.

[2] Von den hier zitierten Arbeiten werden einige wegen besonders interessanter Konstruktionen oder anderer wichtiger Daten noch im Text besprochen. H. ALFVEN u. H. J. COHN-PETERS: Ark. Mat., Astronom. Fys., Ser. A **31**, Nr. 18 (1945). — K. W. ALLEN, E. ALM-QUIST, J. T. DEWAN u. PEPPER: Canad. J. Phys. **29**, 557 (1951). — A. N. BANERJEE: Indian J. Phys. **27**, 523 (1953). — A. J. BAYLY u. A. G. WARD: Canad. J. Res. A **26**, 69 (1948). — R. BUDDE u. P. HUBER: Helv. phys. Acta **25**, 459 (1952). — E. CILENŠEK: Rep. Slovenian Acad. Sci. **1**, 45 (1953). — M. M. ELKIND: Rev. Sci. Instrum. **24**, 129 (1953). — H. P. EU-BANK, R. A. PECK u. R. TRUELL: Rev. Sci. Instrum. **25**, 989 (1954). — R. N. HALL: Rev. Sci. Instrum. **19**, 905 (1948). — E. K. INALL: Proc. Phys. Soc. Lond. B **63**, 1068 (1950). — R. W. LAMPHERE u. G. P. ROBINSON: Nucleonics **10**, 28 (1952). — M. DE L. LAREYMONDE, J. SALMON u. J. WAJSBRUN: J. Phys. Radium **15**, 117 (1954). — I. MESSTORFF: Diss. Techn. Hochschule Berlin 1944. — C. MILEIKOWSKY u. R. T. PAULI: Ark. Fys. **4**, 287 (1951). — H. NEUERT: Z. Naturforsch. **4a**, 449 (1949). — O. REIFENSCHWEILER: Ann. Phys. (6) **14**, 33 (1954). — J. G. RUTHERGLEN u. J. F. I. COLE: Nature, Lond. **160**, 545 (1947). — N. G. SJÖSTRAND: Appl. Sci. Res. B **2**, 227 (1951). — P. C. THONEMANN, J. MOFFAT, D. ROAF u. J. H. SANDERS: Proc. Phys. Soc. Lond. **61**, 483 (1948). — A. G. WARD: Helv. phys. Acta **23**, Suppl. III, 27 (1950).

[3] W. V. SMITH: Vgl. Ziff. 17.

[4] R. BUDDE u. P. HUBER: Helv. phys. Acta **25**, 459 (1952).

[5] Siehe Fußnote 1.

[6] P. C. THONEMANN, C. P. SWANN, J. F. SWINGLE, MOAK, REESE u. GOOD: Siehe Fußnote 1 u. 2.

umfassenden Untersuchung von REIFENSCHWEILER[1] diskutiert worden. Durch den von ihm benutzten langen Extraktionskanal konnte er zeigen, daß das Ionen-

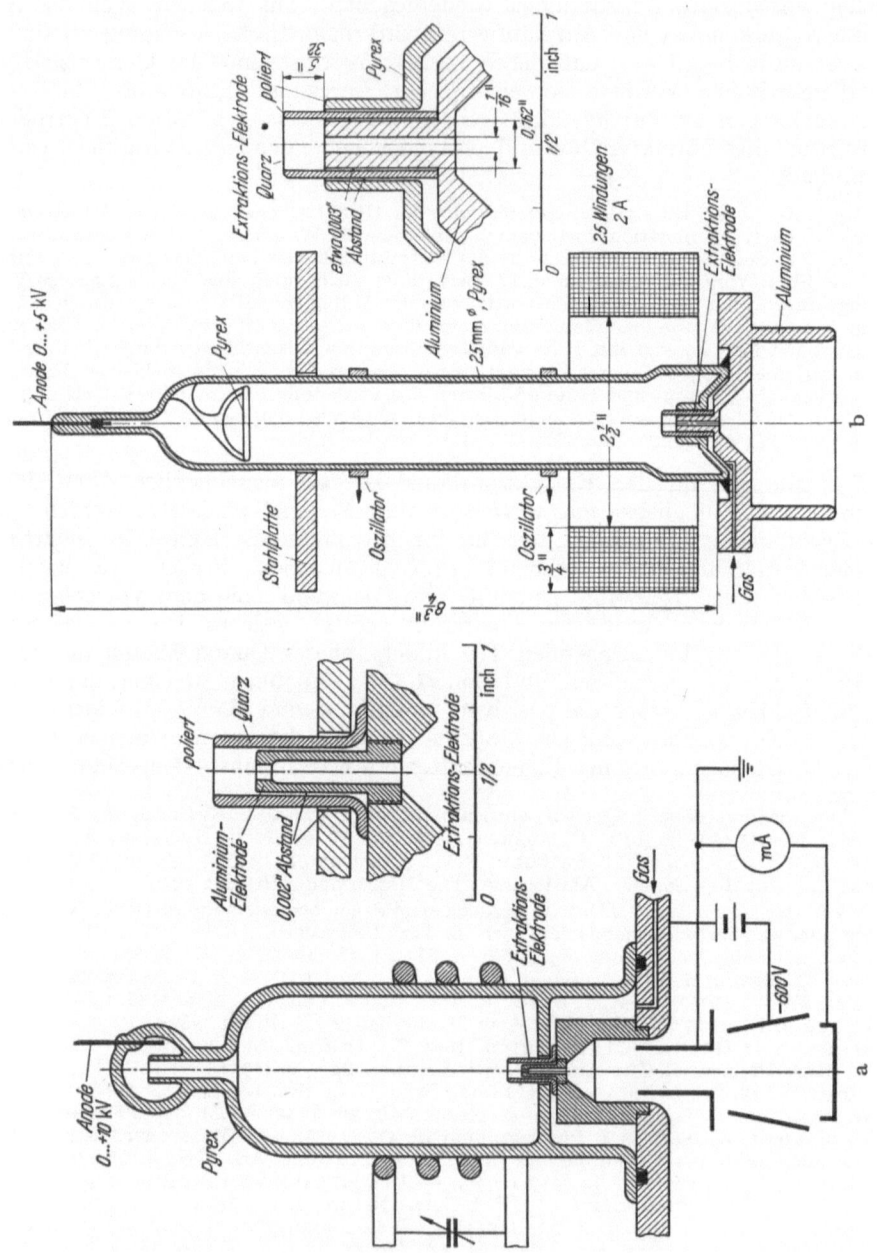

bündel die Quelle mit einer beträchtlichen Apertur (10 bis 20°) verläßt (vgl. Ziff. 11, Fig. 45). Daher erschien es lohnend, einerseits durch möglichst günstige

---

[1] O. REIFENSCHWEILER: Ann. Phys. (6) **14**, 33 (1954). Ferner wurde eine Untersuchung vieler Details durchgeführt von E. THOMAS: Bull. Assoc. Ing. Art. Genie **29,** 11 (1952); **30**, 21 (1952); **31**, 31 (1953).

Anpassung der geometrischen Form des Kanals (Verjüngung an der Stelle des geringsten Bündelquerschnitts) an die Bündelform den Gasverbrauch herab-

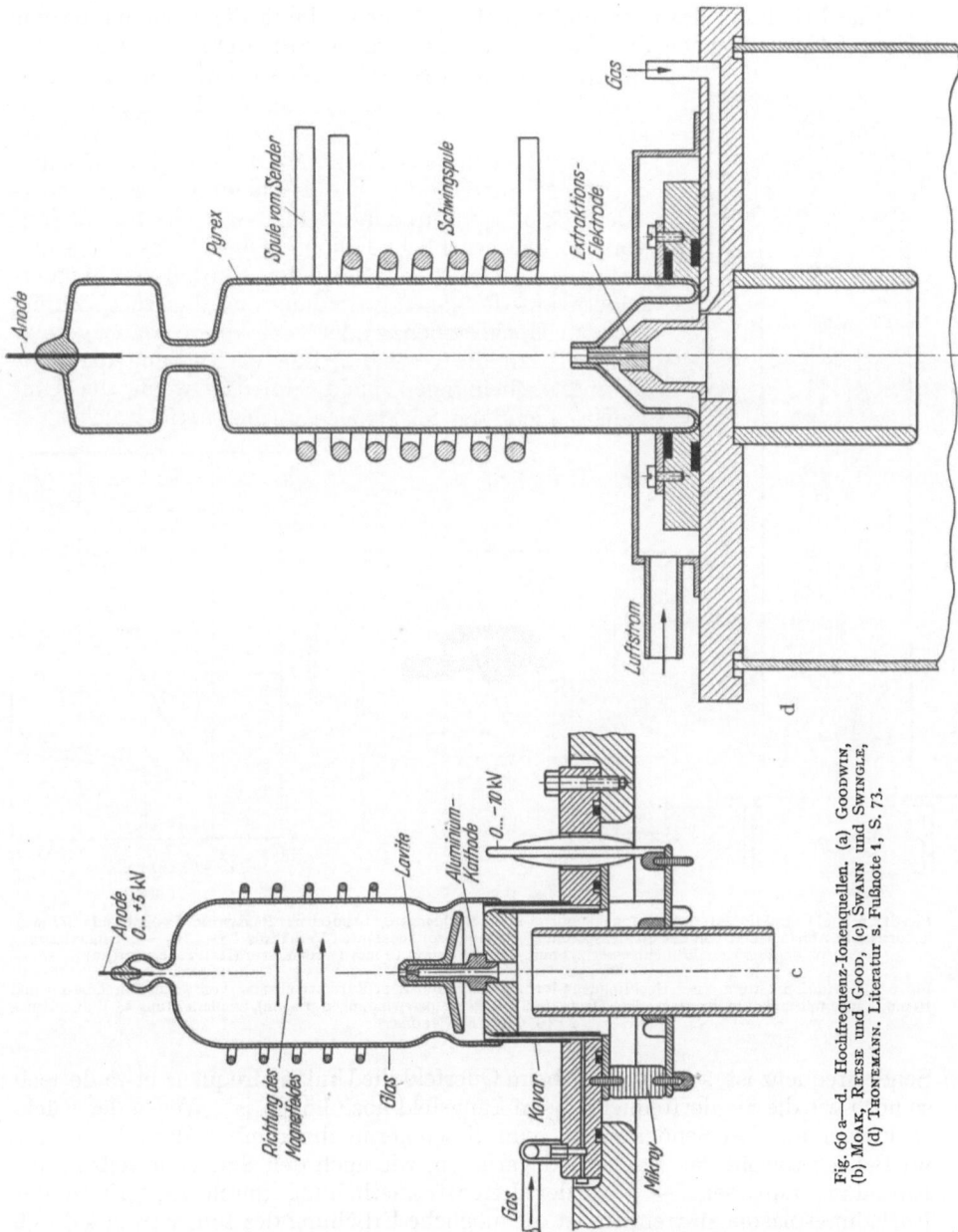

Fig. 60 a—d. Hochfrequenz-Ionenquellen. (a) GOODWIN, (b) MOAK, REESE und GOOD, (c) SWANN und SWINGLE, (d) THONEMANN. Literatur s. Fußnote 4, S. 73.

zusetzen, und andererseits unmittelbar hinter einem kurzen Extraktionskanal durch eine ionenoptische Einzellinse das weit geöffnete Bündel zu erfassen und mit einem *Ionenkondensor* eine Abbildung des Kanalausganges (oder des geringsten Bündelquerschnitts) in mehr oder weniger große Entfernung vom Kanal durchzuführen. In Fig. 61 sind Anordnung und Meßergebnisse aufgezeichnet (auch

Neuert und Mitarbeiter[1] berichten von der erfolgreichen Verwendung einer Ionenlinse). Dadurch wird es möglich bis zu 40% der Ionen, die den Kanal verlassen, als nachbeschleunigbaren Strom zu gewinnen.

Eine Erhöhung des entnehmbaren Ionenstromes durch die Verwendung von Magnetfeldern ist nach drei Methoden gelungen. Rutherglen und Cole[2] benutzten ein der Längsachse des Rohres paralleles stationäres Feld von etwa 100 Gauß. Bei dieser Feldstärke beobachteten sie eine resonanzartige Verstärkung der Leuchterscheinung. Neuert[3] und Swann und Swingle[4] fanden dieselbe Erscheinung bei transversalem Feld. Neuert fand damit, wie aus Fig. 62 hervorgeht, eine erhebliche Erhöhung des Ionenstromes und untersuchte ferner eingehend den Einfluß von Magnetfeldern auf die ganze Entladung und die Rückwirkung auf den Hochfrequenzsender[5]. Es konnte dabei gezeigt werden, daß die resonanzartige Verstärkung der Entladungserscheinungen nicht eintritt, wenn die Umlaufsfrequenz der Elektronen im Magnetfeld gleich der

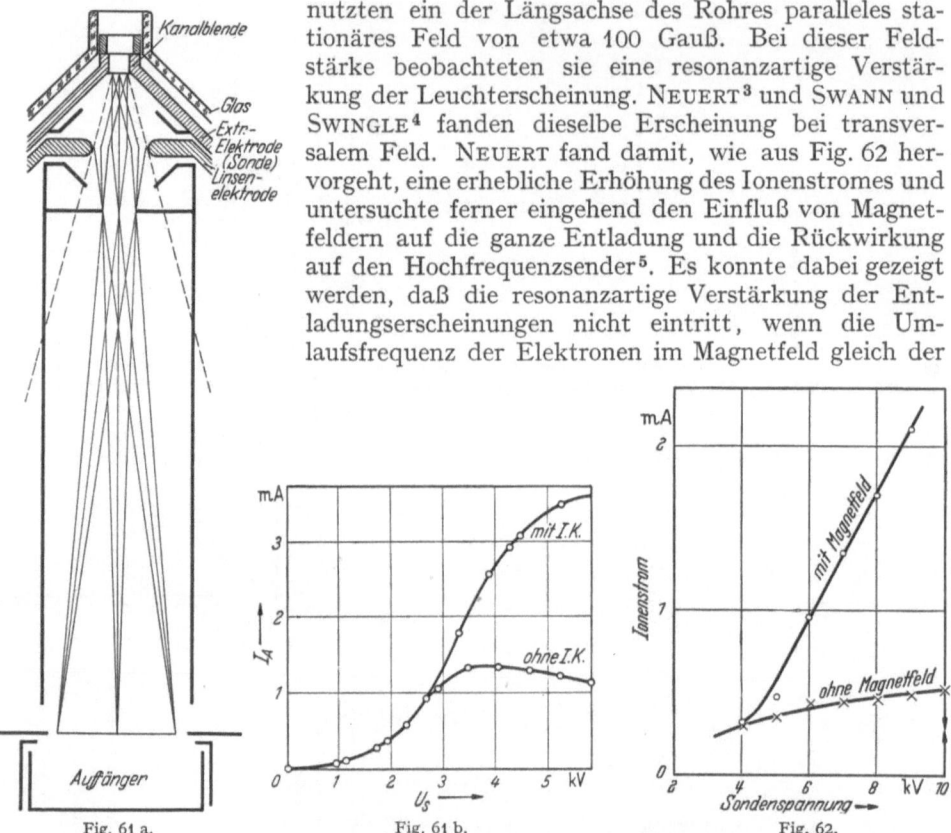

Fig. 61 a.   Fig. 61 b.   Fig. 62.

Fig. 61 a u. b. a) Extraktionssystem mit Ionenkondensor und Strahlengang; b) nutzbarer Ionenstrom I_A ohne und mit Ionenkondensor in Abhängigkeit von der Sondenspannung U_s bei einem konstanten Verhältnis $U_{\text{Linse}}/U_s = 1$. Senderleistung 200 W, engster Kanaldurchmesser 2,2 mm, Linsenöffnung 12 mm Durchmesser (Reifenschweiler).

Fig. 62. Gesamtionenstrom einer Hochfrequenz-Ionenquelle hinter dem Extraktionskanal von 4 mm Durchmesser und 10 mm Länge mit und ohne transversalem Magnetfeld (einige Amperewindungen pro cm), Senderleistung 45 W, Gasdruck $2 \cdot 10^{-3}$ Torr H_2 (Neuert).

Senderfrequenz ist, sondern, daß beim Querfeld die Umlaufsfrequenz etwa doppelt so hoch wie die Senderfrequenz, beim Längsfeld noch höher, ist. Wegen der Rückwirkungen auf den Sender macht man diesen gerne abstimmbar, dann kann man im Betrieb sowohl das Magnetfeld variieren, wie auch den Sender jeweils an die Entladung anpassen. — Von der Ionenstromerhöhung durch Eingriff in das Entladungsplasma zu trennen, ist die mögliche Erhöhung des Ionenstromes durch

[1] H. Neuert, H. J. Stuckenberg u. H. P. Weidner: Z. angew. Phys. **6**, 303 (1954). Dort weitere Literatur.
[2] J. G. Rutherglen u. J. F. I. Cole: Nature, Lond. **160**, 545 (1947).
[3] H. Neuert: Z. Naturforsch. 4a, 449 (1949).
[4] C. P. Swann u. J. F. Swingle: Rev. Sci. Instrum. **23**, 636 (1952).
[5] H. Neuert u. Mitarb.: Z. angew. Phys. **6**, 303 (1954).

Magnetfelder, welche in der Nähe des Extraktionskanals angeordnet sind (vgl. Fig. 60b). Dort soll durch das Magnetfeld das Ionenbündel vor dem Eintritt in den Kanal zusammengehalten werden. Nach BEAUREGARD[1] kann dadurch der Ionenstrom auf das vier- bis siebenfache gesteigert werden, aber sicher liegt auch hier teilweise eine Einwirkung des Streufeldes auf das Plasma vor.

Beim Betrieb der Ionenquelle treten Zündschwierigkeiten auf, wenn die Extraktionsspannung schon angelegt ist. Dann verlassen die wenigen gebildeten Träger zu schnell den Entladungsraum um die zur Zündung notwendige Anfangsionisation herbeizuführen. Abhilfe ist entweder Drucksteigerung oder erst nachträgliches Anlegen der Sondenspannung.

Die Hochfrequenz-Gasentladung war der Gegenstand vieler Untersuchungen. Feinere Messungen der Stromspannungs-Charakteristik, der Strahlungsanregung, Zündspannung, Trägerdichte, Energieverteilung der Träger und andere werden laufend publiziert[2]. Für die Zündung der Entladung hat man zwei Gebiete zu unterscheiden. Einmal den Bereich sehr niedriger Drucke (unter 10^{-3} Torr). Dort werden Elektronen bei Anlegung der Hochfrequenzspannung frei von einer Wand des Entladungsgefäßes zur anderen laufen können. Eine Vermehrung der Anfangselektronen ergibt sich dann nach der Theorie von GILL und ENGEL[2] infolge Sekundärelektronen-Erzeugung an der Wand. Diese hat in dem Bereich der Elektronenenergien wie er bei Hochfrequenzquellen vorliegt als Isolator einen Sekundäremissionsfaktor > 1. In diesem Bereich der Zündung ist das maßgebliche beschleunigende elektrische Wechselfeld dasjenige zwischen den Elektroden. Das gilt auch für den Fall der magnetischen Anregung, wo das *Zünd*feld durch die elektrische Spannung zwischen den Elektroden bestimmt ist. Nach der Zündung wird dieses Feld durch das Plasma abgeschirmt; dann ist für die Trägerbewegung das in das Plasma hineingreifende Wirbelfeld maßgebend. Im Bereich höherer Drucke findet Anfangsvermehrung der Elektronen durch Stöße im Gasraum statt. Die dabei auftretenden Probleme sind ähnlicher Natur wie die, welche beim Problem der Unterhaltung der Entladung durch niedrige Hochfrequenzspannungen auftreten: man hat beobachtet, daß die Brennspannung sehr niedrige Werte annehmen kann, so daß eine fortlaufende Ionisierung im Entladungsraum nur zu Stande kommt, weil die Elektronen nicht an die Wand abgeführt werden, sondern im Gasraum wegen der statistisch stattfindenden Stoßprozesse Energie akkumulieren können, bis sie zur Ionisation ausreicht. Weitere Einzelheiten s. Band XXII des Handbuches.

23. Der Hochfrequenzsender. Die Daten für den Sender sind durch den Frequenzbereich und die notwendige Leistung bestimmt. Die am häufigsten verwendeten Frequenzen liegen bei 10 bis 20 MHz, gelegentlich wird auch bei niedrigeren Frequenzen gearbeitet, nur in einem Fall wurde bis 450 MHz gegangen[3]. Die Leistung des Senders sollte so bemessen sein, daß mindestens 200 Watt an abgebbarer Leistung zur Verfügung stehen, da der entnehmbare Ionenstrom mit wachsender Leistung wächst (Fig. 63), und auch der Protonenanteil steigt (Fig. 66). Nach oben ist die verwendbare Leistung dadurch begrenzt, daß das Glas der Wandung zu heiß wird. Der Leistungsumsatz in der Entladung erfolgt nämlich einerseits durch die energieaufzehrenden Stoßprozesse, andererseits werden an der Wand der positive Ionendiffusionsstrom und der Elektronendiffusionsstrom rekombinieren, wobei die Wand die freiwerdende Energie aufnimmt. Nur ein geringer Teil der insgesamt aufgenommenen Leistung findet sich im Ionenbündel, welches die Entladung verläßt.

Für den Bau des Senders sind dieselben Grundsätze wie bei allen Kurzwellensendern maßgebend. Hier kommt hinzu, daß für Nachbeschleunigungsanlagen meist eine kleine, mit geringer Leistung arbeitende Anordnung erwünscht ist. Die Verstärkung des Ionenstromes durch kleine Zusatzmagnetfelder ist hier also besonders interessant. Ferner muß bedacht werden, daß in Drucktankanlagen zur Ionenbeschleunigung genügende mechanische Festigkeit der Röhren des Senders notwendig ist. In den meisten Fällen wird dann eine selbsterregte Dreipunktschaltung des Senders gewählt. Die sog. ECO-Schaltung hat dagegen den

[1] CH. J. BEAUREGARD: J. Phys. Radium **14**, 547 (1953).

[2] Zum Beispiel W. GILL u. A. v. ENGEL: Proc. Roy. Soc. Lond. **192**, 446 (1948). — G. FRANCIS u. A. v. ENGEL: Phil. Trans. Roy. Soc. Lond. Ser. A **246**, 143 (1953). (Zusammenfassende Darstellung der Niederdruckzündung.) — A. J. HATCH u. H. B. WILLIAM: J. Appl. Phys. **25**, 417 (1954). — F. CABANNES: C. R. Acad. Sci. Paris **238**, 1482 (1954).

[3] R. N. HALL: Rev. Sci. Instrum. **19**, 905 (1948). Die Wahl der Frequenz ist nicht kritisch; unter 100 MHz läßt sich noch bequem mit üblichen Schaltmitteln arbeiten, andererseits liegt schon eine beträchtliche Absenkung der Zündspannung gegenüber dem statischen Fall vor: M. CHENOT: Ann. Phys. (12) **3**, 277 (1948).

Vorteil der nur geringen Beeinflussung der Frequenz durch Änderungen in der Entladung. — Die Ankopplung der Entladung an die Schwingspule des Senders geschieht am zweckmäßigsten mit einer abstimmbaren Leitung; bei magnetischer Anregung wird die Spule des Entladungs-

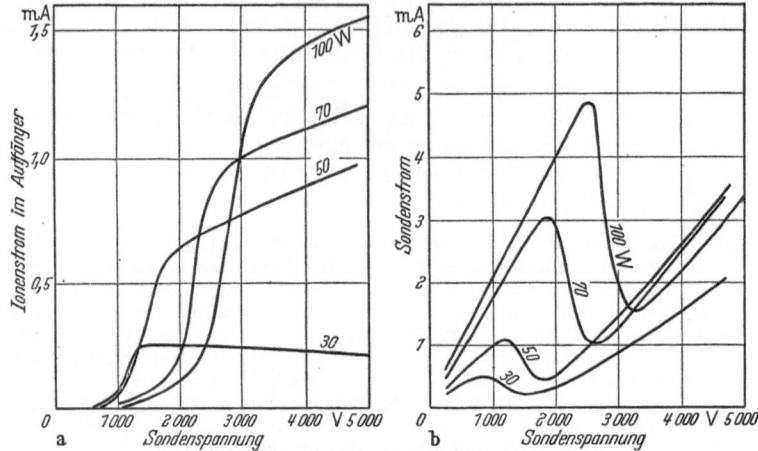

Fig. 63 a u. b. Ionenstrom und Strom auf die Extraktionselektrode (Sonde) einer Hochfrequenz-Ionenquelle bei verschiedenen Senderleistungen (Wasserstoff 16 · 10⁻³ Torr) (NEUERT, STUCKENBERG und WEIDNER).

rohres mit einem Drehkondensator zu einem abstimmbaren Schwingkreis vereinigt. Die Ankopplungsleitung kann dann mit geringem Drahtquerschnitt als flexible Leitung ausgeführt werden, da durch sie nur der Verluststrom des Schwingkreises zugeführt werden muß.

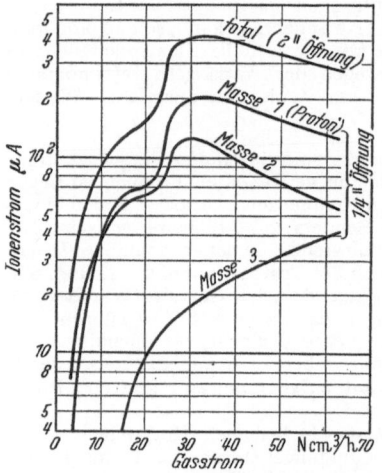

Fig. 64. Ionenstrom einer Hochfrequenz-Ionenquelle. Frequenz 450 MHz, Entladungsraum: Pyrex 8 mm Durchmesser, 10 mm Länge, Extraktionsöffnung 1 mm Durchmesser, Längsmagnetfeld von etwa 1000 Gauß, Öffnung der Nachbeschleunigungselektrode an Kurven angeschrieben (HALL).

24. Ionenstrom und Gütedaten.

Ebenso wie bei der Kanalstrahl-Ionenquelle und anderen Quellen ist zur vollständigen Charakterisierung der Eigenschaften der Hochfrequenz-Ionenquelle eine Reihe von Diagrammen anzugeben, welche den Ionenstrom in Abhängigkeit von verschiedenen Betriebsdaten angeben. Aus Gründen der Raumersparnis sind in Tabelle 17 aber nur Durchschnittswerte angegeben, Maximalwerte sind besonders gekennzeichnet. In den Fig. 62 und 63 war schon gezeigt worden wie der Ionenstrom von Magnetfeld und Senderleistung abhängt. Besonders Fig. 63 unterstützt die in Ziff. 14 gemachte Feststellung, daß der *durch* den Extraktionskanal hindurchgehende Ionenstrom in seiner Spannungsabhängigkeit nicht benutzt werden darf um Aussagen über den Extraktionsmechanismus an der Plasmagrenze zu erhalten. In Fig. 64 ist zu erkennen, wie der Ionenstrom noch vom Gasstrom abhängen kann. Deutlich tritt die bekannte Erscheinung hervor, daß mit niedrigem Gasdruck (und damit niedrigem Gasstrom bei gegebenen Kanaldimensionen) der Anteil an H_3-Ionen herabgesetzt werden kann. Aus Tabelle 17 geht hervor, daß der Gasverbrauch im Mittel bei 10 bis 20 Ncm³/Std liegt. Bei kleineren Kanaldimensionen, und damit meist auch herabgesetztem Ionenstrom, kann man bis zu wenigen Ncm³/Std herunterkommen. Diese Werte gelten alle für den Betrieb mit Wasserstoff.

Wie aus der Tabelle 17 ersichtlich, ist der Protonenanteil außerordentlich hoch. Daher wird die Hochfrequenzquelle heute besonders für Protonenerzeugung bevorzugt. Nur wenige Daten sind für den Betrieb mit anderen Gasen bekannt. Von den Gütedaten sind hier nur α_m und die Ionenausbeute angegeben, α_d und α_e sind uninteressant.

Da für die untersuchten Entladungen fast keine Trägerdichten bekannt sind, ist auch ein Vergleich des theoretisch nach der LANGMUIRschen Theorie etwa entnehmbaren Stromes mit dem tatsächlich extrahierten nicht möglich. Die Trägerdichten haben aber für die Theorie der Entladung große Bedeutung. Von KOJIMA und TAKAYAMA[1] sind Messungen mit Doppelsonden in der neutralen Zone einer elektrisch angeregten Entladung angestellt worden.

Diese Verfasser konzentrierten ihre Aufmerksamkeit auf die Bestimmung der Trägertemperatur und fanden für die Elektronen 20 bis 30000° K. Dagegen schloß SCHNEIDER[2] aus theoretischen Überlegungen, daß die Elektronentemperatur von der Größenordnung 10^5 bis 10^6 °K sein müßte, um die kräftige Ionisation im Plasma erklären zu können. Eine Messung der negativen Trägerdichte wurde von NEUERT und Mitarbeitern[3] mit einer Höchstfrequenz-Absorptionsmethode vorgenommen. Dabei ergaben sich bei Drucken von $9 \cdot 10^{-3}$ Torr in H_2 Trägerdichten zwischen 3,4 und $5 \cdot 10^8$ Elektronen pro cm^3, was einem sehr niedrigen Ionisationsgrad entspricht. Dieser wird sonst in der Größenordnung einiger Prozent angenommen. — Mit der räumlichen Verteilung der Elektronendichte beschäftigen sich zwei theoretische Arbeiten von ALLIS, BROWN, EVERHART[4] und SCHNEIDER[5], welche zeigen, daß die Elektronendichten in elektrisch angeregten Entladungen von einem breiten Maximum in der Mitte der Entladung nach den Elektroden hin symmetrisch abnehmen.

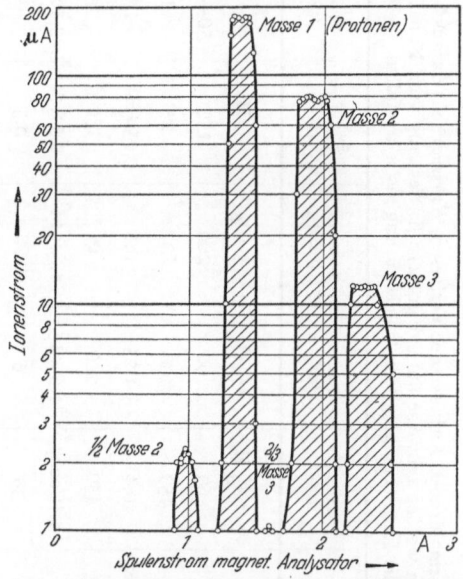

Fig. 65. Massenspektrum des Ionenbündels der HALLschen Hochfrequenz-Ionenquelle (vgl. Fig. 64). Auffängeröffnung 16 mm Durchmesser, Nachbeschleunigung 130 kV, Messung des Stromes in 1,5 m Entfernung vom Quellenausgang. Die beiden kleinen Peaks rühren von Ionen her, welche nach dem Beschleunigungsrohr gestreut wurden; Betrieb der Entladung mit H_2.

25. Energie- und Massenspektrum.

Über das Energiespektrum des die Entladung verlassenden Ionenbündels liegen wenige Messungen vor. Sie sind meist noch nicht mit der genügenden Präzision durchgeführt worden um Aussagen darüber zu machen, mit welcher Energiebreite das Bündel die Quelle verläßt. Sicher ist, daß das Spektrum eine Breite von einigen 10 eV bis zu einigen hundert eV haben kann. Eine Erklärung für diese große Energiebreite ist erst durch weitere Untersuchungen zu erwarten; für eine theoretische Arbeit sei auf SCHNEIDER[2] hingewiesen.

In der Fig. 65 ist das Diagramm der Massenanalyse des Spektrums einer mit H_2 betriebenen Hochfrequenz-Ionenquelle wiedergegeben. Man erkennt den hohen Protonenanteil, welcher für alle Hochfrequenz-Ionenquellen charakteristisch ist (vgl. Tabelle 17). Der Protonenanteil ist, wie aus Fig. 66 hervorgeht, eine Funktion der von der Entladung aufgenommenen Leistung, es ist daher zweckmäßig, diese

[1] S. KOJIMA u. K. TAKAYAMA: J. Phys. Soc. Japan 4, 349 (1949); 5, 357 (1950); 8, 55 (1953).
[2] F. SCHNEIDER: Z. angew. Phys. 4, 324 (1952).
[3] H. NEUERT u. Mitarb.: Z. angew. Phys. 6, 303 (1954).
[4] W. P. ALLIS, S. C. BROWN u. E. EVERHART: Phys. Rev. 84, 519 (1951).
[5] F. SCHNEIDER: Z. angew. Phys. 6, 456 (1954).

Tabelle 17. *Betriebsdaten einiger Hochfrequenz-Ionenquellen.* Normaldruck: Angaben der Verfasser; *Kursivdruck:* daraus berechnete Werte; **Fettdruck:** geschätzte Werte. Die Angaben für den erzielten Ionenstrom werden teilweise nur für größere Entfernung vom Kanal gemacht, so daß die daraus berechneten Gütedaten für die Ionenerzeugung der Quelle zu ungünstig ausfallen.

	THONEMANN (1949)[1]	RUTHERGLEN, COLE (1947)	BAYLY, WARD (1948)	HALL (1948)	MOAK, REESE, GOOD (1951)	GOODWIN (1953)	SWANN, SWINGLE (1952)	THOMAS (1953)	ALLEN, ALMQUIST, PEPPER (1951)	EUBANK, PECK, TRUELL (1954)
Druck (mTorr), Gas	20, H_2	≈15, H_2	*10, H_2*	≈100, H_2	15, H_2	15, D_2	—, H_2	—, H_2	—, T_2, He^3	55—60
HF-Leistung (W)	150	30	450	60	60	200	150	50—100	—	300
Frequenz (MHz)	20	180	15,5	450	100	27	25	19	25	20
Ionenstrom (mA)	0,5	0,4	0,75 (max)	0,4	1,25	0,6	0,05 (H^+)	1,65	0,2	10
Entfernung (cm)	300	*20*	80	150	200	**10**	150	**50**	**50**	90
Kanal (mm Ø × mm Länge)	**3×20**	3,2×12,5	2×12	1 (Loch)	1,6×13	1,6×14	0,5×3	3,3×18	1,8×19	3,2×15
Gasverbrauch (Ncm³/Std)	*46*	*60,5; 15*	15	30	6	*25*	0,5	—	9	*210*
Material Entladungsraum	Pyrex	Pyrex	Pyrex	Pyrex, Quarz	Pyrex	Pyrex	Glas (ohne Sortenang.)	Pyrex	Pyrex	Pyrex
Sonde	Al	Al	Dur-Al	—	Al	Al	Al	Al	Dur-Al	Al
Anregungsart	magnetisch	elektrisch	magnetisch	elektrisch	elektrisch	magnetisch	magnetisch	magnetisch	magn.	magn.
Magnetfeld	keines	längs 130 Gauß	keines	längs 1000 Gauß	längs **100 Gauß**	keines	quer 10 Gauß	keines	keines	keines
Extrakt. Spannung (kV)	3	2,8	1,2	0	5	7	5	3	3,5	5
Nachbeschleunigungs-Spannung (kV)	—	14	50	130	300	0	50	27	30	120
H⁺- bzw. D⁺-Anteil	91% (max)	60%	51% H^+ 57% D^+	60%	92%	92%	—	70%	70%	90%
Ionenausbeute (mA/W)	*3,2·10⁻³*	*13,2·10⁻³*	*1,7·10⁻³*	*6,7·10⁻³*	*20·10⁻³*	*3·10⁻³*	*0,3·10⁻³*	*16,5·10⁻³*	—	*33·10⁻³*
$\alpha_m \cdot 10^{+3}$	*10*	*20*	*42*	*10*	*170*	*20*	*84*	—	*17*	*60*

[1] Conf. Ion Sources, Amsterdam 1949.

nicht zu niedrig zu wählen. Wir hatten schon mit Fig. 64 gezeigt, daß
der H-Ionenanteil auch abhängt vom Gasdruck, aus Fig. 67 geht außerdem hervor, daß auch eine
Abhängigkeit von der Größe
eines etwa benutzten statischen Magnetfeldes vorhanden
ist. Wie THONEMANN[1] gezeigt
hat, kann durch feuchten Wasserstoff der H^+ - Anteil noch
etwas verstärkt werden, aber
der gesamte Ionenstrom sinkt
dann ab. Ferner sei noch
auf eine Arbeit von ARNOLD[2]
verwiesen (vgl. Ziff. 17), in
welcher gezeigt wurde, daß
auch Mischungen von Wasserstoff mit anderen Gasen, einen
hohen Atom-Ionenanteil geben
können. — Die hohen Atom-
Ionenanteile werden erst nach

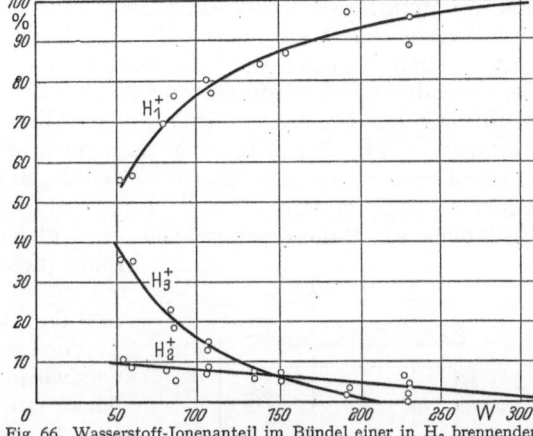

Fig. 66. Wasserstoff-Ionenanteil im Bündel einer in H_2 brennenden
Hochfrequenzentladung in Abhängigkeit von der zugeführten Leistung
(THONEMANN).

einer gewissen Einbrennzeit erreicht. Ferner ist eine sorgfältige Reinigung des Entladungsrohres notwendig, wofür sich die Verwendung von Flußsäure bewährt hat.

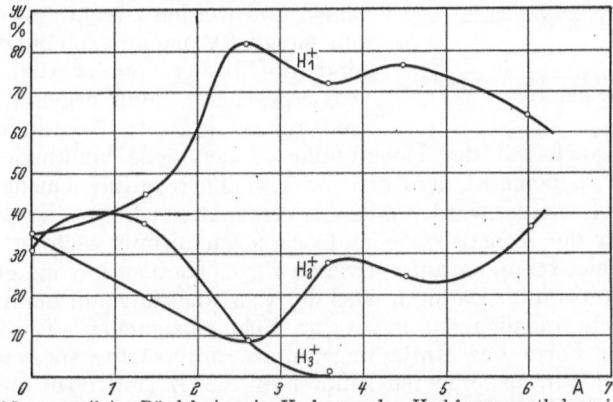

Fig. 67. Wasserstoff-Ionenanteil im Bündel einer in H_2 brennenden Hochfrequenzentladung in Abhängigkeit vom
Erregerstrom eines longitudinalen Zusatzmagnetfeldes (THONEMANN).

26. Verwendung.

Die Hochfrequenz-Ionenquelle wird fast ausschließlich in
Nachbeschleunigungsanlagen verwendet wegen des hohen Atom-Ionenanteils und
weil sie bei niedrigen Drucken arbeitet und einen geringen Gasverbrauch hat.
Sie eignet sich daher auch für den Betrieb mit Tritium oder ^{3}He. Über eine
Möglichkeit, den durch den Kanal strömenden Gasstrom von direktem Aufschlag
auf Nachbeschleunigungselektroden abzuhalten, haben FIRTH und CHICK[3]
berichtet. — Die Breite des Energiespektrums der Ionen schließt ihre Verwendung in Massenspektrographen mit nur einem Impulsanalysator (Magnetfeld)
aus, es muß ein Energieanalysator vorgeschaltet werden. Eine Hochfrequenz-Ionenquelle wurde von CHANSON und MAGNAN[4] in einem Protonenmikroskop verwendet.

[1] P. C. THONEMANN: Conf. Ion Sources, Amsterdam 1949.
[2] W. R. ARNOLD: Rev. Sci. Instrum. **23**, 97 (1952).
[3] K. FIRTH u. D. R. CHICK: J. Sci. Instrum. **30**, 117 (1953).
[4] P. CHANSON u. C. MAGNAN: C. R. Acad. Sci. Paris **233**, 1436 (1951).

c) Penning-Ionenquellen.

27. Mechanismus und Aufbau der Quellen. Die Penning-Ionenquellen sind aus der Penningschen Ionisationsmanometerröhre entstanden[1]. Fig. 68 enthält eine Skizze der Anordnung. Bei Gasdrucken in der Größenordnung 1 Torr zündet nach Anlegen einer Spannung von etwa 1000 V eine Entladung mit Strömen der Größenordnung 10 bis 100 mA. Diese Entladung erlischt bei Erniedrigung des Gasdruckes (der genaue Wert dieses Druckes hängt von vielen Parametern ab). Das Abreißen kann nach sehr niedrigen Gasdrucken hin verschoben werden, wenn die ganze Entladung in ein axiales Magnetfeld von einigen hundert Gauß gebracht wird. Erst dadurch wurde ja die Verwendung der Entladung als Manometer möglich, und gleichzeitig auch ihre Verwendung als Ionenquelle, denn der Druckbereich kann nun in dem für Ionenquellen wichtigen Gebiet um 10^{-2} Torr liegen.

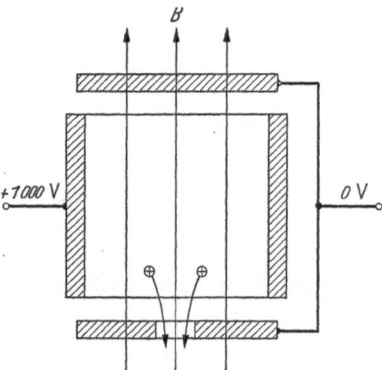

Fig. 68. Schema einer Penning-Ionenquelle; *B* magnetisches Feld.

Von Penning selber[2] wurde der erste Versuch gemacht, die in Fig. 68 dargestellte Quelle zur Ionengewinnung zu benützen, danach wurde sie von Lorrain[3] und schließlich von Keller[4] weiterentwickelt. Zum Ionenaustritt wird die eine Kathode durchbohrt; die auf diese Bohrung zulaufenden Ionen können die Entladung verlassen und werden zweckmäßigerweise sofort um einige kV nachbeschleunigt. In Fig. 69 sind die bisher publizierten Haupttypen wiedergegeben[5]. Man erkennt, daß einfach und robust gebaute Anordnungen möglich sind, die eine auch mit der Hochfrequenz-Ionenquelle konkurrierende Quelle darstellen. Es sei bemerkt, daß die von Keller benutzte Quelle von ihm im Impulsbetrieb verwendet wurde und daher erst später zu besprechen wäre (Ziff. 44). Er hat aber für die Konstruktion und den Mechanismus wichtige Angaben gemacht, so daß hier schon darauf verwiesen wird. Keller bevorzugt Permanentmagnete von 800 Gauß. Dadurch wird der Leistungsaufwand herabgesetzt, aber es ist nicht mehr möglich das günstigste Feld einzustellen. Er hat besonders auch die beste Form des Entladungsraumes untersucht, speziell die Durchbildung der von ihm eingeführten Eindrehung bei *A* (Fig. 69b) und des Kanaleinganges bei *B*. Ferner führte er den zusätzlichen Anodenring ein. Es konnte gezeigt werden, daß der Ionenstrom ein Maximum hat, wenn *A* 7 mm Durchmesser und 5 mm Tiefe hat. Die Eindrehung bei *B* soll 10 bis 12 mm Durchmesser und 2 mm Tiefe haben. Hirt[6] konnte weiterhin zeigen, daß es zweckmäßig ist, einen kurzen Kanal zu nehmen (< 2 mm), was darauf schließen läßt, daß die Bündelapertur groß ist. Die Ergebnisse von Keller geben Hinweise auf einige Details des *Mechanismus der Entladung:* während die Entladung bei hohen

---

[1] Im englischen Sprachgebrauch findet man auch den Namen PIG-Ion-Source auf Grund des Namens für die Manometerröhre: Penning Ionisation Gauge.

[2] F. M. Penning u. J. H. A. Moubis: Physica, Haag **4**, 1190 (1937).

[3] P. Lorrain: Canad. J. Res. A **25**, 338 (1947).

[4] R. Keller: Helv. phys. Acta **22**, 78 (1949).

[5] (a) P. Lorrain: Canad. J. Res. A **25**, 338 (1947); (b) R. Keller: Helv. phys. Acta **22**, 78 (1949); (c) C. F. Barnett, P. M. Stier u. G. E. Evans: Rev. Sci. Instrum. **24**, 394 (1953); (d) C. B. Mills u. C. F. Barnett: Rev. Sci. Instrum. **25**, 1200 (1954). Ferner S. Ozaki: Sci. Pap. Osaka Univ. **1949**, Nr. 10; P. C. Veenstra u. Mitarb.: Physica **18**, 378 (1952).

[6] W. Hirt: Staatsexamensarbeit, Freiburg i. Br. 1951 (nicht veröffentlicht).

Drucken den zur Verfügung stehenden Raum einigermaßen vollständig erfüllt, ist sie im Bereich von einigen 10^{-2} Torr zu einem schmalen Strich in der

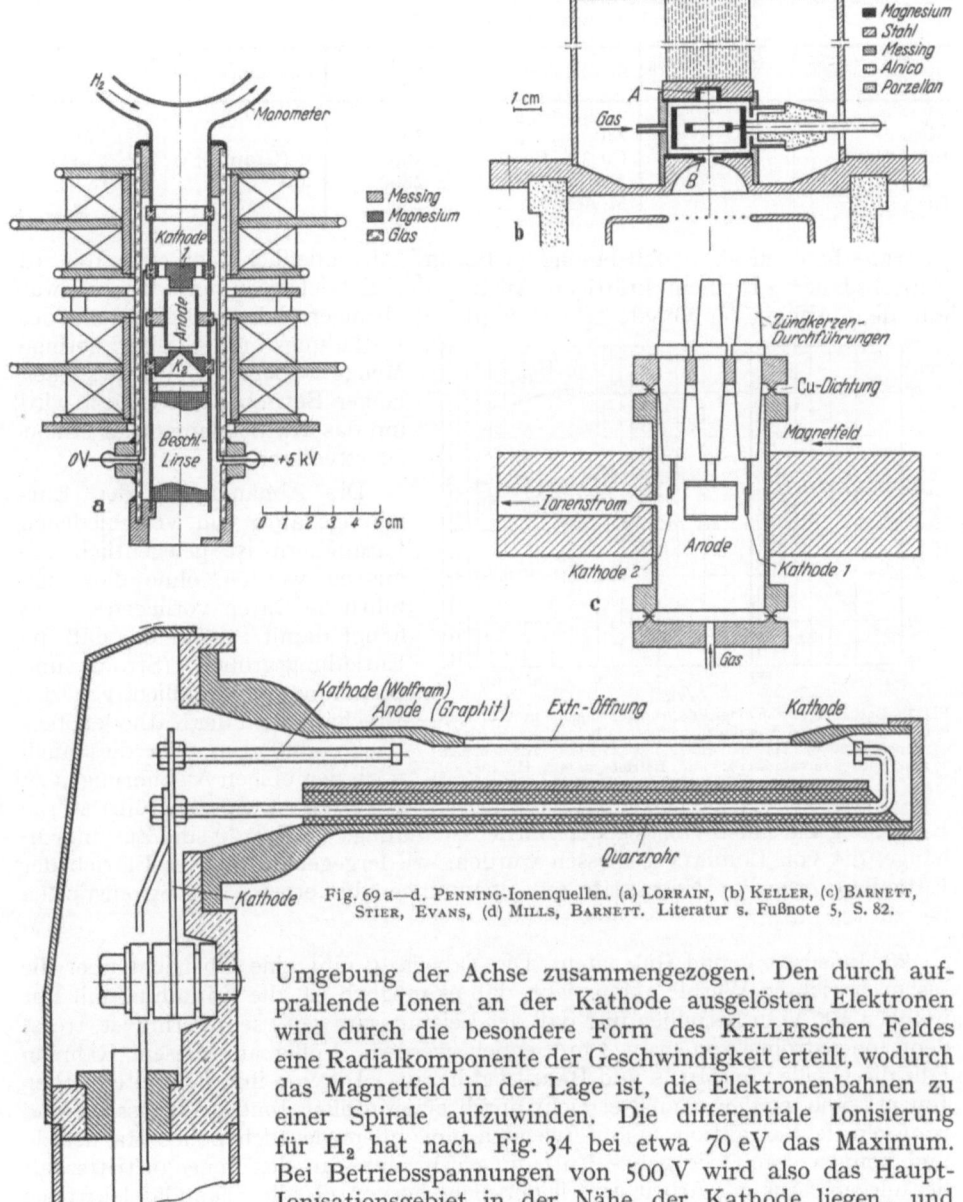

Fig. 69 a—d. PENNING-Ionenquellen. (a) LORRAIN, (b) KELLER, (c) BARNETT, STIER, EVANS, (d) MILLS, BARNETT. Literatur s. Fußnote 5, S. 82.

Umgebung der Achse zusammengezogen. Den durch aufprallende Ionen an der Kathode ausgelösten Elektronen wird durch die besondere Form des KELLERschen Feldes eine Radialkomponente der Geschwindigkeit erteilt, wodurch das Magnetfeld in der Lage ist, die Elektronenbahnen zu einer Spirale aufzuwinden. Die differentiale Ionisierung für H_2 hat nach Fig. 34 bei etwa 70 eV das Maximum. Bei Betriebsspannungen von 500 V wird also das Haupt-Ionisationsgebiet in der Nähe der Kathode liegen, und dieses wird offenbar durch die Eindrehungen in den Kathoden verlängert, so daß die Ionisationswahrscheinlichkeit steigt. — Wie aus Tabelle 18 hervorgeht, ist die Betriebsspannung stark vom Kathodenmaterial abhängig, dagegen kaum vom Anodenmaterial. Es ist dieselbe Abhängigkeit, welche man auf Grund der γ-Werte für die Elektronenauslösung durch Ionen erwarten würde. Gow und

6*

Tabelle 18. *Zusammenhang zwischen Kathodenmaterial und Betriebsspannung einer* PENNING-*Entladung.* (J. BACKUS: Theory and Operation of a Philips Ionization Gauge Type Discharge. In GUTHRIE, WAKERLING, Electrical Discharges in Magnetic Fields. New York: Mc Graw Hill Book Co. 1949. National Nucl. En. Ser. 1,5. Dort Bericht über weitere (Sinter-) Materialien, wie z.B. Mo+10 Mol-% ThO$_2$.)

Kathodenmaterial	Betriebsspannung (V)	Kathodenmaterial	Betriebsspannung (V)	Kathodenmaterial	Betriebsspannung (V)
Al	350	Zn	3600	Cu	2300
Be	350	Cu 3% Be .	3600	C (Graphit) .	2300
Mg	400	Messing . .	2800	Mo	1800
Ni	3600	Monel . . .	2800		

FOSTER[1] betonen aber, daß besonders Be und Al schließlich nach etwa 100 Std Betriebsdauer zu einem kräftigen Anstieg der Betriebsspannung führen, was mit dem Abbau der Oxyde erklärt wird. Sie bringen daher in die Nähe des Entladungsraumes eine geringe Menge Silberoxyd, welches nach langer Betriebsdauer erhitzt wird um das Kathodenmaterial erneut zu oxydieren.

Die Abhängigkeit der Entladungsdaten von verschiedenen Parametern ist gelegentlich gemessen worden, ohne daß ausführliche Daten vorliegen[2]. Dies hängt damit zusammen, daß die Entladungsgrößen (Strom und Spannung) empfindlich von der Beschaffenheit der Kathodenoberfläche abhängen, wie dies auch nach den obigen Ausführungen zu erwarten ist. Speziell führt starke

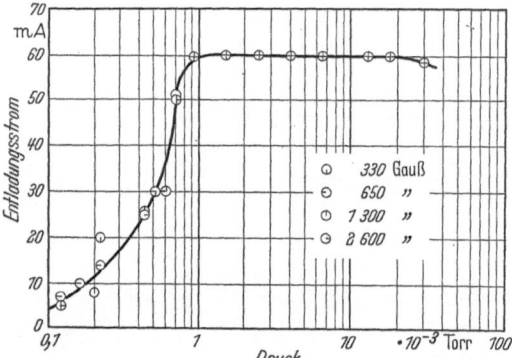

Fig. 70. Entladungsstrom einer PENNING-Ionenquelle in Abhängigkeit vom Druck und von der magnetischen Feldstärke (Betriebsspannung 1500 V, Vorschaltwiderstand 20 kΩ), Anodenlänge 26 mm, Anodendurchmesser 26 mm, Betriebsgas 90% H$_2$, 10% O$_2$ (LORRAIN).

Entgasung zu einem Anstieg der Betriebsspannung. In Fig. 70 sind Zusammenhänge, die von LORRAIN gemessen wurden, wiedergegeben. — Der Betrieb der Entladung erfordert Netzgeräte mit Spannungen bis etwa 2 kV, Stromstärken bis zu 100 mA.

28. Ionenstrom und Gütedaten. Die Tabelle 19 gibt eine Übersicht über die bisher erreichten Werte[3]. Man sieht, daß es möglich ist, die Entladung mit nur wenigen 100 V zu betreiben und daß der Leistungsaufwand sehr gering ist, trotzdem Ionenströme von etwa 1 mA erzielt werden. Völlig aus diesem Rahmen fällt die Quelle von MILLS und BARNETT[4] heraus. Die von ihnen erzielten hohen Ionenströme werden einmal erreicht durch einen großen Ionenaustritts*spalt* und transversale Extraktion. Sie verwenden ein außerordentlich hohes Magnetfeld und können damit die ganze Entladung sehr nahe an den Ionenaustrittsspalt heranlegen. Aus der Arbeit geht leider nicht hervor, ob alle Sekundärelektronen der Ionenauffänger abgeschirmt wurden, so daß die Werte zu günstig sein können. Die Quelle wurde für ein Zyklotron gebaut. Im Betrieb werden durch den

[1] J. D. GOW u. J. S. FOSTER: Rev. Sci. Instrum. **24**, 606 (1953), vgl. Ziff. 44.
[2] Über Sondenmessungen in der PENNING-Entladung vgl. J. BACKUS (Zitat siehe Überschrift, Tabelle 18).
[3] Daten von G. SCHORK aus Rundberichte Kernphysik Nr. 3, 1953.
[4] C. B. MILLS u. F. BARNETT: Rev. Sci. Instrum. **25**, 1200 (1954).

Tabelle 19. *Betriebsdaten einiger* PENNING-*Ionenquellen.* Normaldruck: Angaben der Verfasser; *Kursivdruck:* daraus berechnete Werte; **Fettdruck:** geschätzte Werte. Die Angaben für den erzielten Ionenstrom werden teilweise nur für größere Entfernung vom Kanal gemacht, so daß die daraus berechneten Gütedaten für die Ionenerzeugung der Quelle zu ungünstig ausfallen.

	LORRAIN (1947)		KELLER[1] (1949)	(1950)	OZAKI (1949)	HIRT (1951)	SCHORK (1952)	VEENSTRA u. Mitarbeiter (1952)	BARNETT u. Mitarbeiter (1953)	MILLS, BARNETT (1954)
Druck (mTorr), Gas	**2—20, H₂**	2—20, H₂	**10, H₂**	12, D₂	*2,3, H₂*	*50, H₂*	*50, H₂*	*5, H₂*	*0,3, H₂*	—, H₂
Magnetfeld (Gauß)	1000 (variabel)	1000 (variabel)	800 perm.	800 perm.	850 perm.	800 perm.	800 perm.	1000 (variabel)	600 (var.)	7000 (var.)
Entladungsstrom (mA)	100	10	25	15	40	30	45	20	—	5000
Entladungsspannung (V)	750	750	500	330	800	1050	1300	3000	einige kV	<1000
Ionenstrom (mA)	1	0,5	0,6	0,38	0,2	0,26	0,2	1	1	**300 (mit Sek.-Elektr.)**
Entfernung (cm)	**20**	**10**	**10**	**10**	**20**	**50**	**50**	**20**	**100**	**30**
Extraktion	längs	quer	längs	längs	längs	längs	längs	längs	längs	quer Spalt 2,4×57
Kanal (mm Ø × mm Länge)	2 (Loch)	6 (Loch)	2,9 (Loch)	3×2,5	2,4×2 anschließend 1,8×25	4,2×2	4,2×3,5	3×3 (Konus)	3,2×6,35	
Gasverbrauch (Ncm³/Std)	—	—	*40*	*70*	*1*	*40—50*	*80*	*40*	**2**	600
Leistung (W)	*75*	*75*	*12,5*	*5*	*32*	*31*	*80*	*60 (o. Magn.)*	100 total 20—30 (o. Magn.)	einige kW
Maße Entladungsraum (mm Ø × mm Länge)	20×60	13×25	30×25	30×25	—	30×25	30×25	20×15	—	13×16×100
Material: Kathode, Anode	Mg, Mg	Mg, Mg	Fe, Fe	Mg, Mg	Fe, Fe	Fe, Fe	Al, Fe	Ta, Ta	Ta, Ta	Ta, Graphit
Extraktionsspannung (kV) bzw. Nachbeschl.-Spg	5	5	20	20	7	40	40	30	5	10
Protonenanteil	50%	—	16%	28%	—	—	40%	20%	50%	82%
Ionenausbeute (mA/W)	*14 · 10⁻³*	*7 · 10⁻³*	*50 · 10⁻³*	*76 · 10⁻³*	*6 · 10⁻³*	—	*1 · 10⁻³*	*17 · 10⁻³*	*33 · 10⁻³*	**100 · 10⁻³**
$\alpha_m \cdot 10^3$	*40*	—	*12*	*4*	*170*	—	*2*	*21*	*420*	*420*

[1] Impulsbetrieb der Quelle, 250mal pro Sekunde 200 µ sec lang, Strom-Spannungsangaben sind Mittelwerte.

großen Entladungsstrom allerdings die Kathoden heiß und tragen durch thermische Emission zur Elektronenbildung bei. — Starke Diskrepanzen herrschen
zwischen dem gerechneten und dem
gemessenen Gasverbrauch der verschiedenen Quellen. Wie aus Fig. 71
hervorgeht, hängt der erzielbare Ionenstrom auch ab von der Spannung
einer vor die Ionenaustrittsöffnung gebrachten Beschleunigungselektrode[1].
Diese wird daher auch vielfach als
„Sonde" bezeichnet. Wiederum handelt es sich aber bei dieser Spannungsabhängigkeit um einen Fokussierungseffekt auf das Ionenbündel.

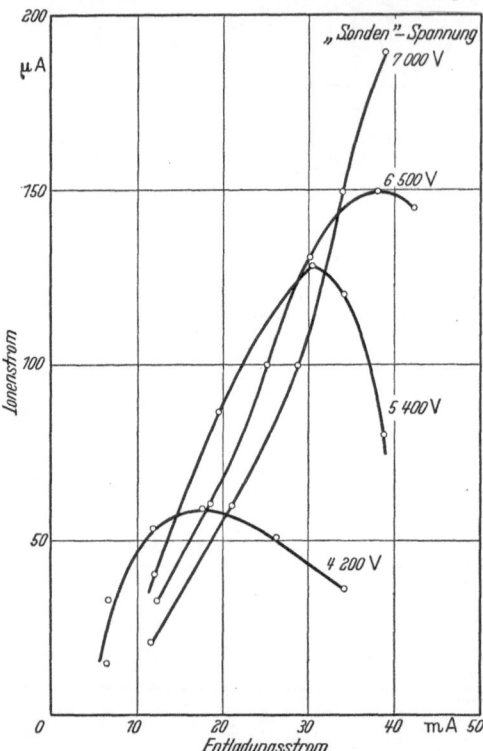

Fig. 71. Ionenstrom einer PENNING-Ionenquelle in Abhängigkeit von der Spannung einer Beschleunigungselektrode
(Sonde) mit langem Kanal (1,8 mm Durchmesser, 25 mm
Länge), die in wenigen mm Abstand vor der Ionenaustrittsöffnung angeordnet ist; Ionenaustrittsöffnung 2,4 mm
Durchmesser, Extraktion longitudinal (OZAKI). Magnetfeld
etwa 800 Gauß.

29. Energie- und Massenspektrum.

Untersuchungen zur Ausmessung des
Energiespektrums sind bisher nicht
unternommen worden, nur LORRAIN
gibt als Näherungswert, daß die Energie der Ionen durch die Betriebsspannung und Nachbeschleunigungsspannung gegeben ist. Die Unschärfe
soll weniger als 1% der Betriebsspannung betragen. Diese Größenordnung
kann auch aus der Linienbreite des
Massenspektrums entnommen werden,
wobei aber darauf zu achten ist, daß
diese stets nach Durchlaufen einer
Nachbeschleunigungsspannung von
etwa 10 kV gemessen werden. In
Fig. 72 sind Massenspektren, wie sie
von SCHORK[2] gemessen wurden, aufgezeichnet. Die Nachbeschleunigungs-

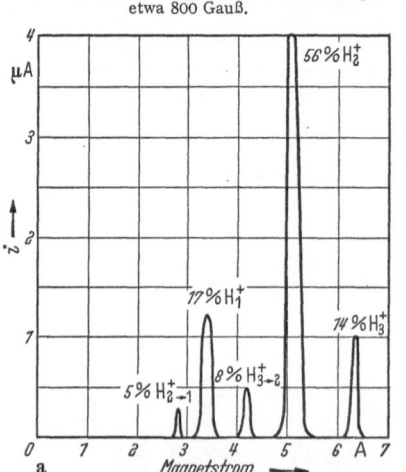
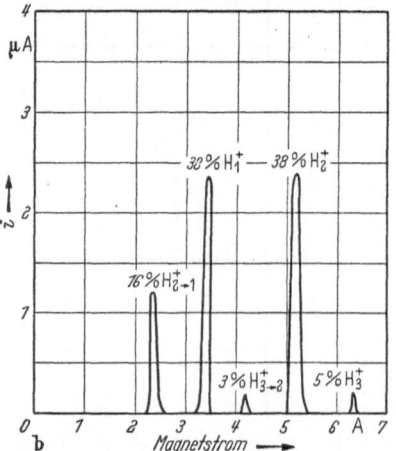

Fig. 72. Massenspektrum des Ionenbündels einer PENNING-Ionenquelle. a: Getrockneter Wasserstoff, Betriebsspannung
1000 V, Kanal 3,1 mm Durchmesser, 2,9 mm Länge, Nachbeschleunigung 40 kV. b: 94% Wasserstoff, 6% Sauerstoff,
Betriebsspannung 1200 V, übrige Daten gleich (SCHORK).

[1] S. OZAKI: Sci. Pap. Osaka Univ. **1949**, Nr. 10.
[2] SCHORK: Siehe Fußnote 3, S. 84.

spannung beträgt dort 40 kV. Der Vergleich der beiden Spektren zeigt, daß Zusatz von Sauerstoff eine beträchtliche Erhöhung des H^+-Ionenanteils bringt, und daß bis zu 40% Atom-Ionenstrom erreicht werden können. Weitere Erhöhung des Sauerstoffanteils führt zu keiner weiteren Verbesserung. In Tabelle 15 war schon eine Zusammenstellung der von KELLER erreichten Werte gegeben worden. Aus ihnen geht hervor, daß der Betrieb mit reinem H_2O oder D_2O die höchsten

H^+- bzw. D^+-Anteile liefert, daß aber nur 10% des Gesamtstromes aus Wasserstoff-Ionen besteht. In den Fig. 73 und 74 sind zur Ergänzung Meßwerte von LORRAIN aufgezeichnet, welche die Abhängigkeit des Atomanteils vom Entladungsdruck und vom Magnetfeld zeigen. MILLS und BARNETT berichten, daß ihre Quelle sogar bis zu 80% H^+-Ionenanteil hat. — BARNETT, STIER und EVANS erprobten ihre Quelle auch für den Betrieb mit Helium und Argon. Sie konnten in etwa 200 cm Entfernung von der Quelle 750 μA He^+- und 400 μA A^+-Ströme erreichen. Außerdem brachten sie an ihre Quelle einen Seitenarm mit einer Heizwicklung an, aus welchem sie andere Substanzen verdampfen konnten und erhielten damit auch Ionen fester Materialien. Einzelheiten über die erzielten Ergebnisse sind noch nicht berichtet.

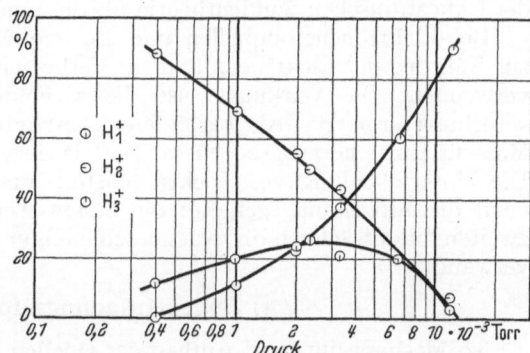

Fig. 73. Wasserstoff-Ionenanteil im Bündel einer in 90% H_2 und 10% O_2 brennenden PENNING-Entladung. Magnetfeld 780 Gauß, Entladungsstrom 30 mA, Anodenlänge 26 mm, Anodendurchmesser 20 mm (LORRAIN).

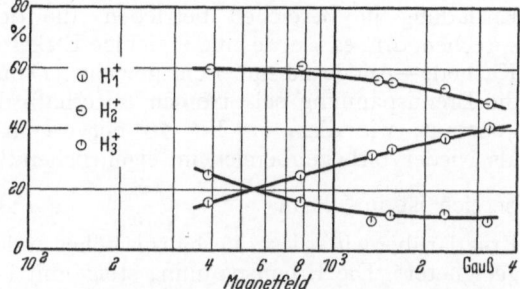

Fig. 74. Wasserstoff-Ionenanteil unter denselben Bedingungen wie Fig. 73, aber Totaldruck $2 \cdot 10^{-3}$ Torr, in Abhängigkeit von der magnetischen Feldstärke.

30. Verwendung. Die PENNING-Ionenquelle zeichnet sich durch geringen Gasverbrauch, niedrige Leistung und durch lange Betriebsdauer aus. Die letztere wird stets einige hundert Stunden betragen können, wenn die Isolierstrecken vor Metallniederschlägen geschützt werden. Nach solch langer Betriebsdauer sind im allgemeinen die Kathodenplatten auszuwechseln, da diese am stärksten angegriffen werden. Da die Quelle sehr kompakt aufgebaut werden kann, und auch höheren Außendrucken standhält, ist sie besonders geeignet für Druck-Tank-Beschleunigungsanlagen. VEENSTRA und Mitarbeiter konnten z.B. ihre ganze Ionenquellenanlage einschließlich aller Stromquellen aus einem 12 V, 150 Ah-Akkumulator speisen.

IV. Ionenquellen mit Glühkathoden.

31. Übersicht. Die Mehrzahl der heute verwendeten Ionenquellen enthält Glühkathoden, deren Elektronenströme den Hauptanteil an der Ionisation im Gasraum haben. Gasentladungstechnisch erstreckt sich der Bereich dieser Quellen von den gasverstärkten Elektronenströmen aus welchen Ionen extrahiert werden (sog. Elektronenstoßquellen) über die Glimmentladungen mit Glühkathode bis zu den Niedervoltbögen bei niedrigen Drucken (mit und ohne Magnetfeld).

Der Glimmentladungstyp wurde ganz deutlich von der Kanalstrahlentladung her entwickelt um geringere Brennspannungen und damit eine Verschärfung des Energiespektrums der Ionen zu erreichen. Die Abgrenzung nach der Bogenentladung hin ist nicht eindeutig vorzunehmen. Außerdem ist diese Quelle sehr bald verdrängt worden, so daß seit etwa 1938 Glimmentladungs-Ionenquellen nicht mehr publiziert wurden. Sie sind aber historisch die ersten bei welchen die Gesichtspunkte der LANGMUIRschen Sondentheorie für die Ionenextraktion herangezogen wurden.

Bei Elektronenstoßquellen und Bogenquellen werden vielfach Magnetfelder zur Führung der Elektronen und zur Verbesserung der Elektronenausnutzung (α_d) verwendet. Die Wirkungsweise dieser Felder wird bei der allgemeinen Besprechung erörtert. Als besonderer Abschnitt sind aber die Ionenquellen für Massentrenner herausgezogen worden, da dort zusätzliche Probleme auftreten. — Die Unterscheidung von Elektronenstoß- und Bogenquellen bestimmt sogleich auch die Anwendungsgebiete: die ersten werden in Massenspektrometern, die zweiten hauptsächlich in Nachbeschleunigungsanlagen und in Massentrennern verwandt.

a) Bogenentladungs-Ionenquellen.

32. Mechanismus und Aufbau der Quellen. α) *Ohne Magnetfelder.* Die ersten dieser Quellen enthalten alle eine offene, d.h. nicht durch Wände behinderte Entladung, wie sie z.B. in Fig. 75a wiedergegeben ist[1]. Von LAMAR und LUHR[2] wurde ein Netz vor der Extraktionselektrode eingeführt (Fig. 75b), und die Entladung in Bereichen betrieben, die der Niedervolt-Bogenentladung entsprechen, d.h. es wurde eine ergiebige Elektronenquelle benutzt, und der Abstand Kathode—Anode zu nur 1 cm gewählt. Dann ist bei nicht zu niedrigem Druck die Brennspannung bei Strömen unterhalb der Sättigungsemission der Kathode konstant, wie dies aus Fig. 76 hervorgeht[3]; nur dieser Betriebszustand ist als Niedervoltbogenbereich im eigentlichen Sinne anzusprechen. Im Niedervolt-bereich ist im Plasma $\dfrac{i_{\text{ion}}}{i_{\text{el}}} = \sqrt{\dfrac{m_{\text{ion}}}{m_{\text{el}}}} = \alpha_d$, also für Wasserstoff etwa 2,2% (H$^+$). Erst darüber wird dieses Verhältnis höher und damit die Entladung als Ionenquelle geeigneter[4]. Die Brennspannung steigt mit fallendem Druck an, und auch dann, wenn der Entladungsraum verengt wird. TUVE, DAHL und HAFSTAD[5] haben diese wichtige, den Ionenstrom erhöhende Einengung des Entladungsraumes unmittelbar an der Extraktionsöffnung eingeführt. Fig. 77 enthält eine Detailzeichnung. In der Verengung ist die Stromdichte erhöht; zwar ist durch die erhöhte Brennspannung auch die mittlere Trägergeschwindigkeit höher geworden, aber ungleich viel stärker steigt die Ladungsträgerdichte, so daß insgesamt auch ein höherer extrahierbarer Ionenstrom resultiert. In Fig. 78 sind einige Anordnungen wiedergegeben, welche erkennen lassen, daß an Stelle einer Capillare *(Capillarbogen-Ionenquelle)* auch eine einfache Verjüngung des Entladungsraumes benutzt wird[6].

[1] H. C. CRANE: Phys. Rev. **52**, 11 (1937). — H. R. CRANE, C. C. LAURITSEN u. A. SOLTAN: Phys. Rev. **45**, 507 (1934). — R. D. FOWLER u. G. E. GIBSON: Phys. Rev. **46**, 1075 (1934). — M. A. TUVE, L. R. HAFSTAD u. O. DAHL: Phys. Rev. **48**, 332 (1935).

[2] E. S. LAMAR u. O. LUHR: Phys. Rev. **44**, 947 (1933).

[3] M. J. DRUYVESTEYN u. N. WARMOLTZ: Physica, Haag **4**, 44 (1937).

[4] W. FISCHER u. W. WALCHER: Z. Naturforsch. **10**a, 857 (1955).

[5] M. A. TUVE, O. DAHL u. L. R. HAFSTAD: Phys. Rev. **48**, 241 (1935).

[6] (a) E. S. LAMAR, W. W. BUECHNER u. R. J. VAN DE GRAAFF: J. Appl. Phys. **12**, 132 (1941); (b) E. S. LAMAR u. W. W. BUECHNER: J. Appl. Phys. **18**, 22 (1947); (c) S. K. ALLISON: Rev. Sci. Instrum. **19**, 291 (1948); (d) W. H. ZINN: Phys. Rev. **52**, 655 (1937); (e) N. FORSBERG u. P. ISBERG: Ark. Fys. **3**, 519 (1951). Ferner T. JOERGENSEN: Rev. Sci. Instrum. **19**, 28 (1948). — J. H. LYSHEDE: Kgl. danske Vid. Selsk. Medd. **18**, 13 (1941). — G. CARLSON: Ark. Fys. **2**, 277 (1950).

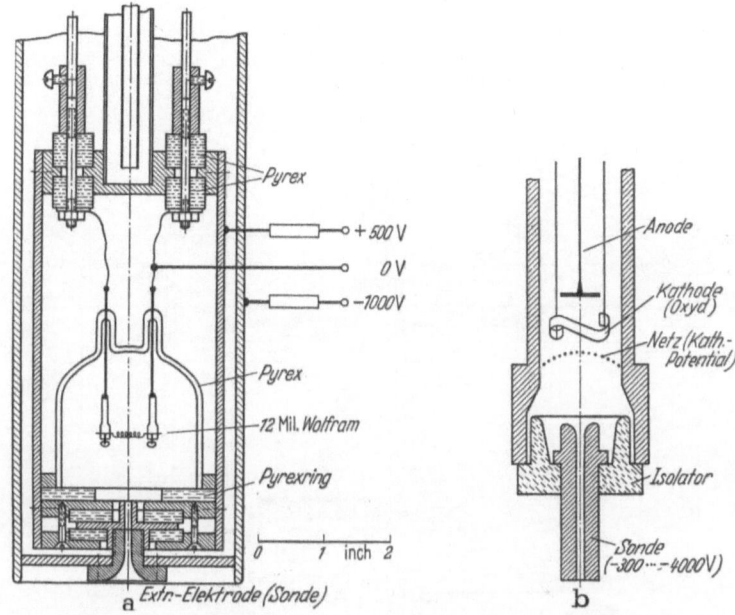

Fig. 75 a u. b. a) Bogenentladungs-Ionenquelle von CRANE. Anodenstrom 0,5 Amp, Sondenstrom 10 mA. b) Bogen-entladungs-Ionenquelle von LAMAR und LUHR, mit dem von ihnen eingeführten Netz zwischen Entladung und Sonde.

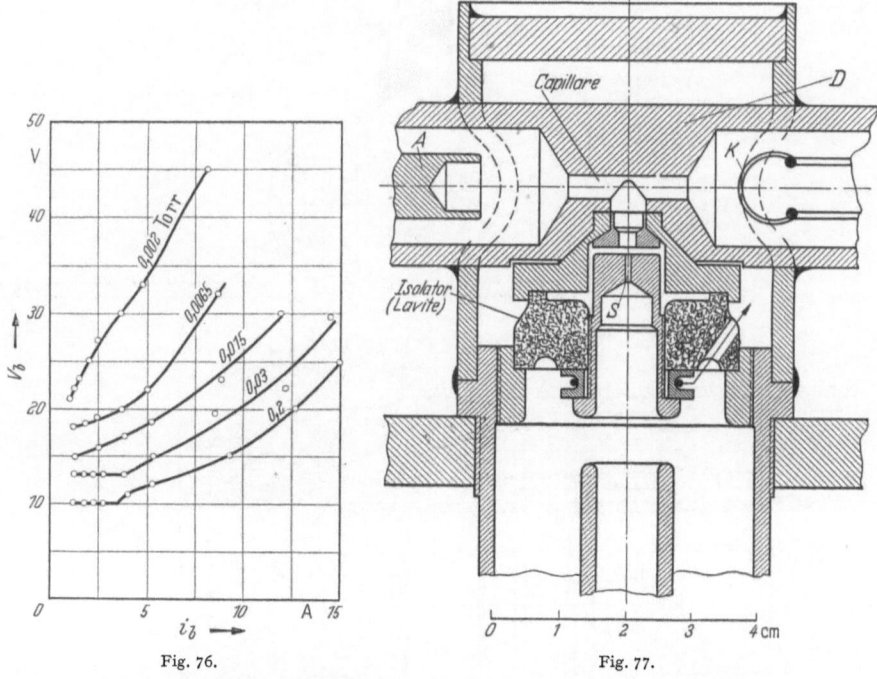

Fig. 76.　　　　　　　　　　　　　　　　　　　　　　　　　Fig. 77.

Fig. 76. Bogenspannung V_b als Funktion des Bogenstromes i_b einer in Argon brennenden Niederdruckbogenentladung bei 1300° K schwarzer Kathodentemperatur (Oxydkathode) (DRUYVESTEYN und WARMOLTZ).

Fig. 77. Capillarbogen-Ionenquelle von TUVE, HAFSTAD und DAHL. K Glühkathode, A Anode, S Sonde (Extr.-Elektrode), D Körper der Quelle (Kupfer).

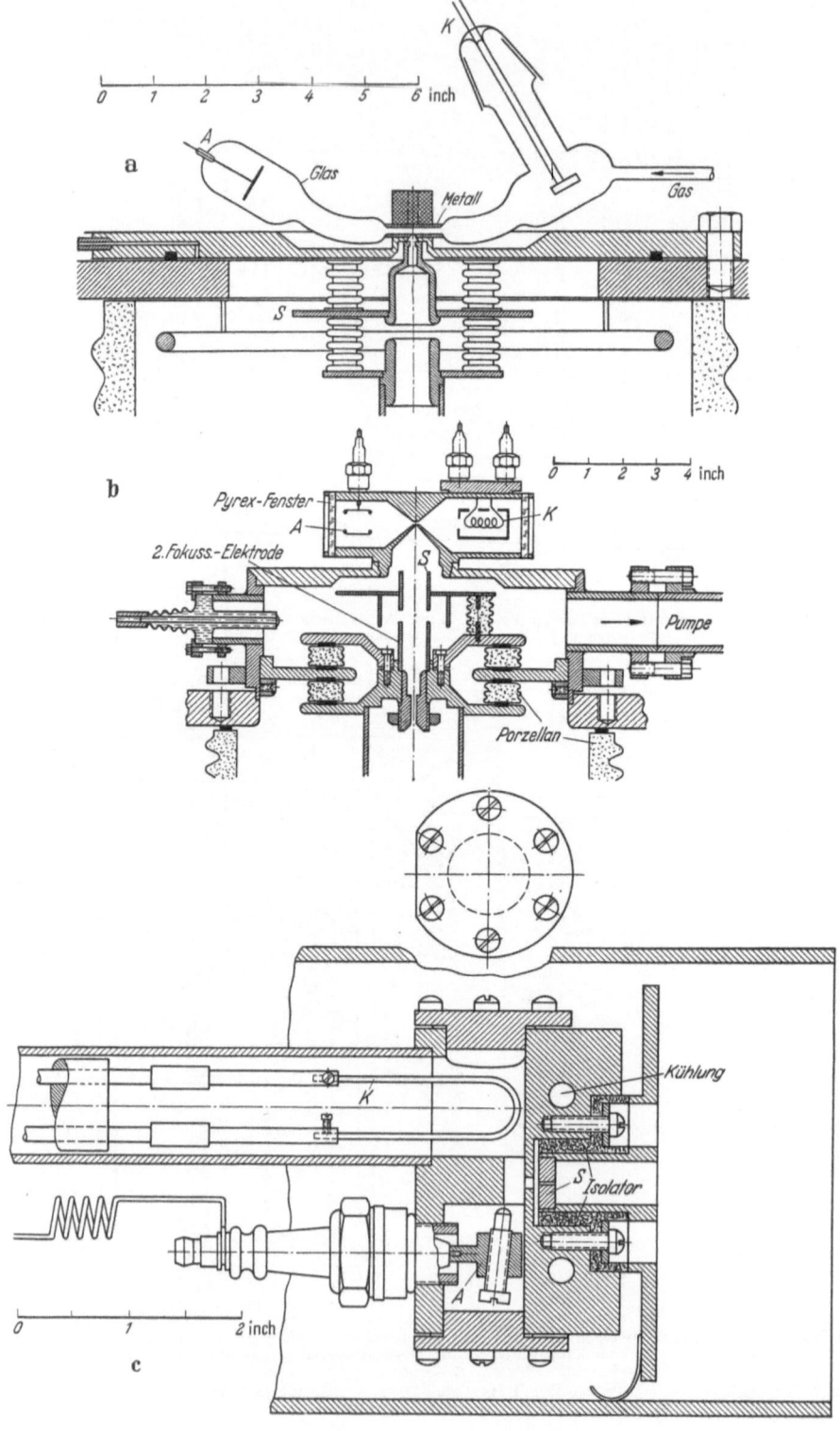

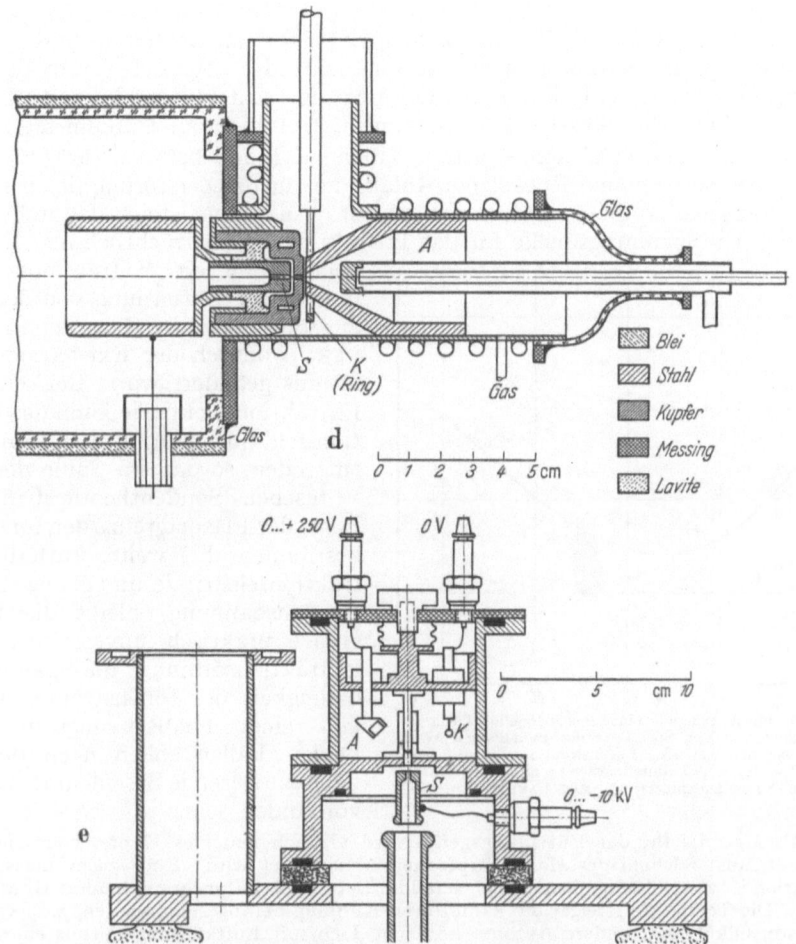

Fig. 78 a—e. Moderne Bogenentladungs-Ionenquellen: (a) LAMAR, BUECHNER und VAN DE GRAAFF; (b) LAMAR und BUECHNER; (c) ALLISON; (d) ZINN; (e) FORSBERG und ISBERG. K Glühkathode, A Anode, S Sonde bzw. erste Beschleunigungselektrode. Literatur s. Fußnote 6, S. 88.

Die Ionen werden meist senkrecht zur Capillare extrahiert[1], Glascapillaren werden heute nicht mehr benutzt, da sie nur für geringe elektrische Leistung geeignet sind, und die eventuelle Erhöhung des Atom-Ionenanteils nicht die Vorteile der Metallkonstruktion ausgleichen kann. Wichtig ist besonders die Größe des Durchmessers der Verjüngung, und auf welches Potential die Entladungswand gelegt werden soll. Der Einfluß beider Parameter auf den Ionenstrom ist untersucht worden. LAMAR, SAMSON und COMPTON[2] zeigten, daß der Ionenstrom tatsächlich vom Wandpotential abhängt (Fig. 79) und verbanden schließlich die Wand über 20 kΩ mit der Anode, welche Schaltung auch heute viel angewandt wird. WERNER[3] untersuchte den Einfluß der Größe der Entladungsverjüngung indem er einen Spalt variabler Größe zwischen Kathode und Anode brachte. Dabei ergab sich eine optimale Spaltbreite: ist der Spaltquerschnitt zu groß, so ist die Erhöhung der Trägerdichte über der Extraktionsöffnung ungenügend, ist

---

[1] Longitudinale Extraktion bei ZINN, JOERGENSEN, alternativ auch bei CARLSON.
[2] E. S. LAMAR, E. W. SAMSON u. K. T. COMPTON: Phys. Rev. **48**, 886 (1935).
[3] S. WERNER: Acta Jutlandica **16**, Nr. 3 (1944).

er zu klein, so quillt das Plasma aus dem Extraktionskanal heraus und es ergeben sich zwar große Ströme zur Extraktionselektrode, aber der Strom durch den Extraktionskanal und durch die Öffnung der Extraktionselektrode hindurch bleibt gering. Die günstigste Verjüngung hat etwa 3 mm Durchmesser.

Die auf die Extraktionselektrode fallenden Ionen befreien dort Elektronen und geben so zu einem Rückstrom Anlaß, der für die Zerstörung der früher verwendeten Glascapillaren verantwortlich ist. Außerdem steigt dadurch die Belastung der Spannungsquelle für das Extraktionsfeld beträchtlich an. Daher ist auch schon die Extraktionselektrode in größerer Entfernung von der Quelle angeordnet worden (LAMAR und BUECHNER), wodurch der Extraktionsmechanismus geändert wird: Bei sehr naher Extraktionselektrode kann das Extraktionsfeld noch stärker in die Entladung eingreifen, so daß im Sinne der LANGMUIRschen Sondentheorie Größe und Form der Plasmagrenze den Ionenstrom bestimmen; bei weiter entfernter Extraktionselektrode und genügend hoher Sondenspannung, bleibt die Plasmagrenze praktisch unverändert in der Extraktionsöffnung; die Spannungsabhängigkeit des Ionenstromes ist dann ein reiner Fokussierungseffekt [1]. In beiden Fällen sollen nach dem Kanal fokussierende Beschleunigungsfelder vorhanden sein.

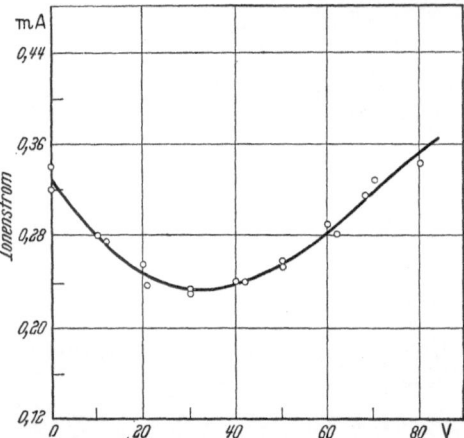

Fig. 79. Ionenstrom aus einer Bogen-Ionenquelle in Abhängigkeit von der Spannung der metallischen Wand gegenüber der Kathode. Bogenstrom 1 Amp, Gasdruck 0,095 Torr H₂, Capillardurchmesser 4 mm, Extraktionsöffnung 0,83 mm Durchmesser (LAMAR, SAMSON, COMPTON).

Als Material für das Entladungsgefäß wird vielfach massives Kupfer oder auch Stahl gewählt, aus welchem der Hauptkörper herausgearbeitet wird. Eine solche massive Konstruktion ist zweckmäßig, da sich das Gefäß im Betrieb bis auf mehrere hundert Grad erhitzen kann. Die Temperatursteigerung kann durch Kühlung herabgesetzt werden, z.B. verwendet ALLISON Ölkühlung, andere Autoren kommen auch mit Luftkühlung mittels eines kleinen Gebläses aus. Vorteilhaft ist auch eine Zündkerzendurchführung der Elektroden wie sie LAMAR und BUECHNER (Fig. 78b) sowie FORSBERG und ISBERG verwenden. Dann kann das Entladungsgefäß im Betrieb hohe Temperaturen annehmen und daher gut entgast werden.

Als Glühkathode können bei Bogenentladungen wegen des geringen Kathodenfalles auch Oxydkathoden verwendet werden. WERNER und LYSHEDE berichten, daß sich folgende Anordnung, selbst bei Entladungsströmen von 1 Amp bewährt hat: zwei zusammengedrillte Drähte (0,5 mm Durchmesser, 14 cm Länge) bestrichen mit Oxydpaste aus BaCO₃ und SrCO₃ (Gewichtsverhältnis 2:1), mit etwas organischem Klebemittel aufgebracht; Lebensdauer mehr als 50 Std. TUVE und Mitarbeiter verwenden einen Platinstreifen von 2 mil Stärke und 4 × 14 mm² Fläche mit Oxyd bestrichen; ALLISON Pt-Draht von 0,03″ Durchmesser, umgeben von Pt-Netz und in Oxyd getränkt. Entsprechend der großen verwendeten Drahtstärken betragen die Heizstromstärken bis zu 50 Amp. Die empfindliche Glühkathode begrenzt den ununterbrochenen Betrieb bei Wasserstoff als Entladungsgas auf etwa 20 bis 50 Std; kurzzeitige Belastungsstöße, etwa bei Gasausbrüchen, können die Kathode durch zu starke Aufheizung zerstören.

Ist die Entladung einige Zeit eingebrannt, so bereitet die erneute Zündung meist Schwierigkeiten. Daher sind schon besondere Zündgeräte in die Quelle eingebracht worden [2]. Vielfach genügt aber eine kurzzeitige Drucksteigerung, wenn gleichzeitig der Bogen zunächst zur Wand des Gefäßes gezündet wird. Diese Nebenentladung kann auch während des Betriebes weiterbrennen, wobei

---

[1] W. FISCHER u. W. WALCHER: Fußnote 4, S. 88.
[2] Vollständige Schaltbilder z.B. bei ALLISON und WERNER.

durch genügend hohe Widerstände die Stromaufnahme der Wand begrenzt wird. Es liegt dann der oben besprochene Zustand vor, daß die Wand über einen Widerstand mit Anode verbunden ist.

β) Mit Magnetfeldern sind Anordnungen publiziert worden, von denen eine Auswahl in Fig. 80 aufgezeichnet ist[1]. Einige weitere finden sich in dem Abschnitt über Ionenquellen für Massentrenner. Die Verwendung des Magnetfeldes führt dazu, daß der Elektronenstrom, welcher die Kathode verläßt, im Anodenraum nicht auffächert, sondern als scharfes Bündel vom Querschnitt der emittierenden Fläche oder vom Querschnitt eines eventuell verwendeten Spaltes in den Anodenraum eintritt, wobei die Bahnen zu Spiralen aufgewunden sind, deren Radius durch die zum Magnetfeld normale Geschwindigkeitskomponente bestimmt ist. Das Magnetfeld behindert ferner die radiale Abdiffusion der durch Stoß gebildeten Elektronen, während es auf die Ionen wegen der größeren Masse nur einen geringen Einfluß ausübt. Die Ionen können daher vom Extraktionsfeld aus der Entladung abgeführt werden. Diese Extraktion erfolgt bei den gebräuchlichen Quellen sowohl in Längsrichtung, als auch quer zum Magnetfeld (vgl. Fig. 80). Eine besonders günstige Wirkung hat das Magnetfeld dann, wenn sich gegenüber der Kathode eine weitere Elektrode befindet, deren Potential gleich dem, oder niedriger als das der Kathode ist (Reflektorplatte, Fig. 80b, e). Diese Anordnung (mit Extraktion durch eine Öffnung in der Reflektorplatte) wurde von FINKELSTEIN[2] angegeben. Eine weitere Konstruktion, bei welcher an Stelle der Reflektorplatte eine zweite Glühkathode tritt, wurde von HEIL[3] erprobt. Bei der letzteren Quelle erfolgt die Ionenextraktion senkrecht zur Achse der Entladung und des Feldes. Beide Quellen sind Anordnungen, welche hohe Trägerströme liefern und bei welchen hohe Elektronenausnutzung (α_d, α_e) vorliegt. Ferner können beide Anordnungen mit Betriebsdaten arbeiten, für die der Übergang zur Bogenentladung stattgefunden hat, oder wo dies noch nicht erfolgt ist. Im letzteren Falle liegt ein Betriebszustand vor, auf Grund dessen die Quellen als zu den Elektronenstoßquellen zugehörig zu bezeichnen sind.

Eine ausführliche Untersuchung der Entladungseigenschaften magnetischer Bogenentladungen mit Glühkathoden ist in dem Buch von GUTHRIE und WAKERLING[4] enthalten. Dort wird über die Entladungsdaten einiger in Argon, Helium und in Uranverbindungen brennenden Bögen berichtet, insbesondere über Elektronen- und Ionendichteverteilungen (radial und axial), Temperaturen, Druckgrenzen für die Aufrechterhaltung der Entladung ohne Rauschen (hash). In Fig. 81 sind speziell einige dieser Daten für die Druckabhängigkeit des Entladungsstromes wiedergegeben. Man erkennt, daß mit Magnetfeld der Entladungsdruck bis zu einigen 10^{-4} Torr herabgesetzt werden kann. — Im Entladungsraum führt der primäre Elektronenstrahl zu einem scharfen Anstieg der Elektronendichte in der Achse der Entladung, die Ionendichte klingt von der Achse der Entladung nach außen hin beträchtlich langsamer als die Elektronendichte ab.

[1] (a) C. BAILEY, D. L. DRUKEY u. F. OPPENHEIMER: Rev. Sci. Instrum. **20**, 189 (1949); (b) J. KISTEMAKER u. H. L. DOUWES DEKKER: Physica, Haag **16**, 198 (1950); (c) A. ISOYA: J. Phys. Soc. Japan **7**, 275 (1952); (d) T. A. BERGSTRAHL, K. L. DUNNING, E. DURAND, C. H. ELLISON, H. K. HOWERTON u. W. SLAVIN: Rev. Sci. Instrum. **24**, 417 (1953); (e) J. KISTEMAKER u. C. J. ZILVERSCHOON: Physica, Haag **17**, 43 (1951). Ferner F. OPPENHEIMER u. A. HUDGINS: USAEC MDDC-782. — P. C. VEENSTRA u. J. M. W. MILATZ: Physica, Haag **16**, 528 (1950).
[2] A. T. FINKELSTEIN: Rev. Sci. Instrum. **11**, 94 (1940).
[3] H. HEIL: Z. Physik **120**, 212 (1943).
[4] GUTHRIE, WAKERLING (Herausgeber): Electrical Discharges in Magnetic Fields. New York: McGraw-Hill 1949.

Daraus wurde geschlossen, daß auch ohne Rauschen der Entladung Trägerschwingungen vorhanden sein müssen, welche die Diffusion erhöhen. Die durchgeführten Messungen erfolgten mit kalten Sonden in Rohren ohne Reflektorplatte. Sie geben

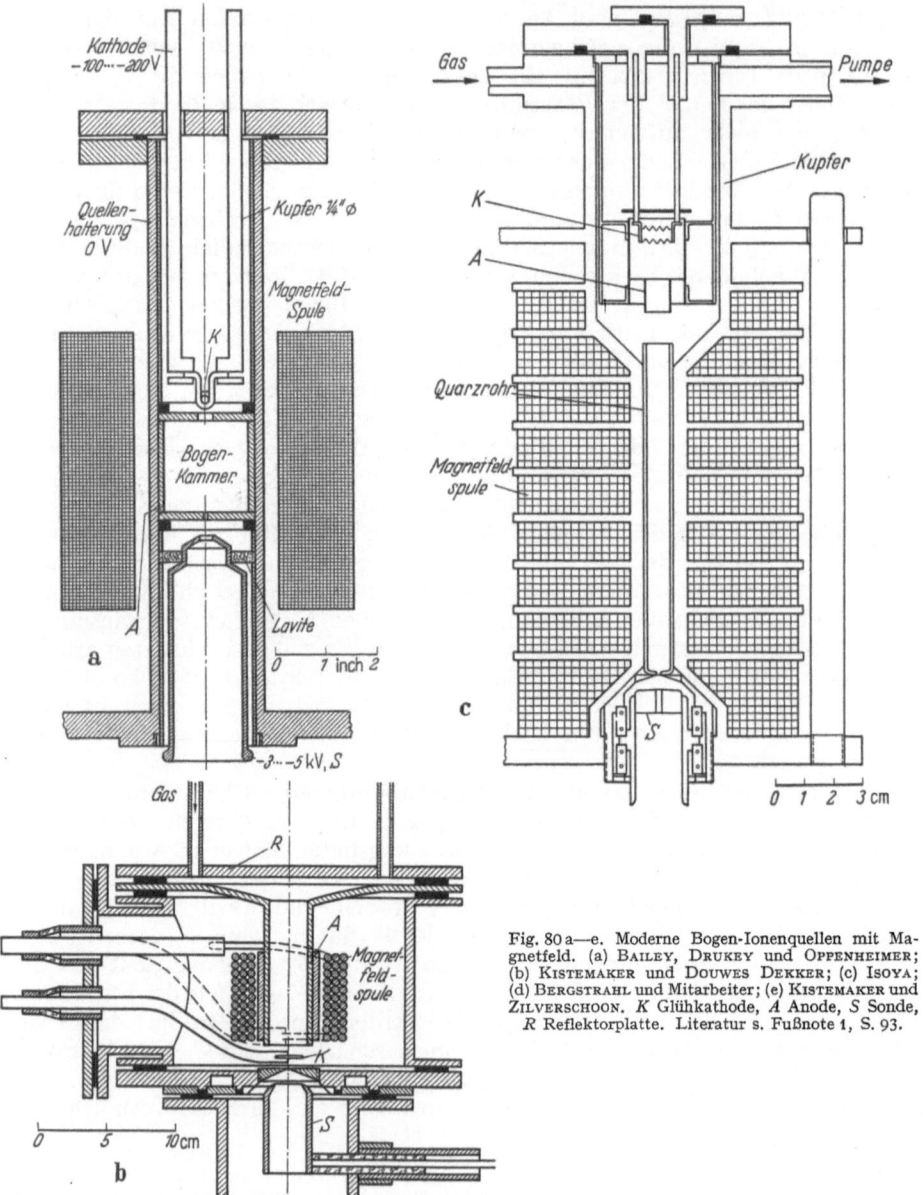

Fig. 80 a—e. Moderne Bogen-Ionenquellen mit Magnetfeld. (a) Bailey, Drukey und Oppenheimer; (b) Kistemaker und Douwes Dekker; (c) Isoya; (d) Bergstrahl und Mitarbeiter; (e) Kistemaker und Zilverschoon. K Glühkathode, A Anode, S Sonde, R Reflektorplatte. Literatur s. Fußnote 1, S. 93.

eine Fülle empirischen Materials, welches allerdings nicht in allen Einzelheiten gedeutet werden konnte. Kistemaker und Snieder[1] untersuchten den Verlauf des Plasmapotentials in der magnetischen Bogenentladung mit und ohne Reflektorplatte mittels einer Glühsonde. Dabei ergab sich das Plasmapotential im Innern

---

[1] J. Kistemaker u. J. Snieder: Physica, Haag **19**, 950 (1953). Ferner: M. Hoyaux, R. Lemaitre u. P. Gans: J. Appl. Phys. **26**, 110 (1955).

niedriger als das Anodenpotential. Dies war schon früher vermutet worden, da sich durch die Wirkung des Magnetfeldes große negative Raumladungen aufspeichern müssen. Eine solche gemessene Potentialverteilung in radialer Richtung gibt

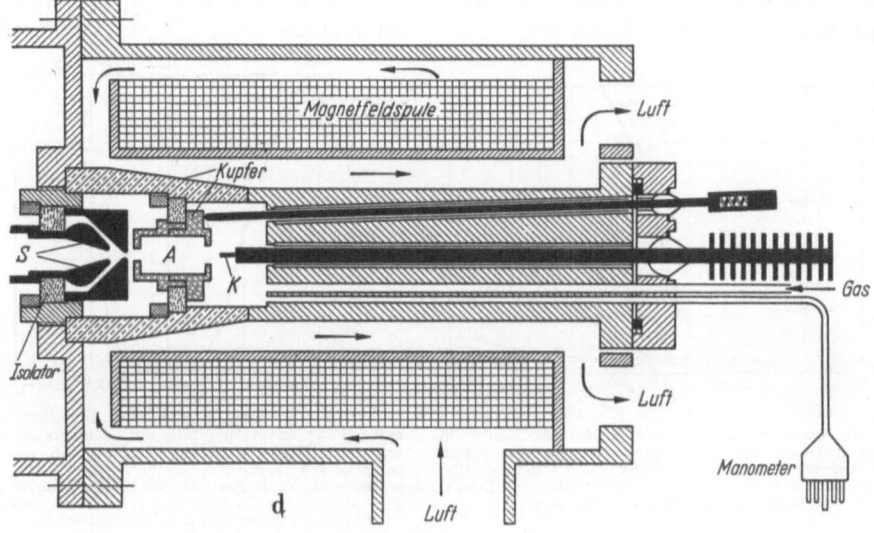

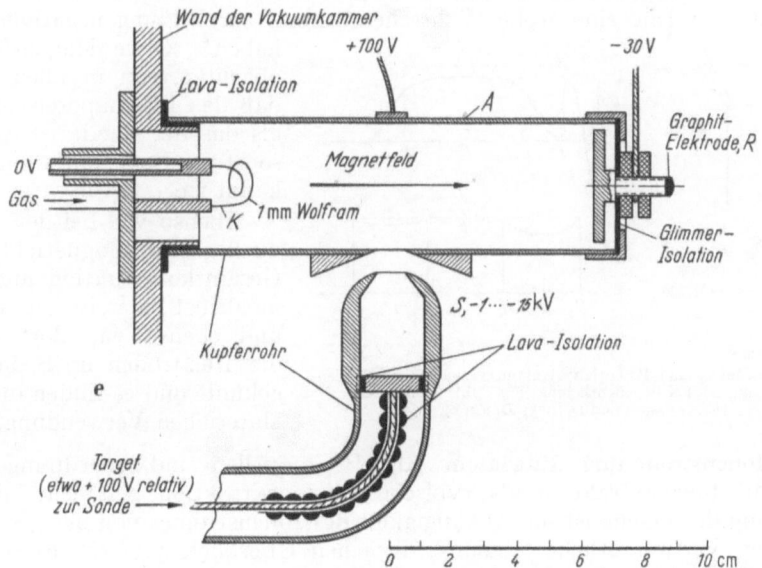

Fig. 82 wieder. Man erkennt, daß die Potentialsenke in der Achse der Entladung bis zu 100 V betragen kann. In Längsrichtung kann dann eine eigentümliche Potentialverteilung herrschen, wie sie z. B. in Fig. 83 aufgezeichnet ist[1]. Die Ionen werden durch die Ausbildung der Potentialsenke an der Abdiffusion an die Anode

---

[1] J. KISTEMAKER u. H. L. DOUWES DEKKER: Physica, Haag **16**, 198 (1950). Die Anordnung ist die aus Fig. 80b.

gehindert. Nach Verlassen der Extraktionsöffnung ist die negative Raumladung der Elektronen nicht mehr vorhanden, so daß sich die Raumladung der positiven Träger nun ungehemmt auswirken kann, was zu einer Potentialschwelle führen kann, aus welcher schließlich ein raumladungsbegrenzter Ionenstrom emittiert wird. Kistemaker und Douwes Dekker[1] deuten jedenfalls so den experimentellen

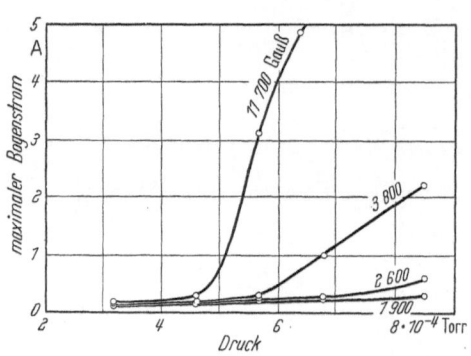

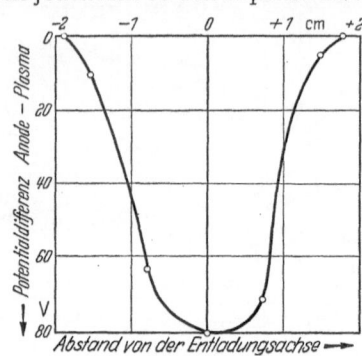

Fig. 81. Maximaler Bogenstrom einer Bogenentladung mit Magnetfeld ohne daß Rauschen der Entladung einsetzt, in Abhängigkeit vom Druck (Argon) und Magnetfeld (Betriebsspannung 200 V). (E. H. S. Burhop, H. S. W. Massey, G. Page in Guthrie und Wakerling.)

Fig. 82. Potentialverlauf quer zur Längsachse einer magnetischen Bogenentladung mit Glühkathode. Luft von $6 \cdot 10^{-4}$ Torr Druck, Bogenstrom 25 mA, Anodenpotential 0 V, Kathodenpotential —100 V, Reflektorplatte —136 V, Magnetfeld 220 Gauß; Meßebene in 3 cm Abstand von der Reflektorplatte, Gesamtlänge der Entladung 20 cm (Kistemaker und Snieder).

Befund, daß sie aus ihrer Anordnung hohe Ionenströme entnehmen konnten. — Die großen Potentialsenken im Innern der Entladung werden besonders bei Gasen beobachtet, welche eine große Wahrscheinlichkeit zur Bildung negativer Ionen

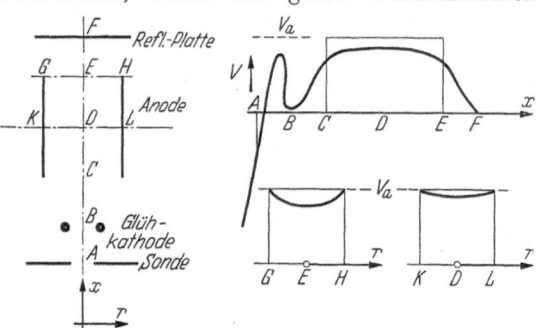

Fig. 83. Anordnung und Potentialverlauf an verschiedenen Stellen einer magnetischen Bogenentladung (Fig. 80b), schematisch (Kistemaker und Douwes Dekker).

haben[2]. Ohne Magnetfeld beobachtet man in allen Fällen, daß das Plasmapotential höher als das der Anode ist, wie dies sonst von Bogenentladungen bekannt ist.

Ebenso wie bei den Bogenquellen ohne Magnetfeld ist die Gesamtkonstruktion auch hier möglichst massiv zu wählen, und ebenso wie dort werden die Elektroden im Bedarfsfalle gekühlt und es finden dieselben Materialien Verwendung.

33. Ionenstrom und Gütedaten. Alle Bogenquellen sind Anordnungen, aus denen die Ionenextraktion als typische Sondenextraktion geschieht. Bei der Erprobung der Quelle ist die Abhängigkeit des Ionenstromes von der „Sonden"-spannung eine wesentliche Messung, die einen Überblick über die Ergiebigkeit der Quelle gibt. In Fig. 84a u. b sind solche Ergebnisse für die von Allison erprobte Quelle aufgezeichnet. Aus Fig. 84a ist zunächst erkennbar, daß der Ionenstrom eine geradezu ideale Sättigung zeigt, was eindeutig für den Sonden-extraktionsmechanismus (bei ebenem Problem) zu sprechen scheint. Aber ein Blick auf Fig. 84b lehrt, daß die Sättigung entscheidend auf einem Fokussierungs-

---

[1] Siehe Fußnote 1, S. 94.
[2] Siehe Fußnote 1, S. 95.

oder Verteilungseffekt beruht, denn der Strom auf die Extraktionselektrode selbst, steigt dauernd an. Auf einem ähnlichen Effekt beruhen auch die in Fig. 85 wiedergegebenen Zusammenhänge, die KISTEMAKER und ZILVERSCHOON an der in Fig. 80e

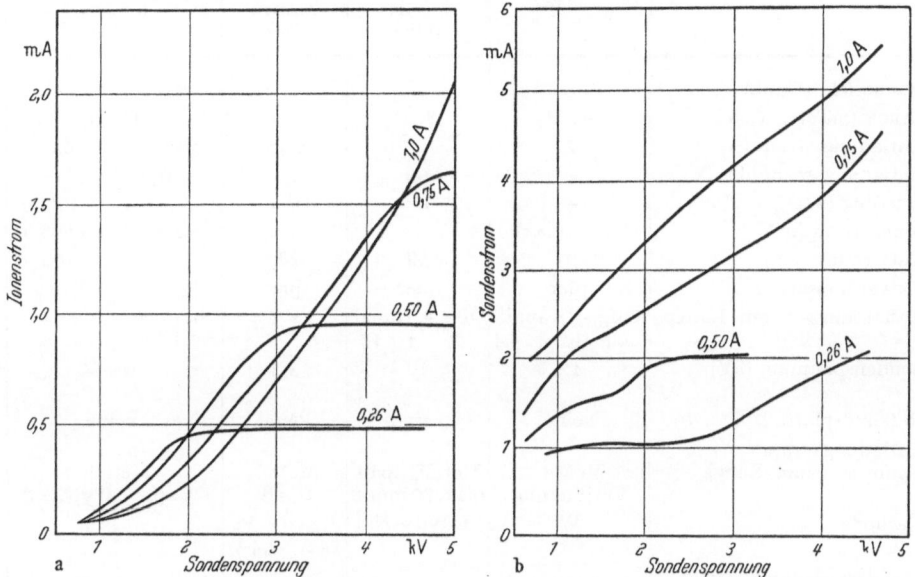

Fig. 84 a u. b. Nachbeschleunigbarer Ionenstrom (a) und Strom auf die Extraktionselektrode (b) der Bogenquelle von ALLISON (Fig. 78c). Extraktionsöffnung 3 mm Durchmesser, Öffnung in der Sonde 1 mm Durchmesser.

aufgezeichneten Anordnung maßen. Andere Extraktionssysteme führen wieder zu mehr sättigungsähnlichen Verläufen. Aus dieser Mannigfaltigkeit der erzielten

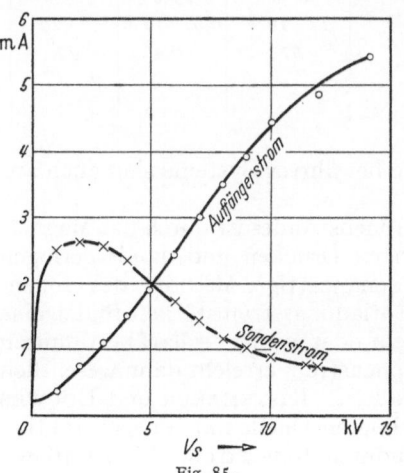

Fig. 85.

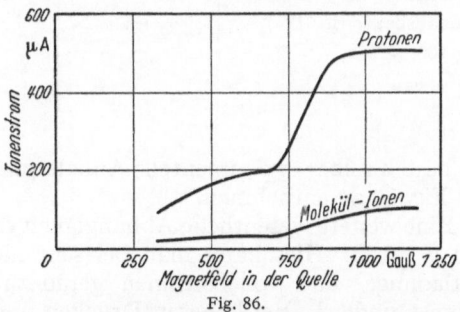

Fig. 86.

Fig.85. Ionenstrom aus einer HEILschen Bogenquelle in Helium (aber statt der zweiten Glühkathode eine Reflektorplatte Fig. 80e) bei einem Bogenstrom von 3 Amp, Gasdruck von $2 \cdot 10^{-3}$ Torr und einer magnetischen Feldstärke von 200 Gauß (KISTEMAKER und ZILVERSCHOON), Masse der Bogenquelle s. Fig. 80e, V_s Sondenspannung.

Fig. 86. Ionenstrom aus der Bogenquelle Fig. 80a in Abhängigkeit von der magnetischen Feldstärke. Messung in 200 cm Entfernung von der Quelle, Nachbeschleunigung um 160 kV.

Ergebnisse ist nur zu entnehmen, daß die Form des Extraktionssystems für Bogenquellen entscheidend die Größe des wirklich verwertbaren Ionenstromes bestimmt, worauf schon in Ziff. 11 hingewiesen wurde. Hinzu kommt, daß auch die Linsenanordnung am Anfang des Nachbeschleunigungssystems den insgesamt gewonnenen Ionenstrom bestimmt. Die günstigsten Systeme erprobt man dabei

Tabelle 20. *Betriebsdaten einiger Bogenentladungs-*
Normaldruck: Angaben der Verfasser, *Kursiv*druck: daraus berechnete Werte, **Fett**druck:
Entfernung vom Kanal gemacht, so daß die daraus berechneten

	LAMAR, BUECHNER (1947)	WERNER (1944)	ALLISON (1948)	CARLSON (1950)	
Magnetfeld (Gauß) . . .	—	—	—	—	
Druck (mTorr), Gas . . .	—, H_2	38, H_2	—, D_2	15, H_2	
Entladungsstrom (A) . .	2	1,5	0,75	1,2	0,6
Entladungsspannung (V) .	—	60	72	70	70
Leistung (W)	—	**150**	**100**	140	100
Ionenstrom (mA)	0,65 (max)	1	1,1	0,01	0,08
Entfernung (cm)	10	**50**	**20**	100	100
Extraktionsart	quer	quer	quer	quer	längs
Kanal mm ∅ × mm Länge	Öffg.+Kanal 0,8 3,2×25,4	Öffg.+Kanal 2 1×13	1×3,2	1,7×5	1×6
Sondenspannung (kV) . .	12	10	3,5	0—20	
Reflektorplatte	keine	keine	keine	keine	
Entladungsraum mm ∅ × mm Länge . .	Metall, Verjüngung	Metall, Spalt max. 80 mm∅	Metall, Spalt	Metall Cap.	Typ ZINN
Kathode	W	Oxyd+Ni	Oxyd+Pt 24 A, 2,4 V		
Nachbeschleunigungs- spannung (kV)	22		keine	200	
Material (Kühlung) . . .	Cu (Luft)	Cu (Luft)	Cu (Öl)	Stahl (Öl)	
Gasverbrauch (Ncm³/Std)	—	18	25	*21*	*4*
Protonenanteil	—	20%	**20%**	15%	15%
Ionenausbeute (mA/W) .	—	*7 · 10⁻³*	*11 · 10⁻³*	*0,07 · 10⁻³*	*0,8 · 10⁻³*
$\alpha_m \cdot 10^3$	—	*47*	*67*	*0,4*	*17*
α_d					
α_e					

am besten selber experimentell; Anhaltspunkte bewährter Systeme sind auch aus der Fig. 80 zu entnehmen.

Eine weitere wesentliche Abhängigkeit des Ionenstromes ist durch das Magnetfeld gegeben. Hier kann man bei sehr niedrigen Drucken und damit geringen Entladungs- und Ionenströmen geradezu resonanzartige Maxima des Ionenstromes finden[1]. Bei höheren Drucken und Entladungsstromstärken findet eine Erhöhung des Ionenstromes meist von einer mehr oder weniger scharf bestimmten Einsatzfeldstärke an statt (vgl. Fig. 86). Der Ionenstrom erreicht dann wesentlich höhere Werte als dies ohne Magnetfeld der Fall ist. KISTEMAKER und DOUWES DEKKER haben so bei der in Fig. 80b aufgezeichneten Quelle mit Ionenextraktion durch die spiralig aufgewundene Kathode hindurch Ionenströme bis zu 10 mA für He als Betriebsgas erzielen können.

In Tabelle 20 sind Betriebswerte und Gütedaten für eine Reihe von Bogen-Ionenquellen mit und ohne Magnetfeld eingetragen. Bei diesen Quellen haben die Gütedaten, besonders α_d, historisch zuerst interessiert, da die notwendige Glühkathode einen beträchtlichen Teil der Gesamtleistung verbrauchen kann.

---

[1] P. C. VEENSTRA u. J. M. W. MILATZ: Physica, Haag **16**, 528 (1950).

Ionenquellen mit und ohne Magnetfeld.

geschätzte Werte. Die Angaben für den erzielten Ionenstrom werden teilweise nur für größere Gütedaten für die Ionenerzeugung der Quelle zu ungünstig ausfallen.

BAILEY, DRUKEY, OPPENHEIMER (1949)	VEENSTRA, MILATZ (1950)	KISTEMAKER, DOUWES-DEKKER (1950)	KISTEMAKER, ZILVERSCHOON (1951)	ISOYA (1952)	BERGSTRALH und Mitarbeiter (1953)
1000	1000	150	200	700	1000
20, H_2	0,6, H_2	0,4, He	1,3, H_2	5, H_2	6, H_2
—	0,05	0,5	5	0,8	0,5
250	100—400	100—200	100—150	50	50
800	**100**	450	1000	<200	**250**
0,6	1	10	7,7	0,65 (H^+)	0,3
200	1	20	0,7	20	100
längs	längs	längs	quer	längs	längs
1,5× 1,2	3 (Loch)	5 (Loch)	5 (Loch)	1,3×0,8	1 (Loch)
3—5	0,1—0,4	Extr. durch Kath.	15	6	3—5
keine	keine	Kath.-Pot.	—30 V	keine	keine
50×60	20×20	37×80	40×140	Quarz-Cap. 8×100	—
W 1,5 ∅ 60 A	W 0,2 ∅	W 1,0 ∅	W 1,0 ∅ 400 Watt	Oxyd+Ni	W 0,75 ∅ 50 A
160	20 Bleche in Cu-Rohr	15	Cu	4—6	250 Cu (Luft)
8	*8*	5	*50*	3	9
83%	50%	—	—	60—70%	—
0,75 · 10⁻³	*30 · 10⁻³*	*20 · 10⁻³*	*8 · 10⁻³*	*3 · 10⁻³*	*1,5 · 10⁻³*
63	*315*	*500—800*	*130*	*180*	*28*
—	—	*0,2—1*	—	—	—
—	0,1	*0,04*	—	—	—

Für diese Entladungen lassen sich auch am ehesten vollständige Berechnungen der Gütedaten durchführen. Allerdings ist dazu die Kenntnis des Kathoden-Emissionsstromes erforderlich, der selten angegeben wird; KISTEMAKER und DOUWES DEKKER konnten aber sogar eine vollständige Berechnung der Verlust-wahrscheinlichkeiten für die Elektronen beim Durchqueren des Anodenraumes durchführen (vgl. Ziff. 14). Durch die Verwendung von Magnetfeldern kann der Entladungsdruck bis zu einigen 10^{-4} Torr verringert werden. Dadurch sinkt die durch den Extraktionskanal strömende Gasmenge, und es werden sehr hohe α_m-Werte erreicht, bis zur Größenordnung 50%. Große Ionenströme bei niedrigem Gasdruck lassen auch auf hohe Ionisierungsgrade schließen, wobei man aber kaum über $1^0/_{00}$ kommt[1], so daß hohe α_m-Werte mit verursacht sind durch hohe Elektronentemperatur, vgl. S. 59.

34. Energie- und Massenspektrum. Die Betriebsspannung der Bogenquelle liegt um 100 bis 200 V. Die Breite des Energiespektrums der Ionen ist klein gegen diese Spannung und beträgt größenordnungsmäßig wenige Elektronenvolt. Damit ist die Quelle für Massentrenner und Nachbeschleunigungsanlagen geeignet

---

[1] J. KISTEMAKER u. H. L. DOUWES DEKKER: Physica, Haag **16**, 198 (1950).

denn dort wird die relative Energieunschärfe durch genügende Nachbeschleunigung heruntergesetzt.

Für die Verwendung in Nachbeschleunigungsanlagen interessiert wieder der Protonenanteil der mit Wasserstoff betriebenen Quellen. Für die Bogenentladungen ohne Magnetfeld wurden außerordentlich variierende Angaben gemacht: von wenigen Prozent bis zu über 50%. Die im allgemeinen unter 50% liegenden Anteile sind bedingt durch die große Nähe metallischer Entladungswände. Wie oben schon betont, sind Glascapillarbögen nicht mehr in Gebrauch, auch mit Glas ausgekleidete Metallcapillaren konnten sich nicht durchsetzen[1]. Nur ISOYA[2] hat in neuerer Zeit eine magnetische Bogenquelle in einer Quarzcapillare betrieben. Wie bei den meisten Quellen mit Magnetfeld fand er dort Protonenanteile über 50%. Sie konnten noch durch Verwendung feuchten Wasserstoffs auf etwa 70% erhöht werden. — Aus Fig. 86 ging schon hervor, daß auch durch Verwendung von Magnetfeldern der Protonenanteil gesteigert werden kann, außerdem kann der Gasdruck optimal für Protonenanteil eingestellt werden. Diese Abhängigkeit ist nicht sehr ausgeprägt, kann aber experimentell leicht festgestellt werden.

35. Verwendung. Die Verwendung von Bogenquellen wird in neuerer Zeit in Nachbeschleunigungsanlagen vielfach umgangen, da sie erstens in der Glühkathode einen sehr empfindlichen Bauteil in Bezug auf Gasausbrüche haben, und weil sie zweitens eine umfangreiche elektrische Installation erfordern für die diversen Netzgeräte für Kathodenheizung, Anodenspannung, Sonden- und Beschleunigungsspannung. Die Glühkathode kann zwar eine Betriebsdauer von 100 Std gewähren, dies ist aber selten der Fall. Diesen Nachteilen steht die fast universelle Verwendbarkeit gegenüber, so daß sie in Massentrennern fast ausschließlich verwendet werden.

b) Elektronenstoßquellen.

36. Mechanismus und Aufbau der Quellen. Im Grundsatz sind natürlich alle Ionenquellen mit Gasentladungen Elektronenstoß-Ionenquellen, da bei ihnen die Ionenerzeugung überwiegend durch Elektronenstoß erfolgt. Bei den hier zu besprechenden Quellen kann es sich also nur um eine besondere Art der Durchführung der Ionisierung handeln: ein auf die Energie von etwa 100 eV beschleunigtes Elektronenbündel wird einmal oder mehrere Male geradlinig durch den Ionisierungsraum (Anodenraum) hindurchgeschossen, die dabei entstehenden Ionen werden extrahiert. Es kommt dabei nicht zur Ausbildung einer selbständigen Entladung. — Trägerquellen dieser Art wurden erstmalig von DEMPSTER[3] in Massenspektrometern eingeführt und anschließend durch viele Forscher umgestaltet und nach verschiedenen Richtungen hin verbessert[4]. Das Schema einer modernen Konstruktion zeigt Fig. 87a[5]; die aus der Kathode A emittierten Elektronen laufen nach Passieren der beiden Netze B und C (sie dienen zur Steuerung des Emissionsstromes) durch den Spalt D in den Ionisierungsraum,

[1] J. A. GETTING u. H. W. LEIGHTON: Rev. Sci. Instrum. **11**, 232 (1940).
[2] A. ISOYA, Fußnote 1, S. 93.
[3] A. J. DEMPSTER: Phys. Rev. **18**, 415 (1921).
[4] W. BLEAKNEY: Phys. Rev. **40**, 496 (1932). — A. O. C. NIER: Rev. Sci. Instrum. **11**, 212 (1940); **18**, 398 (1947). Diese Anordnung ist in Ziff. 7 des Artikels von H. EWALD in diesem Band wiedergegeben. — J. T. TATE u. P. T. SMITH: Phys. Rev. **46**, 773 (1934). Ferner M. G. INGHRAM u. R. J. HAYDEN: Siehe Fußnote 2, S. 54.
[5] I. PELCHOWITCH: Philips Res. Rep. **9**, 1 (1954). Für die Überlassung der Detailzeichnung sei auch an dieser Stelle Herrn Dr. N. WARMOLTZ von N. V. Philips-Gloeilampenfabrieken, Eindhoven, gedankt.

Fig. 87 a u. b. a Elektronenstoß-Ionenquelle für Massenspektrometer (WARMOLTZ). Erklärung der Buchstaben im Text: H, I, J, K, L sind Montagebolzen und Platten, teilweise aus Isoliermaterial. b Photographie der montierten Quelle Fig. 87a, das Abschirmungsblech N fehlt noch.

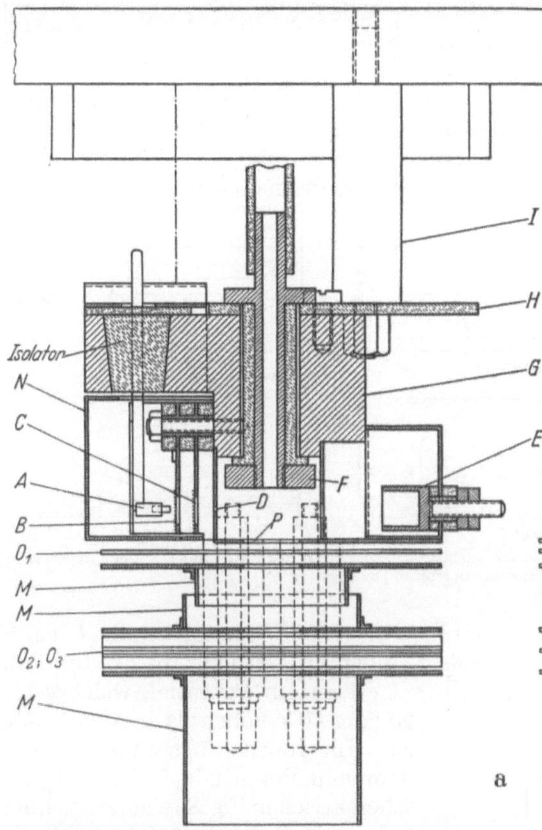

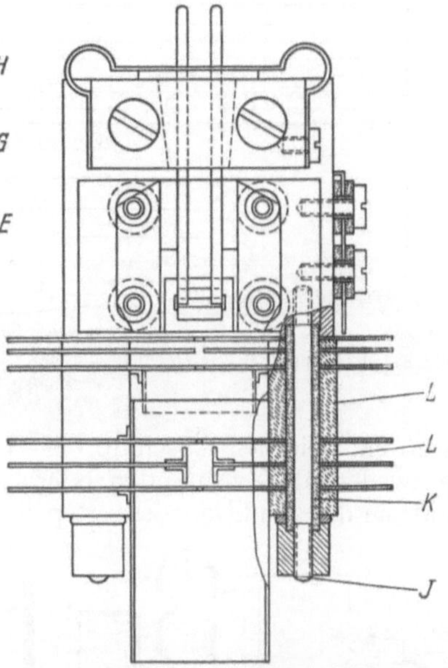

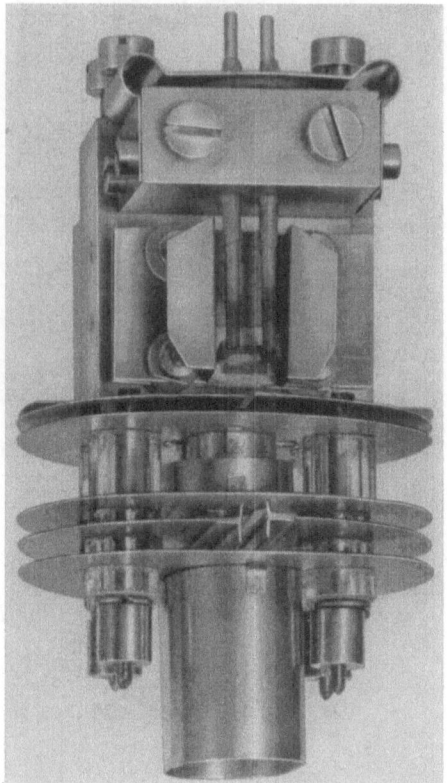

welcher auf den Block G montiert ist. Das Elektronenbündel wird schließlich in der Elektronenfalle E aufgefangen. Die Zuführung des Betriebsgases erfolgt durch das Rohr F. Ein longitudinales Magnetfeld (Richtung $A \dots E$) kann durch einen von außen über die ganze Quelle geschobenen Permanentmagneten erzeugt

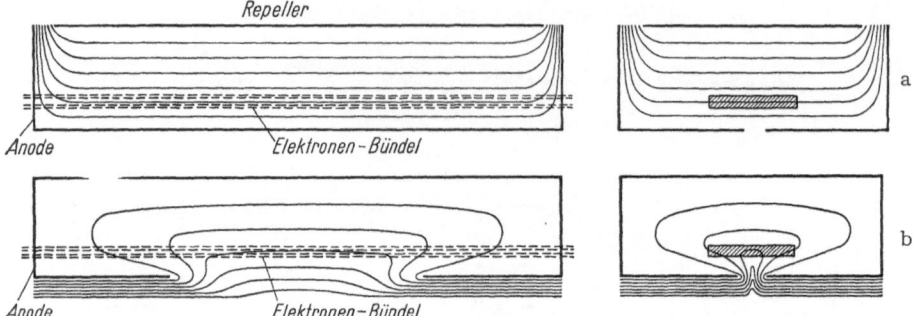

Fig. 88 a u. b. Potentialverteilung innerhalb des Anodenkästchens einer Elektronenstoß-Ionenquelle: a nur Repellerfeld; b durchgreifendes Beschleunigungsfeld.

werden. Die den Abschluß des Gaszuleitungsrohres bildende Elektrode F kann entweder mit G verbunden, oder auch isoliert eingeführt werden. Im zweiten Fall hat sie die Funktion des „Repellers", d.h. sie erhält ein Potential, welches bis

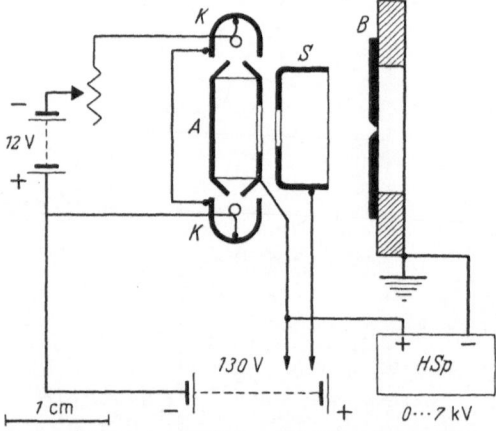

Fig. 89. Schema einer Elektronenstoßquelle mit zwei Glühkathoden (Anordnung nach Heil) mit elektrischem Schaltschema (Ploch). Das eventuell verwendete Massenspektrometer schließt sich nach rechts hin an und befindet sich auf Erdpotential. A Anodenkästchen, K Glühkathoden, S Extraktionselektrode, B Beschleunigungselektrode.

20 oder 40 V höher als das der Anode ist. Im Ionisierungsraum herrscht dann eine Potentialverteilung wie sie schematisch in Fig. 88a eingezeichnet ist[1], und aus welcher folgt, daß die Ionen aus dem Entladungsraum herausgetrieben werden. Nach Passieren des Austrittsspaltes P werden die Ionen von einem beschleunigenden Feld erfaßt und mit Hilfe verschiedener Elektroden (O_1, O_2, O_3) in einem Bündel durch den Eingangsspalt etwa eines angeschlossenen Massenspektrometers gelenkt. — Ist F mit G verbunden, so erfolgt die Ionenextraktion durch das Feld, welches von der Beschleunigungselektrode ausgeht und durch den Spalt P im Ionisierungsraum hindurchgreift (vgl. Fig. 88 b). Dieser Typ der Ionenquelle ist von Heil[2] dahingehend abgeändert worden, daß die Elektronenbahnen nicht in einem Auffänger enden, sondern an Stelle dieses wurde eine zweite Glühkathode gebracht, so daß die Elektronen durch den Ionisierungsraum pendeln (Fig. 89). Dadurch wird die Elektronenausnutzung wesentlich erhöht, d.h. in der Beziehung für den erzielbaren Ionenstrom

$$I^+ = I_{el} \cdot p \cdot s \, l \tag{36.1}$$

[1] J. D. Waldron u. K. Wood: Rep. Conf. Mass Spectrometry (Inst. Petroleum) Manchester 1950.
[2] H. Heil: Z. Physik **120**, 212 (1943).

wird der Weg l eines Elektrons wesentlich verlängert. Aus (36.1) folgt auch, daß zweckmäßigerweise die Beschleunigungsspannung so gewählt wird, daß die differentiale Ionisierung s den Maximalwert annimmt (nach Fig. 34 bei etwa 100 eV). Der Gasdruck kann bis unter 10^{-4} Torr herabgesetzt werden. Rechnet man bei diesem Druck mit $s = 5$ Torr^{-1} cm^{-1} und $l = 2$ cm, so wird $I^+/I_{el} = \alpha_d = 10^{-3}$, d.h. bei 1 mA Elektronenstrom ist der maximal entnehmbare Ionenstrom 1 μA. Dieser Strom kann noch nicht bis zum Eingang etwa eines Massenspektrometers geführt werden, sondern man hat mit einem gewissen Verlustfaktor zu rechnen. — Die HEILsche Quelle, ebenso wie die FINKELSTEINsche[1] hatten wir schon in Ziff. 32 erwähnt und darauf hingewiesen, daß beide beim Betrieb im Bogenentladungszustand hohe Ionenströme zu entnehmen gestatten. Aber nur die HEILsche Quelle kann im Bereich der unselbständigen Entladung auch in Massenspektrometern verwendet werden, denn die FINKELSTEINsche wie auch die von SCOTT[2] angegebene Quelle liefern wegen der longitudinalen Ionenextraktion zu große Breite des Energiespektrums der Ionen (vgl. Ziff. 11).

So einfach das Prinzip der Ionenerzeugung in Stoßquellen ist, um so viel mehr Entwicklungsarbeit ist aufgewandt worden, um diese Quelle für den Hauptverwendungszweck, nämlich in Massenspektrometern mit nur einem Impulsanalysator (Magnetfeld) geeignet zu machen. Das Auflösungsvermögen eines mit magnetischem Umlenkfeld ausgerüsteten Spektrometers ist bestimmt durch die Beziehung

$$\frac{m}{\Delta m} = \frac{1}{\dfrac{S}{R} + \dfrac{\Delta U}{U}}, \qquad (36.2)$$

wobei m die Ionenmasse, S die Summe der Spaltbreiten des Analysators, R der Umlenkradius und $\Delta U/U$ die relative Energieunschärfe der Ionen ist. In Ziff. 16 hatten wir schon bemerkt, daß bei einem dort ausgeführten Zahlenbeispiel $\Delta U/U$ von $1 \cdot 10^{-4}$ zulässig war, also bei $U = 2000$ V ein $\Delta U < 0,2$ V zu fordern war. Um solche geringe Energiebreiten der Ionen zu erzielen, sind folgende Punkte zu beachten: 1. Die Welligkeit der Ionen-Beschleunigungsspannung ist auf wenige $^1/_{100}$ V herabzusetzen. 2. Der Potentialgradient, d.h. die elektrische Feldstärke am Ort der Ionisierung soll möglichst gering sein, damit bei der endlichen Bündelbreite des ionisierenden Elektronenbündels die Ionen möglichst alle auf der gleichen Potentialfläche entstehen; und schließlich 3. ist für die Durchführung länger dauernder Messungen für möglichst gute Betriebskonstanz zu sorgen. Die Forderungen 1. und 3. werden durch Stabilisierung aller Spannungen und des Elektronenstromes zu erfüllen versucht. Hierfür sind eine Reihe von Schaltungen publiziert worden[3]. Die industriell hergestellten Massenspektrometer verfügen ebenfalls über diese Stabilisierungseinrichtungen. Für die Kontrolle des Elektronenstromes hat sich am besten die von CALDECOURT[3] vorgeschlagene Methode bewährt den Auffängerstrom der Elektronenfalle zu stabilisieren. Es ist dann angebracht, die Öffnungen des Elektronen-Beschleunigungssystems durch feinmaschige Netze zu verschließen um einfache Feldverhältnisse zu erhalten (PELCHOWITCH[4]). — Die Stabilisierung der Betriebsspannungen wird stets mit

[1] TH. A. FINKELSTEIN: Rev. Sci. Instrum. **11**, 94 (1940).

[2] G. W. SCOTT jr.: Phys. Rev. **55**, 954 (1939).

[3] Zum Beispiel A. O. C. NIER: Rev. Sci. Instrum. **11**, 212 (1940); **18**, 398 (1947). — R. L. GRAHAM, A. L. HARKNESS u. H. G. THODE: J. Sci. Instrum. **24**, 119 (1947). — C. J. McKINNEY, J. M. McCREA, S. EPSTEIN, H. A. ALLEN u. H. C. UREY: Rev. Sci. Instrum. **21**, 724 (1950). — E. B. WINN u. A. O. C. NIER: Rev. Sci. Instrum. **20**, 773 (1949). — V. S. CALDECOURT: Rev. Sci. Instrum **22**, 58 (1951). — D. A. HUTCHISON u. J. R. WOLFF: Rev. Sci. Instrum. **25**, 1083 (1954).

[4] I. PELCHOWITCH: Siehe Fußnote 5, S. 100.

üblichen Mitteln durchgeführt (Glimmlampen- und Röhrenstabilisierung). — Die Forderung 2. ist durch zweckmäßige Gestaltung des Ionisierungsraumes zu erfüllen. Zunächst wird dieser möglichst als geschlossenes Kästchen ausgebildet, so daß eine Energiebreite der Ionen vor allem noch durch das Repellerfeld verursacht wird, oder durch das Feld welches von der Beschleunigungselektrode durchgreift. Der erste Einfluß kann verringert werden durch Verkleinerung der

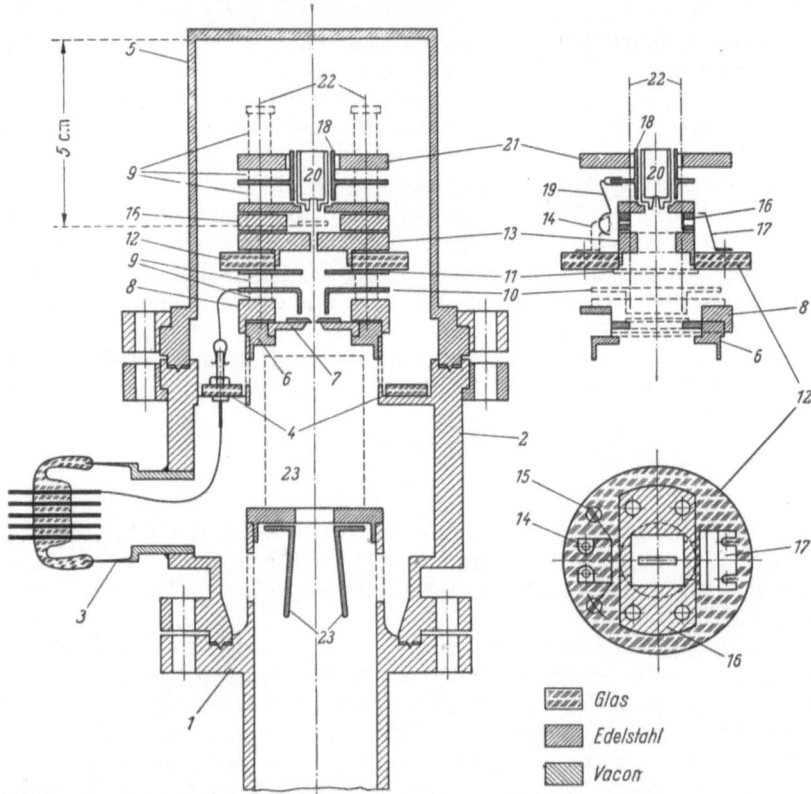

Fig. 90. Ionenquelle eines Massenspektrometers für Isotopenanalysen an Blei. 1) Spektrometerrohr. 2) Zwischenstück. 3) Drei auf dem Umfang verteilte Vaconröhren von etwa 20 mm Durchmesser mit Anglasungen und Quetschfuß für je 5 Durchführungen. 4) Verteilerring für die Strom- und Spannungszuführungen. 5) Abschlußhaube. 6) Spaltträger. 7) Spaltschlitten; kann bei montierter Quelle zur Spaltänderung herausgezogen werden. 8) Montageplatte mit vier eingeschraubten Montagestäben (22); wird auf den Spaltträger (6) aufgesetzt. 9) Plangeschliffene Quarzringe als Abstandshalter und Isolatoren. 10) und 11) Beschleunigungs- und Fokussierungselektroden. 12) Glasplatte mit Kathodenhalter, Kathodenspanner, Kathode und Elektronenauffänger. 13) Extraktionselektrode mit Extraktionsöffnung. 14) Kathodenspanner. 15) Kathodenhalter. 16) Anodenkästchen. 17) Elektronenauffänger. 18) Strahlungsreflektor. 19) Elektronenreflektor. 20) Verdampfungsöfchen; Quarzröhrchen von etwa 3 mm Durchmesser mit äußerem Mo-Mantel und eingeschobener Heizwendel. In den Mo-Mantel wird der kleine Tigel mit der Pb-Probe eingeschoben. 21) Abschlußplatte mit Ofenhalterung. 22) Montagestäbe aus 2 mm Chromnickel mit Quarzisolation. 23) Kreuzkondensorelektroden zur Justierung des Ionenbündels (Ehrenberg und Taubert).

Länge des Extraktionsspaltes; der zweite wirkt sich vornehmlich an den Rändern des Ionenbündels aus und kann nur durch nachfolgende Ausblendung des Bündels beseitigt werden.

Nach der Stabilisierung aller elektrischen Schaltelemente können noch statistische Schwankungen übrig bleiben, welche sich besonders dann bemerkbar machen, wenn der Verstärker, welcher eventuell zur Ionenstrommessung in Massenspektrometern benützt wird eine beträchtliche Bandbreite hat. Diese Schwankungen treten vielfach erst nach längerer Betriebsdauer auf und rühren zum Teil davon her, daß sich an den metallischen Elektrodenflächen kleine

isolierende Inseln bilden, welche zu Feld-
verzerrungen Anlaß geben. Zu den
periodischen Schwankungen gehören die
Emissionsschwankungen der Kathode bei
Wechselstromheizung. PELCHOWITCH[1] ist
daher zur Gleichstromheizung übergegangen. COGGESHALL[2] sowie WASHBURN
und BERRY[3] betonten, daß außerdem die
Anfangsenergie der Ionen, welche sie bei
der Entstehung haben sowie die ihnen
etwa bei Dissoziationen übertragenen
Energiebeträge das Energiespektrum der
Ionen verbreitern können. Führt dies sogar
zu zusätzlichen Linien in einem Massenspektrum, so können diese durch Abbrem-
sung der Ionen im Auffänger eliminiert
werden, bzw. es wird dadurch die Linienbreite vermindert[4].

Der technische Aufbau der Elektronenstoßquellen geht aus den Fig. 87 und 90 hervor.
Die Quelle der Fig. 87 wird in einem technischen hochauflösenden Massenspektrometer verwendet, die Quelle der Fig. 90 wurde im
Laboratorium zur Häufigkeitsbestimmung von
Blei-Isotopen entwickelt[5]. Aus beiden Konstruktionen geht hervor, daß eine möglichst
stabile Anordnung erstrebt wurde, in welcher
die Ionenbeschleunigungslinse scheibenförmige,
mit Durchtrittsspalten versehene Elektroden
sind. Diese werden auch als voneinander isolierte Halbscheiben ausgeführt, um mit kleinen
Spannungen das Ionenbündel seitlich verschieben zu können. Sorgfalt wird vor allem auf
die Befestigung der Glühkathode verwandt, die
nach jedem Auswechseln an dieselbe Stelle
gebracht werden sollte. Dazu dient die als
Ganzes herausnehmbare Kathodeneinheit der
Fig. 87 mit dem kegelförmigen Isolierstück.
Ähnlich kompakte Halterungen sind auch in
den Quellen anderer industrieller Geräte ein
wichtiges Bauelement. Bei all diesen Aufbauten
wird der Magnet zur Führung der Elektronen
von außen über die Ionenquellenhaube geschoben, die daher aus unmagnetischem Material
sein muß. Um magnetische Rückwirkungen
auszuschalten sind auch sämtliche anderen Metallteile möglichst in V_2A, Anoxin, Resistin,
Konstantan oder Nichrome ausgeführt. Nur

---

[1] I. PELCHOWITCH: Siehe Fußnote 5, S. 100.
[2] N. D. COGGESHALL: J. Chem. Phys. **12**, 19 (1944).
[3] H. W. WASHBURN u. C. E. BERRY: Phys. Rev. **70**, 559 (1946).
[4] R. D. CRAIG: Conf. appl. Mass Spectrometry (Inst. Petroleum), Paper 16, 1953.
[5] Verfasser dankt den Herren Dr. EHREN-BERG, Bonn und Dr. TAUBERT, Braunschweig, für die Überlassung der Zeichnung vor der Ver-öffentlichung.

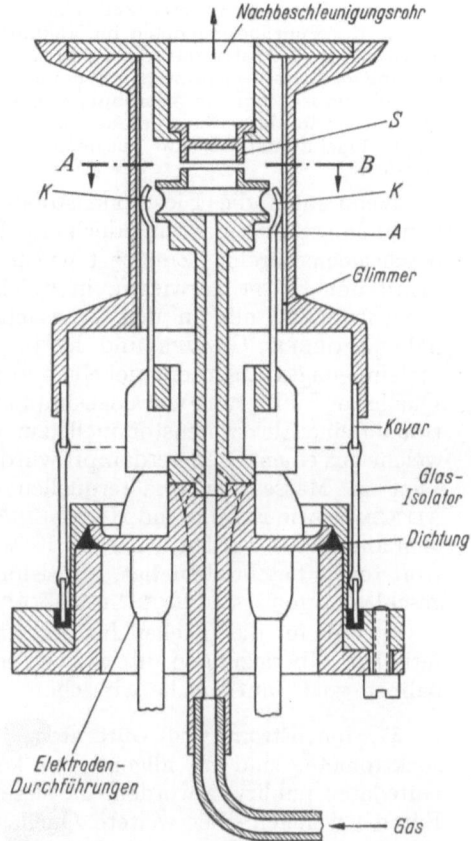

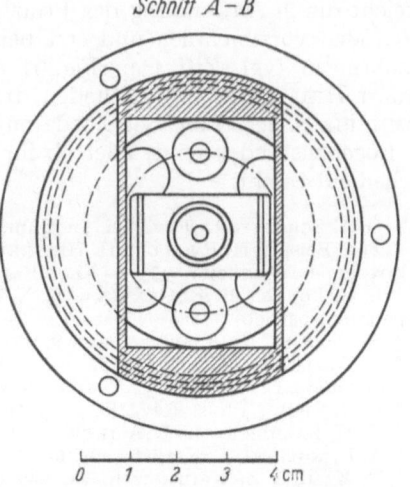

Fig. 91. Technischer Aufbau der Ionenquelle von SOMMERIA. *K* Glühkathoden, *A* Anodenkästchen, *S* Sonde bzw. erste Nachbeschleunigungselektrode. Der Pendelmagnet wird bei *A ... B* über die Quelle geschoben.

SCHAEFFER[1] hat in neuerer Zeit eine Quelle angegeben, bei welcher ein Teil der Pol-schuhe des Führungsmagneten im Vakuum als massives Bauelement angeordnet ist. Da-durch ist gewährleistet, daß die Position des Magnetfeldes unverändert bleibt, selbst wenn der äußere Magnet nicht stets in dieselbe Stellung gebracht wird. Außerdem sind natürlich noch eine große Zahl von Anordnungen beschrieben worden, die für bestimmte Untersuchun-gen benützt werden. Für all diese, auch diejenigen, welche in einem vollständigen Glasgefäß untergebracht sind, sei auf zusammenfassende Darstellungen über Massenspektrometrie verwiesen[2].

Wenn auch die Elektronenstoßquelle in Massenspektrometern ihr Haupt-anwendungsgebiet hat, sind doch eine Reihe von Abarten auch für andere Zwecke beschrieben worden. Zunächst wurde schon oben auf die Quellen von FINKEL-STEIN und SCOTT verwiesen, in welchen Magnetfeld, Elektronenströmung und Ionenströmung alle in der Längsachse der Anordnung verlaufen. Weiterhin haben FORBES, GRAVES und LITTLE[3] eine Elektronenstoßquelle für Nachbe-schleunigungsanlagen entwickelt, und schließlich wurde auch von PLANIOL[4] eine Quelle zur Ionisierung von Cd-Dampf angegeben. WALCHER[5] hat für einen Massen-trenner eine Elektronenstoßquelle zur Ionisierung von Metalldämpfen entwickelt, welche aus einem Ofen verdampft wurden. Aus Fig. 90 ist die Einbauweise solcher Öfen in Massenspektrometerquellen ersichtlich. Von SHAW[6], PALMER und AITKEN[7] sowie EWALD und HENGLEIN[8] sind ebenfalls Quellen mit Verdampfungs-ofen angegeben worden, während KAMKE[9] eine Elektronenstoßquelle für Wasser-stoff-Ionen beschrieben hat. Kreisförmige Elektronenstoßquellen wurden vor-geschlagen von CASSIGNOL[10] und SOMMERIA[11].

Speziell für die Quellen für Massenspektrometer liegt auch eine Reihe theo-retischer Überlegungen über zweckmäßige Elektrodengestaltung und Ionen-bahnen vor[12], auf welche wir schon in Ziff. 11 verwiesen hatten.

37. Ionenstrom und Gütedaten. Über Elektronenstoßquellen für Massen-spektrometer sind im allgemeinen keine Zahlenwerte für die interessierenden Gütedaten publiziert worden, da diese keine große technische Bedeutung haben. Für die wenigen über weitere Quellen veröffentlichten Werte ist in Tabelle 21 eine Zusammenstellung enthalten.

Eines Hinweises bedürfen die von SOMMERIA angegebenen Werte. Sie wurden erreicht durch Anwendung des Prinzips, die Ionenextraktion durch weite Rohr-elektroden vorzunehmen und erst beim kleinsten Bündelquerschnitt den Kanal anzubringen (vgl. Ziff. 11). Fig. 91 enthält eine Zeichnung seiner Quelle der Bauart HEIL (zwei Glühkathoden, transversale Ionenextraktion). Bei den von SOMMERIA eingestellten Betriebsdaten ist allerdings nicht sicher, ob die Entladung im Bogenzustand brennt, oder ob ihr Betriebszustand dem der Elektronenstoß-quellen entspricht.

---

[1] O. A. SCHAEFFER: Rev. Sci. Instrum. **25**, 660 (1954).

[2] Zum Beispiel H. EWALD u. H. HINTERBERGER: Methoden und Anwendungen der Massen-spektroskopie. Weinheim 1953. — G. P. BARNARD: Modern Mass Spectrometry. London 1953.

[3] S. G. FORBES, E. R. GRAVES u. R. N. LITTLE: Rev. Sci. Instrum. **24**, 424 (1953) (Wech-selspannungsbetrieb).

[4] R. PLANIOL: Ann. Phys. Paris **9**, 177 (1938).

[5] W. WALCHER: Z. Physik **122**, 62 (1944). — Verdampfgs.-Ionenquelle für ein Massen-spektrometer z.B. bei A. E. CAMERON: Rev. Sci. Instrum. **25**, 1154 (1954).

[6] A. E. SHAW: Phys. Rev. **75**, 1011 (1949).

[7] G. H. PALMER u. K. L. AITKEN: J. Sci. Instrum. **30**, 314 (1953).

[8] A. HENGLEIN: Z. Naturforsch. **6a**, 463, 746 (1951).

[9] D. KAMKE: Z. Naturforsch. **7a**, 342 (1952).

[10] CH. CASSIGNOL: Nature, Lond. **166**, 233 (1950).

[11] J. SOMMERIA: J. Phys. Radium **12**, 563 (1951).

[12] Siehe Fußnote 1, S. 48. Ferner E. B. JORDAN u. N. D. COGGESHALL: J. Appl. Phys. **13**, 539 (1942).

Tabelle 21. *Betriebsdaten einiger Elektronenstoß-Ionenquellen mit und ohne Magnetfeld.*
Normaldruck: Angaben der Verfasser; *Kursiv*druck: daraus berechnete Werte; **Fett**druck: geschätze Werte.

	SCOTT (1939)	KAMKE (1952)	FORBES, GRAVES, LITTLE (1953)	SOMMERIA (1952)	
Magnetfeld (Gauß) . . .	keines	120	einige 100	1500	1200
Druck (mTorr), Gas . . .	0,3, H_2	5, H_2	1, D_2	2, H_2	0,7, H_2
Elektronenstrom (mA) . .	200	13	200 (2 Kath.)	0,014	0,005
Entladungsspannung (V)	800	300	150	300	200
Leistung (W)	**200**	90	**100**	13	**15**
Ionenstrom (mA)	1,2	0,7	1 (einschl.) Sek. El.)	1	1,5
Entfernung (cm)	3	3	10	20	20
Extraktionsart	längs	längs	quer	quer	längs
Kanal (mm $\varnothing \times$ mm Länge)	4 (Loch)	3×4	7 (Loch)	Spalt 2,8 mm^2	4 (Loch)
Sondenspannung bzw. Beschl.-Spannung (kV)	3	20	70	14	15
Entladungsraum mm $\varnothing \times$ mm Länge . .	12×25	70×30	10×25	$5 \times 20 \times 20$	30×95
Gasverbrauch (Ncm^3/Std)	**50**	25—30	—	9	*1,3*
Ionenausbeute (mA/W) .	$6 \cdot 10^{-3}$	$8 \cdot 10^{-3}$	$10 \cdot 10^{-3}$	$77 \cdot 10^{-3}$	$100 \cdot 10^{-3}$
$\alpha_m \cdot 10^3$	—	18	—	85	100
α_d	—	0,1	—	—	—
α_e	0,006	0,05	0,005	0,07	0,3

38. Energie- und Massenspektrum.

Über die Verkleinerung des Energiespektrums der Ionen hatten wir schon in Ziff. 36 berichtet.

Das Massenspektrum spielt eine entscheidende Rolle für die Verwendbarkeit der Elektronenstoßquelle in Massenspektrometern. Hier wird erwartet, daß das

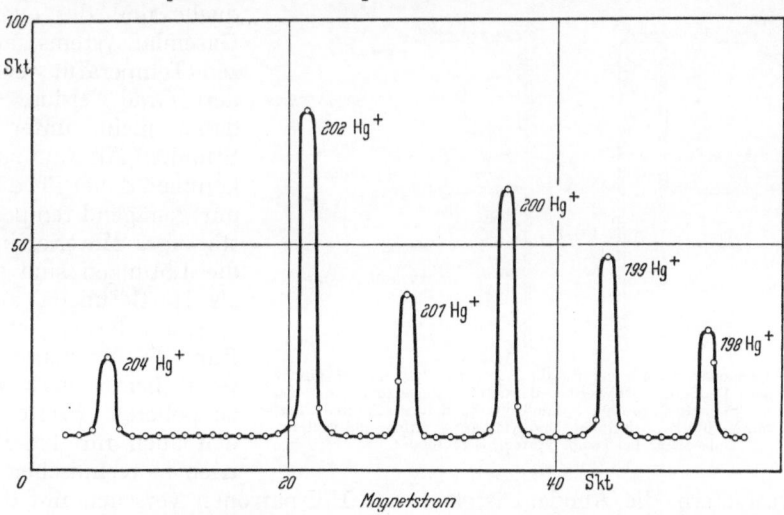

Fig. 92. Spektrum der Hg-Isotope bei höchster Auflösung eines Massenspektrometers für Häufigkeitsanalysen. In der Quelle wurde mit zwei elektrischen Spaltkondensatoren eine zusätzliche Monochromasierung der Ionenenergie vorgenommen. Auflösungsvermögen etwa 1000 (C. BRUNNÉE, Diplomarbeit Marburg 1953, unveröffentlicht).

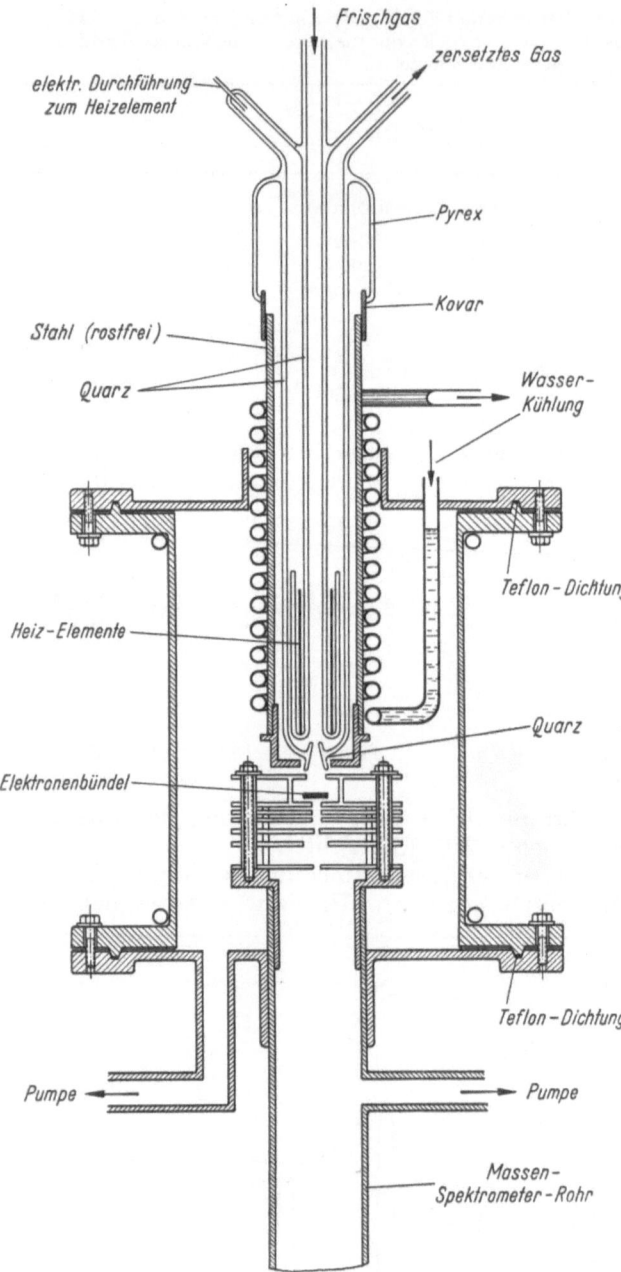

Spektrum eine zu jedem Betriebsgas eindeutig zuzuordnende Gestalt hat. Sehr einfach liegen diese Dinge bei Häufigkeitsanalysen von Isotopen, für welche Spektren nach Art der Fig. 92 erreicht werden können. Es ist dort nur darauf zu achten, daß durch das Gaseinlaßsystem keine Verschiebung des Mischungsverhältnisses erfolgt (vgl. Ziff. 10). Die wesentlichen Schwierigkeiten treten erst dann auf, wenn chemisch zusammengesetzte Stoffe nach ihren Komponenten analysiert werden sollen. Insbesondere bei leicht dissoziierenden Stoffen tritt hier eine große Mannigfaltigkeit von Spektren auf, welche durch die verschiedensten Einflüsse verändert sein können. Als besonders wichtig haben sich dabei Temperaturfragen erwiesen. Um das Eigenspektrum der Substanz deutlich hervortreten zu lassen, ist zunächst das ganze Massenspektrometer einschließlich der Ionenquelle und des eventuellen Gaseinlaßsystems auszuheizen (Temperatur wenige hundert Grad Celsius, Ausheizdauer nicht unter einigen Stunden). Als Baumaterialien kommen daher für die Quelle nur genügend temperaturbeständiges Material in Frage, die Lötungen sind sämtlich als Hartlötungen auszuführen, am besten ist es, die Bauteile aus massivem Material herauszuarbeiten und zu polieren. Weiterhin werden auch für den Dauerbetrieb in technischen Massenspektrometern die Anodenkästchen mit Heizpatronen versehen um die Temperatur auf etwa 200 bis 300° C einzustellen. Erst nach diesen Vorsichtsmaßnahmen kann eine chemische Analyse mit genügender Genauigkeit durchgeführt

Fig. 93. Ionenquellenanordnung für die Isotopenanalyse und chemische Analyse von Radikalen, welche bei thermischer Zersetzung entstehen (Literatur s. Fußnote 2, S. 109). Speziell hier handelt es sich um die Zersetzung von Methyl-Benzylsulphid, Divinyläther, Azoäthan und weiteren Substanzen bei Temperaturen bis zu 1000° C.

werden[1]. Das Kathoden-Anodensystem wird zweckmäßigerweise so ausgeführt, daß auch vakuummäßig eine möglichste Trennung von Kathoden- und Anodenraum vorhanden ist, um eine Diffusion von dissoziierten Molekülbruchstücken in den Anodenraum herabzusetzen. Andererseits kann das Massenspektrum von organischen Radikalen so gemessen werden, daß unmittelbar an das Anodenkästchen der Reaktionsraum angeschlossen wird, wie dies z.B. in Fig. 93 dargestellt ist[2].

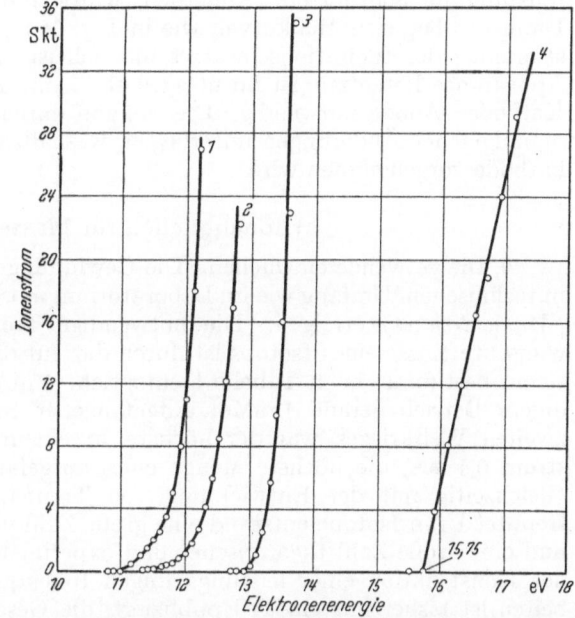

Feste Substanzen können wie oben schon betont wurde, mit Hilfe eines Öfchens verdampft und dann ionisiert werden. Es ist dabei nicht notwendig, daß die Substanz geschmolzen wird, da es nur auf den Dampfdruck bzw. die Verdampfungsgeschwindigkeit ankommt[3]. Man hat sich aber wiederum davon zu überzeugen, ob durch die Strömungsvorgänge nicht eine merkliche Verschiebung der Komponenten im Dampf im Vergleich zu der im Festkörper vorliegenden eingetreten ist. — Das Problem der Erzeugung hoher H-Atom-Ionenanteile bei mit Wasserstoff betriebenen Quellen ist bisher nicht ausführlich untersucht worden. SCOTT fand bei seiner Quelle Atomanteile von 5 bis 80%.

Fig. 94. Einfluß der Elektronenenergieverteilung beim ionisierenden Stoß und der Empfindlichkeit der Meßanordnung auf die Bestimmung von Appearance-Potentialen (Argon) mit Elektronenstoß-Ionenquellen in Massenspektrometern (FOX, HICKAM, GROVE). Erläuterung im Text.

39. Verwendung. Neben dem Hauptverwendungszweck für Häufigkeitsbestimmungen ist die Elektronenstoßquelle zur Klärung vieler Fragen der Stoßionisierung benützt worden[4]. Bei solchen Anordnungen dient ein angeschlossenes Massenspektrometer nur als Nachweisgerät für das Auftreten eines bestimmten Ionisierungsprozesses. So wurden vor allem die umfangreichen Tabellen über Appearance-Potentiale gewonnen. Speziell bei ihrer Messung zeigte sich, daß selbst bei Durchführung aller Stabilisierungsmaßnahmen Ionenstromkurven gefunden werden wie in Fig. 94, (Kurven 1, 2 und 3) aufgezeichnet, aus welchen kein scharfer Ionisierungseinsatzpunkt zu entnehmen ist. Für diese

---

[1] J. A. HIPPLE: Applications of the Mass Spectrometer. In Recent Advances in analytical Chemistry. New York u. London 1949. — H. W. WASHBURN: Mass Spectrometry. In Physical Methods in chemical Analysis, Bd. I. New York 1950. — Verwendung zu chemischen Untersuchungen z.B. M. J. O'NEAL u. T. P. WIER jr.: Analyt. Chem. **23**, 830 (1951). — H. M. KELLEY: Analyt. Chem. **23**, 1081 (1951). — R. A. FRIEDEL, A. G. SHARKEY, J. L. SCHULTZ u. C. R. HUMBERT: Analyt. Chem. **25**, 1314 (1953).

[2] F. P. LOSSING, K. U. INGOLD u. A. W. TICKNER: Disc. Faraday Soc. **14**, 34 (1953). — A. W. TICKNER: J. Chem. Phys. **20**, 907 (1952).

[3] Zum Beispiel hat R. HONIG die Verdampfung von Graphit untersucht, indem er eine erhitzte Graphitscheibe in den oberen Teil des Ionisierungsraumes brachte [J. Chem. Phys. **22**, 126 (1954); **21**, 573 (1953)].

[4] Zum Beispiel H. D. HAGSTRUM: Rev. Mod. Phys. **23**, 185 (1951). — H. F. NEWHALL: Phys. Rev. **62**, 11 (1942).

Verschleifung der Ionenstromkurve ist letztlich noch verantwortlich, daß die Energie der Elektronen beim Stoß wegen der thermischen Energie beim Austritt aus der Glühkathode nicht scharf ist. Fox und Mitarbeiter[1] konnten durch eine Bremsfeldschaltung das Energiespektrum der Elektronen nach unten begrenzen und durch eine Differenzmessung mit zwei verschiedenen Bremsspannungen die Ionisation durch solche Elektronen bestimmen, welche nur dem schmalen Differenzintervall angehörten. Außerdem wurde mit Impulsspannungen extrahiert. Dann ergaben sich Meßkurven wie in Fig. 94 (4), aus denen eine eindeutige Bestimmung des Ionisationseinsatzes möglich ist. Zur Bestimmung der absoluten Appearance-Potentiale ist im übrigen stets eine Kenntnis des Kontaktpotentials Kathode—Anode notwendig. Dieses kann durch angelagerte Atome im Betrieb mannigfachen Änderungen unterliegen, weshalb vielfach Carburierung der Glühkathode vorgenommen wird.

c) Ionenquellen für Massentrenner.

40. Die verwendeten Quellen. Die Gewinnung getrennter Isotope kann sowohl in technischem Umfang wie im Laboratorium mit größeren Massenspektrographen *(Massentrenner)* erfolgen. Die notwendige Trennzeit für eine bestimmte gewünschte Masse eines Isotops ist durch den für dieses Isotop erreichbaren Ionenstrom bestimmt: nach Tabelle 1 entspricht 1 mA einwertiger Ionen bei 24stündigem Betrieb gerade 1 mMol aufgefangener Substanz. Bis zum Beginn des zweiten Weltkrieges war der höchste in einem Massentrenner erzielte Ionenstrom 0,1 mA, die höchste Menge eines aufgefangenen Isotops fast 7 mg ^{39}K[†]. Gleichzeitig mit der Entwicklung von Trennanlagen für die Gewinnung getrennter Uran-Isotope entstand eine große Zahl von Entwürfen, Versuchsanlagen und eine große Zahl theoretischer und experimenteller Arbeiten welche sich mit der Konstruktion einer leistungsfähigen Ionenquelle befaßten. Von diesen Arbeiten ist bisher nur ein Teil publiziert, die Gesamtheit der publizierten Ionenquellen (auch der älteren Quellen) zeigt, daß die am weitesten verbreitete und am besten den Anforderungen gerecht werdende Quelle die Bogenquelle ist, wie sie in Ziff. 32 beschrieben wurde[2].

Tabelle 22 enthält Zahlenwerte für eine Reihe älterer, nicht mit Bogenentladungen, sondern mit Festkörper-Ionenquellen (Therm-Ionenquellen) arbeitender Quellen; die erzeugten Ionen sind ausschließlich Alkalien, da zur damaligen Zeit großflächige Therm-Ionenquellen (Emissionsfläche bis zu 30 cm^2) nur für diese zur Verfügung standen.

In Fig. 95, 97 und 98 sind drei bekannte und erprobte Quellen, welche auf Bogenentladungen beruhen wiedergegeben. Sie sollen in der folgenden Ziffer besprochen werden. Die hier nicht besprochenen Quellen von Yates[3], Koch[4] und Bergström, Thulin, Svartholm, Siegbahn[5] entsprechen in ihrem Aufbau

[1] R. E. Fox, W. M. Hickam, T. Kjeldaas jr. u. D. J. Grove: NBS Circular 522, 1953. — Phys. Rev. **89**, 555 (1953).

[†] W. R. Smythe u. A. Hemmendinger: Phys. Rev. **51**, 178 (1937).

[2] Eine Zusammenstellung vieler amerikanischer unveröffentlichter Berichte zum Problem der Erzeugung hoher Ionenströme findet sich bei R. R. Wilson: The Isotron, USAECD-3373, 1952. Während der Drucklegung des vorliegenden Bandes erschien in Quarterly Reviews Vol. IX, No. 1 (1955) ein kurzer Bericht von Dawton und Smith über Massentrenner mit einer Beschreibung der Bogen-Ionenquelle, welche der von Zilverschoon gebauten ähnlich ist (Ionenextraktionsspalt 2 bis 8 mm Breite, 200 mm Länge). Ferner werden Massentrenner-Quellen und -Auffänger in dem Bericht über die Londoner Konferenz (13. bis 16. September 1955) über elektromagnetische Massentrennung besprochen werden.

[3] E. L. Yates: Proc. Roy. Soc. **168**, 148 (1938).

[4] J. Koch: Thesis Copenhagen 1942. Dan. Mat. Fys. Medd. **21**, Nr. 8 (1944).

[5] I. Bergström, S. Thulin, N. Svartholm u. K. Siegbahn: Ark. Fys. **1**, 281 (1949).

Tabelle 22. *Trennung der Alkaliisotope mit Hilfe von Festkörper-Ionenquellen (Therm-Ionenquellen).*

A: M. L. E. OLIPHANT, E. S. SHIRE u. B. M. CROWTHER: Proc. Roy. Soc. **146**, 922 (1934); B: W. R. SMYTHE, L. H. RUMBAUGH u. S. S. WEST: Phys. Rev. **45**, 724 (1934); C: L. H. RUMBAUGH: Phys. Rev. **49**, 882 (1936) (A); D: W. R. SMYTHE u. A. HEMMENDINGER: Phys. Rev. **51**, 178 (1937); E: A. HEMMENDINGER u. W. R. SMYTHE: Phys. Rev. **51**, 1052 (1937); F: W. WALCHER: Z. Physik **108**, 376 (1938).

Element	Isotopen-Häufigkeit (%)	Verf.	Ionenquelle	Aufgefangene Isotope	Auffänger-strom (μA)	Aufgefangene Menge (μg)
Li 6 7	7,3 92,7	A	$3\,LiO_2Al_2O_3\cdot3\,SiO_2$	6 7	0,4 5	0,05 0,05
		B	Silikatquelle, 30 cm² Fläche	6 7	— —	1 1
		C	Silikatquelle, 20 cm² Fläche	6 7	— —	1000 1000
K 39 40 41	93,26 0,011 6,729	B		39 41	100 —	1000 —
		D	KUNSMANN-Anode KNO_3 mit Fe gemischt	39 40 41	120 0,014 8,7	6800 1,2 4850
Rb 85 87	72,8 27,2	E	KUNSMANN-Anode; 150 g $Fe(NO_3)_3\,9H_2O$ 1,5 g RbCl, 1 g Al_2O_3	85 87	30 —	2000 2000
		F	Pulveranode; W-Pulver mit RbCl	85 87	4 2	90 30

denjenigen von TUVE, HAFSTAD und DAHL (Fig. 77) bzw. LAMAR und BUECHNER (Fig. 78b); in der BERGSTRÖMschen wird aus einer magnetischen Bogenentladung longitudinal das Ionenbündel extrahiert. Alle drei Anlagen wurden mit Gasen betrieben (Edelgas, BF_3, CO_2), BERGSTRÖM und Mitarbeiter haben auch schon ein kleines Öfchen benützt, welches durch Strahlung von der Glühkathode genügend erhitzt wurde.

41. Aufbau der Quellen. Die von BERNAS und NIER[1] angegebene Quelle wurde zunächst für die Trennung der Zink-Isotope benutzt (Fig. 95). Das ionisierende Elektronenbündel verläuft senkrecht zur Zeichenebene, es wird durch ein Magnetfeld geführt, welches ein von außen über die Quelle geschobener Magnet erzeugt. Der ganze Ofenblock ist aus rostfreiem Stahl, in ihn eingeschoben sind Heizelemente, welche den ganzen Block einschließlich der Ionenaustrittsöffnung auf 600° C zu erhitzen gestatten. Um die Abstrahlungsverluste herabzusetzen, ist ein Strahlungsschutzmantel um die Quelle gelegt. Elektrische Betriebsdaten sind aus Tabelle 23 zu ersehen. Zur Aufrechterhaltung der Entladung wurde der Gasdruck bis auf 10^{-2} Torr gesteigert, wo dann eine Bogenentladung zündet. Trotzdem eine große Raumladungsverbreiterung des Ionenbündels, welches bis zu 0,3 mA Strom transportiert, zu erwarten ist, wurde festgestellt, daß bei einem Restgasdruck im Trennraum von etwa $5\cdot10^{-5}$ Torr offenbar genügend viele negative Träger gebildet werden um die Raumladung zu kompensieren, so daß keine Schwierigkeiten der Bündelfokussierung auftraten. In den Fig. 96a und b sind noch die Abhängigkeit des Ionenstromes von der

---

[1] R. H. BERNAS u. A. O. C. NIER: Rev. Sci. Instrum. **19**, 895 (1948).

Ofentemperatur und vom Quellen-Magnetfeld aufgezeichnet. Aus diesen Kurven geht hervor, daß beide Parameter im Betrieb experimentell eingestellt werden müssen, um höchsten Ionenstrom zu erreichen. Wie schon bei den früher beschriebenen Quellen mit Magnetfeld, tritt auch bei dieser Quelle gleichzeitig mit

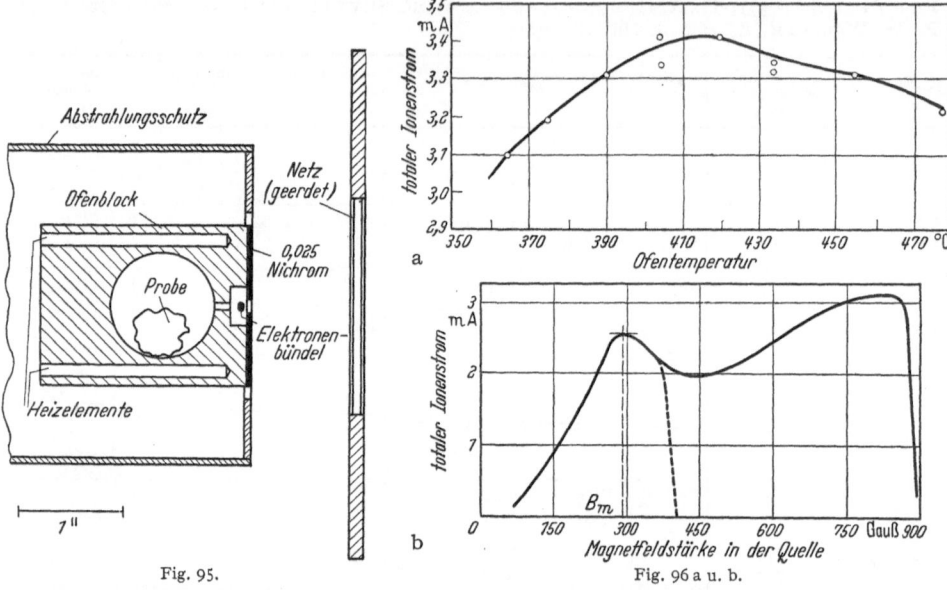

Fig. 95.   Fig. 96 a u. b.

Fig. 95. Schematische Zeichnung der von BERNAS und NIER benutzten Quelle zur Trennung der Zn-Isotope.

Fig. 96 a u. b. a Totaler Ionenstrom (Summe aller Ströme der verschiedenen Zn-Isotope der Quelle Fig. 95) in Abhängigkeit von der Ofentemperatur. b Abhängigkeit von totalem Ionenstrom, der die Quelle verläßt, und des Auffängerstromes der Quelle Fig. 95 in Abhängigkeit vom Quellenmagnetfeld. Die Ordinaten des Auffängerstromes wurden so vergrößert, daß beim Maximum derselbe Wert entstand, unterhalb dieses Punktes fielen die Kurvenformen zusammen (BERNAS und NIER).

dem starken Abfall des Ionenstromes beim Optimalfeld B_m (Fig. 96b) starkes Rauschen der Entladung auf. Mit wachsender Beschleunigungsspannung steigt der Ionenstrom im Auffänger an.

Eine ähnliche Quelle benützten MARTIN und WALCHER[1] für die Trennung der Ag- und Cu-Isotope (Fig. 97). Die Ofentemperatur mußte in dieser Quelle, um genügenden Druck zu erreichen, auf 1000 bis 1100°C bzw. 1200 bis 1300°C heraufgesetzt werden. Der Ofen bestand zunächst aus einem Korundrohr

Tabelle 23. *Betriebsdaten der Ionenquelle von* BERNAS *und* NIER *bei der Trennung der Zn-Isotope. Ionenaustrittsöffnung etwa* $2,4 \cdot 38\ mm^2$.

Bogenstrom	0,120 A
Bogenspannung	100 V
Kathodenleistung	80 W
Heizleistung, Ofen	80 W
Magnetische Feldstärke	250 Gauß
Beschleunigungsspannung	15 kV
Totaler Ionenstrom	
aus der Quelle in 25 cm Entfernung .	1 bis 2 mA
aller Zn-Isotope nach dem Trenner . .	0,2 bis 0,3 mA
Aufgefangene Menge ^{64}Zn in 14 Std. . . .	3,3 mg
Ofentemperatur	etwa 600° C

(Al_2O_3) in welches ein Graphitmantel eingeschoben war. Bei den hohen Temperaturen führte diese Anordnung zu Kurzschlüssen in der aufgebrachten Heizwicklung,

---

[1] R. MARTIN u. W. WALCHER: Marburger Sitzgsber. **75**, Nr. 1 (1952). [Erste Quelle dieser Art von W. WALCHER: Z. Physik **122**, 62 (1944).]

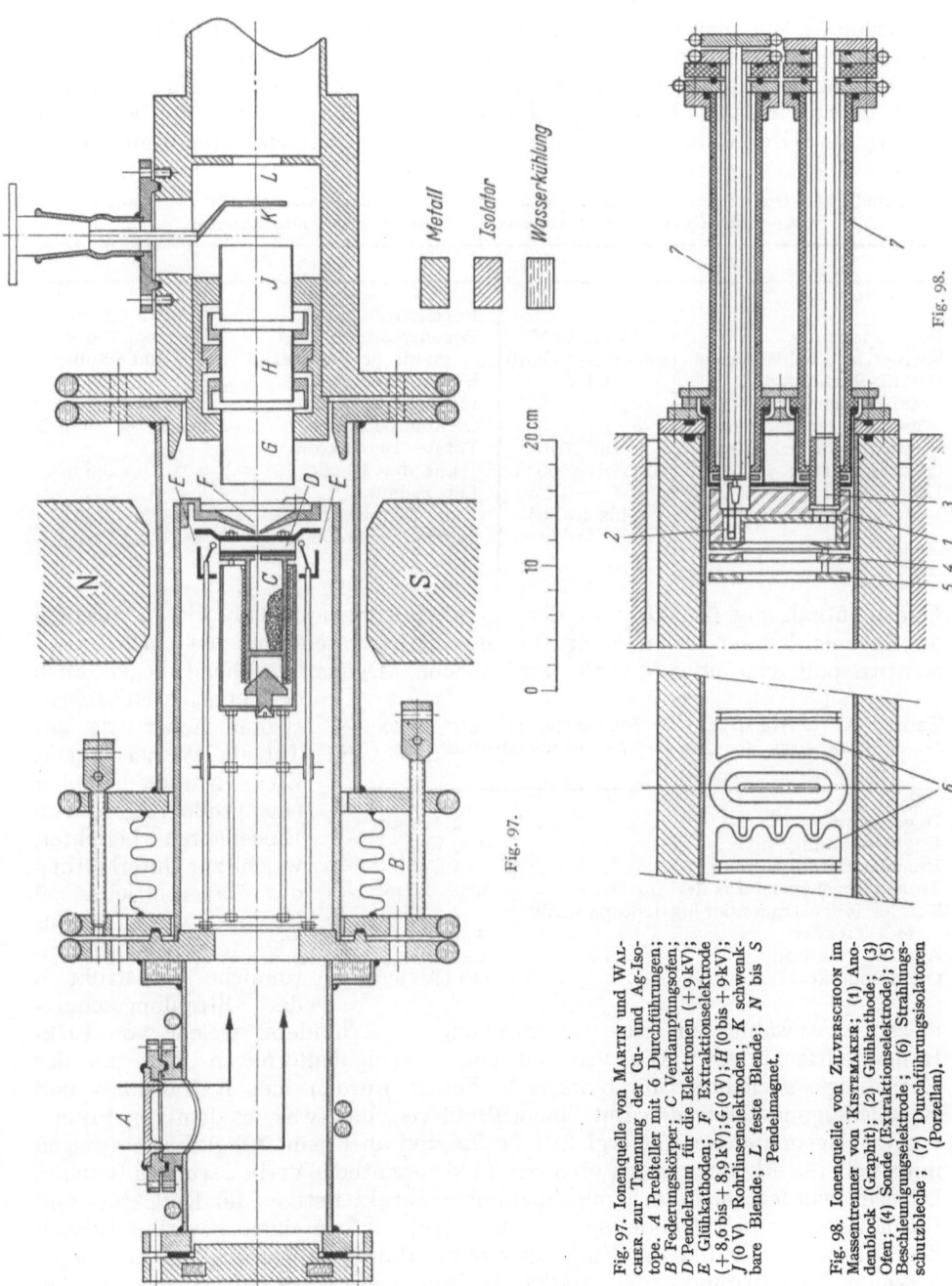

Fig. 97.

Metall

Isolator

Wasserkühlung

20 cm

10

0

Fig. 98.

Fig. 97. Ionenquelle von MARTIN und WAL-CHER. zur Trennung der Cu- und Ag-Iso-tope. A Preßteller mit 6 Durchführungen; B Federungskörper; C Verdampfungsofen; D Pendelraum für die Elektronen (+9 kV); E Glühkathoden; F Extraktionselektrode (+8,6 bis +8,9 kV); G (0 V); H (0 bis +9 kV); J (0 V). Rohrlinsenelektroden; K schwenk-bare Blende; L feste Blende; N bis S Pendelmagnet.

Fig. 98. Ionenquelle von ZILVERSCHOON im Massentrenner von KISTEMAKER; (1) Ano-denblock (Graphit); (2) Glühkathode; (3) Ofen; (4) Sonde (Extraktionselektrode; (5) Beschleunigungselektrode; (6) Strahlungs-schutzbleche; (7) Durchführungsisolatoren (Porzellan).

da das Al_2O_3 reduziert wird. Daher wurde zwischen Korundrohr und den Graphit-einsatz ein Tantalblech geschoben, womit einwandfreier Betrieb möglich war. Die Öffnung für den Dampfstrahl hatte nur 2 mm Durchmesser, ebenso groß war die Ionenaustrittsöffnung. Das V2A-Stahlstück welches den Elektronenpendel-raum enthält, ist mit zusätzlichen Heizelementen versehen, um Kondensation des Dampfes und damit Verschluß der Austrittsöffnung zu vermeiden. Einige elektrische Betriebsdaten sind in Tabelle 24 zusammengestellt.

Die eben beschriebenen Ionenquellen hatten Ionenaustrittsöffnungen von wenigen mm² Fläche. In der von ZILVERSCHOON[1] entwickelten Quelle ist der Schritt zur Großflächenquelle vollzogen. Eine Schnittzeichnung durch diese

Tabelle 24. *Betriebsdaten der Ionenquelle von* MARTIN *und* WALCHER *zur Trennung der Ag- und Cu-Isotope. Ionenaustrittsöffnung 2 mm Durchmesser.*

Ag		Cu	
		Bogenstrom	etwa 400 mA
Bogenspannung	15 bis 30 V	Bogenspannung	etwa 100 V
Magnetische Feldstärke .	200 bis 250 Gauß	Magnetische Feldstärke .	420 Gauß
Beschl.-Spannung	9 kV	Beschl.-Spannung	15 kV
Totaler Ionenstrom		Ionenstrom ^{63}Cu . . .	30 bis 40 μA
aus der Quelle (12 cm)		Ofentemperatur	1100 bis 1300° C
(einschließl. Sek. Elektr.)	50 bis 70 μA	Totaler Ionenstrom	
Ofentemperatur	1000 bis 1100° C	aus der Quelle (12 cm)	0,4 bis 0,6 mA
Lebensdauer		Lebensdauer	
der Glühkathode . . .	5 bis 10 Std	der Glühkathode . . .	3 bis 5 Std
		Aufgefangene Mengen . .	6 mg ^{63}Cu, 3 mg ^{65}Cu

Quelle enthält Fig. 98. Dort ist der eigentliche Ionenquellenblock, in welchem die Bogenentladung brennt, ganz aus Graphit hergestellt und hat einen Ionen- austrittsspalt von etwa 4×100 mm² Fläche. Dementsprechend liegen auch die erzielbaren Ionen- ströme höher wie aus Tabelle 25 hervorgeht. ZILVERSCHOON hat über eine große Anzahl von Einzelheiten berichtet, welche zur Unterhaltung des Dauerbetriebes zu beachten waren. Die aus Fig. 98 ersichtliche eigen- tümliche Konstruktion der Strahlungsschutz-

Tabelle 25. *Betriebsdaten der Ionenquelle von* ZILVERSCHOON *bei der Trennung der Mg-Isotope Ionenaustrittsöffnung etwa* $4 \cdot 100$ *mm².*

Bogenstrom	2,2 A mp
Bogenspannung	100 V
Beschleunigte Spannung	13 kV
Totaler Ionenstrom aus der Quelle . . .	etwa 20 mA
Totaler Ionenstrom aller Mg-Isotope nach dem Trenner	4 bis 6,9 mA
Auffängermaterial	Cu-Folie
Ofentemperatur	440 bis 480° C

bleche ist gewählt, um eine Gasentladung zu verhindern, welche von Elek- tronen entfacht wird, die sich auf einem zykloidenförmigen Weg um das Entladungskästchen herum bewegen[2]. Ferner wurden hier Extraktions- und Beschleunigungselektroden mit einem Profil versehen, welches dem von PIERCE vorgeschlagenen entspricht (vgl. Ziff. 6). Es sind aber keine Vergleichsmessungen mitgeteilt, die erkennen lassen ob dieses Feld wesentliche Verbesserungen brachte. Dagegen wurden mehrere Strom-Spannungscharakteristiken für Kollektor- und Ionenquellenstrom aufgenommen, welche zeigen, daß in einem gewissen Bereich der elektrischen Daten die Entladung ohne Rauschen brennt und dort auch maximale Ionenströme erzielt werden. Weiterhin erwies es sich als zweckmäßig, die Entladung bis zum Erreichen des stationären Zustandes mit einem Edelgas zu betreiben. — Nach etwa 7 Std Betriebsdauer mußte der Ofen von neuem gefüllt werden, dabei wurde stets gleichzeitig die Glühkathode (Wolfram, 2 mm Durchmesser) ausgewechselt.

---

[1] C. J. ZILVERSCHOON: Academisch Proefschrift, Amsterdam 1954.
[2] Berechnung solcher Elektrodenformen bei S. E. RAUCH: J. Appl. Phys. **22**, 1128 (1951).

Die vollständige Auskleidung des Entladungsraumes mit Graphit ist auch von Thompson[1] vorgeschlagen worden, dessen Anordnung Fig. 99 wiedergibt. Für diese Quelle liegen keine Ergebnisse vor; die Quelle sollte mit UCl_4, das stark hygroskopisch ist, betrieben werden, und ist für an Luft nicht indifferente Substanzen geeignet. Diese werden erst in eine Kapsel gebracht, die dann in der Quelle vor Inbetriebnahme geöffnet wird.

Aus dem Erprobungsstadium ist die von Wilson[2] vorgeschlagene Anordnung, das „Isotron", nicht herausgekommen. Diese Anordnung sollte durch Vergrößerung des Bündelquerschnittes auf 1 m² bei gleichzeitigem Betrieb von vier oder acht Bogenquellen noch erheblich höhere Ionenströme liefern. In Fig. 100 ist eine Ansichts- und eine Schnittzeichnung für eine einzelne Bogenquelle wiedergegeben, welche sich schließlich als geeignet erwiesen hatte. Vom Glühdraht a wird zunächst ein Elektronenstrom zum Wolframstab b gezogen. In einem Edelgas zündet dann eine Bogenentladung, durch welche der W-Stab an seinem linken Ende hellrot glühend wird. Dann wird die bewegliche Seele der Elektrode c auf den Stab getippt, wodurch eine kleine Menge der Substanz, in diesem Fall Uran, auf den Stab schmilzt und schnell die ganze Fläche bedeckt. Der Bogen brennt dann in einer Uranatmosphäre und Ionen können extrahiert werden.

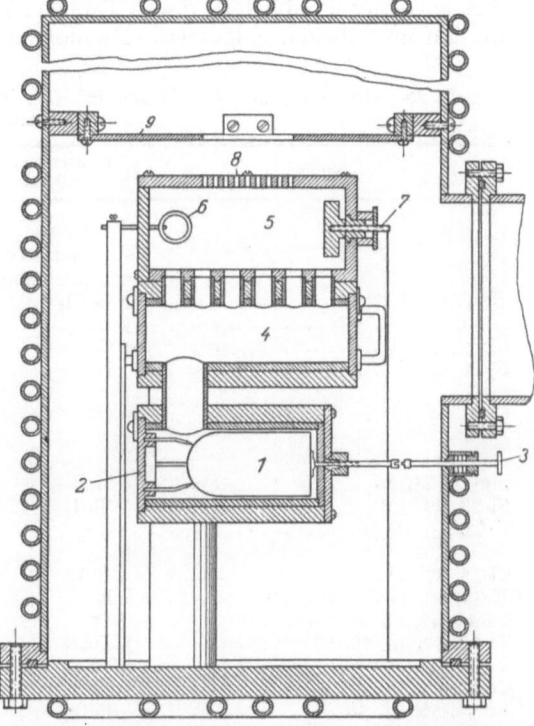

Fig. 99. Bogenquelle für einen Massentrenner. (1) Präparatkapsel, die mit (2) und (3) von außen zertrümmert wird. (4) mit Graphit ausgelegter Verdampfungsraum. (5) Bogenkammer. (6) Glühkathode. (7) Anode. (8) Ionenaustrittsöffnungen. (9) Beschleunigung-Elektrode (Thompson).

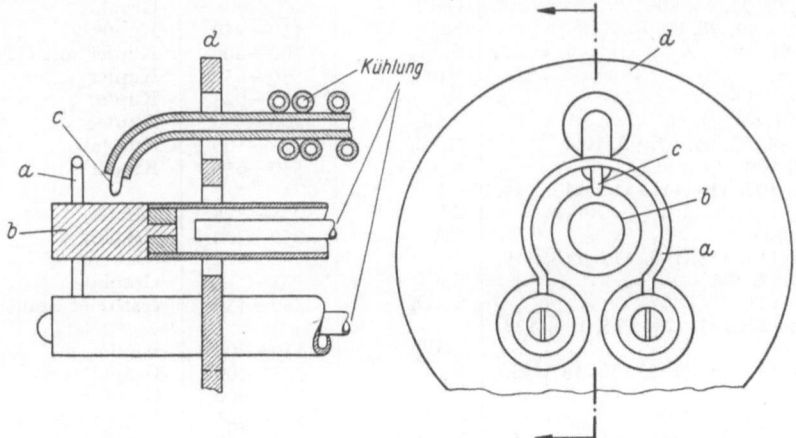

Fig. 100. Eine einzelne Bogenquelle des Isotrons von Wilson. Zeichenerklärung im Text.

42. Geeignete Substanzen und Auffänger. Von Keim[3] wurde eine Zusammenstellung geeigneter Substanzen für die Ionisierung in Bogenquellen von

[1] R. W. Thompson: US-Patentschrift 2624845. 1953.
[2] R. R. Wilson: Siehe Fußnote 2, S. 110. Ferner R. R. Wilson: US Patent 2624009. 1952.
[3] C. P. Keim: J. Appl. Phys. 24, 1255 (1953). — Nature, Lond. 175, 98 (1955). Ferner W. D. Allen, R. H. Dawton, M. L. Smith u. P. C. Thonemann: Nature, Lond. 175, 101 (1955).

Massentrennern publiziert, die in Tabelle 26 wiedergegeben ist. Diese Substanzen werden im Calutron eingesetzt. Die notwendigen Ofentemperaturen liegen nicht

Tabelle 26. *Materialien für den Einsatz in Massentrenner-Ionenquellen mit Verdampfungsofen* (KEIM).

Isotope	Verdampfungs-material	Ofentemperatur °C	Auffängermaterial
Li-6, 7	LiBr-Li Metall-Mischung	480—550	Kupfer[1]
Be-9, (10)[2]	$BeCl_2$	200—350	Graphit
B-10, 11	BCl_3		Kupfer
C-12, 13	CO_2		Kupfer
N-14, 15	N_2		Graphit mit Mg um Nitrite zu bilden
O-16, 17, 18	O_2		Kupfer oder Graphit mit feinem Cu um Oxyde zu bilden
Mg-24, 25, 26	Mg	500—550	Kupfer
Si-28, 29, 30	$SiCl_4$		Kupfer
S-32, 33, 34, 36	CS_2		Kupfer mit feinem Cu um Sulfide zu bilden
Cl-35, 37	BCl_3	250—415	Kupfer mit Ba und Mg
K-39, 40, 41	K	175—225	Kupfer
Ca-40, 42, 43, 46, 48	Ca	550—650	Kupfer
Ti-46, 47, 48, 49, 50	$TiCl_4$		Graphit
V-50, 51	VF_3	225—800	Graphit
Cr-50, 52, 53, 54	$CrCl_3$	500—600	Graphit
Fe-54, 56, 57, 58	$FeCl_2$	480—590	Kupfer oder Graphit
Ni-58, 60, 61, 62	$NiCl_2$	550—625	Graphit
Cu-63, 65	CuCl	350—425	Graphit
Zn-64, 66, 67, 68, 70	Zn	400—550	Kupfer
Ga-69, 71	GaI_3	120—180	Graphit
Ge-70, 72, 73, 74, 76	$GeCl_4$		Graphit
Se-74, 76, 77, 78, 80, 82	SeO_2	150—250	Kupfer
Br-79, 81	$SrBr_2$	700—800	Kupfer mit Cd-Ringen
Rb-85, 87	RbI	550—650	Kupfer
Sr-84, 86, 88	Sr	535—625	Kupfer
Zr-90, 91, 92, 94, 96	$ZrCl_4$	200—350	Kupfer
Mo-92, 94, 95, 96, 97, 98, 100 . . .	$MoCl_5$	75—100	Graphit
Ag-107, 109	AgCl	550—650	Kupfer
Cd-106, 108, 110, 111, 112, 113, 114, 116	Cd	275—325	Kupfer
In-113, 115	InI	250—300	Graphit
Sn-112, 114, 115, 116, 117, 118, 119, 120, 122, 124	$SnCl_4$		Graphit
Sb-121, 123	Sb_2O_3	350—450	rostfreier Stahl
Te-120, 122, 123, 124, 125, 126, 128, 130	$TeCl_4$	150—200	Kupfer
Ba-130, 132, 134, 135, 136, 137, 138	Ba	725—800	Graphit
La-138, 139	$LaCl_3$	500—600	Graphit
Ce-136, 138, 140, 142	$CeCl_3$	525—625	Kupfer oder Graphit
Nd-142, 143, 144, 145, 146, 148, 150	$NdCl_3$	550—650	Graphit oder Kupfer
Sm-144, 147, 148, 149, 150, 152, 154	$SmCl_3$	600—700	Kupfer oder Graphit
Hf-174, 176, 177, 178, 179, 180 . . .	$HfCl_4$	110—170	Kupfer
W-180, 182, 183, 184, 186	WCl_6	150—250	Kupfer
Re-185, 187	Re_2O_7	190—250	Graphit
Hg-196, 198, 199, 200, 201, 202, 204	$HgCl_2$	50—110	Silber
Tl-203, 205	TlI	335—370	Kupfer

[1] Alle Kupferauffänger sind wassergekühlt.
[2] Be 10 aus dem Pile, vom Be 9 abgetrennt.

über 800° C, sie können aber bis zu 2500° C gesteigert werden. Die ganze Bogenentladung spielt sich in einer Graphitkammer ab, die Glühkathoden sind aus
Wolfram oder Tantal. Ionenbeschleunigungsspannung 35 kV, Auffängerströme
für *alle* Isotope eines Elementes bis zu 100 mA.

Eine leistungsfähige Ionenquelle für Massentrenner kann nur dann ausgenützt
werden, wenn ein geeigneter Auffänger konstruiert wird, denn durch Zerstäubung
geht ein beträchtlicher Teil der aufgefangenen Substanz sonst verloren. Der
Auffänger erhält daher vielfach einen schrägen Boden, so daß zerstäubte Substanz sich auf der gegenüberliegenden Wand wiederfindet. Graphitauffänger
werden bei niedrigem Dampfdruck der aufgefangenen Substanz vorgezogen, Cu-
Auffänger (wassergekühlt) bei höherem Druck. KOCH[1] hat getrennte Gas-Ionen
mit 60 keV Energie auf Bleche geschossen, wo sie bis zu 100 Atomdurchmesser
tief eindrangen. So konnten bis zu $2\,\mu g/cm^2$ festgehalten werden. Durch Ausglühen im Vakuum konnten die Isotope dann wieder gewonnen werden[2].

Wegen der innigen Vermischung des aufgefangenen Materials mit dem Auf-
fängermaterial, besonders bei großer Zerstäubung, empfiehlt sich vielfach eine
nachträgliche chemische Aufbereitung von Teilen des Auffängers.

V. Verschiedene Typen.

In den folgenden Ziffern sollen einige Quellen beschrieben werden, welche
kein solch weites Anwendungsgebiet gefunden haben wie die in den vorigen
Ziffern beschriebenen. Die Auswahl wurde dabei so getroffen, daß die hier zu
besprechenden Quellen entweder ihr begrenztes Anwendungsgebiet trotz Entwicklung anderer Quellen behalten haben und voraussichtlich auch behalten
werden, oder daß sie neue interessante Prinzipien enthalten.

Zuvor sei darauf hingewiesen, daß sich jede Apparatur in welcher Ionen gebildet werden als Ionenquelle ausnutzen läßt. Insofern bilden die in diesem abschließenden Abschnitt erwähnten Quellen keine vollständige Ergänzung zu den
früher besprochenen. Andererseits gibt es auch Ionenquellen, welche trotz zunächst bestechender Vorteile niemals zu einer brauchbaren Form durchentwickelt
wurden. Als diese seien genannt die Protonenquelle von FRANZINI[3] und die
Magnetronquellen einer Reihe russischer Forscher[4]. Die FRANZINISche Quelle
fußt auf dem Vorschlag von HULUBEI[5] die Protonenemission eines Pd-Röhr-
chens, durch welches bei Erhitzung Wasserstoff strömen kann, auszunützen. Die
Nachteile sind, daß 1. der Protonenstrom nicht so hoch wie erwartet ist, denn
die diffundierenden Protonen rekombinieren an der Oberfläche des Pd sehr
schnell, und daß 2. der Gasverbrauch nicht unabhängig vom Ionenstrom geregelt
werden kann. Bei den Magnetronquellen ist eine so hohe Ionenstromentnahme
wie ursprünglich berichtet nicht möglich; sie kommt erst in den Bereich einiger mA
wenn der Gasdruck aus dem Magnetrongebiet (10^{-4} Torr) auf mehr als 10^{-2} Torr
heraufgesetzt wird, und dann ist auch bei dieser Quelle eine Trennung des Entladungsraumes vom Nachbeschleunigungsraum durch einen engen Kanal notwendig[6].

---

[1] J. KOCH: Siehe Fußnote 4, S. 110.
[2] Ausführliche Darstellung von Auffängerproblemen bei S. THULIN: Ark. Fys. **9**, 107
(1955).
[3] T. FRANZINI: Cimento **15**, 88 (1938). — Atti Accad. naz. Lincei **27**, 292 (1938).
[4] M. M. SITNIKOW: J. techn. Phys. (russ.) **8**, 1429 (1938). — A. A. SLUTZKIN: Phys.
Z. Sowj. Union **8**, 255 (1935). Bei SITNIKOW weitere Literatur.
[5] H. HULUBEI: C. R. Acad. Sci. Paris **199**, 199 (1934).
[6] W. BARTHOLOMEYCZYK u. R. SEELIGER: Unveröffentlichter Bericht.

43. Funkenentladungs-Ionenquellen. Wie von optischen Untersuchungen bekannt, sind in einer Vakuum-Funkenentladung Ionen des Elektrodenmaterials mit hohem Ionisierungsgrad vorhanden. Können diese aus einer Öffnung der einen, etwa als Platte ausgebildeten Elektrode, oder durch eine andere Öffnung des Entladungsraumes austreten, so können sie als Ionenbündel gewonnen werden. Eine solche Ionenquelle wurde zunächst von DEMPSTER[1] in die Massenspektrographie zur *Gas*analyse eingeführt. Eine neuere, von DUCKWORTH[2] benutzte Quelle enthält Fig. 101. Die Ionenbeschleunigung findet mittels des Spaltsystems

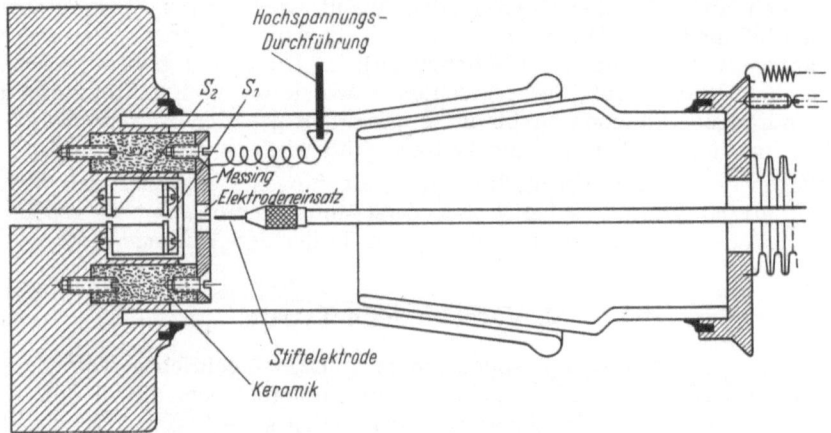

Fig. 101. Funkenentladungs-Ionenquelle von DUCKWORTH. Masse der Stiftelektrode: 0,5 bis 1 mm Durchmesser, 5 bis 6 mm Länge. S_1, S_2 Beschleunigungsstrecke.

unter der Austrittsöffnung statt (bis zu 40 kV). Der Betrieb der Funkenentladung erfolgt im einfachsten Fall mit einem TESLA-Kreis (ungedämpfte Schwingungen); bei ungedämpften Schwingungen verschweißen die Elektroden zu schnell. Zweckmäßig ist auch ein im Impulsbetrieb arbeitender Röhrensender (z.B. 60mal pro sec je 200 μsec lang bei einer Frequenz von 1 MHz[3]). Der Entladungsdruck kann bis zu 10^{-5} Torr heruntergesetzt werden, die Entladungsströme liegen z.B. bei 0,1 bis 0,25 Amp (gemessen von SHENG-LIN CH'U[4]). Metalle hohen Schmelzpunktes werden direkt als Elektrodenmaterial für Analysenzwecke benutzt, Metalle niedrigen Schmelzpunktes und auch Mineralien können z.B. in Ni-Röhrchen eingepreßt und in eine der beiden Elektroden eingebaut werden. Die von der Quelle gelieferten Ionenströme sind großen zeitlichen Schwankungen unterworfen. Dies spielt bei photographischer Registrierung der Ionen keine Rolle, macht die Quelle aber für elektrischen Teilchennachweis ungeeignet. Daher muß entweder eine Relativmessung der Ionenströme untereinander vorgenommen werden, oder die Einzelströme werden relativ zum insgesamt die Quelle verlassenden Ionenstrom gemessen. So konnten GORMAN, JONES und HIPPLE[3] Stahlproben massenspektrometrisch analysieren bei Totalströmen von $5 \cdot 10^{-11}$ Amp und Auffängerströmen von maximal $5 \cdot 10^{-12}$ Amp.

[1] A. J. DEMPSTER: Rev. Sci. Instrum. **7**, 46 (1936). Ferner A. J. DEMPSTER: Phys. Rev. **50**, 186 (1935) (15-Zeilen-Letter). — J. MATTAUCH, H. EWALD, O. HAHN u. F. STRASSMANN: Z. Physik **120**, 598 (1943). — A. E. SHAW u. W. RALL: Rev. Sci. Instrum. **18**, 278 (1947).
[2] H. E. DUCKWORTH: Rev. Sci. Instrum. **21**, 54 (1950). Ganzmetallanordnung von H. EWALD: Z. Naturforsch. **1**, 131 (1946).
[3] J. G. GORMAN, E. J. JONES u. J. A. HIPPLE: Analyt. Chem. **23**, 439 (1951).
[4] SHENG-LIN CH'U: Phys. Rev. **50**, 212 (1936).

44. Impuls-Ionenquellen. Die einfachste Ionen-Impulserzeugung geschieht dadurch, daß ein stationärer Trägerstrom durch elektrische Felder periodisch abgelenkt wird und damit bei Überstreichen eines Spaltes zerhackt wird. Von MOBLEY[1] ist eine solche Methode vorgeschlagen worden, Fig. 102 gibt das Prinzip wieder. Das Ionenbündel wird über den Spalt b hinweggeführt und die Begrenzung des Magnetfeldes ist so gewählt (dies ist der entscheidende Punkt!), daß die Ionenpakete zeitlich und örtlich nach Passieren des Feldes in einer gewissen Entfernung vom Magneten fokussiert sind. MOBLEY berechnet für eine

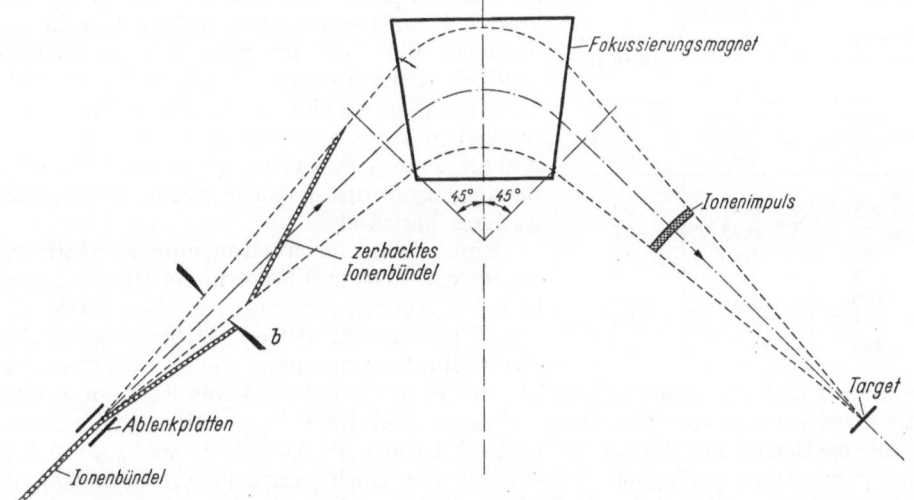

Fig. 102. Schema der MOBLEYschen Anordnung zur Erzeugung von Ionenimpulsen mit periodischer Bündelablenkung und Laufzeitfokussierung mittels magnetischem Umlenkfeld.

Anordnung mit Protonen bei einer Ablenkungsfrequenz von 4,4 MHz einen Verstärkungsfaktor des Protonenstromes von 100, so daß bei einem stationären Ionenstrom von 50 μA die Stromspitze im Impuls 5 mA wäre. Für die Anordnung liegen noch keine praktischen Ergebnisse vor, auch ist das Problem der bei der Paket-Fokussierung auftretenden Raumladungskräfte für diesen Fall nicht untersucht[2]. CASSIGNOL[3] hat den Vorschlag von MOBLEY zum Anlaß genommen, um ähnliche Stromverstärkungsfaktoren für den Fall zu berechnen, wo der Eintritts*winkel* eines Ionenbündels in ein 180°-Umlenkfeld periodisch variiert wird. Auch hierüber existieren keine experimentelle Daten.

Von den anderen beiden Möglichkeiten der Erzeugung von Ionenimpulsen, nämlich entweder die ganze Entladung im Impuls zu betreiben, oder aus einer stationär brennenden Entladung Ionen im Impuls zu extrahieren, ist vor allem von der ersten Gebrauch gemacht worden. Die zweite Möglichkeit wurde von NEUERT[4] bei der Hochfrequenz-Ionenquelle angewandt um einerseits den Stromverlauf zu verfolgen und um andererseits festzustellen, ob auch bei der Hochfrequenzentladung sich im Impuls höhere Ströme entnehmen lassen wie er dies auch schon bei der Kanalstrahlentladung gefunden hatte. Es handelt sich hier aber stets nur um einmalige, in großem Abstand voneinander ausgelöste Impulse.

---

[1] R. C. MOBLEY: Phys. Rev. **88**, 360 (1952).
[2] Raumladungskräfte bei Ionenpaketen in Laufzeit-Massentrennern wurden behandelt von R. HOFMANN u. W. WALCHER [Z. Physik **141**, 237 (1955)].
[3] CH. CASSIGNOL: C. R. Acad. Sci. Paris **237**, 710 (1953).
[4] H. NEUERT: Z. Naturforsch. **4a**, 449 (1949).

Setlow[1] hat eine Ionenquelle vom Typ der Finkelsteinschen (Ziff. 32) im Impuls betrieben, d.h. die Anodenspannung für die Glühelektronen wurde 60mal pro sec für 250 μsec Dauer eingeschaltet und in etwa 5 cm Entfernung der Ionenstrom hinter einem Kanal von 12 mm Durchmesser gemessen. Damit ergaben sich die in Tabelle 27 zusammengestellten Werte. Die hohen Ionenströme rühren vor allem her von der hohen Entladungsleistung im Impuls. Eine Kathode würde im Dauerbetrieb bei solch hohen Belastungen in einigen Sekunden zerstört. Bei der höchsten von Setlow angegebenen Leistung ist die Lebensdauer auch im Impulsbetrieb nur 10 min. Wegen des großen Kanals erscheint es außerdem sehr unwahrscheinlich, ob der gemessene Ionenstrom wirklich reiner Ionenstrom war, oder ob nicht Teile des Plasmas einfach aus der Quelle herausquollen und daher gar nicht der nachbeschleunigbare Ionenstrom gemessen wurde. Über Erfahrungen mit dieser Quelle wurde bisher nichts weiteres berichtet.

Tabelle 27.
Betriebsdaten der Impulsionenquelle von Setlow. *Weitere Angaben im Text.*

Peak Anodenspannung (V)	Peak Elektronenemission (A)	Peak Auffängerstrom (mA)
65	0,9	20
74	0,95	21
95	1,1	24
105	2,1	52
120	3,5	180
165	7,7	380
200	38	850

Eine Penningsche Ionenquelle (Ziff. 27) wurde von Gow und Foster[2] im Impuls betrieben. Die Anodenspannung von etwa 300 V wird 15mal pro sec für 450 μsec Dauer eingeschaltet (Multivibratorsteuerung), die Extraktionselektrode hat eine Spannung von 15 kV, der Peak-Entladungsstrom ist dann 2 Amp, der Gasdruck $25 \cdot 10^{-3}$ Torr (Gasverbrauch 26 Ncm³/Std), und der erzielte Ionenstrom bei Betrieb mit Wasserstoff im Peak 1,5 mA H$^+$, 0,9 mA H$_2^+$ und 0,3 mA H$_3^+$. Die ganze Ionenquelle befindet sich auf der Hochspannungsseite einer van de Graaff-Anlage, sie wird von Erde aus photoelektrisch eingeschaltet und war ohne Störung 2500 Std in Betrieb.

45. Therm-Ionenquellen und Oberflächen-Ionenquellen. Die Zahl der von einer Metalloberfläche (Temperatur T) und Austrittsarbeit $e\varphi_a$ pro sec emittierten Ionen wird durch die Beziehung (12.1) geregelt. Wie hatten in Ziff. 12 schon bemerkt, daß es zweckmäßig ist, Grundmetalle mit hoher Austrittsarbeit zu verwenden und Substanzen mit niedriger Ionisierungsspannung aufzubringen. Da es viele Ausnahmen vom quantitativen Verhalten nach (12.1) gibt, sind die Verfahren zur Herstellung einer bestimmten Ionensorte mehr als dies bei anderen Ionenquellen der Fall ist eine Frage des Geschickes des Experimentators. Aus einem Gemisch von Elementen und Verbindungen wird in jedem Falle ein Massenspektrum emittiert, welches von der quantitativen Zusammensetzung der aufgebrachten Substanz abweicht, eventuell können Spurenelemente besonders deutlich hervortreten. Einige Materialien und die von ihnen auf Wolfram als Grundmetall emittierten Ionensorten waren schon in Tabelle 13 zusammengestellt, und es war schon auf eine umfassendere Tabelle von Inghram und Hayden verwiesen. Über die interessante Methode Verdampfungs- und Ionisierungswendel räumlich zu trennen haben Inghram und Chupka berichtet[3].

Therm-Ionenquellen kommen mit sehr geringem Materialeinsatz aus. Mengen von wenigen μg (in Extremfällen bis zu 10^{-15} g²), die mit einer Mikropipette in einer Aufschlämmung in H$_2$O auf ein W-Bändchen von 2 mm Breite gebracht

[1] R. B. Setlow: Rev. Sci. Instrum **20**, 558 (1949).
[2] J. D. Gow u. J. S. Foster: Rev. Sci. Instrum. **24**, 606 (1953). Über die von ihnen erzielten Ergebnisse für den Mechanismus der Penning-Quelle, war schon in Ziff. 27 berichtet worden.
[3] M. G. Inghram u. W. A. Chupka: Rev. Sci. Instrum. **24**, 518 (1953).

werden, reichen für Häufigkeitsanalysen in Massenspektrometern aus. Unter
Erhitzen des Bändchens an Luft wird die Substanz eingedampft, nach Einbau
in die Apparatur wird unter Temperatursteigerung ein wachsender Ionenstrom
emittiert. Die Energieunschärfe der Ionen ist durch die Temperatur der Schicht
bestimmt, also nur Bruchteile von 1 eV.

Für höhere Ströme bis zu 1 mA/cm² sind sog. Pulver-Glühanoden verwendet
worden[1]: feinkörnigem W-Pulver (Korngröße bis herunter zu 1 μ) wird eine passend
Menge Alkalichlorid (die Glühanoden haben bevorzugt für Alkali-Ionenerzeugung
Verwendung gefunden) zugemischt (einige Volumenprozent), die Mischung in
eine Öfchenfassung gepreßt und in der Apparatur von der Rückseite durch Strahlung einer W-Wendel erhitzt. Bei einer Temperatur von etwa 1100° K setzt
Schmelzen und Verdampfen des überschüssigen Salzes ein, weiterhin Dissoziation
und damit Bedeckung der W-Körner mit Alkali-Ionen und Abdampfen von Cl-
Ionen. Nun ist die Anode „formiert" und emittiert Alkali-Ionen, welche über
die innere Oberfläche der W-Körner zunächst nach außen wandern und dann
emittiert werden. Das Massenspektrum auch anderer aufgebrachter Substanzen
enthält stets Alkali-Ionen, da diese sich als Verunreinigung nicht vermeiden lassen.

Zu den Therm-Ionenquellen gehören auch noch Quellen, bei welchen aus
zusammengesinterten Mischungen und Glasschmelzen beim Erhitzen Ionen emittiert werden[2]. Die bekanntesten dieser Quellen wurden von KUNSMANN, sowie
BLEWETT und JONES[3] hergestellt. Die KUNSMANNschen Quellen werden aus einer
Mischung von Fe_2O_3 und etwa 1% Al_2O_3, sowie etwa 1% eines Alkalisalzes (z.B.
KNO_3) zusammengeschmolzen, in Wasserstoff bei Rotglut reduziert, in eine Vertiefung des Quellenblockes gepreßt und sind nach erneutem Glühen in der Apparatur emissionsbereit. Schon bei 700 bis 800° C lassen sich Ströme von einigen
0,1 mA/cm² über Stunden aufrechterhalten. Bei der von BLEWETT und JONES
angegebenen Vorschrift wird das Eisenoxyd durch SiO_2 ersetzt, so daß sich nach
Fertigstellung Substanzen mit der Zusammensetzung z.B. $Li_2O \cdot Al_2O_3 \cdot 4SiO_2$
ergeben. Als Ausgangssubstanzen sind hierfür Li_2CO_3, reines Si und Aluminium-
Anhydrid genommen. Die Mengenverhältnisse werden so wie die Bruttoformel
angibt, gewählt. Die Mischung wird zu einem massiven Silikatstück geschmolzen
und in eine Vertiefung der Anode eingepreßt. Erhitzung erfolgt entweder durch
Strahlung einer W-Wendel, oder durch Elektronenstoßheizung.

Oberflächen-Ionenquellen sind weiterhin diejenigen, bei welchen durch Beschuß mit schnellen Trägern Ionen herausgeschlagen werden. Dies tritt einerseits gleichzeitig mit Kathodenzerstäubung bei Ionenbeschuß auf, andererseits
aber auch bei Elektronenbeschuß[4]. Beide Arten der Ionenerzeugung dienten bisher
nur zu dem Zweck festzustellen, welcher Art die herausgeschlagenen Ionen sind.

46. Quellen negativer Ionen. Bisher wurden systematische Untersuchungen
über das Auftreten negativer Ionen nur angestellt, um ihren Entstehungsmecha-
nismus aufzuklären und eventuell Elektronenaffinitäten zu messen[5]. — Nur für

[1] H. EWALD u. H. HINTENBERGER: Methoden und Anwendungen der Massenspektroskopie. 1953.
[2] J. KOCH: Z. Physik 100, 669 (1936). — W. WALCHER: Z. Physik 121, 604 (1943).
[3] C. H. KUNSMANN: Phys. Rev. 25, 892 (1925); 27, 249 (1926). — H. A. BARTON, C. P.
HARNWELL u. C. H. KUNSMANN: Phys. Rev. 27, 739 (1926). — M. NORDMEYER: Ann. Phys.
16, 696 (1933). — J. P. BLEWETT u. E. J. JONES: Phys. Rev. 50, 464 (1936). — G. COUCHET:
C. R. Acad. Sci. Paris 233, 10113 (1951). — G. COUCHET: C. R. Acad. Sci. Paris 236, 1240 (1953).
[4] R. H. SLOANE u. R. PRESS: Proc. Roy. Soc. Lond., Ser. A 168, 284 (1938). — R. H.
PLUMLEE u. L. P. SMITH: J. Appl. Phys. 21, 811 (1950). — R. H. PLUMLEE: Nat. Bur. Stand.,
Circ. 522, 1954.
[5] J. MARRIOT u. J. D. CRAGGS: Conf. appl. Mass Spectroscopy (Inst. Petroleum), Paper 13.
1953. — O. ROSENBAUM u. H. NEUERT: Z. Naturforsch. 9a, 990 (1954). — R. F. BAKER
u. J. T. TATE: Phys. Rev. 53, 683 (1938). — H. NEUERT: Z. Naturforsch. 8a, 459 (1953).

Therm-Ionenquellen hat HINTENBERGER[1] eine Anordnung entwickelt mit welcher Vergleichsmessungen durchgeführt wurden. Nach der Beziehung (12.2) ist mit einer Emission negativer Ionen zu rechnen, wenn auf ein Grundmetall mit der Austrittsarbeit $e\varphi_a$ eine Substanz gebracht wird, deren Atome eine Elektronenaffinität haben welche größer als die Austrittsarbeit des Grundmetalles ist. Interessant ist nun, daß das Massenspektrum von NaCl wenn es auf W-Pulver gebracht wird bevorzugt Na^+-Ionen enthält, was nach der Beziehung (12.1) auch zu erwarten ist, während Cl^--Ionen nur zu wenigen Prozent vorhanden sind. Daß aber dieses Spektrum vollständig umgekehrt wird, wenn an Stelle des W mit der hohen Austrittsarbeit, Thorium mit wesentlich niedrigerer Austrittsarbeit verwendet wird.

Zusammenfassende Literatur.

A. Elektronenquellen.

[1] BECKER, J. A.: Thermionic Emission. Rev. Mod. Phys. **7**, 95 (1935).
[2] BLEWETT, J. B.: J. Appl. Phys. **10**, 668 (1939).
[3] DE BOER, J. H.: Elektronenemission und Adsorptionserscheinungen. Englische Ausgabe Cambridge 1935, Deutsche Ausgabe Leipzig 1937.
[4] DUSHMAN, S.: Thermionic Emission. Rev. Mod. Phys. **2**, 381 (1930).
[5] EISENSTEIN, A. S.: Oxide coated Cathodes. In Advances in Electronics, herausgeg. von L. MARTON, Bd. 1. New York: Academic Press (1948). (89 Zitate)
[6] ESPE, W., u. M. KNOLL: Werkstoffkunde der Hochvakuumtechnik, S. 256ff. Berlin 1936.
[7] FRIEDENSTEIN, H., S. L. MARTIN and G. L. MUNDAY: Rep. Progr. Phys. **11**, 298 (1946/47) The Mechanism of the Thermionic Emission from Oxide coated Cathodes.
[8] SEITZ, F.: Modern Theory of Solids. New York u. London: Mc Graw-Hill 1940.
[9] HERMANN, G., u. S. WAGENER: Die Oxydkathode, 2. Aufl., Teil 1 u. 2. Leipzig 1948 u. 1950, englische Ausgabe London 1951.
[10] HERRING, C., and M. H. NICHOLS: Thermionic Emission. Rev. Mod. Phys. **21**, 185 (1949).
[11] PIKE, O. W.: Communications **21**, 5 (1941). Cathode Design (sehr gedrängte Übersicht ohne Strahlbildungsprobleme).
[12] REIMAN, A. L.: Thermionic Emission. London 1934.
[13] SCHOTTKY, W., H. ROTHE u. H. SIMON: Handbuch der Experimentalphysik, Bd. XIII/2. Leipzig 1928.
[14] BRÜCHE, E., u. A. RECKNAGEL: Elektronengeräte. Berlin 1941.
[15] BRÜCHE, E., u. O. SCHERZER: Geometrische Elektronenoptik. Berlin 1934.
[16] FIELD, L. M.: High Current Electron Guns. Rev. Mod. Phys. **18**, 353 (1946).
[17] GLASER, W.: Grundlagen der Elektronenoptik. Wien 1952.
[18] KLEMPERER, O.: Electron Optics, 2. Aufl. Cambridge 1953.
[19] MORTON, G. A.: Electron Guns for Television Application. Rev. Mod. Phys. **18**, 362 (1946).
[20] Moss, H.: Cathode Ray Tube Progress in the past Decade with special Reference to Manufacture and Design. In Advances in Electronics, herausgeg. von L. MARTON, Bd. 2. New York: Academic Press 1950.
[21] PIERCE, J. R.: Theory and Design of Electron Beams. New York 1949.
[22] RUSTERHOLZ, A.: Elektronenoptik, Bd. I. Basel 1950.

B. Ionenquellen.

Es existieren bisher nur wenige Zusammenfassungen, die in Fußnote 2 auf S. 36 angegeben sind.

---

[1] H. HINTENBERGER: Helvet. phys. Acta **24**, 307 (1951).

Elektronen- und Ionenoptik.

Von

WALTER GLASER.

Mit 123 Figuren.

Einleitung.

Begriff und Bedeutung der Elektronenoptik. Die Elektronen- und Ionenoptik befaßt sich mit der Führung, Fokussierung und Ablenkung von Elektronen- und Ionenbündeln in makroskopischen elektrisch-magnetischen Feldern. Zum Unterschied von der Mechanik, die sich für die Gestalt der *Einzelbahn* und ihren Bewegungsablauf interessiert, bilden *Bahngesamtheiten* und deren Eigenschaften den Gegenstand der Elektronen- und Ionenoptik. Wichtige *Bündel*eigenschaften sind z.B. die Wiedervereinigung der Bahnen in Brennpunkten, auf Brennlinien und Brennflächen, die Gestalt der Hauptbahn des Elektronen- oder Ionenbündels, Änderungen von Bündelquerschnitten, Intensitäten usw. Derartige Eigenschaften von „Strahlsystemen" nennt man allgemein *optische* Eigenschaften. Die Untersuchung der *optischen* Eigenschaften von Bahnen*bündeln* bildet somit den Gegenstand der Elektronen- und Ionenoptik.

Die Elektronen- und Ionenoptik wird überall dort Anwendung finden, wo es auf die Struktur von Elektronen- und Ionenbündeln ankommt. Bei fast allen Geräten der wissenschaftlichen und technischen Elektronik, bei der Geschwindigkeits- und Massenspektroskopie sowie den Teilchenbeschleunigern, spielen daher elektronen- und ionenoptische Fragen in dem oben dargelegten Sinne eine wichtige Rolle[1]. Geeignet gestaltete elektrische und magnetische Ablenk- und Fokussierungsfelder übernehmen hierbei hinsichtlich der Elektronen- und Ionenstrahlen die Funktion von Prismen, Linsen und Spiegel. Aber ebenso wie beim Licht Prisma, Spiegel und Linse nicht nur Bedeutung für die technische Optik haben, sondern unerläßliche Ausrüstungsgegenstände für viele physikalische Untersuchungen darstellen, so sind auch die analogen elektronenoptischen Elemente und Kombinationen von ihnen zu wichtigen Hilfsmitteln der allgemeinen physikalischen Forschung geworden.

Eine prinzipielle Bedeutung für die gesamte Naturwissenschaft hat die Elektronenoptik dadurch erlangt, daß es mit Hilfe von Elektronenstrahlen gelungen ist, hochauflösende Abbildungen submikroskopischer Objekte zu erzielen, die mit den bisherigen optischen Mitteln grundsätzlich nicht erreichbar waren.

Da in der Elektronenoptik die Bedeutung der Einzelbahn gegenüber den Bahngesamtheiten zurücktritt und vor allem die Strom- und Dichteverteilung in den Bündeln maßgebend ist, nähert sich ihre Betrachtungsweise in dieser Hinsicht derjenigen der Wellenmechanik. Allgemein ist die genaue Beschreibung der „Teilchenbewegung" in elektrisch-magnetischen Feldern durch die Wellenmechanik gegeben. Wir haben daher die geometrische Elektronenoptik als eine

---

[1] Um uns kürzer auszudrücken, wollen wir im folgenden oft nur das Wort „Elektron" und „Elektronenoptik" verwenden, wo sinngemäß auch von „Ion" und „Ionenoptik" gesprochen werden kann.

Näherung der Wellenmechanik zu betrachten und insbesondere die Stellen aufzuzeigen, wo diese Näherung versagt. Die Theorie der elektronischen Abbildung ist dann vom allgemeinen Standpunkt der Wellenmechanik darzustellen.

Bei den folgenden Darlegungen beschränken wir uns auf die eigentlich optischen Fragen im obigen Sinne. Wir betrachten also die Beeinflussung der Elektronen- und Ionenbündel durch *makroskopische* Felder und lassen daher die Wechselwirkung mit dem Objekt, d.h. mit den atomaren Feldern, beiseite. Die Darstellung dieses Gebiets gehört in die Theorie der Elektronenstreuung.

Die Elektronenoptik ist ein relativ junges Wissensgebiet. Die Theorie wurde zu Beginn der dreißiger Jahre im wesentlichen von H. BUSCH, W. GLASER, J. PICHT und O. SCHERZER begründet. Wichtige Beiträge stammen von M. COTTE, A. RECKNAGEL und G. WENDT. Eine approximative Formel für die Brennweite einer Schlitzlinse ist frühzeitig von C. J. DAVISSON und C. J. CALBICK mitgeteilt worden. Fast zur gleichen Zeit setzt auch die experimentelle Entwicklung ein, deren Beginn mit den Namen E. BRÜCHE, M. KNOLL und E. RUSKA verknüpft ist. Wesentliche Beiträge stammen von M. v. ARDENNE, H. BOERSCH, B. v. BORRIES, H. MAHL, L. MARTON, V. K. ZWORYKIN und anderen.

Viele Einzelfragen der Elektronenoptik stehen noch mitten in der Diskussion. Wir haben daher in diesem Handbuchbeitrag das Hauptgewicht auf die Darstellung der allgemeinen Methoden gelegt, da diese keinem so raschen Wandel unterliegen.

I. Elektronen- und Ionenbewegung als optisches Problem.

1. Die LORENTZschen Bewegungsgleichungen. Die Grundlage der geometrischen Elektronen- und Ionenoptik bilden die LORENTZschen Bewegungsgleichungen. Für eine negative Punktladung $-e$ ($e = |e|$) der Ruhmasse m_0, welche sich mit der Geschwindigkeit $\mathfrak{v}$ im elektromagnetischen Feld $\mathfrak{E}$, $\mathfrak{B}$ bewegt, lauten sie:

$$\frac{d}{dt}\frac{m_0\,\mathfrak{v}}{\sqrt{1-\dfrac{v^2}{c^2}}} = -e\,\mathfrak{E} + e\,\mathfrak{B}\times\mathfrak{v}. \tag{1.1}$$

Die Konstante c bedeutet die Lichtgeschwindigkeit. Die elektrische Feldstärke $\mathfrak{E}(x, y, z, t)$ und die magnetische Feldintensität (Induktion) $\mathfrak{B}(x, y, z, t)$ sind dabei als vorgegebene Funktionen des Ortes und der Zeit zu betrachten. Sie werden von Ladungen auf Elektroden bzw. von Strömen in Magnetspulen oder von Permanentmagneten erzeugt, die sich außerhalb des Gebietes befinden, in dem sich die Ladung bewegt. Das von den sich bewegenden Punktladungen selbst erzeugte Feld wird also zunächst nicht in Betracht gezogen. (Vernachlässigung der Raumladungswirkung.)

Die elektromagnetischen Feldgrößen sind durch die MAXWELLschen Gleichungen des leeren Raumes miteinander verknüpft:

$$\text{rot}\,\mathfrak{B} - \frac{1}{c^2}\dot{\mathfrak{E}} = 0, \quad \text{div}\,\mathfrak{E} = 0, \tag{1.2}$$

$$\text{rot}\,\mathfrak{E} + \dot{\mathfrak{B}} = 0, \quad \text{div}\,\mathfrak{B} = 0. \tag{1.3}$$

Man erfüllt die vierte Gleichung durch den Ansatz

$$\mathfrak{B} = \text{rot}\,\mathfrak{A}. \tag{1.4}$$

In die dritte eingesetzt ergibt dies

$$\text{rot}\,(\mathfrak{E} + \dot{\mathfrak{A}}) = 0, \tag{1.5}$$

was durch

$$\mathfrak{E} = -\operatorname{grad}\varphi - \dot{\mathfrak{A}} \qquad (1.6)$$

gelöst wird.

Man nennt φ das skalare und $\mathfrak{A}$ das Vektorpotential. Beide Größen sind durch das Feld nicht eindeutig bestimmt. Zugleich mit $\mathfrak{A}$ erfüllt nämlich auch

$$\mathfrak{A}^* = \mathfrak{A} + \operatorname{grad}\chi, \qquad (1.7)$$

wobei χ eine willkürliche Funktion des Ortes und der Zeit bedeutet, wegen

$$\operatorname{rot}\operatorname{grad}\chi = 0 \qquad (1.8)$$

die Gl. (1.4). Wenn man gleichzeitig φ durch

$$\varphi^* = \varphi - \frac{\partial\chi}{\partial t} \qquad (1.9)$$

ersetzt, bleibt nach (1.6) auch die elektrische Feldstärke ungeändert. Die Substitutionen (1.7) und (1.9) heißen *Eichtransformation*.

Setzt man (1.6) in die zweite Gl. (1.2) ein, so erhält man

$$\Delta\varphi + \operatorname{div}\dot{\mathfrak{A}} = 0. \qquad (1.10)$$

Gl. (1.4) in die erste Gl. (1.2) eingesetzt, ergibt

$$-\Delta\mathfrak{A} + \operatorname{grad}\left(\operatorname{div}\mathfrak{A} + \frac{1}{c^2}\dot{\varphi}\right) + \frac{1}{c^2}\ddot{\mathfrak{A}} = 0. \qquad (1.11)$$

Wegen der Freiheit, die wir in der Wahl von $\mathfrak{A}$ und φ noch haben, können wir zwischen ihnen die Nebenbedingung

$$\operatorname{div}\mathfrak{A} + \frac{1}{c^2}\dot{\varphi} = 0 \qquad (1.12)$$

voraussetzen. Denn man braucht nach (1.7) und (1.9) für zwei beliebige Potentialfunktionen φ^* und $\mathfrak{A}^*$ eine Funktion χ nur so zu bestimmen, daß

$$\Delta\chi - \frac{1}{c^2}\ddot{\chi} = \operatorname{div}\mathfrak{A}^* + \frac{1}{c^2}\dot{\varphi}^* \qquad (1.13)$$

gilt, damit (1.12) erfüllt ist. Nach (1.10) und (1.11) genügen dann φ und $\mathfrak{A}$ den „Wellengleichungen"

$$\Delta\varphi - \frac{1}{c^2}\ddot{\varphi} = 0, \qquad (1.14)$$

$$\Delta\mathfrak{A} - \frac{1}{c^2}\ddot{\mathfrak{A}} = 0. \qquad (1.15)$$

Im stationären Fall gehen (1.14) und (1.15) in die einfacheren LAPLACEschen Gleichungen über:

$$\Delta\varphi = 0, \qquad (1.16)$$

$$\Delta\mathfrak{A} = 0. \qquad (1.17)$$

Wir wollen fragen, wann wir mit den einfacheren Potentialgleichungen (1.16) und (1.17) angenähert auch im zeitabhängigen Feld rechnen dürfen (quasistatischer Fall). Das Feld werde durch metallische Elektroden, an denen (im allgemeinen zeitlich veränderliche) Spannungen liegen, erzeugt. Man kann sich vorstellen, daß die an den Elektroden befindlichen Ladungen, welche das Feld in ihrer Umgebung erregen, zeitlich veränderliche Funktionen darstellen. Ist die Flächendichte der Ladungen auf den Elektroden durch $\sigma(x, y, z, t)$ gegeben, so erzeugen diese im Punkte $P \equiv x, y, z$ ein Feld, das durch

$$\varphi = \frac{1}{4\pi\varepsilon_0}\int\frac{\sigma\left(\xi, \eta, \zeta, t - \dfrac{r}{c}\right)}{r}\,df \qquad (1.18)$$

gegeben ist, wenn r den Abstand des Aufpunktes P vom Punkte $P' \equiv \xi, \eta, \zeta$ des Flächenelementes der Elektrodenfläche bedeutet. Für die Wirkung im Aufpunkt zur Zeit t ist also der Ladungswert auf der Elektrode maßgebend, wie er in einem Moment vorhanden war, der um die Ausbreitungszeit r/c vor dem betrachteten Augenblick liegt (Retardierung).

Wir wollen zunächst annehmen, daß die Ladungsdichte σ eine einfache periodische Funktion der Zeit

$$\sigma = \sigma_0 \, e^{i \omega t} \tag{1.19}$$

ist. Eine allgemeine Funktion der Zeit können wir dann durch Überlagerung solcher Funktionen in Gestalt eines FOURIER-Integrals darstellen. Nach (1.18) gilt

$$\varphi = \frac{1}{4 \pi \varepsilon_0} \, e^{i \omega t} \int \frac{e^{-i \omega \frac{r}{c}} \sigma_0 (\xi, \eta, \zeta)}{r} \, df = e^{i \omega t} \, \psi, \tag{1.20}$$

wobei

$$\psi = \frac{1}{4 \pi \varepsilon_0} \int \frac{e^{-i \omega \frac{r}{c}} \sigma_0 (\xi, \eta, \zeta)}{r} \, df \tag{1.21}$$

der Differentialgleichung

$$\Delta \psi + \frac{\omega^2}{c^2} \, \psi = 0 \tag{1.22}$$

genügt.

Aus (1.21) erkennt man, daß unter der Bedingung

$$\frac{\omega \, r}{c} \ll 2 \pi \tag{1.23}$$

das „Potential" ψ in die Funktion

$$\psi = \frac{1}{4 \pi \varepsilon_0} \int \frac{\sigma_0 (\xi, \eta, \zeta) \, df}{r} \tag{1.24}$$

übergeht, welche eine Lösung der gewöhnlichen Potentialgleichung

$$\Delta \psi = 0 \tag{1.25}$$

ist. Mit der Wellenlänge $\lambda = 2 \pi c / \omega$ läßt sich die Bedingung (1.23) in der Gestalt

$$\frac{r}{\lambda} \ll 1 \tag{1.26}$$

schreiben. In allen Punkten, die von den Feldelektroden Entfernungen haben, die klein gegenüber der Wellenlänge λ sind, kann also mit der gewöhnlichen Potentialgleichung (1.25) gerechnet und daher das die Retardierung bewirkende letzte Glied in (1.14) weggelassen werden.

Bei einem allgemeinen Zeitverlauf $f(t)$ der Elektrodenspannungen kann man sich diese Funktion durch ein FOURIER-Integral in ihre spektralen Anteile zerlegt denken. Ist die kleinste Wellenlänge des noch mit merklicher Intensität vorhandenen Anteils bedeutend größer als der Abstand des Aufpunktes vom entferntesten Elektrodenpunkt, so kann nach (1.26) mit quasistatischen Verhältnissen gerechnet werden.

Die einer gegebenen Stromverteilung entsprechende Lösung für das Vektorpotential lautet

$$\mathfrak{A} = \frac{\mu_0}{4 \pi} \int \frac{J \left(\xi, \eta, \zeta, t - \frac{r}{c} \right) d\mathfrak{r}}{r}, \tag{1.27}$$

wenn $d\mathfrak{r}$ der Größe und Richtung nach das vom Strome J durchflossene Leiterelement bedeutet. Die gleichen Überlegungen zeigen, daß man mit Gl. (1.17) rechnen kann, wenn die kleinste, in der spektralen Zerlegung von $J(t)$ mit noch merklicher Intensität auftretende Wellenlänge der Bedingung (1.26) genügt.

Berechnet man nach (1.4) und (1.6) aus (1.18) und (1.27) das Feld, so erkennt man, daß die Differentiation nach dem von der Retardierung $t - r/c$ herstammenden r einen im allgemeinen nur mit der ersten Potenz von r abnehmenden Feldanteil ergibt, der einen endlichen Energiefluß durch eine beliebig große, die Elektroden umgebende Kugelfläche bewirkt und somit für die Gesamtstrahlung verantwortlich ist. Vernachlässigung der Retardierung (d.h. Annahme von quasistatischen Verhältnissen) ist also mit der Vernachlässigung der Ausstrahlung gleichbedeutend.

In der Elektronen- und Ionenoptik haben wir es entweder mit zeitlich konstanten oder höchstens quasistationären Feldern zu tun. Dieser letzte Fall, bei dem das elektrische Feld durch (1.6) berechnet werden kann, gibt z.B. bereits eine ausreichende Näherung für die Theorie des Betatrons.

In den meisten Fällen werden wir mit stationären Feldern zu tun haben, die den Bedingungen

$$\text{rot } \mathfrak{B} = 0, \quad \text{div } \mathfrak{E} = 0, \tag{1.28}$$

$$\text{rot } \mathfrak{E} = 0, \quad \text{div } \mathfrak{B} = 0 \tag{1.29}$$

genügen. Wegen der ersten Gleichungen in (1.28) und (1.29) können wir sowohl $\mathfrak{E}$ wie auch $\mathfrak{B}$ aus je einem skalaren Potential φ bzw. φ_m herleiten:

$$\mathfrak{E} = -\text{grad } \varphi \tag{1.30}$$

und

$$\mathfrak{B} = -\text{grad } \varphi_m. \tag{1.31}$$

Infolge der zweiten Gleichungen in (1.28) und (1.29) genügen φ und φ_m den Potentialgleichungen

$$\text{div grad } \varphi = \Delta \varphi = 0 \tag{1.32}$$

und

$$\text{div grad } \varphi_m = \Delta \varphi_m = 0. \tag{1.33}$$

Mit der Bestimmung des durch (1.30) bis (1.33) gekennzeichneten „wirbel- und quellenfreien" elektrisch-magnetischen Feldes werden wir uns später ausführlich befassen.

$\alpha)$ *Die Krümmung der Elektronenbahnen.* Ist $\mathfrak{z} = d\mathfrak{r}/ds$ der Tangenten-Einheitsvektor der Bahnkurve, $\mathfrak{n}$ der Einheitsvektor in der Normalen- und $\mathfrak{b}$ derjenige in der Binormalenrichtung, so folgt zunächst für die Beschleunigung

$$\frac{d\mathfrak{v}}{dt} = \frac{d}{dt}(v\,\mathfrak{z}) = \mathfrak{z}\,\frac{dv}{dt} + \frac{v^2}{\varrho}\,\mathfrak{n}, \tag{1.34}$$

wobei die erste FRENETsche Formel für $d\mathfrak{z}/ds$ benützt worden ist. Wenn man diese Beziehung in (1.1) einsetzt, erhält man

$$\frac{m_0}{\sqrt{1 - \dfrac{v^2}{c^2}}}\,\frac{v^2}{\varrho}\,\mathfrak{n} + \frac{m_0}{\sqrt{\left(1 - \dfrac{v^2}{c^2}\right)^3}}\,\frac{dv}{dt}\,\mathfrak{z} = -e\,\mathfrak{E} + e\,\mathfrak{B} \times \mathfrak{v}. \tag{1.35}$$

Durch skalare Multiplikation mit $\mathfrak{n}$ folgt daraus:

$$\frac{m_0}{\sqrt{1 - \dfrac{v^2}{c^2}}}\,\frac{v^2}{\varrho} = -e\,E_n + e\,B_b\,v, \tag{1.36}$$

wobei E_n die Komponente der elektrischen Feldstärke in der Normalenrichtung und B_b die Komponente der magnetischen Feldstärke in der Binormalenrichtung bedeutet.

Durch skalare Multiplikation von (1.35) mit $\mathfrak{v}$ erhält man

$$\frac{m_0\,v}{\sqrt{\left(1 - \dfrac{v^2}{c^2}\right)^3}}\,\frac{dv}{dt} = \frac{d}{dt}\,\frac{m_0\,c^2}{\sqrt{1 - \dfrac{v^2}{c^2}}} = -e\,\mathfrak{E}\,\mathfrak{v}. \tag{1.37}$$

Da rechts die Leistung der Kraft steht, muß der Ausdruck links die Zunahme der kinetischen Energie pro Zeiteinheit bedeuten. Für das zeitlich konstante

Feld ($\dot\varphi = 0$, $\dot{\mathfrak{A}} = 0$) folgt mit (1.6) daraus durch Integration:

$$\frac{m_0 c^2}{\sqrt{1 - \dfrac{v^2}{c^2}}} - m_0 c^2 = e\,\varphi. \tag{1.38}$$

Die Integrationskonstante ist so gewählt worden, daß φ dort Null gesetzt wird, wo die Elektronengeschwindigkeit Null ist. Die Gleichung besagt, daß die Zunahme der kinetischen Energie gleich der vom Feld am Teilchen geleisteten Arbeit $e\varphi$ ist. Die Potentialdifferenz φ nennt man „Beschleunigungsspannung". Nach (1.38) ist die erlangte Teilchengeschwindigkeit durch die Beschleunigungsspannung φ durch folgenden Ausdruck gegeben:

$$v = \sqrt{\frac{2e}{m_0}\varphi} \;\frac{\sqrt{1 + \dfrac{e}{2m_0 c^2}\varphi}}{1 + \dfrac{e}{m_0 c^2}\varphi}. \tag{1.39}$$

Wir wollen im folgenden für den relativistischen Korrekturfaktor zur Abkürzung

$$\frac{e}{2m_0 c^2} = \varepsilon \tag{1.40}$$

schreiben. Gl. (1.39) erhält damit die Gestalt

$$v = \sqrt{\frac{2e}{m_0}\varphi} \;\frac{\sqrt{1 + \varepsilon\varphi}}{1 + 2\varepsilon\varphi}. \tag{1.41}$$

Haben geladene Teilchen die Potentialdifferenz $U = \varphi$ (Volt) durchfallen, so kann die Endgeschwindigkeit v_0 nach (1.41) auch durch diese Beschleunigungsspannung U in Volt gekennzeichnet werden. Wenn man für e/m_0 und ε die experimentell für Elektronen gefundenen Werte

$$\frac{e}{m_0} = 1{,}759 \cdot 10^{11}\,\frac{\mathrm{As}}{\mathrm{kg}}, \qquad \varepsilon = 0{,}978 \cdot 10^{-6}\,\frac{\mathrm{As^3}}{\mathrm{kg\,m^2}} \tag{1.42}$$

in (1.41) einsetzt, erhält man den Zusammenhang

$$v_0 = 5{,}93 \cdot 10^5 \,\frac{\sqrt{U/V(1 + 0{,}979 \cdot 10^{-6}\,U/V)}}{1 + 1{,}957 \cdot 10^{-6}\,U/V}\,\frac{\mathrm{m}}{\mathrm{s}}. \tag{1.43}$$

Die entsprechende Beziehung für ein Z-wertiges Ion vom Atomgewicht A lautet

$$v_0 = 1{,}389 \cdot 10^4 \,\frac{\sqrt{\dfrac{Z}{A} \cdot \dfrac{U}{V}\left(1 + 0{,}537 \cdot 10^{-9}\,\dfrac{Z}{A}\dfrac{U}{V}\right)}}{1 + 1{,}074 \cdot 10^{-9}\,\dfrac{Z}{A}\dfrac{U}{V}}\,\frac{\mathrm{m}}{\mathrm{s}}. \tag{1.44}$$

Wenn man in (1.36) gemäß (1.38) und (1.41) für $\sqrt{1 - v^2/c^2}$ und v^2 einsetzt, erhält man für die Krümmung der Elektronenbahn

$$\frac{1}{\varrho} = \frac{1}{2\varphi}\frac{1 + 2\varepsilon\varphi}{1 + \varepsilon\varphi}\frac{\partial\varphi}{\partial n} + \sqrt{\frac{e}{2m_0}}\frac{B_b}{\sqrt{\varphi(1 + \varepsilon\varphi)}}, \tag{1.45}$$

wobei $\partial\varphi/\partial n$ den Potentialgradienten in der Richtung der Bahnnormalen bedeutet. Im rein magnetischen Feld gilt

$$B_b\varrho = \sqrt{\frac{2m_0}{e}\varphi(1 + \varepsilon\varphi)} = \frac{1}{e}g, \tag{1.46}$$

wobei g der Impuls

$$g = \frac{m_0 v}{\sqrt{1 - \frac{v^2}{c^2}}} = \sqrt{2 e\, m_0\, \varphi\,(1 + \varepsilon\,\varphi)} \qquad (1.47)$$

ist. Man kann daher den Elektronenimpuls — wie dies oft geschieht — auch durch den Ausdruck $B_b\,\varrho$ kennzeichnen.

$\beta)$ *Adiabatische Feldänderung.* Wenn φ und $\mathfrak{A}$ explizit von der Zeit abhängen, erhält man mit

$$d\varphi = \operatorname{grad}\varphi\, d\mathfrak{r} + \frac{\partial \varphi}{\partial t}\, dt \qquad (1.48)$$

und (1.6) aus (1.1)

$$d\left(\frac{m_0\,c^2}{\sqrt{1 - \frac{v^2}{c^2}}} - e\,\varphi\right) = -\, e\left(\frac{\partial \varphi}{\partial t}\, dt - \dot{\mathfrak{A}}\, d\mathfrak{r}\right). \qquad (1.49)$$

Da in diesem Falle die rechte Seite von (1.49) nicht verschwindet, gilt nicht mehr der Energiesatz (1.38). Wenn jedoch die Feldänderungen so langsam erfolgen, daß diese erst einen differentiellen Zuwachs betragen, während das Elektron schon seine ganze Bahn durchlaufen hat, so können wir in (1.49) $\dot{\varphi}$ und $\dot{\mathfrak{A}}$ vernachlässigen. Wir erhalten so wieder Gl. (1.38), in der nun φ als (langsam) veränderliche Funktion der Zeit anzusehen ist. Derartige Feldänderungen nennen wir *adiabatische* Feldänderungen. In einem elektrisch-magnetischen Wechselfeld dieser Art muß die Periode T groß sein gegenüber der Flugzeit τ der Teilchen. Da in einem Elektronengerät von etwa einem Meter Länge die Flugzeit von Elektronen, die eine Beschleunigungsspannung von 100 kV durchfallen haben, nach (1.43) $\tau \approx 10^{-8}$ sec beträgt, muß die Frequenz ν der Wechselspannungen an den Elektroden, bzw. der Wechselströme in den Spulen, klein gegenüber $\nu = 1/\tau = 10^8$ Hz sein, damit wir mit einer „adiabatischen Feldänderung" rechnen können und „Laufzeiteffekte" nicht zu berücksichtigen brauchen.

$\gamma)$ *Die Differentialgleichungen der Bahnkurven.* Oft interessiert man sich nur für die geometrische Bahngestalt und nicht dafür, wie diese Bahn von den Teilchen in der Zeit durchlaufen wird. Man erhält die Differentialgleichungen dieser geometrischen Bahnkurven, wenn man aus (1.1) mittels des Energiesatzes (1.38) die Zeit eliminiert. Die Bahnkoordinaten x, y, z wollen wir uns als Funktionen der Bogenlänge s dargestellt denken:

$$\mathfrak{r} = \mathfrak{r}(s). \qquad (1.50)$$

Wegen

$$\mathfrak{v} = \frac{d\mathfrak{r}}{dt} = \frac{d\mathfrak{r}}{ds}\frac{ds}{dt} = v\,\frac{d\mathfrak{r}}{ds} \qquad (1.51)$$

erhält man für (1.1)

$$v\,\frac{d}{ds}\left(\frac{m_0 v}{\sqrt{1 - \frac{v^2}{c^2}}}\,\frac{d\mathfrak{r}}{ds}\right) = -\,e\,\mathfrak{E} + e\,v\left(\mathfrak{B} \times \frac{d\mathfrak{r}}{ds}\right). \qquad (1.52)$$

Mit (1.47) und (1.41) ergibt sich daraus

$$\frac{d}{ds}\left(\sqrt{\varphi\,(1 + \varepsilon\,\varphi)}\,\frac{d\mathfrak{r}}{ds}\right) = -\,\frac{1}{2}\,\frac{1 + 2\varepsilon\,\varphi}{\sqrt{\varphi\,(1 + \varepsilon\,\varphi)}}\,\mathfrak{E} + \sqrt{\frac{e}{2m_0}}\left(\mathfrak{B} \times \frac{d\mathfrak{r}}{ds}\right). \qquad (1.53)$$

Da das Bogenelement mit einem beliebigen Parameter u durch

$$ds = \sqrt{x'^2 + y'^2 + z'^2}\, du, \qquad x' = \frac{dx}{du},\dots \qquad (1.54)$$

gegeben ist, erhält man die Differentialgleichungen der Elektronenbahnen $\mathfrak{r} = \mathfrak{r}(u)$ mit einem beliebigen Parameter in der Gestalt

$$\frac{d}{du}\left(\sqrt{\frac{\varphi(1+\varepsilon\varphi)}{x'^2+y'^2+z'^2}}\; \frac{d\mathfrak{r}}{du} \right) = -\frac{1}{2}(1+2\varepsilon\varphi)\sqrt{\frac{x'^2+y'^2+z'^2}{\varphi(1+\varepsilon\varphi)}}\;\mathfrak{E} + \sqrt{\frac{\varepsilon}{2m_0}}\left(\mathfrak{B}\times\frac{d\mathfrak{r}}{du}\right). \quad (1.55)$$

Man kann insbesondere für u eine der rechtwinkeligen Koordinaten, z.B. z, wählen und erhält dann in (1.55) zwei Differentialgleichungen für die beiden anderen Koordinaten, z.B. x und y, als Funktionen von z.

Im Falle, daß die Teilchengeschwindigkeit v gegenüber der Lichtgeschwindigkeit klein bleibt $(v/c \ll 1)$, folgen aus (1.1) die („klassischen") Bewegungsgleichungen

$$m_0 \frac{d\mathfrak{v}}{dt} = -e\,\mathfrak{E} + e\,(\mathfrak{B}\times\mathfrak{v}) \qquad (1.56)$$

und (1.38), (1.43) gehen über in

$$\frac{m_0}{2}\,v^2 = e\,\varphi \qquad (1.57)$$

und

$$v_0 = 5{,}93\cdot 10^5 \sqrt{\frac{U}{V}}\;\frac{\mathrm{m}}{\mathrm{s}}. \qquad (1.58)$$

Man erhält allgemein diesen Grenzfall, wenn man überall den relativistischen Korrekturfaktor ε durch Null ersetzt. Die Differentialgleichung der Bahnkurven erhält so die Gestalt

$$\frac{d}{du}\left(\sqrt{\frac{\varphi}{x'^2+y'^2+z'^2}}\;\frac{d\mathfrak{r}}{du} \right) = -\frac{1}{2}\sqrt{\frac{x'^2+y'^2+z'^2}{\varphi}}\;\mathfrak{E} + \sqrt{\frac{e}{2m_0}}\left(\mathfrak{B}\times\frac{d\mathfrak{r}}{du}\right). \quad (1.59)$$

2. Ähnlichkeitssätze über die Bewegung geladener Teilchen. Wir nehmen an, daß Elektronen oder Ionen zunächst die Beschleunigungsspannung U durchfallen und im Anschluß daran ein elektrisch-magnetisches Feld mit den Feldstärken $\mathfrak{E}(x, y, z)$ und $\mathfrak{B}(x, y, z)$ durchfliegen. Um unsere Vorstellungen festzulegen, denken wir dabei an aufgeladene Lochblenden und an eine stromführende Spule der Länge a, durch die sich die Teilchen bewegen. Die maximale Feldstärke auf der Achse in der Spulenmitte werde mit B_0 bezeichnet. Dem magnetischen Feld sei ein elektrisches Potentialfeld $\varphi(x, y, z)$ überlagert. Die Geschwindigkeit, mit der die Teilchen in das Feld eintreten, sei v_0.

Wenn man die Werte von a, v_0 und die Feldstärken $\mathfrak{E}$ und $\mathfrak{B}$ willkürlich abändert, werden sich im allgemeinen neue Teilchenbahnen ergeben, deren Verlauf sich vom früheren unterscheidet. Wir fragen: Wie muß die Änderung von a, v_0, $\mathfrak{E}$ und $\mathfrak{B}$ beschaffen sein, damit die neuen Bahnen den alten ähnlich sind, also daraus durch eine Vergrößerung oder Verkleinerung in bestimmtem Maßstab hervorgehen[1].

Zu dem gesuchten Ähnlichkeitsgesetz wird man unmittelbar geführt, wenn man die Bewegungsgleichungen dimensionslos schreibt. Dazu wollen wir alle Geschwindigkeiten $\mathfrak{v}$ in Vielfachen von v_0 und alle Spannungen in Vielfachen von U messen. Wir schreiben also

$$\mathfrak{v} = v_0\,\overline{\mathfrak{v}}, \qquad (2.1)$$

$$\varphi = U\,\overline{\varphi}. \qquad (2.2)$$

$\overline{\mathfrak{v}}$ bezeichnet also die dimensionslose Geschwindigkeit und $\overline{\varphi}$ das dimensionslose Potential. Weiter setzen wir

$$\mathfrak{B} = B_0\,\overline{\mathfrak{B}}, \qquad (2.3)$$

[1] E. Brüche u. A. Recknagel: Z. techn. Phys. **17**, 241 (1936); **18**, 139 (1937). — W. Glaser: Z. Physik **109**, 700 (1938).

wobei B_0 etwa den maximalen Wert des Magnetfeldes bedeuten soll. Es sei ferner a eine für das Magnetfeld kennzeichnende Größe der Dimension einer Länge, z.B. der Radius der felderzeugenden Magnetspule oder die Spulenlänge usw. Alle anderen vorkommenden Längen werden als Vielfache dieser (Einheits-) Länge ausgedrückt. Als Zeiteinheit kann a/v_0 gewählt werden, so daß man schreiben kann:

$$t = \frac{a}{v_0}\, \bar{t}\,. \tag{2.4}$$

Bedeutet dh das zur Potentialfläche $\varphi = \text{const}$ senkrechte Längenelement, so ist

$$dh = a\, d\bar{h} \tag{2.5}$$

zu setzen. Wenn schließlich $\mathfrak{n}$ der Einheitsvektor in Richtung der Normalen auf die Fläche $\varphi = \text{const}$ ist, so wird die elektrische Feldstärke durch

$$\mathfrak{E} = -\operatorname{grad}\varphi = -\frac{d\varphi}{dh}\,\mathfrak{n} = -\frac{U}{a}\frac{d\bar{\varphi}}{d\bar{h}}\,\mathfrak{n} \tag{2.6}$$

bestimmt. Wenn man die Größen (2.1) bis (2.6) in die Bewegungsgleichungen (1.1) einsetzt, erhält man

$$\frac{d}{d\bar{t}}\frac{\bar{\mathfrak{v}}}{\sqrt{1-\dfrac{v^2}{c^2}}} = \frac{e\,U}{m_0 v_0^2}\frac{d\bar{\varphi}}{d\bar{h}}\,\mathfrak{n} + \frac{e\,a\,B_0}{m_0 v_0}\,(\overline{\mathfrak{B}}\times\bar{\mathfrak{v}})\,. \tag{2.7}$$

Mit Rücksicht auf (1.41) folgt daraus als dimensionslose Gestalt der Bewegungsgleichungen:

$$\frac{d}{d\bar{t}}\frac{\bar{\mathfrak{v}}}{\sqrt{1-\dfrac{v^2}{c^2}}} = \frac{1}{2}\frac{(1+2\,\varepsilon\,U)^2}{1+\varepsilon\,U}\frac{d\bar{\varphi}}{d\bar{h}}\,\mathfrak{n} + B_0\,a(1+2\,\varepsilon\,U)\sqrt{\frac{e}{2m_0\,U(1+\varepsilon\,U)}}\,(\overline{\mathfrak{B}}\times\bar{\mathfrak{v}})\,. \tag{2.8}$$

Man erkennt, daß die Bewegung wesentlich durch die beiden dimensionslosen Konstanten

$$\varkappa_0 = \frac{(1+2\,\varepsilon\,U)^2}{1+\varepsilon\,U} \quad \text{und} \quad \varkappa^2 = \frac{e\,B_0^2\,a^2}{2\,m_0\,U} \tag{2.9}$$

bestimmt ist. Denn der dimensionslose Koeffizient von $(\overline{\mathfrak{B}}\times\bar{\mathfrak{v}})$ läßt sich in der Gestalt $\varkappa\,\sqrt{\varkappa_0}$ schreiben.

Im Falle, daß die Teilchengeschwindigkeit v klein gegenüber der Lichtgeschwindigkeit ist, so daß man $\varepsilon = 0$ setzen kann, fällt $\varkappa_0$ aus den Gleichungen heraus. Für diesen Fall (der klassischen Teilchenbewegung) können wir aus (2.8) einen wichtigen Schluß über die Ähnlichkeit von Partikelbahnen ziehen. Wir wollen weiter entsprechend den Verhältnissen in der Elektronenoptik voraussetzen, daß das elektrische Feld durch ein System von Elektroden im Vakuum erzeugt werde. Dieses Feld kann auf verschiedene Weise variiert werden: entweder durch Veränderung der angelegten *Spannungen* oder durch geometrische Veränderung der Elektrodenanordnung oder schließlich durch gleichzeitige Anwendung beider Maßnahmen. Wir nehmen an, daß an die felderzeugenden Elektroden die Spannungen $U_1, U_2, \ldots U_n$ angelegt seien. Dann läßt sich das Feld in der folgenden Gestalt schreiben:

$$\varphi = U_1\,\chi_1 + U_2\,\chi_2 + \cdots + U_n\,\chi_n\,. \tag{2.10}$$

Die Funktionen $\chi_1, \chi_2, \ldots, \chi_n$ hängen lediglich von der geometrischen Gestalt der Elektrodenanordnung ab und sind von den angelegten Spannungen unabhängig. χ_k hat die Bedeutung einer Potentialverteilung, die sich ergibt, wenn der k-ten Elektrode das Potential 1 und allen übrigen Elektroden das Potential

Null erteilt wird. Wir wählen U als Spannungseinheit und schreiben damit das Potentialfeld dimensionslos

$$\bar{\varphi} = \frac{\varphi}{U} = \frac{U_1}{U}\,\chi_1 + \frac{U_2}{U}\,\chi_2 + \cdots + \frac{U_n}{U}\,\chi_n\,. \tag{2.11}$$

Die Differentialgleichung (2.8) erhält mit $v/c \ll 1$ (d.h. $\varepsilon \approx 0$) die Gestalt

$$\frac{d\bar{\mathfrak{v}}}{d\bar{t}} = \frac{1}{2}\,\mathfrak{n}\,\frac{d}{d\bar{h}}\left(\frac{U_1}{U}\,\chi_1 + \frac{U_2}{U}\,\chi_2 + \cdots \frac{U_n}{U}\,\chi_n\right) + \varkappa\,(\bar{\mathfrak{B}} \times \bar{\mathfrak{v}})\,. \tag{2.12}$$

Denken wir uns die Bewegungsgleichungen (2.12) für eine bestimmte geometrische Gestalt der Elektrodenanordnung, d.h. für gegebene Gestaltsfunktionen χ_i integriert, so werden die Bahnkurven

$$\bar{x} = \frac{x}{a}\,, \qquad \bar{y} = \frac{y}{a}\,, \qquad \bar{z} = \frac{z}{a} \tag{2.13}$$

bestimmte Funktionen u, v, w der beiden Parameter t und $\varkappa$, sowie der Spannungsverhältnisse U_i/U und der Anfangsbedingungen:

$$x = a\,\bar{x} = a\,u\left(\bar{t}, \varkappa, \frac{U_i}{U}, \bar{x}_0, \ldots, \dot{\bar{x}}_0 \ldots\right), \qquad y = a\,\bar{y} = a\,v\,(\ldots), \quad \ldots$$

oder ausführlicher

$$x = a\,\bar{x} = a\,u\left(\frac{v_0}{a}\,t, \varkappa, \frac{U_i}{U}, \frac{x_0}{a}, \ldots, \frac{\dot{x}_0}{v_0} \ldots\right), \ldots \tag{2.14}$$

An Hand dieser Gestalt der Bahngleichungen, kann nun die oben gestellte Frage beantwortet werden.

1. Man sieht sofort, daß eine Veränderung der Elektrodenspannungen, bei der die *Verhältnisse* U_i/U unverändert bleiben, die Gestalt der Teilchenbahnen nicht beeinflußt. Man kann sogar an die Elektroden an Stelle der Gleichspannungen gleichphasige (adiabatisch veränderliche) Wechselspannungen anlegen, also U durch $U \sin(\omega t + \delta)$ und die U_i durch $U_i \sin(\omega t + \delta)$ ersetzen. Der Feldverlauf $\bar{\varphi}$ und damit die Gestalt der Bahnen bleibt davon unberührt. Der zeitliche Ablauf der Bewegung ändert sich allerdings dabei, da einer Änderung von U eine Änderung von v_0 entspricht. Bei verschiedenen Anfangsgeschwindigkeiten v_0 und v_0' werden daher entsprechende Bahnpunkte zu verschiedenen Zeiten t und t' durchlaufen, welche miteinander in der Beziehung

$$\bar{t} = \frac{v_0}{a}\,t = \frac{v_0'}{a}\,t' \tag{2.15}$$

stehen.

2. Teilchenbahnen bleiben auch im Magnetfeld unverändert, wenn außerdem der kennzeichnende Ähnlichkeitsparameter $\varkappa$ unverändert bleibt.

3. Bei einer ähnlichen Vergrößerung und Verkleinerung der Elektroden und Spulen- (Polschuh-) Anordnung[1] im Maßstab $a':a$ gehen die neuen Bahnen aus den alten durch eine einfache Ähnlichkeitsvergrößerung im Maßstabe $a':a$ hervor, wenn außer den Spannungsverhältnissen U_i/U noch der Wert des Ähnlichkeitsparameters $\varkappa$ gleichbleibt

$$\frac{e\,B_0^2\,a^2}{m_0\,U} = \frac{e'\,B_0'^2\,a'^2}{m_0'\,U'}\,. \tag{2.16}$$

Zwei verschiedene geladene Teilchen der Massen m_0 und m_0' und der Ladungen e und e' werden also in Feldern verschiedener Stärke B_0 und B_0' und verschiedener

---

[1] Polschuhanordnungen führen nur dann zu ähnlichen Bahnen, wenn die Felderregung so gering ist, daß von Sättigungserscheinungen abgesehen werden kann.

„Ausdehnung" a bzw. a', nachdem sie verschiedene Beschleunigungsspannungen U bzw. U' durchfallen haben, dann ähnliche Bahnen beschreiben, wenn zwischen all diesen Größen die Beziehung (2.16) besteht. Lassen wir z.B. die Voltgeschwindigkeit der Teilchen auf das n-fache steigen, so bleibt die Bahn erhalten, wenn wir gleichzeitig B_0 den $\sqrt{n}$-fachen Wert annehmen lassen oder sie erfährt eine ähnliche Vergrößerung im Verhältnis $\sqrt{n}:1$, wenn wir bei gleichem B_0-Wert den Radius der Magnetspule (und ebenso natürlich alle anderen Längen) auf den $\sqrt{n}$-fachen Wert vergrößern.

Da bei eisenfreien Magnetspulen die Feldstärke B_0 proportional der Stromstärke J ist und die Dimension von $J\mu_0/a$ hat, kann man

$$B_0 = C \frac{J\mu_0}{a} \qquad (2.17)$$

schreiben, wobei C eine dimensionslose Zahl darstellt, die allein von der Gestalt der Stromverteilung abhängt.

Wenn man (2.17) in (2.16) einsetzt, ergibt sich als Ähnlichkeitsbedingung

$$\frac{e}{m_0} \frac{J^2}{U} = \frac{e'}{m'_0} \frac{J'^2}{U'}. \qquad (2.18)$$

Die Bahn bleibt also erhalten, wenn bei Vergrößerung der Beschleunigungsspannung U auf den n-fachen Wert der Strom in den Magnetspulen gleichzeitig auf den $\sqrt{n}$-fachen Wert erhöht wird. Die Teilchenbahnen in ähnlichen Spulen sind einander ähnlich, wenn J^2/U für beide Anordnungen gleich ist.

4. Im rein elektrischen Feld ist $\varkappa = 0$ zu setzen und die Teilchenbahnen sind somit für Geschwindigkeiten $v \ll c$ von der spezifischen Ladung e/m unabhängig. Elektronen und negative Ionen werden daher in ähnlich vergrößerten Systemen ähnliche Bahnen beschreiben, wenn für beide dieselben Spannungsverhältnisse bestehen. Bezüglich des Bewegungsablaufs gilt das oben Gesagte: Teilchen verschiedener spezifischer Ladung werden im gleichen System zwar dieselbe Bahn durchlaufen, jedoch mit verschiedenem Zeitablauf.

Nähert sich die Teilchenbewegung der Lichtgeschwindigkeit, so wird die Änderung der Teilchenmasse mit der Geschwindigkeit merklich und man hat mit der exakten Gleichung (2.8) zu rechnen. Die eben besprochenen Ähnlichkeitsbeziehungen verlieren in diesem Fall ihre Gültigkeit.

3. Das Prinzip der kleinsten Wirkung und der Brechungsexponent des elektrischmagnetischen Feldes. Für die Zwecke der Elektronen- und Ionenoptik ist es vorteilhaft, die Bewegungsgleichungen durch ein Variationsprinzip auszudrücken. Wir gehen dazu von einer Funktion $L(x, y, z, \dot{x}, \dot{y}, \dot{z}, t)$ der angeschriebenen Variablen aus. Das Linienintegral

$$W = \int_{P_0}^{P_1} L \, dt \qquad (3.1)$$

hat dann für jeden gedachten Bewegungsablauf

$$x = x(t), \qquad y = y(t), \qquad z = z(t) \qquad (3.2)$$

einen bestimmten Wert.

Wir wollen im folgenden zur Abkürzung

$$\mathfrak{i} \frac{\partial L}{\partial x} + \mathfrak{j} \frac{\partial L}{\partial y} + \mathfrak{k} \frac{\partial L}{\partial z} = \frac{\partial L}{\partial \mathfrak{r}} \qquad (3.3)$$

und

$$\mathfrak{i}\,\frac{\partial L}{\partial \dot{x}} + \mathfrak{j}\,\frac{\partial L}{\partial \dot{y}} + \mathfrak{k}\,\frac{\partial L}{\partial \dot{x}} = \frac{\partial L}{\partial \mathfrak{v}} \tag{3.4}$$

schreiben. $\mathfrak{i}, \mathfrak{j}, \mathfrak{k}$ sind die Einheitsvektoren in den Koordinatenrichtungen.

Wenn wir zu einem zu (3.2) benachbarten Bewegungsablauf

$$\bar{\mathfrak{r}} = \mathfrak{r} + \delta\mathfrak{r}, \qquad \dot{\bar{\mathfrak{r}}} = \mathfrak{v} + \delta\mathfrak{v} \tag{3.5}$$

übergehen, erhalten wir für die Änderung von (3.1)

$$\delta W = \int\limits_{P_0}^{P_1} \left(\frac{\partial L}{\partial \mathfrak{r}}\,\delta\mathfrak{r} + \frac{\partial L}{\partial \mathfrak{v}}\,\delta\mathfrak{v} \right) dt + \cdots, \tag{3.6}$$

wobei wir durch die Punkte Glieder zweiter und höherer Ordnung in $\delta\mathfrak{r}$ und $\delta\mathfrak{v}$ angedeutet haben.

Wegen

$$\delta\mathfrak{v} = \delta\,\frac{d\mathfrak{r}}{dt} = \frac{d}{dt}\,\delta\mathfrak{r} \tag{3.7}$$

erhält man durch partielle Integration

$$\delta W = \frac{\partial L}{\partial \mathfrak{v}}\,\delta\mathfrak{r}\,\Big|_{P_0}^{P_1} + \int \left(\frac{\partial L}{\partial \mathfrak{r}} - \frac{d}{dt}\,\frac{\partial L}{\partial \mathfrak{v}} \right) \delta\mathfrak{r}\,dt + \cdots. \tag{3.8}$$

Wir verlangen, daß die Nachbarbahnen gleichfalls durch P_0 und P_1 gehen, also

$$\delta\mathfrak{r}_0 = 0, \qquad \delta\mathfrak{r}_1 = 0 \tag{3.9}$$

gilt. Damit verschwindet in (3.8) der erste Ausdruck rechts. Nun fordern wir, daß die Ausgangsbahn die Eigenschaft habe, daß für sie bis auf Glieder höherer Ordnung $\delta W = 0$ ist, wie immer man auch die Bahnvariation $\delta\mathfrak{r}$ wählt. Dies verlangt, daß in (3.8) der Integrand verschwindet:

$$\frac{\partial L}{\partial \mathfrak{r}} - \frac{d}{dt}\,\frac{\partial L}{\partial \mathfrak{v}} = 0. \tag{3.10}$$

Die Gln. (3.10) heißen die zum Variationsprinzip

$$\delta W = \delta \int\limits_{P_0}^{P_1} L\,dt = 0 \tag{3.11}$$

gehörenden Euler-Lagrangeschen Gleichungen. L heißt die Lagrangesche Funktion. Die Euler-Lagrangeschen Gleichungen stellen die Bedingungen dafür dar, daß sich das Linienintegral (3.1) nur um Glieder zweiter und höherer Ordnung ändert, wenn man den durch die Punkte P_0 und P_1 gehenden Bewegungsablauf beliebig abändert. Falls (3.10) die mechanischen Bewegungsgleichungen sind, heißt diese Aussage das „Hamiltonsche Prinzip".

Wir suchen nun eine Lagrangesche Funktion L so zu bestimmen, daß die Lorentzschen Bewegungsgleichungen (1.1) in der Gestalt der Euler-Lagrangeschen Gleichungen (3.10) erscheinen.

Dazu haben wir nur den Gedankengang, der uns soeben zu den Gln. (3.10) geführt hat, rückwärts zu durchlaufen. Wir wollen speziell $\mathfrak{A} = 0$ voraussetzen. Das gefundene Resultat gilt aber — wie man sich nachträglich überzeugen kann — allgemein.

Soll also

$$\frac{d}{dt} \frac{m_0 \mathfrak{v}}{\sqrt{1 - \frac{v^2}{c^2}}} - e \operatorname{grad} \varphi - e \operatorname{rot} \mathfrak{A} \times \mathfrak{v} = 0 \qquad (3.12)$$

mit (3.10) gleichbedeutend sein, dann muß die Multiplikation von (3.12) mit $\delta \mathfrak{r}$ und die Integration über t zwischen P_0 und P_1 zu (3.11) führen.

Wir erhalten so — wenn wir im letzten Glied zyklisch vertauschen —

$$\int \left[\delta \mathfrak{r} \, d \left(\frac{m_0 \mathfrak{v}}{\sqrt{1 - \frac{v^2}{c^2}}} \right) - e \, \delta \varphi \, dt - e \operatorname{rot} \mathfrak{A} \, (\mathfrak{v} \, dt \times \delta \mathfrak{r}) \right] = 0. \qquad (3.13)$$

Partielle Integration des ersten Gliedes ergibt mit Rücksicht auf (3.9), wenn wir gleichzeitig $d\mathfrak{r} \times \delta \mathfrak{r} = d\mathfrak{f}$ setzen

$$\int \delta \left(m_0 c^2 \sqrt{1 - \frac{v^2}{c^2}} - e \varphi \right) dt - e \int \operatorname{rot} \mathfrak{A} \, d\mathfrak{f} = 0. \qquad (3.14)$$

Durch Anwendung des STOKESschen Satzes auf den letzten Term für eine Fläche zwischen ursprünglicher und variierter Kurve erhält man

$$e \int \operatorname{rot} \mathfrak{A} \, d\mathfrak{f} = e \oint \mathfrak{A} \, d\mathfrak{r} = e^{(1)} \int_{P_0}^{P_1} \mathfrak{A} \, \mathfrak{v} \, dt - e^{(2)} \int_{P_0}^{P_1} \mathfrak{A} \, \mathfrak{v} \, dt = - e \, \delta \int_{P_0}^{P_1} \mathfrak{A} \, \mathfrak{v} \, dt. \qquad (3.15)$$

Damit ergibt sich für (3.14)

$$\delta \int \left[- m_0 c^2 \sqrt{1 - \frac{v^2}{c^2}} + e \varphi - e \, (\mathfrak{A} \mathfrak{v}) \right] dt = 0. \qquad (3.16)$$

Durch Vergleich mit (3.11) folgt daraus unmittelbar die LAGRANGEsche Funktion. Zu L können wir eine beliebige Konstante addieren, ohne dadurch an den Bewegungsgleichungen (3.10) etwas zu ändern.

Wir addieren aus einem später ersichtlichen formalen Grund $m_0 c^2$ und erhalten so endgültig

$$L = m_0 c^2 \left(1 - \sqrt{1 - \frac{v^2}{c^2}} \right) + e \varphi - e \, (\mathfrak{A} \mathfrak{v}). \qquad (3.17)$$

Man überzeugt sich nachträglich durch unmittelbares Ausrechnen der EULER-LAGRANGEschen Gleichungen (3.10) von (3.17), daß man ganz allgemein die LORENTZschen Bewegungsgleichungen (1.1) erhält, wenn man (bei zeitabhängigem $\mathfrak{A}$) die elektrische Feldstärke durch (1.6) und die magnetische Feldstärke durch (1.4) definiert[1].

Selbstverständlich müssen die Bewegungsgleichungen unverändert bleiben, wenn man die Potentiale φ und $\mathfrak{A}$ einer Eichtransformation (1.7) und (1.9) unterwirft. Man erhält so

$$L = m_0 c^2 \left(1 - \sqrt{1 - \frac{v^2}{c^2}} \right) + e \varphi^* - e (\mathfrak{A}^* \mathfrak{v}) + e \left(\frac{\partial \chi}{\partial t} + \mathfrak{v} \operatorname{grad} \chi \right) = L^* + e \frac{d\chi}{dt}. \qquad (3.18)$$

Die LAGRANGEsche Funktion ändert sich daher bei einer Eichtransformation um ein totales Differential. W ändert sich somit allein um eine nur von den Integrations*grenzen* abhängende Funktion, deren Beitrag in δW wegen (3.9) verschwindet.

Der Energiesatz. Wir bestimmen die Änderung der Funktion L längs einer mechanischen Bahnkurve:

$$\frac{dL}{dt} = \frac{\partial L}{\partial t} + \frac{\partial L}{\partial \mathfrak{r}} \mathfrak{v} + \frac{\partial L}{\partial \mathfrak{v}} \dot{\mathfrak{v}}. \qquad (3.19)$$

---

[1] S. SCHWARZSCHILD: Göttinger Nachr., Math.-phys. Kl. **3**, 126 (1903).

Wenn man hier nach (3.10) für $\partial L/\partial \mathfrak{r}$ einsetzt, erhält man

$$\frac{d}{dt}\left(\mathfrak{v}\,\frac{\partial L}{\partial \mathfrak{v}}-L\right)=-\frac{\partial L}{\partial t}\,. \tag{3.20}$$

Hieraus erkennt man: hängt die LAGRANGEsche Funktion nicht explizit von der Zeit ab, so stellt

$$\mathfrak{v}\,\frac{\partial L}{\partial \mathfrak{v}}-L=E \tag{3.21}$$

ein Integral der Bewegungsgleichungen dar.

Wir wollen

$$\mathfrak{p}=\frac{\partial L}{\partial \mathfrak{v}} \tag{3.22}$$

setzen und $\mathfrak{p}$ den generalisierten Impuls nennen. Für eine bewegte Punktladung wird nach (3.17)

$$\mathfrak{p}=\frac{m_0\,\mathfrak{v}}{\sqrt{1-\dfrac{v^2}{c^2}}}-e\,\mathfrak{A}\,. \tag{3.23}$$

Für das Integral (3.21) ergibt sich aus (3.17)

$$E=m_0\,c^2\left(\frac{1}{\sqrt{1-\dfrac{v^2}{c^2}}}-1\right)-e\,\varphi\,, \tag{3.24}$$

also die Summe aus kinetischer und potentieller Energie, die nach unserer früheren Normierung (1.38) gleich Null gesetzt wurde.

Im Falle $v^2/c^2 \ll 1$ wird (3.24) gleich

$$E=\frac{m_0}{2}\,v^2-e\,\varphi \tag{3.25}$$

und die zugehörige LAGRANGEsche Funktion (3.17) erhält die Gestalt

$$L=\frac{m_0}{2}\,v^2+e\,\varphi-e\,(\mathfrak{A}\,\mathfrak{v})\,. \tag{3.26}$$

Wir wollen weiterhin annehmen, daß L von der Zeit nicht explizit abhängt, also die Bewegungsgleichungen das Energieintegral (3.21) besitzen.

Setzt man aus (3.21) für L in (3.1) ein, so erhält man

$$W=\int_{P_0}^{P_1}\mathfrak{p}\,\mathfrak{v}\,dt-E\,(t_1-t_0)\,. \tag{3.27}$$

Wir schreiben

$$S=\int_{P_0}^{P_1}\mathfrak{p}\,d\mathfrak{r} \tag{3.28}$$

und erhalten den Zusammenhang

$$W=S-E\,(t_1-t_0)\,. \tag{3.29}$$

Beim Übergang zu einer benachbarten Bewegung erhält man

$$\delta W=\delta S-(t_1-t_0)\,\delta E-E\,\delta\,(t_1-t_0)\,. \tag{3.30}$$

Betrachtet man nur derartige Nachbarbewegungen, die zur gleichen Energie (3.21) gehören, und setzt man für δW den sich für mitvariierte Zeit ergebenden Wert (5.12) ein, so kann man bei festgehaltenen Endpunkten die Elektronenbewegung auch durch

$$\delta S = \delta \int_{P_0}^{P_1} \mathfrak{p}\, d\mathfrak{r} = 0 \qquad (3.31)$$

kennzeichnen[1].

Mit $d\mathfrak{r} = \mathfrak{s}\, ds$ kann (3.31) auch in der Gestalt

$$\delta \int_{P_0}^{P_1} (\mathfrak{p}\,\mathfrak{s})\, ds = 0 \qquad (3.32)$$

geschrieben werden. Der Vergleich mit dem FERMATschen Prinzip der Lichtoptik

$$\delta \int_{P_0}^{P_1} \mu\, ds = 0, \qquad (3.33)$$

wobei μ den Brechungsexponenten bedeutet, zeigt, daß wir

$$\mu \sim \mathfrak{p}\,\mathfrak{s} = \frac{m_0 v}{\sqrt{1 - \dfrac{v^2}{c^2}}} - e(\mathfrak{A}\,\mathfrak{s}) \qquad (3.34)$$

als den Brechungsexponenten des elektrisch-magnetischen Feldes ansehen können[2]. Der Betrag des Impulses

$$g = \frac{m_0 v}{\sqrt{1 - \dfrac{v^2}{c^2}}} \qquad (3.35)$$

ist dabei dem Energiesatz (3.24) bzw. (1.38) zu entnehmen und als Funktion des Ortes durch (1.47) gegeben.

Der Brechungsexponent μ besteht somit aus einem isotropen Anteil $\sim g(x,y,z)$ und einem richtungsabhängigen (anisotropen) Anteil $\sim e(\mathfrak{A}\,\mathfrak{s})$, der allein vom Magnetfeld herrührt. Das elektrisch-magnetische Feld entspricht also einem inhomogenen, anisotropen optischen Mittel.

Der willkürliche Proportionalitätsfaktor k in

$$\mu = k\,\mathfrak{p}\,\mathfrak{s} = k\,p_s = k\left[\sqrt{2 e\, m_0\, \varphi(1 + \varepsilon\,\varphi)} - e(\mathfrak{A}\,\mathfrak{s})\right], \qquad (3.36)$$

(wobei p_s die Komponente des generalisierten Impulses in der Bahnrichtung bedeutet), kann dabei so gewählt werden, daß μ wie in der Lichtoptik eine dimensionslose Zahl wird (z.B. für $k = 1/m_0 c$). Bei einer Eichtransformation (1.7) ändert sich μ um $e(\mathfrak{s}\,\mathrm{grad}\,\chi)$. Die dadurch bedingte Änderung von $\mu\,ds$ um das totale Differential $e\,d\chi$ ist für die Bewegungsgleichungen ohne Bedeutung.

4. Die HAMILTONsche Hauptgleichung. Geht man von einer Teilchenbahn, d.h. einer den Gln. (3.10) genügenden Bewegung, aus und variiert die Endpunkte P_0 und P_1 der Bahn um die Verschiebungsvektoren $\delta\mathfrak{r}_0$ und $\delta\mathfrak{r}_1$, so ergibt (3.8) mit (3.22) für die Änderung von W:

$$\boxed{\delta W = \mathfrak{p}_1\,\delta\mathfrak{r}_1 - \mathfrak{p}_0\,\delta\mathfrak{r}_0.} \qquad (4.1)$$

---

[1] Vgl. auch den Beitrag von J. L. SYNGE über klassische Mechanik in Bd. III dieses Handbuches.

[2] W. GLASER: Z. Physik **80**, 451 (1933); Ann. d. Phys. **18**, 557 (1933).

Diese Beziehung, welche für den Aufbau der geometrischen Elektronen- und Ionenoptik eine grundlegende Rolle spielt, wollen wir die HAMILTONsche *Hauptgleichung* nennen. Das Integral

$$W = \int_{P_0}^{P_1} L \, dt, \tag{4.2}$$

erstreckt über eine P_0 mit P_1 verbindende Bahnkurve, ist eine Funktion allein von P_0 und P_1. Sie heißt „Wirkungsfunktion":

$$W = W(x_0, y_0, z_0, x_1, y_1, z_1, t). \tag{4.3}$$

Durch Vergleich der Koeffizienten von $\delta x_1, \ldots \delta z_0$ der beiden Seiten von Gl. (4.1) erhält man die Komponenten des generalisierten Impulses:

$$\mathfrak{p}_1 = \frac{\partial W}{\partial \mathfrak{r}_1}, \quad \left(p_{x_1} = \frac{\partial W}{\partial x_1}, \quad p_{y_1} = \frac{\partial W}{\partial y_1}, \quad p_{z_1} = \frac{\partial W}{\partial z_1} \right) \tag{4.4}$$

und

$$\mathfrak{p}_0 = -\frac{\partial W}{\partial \mathfrak{r}_0}, \quad \left(p_{x_0} = -\frac{\partial W}{\partial x_0}, \quad p_{y_0} = -\frac{\partial W}{\partial y_0}, \quad p_{z_0} = -\frac{\partial W}{\partial z_0} \right). \tag{4.5}$$

5. Die HAMILTON-JACOBIsche Differentialgleichung. $\alpha)$ *Variation der Zeit.* Wir wollen zeigen, daß die Wirkungsfunktion (4.2) einer partiellen Differentialgleichung genügt, die oft mit Vorteil zu ihrer Bestimmung verwendet werden kann. Auch sonst spielt diese partielle Differentialgleichung in der Physik eine grundlegende Rolle.

Wir zerlegen dazu den Bewegungsablauf in die geometrische Bahnkurve und den Zeitablauf:

$$\mathfrak{r} = \mathfrak{r}(u), \quad t = t(u), \tag{5.1}$$

indem wir einen beliebigen Parameter u einführen. Das „HAMILTONsche Prinzip" erhält so die Gestalt

$$\delta W = \delta \int L \, dt = \delta \int L \, t' \, du = \delta \int \mathfrak{L} \, du \quad \text{mit} \quad \mathfrak{L} = L \, t'. \tag{5.2}$$

Den Punkten P_1 und P_0 sowie dem End- und Anfangswert der Zeit, mögen die Parameterwerte u_1 bzw. u_0 entsprechen:

$$\mathfrak{r}_1 = \mathfrak{r}(u_1), \quad t_1 = t(u_1); \quad \mathfrak{r}_0 = \mathfrak{r}(u_0), \quad t_0 = t(u_0). \tag{5.3}$$

Beim Übergang zu einem abgeänderten Bewegungsablauf

$$\bar{\mathfrak{r}} = \mathfrak{r}(u) + \delta \mathfrak{r}, \quad \bar{t} = t(u) + \delta t \tag{5.4}$$

erfährt W die Änderung

$$\delta W = \int_{u_0}^{u_1} \left(\frac{\partial \mathfrak{L}}{\partial \mathfrak{r}} \, \delta \mathfrak{r} + \frac{\partial \mathfrak{L}}{\partial \mathfrak{r}'} \, \delta \mathfrak{r}' + \frac{\partial \mathfrak{L}}{\partial t} \, \delta t + \frac{\partial \mathfrak{L}}{\partial t'} \, \delta t' \right) du. \tag{5.5}$$

Partielle Integration mit Rücksicht auf

$$\delta \mathfrak{r}' = \delta \frac{d\mathfrak{r}}{du} = \frac{d}{du} \delta \mathfrak{r}, \quad \delta t' = \delta \frac{dt}{du} = \frac{d}{du} \delta t \tag{5.6}$$

ergibt

$$\delta W = \left[\frac{\partial \mathfrak{L}}{\partial \mathfrak{r}'} \, \delta \mathfrak{r} + \frac{\partial \mathfrak{L}}{\partial t'} \, \delta t \right]_{u_0}^{u_1} + \int_{u_0}^{u_1} \left[\left(\frac{\partial \mathfrak{L}}{\partial \mathfrak{r}} - \frac{d}{du} \frac{\partial \mathfrak{L}}{\partial \mathfrak{r}'} \right) \delta \mathfrak{r} + \left(\frac{\partial \mathfrak{L}}{\partial t} - \frac{d}{du} \frac{\partial \mathfrak{L}}{\partial t'} \right) \delta t \right] du. \tag{5.7}$$

Wegen (5.2) gilt

$$\frac{\partial \mathfrak{L}}{\partial \mathfrak{r}} - \frac{d}{du}\frac{\partial \mathfrak{L}}{\partial \mathfrak{r}'} = t'\left(\frac{\partial L}{\partial \mathfrak{r}} - \frac{d}{dt}\frac{\partial L}{\partial \mathfrak{v}}\right),\tag{5.8}$$

$$\frac{\partial \mathfrak{L}}{\partial \mathfrak{r}'} = \frac{\partial L}{\partial \mathfrak{v}} = \mathfrak{p},\qquad \frac{\partial \mathfrak{L}}{\partial t'} = L - \mathfrak{v}\frac{\partial L}{\partial \mathfrak{v}},\tag{5.9}$$

also

$$\frac{\partial \mathfrak{L}}{\partial t} - \frac{d}{du}\frac{\partial \mathfrak{L}}{\partial t'} = t'\left[\frac{\partial L}{\partial t} - \frac{d}{dt}\left(L - \mathfrak{v}\frac{\partial L}{\partial \mathfrak{v}}\right)\right].\tag{5.10}$$

Wir schreiben

$$H\left(x, y, z, p_x, p_y, p_z, t\right) = \mathfrak{v}\frac{\partial L}{\partial \mathfrak{v}} - L,\tag{5.11}$$

wenn wir uns auf der rechten Seite $\mathfrak{v}$ nach (3.22) durch $\mathfrak{p}$ ersetzt denken und nennen (5.11) die „HAMILTONsche Funktion". Im Falle, daß L von der Zeit nicht explizit abhängt, ist H konstant und ihr Wert bedeutet nach (3.21) die Energie.

Auf Grund von (5.8) und (5.11) erhält man für δW in Gl. (5.7)

$$\delta W = \left[\mathfrak{p}\,\delta\mathfrak{r} - H\,\delta t\right]_{u_0}^{u_1}.\tag{5.12}$$

Hieraus folgt

$$\mathfrak{p}_1 = \frac{\partial W}{\partial \mathfrak{r}_1},\qquad H_1 = -\frac{\partial W}{\partial t_1},\tag{5.13}$$

$$\mathfrak{p}_0 = -\frac{\partial W}{\partial \mathfrak{r}_0},\qquad H_0 = \frac{\partial W}{\partial t_0}.\tag{5.14}$$

Daraus erkennt man, daß die Wirkungsfunktion W der partiellen Differentialgleichung

$$H\left(x, y, z, \frac{\partial W}{\partial x}, \frac{\partial W}{\partial y}, \frac{\partial W}{\partial z}, t\right) + \frac{\partial W}{\partial t} = 0\tag{5.15}$$

genügt (den Index 1 haben wir weggelassen). Gl. (5.15) heißt die HAMILTON-JACOBISCHE Differentialgleichung.

β) *Der JACOBISCHE Satz.* Eine Lösung $W(x, y, z, t, \alpha, \beta, \gamma)$ von (5.15), die drei unabhängige, willkürliche Konstanten α, β, γ enthält, heißt ein *vollständiges Integral.* Wir wollen zeigen, daß man aus einem derartigen Integral die Teilchenbahnen erhält, wenn man die Gleichungen

$$\frac{\partial W}{\partial \alpha} = a,\qquad \frac{\partial W}{\partial \beta} = b,\qquad \frac{\partial W}{\partial \gamma} = c,\tag{5.16}$$

in denen a, b und c drei willkürliche Konstanten bedeuten, nach x, y und z auflöst. Die sich so ergebenden Funktionen

$$x = x(t, \alpha, \beta, \gamma, a, b, c),\qquad y = y(t, \alpha, \beta, \gamma, a, b, c),\qquad z = z(t, \alpha, \beta, \gamma, a, b, c)\tag{5.17}$$

der Zeit und der sechs willkürlichen Konstanten $\alpha, \beta, \gamma, a, b$ und c sind die Gleichungen der Teilchenbahnen, also Lösungen von (3.10).

Um den Satz zu beweisen, bemerken wir zunächst, daß auf Grund von

$$H = \mathfrak{v}\,\mathfrak{p} - L\tag{5.18}$$

die Beziehung

$$\frac{\partial H}{\partial \mathfrak{p}} = \mathfrak{v}\tag{5.19}$$

besteht[1]. Wir differenzieren nun Gl. (5.15) nach der Konstanten α:

$$\frac{\partial H}{\partial p_x}\frac{\partial^2 W}{\partial x\,\partial\alpha} + \frac{\partial H}{\partial p_y}\frac{\partial^2 W}{\partial y\,\partial\alpha} + \frac{\partial H}{\partial p_z}\frac{\partial^2 W}{\partial z\,\partial\alpha} + \frac{\partial^2 W}{\partial t\,\partial\alpha} = 0. \qquad (5.20)$$

Wegen (5.19) kann man hierfür

$$\frac{\partial}{\partial t}\left(\frac{\partial W}{\partial\alpha}\right) + \mathfrak{v}\,\mathrm{grad}\left(\frac{\partial W}{\partial\alpha}\right) = 0 \qquad (5.21)$$

schreiben oder

$$\frac{d}{dt}\left(\frac{\partial W}{\partial\alpha}\right) = 0. \qquad (5.22)$$

Längs einer Bahnkurve ist also $\partial W/\partial\alpha$ konstant. Das gleiche gilt für $\partial W/\partial\beta$ und $\partial W/\partial\gamma$, so daß durch (5.16) eine implizite Darstellung einer Bahnkurve gegeben ist.

Die Hamiltonsche Funktion für die Bewegung einer Ladung $-e$ lautet nach (5.11) und (3.17)

$$H = m_0 c^2\left(\frac{1}{\sqrt{1 - \dfrac{v^2}{c^2}}} - 1\right) - e\,\varphi, \qquad (5.23)$$

wobei wir nach (3.22) bzw. (3.23) die Geschwindigkeit durch den generalisierten Impuls zu ersetzen haben. Mit

$$\frac{m_0 c^2}{\sqrt{1 - \dfrac{v^2}{c^2}}} = c\sqrt{m_0^2 c^2 + g^2} \qquad (5.24)$$

und

$$g^2 = (\mathfrak{p} + e\,\mathfrak{A})^2 \qquad (5.25)$$

erhält man so

$$H = c\sqrt{m_0^2 c^2 + (\mathfrak{p} + e\,\mathfrak{A})^2} - e\,\varphi - m_0 c^2, \qquad (5.26)$$

und die Hamilton-Jacobische Differentialgleichung wird

$$c\sqrt{m_0^2 c^2 + (\mathrm{grad}\,W + e\,\mathfrak{A})^2} - e\,\varphi - m_0 c^2 + \frac{\partial W}{\partial t} = 0. \qquad (5.27)$$

Sie geht für Bewegungen, die der Bedingung $v^2/c^2 \ll 1$ genügen, in den Ausdruck der klassischen Mechanik

$$\frac{1}{2m_0}(\mathrm{grad}\,W + e\,\mathfrak{A})^2 - e\,\varphi + \frac{\partial W}{\partial t} = 0 \qquad (5.28)$$

über. Falls der Energiesatz gilt, erhält man mit (3.29):

$$\frac{1}{2m_0}(\mathrm{grad}\,S + e\,\mathfrak{A})^2 - e\,\varphi = E. \qquad (5.29)$$

6. Integrierbare Fälle von Elektronenbewegungen. Es sind nur wenig elektrisch-magnetische Felder bekannt, für welche die Lorentzschen Bewegungsgleichungen (1.1) streng integriert werden können. Da man die allgemeine Lösung eines Systems von linearen Differentialgleichungen mit konstanten Koeffizienten kennt, werden insbesondere Teilchenbahnen in den Feldern leicht zu bestimmen sein, die auf ein derartiges lineares System führen. Dies ist für überlagerte homogene elektrisch-magnetische Felder der Fall[2].

---

[1] Die Gleichung bedeutet $\dfrac{\partial H}{\partial p_x} = v_x$, $\dfrac{\partial H}{\partial p_y} = v_y$, $\dfrac{\partial H}{\partial p_z} = v_z$.

[2] Man erkennt dies am einfachsten, wenn man die relativistischen Lorentzschen Bewegungsgleichungen unter Einführung des Feldtensors $F_{\mu\nu}$ und der Eigenzeit τ vierdimensional schreibt.

α) *Relativistische Bahnen im homogenen elektrisch-magnetischen Feld* [1]. Wir legen die x-Richtung in die Richtung des magnetischen Feldes $\mathfrak{B}$ und die z-Achse senkrecht zu der durch $\mathfrak{E}$ und $\mathfrak{B}$ gebildeten Ebene. Es sind dann allein B_x, E_x und E_y von Null verschieden. Die Bewegungsgleichungen lauten in diesem Fall:

$$\frac{d}{dt}\frac{m_0\dot{x}}{\sqrt{1-\frac{v^2}{c^2}}} = -eE_x, \tag{6.1}$$

$$\frac{d}{dt}\frac{m_0\dot{y}}{\sqrt{1-\frac{v^2}{c^2}}} = -eE_y - eB_x\dot{z}, \tag{6.2}$$

$$\frac{d}{dt}\frac{m_0\dot{z}}{\sqrt{1-\frac{v^2}{c^2}}} = eB_x\dot{y}. \tag{6.3}$$

Der Energiesatz (3.24) erhält die Gestalt

$$\frac{m_0 c^2}{\sqrt{1-\frac{v^2}{c^2}}} = \frac{m_0 c^2}{\sqrt{1-\frac{v_0^2}{c^2}}} - eE_x x - eE_y y, \tag{6.4}$$

da das Potential durch

$$\varphi = -(E_x x + E_y y) \tag{6.5}$$

gegeben ist (wir sind hier von der Normierung $\varphi = 0$ für $v = 0$ abgegangen).

Wir setzen

$$d\tau = \sqrt{1-\frac{v^2}{c^2}}\,dt \tag{6.6}$$

und ferner

$$v_1 = \frac{dx}{d\tau}, \quad v_2 = \frac{dy}{d\tau}, \quad v_3 = \frac{dz}{d\tau}, \quad v_4 = \frac{dt}{d\tau}; \tag{6.7}$$

weiter schreiben wir zur Abkürzung

$$e_1 = -\frac{e}{m_0}E_x, \quad e_2 = -\frac{e}{m_0}E_y, \quad \sigma = -\frac{e}{m_0}B_x. \tag{6.8}$$

Wenn wir die Gln. (6.1), (6.2), (6.3) mit $v_4 = dt/d\tau$ multiplizieren, erhalten wir

$$\frac{dv_1}{d\tau} = e_1 v_4, \quad \frac{dv_2}{d\tau} = e_2 v_4 + \sigma v_3, \quad \frac{dv_3}{d\tau} = -\sigma v_2. \tag{6.9}$$

Durch Differentiation der Energiegleichung (6.4) folgt

$$c^2\frac{dv_4}{d\tau} = e_1 v_1 + e_2 v_2. \tag{6.10}$$

Die Gln. (6.9) und (6.10) stellen ein lineares, homogenes System von Differentialgleichungen für die Variablen $v_1, \ldots, v_4$ dar. Mit dem Ansatz

$$v_k = C_k e^{\lambda\tau} \qquad (k = 1, 2, 3, 4) \tag{6.11}$$

erhält man für λ die charakteristische Gleichung

$$\lambda^4 + \left(\sigma^2 - \frac{e_1^2 + e_2^2}{c^2}\right)\lambda^2 - \frac{e_1^2\sigma^2}{c^2} = 0. \tag{6.12}$$

---

[1] Vgl. hierzu auch A. Pignedoli: Atti Inst. Veneto Sci. **109**, 60 (1950/51).

Sie hat für λ^2 eine negative Wurzel $-\omega_1^2$ und eine positive Wurzel $+\omega_2^2$:

$$\left. \begin{aligned} 2\omega_1^2 &= \sqrt{\left(\sigma^2 - \frac{1}{c^2}\,e_0^2\right)^2 + \frac{4}{c^2}\,e_1^2\,\sigma^2} + \left(\sigma^2 - \frac{1}{c^2}\,e_0^2\right), \\ 2\omega_2^2 &= \sqrt{\left(\sigma^2 - \frac{1}{c^2}\,e_0^2\right)^2 + \frac{4}{c^2}\,e_1^2\,\sigma^2} - \left(\sigma^2 - \frac{1}{c^2}\,e_0^2\right), \end{aligned} \right\} \quad e_0^2 = e_1^2 + e_2^2. \qquad (6.13)$$

Die Lösungen v_k, z. B. v_1, können wir daher in der Gestalt

$$v_1 = A \sin \omega_1 \tau + B \cos \omega_1 \tau + \alpha \operatorname{Sin} \omega_2 \tau + \beta \operatorname{Cos} \omega_2 \tau \qquad (6.14)$$

schreiben, wobei A, B, α und β Integrationskonstanten sind. Aus (6.9) folgt:

$$\left. \begin{aligned} v_4 &= \frac{\omega_1}{e_1}\,(A \cos \omega_1 \tau - B \sin \omega_1 \tau) + \frac{\omega_2}{e_1}\,(\alpha \operatorname{Cos} \omega_2 \tau + \beta \operatorname{Sin} \omega_2 \tau), \\ v_2 &= -\frac{\omega_1^2 c^2 + e_1^2}{e_1 e_2}\,(A \sin \omega_1 \tau + B \cos \omega_1 \tau) + \\ &\quad + \frac{(\omega_2^2 c^2 - e_1^2)}{e_1 e_2}\,(\alpha \operatorname{Sin} \omega_2 \tau + \beta \operatorname{Cos} \omega_2 \tau), \\ v_3 &= -\frac{\omega_1(\omega_1^2 c^2 + e_0^2)}{\sigma e_1 e_2}\,(A \cos \omega_1 \tau - B \sin \omega_1 \tau) + \\ &\quad + \frac{\omega_2(\omega_2^2 c^2 - e_0^2)}{\sigma e_1 e_2}\,(\alpha \operatorname{Cos} \omega_2 \tau + \beta \operatorname{Sin} \omega_2 \tau). \end{aligned} \right\} \quad (6.15)$$

Wenn wir verlangen, daß für $\tau = 0$ auch $t = 0$ ist, ergibt sich durch Integration von (6.14), (6.15):

$$\left. \begin{aligned} t &= \frac{1}{e_1}\,[A \sin \omega_1 \tau + B(\cos \omega_1 \tau - 1)] + \frac{1}{e_1}\,[\alpha \operatorname{Sin} \omega_2 \tau + \beta(\operatorname{Cos} \omega_2 \tau - 1)], \\ x &= \frac{1}{\omega_1}\,[A(1 - \cos \omega_1 \tau) + B \sin \omega_1 \tau] + \\ &\quad + \frac{1}{\omega_2}\,[\alpha(\operatorname{Cos} \omega_2 \tau - 1) + \beta \operatorname{Sin} \omega_2 \tau] + x_0, \\ y &= \frac{\omega_1^2 c^2 + e_1^2}{\omega_1 e_1 e_2}\,[A(\cos \omega_1 \tau - 1) - B \sin \omega_1 \tau] + \\ &\quad + \frac{\omega_2^2 c^2 - e_1^2}{\omega_2 e_1 e_2}\,[\alpha(\operatorname{Cos} \omega_2 \tau - 1) + \beta \operatorname{Sin} \omega_2 \tau] + y_0, \\ z &= -\frac{\omega_1^2 c^2 + e_0^2}{\sigma e_1 e_2}\,[A \sin \omega_1 \tau + B(\cos \omega_1 \tau - 1)] + \\ &\quad + \frac{\omega_2^2 c^2 - e_0^2}{\sigma e_1 e_2}\,[\alpha \operatorname{Sin} \omega_2 \tau + \beta(\operatorname{Cos} \omega_2 \tau - 1)] + z_0. \end{aligned} \right\} \quad (6.16)$$

Die vier Integrationskonstanten A, B, α und β sind dabei aus den Anfangswerten

$$\pi_1 = \frac{\dot{x}_0}{\sqrt{1 - \frac{v_0^2}{c^2}}}, \qquad \pi_2 = \frac{\dot{y}_0}{\sqrt{1 - \frac{v_0^2}{c^2}}}, \qquad \pi_3 = \frac{\dot{z}_0}{\sqrt{1 - \frac{v_0^2}{c^2}}}, \qquad \pi_4 = \frac{1}{\sqrt{1 - \frac{v_0^2}{c^2}}} \qquad (6.17)$$

in folgender Weise gegeben:

$$\left. \begin{aligned} A &= \frac{e_1(\omega_2^2 c^2 - e_0^2)\,\pi_4 - \sigma e_1 e_2 \pi_3}{\omega_1 c^2(\omega_1^2 + \omega_2^2)}, & \alpha &= \frac{e_1(\omega_1^2 c^2 + e_0^2)\,\pi_4 + \sigma e_1 e_2 \pi_3}{\omega_2 c^2(\omega_1^2 + \omega_2^2)} \\ B &= \frac{(\omega_2^2 c^2 - e_1^2)\,\pi_1 - e_1 e_2 \pi_2}{c^2(\omega_1^2 + \omega_2^2)}, & \beta &= \frac{(\omega_1^2 c^2 + e_1^2)\,\pi_1 + e_1 e_2 \pi_2}{c^2(\omega_1^2 + \omega_2^2)}. \end{aligned} \right\} \quad (6.18)$$

Durch (6.16) ist die Elektronenbahn $x = x(\tau)$, $y = y(\tau)$, $z = z(\tau)$ als Funktion des (Eigenzeit-)Parameters τ dargestellt, während $t = t(\tau)$ den Zeitverlauf der Bewegung angibt. [Die vierdimensionale Kurve (6.16) stellt also die „Weltlinie" der bewegten Partikel dar.]

Die „klassische Bewegung". Wenn man die Lichtgeschwindigkeit gegenüber der Teilchengeschwindigkeit als unendlich groß auffaßt, also in (6.16) den Grenzübergang $c \to \infty$ vollzieht, erhält man die Teilchenbahnen entsprechend der klassischen Mechanik:

$$
\left.
\begin{aligned}
x &= \tfrac{1}{2} e_1 t^2 + \dot{x}_0 t + x_0, \\[4pt]
y &= -\frac{e_2 + \sigma \dot{z}_0}{\sigma^2} (\cos \sigma t - 1) + \frac{\dot{y}_0}{\sigma} \sin \sigma t + y_0, \\[4pt]
z &= \frac{\dot{y}_0}{\sigma} (\cos \sigma t - 1) + \frac{e_2 + \sigma \dot{z}_0}{\sigma^2} \sin \sigma t - \frac{e_2}{\sigma} t + z_0.
\end{aligned}
\right\}
\tag{6.19}
$$

Selbstverständlich gewinnt man diese Gleichungen einfacher durch unmittelbare Integration von (6.1), (6.2), (6.3), nachdem man hier v^2/c^2 gegenüber Eins vernachlässigt hat.

Schreibt man die Gleichungen in der Gestalt

$$
\bar{y} = -\frac{e_2 + \sigma \dot{z}_0}{\sigma^2} \cos \sigma t + \frac{\dot{y}_0}{\sigma} \sin \sigma t,
\tag{6.20}
$$

$$
\bar{z} = \frac{e_2 + \sigma \dot{z}_0}{\sigma^2} \sin \sigma t + \frac{\dot{y}_0}{\sigma} \cos \sigma t - \frac{e_2}{\sigma} t
\tag{6.21}
$$

mit

$$
y = \bar{y} + \frac{e_2 + \sigma \dot{z}_0}{\sigma^2} + y_0, \qquad z = \bar{z} - \frac{\dot{y}_0}{\sigma} + z_0
\tag{6.22}
$$

und

$$
x = \tfrac{1}{2} e_1 t^2 + \dot{x}_0 t + x_0,
\tag{6.23}
$$

so erkennt man folgendes:

In der zur y-z-Ebene parallelen Ebene $\Pi_{x=x_0}$ verschieben wir den Ursprung des Koordinatensystems um $y_0 + (e_2 + \sigma \dot{z}_0)/\sigma^2$ und $z_0 - \dot{y}_0/\sigma$. Ohne letztes Glied in (6.21) würde der Aufpunkt in der Ebene einen Kreis vom Radius

$$
a = \frac{1}{\sigma} \sqrt{\dot{y}_0^2 + \left(\frac{e_2}{\sigma} + \dot{z}_0\right)^2}
\tag{6.24}
$$

beschreiben. Das letzte Glied in (6.21) bedeutet, daß dieser Kreis längs der z-Achse mit der Geschwindigkeit

$$
u_z = -\frac{e_2}{\sigma} = -\frac{E_y}{B_x}
\tag{6.25}
$$

fortschreitet. Die Gesamtbewegung in Π kann als Rollbewegung eines Kreises vom Radius

$$
r = -\frac{e_2}{\sigma^2}
\tag{6.26}
$$

gedeutet werden. Die Bahn in der Ebene Π ist daher eine Zykloide und zwar für

$$
\left.
\begin{aligned}
&r < a \text{ eine verschlungene, für} \\
&r = a \text{ eine gemeine und für} \\
&r > a \text{ eine gestreckte}
\end{aligned}
\right\}
\tag{6.27}
$$

Zykloide. Nach (6.23) hat man sich diese Ebene Π mit der Beschleunigung e_1 und der Geschwindigkeit $\dot{x}_0$ in der x-Richtung bewegt zu denken, um die räumliche Bahnkurve zu erhalten.

In Fig. 1 ist ein Modell einer derartigen Elektronenbahn im überlagerten homogenen elektrisch-magnetischen Feld wiedergegeben. Da jedes beliebige Feld in kleinen Bereichen als homogen angesehen werden kann, kann man sich jede Elektronenbahn aus kleinen Bahnstücken der obigen Art zusammengesetzt denken. Faßt man zunächst das letzte Glied von (6.21) mit (6.23) zusammen, so ist dies in der x-z-Ebene eine Parabelbewegung, der nach (6.20) und (6.21) eine Kreisbewegung überlagert ist.

Gekreuzte Felder. Ein wichtiger Sonderfall ist der, bei dem das elektrische Feld senkrecht auf dem Magnetfeld steht (gekreuzte Felder): $e_1 = -\dfrac{e}{m_0} \cdot E_x = 0$. Die entsprechende Bewegung kann durch Grenzübergang aus (6.16) für $e_1 \to 0$ gewonnen werden. Aber es ist einfacher für diesen Fall die Gln. (6.1), (6.2), (6.3) direkt zu lösen.

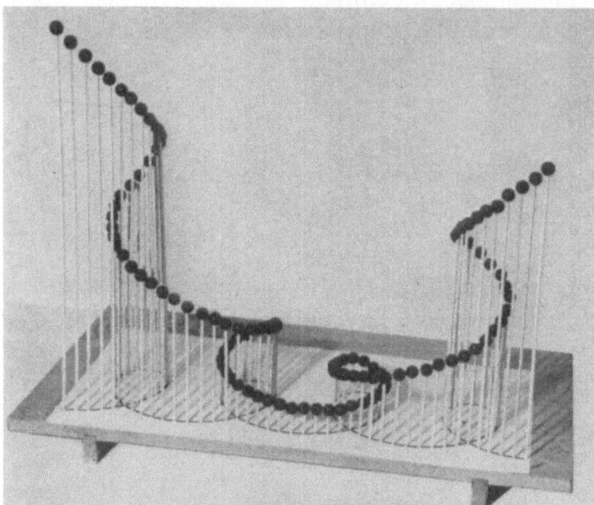

Fig. 1. Modell einer Elektronenbahn im überlagerten homogenen elektrisch-magnetischen Feld.

Mit

$$\alpha = -\frac{e}{m_0} \sqrt{B_x^2 - \frac{1}{c^2} E_y^2}, \qquad \beta_0 = \frac{v_0}{c} \tag{6.28}$$

ergibt sich

$$\left.\begin{aligned}
t &= \frac{1}{\sqrt{1-\beta_0^2}} \left[\left(1 + \frac{e_2(e_2 + \sigma \dot{z}_0)}{\alpha^2 c^2}\right)\tau - \frac{e_2(e_2 + \sigma \dot{z}_0)}{\alpha^3 c^2} \sin \alpha\,\tau - \frac{e_2 \dot{y}_0}{\alpha^2 c^2}(\cos \alpha\,\tau - 1)\right], \\[1em]
x &= \frac{\dot{x}_0}{\sqrt{1-\beta_0^2}}\,\tau + x_0, \\[1em]
y &= \frac{1}{\alpha^2 \sqrt{1-\beta_0^2}} \left[\alpha \dot{y}_0 \sin \alpha\,\tau + (e_2 + \sigma \dot{z}_0)(1 - \cos \alpha\,\tau)\right] + y_0, \\[1em]
z &= \frac{1}{\alpha^2 \sqrt{1-\beta_0^2}} \left[\sigma \dot{y}_0 (\cos \alpha\,\tau - 1) + \frac{\sigma(e_2 + \sigma \dot{z}_0)}{\alpha} \sin \alpha\,\tau - e_2\left(\sigma + \frac{e_2 \dot{z}_0}{c^2}\right)\tau\right] + z_0.
\end{aligned}\right\} \tag{6.29}$$

Senkrecht zum Feld einfallende Teilchen ($\dot{x}_0 = 0, \dot{y}_0 = 0$) erfahren nach (6.29) durch das Feld keine Ablenkung, wenn wir $e_2 + \sigma \dot{z}_0 = 0$, d.h.

$$E_y + \dot{z}_0 B_x = 0 \tag{6.30}$$

wählen. Oder mit anderen Worten, Teilchen, welche senkrecht zum Feld mit einer Geschwindigkeit

$$\dot{z}_0 = -\frac{E_y}{B_x} \tag{6.31}$$

einfallen, werden nicht abgelenkt. Dies gibt nach W. WIEN die Möglichkeit, derartig gekreuzte Felder als Geschwindigkeitsfilter oder zur Geschwindigkeitsmessung zu verwenden.

β) Klassische Bahnen im „quadratischen Potentialfeld" mit überlagertem homogenem magnetischem Feld. Wenn wir auf die Berücksichtigung relativistischer Korrekturen verzichten, können wir nach der gleichen Methode die Bahnen in einem allgemeineren elektrischen Feld bestimmen[1]. Aus den *klassischen* Bewegungsgleichungen (1.56) folgen nämlich lineare Differentialgleichungen mit konstanten Koeffizienten, wenn die Komponenten der elektrischen Feldstärke lineare Funktionen der Koordinaten sind und das Magnetfeld homogen ist. Das zugehörige elektrische Potential $\varphi(X_1, X_2, X_3)$ wird also eine quadratische Funktion der Variablen X_1, X_2, X_3 sein:

$$\varphi = a_{ik} X_i X_k + a_i X_i. \tag{6.32}$$

Die Flächen gleichen Potentiales $\varphi = $ const sind somit Flächen zweiter Ordnung. Durch eine Parallelverschiebung und Drehung des Koordinatensystems

$$X_m = \alpha_{mn} x_m + \alpha_m \tag{6.33}$$

kann man sie auf die Normalform

$$\varphi = \tfrac{1}{2} (A\, x^2 + B\, y^2 + C\, z^2) \tag{6.34}$$

oder

$$\varphi = \tfrac{1}{2} (A\, x^2 + B\, y^2) + C\, z \tag{6.35}$$

bringen. Da φ der Potentialgleichung

$$\Delta \varphi = \frac{\partial^2 \varphi}{\partial x^2} + \frac{\partial^2 \varphi}{\partial y^2} + \frac{\partial^2 \varphi}{\partial z^2} = 0 \tag{6.36}$$

genügen muß, haben wir im Falle (6.34) die Bedingung

$$C = -(A + B). \tag{6.37}$$

Zwei der Konstanten A, B, C haben also gleiches, die dritte hat das dazu entgegengesetzte Vorzeichen. Da die Bezeichnung der Koordinatenachsen willkürlich ist, können wir für (6.34) zwei Hauptfälle unterscheiden:

$$\text{I.} \quad A, B < 0; \quad C > 0 \tag{6.38}$$

und

$$\text{II.} \quad A, B > 0; \quad C < 0. \tag{6.39}$$

Im Falle I haben wir daher

$$\varphi = \tfrac{1}{2} (-|A|\, x^2 - |B|\, y^2 + |C|\, z^2). \tag{6.40}$$

Für $\varphi = $ const < 0 ist dies ein einschaliges Hyperboloid, für $\varphi = 0$ ein elliptischer Kegel und für $\varphi = $ const > 0 ein zweischaliges Hyperboloid. Im Falle II hat φ die Gestalt

$$\varphi = \tfrac{1}{2} (|A|\, x^2 + |B|\, y^2 - |C|\, z^2). \tag{6.41}$$

Für $\varphi = $ const < 0 ist dies ein zweischaliges Hyperboloid, für $\varphi = 0$ ein elliptischer Kegel und für $\varphi = $ const > 0 ein einschaliges Hyperboloid.

Im Falle (6.35) gilt wegen (6.36) $B = -A$ und man hat

$$\varphi = \frac{A}{2} (x^2 - y^2) + C\, z. \tag{6.42}$$

---

[1] Vgl. H. DUSEK: Diplomarbeit Techn. Hochschule Wien 1954; für den ebenen Fall siehe H. PORITSKY u. R. P. JERRARD: J. Appl. Phys. **23**, 928 (1952).

Das ist für $\varphi = $ const ein hyperbolisches Paraboloid. Andere Formen quadratischer Potentialflächen treten nicht auf.

Ist φ nur eine Funktion von zwei Koordinaten, z.B. x und y, dann ist nur der Fall

$$\varphi = \tfrac{1}{2} A \left(x^2 - y^2\right) \tag{6.43}$$

möglich. Die Potentialflächen sind hyperbolische Zylinder, die für $\varphi = 0$ in zwei Ebenen $x = y$ und $x = -y$ entarten.

Die Komponenten des homogenen Magnetfeldes im betrachteten Hauptachsensystem seien B_x, B_y und B_z. Wenn wir zur Abkürzung

$$k_1^2 = \frac{e}{m_0}\,|A|, \qquad k_2^2 = \frac{e}{m_0}\,|B|, \qquad k_3^2 = \frac{e}{m_0}\,(|A| + |B|) \tag{6.44}$$

und

$$\omega_x = \frac{e}{m_0}\,B_x, \qquad \omega_y = \frac{e}{m_0}\,B_y, \qquad \omega_z = \frac{e}{m_0}\,B_z \tag{6.45}$$

schreiben, so lauten die LORENTZschen Bewegungsgleichungen (1.56)

$$\left.\begin{aligned}
\ddot{x} &= -k_1^2\,x + \omega_y\,\dot{z} - \omega_z\,\dot{y},\\
\ddot{y} &= -k_2^2\,y + \omega_z\,\dot{x} - \omega_x\,\dot{z},\\
\ddot{z} &= +k_3^2\,z + \omega_x\,\dot{y} - \omega_y\,\dot{x}.
\end{aligned}\right\} \tag{6.46}$$

Durch Umkehren der Vorzeichen von k_1^2, k_2^2 und k_3^2 erhält man daraus die Differentialgleichungen für den zweiten Hauptfall. Zur Lösung setzt man

$$x = C_1\,e^{\lambda t}, \qquad y = C_2\,e^{\lambda t}, \qquad z = C_3\,e^{\lambda t}. \tag{6.47}$$

Man kann allgemein zeigen, daß die charakteristische Gleichung für λ^2 für jeden Wert von k_1 und $k_2 \neq 0$ und jeden Wert von $\mathfrak{B}$ eine positive und zwei negative Wurzeln hat. Bezeichnet man diese Wurzeln mit $\lambda_1^2 = \alpha^2$, $\lambda_2^2 = -\beta^2$, $\lambda_3^2 = -\gamma^2$, so kann man also die Koordinaten x, y, z als lineare Ausdrücke der Funktionen Cos αt, Sin αt, cos βt, sin βt, cos γt und sin γt darstellen. Wir wollen darauf verzichten, die entsprechenden Ausdrücke als Funktion der Anfangsbedingungen explizit anzuschreiben und zu diskutieren.

Besonders einfach werden die Gleichungen im rein elektrischen Feld:

$$\ddot{x} = -k_1^2\,x, \qquad x = a_1 \cos k_1 t + a_2 \sin k_1 t, \tag{6.48}$$

$$\ddot{y} = -k_2^2\,y, \qquad y = b_1 \cos k_2 t + b_2 \sin k_2 t, \tag{6.49}$$

$$\ddot{z} = k_3^2\,z, \qquad z = c_1 \,\mathrm{Cos}\, k_3 t + c_2 \,\mathrm{Sin}\, k_3 t. \tag{6.50}$$

Die Projektion der Bewegung auf die x-y-Ebene ist also im allgemeinen eine LISSAJOUSsche Figur. Durch Überlagerung einer monotonen Bewegung (6.50) in der Richtung der z-Achse, erhält man daraus die räumliche Teilchenbewegung.

$\gamma)$ *„Komplexes" Zweizentrenproblem in klassischer Näherung.* Einen sehr bekannten Fall einer integrierbaren Elektronenbewegung bildet das Zweikörperproblem, d.h. die Bewegung zweier Punktladungen unter der Wirkung ihres gegenseitigen COULOMBschen Anziehungs- bzw. Abstoßungspotentials. Man weiß insbesondere aus der RUTHERFORDschen Theorie der Streuung von α-Teilchen an Atomkernen und der BOHR-SOMMERFELDschen Theorie der Atomspektren, daß die Bahnen Kegelschnitte bzw. durch relativistische Einflüsse modifizierte KEPLER-Bahnen sind. Für die Elektronenoptik haben diese Bewegungen eine geringe Bedeutung.

Ein anderes klassisches Problem, das eine vollständige Behandlung zuläßt, ist die Bewegung eines geladenen Massenpunktes unter der gleichzeitigen Wirkung der COULOMBschen Anziehung zweier fester Anziehungszentren. Man spricht in diesem Fall vom „Zweizentrenproblem". Das Zweizentrenproblem findet zwar in seiner ursprünglichen Gestalt in der Elektronenoptik keine Anwendung, aber da es einen grundsätzlich integrierbaren Fall von relativer Allgemeinheit darstellt, kann es zur analytischen Lösung eines Problems verwendet werden, das für die Elektronenoptik wichtig ist.

Bereits[1] G. DARBOUX hat bemerkt, daß das von EULER und LAGRANGE entwickelte Integrationsverfahren gültig bleibt, wenn man — rein formal — die Anziehung einer Ladung durch zwei „konjugiert komplexe Ladungen", die sich in „konjugiert komplexen Punkten" befinden, betrachtet[2]. Wir wollen uns zunächst überlegen, welchem reellen Problem, d.h. welcher reellen Potentialverteilung diese „Anordnung" entspricht[3].

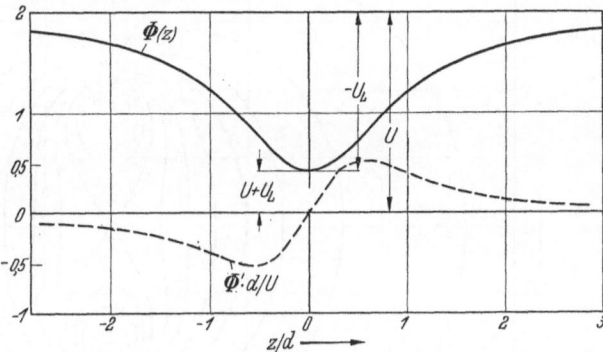

Das Potential in einem Punkte P, der von zwei Punktladungen e_1 und e_2 bzw. die Entfernungen r_1 und r_2 hat, lautet

$$\varphi = \frac{1}{4\pi\varepsilon_0}\left(\frac{e_1}{r_1} + \frac{e_2}{r_2}\right). \quad (6.51)$$

Fig.2. Achsenpotential $\Phi(z) = U + U_L\left[1 + \left(\frac{z}{d}\right)^2\right]^{-1}$ [siehe Formeln (6.61) und (23.59)]; die gestrichelte Kurve gibt die z-Komponente der Feldstärke wieder.

Wir legen die z-Achse durch die beiden Ladungen $e_1 = \varepsilon_1 - i\varepsilon_2$ und $e_2 = \varepsilon_1 + i\varepsilon_2$ ($i^2 = -1$). Ferner nehmen wir an, daß ihre Koordinaten durch $z_1 = a + ib$ und $z_2 = a - ib$ gegeben sind. Wir erhalten so

$$\varphi = \frac{1}{4\pi\varepsilon_0}\left(\frac{\varepsilon_1 - i\varepsilon_2}{\sqrt{(z-a-ib)^2 + r^2}} + \frac{\varepsilon_1 + i\varepsilon_2}{\sqrt{(z-a+ib)^2 + r^2}}\right). \quad (6.52)$$

Durch eine Verschiebung des Koordinatenanfangspunktes in der z-Richtung um die Strecke a können wir a aus (6.52) entfernen. Wenn wir außerdem b als Längeneinheit wählen, also $b = 1$ setzen, erhalten wir

$$\varphi = \frac{1}{4\pi\varepsilon_0}\left(\frac{\varepsilon_1 - i\varepsilon_2}{\sqrt{(z-i)^2 + r^2}} + \frac{\varepsilon_1 + i\varepsilon_2}{\sqrt{(z+i)^2 + r^2}}\right). \quad (6.53)$$

Uns interessiert vor allem der Verlauf von $\varphi(r,z)$ längs der z-Achse, also $\varphi(0, z) = \Phi(z)$. Aus (6.53) folgt

$$\Phi(z) = \frac{1}{2\pi\varepsilon_0}\frac{\varepsilon_1 z + \varepsilon_2}{1 + z^2}. \quad (6.54)$$

Diese Gestalt des axialen Potentialverlaufes, bei dem $\varepsilon_1/2\pi\varepsilon_0 = a$ und $\varepsilon_2/2\pi\varepsilon_0 = b$ weiterhin willkürliche Konstante a und b bedeuten, ist für das Folgende wesentlich (Fig. 2).

Um das räumliche Potential (6.53) in reeller Gestalt zu schreiben, setzen wir

$$\sqrt{(z-i)^2 + r^2} = \xi - i\eta \qquad (\eta > 0), \quad (6.55)$$

---

[1] Vgl. P. SCHISKE: Nature, Lond. **171**, 443 (1953).
[2] G. DARBOUX: Arch. Néerl. Sci. **6**, 371 (1901).
[3] Für das Folgende vgl. W. GLASER u. P. SCHISKE: Optik **11**, 422 (1954); **12**, 233 (1955).

also

$$r = \sqrt{(\xi^2 + 1)(1 - \eta^2)},$$ (6.56)

$$z = \xi\,\eta.$$ (6.57)

In diesen neuen Variablen ξ und η erhält das Potential (6.53) die einfache Gestalt

$$\varphi = \frac{1}{2\pi\,\varepsilon_0}\,\frac{\varepsilon_1\,\xi + \varepsilon_2\,\eta}{\xi^2 + \eta^2}.$$ (6.58)

Die Koordinaten ξ und η, zu denen wir so in natürlicher Weise geführt wurden und die mit r und z nach (6.56), 6.57) zusammenhängen, stellen die bekannten

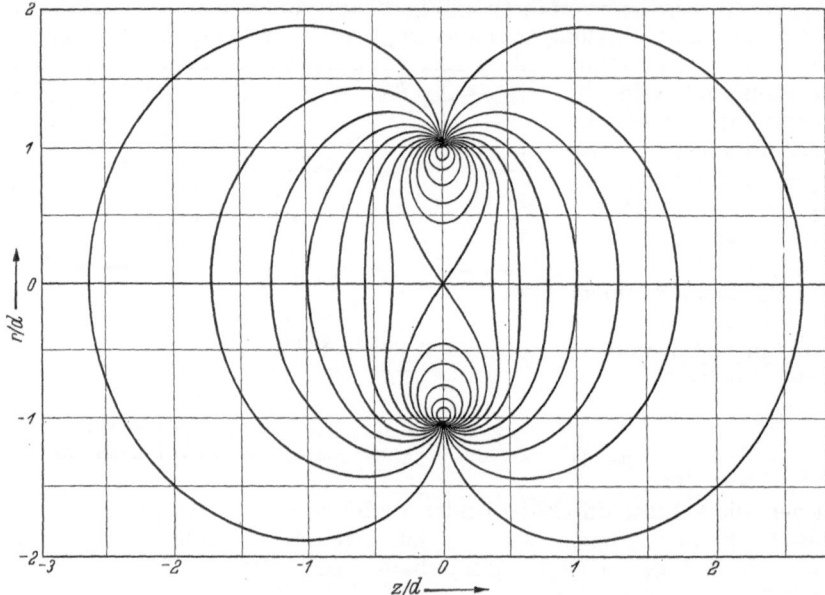

Fig. 3. Meridianschnitt durch das System der Potentialflächen $\varphi = $ const für das Potential $\varphi = U\,[1 - \varkappa^2\eta/(\xi^2 + \eta^2)]$ [siehe Formel (6.58)].

elliptischen Koordinaten dar (abgeplattete Rotationsellipsoide). In Fig. 3 sind die Schnittlinien der Potentialflächen $\varphi = $ const mit den Meridianebenen wiedergegeben. Fig. 4 stellt ein Relief der gleichen Potentialverteilung dar.

Die Koordinatenlinien in den Meridianebenen sind die Ellipsen

$$\frac{r^2}{\xi^2 + 1} + \frac{z^2}{\xi^2} = 1$$ (6.59)

bzw. die Hyperbeln

$$\frac{r^2}{1 - \eta^2} - \frac{z^2}{\eta^2} = 1.$$ (6.60)

Die Integration der Bewegungsgleichungen im rotationssymmetrischen Potentialfeld (6.58), dessen Achsenpotential nach (6.54) durch

$$\Phi(z) = \frac{a\,z + b}{1 + z^2}$$ (6.61)

gegeben ist, soll mit Hilfe der HAMILTON-JACOBISchen Differentialgleichung (5.29) durchgeführt werden. Sie lautet im rein elektrischen Fall $(E = e\,U)$

$$\frac{1}{2m_0}\,\mathrm{grad}^2\,S - e\,\varphi = e\,U.$$ (6.62)

Wenn man $\mathrm{grad}^2\, S$ durch die elliptischen Koordinaten ξ, η ausdrückt[1] und für φ aus (6.58) einsetzt, erhält man

$$\frac{1}{2m_0} \frac{1}{\xi^2 + \eta^2}\left[(1 + \xi^2)\left(\frac{\partial S}{\partial \xi}\right)^2 + (1 - \eta^2)\left(\frac{\partial S}{\partial \eta}\right)^2\right] - e\,U\left(1 + \frac{(a/U)\,\xi + (b/U)\,\eta}{\xi^2 + \eta^2}\right) = 0. \quad (6.63)$$

Mit den Abkürzungen

$$p^2 = 2\,m_0\,e\,U, \qquad \varkappa_1^2 = -\frac{a}{U}, \qquad \varkappa_2^2 = -\frac{b}{U} \qquad (6.64)$$

kann man dafür

$$(1 + \xi^2)\left(\frac{\partial S}{\partial \xi}\right)^2 + (1 - \eta^2)\left(\frac{\partial S}{\partial \eta}\right)^2 - p^2(\xi^2 + \eta^2 - \varkappa_1^2\,\xi - \varkappa_2^2\,\eta) = 0 \qquad (6.65)$$

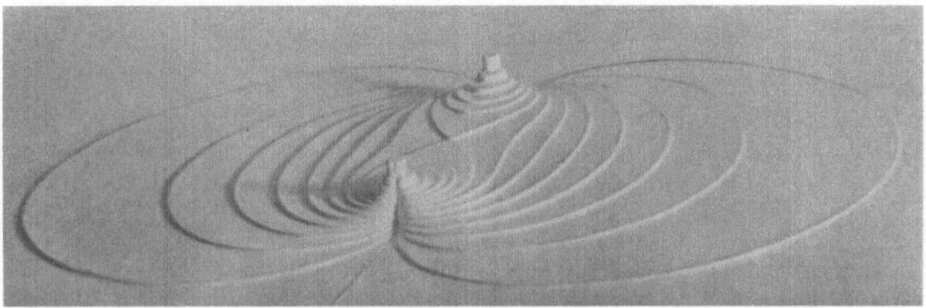

Fig. 4. Potentialgebirge, das dem Achsenfeld $\Phi(z) = U + U_L / \left[1 + \left(\frac{z}{d}\right)^2\right]$ entspricht. Eine in diesem Gebirge rollende Kugel beschreibt eine „Elektronenbahn".

schreiben. Der Separationsansatz

$$S = Z(\xi) + \Gamma(\eta) \qquad (6.66)$$

führt zu

$$(1 + \xi^2)\,Z'^2 - p^2(\xi^2 - \varkappa_1^2\,\xi) = \alpha\,p^2, \qquad (6.67)$$

$$(1 - \eta^2)\,\Gamma'^2 - p^2(\eta^2 - \varkappa_2^2\,\eta) = -\alpha\,p^2, \qquad (6.68)$$

wobei α eine zunächst willkürliche Separationskonstante ist. Integration der beiden Gleichungen ergibt für S:

$$S = p \int \sqrt{\frac{\alpha + \xi^2 - \varkappa_1^2\,\xi}{1 + \xi^2}}\, d\xi + p \int \sqrt{\frac{\eta^2 - \varkappa_2^2\,\eta - \alpha}{1 - \eta^2}}\, d\eta. \qquad (6.69)$$

Die Gleichungen der Elektronenbahnen erhält man auf Grund des JACOBIschen Satzes (I, 5 β) durch Differentiation von S nach der Integrationskonstanten α:

$$\frac{\partial S}{\partial \alpha} = \mathrm{const} \qquad (6.70)$$

oder ausführlicher

$$\int \frac{d\xi}{\sqrt{(1 + \xi^2)\,(\alpha + \xi^2 - \varkappa_1^2\,\xi)}} - \int \frac{d\eta}{\sqrt{(1 - \eta^2)\,(\eta^2 - \varkappa_2^2\,\eta - \alpha)}} = \mathrm{const}. \qquad (6.71)$$

Damit sind die Elektronenbahnen grundsätzlich bekannt. Die weitere Rechnung soll nur für den besonders wichtigen Fall eines um $z = 0$ symmetrischen Feldes durchgeführt werden. Für dieses ist in (6.61) $a = 0$ zu setzen. Wir haben also nach (6.64) $\varkappa_1^2 = 0$ und schreiben weiterhin $\varkappa_2^2 = \varkappa^2$ (Fig. 2—4).

---

[1] Vgl. z.B. W. MAGNUS u. F. OBERHETTINGER: Formeln und Sätze für die speziellen Funktionen der mathematischen Physik, S. 198. Berlin 1948.

Die nächste Aufgabe besteht darin, die Integrationskonstante α durch die Anfangswerte $r_0 = r(z_0)$ und $r_0' = r'(z_0)$ auszudrücken. Wir geben gleich das Resultat: Setzt man

$$c^2 = \frac{\xi_0^2 - z_0^2}{\eta_0^2 + z_0^2},\tag{6.72}$$

wobei ξ_0^2 und η_0^2 nach (6.56), (6.57) bzw.

$$\xi_0^2 = \tfrac{1}{2}(r_0^2 + z_0^2 - 1) + \tfrac{1}{2}\sqrt{(r_0^2 + z_0^2 - 1)^2 + 4 z_0^2}.\tag{6.73}$$

$$\eta_0^2 = -\tfrac{1}{2}(r_0^2 + z_0^2 - 1) + \tfrac{1}{2}\sqrt{(r_0^2 + z_0^2 - 1)^2 + 4 z_0^2}\tag{6.74}$$

durch die Anfangslage r_0, z_0 gegeben sind, so folgt für α

$$\alpha = \frac{(\eta_0^2 - \varkappa^2 \eta_0)(c\, r_0' + 1)^2 - \xi_0^2 (c - r_0')^2}{(c^2 + 1)(r_0'^2 + 1)}.\tag{6.75}$$

Wie aus (6.71) folgt, müssen die Variablen ξ und η den Bedingungen

$$\xi^2 + \alpha \geq 0\tag{6.76}$$

und

$$\eta^2 - \varkappa^2 \eta - \alpha \geq 0\tag{6.77}$$

genügen, damit sich reelle Bahnen ergeben. Die Grenze $\xi^2 + \alpha = 0$ zwischen erreichbaren und nicht erreichbaren Gebieten ist also nach (6.59) das Ellipsoid

$$\frac{r^2}{-\alpha + 1} + \frac{z^2}{-\alpha} = 1,\tag{6.78}$$

das von den Elektronen nicht überschritten werden kann. Man erkennt, daß für $r = 0$ in (6.78) z reell ist, also das Ellipsoid die Achse schneidet, wenn $\alpha < 0$ ist. In diesem Falle müssen also die Elektronenbahnen umkehren, das Feld wirkt als Elektronenspiegel. Aus dem Vorzeichen von α kann also in jedem Falle entschieden werden, ob eine durch r_0 und r_0' gegebene Elektronenbahn durchgelassen oder gespiegelt wird.

Wir setzen

$$\xi = \cot \chi\tag{6.79}$$

und

$$k^2 = 1 - \alpha = \frac{(1 + \xi_0^2)(c - r_0')^2 + (1 - \eta_0^2 + \varkappa^2 \eta_0)(c\, r_0' + 1)^2}{(c^2 + 1)(r_0'^2 + 1)}.\tag{6.80}$$

Mit (6.79) und (6.80) geht das erste Integral in (6.71) ($\varkappa_1 = 0$) über in

$$-\int \frac{d\chi}{\sqrt{1 - k^2 \sin^2 \chi}} = -F(\chi, k) + \text{const},\tag{6.81}$$

wobei $F(\chi, k)$ das tabulierte elliptische Integral erster Gattung in der LEGENDRE-schen Normalform bedeutet. $F(\chi, k)$ kann daher als bekannte Funktion angesehen werden. Um auch das zweite Integral auf tabulierte Funktionen zurückzuführen, machen wir die Substitution

$$\eta = \frac{\sqrt{1 - k_1^2 \sin^2 t} + \lambda}{\lambda \sqrt{1 - k_1^2 \sin^2 t} + 1}\tag{6.82}$$

mit

$$\lambda = \frac{k^2 - \sqrt{k^4 - \varkappa^4}}{\varkappa^2} \quad \text{und} \quad k_1^2 = \frac{2\sqrt{k^4 - \varkappa^4}}{2 - k^2 + \sqrt{k^4 - \varkappa^4}}.\tag{6.83}$$

Damit geht das zweite Integral über in

$$\int \frac{d\eta}{\sqrt{(1-\eta^2)\,(\eta^2-\varkappa^2\,\eta-1+k^2)}} = -\frac{1}{\omega}\int \frac{dt}{\sqrt{1-k_1^2\sin^2 t}} = -\frac{1}{\omega}F(t,k_1)+\text{const},\quad (6.84)$$

wobei zur Abkürzung

$$\omega = \sqrt{1-\tfrac{1}{2}\varkappa^2\,\lambda} \qquad (6.85)$$

gesetzt worden ist. Man kann hiefür auch

$$\omega^2 = \frac{2-k^2}{2-k_1^2} \qquad (6.86)$$

schreiben.

Mit (6.81) und (6.84) erhält die Bahngleichung (6.71) die Gestalt

$$F(t,k_1) = \omega\,[F(\chi,k)+\beta] = \gamma, \qquad (6.87)$$

wobei β eine Integrationskonstante bedeutet.

Nach (6.56), (6.57) erhält man für die radiale und axiale Bahnkoordinate r bzw. z

$$r = \frac{k_1\sqrt{1-\lambda^2}\cdot\sin t}{\sin\chi\cdot(\lambda\sqrt{1-k_1^2\sin^2 t}+1)} \qquad (6.88)$$

und

$$z = \frac{\sqrt{1-k_1^2\sin^2 t}+\lambda}{\lambda\sqrt{1-k_1^2\sin^2 t}+1}\cdot\cot\chi. \qquad (6.89)$$

Mit (6.87) folgt

$$\sqrt{1-k_1^2\sin^2 t} = \mathrm{dn}\,\gamma, \qquad k_1\sin t = k_1\,\mathrm{sn}\,\gamma, \qquad (6.90)$$

und die Bahngleichungen (6.88), (6.89) gehen in

$$r = r(\chi) = k_1\sqrt{1-\lambda^2}\,\frac{\mathrm{sn}\,\gamma}{\lambda\,\mathrm{dn}\,\gamma+1}\cdot\frac{1}{\sin\chi}, \qquad (6.91)$$

$$z = z(\chi) = \frac{\mathrm{dn}\,\gamma+\lambda}{\lambda\,\mathrm{dn}\,\gamma+1}\cot\chi \qquad (6.92)$$

über, wobei γ als Funktion des Bahnparameters χ durch (6.87) definiert ist.

Die Integrationskonstante β ergibt sich auf folgende Weise: Nach (6.73), (6.74) erhält man zunächst für gegebene Angangswerte r_0, z_0 die zugehörigen ξ_0 und η_0, woraus sich nach (6.79) und (6.82) die entsprechenden Anfangswerte χ_0 und t_0 gemäß

$$\cot\chi_0 = \xi_0 \qquad (6.93)$$

und

$$\sin t_0 = \frac{1}{k_1}\sqrt{1-\lambda^2}\,\frac{\sqrt{1-\eta_0^2}}{\eta_0\lambda-1} \qquad (6.94)$$

bestimmen. Aus (6.87) erhält man die Integrationskonstante β:

$$\beta = \frac{1}{\omega}F(t_0,k_1) - F(\chi_0,k) \qquad (6.95)$$

und die Größe γ in (6.91), (6.92) wird damit

$$\gamma = \omega\,[F(\chi,k)-F(\chi_0,k)] + F(t_0,k_1). \qquad (6.96)$$

Wir wollen speziell ein von rechts *achsenparallel einfallendes* Elektronenbündel betrachten. Die Einfallshöhe sei r_0. Wir haben also die Anfangsbedingungen:

$$r = r_0 \quad \text{und} \quad r' = r_0' = 0 \quad \text{für} \quad z = \infty. \tag{6.97}$$

Aus (6.80) erhält man durch Grenzübergang $z_0 \to \infty$

$$k^2 = \varkappa^2 + r_0^2, \tag{6.98}$$

und für k_1^2 ergibt sich nach (6.83)

$$k_1^2 = \frac{2r_0 \sqrt{r_0^2 + 2\varkappa^2}}{2 - \varkappa^2 - r_0^2 + r_0 \sqrt{r_0^2 + 2\varkappa^2}}; \tag{6.99}$$

ür die Konstante λ folgt aus (6.83)

$$\lambda = \frac{1}{\varkappa^2} \left(\varkappa^2 + r_0^2 - r_0 \sqrt{r_0^2 + 2\varkappa^2} \right) \tag{6.100}$$

und für ω^2 aus (6.86)

$$\omega^2 = \tfrac{1}{2} \left(2 - \varkappa^2 - r_0^2 + r_0 \sqrt{r_0^2 + 2\varkappa^2} \right). \tag{6.101}$$

Wegen $\eta_0 = 1$ wird nach (6.94) $t_0 = 0$. Ferner ist nach (6.93) $\chi_0 = 0$, so daß nach (6.96) wegen $F(0, k) = 0$

$$\gamma = \omega F(\chi, k) \tag{6.102}$$

olgt. Die achsenparallel einfallende Elektronenbahn ist somit nach (6.91), 6.92) durch

$$r = \frac{k_1 \sqrt{1 - \lambda^2}}{\sin \chi} \cdot \frac{\operatorname{sn} \omega F}{1 + \lambda \operatorname{dn} \omega F}, \tag{6.103}$$

$$z = \frac{\lambda + \operatorname{dn} \omega F}{1 + \lambda \operatorname{dn} \omega F} \cot \chi \tag{6.104}$$

gegeben (Fig. 5, 6).

Ferner wollen wir speziell das von einem *Achsenpunkt ausgehende Elektronenbündel* angeben. Für den Achsenpunkt $r = r_0 = 0$, $z = z_0$ ist nach (6.73), (6.74)

$$\xi_0 = z_0, \quad \eta_0 = 1, \tag{6.105}$$

daher nach (6.72) $c = 0$, und mit

$$r_0' = \tan \vartheta_0 \tag{6.106}$$

erhält man aus (6.80)

$$k^2 = \varkappa^2 + (1 + z_0^2 - \varkappa^2) \sin^2 \vartheta_0. \tag{6.107}$$

Aus (6.94) folgt $t_0 = 0$ und nach (6.96) ist daher

$$\gamma = \omega \left[F(\chi, k) - F(\chi_0, k) \right], \tag{6.108}$$

wobei χ_0 nach (6.93) und (6.105) durch

$$\cot \chi_0 = z_0 \tag{6.109}$$

gegeben ist. Wir erhalten so

$$r = \frac{k_1 \sqrt{1 - \lambda^2}}{\sin \chi} \frac{\operatorname{sn} \omega (F - F_0)}{1 + \lambda \operatorname{dn} \omega (F - F_0)}, \tag{6.110}$$

$$z = \frac{\lambda + \operatorname{dn} \omega (F - F_0)}{1 + \lambda \operatorname{dn} \omega (F - F_0)} \cot \chi. \tag{6.111}$$

Vom elektronenoptischen Standpunkt interessieren uns vor allem die auf z_0 folgenden weiteren Achsenschnittpunkte $z_1, z_2, \ldots$. Bezeichnet man den zu z_n

gehörenden Parameter mit χ_n und schreibt man $F_n = F(\chi_n, k)$, so ist nach (6.110)

$$\operatorname{sn} \omega (F_n - F_0) = 0 .\tag{6.112}$$

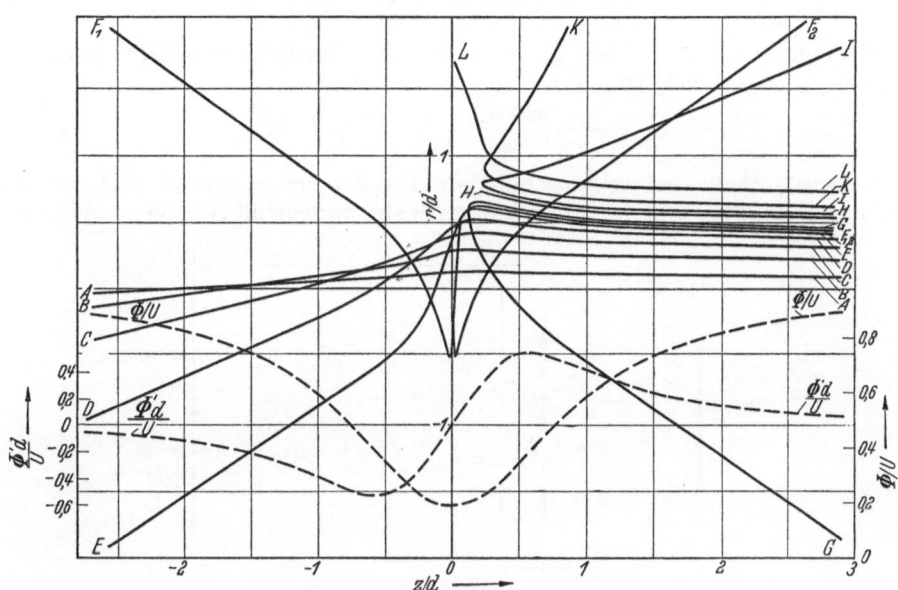

Fig. 5. Achsenparallel von rechts einfallende Elektronenbahnen für den Linsenparameter $U_L/U = -\varkappa^2 = -0{,}8$.

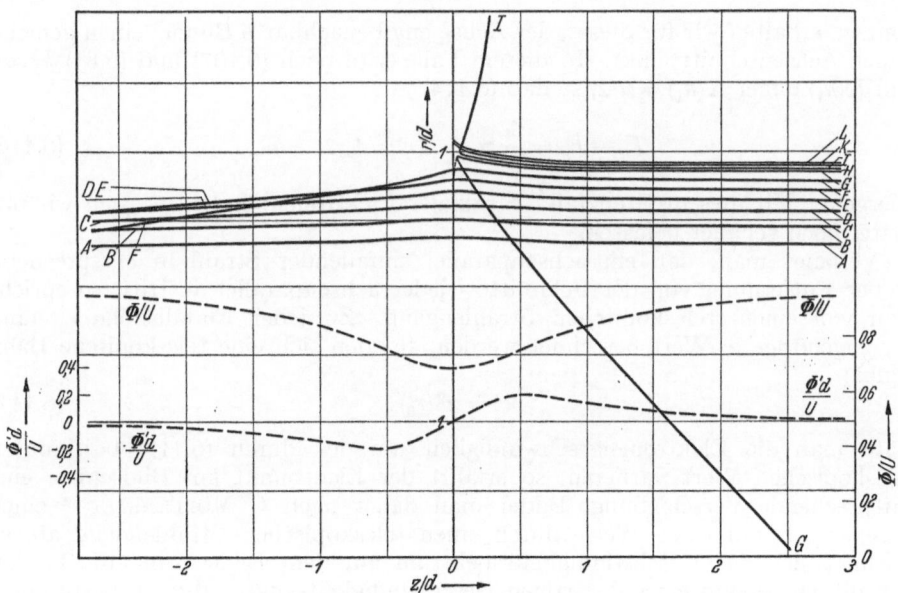

Fig. 6. Von rechts achsenparallel einfallende Elektronenbahnen für den Linsenparameter $U_L/U = -\varkappa^2 = -0{,}3$.

Nun sind die reellen Nullstellen von $\operatorname{sn}(\alpha, k_1)$ durch

$$\alpha = \pm 2n K(k_1) \qquad (n = 1, 2, \ldots)\tag{6.113}$$

gegeben, wobei $K(k_1)$ das vollständige elliptische Integral erster Gattung darstellt. Wir wollen annehmen, daß die Bahn von links nach rechts läuft, also

$z_n < z_{n+1} < \cdots$ ist. Wir haben daher

$$F_0 - F_n = \frac{2n}{\omega} K(k_1) \qquad (n = 1, 2, \ldots) \qquad (6.114)$$

als Bedingung für χ_n. Die z-Koordinate des Achsenschnittpunktes berechnet sich aus χ_n nach (6.111) zu

$$z_n = \frac{\lambda + \mathrm{dn}\,\omega\,(F_n - F_0)}{1 + \lambda\,\mathrm{dn}\,\omega\,(F_n - F_0)}\cot \chi_n = \cot \chi_n. \qquad (6.115)$$

Nach (6.107) hängt der Achsenschnittpunkt außer von z_0 und $\varkappa^2$ auch von der Anfangsneigung ab. Nur wenn wir in (6.107) $\sin^2 \vartheta_0$ gegenüber $\varkappa^2$ vernachlässigen

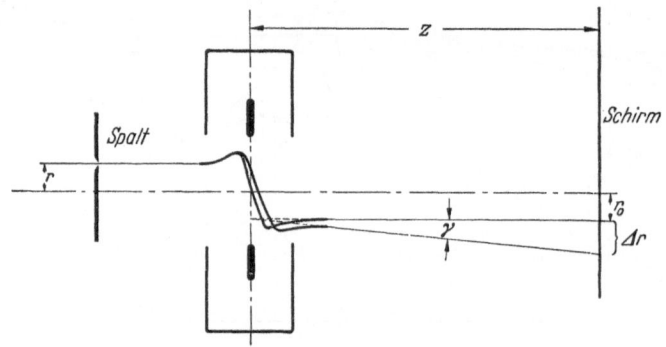

Fig. 7. Verwendung des teleskopischen Strahlenganges zur Geschwindigkeitsanalyse nach G. MÖLLENSTEDT.

können, erhalten wir für dieses, der Achse eng benachbarte Bündel einen gemeinsamen Achsenschnittpunkt. In diesem Falle wird nach (6.107) und (6.83) $k_1^2 \approx 0$ und $K(k_1)$ daher $K(k_1) = \pi/2$, so daß (6.114) in

$$F_0 - F_n = \frac{n}{\omega} \pi \qquad (n = 1, 2, \ldots) \qquad (6.116)$$

übergeht. Mit diesem Grenzfall „paraxialer Elektronenbündel" werden wir uns später noch genauer befassen.

Verlangt man, daß ein achsenparallel einfallender Strahl in entsprechend großer Entfernung von der Feldmitte wieder achsenparallel austritt, so spricht man von einem teleskopischen Strahlengang. Zu jeder Einfallshöhe r_0 kann der zugehörige $\varkappa^2$-Wert berechnet werden, für den sich eine teleskopische Bahn ergibt:

$$\varkappa^2 = \varkappa^2(r_0). \qquad (6.117)$$

Läßt man die Elektronengeschwindigkeit um den durch (6.117) bestimmten teleskopischen Wert variieren, so erfährt der Lichtpunkt am Bildschirm eine entsprechende Verschiebung. Bildet man daher nach G. MÖLLENSTEDT[1] einen engen Spalt auf diese Weise durch einen teleskopischen Strahlengang ab, so zeichnet sich das Geschwindigkeitsspektrum auf dem Bildschirm auf (Fig. 7). Um die Dispersion eines derartigen Geschwindigkeitsanalysators zu bestimmen, haben wir die Verschiebung Δr, die einer bestimmten Geschwindigkeitsänderung entspricht, zu bestimmen. Statt Δr können wir auch den Ablenkwinkel γ angeben. In Fig. 8a u. b ist die so bestimmte Dispersion $\gamma U/\Delta U$ in Abhängigkeit von r_0 bzw. $\varkappa^2$ dargestellt.

---

[1] G. MÖLLENSTEDT: C. R. du 1er Congrès Int. de Microscopie Électronique Paris 1950, S. 112. Optik **9**, 473 (1952).

Das „Linsenpotential" wurde bisher als negativ vorausgesetzt. Der Fall, daß das Linsenpotential gegenüber der Anode positiv ist, geht aus dem früheren dadurch hervor, daß wir überall $\varkappa^2$ durch $-\varkappa^2$ ersetzen. Bei den Elektronenbahnen würde dies zu einem komplexen k_1 führen. Statt mit Benützung bekannter Formeln die elliptischen Funktionen auf solche mit einem reellen Modul umzurechnen, erscheint es zweckmäßiger, diesen Übergang zu $-\varkappa^2$ bereits in der Bahngleichung (6.71) durchzuführen:

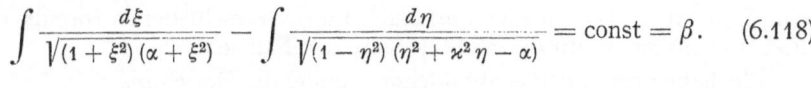

$$\int \frac{d\xi}{\sqrt{(1 + \xi^2)\,(\alpha + \xi^2)}} - \int \frac{d\eta}{\sqrt{(1 - \eta^2)\,(\eta^2 + \varkappa^2\,\eta - \alpha)}} = \text{const} = \beta. \qquad (6.118)$$

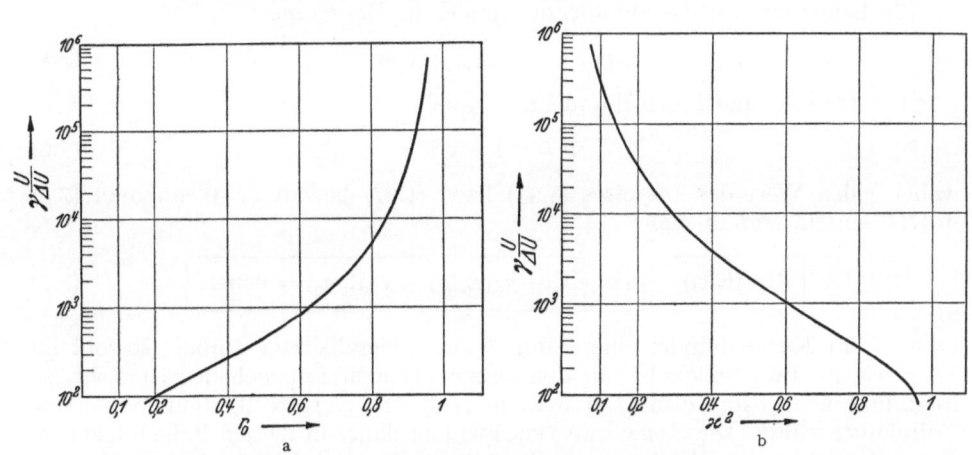

Fig. 8 a u. b. a „Dispersion" $\gamma U/\varDelta U$ des Geschwindigkeits-Analysators in Abhängigkeit von r_0. b „Dispersion" $\gamma U/\varDelta U$ des Geschwindigkeits-Analysators in Abhängigkeit von $\varkappa^2$.

Die Zurückführung dieser Bahngleichung auf die tabulierten elliptischen Funktionen und die Einführung der Anfangswerte r_0 und r_0' an Stelle von α und β sei dem Leser überlassen.

7. Der allgemeine Cosinussatz der elektronenoptischen Abbildung. Wenn die von den Punkten P_0 einer Kurve C_0 ausgehenden Bündel von Elektronenbahnen sich in entsprechenden Punkten P_1 so vereinigen, daß die Gesamtheit der Vereinigungspunkte eine Kurve C_1 bildet, so sagt man, daß die Kurve $C_0[\mathfrak{r}_0 = \mathfrak{r}_0(u)]$ in die Kurve $C_1[\mathfrak{r}_1 = \mathfrak{r}_1(u)]$ abgebildet wird. Aus der HAMILTONschen Hauptgleichung (4.1) können wir unmittelbar eine Bedingung für diese Abbildung herleiten.

Setzt man für Anfangs- und Endpunkt der Bahn $\mathfrak{r}_0 = \mathfrak{r}_0(u)$ bzw. $\mathfrak{r}_1 = \mathfrak{r}_1(u)$ in die Wirkungsfunktion $W(\mathfrak{r}_1, \mathfrak{r}_0)$ ein, so wird diese eine Funktion $W = W(u)$ von u und aus (4.1) erhält man:

$$\frac{dW}{du} = \mathfrak{p}_1 \frac{d\mathfrak{r}_1}{du} - \mathfrak{p}_0 \frac{d\mathfrak{r}_0}{du}. \qquad (7.1)$$

Nun wollen wir die Punkte auf den beiden Kurven durch die Bogenlänge als Parameter festlegen. s_0 sei die Bogenlänge auf $\mathfrak{r}_0 = \mathfrak{r}_0(u)$, s_1 diejenige auf $\mathfrak{r}_1 = \mathfrak{r}_1(u)$. Bezeichnet man ferner die Richtung der Linienelemente auf den Kurven C_0 und C_1 mit $\mathfrak{e}_0$ bzw. $\mathfrak{e}_1$, so gilt

$$\frac{d\mathfrak{r}_0}{ds_0} = \frac{d\mathfrak{r}_0}{du} \frac{du}{ds_0} = \mathfrak{e}_0, \qquad \frac{d\mathfrak{r}_1}{ds_1} = \frac{d\mathfrak{r}_1}{du} \frac{du}{ds_1} = \mathfrak{e}_1. \qquad (7.2)$$

Den Ausdruck

$$\beta = \frac{d s_1}{d s_0} \qquad (7.3)$$

nennt man die Vergrößerung. Mit (7.2) und (7.3) erhält man für (7.1)

$$\frac{dW}{du}\,\frac{du}{d s_0} = \beta\,(\mathfrak{p}_1\,\mathfrak{e}_1) - (\mathfrak{p}_0\,\mathfrak{e}_0). \qquad (7.4)$$

Die linke Seite dieser Gleichung ist für einen bestimmten Objektpunkt ($u = $ const) eine Konstante. Das gleiche muß daher für die verschiedenen Impulsvektoren des Elektronenbündels auf der rechten Seite der Fall sein.

Wir haben also für das abbildende Bündel die Beziehung

$$\beta\,(\mathfrak{p}_1\,\mathfrak{e}_1) - (\mathfrak{p}_0\,\mathfrak{e}_0) = \text{const.} \qquad (7.5)$$

Für Elektronen- (und Ionen-)bündel ist speziell

$$\mathfrak{p} = g\,\mathfrak{s} - e\,\mathfrak{A}, \qquad (7.6)$$

wobei g den Wert des Impulses (3.35) bzw. (1.47) bedeutet. Wenn man (7.6) in (7.5) einsetzt, erhält man[1]

$$\boxed{\beta\,[g_1\,(\mathfrak{e}_1\,\mathfrak{s}_1) - e\,(\mathfrak{A}_1\,\mathfrak{e}_1)] - g_0\,(\mathfrak{e}_0\,\mathfrak{s}_0) + e\,(\mathfrak{A}_0\,\mathfrak{e}_0) = \text{const.}} \qquad (7.7)$$

Gibt es im Kurvenbündel eine Bahn, deren generalisierter Impuls sowohl im Ding wie im Bild senkrecht auf den entsprechenden Linienelementen steht, so folgt für die Konstante in (7.5) bzw. in (7.7) der Wert Null, wenn man diese Bahnkurve wählt. Die Konstante verschwindet daher in diesem Falle allgemein. Bezeichnet man den Winkel eines Strahles im Bündel mit dem Linienelement der abgebildeten Kurven auf der Ding- und Bildseite mit χ_0 bzw. χ_1 und sind α_0 und α_1 die Winkel des Vektorpotentials mit den abgebildeten Linienelementen, so erhält (7.7) die Gestalt:

$$\beta\,g_1 \cos\chi_1 - g_0 \cos\chi_0 = e\,(\beta\,A_1 \cos\alpha_1 - A_0 \cos\alpha_0). \qquad (7.8)$$

Wir haben in (7.8) erstmals einen typischen elektronenoptischen, d.h. sich auf ein ganzes Bahnenbündel beziehenden Satz kennengelernt. Er enthält — wie wir später sehen werden — für besondere Abbildungsfelder die sog. ABBEsche Sinusbedingung als Spezialfall. Diese Abbildungsfelder sind durch besondere Symmetrieeigenschaften gekennzeichnet. Im nächsten Abschnitt werden wir uns mit der Charakterisierung und Berechnung dieser Abbildungsfelder befassen.

II. Berechnung von Ablenk- und Abbildungsfeldern.

8. Das rotationssymmetrische elektrische Feld. α) *Das Potential in Reihenform.* Für die abbildende Elektronenoptik spielen rotationssymmetrische Felder eine entscheidende Rolle. Wir wollen sie als zeitunabhängig oder wenigstens als quasistationär voraussetzen. Sie genügen daher den Gln. (1.32) und (1.33). Bei Einführung von Zylinderkoordinaten r, z, ψ sind die rotationssymmetrischen Felder dadurch gekennzeichnet, daß die Potentiale $\varphi(r, z)$ und $\varphi_m(r, z)$ von der Zirkulationsvariablen ψ unabhängig sind. Hieraus folgt, daß im rotationssymmetrischen Feld sowohl die Zirkulationskomponente $E_\psi = -\frac{1}{r}\,\frac{\partial\varphi}{\partial\psi}$ des elektrischen Feldes, wie auch $B_\psi = -\frac{1}{r}\,\frac{\partial\varphi_m}{\partial\psi}$ des Magnetfeldes verschwindet. Die Richtung

---

[1] W. GLASER: Z. Physik **80**, 451 (1933).

sowohl des elektrischen wie auch des magnetischen Feldes liegt also stets in einer Meridianebene.

Die Potentialgleichung (1.32) lautet für das rotationssymmetrische Feld[1]:

$$\frac{\partial}{\partial r}\left(r\,\frac{\partial \varphi}{\partial r}\right) + r\,\frac{\partial^2 \varphi}{\partial z^2} = 0. \tag{8.1}$$

Wir wollen diese Gleichung durch eine nach Potenzen von r fortschreitende Reihe lösen. Mit dem Ansatz

$$\varphi = \sum_{\nu=0}^{\infty} \Phi_\nu(z)\, r^\nu, \tag{8.2}$$

bei dem die $\Phi_\nu(z)$ noch zu bestimmende Funktionen von z darstellen, erhalten wir durch Einsetzen in (8.1) die Rekursionsformeln:

$$\Phi_\nu = -\frac{1}{\nu^2}\, \Phi''_{\nu-2} \quad \text{mit} \quad \Phi_1 = 0. \tag{8.3}$$

Das Verschwinden von Φ_1 ergibt sich auch nach folgender Überlegung: aus

$$\varphi = \Phi_0(z) + r\,\Phi_1(z) + \cdots \tag{8.4}$$

würde für $r = 0$

$$(E_r)_{r=0} = -\left.\frac{\partial \varphi}{\partial r}\right|_{r=0} = -\Phi_1(z) \neq 0 \tag{8.5}$$

folgen. An der Achse wäre somit die zur Achse senkrechte Komponente des Feldes von Null verschieden. Sie würde beim Durchschreiten der Achse einen Sprung von der Größe $2\Phi_1$ erfahren, was nur möglich wäre, wenn längs der Achse eine Ladung verteilt wäre. Da dies ausgeschlossen wird, haben wir $\Phi_1 = 0$ zu setzen und nach (8.3) sind also nur die Koeffizienten der geraden Potenzen von r von Null verschieden.

Mit der willkürlichen Funktion $\Phi_0(z)$, für welche wir einfach $\Phi(z)$ schreiben erhalten wir aus (8.3) und (8.2):

$$\varphi(r, z) = \Phi - \frac{r^2}{4}\,\Phi'' + \frac{r^4}{64}\,\Phi^{(4)} - \cdots = \sum_{\nu=0}^{\infty} (-1)^\nu \left(\frac{r}{2}\right)^{2\nu} \frac{1}{(\nu!)^2}\, \Phi^{(2\nu)}(z). \tag{8.6}$$

Die Funktion $\Phi(z)$ bedeutet dabei nach (8.6) das Potential $\varphi(r, z)$ für $r = 0$, d.h. das Potential $\varphi(0, z) = \Phi(z)$ längs der Feldachse.

Die zur Feldachse transversalen Koordinaten wollen wir mit X und Y bezeichnen:

$$r^2 = X^2 + Y^2, \quad X = r\cos\psi, \quad Y = r\sin\psi. \tag{8.7}$$

Für $\varphi(X, Y, z)$ erhält man so:

$$\varphi(X, Y, z) = \Phi - \tfrac{1}{4}\,\Phi''(X^2 + Y^2) + \tfrac{1}{64}\,\Phi^{(4)}(X^2 + Y^2)^2 - \cdots. \tag{8.8}$$

Hieraus folgen mit $E_x = -\partial\varphi/\partial X$, $E_y = -\partial\varphi/\partial Y$, $E_z = -\partial\varphi/\partial z$ die Komponenten der Feldstärke:

$$E_X = \tfrac{1}{2}\,\Phi'' X - \tfrac{1}{16}\,\Phi^{(4)}(X^2 + Y^2)\,X + \cdots, \tag{8.9}$$

$$E_Y = \tfrac{1}{2}\,\Phi'' Y - \tfrac{1}{16}\,\Phi^{(4)}(X^2 + Y^2)\,Y + \cdots, \tag{8.10}$$

$$E_z = -\Phi'(z) + \tfrac{1}{4}\,\Phi'''(X^2 + Y^2) - \cdots. \tag{8.11}$$

---

[1] Vgl. z.B. E. MADELUNG: Die mathematischen Hilfsmittel des Physikers, S. 231. Berlin 1950.

β) *Das Potential als geschlossener Ausdruck.* Statt durch die Reihe (8.6) kann das Potential $\varphi(r, z)$ auch in Form eines geschlossenen Ausdruckes durch das Achsenpotential $\Phi(z)$ ausgedrückt werden. Wir lösen dazu (8.1) mit Hilfe des Separationsansatzes

$$\varphi = R(r) \cdot Z(z) \tag{8.12}$$

und erhalten

$$Z'' = -\alpha^2 Z, \tag{8.13}$$

$$\frac{d^2 R}{d r^2} + \frac{1}{r} \frac{d R}{d r} - \alpha^2 R = 0. \tag{8.14}$$

Die erste Differentialgleichung hat die Lösung

$$Z(z) = A\, e^{\pm i \alpha z}. \tag{8.15}$$

Die zweite stellt nach Division durch α^2 die Differentialgleichung

$$\frac{d^2 R}{d (\alpha r)^2} + \frac{1}{\alpha r} \frac{d R}{d (\alpha r)} - R = 0 \tag{8.16}$$

für die modifizierte Bessel-Funktion nullter Ordnung $I_0(\alpha r)$ dar. Es ist also

$$\varphi(r, z) = A\, e^{\pm i \alpha z} I_0(\alpha r) \tag{8.17}$$

eine partikuläre Lösung von (8.1). Die Bessel-Funktion $I_0(\alpha r)$ kann in der Gestalt

$$I_0(\alpha r) = \frac{1}{\pi} \int_0^{\pi} e^{-\alpha r \cos \vartheta}\, d\vartheta = \frac{1}{2\pi} \int_0^{2\pi} e^{-\alpha r \cos \vartheta}\, d\vartheta \tag{8.18}$$

dargestellt werden. Man überzeugt sich leicht durch Differenzieren von (8.18) und Umformen mittels partieller Integration, daß (8.18) der Gl. (8.16) genügt.

Mit einer willkürlichen Funktion $A(\alpha)$ erhalten wir aus (8.17) die allgemeine Lösung

$$\varphi(r, z) = \int_{-\infty}^{+\infty} A(\alpha)\, e^{i \alpha z} I_0(\alpha r)\, d\alpha. \tag{8.19}$$

Da wir von $-\infty$ bis $+\infty$ statt von 0 bis $+\infty$ integrieren, können wir uns in (8.19) auf das positive Vorzeichen des Exponenten in (8.17) beschränken. Wenn man aus (8.18) einsetzt, erhält man

$$\varphi(r, z) = \frac{1}{2\pi} \int_0^{2\pi} \int_{-\infty}^{+\infty} A(\alpha)\, e^{i \alpha (z + i r \cos \vartheta)}\, d\alpha\, d\vartheta. \tag{8.20}$$

Der Potentialverlauf längs der Achse ergibt sich daraus für $r = 0$ zu

$$\Phi(z) = \varphi(0, z) = \int_{-\infty}^{+\infty} A(\alpha)\, e^{i \alpha z}\, d\alpha. \tag{8.21}$$

Hieraus ersieht man den Zusammenhang

$$\Phi(z + i r \cos \vartheta) = \int_{-\infty}^{+\infty} A(\alpha)\, e^{i \alpha (z + i r \cos \vartheta)}\, d\alpha. \tag{8.22}$$

Indem man den Ausdruck (8.22) in (8.20) einführt, erhält man für das axial-symmetrische Potential

$$\varphi(r, z) = \frac{1}{2\pi} \int_0^{2\pi} \Phi(z + i r \cos \vartheta)\, d\vartheta. \tag{8.23}$$

Die Formel (8.23) gestattet die Berechnung des Potentials im ganzen Raum, wenn dessen Verlauf $\Phi(z)$ längs der Achse vorgegeben ist. Sie ist von P. S. LAPLACE gefunden worden.

Entwickelt man $\Phi(z + i r \cos \vartheta)$ in eine TAYLORsche Reihe um z und führt die Integrationen über die Potenzen von $\cos \vartheta$ in (8.23) aus, so gelangt man wieder zu der Reihe (8.6) zurück.

Um von Formel (8.23) eine Anwendung zu geben, kann man die räumliche Potentialverteilung $\varphi(r, z)$ eines rotationssymmetrischen Feldes bestimmen, dessen Achsenpotential durch

$$\Phi(z) = \frac{a\,z + b}{1 + z^2} \tag{8.24}$$

gegeben ist. Aus (8.23) folgt

$$\varphi(r, z) = \frac{1}{2\pi} \int_0^{2\pi} \frac{a\,(z + i\,r \cos \vartheta) + b}{1 + (z + i\,r \cos \vartheta)^2}\, d\vartheta . \tag{8.25}$$

Partialbruchzerlegung und Auswertung der Integrale (z. B. mit dem Residuensatz) führt direkt zu dem Ausdruck

$$\varphi(r, z) = \frac{a\,\xi + b\,\eta}{\xi^2 + \eta^2}, \tag{8.26}$$

wenn ξ und η mit r und z durch die Formeln (6.56), (6.57) zusammenhängen. Damit haben wir (6.58) bestätigt.

9. Das rotationssymmetrische magnetische Feld. $\alpha)$ *Das magnetische Feld in Reihenform.* Da das skalare magnetische Potential φ_m durch die gleichen Bedingungen wie das elektrische Potential φ bestimmt ist, erhält man analog zu (8.6)

$$\varphi_m(r, z) = \sum_{\nu=0}^{\infty} (-1)^\nu \left(\frac{r}{2}\right)^{2\nu} \frac{1}{(\nu!)^2}\, \Phi_m^{2\nu}(z). \tag{9.1}$$

Für die z-Komponente des Feldes ergibt sich daraus:

$$B_z(r, z) = -\frac{\partial \varphi_m}{\partial z} = \sum_{\nu=0}^{\infty} (-1)^{\nu+1} \left(\frac{r}{2}\right)^{2\nu} \frac{1}{(\nu!)^2}\, \Phi_m^{(2\nu+1)}(z). \tag{9.2}$$

Für $r = 0$ folgt daraus die z-Komponente längs der Achse:

$$B_z(0, z) = B_z(z) = -\Phi_m'(z). \tag{9.3}$$

Wenn wir also $B_z(r, z)$ durch die Achsenfeldstärke B_z ausdrücken, erhalten wir:

$$B_z(r, z) = \sum_{\nu=0}^{\infty} (-1)^\nu \left(\frac{r}{2}\right)^{2\nu} \frac{1}{(\nu!)^2}\, B_z^{(2\nu)}(z). \tag{9.4}$$

Die Komponenten der Feldstärken folgen mit (9.3) aus (9.1) analog zu (8.9) bis (8.11)

$$B_X = -\tfrac{1}{2} B_z' X + \tfrac{1}{16} B_z''' (X^2 + Y^2) X - \cdots, \tag{9.5}$$

$$B_Y = -\tfrac{1}{2} B_z' Y + \tfrac{1}{16} B_z''' (X^2 + Y^2) Y - \cdots, \tag{9.6}$$

$$B_z = B_z(z) - \tfrac{1}{4} B_z'' (z) (X^2 + Y^2) + \cdots. \tag{9.7}$$

Der gesamte Kraftfluß $\Psi(r, z)$ durch einen zur Achse symmetrisch liegenden Kreis, der sich in einer achsensenkrechten Ebene an der Stelle z befindet, ist

$$\Psi(r, z) = 2\pi \int_0^r B_z r\, dr = 2\pi \sum_{\nu=0}^{\infty} \frac{(-1)^\nu}{2^{2\nu}(\nu!)^2} B_z^{(2\nu)} \int_0^r r^{2\nu+1}\, dr \tag{9.8}$$

oder

$$\Psi(r, z) = \pi r^2 \sum_{\nu=0}^{\infty} \frac{(-1)^\nu}{\nu!\,(\nu+1)!} B_z^{(2\nu)} \left(\frac{r}{2}\right)^{2\nu}. \tag{9.9}$$

Hieraus können wir leicht das zum Feld gehörende Vektorpotential $\mathfrak{A}$ bestimmen. Auf Grund von (1.4) folgt mit Hilfe des Stokesschen Satzes

$$\oint \mathfrak{A}\,d\mathfrak{r} = \int \mathrm{rot}\,\mathfrak{A}\,d\mathfrak{f} = \int \mathfrak{B}\,d\mathfrak{f} = \Psi, \tag{9.10}$$

wobei die erste Integration über eine beliebige geschlossene Raumkurve erstreckt wird, welche Randkurve für die Integrationsfläche des dritten Integrales ist. Wählen wir insbesondere den eben betrachteten Kreis als Integrationsweg, so wird, wenn A_ψ die Zirkulationskomponente von $\mathfrak{A}$ bedeutet, nach (9.10)

$$2\pi r A_\psi = \Psi. \tag{9.11}$$

Da der Fluß durch jedes in einer Meridianebene liegende Flächenelement wegen $B_\psi = 0$ verschwindet, müssen wir wegen (9.10) $A_r = 0$ und $A_z = 0$ setzen. Mit (9.9) folgt so:

$$A_\psi = \frac{r}{2} \sum_{\nu=0}^{\infty} \frac{(-1)^\nu}{\nu!\,(\nu+1)!} B_z^{(2\nu)} \left(\frac{r}{2}\right)^{2\nu}. \tag{9.12}$$

Nun ist

$$A_X = -A_\psi \sin\psi = -\frac{Y}{r} A_\psi; \quad A_Y = A_\psi \cos\psi = \frac{X}{r} A_\psi, \tag{9.13}$$

also nach (9.12)

$$A_X = -\frac{1}{2} Y \sum_{\nu=0}^{\infty} \frac{(-1)^\nu}{2^{2\nu}\,\nu!\,(\nu+1)!} B_z^{(2\nu)} (X^2 + Y^2)^\nu, \tag{9.14}$$

$$A_Y = +\frac{1}{2} X \sum_{\nu=0}^{\infty} \frac{(-1)^\nu}{2^{2\nu}\,\nu!\,(\nu+1)!} B_z^{(2\nu)} (X^2 + Y^2)^\nu. \tag{9.15}$$

Die ersten Glieder von (9.14) und (9.15), welche wir im folgenden allein brauchen, lauten

$$A_X = -\tfrac{1}{2} Y \left[B_z - \tfrac{1}{8} B_z'' (X^2 + Y^2) + \cdots \right], \tag{9.16}$$

$$A_Y = +\tfrac{1}{2} X \left[B_z - \tfrac{1}{8} B_z'' (X^2 + Y^2) + \cdots \right]. \tag{9.17}$$

β) Geschlossener Ausdruck für den Kraftfluß. Auch für das Vektorpotential A und den Kraftfluß $\Psi(r, z)$ kann ein geschlossener Ausdruck angegeben werden. Dazu wollen wir zunächst das Feld aus dem Kraftfluß $\Psi(r, z)$ herleiten.

Aus der Definition

$$\Psi(r, z) = \int_0^r 2\pi r B_z(r, z)\, dr \tag{9.18}$$

folgt unmittelbar

$$\boxed{B_z(r, z) = \frac{1}{2\pi r} \frac{\partial \Psi}{\partial r}.} \tag{9.19}$$

Die radiale Komponente $B_r(r, z)$ kann aus [vgl. (8.1)]

$$\frac{\partial}{\partial r} (r B_r) + \frac{\partial}{\partial z} (r B_z) = 0 \tag{9.20}$$

gefolgert werden. Wenn man (9.19) in (9.20) einsetzt, erhält man

$$\frac{\partial}{\partial r} (r B_r) + \frac{1}{2\pi} \frac{\partial}{\partial r} \frac{\partial \Psi}{\partial z} = 0. \tag{9.21}$$

Es ist also

$$r\,B_r + \frac{1}{2\pi}\frac{\partial \Psi}{\partial z} = f(z) \tag{9.22}$$

eine Funktion allein von z. Da jedoch B_r für $r=0$ endlich bleiben muß, ist $f(z)=0$. Aus (9.22) erhalten wir so

$$\boxed{B_r = -\frac{1}{2\pi r}\frac{\partial \Psi}{\partial z}.} \tag{9.23}$$

Faßt man (8.23) als magnetisches Potential $\varphi = \varphi_m(r, z)$ auf, so folgt aus $B_r = -\frac{\partial \varphi_m}{\partial r}$ in Verbindung mit (9.23)

$$B_r = -\frac{1}{2\pi r}\frac{\partial \Psi}{\partial z} = -\frac{\partial \varphi_m}{\partial r} = -\frac{1}{2\pi}\int_0^{2\pi}\Phi'_m(z + i\,r\cos\vartheta)\,i\cos\vartheta\,d\vartheta, \tag{9.24}$$

woraus durch Integration nach z unmittelbar der Kraftfluß

$$\boxed{\Psi(r, z) = i\,r\int_0^{2\pi}\Phi_m(z + i\,r\cos\vartheta)\cos\vartheta\,d\vartheta} \tag{9.25}$$

folgt. Die bei der Integration eventuell noch hinzukommende Funktion von r allein ist gleich Null zu setzen, wie aus (9.19) folgt. $\Phi_m(z)$ berechnet sich aus der axialen Feldstärke $B_z(z)$ nach

$$\Phi_m(z) = -\int_{z_0}^{z}B_z(z)\,dz. \tag{9.26}$$

Formel (9.25) gibt die Zahl der Kraftlinien, welche einen zur Achse symmetrisch liegenden Kreis vom Radius r an der Stelle z durchsetzen. Der Ausdruck gilt auch für das elektrische Feld, wenn wir $\Phi_m(z)$ durch $\Phi(z)$ ersetzen.

Verschieben wir den Kreismittelpunkt entlang der z-Achse derart, daß $\Psi(r, z) = N$ konstant bleibt, so bildet die Gesamtheit der so erhaltenen Kreise eine Kraftröhre, da wegen $\Psi(r, z) = N = \text{const}$ voraussetzungsgemäß keine neuen Kraftlinien in das Röhrengebiet eintreten. Die Kurven $\Psi(r, z) = \text{const}$ sind also Begrenzungen der Kraftröhren und stellen somit die Kraftlinien dar. Nach (9.11) kann mit (9.25) auch das Vektorpotential durch einen geschlossenen Ausdruck wiedergegeben werden.

Um eine Anwendung der obigen Betrachtungen zu geben, wollen wir das Feld im ganzen Raum bestimmen, wenn die Feldstärke $B_z(0, z) = B_z(z)$ an der Achse gegeben ist. Durch Differentiation von (8.23) nach z erhält man

$$B_z(r, z) = \frac{1}{2\pi}\int_0^{2\pi}B_z(0, z + i\,r\cos\vartheta)\,d\vartheta. \tag{9.27}$$

Wir wählen als Beispiel für den axialen Feldverlauf $B_z(z)$ speziell die glockenförmige Funktion:

$$B_z(z) = \frac{B_0}{1 + z^2}. \tag{9.28}$$

Formel (9.27) ergibt

$$B_z(r, z) = \frac{B_0}{2\pi}\int_0^{2\pi}\frac{d\vartheta}{1 + (z + i\,r\cos\vartheta)^2}. \tag{9.29}$$

Die Auswertung des Integrals (Partialbruchzerlegung) liefert

$$B_z(r, z) = \frac{\eta B_0}{\xi^2 + \eta^2},$$ (9.30)

wobei die beiden (elliptischen) Koordinaten ξ und η mit r und z durch (6.56), (6.57) zusammenhängen.

Um daraus den Kraftfluß (9.18) zu bestimmen, gehe man von Gl. (9.19) aus:

$$\frac{\partial \Psi}{\partial r} = \frac{2\pi B_0 \eta r}{\xi^2 + \eta^2}.$$ (9.31)

Aus (6.56), (6.57) erhalten wir mit (9.31)

$$\xi \frac{\partial \Psi}{\partial \xi} - \eta \frac{\partial \Psi}{\partial \eta} = 2\pi B_0 \eta.$$ (9.32)

Man erkennt unmittelbar, daß die Lösung dieser Gleichung, welche für $r = 0$ (d.h. $\eta = 1$) verschwindet, durch

$$\Psi = 2\pi B_0 (1 - \eta)$$ (9.33)

gegeben ist.

10. Darstellung des allgemeinen elektrostatischen Feldes in Reihenform. Das rotationssymmetrische Feld spielt für die Elektronenoptik sowohl aus theoretischen als auch aus praktischen Gründen eine beherrschende Rolle. Erstens werden wir sehen, daß in einem derartigen Feld die Bedingungen für eine stigmatische Abbildung durch Strahlen, die der Feldachse benachbart sind, von vornherein erfüllt sind, und zweitens sind rotationssymmetrische Felder technisch am besten zu verwirklichen, da die entsprechenden Polschuhe und Elektroden durch Abdrehen an der Drehbank erzeugt werden können. Trotzdem ist die Betrachtung allgemeiner elektrostatischer und magnetischer Felder, die durch besondere Symmetriebedingungen überhaupt nicht oder weniger stark eingeschränkt sind, unerläßlich. Denn ein streng rotationssymmetrisches Feld ist stets ein in der Praxis mehr oder minder gut verwirklichter Idealfall, und wir werden daher das allgemeine Feld kennen müssen, wenn wir die Beeinträchtigung der Abbildungsgüte durch eine Störung der Rotationssymmetrie des abbildenden Feldes untersuchen. Weiters kann auch die Wirkung eines Ablenkfeldes, das einem Abbildungsfeld überlagert ist, erfaßt werden. Schließlich besteht noch folgender Sachverhalt: Das rotationssymmetrische Feld enthält eine einzige willkürliche Funktion, nämlich das Achsenpotential $\Phi(z)$. In einer weniger symmetrischen Feldentwicklung treten weitere willkürliche Funktionen auf. Man kann versuchen, diese eventuell so zu bestimmen, daß man eine bessere Strahlenvereinigung erzielt als im rotationssymmetrischen Feld.

Die Feldberechnung wird am einfachsten in rechtwinkligen kartesischen Koordinaten durchgeführt[1]. Wir suchen also eine Lösung $\varphi(x, y, z)$ der Laplaceschen Gleichung

$$\Delta \varphi = \frac{\partial^2 \varphi}{\partial x^2} + \frac{\partial^2 \varphi}{\partial y^2} + \frac{\partial^2 \varphi}{\partial z^2}$$ (10.1)

in Gestalt der Reihe

$$\varphi(x, y, z) = \sum_{m, n=0}^{\infty} a_{mn}(z)\, x^m y^n.$$ (10.2)

Die Frage ist: welche allgemeine Gestalt besitzen die Funktionen $a_{mn}(z)$? Wenn wir (10.2) in (10.1) einsetzen, erhalten wir für die Koeffizienten $a_{mn}(z)$ die

---

[1] Vgl. z. B. W. Glaser: Grundlagen der Elektronenoptik, S. 103, Wien 1952.

Bedingungsgleichungen

$$a''_{mn} + (m + 2)(m + 1) a_{m+2,n} + (n + 2)(n + 1) a_{m,n+2} = 0. \qquad (10.3)$$

Um diese Gleichungen zu befriedigen und dabei x und y als gleichberechtigt zu behandeln (Anschluß an das rotationssymmetrische Feld!), drücken wir $a_{m+2,n}$ und $a_{m,n+2}$ durch a''_{mn} und eine willkürliche Funktion $b_{mn}(z)$ auf folgende Weise aus:

$$a_{m+2,n} = -\frac{1}{2(m+2)(m+1)} a''_{mn} + \frac{b_{mn}}{(m+2)(m+1)}, \qquad (10.4)$$

$$a_{m,n+2} = -\frac{1}{2(n+2)(n+1)} a''_{mn} - \frac{b_{mn}}{(n+2)(n+1)}. \qquad (10.5)$$

Wenn man Gl. (10.4) mit $(m+2)(m+1)$, Gl. (10.5) mit $(n+2)(n+1)$ multipliziert und beide Gleichungen addiert, erkennt man sogleich, daß (10.3) erfüllt ist.

Wir wollen die Entwicklung (10.2) bis zu Gliedern vierter Ordnung einschließlich bestimmen, was für die Zwecke der Elektronenoptik im allgemeinen ausreicht. Dazu müssen wir nur die Beziehungen (10.4) und (10.5) für die verschiedenen Werte von m und n anschreiben, für welche $m+n \leq 4$ ist. Auf diese Weise bestimmen (10.4) und (10.5) die folgenden Koeffizienten:

$\diagdown \!\!\! \begin{matrix}m\\n\end{matrix}$	0	1	2		$\diagdown \!\!\! \begin{matrix}n\\m\end{matrix}$	0	1	2	
0	a_{20}	a_{30}	a_{40}		0	a_{02}	a_{03}	a_{04}	
1	a_{21}	a_{31}	—		1	a_{12}	a_{13}	—	(10.6)
2	a_{22}	—	—		2	a_{22}	—	—	

Der Koeffizient a_{22} wäre demnach überbestimmt, und wir haben daher nach (10.4,) (10.5)

$$a_{22} = -\tfrac{1}{4} a''_{02} + \tfrac{1}{2} b_{02}, \qquad a_{22} = -\tfrac{1}{4} a''_{20} - \tfrac{1}{2} b_{20} \qquad (10.7)$$

einander gleichzusetzen. Es ergibt sich

$$a''_{02} - a''_{20} = 2(b_{02} + b_{20}). \qquad (10.8)$$

Wir erfüllen diese Bedingung in symmetrischer Weise, wenn wir

$$b_{02} = \tfrac{1}{4}(a''_{02} - a''_{20}) + \tfrac{1}{2} c, \qquad b_{20} = \tfrac{1}{4}(a''_{02} - a''_{20}) - \tfrac{1}{2} c \qquad (10.9)$$

schreiben. Dabei wurde die willkürliche Funktion $c(z)$ neu eingeführt. Wenn man in (10.9) für a_{20} und a_{02} die aus (10.4), (10.5) folgenden Werte

$$a_{20} = -\tfrac{1}{4} a''_{00} + \tfrac{1}{2} b_{00}, \qquad a_{02} = -\tfrac{1}{4} a''_{00} - \tfrac{1}{2} b_{00} \qquad (10.10)$$

einsetzt, ergibt sich zunächst

$$b_{02} = -\tfrac{1}{4} b''_{00} + \tfrac{1}{2} c, \qquad b_{20} = -\tfrac{1}{4} b''_{00} - \tfrac{1}{2} c \qquad (10.11)$$

und weiter

$$a_{22} = \tfrac{1}{16} a^{(4)}_{00} + \tfrac{1}{4} c. \qquad (10.12)$$

Die weiteren Koeffizienten von (10.6) folgen ohne Schwierigkeit aus (10.4), (10.5) und (10.11). Die Koeffizienten a_{00}, a_{10}, a_{01}, a_{11}, b_{00}, b_{10}, b_{01}, b_{11} und c haben wir als willkürlich vorgegebene Funktionen von z aufzufassen.

11*

Für das Potential $\varphi(x, y, z)$ erhalten wir so:

$$
\begin{aligned}
\varphi(x, y, z) = a_{00} &+ a_{10}\,x + a_{01}\,y - (\tfrac{1}{4}a_{00}'' - \tfrac{1}{2}b_{00})\,x^2 + a_{11}\,x\,y - \\
&- (\tfrac{1}{4}a_{00}'' + \tfrac{1}{2}b_{00})\,y^2 - (\tfrac{1}{12}a_{10}'' - \tfrac{1}{6}b_{10})\,x^3 - (\tfrac{1}{4}a_{01}'' - \tfrac{1}{6}b_{01})\,x^2\,y - \\
&- (\tfrac{1}{4}a_{10}'' + \tfrac{1}{2}b_{10})\,x\,y^2 - (\tfrac{1}{12}a_{01}'' + \tfrac{1}{6}b_{01})\,y^3 + \\
&+ (\tfrac{1}{96}a_{00}^{(4)} - \tfrac{1}{24}b_{00}'' - \tfrac{1}{24}c)\,x^4 - (\tfrac{1}{12}a_{11}'' - \tfrac{1}{6}b_{11})\,x^3\,y + \\
&+ (\tfrac{1}{16}a_{00}^{(4)} + \tfrac{1}{4}c)\,x^2\,y^2 - (\tfrac{1}{12}a_{11}'' + \tfrac{1}{6}b_{11})\,x\,y^3 + \\
&+ (\tfrac{1}{96}a_{00}^{(4)} + \tfrac{1}{24}b_{00}'' - \tfrac{1}{24}c)\,y^4.
\end{aligned}
\qquad (10.13)
$$

Natürlich ist in unserer allgemeinen Lösung (10.13) auch das rotationssymmetrische Feld enthalten. Es ergibt sich, wie man durch Vergleich mit (8.6) unmittelbar erkennt, wenn man die willkürliche Funktion $c(z)$ durch eine andere willkürliche Funktion D_1 ersetzt, welche durch

$$
c = -\tfrac{1}{8}a_{00}^{(4)} - 24\,D_1 \qquad (10.14)
$$

definiert ist. Weiters hat man $a_{00} = \Phi(z)$ zu schreiben und die restlichen willkürlichen Funktionen einschließlich D_1 gleich Null zu setzen. Um daher diesen Anschluß an das rotationssymmetrische Feld und für die willkürlichen Funktionen etwas suggestivere Bezeichnungen zu erhalten, schreiben wir außer (10.14):

$$
\begin{aligned}
a_{10} &= -E(z), & b_{00} &= \tfrac{1}{2}D(z), & a_{11} &= P(z), & b_{11} &= 24\,P_1(z) \\
a_{01} &= -F(z), & b_{01} &= -2F_1 - \tfrac{1}{2}F'', & b_{10} &= 2E_1 + \tfrac{1}{2}E''.
\end{aligned}
\qquad (10.15)
$$

Damit erhält das Potential φ von (10.13) endgültig die Gestalt:

$$
\begin{aligned}
\varphi(x, y, z) = \Phi &- E\,x - F\,y - \tfrac{1}{4}(\Phi'' - D)\,x^2 + P\,x\,y - \tfrac{1}{4}(\Phi'' + D)\,y^2 + \\
&+ \tfrac{1}{3}(\tfrac{1}{2}E'' + E_1)\,x^3 - F_1\,x^2\,y - E_1\,x\,y^2 + \tfrac{1}{3}(\tfrac{1}{2}F'' + F_1)\,y^3 + \\
&+ (\tfrac{1}{64}\Phi^{(4)} - \tfrac{1}{48}D'' + D_1)\,x^4 - (\tfrac{1}{12}P'' - 4P_1)\,x^3\,y + (\tfrac{1}{32}\Phi^{(4)} - 6D_1)\,x^2\,y^2 - \\
&- (\tfrac{1}{12}P'' + 4P_1)\,x\,y^3 + (\tfrac{1}{64}\Phi^{(4)} + \tfrac{1}{48}D'' + D_1)\,y^4.
\end{aligned}
\qquad (10.16)
$$

Aus (10.16) erkennt man, daß das Potential, bis zu Gliedern vierter Ordnung einschließlich, durch die neun willkürlichen Funktionen Φ, E, F, D, P, E_1, F_1, D_1 und P_1 bestimmt ist.

$\Phi(z)$ bedeutet den Potentialverlauf längs der z-Achse, wie man erkennt, wenn man in (10.16) $x = 0$ und $y = 0$ setzt. Ist allein $\Phi(z)$ von Null verschieden, so haben wir — wie bereits bemerkt — das rotationssymmetrische Feld vor uns. „Die transversalen" Feldkomponenten $E_x = -\partial\varphi/\partial x$ und $E_y = -\partial\varphi/\partial y$ lauten

$$
\begin{aligned}
E_x &= E + \tfrac{1}{2}(\Phi'' - D)\,x - P\,y, \\
E_y &= F + \tfrac{1}{2}(\Phi'' + D)\,y - P\,x.
\end{aligned}
\qquad (10.17)
$$

Für die Achse $x = 0$, $y = 0$ folgt hieraus, daß $E(z)$ und $F(z)$ die „ablenkenden" Feldkomponenten darstellen.

Die Bedeutung von $D(z)$ und $P(z)$ für den achsennahen Feldbereich erkennen wir, wenn wir das Potential ohne Ablenkfeld ($E = 0$, $F = 0$) bis zu den Gliedern zweiter Ordnung anschreiben:

$$
\varphi(x, y, z) = \Phi - \tfrac{1}{4}(\Phi'' - D)\,x^2 + P\,x\,y - \tfrac{1}{4}(\Phi'' + D)\,y^2. \qquad (10.18)
$$

Ist $P(z) = 0$, so sind die x-z-Ebene und die y-z-Ebene zwei aufeinander senkrecht stehende Symmetrieebenen des Feldes. Das Feld ist aber nicht mehr rotationssymmetrisch. Im rotationssymmetrischen Feld hat φ längs eines zur Achse symmetrisch liegenden Kreises vom Radius a stets den gleichen Wert. Die Funktion $D(z)$ bedingt, daß das Feld in gleicher Entfernung a von der Achse in den beiden Symmetrieebenen verschiedene Werte $\varphi(0, a) \neq \varphi(a, 0)$ hat. Die Potentiallinien in einer achsensenkrechten Ebene werden daher Ellipsen. Den *Unsymmetriegrad* des Feldes können wir durch die dimensionslose Größe

$$2 \frac{\varphi(a, 0) - \varphi(0, a)}{\varphi(0, 0)} = \frac{a^2 D}{\Phi} \tag{10.19}$$

kennzeichnen. Er ist im wesentlichen durch $D(z)$ bestimmt.

Auch wenn $P(z) \neq 0$ ist, sind die Potentiallinien in achsensenkrechten Ebenen nach (10.18) ebenfalls Ellipsen. Wenn wir in jeder Ebene $z = $ const das Achsenkreuz in die Hauptachsen dieser Potentialellipsen legen, können wir das Verschwinden des gemischten Gliedes in (10.18) erreichen und kommen damit im Prinzip wieder auf den vorigen Fall zurück. Der von z abhängige Drehungswinkel $\alpha(z)$ ist durch

$$\tan 2\alpha = \frac{2P}{D} \tag{10.20}$$

gegeben und das Potential nimmt im neuen Koordinatensystem die Gestalt

$$\varphi = \Phi - \tfrac{1}{4}\left(\Phi'' - \sqrt{D^2 + 4P^2}\right)\bar{x}^2 - \tfrac{1}{4}\left(\Phi'' + \sqrt{D^2 + 4P^2}\right)\bar{y}^2 \tag{10.21}$$

an. Der Unsymmetriegrad des Feldes ist in diesem allgemeinen Fall durch

$$2 \frac{\varphi(a, 0) - \varphi(0, a)}{\varphi(0, 0)} = \frac{a^2}{\Phi} \sqrt{D^2 + 4P^2} \tag{10.22}$$

gegeben.

Man kann die Abweichung von der Rotationssymmetrie oder die „Elliptizität" des Feldes auch durch die elliptischen Potentiallinien $\varphi = $ const $= \Phi_0$ von (10.21) kennzeichnen. Die Hauptachsen a und b dieser Ellipsen sind durch

$$a^2 = \frac{4(\Phi - \Phi_0)}{\Phi'' - \sqrt{D^2 + 4P^2}}, \qquad b^2 = \frac{4(\Phi - \Phi_0)}{\Phi'' + \sqrt{D^2 + 4P^2}} \tag{10.23}$$

gegeben, und die „Elliptizität" kann durch

$$\varepsilon = \frac{a - b}{a + b} \tag{10.24}$$

gekennzeichnet werden. Mit (10.23) ergibt sich daraus

$$\varepsilon = \frac{\sqrt{D^2 + 4P^2}}{\Phi'' + \sqrt{\Phi''^2 - D^2 - 4P^2}}. \tag{10.25}$$

Im Falle geringer Elliptizität, in dem $D^2 + 4P^2$ gegenüber Φ''^2 lediglich als kleine Störung angesehen werden kann, folgt aus (10.25)

$$\varepsilon = \frac{\sqrt{D^2 + 4P^2}}{2\Phi''}. \tag{10.26}$$

Diese Definition stimmt im wesentlichen mit (10.22) überein.

Ist die y-z-Ebene eine Symmetrieebene des Feldes, gilt also $\varphi(x, y, z) = \varphi(-x, y, z)$, so müssen alle ungeraden Potenzen von x verschwinden. Ist außerdem die Elliptizität Null ($D = 0$, $P = 0$), so erhält das Potential (10.16) die

Gestalt

$$\varphi(x,y,z) = \Phi - F\,y - \tfrac{1}{4}\Phi''(x^2+y^2) - F_1 x^2 y + \tfrac{1}{3}(\tfrac{1}{2}F''+F_1)\,y^3 + \left.\begin{array}{l} \\ + (\tfrac{1}{64}\Phi^{(4)}+D_1)\,x^4 + (\tfrac{1}{32}\Phi^{(4)}-6D_1)\,x^2 y^2 + (\tfrac{1}{64}\Phi^{(4)}+D_1)\,y^4. \end{array}\right\} \quad (10.27)$$

Dieses Feld stellt die Überlagerung eines in der y-Richtung wirkenden Ablenk-feldes mit einem rotationssymmetrischen Feld dar. Eine analoge Darstellung gilt für ein in der x-Richtung wirkendes, überlagertes Ablenkfeld.

Ist außerdem $\Phi(z) = \text{const}$, also $E_z(0, z) = 0$, so ergibt sich das reine Ablenk-feld

$$\varphi(x,y,z) = \Phi - F\,y - F_1 x^2 y + \tfrac{1}{3}(\tfrac{1}{2}F''+F_1)\,y^3 + D_1(x^4 - 6x^2 y^2 + y^4). \quad (10.28)$$

Bei verschwindender Elliptizität stellt (10.16) allgemein ein Abbildungsfeld dar, dem zwei gekreuzte Ablenkfelder überlagert sind. Es gibt also die allgemeinen Verhältnisse wieder, wie sie in Fernsehröhren, Kathodenstrahloszillographen und ähnlichen Geräten vorliegen.

11. Darstellung des allgemeinen magnetostatischen Feldes in Reihenform. Die allgemeine Gestalt des magnetostatischen Potentiales kann unmittelbar von (10.16) übernommen werden:

$$\varphi_m(x,y,z) = \Phi_m - G\,x - H\,y - \tfrac{1}{4}(\Phi_m''-\Delta)\,x^2 + Q\,x\,y - \tfrac{1}{4}(\Phi_m''+\Delta)\,y^2 + \left.\begin{array}{l} \\ + \tfrac{1}{3}(\tfrac{1}{2}G''+G_1)\,x^3 - H_1 x^2 y - G_1 x y^2 + \tfrac{1}{3}(\tfrac{1}{2}H''+H_1)\,y^3 + \\ + (\tfrac{1}{64}\Phi_m^{(4)}-\tfrac{1}{48}\Delta''+\Delta_1)\,x^4 - (\tfrac{1}{12}Q''-4Q_1)\,x^3 y + \\ + (\tfrac{1}{32}\Phi_m^{(4)}-6\Delta_1)\,x^2 y^2 - (\tfrac{1}{12}Q''+4Q_1)\,x y^3 + \\ + (\tfrac{1}{64}\Phi^{(4)}+\tfrac{1}{48}\Delta''+\Delta_1)\,y^4. \end{array}\right\} \quad (11.1)$$

Hieraus berechnen sich die Feldkomponenten $B_x = -\partial\varphi_m/\partial_x$ und $B_y = -\partial\varphi_m/\partial y$ zu:

$$B_x = G - \tfrac{1}{2}(B_z'+\Delta)\,x - Q\,y - (\tfrac{1}{2}G''+G_1)\,x^2 + 2H_1 x\,y + G_1 y^2 + \left.\begin{array}{l} \\ + (\tfrac{1}{16}B_z'''+\tfrac{1}{12}\Delta''-4\Delta_1)\,x^3 + (\tfrac{1}{4}Q''-12Q_1)\,x^2 y + \\ + (\tfrac{1}{16}B_z'''+12\Delta_1)\,x y^2 + (\tfrac{1}{12}Q''+4Q_1)\,y^3, \end{array}\right\} \quad (11.2)$$

$$B_y = H - Q\,x - \tfrac{1}{2}(B_z'-\Delta)\,y + H_1 x^2 + 2G_1 x\,y - (\tfrac{1}{2}H''+H_1)\,y^2 + \left.\begin{array}{l} \\ + (\tfrac{1}{12}Q''-4Q_1)\,x^3 + (\tfrac{1}{16}B_z''+12\Delta_1)\,x^2 y + (\tfrac{1}{4}Q''+12Q_1)\,x y^2 + \\ + (\tfrac{1}{16}B_z'''-\tfrac{1}{12}\Delta''-4\Delta_1)\,y^3. \end{array}\right\} \quad (11.3)$$

Da das zu diesem Feld gehörende Vektorpotential $\mathfrak{A}$ nur bis auf den Gradienten einer willkürlichen Funktion bestimmt ist, können wir voraussetzen, daß die y-Komponente von $\mathfrak{A}$ gleich Null ist. Durch Auflösen der Gl. (1.4), d.h. von

$$B_x = \frac{\partial A_z}{\partial y}, \quad B_y = \frac{\partial A_x}{\partial z} - \frac{\partial A_z}{\partial x}, \quad B_z = -\frac{\partial A_x}{\partial y} \quad (11.4)$$

nach A_x und A_z erhält man für die Komponenten des zugehörigen Vektorpoten-tials:

$$\left.\begin{array}{l} A_x = -B_z y - G'x y - \tfrac{1}{2}H'y^2 + \tfrac{1}{4}(B_z''+\Delta')\,x^2 y + \tfrac{1}{2}Q'x y^2 + \tfrac{1}{12}(B_z''-\Delta')\,y^3, \\ A_y = 0, \\ A_z = -H\,x + G\,y + \tfrac{1}{2}Q\,x^2 - \tfrac{1}{2}(B_z'+\Delta)\,x\,y - \tfrac{1}{2}Q\,y^2 - \tfrac{1}{3}H_1 x^3 - \\ \quad - (\tfrac{1}{2}G''+G_1)\,x^2 y + H^1 x y^2 + \tfrac{1}{3}G_1 y^3 - (\tfrac{1}{48}Q''-Q_1)\,x^4 + \\ \quad + (\tfrac{1}{16}B_z'''+\tfrac{1}{12}\Delta''-4\Delta_1)\,x^3 y + (\tfrac{1}{8}Q''-6Q_1)\,x^2 y^2 + \\ \quad + (\tfrac{1}{48}B_z'''+4\Delta_1)\,x y^3 + (\tfrac{1}{48}Q''+Q_1)\,y^4. \end{array}\right\} \quad (11.5)$$

Die acht willkürlichen Funktionen $G, H, \ldots, Q_1$ in (11.1) bis (11.5) können in ganz analoger Weise wie die entsprechenden Größen $E, F, \ldots, P_1$ im elektrischen Feld gedeutet werden.

12. Das zeitlich veränderliche rotationssymmetrische elektromagnetische Feld. In manchen Anwendungen der Elektronenphysik (z.B. beim Betatron) spielen zeitlich veränderliche rotationssymmetrische Felder eine Rolle. Wir wollen daher die allgemeine Gestalt derartiger Felder bestimmen.

Wenn sich das elektrische und das magnetische Feld mit der Zeit rasch ändern, können sie nicht mehr als unabhängig voneinander betrachtet werden. Sie sind durch die MAXWELLschen Gleichungen (1.2), (1.3) miteinander verknüpft, die man in integrierter Form auch folgendermaßen schreiben kann:

$$\oint \mathfrak{E}\, d\mathfrak{r} = - \int \dot{\mathfrak{B}}\, d\mathfrak{f} \qquad (12.1)$$

und

$$\oint \mathfrak{B}\, d\mathfrak{r} = \frac{1}{c^2} \int \dot{\mathfrak{E}}\, d\mathfrak{f}. \qquad (12.2)$$

Die beiden anderen MAXWELLschen Beziehungen

$$\operatorname{div} \mathfrak{E} = 0 \qquad (12.3)$$

und

$$\operatorname{div} \mathfrak{B} = 0 \qquad (12.4)$$

lassen wir ungeändert.

Wir wählen Zylinderkoordinaten r, ψ, z, in denen Gl. (12.3) die Gestalt erhält[1]:

$$\frac{\partial E_\psi}{\partial \psi} + \frac{\partial}{\partial r}(r\, E_r) + \frac{\partial}{\partial z}(r\, E_z) = 0. \qquad (12.5)$$

Da alle Komponenten von ψ unabhängig sind, geht (12.5) in

$$\frac{\partial}{\partial r}(r\, E_r) + \frac{\partial}{\partial z}(r\, E_z) = 0 \qquad (12.6)$$

über. Analog gilt

$$\frac{\partial}{\partial r}(r\, B_r) + \frac{\partial}{\partial z}(r\, B_z) = 0. \qquad (12.7)$$

Wir betrachten nun den Kraftfluß durch einen zur Feldachse symmetrisch liegenden Kreis von Radius r

$$\Psi(z, r, t) = \int B_z(z, r, t)\, d\mathfrak{f} = 2\pi \int_0^r B_z\, r\, dr. \qquad (12.8)$$

Durch Differentiation nach r folgt daraus

$$B_z = \frac{1}{2\pi r} \frac{\partial \Psi}{\partial r}. \qquad (12.9)$$

Analog ergibt sich mit dem durch

$$F(z, r, t) = \int E_z(z, r, t)\, d\mathfrak{f} = 2\pi \int_0^r E_z\, r\, dr \qquad (12.10)$$

definierten *elektrischen* Kraftfluß für das elektrische Feld die Beziehung

$$E_z = \frac{1}{2\pi r} \frac{\partial F}{\partial r}. \qquad (12.11)$$

---

[1] Vgl. z.B. E. MADELUNG: Die mathematischen Hilfsmittel des Physikers, S. 231 Berlin 1950.

Mit Hilfe der beiden skalaren Funktionen Ψ und F, welche die in (12.8) und (12.10) ausgedrückte anschauliche Bedeutung eines „Feldflusses" haben, soll nun das Feld, das den MAXWELLschen Gleichungen genügt, dargestellt werden. Wenn wir (12.9) in (12.7) einsetzen, erhalten wir nach Vertauschung der Differentiationsfolge

$$\frac{\partial}{\partial r}\left(2\pi r\,B_r + \frac{\partial \Psi}{\partial z}\right) = 0, \tag{12.12}$$

woraus — da B_r für $r=0$ endlich bleiben soll —

$$B_r = -\frac{1}{2\pi r}\frac{\partial \Psi}{\partial z} \tag{12.13}$$

folgt. Analog findet man aus (12.6)

$$E_r = -\frac{1}{2\pi r}\frac{\partial F}{\partial z}. \tag{12.14}$$

Zur Berechnung der zirkularen Feldkomponenten beziehen wir Gl. (12.1), (12.2) auf einen zur Feldachse symmetrisch liegenden Kreis vom Radius r:

$$\oint \mathfrak{E}\,d\mathfrak{r} = \oint E_\psi\,r\,d\psi = 2\pi r\,E_\psi = -\dot{\Psi}; \tag{12.15}$$

in derselben Weise gilt

$$\oint \mathfrak{B}\,d\mathfrak{r} = \oint B_\psi\,r\,d\psi = 2\pi r\,B_\psi = \frac{1}{c^2}\dot{F}. \tag{12.16}$$

Es ist also

$$E_\psi = -\frac{1}{2\pi r}\frac{\partial \Psi}{\partial t} \tag{12.17}$$

und

$$B_\psi = \frac{1}{2\pi r}\frac{1}{c^2}\frac{\partial F}{\partial t}. \tag{12.18}$$

Nun haben wir noch die Gln. (12.1), (12.2) für die radialen und axialen Feldkomponenten zu erfüllen. Da diese Gleichungen mit (1.2), (1.3) gleichbedeutend sind, ergibt sich dafür:

$$\frac{\partial E_r}{\partial z} - \frac{\partial E_z}{\partial r} = -\frac{\partial B_\psi}{\partial t}, \tag{12.19}$$

$$\frac{\partial B_r}{\partial z} - \frac{\partial B_z}{\partial r} = \frac{1}{c^2}\frac{\partial E_\psi}{\partial t}. \tag{12.20}$$

Wenn wir hier für $E_r, E_z \dots E_\psi$ von oben einsetzen, erhalten wir für die Funktionen Ψ und F (Kraftflüsse) die Differentialgleichungen:

$$\frac{\partial^2 F}{\partial z^2} + r\frac{\partial}{\partial r}\left(\frac{1}{r}\frac{\partial F}{\partial r}\right) = \frac{1}{c^2}\frac{\partial^2 F}{\partial t^2}, \tag{12.21}$$

$$\frac{\partial^2 \Psi}{\partial z^2} + r\frac{\partial}{\partial r}\left(\frac{1}{r}\frac{\partial \Psi}{\partial r}\right) = \frac{1}{c^2}\frac{\partial^2 \Psi}{\partial t^2}. \tag{12.22}$$

Man kann sich nun unmittelbar durch Einsetzen überzeugen, daß die MAXWELL-schen Gleichungen (1.2), (1.3) durch das Feld

$$E_r = -\frac{1}{2\pi r}\frac{\partial F}{\partial z}, \qquad B_r = -\frac{1}{2\pi r}\frac{\partial \Psi}{\partial z}, \tag{12.23}$$

$$E_z = \frac{1}{2\pi r}\frac{\partial F}{\partial r}, \qquad B_z = \frac{1}{2\pi r}\frac{\partial \Psi}{\partial r}, \tag{12.24}$$

$$E_\psi = -\frac{1}{2\pi r}\frac{\partial \Psi}{\partial t}, \qquad B_\psi = \frac{1}{2\pi r c^2}\frac{\partial F}{\partial t} \tag{12.25}$$

befriedigt werden, wenn F und Ψ den (identischen) Wellengleichungen (12.21), (12.22) genügen.

Statt mit dem magnetischen Kraftfluß Ψ hätte man auch nach (9.11) mit der Zirkulationskomponente des Vektorpotentials rechnen können.

13. Darstellung des stationären elektrisch-magnetischen Feldes im begleitenden Dreibein einer gegebenen Raumkurve. Bei der Untersuchung von Elektronen- und Ionenbahnen, die zu einer vorgegebenen Raumkurve C benachbart sind, werden wir das Feld in der Umgebung dieser Kurve C benötigen. Um einen kurzen Namen zu haben, wollen wir die Raumkurve C die „Bündelachse" nennen. Die Punkte auf der Bündelachse C denken wir uns durch die von einem fixen Punkt aus gemessene Bogenlänge gekennzeichnet.

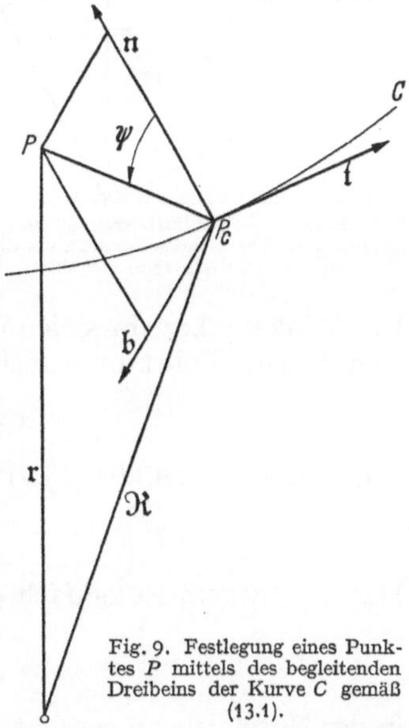

Einen beliebigen Punkt P im Raume können wir dann in Bezug auf die Bündelachse C in folgender Weise festlegen (Fig. 9): Wir betrachten zunächst die durch den Punkt hindurchgehende Normalebene der Bündelachse. Sie wird vom Einheitsvektor $\mathfrak{n}$ in Richtung der Hauptnormalen und dem Binormalen-Einheitsvektor $\mathfrak{b}$ aufgespannt. Das durch Tangente, Haupt- und Binormale gebildete rechtwinklige Achsenkreuz nennt man auch das „begleitende Dreibein". Die Normalebene durch den Punkt P schneide die Kurve C im Kurvenpunkt P_C, dessen Radiusvektor von einem festen Ursprung 0 aus mit $\mathfrak{R}$ bezeichnet werde.

Die Entfernung des Punktes P von P_C sei ϱ, und die Verbindungslinie beider Punkte möge mit der Hauptnormalen $\mathfrak{n}$ den Winkel ψ einschließen. Wir können dann ϱ und ψ als Polarkoordinaten von P in der Normalebene von C, mit P_C als Anfangspunkt betrachten. Der Radiusvektor $\mathfrak{r}$ des Punktes P ist dann durch

$$\mathfrak{r} = \mathfrak{R} + \mathfrak{n} \cdot \varrho \cos \psi + \mathfrak{b} \cdot \varrho \sin \psi \qquad (13.1)$$

gegeben. Wir wählen die Bogenlänge auf der Bündelachse C als z-Variable:

$$\mathfrak{R} = \mathfrak{R}(z), \qquad \frac{d\mathfrak{R}}{dz} = \mathfrak{t}. \qquad (13.2)$$

Unter Benützung der FRENETschen Formeln[1]

$$\frac{d\mathfrak{n}}{dz} = -\varkappa \mathfrak{t} + \tau \mathfrak{b}, \qquad \frac{d\mathfrak{b}}{dz} = -\tau \mathfrak{n}, \qquad (13.3)$$

wobei $\varkappa$ und τ Krümmung und Torsion der Bündelachse C bedeuten, erhält man aus (13.1) für das (gerichtete) Linienelement $d\mathfrak{r}$:

$$d\mathfrak{r} = \mathfrak{t}(1 - \varkappa \varrho \cos \psi) \, dz + \mathfrak{n} \left[\cos \psi \, d\varrho - \varrho \sin \psi \, d\psi - \tau \varrho \sin \psi \, dz \right] + \left. + \mathfrak{b} \left[\sin \psi \, d\varrho + \varrho \cos \psi \, d\psi + \tau \varrho \cos \psi \, dz \right]. \right\} \qquad (13.4)$$

Fig. 9. Festlegung eines Punktes P mittels des begleitenden Dreibeins der Kurve C gemäß (13.1).

---

[1] Vgl. den Artikel von H. TIETZ in Bd. II dieses Handbuches.

Hieraus folgt für das Bogenelement

$$dr^2 = ds^2 = (1 - \varkappa \varrho \cos \psi)^2 \, dz^2 + d\varrho^2 + \varrho^2 (d\psi + \tau \, dz)^2. \qquad (13.5)$$

Man erkennt hieraus, daß ds^2 eine Summe von Quadraten, also ein Bogenelement in einem Orthogonalsystem wird, wenn man durch

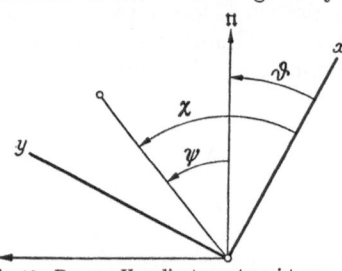

Fig. 10. Das xy-Koordinatensystem ist gegenüber dem begleitenden Dreibein um den Winkel $\vartheta(z)$ nach (13.6) gedreht.

$$\chi = \psi + \int_0^z \tau(z) \, dz = \psi + \vartheta(z) \qquad (13.6)$$

an Stelle von ψ einen neuen Polarwinkel χ einführt (Fig. 10).

Mit (13.6) erhält (13.5) die Gestalt

$$\left.\begin{aligned} ds^2 = [1 - \varkappa \varrho \cos (\chi - \vartheta)]^2 \, dz^2 + \\ + d\varrho^2 + \varrho^2 \, d\chi^2. \end{aligned}\right\} \quad (13.7)$$

Der Winkel χ bezieht sich auf eine Polarachse, die um den Winkel ϑ gegenüber $\mathfrak{n}$ gedreht ist. Führt man rechtwinklige Koordinaten

$$x = \varrho \cos \chi, \qquad y = \varrho \sin \chi \qquad (13.8)$$

ein, so erhält man aus (13.7)

$$ds^2 = [1 - x \varkappa \cos \vartheta - y \varkappa \sin \vartheta]^2 \, dz^2 + dx^2 + dy^2. \qquad (13.9)$$

Das x-y-System ist einfach gegenüber dem $\mathfrak{n}$-$\mathfrak{b}$-System um den Winkel

$$\vartheta = \int_0^z \tau(z) \, dz \qquad (13.10)$$

in der Normalebene gedreht.

Wir setzen im folgenden für die allein durch die Kurve C bestimmten Funktionen

$$\varkappa \cos \vartheta = p(z), \qquad \varkappa \sin \vartheta = q(z). \qquad (13.11)$$

Damit erhält das Linienelement (13.9) die Gestalt

$$ds^2 = (1 - p \, x - q \, y)^2 \, dz^2 + dx^2 + dy^2 = f^2 \, dz^2 + dx^2 + dy^2, \qquad (13.12)$$

wenn wir zur Abkürzung

$$f = 1 - p \, x - q \, y \qquad (13.13)$$

schreiben.

α) *Das elektrische Feld.* In dem krummlinigen x-y-z-System, in welchem das Linienelement die Gestalt (13.12) hat, haben wir nun die LAPLACEsche Gleichung zu lösen. Sie lautet[1]:

$$\Delta \varphi = \frac{1}{f} \left[\frac{\partial}{\partial x} \left(f \frac{\partial \varphi}{\partial x} \right) + \frac{\partial}{\partial y} \left(f \frac{\partial \varphi}{\partial y} \right) + \frac{\partial}{\partial z} \left(\frac{1}{f} \frac{\partial \varphi}{\partial z} \right) \right] = 0 \qquad (13.14)$$

oder

$$f^3 \left(\frac{\partial^2 \varphi}{\partial x^2} + \frac{\partial^2 \varphi}{\partial y^2} \right) + f \frac{\partial^2 \varphi}{\partial z^2} + f^2 \left(\frac{\partial f}{\partial x} \frac{\partial \varphi}{\partial x} + \frac{\partial f}{\partial y} \frac{\partial \varphi}{\partial y} \right) - \frac{\partial f}{\partial z} \frac{\partial \varphi}{\partial z} = 0. \qquad (13.15)$$

---

[1] Vgl. G. Joos: Lehrbuch der theoretischen Physik, S. 36 Gl. (103). Leipzig 1954. Ferner W. MAGNUS u. F. OBERHETTINGER: Formeln und Sätze der speziellen Funktionen der mathematischen Physik, S. 192. Berlin 1948.

Wir lösen (13.15) mit dem Reihenansatz

$$\varphi = \sum_{m,n} a_{mn}\, x^m y^n. \tag{13.16}$$

Unsere Aufgabe ist es, die Funktionen $a_{mn}(z)$, soweit sie durch (13.15) bestimmt sind, zu ermitteln.

Wenn man (13.16) in (13.15) einsetzt und die Glieder gleicher Ordnung in x und y zusammenfaßt, ergibt sich zunächst als Bedingung für das Verschwinden der Glieder nullter Ordnung in x und y:

$$2 a_{20} + 2 a_{02} - p\, a_{10} - q\, a_{01} + a_{00}'' = 0. \tag{13.17}$$

Die symmetrische Auflösung analog zu Ziff. 10 ergibt mit der willkürlichen Funktion $a_1(z)$:

$$a_{20} = \tfrac{1}{4}\,(p\, a_{10} + q\, a_{01} - a_{00}'') + a_1, \quad a_{02} = \tfrac{1}{4}\,(p\, a_{10} + q\, a_{01} - a_{00}'') - a_1. \tag{13.18}$$

Wir schreiben für den im folgenden immer wieder auftretenden, durch die Krümmung der Bündelachse bedingten Ausdruck

$$p\, a_{10} + q\, a_{01} = -\alpha \tag{13.19}$$

und erhalten

$$a_{20} = -\tfrac{1}{4}\,(a_{00}'' + \alpha) + a_1, \quad a_{02} = -\tfrac{1}{4}\,(a_{00}'' + \alpha) - a_1. \tag{13.20}$$

Die Bedingung für das Verschwinden der Koeffizienten von x und y in (13.15) lautet:

$$\left. \begin{aligned} &6 a_{30} + 2 a_{12} - 8 p\, a_{20} - 6 p\, a_{02} + \\ &\quad + 2 p\,(p\, a_{10} + q\, a_{01}) - q\, a_{11} + a_{10}'' + p'\, a_{00}'' - p\, a_{00}'' = 0, \\ &6 a_{03} + 2 a_{21} - 8 q\, a_{02} - 6 q\, a_{20} + \\ &\quad + 2 q\,(p\, a_{10} + q\, a_{01}) - p\, a_{11} + a_{01}'' + q'\, a_{00}'' - q\, a_{00}'' = 0. \end{aligned} \right\} \tag{13.21}$$

Indem wir aus (13.20) und (13.19) einsetzen und auflösen, erhalten wir mit den willkürlichen Funktionen $b_1(z)$ und $c_1(z)$ für die Koeffizienten dritter Ordnung:

$$a_{30} = b_1 - \tfrac{1}{12} a_{10}'' - \tfrac{1}{8} p\, \alpha - \tfrac{5}{24} p\, a_{00}'' + \tfrac{1}{12} q\, a_{11} + \tfrac{1}{6} p\, a_1 - \tfrac{1}{12} p'\, a_{00}', \tag{13.22}$$

$$a_{21} = -3 c_1 - \tfrac{1}{4} a_{01}'' - \tfrac{3}{8} q\, \alpha - \tfrac{5}{8} q\, a_{00}'' + \tfrac{1}{4} p\, a_{11} - \tfrac{1}{2} q\, a_1 - \tfrac{1}{4} q'\, a_{00}', \tag{13.23}$$

$$a_{12} = -3 b_1 - \tfrac{1}{4} a_{10}'' - \tfrac{3}{8} p\, \alpha - \tfrac{5}{8} p\, a_{00}'' + \tfrac{1}{4} q\, a_{11} + \tfrac{1}{2} p\, a_1 - \tfrac{1}{4} p'\, a_{00}', \tag{13.24}$$

$$a_{03} = c_1 - \tfrac{1}{12} a_{01}'' - \tfrac{1}{8} q\, \alpha - \tfrac{5}{24} q\, a_{00}'' + \tfrac{1}{12} p\, a_{11} - \tfrac{1}{6} q\, a_1 - \tfrac{1}{12} q'\, a_{00}'. \tag{13.25}$$

Die Bedingung für das Verschwinden des Koeffizienten von x^2 in (13.15) ist:

$$\left. \begin{aligned} &12 a_{40} + 2 a_{22} - 21 p\, a_{30} - q\, a_{21} - 6 p\, a_{12} + 10 p^2\, a_{20} + 2 p q\, a_{11} + \\ &\quad + 6 p^2\, a_{02} - p^2\,(p\, a_{10} + q\, a_{01}) + a_{20}'' + p'\, a_{10}' - p\, a_{10}'' = 0. \end{aligned} \right\} \tag{13.26}$$

Damit der Koeffizient von xy Null wird, muß

$$\left. \begin{aligned} &6 a_{31} + 6 a_{13} - 3 p\,(2 a_{21} + 6 a_{03}) - 2 p\, a_{21} - 2 q\, a_{12} - 3 q\,(6 a_{30} + 2 a_{12}) + \\ &\quad + 12 p q\,(a_{20} + a_{02}) + 2 p\,(p\, a_{11} + 2 q\, a_{02}) + 2 q\,(2 a_{20} p + a_{11} q) + \\ &\quad + 2 p q\, \alpha + a_{11}'' - p\, a_{01}'' + p'\, a_{01}' - q\, a_{10}'' + q'\, a_{10}' = 0 \end{aligned} \right\} \tag{13.27}$$

erfüllt sein. Für das Verschwinden des Koeffizienten von y^2 hat man schließlich die Bedingung:

$$12a_{04} + 2a_{22} - 21q\,a_{03} - 6q\,a_{21} - p\,a_{12} + 6q^2\,a_{20} + \\ + 2p\,q\,a_{11} + 10q^2\,a_{02} - q^2(p\,a_{10} + q\,a_{01}) + a''_{02} - q\,a''_{01} + q'\,a'_{01} = 0. \tag{13.28}$$

Falls man Krümmung $\varkappa$ und Torsion τ der Bündelachse C Null setzt, muß man das Feld (10.16) erhalten. Die bei der symmetrischen Auflösung der Gln. (13.26) bis (13.28) auftretenden willkürlichen Funktionen wollen wir daher so wählen, daß sie für $\varkappa = 0$ und $\tau = 0$ in die Funktionen $E, F, \ldots P_1$ von Gl. (10.16) übergehen.

Wir wollen im Potential die zusätzlichen Ausdrücke, die durch die Krümmung und die Torsion der Bündelachse bedingt sind, zusammenfassen und mit griechischen Buchstaben bezeichnen. Man erhält so für $\varphi(x, y, z)$ den allgemeinen Ausdruck:

$$\varphi = \Phi - E\,x - F\,y - \tfrac{1}{4}(\Phi'' - D + \alpha)\,x^2 + P\,x\,y - \tfrac{1}{4}(\Phi'' + D + \alpha)\,y^2 + \\ + \tfrac{1}{3}(\tfrac{1}{2}E'' + E_1 + \beta)\,x^3 - (F_1 - \gamma)\,x^2\,y - (E_1 - \beta)\,x\,y^2 + \\ + \tfrac{1}{3}(\tfrac{1}{2}F'' + F_1 + \gamma)\,y^3 + (\tfrac{1}{64}\Phi^{(4)} - \tfrac{1}{48}D'' + D_1 + \tfrac{1}{8}A)\,x^4 - \\ - (\tfrac{1}{12}P'' - 4P_1 - \tfrac{1}{12}\Gamma)\,x^3\,y + (\tfrac{1}{32}\Phi^{(4)} - 6D_1)\,x^2\,y^2 - \\ - (\tfrac{1}{12}P'' + 4P_1 - \tfrac{1}{12}\Gamma)\,x\,y^3 + (\tfrac{1}{64}\Phi^{(4)} + \tfrac{1}{48}D'' + D_1 + \tfrac{1}{8}B)\,y^4, \tag{13.29}$$

wobei die von der Krümmung und der Torsion herrührenden Zusatzkoeffizienten $\alpha, \beta, \gamma, A, B, \Gamma$ durch

$$\alpha = E\,p + F\,q, \tag{13.30}$$

$$\beta = -\tfrac{1}{4}p'\,\Phi' - \tfrac{5}{8}p\,\Phi'' - \tfrac{3}{8}p\,\alpha + \tfrac{1}{8}p\,D + \tfrac{1}{4}q\,P, \tag{13.31}$$

$$\gamma = -\tfrac{1}{4}q'\,\Phi' - \tfrac{5}{8}q\,\Phi'' - \tfrac{3}{8}q\,\alpha - \tfrac{1}{8}q\,D + \tfrac{1}{4}p\,P, \tag{13.32}$$

$$A = \tfrac{1}{4}p(5E'' + 2E_1) - \tfrac{1}{2}q\,F_1 + \tfrac{1}{16}(5p^2 - q^2)D + \tfrac{3}{4}p\,q\,P - \tfrac{3}{16}(5p^2 + q^2)\alpha + \\ + \tfrac{1}{2}p'\,E' + \tfrac{1}{8}\alpha'' - \tfrac{1}{16}\Phi''(33p^2 + 5q^2) - \tfrac{1}{8}\Phi'(13p\,p' + q\,q'), \tag{13.33}$$

$$B = \tfrac{1}{4}q(5F'' + 2F_1) - \tfrac{1}{2}p\,E_1 - \tfrac{1}{16}(5q^2 - p^2)D + \tfrac{3}{4}p\,q\,P - \tfrac{3}{16}(5q^2 + p^2)\alpha + \\ + \tfrac{1}{2}q'\,F' + \tfrac{1}{8}\alpha'' - \tfrac{1}{16}\Phi''(33q^2 + 5p^2) - \tfrac{1}{8}\Phi'(13q\,q' + p\,p'), \tag{13.34}$$

$$\Gamma = 2(p\,F'' + q\,E'') - 2(p\,F_1 + q\,E_1) + \tfrac{3}{2}(p^2 + q^2)P - \tfrac{3}{2}p\,q\,\alpha - \tfrac{19}{2}p\,q\,\Phi'' - \\ - \tfrac{7}{2}\Phi'(p\,q' + p'\,q) + p'\,F' + q'\,E'. \tag{13.35}$$

gegeben sind.

β) *Das magnetische Feld.* In ganz entsprechender Weise erhalten wir auch das magnetostatische Potential. Durch Gradientbildung ergibt sich dann aus dem zu (13.29) analogen magnetischen Potential das Feld:

$$B_x = G - \tfrac{1}{2}(B'_z + \Delta - \bar{\alpha})\,x - Q\,y - (\tfrac{1}{2}G'' + G_1 + \bar{\beta})\,x^2 + 2(H_1 - \bar{\gamma})\,x\,y + \\ + (G_1 - \bar{\beta})\,y^2 + (\tfrac{1}{16}B'''_z + \tfrac{1}{12}\Delta'' - 4\Delta_1 - \tfrac{2}{3}\bar{A})\,x^3 + \\ + (\tfrac{1}{4}Q'' - 12Q_1 - \tfrac{1}{4}\bar{\Gamma})\,x^2\,y + (\tfrac{1}{16}B'''_z + 12\Delta_1)\,x\,y^2 + \\ + (\tfrac{1}{12}Q'' + 4Q_1 - \tfrac{1}{12}\bar{\Gamma})\,y^3 \tag{13.36}$$

und

$$B_y = H - Q\,x - \tfrac{1}{2}\,(B_z' - \Delta - \bar\alpha)\,y + (H_1 - \bar\gamma)\,x^2 + 2\,(G_1 - \bar\beta)\,x\,y -$$
$$- (\tfrac{1}{2}H'' + H_1 + \bar\gamma)\,y^2 + (\tfrac{1}{12}\,Q'' - 4\,Q_1 - \tfrac{1}{12}\,\bar\Gamma)\,x^3 +$$
$$+ (\tfrac{1}{16}B_z''' + 12\Delta_1)\,x^2\,y + (\tfrac{1}{4}\,Q'' + 12\,Q_1 - \tfrac{1}{4}\,\bar\Gamma)\,x\,y^2 +$$
$$+ (\tfrac{1}{16}B_z''' - \tfrac{1}{12}\Delta'' - 4\Delta_1 - \tfrac{2}{3}\,\bar B)\,y^3, \qquad\qquad (13.37)$$

wobei $\bar\alpha, \bar\beta, \ldots \bar\Gamma$ mittels $G, H, G_1, \ldots Q_1$ in ganz entsprechender Weise wie im elektrischen Feld definiert sind.

Das Vektorpotential. Wenn wir $\mathfrak{A}$ so normieren, daß $A_y = 0$ ist, schreibt sich Gl. (1.4)

$$f\,B_x = \frac{\partial}{\partial y}\,(f\,A_z), \qquad\qquad (13.38)$$

$$f\,B_y = \frac{\partial}{\partial z}\,A_x - \frac{\partial}{\partial x}\,(f\,A_z), \qquad\qquad (13.39)$$

$$B_z = -\frac{\partial}{\partial y}\,A_x. \qquad\qquad (13.40)$$

Dieses Gleichungssystem haben wir nach A_x und $f\,A_z$ aufzulösen, wobei wir B_x, B_y und B_z als gegebene, der „Integrabilitätsbedingung"

$$\operatorname{div}\mathfrak{B} = \frac{1}{f}\left[\frac{\partial f\,B_x}{\partial x} + \frac{\partial f\,B_y}{\partial y} + \frac{\partial B_z}{\partial z}\right] = 0 \qquad\qquad (13.41)$$

genügende Funktionen zu betrachten haben. Wenn wir voraussetzen, daß in der Ebene $y = y_0$ das Feld B_y bereits auf Null abgeklungen ist, erhält man aus (13.38) bis (13.40) die Lösung:

$$A_x = -\int_{y_0} B_z\,dy = \int_{y_0} \frac{\partial \varphi_m}{\partial z}\,dy, \qquad\qquad (13.42)$$

$$A_y = 0, \qquad\qquad (13.43)$$

$$f\,A_z = \int_{y_0} f\,B_x\,dy - \int_{x_0} [f\,B_y]_{y_0}\,dx. \qquad\qquad (13.44)$$

Indem man in (13.42) aus dem zu (13.29) analogen Ausdruck φ_m und in (13.44) für B_x aus (13.36) einsetzt, erhält man die Verallgemeinerung des Vektorpotentials (11.5) auf eine krumme Bündelachse. Aus Raumgründen wollen wir uns begnügen, die Komponenten des Vektorpotentials nur in der niedrigsten, für die Theorie der paraxialen Bündel notwendigen Größenordnung hier anzuschreiben:

$$A_x = -B_z\,y,$$
$$A_y = 0,$$
$$f\,A_z = -H\,x + G\,y + \tfrac{1}{2}\,(Q + p\,H)\,x^2 -$$
$$- \tfrac{1}{2}\,[B_z' + \Delta + p\,G - q\,H]\,x\,y - \tfrac{1}{2}\,(Q + q\,G)\,y^2. \qquad\qquad (13.45)$$

Mit dem allgemeinen Ausdruck des Feldes (13.29) bzw. des Feldes (13.36), (13.37) können sehr leicht die höheren Glieder bis einschließlich vierter Ordnung hinzugefügt werden.

III. Optische Abbildung in rotationssymmetrischen Feldern.

Im folgenden soll das Verhalten von Elektronen- und Ionenbündeln in rotationssymmetrischen elektrisch-magnetischen Feldern untersucht werden. Wir werden zeigen, daß derartige Felder auf Elektronenbündel fokussierend wirken und daher mit Hilfe dieser Felder eine optische Abbildung erzielt werden kann. Für die Theorie dieser Abbildung spielen die sog. *Paraxialbahnen* eine beherrschende Rolle. Man versteht darunter die Gesamtheit derjenigen Teilchenbahnen, welche ganz innerhalb eines engen Zylinders verlaufen, welcher die Feldachse zur Mittellinie hat. Ist die Länge des Zylinders durch die ganze Strahllänge gegeben, so soll das Verhältnis von Zylinderradius zu Zylinderlänge so klein sein, daß man höhere Potenzen dieses Verhältnisses gegenüber der ersten Potenz in allen Rechnungen vernachlässigen kann.

Weiters müssen die Paraxialbahnen *flach* gegen die Achse verlaufen. Ihre Bahnneigung gegen die Achse muß beständig so gering bleiben, daß man überall den Tangens des Neigungswinkels durch den Sinus oder den Arcus ersetzen kann. Dies läuft darauf hinaus, daß man überall dritte und höhere Potenzen des Bahnneigungswinkels gegenüber der ersten Potenz vernachlässigt.

Auch in der Lichtoptik betrachtet man in erster Linie die optische Abbildung, welche durch Paraxialstrahlen vermittelt wird. Da die Gesetze, welche für diese gelten, zuerst von C. F. GAUSS systematisch entwickelt worden sind, spricht man in diesem Falle von der GAUSS*schen Dioptrik*.

14. Entwicklung des Brechungsexponenten rotationssymmetrischer elektrisch-magnetischer Felder. Beim rotationssymmetrischen Feld ist die axiale Koordinate z vor den beiden anderen ausgezeichnet. Es ist daher zweckmäßig, diese Koordinate z als Parameter zu wählen. Wir schreiben:

$$\int \mu \, ds = \int \mu \sqrt{1 + X'^2 + Y'^2} \, dz = \int F \, dz \,, \quad X' = \frac{dX}{dz}, \ \ldots \quad (14.1)$$

mit

$$F = \mu \sqrt{1 + X'^2 + Y'^2}. \quad (14.2)$$

Wir setzen in (3.36)

$$k = \frac{1}{\sqrt{2 m_0 \, e \, U}}, \quad (14.3)$$

wobei U die Beschleunigungsspannung bedeutet, und erhalten so für (14.2):

$$F = \sqrt{\frac{\varphi}{U} (1 + \varepsilon \varphi) (1 + X'^2 + Y'^2)} - \sqrt{\frac{e}{2 m_0 \, U}} (A_X X' + A_Y Y' + A_z). \quad (14.4)$$

Die LAGRANGEsche Funktion F für die Bewegung positiver Teilchen ergibt sich aus (14.4), wenn man hier $\sqrt{e/2 m_0 \, U}$ durch $-\sqrt{e/2 m_0 \, U}$ ersetzt.

Den Ausdruck F haben wir nun nach „Achsenabstand" und „Bahnneigung" zu entwickeln. Wir müssen dazu in (14.4) die Reihenentwicklungen (8.6) und (9.16), (9.17) einsetzen und nach steigenden Potenzen von X, Y, X' und Y' entwickeln. Wir schreiben:

$$F = F_0 + F_2 + F_4 + \cdots, \quad (14.5)$$

wobei die Glieder k-ter Ordnung in X, Y, X', und Y' mit F_k bezeichnet worden sind. Das kleine Zusatzglied $\varepsilon \varphi$ ist durch die Massenveränderlichkeit bedingt. Da wir — wie wir später sehen werden — die Glieder vierter Ordnung F_4 gegenüber den Gliedern zweiter Ordnung F_2 als klein voraussetzen müssen, und die relativistische Korrektur $\varepsilon\varphi$ gleichfalls klein gegen Eins ist, genügt es, das Korrekturglied $\varepsilon\varphi$ allein in den Gliedern zweiter Ordnung F_2 beizubehalten und in den Gliedern vierter Ordnung F_4 unberücksichtigt zu lassen. Man erhält:

$$\sqrt{U}\,F_2 = f_{20}(X^2+Y^2) + f_{02}(X'^2+Y'^2) + 2m_2(XY'-X'Y) \qquad (14.6)$$

und

$$\sqrt{U}\,F_4 = f_{40}(X^2+Y^2)^2 + f_{22}(X^2+Y^2)(X'^2+Y'^2) + f_{04}(X'^2+Y'^2)^2 + \\ + m_4(X^2+Y^2)(XY'-X'Y), \Bigg\} \qquad (14.7)$$

wobei die Funktionen $f_{ik}(z)$ und $m_k(z)$ folgende Ausdrücke in z darstellen:

$$f_{20}=-\frac{1}{8}\frac{1+2\varepsilon\Phi}{\sqrt{\Phi(1+\varepsilon\Phi)}}\,\Phi'', \quad f_{02}=\frac{1}{2}\sqrt{\Phi(1+\varepsilon\Phi)}, \quad m_2=-\frac{1}{4}\sqrt{\frac{e}{2m_0}}\,B_z \qquad (14.8)$$

und

$$f_{40}=\frac{1}{128\sqrt{\Phi}}\left(\Phi^{(4)}-\frac{\Phi''^2}{\Phi}\right), \quad f_{22}=-\frac{1}{16}\frac{\Phi''}{\sqrt{\Phi}}, \quad f_{04}=-\frac{1}{8}\sqrt{\Phi}, \Bigg\}$$
$$m_4=\frac{1}{16}\sqrt{\frac{e}{2m_0}}\,B_z''. \qquad\qquad\qquad\qquad\qquad (14.9)$$

Beschränkt man sich in der obigen Entwicklung (14.5) auf Glieder zweiter Ordnung, so erhält man die (flachen und achsennahen) Paraxialbahnen, welche die Grundlage der GAUSSschen Dioptrik bilden. Die Differentialgleichungen der Elektronenbahnen lauten allgemein nach (3.10) und (14.1):

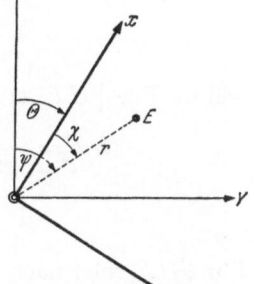

$$\frac{d}{dz}\frac{\partial F}{\partial X'}=\frac{\partial F}{\partial X}, \quad \frac{d}{dz}\frac{\partial F}{\partial Y'}=\frac{\partial F}{\partial Y}. \qquad (14.10)$$

Diejenigen der Paraxialbahnen sind daher mit $F = F_0 + F_2$ durch

$$\frac{d}{dz}\frac{\partial F_2}{\partial X'}=\frac{\partial F_2}{\partial X}, \quad \frac{d}{dz}\frac{\partial F_2}{\partial Y'}=\frac{\partial F_2}{\partial Y} \qquad (14.11)$$

gegeben. Nach (14.6) lauten sie daher:

$$\frac{d}{dz}(f_{02}X'-m_2Y)=f_{20}X+m_2Y', \\ \frac{d}{dz}(f_{02}Y'+m_2X)=f_{20}Y-m_2X'. \Bigg\} \qquad (14.12)$$

Fig. 11. Übergang vom raumfesten Koordinatensystem (X, Y, z) zum verschraubten System (x, y, z).

Auf Grund dieser Differentialgleichungen ist die Funktion $X(z)$ (d.h. die Bahnprojektion auf die X-z-Ebene) auch vom Verlauf $Y(z)$ abhängig und umgekehrt. Die Koppelung wird durch die Funktion m_2 verursacht und sie ist daher — wie man aus (14.6) erkennt — durch das Glied $XY'-X'Y$ in F_2 bedingt. Wir wollen zeigen, daß wir durch Einführung eines neuen Koordinatensystems (x, y, z), das längs der z-Achse jeweils um einen gewissen Winkel $\Theta(z)$ gegen das Ausgangssystem der X-Y-Koordinaten gedreht ist, je eine Differentialgleichung für x und y allein erhalten können, die außerdem beide die gleiche Gestalt haben.

Es sei nach Fig. 11 ψ das Azimut des zur z-Achse senkrechten Radiusvektors im festen X-Y-System. χ sei dasjenige im gedrehten x-y-System, so daß die Beziehung

$$\psi = \chi + \Theta, \quad \psi' = \chi' + \Theta' \qquad (14.13)$$

besteht. Nun ist definitionsgemäß

$$X^2 + Y^2 = r^2, \qquad X = r \cos \psi, \qquad Y = r \sin \psi, \tag{14.14}$$

$$x^2 + y^2 = r^2, \qquad x = r \cos \chi, \qquad y = r \sin \chi; \tag{14.15}$$

daraus folgt

$$X'^2 + Y'^2 = r'^2 + r^2 \psi'^2, \qquad XY' - X'Y = r^2 \psi', \tag{14.16}$$

$$x'^2 + y'^2 = r'^2 + r^2 \chi'^2, \qquad x y' - x' y = r^2 \chi'. \tag{14.17}$$

Wenn man aus (14.13) für $\psi' = \chi' + \Theta'$ in (14.16) einsetzt, erhält man nach (14.17) die Beziehungen:

$$X^2 + Y^2 = x^2 + y^2, \tag{14.18}$$

$$X'^2 + Y'^2 = x'^2 + y'^2 + 2\Theta'(x y' - x' y) + \Theta'^2 (x^2 + y^2), \tag{14.19}$$

$$XY' - X'Y = x y' - x' y + \Theta'(x^2 + y^2). \tag{14.20}$$

Die Umrechnung von F_2 mit Hilfe von (14.18) bis (14.20) von den Koordinaten X, Y auf x, y ergibt

$$\left. \sqrt{U} F_2 = (f_{20} + f_{02} \Theta'^2 + 2 m_2 \Theta')(x^2 + y^2) + f_{02}(x'^2 + y'^2) + \atop + 2(m_2 + \Theta' f_{02})(x y' - x' y). \right\} \tag{14.21}$$

Hieraus erkennt man, daß das Glied $x y' - x' y$ zum Verschwinden gebracht wird, wenn man

$$\Theta' = -\frac{m_2}{f_{02}} = \sqrt{\frac{e}{8 m_0}} \frac{B_z}{\sqrt{\Phi(1 + \varepsilon \Phi)}} \tag{14.22}$$

oder

$$\Theta = \sqrt{\frac{e}{8 m_0}} \int_{z_0}^{z} \frac{B_z \, dz}{\sqrt{\Phi(1 + \varepsilon \Phi)}} \tag{14.23}$$

wählt. Für $\sqrt{U} F_2$ ergibt sich so nach (14.21) mit (14.8) die Gestalt:

$$\left. \sqrt{U} F_2 = -\frac{1}{8\sqrt{\Phi(1 + \varepsilon \Phi)}} \left[\Phi''(1 + 2\varepsilon \Phi) + \frac{e}{2 m_0} B_z^2 \right](x^2 + y^2) + \atop + \frac{1}{2} \sqrt{\Phi(1 + \varepsilon \Phi)} (x'^2 + y'^2). \right\} \tag{14.24}$$

Für $\sqrt{U} F_4$ folgt nach (14.7) und (14.18) bis (14.20):

$$\left. -\sqrt{U} F_4 = \tfrac{1}{4} L (x^2 + y^2)^2 + \tfrac{1}{2} M (x^2 + y^2)(x'^2 + y'^2) + \tfrac{1}{4} N (x'^2 + y'^2)^2 + \atop + P \Phi^{\frac{1}{2}} (x^2 + y^2)(x y' - x' y) + Q \Phi^{\frac{1}{2}} (x'^2 + y'^2)(x y' - x' y) + \atop + K \Phi (x y' - x' y)^2, \right\} \tag{14.25}$$

wobei die Funktionen L, M, N, P, Q, K folgendermaßen gegeben sind:

$$\left. \begin{aligned} L &= \frac{1}{32\sqrt{\Phi}} \left[\frac{1}{\Phi} \left(\Phi'' + \frac{e}{2 m_0} B_z^2 \right)^2 - \Phi^{(4)} - \frac{2e}{m_0} B_z B_z'' \right], \\ M &= \frac{1}{8\sqrt{\Phi}} \left(\Phi'' + \frac{e}{2 m_0} B_z^2 \right), \quad N = \frac{1}{2} \sqrt{\Phi}, \\ P &= \frac{1}{16} \sqrt{\frac{e}{2 m_0 \Phi}} \left[\frac{B_z}{\Phi} \left(\Phi'' + \frac{e}{2 m_0} B_z^2 \right) - B_z'' \right], \\ Q &= \frac{1}{4} \sqrt{\frac{e}{2 m_0 \Phi}} B_z, \quad K = \frac{e}{16 m_0} \frac{B_z^2}{\sqrt{\Phi^3}}. \end{aligned} \right\} \tag{14.26}$$

An diese Formeln werden wir später anknüpfen.

15. Der Hauptsatz über die elektronenoptische Abbildung. Die Differential-gleichungen der Paraxialbahnen (14.11) erhalten in den Koordinaten x, y nach (14.24) die Gestalt[1]:

$$\frac{d}{dz}\left(\sqrt{\Phi(1+\varepsilon\,\Phi)}\,x'\right) + \frac{1}{4}\,\frac{1}{\sqrt{\Phi(1+\varepsilon\,\Phi)}}\left[\Phi''(1+2\varepsilon\,\Phi)+\frac{e}{2m_0}\,B_z^2\right]x = 0, \qquad (15.1)$$

$$\frac{d}{dz}\left(\sqrt{\Phi(1+\varepsilon\,\Phi)}\,y'\right) + \frac{1}{4}\,\frac{1}{\sqrt{\Phi(1+\varepsilon\,\Phi)}}\left[\Phi''(1+2\varepsilon\,\Phi)+\frac{e}{2m_0}\,B_z^2\right]y = 0. \qquad (15.2)$$

Aus diesen beiden Gleichungen können wir nun den Hauptsatz über die elektronenoptische Abbildung in rotationssymmetrischen Feldern folgern: Bündel von flachen und achsennahen Elektronen- und Ionenbahnen, welche von den Punkten (x_0, y_0) eines achsensenkrechten und auf die Umgebung der Achse beschränkten Ebenenstückes $z=z_0$ ausgehen, vereinigen sich nach dem Durchgang durch ein beliebiges rotationssymmetrisches elektrisch-magnetisches Feld. Ihre Vereinigungspunkte (x_1, y_1) bilden wieder ein achsensenkrechtes Ebenenstück in $z=z_1$, das ein ähnliches Abbild der Ausgangsfläche darstellt. Es gilt die Beziehung

$$x_1 = \beta\,x_0, \qquad y_1 = \beta\,y_0, \qquad (15.3)$$

wobei die „Vergrößerung" β eine für alle Punkte der ganzen (auf die Achsenumgebung beschränkten) Bildfläche gleiche Konstante bedeutet[2].

Den eben ausgesprochenen Hauptsatz können wir folgendermaßen beweisen. Aus (15.1), (15.2) erkennt man, daß sowohl x wie auch y der linearen homogenen Differentialgleichung

$$\frac{d}{dz}\left(\sqrt{\Phi(1+\varepsilon\,\Phi)}\,\varrho'\right) + \frac{1}{4}\,\frac{1}{\sqrt{\Phi(1+\varepsilon\,\Phi)}}\left[\Phi''(1+2\varepsilon\,\Phi)+\frac{e}{2m_0}\,B_z^2\right]\varrho = 0 \qquad (15.4)$$

genügt. Sind $u(z)$ und $w(z)$ zwei unabhängige Lösungen von (15.4), so können wir

$$x = c_1\,u(z) + c_2\,w(z), \qquad y = c_3\,u(z) + c_4\,w(z) \qquad (15.5)$$

setzen, wobei c_1, c_2, c_3 und c_4 willkürliche Integrationskonstante bedeuten. Die Elektronenbahnen (15.5) sollen durch den Dingpunkt $P(x_0, y_0)$ gehen:

$$x(z_0) = x_0 = c_1\,u(z_0) + c_2\,w(z_0), \qquad y(z_0) = y_0 = c_3\,u(z_0) + c_4\,w(z_0). \qquad (15.6)$$

Hieraus kann man c_2 und c_4 ausrechnen und in (15.5) einsetzen:

$$\left.\begin{aligned}
x(z) &= \frac{w(z)}{w(z_0)}\,x_0 + c_1\left[u(z) - \frac{u(z_0)}{w(z_0)}\,w(z)\right], \\[2mm]
y(z) &= \frac{w(z)}{w(z_0)}\,y_0 + c_3\left[u(z) - \frac{u(z_0)}{w(z_0)}\,w(z)\right].
\end{aligned}\right\} \qquad (15.7)$$

Wenn wir die Durchstoßpunkte dieses Bahnbündels durch eine beliebige achsensenkrechte Ebene $z=z_1$ betrachten, so erkennen wir, daß im allgemeinen zu jedem Wert der Scharparameter c_1 und c_3 ein eigener Durchstoßpunkt gehört.

---

[1] Die Differentialgleichungen (15.1) und (15.2) wurden (für Meridianbahnen und ohne relativistische Korrektur) erstmalig von H. Busch [Ann. Phys. **81**, 974 (1926)] aufgestellt. Relativistische Erweiterung bei W. Glaser: Z. Physik. **81**, 647 (1933).

[2] Vgl. hierzu H. Busch: Ann. Phys. **81**, 974 (1926).—Arch. Elektrotechn. **18**, 583 (1927).— J. Picht: Ann. Phys. **15**, 926 (1932). — Z. Instrumentenkde. **53**, 274 (1933). — H. Johannson u. O. Scherzer: Z. Physik **80**, 185 (1933). — O. Scherzer: Z. Physik **80**, 193 (1933). — W. Glaser: Z. Physik **80**, 451 (1933); **81**, 649 (1933). — Ann. Phys. **18**, 557 (1933).

Wenn jedoch $z = z_1$ so bestimmt wird, daß der Koeffizient von c_1 und c_3 verschwindet, so gehen *alle Bahnen* des Bündels durch den *gleichen Punkt:*

$$x(z_1) = \frac{w(z_1)}{w(z_0)} x_0, \quad y(z_1) = \frac{w(z_1)}{w(z_0)} y_0, \qquad (15.8)$$

den wir den zu P_0 gehörenden *Bildpunkt* nennen. Der zum Dingort z_0 „konjugierte" Bildort bestimmt sich nach (15.7) aus

$$u(z_1) w(z_0) - u(z_0) w(z_1) = 0, \qquad (15.9)$$

bzw. aus

$$\beta = \frac{w(z_1)}{w(z_0)} = \frac{u(z_1)}{u(z_0)}. \qquad (15.10)$$

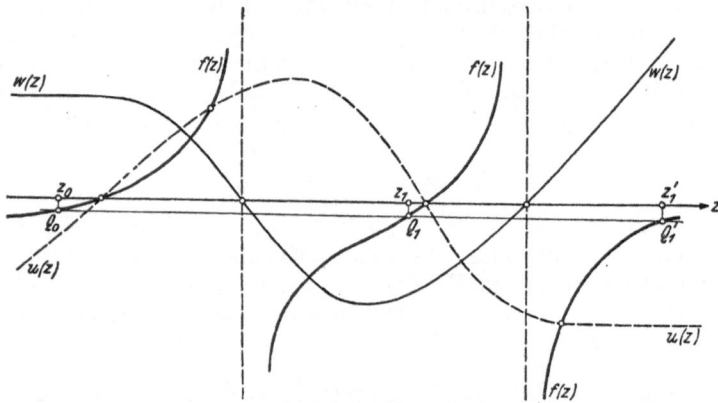

Fig. 12. Abbildungsgleichung nach (15.12).

Die Größe β stellt nach (15.8) die *Vergrößerung* der Abbildung dar. Auch die Namen „Lateralvergrößerung" oder „Seitenvergrößerung" sind gebräuchlich. Die Gl. (15.9) soll „*Abbildungsgleichung*" heißen. Dabei ist zu beachten, daß nach (14.23) das Bild um den Winkel

$$\Theta_1 = \sqrt{\frac{e}{8 m_0}} \int_{z_0}^{z_1} \frac{B_z \, dz}{\sqrt{\Phi(1 + \varepsilon \Phi)}} \qquad (15.10')$$

gegenüber dem Ding gedreht ist.

Bezeichnet man das Verhältnis zweier unabhängiger Lösungen der Gl. (15.4) mit

$$f(z) = \frac{u(z)}{w(z)}, \qquad (15.11)$$

so findet man den zu einem bestimmten Dingort z_0 konjugierten Bildort z_1 durch Auflösen der Gleichung

$$f(z_1) = f(z_0) \qquad (15.12)$$

nach z_1. Im folgenden Abschnitt wird sich nämlich ergeben, daß zwischen je zwei Nullstellen $u(z)$ stets eine Nullstelle von $w(z)$ liegt, wo $f(z)$ unendlich wird. Weiter werden wir sehen, daß die Lösungen $u(z)$ und $w(z)$ (zumal im rein magnetischen Feld) einen wellenförmigen Verlauf haben (Fig. 12). Zwischen je zwei Nullstellen der Nennerfunktion $w(z)$ liegt also ein von $-\infty$ bis $+\infty$ reichender Zweig der Funktion $f(z)$. Denkt man sich $f(z)$ gezeichnet, so können damit entsprechend (15.12) sehr einfach die zu einem gegebenen Dingort gehörenden Bildorte $z_1, z_1', \ldots$ gefunden werden. Man braucht dazu nur durch den Punkt $Q_0 = f(z_0)$ eine Parallele zur z-Achse zu legen und mit den anderen Zweigen von $f(z)$ zum Schnitt zu bringen (vgl. Fig. 12).

Um ein einfaches Beispiel für den besprochenen Zusammenhang zu geben, betrachten wir die Abbildung durch das homogene Magnetfeld, wie es im Innern einer „langen" stromdurchflossenen Spule vorhanden ist. Die Differential-gleichungen der Paraxialbahnen (15.4) lauten in diesem Falle

$$\frac{d^2 \varrho}{dz^2} + \omega^2 \varrho = 0 \quad \text{mit} \quad \omega^2 = \frac{e\,B_0^2}{8\,m_0\,U(1 + \varepsilon\,U)}, \tag{15.13}$$

wobei wir für die Beschleunigungsspannung Φ den Buchstaben U verwendet haben. Zwei unabhängige Lösungen von (15.13) sind

$$u(z) = \cos \omega z, \quad w(z) = \sin \omega z. \tag{15.14}$$

Die „Abbildungsgleichung" (15.11), (15.12) wird also

$$\cot \omega z_1 = \cot \omega z_0, \tag{15.15}$$

mit den Lösungen

$$\omega z_1 = \omega z_0 + n\,\pi \quad (n = 1, 2, \ldots) \tag{15.16}$$

oder

$$z_1 - z_0 = \frac{n\,\pi}{\omega} = \frac{2\,\pi\,n}{B_0} \sqrt{\frac{2\,m_0}{e}\,U(1 + \varepsilon\,U)} = 21,2\,n\,\frac{\sqrt{\frac{U}{V}\left(1 + 0,98 \cdot 10^{-6}\,\frac{U}{V}\right)}}{B_0/G}\,\text{cm}. \tag{15.17}$$

Gl. (15.10) gibt für den Betrag der Vergrößerung β den Wert

$$|\beta| = 1. \tag{15.18}$$

Die Abbildung durch eine lange Magnetspule wird in der Elektronenoptik häufig angewandt. Gl. (15.17), welche e/m_0 als Parameter enthält, kann nach H. BUSCH[1] auch zur e/m_0-Bestimmung verwendet werden.

16. Der LIPPICHSche Satz in der Elektronenoptik. Im rein elektrischen Ab-bildungsfeld lauten nach (14.12) die Differentialgleichungen der Paraxialbahnen im raumfesten X-Y-System:

$$\left.\begin{aligned} \frac{d}{dz}\left(\sqrt{\Phi(1 + \varepsilon\,\Phi)}\,X'\right) + \frac{1}{4}\,\frac{1 + 2\,\varepsilon\,\Phi}{\sqrt{\Phi(1 + \varepsilon\,\Phi)}}\,\Phi''\,X = 0, \\ \frac{d}{dz}\left(\sqrt{\Phi(1 + \varepsilon\,\Phi)}\,Y'\right) + \frac{1}{4}\,\frac{1 + 2\,\varepsilon\,\Phi}{\sqrt{\Phi(1 + \varepsilon\,\Phi)}}\,\Phi''\,Y = 0. \end{aligned}\right\} \tag{16.1}$$

Da die Bewegung in der X-z-Ebene allein von X, die Bewegung in der Y-z-Ebene allein von Y abhängt, also keine Koppelung zwischen den beiden Gln. (16.1) besteht, sind zugleich mit jeder Elektronenbahn auch die Projektionen dieser Bahn auf die X-z-Ebene und die Y-z-Ebene mögliche Elektronenbahnen. Um-gekehrt können wir uns bei einer windschiefen Bahn darauf beschränken, An-fangspunkt und Anfangsrichtung dieser Bahn auf zwei aufeinander senkrecht stehende Meridianebenen zu projizieren und mit diesen Anfangselementen die beiden paraxialen *Meridian*bahnen durchzurechnen. Aus diesen „Grund-" und „Aufrißbahnen" können wir die räumliche Bahn zusammensetzen. Dies ist eine für die Optik wohlbekannte Tatsache und heißt dort der „LIPPICHSche Satz".

---

[1] H. BUSCH: Phys. Z. **23**, 438 (1922). — F. WOLF: Ann. Phys., Lpz. **83**, 849 (1927).

Wie man aus (14.12) erkennt, gilt der Satz in dieser Form bei vorhandenem Magnetfeld nicht mehr, denn in diesem Falle hängt X auch von Y ab und umgekehrt.

Durch die Einführung des „verschraubten" Koordinatensystems (x, y, z) wird jedoch die Koppelung zwischen den Variablen auch im Magnetfeld aufgehoben. Legt man die Elektronenbahn durch Anfangspunkt (x_0, y_0) und Anfangsrichtung (x_0', y_0') im verschraubten System fest, so lautet sie

$$x(z) = x_0 s(z) + x_0' t(z), \qquad y(z) = y_0 s(z) + y_0' t(z), \qquad (16.2)$$

wobei $s(z)$ und $t(z)$ zwei unabhängige Lösungen der Differentialgleichung (15.4) bedeuten, die den Anfangsbedingungen

$$s(z_0) = 1; \quad s'(z_0) = 0; \quad t(z_0) = 0; \quad t'(z_0) = 1 \qquad (16.3)$$

genügen. Durch die Einführung des verschraubten Systems haben wir erreicht, daß $x(z)$ allein von x_0 und x_0' und nicht auch von y_0 und y_0' abhängt. Für $y(z)$ gilt das Entsprechende. Der auf die Elektronenoptik verallgemeinerte LIPPICHsche

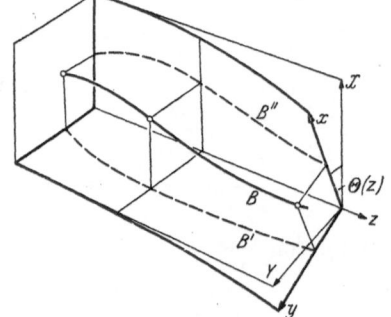

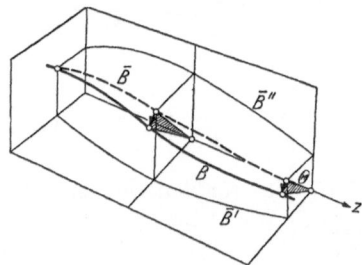

Fig. 13. Verallgemeinerung des LIPPICHschen Satzes auf die Elektronenoptik.

Fig. 14. Ermittlung der räumlichen Elektronenbahn aus Grund- und Aufriß.

Satz lautet also: Man kann jede beliebige windschiefe achsennahe Elektronenbahn B aus zwei Elektronenbahnen B' und B'' zusammensetzen, die in den „verschraubten Meridianebenen" x-z und y-z verlaufen und als „Grund- und Aufriß" von B aufgefaßt werden können (Fig. 13).

Selbstverständlich kann man $x(z)$ und $y(z)$ auch in den Koordinatenebenen eines gewöhnlichen kartesischen Systems auftragen ($\bar{B}'$ und $\bar{B}''$ in Fig. 14) und als Grund- und Aufriß einer räumlichen Bahn $\bar{B}$ auffassen. Die tatsächliche Elektronenbahn B erhält man aus $\bar{B}$, indem man die einzelnen Punkte von $\bar{B}$ jeweils auf Kreisen um die z-Achse um den Winkel $\Theta(z)$ herausdreht.

Die Ebene $z = z_F$, für welche

$$s(z_F) = 0 \qquad (16.4)$$

erfüllt ist, wird von den Strahlen in den Punkten

$$x(z_F) = x_0' t(z_F); \quad y(z_F) = y_0' t(z_F) \qquad (16.5)$$

durchstoßen. Alle von der Dingebene $z = z_0$ unter gleicher Richtung x_0', y_0' ausgehenden Strahlen vereinigen sich also in der Ebene $z = z_F$ im gleichen Punkt (16.5). Betrachtet man daher die Abbildung der Dingebene $z = z_0$ durch je eine achsenparallele und eine unter der Achsenneigung ϑ_0 ausgehende Strahlengesamtheit, so erhält man das in Fig. 15 wiedergegebene Bild.

Mit zwei willkürlichen achsennahen Bahnen $u(z)$ und $w(z)$ bestimmt sich die Ebene $z = z_F$, in der sich jedes von $z = z_0$ ausgehende Parallelbündel in je einem Punkt vereinigt, auf folgende Weise. Soll

$$s(z) = c_1 u(z) + c_2 w(z) \quad (16.6)$$

in $z = z_0$ achsenparallel sein, so muß

$$s'(z_0) = 0 = c_1 u_0' + c_2 w_0' \quad (16.7)$$

gelten. Hieraus bestimmt sich z. B. c_2. Wenn man in (16.6) einsetzt, folgt aus $s(z_F) = 0$ die Bedingung

$$\frac{u(z_F)}{w(z_F)} = \frac{u'(z_0)}{w'(z_0)} \quad (16.8)$$

zur Bestimmung von z_F.

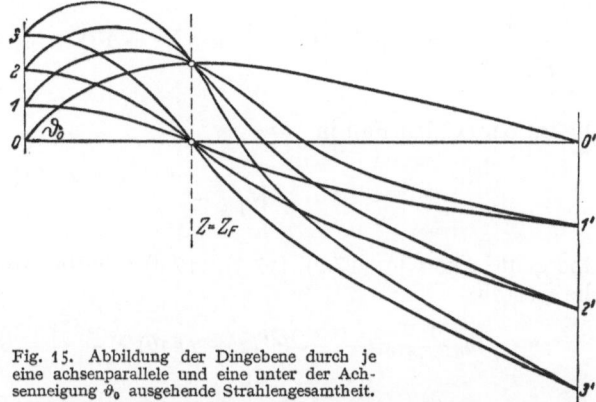

Fig. 15. Abbildung der Dingebene durch je eine achsenparallele und eine unter der Achsenneigung ϑ_0 ausgehende Strahlengesamtheit.

17. Spiegelwirkung des rotationssymmetrischen Feldes. Die obigen Entwicklungen über die Linsenabbildung setzen *flache* Teilchenbahnen ($X'^2 + Y'^2 \ll 1$ bzw. $\dot{X}^2 + \dot{Y}^2 \ll \dot{z}^2$) voraus. Sie versagen also in den Punkten, wo diese Bedingung nicht erfüllt ist, z. B. wenn im elektrischen Gegenfeld die z-Komponente der Elektronen- bzw. Ionengeschwindigkeit auf den Wert Null abgebremst wird und $\dot{z}$ daher sein Vorzeichen ändert. An solchen Stellen kehrt die Bahn um (vgl. Fig. 16). Um diesen Fall zu behandeln, empfiehlt es sich, in den Bewegungsgleichungen als Parameter statt z die Eigenzeit τ zu wählen, welche mit t in der Beziehung

$$d\tau = \sqrt{1 - \frac{v^2}{c^2}}\, dt \quad (17.1)$$

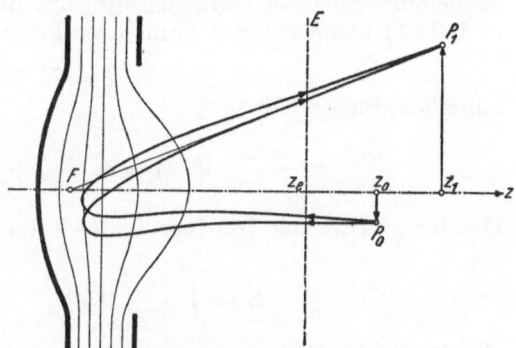

Fig. 16. Abbildung durch den Elektronenspiegel.

steht. Indem man die LORENTZschen Bewegungsgleichungen durch $\sqrt{1 - v^2/c^2}$ dividiert, ergibt sich

$$m_0 \frac{d^2 X}{d\tau^2} = -e E_X \frac{1}{\sqrt{1 - \dfrac{v^2}{c^2}}} + e\left(B_Y \frac{dz}{d\tau} - B_z \frac{dY}{d\tau}\right), \quad (17.2)$$

$$m_0 \frac{d^2 Y}{d\tau^2} = -e E_Y \frac{1}{\sqrt{1 - \dfrac{v^2}{c^2}}} + e\left(B_z \frac{dX}{d\tau} - B_X \frac{dz}{d\tau}\right), \quad (17.3)$$

$$m_0 \frac{d^2 z}{d\tau^2} = -e E_z \frac{1}{\sqrt{1 - \dfrac{v^2}{c^2}}} + e\left(B_X \frac{dY}{d\tau} - B_Y \frac{dX}{d\tau}\right). \quad (17.4)$$

Für die Komponenten des elektrischen und magnetischen Feldes setzen wir nun die in der Umgebung der Achse geltenden Entwicklungen des rotationssymmetrischen Feldes (8.9), (8.10), (8.11) und (9.5), (9.6), (9.7) ein, wobei wir uns für

Paraxialbahnen jeweils auf das erste Glied beschränken können. Für $1/\sqrt{1-v^2/c^2}$ benützen wir gleichfalls die aus (8.8) folgende Entwicklung

$$\frac{1}{\sqrt{1-\dfrac{v^2}{c^2}}} = 1 + 2\,\varepsilon\left[\varPhi - \frac{1}{4}\,\varPhi''(X^2+Y^2) + \frac{1}{64}\,\varPhi^{(4)}(X^2+Y^2)^2 - \cdots\right], \quad (17.5)$$

die im paraxialen Fall in

$$\frac{1}{\sqrt{1-\dfrac{v^2}{c^2}}} = 1 + 2\,\varepsilon\,\varPhi(z) \tag{17.6}$$

übergeht. Die Gln. (17.2), (17.3), (17.4) erhalten so für die Umgebung der Achse die Gestalt:

$$m_0\,\frac{d^2X}{d\tau^2} = -\frac{e}{2}\,\varPhi''(1+2\,\varepsilon\,\varPhi)\,X - e\left(\frac{1}{2}\,B_z'\,Y\,\frac{dz}{d\tau} + B_z\,\frac{dY}{d\tau}\right), \tag{17.7}$$

$$m_0\,\frac{d^2Y}{d\tau^2} = -\frac{e}{2}\,\varPhi''(1+2\,\varepsilon\,\varPhi)\,Y + e\left(B_z\,\frac{dX}{d\tau} + \frac{1}{2}\,B_z'\,X\,\frac{dz}{d\tau}\right), \tag{17.8}$$

$$m_0\,\frac{d^2z}{d\tau^2} = e\,\varPhi'(1+2\,\varepsilon\,\varPhi) - \frac{e}{2}\left(X\,\frac{dY}{d\tau} - Y\,\frac{dX}{d\tau}\right)B_z'\,. \tag{17.9}$$

Sie gelten für beliebig stark geneigte, also auch für umkehrende Bahnen. Gl. (17.7) und (17.8) können wir in komplexer Form zusammenfassen, indem wir

$$\zeta = X + i\,Y \tag{17.10}$$

schreiben; man erhält so

$$\frac{d^2\zeta}{d\tau^2} = -\frac{e}{2m_0}\,\varPhi''(1+2\,\varepsilon\,\varPhi)\,\zeta + \frac{i\,e}{m_0}\,B_z\,\frac{d\zeta}{d\tau} + \frac{i\,e}{2m_0}\,\frac{dB_z}{d\tau}\cdot\zeta\,. \tag{17.11}$$

Durch eine Drehung des Koordinatensystems X, Y um den Winkel

$$\varTheta = \int_{\tau_0}^{\tau}\frac{e}{2m_0}\,B_z\,d\tau, \qquad \frac{d\varTheta}{d\tau} = \frac{e}{2m_0}\,B_z, \tag{17.12}$$

also für

$$\zeta = (x + i\,y)\,e^{i\varTheta} = \sigma\,e^{i\varTheta}, \tag{17.13}$$

ergibt sich aus (17.11) für $\sigma = x + i\,y$ die reelle Differentialgleichung

$$\frac{d^2\sigma}{d\tau^2} = -\left[\frac{e}{2m_0}\,\varPhi''(1+2\,\varepsilon\,\varPhi) + \frac{e^2}{4m_0^2}\,B_z^2\right]\sigma\,, \tag{17.14}$$

welche in die beiden Gleichungen

$$\frac{d^2x}{d\tau^2} = -\frac{e}{2m_0}\left[\varPhi''(1+2\,\varepsilon\,\varPhi) + \frac{e}{2m_0}\,B_z^2\right]x\,, \tag{17.15}$$

$$\frac{d^2y}{d\tau^2} = -\frac{e}{2m_0}\left[\varPhi''(1+2\,\varepsilon\,\varPhi) + \frac{e}{2m_0}\,B_z^2\right]y \tag{17.16}$$

zerfällt.

Multipliziert man (17.8) mit X, Gl. (17.7) mit Y und subtrahiert man beide Gleichungen voneinander, so erhält man ein Integral der Bewegungsgleichungen:

$$X\,\frac{dY}{d\tau} - Y\,\frac{dX}{d\tau} - \frac{e\,B_z}{2m_0}\,(X^2+Y^2) = C\,. \tag{17.17}$$

Wenn man diesen Ausdruck für $X\dot{Y} - Y\dot{X}$ in (17.9) einsetzt, erhält man

$$m_0 \frac{d^2 z}{d\tau^2} = e\,\Phi'\,(1 + 2\varepsilon\,\Phi) - \frac{e^2}{4m_0} B_z B_z'\,(X^2 + Y^2) - \frac{e}{2} B_z'\,C, \qquad (17.18)$$

woraus unter der Voraussetzung der Achsennähe

$$m_0 \frac{d^2 z}{d\tau^2} = e\,\Phi'\,(1 + 2\varepsilon\,\Phi) - \frac{e}{2} B_z'\,C \qquad (17.19)$$

folgt. Multiplikation mit dz und Integration ergibt

$$\frac{m_0 \dot{z}^2}{2} = e\,\Phi\,(1 + \varepsilon\,\Phi) - \frac{e}{2} B_z\,C, \qquad (17.20)$$

wobei das elektrische Potential in der üblichen Weise normiert ist. ($\Phi = 0$ für $\dot{z} = 0$ und $B_z = 0$). Aus (17.20) folgt

$$\dot{z} = \pm \sqrt{\frac{2e}{m_0}\,\Phi\,(1 + \varepsilon\,\Phi) - \frac{e}{m_0} B_z\,C}. \qquad (17.21)$$

Damit hat sich das folgende, wesentliche Resultat ergeben: bei achsennahen Bahnen stellt die Variable z im rein elektrischen Feld für alle Bahnen und im allgemeinen Feld für alle Bahnen mit gleicher „Drehimpulskonstante C" dieselbe Funktion von τ allein dar.

Die Umkehrstelle z_u, für die $\dot{z} = 0$ ist, bestimmt sich nach (17.21) aus

$$\Phi\,(z_u)\,\big[1 + \varepsilon\,\Phi\,(z_u)\big] = \tfrac{1}{2}\,C\,B_z\,(z_u). \qquad (17.22)$$

Durch Integration von (17.21) erhält man für $\tau > \tau_u$, falls das Bündel von rechts einfällt und die Bahnumkehr zur Eigenzeit $\tau = \tau_u$ erfolgt:

$$\tau\,(z) = - \int_{z_0}^{z_u} \frac{dz}{\sqrt{\frac{e}{m_0}\,[2\,\Phi\,(1 + \varepsilon\,\Phi) - B_z\,C]}} + \int_{z_u}^{z} \frac{dz}{\sqrt{\frac{e}{m_0}\,[2\,\Phi\,(1 + \varepsilon\,\Phi) - B_z\,C]}}. \qquad (17.23)$$

Durch diese Beziehung ist auch umgekehrt z als Funktion der „Flugdauer" τ gegeben. Damit können wir den Ausdruck

$$\frac{e}{2m_0}\left[\Phi''\,(1 + 2\varepsilon\,\Phi) + \frac{e}{2m_0} B_z^2\right]$$

als bekannte Funktion $F(\tau)$ von τ auffassen. Die Bewegungsgleichungen (17.15), (17.16) erhalten so die Gestalt

$$\frac{d^2 x}{d\tau^2} + F(\tau)\,x = 0; \qquad \frac{d^2 y}{d\tau^2} + F(\tau)\,y = 0. \qquad (17.24)$$

Sind $a(\tau)$ und $b(\tau)$ zwei unabhängige Lösungen der Differentialgleichung

$$\frac{d^2 \varrho}{d\tau^2} + F(\tau)\,\varrho = 0, \qquad (17.25)$$

so lauten die Elektronenbahnen:

$$x = c_1 a(\tau) + c_2 b(\tau), \qquad y = c_3 a(\tau) + c_4 b(\tau). \qquad (17.26)$$

Dem Parameterwert $\tau = 0$ entspricht $z = z(0) = z_0$.

Die Bahn durch den Dingpunkt (x_0, y_0) in der Ebene $z = z_0$ ergibt sich aus (17.26) zu:

$$x = x_0 \frac{b(\tau)}{b(0)} + c_1 \left[a(\tau) - \frac{a(0)}{b(0)} b(\tau) \right],$$
$$y = y_0 \frac{b(\tau)}{b(0)} + c_3 \left[a(\tau) - \frac{a(0)}{b(0)} b(\tau) \right].$$

$$(17.27)$$

Alle Elektronen, die vom Punkte $P_0 \equiv (z_0, x_0, y_0)$ ausgehen, vereinigen sich nach der durch

$$\frac{a(\tau_1)}{a(0)} = \frac{b(\tau_1)}{b(0)} = \beta \qquad (17.28)$$

bestimmten Flugdauer τ_1 im Bildpunkt P_1 mit den Koordinaten

$$x_1 = \beta x_0, \qquad y_1 = \beta y_0, \qquad z_1 = z(\tau_1). \qquad (17.29)$$

Die hier durchgeführten Betrachtungen über die Abbildung beim Elektronenspiegel sind in einer Hinsicht etwas allgemeiner als die über Elektronenlinsen, als hier auch eine Umkehrstelle der axialen Bewegung ($\dot{z} = 0$) zugelassen ist. Während wir jedoch bei Elektronenlinsen die Abbildungseigenschaft für Bündel aus beliebigen windschiefen Strahlen nachweisen konnten, haben wir hier für den Fall eines überlagerten Magnetfeldes die Abbildungseigenschaft nur für Bündel aus Strahlen mit gleicher Drehimpulskonstante C bewiesen[1].

18. Der HELMHOLTZ-LAGRANGEsche Satz. α) *Die Angularvergrößerung.* Aus den in Ziff. 15 gewonnenen Resultaten folgt, daß alle von einem Achsenpunkt $P_0(0, 0, z_0)$ ausgehenden Paraxialbahnen sich wieder in einem Achsenpunkt vereinigen. Ist $u(z)$ ein beliebiger Strahl aus dieser Gesamtheit, so kann jeder einzelne Strahl durch $r = c \cdot u(z)$ dargestellt werden. Es sei ϑ_0 der Winkel, den eine beliebige Elektronenbahn der Schar mit der Achse in P_0 bildet. Der entsprechende Winkel mit der optischen Achse im Vereinigungspunkt P_1 sei ϑ_1. Man nennt

$$\gamma = \frac{\tan \vartheta_1}{\tan \vartheta_0} \qquad (18.1)$$

das „Konvergenzverhältnis" oder die „Angularvergrößerung". Ist $u(z)$ die in $z = z_0$ und $z = z_1$ verschwindende Lösung von (15.4), so gilt

$$\tan \vartheta_0 = c\, u'(z_0); \qquad \tan \vartheta_1 = c\, u'(z_1), \qquad (18.2)$$

und die Angularvergrößerung ist durch

$$\gamma = \frac{u'(z_1)}{u'(z_0)} \qquad (18.3)$$

gegeben. Der Scharparameter c ist herausgefallen. Das Konvergenzverhältnis ist also für alle abbildenden Strahlen des ganzen Bündels das gleiche, es ist eine *Eigenschaft des Bündels*, d.h. eine *optische Eigenschaft*.

Die Angularvergrößerung kann nun mit der Lateralvergrößerung β in eine einfache Beziehung gebracht werden. Dazu gehen wir von (15.4) aus. Diese Differentialgleichung hat zwei unabhängige Lösungen $u(z)$ und $w(z)$. Jede dieser Funktionen genügt also (15.4). Wenn man die eine Differentialgleichung

---

[1] Über den Elektronenspiegel (ohne Magnetfeld und ohne Relativitätseinflüsse) vgl. W. HENNEBERG [Z. techn. Phys. **16**, 621 (1935)] und A. RECKNAGEL [Z. Physik **104**, 381 (1937)] auch Beiträge zur Elektronenoptik. Herausgegeben von H. BUSCH und E. BRÜCHE, Leipzig 1937, S. 42. Über den experimentellen Nachweis der Spiegelwirkung vgl. G. HOTTENROTH: Z. Physik **103**, 460 (1936).

mit $w(z)$, die andere mit $u(z)$ multipliziert und voneinander subtrahiert, erhält man

$$\frac{d}{dz}\left[\sqrt{\Phi(1+\varepsilon\,\Phi)}\,(u\,w'-u'\,w)\right]=0 \tag{18.4}$$

oder integriert,

$$\sqrt{\Phi(1+\varepsilon\,\Phi)}\,(u\,w'-u'\,w)=\sqrt{\Phi_0(1+\varepsilon\,\Phi_0)}\,(u_0\,w_0'-u_0'\,w_0), \tag{18.5}$$

wobei $z=z_0$ einen beliebigen Punkt bedeutet. Gl. (18.5) werden wir öfter verwenden.

Nun sei $u(z)$ jene Lösung von (15.4), welche in $z=z_0$ und $z=z_1$ verschwindet. Aus (18.5) ergibt sich so

$$\sqrt{\Phi_1(1+\varepsilon\,\Phi_1)}\,w_1\tan\vartheta_1=\sqrt{\Phi_0(1+\varepsilon\,\Phi_0)}\,w_0\tan\vartheta_0, \tag{18.6}$$

oder wenn man die Lateral- und Angularvergrößerung β bzw. γ einführt:

$$\sqrt{\Phi_0(1+\varepsilon\,\Phi_0)}=\sqrt{\Phi_1(1+\varepsilon\,\Phi_1)}\,\gamma\,\beta. \tag{18.7}$$

Gl. (18.7) stellt das elektronenoptische Analogen zum HELMHOLTZ-LAGRANGEschen Satz der Lichtoptik dar. Er ergibt sich aus (18.7), wenn man den Wurzelausdruck durch den Brechungsexponenten

$$n\sim\sqrt{\Phi(1+\varepsilon\,\Phi)} \tag{18.8}$$

ersetzt. In Ziff. 50 werden wir sehen, daß Gl. (18.7) den für achsennahe Strahlen gültigen Sonderfall der „allgemeinen Sinusbedingung" darstellt.

Der HELMHOLTZ-LAGRANGEsche Satz hat für die Frage des kleinsten Schreibflecks bei BRAUNschen Röhren eine gewisse Bedeutung. Man ist dort an einem möglichst kleinen Wert des Durchmesserverhältnisses β von Leuchtfleck zu Brennfleck (bzw. abgebildeter Anodenblende) interessiert. Die Gl. (18.7) zeigt, daß dies entweder durch einen möglichst kleinen Wert von

$$\sqrt{\frac{\Phi_0(1+e\,\Phi_0)}{\Phi_1(1+\varepsilon\,\Phi_1)}}\approx\frac{v_0}{v_1}, \tag{18.9}$$

oder durch einen möglichst großen Wert des Konvergenzverhältnisses γ erreicht werden kann[1].

β) Die Axialvergrößerung. Verschiebt man den Dingort um die kleine Strecke dz_0, so verschiebt sich auf Grund der Abbildungsgleichung

$$w(z_1)\,u(z_0)-w(z_0)\,u(z_1)=0 \tag{18.10}$$

der zugehörige Bildort um eine entsprechende Strecke dz_1. Man nennt

$$\alpha=\frac{dz_1}{dz_0} \tag{18.11}$$

die Axialvergrößerung. $dz_1=\alpha\,dz_0$ gibt also die bei einer Verschiebung des Dinges um dz_0 notwendige Verschiebung dz_1 der Bildebene an, wenn man die Scharfeinstellung aufrecht erhalten will. Man erhält durch Differentiation von (18.10)

$$\frac{dz_1}{dz_0}=\frac{u_1\,w_0'-u_0'\,w_1}{u_0\,w_1'-u_1'\,w_0}=\frac{u_1}{u_0}\,\frac{w_0'-u_0'\,\dfrac{w_1}{u_1}}{w_1'-u_1'\,\dfrac{w_0}{u_0}}. \tag{18.12}$$

---

[1] Vgl. z.B. E. BRÜCHE u. O. SCHERZER: Geometrische Elektronenoptik, S. 171. Berlin 1934.

Wenn man im Zähler auf Grund von (18.10) w_1/u_1 durch w_0/u_0, im Nenner w_0/u_0 durch w_1/u_1 ersetzt, folgt mit Rücksicht auf (18.5)

$$\alpha = \beta^2 \sqrt{\frac{\Phi_1(1 + \varepsilon \Phi_1)}{\Phi_0(1 + \varepsilon \Phi_0)}}. \qquad (18.13)$$

Drückt man in (18.13) das Potential durch den Brechungsexponenten aus, so ergibt sich eine Formel der Lichtoptik, die aber dort unter viel spezielleren Voraussetzungen bewiesen wird. Zwischen Axial-, Lateral- und Angularvergrößerung besteht nach (18.7) die Beziehung

$$\alpha\gamma = \beta. \qquad (18.14)$$

In anschaulicher Weise ergibt sich diese Beziehung mit Hilfe des Lagrangeschen Satzes aus Fig. 17 auf folgende Weise. Es ist

$$\vartheta_0\, dz_0 = y_0, \qquad \vartheta_1\, dz_1 = y_1. \qquad (18.15)$$

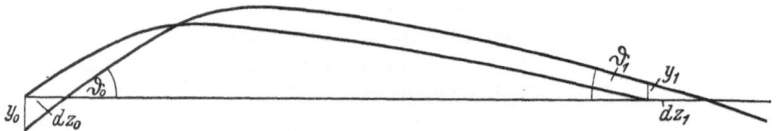

Fig. 17. Zur Herleitung der Axialvergrößerung nach (18.15).

Indem man für y_0 und y_1 in die Lagrangesche Beziehung

$$y_0 \vartheta_0 \sqrt{\Phi_0(1 + \varepsilon \Phi_0)} = y_1 \vartheta_1 \sqrt{\Phi_1(1 + \varepsilon \Phi_1)} \qquad (18.16)$$

einsetzt, erhält man

$$\alpha\gamma^2 \sqrt{\Phi_1(1 + \varepsilon \Phi_1)} = \sqrt{\Phi_0(1 + \varepsilon \Phi_0)}. \qquad (18.17)$$

$u'(z_0) = \tan\vartheta_0$ und $u'(z_1) = \tan\vartheta_1$ sind sicher beide von Null verschieden, denn eine Lösung einer homogenen linearen Differentialgleichung zweiter Ordnung, die gleichzeitig mit ihrer Ableitung in ein- und demselben Punkt verschwindet, ist identisch Null. Ferner haben $u'(z_0)$ und $u'(z_1)$ sicher entgegengesetztes Vorzeichen, wie anschaulich unmittelbar klar ist. Wegen (18.6) müssen also auch $w(z_1)$ und $w(z_0)$ entgegengesetztes Vorzeichen haben. Die Vergrößerung β ist also negativ, d.h. es ergibt sich ein reelles „umgekehrtes" Bild.

Bei bekannter Funktion $u(z)$ stellt (18.5) eine lineare Differentialgleichung erster Ordnung für $w(z)$ dar. Die entsprechende Lösung $w(z)$ erhalten wir am einfachsten, wenn wir (18.5) beiderseits durch u^2 dividieren. So ergibt sich zunächst

$$\sqrt{\Phi(1 + \varepsilon \Phi)}\, \frac{d}{dz}\left(\frac{w}{u}\right) = \frac{\text{const}}{u^2} \qquad (18.18)$$

oder integriert

$$w(z) = \text{const}\, u(z) \int \frac{dz}{u^2 \sqrt{\Phi(1 + \varepsilon \Phi)}}. \qquad (18.19)$$

19. Einige allgemeine Eigenschaften der Abbildung im rotationssymmetrischen Feld. Wie jede lineare Differentialgleichung kann (15.4) so umgeformt werden, daß sie die zweithöchste Ableitung der gesuchten Funktion nicht mehr enthält. Man braucht dazu nur

$$\varrho = R(z)\, [\Phi(1 + \varepsilon \Phi)]^{-\frac{1}{4}} \qquad (19.1)$$

zu setzen. Damit ergibt sich für $R(z)$ die Differentialgleichung[1]

$$R'' + Q(z) R = 0 \tag{19.2}$$

mit

$$Q(z) = \frac{3}{16} \left(\frac{\Phi'}{\Phi}\right)^2 \frac{1 + \frac{4\varepsilon}{3} \Phi(1 + \varepsilon \Phi)}{(1 + e\Phi)^2} + \frac{e}{8m_0 \Phi(1 + \varepsilon\Phi)} B_z^2. \tag{19.3}$$

Da $Q(z)$ beständig positiv ist, kehrt die Funktion $R(z)$ der optischen Achse stets die hohle Seite zu. Wenn daher das Potential nirgends verschwindet, wie dies in einem entsprechend starken Gegenfeld sein könnte, muß also ein aus dem *feldfreien* Raum achsenparallel ins Feld einfallender Elektronenstrahl sicher die optische Achse schneiden. Anders gesagt, ein achsenparallel einfallendes Elektronenbündel wird in einen reellen Konvergenzpunkt vereinigt. In diesem Sinne ist eine Elektronenlinse stets eine *Sammellinse*.

(Weiter folgt aus dem Obigen, daß in rotationssymmetrischen Feldern, die allgemeine Gestalt der Paraxialbahnen einer Wellenlinie ähnelt. Diese Tatsache haben wir früher schon benützt.)

Es seien R_1 und R_2 zwei Funktionen, die zu Q_1 und Q_2 gehören:

$$R_1'' + Q_1 R_1 = 0, \tag{19.4}$$

$$R_2'' + Q_2 R_2 = 0 \tag{19.5}$$

und den Anfangsbedingungen

$$R_1(z_0) = 0, \quad R_2(z_0) = 0, \quad R_1'(z_0) = 1, \quad R_2'(z_0) = 1 \tag{19.6}$$

genügen. Wir multiplizieren (19.4) mit R_2, (19.5) mit R_1, bilden die Differenz und integrieren zwischen den beiden Nullstellen z_0 und z_1 von R_1. Wir erhalten so

$$R_2(z_1) R_1'(z_1) + \int_{z_0}^{z_1} (Q_1 - Q_2) R_1 R_2 \, dz = 0. \tag{19.7}$$

Es sei z.B. $Q_2 > Q_1$. Da $R_1'(z_1)$ negativ ist, ist diese Gleichung unmöglich, wenn $R_2(z)$ zwischen z_0 und z_1 beständig positiv ist. R_2 muß daher die Achse früher als R_1 schneiden.

Die Funktion $Q(z)$ kann man in der Gestalt

$$Q(z) = \frac{3}{16} \frac{\Phi'^2}{\Phi^{*2}} \left(1 + \frac{4\varepsilon}{3} \Phi^*\right) + \frac{e}{8m_0 \Phi^*} B_z^2 \tag{19.8}$$

schreiben, wenn man zur Abkürzung

$$\Phi^* = \Phi(1 + \varepsilon \Phi)$$

setzt. Wegen

$$\frac{\partial Q}{\partial \Phi^*} = -\left[\frac{3}{8} \frac{\Phi'^2}{\Phi^{*3}} \left(1 + \frac{2}{3} \varepsilon \Phi^*\right) + \frac{e}{8m_0 \Phi^{*2}} B_z^2\right] < 0 \tag{19.9}$$

nimmt Q mit wachsendem Elektronenimpuls $\sim \Phi^*$ bzw. wachsender Elektronengeschwindigkeit beständig ab. Schnellere Teilchen werden daher die Achse später schneiden als solche, die mit kleinerer Geschwindigkeit in das gleiche Feld eintreten.

---

[1] Vgl. J. PICHT: Ann. Phys. **15**, 926 (1932). — W. GLASER: Z. Physik **81**, 647 (1933). — M. COTTE: Ann. Phys. **10**, 333 (1938).

Wenn man von relativistischen Korrekturen absieht, lautet die Bedingung $Q_2 > Q_1$ im rein elektrischen Feld

$$\left|\frac{\Phi_2'}{\Phi_2}\right| > \left|\frac{\Phi_1'}{\Phi_1}\right|. \tag{19.10}$$

Da Φ' der axialen Beschleunigung und Φ dem Geschwindigkeitsquadrat proportional ist, kann man für (19.10) auch

$$\frac{|b_{2z}|}{v_2^2} > \frac{|b_{1z}|}{v_1^2} \tag{19.11}$$

schreiben.

Im rein magnetischen Feld B_{2z} schneiden die Elektronenbahnen die Achse früher als im Felde B_{1z}, wenn die Bedingung

$$\left|\frac{B_{2z}}{v_2}\right| > \left|\frac{B_{1z}}{v_1}\right| \tag{19.12}$$

gilt.

Natürlich folgt aus (19.11) und (19.12) wiederum, daß im gleichen Feld Teilchen mit der kleineren Geschwindigkeit die Achse früher schneiden, als die mit der größeren.

Die verkürzte Gestalt (19.2) der Differentialgleichung der Paraxialstrahlen hat den weiteren Vorteil, daß sie nur die erste Ableitung von $\Phi(z)$ enthält. Wenn nämlich der Verlauf des Achsenpotentials $\Phi(z)$ nur durch experimentelle Feldausmessung bekannt ist, kann der erste Differentialquotient auf numerischem oder graphischem Wege genauer bestimmt werden, als der zweite.

20. Das begrenzte rotationssymmetrische Feld als Elektronenlinse. α) *Die Tangentenabbildung.* Wir wollen voraussetzen, daß das elektrisch-magnetische Feld nur längs eines endlichen Stückes der Achse einen merklichen Betrag habe. Es soll also zwei achsensenkrechte „Scheitelebenen" geben, zwischen denen der ganze Wirkungsbereich des Feldes eingeschlossen werden kann. Wir werden zeigen, daß das rotationssymmetrische Feldgebiet zwischen den beiden Scheitelebenen die Richtung von Elektronenstrahlen genau so beeinflußt, wie eine optische Glaslinse von endlicher Dicke die Richtung von Lichtstrahlen.

Die beiden Scheitelebenen E_a und E_b mögen die Achse in den Punkten $z = a$ und $z = b$ schneiden. Ihre Lage denke man sich gegeben. In der Praxis wird bei der Festlegung der Scheitelebenen eine gewisse Willkür unvermeidlich sein, denn man kann ein elektrisches oder magnetisches Feld im freien Raum nicht plötzlich abbrechen lassen. Wesentlich ist, daß das Feld außerhalb der beiden Scheitelebenen schon so stark abgeklungen ist, daß man dort die Elektronenbahnen durch ihre Tangenten in den Durchstoßpunkten mit den Scheitelebenen ersetzen kann. Den Raum links von der ersten Scheitelebene nennen wir *Dingraum*, den Raum rechts von der zweiten Scheitelebene *Bildraum*. Im folgenden werden die früheren Betrachtungen dahingehend spezialisiert, daß nunmehr Ding und Bild im feldfreien Gebiet angenommen werden. Dadurch erreicht man völlige Analogie mit der gewöhnlichen Optik, weil auch dort im Ding- und Bildraum die Lichtstrahlen Gerade sind.

Da wir im Bild- und Dingraum die Elektronenbahnen als Gerade $w(z) = w(b) + (z - b) w'(b)$, usw. voraussetzen, können wir für die Vergrößerung β von Gl. (15.10) schreiben:

$$\beta = \frac{w(z_1)}{w(z_0)} = \frac{u(z_1)}{u(z_0)} = \frac{w(b) + (z_1 - b) w'(b)}{w(a) + (z_0 - a) w'(a)} = \frac{u(b) + (z_1 - b) u'(b)}{u(a) + (z_0 - a) u'(a)}. \tag{20.1}$$

Man erkennt, daß in diesem Falle der Bildort z_1 mit dem Dingort z_0 durch eine projektive Transformation (d.h. eine linear gebrochene Funktion) zusammenhängt. Gl. (20.1) läßt sich auf die Gestalt der gewöhnlichen Linsengleichung bringen. Den Dingpunkt $z_0 = z_{F_0}$, welcher dem unendlich fernen Bildpunkt $z_1 \to \infty$ entspricht, nennen wir den dingseitigen *Brennpunkt*. Von diesem Punkt des Dingraumes gehen also alle in den Bildraum achsenparallel eintretenden Strahlen aus. Indem man in Gl. (20.1) die Zähler durch z_1 dividiert und den Grenzübergang $z_1 \to \infty$ ausführt, erhält man

$$\frac{w'(b)}{w(a) + (z_{F_0} - a)\, w'(a)} = \frac{u'(b)}{u(a) + (z_{F_0} - a)\, u'(a)}, \qquad (20.2)$$

woraus durch Auflösung

$$z_{F_0} = a + \frac{u'(b)\, w(a) - u(a)\, w'(b)}{u'(a)\, w'(b) - u'(b)\, w'(a)} = a - \frac{D_0}{D} \qquad (20.3)$$

folgt. Analog ergibt sich für den, dem unendlich fernen Dingpunkt $z_0 = -\infty$ entsprechenden bildseitigen Brennpunkt z_{F_1}:

$$z_{F_1} = b + \frac{u'(a)\, w(b) - u(b)\, w'(a)}{u'(b)\, w'(a) - u'(a)\, w'(b)} = b + \frac{D_1}{D}. \qquad (20.4)$$

Man sieht — was natürlich der Fall sein muß — daß die Brennpunkte z_{F_0} und z_{F_1} unabhängig sind von der besonderen Wahl der beiden Lösungen $u(z)$ und $w(z)$ und somit tatsächlich *Bündel*eigenschaften darstellen. Jedes andere unabhängige Lösungspaar $\bar{u}(z)$, $\bar{w}(z)$ geht nämlich aus $u(z)$ und $w(z)$ durch eine lineare Transformation

$$\bar{u}(z) = c_1\, u(z) + c_2\, w(z); \qquad \bar{w}(z) = c_3\, u(z) + c_4\, w(z) \qquad (20.5)$$

mit einer von Null verschiedenen Substitutionsdeterminante

$$\Delta = \begin{vmatrix} c_1 & c_2 \\ c_3 & c_4 \end{vmatrix} \qquad (20.6)$$

hervor. Nun gilt aber

$$\bar{D}_0 = \bar{u}(a)\, \bar{w}'(b) - \bar{u}'(b)\, \bar{w}(a) = \Delta D_0 \qquad (20.7)$$

und analog:

$$\bar{D} = \Delta D, \qquad \bar{D}_1 = \Delta D_1. \qquad (20.8)$$

Die Substitutionsdeterminante kürzt sich also beim Übergang zu einem anderen Lösungssystem aus (20.3) und (20.4) heraus. Wenn man Ding- und Bildabszisse von den entsprechenden Brennpunkten z_{F_0} bzw. z_{F_1} aus zählt, also

$$Z_0 = z_0 - z_{F_0} = z_0 + \frac{D_0}{D} - a, \qquad Z_1 = z_1 - z_{F_1} = z_1 - \frac{D_1}{D} - b \qquad (20.9)$$

setzt, kann man für die Vergrößerung β schreiben:

$$\beta = \frac{w(b) + \left(Z_1 + \dfrac{D_1}{D}\right) w'(b)}{w(a) + \left(Z_0 - \dfrac{D_0}{D}\right) w'(a)} = \frac{u(b) + \left(Z_1 + \dfrac{D_1}{D}\right) u'(b)}{u(a) + \left(Z_0 - \dfrac{D_0}{D}\right) u'(a)}. \qquad (20.10)$$

Wir können speziell jenes Lösungspaar wählen, für welches $w'(a) = 0$, $u'(b) = 0$ gilt. Dann wird nach (20.3) und (20.4)

$$\frac{D_0}{D} = \frac{u(a)}{u'(a)}, \qquad \frac{D_1}{D} = -\frac{w(b)}{w'(b)} \qquad (20.11)$$

und für (20.10) folgt

$$\beta = \frac{Z_1 w'(b)}{w(a)} = \frac{u(b)}{Z_0 u'(a)} \,. \tag{20.12}$$

Schreibt man daher

$$f_1 = \frac{w(a)}{w'(b)}, \qquad f_0 = \frac{u(b)}{u'(a)} \qquad [w'(a) = u'(b) = 0] \,, \tag{20.13}$$

so läßt sich die Abbildungsgleichung (20.12) in der Gestalt

$$\beta = \frac{Z_1}{f_1} = \frac{f_0}{Z_0} \tag{20.14}$$

schreiben. Die Brennpunktslagen z_{F_0} und z_{F_1} sind nach (20.3) und (20.4) durch

$$z_{F_0} = a - \frac{u(a)}{u'(a)}, \qquad z_{F_1} = b - \frac{w(b)}{w'(b)} \tag{20.15}$$

gegeben. Gl. (20.14) stimmt mit der Abbildungsgleichung der Lichtoptik überein. Die „Längen" f_0 und f_1 heißen ding- und bildseitige Brennweite.

Die Ausdrücke (20.13) kann man sich aus

$$f_0 = \frac{u(b)\, w'(b) - u'(b)\, w(b)}{u'(a)\, w'(b) - u'(b)\, w'(a)}, \qquad f_1 = \frac{u(a)\, w'(a) - u'(a)\, w(a)}{u'(b)\, w'(a) - u'(a)\, w'(b)} \tag{20.16}$$

durch die Spezialisierung $w'(a) = 0$ und $u'(b) = 0$ entstanden denken. Da aber (20.16) von dem speziell gewählten Lösungspaar $u(z)$, $w(z)$ unabhängig ist, gilt (20.16) allgemein für zwei beliebige partikuläre Lösungen von (15.4).

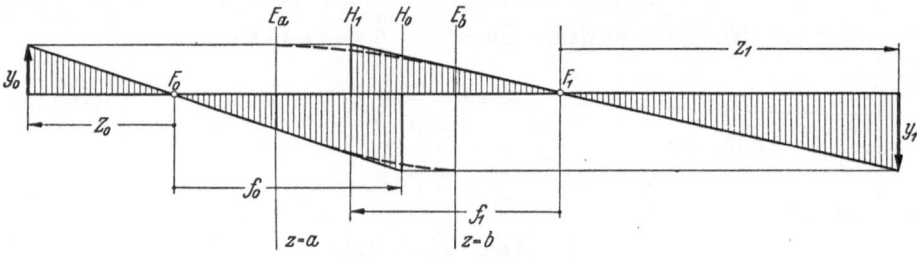

Fig. 18. Zur Abbildungsgleichung (20.14).

Aus Fig. 18 können wegen $\tan \alpha_1 = -w'(b)$ und $\tan \alpha_0 = u'(a)$ die gefundenen Beziehungen (20.15) und (20.13) unmittelbar abgelesen werden.

Die Vergrößerung β wird gleich 1 für $Z_1 = f_1$ und $Z_0 = f_0$. Man nennt die beiden Ebenen

$$Z_1 = z_1 - z_{F_1} = f_1, \qquad Z_0 = z_0 - z_{F_0} = f_0 \tag{20.17}$$

die beiden *Hauptebenen* H_1 und H_0. Sie ergeben sich als achsensenkrechte Ebenen durch den Schnittpunkt der Einfallsrichtung eines Parallelstrahles mit der Rückwärtsverlängerung des zugehörigen Austrittsstrahles. Man kann die Hauptebene als den Ort der „Knickstellen" achsenparallel einfallender geradliniger Strahlen ansehen.

Die Abbildungsgleichung (20.14) kann unmittelbar aus der Ähnlichkeit der schraffierten Dreiecke in Fig. 18 abgelesen werden. Im Magnetfeld ist bei den durchgeführten Betrachtungen noch die Bilddrehung zu berücksichtigen. Da das ganze Magnetfeld zwischen den beiden Scheitelebenen $z = a$ und $z = b$

eingeschlossen ist, wird die gesamte Bilddrehung durch das Integral

$$\Theta = \sqrt{\frac{e}{8m_0}} \int_a^b \frac{B_z\, dz}{\sqrt{\Phi(1 + \varepsilon\,\Phi)}} \tag{20.18}$$

dargestellt, und man erhält einen Strahlengang, wie er in Fig. 19 wiedergegeben wird.

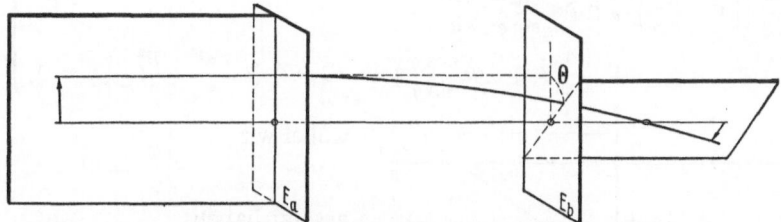

Fig. 19. Drehung des Bildraums im begrenzten Magnetfeld.

Aus (18.5) folgt für die beiden Punkte $z = a$ und $z = b$

$$\sqrt{\Phi_a(1 + \varepsilon\,\Phi_a)}\, [u(a)\, w'(a) - u'(a)\, w(a)]$$
$$= \sqrt{\Phi_b(1 + \varepsilon\,\Phi_b)}\, [u(b)\, w'(b) - u'(b)\, w(b)].$$

Mit den Formeln (20.16) ergibt sich daraus für die Brennweiten die Beziehung

$$\frac{\sqrt{\Phi_a(1 + \varepsilon\,\Phi_a)}}{f_0} = -\frac{\sqrt{\Phi_b(1 + \varepsilon\,\Phi_b)}}{f_1}, \tag{20.19}$$

welche das elektronenoptische Gegenstück zu der geometrisch-optischen Beziehung

$$\frac{n_0}{f_0} = -\frac{n_1}{f_1} \tag{20.20}$$

darstellt.

β) Die Asymptotenabbildung. Läßt man den Achsenschnittpunkt $z = a$ von E_a nach $-\infty$, den Achsenschnittpunkt $z = b$ von E_b nach $+\infty$ rücken, so gehen die

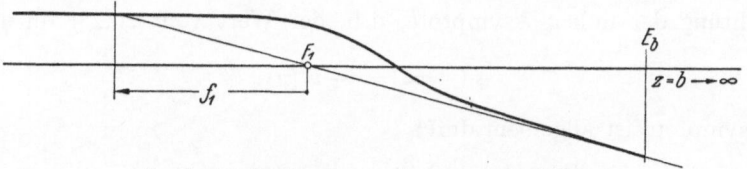

Fig. 20. Die Kardinalelemente der Asymptotenabbildung.

beiden Bahntangenten in die linksseitige und rechtsseitige Asymptote über. Brennpunktslagen und Brennweiten sind dann entsprechend Fig. 20 definiert. Sie können durch Grenzübergang für $a \to -\infty$ und $b \to +\infty$ aus (20.3), (20.4) und (20.16) gefunden werden [bzw. auch aus (20.13) und (20.15)].

Zur Bestimmung der Kardinalelemente der Asymptotenabbildung empfiehlt es sich die Differentialgleichungen der Paraxialbahnen einer bestimmten Transformation zu unterziehen, die sich auch für andere Überlegungen als nützlich erweisen wird. Es sei d irgendeine für das Feld charakteristische „Länge", z.B. ein Elektrodenabstand, Blendendurchmesser, Spulenradius usw., auf die wir alle anderen Längen beziehen wollen. Wir setzen

$$z = d \cot\varphi \tag{20.21}$$

und bilden dadurch den unendlichen Bereich der Variablen z von $-\infty$ bis $+\infty$ auf den endlichen Bereich der Variablen φ von π bis 0 ab (Fig. 21).

Die Differentialgleichung (15.4) geht mit (20.21) über in

$$\left.\begin{array}{l} \sqrt{\Phi^*}\,\dfrac{d}{d\varphi}\left(\sqrt{\Phi^*}\,\dfrac{d\varrho}{d\varphi}\right) + 2\Phi^*\,\dfrac{\cos\varphi}{\sin\varphi}\,\dfrac{d\varrho}{d\varphi} + \\[2mm] \qquad + \dfrac{1}{4}\left[\left(\ddot{\Phi}+2\dot{\Phi}\,\dfrac{\cos\varphi}{\sin\varphi}\right)(1+2\varepsilon\Phi) + \dfrac{e\,d^2}{2m_0}\,\dfrac{B_z^2}{\sin^4\varphi}\right]\varrho = 0, \end{array}\right\} \tag{20.22}$$

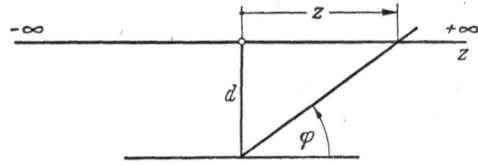

Fig. 21. Zur Definition des Hilfswinkels φ.

wobei wir

$$\frac{d\Phi}{d\varphi} = \dot{\Phi} \tag{20.23}$$

gesetzt haben.

Mit der weiteren Substitution[1]

$$\varrho = \frac{v(\varphi)}{\sin\varphi}, \tag{20.24}$$

mit der wir die erste Ableitung wegschaffen, ergibt sich

$$\sqrt{\Phi^*}\,\frac{d}{d\varphi}\left(\sqrt{\Phi^*}\,\dot{v}\right) + \left[\Phi^* + \frac{1}{4}\ddot{\Phi}(1+2\varepsilon\Phi) + \frac{e\,d^2\,B_z^2}{8m_0\sin^4\varphi}\right]v = 0. \tag{20.25}$$

Ist $v_1(\varphi)$ jene partikuläre Lösung von (20.25), welche für $\varphi=0$ (d.h. $z=+\infty$) Null ist:

$$v_1(0) = 0, \tag{20.26}$$

so ist durch

$$u(z) = d \cdot \frac{v_1(\varphi)}{\sin\varphi} \tag{20.27}$$

die aus dem Unendlichen von rechts achsenparallel einfallende Elektronenbahn gegeben. Die Richtung dieser Bahn ist [vgl. (20.21)]

$$u'(z) = \frac{du}{d\varphi}\,\frac{d\varphi}{dz} = v_1\cos\varphi - \dot{v}_1\sin\varphi. \tag{20.28}$$

Die Richtung der linken Asymptote, d.h. der Wert von (20.28) für $\varphi=\pi$ ist daher

$$u'(-\infty) = -v_1(\pi). \tag{20.29}$$

Diese Asymptote ist allgemein durch

$$R = u'(-\infty)\cdot Z + \lim_{a\to-\infty}(u - u'\,a) \tag{20.30}$$

definiert, wenn R und Z die laufenden Koordinaten bedeuten. Für den Achsenabschnitt der Asymptote erhält man

$$\lim_{a\to-\infty}(u - u'\,a) = d\cdot\lim_{\varphi\to\pi}\left[\frac{v_1(\varphi)}{\sin\varphi} - (v_1\cos\varphi - \dot{v}_1\sin\varphi)\frac{\cos\varphi}{\sin\varphi}\right] = -\dot{v}_1(\pi)\,d. \tag{20.31}$$

Die Gleichung der Asymptoten lautet daher

$$R = -v_1(\pi)\,Z - \dot{v}_1(\pi)\,d. \tag{20.32}$$

---

[1] Wegen (20.21) und (20.24) vgl. W. Glaser: Z. Physik **117**, 285 (1940).

Der Achsenschnittpunkt $R = 0$ ist der Brennpunkt $Z = z_{\overline{F}_0}$ der Asymptoten-abbildung:

$$z_{\overline{F}_0} = - d \cdot \frac{\dot{v}_1(\pi)}{v_1(\pi)} \, . \tag{20.33}$$

Die Einfallshöhe ergibt sich nach der Regel von DE L'HOSPITAL aus (20.27) zu

$$\lim_{z \to \infty} u(z) = d \cdot \lim_{\varphi \to 0} \frac{v_1(\varphi)}{\sin \varphi} = d \cdot \dot{v}_1(0) \, . \tag{20.34}$$

Hieraus bestimmt sich die Asymptotenbrennweite $\overline{f}_0$ zu

$$\overline{f}_0 = \frac{u(+\infty)}{u'(-\infty)} = - d \cdot \frac{\dot{v}_1(0)}{v_1(\pi)} \, . \tag{20.35}$$

Die beiden anderen Kardinalelemente lauten:

$$z_{\overline{F}_1} = - d \cdot \frac{\dot{v}_2(0)}{v_2(0)} \, , \tag{20.36}$$

$$\overline{f}_1 = - d \cdot \frac{\dot{v}_2(\pi)}{v_2(0)} \, , \tag{20.37}$$

wobei $v_2(\varphi)$ jene Lösung von (20.25) ist, welche für $\varphi = \pi$ Null ist. Selbstverständlich hätten wir (20.33) bis (20.37) unmittelbar durch Grenzübergang aus (20.13) und (20.15) gewinnen können.

In diesem ganzen Abschnitt mußten wir voraussetzen, daß das Abbildungs-feld nach beiden Seiten so stark abfällt, daß in entsprechender Entfernung die Elektronenbahnen als Gerade angesehen werden können, bzw. daß die Lösungen von (15.4) geradlinige Asymptoten beliebiger Richtung besitzen. Man kann fragen: Wie stark muß das Feld abklingen, damit dies der Fall ist? Die Antwort lautet: Notwendig und hinreichend dafür ist, daß die Funktion $Q(z)$ in (19.3) beim Übergang nach $+\infty$ und $-\infty$ so stark abnimmt, daß das Integral

$$\int_{-\infty}^{+\infty} Q(z) \, z^2 \, dz \tag{20.38}$$

konvergiert[1].

Selbstverständlich wäre (20.38) trivialerweise erfüllt, wenn die Funktion $Q(z)$ nur innerhalb eines bestimmten Bereiches $a \leq z \leq b$ von Null verschieden und außerhalb gleich Null wäre. Derartige „abbrechende" Abbildungsfelder kann es jedoch auf Grund der Potentialtheorie nicht geben. Infolge der Rota-tionssymmetrie der Abbildungsfelder ist nämlich die optische Achse stets eine Feldlinie des elektrischen und des magnetischen Feldes. Eine derartige Feld-linie hat ihren Anfang oder ihr Ende auf den Elektroden (oder Polschuh-flächen), oder sie erstreckt sich auf beiden Seiten ins Unendliche. Da aber den Elektronen gerade längs der Achse der Weg freigegeben werden muß, können weder Elektroden noch Polschuhflächen die Achse schneiden. Die axiale Feld-linie hat daher kein Ende, so daß sich Abbildungsfelder grundsätzlich nach beiden Seiten ins Unendliche erstrecken müssen. Ein „abbrechendes Abbildungs-feld", mit dem verschiedentlich in der Elektronenoptik operiert wird, stellt daher eine Fiktion dar. Dies trifft übrigens auch für ein nur von z abhängiges Ab-bildungsfeld zu. Denn aus der Feldentwicklung (8.6) folgt, daß für ein allein von z abhängiges Abbildungsfeld $\varphi(z)$ die Funktion $\Phi''(z)$ identisch verschwinden muß. Hieraus folgt, daß notwendig $\varphi = \Phi(z) = A z + B$ ist, also das Feld nur

---

[1] W. GLASER u. O. BERGMANN: ZAMP **1**, 363 (1950).

13

ein homogenes sein kann, das sich nach beiden Seiten ins Unendliche erstreckt. Hätte es nämlich Anfang oder Ende, so müßte an diesen Stellen $\Phi''(z) \neq 0$ sein, was nach (8.6) notwendig zu einer Abhängigkeit auch von der r-Koordinate führen würde.

21. Die oskulierenden Kardinalelemente. Wir haben oben gesehen, daß man von Brennpunkten, Hauptebenen und Brennweiten in der Elektronenoptik im allgemeinen nur dann sinnvoll sprechen kann, wenn — so wie in der Lichtoptik — Ding und Bild außerhalb der Elektronenlinse liegen. Wenn Ding oder Bild oder beide im abbildenden Feld liegen, verliert im allgemeinen der Begriff der Kardinalelemente seinen Sinn. Der in (15.10) ausgedrückte Zusammenhang zwischen Ding- und Bildort und die Vergrößerung sind eben im allgemeinen durch viel kompliziertere Funktionen gegeben als durch die einfache NEWTONsche Linsengleichung (20.14).

Die Kardinalelemente sind aber für eine optische Abbildung auch nicht wesentlich. Wesentlich ist allein die Abbildungsgleichung (15.10), welche unter bestimmten Voraussetzungen die NEWTONsche Abbildung als Spezialfall enthält. Man kann aber fragen, lassen sich auch im allgemeinen Fall der elektronenoptischen Abbildung Kardinalelemente definieren, welche im Spezialfall, daß Ding und Bild im feldfreien Raum liegen, in die obigen Brennpunkts- und Brennweitendefinitionen der Tangentenabbildung übergehen?

Eine Möglichkeit ist folgende: Aus der NEWTONschen Abbildungsgleichung

$$\beta = \frac{f_0}{z_0 - z(F_0)} = \frac{z_1 - z(F_1)}{f_1} \tag{21.1}$$

folgt für konstante Größen $f_0, f_1, z(F_0)$ und $z(F_1)$ durch Differentiation

$$\frac{1}{f_0} = \frac{d}{dz_0}\left(\frac{1}{\beta}\right), \qquad \frac{1}{f_1} = \frac{d\beta}{dz_0}\frac{dz_0}{dz_1} \tag{21.2}$$

und

$$z(F_0) = z_0 - \frac{1}{\beta}f_0, \quad z(F_1) = z_1 - \beta f_1. \tag{21.3}$$

Die Definitionen der „Brennweiten" (21.2) und der Brennpunktslagen (21.3) können wir nun auch im allgemeinen Fall aufrecht erhalten, da sie allein durch die Vergrößerung β als Funktion des Dingortes z_0 bestimmt sind. Auf Grund von (18.11) und (18.13) erhält man sogleich zwischen den beiden nach (21.2) definierten Brennweiten, die Beziehung

$$\frac{\sqrt{\Phi_0(1 + \varepsilon\,\Phi_0)}}{f_0} = -\frac{\sqrt{\Phi_1(1 + \varepsilon\,\Phi_1)}}{f_1}. \tag{21.4}$$

Die in (21.2) und (21.3) definierten „Kardinalelemente" werden sich im allgemeinen als Funktionen von z_0 ergeben, so daß zu jedem Dingort bzw. zu jeder Vergrößerung ein bestimmtes Paar von derartigen Kardinalelementen (21.2) und (21.3) gehört.

Wir nennen (21.2) die „*oskulierenden Brennweiten*" und (21.3) die „*oskulierenden Brennpunkte*". Wenn sich f_0 und f_1 in (21.2) als Konstanten ergeben, folgt durch Integration von (21.2) mit $-\frac{z(F_0)}{f_0}$ bzw. $-\frac{z(F_1)}{f_1}$ als Integrationskonstanten wieder Gl. (21.1). Um die oskulierenden Kardinalelemente (21.2), (21.3) zu berechnen, differenzieren wir (15.10) nach z_1 und erhalten

$$\frac{d\beta}{dz_1} = \frac{w_1'}{w_0} - \frac{w_0' w_1}{w_0^2}\frac{dz_0}{dz_1}. \tag{21.5}$$

Aus der Abbildungsgleichung (15.9) folgt

$$\frac{d z_0}{d z_1} = - \frac{w_1' u_0 - w_0 u_1'}{w_1 u_0' - w_0' u_1} = - \frac{1}{w_1} \frac{w_1' u_0 - w_0 u_1'}{u_0' - w_0' \dfrac{u_0}{w_0}} \qquad (21.6)$$

oder

$$\frac{d z_0}{d z_1} = - \frac{w_0}{w_1} \frac{w_1' u_0 - w_0 u_1'}{w_0 u_0' - w_0' u_0} . \qquad (21.7)$$

Wenn man dies in (21.5) einsetzt, ergibt sich mit (21.2)

$$\frac{1}{f_1} = \frac{w_1' u_0' - w_0' u_1'}{w_0 u_0' - w_0' u_0} ; \qquad \frac{1}{f_0} = \frac{u_1' w_0' - u_0' w_1'}{w_1 u_1' - w_1' u_1} , \qquad (21.8)$$

wobei wir den in analoger Weise folgenden Ausdruck für f_0 gleichfalls angeschrieben haben.

Aus (21.8) und (21.3) ergibt sich

$$z_1 - z(F_1) = \frac{w_1 u_0' - w_0' u_1}{w_1' u_0' - w_0' u_1'} , \qquad z_0 - z(F_0) = \frac{w_0 u_1' - w_1' u_0}{w_0' u_1' - w_1' u_0'} . \qquad (21.9)$$

Die oskulierenden Kardinalelemente haben im Rahmen der allgemeinen elektronenoptischen Abbildung folgende Bedeutung (vgl. Fig. 22). Wir denken uns in den beiden konjugierten Punkten z_0 und z_1 je eine achsensenkrechte Bezugsebene Π_0 und Π_1 gegeben. Ist r eine Elektronenbahn, welche die zweite Bezugsebene senkrecht durchstößt, also in z_1 achsenparallel verläuft, so kann sie mittels einer Konstanten durch

$$r = \text{const} \, (w \, u_1' - w_1' \, u) \qquad (21.10)$$

aus zwei beliebigen unabhängigen Lösungen von (15.4) dargestellt werden. Die oskulierende Brennweite ist dann nach (21.8) durch

$$f_0 = \frac{r(z_1)}{r'(z_0)} \qquad (21.11)$$

gegeben.

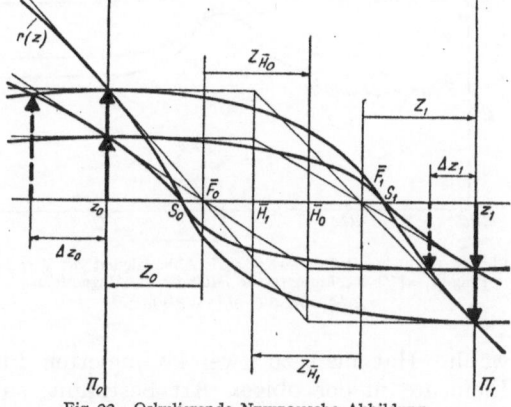

Fig. 22. Oskulierende NEWTONsche Abbildung.

Man sieht sogleich, daß die Tangenten an die Elektronenbahnen des Bündels in der ersten Bezugsebene Π_0 die Achse in ein und demselben Punkt $z = z(\bar{F}_0)$ schneiden. Die Entfernung $z_0 - z(\bar{F}_0)$ der Ebene Π_0 von diesem Punkt ist durch

$$z_0 - z(F_0) = \frac{r(z_0)}{r'(z_0)} \qquad (21.12)$$

gegeben. Wenn wir für $r(z)$ aus (21.10) in (21.12) einsetzen, erkennen wir, daß die Konstante, welche den Achsenabstand der einzelnen Strahlen in der Ebene Π_1 festlegt, herausfällt und $z_0 - z(\bar{F}_0)$ mit (21.9) übereinstimmt. Der eben betrachtete Schnittpunkt der Tangenten an die Elektronenbahnen in der ersten Bezugsebene ist also der oskulierende Brennpunkt $z(\bar{F}_0)$. Ganz analog ergibt sich die Bedeutung des zweiten oskulierenden Brennpunktes. Weiter gilt, daß die Schnittpunkte der obigen Bahntangenten in Π_0 mit den zugehörigen achsenparallelen Bahntangenten in Π_1 eine achsensenkrechte Ebene bilden, die wir die oskulierende

Hauptebene $z(\overline{H}_0)$ nennen. Für ihre Entfernung vom Brennpunkt findet man

$$z(\overline{H}_0) - z(\overline{F}_0) = \frac{r(z_1)}{r'(z_0)}, \qquad (21.13)$$

was nach (21.11) mit der oskulierenden Brennweite übereinstimmt.

Verschiebt man den Dingpunkt um die Strecke dz_0, so ändert sich die zugehörige Vergrößerung um $d\beta$. Mit den oskulierenden Brennweiten (21.2) kann man die neue Vergrößerung $\beta + d\beta$ bestimmen. Es ergibt sich

$$\beta + d\beta = \beta + \frac{dz_1}{f_1}, \qquad \frac{1}{\beta} + d\left(\frac{1}{\beta}\right) = \frac{1}{\beta} + \frac{dz_0}{f_0}. \qquad (21.14)$$

Wenn wir für β aus (21.3) die oskulierenden Brennpunktskoordinaten einsetzen, erhalten wir

$$\beta + d\beta = \frac{z_1 + dz_1 - z(F_1)}{f_1} = \frac{f_0}{z_0 + dz_0 - z(F_0)}. \qquad (21.15)$$

Aus dieser Gleichung, welche ganz der NEWTONschen Abbildungsgleichung entspricht, ergibt sich die physikalische Bedeutung der oskulierenden Kardinalelemente: In der Umgebung zweier konjugierter Punkte z_0 und z_1, kann der Zusammenhang zwischen Ding- und Bildort und die Vergrößerung durch die NEWTONsche Abbildungsgleichung (21.15) dargestellt werden, wenn man als Kardinalelemente die oskulierenden Elemente wählt. Da die allgemeine optische Abbildung in der Nähe von z_0 durch eine NEWTONsche (projektive) Abbildung angenähert wird, haben wir für diese den Namen „oskulierende NEWTONsche Abbildung" gewählt.

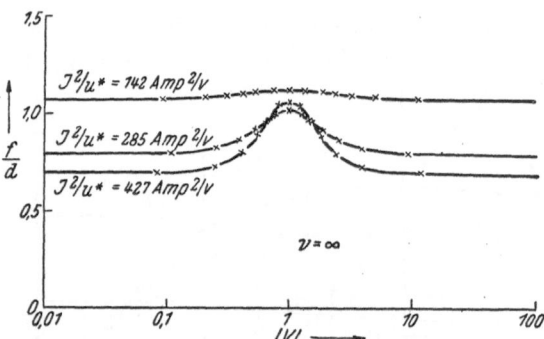

Fig. 23. Oskulierende Brennweite f/d in Abhängigkeit von Vergrößerung $|\beta| = |V|$ und Linsenstärke J^2/U^* für das Magnetfeld
$$B_z(z) = B_0\, e^{-(z/a)^2} \quad (a = d/\sqrt{\ln 2}).$$

Hat man zu zwei konjugierten Punkten z_0 und z_1 die oskulierenden Elemente in der obigen Art bestimmt, so kann also innerhalb eines gewissen Spielraumes um z_0 zur Konstruktion der zugeordneten Bildpunkte die LISTINGsche Bildkonstruktion angewendet werden.

Die oskulierenden Kardinalelemente sind im allgemeinen für verschiedene Paare konjugierter Punkte verschieden, sie sind daher für eine gegebene Linse zum Unterschied von den Kardinalelementen der Linsen der Lichtoptik Funktionen von z_0 (Fig. 23)[1]. Spezielle Felder, bei denen die oskulierenden Kardinalelemente *für alle Dingorte* gleich sind, wollen wir NEWTONsche *Abbildungsfelder* nennen. Sie haben die charakteristische Eigenschaft, daß die elektronenoptische Abbildung — unabhängig davon, ob Ding und Bild im Feldbereich liegen, — stets durch die gewöhnliche (NEWTONsche) Linsengleichung wiedergegeben wird. Im nächsten Abschnitt werden wir uns mit diesen Feldern genauer befassen.

Bei *hoher Vergrößerung* können wir praktisch die Bildebene z_1 im Unendlichen annehmen. Die dazu konjugierte Dingebene wird durch den Achsenschnittpunkt eines aus dem Unendlichen achsenparallel einfallenden Strahles gehen. Wir nennen diesen zum unendlich fernen Punkt konjugierten Punkt den „reellen

---

[1] W. GLASER u. F. LENZ: Ann. Physik **9**, 19 (1951).

Brennpunkt" der Abbildung. Die achsensenkrechte Ebene durch den Schnittpunkt der Tangente im Brennpunkt mit dem einfallenden achsenparallelen Strahl
ist die oskulierende Hauptebene und soll als „reelle Hauptebene" bezeichnet
werden. Die „reelle Brennweite" ist dann die Entfernung von reeller Hauptebene
und reellem Brennpunkt. Daß in diesem
Falle die Abbildung in guter Näherung

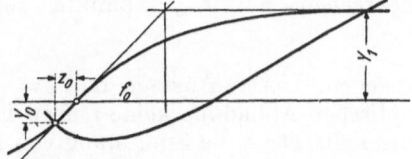

Fig. 24 a u. b. a Bestimmung des asymptotischen Wertes der Vergrößerung in Abhängigkeit von der Bildweite.
b Übergang zu großen Bildweiten.

mit diesen Kardinalelementen dargestellt werden kann, folgt unmittelbar aus
dem HELMHOLTZ-LAGRANGEschen Satz (18.7), nach welchem die Vergrößerung
(Fig. 24a) durch

$$\beta = \sqrt{\frac{\Phi_0(1 + \varepsilon\,\Phi_0)}{\Phi_1(1 + \varepsilon\,\Phi_1)}}\,\frac{\tan\vartheta_0}{\tan\vartheta_1} = -\sqrt{\frac{\Phi_0(1 + \varepsilon\,\Phi_0)}{\Phi_1(1 + \varepsilon\,\Phi_1)}}\,\frac{z_1}{f_0^*} \tag{21.16}$$

gegeben ist. Wählen wir z_1 sehr groß, so geht (21.16) in

$$\beta = \frac{z_1}{f_1} \quad \text{mit} \quad f_1 = -\sqrt{\frac{\Phi_1(1 + \varepsilon\,\Phi_1)}{\Phi_0(1 + \varepsilon\,\Phi_0)}}\,f_0 \tag{21.17}$$

über, wobei f_0 die reelle Brennweite (vgl. Fig. 24b) darstellt. Ferner ergibt sich
für die Vergrößerung β für sehr kleine z_0-Werte nach Fig. 25

$$\beta = \frac{Y_1}{Y_0} = \frac{f_0}{z_0}. \tag{21.18}$$

Die Zusammenfassung von (21.17) und (21.18) zeigt die Gültigkeit der NEWTON-
schen Linsengleichung im Grenzfall sehr hoher Vergrößerung. Sie beruht — wie
oben erwähnt — darauf, daß wir in diesem
Fall gleichzeitig mit der zum unendlich fernen Punkt gehörenden oskulierenden Abbildung zu tun haben.

Wir haben hier nur den Fall besprochen,
daß die elektronenoptische Abbildung in der
Nähe zweier konjugierter Punkte in erster
Ordnung in dz_0 und dz_1 durch eine NEW-
TONsche Abbildung wiedergegeben wird. Man

Fig. 25. Bestimmung des asymptotischen Wertes der
Vergrößerung in Abhängigkeit von der Dingweite.

kann fragen, wann die Übereinstimmung bis zu Gliedern n-ter Ordnung in dz_0
und dz_1 stattfindet. Die Kriterien für solche „oskulierende NEWTONsche Abbildungen n-ter Ordnung" werden von F. PUTZ[1] untersucht. Man wird vermuten,
daß die Ordnung, mit der die Ableitungen der oskulierenden Brennweiten im
betrachteten Punkt verschwinden, die Ordnung dieser Abbildungen kennzeichnen.
Insbesondere wird ein Feld, das eine oskulierende NEWTONsche Abbildung unendlich hoher Ordnung, also konstante oskulierende Kardinalelemente besitzt,
ein NEWTONsches Abbildungsfeld darstellen. Wir verweisen dazu auf die angeführte Arbeit.

22. Die starken Elektronenlinsen mit NEWTONscher Abbildungsgleichung. Wir
fragen nach allen Abbildungsfeldern, bei denen die allgemeine elektronenoptische
Abbildung durch die gewöhnliche Linsengleichung der Lichtoptik wiedergegeben

[1] F. PUTZ: Diss., Universität Wien 1951.

wird[1]. Für derartige Felder stimmen also die oskulierenden Kardinalelemente in allen Punkten überein. Die Bedeutung dieser Abbildungsfelder liegt darin, daß die elektronenoptische Abbildung durch die bekannte LISTINGsche Bildkonstruktion dargestellt werden kann und die drei Parameter f_1, $z(F_0)$ und $z(F_1)$ die gesamte Abbildung kennzeichnen.

Um die „NEWTONschen Abbildungsfelder" zu bestimmen, gehen wir von der Gleichung

$$\beta = \frac{z_1 - z(F_1)}{f_1} = \frac{f_0}{z_0 - z(F_0)} \qquad (22.1)$$

aus. Bedeutet d irgendeine für die Feldausdehnung kennzeichnende Länge (vgl. Ziff. 2), dann können wir alle Längen in Vielfachen von d messen. Für die Abszisse erhalten wir so die dimensionslose Größe

$$x = \frac{z}{d} . \qquad (22.2)$$

Für die dimensionslos geschriebene Brennweite behalten wir weiterhin den Buchstaben f bei. Für den Zusammenhang zwischen Bildort x_1 und Dingort x_0 erhält man aus (22.1) die projektive Beziehung

$$x_1 = \frac{x(F_1) x_0 + f_1 f_0 - x(F_1) x(F_0)}{x_0 - x(F_0)} . \qquad (22.3)$$

Wir legen nun den Koordinatenursprung so, daß

$$x(F_0) = - x(F_1). \qquad (22.4)$$

Man kann zeigen, daß die Größe $f_0 f_1 + x^2(F_1)$ stets negativ ist und daher — mit reellem σ — gleich $-\sigma^2$ gesetzt werden kann. Wir sehen das auf folgende Weise. Hat man eine projektive Beziehung

$$x_1 = \frac{x(F_1) x_0 + \varepsilon}{x_0 + x(F_1)} , \qquad (22.5)$$

so kann man nach jenen Punkten fragen, die bei dieser Transformation in sich übergehen. Solche „Fixpunkte" sind nach (22.5) durch

$$x_0^2 = \varepsilon \qquad (22.6)$$

gegeben. Unsere Aussage, daß $\varepsilon = -\sigma^2$ ist, besagt also, daß bei einer elektronenoptischen Abbildung keine reellen Fixpunkte auftreten. Dies ist nun tatsächlich der Fall. Denn die Zuordnung von Ding- und Bildort ist bekanntlich durch zwei aufeinanderfolgende Nullstellen einer Lösung der Differentialgleichung der Paraxialstrahlen gegeben. Dem Fixpunkt müßte also eine doppelte Nullstelle entsprechen. Als Lösung einer homogenen linearen Differentialgleichung zweiter Ordnung besitzt aber die Bahn nur *einfache* Nullstellen. Bei einer doppelten Nullstelle müßte auch die erste Ableitung verschwinden; daraus aber würde das identische Verschwinden der Funktion selbst hervorgehen.

Aus dem Gesagten folgt ferner, daß die Hauptebenen überschlagen liegen:

$$x(H_1) < x(H_0). \qquad (22.7)$$

Hierbei wird $x(H_1)$ und $x(H_0)$ durch

$$x(H_1) = x(F_1) + f_1, \qquad x(H_0) = x(F_0) + f_0 \qquad (22.8)$$

gegeben. Nach der eben bewiesenen Beziehung

$$f_1 f_0 + x^2(F_1) = - \sigma^2 < 0 \qquad (22.9)$$

---

[1] W. GLASER u. E. LAMMEL: Ann. d. Phys. **40**, 367 (1941) u. Monhft. f. Phys. u. Math. **50**, 289 (1943).

folgt, weil f_1 negativ ist,

$$x^2(F_1) < f_0 |f_1|. \tag{22.10}$$

Addieren wir hierzu die Ungleichung

$$0 < \tfrac{1}{4}(f_0 - |f_1|)^2, \tag{22.11}$$

so erhalten wir

$$x^2(F_1) < \tfrac{1}{4}(f_0^2 + |f_1|^2 + 2 f_0 |f_1|), \tag{22.12}$$

also

$$2 x(F_1) < f_0 + |f_1|, \tag{22.13}$$

weil beide Seiten positiv sind. Die letzte Gleichung ist aber mit (22.7) gleich-bedeutend, wie man erkennt, wenn man (22.8) in (22.7) einsetzt und (22.4) be-rücksichtigt. Die experimentell 1934 zuerst von E. RUSKA[1] an Magnetlinsen festgestellte Tatsache, daß die Reihenfolge der Hauptebenen umgekehrt ist, gilt also für jedes elektronenoptische Abbildungs-feld, bei dem man überhaupt von Hauptebenen sprechen kann.

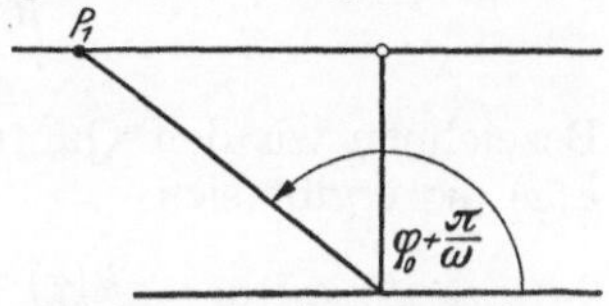

Fig. 26. Zur Herleitung der Bedingung für eine einmalige Abbildung.

Kehren wir nun zu Gl. (22.3) zurück. Sie lautet mit (22.9)

$$x_1 = \frac{x(F_1)\, x_0 - \sigma^2}{x_0 + x(F_1)}. \tag{22.14}$$

Diese Beziehung läßt sich nun in der Variablen φ, welche durch

$$x = \sigma \cot \varphi \tag{22.15}$$

definiert ist, in sehr einfacher Weise ausdrücken. Infolge der geforderten Ein-deutigkeit der Zuordnung (22.15) haben wir φ auf den Bereich

$$0 \leq \varphi \leq \pi \tag{22.16}$$

zu beschränken (vgl. Fig. 26). Wir setzen ferner

$$x(F_1) = \sigma \cot \frac{\pi}{\omega} \tag{22.17}$$

und erhalten mit (22.15) bis (22.17) durch Anwendung des Additionstheorems für die Cotangensfunktion für (22.14):

$$\cot \varphi_1 = \cot \left(\varphi_0 + \frac{\pi}{\omega}\right). \tag{22.18}$$

Mit Rücksicht auf (22.16) gilt also zwischen den Hilfswinkeln von Ding- und Bild-ort das Zuordnungsgesetz

$$\varphi_1 = \varphi_0 + \frac{\pi}{\omega}. \tag{22.19}$$

Man erkennt, daß die NEWTONsche Abbildungsgleichung (22.3) in der Variablen φ ihre einfachste Gestalt (22.19) annimmt.

Zur weiteren Diskussion brauchen wir die Differentialgleichungen der par-axialen Elektronenbahnen. Wir wollen uns auf das rein magnetische Feld be-schränken. Die Erweiterung auf das elektrische Feld ist evident. Mit (vgl. Ziff. 20)

$$\varrho = \frac{v}{\sin \varphi} \tag{22.20}$$

---

[1] E. RUSKA: Z. Physik **89**, 90 (1934).

und dem Parameter

$$k^2 = \frac{e\,B_0^2\,d^2}{8\,m_0\,U^*} \tag{22.21}$$

geht (15.4) über in

$$\ddot{v} + \left(1 + k^2\,\sigma^2\,\frac{B_z^2\,(d\sigma\cot\varphi)}{B_0^2\sin^4\varphi}\right)v = 0. \tag{22.22}$$

Sind $p(\varphi)$ und $q(\varphi)$ zwei unabhängige Lösungen von (22.22), so sind nach (22.20) zwei unabhängige Elektronenbahnen $u(x)$ und $w(x)$ durch

$$u(\sigma\cot\varphi) = \frac{p(\varphi)}{\sin\varphi}\,, \qquad w(\sigma\cot\varphi) = \frac{q(\varphi)}{\sin\varphi} \tag{22.23}$$

gegeben. Die Abbildungsgleichung (15.10) lautet

$$\beta = \frac{p(\varphi_1)}{p(\varphi_0)}\,\frac{\sin\varphi_0}{\sin\varphi_1} = \frac{q(\varphi_1)}{q(\varphi_0)}\,\frac{\sin\varphi_0}{\sin\varphi_1}. \tag{22.24}$$

Bezeichnen wir den Quotienten zweier unabhängiger Lösungen von (22.22) mit $h(\varphi)$, so ergibt sich

$$h(\varphi) = \frac{p(\varphi)}{q(\varphi)} = \frac{u(\sigma\cot\varphi)}{w(\sigma\cot\varphi)} = f(\sigma\cot\varphi) \tag{22.25}$$

und die Abbildungsgleichung (15.12) geht damit über in:

$$h(\varphi_0) = h(\varphi_1). \tag{22.26}$$

Soll nun zwischen Ding- und Bildpunkt die NEWTONsche Abbildungsgleichung bestehen, welche in der Variablen φ die Gestalt (22.19) hat, so muß für den Quotienten $h(\varphi)$ zweier unabhängiger Elektronenbahnen die Beziehung gelten:

$$h\left(\varphi_0 + \frac{\pi}{\omega}\right) = h(\varphi_0). \tag{22.27}$$

Man erkennt, daß für alle NEWTONschen Abbildungsfelder der Quotient zweier unabhängiger Elektronenbahnen eine periodische Funktion in der Variablen φ mit der Periode π/ω sein muß. Durch Differentiation von (22.25) erhält man

$$\dot{h} = \frac{\dot{p}q - \dot{q}p}{q^2}\,, \tag{22.28}$$

und da aus der Differentialgleichung (22.22)

$$\dot{p}\,q - \dot{q}\,p = \text{const} = C \tag{22.29}$$

folgt, wird

$$\dot{h} = \frac{C}{q^2}. \tag{22.30}$$

$\dot{h}$ kann im Endlichen nicht Null werden, da $q(\varphi)$ als Lösung der Differentialgleichung (22.22) im Endlichen $(0, \pi)$ beschränkt bleibt. Wenn wir daher $C > 0$, etwa $C = 1$, wählen, kann $\dot{h}$ stets als positiv angenommen werden. Wie aus Fig. 26 hervorgeht, wird der Dingpunkt einmal und nur einmal abgebildet, wenn die beiden Bedingungen

$$\varphi_0 + \frac{\pi}{\omega} \leqq \pi, \tag{22.31}$$

$$\varphi_0 + \frac{2\pi}{\omega} > \pi \tag{22.32}$$

erfüllt sind. Aus (22.30) folgt, daß $q(\varphi)$ der Gleichung

$$q\left(\varphi + \frac{\pi}{\omega}\right) = \pm\, q(\varphi) \tag{22.33}$$

genügt. Weil nun $q(\varphi)$ nur einfache Nullstellen hat, muß es an den Nullstellen sein Vorzeichen ändern. Es kommt also bei (22.33) nur das negative Vorzeichen in Frage. Aus (22.25) ergibt sich dann, daß $p(\varphi)$ ebenfalls halbperiodisch mit der gleichen Halbperiode ist. Die Lösungen von (22.22) haben demnach die Eigenschaft:

$$p\left(\varphi + \frac{\pi}{\omega}\right) = -\,p(\varphi), \qquad q\left(\varphi + \frac{\pi}{\omega}\right) = -\,q(\varphi); \tag{22.34}$$

$p(\varphi)$ und $q(\varphi)$ müssen also den für $\cos\omega\varphi$ und $\sin\omega\varphi$ typischen Charakter zeigen, $h(\varphi)$ also den von $\cot\omega\varphi$.

Auf Grund von (22.19) und (22.34) ergibt sich für die Vergrößerung (22.24)

$$\beta = -\,\frac{\sin\varphi_0}{\sin\varphi_1} = -\,\frac{\sin\varphi_0}{\sin\left(\varphi_0 + \dfrac{\pi}{\omega}\right)} = -\,\frac{\sin\left(\varphi_1 - \dfrac{\pi}{\omega}\right)}{\sin\varphi_1}. \tag{22.35}$$

Durch Anwendung des Additionstheorems ergibt sich durch Vergleich mit (22.1) mit Rücksicht auf (22.15), wenn man $\dfrac{1}{\sin\dfrac{\pi}{\omega}}$ heraushebt, für die beiden Brennweiten

$$f_1 = \frac{\sigma}{\sin\dfrac{\pi}{\omega}}, \qquad f_0 = -\,\frac{\sigma}{\sin\dfrac{\pi}{\omega}}. \tag{22.36}$$

Zugleich mit $p(\varphi)$ und $q(\varphi)$ sind natürlich auch $\dot{p}(\varphi)$ und $\ddot{p}(\varphi)$, bzw. $\dot{q}(\varphi)$ und $\ddot{q}(\varphi)$ halbperiodisch und nach (22.22) folgt [für $v = p(\varphi)$ bzw. $v = q(\varphi)$], daß

$$\frac{B_z^2\,(d\sigma\cot\varphi)}{B_0^2\,\sin^4\varphi} = F^2(\varphi) \tag{22.37}$$

periodisch mit der Periode π/ω sein muß. Jedes magnetische NEWTONsche Abbildungsfeld $B_z(z)$ muß sich daher in der Gestalt

$$B_z\,(d\sigma\cot\varphi) = B_0\,F(\varphi)\,\sin^2\varphi \quad \text{mit} \quad F\left(\varphi + \frac{\pi}{\omega}\right) = F(\varphi) \tag{22.38}$$

schreiben lassen.

Die einfachste Lösung erhalten wir für $F = 1$:

$$B_z = B_0\,\sin^2\varphi, \tag{22.39}$$

welche nach (22.15) und (22.2) in z geschrieben

$$B_z = \frac{B_0}{1 + \left(\dfrac{z}{a}\right)^2}; \quad a = \sigma\,d \tag{22.40}$$

lautet.

Das „magnetische Glockenfeld" (22.40), mit dem wir uns später noch ausführlicher befassen werden, stellt also das einfachste NEWTONsche Abbildungsfeld dar.

Gl. (22.38) ist nur eine notwendige Bedingung: alle NEWTONschen Abbildungsfelder müssen diese Gestalt haben, aber nicht alle Felder dieser Gestalt sind

Newtonsche Felder. Die notwendige und *hinreichende* Bedingung für ein Newtonsches Feld ist durch (22.27) gegeben. Damit gleichbedeutend ist die Forderung, daß $p(\varphi)$ und $q(\varphi)$ halbperiodische Funktionen mit der Halbperiode π/ω sind. Die notwendige und hinreichende Bedingung ist also nach (22.37), daß die Lösungen $p(\varphi)$ und $q(\varphi)$ der Hillschen Differentialgleichung[1]

$$\ddot{v} + [1 + k^2 \sigma^2 F^2(\varphi)] v = 0 \quad \text{mit} \quad F\left(\varphi + \frac{\pi}{\omega}\right) = F(\varphi) \tag{22.41}$$

halbperiodische Funktionen mit der Halbperiode π/ω sind. Aus der Theorie ist bekannt, daß es periodische Funktionen $k^2\sigma^2 F^2(\varphi)$ gibt, für die *zwei* halbperiodische Lösungen $p(\varphi)$ und $q(\varphi)$ vorhanden sind. Es existiert somit eine ganze Reihe derartiger Newtonscher Abbildungsfelder.

Um bei einem vorgegebenen magnetischen Abbildungsfeld zu entscheiden, ob es zur Klasse der Newtonschen Felder gehört, hat man folgende zwei Fragen zu beantworten:

1. Ob (22.37) eine periodische Funktion mit der Periode π/ω ($\omega > 1$) ist und

2. ob die Hillsche Differentialgleichung (22.41) zwei unabhängige halbperiodische Lösungen mit der Halbperiode π/ω besitzt. Explizite Beispiele derartiger Abbildungsfelder sind in der oben erwähnten Arbeit[2] angegeben worden.

23. Typische Elektronenlinsen. Um einen allgemeinen Überblick über die Eigenschaften elektrischer und magnetischer Elektronenlinsen zu erhalten, braucht man je ein elektrisches und magnetisches Modellfeld, dessen Verlauf dem in realen Elektronenlinsen vorhandenen Feldverlauf entspricht und für das sich die Differentialgleichung der Paraxialbahnen streng integrieren läßt. Im allgemeinen wird für vorgegebene Funktionen $\Phi(z)$ und $B_z(z)$ Gl. (15.4) so kompliziert, daß sie nicht geschlossen integriert werden kann. Wir gehen daher umgekehrt vor. Wir suchen zunächst Felder, für welche diese Integration möglich ist und sehen zu, ob unter diesen Feldern auch solche sind, welche realen Elektronenlinsen angenähert entsprechen.

Man erkennt z. B. sogleich, daß für Felder, für welche der Ausdruck

$$\Phi''(1 + 2\varepsilon \Phi) + \frac{e}{2m_0} B_z^2 = \text{const} = \pm 4\alpha^2 \tag{23.1}$$

konstant ist, Gl. (15.4) durch Exponentialfunktionen integriert werden kann. Denn setzt man

$$\frac{dz}{\sqrt{\Phi(1 + \varepsilon \Phi)}} = d\zeta, \quad \text{d.h.} \quad \zeta = \int \frac{dz}{\sqrt{\Phi(1 + \varepsilon \Phi)}}, \tag{23.2}$$

so geht (15.4) unter der Voraussetzung (23.1) in die Schwingungsgleichung

$$\frac{d^2\varrho}{d\zeta^2} \pm \alpha^2 \varrho = 0 \tag{23.3}$$

über. Sie hat die Lösungen

$$\varrho = \begin{Bmatrix} \cos \alpha \zeta \\ \sin \alpha \zeta \end{Bmatrix} \quad \text{für} \quad + \alpha^2 \tag{23.4}$$

und

$$\varrho = \begin{Bmatrix} \mathrm{Cos}\, \alpha \zeta \\ \mathrm{Sin}\, \alpha \zeta \end{Bmatrix} \quad \text{für} \quad - \alpha^2. \tag{23.5}$$

---

[1] Vgl. den Beitrag von J. Meixner in Bd. I dieses Handbuches.
[2] W. Glaser u. O. Bergmann: ZAMP **2**, 159 (1951).

[Zu einem beliebigen elektrischen Feld $\Phi(z)$ könnte man aus (23.1) ein Magnetfeld

$$B_z(z) = \sqrt{\frac{2m_0}{e}\left[4\alpha^2 - \Phi''(1 + 2\varepsilon\,\Phi)\right]} \qquad (23.6)$$

bestimmen, so daß im überlagerten Feld die Elektronenbahnen durch (23.4) bzw. (23.5) gegeben sind.]

Im rein elektrischen Feld ergibt sich unter Vernachlässigung relativistischer Korrekturen ($\varepsilon = 0$) das parabelförmige Potential

$$\Phi(z) = 2\alpha^2 z^2 + A\,z + B, \qquad (23.7)$$

dessen Elektronenbahnen wir schon in Ziff. 6 besprochen haben. Da das Potential für unbegrenzt wachsende z-Werte nicht gegen einen konstanten Wert geht, kann der Feldverlauf in elektrostatischen Linsen durch (23.7) nicht dargestellt werden. Man könnte lediglich den Potentialverlauf durch Parabelstücke der Form (23.7) angenähert zusammensetzen und die entsprechenden Bahnstücke der Gestalt (23.4) und (23.5) zur gesamten Elektronenbahn zusammenfügen [1]. Im rein magnetischen Fall ergibt sich das homogene Magnetfeld, dessen Eigenschaften wir schon in Ziff. 15 besprochen haben. Da seine Vergrößerung stets den Wert 1 hat, kann es für die übermikroskopische Abbildung nicht verwendet werden.

Man gelangt zu Feldern, welche der Wirklichkeit besser angepaßt sind, wenn man an der paraxialen Differentialgleichung (15.4) die Transformationen (20.21) und (20.24) ausführt. Man erhält so Gl. (20.25). Wenn U die Beschleunigungsspannung ist, setzen wir

$$U^* = U(1 + \varepsilon\,U), \qquad d\zeta = \sqrt{\frac{U^*}{\Phi^*}}\,d\varphi \quad \text{oder} \quad \zeta = \sqrt{U^*}\int \frac{d\varphi}{\sqrt{\Phi^*}}. \qquad (23.8)$$

Damit geht (20.25) über in

$$\frac{d^2v}{d\zeta^2} + \frac{1}{U^*}\left[\Phi^* + \frac{1}{4}\ddot{\Phi}(1 + 2\varepsilon\,\Phi) + \frac{e\,d^2\,B_z^2}{8m_0\sin^4\varphi}\right]v = 0, \qquad (23.9)$$

wobei $\ddot{\Phi}$ die zweite Ableitung nach φ darstellt. Wenn man nun für das elektrische Potential $\Phi(z)$ und die magnetische Feldstärke $B_z(z)$ gerade solche Funktionen wählt, daß der Koeffizient von v eine Konstante ω_0^2 wird, also

$$\frac{1}{4}\ddot{\Phi}(1 + 2\varepsilon\,\Phi) + \Phi(1 + \varepsilon\,\Phi) + \frac{e\,d^2\,B_z^2}{8m_0\sin^4\varphi} = \omega_0^2\,U(1 + \varepsilon\,U), \qquad (23.10)$$

so kann die Lösung von (23.9) unmittelbar in der Gestalt

$$v = A\sin\omega_0\zeta + B\cos\omega_0\zeta \qquad (23.11)$$

angeschrieben werden.

$\alpha)$ *Durchrechnung einer typischen Magnetlinse* [2]. Im rein magnetischen Feld ist $\Phi = U = \text{const}$, und Gl. (23.10) geht in

$$\omega_0^2 = 1 + \frac{e\,d^2}{8m_0\,U(1 + \varepsilon\,U)}\,\frac{B_z^2}{\sin^4\varphi} \qquad (23.12)$$

über. Damit ω_0 konstant wird, haben wir also

$$B_z = B_0\sin^2\varphi, \qquad \omega_0^2 = 1 + \frac{e\,B_0^2\,d^2}{8m_0\,U(1 + \varepsilon\,U)} \qquad (23.13)$$

zu setzen. Wenn wir für $\sin^2\varphi$ aus (20.21), d.h.

$$z = d\cdot\cot\varphi \qquad (23.14)$$

---

[1] A. Recknagel: Z. Physik **104**, 381 (1937). — E. Regenstreif: Ann. Radioélectr. **6**, 51, 114, 224 (1951).

[2] W. Glaser: Z. Physik **117**, 285 (1941). Über den Vergleich der Feldform (23.15) mit experimentell ausgemessenen Feldern in magnetischen Polschuhlinsen vgl. J. Dosse: Z. Physik **117**, 722 (1941), Fig. 1.

einsetzen, erkennen wir, daß das Magnetfeld durch die glockenförmige Feldkurve

$$B_z(z) = \frac{B_0}{1 + \left(\dfrac{z}{d}\right)^2} \tag{23.15}$$

gegeben ist (Fig. 27). Die Variable ζ wird nach (23.8) mit φ identisch und die Elektronenbahnen $u(z)$ und $w(z)$ lauten nach (23.11) und (20.24)

$$u(z) = \frac{\sin \omega \varphi}{\sin \varphi}, \qquad w(z) = \frac{\cos \omega \varphi}{\sin \varphi}, \tag{23.16}$$

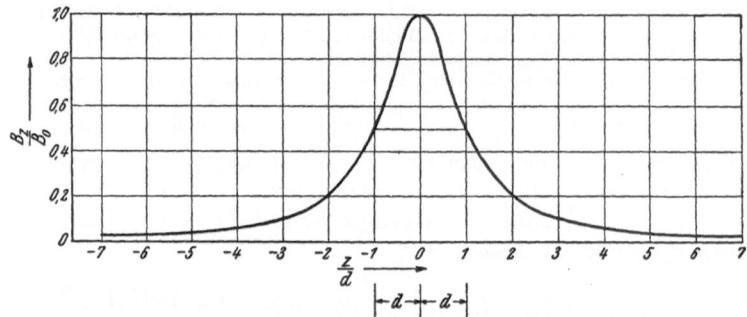

Fig. 27. Verlauf des Glockenfeldes (23.15) in dimensionsloser Darstellung.

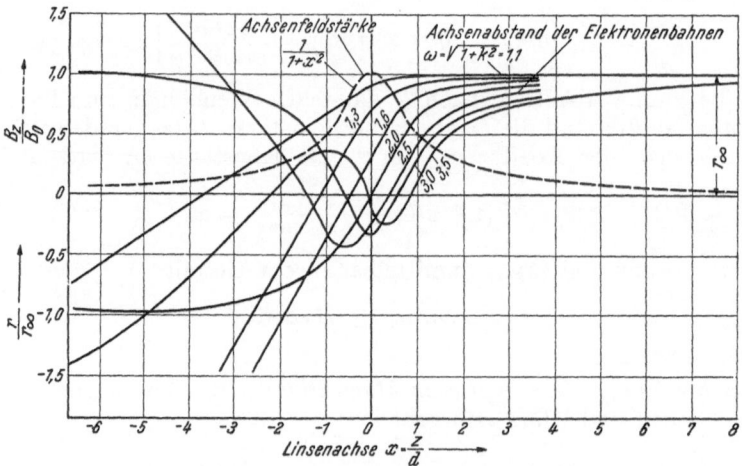

Fig. 28. Verlauf einiger achsenparallel einfallender Elektronenbahnen im Glockenfeld für verschiedene Linsenstärken.

wobei wir im folgenden im rein magnetischen Fall ω statt ω_0 schreiben. $u(z)$ stellt die in der Einfallshöhe ω von rechts achsenparallel einfallende Elektronenbahn dar. In Fig. 28 sind zur Veranschaulichung einige Elektronenbahnen für die Parameterwerte $\omega = 1{,}1$; $1{,}3$; $1{,}6$; 2; $2{,}5$; 3 und $3{,}5$ wiedergegeben.

Die allgemeine Abbildungsgleichung (15.9) erhält mit (23.16) die Gestalt

$$\sin \omega (\varphi_n - \varphi_0) = 0, \tag{23.17}$$

d.h.

$$\varphi_n = \varphi_0 - n \frac{\pi}{\omega} \quad \text{mit} \quad n = 1, 2, 3, \dots, \tag{23.18}$$

wobei φ_n den gemäß $z_n = d \cdot \cot \varphi_n$ zum n-ten Bild gehörenden Hilfswinkel bedeutet. In Fig. 29 kann man sich den Zusammenhang zwischen φ_0 und φ_1 gut
veranschaulichen. Aus (23.18) ergibt sich zwischen Ding- und Bildort der Zusammenhang

$$z_0 = d \cdot \cot \varphi_0 = d \cdot \cot \left(\varphi_n + \frac{n\pi}{\omega}\right) = \frac{d \cdot \cot \varphi_n \cot \dfrac{n\pi}{\omega} - d}{\cot \varphi_n + \cot \dfrac{n\pi}{\omega}}. \qquad (23.19)$$

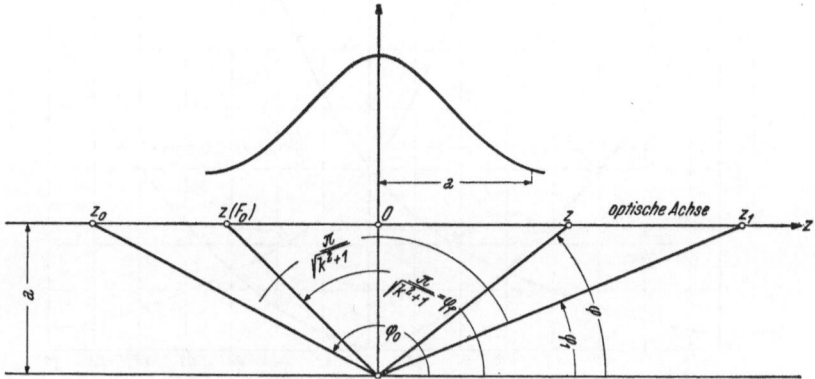

Fig. 29. Die Abbildungsgleichung im Glockenfeld, dargestellt in der Variablen φ.

Dies kann man auf die Gestalt

$$\left(z_0 - d \cdot \cot \frac{n\pi}{\omega}\right)\left(z_n + d \cdot \cot \frac{n\pi}{\omega}\right) = -\frac{d^2}{\sin^2 \dfrac{n\pi}{\omega}} \qquad (23.20)$$

bringen.

Setzt man daher

$$z(F_0) = d \cdot \cot \frac{n\pi}{\omega}, \qquad z(F_n) = -d \cdot \cot \frac{n\pi}{\omega}, \qquad (23.21)$$

$$f_0 = \frac{d}{\sin \dfrac{n\pi}{\omega}}, \qquad f_n = -\frac{d}{\sin \dfrac{n\pi}{\omega}} \qquad (23.22)$$

und weiter

$$Z_n = z_n - z(F_n), \qquad Z_0 = z_0 - z(F_0), \qquad (23.23)$$

so gilt zwischen Z_0 und Z_n, d.h. den auf die „Brennpunkte" (23.21) bezogenen
Ding- und Bildkoordinaten die Beziehung

$$Z_0 Z_n = f_0 f_n. \qquad (23.24)$$

Wir haben bereits in Ziff. 22 gesehen, daß das „magnetische Glockenfeld" (23.15)
zu den speziellen Feldtypen mit NEWTONscher Abbildungsgleichung gehört.

Für die Vergrößerung (15.10) im n-ten Bildpunkt erhält man

$$\beta_n = (-1)^n \frac{\sin \varphi_0}{\sin \varphi_n} = (-1)^{n-1} \frac{f_0}{Z_0} = (-1)^{n-1} \frac{Z_n}{f_n}. \qquad (23.25)$$

Für die Koordinaten der Hauptpunkte (22.8) ergibt sich

$$z(H_0) = d \cdot \cot \frac{n\pi}{2\omega}, \qquad z(H_n) = -d \cdot \cot \frac{n\pi}{2\omega}. \qquad (23.26)$$

Die Werte von $z(H_0)/d$ und $z(H_1)/d$ sind zusammen mit den Brennpunktslagen $z(F_0)/d$ und $z(F_1)/d$ in Fig. 30a in ihrer Abhängigkeit von dem dimensionslosen Parameter

$$k_m^2 = \frac{e}{8m_0}\, \frac{B_0^2\, d^2}{U(1 + \varepsilon U)}\,, \qquad (23.27)$$

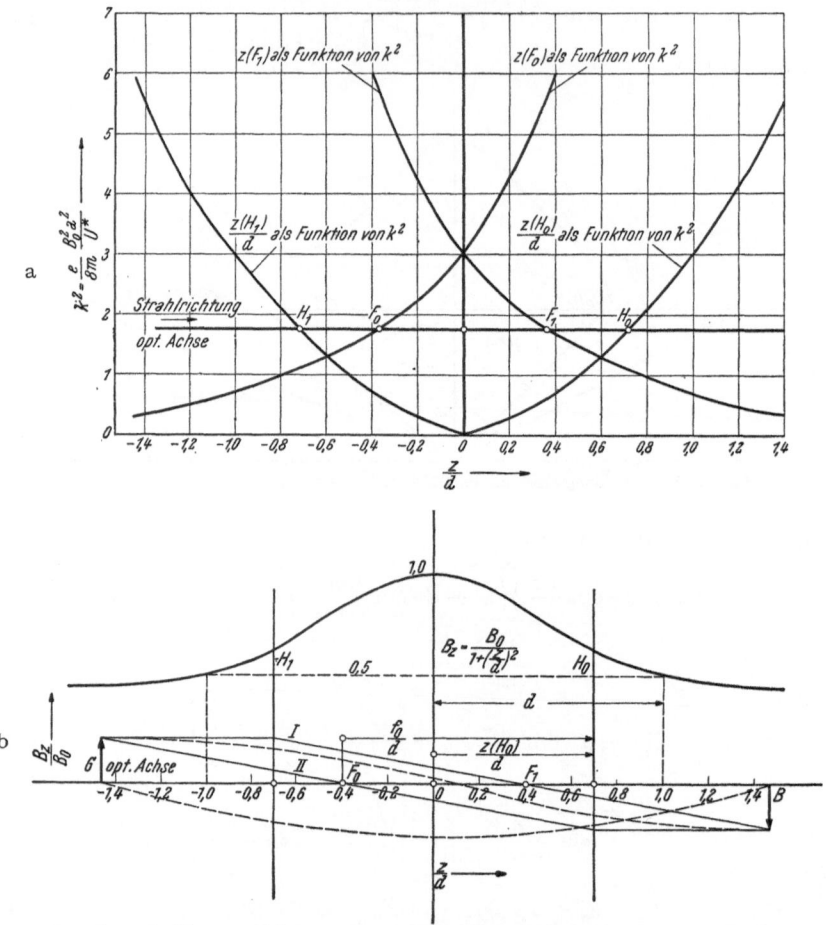

Fig. 30a u. b. a Lage der Haupt- und Brennpunkte als Funktion der Linsenstärke. (In der Abbildung soll es richtig $z(F_1)/d$ und $z(F_0)/d$ heißen.) b Listingsche Bildkonstruktion für die Linsenstärke $k^2 = 1{,}6$. Als Vergrößerung wurde $\beta = -1$ gewählt. (Man erhält die in der Praxis auftretenden Größenverhältnisse, wenn man sich die Halbwertsbreite d in der Abbildung etwa auf 1 mm verkleinert denkt.)

der sog. „Linsenstärke", kurvenmäßig dargestellt. Darunter ist in Fig. 30b die Listingsche Bildkonstruktion für einen Parameterwert, wie er etwa praktischen Betriebsverhältnissen entspricht, durchgeführt.

Statt durch Maximalfeldstärke B_0 und Halbwertsbreite d des Glockenfeldes, kann man den Parameter k_m^2 auch durch die Amperewindungszahl der dieses Feld erregenden Feldspule ausdrücken[1]. Zwischen elektrischem Strom J und Magnetfeld $\mathfrak{B}$ hat man den Zusammenhang

$$\int \mathfrak{B}\, d\mathfrak{r} = \mu_0\, J,\qquad (23.28)$$

---

[1] Siehe z. B. E. Ruska: Arch. Elektrotechn. **38**, 102 (1944). In dieser Arbeit wird auch der Vergleich der oben berechneten Kardinalelemente mit den Messungen durchgeführt.

wenn der geschlossene Integrationsweg den Gesamtstrom J umschlingt. Denkt man sich den Integrationsweg längs der Spulenachse von $-\infty$ nach $+\infty$ und im Unendlichen geschlossen, so geht (23.28) über in

$$\int_{-\infty}^{+\infty} B_z \, dz = \mu_0 J. \tag{23.29}$$

Wenn man hier für $B_z(z)$ aus (23.15) einsetzt und die Integration ausführt, erhält man

$$d \cdot B_0 = \frac{\mu_0 J}{\pi}. \tag{23.30}$$

und (23.27) kann daher auch in der Gestalt

$$k_m^2 = \frac{e \mu_0^2}{8 \pi^2 m_0} \frac{J^2}{U(1 + \varepsilon U)} = 0{,}00352 \frac{J^2/A^2}{U^*/V} \tag{23.31}$$

geschrieben werden. J bedeutet hierbei die gesamte Amperewindungszahl der felderzeugenden Spule.

Man erkennt aus $u(z)$ von Gl. (23.16), daß der unendlich ferne Punkt ($\varphi_0 = 0$) N Bilder (Brennpunkte) hat, wenn

$$N < \omega < N + 1 \tag{23.32}$$

oder

$$(N + 1)(N - 1) < \frac{e B_0^2 d^2}{8 m_0 U(1 + \varepsilon U)} < (N + 2) N. \tag{23.33}$$

Liegt daher ω zwischen 1 und 2, so treten beim magnetischen Glockenfeld nur einfache Bilder auf. Diese Bedingung ist bis jetzt in der Praxis meist erfüllt. Wir können uns deshalb auf den Fall $n = 1$ beschränken und erhalten so für die Kardinalelemente des magnetischen Glockenfeldes

$$z(F_0) = -z(F_1) = d \cdot \cot \frac{\pi}{\omega}, \tag{23.34}$$

$$f_0 = -f_1 = \frac{d}{\sin \dfrac{\pi}{\omega}}, \tag{23.35}$$

$$z(H_0) = -z(H_1) = d \cot \frac{\pi}{2\omega}. \tag{23.36}$$

Die Kardinalelemente (23.34) bis (23.36) haben eine einfache anschauliche Bedeutung. Wir erhalten nämlich den dingseitigen Brennpunkt $z(F_0)$, wenn wir die achsenparallel von rechts einfallende Elektronenbahn $u(z)$ mit der Achse zum Schnitt bringen. Man erhält so

$$\left.\begin{aligned} \sin \omega \varphi(F_0) &= 0 \\[4pt] \varphi(F_0) &= \frac{\pi}{\omega}, \end{aligned}\right\} \tag{23.37}$$

oder

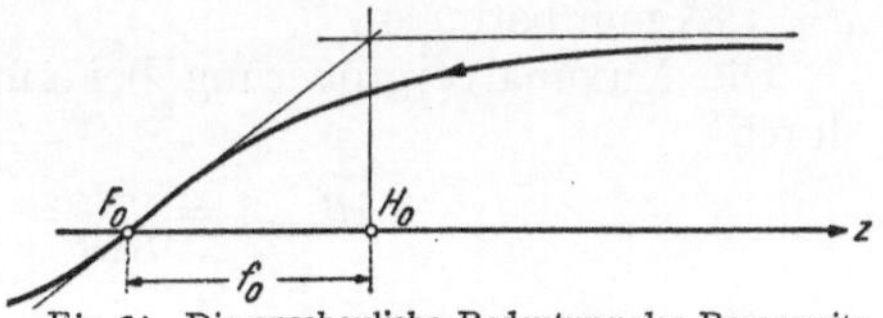

Fig. 31. Die anschauliche Bedeutung der Brennweite beim Glockenfeld.

was mit (23.34) übereinstimmt. Die zu diesem Brennpunkt gehörende Brennweite ergibt sich nach Fig. 31 aus

$$\omega = f_0 \tan \vartheta_0 = f_0 \left(\frac{du}{dz}\right)_{\varphi = \varphi(F_0)} = -\frac{f_0}{d} \omega \sin \frac{\pi}{\omega} \cos \pi, \tag{23.38}$$

was mit (23.35) übereinstimmt. Die Brennweite (23.35) hat also die Bedeutung der in Ziff. 21 definierten „reellen Brennweite".

Die kleinste Brennweite, die nach Formel (23.35) bei vorgegebener Halbwertsbreite erreicht werden kann, ist gleich der Halbwertsbreite. Sie ergibt sich für
$\omega = 2$ bzw.

$$\frac{e\, B_0^2\, d^2}{8\, m_0\, U\, (1 + \varepsilon\, U)} = 3 \tag{23.39}$$

und lautet

$$f_{\min} = 116{,}81\, \frac{\sqrt{U^*/V}}{B_0/G}\, \text{mm}. \tag{23.40}$$

Sind dagegen — wie in der Praxis — die Werte von B_0 und U_0^* vorgegeben
und fragt man nach jenem günstigsten Wert der Halbwertsbreite $d = d_0$, für
welchen die Brennweite (23.35) ihren kleinsten Wert annimmt, so ergibt sich dieses
Minimum für $k_g^2 = 0{,}812$ zu

$$f_{\min} = 84{,}1\, \frac{\sqrt{U^*/V}}{B_0/G}\, \text{mm}. \tag{23.41}$$

Die günstigste Halbwertsbreite, welche zu diesem Kleinstwert der Brennweite
gehört, ist:

$$d_g = 60{,}8\, \frac{\sqrt{U^*/V}}{B_0/G}\, \text{mm}. \tag{23.42}$$

An Hand der hergeleiteten Formeln für das Glockenfeld, kann die *obere
Grenze für die Vergrößerung eines magnetischen Objektivs* bei vorgegebenem Polschuhmaterial, gegebener „Eintrittsspannung" U^* und vorgegebener „Mikroskoplänge" bestimmt werden. Da die „Mikroskoplänge" L groß gegen die Brenn-
punktsabszisse $z(F_1)$ ist, erhalten wir $Z_1 = z_1 - z(F_1) = L - z(F_1) \approx L$ und die Vergrößerung wird nach (23.25) und (23.40)

$$|\beta|_{\max} = -\frac{Z_1}{f_1} = -\frac{L}{f_1} = \frac{L}{f_{\min}} = 8{,}56 \cdot 10^{-3}\, \frac{B_0/G}{\sqrt{U^*/V}}\, \frac{L}{\text{mm}}. \tag{23.43}$$

Die Entfernung Z_0 des Objekts von Brennpunkt ergibt sich aus (23.24) zu

$$|Z_0| = \frac{f_{\min}^2}{L} = \left(\frac{f_{\min}}{L}\right)^2 \cdot L = \frac{L}{\beta_{\max}^2}. \tag{23.44}$$

Bei einer Entfernung zwischen Objektiv und Zwischenbildschirm von $L = 20$ cm
und einer magnetischen Feldstärke von $B_0 = 20000$ Gauß und einer Spannung
von $U = 100$ kV ergibt sich für $\beta_{\max}$ aus (23.43) $\beta_{\max} = -108{,}3$. Die Entfernung
des Objekts vom Brennpunkt wird $Z_0 = -1{,}71 \cdot 10^{-2}$ mm. Die Feldhalbwertsbreite d und zugleich auch die minimale Brennweite müßte in diesem Falle
$d = 1{,}85$ mm betragen.

Die Maximalvergrößerung bei günstigster Halbwertsbreite ist nach (23.41)
durch

$$|\beta_{\max}| = \frac{L}{f_{\min}} = \frac{1}{84{,}1}\, \frac{B_0/G}{\sqrt{U^*/V}}\, \frac{L}{\text{mm}} \tag{23.45}$$

gegeben und beträgt für das betrachtete Beispiel $\beta_{\max} = 150{,}4$.

Die *Bilddrehung* wird nach (14.23) und (23.13), (23.14)

$$\Theta_n = k\, (\varphi_0 - \varphi_n), \tag{23.46}$$

was auf Grund der Abbildungsgleichung (23.18)

$$\Theta_n = n\, \frac{\pi\, k}{\sqrt{1 + k^2}} \tag{23.47}$$

ergibt.

Die *Kardinalelemente der Asymptotenabbildung* ergeben sich allgemein nach den Formeln (20.33) bis (20.37), wenn man beachtet, daß für das Glockenfeld die beiden Funktionen v_1 und v_2 gleich

$$v_1 = \sin \omega \varphi, \qquad v_2 = \sin \omega (\varphi - \pi) \tag{23.48}$$

zu setzen sind. Man erhält

$$z(\overline{F}_0) = -\omega\, d \cot \omega \pi, \qquad z(\overline{F}_1) = \omega\, d \cot \omega \pi \tag{23.49}$$

und

$$\overline{f}_0 = -d\,\frac{\omega}{\sin \pi \omega}, \qquad \overline{f}_1 = d\,\frac{\omega}{\sin \pi \omega}. \tag{23.50}$$

Die Asymptotenbrennweite kann zur Bestimmung der oberen Grenze der Projektivvergrößerung benützt werden. Daß eine derartige Grenze für einen bestimmten Wert der Linsenstärke k^2 existiert, kann man sich anschaulich auf folgende Weise klar machen. Das Feld wirkt auf den Strahl hinsichtlich der Vergrößerung vor und nach dem Achsenschnittpunkt S (vgl. Fig. 32) in gegensätzlicher Weise ein: Die mit k^2 wachsende Krümmung des Strahles vor dem Achsenschnittpunkt führt zu wachsender Vergrößerung, während die ebenfalls mit k^2 wachsende Krümmung nach

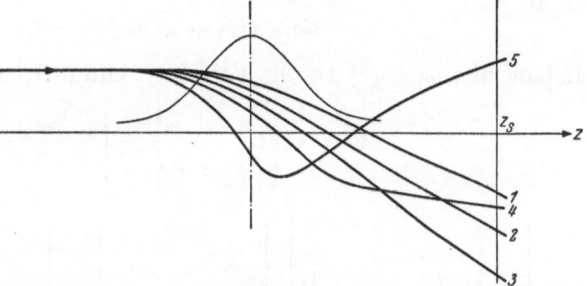

Fig. 32. Maximale Projektivvergrößerung. Mit steigender Linsenstärke erreichen die Bahnen in *3* am Bildschirm den größten Achsenabstand.

dem Schnittpunkt zu einer Verringerung von β_P führt. Die Bahnen 1 bis 5 von Fig. 32 entsprechen wachsenden k^2-Werten. Die Bahn 3 würde zur maximalen Projektivvergrößerung gehören.

Man erhält die Maximalvergrößerung für den kleinsten Wert der Asymptotenbrennweite (23.50), welcher für $k_g^2 = 1{,}0457$ angenommen wird. Damit ergibt sich

$$\beta_{P\,\max} = \frac{z_s}{d}\,\frac{\sin \pi \omega_g}{\omega_g} = -\,0{,}6825\,\frac{z_s}{d}, \tag{23.51}$$

wobei z_s die Entfernung des Bildschirmes von der Projektivmitte bedeutet.

Im hochauflösenden Objektiv des magnetischen Übermikroskops sind aus Gründen der Objektanordnung vorderer und hinterer Polschuh meist etwas voneinander verschieden, so daß längs der Achse ein unsymmetrisches Feld entsteht. Um auch diesen Fall zu erfassen, kann man das Feld aus zwei Feldhälften der besprochenen Art zusammensetzen, wobei jedoch rechte und linke Feldhälfte verschiedene Halbwertsbreiten d_2 und d_1 besitzen. Für die Behandlung dieses Falles sei auf die Literatur verwiesen[1].

β) Durchrechnung einer typischen elektrostatischen Einzellinse[2]. Wir erhalten ein streng durchrechenbares elektrisches Feld, wenn wir Gl. (23.10) für den Fall $B_z = 0$ nach Φ lösen. Dies ist für $\varepsilon = 0$, d.h. unter Vernachlässigung relativistischer Korrekturen, möglich. Da elektrostatische Linsen aus Gründen der Durchschlagssicherheit selten mit höheren Spannungen als 60 kV betrieben werden, bedeutet dies keine merkliche Einschränkung der Allgemeinheit. Auch der

---

[1] W. Glaser: Z. Physik **117**, 285 (1941). — J. Dosse: Z. Physik **117**, 316 (1941).

[2] W. Glaser u. P. Schiske: Optik **11**, 422 (1954).

Fall eines überlagerten magnetischen Glockenfeldes kann mit in Betracht gezogen werden. Mit (23.27) geht (23.10) (für $\varepsilon = 0$) in

$$\ddot{\Phi} + 4\Phi = 4(\omega_0^2 - k_m^2)\,U \tag{23.52}$$

über. Die Lösung lautet

$$\Phi = (\omega_0^2 - k_m^2)\,U + C_1 \cos 2\varphi + C_2 \sin 2\varphi. \tag{23.53}$$

Für $z = -\infty$, d.h. $\varphi = \pi$ soll $\Phi = U$ werden. Dies ergibt

$$\Phi = U\left[1 - 2(1 - \omega_0^2 + k_m^2)\sin^2\varphi\right] + C_2 \sin 2\varphi. \tag{23.54}$$

Mit der Abkürzung

$$\varkappa^2 = 2(1 - \omega_0^2 + k_m^2),\quad \omega_0^2 = 1 + k_m^2 - \tfrac{1}{2}\varkappa^2 \tag{23.55}$$

erhält man

$$\Phi = U(1 - \varkappa^2 \sin^2\varphi) + C_2 \sin 2\varphi. \tag{23.56}$$

Indem man nach (23.14) die Variable z einführt, ergibt sich endgültig

$$\Phi = U\left[1 - \frac{\varkappa^2}{1 + \left(\frac{z}{d}\right)^2}\right] + \frac{2C_2}{d}\,\frac{z}{1 + \left(\frac{z}{d}\right)^2}. \tag{23.57}$$

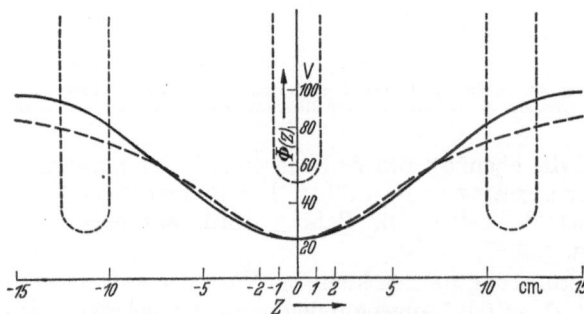

Fig. 33. Ausgezogene Kurve: Gemessener Potentialverlauf in einer Dreielektrodenlinse nach H. Bruck und L. Romani. Gestrichelte Kurve: Elektrostatisches Glockenfeld gleicher Halbwertsbreite.

Schreibt man

$$\varkappa^2 = -\frac{U_L}{U} \tag{23.58}$$

und setzt man $C_2 = 0$, so geht (23.57) in

$$\Phi = U + \frac{U_L}{1 + \left(\frac{z}{d}\right)^2} \tag{23.59}$$

über.

Das elektrostatische Feld (23.59) stellt in gewisser Hinsicht das elektrische Gegenstück zum magnetischen Glockenfeld dar. Es liefert für das Potential einen glockenförmigen Verlauf, der für Elektronenlinsen, z.B. das Dreiblendenfeld, charakteristisch ist. Fig. 33 zeigt den Vergleich mit dem Feld dreier dünner koaxialer Kreisblenden.

Wir beschränken uns zunächst auf den wichtigsten Fall $C_2 = 0$ und $0 < \varkappa^2 < 1$. Weiters wollen wir das Magnetfeld Null setzen ($k_m = 0$), so daß ω_0 nach (23.55) durch

$$\omega_0^2 = 1 - \tfrac{1}{2}\varkappa^2 \tag{23.60}$$

gegeben ist. Die Variable ζ erhält in diesem Falle nach (23.8) und (23.56) die Gestalt

$$\zeta = \int_0^\varphi \frac{d\varphi}{\sqrt{1 - \varkappa^2 \sin^2\varphi}} = F(\varphi, \varkappa), \tag{23.61}$$

wobei $F(\varphi, \varkappa)$ das elliptische Integral erster Gattung in der Legendreschen Normalform bedeutet und in Tabellenform gegeben ist. Die Elektronenbahnen lauten damit

$$u = \frac{\cos \omega_0 F(\varphi, \varkappa)}{\sin \varphi}, \qquad w = \frac{\sin \omega_0 F(\varphi, \varkappa)}{\sin \varphi}. \tag{23.62}$$

In Fig. 34 sind einige in der Einfallshöhe 1 achsenparallel einfallende paraxiale Elektronenbahnen für $\varkappa^2 = -U_L/U$ gleich 0,4; 0,5; ... 1,0 dargestellt.

Die Abbildungsgleichung (15.10) erhält mit (23.62) die Gestalt

$$\beta = \frac{\cos \omega_0 F(\varphi_1, \varkappa)}{\cos \omega_0 F(\varphi_0, \varkappa)} \cdot \frac{\sin \varphi_0}{\sin \varphi_1} = \frac{\sin \omega_0 F(\varphi_1, \varkappa)}{\sin \omega_0 F(\varphi_0, \varkappa)} \frac{\sin \varphi_0}{\sin \varphi_1}, \tag{23.63}$$

woraus zwischen Ding- und Bildort der Zusammenhang

$$F(\varphi_0, \varkappa) - F(\varphi_1, \varkappa) = \frac{\pi}{\omega_0} n \qquad (n = 1, 2, \ldots) \tag{23.64}$$

folgt.

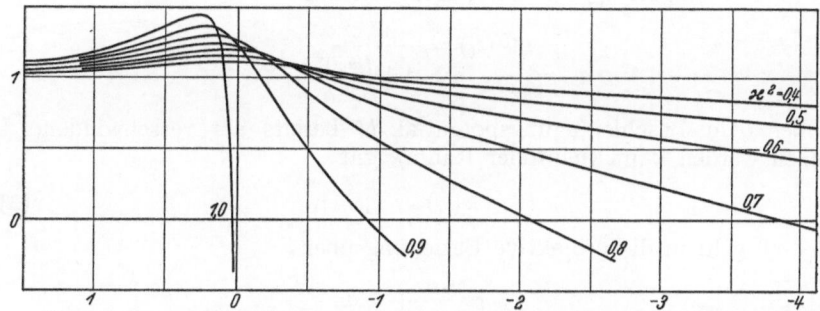

Fig. 34. Achsenparallel einfallende paraxiale Elektronenbahnen für $\varkappa^2 = -U_L/U$ von 0,4 bis 1,0.

Man nennt die Umkehrfunktion[1] zu (23.61)

$$\varphi = \varphi(\zeta) = \mathrm{am}\,(\zeta, \varkappa) \tag{23.65}$$

nach C. JACOBI die „Amplitude". Die Abbildungsgleichung (23.64) kann damit in der Gestalt

$$\varphi_1 = \mathrm{am} \left[F(\varphi_0, \varkappa) - n \frac{\pi}{\omega_0} \right] \tag{23.66}$$

geschrieben werden.

Mit den JACOBIschen elliptischen Funktionen

$$\sin \mathrm{am}\, F = \mathrm{sn}\, F, \quad \cos \mathrm{am}\, F = \mathrm{cn}\, F, \quad \sqrt{1 - \varkappa^2 \sin^2 \mathrm{am}\, F} = \mathrm{dn}\, F \tag{23.67}$$

erhält man nach (23.62)

$$\frac{z_1}{d} = \cot \varphi_1 = \frac{\mathrm{cn} \left[F(\varphi_0) - n \dfrac{\pi}{\omega_0} \right]}{\mathrm{sn} \left[F(\varphi_0) - n \dfrac{\pi}{\omega_0} \right]} = \mathrm{cs} \left[F(\varphi_0) - n \frac{\pi}{\omega} \right]. \tag{23.68}$$

Auf Grund der Additionstheoreme für die JACOBIschen elliptischen Funktionen ergibt sich

$$\frac{z_1}{d} = \frac{z_0 \,\mathrm{cs}\, \dfrac{n\pi}{\omega_0} + d\, h(z_0) \,\mathrm{dn}\, \dfrac{n\pi}{\omega_0}}{d\, \mathrm{cs}\, \dfrac{n\pi}{\omega_0} \,\mathrm{dn}\, \dfrac{n\pi}{\omega_0} - z_0\, h(z_0)} \quad \text{mit} \quad h(z_0) = \sqrt{\frac{d^2 + z_0^2 - \varkappa^2 d^2}{d^2 + z_0^2}} \tag{23.69}$$

als Zusammenhang zwischen Dingort z_0 und Bildort z_1.

---

[1] Vgl. den Beitrag von J. LENSE über elliptische Funktionen in Bd. I dieses Handbuches.

Die Vergrößerung β ergibt sich nach (23.63) mit (23.64) zu

$$\beta = (-1)^n \frac{\sin \varphi_0}{\sin \varphi_1} \tag{23.70}$$

oder nach (23.66)

$$\beta = (-1)^n \frac{1 - \frac{\varkappa^2 d^2}{d^2 + z_0^2} \operatorname{sn}^2 \frac{n\pi}{\omega_0}}{d \cdot \operatorname{cs} \frac{n\pi}{\omega_0} \operatorname{dn} \frac{n\pi}{\omega_0} - z_0 h(z_0)} \cdot \frac{d}{\operatorname{sn} \frac{n\pi}{\omega_0}}, \tag{23.71}$$

wobei $h(z_0)$ durch (23.69) definiert ist.

Für

$$\varkappa^2 \ll 1 + \left(\frac{z_0}{d}\right)^2, \tag{23.72}$$

d.h. für einen Dingort z_0, wo das Linsenpotential

$$\Phi(z_0) = \frac{\varkappa^2 U}{1 + \left(\frac{z_0}{d}\right)^2} \tag{23.73}$$

gegenüber dem Beschleunigungspotential U bereits als verschwindend klein angesehen werden kann (feldfreier Raum), gilt

$$h(z_0) = 1, \tag{23.74}$$

und (23.69) geht in die projektive Beziehung über

$$\frac{z_1}{d} = \frac{z_0 \operatorname{cs} \frac{n\pi}{\omega_0} + d \cdot \operatorname{dn} \frac{n\pi}{\omega_0}}{-z_0 + d \cdot \operatorname{cs} \frac{n\pi}{\omega_0} \operatorname{dn} \frac{n\pi}{\omega_0}}. \tag{23.75}$$

Sie kann auf die Gestalt

$$\left(z_1 + d \cdot \operatorname{cs} \frac{n\pi}{\omega_0}\right)\left(z_0 - d \cdot \operatorname{cs} \frac{n\pi}{\omega_0} \operatorname{dn} \frac{n\pi}{\omega_0}\right) = -d^2 \cdot \frac{\operatorname{dn} \frac{n\pi}{\omega_0}}{\operatorname{sn}^2 \frac{n\pi}{\omega_0}} \tag{23.76}$$

gebracht werden. Hieraus erkennt man, daß für den *feldfreien Dingraum* die gewöhnliche Linsengleichung mit den Brennpunktskoordinaten

$$z^D(F_0) = d \cdot \operatorname{cs} \frac{n\pi}{\omega_0} \operatorname{dn} \frac{n\pi}{\omega_0}, \qquad z^D(F_1) = -d \cdot \operatorname{cs} \frac{n\pi}{\omega_0} \tag{23.77}$$

besteht. Für die Vergrößerung (23.71) ergibt sich in diesem Falle

$$\beta = (-1)^{n+1} \frac{d}{\operatorname{sn} \frac{n\pi}{\omega_0}} \frac{1}{z_0 - z^D(F_0)} = \frac{f_0^D}{Z_0} = \frac{z_1 - z^D(F_1)}{f_1^D}. \tag{23.78}$$

Die Brennweiten sind dabei mit Rücksicht auf (23.76) durch

$$f_0^D = (-1)^{n+1} \frac{d}{\operatorname{sn} \frac{n\pi}{\omega_0}} \qquad (n = 1, 2, \ldots) \tag{23.79}$$

und

$$f_1^D = (-1)^n d \cdot \frac{\operatorname{dn} \frac{n\pi}{\omega_0}}{\operatorname{sn} \frac{n\pi}{\omega_0}} \qquad (n = 1, 2, \ldots) \tag{23.80}$$

zu definieren.

Liegt das *Bild* im feldfreien Raum, so erhält man analog

$$\beta = \frac{z_1 - z^B(F_1)}{f_1^B} = \frac{f_0^B}{z_0 - z^B(F_0)}, \tag{23.81}$$

wobei die Kardinalelemente durch

$$z^B(F_1) = - d \cdot \operatorname{cs} \frac{n\pi}{\omega_0} \operatorname{dn} \frac{n\pi}{\omega_0}, \quad z^B(F_0) = d \cdot \operatorname{cs} \frac{n\pi}{\omega_0} \tag{23.82}$$

und

$$f_1^B = (-1)^n \frac{d}{\operatorname{sn} \dfrac{n\pi}{\omega_0}}, \quad f_0^B = (-1)^{n+1} d \cdot \frac{\operatorname{dn} \dfrac{n\pi}{\omega_0}}{\operatorname{sn} \dfrac{n\pi}{\omega_0}} \tag{23.83}$$

gegeben sind. In Fig. 35 ist für diesen Fall die Brechkraft in Abhängigkeit von $\varkappa^2$ dargestellt.

Man sieht also, daß die Kardinalelemente im allgemeinen verschieden sind, je nachdem man das Objekt oder das Bild im feldfreien Raum voraussetzt. Übereinstimmung ergibt sich nach (23.77) bis (23.80) und (23.82), (23.83), wenn

$$\operatorname{dn} \frac{n\pi}{\omega_0} \approx 1, \quad \text{d.h.} \quad \varkappa^2 \operatorname{sn}^2 \frac{n\pi}{\omega_0} \ll 1 \tag{23.84}$$

ist oder nach (23.82) für

$$\frac{\varkappa^2}{1 + \operatorname{cs}^2 \dfrac{n\pi}{\omega_0}} = \frac{\varkappa^2}{1 + \left(\dfrac{z(F_0)^2}{d}\right)} \ll 1. \tag{23.85}$$

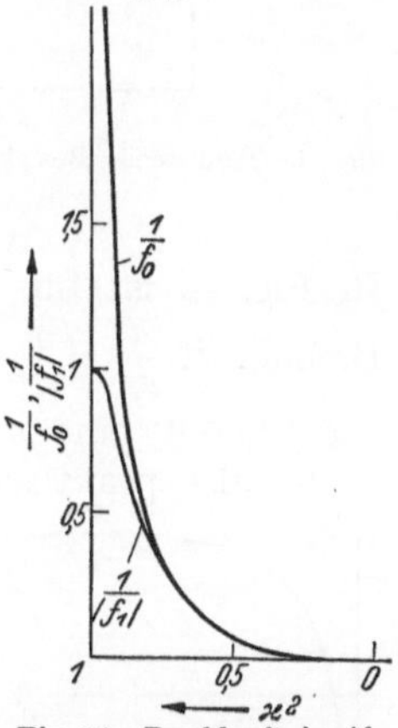

Fig. 35. Brechkraft in Abhängigkeit von der Linsenstärke. Bild im feldfreien Raum. Liegt das Ding im feldfreien Raum, so ist $1/f_0$ mit $1/|f_1|$ zu vertauschen.

Der dingseitige Brennpunkt muß also im feldfreien Raum liegen. (Das gleiche folgt dann für den bildseitigen Brennpunkt.)

Um die *Zahl der Zwischenbilder* zu diskutieren, genügt es, die Zahl der Bilder des unendlich fernen Punktes $z_1 = +\infty$ (d.h. $\varphi_1 = 0$) zu betrachten. Der zu $\varphi_1 = 0$ gehörende konjugierte Punkt (Brennpunkt) $\varphi = \varphi_{F_0 n}$ folgt aus (23.64):

$$F(\varphi_{F_0 n}) = \frac{n\pi}{\omega_0}. \tag{23.86}$$

$F(\varphi)$ ist nach (23.61) eine monoton wachsende Funktion von φ. Da φ zwischen 0 und π liegt, ist der Maximalwert von $F(\varphi)$ durch

$$F(\pi) = 2 \int_0^{\pi/2} \frac{d\varphi}{\sqrt{1 - \varkappa^2 \sin^2 \varphi}} = 2K \tag{23.87}$$

gegeben. Wäre $\dfrac{\pi}{\omega_0} > 2K$, so gäbe es überhaupt keinen Schnittpunkt, ein Fall, der jedoch nicht eintritt. Eine einfache Abbildung ergibt sich, wenn

$$K < \frac{\pi}{\omega_0} < 2K \tag{23.88}$$

ist. Eine n-fache Abbildung haben wir für

$$\frac{2K}{n+1} < \frac{\pi}{\omega_0} < \frac{2K}{n}. \tag{23.89}$$

Für die Brechkraft der *oskulierenden Abbildung* erhält man nach den allgemeinen Formeln (21.8)

$$\frac{\sqrt{\Phi_0}}{f_0} = \frac{\sqrt{U}}{d}\left[\sin\varphi_0\cos\varphi_1\sqrt{1-\varkappa^2\sin^2\varphi_1}-\cos\varphi_0\sin\varphi_1\sqrt{1-\varkappa^2\sin^2\varphi_0}\right] = -\frac{\sqrt{\Phi_1}}{f_1}. \quad (23.90)$$

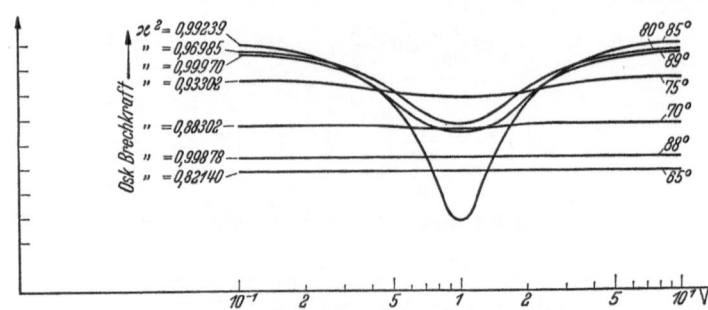

Fig. 36. Oskulierende Brechkraft $\sqrt{\Phi_0/U}/f_0$ in Abhängigkeit von der Vergrößerung V. Die Kurven für 88° und 89° beziehen sich auf doppelte Abbildung.

In Fig. 36 ist für verschiedene Dingorte und Linsenstärken die oskulierende Brechkraft $\frac{d}{f_0}\sqrt{\frac{\Phi_0}{U}}$ wiedergegeben. Man erkennt, daß man für $\varkappa^2$-Werte unter 0,883 bereits eine vom Dingort (bzw. von der Vergrößerung) unabhängige Brennweite, also praktisch eine Newtonsche Abbildung hat. Die *Kardinalelemente der Asymptotenabbildung* erhält man sehr rasch mit Hilfe der Formeln (20.33) bis (20.37):

$$z(\overline{F}_0) = -d\cdot\omega_0\cot 2\omega_0 K \quad (23.91)$$

$$\frac{d}{f_0} = -\frac{1}{\omega_0}\sin 2\omega_0 K. \quad (23.92)$$

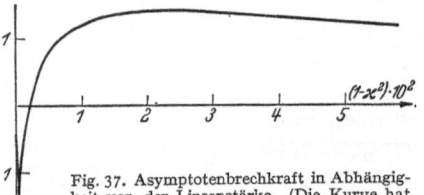

Fig. 37. Asymptotenbrechkraft in Abhängigkeit von der Linsenstärke. (Die Kurve hat in der Umgebung von $\varkappa^2=1$ unendlich viele Extrema und Nullstellen.)

In Fig. 37 ist d/f_0 als Funktion von $\varkappa^2$ dargestellt.

γ) *Weitere streng durchrechenbare Magnetlinsen. Feldabfall nach einer e-Potenz.* Bei ungesättigten Polschuhlinsen klingt das Feld mit der Entfernung von der Spaltmitte exponentiell ab. Dies kann unmittelbar aus Ziff. 8 gefolgert werden. Bei entsprechend starker Durchflutung kann also ein Objekt, das sich genügend weit hinter der Spaltmitte befindet, durch das Feld

$$B_z = B_0 e^{-z/a} \quad (23.93)$$

abgebildet werden. Die „Halbwertsbreite d" hängt mit der Länge a durch

$$d = a\ln 2 \quad (23.94)$$

zusammen. Setzt man

$$\xi = \frac{k}{\ln 2}e^{-x\ln 2}, \qquad x = \frac{z}{d}, \quad (23.95)$$

so erhält man die Differentialgleichung der Paraxialbahnen die Gestalt

$$\frac{d^2r}{d\xi^2} + \frac{1}{\xi}\frac{dr}{d\xi} + r(\xi) = 0, \quad (23.96)$$

deren Lösungen also BESSEL-Funktionen nullter Ordnung sind. Man findet so
für den Brennpunkt

$$z(F_0) = \frac{d}{\ln 2} \ln \frac{k}{1{,}667} \tag{23.97}$$

und die zugehörige reelle Brennweite zu

$$\frac{d}{f} = 0{,}8653, \tag{23.98}$$

die somit von k^2 unabhängig ist.

Ein Modellfeld für ungesättigte Polschuhlinsen. Die Elektronenbahnen im
Felde

$$B_z(z) = \frac{B_0}{\mathrm{Cos}\,\dfrac{z}{a}} \tag{23.99}$$

können, wie F. LENZ[1] und P. GRIVET[2] gezeigt haben, auf die Lösungen der
LEGENDREschen Differentialgleichung zurückgeführt werden. Die Feldverteilung
(23.99) fällt für große z exponentiell ab, zeigt also ein Verhalten, welches allen
ungesättigten Polschuhlinsen mit zylindrischer Bohrung zukommt.

Mit der Substitution

$$\left.\begin{array}{l} u = -\operatorname{Tan}\dfrac{z}{a} \\[2mm] \text{und} \\[2mm] \dfrac{e\,\mu_0^2\,J^2}{8\,\pi^2\,m_0\,U^*} = g^2 = \nu\,(\nu+1) \end{array}\right\} \tag{23.100}$$

erhält man die Differentialgleichung der Paraxialbahnen in der
Gestalt

$$\left.\begin{array}{l} (1-u^2)\dfrac{d^2 r}{du^2} - 2u\,\dfrac{dr}{du} + \\[2mm] + \nu\,(\nu+1)\,r = 0. \end{array}\right\} \tag{23.101}$$

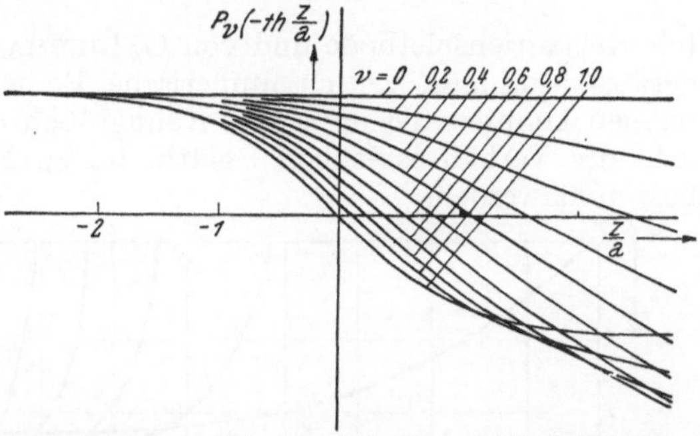

Fig. 38. Achsenparallel in der Höhe Eins einfallende Elektronenbahnen für verschiedene Linsenstärken im Feld (23.99). (Nach
F. LENZ.)

Dies ist die LEGRENDEsche Differentialgleichung, deren allgemeine Lösung

$$r = C_1\,P_\nu(u) + C_2\,Q_\nu(u) = C_1\,P_\nu\!\left(-\operatorname{Tan}\frac{z}{a}\right) + C_2\,Q_\nu\!\left(-\operatorname{Tan}\frac{z}{a}\right) \tag{23.102}$$

geschrieben werden kann. Die von links mit der Einfallshöhe h achsenparallel
einfallende Elektronenbahn lautet

$$r(z) = h\,P_\nu\!\left(-\operatorname{Tan}\frac{z}{a}\right). \tag{23.103}$$

In Fig. 38 sind einige derartige Elektronenbahnen der Einfallshöhe 1 für verschiedene ν aus der LENZschen Arbeit wiedergegeben.

Für ganzzahlige Werte von ν stellen die Funktionen P_ν die tabulierten Kugel-
funktionen dar. Für halbzahlige ν lassen sie sich auf die ebenfalls tabulierten
vollständigen elliptischen Integrale zurückführen. Eine sehr einfache Gestalt
erhält die Brennweite der asymptotischen Abbildung

$$\frac{d}{f_0} = 0{,}8384 \sin \pi\,\nu. \tag{23.104}$$

---

[1] F. LENZ: Ann. Physik **9**, 245 (1951).
[2] P. GRIVET: C. R. Acad. Sci. Paris **233**, 921 (1951).

In Fig. 39 und 40 sind die reellen Brennpunktslagen und Brennweiten für die ersten vier Brennpunkte als Funktion von g^2 dargestellt.

Weitere elektrische und magnetische Abbildungsfehler, in denen sich die Paraxialbahnen in geschlossener Form darstellen lassen, sind bisher unseres

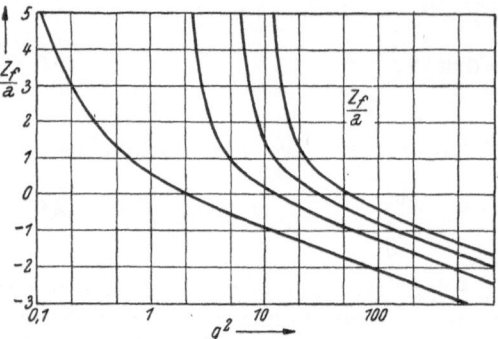

Erachtens nicht bekannt geworden. Dagegen sind die Elektronenbahnen in anderen experimentell oder analytisch gegebenen Feldern vielfach numerisch durchgerechnet worden[1]. Wir verweisen dazu auf die Bibliographie und wollen hier nur ein für die Praxis wichtiges Beispiel anführen.

δ) *Die optischen Kenngrößen von magnetischen Elektronenlinsen in Abhängigkeit von Polschuhabmessungen und Betriebsdaten.* Die

Fig. 39. Abhängigkeit der (Grenz-) Brennpunktslage z_f von der Linsenstärke für die ersten vier Brennpunkte. (Nach F. LENZ.)

Felder in ungesättigten Polschuhlinsen wurden von F. LENZ[2] mittels Relaxationsmethode und von G. LIEBMANN[3] mit Hilfe eines Netz-Analogiegerätes bestimmt. Durch numerische Berechnung der paraxialen Elektronenbahnen konnten die optischen Kenngrößen dieser Linsen als Funktion von s/b, d.h. des Verhältnisses von Spaltbreite zu Bohrungsdurchmesser (vgl. Fig. 41) bestimmt werden.

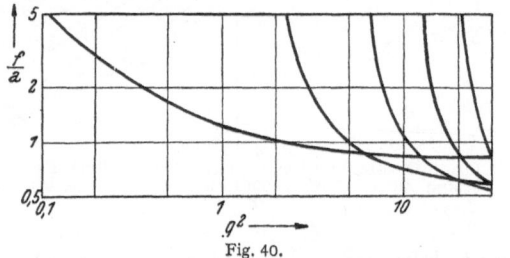
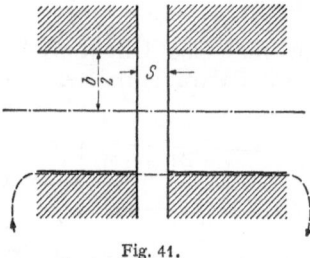

Fig. 40.   Fig. 41.

Fig. 40. Abhängigkeit der Grenzbrennweite von der Linsenstärke für die ersten fünf Brennpunkte. (Nach F. LENZ.)

Fig. 41. Querschnitt durch ein Polschuhsystem mit der Spaltbreite s und dem Bohrdurchmesser b. (Die Abbildung kann auch als Querschnitt durch eine elektrostatische Rohrlinse aufgefaßt werden.)

Für den wichtigen Fall von hoher Vergrößerung, bei dem sich das Objekt praktisch im dingseitigen Brennpunkt befindet, können wir die Abbildung durch die reelle Brennweite f (auch Grenzbrennweite genannt) kennzeichnen.

Wenn man bei festgehaltenem Bohrungsdurchmesser b die Spaltbreite s verkleinert, so werden die Kenngrößen durchwegs kleiner. Eine Verkleinerung von s führt aber bei gegebenem J zu größeren Werten von H_0 und damit schließlich zur Sättigung des Polschuhmaterials, womit die Voraussetzungen, unter denen die obigen Auswertungen durchgeführt wurden, hinfällig werden. Um eine Abschätzung des Geltungsbereiches der Kurven in Fig. 42 bis 44 zu bekommen, setzt F. LENZ voraus, daß sie die Verhältnisse so lange richtig wiedergeben, bis die Feldintensität im Spalt ($\sim\mu_0 J/s$) die Sättigungsmagnetisierung des Polschuh-

---

[1] Zum Beispiel E. G. RAMBERG: J. Appl. Phys. **13**, 582 (1942).

[2] F. LENZ: Z. angew. Phys. **2**, 448 (1950).

[3] G. LIEBMANN u. E. M. GRAD: Proc. Phys. Soc. Lond. B **64**, 956 (1951).

materials (M_s) erreicht

$$\frac{\mu_0 \, J}{s} = \mu_0 \frac{J/b}{s/b} \leq M_s \, . \tag{23.105}$$

Wir können also bei vorgegebenem J/b das zur Sättigung führende s/b aus (23.105) ausrechnen. Es ergeben sich so in den Fig. 42 bis 44 vertikale „Sättigungsgeraden" mit J/b als Scharparameter, die z.B. für das Polschuhmaterial Permendur,

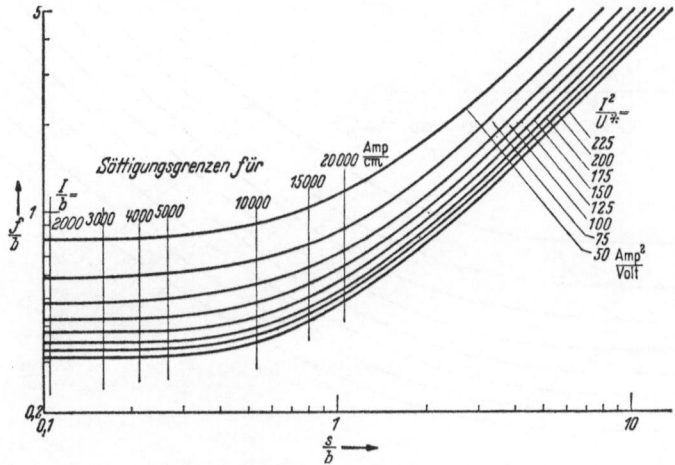

Fig. 42. Reelle Brennweiten ungesättigter magnetischer Polschuhlinsen. (Nach F. Lenz.)

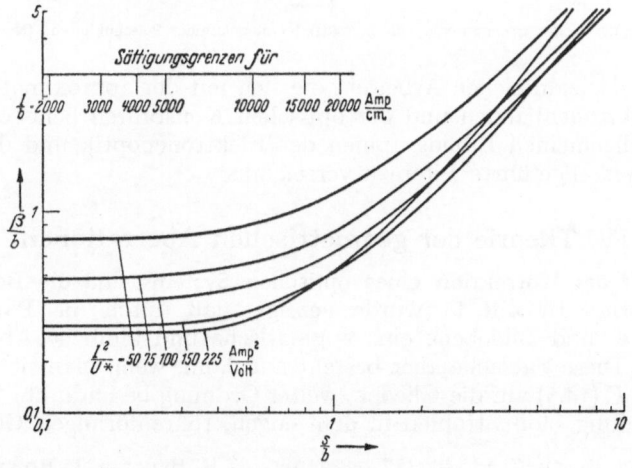

Fig. 43. Asymptotenbrennweite $\bar{f}/b$ ungesättigter magnetischer Polschuhlinsen. (In der Figur soll es für die Ordinate statt β/b richtig $\bar{f}/b$ heißen.) (Nach F. Lenz.)

d.h. $M_s = 23{,}700$ Gauß für die Parameterwerte $J/b = 2000$, 3000, 4000, 5000, $10\,000$, $15\,000$ und $20\,000$ A/cm eingetragen sind.

Fig. 42 gibt die reelle Brennweite f/b (bezogen auf den Bohrungsdurchmesser) ungesättigter Polschuhlinsen in Abhängigkeit vom Gestaltsparameter s/b und von der Linsenstärke J^2/U^*. Die Sättigungsgrenzen sind für $B_s = 23\,700$ Gauß berechnet. Fig. 43 stellt die Asymptotenbrennweite (Vergrößerungsweite) $\bar{f}/b$ (bezogen auf den Bohrungsdurchmesser b) in Abhängigkeit von s/b und J^2/U^*

dar. Schließlich gibt Fig. 44 die Lagen des reellen Brennpunktes $z(F_0)/b$ (bezogen auf den Bohrungsdurchmesser b) in Abhängigkeit von den Polschuhabmessungen s/b und den Betriebsdaten J^2/U^* wieder.

Auch über die Kenngrößen von elektrostatischen Einzellinsen als Funktion der geometrischen Abmessungen und Linsenspannungen liegen Berechnungen[1] und ausführliche experimentelle Bestimmungen[2] vor. Ebenso sind elektrostatische Rohrlinsen verschiedentlich untersucht worden[3].

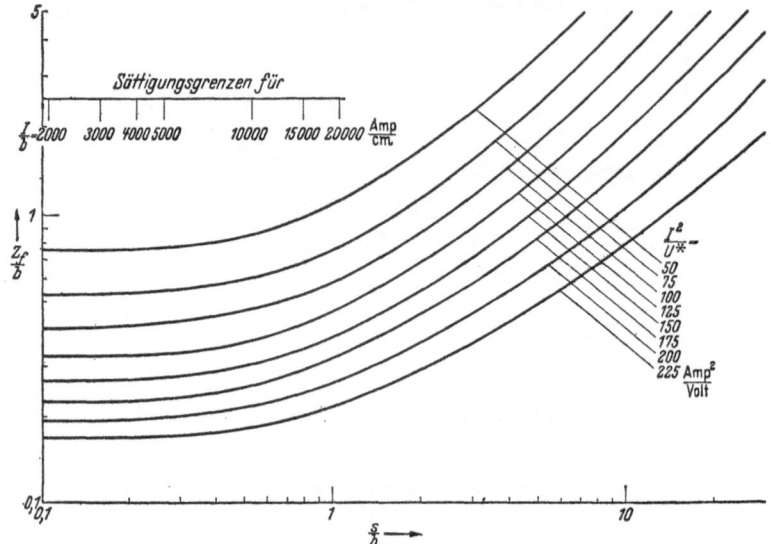

Fig. 44. Lage des reellen Brennpunktes z_f/b ungesättigter magnetischer Polschuhlinsen. (Nach F. Lenz.)

Bezüglich der zahlreichen Arbeiten, die sich mit der approximativen Berechnung der Elektronenbahnen und der optischen Konstanten befassen, verweisen wir auf die allgemeinen Bibliographien der Elektronenoptik und das am Ende dieses Beitrages angeführte Literaturverzeichnis.

IV. Theorie der geometrischen Aberrationen.

24. Begriff der Korrektion eines optischen Systems und die Bedeutung der Bildfehlertheorie. In Ziff. 15 wurde gezeigt, daß durch die Paraxialbahnen zwischen Ding- und Bildebene eine stigmatische und ähnliche Abbildung vermittelt wird. Diese Tatsache aber besteht nur dann, wenn man sich in der Entwicklung von F (14.5) auf die Glieder zweiter Ordnung beschränkt. Man hat also für die Abbildung bloß Strahlen in dem engen, röhrenförmigen Gebiet um die

---

[1] Vgl. z.B. J. Dosse: Z. Physik **117**, 722 (1941). — H. Bruck u. L. Romani: Cahiers de Phys. **24**, 15 (1944). — E. Regenstreif: Ann. Radioélectr. **6**, 51, 114 (1951). — L. Jacob u. J. R. Shah: J. Appl. Phys. **24**, 1261 (1953).

[2] H. Bruck u. L. Romani: Cahiers de Phys. **24**, 15 (1944). — F. Heise u. O. Rang: Optik **5**, 201 (1949). — W. Lippert u. W. Pohlit: Optik **9**, 456 (1952); **10**, 447 (1953); **11**, 181 (1954). Bezüglich der Meßmethode vgl. M. v. Ardenne: Z. Physik **117**, 602 (1941). — K. Spangenberg u. L. M. Field: Elektr. Commun. **20**, 305 (1942). — Proc. Inst. Radio Engrs. **30**, 138 (1942).

[3] Vgl. z.B. V. K. Zworykin u. G. A. Morton: Television. New York 1948. Ferner D. W. Eppstein u. I. G. Maloff: Proc. Inst. Radio Engrs. **22**, 1386 (1934). — K. Spangenberg u. L. M. Field: Proc. Inst. Radio Engrs. **30**, 138 (1942). — L. S. Goddard u. O. Klemperer: Proc. Phys. Soc. Lond. **56**, 378 (1944). — H. Motz u. L. Klanfer: Proc. Phys Soc. Lond. **58**, 30 (1946).

optische Achse zuzulassen, in dem Bahnneigung und Achsenentfernung so gering sind, daß die Funktion F durch die Glieder zweiter Ordnung F_2 genügend genau approximiert wird.

Die Voraussetzungen der GAUSSschen Dioptrik werden verletzt: 1. wenn das „Dingfeld" zu wenig beschränkt wird, also der Achsenabstand r_0 der Dingpunkte nicht mehr „klein" ist, 2. wenn wir zu wenig abblenden, so daß auch Strahlen großer Apertur (großer Bahnneigung) zugelassen werden.

Die Durchstoßpunkte x_1, y_1 solcher Bahnen mit der GAUSSschen Bildebene $z=z_1$, werden mit den entsprechenden GAUSSschen Bildpunkten $x_1=\beta x_0$, $y_1=\beta y_0$ im allgemeinen nicht übereinstimmen. Die Abweichungen

$$\varDelta x_1 = x_1 - \beta x_0, \qquad \varDelta y_1 = y_1 - \beta y_0 \tag{24.1}$$

nennt man die „Bildfehler" oder „Aberrationen".

Die sich bei Berücksichtigung der Glieder vierter Ordnung F_4 von F ergebenden Bildverzerrungen und Bildverwaschungen heißen „Bildfehler dritter Ordnung". Auch den Namen „SEIDELsche Bildfehler" wollen wir verwenden zu Ehren von L. SEIDEL, der sie für den Fall der Lichtoptik zum erstenmal berechnet hat. Allerdings ist der Name „SEIDELsche Bildfehler" insofern nicht ganz zutreffend, als sich dieser wie in der gewöhnlichen Optik bzw. im rein elektrischen Feld nur auf isotrope Mittel beziehen. Dort aber treten nur fünf derartige Bildfehler auf. Bei der elektronenoptischen Abbildung in rotationssymmetrischen Magnetfeldern — wie allgemein bei anisotropen, rotationssymmetrischen Mitteln — beträgt jedoch die Zahl dieser Aberrationen im allgemeinen acht. Die Bezeichnung „dritter Ordnung", die sich auf die Bildabweichungen und nicht auf die Entwicklung von F bezieht, wird später klar werden. Die GAUSSsche Näherung kommt darauf hinaus, daß man die Bahnneigung $dr/dz = \tan \vartheta$ als so klein voraussetzt, daß man überall $\tan\vartheta$ durch ϑ ersetzen kann. Die Gesetze dritter Ordnung ergeben sich, wenn man in der Entwicklung von $\tan \vartheta = \vartheta + \frac{1}{3}\vartheta^3 + \cdots$ bzw. von $\sin\vartheta = \vartheta - \frac{1}{6}\vartheta^3 + \cdots$ die angeschriebenen Glieder von erster und dritter Ordnung beibehält.

Aufgabe der elektronenoptischen Bildfehlertheorie ist es, diese Bildfehler zu berechnen und daraus jenen Verlauf des abbildenden elektrisch-magnetischen Feldes zu bestimmen, für den diese Bildfehler (24.1) verschwinden oder wenigstens möglichst klein werden. Ist dies geschehen, so hat man den Gültigkeitsbereich der GAUSSschen Dioptrik auf ein größeres Gebiet um die optische Achse erweitert, man hat — wie man sich ausdrückt — das optische System „korrigiert". Man weiß, welch große Bedeutung die Bildfehlerkorrektion für den Fortschritt in der technischen Entwicklung unserer lichtoptischen Instrumente hat. Da die Steigerung der Lichtstärke, also in unserem Falle der Elektronen- und Ionenintensität auf dem Bildschirm oder der Photoplatte dringend erwünscht ist und man daher die zur Verringerung der Bildfehler notwendige Abblendung der Randstrahlen vermeiden möchte, ist zu verstehen, daß der Behebung der Bildfehler auch in der Elektronenoptik eine große Bedeutung zukommt[1].

25. Die Störungsmethode zur Bestimmung der Aberrationen. Wir wollen allgemein die Elektronenbahnen berechnen, wenn wir in der Entwicklung von F in (14.5) außer F_2 auch die Glieder vierter Ordnung F_4 beibehalten. Wir kommen

---

[1] Die Bildfehlertheorie der Elektronenoptik wurde in folgenden Arbeiten entwickelt: W. GLASER: Z. Physik **83**, 104 (1933). — Ann. Phys. **18**, 557 (1933). — Phys. Z. **97**, 177 (1935). — Weitere Darstellungen O. SCHERZER: Z. Physik **101**, 23 (1936). Ferner die Artikel in „Beiträge zur Elektronenoptik", Leipzig 1937, auf S. 24 von W. GLASER und S. 33 von O. SCHERZER. Vergl. auch P. FUNK: Mh. Math. Phys. **43**, 305 (1935). — W. ROGOWSKI: Arch. Elektrotechn. **31**, 555 (1937). — E. G. RAMBERG: J. Opt. Soc. Amer. **29**, 79 (1939).

so zu den „Elektronenbahnen dritter Ordnung". Der Abstand $\Delta x_1, \Delta y_1$ des Durchstoßpunktes dieser Bahnen mit der GAUSSschen Bildebene vom Durchstoßpunkt der GAUSSschen Bahn gibt dann die Bildfehler dritter Ordnung (24.1). Wenn wir F durch die Entwicklung

$$F = F_0 + F_2 + F_4 \tag{25.1}$$

darstellen, können die allgemeinen Differentialgleichungen der Elektronenbahnen

$$\frac{d}{dz}\frac{\partial F}{\partial X'} = \frac{\partial F}{\partial X}, \qquad \frac{d}{dz}\frac{\partial F}{\partial Y'} = \frac{\partial F}{\partial Y} \tag{25.2}$$

in der Gestalt

$$\frac{d}{dz}\frac{\partial F_2}{\partial X'} - \frac{\partial F_2}{\partial X} = \frac{\partial F_4}{\partial X} - \frac{d}{dz}\frac{\partial F_4}{\partial X'}, \tag{25.3}$$

$$\frac{d}{dz}\frac{\partial F_2}{\partial Y'} - \frac{\partial F_2}{\partial Y} = \frac{\partial F_4}{\partial Y} - \frac{d}{dz}\frac{\partial F_4}{\partial Y'} \tag{25.4}$$

geschrieben werden. Wenn man für F_2 aus (14.24) einsetzt, indem man gleichzeitig zum verschraubten System übergeht, erhält man

$$\left. \begin{array}{l} \dfrac{d}{dz}\left(\sqrt{\Phi(1+\varepsilon\Phi)}\, x'\right) + \dfrac{1}{4\sqrt{\Phi(1+\varepsilon\Phi)}}\left[\Phi''(1+2\varepsilon\Phi) + \dfrac{e}{2m_0}B_z^2\right]x \\[2ex] = \dfrac{\partial\sqrt{U}F_4}{\partial x} - \dfrac{d}{dz}\dfrac{\partial\sqrt{U}F_4}{\partial x'} \end{array} \right\} \tag{25.5}$$

und eine analoge Gleichung für die Variable y. Die Funktion F_4 ist dabei mit (14.26) durch (14.25) definiert.

Wenn man in (25.5) die rechte Seite, d.h. die Glieder dritter Ordnung in x, y, x', y' vernachlässigt (also $F_4 = 0$ setzt), erhält man die Differentialgleichungen der achsennahen Elektronenbahnen (15.1), (15.2).

Eine Lösung von (15.1), d.h. von (25.5) für $F_4 \approx 0$, sei

$$x = a_1 u_1 + a_2 u_2, \tag{25.6}$$

wobei u_1 und u_2 partikuläre Integrale von (15.1) und a_1 und a_2 zwei willkürliche Integrationskonstanten bedeuten. Sie können nach

$$\left. \begin{array}{l} x_0 = a_1 u_1(z_0) + a_2 u_2(z_0), \\ x_0' = a_1 u_1'(z_0) + a_2 u_2'(z_0) \end{array} \right\} \tag{25.7}$$

durch x_0 und x_0' ausgedrückt werden.

Setzt man z.B. speziell

$$u_1 = u = s(z), \qquad u_2 = w = t(z), \tag{25.8}$$

wobei s und t den Bedingungen (16.3) genügen, so geht (25.6) in die Elektronenbahn

$$x = x_0 s + x_0' t \tag{25.9}$$

über. Wir wollen jedoch aus Gründen der Allgemeinheit u_1 und u_2 und daher auch a_1 und a_2 noch nicht spezialisieren.

Wenn wir (25.6) und die analoge Gleichung

$$y = b_1 u_1 + b_2 u_2 \tag{25.10}$$

in die rechte Seite von (25.5) einsetzen, erhalten wir eine bekannte Funktion $f(z)$ von z:

$$f(z) = \sqrt{U} \left(\frac{\partial F_4}{\partial x} - \frac{d}{dz} \frac{\partial F_4}{\partial x'} \right). \tag{25.11}$$

Wir haben so:

$$\left. \begin{array}{l} \sqrt{\Phi(1+\varepsilon\Phi)}\, x'' + \\[2mm] \quad + \dfrac{\Phi'(1+2\varepsilon\Phi)}{2\sqrt{\Phi(1+\varepsilon\Phi)}}\, x' + \dfrac{1}{4\sqrt{\Phi(1+\varepsilon\Phi)}} \left[\Phi''(1+2\varepsilon\Phi) + \dfrac{e}{2m_0} B_z^2 \right] x = f(z). \end{array} \right\} \tag{25.12}$$

Diese inhomogene lineare Differentialgleichung lösen wir mit Hilfe des bekannten Satzes: Ist

$$a(z)\, x'' + b(z)\, x' + c(z)\, x = f(z) \tag{25.13}$$

eine inhomogene Differentialgleichung, deren homogener Teil die beiden unabhängigen Lösungen u_1 und u_2 besitzt, so ist das allgemeine Integral von (25.13) gegeben durch:

$$x = a_1 u_1 + a_2 u_2 + u_2 \int \frac{f u_1\, dz}{a(u_1 u_2' - u_2 u_1')} - u_1 \int \frac{f u_2\, dz}{a(u_1 u_2' - u_2 u_1')}. \tag{25.14}$$

Auf Grund von (18.5) gilt in unserem Falle

$$\sqrt{\Phi(1+\varepsilon\Phi)}\, (u_1 u_2' - u_1' u_2) = \text{const} = \frac{1}{\tau}, \tag{25.15}$$

und (25.14) geht in

$$x = a_1 u_1 + a_2 u_2 + \tau u_2 \int_{z_0}^{z} f u_1\, dz - \tau u_1 \int_{z_0}^{z} f u_2\, dz \tag{25.16}$$

über. Wir haben die untere Grenze gleich z_0 gesetzt, damit a_1 und a_2 durch x_0 und x_0' gleichfalls durch (25.7) gegeben sind. Wenn wir für $f(z)$ aus (25.11) einsetzen und partiell integrieren, erhalten wir die gesuchte Elektronenbahn in der Gestalt:

$$\left. \begin{array}{l} x = a_1 u_1 + a_2 u_2 + \tau \sqrt{U} \cdot u_2 \displaystyle\int_{z_0}^{z} \left(\dfrac{\partial F_4}{\partial x} u_1 + \dfrac{\partial F_4}{\partial x'} u_1' \right) dz - \\[4mm] \quad - \tau \sqrt{U} \cdot u_1 \displaystyle\int_{z_0}^{z} \left(\dfrac{\partial F_4}{\partial x} u_2 + \dfrac{\partial F_4}{\partial x'} u_2' \right) dz + (u_2 u_{10} - u_1 u_{20}) \tau \sqrt{U} \left(\dfrac{\partial F_4}{\partial x'} \right)_0. \end{array} \right\} \tag{25.17}$$

Setzt man

$$\boxed{\; S_4 = \sqrt{U} \int_{z_0}^{z} F_4\, dz. \;} \tag{25.18}$$

wobei man sich in $F_4(x, y, x', y', z)$ für x, x', y und y' aus (25.6) und (25.10) eingesetzt denkt:

$$F_4(x, y, x', y', z) = F_4(a_1 u_1 + a_2 u_2,\; b_1 u_1 + b_2 u_2,\; a_1 u_1' + a_2 u_2',\ldots), \tag{25.19}$$

so erkennt man unmittelbar die Beziehungen

$$\frac{\partial S_4}{\partial a_1} = \sqrt{U} \int\limits_{z_0}^{z} \left(\frac{\partial F_4}{\partial x} u_1 + \frac{\partial F_4}{\partial x'} u_1' \right) dz \tag{25.20}$$

und

$$\frac{\partial S_4}{\partial a_2} = \sqrt{U} \int\limits_{z_0}^{z} \left(\frac{\partial F_4}{\partial x} u_2 + \frac{\partial F_4}{\partial x'} u_2' \right) dz. \tag{25.21}$$

Mit (25.18) und (25.20), (25.21) erhält man endgültig für die Bahnen dritter Ordnung

$$
\boxed{
\begin{aligned}
x &= \left(a_1 - \tau \frac{\partial S_4}{\partial a_2} \right) u_1 + \left(a_2 + \tau \frac{\partial S_4}{\partial a_1} \right) u_2 + \tau \sqrt{U} \left(\frac{\partial F_4}{\partial x'} \right)_0 (u_2 u_{10} - u_1 u_{20}), \\
y &= \left(b_1 - \tau \frac{\partial S_4}{\partial b_2} \right) u_1 + \left(b_2 + \tau \frac{\partial S_4}{\partial b_1} \right) u_2 + \tau \sqrt{U} \left(\frac{\partial F_4}{\partial y'} \right)_0 (u_2 u_{10} - u_1 u_{20}).
\end{aligned}
}
\tag{25.22}
$$

Wir setzen zur Abkürzung

$$R = a_1^2 + b_1^2, \quad \varrho = a_2^2 + b_2^2, \quad \varkappa = a_1 a_2 + b_1 b_2, \quad \sigma = a_1 b_2 - a_2 b_1. \tag{25.23}$$

Zwischen diesen Variablen (Drehungsinvarianten) besteht also die Identität

$$\sigma^2 = R \varrho - \varkappa^2. \tag{25.24}$$

Weiter folgt mit (25.6), (25.10) wegen (25.15) für den nicht-relativistischen Fall ($\varepsilon = 0$)

$$\Phi (x y' - x' y)^2 = \frac{\sigma^2}{\tau^2}. \tag{25.25}$$

Wenn wir für x und y aus (25.6) und (25.10) in (14.25) einsetzen, erhalten wir mit (25.23):

$$
\begin{aligned}
-\sqrt{U}\, F_4 = {} & \frac{1}{4} \left(L\, u_1^4 + 2M\, u_1^2 u_1'^2 + N\, u_1'^4 \right) R^2 + \\
& + \frac{1}{4} \left(L\, u_2^4 + 2M\, u_2^2 u_2'^2 + N\, u_2'^4 \right) \varrho^2 + \\
& + \left(L\, u_1^2 u_2^2 + 2M\, u_1 u_2 u_1' u_2' + N\, u_1'^2 u_2'^2 - \frac{1}{\tau^2} K \right) \varkappa^2 + \\
& + \frac{1}{2} \left[L\, u_1^2 u_2^2 + M\, (u_1^2 u_2'^2 + u_1'^2 u_2^2) + N\, u_1'^2 u_2'^2 + \frac{2}{\tau^2} K \right] R \varrho + \\
& + \left[L\, u_1^3 u_2 + M\, u_1 u_1' (u_1 u_2)' + N\, u_1'^3 u_2' \right] R \varkappa + \\
& + \left[L\, u_1 u_2^3 + M u_2 u_2' (u_1 u_2)' + N u_1' u_2'^3 \right] \varrho \varkappa + \frac{1}{\tau} \left(P u_1^2 + Q u_1'^2 \right) R \sigma + \\
& + \frac{2}{\tau} \left(P u_1 u_2 + Q u_1' u_2' \right) \varkappa \sigma + \frac{1}{\tau} \left(P u_2^2 + Q u_2'^2 \right) \varrho \sigma,
\end{aligned}
\tag{25.26}
$$

wobei die Funktionen $L, M, \ldots K$ durch (14.26) gegeben sind. Mit den Ausdrücken:

$$
\left.
\begin{aligned}
A(z) &= \int_{z_0}^{z} [L\,u_1^4 + 2M\,u_1^2\,u_1'^2 + N\,u_1'^4]\,dz, \\[2mm]
B(z) &= \int_{z_0}^{z} [L\,u_2^4 + 2M\,u_2^2\,u_2'^2 + N\,u_2'^4]\,dz, \\[2mm]
C(z) &= \int_{z_0}^{z} \left[L\,u_1^2\,u_2^2 + 2M\,u_1 u_2 u_1' u_2' + N\,u_1'^2\,u_2'^2 - \frac{1}{\tau^2}K\right] dz, \\[2mm]
D(z) &= \int_{z_0}^{z} \left[L\,u_1^2\,u_2^2 + M(u_1^2\,u_2'^2 + u_1'^2\,u_2^2) + N\,u_1'^2\,u_2'^2 + \frac{2}{\tau^2}K\right] dz, \\[2mm]
E(z) &= \int_{z_0}^{z} [L\,u_1^3\,u_2 + M\,u_1 u_1'(u_1 u_2)' + N\,u_1'^3\,u_2']\,dz, \\[2mm]
F(z) &= \int_{z_0}^{z} [L\,u_1\,u_2^3 + M\,u_2 u_2'(u_1 u_2)' + N\,u_1'\,u_2'^3]\,dz, \\[2mm]
e(z) &= \frac{1}{\tau}\int_{z_0}^{z} (P\,u_1^2 + Q\,u_1'^2)\,dz, \\[2mm]
c(z) &= \frac{2}{\tau}\int_{z_0}^{z} (P\,u_1 u_2 + Q\,u_1' u_2')\,dz, \quad f(z) = \frac{1}{\tau}\int_{z_0}^{z} (P\,u_2^2 + Q\,u_2'^2)\,dz
\end{aligned}
\right\} \tag{25.27}
$$

erhält man aus (25.26) für (25.18)

$$
\boxed{
\begin{aligned}
- S_4 = \tfrac{1}{4} A\,R^2 &+ \tfrac{1}{4} B\,\varrho^2 + C\,\varkappa^2 + \tfrac{1}{2} D\,R\varrho + \\
&+ E\,R\varkappa + F\,\varrho\varkappa + e\,R\sigma + c\,\varkappa\sigma + f\,\varrho\sigma.
\end{aligned}
} \tag{25.28}
$$

Aus (14.25) folgt:

$$
\left.
\begin{aligned}
- \sqrt{U}\,\frac{\partial F_4}{\partial x'} &= \Big[(M\,u_1^2 + N\,u_1'^2)\,R + 2(M\,u_1 u_2 + N\,u_1' u_2')\,\varkappa + \\
&+ (M\,u_2^2 + N\,u_2'^2)\,\varrho + \frac{2}{\tau}Q\sigma\Big](a_1 u_1' + a_2 u_2') - \sqrt{\Phi}\,\Big[(P\,u_1^2 + Q\,u_1'^2)\,R + \\
&+ 2(P\,u_1 u_2 + Q\,u_1' u_2')\,\varkappa + (P\,u_2^2 + Q\,u_2'^2)\,\varrho + \frac{2}{\tau}K\sigma\Big](b_1 u_1 + b_2 u_2).
\end{aligned}
\right\} \tag{25.29}
$$

Wenn man aus (25.28) und (25.29) in (25.22) einsetzt, erhält man endgültig die Elektronenbahnen dritter Ordnung:

$$
\left.
\begin{aligned}
x = a_1 \big[u_1 &+ \tau(F\,u_1 - D\,u_2)\,\varrho + 2\tau(C\,u_1 - E\,u_2)\,\varkappa + \tau(E\,u_1 - A\,u_2)\,R + \\
&+ \tau(c\,u_1 - 2e\,u_2)\,\sigma \big] + a_2 \big[u_2 + \tau(B\,u_1 - F\,u_2)\,\varrho + 2\tau(F\,u_1 - C\,u_2)\varkappa + \\
&+ \tau(D\,u_1 - E\,u_2)\,R + \tau(2f\,u_1 - c\,u_2)\,\sigma \big] - b_1\tau u_1(f\varrho + c\varkappa + e R) - \\
&- b_2\tau u_2(f\varrho + c\varkappa + e R) - \{[\tau(M_0 u_{10}^2 + N_0 u_{10}'^2)\,R + \\
&+ 2\tau(M_0 u_{10} u_{20} + N_0 u_{10}' u_{20}')\,\varkappa + \tau(M_0 u_{20}^2 + N_0 u_{20}'^2)\,\varrho + 2Q_0\sigma] \times \\
&\times (a_1 u_{10}' + a_2 u_{20}') - \sqrt{\Phi_0}\,[\tau(P_0 u_{10}^2 + Q_0 u_{10}'^2)\,R + \\
&+ 2\tau(P_0 u_{10} u_{20} + Q_0 u_{10}' u_{20}')\,\varkappa + \tau(P_0 u_{20}^2 + Q_0 u_{20}'^2)\,\varrho + 2K_0\sigma] \times \\
&\times (b_1 u_{10} + b_2 u_{20})\}\,(u_2 u_{10} - u_1 u_{20})
\end{aligned}
\right\} \tag{25.30}
$$

und

$$
\begin{aligned}
y = b_1 [u_1 &+ \tau (F u_1 - D u_2) \varrho + 2\tau (C u_1 - E u_2) \varkappa + \tau (E u_1 - A u_2) R + \\
&+ \tau (c u_1 - 2 e u_2) \sigma] + b_2 [u_2 + \tau (B u_1 - F u_2) \varrho + 2\tau (F u_1 - C u_2) \varkappa + \\
&+ \tau (D u_1 - E u_2) R + \tau (2 f u_1 - c u_2) \sigma] + a_1 \tau u_1 (f \varrho + c \varkappa + e R) + \\
&+ a_2 \tau u_2 (f \varrho + c \varkappa + e R) - \{[\tau (M_0 u_{10}^2 + N_0 u_{10}'^2) R + \\
&+ 2\tau (M_0 u_{10} u_{20} + N_0 u_{10}' u_{20}') \varkappa + \tau (M_0 u_{20}^2 + N_0 u_{20}'^2) \varrho + 2 Q_0 \sigma] \times \\
&\times (b_1 u_{10}' + b_2 u_{20}') + \sqrt{\Phi_0} \, [\tau (P_0 u_{10}^2 + Q_0 u_{10}'^2) R + \\
&+ 2\tau (P_0 u_{10} u_{20} + Q_0 u_{10}' u_{20}') \varkappa + \tau (P_0 u_{20}^2 + Q_0 u_{20}'^2) \varrho + 2 K_0 \sigma] \times \\
&\times (a_1 u_{10} + a_2 u_{20})\} (u_2 u_{10} - u_1 u_{20}).
\end{aligned}
\tag{25.31}
$$

Hierbei bedeuten u_1 und u_2 zwei beliebige unabhängige Paraxialbahnen, $a_1, a_2,$ b_1 und b_2 sind vier beliebige, die Elektronenbahn festlegende Integrationskonstanten. Die Funktionen $A(z), \ldots f(z)$ sind in (25.27) definiert, wobei $L, M, \ldots K$ durch (14.26) gegeben sind. $R, \varrho, \varkappa$ und σ bedeuten die Kombinationen (25.23) aus den Integrationskonstanten und die weitere Konstante τ ist durch (25.15) gegeben. Selbstverständlich vereinfachen sich die Bahngleichungen dritter Ordnung (25.30), (25.31) bedeutend, wenn man für u_1 und u_2 spezielle Lösungen, z.B. (25.8) wählt.

Verallgemeinerung der Störungsmethode. Wir wollen annehmen, daß in einem bestimmten Koordinatensystem die Funktion F in Verallgemeinerung von (14.24), (14.25) die Gestalt

$$
F = f_{10} x + f_{01} y + \tfrac{1}{2} A_1 x^2 + \tfrac{1}{2} A_2 y^2 + \tfrac{1}{2} p (x'^2 + y'^2) + \lambda \Pi (x, x', y, y', z) \tag{25.32}
$$

habe, wobei $f_{10}(z), \ldots A_2(z),$ $p(z)$ bestimmte Funktionen von z seien. λ sei ein „kleiner Störungsparameter", der die Größenordnung der „Störfunktion" $\lambda \Pi (x, x', y, y', z)$ bestimmt. Die Elektronenbahnen lauten

$$
\left.
\begin{aligned}
\frac{d}{dz} (p x') - A_1 x - f_{10} &= \lambda \left[\frac{\partial \Pi}{\partial x} - \frac{d}{dz} \frac{\partial \Pi}{\partial x'} \right], \\
\frac{d}{dz} (p y') - A_2 y - f_{01} &= \lambda \left[\frac{\partial \Pi}{\partial y} - \frac{d}{dz} \frac{\partial \Pi}{\partial y'} \right].
\end{aligned}
\right\}
\tag{25.33}
$$

Für $\lambda = 0$ erhalten wir das lineare Gleichungssystem

$$
\frac{d}{dz} (p x') = f_{10} + A_1 x; \quad (25.34) \qquad \frac{d}{dz} (p y') = f_{01} + A_2 y. \tag{25.35}
$$

Die Lösungen dieses Systems seien

$$
\left.
\begin{aligned}
x^{(0)} &= \varrho (z) + x_0 x_\gamma (z) + x_0' x_\alpha (z), \\
y^{(0)} &= \sigma (z) + y_0 y_\gamma (z) + y_0' y_\alpha (z),
\end{aligned}
\right\}
\tag{25.36}
$$

wobei $\varrho (z)$ und $\sigma (z)$ je ein partikuläres Integral von (25.34) bzw. (25.35) bedeutet und $x_\gamma (z)$ und $x_\alpha (z)$ zwei unabhängige Lösungen des homogenen Teiles von (25.34) darstellen. Analog sind $y_\gamma (z)$ und $y_\alpha (z)$ zwei unabhängige Lösungen des homogenen Teils von (25.35).

Die Lösungen von (25.33) haben im allgemeinen Fall die Gestalt

$$
x = x^{(0)} + \lambda \xi, \qquad y = y^{(0)} + \lambda \eta, \tag{25.37}
$$

wenn wir uns auf die Glieder erster Ordnung im Störungsparameter beschränken.

Wenn wir (25.37) in (25.33) einsetzen, erhalten wir

$$\lambda \left[\frac{d}{dz}(p\,\xi') - A_1\xi \right] = \lambda \left[\frac{\partial \Pi(x^{(0)} + \lambda\,\xi, \ldots)}{\partial x} - \frac{d}{dz}\frac{\partial \Pi(x^{(0)} + \lambda\,\xi, \ldots)}{\partial x'} \right] \quad (25.38)$$

und analog für η. Da wir uns auf die Störungen erster Ordnung in λ beschränken, erhält (25.38) die Gestalt

$$\frac{d}{dz}(p\,\xi') - A_1\xi = \frac{\partial \Pi(x^{(0)}, x^{(0)'}, \ldots)}{\partial x} - \frac{d}{dz}\frac{\partial \Pi(x^{(0)}, x^{(0)'}, \ldots)}{\partial x'} = f_1(z), \quad (25.39)$$

und analog ergibt sich

$$\frac{d}{dz}(p\,\eta') - A_2\eta = \frac{\partial \Pi(x^{(0)}, x^{(0)'}, \ldots)}{\partial y} - \frac{d}{dz}\frac{\partial \Pi(x^{(0)}, x^{(0)'}, \ldots)}{\partial y'} = f_2(z), \quad (25.40)$$

wobei nunmehr $f_1(z)$ und $f_2(z)$ gegebene Funktionen von z bedeuten. Wenn wir daher $S(x_0, x_0', y_0, y_0', z)$ durch

$$S = \int_{z_0}^{z} \Pi(\varrho + x_0 x_\gamma + x_0' x_\alpha, \quad \varrho' + x_0 x_\gamma' + x_0' x_\alpha', \\ \sigma + y_0 y_\gamma + y_0' y_\alpha, \quad \sigma' + y_0 y_\gamma' + y_0' y_\alpha', z)\,dz \quad (25.41)$$

definieren, erhalten wir genau wie oben die Lösungen:

$$x = \varrho(z) + x_\gamma \left[x_0 - \frac{\lambda}{p_0}\frac{\partial S}{\partial x_0'} \right] + x_\alpha \left[x_0' + \frac{\lambda}{p_0}\frac{\partial S}{\partial x_0} + \frac{\lambda}{p_0}\left(\frac{\partial \Pi}{\partial x'}\right)_0 \right] \quad (25.42)$$

und

$$y = \sigma(z) + y_\gamma \left[y_0 - \frac{\lambda}{p_0}\frac{\partial S}{\partial y_0'} \right] + y_\alpha \left[y_0' + \frac{\lambda}{p_0}\frac{\partial S}{\partial y_0} + \frac{\lambda}{p_0}\left(\frac{\partial \Pi}{\partial y'}\right)_0 \right]. \quad (25.43)$$

26. Die Bildfehler dritter Ordnung. Die Lage der GAUSSschen Bildebene $z = z_1$ ist durch

$$u_{10}u_2(z_1) - u_{20}u_1(z_1) = 0 \quad (26.1)$$

definiert, so daß für diesen Fall der letzte Term in (25.30) und (25.31) verschwindet. Ferner ist nach (15.8)

$$a_1 u_1(z_1) + a_2 u_2(z_1) = \beta\,x_0, \qquad b_1 u_1(z_1) + b_2 u_2(z_1) = \beta\,y_0. \quad (26.2)$$

Für die Aberrationen (24.1) in der GAUSSschen Bildebene erhält man daher:

$$\begin{aligned}
\Delta x_1 = {}& a_1\tau\,[(F u_1 - D u_2)\varrho + 2(C u_1 - E u_2)\varkappa + (E u_1 - A u_2)R + \\
& + (c u_1 - 2e u_2)\sigma] + a_2\tau\,[(B u_1 - F u_2)\varrho + 2(F u_1 - C u_2)\varkappa + \\
& + (D u_1 - E u_2)R + (2f u_1 - c u_2)\sigma] - b_1\tau u_1(f\varrho + c\varkappa + eR) - \\
& - b_2\tau u_2(f\varrho + c\varkappa + eR)
\end{aligned} \quad (26.3)$$

und

$$\begin{aligned}
\Delta y_1 = {}& b_1\tau\,[(F u_1 - D u_2)\varrho + 2(C u_1 - E u_2)\varkappa + (E u_1 - A u_2)R + \\
& + (c u_1 - 2e u_2)\sigma] + b_2\tau\,[(B u_1 - F u_2)\varrho + 2(F u_1 - C u_2)\varkappa + \\
& + (D u_1 - E u_2)R + (2f u_1 - c u_2)\sigma] + a_1\tau u_1(f\varrho + c\varkappa + eR) + \\
& + a_2\tau u_2(f\varrho + c\varkappa + eR),
\end{aligned} \quad (26.4)$$

wobei für $u_1, u_2, A, \ldots f$ die Werte an der Stelle $z = z_1$ einzusetzen sind. Je nachdem, wie wir die Konstanten a_1, a_2, b_1 und b_2 zur Festlegung der Elektronenbahnen wählen, erhalten wir verschiedene Spezialisierungen der Bildfehlerausdrücke (26.3), (26.4).

Das System mit Blende. Wir können das abbildende Elektronenbündel folgendermaßen festlegen: In zwei Ebenen, der Dingebene $z = z_0$ und der Blendenebene $z = z_B$, geben wir die Koordinaten der Durchstoßpunkte der Elektronenbahn vor. Wir nennen sie die „Dingkoordinaten" x_0, y_0 bzw. die „Blendenkoordinaten" x_B, y_B. Diese Größen treten also an die Stelle von a_1, b_1, a_2 und b_2 und die Elektronenbahnen (25.6) bzw. (25.10) können wir schreiben:

$$x = x_0 g + x_B h \qquad (a_1 = x_0, \quad a_2 = x_B, \quad u_1 = g), \atop y = y_0 g + y_B h \qquad (b_1 = y_0, \quad b_2 = y_B, \quad u_2 = h). \Biggr\} \qquad (26.5)$$

Die Lösungen g und h genügen also den Bedingungen:

$$g(z_0) = 1, \quad g(z_B) = 0, \quad h(z_0) = 0, \quad h(z_B) = 1. \qquad (26.6)$$

Für die GAUSSsche Bildebene $z = z_1$ gilt nach (26.5)

$$u_1(z_1) = g(z_1) = \beta, \quad u_2(z_1) = h(z_1) = 0, \qquad (26.7)$$

und die in (25.15) definierte Konstante τ wird (unter Vernachlässigung relativistischer Korrekturen)

$$\frac{1}{\tau} = h_0' \sqrt{\Phi_0}. \qquad (26.8)$$

Ferner haben $\varrho, \varkappa, R$ und σ die Bedeutung

$$\varrho = x_B^2 + y_B^2, \quad \varkappa = x_0 x_B + y_0 y_B, \quad R = x_0^2 + y_0^2, \quad \sigma = x_0 y_B - y_0 x_B. \qquad (26.9)$$

Setzt man noch

$$B_1 = \frac{\beta}{h_0' \sqrt{\Phi_0}} B(z_1), \quad F_1 = \frac{\beta}{h_0' \sqrt{\Phi_0}} F(z_1), \quad \ldots e_1 = \frac{\beta}{h_0' \sqrt{\Phi_0}} e(z_1), \qquad (26.10)$$

so erhält (26.3), (26.4) die Gestalt:

$$\begin{aligned} \Delta x_1 = x_1 - \beta x_0 &= (B_1 \varrho + 2F_1 \varkappa + D_1 R + 2f_1 \sigma) x_B + \\ &+ (F_1 \varrho + 2C_1 \varkappa + E_1 R + c_1 \sigma) x_0 - (f_1 \varrho + c_1 \varkappa + e_1 R) y_0, \\ \Delta y_1 = y_1 - \beta y_0 &= (B_1 \varrho + 2F_1 \varkappa + D_1 R + 2f_1 \sigma) y_B + \\ &+ (F_1 \varrho + 2C_1 \varkappa + E_1 R + c_1 \sigma) y_0 + (f_1 \varrho + c_1 \varkappa + e_1 R) x_0. \end{aligned} \Biggr\} \qquad (26.11)$$

Die Konstanten $B_1, F_1 \ldots e_1$, welche durch (26.10) und (25.27) (mit $u_1 = g$ und $u_2 = h$) definiert sind, heißen „Bildfehlerkoeffizienten".

Da die Orientierung des Koordinatensystems in der Dingebene willkürlich ist, können wir die x-Achse durch den Dingpunkt legen, also $y_0 = 0$ setzen. Die x-z-Ebene stellt in diesem Falle einen „Meridianschnitt", d.h. eine Ebene durch Dingpunkt und optische Achse dar.

Für die Diskussion empfiehlt es sich, in der Blendenebene Polarkoordinaten r_B und χ durch

$$x_B = r_B \cos \chi, \quad y_B = r_B \sin \chi \qquad (26.12)$$

einzuführen und die sog. „*Aberrationskurven*" zu betrachten. Man versteht darunter jene Kurven, welche um den GAUSSschen Bildpunkt beschrieben werden, wenn man r_B konstant hält und χ als variabel betrachtet. Der Strahlenkegel, welcher seine Spitze im Dingpunkt P_0 und den Kreis $r_B = \text{const}$ in der Blendenebene zur Leitlinie hat, schneidet somit die GAUSSsche Bildebene in einer Aberrationskurve. Man erhält das ganze von P_0 ausgehende Bündel, wenn r_B von 0 bis zum Blendenradius R_B und χ von 0 bis 2π wächst. Wenn man (26.12) in (26.11) (für $y_0 = 0$) einsetzt, erhält man so die Schar der Aberrationskurven mit r_B als Scharparameter:

$$\left. \begin{aligned} \Delta x_1(\chi, r_B) &= B_1 r_B^3 \cos\chi + [F_1(2 + \cos 2\chi) + f_1 \sin 2\chi] r_B^2 x_0 + \\ &\quad + [(2C_1 + D_1) \cos\chi + c_1 \sin\chi] r_B x_0^2 + E_1 x_0^3, \\ \Delta y_1(\chi, r_B) &= B_1 r_B^3 \sin\chi + [F_1 \sin 2\chi + f_1(2 - \cos 2\chi)] r_B^2 x_0 + \\ &\quad + [D_1 \sin\chi + c_1 \cos\chi] r_B x_0^2 + e_1 x_0^3. \end{aligned} \right\} \quad (26.13)$$

Wir haben den Ausdruck für die Aberrationen so aufgeschrieben, daß zuerst das Glied kommt, das von den Blendenkoordinaten in dritter Ordnung und von den Objektkoordinaten überhaupt nicht abhängt. Das nächste Glied enthält die Blendenkoordinaten in zweiter, die Objektkoordinaten in erster Ordnung usw. Das letzte Glied schließlich enthält die Blendenkoordinaten überhaupt nicht. Bei verschwindendem Achsenabstand des Dingpunktes ($x_0 = 0$) wird allein B_1 in Betracht kommen. Bei unendlich kleiner Blende werden vor allem E_1 und e_1 wirksam sein. Bei der Abbildung mit mittlerer Blende von sehr achsennahen Punkten tritt neben B_1 vor allem F_1 und f_1 in Erscheinung, während bei kleiner Blende und mittlerem Dingabstand außer E_1 und e_1 vor allem C_1, c_1 und D_1 wirksam werden. Diese verschiedene Abhängigkeit von Dingabstand und Blendengröße bedingt, daß man die Koeffizienten $B_1, F_1, \ldots f_1$ unmittelbar zu einer Einteilung der Bildfehler benützen kann.

27. Der Öffnungsfehler. Zunächst ist für diesen durch den Koeffizienten B_1 bedingten Bildfehler kennzeichnend, daß er auch für einen auf der optischen Achse gelegenen Dingpunkt ($x_0 = 0$, $y_0 = 0$) nicht verschwindet. Es ist dies der einzige Bildfehler, für welchen das der Fall ist. Setzt man in (26.13) $x_0 = 0$, so erhält man

$$\Delta x_1^2 + \Delta y_1^2 = B_1^2 r_B^6. \tag{27.1}$$

Die Aberrationskurven sind also Kreise um den GAUSSschen Bildpunkt mit dem Radius $B_1 r_B^3$. Läßt man r_B von Null bis zum Blendenradius R_B anwachsen, so sehen wir, daß der GAUSSsche Bildpunkt durch die Wirkung des „Öffnungsfehlers" oder der „sphärischen Aberration B_1" zu einem Scheibchen vom Radius

$$\Delta r = B_1 R_B^3 \tag{27.2}$$

verwaschen wird. Der Öffnungsfehler bedingt eine gleichmäßige Unschärfe des Bildes, und er kommt dadurch zustande, daß sich die Randstrahlen entweder früher oder später schneiden als die zur Achse näher gelegenen Strahlen des Bündels. Wenn die mehr geöffneten Strahlen die Achse früher schneiden als die der optischen Achse unmittelbar benachbarten, heißt der Öffnungsfehler negativ (Fig. 45). Man spricht in diesem Falle auch von Unterkorrektion, im anderen Falle von Überkorrektion des Öffnungsfehlers.

Wie Fig. 45 zeigt, ist bei negativem Öffnungsfehler für $x_B > 0$ die Abweichung $\Delta x_1 = B_1 x_B^3$ negativ. In diesem Falle muß also B_1 negativ sein. Nun kann man das Integral $B(z)$ in (25.27) durch partielle Integration so umformen[1], daß der Integrand eine Summe aus Quadraten wird. Da β (wegen der Bildumkehr) sicher negativ ist, folgt somit, daß der Öffnungsfehler B_1 in der Elektronenoptik

---

[1] Vgl. O. SCHERZER: Z. Physik **101**, 602 (1936). Die Tatsache, daß B_1 immer negatives Vorzeichen hat, ist als Satz von der prinzipiellen Unvermeidbarkeit des Öffnungsfehlers in der Elektronenoptik formuliert worden. Es scheint uns, daß diese weitgehende Ausdrucksweise kaum zu rechtfertigen ist. Vgl. hierzu W. GLASER: Optik (im Druck).

stets negativ ist. Die Vereinigungsweite der Randstrahlen ist also kürzer als die der Mittelstrahlen. Das steht mit experimentellen Ergebnissen im Einklang.

Für die Strecke Δz_1, um welche der Vereinigungspunkt der Randstrahlen vor oder hinter der GAUSSschen Bildebene liegt, die sog. „zentrische Längsabweichung" erhält man nach Fig. 45

$$\Delta z_1 = \frac{\Delta x_1}{\tan \vartheta_1} = -\frac{1}{h_1'} B_1 R_B^3. \tag{27.3}$$

Da $-h_1'$ positiv ist, hat also Δz_1 das gleiche Vorzeichen wie B_1.

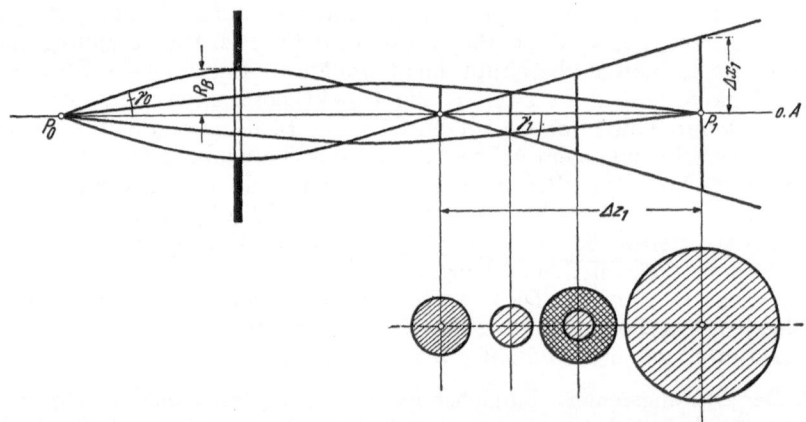

Fig. 45. Öffnungsfehler (negativ-Unterkorrektion). Unterhalb des Strahlenganges sind verschiedene Bündelquerschnitte dargestellt. Der zweite Kreis von links ist der „Kreis der kleinsten Verwirrung", der letzte ist der Zerstreuungskreis in der GAUSSschen Bildebene. (Statt γ_0, γ_1 soll es ϑ_0, ϑ_1 heißen.)

Die Tatsache, daß der Öffnungsfehler auch bei der Abbildung eines Achsenpunktes wirksam ist, bedingt, daß dieser Bildfehler in der Übermikroskopie eine große Rolle spielt.

Statt durch die Blendenöffnung R_B wollen wir die sphärische Aberration (27.2) durch die Strahlapertur ϑ_0 ausdrücken. Man versteht unter ϑ_0 den Winkel, welchen die Randstrahlen des Bündels mit der optischen Achse im Dingpunkt einschließen. Da $r = h \cdot R_B$ den Randstrahl darstellt, ist $\tan \vartheta_0 = r_0' = h_0' R_B \approx \vartheta_0$ und für (27.2) kann man schreiben

$$\frac{\Delta r}{\beta} = \frac{B_1}{\beta h_0'^3} \cdot \vartheta_0^3, \tag{27.4}$$

wobei wir gleichzeitig durch die Vergrößerung dividiert haben, um die Größe des Öffnungsfehlerscheibchens auf die Vergrößerung Eins bzw. auf die Objektebene zu beziehen.

Wir schreiben (27.4) in der Gestalt:

$$\delta_\delta = \frac{\Delta r}{\beta} = C_\delta \vartheta_0^3 \tag{27.5}$$

und nennen C_δ die Öffnungsfehlerkonstante. Sie hängt mit B_1 bzw. $B(z_1)$ folgendermaßen zusammen:

$$C_\delta = \frac{B_1}{\beta h_0'^3} = \frac{1}{h_0'^4 \sqrt{\Phi_0}} B(z_1). \tag{27.6}$$

Wenn wir für $B(z_1)$ aus (25.27) einsetzen, erhalten wir

$$C_\delta = \frac{1}{h_0'^4 \sqrt{\Phi_0}} \int_{z_0}^{z_1} [L\,h^4 + 2M\,h^2\,h'^2 + N\,h'^4]\,dz. \tag{27.7}$$

Für das rein magnetische Feld kann C_δ auf die Gestalt

$$C_\delta = \frac{e}{96\,m_0\,U^*} \int_{z_0}^{z_1} \left(\frac{2e}{m_0\,U^*}\,B_z^4 + 5\,B_z'^2 - B_z\,B_z''\right) y^4(z)\,dz \tag{27.8}$$

gebracht werden. Hierbei bedeutet $y(z) = h/h_0'$ jene Elektronenbahn, welche im Dingpunkt $z = z_0$ verschwindet und dort die Ableitung $y_0' = 1$ hat. Da in (27.6) B_1 und β negativ sind, muß C_δ eine positive Konstante darstellen.

Analog findet man für das elektrische Feld

$$C_\delta = \frac{1}{64\sqrt{\Phi_0}} \int_{z_0}^{z_1} \sqrt{\Phi}\,(4G'^2 + 3G^4 - 5G^2G' - GG'')\,y^4\,dz \quad \text{mit} \quad G = \frac{\Phi'}{\Phi}. \tag{27.9}$$

Die Formeln (27.8), (27.9) eignen sich zur Berechnung von C_δ vor allem dann wenn die Felder analytisch gegeben sind. Sind die Abbildungsfelder jedoch durch experimentelle Feldausmessung bestimmt worden, dann empfiehlt es sich durch partielle Integration die höheren Ableitungen von B_z und G aus (27.8), (27.9) wegzuschaffen und dafür die Ableitung der Elektronenbahn in Kauf zu nehmen. Man erhält so für das Magnetfeld

$$C_\delta = \frac{e}{128\,m_0\,U^*} \int_{z_0}^{z_1} \left[\left(\frac{3e}{m_0\,U^*}\,B_z^4 + 8\,B_z'^2\right) y^4 - 8\,B_z^2\,y^2\,y'^2\right] dz, \tag{27.10}$$

und für das elektrische Feld ergibt sich

$$C_\delta = \frac{1}{64\sqrt{\Phi_0}} \int_{z_0}^{z_1} \sqrt{\Phi} \left[\left(3G^4 - \frac{9}{2}G^2G' + 5G'^2\right) y^4 + 4G\,G'\,y^3\,y'\right] dz. \tag{27.11}$$

Dabei bedeutet $y(z)$ die Lösung der Differentialgleichung

$$\frac{d}{dz}\left(\sqrt{\Phi}\,\frac{dy}{dz}\right) + \frac{1}{4\sqrt{\Phi}}\left(\Phi'' + \frac{e}{2m_0}\,B_z^2\right) y = 0 \tag{27.12}$$

mit den Anfangsbedingungen $y(z_0) = 0$ und $y'(z_0) = 1$. Im Falle (27.10) hat man in (27.12) $\Phi = U^*$, im Falle (27.11) $B_z = 0$ zu setzen.

Der Öffnungsfehler des magnetischen Glockenfeldes ergibt sich aus (27.8) mit (23.13), (23.16) und (23.27) zu

$$\frac{1}{d}\,C_\delta = \left[\frac{\pi\,k_m^2}{4\,(k_m^2+1)^{\frac{3}{2}}} - \frac{1}{4}\,\frac{4k_m^2-3}{4k_m^2+3}\,\cos\left(2\varphi_0 - \frac{\pi}{\sqrt{k_m^2+1}}\right)\sin\frac{\pi}{\sqrt{k_m^2+1}}\right]\frac{1}{\sin^4\varphi_0}, \tag{27.13}$$

wobei der Hilfswinkel φ_0 durch den Dingort z_0 durch

$$z_0 = d \cdot \cot \varphi_0 \tag{27.14}$$

definiert ist.

Für sehr hohe Vergrößerung kann das Ding praktisch im Brennpunkt angenommen werden. Es ist dann

$$\varphi_0 = \varphi_{F_0} = \frac{\pi}{\sqrt{k_m^2 + 1}}, \qquad \varphi_1 = 0, \tag{27.15}$$

und (27.13) geht in

$$\frac{1}{d}\, C_\delta = \left[\frac{\pi k_m^2}{4\,(k_m^2 + 1)^{\frac{3}{2}}} - \frac{1}{8}\,\frac{4 k_m^2 - 3}{4 k_m^2 + 3}\, \sin\frac{2\pi}{\sqrt{k_m^2 + 1}}\right] \frac{1}{\sin^4 \dfrac{\pi}{\sqrt{k_m^2 + 1}}} \tag{27.16}$$

über.

Tabelle 1.

k^2	C_δ/d	k^2	C_δ/d	k^2	C_δ/d	k^2	C_δ/d	k^2	C_δ/d
0,2	15,024	1,4	0,502	2,6	0,315	3,8	0,271	5,0	0,257
0,4	3,308	1,6	0,442	2,8	0,303	4,0	0,267	6	0,253
0,6	1,571	1,8	0,401	3,0	0,294	4,2	0,264	7	0,252
0,8	0,999	2,0	0,370	3,2	0,287	4,4	0,262	8	0,255
1,0	0,735	2,2	0,347	3,4	0,280	4,6	0,260	9	0,257
1,2	0,591	2,4	0,329	3,6	0,275	4,8	0,258	10	0,261

In Tabelle 1 ist die Öffnungsfehlerkonstante C_δ/d für hohe Vergrößerung nach Formel (27.16) als Funktion der Linsenstärke

$$k_m^2 = \frac{e\,B_0^2\, d^2}{8\, m_0\, U^*} = 0,00352\,\frac{J^2}{U^*} \tag{27.17}$$

wiedergegeben. In Fig. 46 ist der Verlauf von C_δ/d dargestellt.

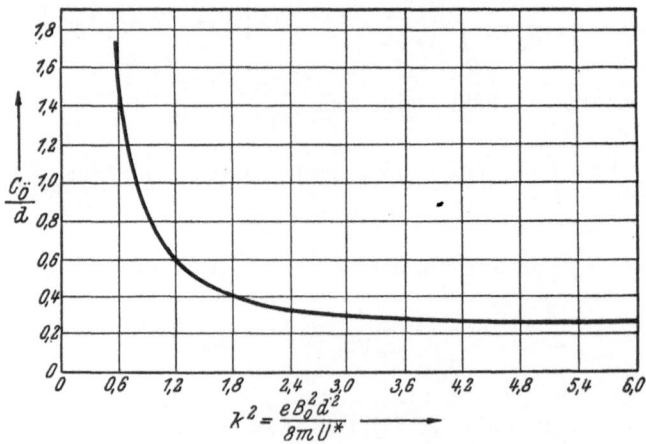

Fig. 46. Öffnungsfehlerkonstante C_δ/d für das Glockenfeld bei hoher Vergrößerung als Funktion von k^2.

Der kleinste Öffnungsfehler[1] bei günstigster Feldhalbwertsbreite (d.h. günstigstem Polschuhabstand) kann bestimmt werden, indem man d in (27.16) durch

$$d = \sqrt{\frac{8\, m_0\, U^*}{e}} \cdot \frac{k_m}{B_0} \tag{27.18}$$

---

[1] Vgl. hierzu W. Glaser: Z. Physik **117**, 285 (1941). — J. Dosse: Z. Physik **117**, 722 (1941).

ersetzt und jenes k_m^2 bestimmt, für das C_δ seinen kleinsten Wert annimmt. Es ergibt sich

$$k_m^2 = 2,8 \qquad (27.19)$$

und $C_{\delta\,\text{min}}$ wird

$$C_{\delta\,\text{min}} = 34 \frac{\sqrt{U^*/V}}{B_0/G}\,\text{mm}; \quad (27.20)$$

die dazugehörige Halbwertsbreite ist

$$d = 113 \frac{\sqrt{U^*/V}}{B_0/G}\,\text{mm}. \quad (27.21)$$

Die Kombination der beiden Formeln (27.20) und (27.21) zeigt, daß im günstigsten Fall die Öffnungsfehlerkonstante auf den Wert

$$C_\delta = 0,30\,d \qquad (27.22)$$

herabgedrückt werden kann.

Die von F. LENZ[1] ermittelte Öffnungsfehlerkonstante der magnetischen Abbildungsfelder (23.99) ist (zusammen mit der Farbfehlerkonstanten) in Fig. 47 als Funktion des Parameters $g^2 = 0,00352 \frac{J^2}{U^*} \cdot \frac{V}{A^2}$ wiedergegeben.

Für die in Ziff. 23 besprochenen *ungesättigten Polschuhlinsen* wurde in Fig. 48 gleichfalls nach einer Arbeit von F. LENZ[2] die auf den Bohrungsdurchmesser b bezogene Öffnungsfehlerkonstante in Abhängigkeit von s/b dargestellt. Die Sättigungsgrenze ist mit 23 700 Gauß (Permendur) angenommen worden. In Fig. 49 wurde

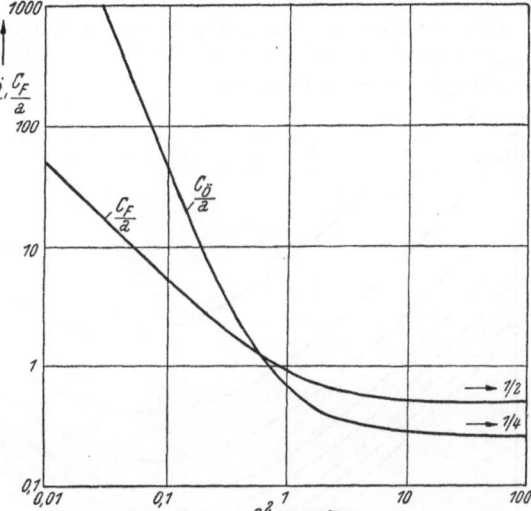

Fig. 47. Farb- und Öffnungsfehlerkonstante der magnetischen Abbildungsfelder (23.99) als Funktion von $g^2 = 0,00352 \frac{J^2}{U^*} \frac{V}{A^2}$. (Nach F. LENZ.)

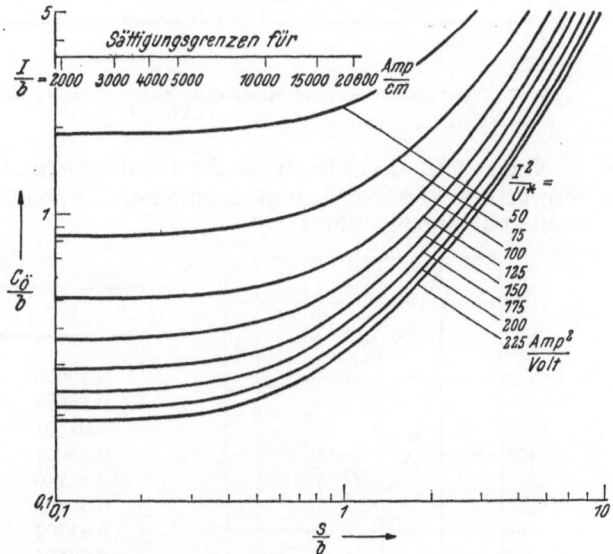

Fig. 48. Öffnungsfehlerkonstanten ungesättigter magnetischer Polschuhlinsen, bezogen auf den Bohrungsdurchmesser b. (Nach F. LENZ.)

die auf die *Spaltbreite* s bezogene Öffnungsfehlerkonstante ungesättigter Polschuhlinsen in Abhängigkeit von s/b für verschiedene Werte von J^2/U^* dargestellt. Man sieht, daß es ein günstigstes Verhältnis $(s/b)_g$ von Spaltbreite zu Bohrungsdurchmesser gibt, für welches der Öffnungsfehler seinen kleinsten Wert annimmt. In Fig. 50 wurde auf Grund von Fig. 49 sowohl dieser günstigste Wert des Gestaltparameters s/b, wie auch der zugehörige Kleinstwert des

[1] F. LENZ: Ann. Physik 9, 245 (1951).
[2] F. LENZ: Z. angew. Phys. 2, 448 (1950).

Öffnungsfehlers $(C_{\ddot{o}}/s)_{\min}$ als Funktion von J^2/U^* dargestellt. Man kann daraus für einen vorgegebenen Betriebswert J^2/U^* den zugehörigen günstigsten Bohrungsdurchmesser einer ungesättigten Magnetlinse entnehmen. Ähnliche Resultate hat G. LIEBMANN[1] für das mit Hilfe des Netz-Analogiegerätes ermittelte Polschuhfeld ungesättigter Linsen erhalten.

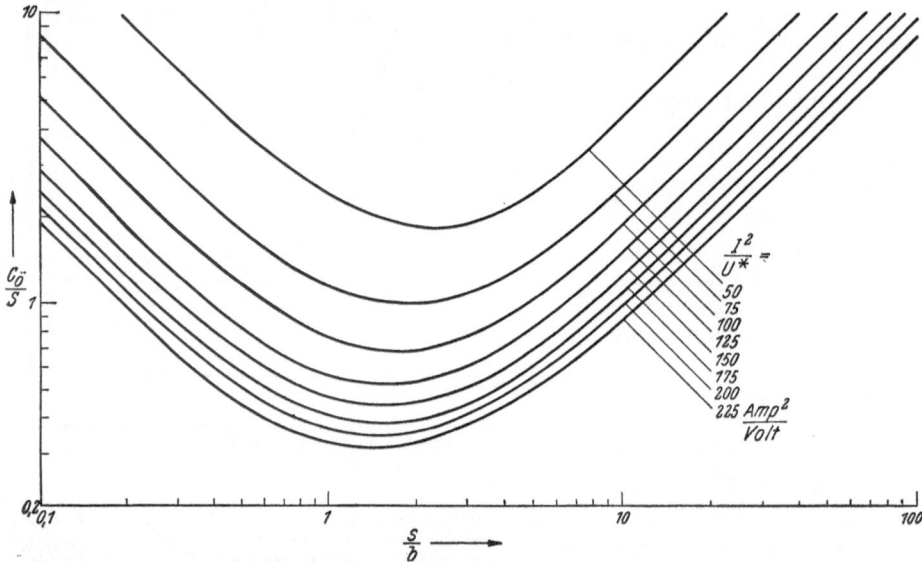

Fig. 49. Öffnungsfehlerkonstanten ungesättigter magnetischer Polschuhlinsen, bezogen auf die Spaltbreite s. (Nach F. LENZ.)

Numerische Bestimmungen des Öffnungsfehlers für einige andere analytisch vorgegebene elektrische und magnetische Abbildungsfelder wurden von E. G. RAMBERG[2] durchgeführt[3].

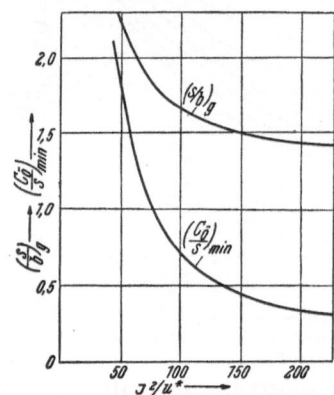

Fig. 50. Günstigster Gestaltsparameter $(s/b)_g$ und zugehöriger Kleinstwert der Öffnungsfehlerkonstanten $(C_{\ddot{o}}/s)_{\min}$ ungesättigter Polschuhlinsen als Funktion von J^2/U^*.

Tabelle 2. *Öffnungsfehler*.

$\varkappa^2$	$C_{\ddot{o}}/f_0$	$C_{\ddot{o}}/d$
0,50000	366,631	4543,663
0,58682	149,501	1117,218
0,67101	67,862	314,200
0,75001	33,347	97,414
0,82140	17,699	32,852
0,88302	9,862	11,337
0,93302	5,746	3,830
0,96895	3,157	1,024
0,99239	1,351	0,139

Doppelte Abbildung:

0,99878	1539,1145	1539,114
0,99970	260,7534	73,102

[1] G. LIEBMANN: Proc. Phys. Soc. Lond. B **64**, 972 (1951); **65**, 188 (1952); **66**, 448 (1953).
[2] E. G. RAMBERG: J. Appl. Phys. **13**, 582 (1942).
[3] Wegen Messungen des Öffnungsfehlers von Magnetlinsen vgl. E. RUSKA: Z. Physik **89**, 90 (1934). — H. BECKER u. A. WALLRAFF: Arch. Elektrotechn. **32**, 664 (1938); **33**, 491 (1939). — H. MARSCHALL: Telefunkenröhre **16**, 190 (1939).

Der Öffnungsfehler des elektrostatischen Glockenfeldes (23.59) ergibt sich zu[1]

$$\frac{C_{\ddot{o}}}{d} = \frac{(1 - \varkappa^2 \sin^2 \varphi_0)^{\frac{3}{2}}}{2 \sin^4 \varphi_0} \left[\frac{E_0 - E_n}{\varkappa^2 (1 - \varkappa^2)} - \frac{n\pi}{\omega_0} \left(\frac{1}{\varkappa^2} + \frac{8 - \varkappa^2}{16 \omega_0^4} \right) - \right.$$
$$\left. - \frac{1}{2(1 - \varkappa^2)} \left(\frac{\sin 2\varphi_0}{\sqrt{1 - \varkappa^2 \sin^2 \varphi_0}} - \frac{\sin 2\varphi_n}{\sqrt{1 - \varkappa^2 \sin^2 \varphi_n}} \right) \right]. \qquad (27.23)$$

Im Falle hoher Vergrößerung können wir in (27.23) $\varphi_n = 0$, d.h. $\varphi_0 = \text{am} \frac{n\pi}{\omega_0}$ setzen. In Tabelle 2 sind die auf diese Weise aus (27.23) für $C_{\ddot{o}}/d$ und $C_{\ddot{o}}/f_0$ erhaltenen Werte wiedergegeben. Ausführliche Meßreihen über den Öffnungsfehler elektrostatischer Linsen als Funktion der geometrischen Linsenparameter sind in den Arbeiten von E. GUNDERT[2], R. GOBRECHT[3], H. MAHL und A. RECKNAGEL[4], R. SEELIGER[5], F. HEISE[6] und von W. LIPPERT und W. POHLIT[7] enthalten.

28. Isotrope und anisotrope Koma. Die beiden nächsten Bildfehler, die wir gemeinsam behandeln, sind die durch die Koeffizienten F und f bedingten Abweichungen vom idealen Bildpunkt. Die durch sie bestimmten Aberrationskurven lauten nach (26.13)

$$\left. \begin{array}{l} \Delta x_1 = [F_1 (2 + \cos 2\chi) + f_1 \sin 2\chi]\, r_B^2\, x_0, \\ \Delta y_1 = [F_1 \sin 2\chi + f_1 (2 - \cos 2\chi)]\, r_B^2\, x_0. \end{array} \right\} \qquad (28.1)$$

Die Elimination der Variablen χ ergibt

$$(\Delta x_1 - 2 F_1 r_B^2 x_0)^2 + (\Delta y_1 - 2 f_1 r_B^2 x_0)^2 = (F_1^2 + f_1^2)\, r_B^4\, x_0^2. \qquad (28.2)$$

Wir sehen, daß die Aberrationskurven Kreise sind, deren Mittelpunkte die Koordinaten

$$x_m = 2 F_1 r_B^2 x_0; \qquad y_m = 2 f_1 r_B^2 x_0 \qquad (28.3)$$

haben und deren Radien r durch

$$r = \sqrt{F_1^2 + f_1^2}\, r_B^2\, x_0 \qquad (28.4)$$

gegeben sind.

Läßt man r_B von Null bis R_B wachsen, so liegen die Kreismittelpunkte auf einer Geraden, welche mit der x-Achse einen Winkel δ einschließt, der durch $\tan \delta = y_m/x_m$, also nach (28.3) durch

$$\tan \delta = \frac{f_1}{F_1} \qquad (28.5)$$

gegeben ist. Der Radius r des Kreises ist $\frac{1}{2} \sqrt{x_m^2 + y_m^2}$, also gleich der Hälfte der Entfernung des Kreismittelpunktes vom GAUSSschen Bildpunkt P_1. Die einzelnen Strahlenkegel durchstoßen somit die Bildebene in Kreisen, deren Mittelpunkte auf einer unter dem Winkel δ gegen die x-Achse geneigten Geraden liegen und die zwei zu dieser Geraden symmetrisch liegende, durch P_1 gehende Geraden

[1] W. GLASER und P. SCHISKE: Optik **11**, 455 (1954).
[2] E. GUNDERT: Z. Physik **112**, 689, (1939). — Telefunkenröhre **19/20**, 61 (1941).
[3] R. GOBRECHT: Arch. Elektrotechn. **35**, 672 (1941).
[4] H. MAHL u. A. RECKNAGEL: Z. Physik **122**, 660 (1944).
[5] R. SEELIGER: Optik **4**, 258 (1948).
[6] F. HEISE: Optik **5**, 479 (1949).
[7] W. LIPPERT u. W. POHLIT: Optik **10**, 447 (1953).

berühren. Der Winkel τ (Fig. 51) zwischen einer dieser Berührungsgeraden und der Achse der Figur ist durch

$$\sin \tau = \frac{r}{\sqrt{x_m^2 + y_m^2}} = \frac{1}{2} \qquad (28.6)$$

gegeben und beträgt also 30°. Die Zerstreuungsfigur, die so entsteht, nennt man infolge ihres kometenschweifartigen Aussehens die „*Koma*". Die Länge d der Koma beträgt

$$d = \sqrt{x_m^2 + y_m^2} + r = 3\,r = 3\,\sqrt{F_1^2 + f_1^2}\,R_B^2\,x_0. \qquad (28.7)$$

Ist $f_1 = 0$, so ist nach (28.5) auch $\delta = 0$ und die Achse der Koma fällt in die *radiale* (*meridionale*) Richtung. Diese Art von Koma tritt allein im rein elektrischen Feld und in der Lichtoptik auf. Ist dagegen die gewöhnliche Koma $F_1 = 0$, so wird nach (28.5) $\delta = \pi/2$: die Richtung der Koma steht senkrecht auf der Meridianebene. Sie hat also „*tangentiale*" oder — wie man auch sagt — „*sagittale*" Richtung. Zum Unterschied von F_1 wollen wir f_1 den Koeffizienten der „*anisotropen*" oder der „*Drehungskoma*" nennen. Der zweite Name wird seine Begründung in Ziff. 34 finden. Diese „*Drehungskoma*" ist eine spezifische Eigenschaft des Magnetfeldes.

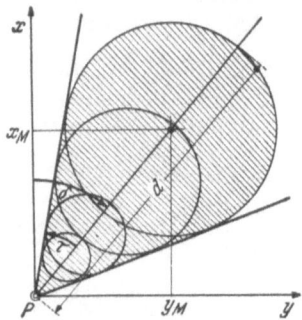

Fig. 51. Entstehung der Komafigur.

29. Astigmatismus eines allgemeinen Strahlenbündels. Für die Diskussion der anderen Bildfehler ist es zweckmäßig, die allgemeinen Eigenschaften eines engen Strahlenbündels des Bildraumes näher zu untersuchen. Es soll insbesondere ein Strahlenbündel betrachtet werden, das aus einer zweifach-unendlichen Schar von Geraden besteht.

Bedeutet $\mathfrak{a}(u, v)$ den Anfangspunkt und $\mathfrak{s}(u, v)$ den Einheitsvektor in der Richtung des Strahles, so kann das Bündel mit zwei Parametern u und v und dem Laufparameter t (Bogenlänge) durch

$$\mathfrak{r} = \mathfrak{a}(u, v) + \mathfrak{s}(u, v)\,t \qquad (29.1)$$

dargestellt werden. Bei variablem u und v stellt $\mathfrak{r} = \mathfrak{a}(u, v)$ die Fläche dar, auf welcher alle Anfangspunkte liegen. Jedem Strahl des Bündels entspricht ein bestimmtes Wertepaar u, v. Die Abweichung $d\mathfrak{r}$ eines Nachbarstrahles vom Ausgangsstrahl (Hauptstrahl) des Bündels ergibt sich durch Differentiation von (29.1) zu

$$d\mathfrak{r} = d\mathfrak{a} + d\mathfrak{s} \cdot t. \qquad (29.2)$$

Sollen beide Strahlen einander schneiden, so muß es einen Wert $t = \varrho$ geben, für welchen die Abweichung verschwindet:

$$d\mathfrak{a} + d\mathfrak{s} \cdot \varrho = 0. \qquad (29.3)$$

Aus dieser Bedingung für das Schneiden zweier Nachbarstrahlen folgt unmittelbar, wenn wir skalar mit $\mathfrak{s}$ multiplizieren, wegen

$$\mathfrak{s}^2 = 1, \quad \text{d. h.} \quad \mathfrak{s}\,d\mathfrak{s} = 0 \qquad (29.4)$$

die Beziehung

$$\mathfrak{s}\,d\mathfrak{a} = 0. \qquad (29.5)$$

Da $d\mathfrak{a}$ ein Tangentialvektor der Ausgangsfläche ist, muß also die Strahlrichtung $\mathfrak{s}$ mindestens zu einer Tangentenrichtung der Fläche senkrecht stehen, wenn sich zwei benachbarte Strahlen des Bündels schneiden sollen. (Es gibt sicher eine derartige Tangentenrichtung.) Wir wollen nun annehmen, daß überhaupt *alle Strahlen* des Bündels zur Ausgangsfläche orthogonal sind, also (29.5) für ein beliebiges $d\mathfrak{a}$ gilt. Wir nennen ein Strahlenbündel, das eine Orthogonalfläche — und damit nach (29.1) eine ganze Schar von Orthogonalflächen — besitzt, ein *Normalenbündel*. Die Elektronenbahnen im feldfreien Bildraum stellen derartige Normalenbündel dar. Denn nach (5.13) steht der Impuls $\mathfrak{p}_1 = m\mathfrak{v}_1$ der hier im feldfreien Raum die Richtung des Strahles hat, senkrecht auf der Fläche $S = \mathrm{const.}$

Die Orthogonalflächen, also hier die Flächen konstanter Wirkung, nennt man — aus einem Grund, den wir später kennen lernen werden — *Wellenflächen*. In der Fläche $\mathfrak{r} = \mathfrak{r}(u, v)$ gibt es zwei unabhängige Tangentialvektoren, etwa $d_1\mathfrak{a} = \mathfrak{a}_u\,du$ und $d_2\mathfrak{a} = \mathfrak{a}_v\,dv$, aus denen sich alle anderen Vektoren der Tangentialebene linear zusammensetzen lassen. Wir können schreiben:

$$d\mathfrak{a} = d_1\mathfrak{a} + d_2\mathfrak{a}. \tag{29.6}$$

Da $\mathfrak{s}$ ein Einheitsvektor ist, steht die Änderung $d\mathfrak{s}$ senkrecht auf der Flächennormalen $\mathfrak{s}$ und muß daher in der Tangentialebene liegen. Sie muß daher eine Linearkombination der beiden unabhängigen Vektoren $d_1\mathfrak{a}$ und $d_2\mathfrak{a}$ sein. Es gilt also

$$d\mathfrak{s} = \lambda_1\,d_1\mathfrak{a} + \lambda_2\,d_2\mathfrak{a}, \tag{29.7}$$

wobei λ_1 und λ_2 bestimmte Konstante bedeuten. Wenn man (29.7) und (29.6) in (29.3) einsetzt, ergibt sich

$$(1 + \lambda_1\varrho)\,d_1\mathfrak{a} + (1 + \lambda_2\varrho)\,d_2\mathfrak{a} = 0. \tag{29.8}$$

Da nun $d_1\mathfrak{a}$ und $d_2\mathfrak{a}$ voraussetzungsgemäß zwei unabhängige Vektoren sind, kann eine Beziehung der Gestalt (29.8) unter der Voraussetzung, daß sowohl $d_1\mathfrak{a}$ als auch $d_2\mathfrak{a}$ von Null verschieden ist, nur bestehen, wenn die beiden Koeffizienten von $d_1\mathfrak{a}$ und $d_2\mathfrak{a}$ Null sind. Dies ist aber für $\lambda_1 \neq \lambda_2$ unmöglich, da ϱ nur *einen* der beiden möglichen Werte, die sich durch Nullsetzen dieser Koeffizienten ergeben, besitzen kann. Wir haben daher für $\lambda_1 \neq \lambda_2$ folgende Möglichkeiten: Entweder ist

1. $1 + \lambda_1\varrho_1 = 0$; $\quad d_1\mathfrak{a} \neq 0$ und daher $1 + \lambda_2\varrho_2 \neq 0$, also $d_2\mathfrak{a} = 0$

oder

2. $1 + \lambda_2\varrho_2 = 0$; $\quad d_2\mathfrak{a} \neq 0$ und daher $1 + \lambda_1\varrho_1 \neq 0$, also $d_1\mathfrak{a} = 0$. $\tag{29.9}$

Im ersten Fall erhalten wir $\lambda_1 = -1/\varrho_1$, und es wird

$$d_1\mathfrak{s} = -d_1\mathfrak{a}/\varrho_1 \qquad (\text{da } d_2\mathfrak{a} = 0 \text{ ist}). \tag{29.10}$$

Im zweiten Falle wird

$$d_2\mathfrak{s} = -d_2\mathfrak{a}/\varrho_2 \qquad (\text{da } d_1\mathfrak{a} = 0 \text{ ist}). \tag{29.11}$$

Allgemein ist also

$$d\mathfrak{s} = d_1\mathfrak{s} + d_2\mathfrak{s} = -\left(\frac{d_1\mathfrak{a}}{\varrho_1} + \frac{d_2\mathfrak{a}}{\varrho_2}\right). \tag{29.12}$$

Es gibt also zwei Fortschreitungsrichtungen $d_1\mathfrak{a}$ und $d_2\mathfrak{a}$ auf der Fläche, längs denen sich zwei benachbarte Flächennormalen schneiden. Oder anders gesagt, es gibt zwei durch $d_1\mathfrak{a}$ und $d_2\mathfrak{a}$ gehende *Strahlenbüschel*, die je einen Schnittpunkt haben.

Wir wollen nun zeigen, daß die beiden Fortschreitungsrichtungen $d_1\mathfrak{a}$ und $d_2\mathfrak{a}$, längs deren sich zwei benachbarte Wellennormalen schneiden, aufeinander senkrecht stehen. Wir denken uns durch jeden Punkt der Fläche die beiden Richtungen $d_1\mathfrak{a}$ und $d_2\mathfrak{a}$ gegeben und durch Kurven derart verbunden, daß die Tangenten in jedem Flächenpunkt mit den Richtungen von $d_1\mathfrak{a}$ und $d_2\mathfrak{a}$ übereinstimmen. Dieses zweifache Netz von Kurven hat die Eigenschaft, daß sich immer je zwei in diesen Kurven fußende benachbarte Flächennormalen schneiden. In der Differentialgeometrie nennt man diese Kurven „Krümmungslinien". Wir wollen nun zeigen, daß die beiden durch den gleichen Punkt gehenden Krümmungslinien aufeinander senkrecht stehen, daß also

$$d_1\mathfrak{a} \cdot d_2\mathfrak{a} = 0 \qquad (29.13)$$

gilt. Dazu denken wir uns die Parameter u und v so gewählt, daß die Linien $u = \text{const}$ und $v = \text{const}$ mit den beiden Scharen der Krümmungslinien übereinstimmen. Es ist also

$$d_1\mathfrak{a} = \mathfrak{a}_u\,du, \qquad\qquad d_2\mathfrak{a} = \mathfrak{a}_v\,dv. \qquad (29.14)$$

Aus

$$\mathfrak{z}\,d_1\mathfrak{a} = \mathfrak{z}\,\mathfrak{a}_u\,du = 0, \qquad \mathfrak{z}\,d_2\mathfrak{a} = \mathfrak{z}\,\mathfrak{a}_v\,dv = 0 \qquad (29.15)$$

folgt durch Differenzieren der ersten Gleichung nach v und der zweiten nach u:

$$\mathfrak{z}_v\,\mathfrak{a}_u + \mathfrak{z}\,\mathfrak{a}_{uv} = 0, \qquad \mathfrak{z}_u\,\mathfrak{a}_v + \mathfrak{z}\,\mathfrak{a}_{vu} = 0. \qquad (29.16)$$

Aus den Gln. (29.10), (29.11)

$$d_1\mathfrak{a} + \varrho_1 d_1\mathfrak{z} = 0, \qquad d_2\mathfrak{a} + \varrho_2 d_2\mathfrak{z} = 0 \qquad (29.17)$$

oder

$$\mathfrak{a}_u + \mathfrak{z}_u\varrho_1 = 0, \qquad\qquad \mathfrak{a}_v + \mathfrak{z}_v\varrho_2 = 0 \qquad (29.18)$$

folgt, wenn man die erste der letzten beiden Gleichungen mit $\dfrac{1}{\varrho_1}\mathfrak{a}_v$, die zweite mit $\dfrac{1}{\varrho_2}\mathfrak{a}_u$ multipliziert und beide Gleichungen voneinander subtrahiert,

$$\left(\frac{1}{\varrho_1} - \frac{1}{\varrho_2}\right)\mathfrak{a}_u\,\mathfrak{a}_v + \mathfrak{z}_u\,\mathfrak{a}_v - \mathfrak{z}_v\,\mathfrak{a}_u = 0. \qquad (29.19)$$

Auf Grund von (29.16) und wegen $\mathfrak{a}_{uv} = \mathfrak{a}_{vu}$ ergibt dies

$$\left(\frac{1}{\varrho_1} - \frac{1}{\varrho_2}\right)\mathfrak{a}_u\,\mathfrak{a}_v = 0, \qquad (29.20)$$

was für $\varrho_1 \neq \varrho_2$, wenn wir noch mit $du\,dv$ multiplizieren, (29.13) ergibt. Ist $\varrho_1 = \varrho_2$, dann sind die beiden Richtungen $d_1\mathfrak{a}$ und $d_2\mathfrak{a}$ unbestimmt (Nabelpunkt).

In jedem Normalenbündel gibt es also zwei Strahlenbüschel, die in aufeinander senkrecht stehenden Ebenen liegen und in denen je zwei benachbarte Strahlen einander in einem Punkt schneiden. Die Strahlabweichung $d\mathfrak{r}$ eines beliebigen Strahles vom Hauptstrahl ist nach (29.2), (29.6) und (29.12) gegeben durch

$$d\mathfrak{r} = \left(1 - \frac{t}{\varrho_1}\right)d_1\mathfrak{a} + \left(1 - \frac{t}{\varrho_2}\right)d_2\mathfrak{a}, \qquad (29.21)$$

wobei $d_1\mathfrak{a}$ und $d_2\mathfrak{a}$ zwei aufeinander senkrechte Vektoren bedeuten. Nehmen wir die Richtung von $d_1\mathfrak{a}$ als i-Richtung (x-Richtung), die von $d_2\mathfrak{a}$ als j-Richtung

(y-Richtung) eines rechtwinkeligen Koordinatensystems und ist die Länge $d\mathfrak{a} = d_1\mathfrak{a} + d_2\mathfrak{a}$ konstant und gleich $d\sigma$, d.h. gilt $d_1\mathfrak{a} = \mathfrak{i}\,d\sigma\cdot\cos\psi$ und $d_2\mathfrak{a} = \mathfrak{j}\,d\sigma\cdot\sin\psi$, somit

$$d\mathfrak{a} = d\sigma(\mathfrak{i}\cos\psi + \mathfrak{j}\sin\psi), \qquad (29.22)$$

so haben wir also ein Strahlenbündel vor uns, das auf der Ausgangsfläche einen kreisförmigen Querschnitt vom Radius $d\sigma$ besitzt (Fig. 52). Wenn wir die

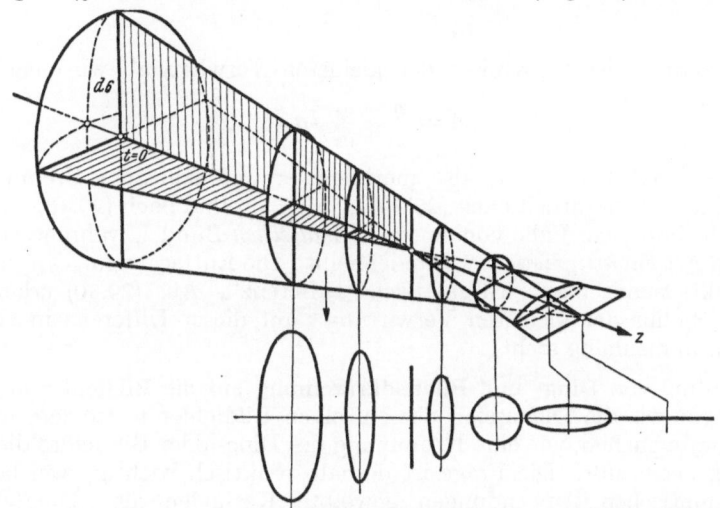

Fig. 52. Allgemeines (astigmatisches) Normalenbündel. (Der meridionale Brennpunkt F_m liegt hier rechts vom sagittalen Brennpunkt F_s.)

Komponenten von $d\mathfrak{r}$ in (29.21) nach diesen Richtungen mit dx und dy bezeichnen, so wird

$$dx = \left(1 - \frac{t}{\varrho_1}\right)d\sigma\cos\psi, \qquad dy = \left(1 - \frac{t}{\varrho_2}\right)d\sigma\sin\psi \qquad (29.23)$$

oder

$$\frac{dx^2}{\left(1 - \dfrac{t}{\varrho_1}\right)^2 d\sigma^2} + \frac{dy^2}{\left(1 - \dfrac{t}{\varrho_2}\right)^2 d\sigma^2} = 1. \qquad (29.24)$$

Die Bündelquerschnitte sind also im allgemeinen Ellipsen mit den Halbachsen

$$A_1 = \left(1 - \frac{t}{\varrho_1}\right)d\sigma, \qquad A_2 = \left(1 - \frac{t}{\varrho_2}\right)d\sigma. \qquad (29.25)$$

Für $t = 0$ erhalten wir den kreisförmigen Ausgangsquerschnitt $A_1 = A_2 = d\sigma$. Im Punkte $t = \varrho_1$ entartet die erste Halbachse in einen Punkt, und die Ellipse wird ein Strich der Länge

$$A_2' = \left(1 - \frac{\varrho_1}{\varrho_2}\right)d\sigma. \qquad (29.26)$$

Der Punkt heißt der „meridionale Brennpunkt F_m", da er durch das meridionale Büschel gebildet wird. Die zweite Halbachse der Länge (29.26) steht senkrecht auf der Meridianebene und heißt „sagittale Brennlinie". Im Querschnitt $t = \varrho_2$ wird dagegen die zweite (sagittale) Hauptachse $A_2 = 0$, während die Ellipse in einen Strich der Länge

$$A_1' = \left(1 - \frac{\varrho_2}{\varrho_1}\right)d\sigma \qquad (29.27)$$

ausartet. Diese Brennlinie liegt in der Meridianebene. Der Schnittpunkt des sagittalen Büschels heißt „sagittaler Brennpunkt F_s".

Fragt man nach der Entfernung t_m, wo der Bündelquerschnitt ein Kreis wird, so hat man die Bedingung

$$A_1 = - A_2. \tag{29.28}$$

Aus (29.25) erhält man

$$\frac{1}{t_m} = \frac{1}{2}\left(\frac{1}{\varrho_1} + \frac{1}{\varrho_2}\right), \tag{29.29}$$

und der Radius dieses „Kreises der kleinsten Verwirrung" wird nach (29.25)

$$A = \frac{\varrho_1 - \varrho_2}{\varrho_1 + \varrho_2}\, d\sigma. \tag{29.30}$$

Im Falle, daß $\varrho_1 = \varrho_2$ ist, also meridionaler und sagittaler Brennpunkt zusammenfallen, ist natürlich nach (29.29) $t_m = \varrho_1 = \varrho_2$ und nach (29.30) wird $A = 0$. Man spricht in diesem Falle von einem *stigmatischen* Bündel, während ein Bündel der obigen Art ein *astigmatisches* Bündel heißt. Die Entfernung $\varrho_1 - \varrho_2$ der beiden Brennpunkte nennt man „astigmatische Differenz". Aus (29.30) erkennt man, daß der „Radius der kleinsten Verwirrung" mit dieser Differenz in einem einfachen Zusammenhang steht.

30. Einfluß von Ding- und Bildfeldkrümmung auf die Bildfehler dritter Ordnung. Bevor wir die Diskussion der einzelnen Bildfehler fortsetzen, wollen wir zunächst untersuchen, wie eine Krümmung des Ding- oder Bildfeldes die optische Abbildung beeinflußt. Die Frage ist deshalb praktisch wichtig, weil bei einigen elektronenoptischen Anwendungen gewölbte Kathoden als „Dingfeld" bzw. gewölbte Fluoreszenzschirme als „Bildfeld" Verwendung finden.

Innerhalb der Gaussschen Dioptrik hat die Krümmung von Ding- und Bildfeld keinen Einfluß auf die Abbildung. Hier beschränkt man sich nämlich auf die Abbildung von Punkten in unmittelbarer Nähe der Achse, so daß man annehmen kann, daß sie auf der im Durchstoßpunkt des Bildfeldes mit der optischen Achse errichteten Tangentialebene liegen. Anders ist es in der Seidelschen Theorie. Dort werden ja noch die dritten Potenzen der Achsenentfernungen der Objektpunkte in Betracht gezogen. Wir können daher ein gekrümmtes Ding- oder Bildfeld nicht mehr durch die Tangentialebene ersetzen, sondern müssen sie hier in der Achsennähe durch die nächsthöhere Approximation, nämlich die Krümmungskugeln darstellen. Die Krümmungen $1/\varrho_0$ und $1/\varrho_1$ dieser Kugeln im Ding- und Bildfeld werden die Bildfehler modifizieren. Diesen Einfluß gilt es nun zu ermitteln. Man überlegt sich leicht, daß eine Berücksichtigung von Gliedern dritter und höherer Ordnung im Strahlengang bei den folgenden Überlegungen für das Ergebnis eine Änderung um Glieder fünfter und höherer Ordnung bedeuten würde, also für uns nicht in Betracht kommt. Man kann sich daher bei den nachfolgenden Schlüssen der achsennahen Bahnen bedienen. Behandeln wir zuerst den Einfluß der Objektkrümmung. Die Koordinaten des Strahlschnittpunktes $\bar{P}_0$ mit der Krümmungskugel vom Radius ϱ_0 des Dingfeldes wollen wir mit $\bar{x}_0, \bar{y}_0$ bezeichnen (Fig. 53). Wir können unsere Betrachtungen auf die Meridianebene beschränken. Zunächst ergibt sich für die Differenz der Abszissen des Dingpunktes P_0 in der Gaussschen Ding-

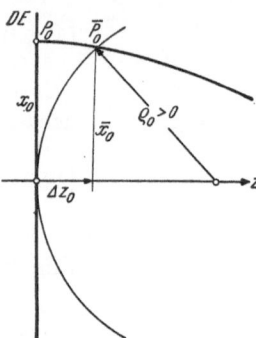

Fig. 53. Zusammenhang der Koordinaten des Dingpunktes P_0 in der Dingebene mit den Koordinaten des auf derselben Bahn im gekrümmten Dingfeld liegenden Punktes $\bar{P}_0$.

ebene DE und des Durchstoßpunktes $\bar{P}_0$ des Strahles mit der Krümmungskugel die Beziehung

$$\varrho_0^2 = (\varrho_0 - \Delta z_0)^2 + \bar{x}_0^2.\tag{30.1}$$

Da Δz_0 sehr klein ist, können wir Δz_0^2 weglassen und außerdem für $\bar{x}_0$ die Variable x_0 einsetzen. So erhält man

$$\Delta z_0 = x_0^2/2\varrho_0.\tag{30.2}$$

Da der Elektronenstrahl durch $x = x_0 g + x_B h$ gegeben ist und der Punkt $\bar{P}_0$ eine von der Dinglage z_0 um Δz_0 abweichende Abszisse hat, ist $\bar{x}_0$ durch

$$\bar{x}_0 = x_0 g (z_0 + \Delta z_0) + x_B h (z_0 + \Delta z_0)\tag{30.3}$$

definiert. Wegen $g_0 = 1$ und $h_0 = 0$ erhält man aus (30.3) mit (30.2)

$$\bar{x}_0 = x_0 + \frac{g_0'}{2\varrho_0} x_0^3 + \frac{h_0'}{2\varrho_0} x_0^2 x_B.\tag{30.4}$$

Analog ergibt sich wegen $y_0 = 0$

$$\bar{y}_0 = \frac{h_0'}{2\varrho_0} x_0^2 y_B.\tag{30.5}$$

In ganz entsprechender Weise berechnen wir die Durchstoßpunkte $\bar{x}_1, \bar{y}_1$ mit der Krümmungskugel des Bildfeldes, welche den Radius ϱ_1 haben soll. So ergibt sich

$$\Delta z_1 = -\frac{x_1^2}{2\varrho_1} = -\frac{\beta^2}{2\varrho_1} x_0^2 \quad (\Delta z_1 < 0 \text{ für } \varrho_1 > 0),\tag{30.6}$$

wobei wir mit β die Vergrößerung $\beta = x_1/x_0$ bezeichnet haben. Aus der Gleichung für

$$\bar{x}_1 = x_0 g (z_1 + \Delta z_1) + x_B h (z_1 + \Delta z_1)\tag{30.7}$$

folgt wieder durch Entwickeln mit Rücksicht auf (30.6)

$$\bar{x}_1 = x_1 - \frac{g_1' \beta^2}{2\varrho_1} x_0^3 - \frac{h_1' \beta^2}{2\varrho_1} x_0^2 x_B\tag{30.8}$$

und analog

$$\bar{y}_1 = -\frac{h_1' \beta^2}{2\varrho_1} x_0^2 y_B.\tag{30.9}$$

Über das Vorzeichen ist dabei nach Obigem zu sagen, daß wir die Krümmung $1/\varrho_1$ als positiv voraussetzen, wenn die Krümmungskugel der Dingseite die hohle Seite zukehrt. Bilden wir nun $\bar{x}_1 - \beta \bar{x}_0$, so folgt daraus nach (30.4) und (30.8):

$$\bar{x}_1 - \beta \bar{x}_0 = x_1 - \beta x_0 - \frac{1}{2}\beta \left(\frac{g_1' \beta}{\varrho_1} + \frac{g_0'}{\varrho_0}\right) x_0^3 - \frac{1}{2}\beta \left(\frac{h_1' \beta}{\varrho_1} + \frac{h_0'}{\varrho_0}\right) x_0^2 x_B.\tag{30.10}$$

Innerhalb der GAUSSschen Dioptrik hat man x_0^3 und $x_0^2 x_B \approx 0$ zu setzen und es ist definitionsgemäß $x_1 - \beta x_0 = 0$, also ist auch $\bar{x}_1 - \beta \bar{x}_0 = 0$. Das ist klar; denn die GAUSSsche Dioptrik ist ja gerade dadurch ausgezeichnet, daß sie nicht zwischen x_1 und $\bar{x}_1$, also zwischen gekrümmtem und ebenem Bild zu unterscheiden braucht.

In der SEIDELschen Theorie stellt $x_1 - \beta x_0 = \Delta x_1$, $y_1 - \beta y_0 = \Delta y_1$ den Bildfehler dritter Ordnung dar. Schreiben wir noch zur Abkürzung

$$\bar{x}_1 - \beta \bar{x}_0 = \Delta \bar{x}_1, \qquad \bar{y}_1 - \beta \bar{y}_0 = \Delta \bar{y}_1\tag{30.11}$$

und

$$\eta_0 = \tfrac{1}{2}\beta g_0', \quad \eta_1 = \tfrac{1}{2}\beta^2 g_1', \quad \xi_0 = \tfrac{1}{2}\beta h_0', \quad \xi_1 = \tfrac{1}{2}\beta^2 h_1',\tag{30.12}$$

so erhalten wir schließlich

$$\Delta \bar{x}_1 = \Delta x_1 - \left(\frac{\eta_0}{\varrho_0} + \frac{\eta_1}{\varrho_1}\right) x_0^3 - \left(\frac{\xi_0}{\varrho_0} + \frac{\xi_1}{\varrho_1}\right) x_0^2 x_B \tag{30.13}$$

und analog

$$\Delta \bar{y}_1 = \Delta y_1 - \left(\frac{\xi_0}{\varrho_0} + \frac{\xi_1}{\varrho_1}\right) x_0^2 y_B. \tag{30.14}$$

Die beiden Gln. (30.13) und (30.14) geben uns den Zusammenhang zwischen den auf *gekrümmtes* Ding- und Bildfeld bezogenen Bildfehlern $\Delta \bar{x}_1$, $\Delta \bar{y}_1$ mit den auf *ebenes* Ding- und Bildfeld bezogenen Bildfehlern Δx_1, Δy_1. Wenn wir nun für Δx_1 und Δy_1 aus (26.11) einsetzen, erhalten wir

$$\left.\begin{aligned}
\Delta \bar{x}_1 &= B_1(x_B^2 + y_B^2)\, x_B + [F_1(3\, x_B^2 + y_B^2) + 2f_1\, x_B\, y_B]\, x_0 + \\
&\quad + \left[\left(2C_1 + D_1 - \frac{\xi_0}{\varrho_0} - \frac{\xi_1}{\varrho_1}\right) x_B + c_1 y_B\right] x_0^2 + \left(E_1 - \frac{\eta_0}{\varrho_0} - \frac{\eta_1}{\varrho_1}\right) x_0^3, \\
\Delta \bar{y}_1 &= B_1(x_B^2 + y_B^2)\, y_B + [2F_1\, x_B\, y_B + f_1(3\, y_B^2 + x_B^2)]\, x_0 + \\
&\quad + \left[\left(D_1 - \frac{\xi_0}{\varrho_0} - \frac{\xi_1}{\varrho_1}\right) y_B + c_1 x_B\right] x_0^2 + e_1 x_0^3.
\end{aligned}\right\} \tag{30.15}$$

Wir erkennen aus (30.15), daß Ding- und Bildfeldwölbung auf den Öffnungsfehler B_1 und die beiden Arten von Koma F_1 und f_1 keinen Einfluß haben. Allein jene Bildfehler, welche durch die Koeffizienten C_1, D_1 und E_1 bestimmt sind, werden von ihnen beeinflußt. Aus den Formeln (30.15) ergibt sich ferner, daß wir den Einfluß der Koeffizienten $2C_1 + D_1$, D_1 und E_1 auf die Bildfehler $\Delta \bar{x}_1$, $\Delta \bar{y}_1$ durch entsprechende Wahl der beiden Krümmungen $1/\varrho_0$ und $1/\varrho_1$ kompensieren können. (Allerdings nicht gleichzeitig, sondern immer nur *entweder* den Einfluß von $2C_1 + D_1$ und E_1 *oder* von D_1 und E_1.)

31. Bildwölbung, isotroper und anisotroper Astigmatismus. Der im vorhergehenden Abschnitt besprochene Einfluß der Ding- und Bildfeldkrümmung gibt uns nun die Möglichkeit, auf sehr einfache Weise die durch die anderen Koeffizienten bedingten Bildabweichungen zu diskutieren. Den Einfluß von C_1, D_1 und c_1 behandeln wir gemeinsam, da diese drei Koeffizienten Bildverzeichnungen verursachen, welche die gleiche Ordnung der Abhängigkeit von x_0, x_B und y_B haben. Wir wollen also annehmen, daß allein diese drei Koeffizienten von Null verschieden sind. Aus (30.15) erhalten wir mit (26.12) die Aberrationskurven:

$$\left.\begin{aligned}
\Delta \bar{x}_1 &= \left(2C_1 + D_1 - \frac{\xi_0}{\varrho_0} - \frac{\xi_1}{\varrho_1}\right) x_0^2\, r_B \cos\chi + c_1 x_0^2\, r_B \sin\chi, \\
\Delta \bar{y}_1 &= \left(D_1 - \frac{\xi_0}{\varrho_0} - \frac{\xi_1}{\varrho_1}\right) x_0^2\, r_B \sin\chi + c_1 x_0^2\, r_B \cos\chi.
\end{aligned}\right\} \tag{31.1}$$

Die Aberrationskurven haben somit die allgemeine Gestalt

$$\Delta \bar{x}_1 = a_1 \cos\chi + b_1 \sin\chi; \qquad \Delta \bar{y}_1 = c_1 \cos\chi + d_1 \sin\chi, \tag{31.2}$$

wobei a_1, b_1, c_1 und d_1 Konstanten bedeuten. Diesen Kurven (31.2) werden wir noch öfters begegnen. Berechnet man aus (31.2) $\cos\chi$ und $\sin\chi$, so ergibt sich auf Grund von $\sin^2\chi + \cos^2\chi = 1$ eine Kurve zweiter Ordnung in $\Delta \bar{x}_1$ und $\Delta \bar{y}_1$. Diese kann nur eine Ellipse sein, da nach (31.2) bei variablem Parameter χ die Größen $\Delta \bar{x}_1$ und $\Delta \bar{y}_1$ stets endlich bleiben. Die eine Hauptachse dieser Ellipse bildet mit der x-Achse einen Winkel ϑ, welcher durch

$$\tan 2\vartheta = 2\, \frac{a_1 c_1 + b_1 d_1}{a_1^2 + b_1^2 - c_1^2 - d_1^2} \tag{31.3}$$

bestimmt ist. Setzt man

$$\delta = a_1 d_1 - b_1 c_1, \qquad s = a_1^2 + b_1^2 + c_1^2 + d_1^2, \tag{31.4}$$

so sind die beiden Hauptachsen A_1 und A_2 der Ellipse durch

$$A_1^2 = \tfrac{1}{2}\left(s + \sqrt{s^2 - 4\delta^2}\right); \qquad A_2^2 = \tfrac{1}{2}\left(s - \sqrt{s^2 - 4\delta^2}\right) \tag{31.5}$$

gegeben.

In unserem Falle folgt durch Vergleich von (31.2) mit (31.1)

$$A_1 = \left(C_1 + D_1 - \frac{\xi_0}{\varrho_0} - \frac{\xi_1}{\varrho_1} + \right.$$
$$\left. + \sqrt{C_1^2 + c_1^2}\right) x_0^2 r_B, \left.\right\} \tag{31.6}$$

$$A_2 = \left(C_1 + D_1 - \frac{\xi_0}{\varrho_0} - \frac{\xi_1}{\varrho_1} - \right.$$
$$\left. - \sqrt{C_1^2 + c_1^2}\right) x_0^2 r_B. \left.\right\} \tag{31.7}$$

Ferner ist

$$\tan 2\vartheta = \frac{c_1}{C_1}. \tag{31.8}$$

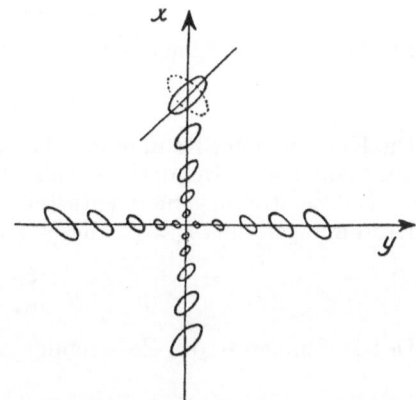

Fig. 54. Zusammenwirken von isotropem und anisotropem Astigmatismus. Der anisotrope Astigmatismus („Drehungsastigmatismus") bewirkt eine Drehung der Zerstreuungsellipse gegenüber der Meridianebene. Umkehr der Richtung des Magnetfeldes ändert das Vorzeichen von c und bewirkt eine Drehung der Ellipsen nach der anderen Seite (gestrichelt).

Die Zerstreuungsfiguren auf einer Kugel vom Radius ϱ_1 sind also die Ellipsen mit den Halbachsen (31.6), (31.7). Dabei ist die Projektion der Zerstreuungsfigur auf die GAUSSsche Bildebene gemeint. Die große Achse dieser Ellipse ist gegenüber der Meridianebene um den Winkel ϑ nach Gl. (31.8) in die Richtung der y-Achse gedreht (s. Fig. 54). Die gestrichelten Kurven entsprechen einer Umkehr des Magnetfeldes.

Wählen wir insbesondere ein *ebenes* Ding- und Bildfeld, setzen wir also $1/\varrho_0 = 1/\varrho_1 = 0$, so zeigen (31.6), (31.7), daß die „Zerstreuungsellipsen" auf der GAUSSschen Bildebene die Halbachsen

$$A_1 = \left(C_1 + D_1 + \sqrt{C_1^2 + c_1^2}\right) x_0^2 r_B, \tag{31.9}$$

$$A_2 = \left(C_1 + D_1 - \sqrt{C_1^2 + c_1^2}\right) x_0^2 r_B \tag{31.10}$$

haben.

Wählen wir dagegen bei einem ebenen Dingfeld $(1/\varrho_0 = 0)$ die Krümmung $1/\varrho_1 = 1/\varrho_{\mathrm{mer}}$ so, daß nach (31.6) die eine Hauptachse A_1 verschwindet, also

$$\frac{\xi_1}{\varrho_{\mathrm{mer}}} = C_1 + D_1 + \sqrt{C_1^2 + c_1^2}, \tag{31.11}$$

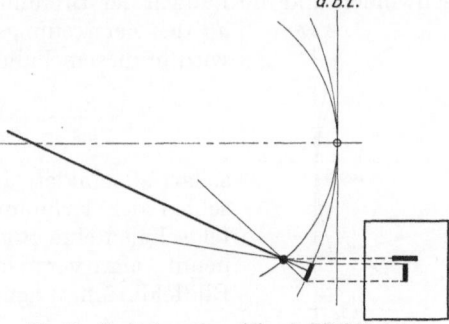

Fig. 55. Sagittale und meridionale Bildfeldschale.

so entartet die Zerstreuungsellipse in einen Strich der Länge

$$2A_2 = -4\sqrt{C_1^2 + c_1^2} \cdot x_0^2 r_B. \tag{31.12}$$

Die Krümmung der Kugel, auf welcher die Zerstreuungsfigur ein Strich der Länge (31.12) ist, heißt „meridionale Bildwölbung", der Verwischungsstrich „Brennlinie" und die Kugel selbst „meridionale Bildfeldschale", da sie den geometrischen Ort der meridionalen Brennpunkte darstellt. Dabei ist zu beachten, daß nur die Projektion des Verwischungsstriches auf die GAUSSsche Bildebene eine Gerade ist. Auf der Kugel selbst ist er eine krumme Linie (Fig. 55).

Wählen wir dagegen die Krümmungskugel $1/\varrho_1 = 1/\varrho_{\mathrm{sag}}$ so, daß A_2 verschwindet, so ist der Verwischungsstrich nach der großen Hauptachse der Ellipse gerichtet. Die Krümmung dieser Kugel wird „sagittale Bildwölbung" genannt. Sie ist nach (31.7) durch

$$\frac{\xi_1}{\varrho_{\mathrm{sag}}} = C_1 + D_1 - \sqrt{C_1^2 + c_1^2} \qquad (31.13)$$

gegeben, und die Länge der Brennlinie ist

$$2A_1 = 4\sqrt{C_1^2 + c_1^2} \cdot x_0^2 \, r_B . \qquad (31.14)$$

Die Kugel von der Krümmung (31.13), welche den Ort der sagittalen Brennpunkte des abbildenden Bündels darstellt, heißt „sagittale Bildfeldschale".

Die Zerstreuungsfigur entartet in einen Kreis, wenn $A_1 = -A_2$ ist. Für den Krümmungsradius $\varrho_1 = \varrho_m$ dieser Kugel ergibt sich nach (31.6), (31.7)

$$\frac{\xi_1}{\varrho_m} = C_1 + D_1 . \qquad (31.15)$$

Der Durchmesser des Zerstreuungskreises ist

$$d_m = 2\,|A_1| = 2\,|A_2| = 2\sqrt{C_1^2 + c_1^2} \cdot x_0^2 \, r_B \qquad (31.16)$$

und beträgt gerade die Hälfte der Brennlinien auf der meridionalen und sagittalen Bildfeldschale. Die Krümmung $1/\varrho_m$ der Kugel, auf welcher die Zerstreuungsfigur ein Kreis wird, heißt „mittlere Bildwölbung". Nach (31.11) und (31.13) können wir die mittlere Bildwölbung auch durch

$$\frac{1}{\varrho_m} = \frac{1}{2}\left(\frac{1}{\varrho_{\mathrm{mer}}} + \frac{1}{\varrho_{\mathrm{sag}}}\right) \qquad (31.17)$$

definieren.

Fallen meridionale und sagittale Bildfeldschale zusammen, so erkennt man durch Gleichsetzen von (31.11) und (31.13), daß in diesem Falle C_1 und c_1 verschwinden und die Längen der Brennlinien (31.12), (31.14) und der Durchmesser

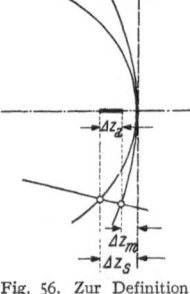

Fig. 56. Zur Definition des Astigmatismus.

d_m des Zerstreuungskreises (31.16) Null werden. Das Objekt wird in diesem Falle auf die Kugel der Krümmung

$$\frac{1}{\varrho_m} = \frac{1}{\varrho_{\mathrm{mer}}} = \frac{1}{\varrho_{\mathrm{sag}}} = \frac{1}{\xi_1} D_1 = \frac{2}{h_1' \beta^2} D_1 \qquad (31.18)$$

scharf abgebildet. In allen anderen Fällen bedingt der Unterschied der Krümmungen $1/\varrho_{\mathrm{mer}}$ und $1/\varrho_{\mathrm{sag}}$ der beiden Bildfeldschalen eine Bildunschärfe, welche man „Astigmatismus" nennt. Man versteht darunter die halbe Differenz der beiden Bildfeldkrümmungen

$$\frac{1}{2}\left(\frac{1}{\varrho_{\mathrm{mer}}} - \frac{1}{\varrho_{\mathrm{sag}}}\right) = \frac{1}{\xi_1}\sqrt{C_1^2 + c_1^2} . \qquad (31.19)$$

Der Astigmatismus ist der Entfernung zwischen meridionalem und sagittalem Verwischungsstrich proportional. Aus Fig. 56 folgt nämlich [vgl. (30.6)]

$$\Delta z_a = \Delta z_{\mathrm{sag}} - \Delta z_{\mathrm{mer}} = \beta^2 \, x_0^2 \, \frac{1}{2}\left(\frac{1}{\varrho_{\mathrm{mer}}} - \frac{1}{\varrho_{\mathrm{sag}}}\right), \qquad (31.20)$$

also nach (31.19)

$$\Delta z_a = \frac{2}{h_1'^i} \, x_0^2 \sqrt{C_1^2 + c_1^2} . \qquad (31.21)$$

Im rein elektrischen Feld und allgemein für ein isotropes, optisches Mittel ist der Koeffizient $c_1 = 0$. Die Richtungen der Hauptachsen der Zerstreuungsellipsen fallen dann nach (31.8) in die meridionale und sagittale Richtung. Wir nennen den durch c_1 bedingten Bildfehler, welcher für das Magnetfeld charakteristisch ist, „anisotropen Astigmatismus" oder „Drehungsastigmatismus".

Aus dem Vorhergehenden ersieht man, daß statt zweier Bildwölbungen auch eine einzige von ihnen zusammen mit dem Astigmatismus als selbständige Bildfehler betrachtet werden können[1].

Die Krümmung des Dingfeldes spielt in der gewöhnlichen Optik eine geringe Rolle. Bei den praktischen Anwendungen der Elektronenoptik, z.B. beim Bildwandler, ist jedoch die Fehlerkompensation durch ein gekrümmtes Dingfeld (z.B. durch eine gewölbte Photokathode) schon verwendet worden[2]. Bei gekrümmtem Objekt treten an die Stelle von (31.11), (31.13) und (31.15) die Gleichungen:

$$\frac{\xi_1}{\varrho_{\mathrm{mer}}} = C_1 + D_1 + \sqrt{C_1^2 + c_1^2} - \frac{\xi_0}{\varrho_0}, \tag{31.22}$$

$$\frac{\xi_1}{\varrho_{\mathrm{sag}}} = C_1 + D_1 - \sqrt{C_1^2 + c_1^2} - \frac{\xi_0}{\varrho_0}, \tag{31.23}$$

$$\frac{\xi_1}{\varrho_m} = C_1 + D_1 - \frac{\xi_0}{\varrho_0}. \tag{31.24}$$

Wir können also dadurch, daß wir dem Dingfeld eine entsprechende Krümmung geben, erreichen, daß eine der drei Bildfeldschalen geebnet wird und mit der GAUSSschen Bildebene zusammenfällt. Auf die Größe des Astigmatismus kann nach (31.19) und (31.22), (31.23) auf diese Weise kein Einfluß ausgeübt werden.

32. Die isotrope und anisotrope Verzeichnung. Nun untersuchen wir noch die beiden letzten Bildfehlerkoeffizienten E_1 und e_1, welche Aberrationen bewirken, die von den Blendenkoordinaten x_B und y_B unabhängig sind. Wir setzen also in (30.15) alle Koeffizienten bis auf E_1 und e_1 Null und erhalten

$$\varDelta \bar{x}_1 = \left(E_1 - \frac{\eta_0}{\varrho_0} - \frac{\eta_1}{\varrho_1} \right) x_0^3, \tag{32.1}$$

$$\varDelta \bar{y}_1 = e_1 x_0^3. \tag{32.2}$$

Da dieser Bildfehler die Blendenkoordinaten nicht enthält, ist die Abbildung stigmatisch.

α) Die gewöhnliche Verzeichnung. Nehmen wir zunächst an, daß allein $E_1 \neq 0$ ist, dann werden nach (32.1), (32.2) die geraden Linien, welche durch die Achse gehen ($x_0 = 0$, $y_0 = 0$) wieder in gerade Linien abgebildet, die anderen jedoch nicht, da die Achsenabstände der Bildpunkte den Achsenabständen x_0 der Dingpunkte nicht mehr proportional sind. Das Bild wird also verzeichnet. Man nennt deshalb den durch E_1 bewirkten Bildfehler „Verzeichnung".

Ist $E_1 - \frac{\xi_0}{\varrho_0} - \frac{\eta_1}{\varrho_1} > 0$, so ist nach (32.1) $\varDelta \bar{x}_1 > 0$ für $x_0 > 0$. Da aber wegen der Bildumkehr $\bar{x}_1 < 0$ ist, werden die Achsenabstände der achsenferneren Punkte verkleinert. Ein Objekt nach Fig. 57 geht daher in ein Bild nach Fig. 58a über. Man spricht in diesem Falle von *Tonnenverzeichnung*. Ist $E_1 - \frac{\xi_0}{\varrho_0} - \frac{\eta_1}{\varrho_1} < 0$, so

---

[1] Über Messungen des Astigmatismus bei Magnetlinsen vgl. H. BECKER u. A. WALRAFF: Arch. Elektrotechn. **34**, 43 (1940).

[2] W. SCHAFFERNICHT: Z. Physik **93**, 762 (1935). — V. K. ZWORYKIN u. G. A. MORTON: J. Opt. Soc. Amer. **26**, 181 (1936). — G. A. MORTON u. E. G. RAMBERG: Physics, Haag **7**, 451 (1936).

werden die achsenfernen Punkte des GAUSSschen Bildes von der Achse wegge-
rückt. Wir haben bei einem Objekt nach Fig. 57 *Kissenverzeichnung* wie sie
Fig. 58b veranschaulicht. Nehmen wir an, wir hätten bei ebenem Ding- und
Bildfeld ($1/\varrho_0 = 1/\varrho_1 = 0$) Kissenverzeichnung ($E_1 < 0$). Durch entsprechende
Wahl der Dingfeldkrümmung $1/\varrho_0$ können wir diesen Bildfehler kompensieren.
Wir brauchen dazu nur $1/\varrho_0 = E_1/\eta_0$ mit $\eta_0 = \frac{1}{2}\beta g_0'$ zu wählen. Wenn η_0 und E_1

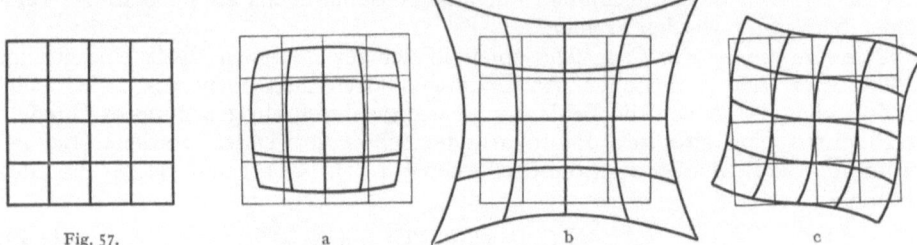

Fig. 57.   a   b   c
Testobjekt zur Prüfung   Fig. 58a—c. a Tonnenförmige Verzeichnung. b Kissenförmige Verzeichnung.
   der Verzeichnung.   c Einfluß der anisotropen Verzeichnung.

negativ sind, müssen wir $1/\varrho_0$ positiv wählen, d.h. das Dingfeld muß dem Bildschirm die hohle Seite zukehren. Im Falle von tonnenförmiger Verzeichnung
wäre es umgekehrt.

β) *Die anisotrope oder Drehungsverzeichnung.* Wir wollen annehmen, daß
allein e_1 von Null verschieden ist. Aus (32.2) sehen wir, daß nunmehr die

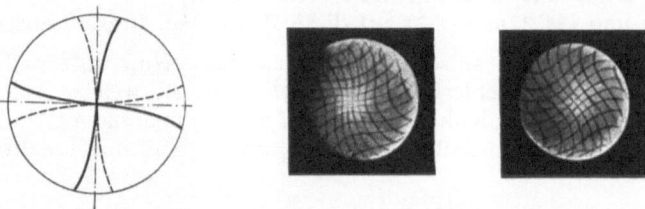

Fig. 59.   Fig. 60.

Fig. 59. Eine durch die optische Achse gehende Gerade wird durch die Drehungsverzeichnung („Zerdrehung") zu einer
        kubischen Parabel verzeichnet. Die gestrichelten Kurven ergeben sich bei Stromumkehr.

Fig. 60. Experimentelle Darstellung des Zerdrehungsfehlers. Es wurde ein quadratisches Netz durch eine Versuchsröhre
    mit gleichgeschalteten Linsenspulen abgebildet. Die beiden Bilder entsprechen entgegengesetzter Stromrichtung.

Verrückung des idealen Bildpunktes aus der Meridianebene heraus erfolgt, also
tangential gerichtet ist. Kann man die gewöhnliche Verzeichnung als eine „Zerdehnung" bezeichnen, so handelt es sich hier um eine „Zerdrehung". Ein Objekt
der Art von Fig. 57 wird für $e_1 \neq 0$ in ein Bild der Art von Fig. 58c verzeichnet.
Die beiden durch die Achse gehenden Kurven stellen dabei nach (32.2) zwei aufeinander senkrecht stehende kubische Parabeln dar, welche im Achsenschnittpunkt einen Wendepunkt haben (Fig. 59). Wenn man den Strom in den Magnetlinsen umkehrt, entstehen die am Achsenkreuz gespiegelten Kurven. Der experimentelle Nachweis dieser Erscheinungen wird durch Fig. 60 erbracht[1]. Die
beiden Bilder entsprechen entgegengesetzt gerichteten magnetischen Abbildungsfeldern[2].

---

[1] Siehe K. DIELS u. G. WENDT: Z. techn. Phys. **18**, 65 (1937), auch „Beiträge zur Elektronenoptik", herausgegeben von H. BUSCH u. E. BRÜCHE, Leipzig 1937, S. 19; vergl. ferner
die Aufnahme von H. MAHL in demselben Buch S. 30, Abb. 42.
[2] Über die Bildfehler des blendenfreien Systems siehe W. GLASER u. H. GRÜMM: Öst.
Ing.-Arch. **6**, 360 (1952) und W. GLASER: Grundlagen der Elektronenoptik, S. 408, Wien 1952.

33. Zusammenfassung über die beiden Arten der Bildfehler. Wir haben gesehen, daß bei der optischen Abbildung durch Elektronen- und Ionenstrahlen in rotationssymmetrischen Feldern *acht* unabhängige Bildfehler dritter Ordnung auftreten. Es sind dies der Öffnungsfehler, die beiden Arten von Koma, die Bildwölbung, die beiden Arten von Astigmatismus und die beiden Arten von Verzeichnung. Die gewöhnliche Optik kennt nur *fünf* unabhängige Bildfehler dritter Ordnung, da hier die Koeffizienten f, c und e nicht auftreten. Diese drei anisotropen Bildfehler sind durch das Magnetfeld bedingt, insbesondere durch die in jedem Magnetfeld erfolgende Schraubenbewegung der geladenen Teilchen (LARMOR-Präzession). Für ihr Auftreten ist nicht die Tatsache an sich maßgebend, daß das elektrisch-magnetische Feld vom optischen Standpunkt aus ein anisotropes optisches Mittel darstellt, sondern vielmehr, daß es sich hier um eine ganz bestimmte Anisotropie handelt. Diese besteht im wesentlichen darin, daß durch den *Drehungssinn* der Schraubenbewegung der Elektronen ein bestimmter Umlaufsinn um die Feldachse ausgezeichnet ist. Deshalb ist es auch im Gegensatz zur geometrischen Licht-

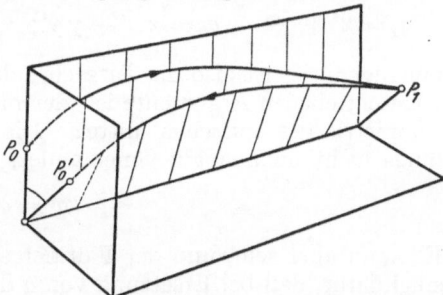

Fig. 61. Nichtumkehrbarkeit des Elektronenweges in der magnetischen Elektronenoptik. Entgegengesetztem Durchlaufungssinn entspricht entgegengesetzte Strahlendrehung.

optik für die Bahn nicht gleichgültig, in welchem Sinne sie durchlaufen wird. Kehrt man den *Durchlaufungssinn* um, so ergibt sich eine Bahn mit entgegengesetztem *Umlaufsinn* (Fig. 61). Statt der Namen: anisotrope Koma, anisotroper Astigmatismus und anisotrope Verzeichnung wären daher die Bezeichnungen: Drehungskoma, Drehungsastigmatismus und Drehungsverzeichnung zweckmäßiger.

Zwischen den isotropen und anisotropen Bildfehlern besteht ein kennzeichnender Unterschied. Während nämlich die Gößen B_1, C_1, D_1, E_1 und F_1 bei einer Umkehr der Richtung des Magnetfeldes unverändert bleiben, kehrt sich das Vorzeichen von f_1, c_1 und e_1 um. Man erkennt dies unmittelbar an den expliziten Formeln (25.27) in Verbindung mit (14.26). Wir haben in den Fig. 54 und 59 die bei einer Richtungsumkehr des Magnetfeldes entstehende Zerstreuungsfigur gestrichelt eingezeichnet. Experimentelle Untersuchungen der elektronenoptischen Bildfehler[1] bestätigen diese theoretische Erwartung[2].

34. Die notwendige und hinreichende Bedingung für das Verschwinden von Bilddrehung und anisotropen Bildfehlern im allgemeinen rotationssymmetrischen Mittel. Wir wollen zeigen, daß die in rotationssymmetrischen, elektrisch-magnetischen Feldern gefundenen Abbildungsgesetze charakteristisch sind für die *allgemeinste optische Abbildung in inhomogenen, anisotropen, rotationssymmetrischen Mitteln.* Insbesondere ist auch hier die Zahl der Bildfehler dritter Ordnung acht und besteht aus den fünf isotropen und den drei anisotropen Abbildungsfehlern[3].

---

[1] K. DIELS u. M. KNOLL: Z. techn. Phys. **16**, 617 (1935). — K. DIELS u. G. WENDT: Z. techn. Phys. **18**, 65 (1937). — Beiträge zur Elektronenoptik, S. 19. Herausgegeben von H. BUSCH und E. BRÜCHE. Leipzig 1937. — W. GLASER: Grundlagen der Elektronenoptik, S. 383 ff. Wien 1953.

[2] Eine strenge Berechnung aller Bildfehler dritter Ordnung als Funktion der Systemparameter für das magnetische Glockenfeld (23.15) wird in der Arbeit von W. GLASER u. E. LAMMEL: Arch. Elektrotechn. **37**, 347 (1943) gegeben. Die Bahnen dritter Ordnung und die SEIDELschen Bildfehler des elektrischen Glockenfeldes (23.59) werden in geschlossener Form bestimmt in W. GLASER u. P. SCHISKE: Optik **12**, 233 (1955).

[3] W. GLASER: Z. Physik **97**, 177 (1935).

Setzen wir vom Brechungsexponenten μ, dem in der Mechanik die Komponente $p_s = \mathfrak{p}\mathfrak{z}$ des generalisierten Impulses in der Bahnrichtung entspricht, bloß voraus, daß er gegenüber Drehungen invariant ist, so haben wir in

$$\delta \int \mu \, ds = \delta \int F \, dz = 0 \qquad (34.1)$$

das allgemeinste rotationssymmetrische Variationsproblem vor uns. Die drehungsinvariante LAGRANGEsche Funktion F kann also von den Variablen x, y, x' und y' nur vermittels der Drehungsinvarianten

$$q_1 = x^2 + y^2; \qquad q_2 = x \, x' + y \, y'; \qquad q_3 = x'^2 + y'^2; \qquad q = x \, y' - x' \, y \qquad (34.2)$$

abhängen. Es ist also die Tatsache, daß $F(q_1, q_2, q_3, q)$ allein eine Funktion der angeschriebenen Argumente ist, der mathematische Ausdruck für die Rotationssymmetrie des optischen Mittels. Die vier Variablen q_1, q_2, q_3 und q sind allerdings nicht unabhängig voneinander, sondern es besteht die Beziehung

$$q^2 = q_1 q_3 - q_2^2. \qquad (34.3)$$

Es kann aber sein, und der Fall der elektronenoptischen Abbildung ist ein Beispiel dafür, daß bei Ersetzung von q durch q_1, q_2 und q_3 nach (34.3) von F keine Entwicklung nach steigenden Potenzen dieser drei Variablen möglich ist. Wir müssen daher im allgemeinen Fall auch q als Argument in F aufnehmen und von dieser Funktion der vier Variablen q_1, q_2, q_3 und q wollen wir voraussetzen, daß sie eine Entwicklung nach Potenzen dieser vier Variablen zuläßt. W. R. HAMILTON, der zum ersten Male die Theorie der „allgemeinen" rotationssymmetrischen Mittel in großen Zügen entworfen hat, hat diesen Punkt nicht beachtet und angenommen, daß auch im allgemeinsten Fall F eine Funktion der *drei* unabhängigen Drehungsinvarianten q_1, q_2, q_3 sein muß. Da q gerade für das Auftreten der Bilddrehung und der drei Zerdrehungsfehler maßgebend ist, ist er weder zu diesen noch zu jener gelangt. Man hat daher in Kreisen der Optiker stets im Anschluß an HAMILTON die Ansicht vertreten, daß die Zahl der unabhängigen Bildfehler dritter Ordnung auch im allgemeinsten optischen Mittel stets fünf betrage und daß diese qualitativ mit denen der gewöhnlichen Optik übereinstimmen.

Wenn wir zunächst F nach der Variablen q entwickeln, erhalten wir

$$F = f_0 + f_1 q + f_2 q^2 + f_3 q^3 + \cdots \qquad (34.4)$$

oder

$$F = (f_0 + f_2 q^2 + f_4 q^4 + \cdots) + (f_1 + f_3 q^2 + f_5 q^4 + \cdots) \, q. \qquad (34.5)$$

Da wir in den beiden Klammern die geraden Potenzen von q auf algebraische Weise durch q_1, q_2, q_3 ausdrücken können, läßt sich F immer in der Form

$$F = f(q_1, q_2, q_3) + m(q_1, q_2, q_3) \cdot q \qquad (34.6)$$

darstellen. Wie ein Vergleich mit (14.6) zeigt, hat also die LAGRANGEsche Funktion der Elektronenbewegung im rotationssymmetrischen Feld bereits diese allgemeine Gestalt, so daß also die für diesen Fall gefundenen Gesetze bereits typisch sind für das allgemeinste rotationssymmetrische, inhomogene und anisotrope optische Mittel.

Für die Bilddrehung und die drei Zerdrehungsfehler ist das Glied $m(q_1, q_2, q_3)$ in (34.6) verantwortlich. Die notwendige Bedingung dafür, daß die Bilddrehung und die drei Zerdrehungsfehler identisch Null werden, ist also das Verschwinden von $m(q_1, q_2, q_3)$. In diesem Falle gilt $F(q) = F(-q)$. Umgekehrt ist auch $F(q) = F(-q)$ hinreichend dafür, daß $m \equiv 0$ ist. Bei Einführung von Zylinderkoordinaten r, z, ψ erhält man für (34.2)

$$q_1 = r^2, \quad q_2 = r\, r', \quad q_3 = r'^{\,2} + r^2 \psi'^{\,2}, \quad q = r^2 \psi', \qquad (34.7)$$

woraus man erkennt, daß der Übergang von q zu $-q$ mit dem Übergang von ψ' zu $-\psi'$ gleichbedeutend ist. Wenn wir ψ' durch $-\psi'$ ersetzen, erhalten wir aus der Strahlrichtung

$$\mathfrak{s} \equiv \frac{dr}{ds}, \quad r \frac{d\psi}{ds}, \quad \frac{dz}{ds} \qquad (34.8)$$

die Richtung

$$\overline{\mathfrak{s}} \equiv \frac{dr}{ds}, \quad -r \frac{d\psi}{ds}, \quad \frac{dz}{ds}, \qquad (34.9)$$

welche entgegengesetzte Richtung der Zirkularkomponente besitzt, also aus $\mathfrak{s}$ durch Spiegelung an einer Meridianebene hervorgeht. Wir wollen ein optisches Mittel mit der Eigenschaft

$$\mu(r\,\mathfrak{s}) = \mu(r, \overline{\mathfrak{s}}) \qquad (34.10)$$

ein „drehungssymmetrisches anisotropes Mittel" nennen. Hat $\mathfrak{s}$ z.B. von vornherein zirkulare Richtung, so heißt dies, daß das optische Mittel, also der Brechungsexponent μ bei Vertauschung von Rechtszirkulation mit Linkszirkulation unverändert bleibt. Das entsprechende mechanische Problem ist durch die analoge Eigenschaft des generalisierten Impulses

$$\mathfrak{p}(\mathfrak{r}, \mathfrak{s})\, \mathfrak{s} = \mathfrak{p}(\mathfrak{r}, \overline{\mathfrak{s}})\, \overline{\mathfrak{s}} \qquad (34.11)$$

gekennzeichnet. Mit dem oben eingeführten Begriff der Drehungssymmetrie können wir daher folgenden Satz aussprechen: Die notwendige und hinreichende Bedingung für das identische Verschwinden von Bilddrehung und Zerdrehungsfehlern besteht darin, daß das optische Mittel „drehungssymmetrische Anisotropie" besitzt.

35. Das Petzvalsche Theorem. Die Differenz der Funktionen $D(z)$ und $C(z)$ erhält nach (25.27), (14.26) und (25.15) die einfache Gestalt

$$D(z) - C(z) = \frac{1}{8\,\tau^2} \int_{z_0}^{z} \frac{\Phi'' + \dfrac{2e}{m_0} B_z^2}{\Phi^{\frac{3}{2}}}\, dz. \qquad (35.1)$$

Man sieht, daß man $D(z) - C(z)$ berechnen kann, ohne den Verlauf der Paraxialbahnen $u_1(z)$ und $u_2(z)$ zu kennen. Man wird daher praktischerweise nach (25.27) stets nur eine der Funktionen C oder D berechnen und die andere aus der einfachen Formel (35.1) ermitteln. Das gleiche wird für die entsprechenden Bildfehler D_1 und C_1 gelten. Mit

$$\frac{1}{\tau} = h_0'\, \sqrt{\Phi_0} \qquad (35.2)$$

und (26.10) folgt

$$D_1 - C_1 = \frac{\beta\, h_0'\, \sqrt{\Phi_0}}{8} \int_{z_0}^{z_1} \frac{\Phi'' + \dfrac{2e}{m_0} B_z^2}{\Phi^{\frac{3}{2}}}\, dz. \qquad (35.3)$$

Wenn der anisotrope Astigmatismus c_1 verschwindet, so folgt aus (31.11) und (31.13)

$$D_1 - C_1 = \frac{\xi_1}{2}\left(\frac{3}{\varrho_{\mathrm{sag}}} - \frac{1}{\varrho_{\mathrm{mer}}}\right), \qquad \xi_1 = \frac{1}{2}\,\beta^2\,h_1'. \tag{35.4}$$

Wir nennen

$$\frac{1}{\varrho_P} = \frac{1}{2}\left(\frac{3}{\varrho_{\mathrm{sag}}} - \frac{1}{\varrho_{\mathrm{mer}}}\right) = \frac{1}{\xi_1}\,(D_1 - C_1) \tag{35.5}$$

die PETZVAL-Krümmung nach J. PETZVAL, der zuerst die Bedeutung des Ausdruckes (35.4) für die Linsenoptik erkannt hat. Für ein von Astigmatismus freies System ($C_1 = 0$) wird $1/\varrho_{\mathrm{sag}} = 1/\varrho_{\mathrm{mer}} = 1/\varrho_m = 1/\varrho_P$ und die PETZVAL-Krümmung stellt direkt die Krümmung des Bildfeldes dar, auf das der Gegenstand scharf abgebildet wird. Mit (35.3) und (35.4) erhält man für die PETZVAL-Krümmung[1]

$$\frac{1}{\varrho_P} = \frac{1}{2}\left(\frac{3}{\varrho_{\mathrm{sag}}} - \frac{1}{\varrho_{\mathrm{mer}}}\right) = \frac{1}{4}\sqrt{\Phi_1}\int_{z_0}^{z_1} \frac{\Phi'' + \frac{2e}{m_0}B_z^2}{\Phi^{\frac{3}{2}}}\,dz. \tag{35.6}$$

Man kann übrigens aus der auf den rein elektrischen Fall spezialisierten Formel (35.6) sehr leicht den entsprechenden Ausdruck für die PETZVAL-Krümmung der geometrischen Lichtoptik gewinnen. Wir brauchen dazu nur in unserer Formel mit P. FUNK[2] an Stelle von $\Phi''/2\Phi'$ die Krümmung $1/\varrho$ der Potentialflächen (d.h. der brechenden Kugelflächen) einzuführen. Schreibt man außerdem für $\sqrt{\Phi} \sim n$, also $\Phi'dz = 2\sqrt{\Phi}\,dn$, so erhält man

$$\frac{1}{\varrho_P} = -n_1\int_{z_0}^{z_1} \frac{1}{\varrho}\,d\left(\frac{1}{n}\right) = n_1\sum \frac{1}{\varrho_k}\left(\frac{1}{n_{k-1}} - \frac{1}{n_k}\right). \tag{35.7}$$

Bei dieser Gelegenheit sei bemerkt, daß es zweckmäßig ist, die Formeln der geometrischen Lichtoptik aus den allgemeineren Formeln der Elektronenoptik dadurch zu gewinnen, daß man diese auf unstetige Änderungen des Brechungsexponenten (an Kugelflächen) spezialisiert. Die analytischen Beziehungen der Elektronenoptik sind meist durchsichtiger als die recht unhandlichen Summenformeln der Lichtoptik. Außerdem sind viele allgemeinere Ergebnisse, die in der Lichtoptik oft auf kompliziertem Wege unter der Voraussetzung der Kugelgestalt der brechenden Flächen gewonnen werden, gar nicht von diesen speziellen Voraussetzungen abhängig.

Die Bedingung dafür, daß das Bildfeld eines anastigmatischen Systems geebnet ist, lautet nach (35.6)

$$\int_{z_0}^{z_1} \Phi^{-\frac{3}{2}}\left(\Phi'' + \frac{2e}{m_0}B_z^2\right)dz = 0. \tag{35.8}$$

In Analogie zu dem entsprechenden Satz der gewöhnlichen Optik wollen wir (35.8) die „PETZVAL-Bedingung" nennen.

36. Die Farbabweichung bei Elektronenlinsen. Die Bahnen von Elektronen, die mit verschiedenen Geschwindigkeiten in ein abbildendes elektrisches oder magnetisches Feld eintreten, erfahren nach (19.2), (19.3) eine um so geringere

---

[1] W. GLASER: Z. Physik **83**, 104 (1933). (Die Formel ist dort in relativistischer Verallgemeinerung einschließlich der Wirkung einer äußeren Raumladung gegeben.) Über die Auswertung für spezielle Felder siehe L. S. GODDARD: Proc. Cambridge Phil. Soc. **42**, 127 (1946).

[2] P. FUNK: Mh. Math. Phys. **43**, 305 (1935); **45**, 314 (1937).

Krümmung, je größer die Eintrittsgeschwindigkeit der Elektronen ist. Achsennahe Elektronenbahnen, welche von ein und demselben Achsenpunkt ausgehen, werden sich daher in um so größerer Entfernung wieder vereinigen, je größer die Eintrittsgeschwindigkeit der Elektronen ist. Die Entfernung zwischen Bild und Gegenstand ist daher eine monoton wachsende Funktion der Elektronengeschwindigkeit. Das inhomogene Strahlenbündel, dessen in Volt ausgedrückter Geschwindigkeitsbereich zwischen U und $U + \Delta U$ liegt, wird die (einem bestimmten Geschwindigkeitswert entsprechende) Bildebene in einem Kreis vom Radius Δr durchstoßen, welcher in Analogie zur entsprechenden lichtoptischen Erscheinung der „chromatische Zerstreuungskreis" heißt.

Die Analogie zur chromatischen Aberration der Lichtoptik wird noch enger, wenn man die Wellennatur der Elektronenstrahlen in Betracht zieht. Wie in Ziff. 44 näher ausgeführt wird, entspricht einem Geschwindigkeitsspielraum ΔU ein bestimmter Wellenlängenbereich $\Delta \lambda$. Der chromatische Zerstreuungskreis für einen gegenüber der gesamten Volt-Geschwindigkeit kleinen Schwankungsbereich ΔU wird diesem proportional.

Was die Ursachen für die Inhomogenität der Strahlgeschwindigkeit betrifft, so können sie in folgendem liegen[1]:

1. In einer Verschiedenheit der *Eintrittsgeschwindigkeit* U der Elektronen ins Linsenfeld:

a) Infolge einer Geschwindigkeitsänderung der Elektronen beim Durchgang durch das *Objekt* und die Objektträgerfolie.

b) Infolge verschiedener thermischer, photoelektrischer oder feldelektrischer Austrittsgeschwindigkeiten der Elektronen aus der Kathode.

2. In einer Schwankung der *Beschleunigungsspannung* während der Beobachtungszeit (bzw. Expositionszeit der Photoplatte).

Wir wollen die Größe des chromatischen Zerstreuungsscheibchens bestimmen. Gleichzeitig soll auch der Einfluß einer Schwankung der magnetischen Feldstärke um den Betrag ΔB_0 infolge einer Änderung der Spulenstromstärke während der Beobachtungszeit mit erfaßt werden[2].

Sind die Elektronenbahnen $g(z)$ und $h(z)$ durch strenge Integration der paraxialen Differentialgleichungen gefunden worden, so kennen wir auch ihre Abhängigkeit von den Parametern U und B_0. Dem Werte U und B_0 wird die Bahn (26.5) entsprechen. Zu Geschwindigkeitswerten $U + \Delta U$ und Feldern mit etwas veränderter Stärke $B_0 + \Delta B_0$ gehören Nachbarbahnen, deren Abweichung von (26.5) durch Differentiation folgt:

$$\left. \begin{aligned} \Delta \bar{x} &= x(U + \Delta U, B_0 + \Delta B_0) - x(U, B_0) = \left(\frac{\partial g}{\partial U} x_0 + \frac{\partial h}{\partial U} x_B \right) \Delta U + \\ &+ \left(\frac{\partial g}{\partial B_0} x_0 + \frac{\partial h}{\partial B_0} x_B \right) \Delta B_0, \\ \Delta \bar{y} &= y(U + \Delta U, B_0 + \Delta B_0) - y(U, B_0) = \left(\frac{\partial g}{\partial U} y_0 + \frac{\partial h}{\partial U} y_B \right) \Delta U + \\ &+ \left(\frac{\partial g}{\partial B_0} y_0 + \frac{\partial h}{\partial B_0} y_B \right) \Delta B_0. \end{aligned} \right\} \quad (36.1)$$

Zu diesen Abweichungen aber kommt noch ein weiterer Betrag. Wir müssen nämlich beachten, daß sich die Elektronenbahnen auf das verschraubte System

---

beziehen, dessen Verschraubungswinkel in der Bildebene

$$\Theta_1 = \sqrt{\frac{e}{8m_0}} \int_{z_0}^{z_1} \frac{B_z}{\sqrt{\Phi}}\, dz \tag{36.2}$$

selbst von U und B_0 abhängt. Den Änderungen ΔU und ΔB_0 entspricht daher eine zusätzliche Drehung

$$\Delta\Theta_1 = -\sqrt{\frac{e}{32m_0}}\, \Delta U \int_{z_0}^{z_1} \frac{B_z\, dz}{\Phi^{\frac{3}{2}}} + \sqrt{\frac{e}{8m_0}}\, \frac{\Delta B_0}{B_0} \int_{z_0}^{z_1} \frac{B_z\, dz}{\sqrt{\Phi}}. \tag{36.3}$$

Wir schreiben hierfür abkürzend

$$\Delta\Theta_1 = -c_1\Delta U + c_2\Delta B_0. \tag{36.4}$$

Wegen

$$x_1 = r\cos\psi_1; \qquad y_1 = r\sin\psi_1 \tag{36.5}$$

entsprechen einer Änderung von ψ_1 um $\Delta\Theta_1$ die Koordinatenänderungen

$$\left.\begin{aligned} \Delta\bar{\bar{x}}_1 &= -r_1\sin\psi_1\,\Delta\Theta_1 = -y_1\Delta\Theta_1 = \beta\, y_0(c_1\Delta U - c_2\Delta B_0), \\ \Delta\bar{\bar{y}}_1 &= r_1\cos\psi_1\,\Delta\Theta_1 = x_1\Delta\Theta_1 = -\beta\, x_0(c_1\Delta U - c_2\Delta B_0). \end{aligned}\right\} \tag{36.6}$$

Die gesamte Aberration $\Delta x_1 = \Delta\bar{x}_1 + \Delta\bar{\bar{x}}_1$, $\Delta y_1 = \Delta\bar{y}_1 + \Delta\bar{\bar{y}}_1$ beträgt daher

$$\left.\begin{aligned} \Delta x &= (g_U x_0 + \beta c_1 y_0)\,\Delta U + (g_{B_0} x_0 - \beta c_2 y_0)\,\Delta B_0 + h_U x_B\,\Delta U + h_{B_0} x_B\,\Delta B_0, \\ \Delta y &= (g_U y_0 - \beta c_1 x_0)\,\Delta U + (g_{B_0} y_0 + \beta c_2 x_0)\,\Delta B_0 + h_U y_B\,\Delta U + h_{B_0} y_B\,\Delta B_0. \end{aligned}\right\} \tag{36.7}$$

Setzt man

$$\left.\begin{aligned} x_m &= (g_U x_0 + \beta c_1 y_0)\,\Delta U + (g_{B_0} x_0 - \beta c_2 y_0)\,\Delta B_0, \\ y_m &= (g_U y_0 - \beta c_1 x_0)\,\Delta U + (g_{B_0} y_0 + \beta c_2 x_0)\,\Delta B_0, \end{aligned}\right\} \tag{36.8}$$

so kann man für (36.7)

$$\left.\begin{aligned} \Delta x &= x_m + (h_U\Delta U + h_{B_0}\Delta B_0)\, x_B \\ \Delta y &= y_m + (h_U\Delta U + h_{B_0}\Delta B_0)\, y_B \end{aligned}\right\} \tag{36.9}$$

schreiben. Hieraus folgen die Aberrationskurven

$$(\Delta x_1 - x_m)^2 + (\Delta y_1 - y_m)^2 = r_B^2\,(h_U\Delta U + h_{B_0}\Delta B_0)^2. \tag{36.10}$$

Es ist eine Schar von Kreisen. Wir erhalten die gesamte von allen Kreisen in der GAUSSschen Bildebene bedeckte Fläche, wenn wir r_B von 0 bis zum Blendenradius R_B wachsen und ΔU und ΔB_0 zwischen 0 und ihrem Maximalwert schwanken lassen.

Bei konstantem Magnetfeld ($\Delta B_0 = 0$) erhalten wir für den Radius des chromatischen Zerstreuungskreises bei der Abbildung eines Achsenpunktes $x_0 = 0$, $y_0 = 0$

$$\Delta_F r = h_U\Delta U \cdot R_B. \tag{36.11}$$

Wenn wir — wie in Ziff. 27 — die dingseitige Apertur ϑ_0 einführen, ergibt sich für den auf die Dingebene bezogenen Zerstreuungskreis:

$$\delta_F r = \frac{\varDelta_F r}{\beta} = \vartheta_0 C_F \frac{\varDelta U}{U}, \qquad (36.12)$$

wobei die „Farbfehlerkonstante C_F" durch

$$C_F = \frac{1}{\beta h_0'} \left(\frac{\partial h}{\partial U} \right)_{z=z_1} \cdot U \qquad (36.13)$$

gegeben ist.

Analog erhalten wir bei der Abbildung eines Achsenpunktes für den Zerstreuungskreis, wenn sich während der Expositionszeit die magnetische Feldstärke um den Betrag $\varDelta B_0$ ändert:

$$\delta_F r = \frac{1}{\beta h_0'} \left(\frac{\partial h}{\partial B_0} \right)_{z=z_1} \cdot \varDelta B_0 \cdot \vartheta_0. \qquad (36.14)$$

Wenn es sich nicht um die Abbildung eines Achsenpunktes handelt [$x_0 \neq 0$, $y_0 = 0$], so tritt nach (36.8) zu dem eben berechneten Farbfehler noch eine weitere Abweichung hinzu, welche vom Achsenabstand des Objektpunktes abhängt. Im Falle „verschwindender Apertur" und $y_0 = 0$ lautet sie nach (36.9)

$$\left. \begin{aligned} \varDelta x_1 &= x_m = g_U x_0 \varDelta U + g_{B_0} x_0 \varDelta B_0, \\ \varDelta y_0 &= y_m = -\beta c_1 x_0 \varDelta U + \beta c_2 x_0 \varDelta B_0. \end{aligned} \right\} \qquad (36.15)$$

Sie äußert sich für $\varDelta B_0 = 0$ in einem Verwischungsstrich der Länge

$$\varDelta l = \sqrt{g_U^2 + \beta^2 c_1^2} \, x_0 \varDelta U. \qquad (36.16)$$

Der Winkel σ, den dieser Strich mit der radialen Richtung (bzw. der Meridianebene) einschließt, ist durch

$$\tan \sigma = -\frac{\beta c_1}{g_U} \qquad (36.17)$$

gegeben. Im rein elektrischen Feld ($c_1 = 0$) ist er also radial gerichtet.

Statt durch X_0, Y_0 und x_B, y_B können wir die Elektronenbahnen auch durch Anfangspunkt X_0, Y_0 und Anfangsrichtung X_0', Y_0' festlegen. Mit $W = X + iY$ erhält man so in komplexer Zusammenfassung für die Farbabweichung

$$\frac{\varDelta W_1}{\beta} = e^{i\Theta_1} \left[W_0 (C_\beta + i C_D) + W_0' C_F \right] \cdot \frac{\varDelta U}{U}, \qquad (36.18)$$

wobei Θ_1 durch (15.10') gegeben ist. Die drei Farbfehlerkonstanten C_F, C_β und C_D sind durch den Einfluß der Voltgeschwindigkeit U auf die Lage der Bildebene, auf die Vergrößerung β und die Bilddrehung bedingt. Wenn die Elektronenbahnen im gedrehten System durch

$$x = x_0 s + x_0' t, \qquad y = y_0 s + y_0' t \qquad (36.19)$$

gegeben sind, so folgen daraus durch Differentiation nach U für C_F, C_β und C_D die Ausdrücke

$$C_F = \frac{U}{\beta} \left(\frac{\partial t}{\partial U} \right)_{z=z_1}, \quad C_\beta = \frac{U}{\beta} \left(\frac{\partial s}{\partial U} \right)_{z=z_1}, \quad C_D = \frac{U}{\beta} \left[\beta \left(\frac{\partial \Theta}{\partial U} \right)_{z=z_1} - \Theta_0' \left(\frac{\partial t}{\partial U} \right)_{z=z_1} \right]. \quad (36.20)$$

Die Farbabweichung im magnetischen Glockenfeld[1] ergibt sich mit den bekannten Elektronenbahnen s und t zu

$$C_F = -\frac{\pi k_m^2 \, d}{2\,(1+k_m^2)^{\frac{3}{2}}}\,\frac{1}{\sin^2\varphi_0}, \quad C_\beta = \frac{\pi k_m^2}{2\,(1+k_m^2)^{\frac{3}{2}}}\,\frac{\cos\varphi_0}{\sin\varphi_0}, \quad C_D = -\frac{\pi k_m}{2\,(1+k_m^2)^{\frac{3}{2}}} \quad (36.20')$$

mit $z_0 = d \cdot \cot\varphi_0$ und $k_m^2 = 0{,}00352\,\dfrac{J^2}{U^*}\cdot\dfrac{V}{A^2}$. Für eine Änderung ΔJ des Objektiv-stromes erhält man die gleichen Formeln (36.18) und (36.20'), nur hat man in (36.18) $\dfrac{\Delta U}{U}$ durch $-2\,\dfrac{\Delta J}{J}$ zu ersetzen.

Man sieht, daß für jeden k_m^2-Wert die Farbfehlerkonstante C_F für $\varphi_0 = \pi/2$, d.h. für den Dingort in der Feldmitte ($z_0 = 0$) ihren kleinsten Wert annimmt.

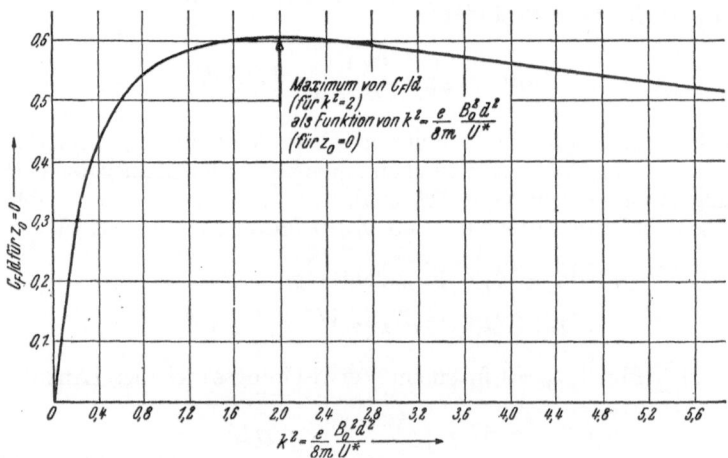

Fig. 62. Die Farbfehlerkonstante als Funktion der Linsenstärke für einen in der Feldmitte gelegenen Dingpunkt.

Bei gegebenem Dingort (z.B. $z_0 = 0$) hängt C_F von k_m^2 ab. Sie wird Null für $k_m^2 \to 0$ und $k_m^2 \to \infty$. Dazwischen erreicht C_F für $k_m^2 = 2$ seinen größten Wert, welcher durch

$$C_F = 0{,}605 \cdot d \qquad (36.21)$$

gegeben ist. In Fig. 62 ist C_F/d für $z_0 = 0$ als Funktion von k_m^2 dargestellt. Für *sehr hohe Vergrößerung* können wir $\varphi_0 = \pi/\omega$ setzen und erhalten

$$\frac{C_F}{d} = \frac{\pi k_m^2}{2\,(1+k_m^2)^{\frac{3}{2}}}\,\frac{1}{\sin^2\dfrac{\pi}{\sqrt{1+k_m^2}}}. \qquad (36.22)$$

C_F/d nach (36.22) ist in Fig. 63 dargestellt. Man sieht, daß in diesem Falle C_F/d in der Nähe des Parameterwertes $k_m^2 = 4$ ein Minimum besitzt, dessen numerischer

---

[1] W. Glaser: Z. Physik **117**, 285 (1940). Über den Vergleich der zweiten und dritten Formel (36.20') mit Farbfehlermessungen an Magnetlinsen siehe S. Leisegang: Optik **11**, 397 (1954) und die Messungen von S. Katagiri u. K. Koizumi in N. Morito: J. Appl. Phys. **25**, 986 (1954). [Die Formel (52) für den Farbfehler der Bilddrehung C_2' (in unserer Bezeichnung C_D) der Arbeit von N. Morito ist irrig und ergibt sich, wenn man oben in der dritten Formel von (36.20) das letzte Glied $\Theta_0'\left(\dfrac{\partial t}{\partial U}\right)_{z=z_1}$ wegläßt.] Für den Vergleich von C_F nach (36.20') mit Farbfehlermessungen an Magnetlinsen siehe A. Watanabe u. N. Morito: Optik **12**, 166 (1955).

Wert
$$C_{F\,min} = 0{,}577 \cdot d \qquad (36.23)$$
beträgt.

Die *untere Grenze des Farbfehlers bei günstigster Halbwertsbreite* erhält man, wenn man die Halbwertsbreite d mit Hilfe von (23.13) aus (36.22) eliminiert. Die so entstehende Funktion von k_m^2 nimmt für $k_{m_g}^2 = 1{,}2$ ihren kleinsten Wert

$$C_{F\,min} = 58{,}5\,\frac{\sqrt{U^*/V}}{B_0/G}\,\text{mm} \qquad (36.24)$$

an.

Die zugehörige günstigste Halbwertsbreite ergibt sich zu

$$d_g = 74\,\frac{\sqrt{U^*/V}}{B_0/G}\,\text{mm}. \qquad (36.25)$$

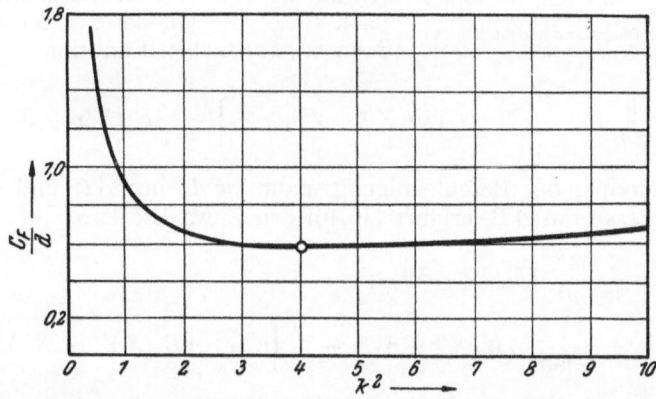

Fig. 63. Die Farbfehlerkonstante des magnetischen Glockenfeldes für hohe Vergrößerung als Funktion der Linsenstärke.

Der Farbfehler des elektrischen Glockenfeldes, folgt aus der Elektronenbahn

$$r = \frac{h}{h_0'} = -\frac{d \cdot \sqrt{1 - \varkappa^2 \sin^2 \varphi_0} \cdot \sin \omega_0\,[F(\varphi,\varkappa) - F(\varphi_0,\varkappa)]}{\omega_0 \sin \varphi_0 \sin \varphi} \qquad (36.26)$$

durch Differentiation nach U, welches nach (23.58) in $\varkappa^2$ enthalten ist. Auf Grund der allgemeinen Beziehung

$$\frac{\partial F}{\partial \varkappa^2} = \frac{1}{2\varkappa^2(1-\varkappa^2)}\,E - \frac{1}{2\varkappa^2}\,F - \frac{1}{4(1-\varkappa^2)}\,\frac{\sin 2\varphi}{\sqrt{1 - \varkappa^2 \sin^2 \varphi}}, \qquad (36.27)$$

wobei E das elliptische Integral zweiter Gattung,

$$E(\varphi,\varkappa) = \int_0^\varphi \sqrt{1 - \varkappa^2 \sin^2 \varphi}\,d\varphi \qquad (36.28)$$

bedeutet, erhält man

$$\left.\begin{aligned}
\frac{C_F}{d} ={}& \frac{\varkappa^2 \sqrt{1 - \varkappa^2 \sin^2 \varphi_0}}{\omega_0 \sin^2 \varphi_0}\left[\frac{\pi}{2}\left(\frac{1}{\varkappa^2} + \frac{1}{2\omega_0^2}\right) + \right. \\
&\left. + \frac{\omega_0(E_1 - E_0)}{2\varkappa^2(1-\varkappa^2)} + \frac{\omega_0}{4(1-\varkappa^2)}\left(\frac{\sin 2\varphi_0}{\sqrt{1 - \varkappa^2 \sin^2 \varphi_0}} - \frac{\sin 2\varphi_1}{\sqrt{1 - \varkappa^2 \sin^2 \varphi_1}}\right)\right].
\end{aligned}\right\} \qquad (36.29)$$

Für hohe Vergrößerung kann man $\varphi_0 = \varphi_F$ setzen, wobei φ_F durch (23.82) gegeben ist. Die auf die Brennweite (23.83) bezogene Farbfehlerkonstante C_F/f_0 ist für diesen Fall in Fig. 64 als Funktion von $\varkappa^2$ dargestellt.

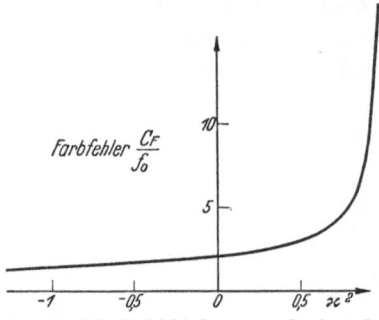

Fig. 64. Die Farbfehlerkonstante C_F für sehr hohe Vergrößerung bezogen auf die Brennweite f_0. Die linke Hälfte des Diagramms bezieht sich auf positives Innenpotential.

Bestimmung des Farbfehlers bei numerisch gegebenen Elektronenbahnen. In den seltensten Fällen werden die Elektronenbahnen, wie beim elektrischen und magnetischen Glockenfeld explizit als Funktion von U und B_0 bekannt sein. Sind die paraxialen Elektronenbahnen in Tabellenform oder kurvenmäßig für feste numerische Werte von U und B_0 gegeben, dann können wir den Farbfehler mit Hilfe des in Ziff. 25 entwickelten Störungsverfahren bestimmen. Wenn wir von relativistischen Korrekturen absehen, lauten nach (14.6) die Glieder zweiter Ordnung F_2 der Lagrangeschen Funktion

$$\sqrt{U}\, F_2 = -\frac{1}{8}\frac{\Phi''}{\sqrt{\Phi}}(X^2+Y^2) + \frac{1}{2}\sqrt{\Phi}\,(X'^2+Y'^2) - \frac{1}{2}\sqrt{\frac{e}{2m_0}}\,B_z(XY'-X'Y). \qquad (36.30)$$

Bei einer Änderung der Beschleunigungsspannung U um ΔU und der magnetischen Feldstärke um ΔB_z erfährt (36.30) den Zuwachs:

$$\left.\begin{aligned} \sqrt{U}\,\Delta F = &\frac{1}{16}\frac{\Phi''}{\Phi^{\frac{3}{2}}}\Delta U\,(X^2+Y^2) + \\ &+ \frac{1}{4\sqrt{\Phi}}\Delta U\,(X'^2+Y'^2) - \frac{1}{2}\sqrt{\frac{e}{2m_0}}\,\Delta B_z(XY'-X'Y) \end{aligned}\right\} \qquad (36.31)$$

oder, wenn wir mit Hilfe von (14.18), (14.19), (14.20) auf das verschraubte System umrechnen,

$$\left.\begin{aligned} \sqrt{U}\,\Delta F = &\left[\frac{1}{16\Phi^{\frac{3}{2}}}\left(\Phi'' + \frac{e}{2m_0}B_z^2\right)\Delta U - \frac{e}{8m_0}\frac{B_z}{\sqrt{\Phi}}\Delta B_z\right](x^2+y^2) + \\ &+ \frac{1}{4\sqrt{\Phi}}\Delta U\,(x'^2+y'^2) + \sqrt{\frac{e}{8m_0}}\left(\frac{B_z}{2\Phi}\Delta U - \Delta B_z\right)(xy'-x'y). \end{aligned}\right\} \qquad (36.32)$$

Setzt man

$$\Sigma = \sqrt{U}\int_{z_0}^{z_1}\Delta F\,dz, \qquad (36.33)$$

so sind nach (25.42), (25.43) die chromatischen Aberrationen in der Bildebene durch

$$\Delta_F x = x - a_1 u_1(z_1) - a_2 u_2(z_1) = -\tau\frac{\partial\Sigma}{\partial a_2}u_1(z_1) + \tau\frac{\partial\Sigma}{\partial a_1}u_2(z_1) \qquad (36.34)$$

und

$$\Delta_F y = y - b_1 u_1(z_1) - b_2 u_2(z_1) = -\tau\frac{\partial\Sigma}{\partial b_2}u_1(z_1) + \tau\frac{\partial\Sigma}{\partial b_1}u_2(z_1) \qquad (36.35)$$

gegeben, wobei τ durch (25.15) definiert ist.

Für Σ erhält man aus (36.33) und (36.32)

$$\Sigma = \Gamma_{11}R + 2\Gamma_{12}\varkappa + \Gamma_{22}\varrho + \Gamma\sigma, \qquad (36.36)$$

wobei die Γ'_{ik} folgende Konstante darstellen:

$$\Gamma_{ik} = \frac{\Delta U}{16} \int_{z_0}^{z_1} \left[\frac{\Phi'' + \frac{e}{2m_0} B_z^2}{\Phi^{\frac{3}{2}}} u_i u_k + \frac{4}{\sqrt{\Phi}} u_i' u_k' \right] dz - \frac{e}{8m_0} \int_{z_0}^{z_1} \frac{B_z \Delta B_z}{\sqrt{\Phi}} u_i u_k dz \qquad (36.37)$$

und Γ durch

$$\Gamma = \frac{\Delta U}{\tau} \sqrt{\frac{e}{8m_0}} \int_{z_0}^{z_1} \frac{B_z \, dz}{2 \Phi^{\frac{3}{2}}} - \frac{1}{\tau} \sqrt{\frac{e}{8m_0}} \int_{z_0}^{z_1} \frac{\Delta B_z}{\sqrt{\Phi}} dz \qquad (36.38)$$

gegeben ist.

Mit Benützung der Differentialgleichung für die Paraxialbahnen kann mittels einiger partieller Integrationen (36.37) auf die Gestalt

$$\left. \begin{aligned} \Gamma'_{ik} &= \frac{\Delta U}{16} \int_{z_0}^{z_1} \left[3 \left(\frac{\Phi'}{\Phi} \right)^2 + \frac{e}{m_0 \Phi} B_z^2 \right] \frac{u_i u_k}{\sqrt{\Phi}} dz - \frac{e}{8m_0} \int_{z_0}^{z_1} \frac{B_z \Delta B_z}{\sqrt{\Phi}} u_i u_k dz + \\ &\quad + \frac{\Delta U}{8} \left[\frac{(u_i u_k)'}{\sqrt{\Phi}} + \frac{\Phi' u_i u_k}{\Phi^{\frac{3}{2}}} \right]_{z_0}^{z_1} \end{aligned} \right\} \qquad (36.39)$$

gebracht werden.

Wenn wir insbesondere die Bahnen durch die Ding- und Blendenkoordinaten festlegen, haben wir $u_1(z) = g(z)$ und $u_2(z) = h(z)$ zu setzen, wobei $g(z)$ und $h(z)$ den Bedingungen (26.6) genügen. Die Variablen $R, \varrho, \varkappa$ und σ sind in diesem Falle durch (26.9) definiert.

Mit (26.7), (26.8) und $y_0 = 0$ erhalten so die chromatischen Aberrationskurven die Gestalt

$$\Delta_F x = - \frac{2\beta}{h_0' \sqrt{\Phi_0}} (\Gamma_{12} x_0 + \Gamma_{22} x_B), \qquad (36.40)$$

$$\Delta_F y = - \frac{\beta}{h_0' \sqrt{\Phi_0}} (\Gamma x_0 + 2 \Gamma_{22} y_B). \qquad (36.41)$$

Der Radius des chromatischen Zerstreuungsscheibchens bei der Abbildung eines Achsenpunktes wird damit

$$\sqrt{\Delta_F x^2 + \Delta_F y^2} = \frac{2\beta}{h_0' \sqrt{\Phi_0}} \Gamma_{22} \cdot R_B. \qquad (36.42)$$

Mit (36.39) folgt daraus die Farbfehlerkonstante (36.13) $[\Delta B_z = 0]$

$$C_F = \frac{U}{8\sqrt{\Phi_0}} \int_{z_0}^{z_1} \left[3 \left(\frac{\Phi'}{\Phi} \right)^2 + \frac{e}{m_0 \Phi} B_z^2 \right] \left(\frac{h}{h_0'} \right)^2 \frac{dz}{\sqrt{\Phi}}. \qquad (36.43)$$

Hieraus erkennt man, daß stets $C_F > 0$ ist.

In Fig. 65 ist für das in Ziff. 23 behandelte ungesättigte Polschuhfeld (vgl. Fig. 41) der Farbfehler bei hoher Vergrößerung als Funktion von s/b wiedergegeben[1].

Legt man die Elektronenbahnen durch Anfangspunkt und Anfangsrichtung fest, so ist der Farbfehler durch (36.18) dargestellt, wobei die Farbfehlerkonstanten C_F, C_β und C_D nach (36.37) folgendermaßen gegeben sind. Wir schreiben

$$G = \frac{1}{8 \Phi^{\frac{5}{2}}} \left(3 \Phi'^2 + \frac{e}{m_0} \Phi B_z^2 \right) \qquad (36.44)$$

---

[1] F. LENZ: Z. angew. Phys. 2, 448 (1950).

und erhalten

$$C_F = - \frac{U}{\sqrt{\Phi_0}} \int_{z_0}^{z_1} G t^2 \, dz, \tag{36.45}$$

$$C_\beta = - \frac{U}{\sqrt{\Phi_0}} \left[\int_{z_0}^{z_1} G s t \, dz + \frac{1}{4} \sqrt{\Phi_0} \left(\frac{1}{\Phi_1} - \frac{1}{\Phi_0} \right) \right], \tag{36.46}$$

$$C_D = - \frac{U}{2} \sqrt{\frac{e}{2 m_0}} \left[\int_{z_0}^{z_1} \frac{B_z}{\Phi^{\frac{3}{2}}} \, dz - \frac{B_{z0}}{\Phi_0} \int_{z_0}^{z_1} G t^2 \, dz \right]. \tag{36.47}$$

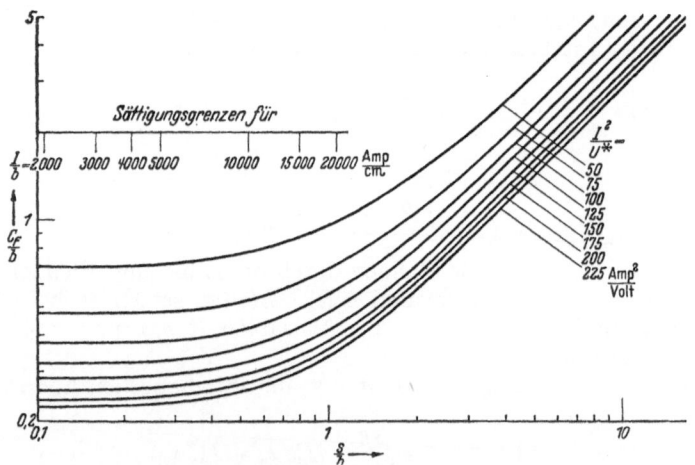

Fig. 65. Farbfehlerkonstante (bezogen auf den Bohrungsdurchmesser) ungesättigter magnetischer Polschuhlinsen für hohe Vergrößerung in Abhängigkeit von Polschuhabmessungen und Betriebsdaten. Sättigungsgrenzen für $B_s = 23\,700$ Gauß (Permendur). (Nach F. Lenz.)

Φ_0 und Φ_1 sind die elektrischen Potentiale in der Objekt- und Bildebene und B_{z_0} ist die z-Komponente des Magnetfeldes in der Dingebene.

Bedeutet B_0 den Maximalwert der axialen Feldstärke in einer Magnetlinse, so können wir

$$\Delta B_z = \Delta B_0 \frac{B_z(z)}{B_0} \tag{36.48}$$

setzen (wenn wir annehmen, daß die für ΔB_0 verantwortliche Stromschwankung die Sättigungsverhältnisse unverändert läßt).

Mit (36.48) erhält man für das auf die Dingebene bezogene Zerstreuungsscheibchen, das einer Schwankung ΔB_0 entspricht:

$$\delta_{B_0} = - \vartheta_0 \frac{e}{4 m_0 \sqrt{\Phi_0}} \frac{\Delta B_0}{B_0} \int_{z_0}^{z_1} \frac{B_z^2}{\sqrt{\Phi}} \left(\frac{h}{h_0'} \right)^2 dz, \tag{36.49}$$

wobei ϑ_0 die dingseitige Apertur bedeutet.

Aus der Tatsache, daß in rein magnetischen Linsen die paraxiale Elektronenbahn der optischen Achse stets die hohle Seite zukehrt, kann man aus (36.43) und (36.49) eine *obere Grenze für den Farbfehler von Magnetlinsen* erschließen. Man erhält

$$\delta_F \leq \left(\frac{\Delta U}{U} - \frac{2 \Delta B_0}{B_0} \right) r_B \left(1 + \frac{1}{|\beta|} \right), \tag{36.50}$$

wobei r_B den Blendenradius bedeutet. Für einen achsenparallel austretenden Strahl, wird $1/|\beta| = 0$ und (36.50) geht für diesen Grenzfall von *hoher Vergrößerung in*

$$\delta_F \leq \left(\frac{\Delta U}{U} - \frac{2\Delta B_0}{B_0}\right) r_B \leq \vartheta_0 \left(\frac{\Delta U}{U} - \frac{2\Delta B_0}{B_0}\right) \cdot f_0 \qquad (36.51)$$

über, wenn f_0 die reelle Brennweite bedeutet. Setzt man dagegen in (36.50) β als sehr klein voraus, d.h. nimmt man an, daß das Objekt sehr weit vor der Linse liegt, so daß das Bild praktisch im Brennpunkt entsteht, so kann man in (36.50) $1 + 1/|\beta|$ durch $1/|\beta|$ ersetzen. Da die Schwankung Δ der Brennpunktslage mit $|\beta|\,\delta_F$ durch

$$\Delta = |\beta|\,\delta_F \cdot \frac{f_0}{r_B} \qquad (36.52)$$

zusammenhängt, besteht für diese die Ungleichung

$$\Delta \leq \left(\frac{\Delta U}{U} - \frac{2\Delta B_0}{B_0}\right) f_0. \qquad (36.53)$$

Die obigen Abschätzungen können nicht mehr verschärft werden, da es Felder gibt, für die das Gleichheitszeichen gilt.

37. Fokussierung in Feldern ohne Rotationssymmetrie Alle bisherigen Betrachtungen beruhten auf der Voraussetzung der strengen Rotationssymmetrie der abbildenden elektrischen und magnetischen Felder. In der Praxis wird dieser Idealfall bei den Linsen der elektronenoptischen Instrumente nicht vollkommen verwirklicht sein. Die Gründe hierzu können in der mechanischen Fertigung, in einer magnetischen Inhomogenität des Polschuhmaterials oder in Verunreinigungen und daher unsymmetrischen Aufladungen der elektrischen Linsen und Blenden liegen. Man hat daher den Einfluß einer Abweichung von der Rotationssymmetrie des Abbildungsfeldes auf die Begrenzung des Auflösungsvermögens zu untersuchen. Die Theorie hat ergeben, daß für die optische Leistungsfähigkeit einer Elektronenlinse dieser Störeinfluß eine maßgebende Rolle spielt.

Selbstverständlich ist die Untersuchung der Elektronenbewegung in Feldern mit anderen Symmetrieeigenschaften als in rotationssymmetrischen Feldern auch von anderen Gesichtspunkten aus wichtig.

In II, Ziff. 10 und 11 wurde gezeigt, daß die Abweichung von der Rotationssymmetrie in den Potentialentwicklungen (10.16) und (11.5) bei den Gliedern zweiter Ordnung durch die Funktionen D, P, Δ und Q gekennzeichnet wird. Sie bewirken in der LAGRANGEschen Funktion F den Zusatzstern

$$\sqrt{\bar{U}}\,\Delta F = \left[\frac{D(1 + 2\varepsilon\,\Phi)}{8\sqrt{\Phi(1 + \varepsilon\,\Phi)}} - \frac{\eta}{2}\,Q\right](X^2 - Y^2) + \left.\phantom{\frac{}{}}\right\} \atop \left. + \left(\frac{P(1 + 2\varepsilon\,\Phi)}{2\sqrt{\Phi(1 + \varepsilon\,\Phi)}} + \frac{\eta}{2}\,\Delta\right)XY, \quad \eta = \sqrt{\frac{e}{2m_0}} \cdot \right\} \qquad (37.1)$$

Führt man Polarkoordinaten

$$X = r\cos\psi, \quad Y = r\sin\psi \qquad (37.2)$$

ein, so geht (37.1) über in

$$\sqrt{\bar{U}}\,\Delta F = \left[\frac{D(1 + 2\varepsilon\,\Phi)}{8\sqrt{\Phi(1 + \varepsilon\,\Phi)}} - \frac{\eta}{2}\,Q\right]r^2\cos 2\psi + \left[\frac{P(1 + 2\varepsilon\,\Phi)}{4\sqrt{\Phi(1 + \varepsilon\,\Phi)}} + \frac{\eta}{4}\,\Delta\right]r^2\sin 2\psi \atop = A(z)\,r^2\sin 2[\psi - \vartheta(z)].$$

$$\left.\phantom{\frac{}{}}\right\} \qquad (37.3)$$

Man sieht, daß ΔF eine zweizählige Symmetrie um die Feldachse besitzt, denn ΔF bleibt unverändert, wenn man ψ durch $\psi + \pi$ ersetzt.

Bezogen auf das verschraubte System erhalten wir aus (14.24) und (37.1) die Differentialgleichungen der achsennahen Bahnen:

$$\frac{d}{dz}\left(\sqrt{\Phi(1 + \varepsilon\,\Phi)}\; x'\right) + \frac{1}{4\sqrt{\Phi(1 + \varepsilon\,\Phi)}}\left[\Phi''(1 + 2\,\varepsilon\,\Phi) + \frac{e}{2m_0} B_z^2\right] x = S_1 x - S_2 y, \quad (37.4)$$

$$\frac{d}{dz}\left(\sqrt{\Phi(1 + \varepsilon\,\Phi)}\; y'\right) + \frac{1}{4\sqrt{\Phi(1 + \varepsilon\,\Phi)}}\left[\Phi''(1 + 2\,\varepsilon\,\Phi) + \frac{e}{2m_0} B_z^2\right] y = -(S_2 x + S_1 y), \quad (37.5)$$

wobei die Funktionen S_1 und S_2, welche die Abweichung von der Rotationssymmetrie kennzeichnen durch

$$S_1 = \left[\frac{D(1 + 2\varepsilon\,\Phi)}{4\sqrt{\Phi(1 + \varepsilon\,\Phi)}} - \eta\,Q\right]\cos 2\Theta + \frac{1}{2}\left(\frac{P(1 + 2\varepsilon\,\Phi)}{\sqrt{\Phi(1 + \varepsilon\,\Phi)}} + \eta\,\Delta\right)\sin 2\Theta, \quad (37.6)$$

$$S_2 = \left[\frac{D(1 + 2\varepsilon\,\Phi)}{4\sqrt{\Phi(1 + \varepsilon\,\Phi)}} - \eta\,Q\right]\sin 2\Theta - \frac{1}{2}\left(\frac{P(1 + 2\varepsilon\,\Phi)}{\sqrt{\Phi(1 + \varepsilon\,\Phi)}} + \eta\,\Delta\right)\cos 2\Theta \quad (37.7)$$

gegeben sind. Die Gln. (37.4), (37.5) mit (37.6), (37.7) beschreiben die allgemeinste paraxiale Elektronenbewegung mit gerader Achse bei verschwindendem Ablenkfeld[1].

Das gekoppelte Gleichungssystem (37.4), (37.5) zerfällt dann (und nur dann) in je eine Differentialgleichung allein für x und allein für y, wenn $S_2 = 0$ ist, also die Bedingungen

$$\tan 2\Theta = 2\,\frac{P(1 + 2\varepsilon\Phi) + \eta\,\Delta\sqrt{\Phi(1 + \varepsilon\,\Phi)}}{D(1 + 2\varepsilon\,\Phi) - 4\eta\,Q\sqrt{\Phi(1 + \varepsilon\,\Phi)}}, \qquad \Theta' = \frac{\eta}{2}\,\frac{B_z}{\sqrt{\Phi(1 + \varepsilon\,\Phi)}} \quad (37.8)$$

bestehen. Man erhält

$$\frac{d}{dz}\left(\sqrt{\Phi(1 + \varepsilon\,\Phi)}\; x'\right) + \left[\frac{\Phi''(1 + 2\varepsilon\,\Phi) + \eta^2 B_z^2}{4\sqrt{\Phi(1 + \varepsilon\Phi)}} - S_1\right] x = 0, \qquad (37.9)$$

$$\frac{d}{dz}\left(\sqrt{\Phi(1 + \varepsilon\,\Phi)}\; y'\right) + \left[\frac{\Phi''(1 + 2\varepsilon\,\Phi) + \eta^2 B_z^2}{4\sqrt{\Phi(1 + \varepsilon\Phi)}} + S_1\right] y = 0, \qquad (37.10)$$

wobei S_1 durch

$$S_1^2 = \left[\frac{D(1 + 2\varepsilon\,\Phi)}{4\sqrt{\Phi(1 + \varepsilon\,\Phi)}} - \eta\,Q\right]^2 + \frac{1}{4}\left[\frac{P(1 + 2\varepsilon\,\Phi)}{\sqrt{\Phi(1 + \varepsilon\,\Phi)}} + \eta\,\Delta\right]^2 \qquad (37.11)$$

gegeben ist.

Ein Achsenpunkt wird durch die beiden Elektronenbüschel, die in der xz-Ebene bzw. yz-Ebene liegen, wegen $S_1 \neq 0$ im allgemeinen in zwei verschiedenen Bildpunkten abgebildet. Man hat ein astigmatisches Bündel vor sich und kann nach (37.9) und (37.10) in diesem Fall von den zwei verschiedenen „Brechkräften" des Feldes in den beiden (verschraubten) „Symmetrieebenen" sprechen. Man nennt ein System, bei dem die Differentialgleichungen für x und y entkoppelt sind, ein *Orthogonalsystem*. Man kann es auch durch die Eigenschaft kennzeichnen, daß die Projektionen der räumlichen Elektronenbahn auf zwei zueinander senkrechte Meridianebenen gleichfalls Elektronenbahnen darstellen, somit der Lippichsche Satz gilt.

---

[1] W. Glaser: Z. Physik **120**, 1 (1943).

Aus dem Gleichungspaar (37.9), (37.10) ergeben sich wichtige Kombinations-möglichkeiten von elektrischem und magnetischem Feld. Für $S_1 = 0$, d.h. nach (37.11) für

$$\frac{D(1 + 2\varepsilon\,\Phi)}{4\sqrt{\Phi(1 + \varepsilon\,\Phi)}} - \eta\,Q = 0, \qquad \frac{P(1 + 2\varepsilon\Phi)}{\sqrt{\Phi(1 + \varepsilon\,\Phi)}} + \eta\,\varDelta = 0, \qquad (37.12)$$

gehen die Gln. (37.9), (37.10) über in die paraxialen Differentialgleichungen des rotationssymmetrischen Feldes, die eine stigmatische, unverzerrte Abbildung vermitteln. In (37.8) wird $\tan 2\Theta$ unbestimmt und Θ' ist wie im rotations-symmetrischen Feld allein durch die zweite Gl. (37.8) definiert.

Selbstverständlich ist (37.12) in trivialer Weise erfüllt, wenn D, Q, P und $\varDelta$ überhaupt verschwinden, d.h. wenn das Feld in den Gliedern zweiter Ordnung rotationssymmetrisch ist. Aber ob dies nun der Fall ist oder ob die Beziehungen (37.12) bestehen, jedenfalls hat man in den höheren Gliedern der allgemeinen Potentialausdrücke noch die willkürlichen Funktionen $D_1(z)$, $\varDelta_1(z)$, $P_1(z)$ und $Q_1(z)$ zur Verfügung, die man zur „Korrektur" der Bildfehler verwenden kann.

Durch Elimination von Θ' erhält die Orthogonalitätsbedingung (37.8) die Gestalt

$$\eta\,\frac{2B_z}{\sqrt{\Phi(1 + \varepsilon\,\Phi)}}\left\{\left[\frac{D(1 + 2\varepsilon\,\Phi)}{4\sqrt{\Phi(1 + \varepsilon\,\Phi)}} - \eta\,Q\right]^2 + \frac{1}{4}\left[\frac{P(1 + 2\varepsilon\,\Phi)}{\sqrt{\Phi(1 + \varepsilon\,\Phi}} + \eta\,\varDelta\right]^2\right\}$$

$$= \left[\frac{P(1 + 2\varepsilon\,\Phi)}{\sqrt{\Phi(1 + \varepsilon\,\Phi)}} + \eta\,\varDelta\right]' \cdot \left[\frac{D(1 + 2\varepsilon\,\Phi)}{4\sqrt{\Phi(1 + \varepsilon\,\Phi)}} - \eta\,Q\right] -$$

$$- \left[\frac{P(1 + 2\varepsilon\,\Phi)}{\sqrt{\Phi(1 + \varepsilon\,\Phi)}} + \eta\,\varDelta\right] \cdot \left[\frac{D(1 + 2\varepsilon\,\Phi)}{4\sqrt{\Phi(1 + \varepsilon\,\Phi)}} - \eta\,Q\right]'. \qquad (37.8')$$

Nach dieser Gleichung kann man zu gegebenen Funktionen D, P, Q und $\varDelta$ stets ein Magnetfeld $B_z(z)$ bestimmen, welches das System zu einem Orthogonal-system macht.

Die einfachsten Orthogonalsysteme erhält man, wenn nur eine der Bedingungen (37.12) erfüllt ist, z.B. nur die zweite. Man erreicht dies am einfachsten, wenn man überhaupt $P = 0$ und $\varDelta = 0$ voraussetzt. Aus (37.8) folgt dann $\Theta = 0$, d.h. $B_z = 0$ und die Gln. (37.9), (37.10) erhalten die Gestalt

$$\frac{d}{dz}\left(\sqrt{\Phi(1 + \varepsilon\,\Phi)}\,x'\right) + \left[\frac{(1 + 2\varepsilon\,\Phi)\,(\Phi'' - D)}{4\sqrt{\Phi(1 + \varepsilon\,\Phi)}} + \eta\,Q\right]x = 0,$$

$$\frac{d}{dz}\left(\sqrt{\Phi(1 + \varepsilon\,\Phi)}\,y'\right) + \left[\frac{(1 + 2\varepsilon\Phi)\,(\Phi'' + D)}{4\sqrt{\Phi(1 + \varepsilon\,\Phi)}} - \eta\,Q\right]y = 0. \qquad (37.13)$$

Mit diesem System werden wir uns unten ausführlicher befassen. Zunächst aber wollen wir untersuchen, welchen Einfluß eine kleine Abweichung von der Ro-tationssymmetrie auf die Abbildung hat.

α) *Axialer Astigmatismus bei gestörter Rotationssymmetrie.* Wir wollen über die Feldsymmetrie weiterhin keine besonderen Voraussetzungen machen. Dagegen wollen wir annehmen, daß die Abweichungen $D(z)$, $P(z)$, $\varDelta(z)$ und $Q(z)$ kleine Störungsfunktionen bedeuten. Die Methode der Variation der Konstanten (25.14) ergibt dann als Lösungen von (37.4), (37.5) die Elektronenbahnen

$$x = (g + a_1)\,x_0 - a_2\,y_0 + (h + \alpha_1)\,x_B - \alpha_2\,y_B\,,$$
$$y = (g - a_1)\,y_0 - a_2\,x_0 - \alpha_2\,x_B + (h - \alpha_1)\,y_B\,, \qquad (37.14)$$

17*

wobei die $a_1(z)$, $a_2(z)$, $\alpha_1(z)$ und $\alpha_2(z)$ folgende Funktionen von z bedeuten:

$$a_k = \frac{1}{h_0'\sqrt{\Phi_0}}\left[h(z)\int_{z_B}^{z} S_k\, g^2\, dz - g(z)\int_{z_0}^{z} S_k\, g\, h\, dz\right], \quad k = 1,2, \qquad (37.15)$$

$$\alpha_k = \frac{1}{h_0'\sqrt{\Phi_0}}\left[h(z)\int_{z_B}^{z} S_k\, g\, h\, dz - g(z)\int_{z_0}^{z} S_k\, h^2\, dz\right], \quad k = 1,2. \qquad (37.16)$$

Setzt man

$$\left.\begin{array}{ll}\xi = (g + a_1)\, x_0 - a_2\, y_0, & x_B = r_B\cos\chi, \\ \eta = (g - a_1)\, y_0 - a_2\, x_0, & y_B = r_B\sin\chi,\end{array}\right\} \qquad (37.17)$$

so lauten die Aberrationskurven in der achsensenkrechten Auffangebene $z = z$:

$$\left.\begin{array}{l}x - \xi = (h + \alpha_1)\, r_B\cos\chi - \alpha_2\, r_B\sin\chi, \\ y - \eta = -\alpha_2\, r_B\cos\chi + (h - \alpha_1)\, r_B\sin\chi.\end{array}\right\} \qquad (37.18)$$

Man erkennt, daß die Gln. (37.18) bei variablem χ eine Ellipse mit dem Mittelpunkt ξ, η darstellen. Die Hauptachsen sind nach (31.5) durch

$$A_1 = r_B\left[h + \sqrt{\alpha_1^2 + \alpha_2^2}\right], \qquad A_2 = r_B\left[h - \sqrt{\alpha_1^2 + \alpha_2^2}\right] \qquad (37.19)$$

gegeben und die eine Hauptachse schließt mit der x-Richtung einen Winkel ϑ ein, welcher nach (31.3) durch

$$\tan 2\vartheta = -\frac{\alpha_2}{\alpha_1} \qquad (37.20)$$

bestimmt ist.

Für einen Achsenpunkt $x_0 = 0$, $y_0 = 0$ wird nach (37.17) auch $\xi = 0$ und $\eta = 0$, d.h. der Mittelpunkt der „Bildellipse" fällt gleichfalls auf die Achse. Wir wollen diese durch die Abweichung von der Rotationssymmetrie bedingte Erscheinung „axialen Astigmatismus" nennen, da er im Gegensatz zu dem gleichnamigen Bildfehler dritter Ordnung auch für Achsenpunkte nicht verschwindet. Für besondere Lagen der Auffangebene kann diese Ellipse in eine ihrer Hauptachsen oder in einen Kreis ausarten. Dieser „Kreis der kleinsten Verwirrung" wird der Ersatz für den Gaussschen Bildpunkt bei rotationssymmetrischen Feldern sein. Der Gausssche Bildpunkt des entsprechenden rotationssymmetrischen Feldes ist durch $h(z_1) = 0$ gegeben. Gerade aber für die Gausssche Bildebene $z = z_1$ wird nach (37.19) $A_1 = -A_2$, d.h. hier geht die Astigmatismus-Ellipse in den Kreis der kleinsten Verwirrung über. Der Radius r_A dieses Kreises ist somit nach (37.19) durch

$$r_A = r_B\sqrt{\alpha_1^2(z_1) + \alpha_2^2(z_1)} \qquad (37.21)$$

gegeben, wobei die Größen $\alpha_1(z_1)$ und $\alpha_2(z_1)$ nach (37.16) wegen $g(z_1) = \beta$ durch

$$\alpha_1(z_1) = -\frac{\beta}{h_0'\sqrt{\Phi_0}}\int_{z_0}^{z_1} S_1\, h^2\, dz, \qquad \alpha_2(z_1) = -\frac{\beta}{h_0'\sqrt{\Phi_0}}\int_{z_0}^{z_1} S_2\, h^2\, dz \qquad (37.22)$$

dargestellt sind.

Bei der Abbildung eines nicht auf der Achse liegenden Punktes x_0, y_0 liegt der Mittelpunkt des zugehörigen ellipsenförmigen Bildscheibchens im Punkte ξ, η nach Gl. (37.17). Für das kreisförmige Bildscheibchen in der Gaussschen Bildebene ist dabei a_k durch

$$a_k(z_1) = -\frac{\beta}{h_0'\sqrt{\Phi_0}} \int_{z_0}^{z_1} S_k\, g\, h\, dz \tag{37.23}$$

gegeben. Zwischen den Dingpunktskoordinaten x_0, y_0 und den Bildpunkts-koordinaten ξ, η besteht der lineare (affine) Zusammenhang (37.17), welcher die Dehnungen

$$\varepsilon_x = \beta + a_1, \qquad \varepsilon_y = \beta - a_1 \tag{37.24}$$

bewirkt. Die Abbildungsmaßstäbe ε_x und ε_y sind also in den beiden Achsen-richtungen verschieden, so daß das Bild in der einen Richtung gedehnt, in der anderen gestaucht erscheint.

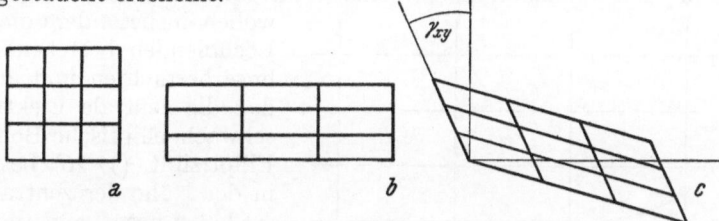

Fig. 66 a—c. Abbildung eines quadratischen Netzes durch ein System mit gestörter Rotationssymmetrie. a Testobjekt; b Verzeichnung für $a_2 = 0$; c Verzeichnung mit überlagerter Scherung.

Für die Winkeländerung γ_{xy} eines in der Dingebene rechtwinkeligen Netzes findet man

$$\gamma_{xy} = -\frac{2a_2}{\beta}. \tag{37.25}$$

Wenn a_2 nicht verschwindet, ist also außer den beiden verschiedenen Dehnungen auch noch eine Scherung (37.25) vorhanden. Ein quadratisches Netz wird also in etwas übertriebener Darstellung nach Fig. 66 abgebildet.

Um eine *Abschätzung für den axialen Astigmatismus magnetischer Linsen* zu geben, betrachten wir die Abbildung durch einen elliptischen Ringstrom. Ist $a = R(1+\varepsilon)$ die große und $b = R(1-\varepsilon)$ die kleine Achse des elliptischen Ringes, so können wir die „Elliptizität" der Linse durch den dimensionslosen geometri-schen Parameter

$$\varepsilon = \frac{a-b}{a+b} \tag{37.26}$$

kennzeichnen. Um die Abweichungsfunktion $\Delta(z)$ in ihrer Abhängigkeit von ε zu bestimmen, entwickeln wir das Feld in der Umgebung der Achse. Auf Grund des BIOT-SAVARTschen Gesetzes findet man

$$B_x = \frac{1}{2}\left[\frac{3\mu_0 J R^2 z}{2\varrho^5} - \frac{15}{4}\frac{\mu_0 J R^4 z}{\varrho^7}\varepsilon\right]x. \tag{39.27}$$

Vergleichen wir dies mit der allgemeinen Reihenentwicklung (11.2), so erhalten wir

$$\Delta = \frac{15}{4}\frac{\mu_0 J R^4 z}{(R^2+z^2)^{\frac{7}{2}}}\frac{a-b}{a+b}. \tag{37.28}$$

Die Funktion Δ kann auch durch

$$\Delta = -\frac{5}{2}\varepsilon\frac{B_z'}{1+\left(\frac{z}{R}\right)^2} \tag{37.29}$$

ausgedrückt werden. Wir halten an dieser Beziehung fest, ersetzen aber das Kreisstromfeld durch ein approximierendes Glockenfeld, da wir in diesem Fall die Paraxialbahnen explizit kennen und somit die Formel (37.22) auswerten können. Man erhält so für den auf die Dingebene bezogenen Radius des Zerstreuungskreises für den Fall hoher Vergrößerung $\left(\varphi_0 = \dfrac{\pi}{\omega}\right)$

$$\delta_A = \vartheta_0\, f_0\, \tfrac{5}{2}\, \varepsilon\, F(k_m^2)\,, \tag{37.30}$$

wobei die Funktion $F(k_m^2)$ von $k_m^2 = g^2$ in Fig. 67 wiedergegeben ist. Soll z.B. $\delta_A = 10^{-7}$ mm sein, so muß für $f_0 = 1$ mm, $\vartheta_0 = 10^{-3}$, $k_m^2 = g^2 = 1$ die Elliptizität kleiner als 10^{-4} sein, d.h. sie darf $0{,}1^0/_{00}$ nicht überschreiten.

Mit Hilfe des elektrostatischen Glockenfeldes können wir auch eine Abschätzung für den axialen Astigmatismus elektrostatischer Linsen geben. Wir wollen insbesondere die aus drei Lochblenden bestehende Einzellinse betrachten und annehmen, daß die zentrale Elektrode eine schwach elliptische Bohrung der Elliptizität (37.26) besitzt. Da in der Nähe der zentralen Elektrode bei negativem Innenpotential die Elektronengeschwindigkeit am kleinsten und daher der Feldeinfluß am größten ist, wird sich vor allem eine Elliptizität der zentralen Elektrode bemerkbar machen. Die Bohrungen der

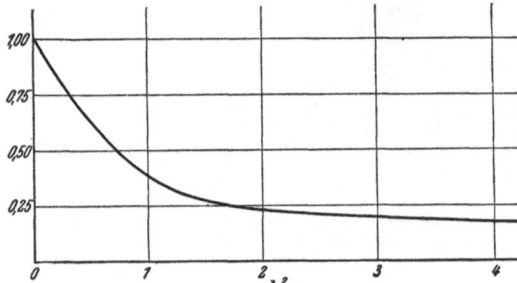

Fig. 67. Unsymmetriefunktion $F(k_m^2)$. In Abhängigkeit von $k_m^2 = 0{,}00352\, \dfrac{J^2}{U^*}\, \dfrac{V}{A^2}$.

äußeren Blenden können wir daher als rund voraussetzen. Zur Auswertung unserer allgemeinen Formel für den axialen Astigmatismus elektrostatischer Linsen

$$\delta_A = -\frac{\vartheta_0}{4\sqrt{\Phi_0}} \int_{z_0}^{z_1} \frac{D}{\sqrt{\Phi}}\, t^2\, dz\,, \quad t(z_0) = 0\,, \quad t'(z_0) = 1 \tag{37.31}$$

(P wird Null gesetzt) müssen wir den Zusammenhang der Störungsfunktion $D(z)$ mit der Elliptizität der Bohrung kennen.

Man kann diese Beziehung der expliziten Darstellung des Potentials einer ebenen Elektrode mit elliptischer Bohrung entnehmen. Dieses aus der Hydrodynamik bekannte Potential kann in die Elektronenoptik übernommen werden[1]. Man kann zeigen, daß für dieses Feld die Elliptizität der elliptischen Potentiallinien in der Achsennähe in der Mitte der Bohrung gleich ist der Elliptizität der Bohrung. Wenn man diese Tatsache als allgemein gültig betrachtet, dann kann man (37.31) für eine beliebige „kurze" Linse allgemein auswerten. Man erhält

$$\delta_A = 2\,\varepsilon\, z_0 \left(1 + \frac{1}{|\beta|}\right)\vartheta_0\,, \tag{37.32}$$

wobei z_0 den Abstand des Dingpunktes von der Linsenmitte und β die Vergrößerung bedeutet. Für hohe Vergrößerung wird $z_0 = f_0$, und es ergibt sich

$$\delta_A = 2\,\varepsilon\, f_0\, \vartheta_0\,. \tag{37.33}$$

Eine genauere Auswertung speziell für die Dreilochlinse erhalten wir, wenn wir den expliziten Verlauf von $D(z)$ in Betracht ziehen und das Linsenfeld durch das

---

[1] M. COTTE: C. R. Acad. Sci. Paris **228**, 377 (1949).

elektrische Glockenfeld approximieren. Man erhält so mit $2R = a + b = 2d$:

$$D(z) = 4U \varkappa^2 \varepsilon d^4 (d^2 + z^2)^{-3}.\qquad (37.34)$$

Mit der bekannten Elektronenbahn $t(z)$ für das Glockenfeld erhält man so für (37.31) bei hoher Vergrößerung

$$\delta_A = K(\varkappa^2) f_0 \vartheta_0 \cdot \varepsilon,\qquad (37.35)$$

wobei $K(\varkappa^2)$ den Koeffizienten

$$K(\varkappa^2) = \frac{\varkappa^2}{\omega_0^2 \operatorname{sn} \dfrac{\pi}{\omega_0}} \int\limits_0^{-\frac{\pi}{\omega_0}} \operatorname{sn}^2\left(\chi + \frac{\pi}{\omega_0}\right) \sin^2 \omega_0 \chi \, d\chi \qquad (37.36)$$

bedeutet, und φ mit χ durch

$$F(\varphi) - \frac{\pi}{\omega_0} = \chi \qquad (37.37)$$

verbunden ist. Ersetzt man $\operatorname{sn}^2\left(\chi + \dfrac{\pi}{\omega_0}\right)$ in (37.36) durch seinen größten Wert Eins, so erhält man eine obere Schranke von $K(\varkappa^2)$:

$$K(\varkappa^2) < \frac{\pi \varkappa^2}{2 \omega_0^3 \operatorname{sn} \dfrac{\pi}{\omega_0}}.\qquad (37.38)$$

Für ein typisches elektrostatisches Objektiv in Zweipolschaltung ist z.B. $\varkappa^2 = 0{,}77$ und (37.38) wird 6,06. Wir haben daher die Abschätzung

$$\delta_A < 6{,}56 f_0 \vartheta_0 \cdot \varepsilon.\qquad (37.39)$$

Man kann aber (37.36) auf numerischem Wege auch exakt auswerten. Für den Wert $\varkappa^2 = 0{,}77$ für das erwähnte Objektiv erhält man so

$$\boxed{\delta_A = 5{,}56 f_0 \vartheta_0 \cdot \varepsilon,}\qquad (37.40)$$

der von (37.39) nicht sehr verschieden ist.

Neben der Unrundheit der Polschuhbohrung bzw. der Blendenöffnung der Mittelelektrode, spielen bei Elektronenlinsen andere Fertigungsfehler, wie kleine Versetzungen und Verkippungen der Elektroden oder Polschuhe zueinander eine geringere Rolle. Sie äußern sich in erster Ordnung in einer Gesamtablenkung des Elektronenbildes ohne Beeinträchtigung der Bildqualität.

Will man die für den Techniker wichtige Frage des Einflusses der geometrischen Linsenasymmetrien in Zusammenhang mit den anderen geometrischen Linsenparametern, wie z.B. Spaltweite, Bohrungsdurchmesser, Elektrodenabstand usw. genauer diskutieren, so hat man vor allem die Abweichungsfunktionen D, P, $\varDelta$ und Q in der allgemeinen Feldentwicklung (10.16) bzw. (11.1) als Funktionen der Deformationen der felderzeugenden Elektroden bzw. Spulen zu bestimmen. Diese Frage kann als Störungsproblem der LAPLACEschen Gleichung und der Grenzbedingungen behandelt werden[1]. Die Aufgabe kann dann numerisch mittels Maschenverfahren in Angriff genommen werden. Auf diese Weise sind die Aberrationen einer bestimmten Polschuhlinse mit gegebenen Asymmetrien, numerisch ermittelt worden[2]. Das Feld der deformierten Elektroden kann auch mittels FOURIER-Transformationen aus dem ungestörten Feld

[1] F. BERTEIN: C. R. Acad. Sci. Paris **224**, 106 (1947).
[2] P. A. STURROCK: Phil. Trans. Roy. Soc. Lond., Ser. A **243**, 387 (1951).

numerisch bestimmt werden[1]. Bezüglich dieser mehr technischen Probleme, die einen ziemlichen Aufwand von numerischen Rechnungen erfordern, verweisen wir auf die Spezialarbeiten.

Da allgemein ein elliptisches Feld einen axialen Astigmatismus erzeugt, ist es umgekehrt möglich, durch eine Zusatzlinse von bestimmter Elliptizität einen vorhandenen Astigmatismus zu kompensieren. Man hat dazu nur ein zweizähliges elektrisches oder magnetisches Korrekturfeld auf den Strahlengang einwirken zu lassen, damit es einen Verschiebungsvektor des axialen Astigmatismus hervorruft, der zu dem Verschiebungsvektor in (37.14) entgegengesetzt gleich ist. Die Korrektion kann durch eine drehbare, in der Stärke veränderliche astigmatische Linse[2] oder durch je zwei Paare um die Achse angeordnete Elektroden[3] oder Feldspulen erzielt werden. Durch verschieden starke Spannungen an den Stigmator-Elektroden kann jeder gewünschte Wert der Elliptizität des Korrekturfeldes eingestellt werden. Von dieser Methode ist eine ausführliche Durchrechnung unter Berücksichtigung einer elektrischen Zentrierung gegeben worden[4]. Bei einer anderen Anordnung wird ein magnetisches Objektiv dadurch korrigiert, daß in seinem Luftspalt in einem Messingring acht einstellbare Eisenschrauben angebracht werden[5]. Ein anderes Korrekturverfahren[6] besteht darin, daß im Feldspalt magnetischer Linsen ein drehbarer und axial verschiebbarer unmagnetischer Ring, der zwei diametral gegenüberliegende Eisenteilchen trägt, entsprechend eingestellt wird.

β) Fokussierung durch Orthogonalsysteme. Die Rotationssymmetrie eines Abbildungsfeldes ist für die Entstehung eines scharfen (GAUSSschen) Bildpunktes zwar eine hinreichende, aber nicht notwendige Bedingung. Bereits im Vorhergehenden haben wir den Fall besprochen, wo ein nicht streng rotationssymmetrisches Linsenfeld zusammen mit einem zweiten derartigen Feld, eine scharfe Abbildung bewirkt.

Für diese Betrachtungen haben wir die Abweichungen von der Rotationssymmetrie in der weiteren Untersuchung als kleine Störungen vorausgesetzt. Aber wir brauchen diese Spezialisierung an unseren allgemeinen Differentialgleichungen der Paraxialbahnen (37.4), (37.5) nicht vorzunehmen. Besonders wichtig ist der Fall eines Orthogonalsystems, z.B. (37.9), (37.10), das im einfachsten Fall durch ein elektrisches Feld mit zwei aufeinander senkrecht stehenden Symmetrieebenen gegeben ist und die paraxialen Differentialgleichungen (37.13), mit $Q = 0$ besitzt[7].

Die Funktionen x_α, x_γ seien zwei unabhängige Lösungen der ersten Gl. (37.13) mit den Anfangsbedingungen $x_\alpha(z_0) = 0$, $x_\alpha'(z_0) = 1$, $x_\gamma(z_0) = 1$, $x_\gamma'(z_0) = 0$. Das Analoge gelte für die Lösungen $y_\alpha(z)$ und $y_\gamma(z)$ von der zweiten Gleichung. Die allgemeinen Paraxialbahnen sind dann durch

$$y = y_0 \, y_\gamma(z) + y_0' \, y_\alpha(z) \,, \tag{37.41}$$

$$x = x_0 \, x_\gamma(z) + x_0' \, x_\alpha(z) \tag{37.42}$$

gegeben.

[1] W. GLASER u. P. SCHISKE: Z. angew. Phys. **5**, 329 (1953).

[2] H. MAHL: Patentanmeldung 1944.

[3] O. SCHERZER: Phys. Bl. **2**, 110 (1946). — Optik **2**, 114 (1947). — F. BERTEIN: Ann. Radioélectr. **2**, 379 (1947); **3**, 49 (1948). Experimentell verwirklicht im „Stigmator" von O. RANG: Optik **5**, 518 (1949).

[4] A. RECKNAGEL u. G. HAUFE: Wiss. Z. techn. Hochschule Dresden **2**, 1 (1952/53).

[5] J. HILLER u. E. G. RAMBERG: J. Appl. Phys. **18**, 48 (1947).

[6] E. RUSKA: Siehe S. LEISEGANG, Optik **10**, 5 (1953). — S. LEISEGANG: Optik **11**, 49(1954).

[7] W. GLASER: Z. Physik **120**, 1 (1943). Der noch allgemeinere Begriff von Orthogonalsystemen mit gekrümmter Hauptachse ist bereits von M. COTTE [Ann. Phys., Paris **10**, 333 (1938)] in die Elektronenoptik eingeführt worden.

Ist $z = z_1$ eine Nullstelle von y_α $[y_\alpha(z_1) = 0]$, so gilt

$$y_1 = y_0\, y_y(z_1)\,, \tag{37.43}$$

$$x_1 = x_0\, x_y(z_1) + x_0'\, x_\alpha(z_1)\,. \tag{37.44}$$

Da im allgemeinen $x_\alpha(z_1)$ nicht gleichzeitig mit $y_\alpha(z_1)$ verschwindet, wird also der Dingpunkt in einen zur x-Achse parallelen Strich abgebildet. Wenn für das Bündel $0 \leq x_0' \leq p$ ist, so beträgt seine Länge $x_\alpha(z_1)\, p$. Unter der Voraussetzung, daß x_α außer in $z = z_0$ mit y_α noch eine weitere Nullstelle z_1 gemeinsam hat, erhält man in der Ebene $z = z_1$ eine stigmatische Abbildung:

$$x_1 = x_0\, x_y(z_1)\,, \qquad y_1 = y_0\, y_y(z_1)\,. \tag{37.45}$$

Die Abbildung ist verzerrt, da die Vergrößerungen

$$\beta_x = x_y(z_1)\,, \qquad \beta_y = y_y(z_1) \tag{37.46}$$

in der x- und y-Richtung im allgemeinen voneinander verschieden sein werden.

Für zwei beliebige unabhängige Lösungen u_1, u_2 von (37.9) und v_1, v_2 von (37.10) lauten die Abbildungsbedingungen:

$$\beta_x = \frac{u_1(z_1)}{u_1(z_0)} = \frac{u_2(z_1)}{u_2(z_0)}\,, \qquad \beta_y = \frac{v_1(\bar z_1)}{v_1(z_0)} = \frac{v_2(\bar z_1)}{v_2(z_0)}\,, \qquad z_1 = \bar z_1\,, \qquad \beta_x = \beta_y\,. \tag{37.47}$$

Wenn diese Bedingungen für eine ähnliche, stigmatische Abbildung erfüllt sind, wird man ebenso wie bei einem rotationssymmetrischen System auch nach den Bildfehlern eines derartigen Orthogonalsystems fragen. Die entsprechenden Formeln dafür sind 1946 von A. MELKICH[1] veröffentlicht worden. Man erhält sie am schnellsten mit der am Ende von Ziff. 25 dargestellten Störungsmethode. A. MELKICH hat in seinen Arbeiten gleichzeitig auch die beiden Fälle eines Magnetfeldes mit zwei Symmetrieebenen und eines Magnetfeldes, das einen Brechungsexponenten mit zwei Symmetrieebenen besitzt, behandelt. Wir verweisen wegen der allgemeinen Bildfehlerausdrücke auf diese Veröffentlichungen. Hier wollen wir nur zwei wichtige Spezialfälle näher betrachten, die in den letzten Jahren besonderes Interesse gefunden haben. Es ist dies erstens die Abbildung durch ein *elektrisches Orthogonalsystem*, dessen Potentialfeld aus dem allgemeinen Ausdruck (10.16) durch Spezialisierung auf zwei Symmetrieebenen zu

$$\left.\begin{aligned}\varphi(x, y, z) = \Phi &- \tfrac{1}{4}(\Phi'' - D)\, x^2 - \tfrac{1}{4}(\Phi'' + D)\, y^2 + (\tfrac{1}{64}\Phi^{(4)} - \tfrac{1}{48}D'' + D_1)\, x^4 + \\ &+ (\tfrac{1}{32}\Phi^{(4)} - 6\, D_1)\, x^2 y^2 + (\tfrac{1}{64}\Phi^{(4)} + \tfrac{1}{48}D'' + D_1)\, y^4 + \cdots\end{aligned}\right\} \tag{37.48}$$

folgt. Die paraxialen Bahnen haben die Differentialgleichungen[2] (37.13) mit $Q = 0$.

Wir betrachten allein die Abbildung eines Achsenpunktes, so daß wir nur einen von der Bündelöffnung abhängigen „Öffnungsfehler" erhalten. Wenn wir voraussetzen, daß die Bedingungen für die stigmatische paraxiale Abbildung

---

[1] A. MELKICH: Sitzgsber. Akad. Wiss. Wien, Abt. IIIa, **155**, 393, 440, I. u. II (1947), Berliner Dissertation 1943.

[2] O. SCHERZER schreibt in Optik **2**, 114 (1947) an Stelle der in unserer Arbeit und der in der MELKICHschen Arbeit verwendeten Bezeichnung D das Symbol $D = 4\, \Phi_2$. A. MELKICH bezeichnet den Koeffizienten von $x^2 y^2$ in (37.48) mit $-\tfrac{1}{8}G$ also $G = 48 D_1 - \tfrac{1}{4}\Phi^{(4)}$. O. SCHERZER schreibt Φ_4 für D_1. Da wir den Buchstaben G schon anderweitig verwendet haben, nennen wir die zweite, die Abweichung von der Rotationssymmetrie darstellende Funktion $D_1 = \Phi_4$.

streng erfüllt sind, so lautet er

$$\Delta x = a\,x_0'^3 + b\,x_0'\,y_0'^2, \qquad \Delta y = c\,y_0'^3 + b\,x_0'^2\,y_0'. \tag{37.49}$$

Die Koeffizienten a, b, c sind dann durch

$$
\left.
\begin{aligned}
a &= \frac{\beta}{16\sqrt{\Phi_0}} \int_{z_0}^{z_1} \sqrt{\Phi}\left[\frac{5}{4}\frac{\Phi''^2}{\Phi^2} - \frac{3}{2}\frac{\Phi'^2}{\Phi^2}\frac{x_\alpha'^2}{x_\alpha^2} + \frac{14}{3}\frac{\Phi'^3}{\Phi^3}\frac{x_\alpha'}{x_\alpha} + \frac{5}{24}\frac{\Phi'^4}{\Phi^4} + \right. \\
&\left. + \frac{7}{6}\frac{D^2}{\Phi^2} - 2\frac{D}{\Phi}\frac{x_\alpha'^2}{x_\alpha^2} + \frac{1}{2}\frac{D\Phi'^2}{\Phi^3} - \frac{5}{2}\frac{D\Phi''}{\Phi^2} - 8\frac{D\Phi'}{\Phi^2}\frac{x_\alpha'}{x_\alpha} - 32\frac{D_1}{\Phi} \right] x_\alpha^4\,dz,
\end{aligned}
\right\} \tag{37.50}
$$

$$
\left.
\begin{aligned}
b &= \frac{\beta}{16\sqrt{\Phi_0}} \int_{z_0}^{z_1} \sqrt{\Phi}\left[\frac{5}{4}\frac{\Phi''^2}{\Phi^2} + \frac{7}{4}\frac{\Phi'^2}{\Phi^2}\left(\frac{x_\alpha'^2}{x_\alpha^2} + \frac{y_\alpha'^2}{y_\alpha^2}\right) - \right. \\
&\;\; - 5\frac{\Phi'^2}{\Phi^2}\frac{x_\alpha'}{x_\alpha}\frac{y_\alpha'}{y_\alpha} + \frac{7}{3}\frac{\Phi'^3}{\Phi^3}\left(\frac{x_\alpha'}{x_\alpha} + \frac{y_\alpha'}{y_\alpha}\right) + \frac{5}{24}\frac{\Phi'^4}{\Phi^4} - \frac{1}{2}\frac{D^2}{\Phi^2} + \\
&\left. + 3\frac{D}{\Phi}\left(\frac{x_\alpha'^2}{x_\alpha^2} - \frac{y_\alpha'^2}{y_\alpha^2}\right) + \frac{D\Phi'}{\Phi^2}\left(\frac{y_\alpha'}{y_\alpha} - \frac{x_\alpha'}{x_\alpha}\right) + 96\frac{D_1}{\Phi} \right] x_\alpha^2\,y_\alpha^2\,dz
\end{aligned}
\right\} \tag{37.51}
$$

gegeben[1].

Der entsprechende Koeffizient c entsteht aus a, wenn man x_α mit y_α und D mit $-D$ vertauscht. Dabei ist vorausgesetzt, daß die Vergrößerungen $\beta_x = \beta_y = \beta$ sind, das System also frei von Verzeichnung erster Ordnung ist und der Bildpunkt des Büschels in der y-z-Ebene exakt mit dem Bildpunkt des Büschels der x-z-Ebene zusammenfällt. Wenn dies nicht der Fall ist, kommt zu dem Koeffizienten b im Ausdruck für Δx noch ein weiteres zu $x_\alpha(z_1)$ proportionales Fehlerintegral hinzu. Das gleiche gilt für die anderen Bildfehler[2].

Für das Verschwinden des Öffnungsfehlers dritter Ordnung ist also notwendig und hinreichend: erstens, daß man eine streng stigmatische und verzerrungsfreie GAUSSsche Abbildung verwirklicht und zweitens, daß die drei Integrale a, b und c verschwinden. Nach den Erfahrungen, die man über den Einfluß des axialen Astigmatismus und die Zentrierung auf die Abbildungsgüte gemacht hat, scheint es, daß das Hauptproblem vor allem in der strengen Erfüllung der ersten Forderung[3] und weniger in der zweiten liegt. Weiter kommt dazu, daß eine unvollkommene Zentrierung und eine Abweichung von der „Doppelsymmetrie" nicht wie bei rotationssymmetrischen Anordnungen fünf, sondern bedeutend mehr weitere Bildfehler hervorruft. Diese Tatsache erschwert die praktische Ausnützung der in den beiden willkürlichen Funktionen D und D_1 gegebenen größeren Variabilität der orthogonalen Systeme.

Trotzdem haben die experimentellen Untersuchungen, die von R. SEELIGER[4] auf Vorschlag von O. SCHERZER in dieser Richtung zur Korrektur des Öffnungs-

---

[1] O. SCHERZER: Optik **2**, 114 (1947). Die Formeln (37.50), (37.51) ergeben sich aus denen von A. MELKICH angegebenen Integralausdrücken durch partielle Integration. Es sei bemerkt, daß das erste Glied der zweiten Zeile von (37.50) in der Arbeit von O. SCHERZER $\frac{5}{6}\frac{D^2}{\Phi^2}$ lautet.

[2] A. MELKICH: Sitzgsber. Akad. Wiss. Wien **155**, 432 (1947).

[3] Dies steht mit einer Untersuchung von J. C. BURFOOT [Proc. Phys. Soc. Lond., Ser. B **66**, 775 (1953)] im Einklang, nach der sich in dem betrachteten Fall gerade für die Erreichung der GAUSSschen Abbildung außerordentlich strikte und praktisch unrealisierbare Toleranzanforderungen von einigen Angström-Einheiten für die Elektrodengestalt ergeben.

[4] R. SEELIGER: Optik **10**, 29 (1953).

fehlers dritter Ordnung durchgeführt worden sind, bereits klare Erfolge in der direkten Zielsetzung erkennen lassen. In Fig. 68 ist eine Skizze der SEELIGER-schen Anordnung mit idealisiertem Strahlengang dargestellt. Diese äquidistante Reihe aus einer als Objektiv dienenden Rundlinse R_1, einem Stigmator S, zwei Zylinderlinsen Z_x und Z_y, einer Rundlinse R_2 und drei Korrekturstücken K_x, K_y, K_{45} sind in der angedeuteten Weise nach den Hauptrichtungen x und y orientiert. An der Stelle K_x, wo das Strahlenbündel angenähert einen horizontalen Strich bildet, wirkt das vierzählige Korrekturstück K_x durch das $\Phi_4 = D_1$-Glied so, daß es die äußeren, zur Achse zu stark konvergierenden Elektronen von der

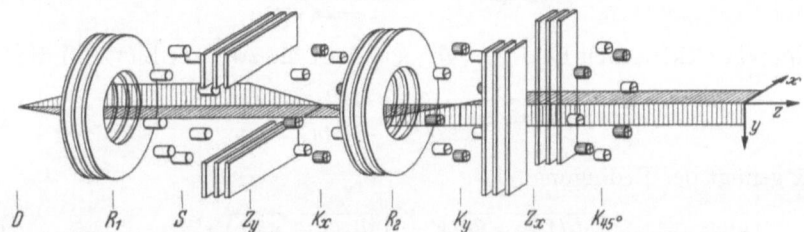

Fig. 68. Skizze der SEELIGERschen Anordnung zur Korrektur des Öffnungsfehlers dritter Ordnung. (Nach R. SEELIGER.)

Achse wegzieht (Fig. 69). Analog wirkt K_y auf das vertikale astigmatische Zwischenbild. Der noch verbleibende Restfehler in den beiden 45°-Schnitten soll durch K_{45} beseitigt werden. Infolge der großen Zentrierungsschwierigkeiten und der strikten Toleranzen ist eine unmittelbare Bildverbesserung mit dieser noch etwas komplizierten Anordnung jedoch nur schwer zu erzielen[1].

Die Funktion $D(z)$ kann im Prinzip auch zu einer Korrektion des Farbfehlers verwendet werden. Ebenso wie im rotationssymmetrischen Fall und mit den gleichen partiellen Integrationen erhält man für die Farbabweichung bei der Abbildung durch ein stigmatisches, verzeichnungsfreies Orthogonalsystem[2]

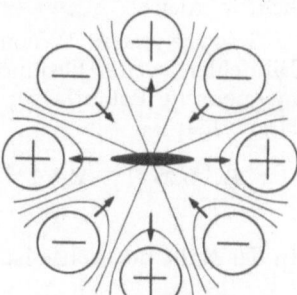

Fig. 69. Im Korrekturstück ist das abbildende Bündel so flach, daß nur die nach außen gerichteten Kräfte wirken. (Nach O. SCHERZER.)

$$\Delta x_1 = \frac{\beta\, x_0'\, \Delta U}{4\sqrt{\Phi_0}} \int_{z_0}^{z_1} \left(\frac{D}{\Phi} - \frac{3}{2}\, \frac{\Phi'^2}{\Phi^2} \right) \frac{x_\alpha^2}{\sqrt{\Phi}}\, dz, \qquad (37.52)$$

$$\Delta y_1 = -\frac{\beta\, y_0'\, \Delta U}{4\sqrt{\Phi_0}} \int_{z_0}^{z_1} \left(\frac{D}{\Phi} + \frac{3}{2}\, \frac{\Phi'^2}{\Phi^2} \right) \frac{y_\alpha^2}{\sqrt{\Phi}}\, dz. \qquad (37.53)$$

Die durch ΔU bedingte Schwankung der Vergrößerung $\Delta \beta_x$ ist

$$\Delta \beta_x = \beta\, \frac{\Delta U}{4} \left[\frac{1}{\Phi_0} - \frac{1}{\Phi_1} + \frac{1}{\sqrt{\Phi_0}} \int_{z_0}^{z_1} \left(\frac{D}{\Phi} - \frac{3}{2}\, \frac{\Phi'^2}{\Phi^2} \right) \frac{x_\alpha x_\gamma}{\sqrt{\Phi}}\, dz \right]. \qquad (37.54)$$

Der analoge Ausdruck für $\Delta \beta_y$ folgt durch Vertauschung von x_α, x_γ mit y_α, y_γ und von D mit $-D$. Für die Korrektion des Farbfehlers hat man D so zu bestimmen, daß die drei angeschriebenen Ausdrücke und derjenige für $\Delta \beta_y$ verschwinden. Die Funktionen x_α, x_γ, y_α und y_γ sind dabei allerdings mit D

---

[1] Über ein positives Ergebnis mit dem besprochenen Korrektiv berichtet G. MÖLLENSTEDT (Int. Conf. on Electron Microscopy, London 1954, Mitteilung 160).
[2] O. SCHERZER: Optik 2, 114 (1947).

durch die Differentialgleichungen (37.13) für $Q=0$, $\varepsilon \approx 0$, d.h.

$$\left.\begin{array}{l}\varPhi\, x'' + \tfrac{1}{2}\, \varPhi'x' + \tfrac{1}{4}\, (\varPhi'' - D)\, x = 0\,,\\[4pt]\varPhi\, y'' + \tfrac{1}{2}\, \varPhi'y' + \tfrac{1}{4}\, (\varPhi'' + D)\, y = 0\end{array}\right\} \qquad (37.55)$$

verkoppelt.

Zweidimensionale Systeme (Zylinderlinsen). Wir betrachten nun wieder das durch (37.13) definierte Orthogonalsystem. Wählt man

$$D = \varPhi'' + \frac{4\,\eta\,Q\,\sqrt{\varPhi(1 + \varepsilon\,\varPhi)}}{1 + 2\varepsilon\,\varPhi}\,, \qquad (37.56)$$

z.B. im rein elektrischen Feld $D = \varPhi''$, so erhält die zweite Gl. (37.13) die Gestalt

$$\frac{d}{dz}\left(\sqrt{\varPhi(1 + \varepsilon\,\varPhi)}\; y'\right) + \frac{\varPhi''(1 + 2\varepsilon\,\varPhi)}{2\sqrt{\varPhi(1 + \varepsilon\,\varPhi)}}\; y = 0 \qquad (37.57)$$

und x genügt der Bedingung

$$\sqrt{\varPhi(1 + \varepsilon\,\varPhi)}\; x' = \sqrt{\varPhi_0(1 + \varepsilon\,\varPhi_0)}\; x_0'\,. \qquad (37.58)$$

Man kann z.B. $x = $ const setzen. Wir haben dann in allen Ebenen $x = $ const eine durch (37.57) vermittelte optische Abbildung. Man spricht von einer *zweidimensionalen Abbildung* (nämlich in der yz-Ebene) oder in Analogie zur Lichtoptik von einer Zylinderlinse. Wegen $D = \varPhi''$ wird nach (37.48) das paraxiale Potential von x unabhängig. Derartige Zylinderlinsen können daher durch lange zylindrische Elektrodenflächen, die sich in der x-Richtung erstrecken, verwirklicht werden[1].

Vierpolsysteme. Wenn wir verlangen, daß im rein magnetischen Fall keine Bildfehler zweiter Ordnung auftreten, dann müssen im Ausdruck (11.1) für das magnetische Potential φ_m die Funktionen G_1 und H_1 gleich Null gesetzt werden. Man erhält

$$\left.\begin{array}{l}\varphi_m(x, y, z) = Q\, x\, y + \varDelta_1\, x^4 - (\tfrac{1}{12}Q'' - 4Q_1)\, x^3\, y - 6\varDelta_1\, x^2\, y^2 -\\[4pt]\qquad\qquad - (\tfrac{1}{12}Q'' + 4Q_1)\, x\, y^3 + \varDelta_1\, y^4 + \cdots.\end{array}\right\} \qquad (37.59)$$

In der Nähe der Achse ist

$$\varphi_m(x, y, z) = Q(z) \cdot x\, y\,, \qquad (37.60)$$

so daß in jeder Ebene $z = $ const die Äquipotentiallinien gleichseitige Hyperbeln sind. Nach A. Melkich erhält man daher für die Polschuhoberflächen eine Anordnung entsprechend Fig. 70a, wo die gestrichelten Linien die Feldlinien andeuten[2].

Das Feld $\varPhi(z)$ könnte in (37.13) durch ein rotationssymmetrisches Elektrodensystem erzeugt werden. Wir wollen annehmen, daß kein derartiger rotationssymmetrischer Anteil vorhanden ist. Man kann dann $\varPhi = U = $ const setzen und das elektrische Potential φ erhält nach (10.16) in der Nähe der Achse die Gestalt

$$\varphi(x, y, z) = U + \tfrac{1}{4}D(x^2 - y^2)\,. \qquad (37.61)$$

Die Elektroden schneiden also die Ebenen $z = $ const in gleichseitigen Hyperbeln, deren Asymptoten den Winkel zwischen den Achsen halbieren (Fig. 70b).

---

[1] Wegen spezieller Untersuchungen von Zylinderlinsen (Schlitzlinsen) vgl. M. Laudet [Cahiers de Phys. **41**, 72 (1953)] und G. D. Archard [Brit. J. Appl. Phys. **5**, 395 (1954)].
[2] A. Melkich: Sitzgsber. Akad. Wiss. Wien **155**, 393 (1947), Abb. 3.

Die Differentialgleichungen der paraxialen Elektronenbewegung (37.13) erhalten die Gestalt

$$x'' - \left(\frac{1 + 2\varepsilon\, U}{4\, U(1 + \varepsilon\, U)}\, D - \sqrt{\frac{e}{2 m_0\, U(1 + \varepsilon\, U)}}\, Q \right) x = 0,\qquad (37.62)$$

$$y'' + \left(\frac{1 + 2\varepsilon\, U}{4\, U(1 + \varepsilon\, U)}\, D - \sqrt{\frac{e}{2 m_0\, U(1 + \varepsilon\, U)}}\, Q \right) y = 0.\qquad (37.63)$$

Aus diesem Gleichungspaar erkennt man, daß x''/x und y''/y stets verschiedene Vorzeichen haben. Wenn also das Feld in der xz-Ebene eine sammelnde Wirkung hat, so wirkt es gleichzeitig in der yz-Ebene zerstreuend und umgekehrt. Diese Eigenschaft kann man unmittelbar am Verlauf der Feldlinien der beiden „Vierpolelemente" von Fig. 70a, b erkennen. Wenn man ein identisches Vierpolelement auf der gleichen Achse anordnet, aber um 90° gegenüber dem ersten gedreht, so wird nunmehr das Feld in der xz-Ebene zerstreuend wirken, in

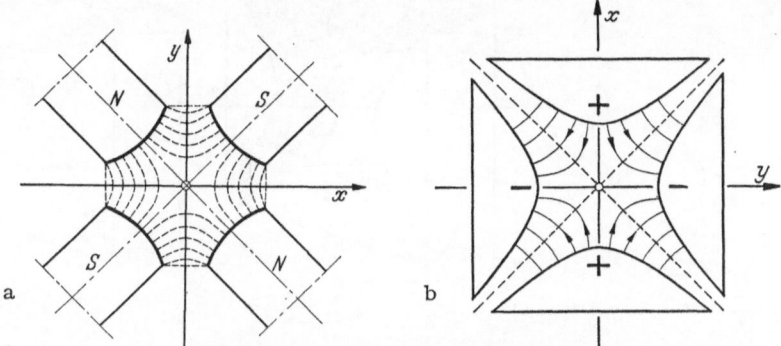

Fig. 70a u. b.   a Anordnung der Magnetpole für ein Magnetfeld der Form (37.60). (Nach A. MELKICH.)
b Elektrodenform für ein Feld der Gestalt (37.61).

der yz-Ebene dagegen sammelnd. Man erkennt leicht, daß man stets erreichen kann, daß der Gesamteffekt beider Vierpolelemente in einer Sammelwirkung in beiden Meridianebenen besteht. Dies folgt z. B. unmittelbar aus der Formel für die resultierende Brechkraft zweier getrennter optischer Systeme. Ist $1/f_{x_1}$ die Brechkraft in der xz-Ebene des ersten Elements, $1/f_{x_2}$ die des zweiten und ist d_x der Abstand der zweiten Hauptebene des ersten Vierpolelements von der ersten Hauptebene des zweiten Elements, so ist die resultierende Brechkraft in der xz-Ebene gegeben durch

$$\frac{1}{f_x} = \frac{1}{f_{x_1}} + \frac{1}{f_{x_2}} - \frac{d_x}{f_{x_1} f_{x_2}}.\qquad (37.64)$$

Mit $f_{x_2} = -\,|f_{x_2}|$ und $f_{x_1} = |f_{x_1}|$ folgt hieraus als Bedingung für $f_x > 0$

$$\frac{|f_{x_2}|}{|f_{x_1}|} + \frac{d}{|f_{x_1}|} > 1,\qquad (37.65)$$

welche stets erfüllt werden kann. Das gleiche gilt für die yz-Ebene. Die resultierende Vierpollinse wird jedoch — worauf A. MELKICH hinweist — im allgemeinen astigmatisch sein. Man kann sich zwar überlegen, daß die Brechkräfte $1/f_x$ und $1/f_y$ in den beiden Meridianebenen gleich sind: in jeder Meridianebene müssen zunächst ding- und bildseitige Brennweiten gleich sein, da auf beiden Seiten der gleiche Brechungsindex vorhanden ist. Ein achsenparallel von rechts in der xz-Ebene einfallender Strahl stimmt aber — infolge der Symmetrie der

Anordnung — in seinem Verlauf mit einem von links achsenparallel einfallenden Strahl der yz-Ebene überein. Beide definieren somit die gleiche Brennweite $f_x = f_y$. Die Lage der Brennpunkte und damit auch der Hauptpunkte im Gesamtsystem wird aber für die beiden Meridianebenen verschieden sein. Das Gesamtsystem ist daher im allgemeinen astigmatisch.

Es ist das Verdienst von E. D. COURANT, M. ST. LIVINGSTON und H. S. SNY-DER, daß sie die obige Strahlkonzentrierungsmethode, die sie „strong focusing-method" nennen, erstmalig praktisch realisiert[1] und auf den wichtigen Fall der Stabilisierung der Teilchenbahnen im Synchroton angewendet haben. Fig. 71 a gibt einen Querschnitt des von ihnen vorgeschlagenen Vierpolmagneten mit den hyperbolischen Polschuhoberflächen. Auf die Anwendung auf die Stabilisierung kreisförmiger Bündel kommen wir in VI, Ziff. 43 zurück.

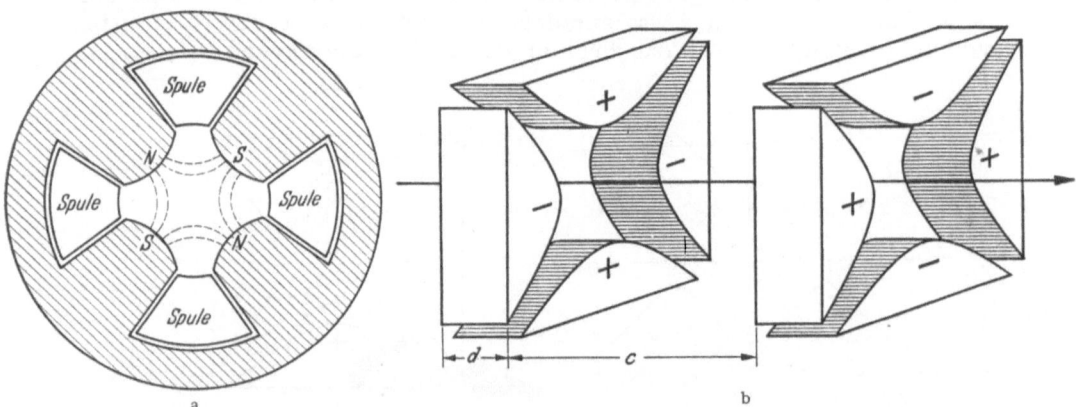

Fig. 71 a u. b. a Querschnitt durch einen Vierpolmagneten mit hyperbolischen Polschuhoberflächen. (Nach E. D. COURANT, M. ST. LIVINGSTON und H. S. SNYDER.) b Schema einer aus zwei Vierpolelementen bestehenden Linse.

Bei dem obigen Problem der Strahlkonzentrierung findet man mit einem astigmatischen System das Auslangen[2]. Aber man kann erwarten, daß durch geeignete Wahl des Abstandes c zwischen den beiden Vierpolelementen (Fig. 71 b) erreicht werden kann, daß das Gesamtsystem stigmatisch ist und somit auch zu einer Abbildung verwendet werden kann.

In einer gewissen Schematisierung kann man mit A. MELKICH annehmen, daß $Q(z) [D(z)]$ praktisch nur innerhalb der Polschuhe (Elektroden) von Null verschieden und dort konstant ist. An den Polschuhenden soll $Q(z)$ plötzlich auf Null abfallen. Man ersetzt also die im allgemeinen glockenförmigen Funktionen $Q(z)$ und $D(z)$ approximativ durch einen kastenförmigen Verlauf. Mit

$$\omega^2 = \frac{1 + 2\varepsilon U}{4 U(1 + \varepsilon U)} D \quad \text{bzw.} \quad \omega^2 = \sqrt{\frac{e}{2 m_0 U(1 + \varepsilon U)} Q} \qquad (37.66)$$

---

[1] E. D. COURANT, M. ST. LIVINGSTON u. H. S. SNYDER: Phys. Rev. **88**, 1190 (1952). — Vgl. auch E. D. COURANT, M. ST. LIVINGSTON, H. S. SNYDER und J. P. BLEWETT [Phys. Rev. **91**, 202 (1953)], wo die Priorität für diesen Vorschlag N. CHRISTOPHILOS zuerkannt wird.
[2] Über die Verwendung von Vierpol- und Sechspolfeldern zur Konzentrierung von Atom- und Molekülstrahlen auf Grund ihrer magnetischen und elektrischen Momente vgl. H. FRIED-BURG u. W. PAUL: Naturwiss. **38**, 159 (1951). — H. FRIEDBURG: Z. Physik **130**, 493 (1951). — KORSUNSKI u. VOGEL: J. Theor. a. Exper. Phys. **21**, 25 (1951). — H. G. BENNEWITZ u. W. PAUL: Z. Physik **139**, 489 (1954). — P. J. GORDON, H. J. ZEIGER u. C. H. TOWNES: Phys. Rev. **95**, 282 (1954). — H. G. BENNEWITZ, W. PAUL u. CH. SCHLIER: Z. Physik **141**, 6 (1955).

erhält man für die Elektronenbahnen innerhalb der Elektroden bzw. innerhalb der Polschuhe

$$x = c_1 \operatorname{Cos} \omega\, z + c_2 \operatorname{Sin} \omega\, z, \tag{37.67}$$

$$y = c_3 \cos \omega\, z + c_4 \sin \omega\, z \tag{37.68}$$

und außerhalb Gerade. Indem man die Bahnen aus diesen Teilstücken stetig zusammensetzt, kann man die durch sie vermittelte Abbildung diskutieren. Wir fragen insbesondere nach jener Entfernung c zwischen den Vierpolelementen, für welche sich eine stigmatische Abbildung ergibt. Mit den Abkürzungen

$$\alpha = \frac{d}{2} \sqrt{\frac{1+2\varepsilon U}{1+\varepsilon U} \cdot \frac{D}{U}} \quad \text{bzw.} \quad \alpha = d \sqrt[4]{\frac{e}{2m_0\, U(1+\varepsilon U)}\, Q^2} \tag{37.69}$$

erhält man für c

$$\frac{d}{c} = -\frac{\alpha}{2}\,(\cot\alpha + \operatorname{Cot}\alpha). \tag{37.70}$$

Wenn diese Bedingung für eine stigmatische Vierpollinse erfüllt ist, ergibt sich die Brennweite zu

$$f_1 = \frac{d}{\alpha}\, \frac{\operatorname{Sin}\alpha \cdot \cos\alpha + \operatorname{Cos}\alpha \cdot \sin\alpha}{\operatorname{Sin}^2\alpha - \sin^2\alpha} \tag{37.71}$$

und der Brennpunktsabstand vom rechten Linsenende wird

$$s_{F_1} = -\frac{d}{\alpha}\, \frac{\operatorname{Sin}\alpha \cdot \operatorname{Cos}\alpha + \sin\alpha \cdot \cos\alpha}{\operatorname{Sin}^2\alpha - \sin^2\alpha} \tag{37.72}$$

Es ist zweckmäßiger statt D die Linsenöffnung ϱ_0 und die Linsenspannung u zwischen positiver und negativer Elektrode einzuführen. Wegen (37.61) erhält man

$$u = \tfrac{1}{2} D\, \varrho_0^2 \tag{37.73}$$

und der Hilfswinkel α kann somit durch die unmittelbar gegebenen Größen d, ϱ_0, u und U in folgender Weise ausgedrückt werden:

$$\alpha = \frac{d}{\varrho_0} \sqrt{\frac{u(1+2\varepsilon U)}{2U(1+\varepsilon U)}}. \tag{37.74}$$

Für die magnetische (stigmatische) Vierpollinse erhält man angenähert

$$\alpha^2 = \mu_0 \sqrt{\frac{e}{2m_0}}\, \frac{d^2}{\varrho_0^2}\, \frac{NJ}{\sqrt{U(1+\varepsilon U)}}, \tag{37.75}$$

wobei NJ die Amperewindungszahl für einen Polschuhquadranten bedeutet. Mit Rücksicht auf die Streuverluste im magnetischen Kreis wird man

$$\alpha = \varkappa\, \frac{d}{\varrho_0} \left(\frac{N^2 J^2}{U(1+\varepsilon U)}\right)^{\tfrac{1}{4}} \tag{37.76}$$

setzen, wobei $\varkappa$ einen noch zu bestimmenden numerischen Faktor bedeutet. [Entsprechend (37.75) wäre er approximativ durch $\varkappa = 0{,}610$ gegeben.]

Unter Benützung der in III, Ziff. 23 für das magnetische Glockenfeld durchgeführten Bahnintegration kann die obige Theorie der stigmatischen Vierpollinse für eine typische Elektroden- bzw. Polschuhgestalt auch streng durchgeführt[1]

---

[1] W. Glaser: Bisher unveröffentlichte Arbeit.

werden. Wir brauchen dazu nur

$$\frac{1 + 2\varepsilon U}{4 U(1 + \varepsilon U)} D(z) - \sqrt{\frac{e}{2m_0 U(1 + \varepsilon U)}} Q(z) = \frac{h^2}{d^2} \frac{1}{\left[1 + \left(\frac{z}{d}\right)^2\right]^2} \qquad (37.77)$$

zu setzen, wobei k^2 eine noch zu bestimmende Konstante darstellt. Im rein elektrischen Feld $[Q = 0]$ erhalten wir so für die Elektrodengestalt

$$\frac{x^2 - y^2}{\left[1 + \left(\frac{z}{d}\right)^2\right]^2} = \pm \varrho_0^2. \qquad (37.78)$$

Die Schichtenlinien $z = \text{const}$ der Elektroden sind also gleichseitige Hyperbeln. ϱ_0 bedeutet den Radius der Linsenöffnung ($x = \varrho_0$ für $y = 0$, $z = 0$). Für die Linsenspannung erhält man aus (37.73)

$$u = \frac{2k^2}{d^2} \frac{U(1 + \varepsilon U)}{1 + 2\varepsilon U} \varrho_0^2. \qquad (37.79)$$

Der Parameter k^2 drückt sich somit durch ϱ_0, die „Elektrodendicke" d und die Spannungen u und U folgendermaßen aus:

$$k^2 = \left(\frac{d}{\varrho_0}\right)^2 \frac{u}{2U} \frac{1 + 2\varepsilon U}{1 + \varepsilon U}. \qquad (37.80)$$

Für die rein magnetische Vierpollinse, deren Polschuhgestalt durch

$$\frac{x\,y}{\left[1 + \left(\frac{z}{d}\right)^2\right]^2} = \pm \frac{1}{2}\varrho_0^2 \qquad (37.81)$$

gegeben ist, bestimmt sich der Parameter k^2 angenähert zu

$$k^2 = \mu_0 \sqrt{\frac{e}{2m_0}} \left(\frac{d}{\varrho_0}\right)^2 \frac{NJ}{\sqrt{U(1 + \varepsilon U)}}. \qquad (37.82)$$

Mit Hilfe der bekannten Elektronenbahnen der Differentialgleichungen (37.62), (37.63) und (37.77) findet man für die Entfernung c der beiden Vierpolelemente, die zusammen eine stigmatische Elektronenlinse ergeben die Bedingungsgleichung

$$\frac{2d}{c} = \frac{\sqrt{k^2 - 1}}{k^2} \operatorname{Cot} \pi \sqrt{k^2 - 1} - \frac{\sqrt{k^2 + 1}}{k^2} \cot \pi \sqrt{k^2 + 1} \qquad (37.83)$$

und die zugehörigen Brennweiten sind:

$$f_0 = d \cdot \sqrt{k^4 - 1} \frac{\sqrt{k^2+1}\operatorname{Sin}\pi\sqrt{k^2-1}\cdot\cos\pi\sqrt{k^2+1} - \sqrt{k^2-1}\operatorname{Cos}\pi\sqrt{k^2-1}\cdot\sin\pi\sqrt{k^2+1}}{(k^2+1)\operatorname{Sin}^2\pi\sqrt{k^2-1} - (k^2-1)\sin^2\pi\sqrt{k^2+1}} = -f_1. \quad (37.84)$$

Für die Brennpunktslagen findet man

$$z_{F_1} = \frac{c}{2} + \frac{d}{2}\sqrt{k^4 - 1}\frac{\sqrt{k^2+1}\operatorname{Sin}2\pi\sqrt{k^2-1} - \sqrt{k^2-1}\sin 2\pi\sqrt{k^2+1}}{(k^2+1)\operatorname{Sin}^2\pi\sqrt{k^2-1} - (k^2-1)\sin^2\pi\sqrt{k^2+1}} = -z_{F_0}. \quad (37.85)$$

Der nächste Schritt besteht in der Berechnung der Bildfehler, die sich für das vorliegende stigmatische Orthogonalsystem in exakter Weise durchführen läßt. Man gelangt so z.B. zu dem bisher einfachsten System mit korrigiertem Öffnungsfehler, wenn man die vorliegende Vierpollinse als Projektiv eines zweistufigen Elektronenmikroskops verwendet. Der gesamte Öffnungsfehler kann mittels zwei Achtpolen korrigiert werden.

38. Geometrisch-optische Elektronenintensität im Bildraum (Kaustikflächen) [1].
Bisher haben wir nur von der geometrischen Gestalt der Elektronenbündel
gesprochen ohne uns um die in ihnen vorhandene Dichteverteilung der Elektronen
zu kümmern. Gerade aber die Zahl der Elektronen, die pro Zeiteinheit auf die
Flächeneinheit der Photoplatte fällt, ist für die Schwärzung der Platte maßgebend. Im folgenden soll daher die zur Auffangebene senkrechte Komponente
der Elektronenstromdichte J_z berechnet werden. Wir wollen annehmen, daß
von der dem Kondensor abgekehrten Seite des Objekts von jedem Flächenelement
df_0 Elektronenstrahlen mit richtungsabhängiger Intensität und einer gewissen
Geschwindigkeitsverteilung ins Abbildungsfeld eintreten. Diese Verteilung
wollen wir durch die „dingseitige Strahlungscharakteristik" $K(x_0, y_0, \alpha_0, \beta_0, U)$
kennzeichnen. Wenn wir unter dN die Anzahl der Elektronen verstehen, die in
der Zeitspanne dt vom Flächenelement df_0 des Objekts ausgehend in den Raumwinkel $d\Omega_0$ eintreten, wobei ihre Geschwindigkeit den Spielraum dU um U
aufweist, so haben wir

$$\frac{dN}{dt} = K \, df_0 \, d\Omega_0 \, dU. \tag{38.1}$$

Dabei bedeuten x_0, y_0 die Lagekoordinaten des in der Dingebene $z = z_0$ liegenden
Objektelements df_0 und α_0, β_0 sind die Richtungskosinus der Achse des Raum-
winkels $d\Omega_0$, d.h.

$$d\Omega_0 = \frac{d\alpha_0 \, d\beta_0}{\gamma_0}. \tag{38.2}$$

Die Strahlungscharakteristik K, die uns als eine Art Verteilung der „Flächenhelligkeit" das Objekt als Gegenstand der Abbildung kennzeichnet, soll vorgegeben sein. Das aus dem Raumwinkel $d\Omega_0$ kommende Elektronenbündel soll
nun das Flächenelement df in der Auffangebene $z = $ const im Bildraum durchsetzen. Durch df gehen in der Zeiteinheit

$$\frac{dN}{dt} = dJ_z \cdot df \tag{38.3}$$

Elektronen. Aus der Erhaltung der Teilchenzahl folgt:

$$dJ_z \cdot df = \frac{K}{\gamma_0} d\alpha_0 \, d\beta_0 \, df_0 \, dU. \tag{38.4}$$

Die P_0 mit df verbindenden Elektronenbahnen seien in der Gestalt

$$x = x(z, x_0, y_0, \alpha_0, \beta_0), \tag{38.5}$$
$$y = y(z, x_0, y_0, \alpha_0, \beta_0) \tag{38.6}$$

vorgegeben. Dann läßt sich $df = dx\,dy$ bei konstantem x_0, y_0 und z durch

$$dx\,dy = \frac{\partial(x, y)}{\partial(\alpha_0, \beta_0)} d\alpha_0 \, d\beta_0 = D \, d\alpha_0 \, d\beta_0 \tag{38.7}$$

ausdrücken und wir erhalten aus (38.4)

$$dJ_z = \frac{K}{\gamma_0 D} df_0 \, dU. \tag{38.8}$$

Durch Integration ergibt sich die gesuchte Stromdichte

$$J_z = \iint\limits_{F_0 \ U} \frac{K}{\gamma_0 D} df_0 \, dU, \tag{38.9}$$

---

[1] Vgl. zu diesem Abschnitt W. GLASER u. H. GRÜMM: Optik **7**, 96 (1950). — G. HOFMANN:
Prager Diplomarbeit 1944, approb. München 1950. — H. GRÜMM: Optik **9**, 281 (1952). Auch
W. GLASER: Grundlagen der Elektronenoptik, S. 428. Wien 1952.

wobei wir nach Ausführung der Integration die Variablen α_0 und β_0 nach (38.5), (38.6) wieder durch x und y ersetzt denken.

Die „Isophoten", d.h. die Kurven gleicher Elektronenstromdichte folgen aus (38.9) für $J_z = \text{const.}$

Kennt man das vollständige Integral der Hamilton-Jacobischen Differentialgleichung (5.29)

$$S = S(x, y, z, x_0, y_0, z_0), \tag{38.10}$$

so läßt sich die Stromdichte daraus herleiten. Man hat zunächst für das Raumwinkelelement:

$$d\Omega_0 = \frac{d\alpha_0 \, d\beta_0}{\gamma_0} = \frac{1}{\gamma_0} \frac{\partial(\alpha_0, \beta_0)}{\partial(x, y)} \, dx \, dy = \frac{1}{\gamma_0 \, m^2 v_0^2} \frac{\partial(m \, v_{x_0}, m \, v_{y_0})}{\partial(x, y)} \, dx \, dy. \tag{38.11}$$

Auf Grund von $m v_0 \mathfrak{s}_0 = e \mathfrak{A}_0 - \text{grad}_0 \, S$ folgt

$$d\Omega_0 = \frac{1}{\gamma_0 \, m^2 v_0^2} \begin{vmatrix} \dfrac{\partial^2 S}{\partial x_0 \, \partial x}, & \dfrac{\partial^2 S}{\partial x_0 \, \partial y} \\[2ex] \dfrac{\partial^2 S}{\partial y_0 \, \partial x}, & \dfrac{\partial^2 S}{\partial y_0 \, \partial x} \end{vmatrix} dx \, dy. \tag{38.12}$$

Weiter können wir in $K(x_0, y_0, \alpha_0, \beta_0)$ die Variablen α_0, β_0 durch x und y ersetzen. Wenn man (38.12) in (38.4) einsetzt, erhält man mit $m v_0 \gamma_0 = e A_{z_0} - \partial S/\partial z_0$

$$J_z = \frac{1}{m v_0} \int K \left(e A_{z_0} - \frac{\partial S}{\partial z_0} \right)^{-1} \begin{vmatrix} \dfrac{\partial^2 S}{\partial x_0 \, \partial x}, & \dfrac{\partial^2 S}{\partial x_0 \, \partial y} \\[2ex] \dfrac{\partial^2 S}{\partial y_0 \, \partial x}, & \dfrac{\partial^2 S}{\partial y_0 \, \partial y} \end{vmatrix} df_0 \, dU. \tag{38.13}$$

Wir werden auf diese Formel für die Stromdichte im wellenmechanischen Teil zurückkommen.

Die Kaustikfläche der Elektronenlinsen. Wir wollen insbesondere die Stromverteilung bei der Abbildung eines einzigen Dingelements df_0 betrachten. Weiters nehmen wir ein monochromatisches Elektronenbündel an. Gl. (38.9) erhält dann die Gestalt

$$J_z = \frac{K \, df_0}{D \gamma_0}, \tag{38.14}$$

Wir sehen, daß in allen Punkten, in denen

$$D = \frac{\partial(x, y)}{\partial(\alpha_0, \beta_0)} = 0 \tag{38.15}$$

ist, die Stromdichte unendlich wird. Diese Kurven stärkster Helligkeit in der Auffangebene heißen „Kaustiklinien". Diese sind die Schnittlinien des Bildschirmes mit der Kaustikfläche. Diese Fläche ist das eigentliche Vereinigungsgebilde, der vom betrachteten Dingpunkt ausgehenden Strahlen. Nur wenn man sich auf die Gaußschen Bahnen eines rotationssymmetrischen Systems beschränkt, entartet die Kaustikfläche in den entsprechenden Gaußschen Bildpunkt. Im allgemeinen ist die Kaustik oder Brennfläche der geometrische Ort der Schnittpunkte benachbarter Strahlen des Bündels. Sie ist nach dem Obigen dadurch gekennzeichnet, daß auf ihr die Elektronenintensität — oder optisch gesprochen die Helligkeit — am größten ist.

Die Kenntnis der Kaustik ist natürlich für eine genauere Beurteilung der optischen Leistungsgüte eines Instruments von besonderer Bedeutung. Auch die Bildfehlertheorie erscheint von ihrem Standpunkt in einem besonderen Licht.

Wenn wir von vornherein kein völlig rotationssymmetrisches Feld vor uns haben, dann werden sich im allgemeinen auch nicht die monozentrischen par-axialen Bündel wieder streng in einem Bildpunkt vereinigen, sondern wir werden bereits in diesem Fall an seiner Stelle eine Kaustik erhalten.

Die Kaustikbedingung. Wir wollen (38.15) auch als Schnittbedingung be-nachbarter Strahlen herleiten. Im allgemeinen werden zwei vom gleichen Ding-punkt P_0 ausgehende benachbarte Teilchenbahnen einander nicht wieder schnei-den. Wir fragen, wie muß der Durchstoßpunkt $\alpha_0 + d\alpha_0$, $\beta_0 + d\beta_0$, $\gamma_0 + d\gamma_0$ auf der um P_0 geschlagenen Einheitskugel in bezug auf den Durchstoßpunkt des Ausgangsstrahles α_0, β_0, γ_0 liegen, damit beide Strahlen einander irgendwo schneiden. Da im Schnittpunkt die Koordinatendifferenzen dx, dy, welche den Differenzen $d\alpha_0$, $d\beta_0$ in (38.5), (38.6) entsprechen, verschwinden müssen, folgt wegen der beliebigen Kleinheit von $d\alpha_0$, $d\beta_0$

$$\left.\begin{aligned}\frac{\partial x}{\partial \alpha_0} d\alpha_0 + \frac{\partial x}{\partial \beta_0} d\beta_0 = 0\,,\\[2mm] \frac{\partial y}{\partial \alpha_0} d\alpha_0 + \frac{\partial y}{\partial \beta_0} d\beta_0 = 0\,.\end{aligned}\right\} \qquad (38.16)$$

Für Größen $d\alpha_0$, $d\beta_0$, die nicht beide Null sind, muß daher die Koeffizienten-determinante D verschwinden:

$$D(\alpha_0, \beta_0, z) = \frac{\partial x}{\partial \alpha_0} \frac{\partial y}{\partial \beta_0} - \frac{\partial y}{\partial \alpha_0} \frac{\partial x}{\partial \beta_0} = 0\,. \qquad (38.17)$$

Wir sind damit wieder zur Kaustikbedingung (38.15) gekommen.

Statt durch α_0 und β_0 können wir die Elektronenbahnen auch durch die Koordinaten x_B, y_B ihrer Durchstoßpunkte in der Blendenebene festlegen. Die Elektronenbahnen lauten dann

$$x = x(x_B, y_B, z)\,, \qquad y = y(x_B, y_B, z)\,, \qquad (38.18)$$

und die Kaustikbedingung schreibt sich in der Gestalt

$$D(x_B, y_B, z) = \frac{\partial x}{\partial x_B} \frac{\partial y}{\partial y_B} - \frac{\partial x}{\partial y_B} \frac{\partial y}{\partial x_B} = 0\,. \qquad (38.19)$$

Wir wollen annehmen $D(x_B, y_B, z) = 0$ in (38.19) sei eine algebraische Gleichung in z von einem bestimmten Grade n. Dann können wir uns $D(x_B, y_B, z) = 0$ nach z aufgelöst denken und erhalten so im ganzen n Lösungen $z_i = z_i(x_B, y_B)$ $(i = 1, 2, \ldots n)$. Wenn wir diese Funktionen in (38.18) einführen ergeben sich n Flächen

$$x_i = x_i(x_B, y_B)\,, \qquad y_i = y_i(x_B, y_B) \qquad (38.20)$$

als Darstellung der n-schaligen Kaustikfläche. x_B und y_B stellen dabei die beiden unabhängigen Flächenparameter dar. In unserem Falle, bei dem wir die Elek-tronenbahnen bis zur dritten Ordnung in x_B und y_B betrachten, wird sich eine zweischalige Fläche $(n = 2)$ für die Kaustik ergeben.

Vereinfachungen der Gleichungen für das Elektronenbündel. Wir spezialisieren (38.18) auf ein SEIDELsches Strahlenbündel im Feld mit gestörter Rotations-symmetrie. Denkt man sich die Elektronenbahnen (38.18) nach den Konstanten x_0, x_B, y_B entwickelt, so erhalten sie auf Grund von (37.14) und (25.30), (25.31), wenn wir $y_0 = 0$ setzen, die Gestalt:

$$
\left.\begin{aligned}
x = (g + a_1)\, x_0 + (h + \alpha_1)\, x_B - \alpha_2\, y_B + B\, x_B\, r_B^2 + F\, x_0 (3 x_B^2 + y_B^2) + \\
+ 2f\, x_0 x_B\, y_B + (2C + D)\, x_0^2\, x_B + c\, x_0^2\, y_B + E\, x_0^3,
\end{aligned}\right\} \quad (38.21)
$$

$$
\left.\begin{aligned}
y = - a_2\, x_0 - \alpha_2\, x_B + (h - \alpha_1)\, y_B + B\, y_B\, r_B^2 + f\, x_0 (x_B^2 + 3 y_B^2) + \\
+ 2F\, x_0 x_B\, y_B + D\, x_0^2\, y_B + c\, x_0^2\, x_B + e\, x_0^3.
\end{aligned}\right\} \quad (38.22)
$$

Die Entwicklungskoeffizienten stellen dabei bestimmte Funktionen von z dar. Die Gestalt der Glieder dritter Ordnung entspricht der in rotationssymmetrischen Feldern. Da nämlich die Abweichung von der Rotationssymmetrie nur als kleine Störung betrachtet wird, braucht sie in den Gliedern dritter Ordnung nicht in Betracht gezogen zu werden. Die von der Variablen z abhängigen Funktionen $g, h, B, \dots e$ sollen um den GAUSSschen Bildpunkt $P_1 \equiv x_1, y_1, z_1$ in eine TAYLORsche Reihe entwickelt werden. Wegen $h(z_1) = 0$ erhält man so bei entsprechender Zusammenfassung

$$
\left.\begin{aligned}
\varDelta x = (x_0 g_1' + x_B h_1')\, \varDelta z + B_1\, x_B\, r_B^2 + F_1\, x_0 (3 x_B^2 + y_B^2) + 2f_1\, x_0 x_B\, y_B + \\
+ [(2C_1 + D_1)\, x_0^2 + \alpha_1]\, x_B + (c_1\, x_0^2 - \alpha_2)\, y_B + (E_1\, x_0^2 + a_1)\, x_0,
\end{aligned}\right\} \quad (38.23)
$$

$$
\left.\begin{aligned}
\varDelta y = y_B h_1'\, \varDelta z + B_1\, y_B\, r_B^2 + f_1\, x_0 (x_B^2 + 3 y_B^2) + \\
+ 2F_1\, x_0 x_B\, y_B + (D_1\, x_0^2 - \alpha_1)\, y_B + (c_1\, x_0^2 - \alpha_2)\, x_B + (e_1\, x_0^2 - a_2)\, x_0,
\end{aligned}\right\} \quad (38.24)
$$

wobei die angeschriebenen Funktionen $g_1', h_1', B_1, \dots e_1$ für den GAUSSschen Bildpunkt zu nehmen sind, also Konstante darstellen. Die Koeffizienten $B_1, \dots e_1$ sind natürlich die in (26.11) behandelten Bildfehler. Man erkennt dies unmittelbar, wenn man $\varDelta z = 0$ setzt, also zur GAUSSschen Bildebene übergeht. Die Gln. (38.23), (38.24) werden dann mit (26.11) identisch.

Für manche Zwecke ist es bequem die beiden Bündelgleichungen (38.23), (38.24) komplex zusammenzufassen. Schreibt man

$$
\left.\begin{aligned}
u_B &= x_B + i\, y_B, \quad \alpha = \alpha_1 - i\, \alpha_2, \quad a = a_1 - i\, a_2, \\
\boldsymbol{F} &= F_1 + i\, f_1, \quad \boldsymbol{C} = C_1 + i\, c_1 \quad \boldsymbol{E} = E_1 + i\, e_1,
\end{aligned}\right\} \quad (38.25)
$$

so erhält man für (38.23), (38.24)

$$
\left.\begin{aligned}
\varDelta x + i\, \varDelta y = g_1'\, \varDelta z \cdot x_0 + h_1'\, \varDelta z \cdot u_B + B_1\, u_B^2\, \bar{u}_B + [2\, \boldsymbol{F}\, u_B \bar{u}_B + \overline{\boldsymbol{F}}\, u_B^2]\, x_0 + \\
+ \alpha\, \bar{u}_B + a\, x_0 + [(C_1 + D_1)\, u_B + \boldsymbol{C}\, \bar{u}_B]\, x_0^2 + \boldsymbol{E}\, x_0^3.
\end{aligned}\right\} \quad (38.26)
$$

Durch eine entsprechende Verschiebung des Koordinatenursprungs in der x-y-Ebene bzw. x_B-y_B-Ebene:

$$
\left.\begin{aligned}
\varDelta x &= \overline{X} + a\, \varDelta z + \bar{p}, \quad x_B = \bar{x}_B + p, \\
\varDelta y &= \overline{Y} + b\, \varDelta z + \bar{q}, \quad y_B = \bar{y}_B + q,
\end{aligned}\right\} \quad (38.27)
$$

eine nachträgliche Drehung

$$
\left.\begin{aligned}
X &= \overline{X} \cos \varphi - \overline{Y} \sin \varphi, \quad X_B = \bar{x}_B \cos \varphi - \bar{y}_B \sin \varphi, \\
Y &= \overline{X} \sin \varphi + \overline{Y} \cos \varphi, \quad Y_B = \bar{x}_B \sin \varphi + \bar{y}_B \cos \varphi,
\end{aligned}\right\} \quad (38.28)
$$

um den Winkel φ

$$
\tan 2\varphi = \frac{\alpha_2 - x_0^2 \left(c_1 - \dfrac{2 F_1 f_1}{B_1}\right)}{x_0^2 \left(C_1 - \dfrac{F_1^2 - f_1^2}{B_1}\right) + \alpha_1} \quad (38.29)
$$

und eine kleine Schwenkung der z-Achse können die Bündelgleichungen stark vereinfacht werden.

Mit den Abkürzungen

$$N = \sqrt{\left(c_1 x_0^2 - \alpha_2 - \frac{2F_1 f_1}{B_1} x_0^2\right)^2 + \left(C_1 x_0^2 + \alpha_1 - \frac{F_1^2 - f_1^2}{B_1} x_0^2\right)^2} \qquad (38.30)$$

und

$$L = C_1 + D_1 - 2\,\frac{F_1^2 + f_1^2}{B_1} \qquad (38.31)$$

erhält man für die Bahngleichungen (38.23), (38.24)

$$\left.\begin{array}{l} X = X_B(h_1' Z + B_1 R_B^2 - N)\,, \\ Y = Y_B(h_1' Z + B_1 R_B^2 + N)\,, \end{array}\right\} \qquad (38.32)$$

wobei wir

$$R_B^2 = X_B^2 + Y_B^2 \text{ und } Z = \overline{Z} + \frac{L}{h_1'}\, x_0^2 \qquad (38.33)$$

gesetzt haben. Durch (38.33) wurde der Koordinatenanfangspunkt um die Strecke $-L\,x_0^2/h_1'$ vom GAUSSschen Bildpunkt verschoben.

Eine weitere Vereinfachung erzielen wir, wenn wir die dimensionslosen Strahlkoordinaten ξ, η, ξ_B, η_B einführen, welche durch die folgenden Gleichungen definiert sind:

$$X = -\xi\sqrt{\frac{N^3}{-B_1}}\,, \qquad Y = -\eta\sqrt{\frac{N^3}{-B_1}}\,, \qquad (38.34)$$

$$X_B = \xi_B\sqrt{\frac{N}{-B_1}}\,, \qquad Y_B = \eta_B\sqrt{\frac{N}{-B_1}}\,, \qquad (38.35)$$

$$Z = -\frac{N}{h_1'}\,\zeta\,, \qquad (38.36)$$

Dabei haben wir berücksichtigt, daß N dimensionslos und in der Elektronenoptik stets $B_1 < 0$ ist.

Wir schreiben

$$\xi_B = \varrho_B \cos\psi\,, \qquad \eta_B = \varrho_B \sin\psi\,, \qquad \xi_B^2 + \eta_B^2 = \varrho_B^2 \qquad (38.37)$$

und erhalten endgültig für die Bündelgleichungen (38.32)

$$\boxed{\begin{array}{l} \xi = (\zeta + \varrho_B^2 + 1)\,\varrho_B \cos\psi\,, \\ \eta = (\zeta + \varrho_B^2 - 1)\,\varrho_B \sin\psi\,. \end{array}} \qquad (38.38)$$

Da die Kaustikbedingung von der besonderen Wahl der Strahlkoordinaten unabhängig ist, haben wir

$$\frac{\partial \xi}{\partial \varrho_B}\,\frac{\partial \eta}{\partial \psi} - \frac{\partial \eta}{\partial \varrho_B}\,\frac{\partial \xi}{\partial \psi} = 0\,, \qquad (38.39)$$

was mit (38.38) unmittelbar

$$\boxed{3\varrho_B^4 + (4\zeta - 2\cos 2\psi)\,\varrho_B^2 + (\zeta^2 - 1) = 0} \qquad (38.40)$$

ergibt.

Die Kaustikbedingung (38.40) gibt für jede Einstellebene $\zeta = $ const in der Blendenebene Kurven $\varrho_B = \varrho_B(\psi)$ mit der Eigenschaft, daß Elektronenbahnen mit Durchstoßpunkten, die in diesen Kurven benachbart sind, einander schneiden.

Wir nennen diese Kurven (38.40) *Basiskurven* (vgl. Fig. 72). Die Auflösung von (38.40) nach ϱ_B ergibt die beiden Basiskurven der Kaustikmäntel

$$\varrho_{BI}^2 = \tfrac{1}{3} \left[-(2\zeta - \cos 2\psi) + \sqrt{(2\zeta - \cos 2\psi)^2 - 3(\zeta^2 - 1)} \right], \qquad (38.41)$$

$$\varrho_{BII}^2 = \tfrac{1}{3} \left[-(2\zeta - \cos 2\psi) - \sqrt{(2\zeta - \cos 2\psi)^2 - 3(\zeta^2 - 1)} \right]. \qquad (38.42)$$

Um die Schnittkurven (Schichtenlinien) der Kaustik mit den einzelnen Ebenen $\zeta = $ const zu bestimmen, hat man aus (38.41), (38.42) ϱ_{BI} bzw. ϱ_{BII} in (38.38) einzusetzen. Man erhält so die Koordinaten ξ und η der Kaustikfläche als Funktion von ζ und ψ.

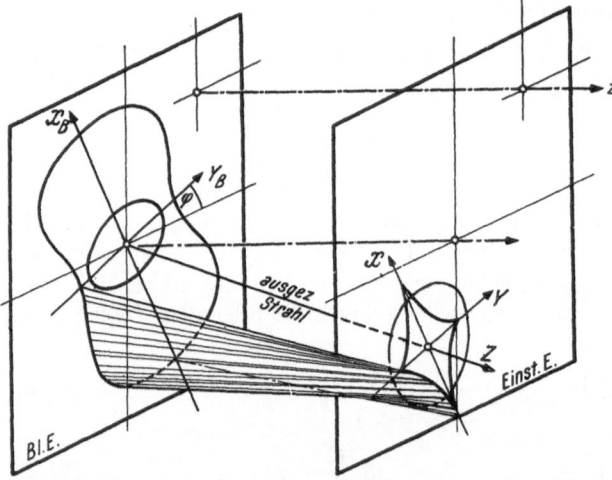

Gl. (38.40) stellt bei vorgegebener Schnittebene $\zeta = $ const die Basiskurven in der Blendenebene in Polarform dar. Aus der durch (38.38) und (38.40) dargestellten Grundform der Kaustik erhält man ihre tatsächliche Gestalt durch eine Streckung der Achsen entsprechend (38.34), (38.35).

Fig. 72. Basiskurve in der Blendenebene und Schichtenlinie der Kaustikfläche in der zugehörigen Einstellebene.

In den Fig. 73 sind die Schnitte der Grundform mit den Ebenen $\zeta = $ const (an charakteristischen Stellen) dargestellt, wobei die vertikale Achse die ξ-Achse bedeutet.

Die Halbmesser X_1, Y_1 der astroiden- bzw. ovalförmigen Kaustikquerschnitte von Fig. 73 stehen in der Beziehung

$$\frac{X_1}{\sqrt[3]{Y_1}} = \frac{Y_2}{\sqrt[3]{X_2}} = \sqrt[3]{12\sqrt{3}} \; \frac{N}{\sqrt[3]{-B_1}}, \qquad (38.43)$$

wenn wir mittels (38.34), (38.35) zu den Größengleichungen übergehen. Diese Formel gilt für $\xi > -2$. Für $\zeta < -2$ ist Y_1 und Y_2 zu vertauschen.

Die von uns gewählte Zusammenfassung der abbildenden Strahlen durch *Basiskurven* und *Brennlinien* (angedeutet in Fig. 72) stellt die natürliche optische Zusammenfassung der Strahlen nach ihren Schnitteigenschaften dar. Das übliche Verfahren, die Strahlen nach konzentrischen *Kreisen* in der Blendenebene und nach *Aberrations*kurven in der Einstellebene zusammenzufassen, mag daher von diesem Standpunkt etwas gekünstelt erscheinen. Insbesondere deshalb, weil sich aus diesen Aberrationskurven keine Schlüsse auf die Intensitätsverteilung in der Umgebung des GAUSSschen Bildes ziehen lassen. Dies wird besonders offenbar, wenn wir die Kurven gleicher Stromdichte (*Isophoten*) in der Einstellebene betrachten, unter denen die Kaustikschnittlinien durch ihre besonders hohe Intensität ausgezeichnet sind.

Betrachten wir insbesondere ein nach dem LAMBERTschen Gesetz

$$K = K_0 \gamma_0 = K_0 \cos \vartheta \qquad (38.44)$$

strahlendes Objektelement df_0 und bezeichnen wir $K_0 df_0$ mit σ, so lauten die Isophoten nach (38.14)

$$D = \frac{\sigma}{J_z} \, . \qquad (38.45)$$

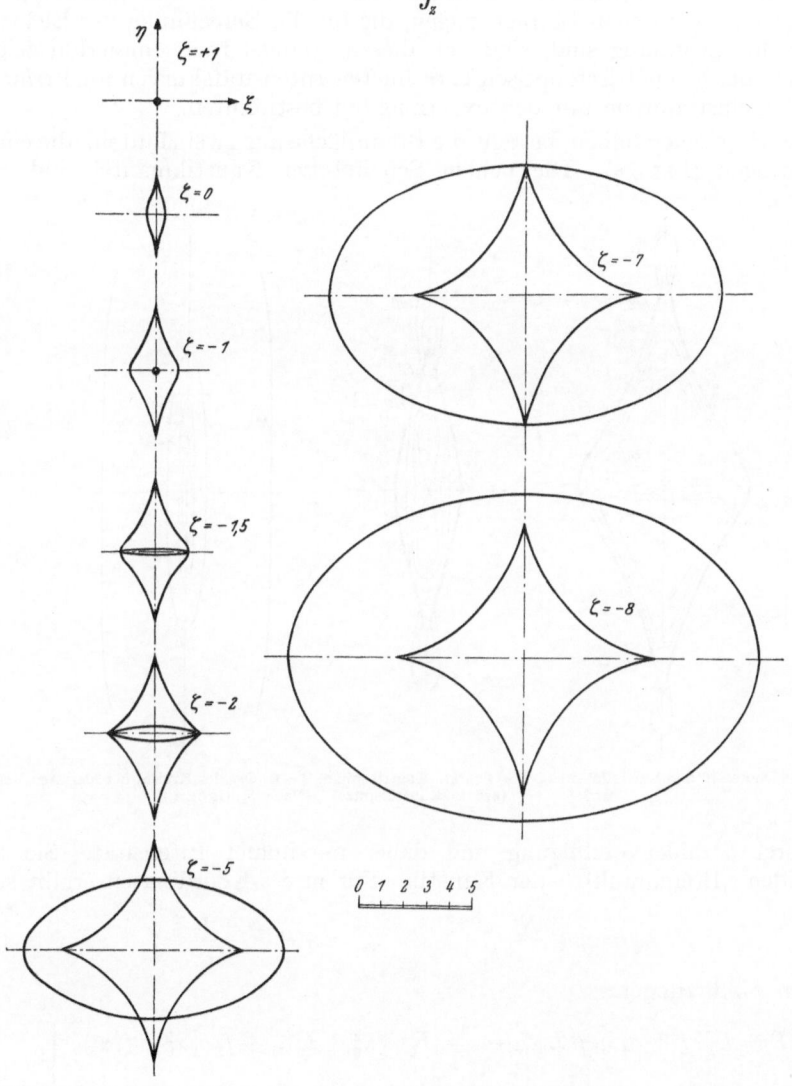

Fig. 73. Schnittkurven der Kaustikfläche (Brennlinien) mit charakteristischen Einstellebenen. (Die ξ- und η-Achse sind zu vertauschen.)

Wenn wir für D den Ausdruck (38.40) einsetzen, erhalten wir so als Verallgemeinerung der Gl. (38.40)

$$3\varrho_B^4 + (4\zeta - 2\cos 2\psi)\,\varrho_B^2 + (\zeta^2 - 1) = \frac{\sigma}{J_z} \qquad (38.46)$$

die Basiskurven der Isophoten $J_z = \text{const}$ in Polarform. Die Kaustiklinien sind darunter als Spezialfall für $\sigma/J_z = 0$ enthalten. Fig. 74 gibt einige in charakteristischen Einstellebenen berechnete Isophoten wieder. Es ist klar, daß vom physikalischen Standpunkt eine unendlich hohe Intensität nicht auftreten darf. Darin zeigt sich eine grundsätzliche Schwäche rein geometrisch-optischer

Intensitätsberechnungen. Sie hat ihren Grund darin, daß eine Bahnkurve als geometrisches Gebilde ohne Querschnitt betrachtet wird und daher durch einen Querschnitt der Ausdehnung Null ein endlicher Strom hindurchtreten kann. Die wellenmechanischen Betrachtungen, die für die Berechnung der Elektronenstromdichte zuständig sind, sind von diesem Mangel frei. Immerhin zeigt der Vergleich der geometrisch-optisch berechneten Intensitätskurven im *Verlauf* eine gute Übereinstimmung mit den experimentell bestimmten.

Wie wir gesehen haben, besteht die Brennfläche aus zwei Mänteln, die einander durchdringen (Fig. 75). Die beiden Scheitel der Kaustikmäntel sind Stellen

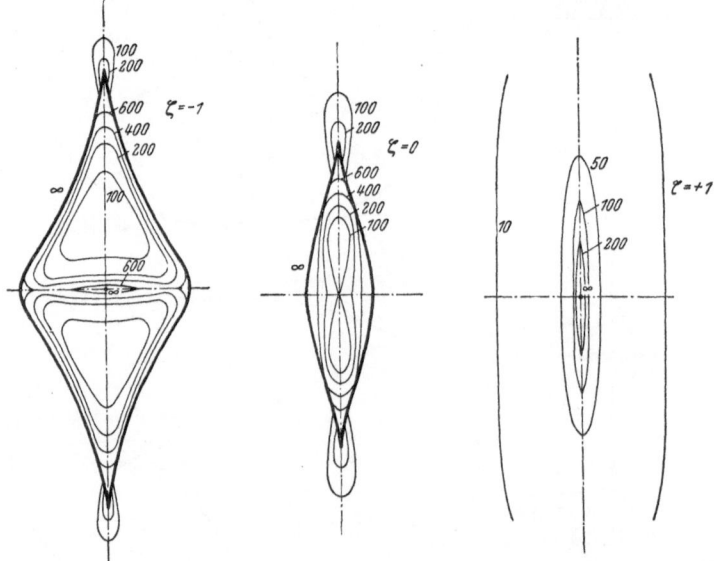

Fig. 74. Isophoten in den Einstellebenen $\zeta = +1$ (erste Kaustikspitze), $\zeta = 0$ (Ort des Kreises der kleinsten Verwirrung) und $\zeta = -1$ (zweite Kaustikspitze). (Nach H. Grümm.)

dichtester Strahlenvereinigung und daher maximaler Intensität. Sie heißen die beiden „Brennpunkte" der Kaustik. Für ihre z-Koordinaten ergibt sich

$$z_{b_1} = z_1 + \frac{N - L\,x_0^2}{h_1'}, \qquad z_{b_2} = z_1 - \frac{N + L\,x_0^2}{h_1'}. \tag{38.47}$$

Mit den Abkürzungen

$$\left.\begin{aligned}
P &= E_1\,x_0^2 + a_1 + \beta\,L\,x_0^2 - \frac{1}{B_1}\left(F_1 C_1\,x_0^2 + F_1 \alpha_1 + f_1 c_1\,x_0^2 - f_1 \alpha_2\right), \\
Q &= e_1\,x_0^2 - a_2 + \frac{1}{B_1}\left(f_1 C_1\,x_0^2 + f_1 \alpha_1 - F_1 c_1\,x_0^2 + F_1 \alpha_2\right)
\end{aligned}\right\} \tag{38.48}$$

erhält man für die zur Achse senkrechten Koordinaten

$$\left.\begin{aligned}
x_{b_1} &= x_0\left[\beta + P - \left(\beta + \frac{F_1}{B_1}\right)N\right], \\
y_{b_1} &= x_0\left[Q - f_1 N / B_1\right]
\end{aligned}\right\} \tag{38.49}$$

und

$$\left.\begin{aligned}
x_{b_2} &= x_0\left[\beta + P + \left(\beta + \frac{F_1}{B_1}\right)N\right], \\
y_{b_2} &= x_0\left[Q + f_1 N / B_1\right].
\end{aligned}\right\} \tag{38.50}$$

Die Brennpunkte können als die „Bilder" des Dingpunktes angesehen werden. Man muß sich allerdings der Tatsache bewußt sein, daß es sich hierbei nicht um stigmatische Bilder handelt, sondern daß jene Stellen stärkster Intensität von einem „Hof" umgeben sind, der von jenen Strahlen herrührt, die einander bereits früher auf der Kaustikfläche geschnitten haben.

Wir wollen zunächst ein rotationssymmetrisches System betrachten. Für dieses verschwinden die den axialen Astigmatismus kennzeichnenden Glieder a_1, a_2, α_1 und α_2. Die charakteristischen Konstanten N und L lauten in diesem Falle nach

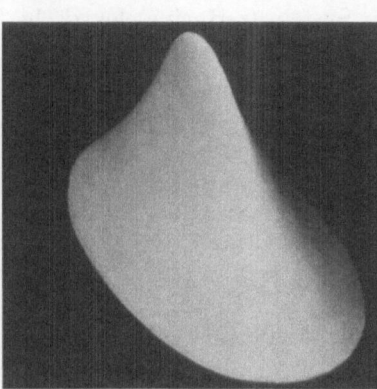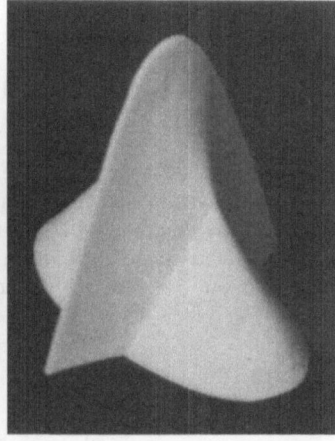

Fig. 75. Kaustikfläche für das Glockenfeld bei $\beta = -100$, $k_m^2 = 1{,}6$ und $x_0 = 10^{-2}$ mm. Der Maßstab der Abbildung in der Querrichtung ist $1:0{,}75 \cdot 10^6$, in der Längsrichtung $1:0{,}75 \cdot 10^4$. Man hat sich also das Modell in der z-Richtung um das Hundertfache gestreckt zu denken.

Gl. (38.30) und (38.31)

$$N = x_0^2 \sqrt{\left(C_1 - \frac{F_1^2 - f_1^2}{B_1}\right)^2 + \left(c_1 - \frac{2\,F_1 f_1}{B_1}\right)^2} \tag{38.51}$$

und

$$L = C_1 + D_1 - 2\frac{F_1^2 + f_1^2}{B_1} \tag{38.52}$$

und für die Brennpunktskoordinaten (38.47) erhält man

$$\left.\begin{aligned}
z_{b_1} &= z_1 + x_0^2 \frac{1}{h_1'}\left[\sqrt{\left(C_1 - \frac{F_1^2 - f_1^2}{B_1}\right)^2 + \left(c_1 - \frac{2\,F_1 f_1}{B_1}\right)^2} - C_1 - D_1 + 2\frac{F_1^2 + f_1^2}{B_1}\right], \\
z_{b_2} &= z_1 - x_0^2 \frac{1}{h_1'}\left[\sqrt{\left(C_1 - \frac{F_1^2 - f_1^2}{B_1}\right)^2 + \left(c_1 - \frac{2\,F_1 f_1}{B_1}\right)^2} + C_1 + D_1 - 2\frac{F_1^2 + f_1^2}{B_1}\right].
\end{aligned}\right\} \tag{38.53}$$

Für einen Dingpunkt auf der Achse $x_0 = 0$ fallen sie natürlich mit dem entsprechenden GAUSSschen Bildpunkt zusammen. Ein entsprechend kleines Flächenelement der Dingebene mit dem Mittelpunkt auf der optischen Achse wird dann nach (38.53) auf zwei Kugelschalen, die meridionale und sagittale Bildfeldschale, abgebildet. Durch Vergleich von (38.53) mit (30.6) erhält man für deren Krümmungen:

$$\frac{1}{\varrho_{\text{sag}}} = -\frac{2}{h_1' \beta^2}\left[\sqrt{\left(C_1 - \frac{F_1^2 - f_1^2}{B_1}\right)^2 + \left(c_1 - \frac{2\,F_1 f_1}{B_1}\right)^2} - C_1 - D_1 + 2\frac{F_1^2 + f_1^2}{B_1}\right], \tag{38.54}$$

$$\frac{1}{\varrho_{\text{mer}}} = \frac{2}{h_1' \beta^2}\left[\sqrt{\left(C_1 - \frac{F_1^2 - f_1^2}{B_1}\right)^2 + \left(c_1 - \frac{2\,F_1 f_1}{B_1}\right)^2} + C_1 + D_1 - 2\frac{F_1^2 + f_1^2}{B_1}\right]. \tag{38.55}$$

Diese Ausdrücke stellen eine gewisse Verschärfung der Formeln (31.11) und (31.13) dar, in welche sie für $F_1 = 0$ und $f_1 = 0$ übergehen. Die astigmatische Differenz beträgt

$$\varDelta_a = 2N/h_1' = \frac{2\,x_0^2}{h_1'}\,\sqrt{\left(C_1 - \frac{F_1^2 - f_1^2}{B_1}\right)^2 + \left(c_1 - \frac{2F_1 f_1}{B_1}\right)^2}\,. \qquad (38.56)$$

Sie verschwindet, d. h. die beiden Brennpunkte fallen zusammen, wenn die beiden Bedingungen

$$\left.\begin{array}{l} B_1 C_1 = F_1^2 - f_1^2 \\[4pt] B_1 c_1 = 2 F_1 f_1 \end{array}\right\} \qquad (38.57)$$

erfüllt sind. Für ein isotropes System (z. B. eine elektrische bzw. optische Linse hat man $c_1 = 0$ und $f_1 = 0$. In diesem Falle gehen die beiden Beziehungen (38.57) über in die eine Bedingung

$$B_1 C_1 = F_1^2\,. \qquad (38.58)$$

Sie ist aus der Optik als die Finsterwalder-Bedingung für ein von Astigmatismus und Koma freies System bekannt[1].

Nun wollen wir die Kaustik bei der Abbildung eines Achsenpunktes $x_0 = 0$ in einem System mit axialem Astigmatismus betrachten. Die Konstante N erhält nach (38.30) in diesem Fall die Gestalt

$$N = \sqrt{\alpha_1^2 + \alpha_2^2}\,, \qquad (38.59)$$

und für die Brennpunktskoordinaten (38.47) erhält man

$$z_{b_1} = z_1 + \frac{1}{h_1'}\sqrt{\alpha_1^2 + \alpha_2^2}\,, \qquad z_{b_2} = z_1 - \frac{1}{h_1'}\sqrt{\alpha_1^2 + \alpha_2^2}\,. \qquad (38.60)$$

Die astigmatische Differenz beträgt

$$\varDelta_a = \frac{2}{h_1'}\sqrt{\alpha_1^2 + \alpha_2^2}\,. \qquad (38.61)$$

Aus der dimensionslosen Grundform (38.38) (Fig. 73) erhält man nach (38.34), (38.35), (38.36) die tatsächliche Kaustikgestalt durch die Streckungen

$$\left.\begin{array}{l} Z = -\dfrac{1}{h_1'}\sqrt{\alpha_1^2 + \alpha_2^2}\,\zeta\,, \\[12pt] X = -\dfrac{(\alpha_1^2 + \alpha_2^2)^{\frac{3}{4}}}{\sqrt{-B_1}}\,\xi\,, \qquad Y = -\dfrac{(\alpha_1^2 + \alpha_2^2)^{\frac{3}{4}}}{\sqrt{-B_1}}\,\eta\,. \end{array}\right\} \qquad (38.62)$$

Für die Kaustik bei der Abbildung eines Achsenpunktes im System mit gestörter Rotationssymmetrie folgt mit (38.59) und (37.21) für (38.43)

$$\frac{X_1}{\sqrt[3]{Y_1}} = \frac{Y_2}{\sqrt[3]{X_2}} = \frac{2,75}{\sqrt[3]{-B_1}}\,\frac{r_A}{r_B}\,. \qquad (38.63)$$

Für die spezielle Auswertung (37.30) ergibt sich

$$\frac{X_1}{\sqrt[3]{Y_1}} = \frac{Y_2}{\sqrt[3]{X_2}} = 6,87\,\frac{\beta}{\sqrt[3]{-B_1}}\,F(k_m^2)\cdot\varepsilon\,, \qquad (38.64)$$

wobei ε die Elliptizität der Polschuhbohrung darstellt.

---

[1] Es sei bemerkt, daß nach der auf S. 276 angeführten komplexen Zusammenfassung der Bildfehler, die beiden Bedingungen (38.57) durch die eine komplexe Bedingung

$$B_1\,\boldsymbol{C} - \boldsymbol{F}^2 = 0 \qquad (38.57\text{a})$$

ausgedrückt werden können, die formal mit der lichtoptischen Finsterwalder-Bedingung (38.58) identisch ist. Natürlich kann man die Bestimmung der Kaustik auch von vornherein mit der komplexen Zusammenfassung der Strahlenbündel durchführen und sich so ein wenig Schreibarbeit ersparen.

Die in Gl. (38.64) ausgedrückte Proportionalität mit ε wurde von F. Lenz und M. Hahn experimentell bestätigt[1].

S. Leisegang[2] hat beim magnetischen Elektronenmikroskop unter Anwendung einer zweistufigen Vergrößerung verschiedene Kaustikquerschnitte aufgenommen. In der Linsenmitte ist der Querschnitt des Bündels um einen Faktor 100 verkleinert, der Bündeldurchmesser beträgt dort etwa $3 \cdot 10^{-4}$. Er wird in

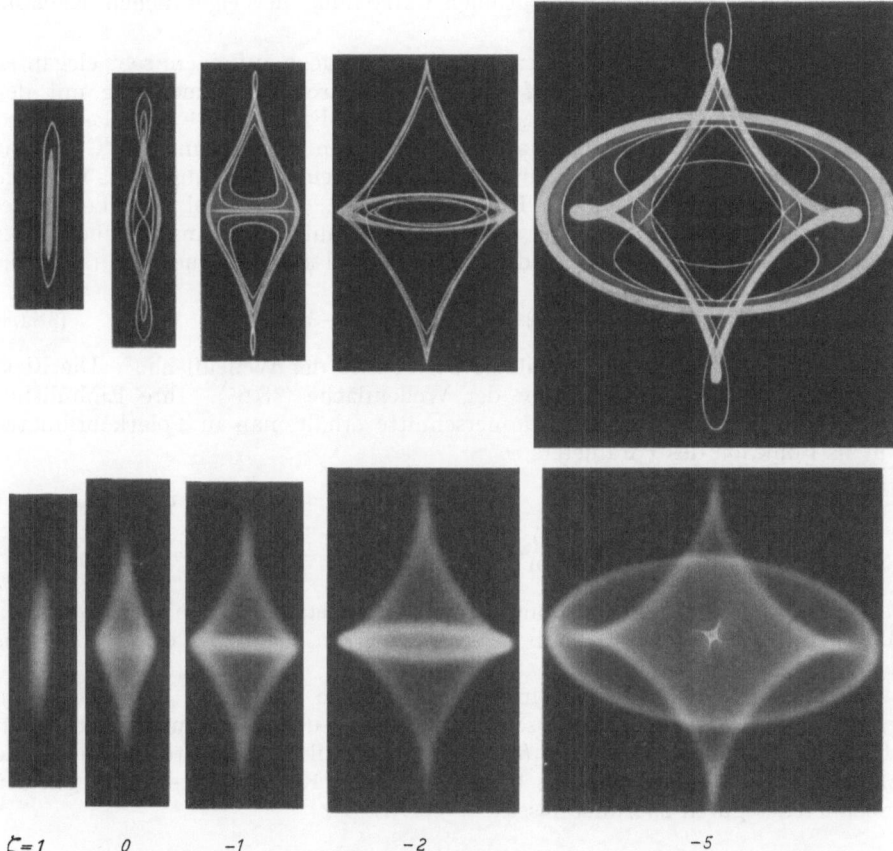

$\zeta = 1$ 0 -1 -2 -5

Fig. 76. Kaustikquerschnitte. Obere Reihe gerechnet, untere Reihe nach elektronenoptischen Aufnahmen von S. Leisegang.

der Bildebene 20fach vergrößert dargestellt. Auf diese Weise wurden die Bilder der Fig 76 (untere Reihe) gewonnen. Die Übereinstimmung mit den berechneten Ergebnissen (obere Reihe) ist unverkennbar.

Eine direkte Methode zur unmittelbaren Ausmessung der Kaustikflächen von Elektronenlinsen haben W. Scheffels, M. Hahn und F. Lenz gefunden[3].

---

[1] F. Lenz u. M. Hahn: Optik 10, 15 (1953). Zu (38.64) vgl. auch P. A. Sturrock: Phil. Trans. Roy. Soc. Lond., Ser. A 243, 387 (1951).

[2] S. Leisegang: Optik 10, 5 (1953). Vgl. auch W. Glaser, Elektronenoptik, S. 466, wo die Leisegangsche Reihenaufnahme der Kaustikquerschnitte für eine unrunde Magnetlinse erstmals veröffentlicht worden ist. Eine Einzelaufnahme eines Bündelquerschnittes, welche die Kaustikgestalt erkennen läßt, ist in der Arbeit J. Dosse und H. Schelling [Phys. Z. 42, 399 (1941)] enthalten. Ferner F. Bertein u. E. Regenstreif: C. R. Acad. Sci. Paris 228, 1854 (1949).

[3] W. Scheffels, M. Hahn u. F. Lenz: Optik 10, 455 (1953). Auch W. Scheffels, B. v. Borries u. F. Lenz: Rapport Eurcpéen Congrès T. E. M., Gent 1954.

Das Streuvermögen einer im Strahlengang befindlichen Kollodiumfolie wird in Gebieten hoher Strahlenintensität, also vor allem dort, wo sie von der Kaustikfläche durchsetzt wird, erheblich vergrößert. Macht man von einer derartig behandelten Folie später eine normale elektronenmikroskopische Durchstrahlungsaufnahme, so erhält man eine elektronenmikroskopische Abbildung der in die Objektfolie eingebrannten Kaustik. Durch Wahl verschiedener Objektlagen, erhält man so eine Schichtlinien-Darstellung der eigentlichen Kaustikfläche.

Man kann die allgemeine Gestalt der Kaustikfläche auf einem sehr eleganten Weg diskutieren, wenn man auf den unmittelbaren Zusammenhang mit den Bildfehlerkoeffizienten verzichtet. Dies ist von F. BERTEIN[1] und E. REGENSTREIF[1,2] ausgeführt worden. Man geht dazu von der allgemeinen Gleichung der Wellenfläche aus. Diese ist für die Abbildung eines Achsenpunktes in einem rotationssymmetrischen Feld eine Rotationsfläche $z_w = f(r)$. Bei unvollkommener Rotationssymmetrie ergibt sich eine vom Azimut ψ abhängige überlagerte Störung, welche infolge der Periodizität im Winkel ψ durch eine FOURIER-Reihe dargestellt werden kann:

$$z_w = f(r) + \sum a_n \cos n(\psi - \psi_n). \tag{38.65}$$

Das Glied a_n bestimmt eine n-zählige Symmetrie der Wellenfläche[3]. Die Elektronenbahnen, sind die Normalen der Wellenfläche (38.65). Ihre Einhüllende ist die Kaustik. Für die Kaustikquerschnitte erhält man in Polarkoordinaten ϱ, ω als Funktion des Parameters ψ

$$\left. \begin{aligned} \varrho^2 &= [\textstyle\sum(\psi)]^2 + \textstyle\sum'(\psi) \quad \text{mit} \quad \textstyle\sum(\psi) = \sum a_n \sin n(\psi - \psi_n), \\ \omega &= \psi - \arctan \frac{\sum(\psi)}{\sum'(\psi)}, \end{aligned} \right\} \tag{38.66}$$

Damit lassen sich auch Rotationssymmetrien untersuchen, die mehr als zweizählig sind und daher außerhalb des Bereiches der Bildfehler dritter Ordnung liegen.

S. LEISEGANG[4] hat für gleichzeitig vorhandene zwei- und dreizählige Unsymmetrie ($a_2 \neq 0$, $a_3 \neq 0$) bei verschiedenem Amplitudenverhältnis a_3/a_2 und verschiedenen Werten der Phase ψ_3 ($\psi_2 = 0$) die Kaustikquerschnitte berechnet und gezeigt, daß sich elektronenoptisch aufgenommene Kaustikquerschnitte gut den gerechneten Figuren zuordnen lassen.

V. Ablenkung von Elektronenstrahlbündeln in elektrischen und magnetischen Ablenksystemen.

Bei vielen Elektronengeräten, z.B. den BRAUNschen Röhren, Bildfänger-, Fernsehröhren u.a. hat man es mit der *Ablenkung* eines fokussierten Elektronenbündels zu tun. Der Elektronenstrahl unterliegt also der gemeinsamen Wirkung eines rotationssymmetrischen Fokussierungsfeldes und eines überlagerten elektrisch-magnetischen Ablenkfeldes. Man kann die Theorie der überlagerten Abbildung und Ablenkung auf ziemlich breiter Grundlage entwickeln, wenn man

[1] F. BERTEIN u. E. REGENSTREIF: C. R. Acad. Sci. Paris **228**, 1854 (1949).

[2] E. REGENSTREIF: Ann. Radioélectricité **6**, 114 (1951).

[3] Die Koeffizienten a_n wären eigentlich als Funktionen von r zu betrachten. Aber wie experimentelle Aufnahmen zeigen, erhält man qualitative Übereinstimmung, wenn man die a_n als Konstante betrachtet.

[4] S. LEISEGANG: Optik **10**, 5 (1953). Vgl. auch E. REGENSTREIF: Ann. Radioélectricité **6**, 114 (1951), Fig. 66—68.

den Betrachtungen das allgemeine (quellen- und wirbelfreie) elektrisch-magnetische Feld der Ziff. 10 und 11 zugrunde legt. Auf diese Weise werden mit den Feldfunktionen D, P, Δ und Q auch die wesentlichen Störungen der Rotationssymmetrie mitberücksichtigt. Zusammen mit den anderen Funktionen D_1, Δ_1, G_1 werden damit alle möglichen Abweichungen vom idealen Abbildungs- und Ablenkfeld erfaßt. Durch Entwickeln nach der Abweichung ΔU von der mittleren Voltgeschwindigkeit U der Elektronen im Bündel kann gleichzeitig auch der Farbfehler dargestellt werden.

An die Ablenkung des Kathodenstrahles in den erwähnten Elektronengeräten stellt man zwei grundsätzliche Forderungen:

1. Die Ablenkung soll streng proportional sein der Ablenkspannung bzw. bei magnetischer Ablenkung dem Ablenkstrom.

2. Der Schreibfleck, welcher im unabgelenkten Zustand „punktförmig" ist, soll auch im abgelenkten Zustand punktförmig bleiben. Wir werden sehen, daß sich diese Forderungen nur für „geringe" Ablenkungen verwirklichen lassen. Bei *größeren Ablenkungen* treten sowohl *Abweichungen* von der *Proportionalität* wie auch *Fleckverzerrungen* auf.

Man wird daher fragen: Welche Bedingungen müssen für die ideale, den beiden obigen Forderungen genügende Ablenkung erfüllt sein? Wie lassen sich die einzelnen Ablenkfehler einteilen, wie hängen sie von den Eigenschaften der ablenkenden Felder ab und wie hat man schließlich diese zu gestalten, damit die Fehler möglichst klein werden[1]?

39. Die Idealablenkung. Wir bestimmen dazu die Elektronenbahnen in den allgemeinen Feldern nach dem FERMATschen Prinzip (Ziff. 3), wobei die LAGRANGEsche Funktion — wenn wir von relativistischen Korrekturen absehen — nach (14.4) durch

$$F = \sqrt{\frac{\varphi}{U}\left(1 + X'^2 + Y'^2\right)} - \sqrt{\frac{e}{2m_0 U}}\left(A_X X' + A_Y Y' + A_z\right) \qquad (39.1)$$

gegeben ist. In diesem Ausdruck haben wir die Reihen für $\varphi(X, Y, z)$, A_X, A_Y und A_z aus (10.16) und (11.5) einzusetzen und nach X, Y, X', Y' bis zu den Gliedern vierter Ordnung zu entwickeln:

$$F = F_0 + F_2 + F_4 + \cdots. \qquad (39.2)$$

Wir erhalten die flachen achsennahen Bahnen, wenn wir in (39.2) mit den Gliedern zweiter Ordnung abbrechen. Die Abweichungen von der Rotationssymmetrie wollen wir als klein voraussetzen, so daß wir die D, Δ, P und Q enthaltenden Glieder zu den Störungen dieser Bahnen rechnen können. Wir erhalten so

$$\left. \begin{aligned} \sqrt{U}(F_0 + F_2) &= \sqrt{\Phi} - \frac{\overline{E}}{2\sqrt{\Phi}}X - \frac{\overline{F}}{2\sqrt{\Phi}}Y - \frac{\Phi''}{8\sqrt{\Phi}}(X^2 + Y^2) + \\ &+ \frac{1}{2}\sqrt{\Phi}(X'^2 + Y'^2) + \frac{1}{2}\sqrt{\frac{e}{2m_0}}B_z(X'Y - XY') + \sqrt{\frac{e}{2m_0}}(\overline{H}X - \overline{G}Y) + \cdots, \end{aligned} \right\} \qquad (39.3)$$

wobei wir durch die Punkte das unwesentliche totale Differential

$$\frac{1}{2}\sqrt{\frac{e}{2m_0}}\frac{d}{dz}(B_z X Y) \qquad (39.4)$$

angedeutet haben.

---

[1] W. GLASER: Z. Physik **111**, 357 (1938). — G. WENDT: Telefunkenröhre **15**, 100 (1939). — J. PICHT u. J. HIMPAN: Ann. Phys. **39**, 409 (1941). — G. WENDT: Ann. Physik **1**, 83 (1947) — W. GLASER: Ann. Physik **4**, 389 (1949).

Die Funktionen $\overline{E}(z)$ bedeutet dabei die X-, $\overline{F}(z)$ die Y-Komponente des elektrischen *Ablenkfeldes*. Die X- und Y-Komponente des magnetischen Ablenkfeldes wurden mit $\overline{G}$ bzw. $\overline{H}$ bezeichnet. Wie in Ziff. 14 führen wir ein „verschraubtes" Bezugssystem (x, y, z) ein, damit wir unverkoppelte Euler-Lagrangesche Gleichungen für x und y erhalten. Dazu verdrehen wir die Koordinatenkreuze jeweils um den von z abhängigen Winkel

$$\Theta = \sqrt{\frac{e}{8m_0}} \int_{z_0}^{z} \frac{B_z(z)}{\sqrt{\Phi}}\, dz, \tag{39.5}$$

setzen also

$$\left. \begin{aligned} X &= x \cos \Theta - y \sin \Theta, \\ Y &= x \sin \Theta + y \cos \Theta. \end{aligned} \right\} \tag{39.6}$$

Wenn wir (39.6) in (39.3) einführen, erhalten wir die Lagrangesche Funktion im verschraubten System

$$\left. \begin{aligned} \sqrt{U}(F_0 + F_2) = \sqrt{\Phi} &- \frac{E}{2\sqrt{\Phi}}\, x - \frac{F}{2\sqrt{\Phi}}\, y - \frac{1}{8\sqrt{\Phi}}\left(\Phi'' + \frac{e}{2m_0} B_z^2\right)(x^2 + y^2) + \\ &+ \frac{1}{2}\sqrt{\Phi}\,(x'^2 + y'^2) + \sqrt{\frac{e}{2m_0}}\,(H\,x - G\,y), \end{aligned} \right\} \tag{39.7}$$

wobei E, F, G und H durch

$$E = \overline{E}\cos\Theta + \overline{F}\sin\Theta; \qquad F = -\overline{E}\sin\Theta + \overline{F}\cos\Theta \tag{39.8}$$

und

$$G = \overline{G}\cos\Theta + \overline{H}\sin\Theta; \qquad H = -\overline{G}\sin\Theta + \overline{H}\cos\Theta \tag{39.9}$$

gegeben sind, also die ablenkenden Feldkomponenten im verschraubten System darstellen.

Die flachen achsennahen Elektronenbahnen folgen aus (39.7) zu

$$\left. \begin{aligned} \frac{d}{dz}\left(\sqrt{\Phi}\, x'\right) + \frac{1}{4\sqrt{\Phi}}\left(\Phi'' + \frac{e}{2m_0}B_z^2\right)x &= -\frac{E}{2\sqrt{\Phi}} + \sqrt{\frac{e}{2m_0}}\,H = f_1(z), \\ \frac{d}{dz}\left(\sqrt{\Phi}\, y'\right) + \frac{1}{4\sqrt{\Phi}}\left(\Phi'' + \frac{e}{2m_0}B_z^2\right)y &= -\frac{F}{2\sqrt{\Phi}} - \sqrt{\frac{e}{2m_0}}\,G = f_2(z), \end{aligned} \right\} \tag{39.10}$$

wobei die Funktionen $f_1(z)$ und $f_2(z)$ aus den ablenkenden Feldkomponenten des raumfesten Systems folgendermaßen gegeben sind:

$$\left. \begin{aligned} f_1(z) &= \left(\sqrt{\frac{e}{2m_0}}\,\overline{H} - \frac{\overline{E}}{2\sqrt{\Phi}}\right)\cos\Theta - \left(\sqrt{\frac{e}{2m_0}}\,\overline{G} + \frac{\overline{F}}{2\sqrt{\Phi}}\right)\sin\Theta, \\ -f_2(z) &= \left(\sqrt{\frac{e}{2m_0}}\,\overline{G} + \frac{\overline{F}}{2\sqrt{\Phi}}\right)\cos\Theta + \left(\sqrt{\frac{e}{2m_0}}\,\overline{H} - \frac{\overline{E}}{2\sqrt{\Phi}}\right)\sin\Theta, \end{aligned} \right\} \tag{39.11}$$

und von B_z nur durch den Winkel Θ abhängen.

Die Funktionen $s(z)$ und $t(z)$ mögen zwei unabhängige Lösungen der zu (39.10) gehörenden homogenen Gleichungen bedeuten, welche den Anfangsbedingungen $s(z_0) = t'(z_0) = 1$, $s'(z_0) = t(z_0) = 0$ genügen. Mittels Formel (25.14) erhält man die allgemeine Lösung von (39.10), d.h. die abgelenkten Elektronenbahnen in der Gestalt

$$x = x_0 s + x_0' t + \frac{t(z)}{\sqrt{\Phi_0}} \int_a^z s f_1(z)\, dz - \frac{s(z)}{\sqrt{\Phi_0}} \int_b^z t f_1(z)\, dz = x_0 s + x_0' t + e_1(z) \qquad (39.12)$$

und Analoges für y.

Wir wollen die Integrationskonstanten a und b so wählen, daß die „Ablenkung" $e_1(z)$, d.h. die partikuläre Lösung $e_1(z)$ von (39.10), in der „Dingebene" $z = z_0$ zugleich mit ihrer Ableitung verschwindet:

$$e_1(z_0) = 0, \qquad e_1'(z_0) = 0. \qquad (39.13)$$

Dies wird erreicht, wenn man in (39.12) a und b gleich z_0 wählt. Damit erhält man für die achsennahen Elektronenbahnen

$$x = x_0 s + x_0' t + e_1(z); \qquad y = y_0 s + y_0' t + e_2(z), \qquad (39.14)$$

wobei die Ablenkungen $e_1(z)$ und $e_2(z)$ durch

$$e_k = \frac{t(z)}{\sqrt{\Phi_0}} \int_{z_0}^z s f_k(z)\, dz - \frac{s(z)}{\sqrt{\Phi_0}} \int_{z_0}^z t f_k(z)\, dz \qquad (k = 1,2) \qquad (39.15)$$

gegeben sind.

Aus (39.14) erkennt man, daß das vom Punkte $P_0 \equiv x_0, y_0, z_0$ ausgehende Elektronenbündel, in dem jede Einzelbahn durch andere Werte von x_0', y_0' gekennzeichnet ist, durch ein und denselben Punkt $P_1 \equiv x_1, y_1, z_1$ hindurchgeht, dessen z_1-Koordinate durch

$$t(z_1) = 0 \qquad (39.16)$$

bestimmt ist. z_1 ist also eine auf z_0 folgende Nullstelle von $t(z)$. Dieser Bildpunkt P_1 hat in der Bildebene $z = z_1$ die Koordinaten

$$x_1 = \beta x_0 + e_1(z_1); \qquad y_1 = \beta y_0 + e_2(z_1), \qquad (39.17)$$

wobei die Vergrößerung β durch

$$\beta = s(z_1) \qquad (39.18)$$

gegeben ist. Bildebene $z = z_1$ und Dingebene $z = z_0$ sind also im Sinne des Abbildungsfeldes $\Phi(z)$, $B_z(z)$ zueinander konjugiert. Nur ist der Bildpunkt $P_1(x_1, y_1)$ gegenüber dem Bildpunkt $\beta x_0, \beta y_0$ ohne Ablenkfeld durch die Wirkung desselben um die Strecken $e_1(z_1)$ und $e_2(z_1)$ in den Koordinatenrichtungen des verschraubten Systems abgelenkt. Bei der betrachteten „Idealablenkung" treten also keine Fleckverzerrungen auf.

Die Ablenkungen sind wegen $t(z_1) = 0$ mit (39.11) und (39.15) durch folgende Ausdrücke gegeben:

$$\left.\begin{aligned} e_1(z_1) &= \frac{\beta}{\sqrt{\Phi_0}} \int_{z_0}^{z_1} \left[\left(\sqrt{\frac{e}{2m_0}}\, \overline{G} + \frac{\overline{F}}{2\sqrt{\Phi}} \right) \sin\Theta - \left(\sqrt{\frac{e}{2m_0}}\, \overline{H} - \frac{\overline{E}}{2\sqrt{\Phi}} \right) \cos\Theta \right] t(z)\, dz, \\ e_2(z) &= \frac{\beta}{\sqrt{\Phi_0}} \int_{z_0}^{z_1} \left[\left(\sqrt{\frac{e}{2m_0}}\, \overline{G} + \frac{\overline{F}}{2\sqrt{\Phi}} \right) \cos\Theta + \left(\sqrt{\frac{e}{2m_0}}\, \overline{H} - \frac{\overline{E}}{2\sqrt{\Phi}} \right) \sin\Theta \right] t(z)\, dz, \end{aligned}\right\} \quad (39.19)$$

wobei Θ durch (39.5) definiert ist.

Im rein elektrischen Abbildungsfeld hat man $\Theta = 0$ und (39.19) erhält die Gestalt

$$
\left.
\begin{aligned}
e_1(z_1) &= \frac{\beta}{2\sqrt{\Phi_0}} \int\limits_{z_0}^{z_1} \frac{E\,t(z)}{\sqrt{\Phi}}\, dz, \\[2mm]
e_2(z_1) &= \frac{\beta}{2\sqrt{\Phi_0}} \int\limits_{z_0}^{z_1} \frac{F\,t(z)}{\sqrt{\Phi}}\, dz.
\end{aligned}
\right\}
\tag{39.20}
$$

Man erkennt, daß die Ablenkungen zu den Ablenkfeldern und damit auch zu den Ablenkspannungen proportional sind.

Falls Ablenk- und Abbildungsfeld nicht ineinandergreifen, sondern das Konzentrierfeld am Ort der Ablenkkondensatoren und Ablenkspulen bereits auf Null abgeklungen ist, erhalten die Differentialgleichungen (39.10) die Gestalt ($\Phi = U,\ B_z = 0$)

$$
x'' = -\frac{E}{2U} + \sqrt{\frac{e}{2m_0 U}}\,H; \qquad y'' = -\frac{F}{2U} - \sqrt{\frac{e}{2m_0 U}}\,G.
\tag{39.21}
$$

Die Funktion $x = x(z)$ stellt die Bahnprojektion auf die x-z-Ebene dar. Da für unseren Fall x'' und y'' im wesentlichen die Krümmungen dieser Bahnprojektionen sind, ist (39.21) ein Spezialfall des allgemeinen Ausdruckes (1.36) für die Krümmung der Elektronenbahn.

Wird der unabgelenkte Strahl durch

$$
x = x_s + x_s'(z - z_1), \qquad y = y_s + y_s'(z - z_1)
\tag{39.22}
$$

gegeben, wobei $x_s,\ y_s$ die Koordinaten des Strahlungsdurchstoßpunktes mit dem achsensenkrechten Auffangschirm bedeuten, so kann man

$$
x = x_s + x_s'(z - z_1) + e_1(z_1), \qquad y = y_s + y_s'(z - z_1) + e_2(z_1)
\tag{39.23}
$$

schreiben und mittels einer partiellen Integration die Ablenkungen $e_1(z)$ und $e_2(z)$ auf die Gestalt

$$
\left.
\begin{aligned}
e_1(z) &= \int\limits_{z_0}^{z} \left[\frac{E(\zeta)}{2U} - \sqrt{\frac{e}{2m_0 U}}\,H(\zeta) \right](\zeta - z)\, d\zeta, \\[2mm]
e_2(z) &= \int\limits_{z_0}^{z} \left[\frac{F(\zeta)}{2U} + \sqrt{\frac{e}{2m_0 U}}\,G(\zeta) \right](\zeta - z)\, d\zeta
\end{aligned}
\right\}
\tag{39.24}
$$

bringen.

Jeder Strahl kann nach (39.23) aus seinem Grund- und Aufriß in der y-z- bzw. x-z-Ebene zusammengesetzt werden. Betrachten wir die Bahnprojektion auf die x-z-Ebene (Aufriß). Eine derartige achsenparalle in das Ablenkfeld eintretende Bahn, besitzt im Durchstoßpunkt mit dem Bildschirm die Richtung

$$
e_1' = -\int\limits_{z_0}^{z_1} \left(\frac{E}{2U} - \sqrt{\frac{e}{2m_0 U}}\,H \right) d\zeta
\tag{39.25}
$$

und den Achsenabstand

$$
e_1 = -\int\limits_{z_0}^{z_1} \left(\frac{E}{2U} - \sqrt{\frac{e}{2m_0 U}}\,H \right)(z_1 - \zeta)\, d\zeta.
\tag{39.26}
$$

Die Tangente im Durchstoßpunkt schneidet daher die geradlinige Verlängerung des eintretenden Strahls im Punkt $z = z_{HA}$, dessen Abstand von z_1 durch

$$z_1 - z_{HA} = \frac{e_1}{e_1'} \tag{39.27}$$

gegeben ist. Mit (39.25) und (39.26) folgt so

$$z_{HA} = \frac{\int\limits_{z_0}^{z_1} \left(\frac{E}{2U} - \sqrt{\frac{e}{2m_0 U}}\, H \right) \zeta\, d\zeta}{\int\limits_{z_0}^{z_1} \left(\frac{E}{2U} - \sqrt{\frac{e}{2m_0 U}}\, H \right) d\zeta}. \tag{39.28}$$

Die Abszisse z_{HA} stimmt also mit dem „Schwerpunkt" einer längs der Achse gegebenen Dichteverteilung $\sigma(z) = E(z)/2U - H(z) \cdot \sqrt{e/2m_0\, U}$ überein. Wir wollen die achsensenkrechte Ebene durch den Schwerpunkt z_{HA} die „Hauptebene" des Aufrisses nennen. Von dieser Hauptebene scheinen also vom Bildschirm aus gesehen alle abgelenkten Elektronenbahnen, die in der x-z-Ebene achsenparallel eingefallen sind, herzukommen. Man kann daher die tatsächliche krumme Bahn in bezug auf die ideale Ablenkung durch eine in dieser Hauptebene geknickte Gerade ersetzen. Dasselbe gilt für die Grundrißbahn, deren Hauptebene $z = z_{HG}$ durch

$$z_{HG} = \frac{\int\limits_{z_0}^{z_1} \left(\frac{F}{2U} + \sqrt{\frac{e}{2m_0 U}}\, G \right) \zeta\, d\zeta}{\int\limits_{z_0}^{z_1} \left(\frac{F}{2U} + \sqrt{\frac{e}{2m_0 U}}\, G \right) d\zeta} \tag{39.29}$$

gegeben ist. Aus den beiden, in ihren entsprechenden Hauptebenen geknickten Grund- und Aufrißstrahlen, kann der abgelenkte Strahl zusammengesetzt werden.

40. Ablenkfehler bei größeren Ablenkungen. α*) Aberrationskurven.* Wenn man das Kathodenstrahlbündel stärker ablenkt, müssen in der LAGRANGEschen Funktion auch die höheren Glieder bis zur vierten Ordnung berücksichtigt werden. Wir wollen der Einfachheit halber so wie am Schluß des vorigen Abschnittes voraussetzen, daß Ablenk- und Abbildungsfeld einander nicht durchdringen. Wir wollen zunächst weiter annehmen, daß die Idealablenkung allein, in der y Richtung erfolgt. Dann haben wir für das elektrische Potential den Ausdruck

$$\varphi = U - F y - F_1 x^2 y + \tfrac{1}{3} \left(\tfrac{1}{2} F'' + F_1 \right) y^3 + \cdots, \tag{40.1}$$

so daß die ablenkende y-Komponente des Feldes durch

$$E_y = F + F_1 x^2 - \left(\tfrac{1}{2} F'' + F_1 \right) y^2 \tag{40.2}$$

gegeben ist. $F(z)$ wird als Funktion von z einen glockenförmigen Verlauf haben und in entsprechender Entfernung vor und hinter dem Ablenkkondensator verschwinden. Für die Komponente E_x senkrecht zur Ablenkebene ergibt sich aus (40.1)

$$E_x = 2 F_1 x y + \cdots. \tag{40.3}$$

Wir sagen, F_1 bestimme das zur Ablenkebene senkrechte „Streufeld". Sind die Platten in der x-Richtung „unendlich breit", so wird E_y von x unabhängig, d.h. F_1 und damit auch E_x verschwindet.

Die magnetische Ablenkkomponente B_x ist nach (11.2) gegeben durch

$$B_x = G - (\tfrac{1}{2} G'' + G_1)\, x^2 + G_1 y^2 + \cdots. \tag{40.4}$$

Die dazu senkrechte Komponente lautet

$$B_y = 2 G_1 x\, y + \cdots \tag{40.5}$$

und bestimmt das magnetische Streufeld in der y-Richtung. Wenn B_x von y unabhängig ist, verschwindet G_1 und damit auch B_y.

Indem man die Elektronenbahnen (39.23) der Idealablenkung in die durch (40.1) und (40.4) bestimmte Störungsfunktion einführt, kann man nach dem in Ziff. 25 dargestellten Störungsverfahren die Fleckverzerrungen bei größeren Ablenkungen bestimmen. Man kann das Störungsverfahren dem vorliegenden Fall auch noch besonders anpassen[1]. Auf diese Weise erhält man für die Ablenkfehler bei einer in der y-Richtung erfolgenden Idealablenkung mit dem Ablenkwinkel α

$$\left.\begin{aligned} \Delta x_1 &= b_2 \alpha^2 x_s + b_4 \alpha^2 x_s' + b_7 \alpha\, x_s y_s + 2 b_8 \alpha\, x_s' y_s' + b_9 \alpha\, x_s y_s' + b_{10} \alpha\, x_s' y_s, \\ \Delta y_1 &= b_1 \alpha^3 + b_3 \alpha^2 y_s + b_5 \alpha^2 y_s' + b_6 \alpha\, x_s^2 + b_8 \alpha\, x_s'^2 + b_9 \alpha\, x_s x_s' + b_{11} \alpha\, y_s^2 + \\ &\quad + b_{12} \alpha\, y_s y_s' + b_{13} \alpha\, y_s'^2, \end{aligned}\right\} \tag{40.6}$$

wobei die Größen b_1 bis b_{13} bestimmte, allein von der Feldgeometrie und nicht von den numerischen Werten der Ablenkspannung und des Ablenkstromes abhängende Konstanten sind. Sie werden durch bestimmte Integrale über das Ablenkfeld und die Idealablenkung $e(z)$ dargestellt. Für das praktisch homogene elektrische und magnetische Ablenkfeld und andere Spezialfälle können sie explizit ausgewertet werden[1].

Einfluß der Bündelöffnung auf die Fleckverzerrung. Es werde angenommen, daß ein um die Achse symmetrisches kegelförmiges Kathodenstrahlbündel im unabgelenkten Zustand gerade mit der Spitze auf die Leuchtschirmmitte auffällt. In der achsensenkrechten Ebene $z = z_0$ sei der Bündelquerschnitt ein Kreis vom Radius r. Führt man in dieser Ebene Polarkoordinaten ein, so gelten wegen

$$x_0 = x_s'\, (z_0 - z_1), \quad y_0 = y_s'\, (z_0 - z_1) \tag{40.7}$$

die Relationen

$$\left.\begin{aligned} x_s' &= -\frac{x_0}{z_1 - z_0} = -\frac{r}{z_1 - z_0}\cos\chi = -\tan\omega\cos\chi = -\omega\cos\chi, \\ y_s' &= -\frac{y_0}{z_1 - z_0} = -\frac{r}{z_1 - z_0}\sin\chi = -\tan\omega\sin\chi = -\omega\sin\chi, \end{aligned}\right\} \tag{40.8}$$

wobei ω den halben Öffnungswinkel des Strahlenbündels bedeutet. Für die Aberrationskurven (40.6) erhält man mit (40.8) und $x_s = 0$, $y_s = 0$

$$\left.\begin{aligned} \Delta x_1 &= b_8 \alpha\, \omega^2 \sin 2\chi - b_4 \alpha^2 \omega \cos\chi, \\ \Delta y_1 &= \tfrac{1}{2}\left[(b_8 + b_{13}) + (b_8 - b_{13})\cos 2\chi\right]\alpha\, \omega^2 - b_5 \alpha^2 \omega \sin\chi + b_1 \alpha^3. \end{aligned}\right\} \tag{40.9}$$

Betrachtet man die Glieder, welche in der Ablenkung α von erster, im Öffnungswinkel des Strahlenbündels 2ω von zweiter Ordnung sind, so ergibt die Elimination des Winkels χ die Kurven

$$\frac{\Delta x_1^2}{(b_8 \alpha\, \omega^2)^2} + \frac{[\Delta y_1 - \tfrac{1}{2}(b_8 + b_{13})\,\alpha\omega^2]^2}{[\tfrac{1}{2}(b_8 - b_{13})\,\alpha\,\omega^2]^2} = 1, \tag{40.10}$$

---

[1] W. GLASER: Ann. Physik **4**, 389 (1949).

also bei variablem α eine Schar von Ellipsen, deren Halbachsen von 0 bis $b_8 \alpha \omega^2$ bzw. von 0 bis $\frac{1}{2}(b_8 - b_{13}) \alpha \omega^2$ wachsen und deren Mittelpunkte auf der y-Achse jeweils in der Entfernung $\frac{1}{2}(b_8 + b_{13}) \alpha \omega^2$ vom idealen Leuchtfleck liegen. Wir nennen diese Erscheinung die „Ablenkkoma".

Die Glieder, welche in ω von erster und in der Ablenkung von zweiter Ordnung sind, liefern die Aberrationskurven

$$\frac{\Delta x_1^2}{(b_4 \alpha^2 \omega)^2} + \frac{\Delta y_1^2}{(b_5 \alpha^2 \omega)^2} = 1. \tag{40.11}$$

Das sind Ellipsen mit dem Achsenverhältnis b_4/b_5. Die Flächengröße des elliptischen Leuchtflecks ist proportional zu $b_4 b_5 \omega^2 \alpha^4$. Diese Erscheinung soll

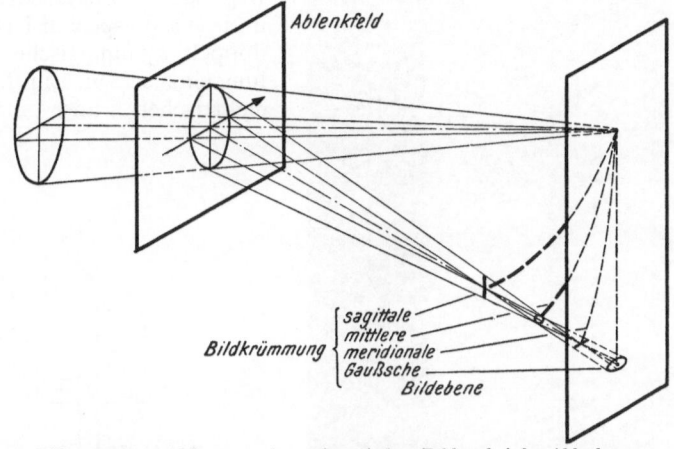

Fig. 77. Zustandekommen des astigmatischen Fehlers bei der Ablenkung.

„Ablenkastigmatismus" genannt werden. Sie besteht darin, daß bei größerer Ablenkung, das homozentrische Strahlenbündel in ein astigmatisches aufspaltet, dessen beide Brennlinien auf Kugeln mit den Radien

$$\frac{1}{\varrho_{\mathrm{mer}}} = \frac{2 b_5}{(z_1 - z_0)^2}, \qquad \frac{1}{\varrho_{\mathrm{sag}}} = \frac{2 b_4}{(z_1 - z_0)^2} \tag{40.12}$$

liegen (Fig. 77).

Der dritte durch

$$\Delta x_1 = 0, \qquad \Delta y_1 = b_1 \alpha^3 \tag{40.13}$$

gegebene Ablenkfehler, welcher die Schärfe des Schreibfleckes nicht beeinträchtigt, ist ein Proportionalitätsfehler. Er ist von der Bündelöffnung unabhängig und ergibt eine zusätzliche nichtlineare Verschiebung in der Ablenkrichtung. Er heißt „Ablenkverzeichnung" oder Proportionalitätsfehler

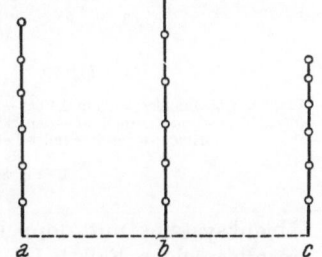

Fig. 78. Die Ablenkverzeichnung. a Ideale Ablenkung. b Verzeichnung mit „Zerdehnung" (positive Verzeichnung). c Verzeichnung mit „Schrumpfung" (negative Verzeichnung).

(Fig. 78). In analoger Weise, können auch die einer exzentrischen Lage des unabgelenkten Strahles entsprechenden Aberrationskurven diskutiert werden [1].

Zur experimentellen Prüfung der Theorie der magnetischen Ablenkfehler hat G. WENDT[1] das Feld einer Ablenkspule mit Eisenkern mit einer Spulensonde ausgemessen. Damit konnten die Bildfehlerintegrale b_k graphisch ausgewertet und die entsprechenden Aberrationskurven, wie sie verschiedenen

---

[1] G. WENDT: Telefunkenröhre 15, 100 (1939).

Ablenkwinkeln entsprechen, gezeichnet werden. Fig. 79 gibt ein der Arbeit von G. WENDT entnommenes Beispiel, in dem die berechneten Aberrationskurven mit den experimentellen Ergebnissen verglichen werden.

β) Ablenkfehler in gekreuzten Systemen. Bei Fernsehröhren hat man es mit einer gleichzeitigen horizontalen und vertikalen Ablenkung des Elektronenbündels zu tun, wie wir sie für kleine Ablenkungen in Ziff. 39 besprochen haben. Nach dem Vorhergehenden ist klar, wie die Ablenkfehler für diesen allgemeinen Fall nach Ziff. 25 zu berechnen sind. Wir haben nur in die LAGRANGEsche Funktion der Elektronenbewegung F die Feldausdrücke (10.27) und (11.5) spezialisiert auf eine doppelt symmetrische Feldverteilung einzusetzen. Ein Beispiel eines elektrischen und magnetischen

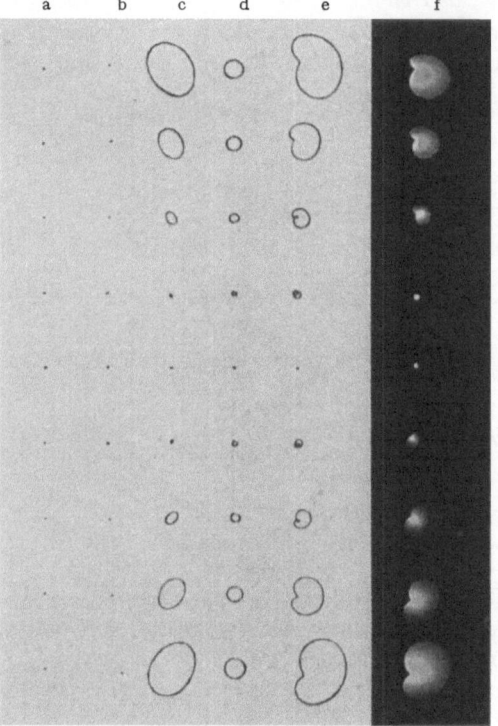

a   b   c   d   e   f

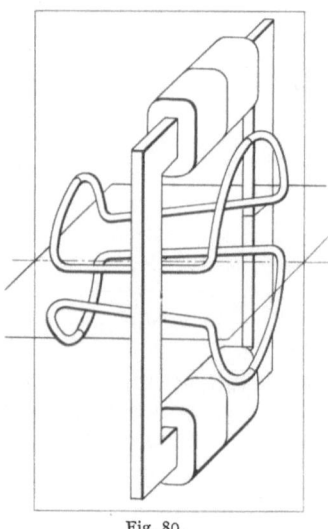

Fig. 79.

Fig. 80.

Fig. 79. Ablenkfehler der um 0,5 cm senkrecht zur Ablenkrichtung gegen die Strahlachse verschobenen Eisenkernspule (der Ablenkstrom wurde jeweils um gleiche Beträge gesteigert). a Ideale Ablenkung, b Verzeichnung, c Astigmatismus, d Koma, e resultierender Fehler (a—e gerechnet), f experimentelles Ergebnis. (Nach G. WENDT.)

Fig. 80. Ablenksystem mit doppelter Symmetrie.

Ablenksystems mit doppelter Symmetrie ist in Fig. 80 dargestellt. Wegen der im allgemeinen Fall bei gekreuzten Ablenksystemen auftretenden Ablenkfehler sei auf die Literatur verwiesen. Hier wollen wir eine besonders eingehende Methode zur Isolierung und Messung der Ablenkfehler eines magnetischen Ablenksystems besprechen, die von G. WENDT[1] veröffentlicht worden ist.

Ein doppelt symmetrisches System hat — wie wir gesehen haben — nur Ablenkfehler ungerader Ordnung. Wenn infolge mangelhafter Herstellung die doppelte Symmetrie nicht streng verwirklicht ist, werden auch Ablenkfehler zweiter Ordnung auftreten. G. WENDT diskutiert auch diesen Fall. Wir wollen hier ideale Doppelsymmetrie voraussetzen. Den Ablenkwinkel in der x-z-Ebene bezeichnen wir mit γ_x, den in der y-z-Ebene mit γ_y. In Verallgemeinerung der

---

[1] G. WENDT: Ann. Radioélectricité **9**, 286 (1954).

Ergebnisse des vorigen Abschnittes haben wir dann folgende kombinierte Ablenkfehler:

Zunächst tritt die Verzeichnung dritter Ordnung auf:

$$\left.\begin{aligned}\Delta\gamma_x &= \frac{\Delta x}{L_x} = A_1 \tan^3\gamma_x + C_1 \tan\gamma_x \tan^2\gamma_y\,,\\[2mm]\Delta\gamma_y &= \frac{\Delta y}{L_y} = B_1 \tan^3\gamma_y + C_2 \tan^2\gamma_x \tan\gamma_y\,.\end{aligned}\right\} \qquad (40.14)$$

Hier bedeuten L_x und L_y die Entfernungen der Hauptebenen der beiden Spulenpaare vom Schirm, für welche meistens $L_x = L_y$ gilt. Statt γ_x und γ_y haben wir etwas genauer $\tan\gamma_x$ und $\tan\gamma_y$ geschrieben. Gegenüber früher sind hier die beiden

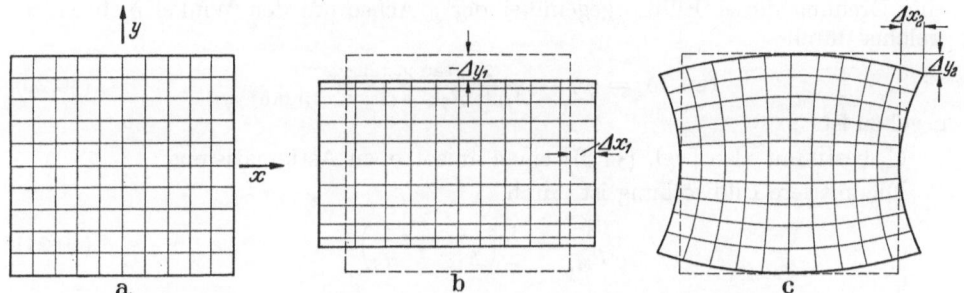

Fig. 81 a—c. Verzeichnung dritter Ordnung. a Ideale Ablenkung, b Zerdehnung und Schrumpfung ($A_1 > 0$, $B_1 < 0$). c Krümmung des quadratischen Netzes ($C_1 > 0$ und $C_2 < 0$). (Nach G. WENDT.)

„Kombinationsterme" C_1 und C_2 aufgetreten. Von den Koeffizienten der Verzeichnung dritter Ordnung hängt A_1 von der Form der Spule ab, welche die Ablenkung in der x-Richtung bewirkt, B_1 von derjenigen, die in der y-Richtung ablenkt, und C_n ($n = 1,2$) von beiden. Die Wirkung von A_1, B_1, C_1 und C_2 auf ein quadratisches Netz bei Idealablenkung ist in Fig. 81 wiedergegeben.

Die durch eine endliche Bündelöffnung bedingten Ablenkfehler dritter Ordnung sind wie vorher Astigmatismus, Bildkrümmung und Koma. Der *Astigmatismus* und die *Bildkrümmung* dritter Ordnung sind durch

$$\left.\begin{aligned}-\Delta\gamma_x &= -\frac{\Delta x}{L_x} = A_4 \tan^2\gamma_x \omega_x + B_5 \tan^2\gamma_y \omega_x \lambda + C_6 \tan\gamma_x \tan\gamma_y \omega_y \sqrt{\lambda}\ \Big(\lambda = \frac{L_y}{L_x}\Big),\\[2mm]-\Delta\gamma_y &= -\frac{\Delta y}{L_y} = B_4 \tan^2\gamma_y \omega_y + A_5 \tan^2\gamma_x \omega_y \frac{1}{\lambda} + C_6 \tan\gamma_x \tan\gamma_y \omega_x \frac{1}{\sqrt{\lambda}}\end{aligned}\right\} (40.15)$$

gegeben, wobei ω_x und ω_y mit dem halben Öffnungswinkel ω des Bündels durch

$$\omega_x = \omega \cos\chi, \quad \omega_y = \omega \sin\chi \qquad (40.16)$$

zusammenhängen. Die Einwirkung von Astigmatismus und Bildkrümmung auf das Bündel wird durch Fig. 77 angedeutet. Diese Ablenkfehler geben zu zwei Brennlinien Veranlassung, welche sich bei wachsendem Ablenkwinkel auf zwei gekrümmten Flächen bewegen. Diese, die sagittale und meridionale Feldkrümmung kennzeichnenden Flächen gleichen Paraboloiden. Die Krümmungsradien der Schnittkurven dieser Fläche mit der x-z-Ebene sind

$$\frac{R_S}{L_x} = \frac{1}{2A_4}\,, \qquad \frac{R_M}{L_x} = \frac{1}{2A_5}\,. \qquad (40.17)$$

Für einen Schnitt mit der y-z-Ebene hat man

$$\frac{R_S}{L_y} = \frac{1}{2B_4}, \qquad \frac{R_M}{L_y} = \frac{1}{2B_5}. \tag{40.18}$$

Für irgendeinen Schnitt, der den Winkel ϑ mit der x-z-Ebene einschließt, erhält man

$$\left.\begin{aligned}
\frac{1}{R_S}, \; \frac{1}{R_M} &= (A_4 + A_5)\frac{\cos^2\vartheta}{L_x} + (B_4 + B_5)\frac{\sin^2\vartheta}{L_y} \pm \\
&\pm \sqrt{\left[(A_4 - A_5)\frac{\cos^2\vartheta}{L_x} - (B_4 - B_5)\frac{\sin^2\vartheta}{L_y}\right]^2 + \frac{4C_6^2\cos^2\vartheta\sin^2\vartheta}{L_xL_y}}.
\end{aligned}\right\} \tag{40.19}$$

Am Bildschirm erhält man im allgemeinen eine Ellipse, wobei der Koeffizient C_6 eine Drehung dieser Ellipse gegenüber der x-Achse um den Winkel δ_x bewirkt, welcher durch

$$\tan 2\delta_x = \frac{2C_6 \tan\gamma_x \tan\gamma_y}{(A_4 - A_5)\tan^2\gamma_x + (B_5 - B_4)\tan^2\gamma_y} \tag{40.20}$$

gegeben ist.

C_6 bestimmt also [vgl. (31.8)] einen anisotropen Astigmatismus.

Die mittlere Bildwölbung ist durch

$$\frac{1}{R_{M_i}} = \frac{1}{2}\left(\frac{1}{R_M} + \frac{1}{R_S}\right) \tag{40.21}$$

gegeben. Wenn der *Astigmatismus*

$$\varDelta_a = \frac{1}{2}\left(\frac{1}{R_M} - \frac{1}{R_S}\right) \tag{40.22}$$

verschwindet, so bleibt der Schreibfleck bei der Ablenkung beständig auf der Fläche der mittleren Bildkrümmung fokussiert. Für die Ablenkungen in der x- bzw. y-Richtung ist dies der Fall, wenn $A_4 = A_5$ bzw. $B_4 = B_5$ ist.

Die *Koma* ist durch

$$\left.\begin{aligned}
\varDelta\gamma_x &= \frac{\varDelta x}{L_x} = A_7\omega_x^2\tan\gamma_x + A_8\omega_y^2\tan\gamma_x + 2B_8\lambda\,\omega_x\omega_y\tan\gamma_y, \\
\varDelta\gamma_y &= \frac{\varDelta y}{L_y} = B_7\omega_y^2\tan\gamma_y + B_8\omega_x^2\tan\gamma_y + \frac{2A_8}{\lambda}\omega_x\omega_y\tan\gamma_x
\end{aligned}\right\} \tag{40.23}$$

gegeben.

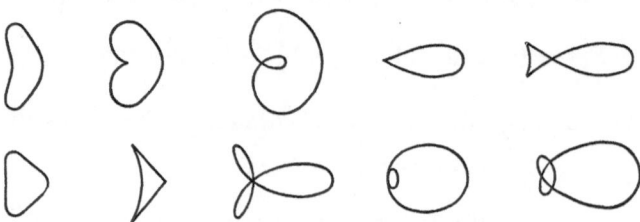

Fig. 82. Der Koma entsprechende charakteristische Deformationen des Schreibflecks. (Nach G. Wendt.)

Ein Koeffizient C, der von beiden Ablenkspulen abhängt, ist bei der Koma nicht vorhanden. In Fig. 82 sind einige charakteristische Formen des Schreibflecks, wie er der Koma entspricht, dargestellt.

Man sieht, daß es im ganzen 13 Ablenkfehler gibt. Wenn die Spule für Zeilen- und Bildablenkung gleich sind, wie dies bei modernen Ablenksystemen sehr oft der

Fall ist, reduziert sich ihre Zahl auf sieben. Die Zahl der Koeffizienten wird fünf, wenn die Verteilung der Windungsdichte am Umfang der Spule sinusförmig ist.

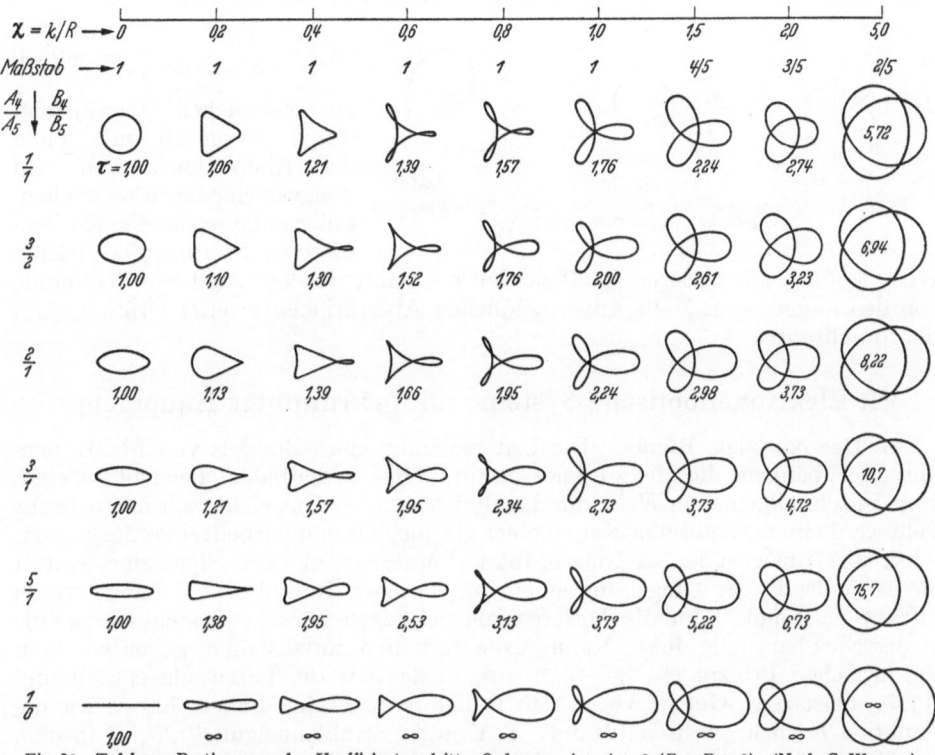

Fig. 83. Tafel zur Bestimmung der Koeffizienten dritter Ordnung: $A_4 > A_5 > 0$ $(B_4 > B_5 > 0)$. (Nach G. WENDT.)

Es ergibt sich, daß die Koeffizienten A_7 und A_8 ebenso wie B_7 und B_8 sich praktisch nur durch das Vorzeichen voneinander unterscheiden. Wenn man das annimmt, kann man alle Formen der Aberrationskurven im voraus bestimmen. Fig. 83 gibt ein Beispiel aus vier, verschiedenen Vorzeichen der Koeffizienten entsprechenden Kurvenblättern. Andererseits kann durch eine spezielle Röhre bei der ein um die Achse rotierendes Elektronenbündel von bekanntem Öffnungswinkel 2ω durch das zu untersuchende Ablenksystem abgelenkt wird, die

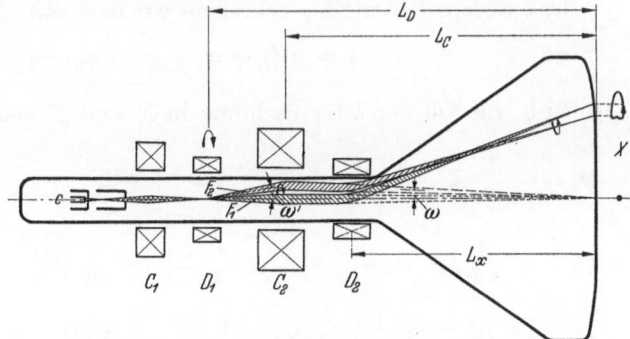

Fig. 84. Skizze der Anordnung zur experimentellen Aufnahme der Aberrationskurven. (Nach G. WENDT.)

Aberrationskurve auf dem Bildschirm experimentell aufgenommen werden. Fig. 84 gibt eine Skizze dieser Anordnung.

Durch Ausmessung der im Versuch realisierten Aberrationskurve und Vergleich mit den theoretischen Kurven des Kurvenblattes können die Aberrationskoeffizienten einzeln ermittelt werden. So folgt z.B. durch Messung der Ausdehnung eines längs einer bestimmten Achse abgelenkten Schreibflecks nach Fig. 85 der Absolutwert des Koeffizienten A_4 gemäß der Formel

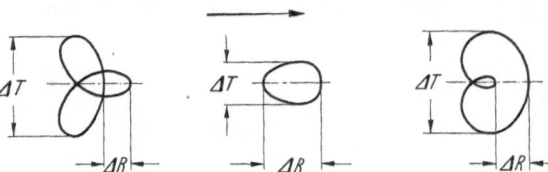

$$|A_4| = \frac{\Delta R}{2 L_x}\, \frac{1}{\omega \tan^2 \gamma_x}\,. \quad (40.24)$$

Fig. 85. Die Abmessungen eines längs einer Achse abgelenkten Schreibflecks. (Nach G. Wendt.)

Das Vorzeichen von A_4 folgt durch Vergleich mit einer der Aberrationskurven auf den, verschiedenen Vorzeichenfällen entsprechenden Kurvenblättern. In prinzipiell gleicher Weise können alle anderen Koeffizienten bestimmt werden. Auch eine Trennung von den in gewissem Maße unvermeidlichen Aberrationen zweiter Ordnung läßt sich durchführen.

VI. Elektronenoptische Systeme mit gekrümmter Hauptachse.

41. Das paraxiale Bündel. Die Untersuchung eines Bündels von Elektronen- und Ionenbahnen, die alle zu einer bestimmten „Grundbahn" benachbart sind, kann in sehr allgemeiner Weise durchgeführt werden[1]. Das elektrisch-magnetische Feld werde im betrachteten Raumgebiet als quellen- und wirbelfrei vorausgesetzt, sonst aber zunächst keiner Einschränkung unterworfen. Die allgemeine Gestalt dieses Feldes in der Umgebung einer vorgegebenen Raumkurve C haben wir in Ziff. 13 bestimmt. Um die Differentialgleichungen der Elektronenbahnen, die in der Nachbarschaft dieser Raumkurve verlaufen, aufzustellen, gehen wir vom Fermatschen Prinzip (14.1), (14.2) aus, in das wir die Potentiale (13.29) und (13.45) einsetzen. Genau wie in den früher betrachteten Fällen, haben wir die Funktion F nach „Achsenabstand" X, Y und „Strahlenneigung" X', Y' in dem gemäß (13.8) gedrehten begleitenden Dreibein der Raumkurve zu entwickeln. Wir bezeichnen vorläufig die Koordinate in der gedrehten Normalen-Richtung von C mit X und in der gedrehten Binormalen-Richtung mit Y. Die Koordinate in der Tangenten-Richtung der Raumkurve C werde mit z bezeichnet.

Das skalare Potential φ schreiben wir nach Ziff. 13 in der Gestalt

$$\varphi = \Phi(1 + \varphi_1 + \varphi_2 + \varphi_3 + \varphi_4 + \cdots), \quad (41.1)$$

wobei φ_k die Glieder k-ter Ordnung in X und Y bedeuten. Es ist also

$$\varphi_1 = -\frac{E}{\Phi}\, X - \frac{F}{\Phi}\, Y\,, \quad (41.2)$$

$$\varphi_2 = -\frac{1}{4\Phi}(\Phi'' - D + \alpha)\, X^2 + \frac{P}{\Phi}\, X Y - \frac{1}{4\Phi}(\Phi'' + D + \alpha)\, Y^2\,, \quad (41.3)$$

$$\varphi_3 = \frac{1}{3\Phi}\left(\frac{1}{2} E'' + E_1 + \beta\right) X^3 - \frac{1}{\Phi}(F_1 - \gamma)\, X^2 Y - \frac{1}{\Phi}(E_1 - \beta)\, X Y^2 + \left.\vphantom{\frac{1}{2}}\right\}$$
$$\left. + \frac{1}{3\Phi}\left(\frac{1}{2} F'' + F_1 + \gamma\right) Y^3\,, \right\} \quad (41.4)$$

[1] M. Cotte: Ann. Phys., Paris **10**, 333 (1938). — G. Wendt: Z. Physik **120**, 720 (1943). — H. Marschall: Phys. Z. **45**, 1 (1944). — P. Sturrock: Phil. Trans. Roy. Soc. Lond. **245**, 155 (1952).

$$\varphi_4 = \frac{1}{\Phi}\left(\frac{1}{64}\,\Phi^{(4)} - \frac{1}{48}\,D'' + D_1 + \frac{1}{6}\,A\right)X^4 - \frac{1}{\Phi}\left(\frac{1}{12}\,P'' - 4P_1 - \frac{1}{12}\,\Gamma\right)X^3\,Y +$$

$$+ \frac{1}{\Phi}\left(\frac{1}{32}\,\Phi^{(4)} - 6D_1\right)X^2\,Y^2 - \frac{1}{\Phi}\left(\frac{1}{12}\,P'' + 4P_1 - \frac{1}{12}\,\Gamma\right)X\,Y^3 + \Bigg\} \quad (41.5)$$

$$+ \frac{1}{\Phi}\left(\frac{1}{64}\,\Phi^{(4)} + \frac{1}{48}\,D'' + D_1 + \frac{1}{6}\,B\right)Y^4.$$

Die Funktionen α, β, γ, A, B, Γ sind nach Ziff. 13 durch Krümmung und Torsion der Raumkurve C bestimmt.

Mit dem Linienelement (13.12)

$$ds = \sqrt{X'^2 + Y'^2 + f^2}\,dz, \qquad f = 1 - pX - qY \qquad (41.6)$$

erhält man für die LAGRANGEsche Funktion F

$$F = \sqrt{\varphi\,(1 + \varepsilon\,\varphi)\,(X'^2 + Y'^2 + f^2)} - \sqrt{\frac{e}{2m_0}}\,(A_{\dot X}\,X' + A_Y\,Y' + A_z f). \qquad (41.7)$$

Sie hat die Entwicklung

$$F = F_0 + F_1 + F_2 + F_3 + F_4 + \cdots, \qquad (41.8)$$

wobei F_k die Glieder k-ter Ordnung in X, Y, X' und Y' bedeuten. Wir wollen darauf verzichten, den etwas langwierigen Ausdruck, der sich so ergibt, hier auszuschreiben.

α) *Die allgemeinen Bahnen erster Ordnung.* Die wichtigsten Entwicklungsglieder sind F_1 und F_2, welche das paraxiale Elektronenbündel bestimmen. Man erhält bis zu den Gliedern zweiter Ordnung einschließlich für (41.8)

$$F_0 + F_1 + F_2 = \sqrt{\Phi(1 + \varepsilon\,\Phi)} + F_{10}X + F_{01}Y + F_{20}X^2 + F_{11}XY +$$

$$+ F_{02}Y^2 + \frac{\eta}{2}\,B_z\,(X'Y - XY') + \frac{1}{2}\sqrt{\Phi(1 + \varepsilon\,\Phi)}\,(X'^2 + Y'^2) + \Bigg\} \quad (41.9)$$

$$+ \frac{d}{dz}\left(\frac{\eta}{2}\,B_z XY\right), \qquad \eta = \sqrt{\frac{e}{2m_0}}.$$

Um einen symmetrischeren Ausdruck zu erhalten, haben wir den letzten Term von der Gestalt eines totalen Differentials abgespalten. Er kann in der LAGRANGEschen Funktion weggelassen werden. Die F_{ik} sind dabei folgende Funktionen von z:

$$F_{10} = -\left(\frac{E(1 + 2\varepsilon\,\Phi)}{2\sqrt{\Phi(1 + \varepsilon\,\Phi)}} + p\sqrt{\Phi(1 + \varepsilon\,\Phi)} - \eta H\right),$$

$$F_{01} = -\left(\frac{F(1 + 2\varepsilon\,\Phi)}{2\sqrt{\Phi(1 + \varepsilon\,\Phi)}} + q\sqrt{\Phi(1 + \varepsilon\,\Phi)} + \eta G\right) \Bigg\} \quad (41.10)$$

und

$$F_{20} = -\frac{1}{8\sqrt{\Phi(1 + \varepsilon\,\Phi)}}\left[(\Phi'' - D - 3Ep + Fq)\,(1 + 2\varepsilon\,\Phi) + \frac{E^2}{\Phi(1 + \varepsilon\,\Phi)}\right] -$$

$$- \frac{\eta}{2}\,(Q + Hp),$$

$$F_{11} = \frac{1}{2\sqrt{\Phi(1 + \varepsilon\,\Phi)}}\left[(P + Eq + Fp)\,(1 + 2\varepsilon\,\Phi) - \frac{EF}{2\Phi(1 + \varepsilon\,\Phi)}\right] + \Bigg\} \quad (41.11)$$

$$+ \frac{\eta}{2}\,(\Delta + Gp - Hq),$$

$$F_{02} = -\frac{1}{8\sqrt{\Phi(1 + \varepsilon\,\Phi)}}\left[(\Phi'' + D - 3Fq + Ep)\,(1 + 2\varepsilon\,\Phi) + \frac{F^2}{\Phi(1 + \varepsilon\,\Phi)}\right] +$$

$$+ \frac{\eta}{2}\,(Q + Gq).$$

Durch den Ausdruck (41.9) sind die paraxialen Elektronenbündel, die in einem engen, schlauchartigen Gebiet um die Hauptbahn liegen, gekennzeichnet. Die Differentialgleichungen dieser Paraxialbahnen folgen nach (14.10) aus (41.9) zu

$$\left.\begin{aligned}
\frac{d}{dz}\left(\sqrt{\Phi(1+\varepsilon\,\Phi)}\,X' + \frac{\eta}{2}B_z\,Y\right) &= F_{10} + 2F_{20}\,X + F_{11}\,Y - \frac{\eta}{2}B_z\,Y',\\
\frac{d}{dz}\left(\sqrt{\Phi(1+\varepsilon\,\Phi)}\,Y' - \frac{\eta}{2}B_z\,X\right) &= F_{01} + F_{11}\,X + 2F_{02}\,Y + \frac{\eta}{2}B_z\,X'.
\end{aligned}\right\} \quad (41.12)$$

Durch Übergang zum verschraubten System

$$\left.\begin{aligned}
X &= x\cos\Theta - y\sin\Theta\\
Y &= x\sin\Theta + y\cos\Theta
\end{aligned}\right\} \quad \text{mit} \quad \Theta = \frac{\eta}{2}\int_{z_0}^{z}\frac{B_z\,dz}{\sqrt{\Phi(1+\varepsilon\,\Phi)}} \quad (41.13)$$

kann man dieses System so vereinfachen, daß es die gleiche Gestalt wie im rein elektrischen Feld erhält. Statt (41.12) rechnen wir die Lagrangesche Funktion (41.9) um. Man erhält

$$\left.\begin{aligned}
F_0 + F_1 + F_2 = {}&\sqrt{\Phi(1+\varepsilon\,\Phi)} + \varepsilon_x\,x + \varepsilon_y\,y +\\
&+ \tfrac{1}{2}a\,x^2 + c\,x\,y + \tfrac{1}{2}b\,y^2 + \tfrac{1}{2}\sqrt{\Phi(1+\varepsilon\,\Phi)}\,(x'^2 + y'^2),
\end{aligned}\right\} \quad (41.14)$$

wobei die Koeffizienten ε_x, ε_y, a, b, c wie folgt gegeben sind:

$$\varepsilon_x = F_{10}\cos\Theta + F_{01}\sin\Theta; \qquad \varepsilon_y = F_{01}\cos\Theta - F_{10}\sin\Theta \quad (41.15)$$

und

$$\left.\begin{aligned}
a &= (F_{20} - F_{02})\cos 2\Theta + F_{11}\sin 2\Theta + F_{20} + F_{02} - \frac{\eta^2}{4}\frac{B_z^2}{\sqrt{\Phi(1+\varepsilon\,\Phi)}},\\
b &= -(F_{20} - F_{02})\cos 2\Theta - F_{11}\sin 2\Theta + F_{20} + F_{02} - \frac{\eta^2}{4}\frac{B_z^2}{\sqrt{\Phi(1+\varepsilon\,\Phi)}},\\
c &= F_{11}\cos 2\Theta - (F_{20} - F_{02})\sin 2\Theta.
\end{aligned}\right\} \quad (41.16)$$

Die Differentialgleichungen der Paraxialbahnen erhalten mit (41.14) die Gestalt

$$\left.\begin{aligned}
\frac{d}{dz}\left(\sqrt{\Phi(1+\varepsilon\,\Phi)}\,x'\right) &= \varepsilon_x + a\,x + c\,y,\\
\frac{d}{dz}\left(\sqrt{\Phi(1+\varepsilon\,\Phi)}\,y'\right) &= \varepsilon_y + c\,x + b\,y.
\end{aligned}\right\} \quad (41.17)$$

Verlangt man, daß die Bündelachse $C \equiv x = 0$, $y = 0$ eine Elektronenbahn darstellt, dann muß $x = 0$ und $y = 0$ eine Lösung von (41.17) sein. Das erfordert $\varepsilon_x = 0$ und $\varepsilon_y = 0$ oder nach (41.15) $F_{10} = 0$ und $F_{01} = 0$. Mit (41.10) erhält man:

$$\frac{E(1 + 2\varepsilon\,\Phi)}{2\sqrt{\Phi(1+\varepsilon\,\Phi)}} + p\sqrt{\Phi(1+\varepsilon\,\Phi)} - \eta\,H = 0, \quad (41.18)$$

$$\frac{F(1 + 2\varepsilon\,\Phi)}{2\sqrt{\Phi(1+\varepsilon\,\Phi)}} + q\sqrt{\Phi(1+\varepsilon\,\Phi)} + \eta\,G = 0. \quad (41.19)$$

Bei vorgegebenen ablenkenden Feldkomponenten $E(z)$, $F(z)$, $H(z)$ und $G(z)$, stellen nach (13.10), (13.11) diese Gleichungen Bedingungen für die Krümmung $\varkappa$ und die Torsion τ der Hauptbahn dar. Man kann sie als die „natürlichen Gleichungen" der Hauptbahn ansehen. Nach Ziff. 1 können sie als Bedingungen für das dynamische Gleichgewicht der auf das Elektron in der Hauptbahn wirkenden Normalkräfte gedeutet werden.

Wenn man sich umgekehrt die Bündelachse durch ihre „natürlichen Gleichungen" $\varkappa = \varkappa(z)$ und $\tau = \tau(z)$ bzw. $p = p(z)$ und $q = q(z)$ vorgibt, so müssen die dazugehörigen elektrisch-magnetischen Felder $E_0(z)$, $F_0(z)$, $H_0(z)$ und $G_0(z)$, welche bewirken, daß sich die Elektronen längs dieser Bahn bewegen, den Gln. (41.18) (41.19) mit $E = E_0, \ldots G = G_0$ genügen. Wenn nun das Feld E, F, G, H vom „Gleichgewichtsfeld" E_0, F_0, G_0, H_0 um gewisse kleine Werte δE, δF, δG und δH

$$E = E_0 + \delta E, \quad F = F_0 + \delta F, \quad G = G_0 + \delta G, \quad H = H_0 + \delta H, \quad (41.20)$$

abweicht, so lauten die Differentialgleichungen im „Ablenkfeld" δE, δF, δG und δH:

$$\frac{d}{dz}\left(\sqrt{\Phi(1 + \varepsilon\,\Phi)}\; x'\right) = -\left[\frac{(1 + 2\varepsilon\,\Phi)\,\delta E}{2\sqrt{\Phi(1 + \varepsilon\,\Phi)}} - \eta\,\delta H\right]\cos\Theta - \left.\begin{array}{c} \\ \\ \end{array}\right\}$$
$$\left. -\left[\frac{(1 + 2\varepsilon\,\Phi)\,\delta F}{2\sqrt{\Phi(1 + \varepsilon\,\Phi)}} + \eta\,\delta G\right]\sin\Theta + a_0\,x + c_0\,y, \right\} \quad (41.21)$$

$$\frac{d}{dz}\left(\sqrt{\Phi(1 + \varepsilon\,\Phi)}\; y'\right) = \left[\frac{(1 + 2\varepsilon\,\Phi)\,\delta E}{2\sqrt{\Phi(1 + \varepsilon\,\Phi)}} - \eta\,\delta H\right]\sin\Theta - \left.\begin{array}{c} \\ \\ \end{array}\right\}$$
$$\left. -\left[\frac{(1 + 2\varepsilon\,\Phi)\,\delta F}{2\sqrt{\Phi(1 + \varepsilon\,\Phi)}} + \eta\,\delta G\right]\cos\Theta + b_0\,y + c_0\,x; \right\} \quad (41.22)$$

dabei bedeuten a_0, b_0 und c_0 dieselben Funktionen wie in (41.16), nur daß überall E_0, F_0, G_0 und H_0 an Stelle von E, F, G und H tritt.

Da die allgemeine Lösung des inhomogenen Gleichungssystems (41.21), (41.22) gleich ist der allgemeinen Lösung des zugehörigen homogenen Systems, vermehrt um eine partikuläre Lösung des inhomogenen Systems, besteht das durch (41.21), (41.22) definierte Elektronenbündel aus dem „unabgelenkten", zu $E_0, \ldots G_0$ gehörenden Bündel, dem die von den Bündelkoordinaten unabhängige, von $\delta E, \ldots, \delta G$ linear abhängige Ablenkung überlagert ist. Stehen die Ablenkfelder $\delta E, \ldots, \delta G$ in der Beziehung

$$\frac{1 + 2\varepsilon\,\Phi}{2\sqrt{\Phi(1 + \varepsilon\,\Phi)}}\,\delta E = \eta\,\delta H, \quad \frac{1 + 2\varepsilon\,\Phi}{2\sqrt{\Phi(1 + \varepsilon\,\Phi)}}\,\delta F = -\eta\,\delta G, \quad (41.23)$$

so beeinflussen sie nach Gl. (41.21), (41.22) das ursprüngliche Bündel nicht. Wir haben hier grundsätzlich die gleichen Verhältnisse, wie wir sie bei gerader Bündelachse in Ziff. 39 besprochen haben. Der einzige Unterschied gegen früher, besteht darin, daß wir hier wegen $p \neq 0$, $q \neq 0$ ein bestimmtes Ausgangsfeld E_0, F_0, G_0, H_0 haben müssen. Bei gerader Bündelachse $p = 0$, $q = 0$ kann dieses Feld verschwinden; das ist der oben betrachtete Fall der dem Trägheitsgesetz entspricht. Man erhält aber nach (41.18), (41.19) eine gerade Bündelachse ($p = 0$, $q = 0$) auch für den Fall

$$\frac{1 + 2\varepsilon\,\Phi}{2\sqrt{\Phi(1 + \varepsilon\,\Phi)}}\,E = \eta\,H, \quad \frac{1 + 2\varepsilon\,\Phi}{2\sqrt{\Phi\,(1 + \varepsilon\,\Phi)}}\,F = -\eta\,G. \quad (41.24)$$

Diese Gleichungen stellen die Verallgemeinerung der W. WIENschen Methode der gekreuzten Felder dar.

β) Orthogonalsysteme und LIPPICH*scher Satz.* Die Drehung (41.13), welche das vom Magnetfeld herrührende Glied auf der linken Seite von (41.12) zum Verschwinden bringt, war durch die Forderung

$$\Theta' = \frac{\eta}{2}\,\frac{B_z}{\sqrt{\Phi(1 + \varepsilon\,\Phi)}} \quad (41.25)$$

gekennzeichnet. Sie ist dadurch nur bis auf einen konstanten Drehwinkel α bestimmt. Man kann versuchen, ob man durch besondere Wahl dieses konstanten zusätzlichen Drehwinkels das Kopplungsglied c in Gl. (41.17) zum Verschwinden bringen kann. Setzt man daher

$$x = \bar{x} \cos \alpha - \bar{y} \sin \alpha, \quad y = \bar{x} \sin \alpha + \bar{y} \cos \alpha \qquad (41.26)$$

in den Ausdruck (41.14) ein, so ergibt die Forderung, daß das gemischte Glied $\bar{c}\,\bar{x}\,\bar{y}$ verschwindet, für α die Bedingung

$$\tan 2\alpha = \frac{2c}{a-b}. \qquad (41.27)$$

Nach (41.16) ist dies mit

$$\tan 2\alpha = \frac{F_{11} + (F_{02} - F_{20}) \tan 2\Theta}{F_{20} - F_{02} + F_{11} \tan 2\Theta} = \tan 2(\vartheta - \Theta) \qquad (41.28)$$

gleichbedeutend, wenn man ϑ durch

$$\tan 2\vartheta = \frac{F_{11}}{F_{20} - F_{02}} \qquad (41.29)$$

definiert. Der gesamte Drehwinkel ist somit $\vartheta = \Theta + \alpha$. Damit also α konstant ist, haben wir die Bedingung

$$\vartheta - \Theta = \text{const}, \qquad (41.30)$$

woraus durch Differentiation mit (41.29) und (41.25) folgt:

$$\eta\, B_z \left[F_{11}^2 + (F_{02} - F_{20})^2\right] = \sqrt{\Phi(1 + \varepsilon\,\Phi)}\, \left[F_{11}(F_{02}' - F_{20}') - F_{11}'(F_{02} - F_{20})\right]. \quad (41.31)$$

Ist diese Bedingung erfüllt, so führt die Drehung (41.26) mit dem konstanten Winkel α [Gl. (41.27)] unter der Voraussetzung $\varepsilon_x = 0$, $\varepsilon_y = 0$ Gl. (41.17) in

$$\frac{d}{dz}\left(\sqrt{\Phi(1 + \varepsilon\,\Phi)}\,\bar{x}'\right) = A_1\,\bar{x}, \qquad (41.32)$$

$$\frac{d}{dz}\left(\sqrt{\Phi(1 + \varepsilon\,\Phi)}\,\bar{y}'\right) = A_2\,\bar{y}, \qquad (41.33)$$

über.

Die Funktionen $A_1(z)$ und $A_2(z)$ sind dabei folgendermaßen gegeben:

$$A_1 = \frac{1}{2}(a+b) + \frac{1}{2}\sqrt{(a-b)^2 + 4c^2} = F_{20} + F_{02} - \frac{\eta^2}{4}\frac{B_z^2}{\sqrt{\Phi(1+\varepsilon\,\Phi)}} + \sqrt{F_{11}^2 + (F_{20} - F_{02})^2}, \quad (41.34)$$

$$A_2 = \frac{1}{2}(a+b) - \frac{1}{2}\sqrt{(a-b)^2 + 4c^2} = F_{20} + F_{02} - \frac{\eta^2}{4}\frac{B_z^2}{\sqrt{\Phi(1+\varepsilon\,\Phi)}} - \sqrt{F_{11}^2 + (F_{20} - F_{02})^2}. \quad (41.35)$$

In diesem Falle ist die Bewegung in der x-z-Ebene unabhängig von der Bewegung in der y-z-Ebene. Wir haben ein Orthogonalsystem vor uns, in dem der LIPPICHsche Satz gilt. Gl. (41.31) [bzw. Gl. (41.27) mit konstantem α] stellt also die Bedingung für ein Orthogonalsystem dar. Die integrierte Form von (41.31) ist:

$$2c = (a-b) \cdot \text{const} \quad \text{mit} \quad \tan 2\alpha = \text{const}. \qquad (41.36)$$

Da F_{11} und $F_{02} - F_{20}$ von B_z nicht abhängen, kann man Gl. (41.31) auch als Bestimmungsgleichung für ein, zu einem Orthogonalsystem führendes Magnetfeld $B_z(z)$ auffassen[1].

Man erkennt z.B. aus (41.27) unmittelbar, daß für $a = b$ eine Drehung um $\pi/4$ das System (41.17) auf die Gestalt eines Orthogonalsystems bringt.

---

[1] Siehe die analogen Betrachtungen in Ziff. 37.

Das durch die Lösungen von (41.32), (41.33) dargestellte Strahlenbündel ist im allgemeinen astigmatisch. Für die beiden Fokussierungspunkte z_{1x} und z_{1y} und die Vergrößerungen in der x-z- und y-z-,,Ebene" hat man die Beziehungen

$$\beta_x = \frac{u_1(z_{1x})}{u_1(z_0)} = \frac{u_2(z_{1x})}{u_2(z_0)}, \qquad \beta_y = \frac{v_1(z_{1y})}{v_1(z_0)} = \frac{v_2(z_{1y})}{v_2(z_0)}, \tag{41.37}$$

wenn $u_1(z)$, $u_2(z)$ zwei Lösungen von (41.32) und $v_1(z)$, $v_2(z)$ zwei Lösungen von (41.33) sind.

γ) Bedingungen für Richtungs-Doppelfokussierung. Aus einem vom Ding-punkt ausgehenden (monozentrischen) Strahlenbündel, das zur betrachteten Hauptbahn gehört, wird also durch das Feld im allgemeinen ein astigmatisches Bündel erzeugt. Wir erhalten ein GAUSSsches System, das eine stigmatische, unverzerrte Abbildung liefert, wenn in (41.32), (41.33) $A_1 = A_2$ ist. Dies erfordert nach (41.34), (41.35)

$$F_{11} = 0 \quad \text{und} \quad F_{20} = F_{02}. \tag{41.38}$$

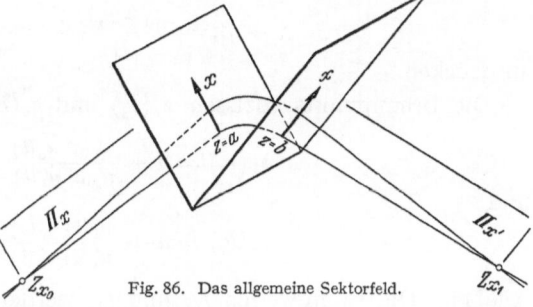

Fig. 86. Das allgemeine Sektorfeld.

Da in diesem Falle alle Paraxial-bahnen mit verschiedenen Rich-tungen sowohl in der x-z- wie auch y-z-Ebene nach dem glei-chen Punkt fokussiert werden, sprechen wir von einer ,,Rich-tungs-Doppelfokussierung".Wäh-rend im astigmatischen Fall nur die beiden *ebenen* x-z- und y-z-Büschel jedes für sich fokussiert werden, wird hier das ganze vom Dingpunkt ausgehende räumliche Bündel fokussiert. Wir können daher auch von einer ,,räumlichen Fokussierung" sprechen.

Die Differentialgleichung dieses GAUSSschen Bündels lautet nach (41.32) bis (41.35) und (41.11)

$$\frac{d}{dz}\left(\sqrt{\Phi(1+\varepsilon\Phi)}\, x'\right) + \frac{1}{4\sqrt{\Phi(1+\varepsilon\Phi)}}\left[(\Phi'' - E\,p - F\,q)\,(1+2\varepsilon\Phi) + \right.$$
$$\left. + \eta^2 B_z^2 + \frac{1}{2}\frac{E^2+F^2}{\Phi(1+\varepsilon\Phi)} + 2\eta\,(H\,p - G\,q)\,\sqrt{\Phi(1+\varepsilon\Phi)}\right]x = 0. \left.\right\} \tag{41.39}$$

Die Feldkomponenten müssen für diesen Fall eines GAUSSschen Systems nach (41.38) und (41.11) den Bedingungen:

$$\left(E\,p - F\,q + \tfrac{1}{2}D\right)(1+2\varepsilon\Phi) + \frac{F^2-E^2}{4\,\Phi(1+\varepsilon\Phi)} - \eta\,(H\,p + G\,q + 2Q)\,\sqrt{\Phi(1+\varepsilon\Phi)} = 0,$$
$$(E\,q + F\,p + P)(1+2\varepsilon\Phi) - \frac{E\,F}{2\,\Phi(1+\varepsilon\Phi)} + \eta\,(G\,p - H\,q + \varDelta)\,\sqrt{\Phi(1+\varepsilon\Phi)} = 0 \left.\right\} \tag{41.40}$$

genügen.

δ) Das allgemeine Sektorfeld. Wir wollen analog zu Ziff. 20 voraussetzen, es gäbe zwei Normalebenen $z = a$ und $z = b$ auf der Hauptbahn, innerhalb derer wir das elektrisch-magnetische Feld einschließen können. Die beiden feldbegren-zenden Ebenen bilden ein Prisma. Außerhalb der beiden Prismenflächen können wir die Elektronenbahnen als Gerade betrachten (Fig. 86). Wir sprechen im folgenden von einem (verallgemeinerten) Sektorfeld.

Die Wirkung des Sektorfeldes auf ein einfallendes Elektronenbündel kann man folgendermaßen kennzeichnen. Zunächst erfährt der Hauptstrahl des Bündels eine bestimmte Ablenkung. Ferner gibt es sowohl auf der Eintrittsseite wie auf der Austrittsseite des Prismas je zwei durch die Bündelachse gehende, aufeinander senkrecht stehende Ebenen Π_x, Π_y bzw. Π_x', Π_y' mit folgender Eigenschaft. Ein ebenes Elektronenbüschel, das in der Ebene Π_x einfällt, tritt als ebenes Büschel in der Ebene Π_x' aus. Ein ebenes Büschel, das in Π_y einfällt, verläßt das Prisma in der Π_y'-Ebene. Die Abbildung durch das erste Büschel sei durch die erste Gl. (41.37), diejenige durch das zweite Büschel durch die zweite Gl. (41.37) gegeben. Da außerhalb des Prismas die Elektronenbahnen geradlinig sind, kann man für (41.37)

$$\beta_x = \frac{u_1(b) + u_1'(b)\,(z_{1x} - b)}{u_1(a) + u_1'(a)\,(z_0 - a)} = \frac{u_2(b) + u_2'(b)\,(z_{1x} - b)}{u_2(a) + u_2'(a)\,(z_0 - a)} \tag{41.41}$$

schreiben und analog für β_y. In genau der gleichen Weise, wie in Ziff. 20 kann man die zwischen z_0 und z_{1x} bestehende projektive Beziehung durch die Linsengleichung

$$\beta_x = \frac{z_{1x} - z_x(F_1)}{f_{1x}} = \frac{f_{0x}}{z_0 - z_x(F_0)} \tag{41.42}$$

ausdrücken.

Die Brennpunktsabszissen $z_x(F_1)$ und $z_x(F_0)$ sind dabei durch

$$z_x(F_1) = b + \frac{u_1'(a)\,u_2(b) - u_2'(a)\,u_1(b)}{u_2'(a)\,u_1'(b) - u_2'(b)\,u_1'(a)} \tag{41.43}$$

und

$$z_x(F_0) = a + \frac{u_1'(b)\,u_2(a) - u_1(a)\,u_2'(b)}{u_1'(a)\,u_2'(b) - u_2'(a)\,u_1'(b)} \tag{41.44}$$

egeben. Die Brennweiten f_{1x} und f_{0x} werden durch

$$f_{1x} = \frac{u_1(a)\,u_2'(a) - u_1'(a)\,u_2(a)}{u_1'(b)\,u_2'(a) - u_1'(a)\,u_2'(b)} \tag{41.45}$$

bzw.

$$f_{0x} = \frac{u_1(b)\,u_2'(b) - u_1'(b)\,u_2(b)}{u_1'(a)\,u_2'(b) - u_1'(b)\,u_2'(a)} \tag{41.46}$$

definiert.

Die analogen Ausdrücke für die Kardinalelemente des y-z-Büschels ergeben sich aus (41.43) bis (41.46) durch Vertauschung von x mit y und u mit v.

42. Die Aberrationen. $\alpha)$ *Geschwindigkeitsdispersion (Farbabweichung).* Wenn sich die Voltgeschwindigkeit der vom Dingpunkt ausgehenden Elektronen um den Betrag ΔU ändert, erfährt die LAGRANGEsche Funktion (41.9) den Zuwachs[1]

$$\Delta_U F = \left[\frac{\partial F_{10}}{\partial U} X + \frac{\partial F_{01}}{\partial U} Y + \frac{\partial F_{20}}{\partial U} X^2 + \frac{\partial F_{11}}{\partial U} XY + \frac{\partial F_{02}}{\partial U} Y^2 + \right. \\ \left. + \frac{1}{4\sqrt{\Phi}} (X'^2 + Y'^2) \right] \Delta U. \tag{42.1}$$

Wir betrachten ΔU als Störungsparameter und berechnen die Veränderungen, welche die Elektronenbahnen erfahren, nach der in Ziff. 25 dargestellten Störungsmethode. Wir beschränken uns dabei auf die Glieder erster Ordnung im Störungsparameter $\lambda = \Delta U$.

Wir wollen weiter voraussetzen, daß das System orthogonal sei, also die Bedingung (41.31) erfüllt ist. Durch eine Drehung ϑ, die den beiden Bedingungen

$$\vartheta' = \frac{\eta}{2} \frac{B_z}{\sqrt{\Phi}} \quad \text{und} \quad \tan 2\vartheta = \frac{F_{11}}{F_{20} - F_{02}} \tag{42.2}$$

---

[1] Wenn wir von relativistischen Einflüssen absehen ($\varepsilon = 0$).

genügt, erhält F die Gestalt

$$F = f_{10}\, x + f_{01}\, y + \tfrac{1}{2} A_1 x^2 + \tfrac{1}{2} A_2\, y^2 + \tfrac{1}{2}\sqrt{\Phi}\,(x'^2 + y'^2) + \Delta_U F, \qquad (42.3)$$

wobei die auf das verschraubte System bezogene Störungsfunktion $\Delta_U F$ nunmehr die Gestalt hat:

$$\left.\begin{aligned}
\Delta_U F &= \Big[a_{10}\, x + a_{01}\, y + \tfrac{1}{2} a_{11}\, x^2 + a_{12}\, x\, y + \tfrac{1}{2} a_{22}\, y^2 + \\
&\quad + \frac{\eta}{4\,\Phi}\, B_z (x\, y' - x'\, y) + \frac{1}{4\sqrt{\Phi}}\,(x'^2 + y'^2)\Big]\, \Delta U = \Pi \cdot \Delta U.
\end{aligned}\right\} \qquad (42.4)$$

Die Funktionen a_{ik} lauten:

$$\left.\begin{aligned}
a_{10} &= \frac{\partial F_{10}}{\partial U}\cos\vartheta + \frac{\partial F_{01}}{\partial U}\sin\vartheta, \qquad a_{01} = \frac{\partial F_{01}}{\partial U}\cos\vartheta - \frac{\partial F_{10}}{\partial U}\sin\vartheta, \\
a_{11} &= \frac{\partial(F_{20}+F_{02})}{\partial U} + \frac{\partial(F_{20}-F_{02})}{\partial U}\cos 2\vartheta + \frac{\partial F_{11}}{\partial U}\sin 2\vartheta + \frac{\eta^2}{8}\frac{B_z^2}{\Phi^{\frac{3}{2}}},
\end{aligned}\right\} \qquad (42.5)$$

$$\left.\begin{aligned}
a_{22} &= \frac{\partial(F_{20}+F_{02})}{\partial U} - \frac{\partial(F_{20}-F_{02})}{\partial U}\cos 2\vartheta - \frac{\partial F_{11}}{\partial U}\sin 2\vartheta + \frac{\eta^2}{8}\frac{B_z^2}{\Phi^{\frac{3}{2}}}, \\
a_{12} &= \frac{\partial F_{11}}{\partial U}\cos 2\vartheta - \frac{\partial(F_{20}-F_{02})}{\partial U}\sin 2\vartheta.
\end{aligned}\right\} \qquad (42.6)$$

Ausgedrückt durch die Feldkomponenten lauten nach (41.10), (41.11) die in (42.5) und (42.6) auftretenden Größen:

$$\left.\begin{aligned}
\frac{\partial F_{10}}{\partial U} &= \frac{E}{4\,\Phi^{\frac{3}{2}}} - \frac{p}{2\sqrt{\Phi}}, \qquad \frac{\partial F_{01}}{\partial U} = \frac{F}{4\,\Phi^{\frac{3}{2}}} - \frac{q}{2\sqrt{\Phi}}, \\
\frac{\partial(F_{20}+F_{02})}{\partial U} &= \frac{1}{8\,\Phi^{\frac{3}{2}}}\Big(\Phi'' - E\,p - F\,q + \frac{3}{2}\frac{F^2+E^2}{\Phi}\Big), \\
\frac{\partial(F_{20}-F_{02})}{\partial U} &= -\frac{1}{8\,\Phi^{\frac{3}{2}}}\Big(D + 2E\,p - 2F\,q + \frac{3}{2}\frac{F^2-E^2}{\Phi}\Big), \\
\frac{\partial F_{11}}{\partial U} &= -\frac{1}{4\,\Phi^{\frac{3}{2}}}\Big(P + E\,q + F\,p - \frac{3}{2}\frac{E\,F}{\Phi}\Big).
\end{aligned}\right\} \qquad (42.7)$$

Da die Bündelachse eine Elektronenbahn ist, wird $f_{10}=0$ und $f_{01}=0$. In (25.36) ist also $\varrho(z)=0$ und $\sigma(z)=0$ zu setzen. Die Elektronenbahnen für die ursprüngliche Voltgeschwindigkeit U lauten daher

$$\left.\begin{aligned}
x^{(0)} &= x_0\, x_\gamma(z) + x_0'\, x_\alpha(z), \\
y^{(0)} &= y_0\, y_\gamma(z) + y_0'\, y_\alpha(z).
\end{aligned}\right\} \qquad (42.8)$$

Diese Bahnen haben wir in den Ausdruck (42.4) für Π einzusetzen und zwischen z_0 und z zu integrieren:

$$\left.\begin{aligned}
S = \int_{z_0}^{z} \Big[a_{10}\, x &+ a_{01}\, y + \tfrac{1}{2} a_{11}\, x^2 + a_{12}\, x\, y + \tfrac{1}{2} a_{22}\, y^2 + \\
&+ \frac{\eta\, B_z}{4\,\Phi}(x\, y' - x'\, y) + \frac{1}{4\sqrt{\Phi}}(x'^2 + y'^2)\Big]\, dz.
\end{aligned}\right\} \qquad (42.9)$$

Man erhält so

$$\left.\begin{aligned}
S = S_1 x_0 &+ S_2 x_0' + S_3 y_0 + S_4 y_0' + \tfrac{1}{2} S_5 x_0^2 + S_6 x_0 x_0' + S_7 x_0 y_0 + S_8 x_0 y_0' + \\
&+ \tfrac{1}{2} S_9 x_0'^2 + S_{10} x_0' y_0 + S_{11} x_0' y_0' + \tfrac{1}{2} S_{12} y_0^2 + S_{13} y_0 y_0' + \tfrac{1}{2} S_{14} y_0'^2.
\end{aligned}\right\} \qquad (42.10)$$

Mit den weiteren Abkürzungen

$$a = \frac{1}{2\sqrt{\Phi}}, \qquad b = \frac{\eta B_z}{4\Phi} \tag{42.11}$$

lauten die Funktionen $S_k(z)$:

$$S_1 = \int_{z_0}^{z} a_{10}\, x_\gamma\, dz, \quad S_2 = \int_{z_0}^{z} a_{10}\, x_\alpha\, dz, \quad S_3 = \int_{z_0}^{z} a_{01}\, y_\gamma\, dz, \quad S_4 = \int_{z_0}^{z} a_{01}\, y_\alpha\, dz,$$

$$S_5 = \int_{z_0}^{z} (a_{11}\, x_\gamma^2 + a\, x_\gamma'^2)\, dz, \qquad S_6 = \int_{z_0}^{z} (a_{11}\, x_\gamma\, x_\alpha + a\, x_\gamma'\, x_\alpha')\, dz,$$

$$S_7 = \int_{z_0}^{z} [a_{12}\, x_\gamma\, y_\gamma + b\,(x_\gamma\, y_\gamma' - x_\gamma'\, y_\gamma)]\, dz,$$

$$S_8 = \int_{z_0}^{z} [a_{12}\, x_\gamma\, y_\alpha + b\,(x_\gamma\, y_\alpha' - x_\gamma'\, y_\alpha)]\, dz, \tag{42.12}$$

$$S_9 = \int_{z_0}^{z} (a_{11}\, x_\alpha^2 + a\, x_\alpha'^2)\, dz, \qquad S_{10} = \int_{z_0}^{z} [a_{12}\, x_\alpha\, y_\gamma + b\,(x_\alpha\, y_\gamma' - x_\alpha'\, y_\gamma)]\, dz,$$

$$S_{11} = \int_{z_0}^{z} [a_{12}\, x_\alpha\, y_\alpha + b\,(x_\alpha\, y_\alpha' - x_\alpha'\, y_\alpha)]\, dz, \qquad S_{12} = \int_{z_0}^{z} (a_{22}\, y_\gamma^2 + a\, y_\gamma'^2)\, dz,$$

$$S_{13} = \int_{z_0}^{z} (a_{22}\, y_\gamma\, y_\alpha + a\, y_\gamma'\, y_\alpha')\, dz, \qquad S_{14} = \int_{z_0}^{z} (a_{22}\, y_\alpha^2 + a\, y_\alpha'^2)\, dz.$$

Aus (42.4) erhält man

$$\left(\frac{\partial \Pi}{\partial x'}\right)_0 = a_0\, x_0' - b_0\, y_0, \qquad \left(\frac{\partial \Pi}{\partial y'}\right)_0 = a_0\, y_0' + b_0\, x_0. \tag{42.13}$$

Die Elektronenbahnen mit gleichem Anfangspunkt und gleicher Anfangsrichtung, aber mit einer um ΔU abweichenden Voltgeschwindigkeit, lautet nach (25.42), (25.43)

$$x = x_\gamma\left(x_0 - \frac{\Delta U}{p_0}\frac{\partial S}{\partial x_0'}\right) + x_\alpha\left\{x_0' + \frac{\Delta U}{p_0}\left[\frac{\partial S}{\partial x_0} + \left(\frac{\partial \Pi}{\partial x'}\right)_0\right]\right\},$$
$$y = y_\gamma\left(y_0 - \frac{\Delta U}{p_0}\frac{\partial S}{\partial y_0'}\right) + y_\alpha\left\{y_0' + \frac{\Delta U}{p_0}\left[\frac{\partial S}{\partial y_0} + \left(\frac{\partial \Pi}{\partial y'}\right)_0\right]\right\}. \tag{42.14}$$

Wenn man in diese Ausdrücke aus (42.10) und (42.13) einsetzt, ergibt sich endgültig:

$$x = x_0\, x_\gamma + x_0'\, x_\alpha + \frac{\Delta U}{\sqrt{\Phi_0}}\,[S_1\, x_\alpha - S_2\, x_\gamma + x_0\,(S_5\, x_\alpha - S_6\, x_\gamma) +$$
$$+ x_0'\,(S_6\, x_\alpha - S_9\, x_\gamma + a_0\, x_\alpha) + y_0\,(S_7\, x_\alpha - S_{10}\, x_\gamma - b_0\, x_\alpha) + y_0'\,(S_8\, x_\alpha - S_{11}\, x_\gamma)],$$
$$y = y_0\, y_\gamma + y_0'\, y_\alpha + \frac{\Delta U}{\sqrt{\Phi_0}}\,[S_3\, y_\alpha - S_4\, y_\gamma + x_0\,(S_7\, y_\alpha - S_8\, y_\gamma + b_0\, y_\alpha) +$$
$$+ x_0'\,(S_{10}\, y_\alpha - S_{11}\, y_\gamma) + y_0\,(S_{12}\, y_\alpha - S_{13}\, y_\gamma) + y_0'\,(S_{13}\, y_\alpha - S_{14}\, y_\gamma + a_0\, y_\alpha)]. \tag{42.15}$$

Setzt man voraus, daß das ursprüngliche System stigmatisch ist, also die Bedingungen für räumliche Fokussierung (41.40) erfüllt sind, so haben x_α und y_α eine gemeinsame Nullstelle $z = z_1$, und die Farbabweichung in der Bildebene $z = z_1$ ist:

$$\Delta_U x_1 = x_1 - x_0\, x_\gamma(z_1) = -\frac{\Delta U}{\sqrt{\Phi_0}}\,[S_2(z_1) + x_0\, S_6(z_1) + x_0'\, S_9(z_1) + y_0\, S_{10}(z_1) + y_0'\, S_{11}(z_1)]\, x_\gamma(z_1),$$
$$\Delta_U y_1 = y_1 - y_0\, y_\gamma(z_1) = -\frac{\Delta U}{\sqrt{\Phi_0}}\,[S_4(z_1) + x_0\, S_8(z_1) + x_0'\, S_{11}(z_1) + y_0\, S_{13}(z_1) + y_0'\, S_{14}(z_1)]\, y_\gamma(z_1). \tag{42.16}$$

Die Glieder S_2 und S_4 bestimmen die Änderungen der Grundbahn.

Durch Spezialisierung auf das rotationssymmetrische Feld bzw. auf das Orthogonalsystem mit gerader Bündelachse folgen daraus die Formeln (36.38) bis (36.41).

Mit den Elektronenbahnen (42.15) könnten nun die Farbabweichungen zweiter Ordnung in ΔU berechnet werden, indem das Verfahren mit einer weiteren Störungsfunktion, die aus den Gliedern zweiter Ordnung in ΔU der Entwicklung von F nach ΔU besteht, wiederholt wird.

β) Massendispersion. Ganz analog bestimmt man die Abweichung von Ionen, deren Masse um Δm_0 von der „Normalmasse m_0" verschieden ist, vorausgesetzt, daß sie mit der gleichen Voltgeschwindigkeit ins Feld eintreten. Wenn sich m_0 um Δm_0 ändert, erfährt F den Zuwachs

$$\Delta_{m_0} F = \left[\frac{\partial F_{10}}{\partial m_0} X + \frac{\partial F_{01}}{\partial m_0} Y + \frac{\partial F_{20}}{\partial m_0} X^2 + \right. $$
$$\left. + \frac{\partial F_{11}}{\partial m_0} XY + \frac{\partial F_{22}}{\partial m_0} Y^2 + \frac{1}{4m_0} \sqrt{\frac{e}{2m_0}} B_z (XY' - X'Y) \right] \Delta m_0. \quad \left.\vphantom{\frac{a}{b}}\right\} \quad (42.17)$$

Unter der Annahme, daß das System orthogonal ist, erhält die Funktion F durch eine Drehung (42.2) die Gestalt (42.3), wobei $\Delta_U F$ durch $\Delta_{m_0} F$ zu ersetzen ist. Die auf das verschraubte System bezogene Störungsfunktion lautet:

$$\Delta_{m_0} F = \left[b_{10} x + b_{01} y + \frac{1}{2} b_{11} x^2 + b_{12} x y + \frac{1}{2} b_{22} y^2 + \right. $$
$$\left. + \frac{1}{4m_0} \sqrt{\frac{e}{2m_0}} B_z (x y' - x' y) \right] \Delta m_0. \quad \left.\vphantom{\frac{a}{b}}\right\} \quad (42.18)$$

Die Koeffizienten $b_{10}, b_{01}, \ldots$ sind durch

$$b_{10} = \frac{\partial F_{10}}{\partial m_0} \cos \vartheta + \frac{\partial F_{01}}{\partial m_0} \sin \vartheta, \quad b_{01} = \frac{\partial F_{01}}{\partial m_0} \cos \vartheta - \frac{\partial F_{10}}{\partial m_0} \sin \vartheta,$$
$$b_{11} = \frac{\partial (F_{20} + F_{02})}{\partial m_0} + \frac{\partial (F_{20} - F_{02})}{\partial m_0} \cos 2\vartheta + \frac{\partial F_{11}}{\partial m_0} \sin 2\vartheta + \frac{e}{8 m_0^2} \frac{B_z^2}{\sqrt{\Phi}},$$
$$b_{22} = \frac{\partial (F_{20} + F_{02})}{\partial m_0} - \frac{\partial (F_{20} - F_{02})}{\partial m_0} \cos 2\vartheta - \frac{\partial F_{11}}{\partial m_0} \sin 2\vartheta + \frac{e}{8 m_0^2} \frac{B_z^2}{\sqrt{\Phi}},$$
$$b_{12} = \frac{\partial F_{11}}{\partial m_0} \cos 2\vartheta - \frac{\partial (F_{20} - F_{02})}{\partial m_0} \sin 2\vartheta$$

$$\left.\vphantom{\begin{array}{c} a \\ a \\ a \\ a \end{array}}\right\} \quad (42.19)$$

gegeben. Für die in diesen Formeln auftretenden Koeffizienten erhält man aus (41.10), (41.11):

$$\frac{\partial F_{10}}{\partial m_0} = -\frac{1}{2m_0} \sqrt{\frac{e}{2m_0}} H, \qquad \frac{\partial F_{01}}{\partial m_0} = \frac{1}{2m_0} \sqrt{\frac{e}{2m_0}} G,$$
$$\frac{\partial (F_{20} + F_{02})}{\partial m_0} = -\frac{1}{4m_0} \sqrt{\frac{e}{2m_0}} (G q - H p),$$
$$\frac{\partial (F_{20} - F_{02})}{\partial m_0} = \frac{1}{4m_0} \sqrt{\frac{e}{2m_0}} (2 Q + H p + G q),$$
$$\frac{\partial F_{11}}{\partial m_0} = -\frac{1}{4m_0} \sqrt{\frac{e}{2m_0}} (\Delta + G p - H q).$$

$$\left.\vphantom{\begin{array}{c} a \\ a \\ a \\ a \\ a \end{array}}\right\} \quad (42.20)$$

Genau wie für die Farbabweichung haben wir den Ausdruck

$$S = \int_{z_0}^{z} \left[b_{10} x + b_{01} y + \frac{1}{2} b_{11} x^2 + b_{12} x y + \frac{1}{2} b_{22} y^2 + \frac{1}{4m_0} \sqrt{\frac{e}{2m_0}} B_z (x y' - x' y) \right] dz \quad (42.21)$$

zu berechnen, wobei wir für x und y die Elektronenbahnen (42.8) für die „Normalmasse m_0" einzusetzen haben. Man erhält die zu (42.10) entsprechende Beziehung, wenn wir in (42.12) die Funktionen a_{ik} durch die b_{ik}, ferner a durch Null und b durch

$$b = \frac{1}{4 m_0} \sqrt{\frac{e}{2 m_0}} B_z \qquad (42.22)$$

ersetzen. Die weiteren Formeln für die Elektronenbahnen und die Abweichungen in der Bildebene stimmen mit (42.15), (42.16) überein, wenn man hier ΔU durch Δm_0 und a_0 und b_0 durch die obigen Werte ersetzt.

Es sei bemerkt, daß die obige Massendispersion $\Delta_{m_0} x_1, \Delta_{m_0} y_1$ sich auf eine gleiche *Volt*geschwindigkeit der ins Feld eintretenden Teilchen bezieht ($\Delta U = 0$). Wenn die Geschwindigkeit v_0 für alle Teilchen als gleich vorausgesetzt wird, hat man auf Grund der Beziehung

$$\frac{m_0}{2} v_0^2 = e U, \qquad \text{d.h.} \quad \frac{1}{2} v_0^2 \Delta m_0 + m_0 v_0 \Delta v_0 = e \Delta U \qquad (42.23)$$

zu den Abweichungen $\Delta_{m_0} x_1, \Delta_{m_0} y_1$ (für $\Delta U = 0$) noch die Abweichungen $\Delta_U x_1$ und $\Delta_U y_1$ von (42.16) für $\Delta U = v_0^2 \Delta m_0 / 2e$ zu addieren.

Die allgemeinen Formeln (42.15), (42.16) und die analogen für die Massendispersion erhalten erst dann eine praktische Bedeutung, wenn man sie für spezielle Feldanordnung auswertet. Dazu muß man die Elektronenbahnen x_α und x_y kennen. Ein wichtiges Beispiel dafür bilden die Bündel mit kreisförmiger Hauptbahn, die wir weiter unten besprechen.

γ) *Die Aberrationen zweiter und höherer Ordnung.* Nach der gleichen Methode, wie im rotationssymmetrischen Feld (Ziff. 25) können nun auch die Aberrationen bestimmt werden, die sich ergeben, wenn man größere Abweichungen von der Hauptbahn sowohl in Abstand als Neigung in Betracht zieht. Da in der Entwicklung des Brechungsexponenten auch Glieder dritter Ordnung auftreten, erhält man im allgemeinen auch Bildfehler zweiter Ordnung. Hat man diese bestimmt, so können durch eine nochmalige Anwendung des Störungsverfahrens auf die Glieder F_4 von F die Bildfehler dritter Ordnung ermittelt werden, wobei natürlich in diesem Falle als die „ungestörten Bahnen" die vorher berechneten Bahnen zweiter Ordnung zu nehmen sind. Es hat wenig Sinn, diese an sich elementar bestimmbaren, aber ziemlich langwierigen Ausdrücke für die Bildkoeffizienten hier anzuschreiben. Spezielle, in der Praxis der Geschwindigkeits- und Massenspektroskopie verwendete Anordnungen, werden stets durch gewisse Symmetrieeigenschaften und einfache Hauptbahnen gekennzeichnet sein. Für diese werden eine ganze Reihe der Entwicklungskoeffizienten in F verschwinden. Es ist zweckmäßig und erhöht die Übersicht, die so bedingten Vereinfachungen in der Rechnung gleich von vornherein zu berücksichtigen. Dies gilt bereits von den Farbfehlerkoeffizienten des vorigen Abschnitts. Die Aufgabe unserer Darstellung besteht in erster Linie darin, die *allgemeine* Methode für die Behandlung dieser Probleme klarzulegen.

43. Elektronen- und Ionenbündel mit kreisförmiger Hauptbahn. α) *Die Bahngleichungen.* Aus dem Begriff des rotationssymmetrischen Feldes folgt, daß es zwei besonders ausgezeichnete Elektronenbahnen besitzen muß: die geradlinige Feldachse und Kreise um diese in achsensenkrechten Ebenen. Beide Kurven sind nämlich Drehungen gegenüber invariant. Wählt man die Feldachse als Hauptbahn eines Elektronenbündels, so erhält man die Dioptrik rotationssymmetrischer Felder, wie sie vor allem in der Elektronenmikroskopie Anwendung finden. Ist die Hauptbahn ein zur Feldachse symmetrisch liegender Kreis, so haben wir Anordnungen, die vielfach in der Massen- und Geschwindigkeits-spektroskopie angewendet werden[1]. Vom Gesichtspunkt dieser Anwendung ist das Kreisbündel speziell für ein homogenes Magnetfeld, dem das elektrische Feld eines gleichgerichteten Zylinderkondensators überlagert ist, in zahlreichen Arbeiten behandelt worden. Von einem allgemeineren elektronenoptischen Standpunkt, insbesondere in inhomogenen Feldern wurde das Kreisbündel zuerst 1936 betrachtet[2].

Das Feld um die Hauptbahn $z = 0$, $r = r_0$ könnten wir durch Spezialisierung aus (13.29) erhalten. Es erfordert aber keine größere Mühe, es in diesem Fall unmittelbar aus der Potential-gleichung des rotationssymmetrischen Feldes (8.1) zu bestimmen. Unter Einführung der dimensionslosen Variablen (Fig. 87)

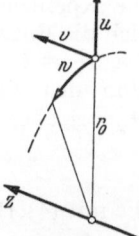

$$u = \frac{r - r_0}{r_0}, \qquad v = \frac{z}{r_0}, \qquad w = \psi \qquad (43.1)$$

geht (8.1) über in

$$(1 + u)(\varphi_{uu} + \varphi_{vv}) + \varphi_u = 0. \qquad (43.2)$$

Mit dem Ansatz

$$\varphi = \Sigma\, a_{ik}\, u^i v^k \qquad (43.3)$$

Fig. 87.
Koordinatensystem
auf der Hauptbahn.

erhält man aus (43.2) durch Koeffizientenvergleich bis zu Gliedern vierter Ord-nung (wenn man statt der a_{ik} zweckmäßig gewählte Koeffizienten $E, E_1, \ldots$ benutzt):

$$\begin{aligned}
\varphi(u, v) = {} & U - E u - F v - \tfrac{1}{2} E_1 u^2 - F_1 u v + \tfrac{1}{2}(E + E_1) v^2 - \tfrac{1}{6} E_2 u^3 + \\
& + (\tfrac{1}{3} F_1 + F_2) u^2 v - \tfrac{1}{2}(E - E_1 - E_2) u v^2 - \tfrac{1}{3} F_2 v^3 - \tfrac{1}{12} E_3 u^4 - \\
& - \tfrac{1}{6} F_3 u^3 v + \tfrac{1}{2}(E - E_1 + \tfrac{1}{2} E_2 + E_3) u^2 v^2 - \\
& - \tfrac{1}{3}(F_1 + F_2 - \tfrac{1}{2} F_3) u v^3 - \tfrac{1}{12}(\tfrac{1}{2} E - \tfrac{1}{2} E_1 + E_2 + E_3) v^4.
\end{aligned} \right\} \quad (43.4)$$

Die „Feldkomponenten" in der u- und v-Richtung lauten:

$$\begin{aligned}
E_u(u, v) = r_0 E_r(r, z) = {} & E + E_1 u + F_1 v + \tfrac{1}{2} E_2 u^2 - (F_1 + 2 F_2) u v + \\
& + \tfrac{1}{2}(E - E_1 - E_2) v^2 + \tfrac{1}{3} E_3 u^3 + \tfrac{1}{2} F_3 u^2 v - \\
& - (E - E_1 + \tfrac{1}{2} E_2 + E_3) u v^2 + \tfrac{1}{3}(F_1 + F_2 - \tfrac{1}{2} F_3) v^3,
\end{aligned} \right\} \quad (43.5)$$

$$\begin{aligned}
E_v(u, v) = r_0 E_z(r, z) = {} & F + F_1 u - (E + E_1) v - (\tfrac{1}{2} F_1 + F_2) u^2 + \\
& + (E - E_1 - E_2) u v + F_2 v^2 + \tfrac{1}{6} F_3 u^3 - \\
& - (E - E_1 + \tfrac{1}{2} E_2 + E_3) u^2 v + (F_1 + F_2 - \tfrac{1}{2} F_3) u v^2 + \\
& + \tfrac{1}{3}(\tfrac{1}{2} E - \tfrac{1}{2} E_1 + E_2 + E_3) v^3.
\end{aligned} \right\} \quad (43.6)$$

---

[1] Über die hierher gehörende Literatur siehe die Beiträge von H. EWALD über „Massen-spektroskopische Apparate" und von T. R. GERHOLM „Beta-Ray Spektroscopes" in diesem Bande.

[2] Die dabei aufgestellten Bedingungen für Richtungs-Doppelfokussierung wurden in der Prager Dissertation von R. WALLAUSCHEK (1936) mitgeteilt. Vgl. auch R. WALLAU-SCHEK: Z. Physik **117**, 565 (1941). — K. SIEGBAHN u. N. SVARTHOLM: Ark. Mat., Astro-nom. Fys., Ser. A **33**, Nr. 21 (1946). — Vgl. W. GLASER: Öst. Ing.-Arch. **4**, 354 (1950). — N. SVARTHOLM: Ark. Fys. **2**, 195 (1951). — H. W. FRANKE: Öst. Ing.-Arch. **5**, 371 (1951); **6**, 105 (1952). — H. GRÜMM: Acta Phys. Austriaca **8**, 119 (1953).

Die physikalische Bedeutung der Koeffizienten $E, E_1, \ldots$ folgt aus

$$
\left.\begin{aligned}
E = r_0 E_r(r_0, 0); \quad & E_1 = r_0^2 \frac{\partial E_r}{\partial r}\Big|_{\substack{r=r_0 \\ z=0}}, \qquad E_2 = r_0^3 \frac{\partial^2 E_r}{\partial r^2}\Big|_{\substack{r=r_0 \\ z=0}} \\
F = r_0 E_z(r_0, 0); \quad & F_1 = r_0^2 \frac{\partial E_r}{\partial z}\Big|_{\substack{r=r_0 \\ z=0}} = r_0^2 \frac{\partial E_z}{\partial r}\Big|_{\substack{r=r_0 \\ z=0}}; \quad \text{usw.}
\end{aligned}\right\} \tag{43.7}
$$

Falls die Hauptkreisebene $z=0$ eine Symmetrieebene des Feldes ist, verschwinden die Koeffizienten F_i [1]. Wenn die Hauptbahn keine Ströme umschließt, lassen sich die Entwicklungen (43.5), (43.6) unmittelbar auf das Magnetfeld übertragen. Dazu ersetzen wir E_i und F_i durch die analog definierten Größen C_i und B_i. Von den Feldkomponenten gelangt man zum zugehörigen Vektorpotential $A_\varphi = A$ über die Beziehungen

$$
B_r = -\frac{\partial A}{\partial z}, \qquad B_z = \frac{1}{r}\frac{\partial}{\partial r}(A r), \tag{43.8}
$$

die mit (43.1) die Gestalt

$$
B_u = -\frac{\partial A}{\partial v}, \qquad B_v = \frac{1}{1+u}\frac{\partial}{\partial u}[(1+u) A] \tag{43.9}
$$

erhalten.

Mit dem Ansatz

$$
A(u,v) = \sum A_{ik} u^i u^k \tag{43.10}
$$

erhalten wir aus diesen Beziehungen und den (43.5), (43.6) entsprechenden Feldentwicklungen für A die Reihe:

$$
\left.\begin{aligned}
A(u,v) = {}& \tfrac{1}{2}B + \tfrac{1}{2}B u - C v + \tfrac{1}{2}B_1 u^2 - C_1 u v - \tfrac{1}{2}B_1 v^2 - \tfrac{1}{3}(B_1 + B_2) u^3 - \\
& - \tfrac{1}{2}C_2 u^2 v + \tfrac{1}{2}(B_1 + 2 B_2) u v^2 + \tfrac{1}{6}(-C + C_1 + C_2) v^3 + \\
& + \tfrac{1}{24}(5 B_1 + 2 B_2 + B_3) u^4 - \tfrac{1}{3}C_3 u^3 v - \tfrac{1}{4}B_3 u^2 v^2 + \\
& + \tfrac{1}{3}(C - C_1 + \tfrac{1}{2}C_2 + C_3) u v^3 - \tfrac{1}{12}(B_1 + B_2 - \tfrac{1}{2}B_3) v^4.
\end{aligned}\right\} \tag{43.11}
$$

Für das Feld einer Spule, bei der die Ebene $z=0$ eine Symmetrieebene darstellt, ist $B_v(u, -v) = B_v(u, +v)$ und $B_u(u, v) = -B_u(u, -v)$. Nach (43.5), (43.6) folgt daraus $C_i = 0$. Es ist dann $A(u, v) = A(u, -v)$ [2].

Die Teilchenbahnen folgen aus dem Fermatschen Prinzip [3]

$$
\delta \int_{P_0}^{P_1} F\, dw = 0 \tag{43.12}
$$

mit

$$
F(u, v, u', v') = \sqrt{\frac{\varphi}{U}\left[(1+u)^2 + u'^2 + v'^2\right]} - \sqrt{\frac{e}{2 m_0 U}}(1+u) A \tag{43.13}
$$

---

[1] Die Entwicklungen (43.4) bis (43.6) [vgl. H. Grümm: Acta Phys. Austriaca **8**, 119 (1953) und W. Glaser: Öst. Ing.-Arch. **4**, 354 (1950)] sind etwas allgemeiner als die von H. Franke und N. Svartholm angegebenen, da sie keine Symmetrie des Feldes bezüglich der Hauptkreisebene voraussetzen. Man erhält den, den obigen Gleichungen entsprechenden, symmetrischen Spezialfall ($F_i = 0$), wenn man bei N. Svartholm $E_0 = E$, $E_0\beta_1 = E_1$, $E_0\beta_2 = \tfrac{1}{2}E_2$, $E_0\beta_3 = \tfrac{1}{6}E_3$ setzt. Aus Stabilitätsgründen wird man zwar meist den symmetrischen Fall anstreben. Die Berücksichtigung der F_i-Glieder liefert dann eine Theorie der durch Baufehler bedingten Aberrationen.

[2] Man erhält in diesem Falle die obige Entwicklung, wenn man bei H. Franke, $B_0 = B$; $B_0\alpha = -B_1$; $B_0\beta = -\tfrac{1}{2}B_1 - B_2$; $B_0\gamma = -\tfrac{1}{8}B_3$ setzt. Mit der Entwicklung von N. Svartholm besteht die Beziehung $H_0 = B$; $H_0\alpha_1 = B_1$; $H_0\alpha_2 = -\tfrac{1}{2}B_1 - B_2$ und $H_0\alpha_3 = \tfrac{1}{6}B_3$.

[3] Eine Verwechslung der Lagrangeschen Funktion F mit dem obigen Entwicklungskoeffizienten F braucht man wohl nicht befürchten.

als Lösungen der zugehörigen EULER-LAGRANGEschen Gleichungen

$$\frac{d}{dw}\left(\frac{\partial F}{\partial u'}\right)-\frac{\partial F}{\partial u}=0; \qquad \frac{d}{dw}\left(\frac{\partial F}{\partial v'}\right)-\frac{\partial F}{\partial v}=0. \tag{43.14}$$

Einsetzen der Ausdrücke (43.4) und (43.11) in (43.13), ergibt die Entwicklung nach u, v, u', v'

$$\begin{aligned} F = F_{00}+F_{10}u+F_{01}v+F_{20}u^2+F_{11}uv+F_{02}v^2+g_1(u'^2+v'^2)+F_{30}u^3+ \\ +F_{21}u^2v+F_{12}uv^2+F_{03}v^3+(g_2u+g_3v)(u'^2+v'^2)+F_{40}u^4+F_{31}u^3v+ \\ +F_{22}u^2v^2+F_{13}uv^3+F_{04}v^4+(g_4u^2+g_5uv+g_6v^2)(u'^2+v'^2)+g(u'^2+v'^2)^2. \end{aligned} \right\} \tag{43.15}$$

Bei der folgenden expliziten Angabe der konstanten Entwicklungskoeffizienten von (43.15) bedienen wir uns der Abkürzungen

$$\frac{E_i}{2U}=e_i; \qquad \frac{F_i}{2U}=f_i; \qquad \sqrt{\frac{e}{2m_0U}}\,B_i=b_i; \qquad \sqrt{\frac{e}{2m_0U}}\,C_i=c_i \tag{43.16}$$

und erhalten[1]

$$F_{00}=1-\frac{b}{2}; \qquad F_{10}=1-e-b; \qquad F_{01}=c-f; \tag{43.17}$$

$$\left. \begin{aligned} F_{20}&=-\tfrac{1}{2}(2e+e^2+e_1+b+b_1); \qquad F_{11}=-(f+ef+f_1-c-c_1); \\ F_{02}&=\tfrac{1}{2}(e+e_1-f^2+b_1); \qquad g_1=\tfrac{1}{2}; \end{aligned} \right\} \tag{43.18}$$

$$\left. \begin{aligned} F_{30}&=-\tfrac{1}{2}(e^2+e^3+ee_1+e_1+\tfrac{1}{3}e_2+\tfrac{1}{3}b_1-\tfrac{2}{3}b_2); \qquad g_2=-\tfrac{1}{2}(1+e); \\ F_{21}&=-\tfrac{1}{2}[f(2e+3e^2+e_1)+f_1(1+2e)-2f_2-2c_1-c_2]; \\ F_{12}&=\tfrac{1}{2}[e^2+(2+e)e_1+e_2-f(f+2f_1+3ef)-2b_2]; \\ F_{03}&=\tfrac{1}{2}[f(e+e_1-f^2)-\tfrac{2}{3}f_2+\tfrac{1}{3}(c-c_1-c_2)]; \qquad g_3=-\tfrac{1}{2}f. \end{aligned} \right\} \tag{43.19}$$

Bezüglich der Entwicklungskoeffizienten vierter Ordnung sei auf die angeführten Arbeiten verwiesen.

Der Brechungsexponent (43.15) enthält insgesamt 16 willkürliche Bestimmungsstücke des elektrischen bzw magnetischen Feldes (E_i, F_i, B_i und C_i). Dazu kommen noch e, m_0, U und r_0. Durch entsprechende Wahl dieser Größen, können bestimmte Beziehungen zwischen den Koeffizienten F_{ik} erfüllt werden, so daß das Bahnenbündel besondere Eigenschaften erhält. Wählt man eine zu $z=0$ symmetrische Feldanordnung, so kann man nur mehr über acht Feldgrößen verfügen, hat aber dafür auch weniger Bedingungen zu erfüllen.

β) GAUSSsche Dioptrik. Wenn wir uns in (43.15) auf die Glieder erster Ordnung beschränken, lauten die EULERschen Gln. (43.14)

$$F_{10}=0, \qquad F_{01}=0. \tag{43.20}$$

Es sind dies die Bedingungen (41.18), (41.19) dafür, daß der Hauptkreis tatsächlich eine Elektronenbahn darstellt. Mit (43.17) ergibt sich

$$\left. \begin{aligned} e+b&=1 \quad \text{oder} \quad \frac{\eta}{\sqrt{U}}r_0B_z+\frac{r_0}{2U}E_r=1, \\ f&=c \quad \text{oder} \quad \frac{E_z}{2U}=\frac{\eta}{\sqrt{U}}B_r. \end{aligned} \right\} \tag{43.21}$$

---

[1] Man beachte, daß sich die dimensionslosen Größen (43.17) bis (43.19) aus den gleichbezeichneten Koeffizienten (41.10), (41.11) durch Spezialisierung und *Division* durch $\sqrt{U}$ ergeben.

Mit den Definitionen (43.16) und (43.7) und dem Zusammenhang

$$\frac{m_0}{2} v_0^2 = e\, U \tag{43.22}$$

geht (43.21) über in

$$\left.\begin{array}{l} \dfrac{m_0 v_0^2}{r_0} = e\, E_r(r_0, 0) + e\, v_0\, B_z(r_0, 0)\,, \\[2mm] e\, E_z(r_0, 0) = e\, v_0\, B_r(r_0, 0)\,. \end{array}\right\} \tag{43.23}$$

Die Gln. (43.23) entsprechen den dynamischen Gleichgewichtsbedingungen (41.18), (41.19) für die Hauptbahn. Diese Bedeutung von (43.23) ist für unseren Spezialfall unmittelbar klar.

Die Glieder zweiter Ordnung führen zu den Differentialgleichungen der Gaussschen Bahnen (Paraxialbahnen)

$$u'' = 2 F_{20} u + F_{11} v\,; \quad v'' = 2 F_{02} v + F_{11} u\,. \tag{43.24}$$

Durch die Drehung um den konstanten Winkel α [vgl. (41.28) mit $\Theta = 0$]

$$\left.\begin{array}{l} \bar u = u \cos\alpha + v \sin\alpha \\[2mm] \bar v = - u \sin\alpha + v \cos\alpha \end{array}\right\} \quad \text{mit} \quad \tan 2\alpha = \frac{F_{11}}{F_{20} - F_{02}} \tag{43.25}$$

wird das System auf orthogonale Gestalt gebracht (Hauptschwingungsrichtungen)

$$\left.\begin{array}{l} \bar u'' = - k_1^2\, \bar u \\[2mm] \bar v'' = - k_2^2\, \bar v \end{array}\right\} \quad \text{mit} \quad k_{1,2}^2 = - (F_{20} + F_{02}) \mp \sqrt{(F_{20} - F_{02})^2 + F_{11}^2}\,. \tag{43.26}$$

Wenn $z = 0$ eine Symmetrieebene ist, folgt $F_{11} = 0$ und (43.24) ist von vornherein entkoppelt.

Da wir u und v beständig als „klein" voraussetzen, können als Lösungen von (43.26) nur „Schwingungen" um die Hauptbahn in Betracht kommen. Dazu müssen k_1^2 und k_2^2 positiv sein. Dies verlangt (als Stabilitätsbedingungen):

$$F_{20} + F_{02} < 0 \quad \text{und} \quad 4 F_{20} F_{02} > F_{11}^2\,. \tag{43.27}$$

Die erste ist wegen (43.21) gleichbedeutend mit

$$-(e^2 + f^2) < 1\,, \tag{43.28}$$

also sicher erfüllt.

Das vom Objektpunkt $P_0(u_0, v_0)$ in der Objektebene $w = 0$ ausgehende Bündel von Paraxialbahnen lautet:

$$\left.\begin{array}{l} \bar u = \bar u_0 \cos k_1 w + \bar\alpha_0\, \dfrac{\sin k_1 w}{k_1}\,, \\[3mm] \bar v = \bar v_0 \cos k_2 w + \bar\beta_0\, \dfrac{\sin k_2 w}{k_2}\,. \end{array}\right\} \tag{43.29}$$

(In der betrachteten Näherung können die Anfangsneigungen $\bar u_0'$ und $\bar v_0'$ mit den Richtungskosinus $\bar\alpha_0$ und $\bar\beta_0$ gleichgesetzt werden.)

Unter der Voraussetzung, $F_{11} = 0$ können in (43.29) die Querstriche weggelassen werden. Die radiale Fokussierung erfolgt dann in der Ebene $w_1 = \pi/k_1$, die axiale in der Ebene $w_2 = \pi/k_2$, wobei die Frequenzen k_1 und k_2 durch

$$k_1^2 = b^2 - 3 b + 3 + e_1 + b_1\,, \quad k_2^2 = b + f^2 - 1 - e_1 - b_1 \tag{43.30}$$

gegeben sind.

Die Koeffizienten b_1 und e_1 haben die Bedeutung der Feldgradienten an der Hauptbahn

$$b_1 = \frac{\eta \, r_0^2}{\sqrt{U}} \frac{dB_z}{dr}, \qquad e_1 = \frac{r_0^2}{2U} \frac{dE_r}{dr}. \tag{43.31}$$

Im rein *magnetischen Feld* $(e = 0, b = 1)$ erhält man wegen $b = 1$

$$b_1 = \frac{r_0}{B_z} \left(\frac{dB_z}{dr} \right)_{r=r_0} = -n_m. \tag{43.32}$$

Wir haben hierbei für b_1 die Größe $-n_m$ eingeführt, welche der *Feldindex* genannt wird. Die Fokussierungswinkel erhalten in diesem Fall die Gestalt

$$w_{1m} = \frac{\pi}{k_1} = \frac{\pi}{\sqrt{1 - n_m}}, \qquad w_{2m} = \frac{\pi}{k_2} = \frac{\pi}{\sqrt{n_m}}, \tag{43.33}$$

woraus unmittelbar die Stabilitätsbedingung $0 < n_m < 1$ folgt. Sie geht auch aus (43.27), d.h. $n_m(1 - n_m) > 0$ hervor.

Läßt man $r_0 = r$ veränderlich, so ergibt die Integration von (43.32) für den Feldverlauf B_z mit den Fokussierungswinkeln (43.33)

$$B_z \sim r^{-n_m}. \tag{43.34}$$

Es ist aber selbstverständlich nicht nötig, daß B_z im ganzen Raum den Verlauf (43.34) hat, sondern es genügt, wenn (43.32) an der Hauptbahn erfüllt ist.

Für einen gegebenen Neigungswinkel, sind die Abweichungen einer vom Achsenpunkt ($\overline{u}_0 = 0$, $\overline{v}_0 = 0$) ausgehenden Bahn nach (43.29) und (43.33) umgekehrt proportional zu den Frequenzen k_1 und k_2. Vergrößert man daher n_m, um die Amplitude der axialen Schwingungen zu verkleinern, so werden nach (43.33) dadurch die Amplituden der radialen Schwingungen vergrößert und umgekehrt. Die kleinste Amplitude für beide Schwingungen ergibt sich für $n_m = \frac{1}{2}$, also für Doppelfokussierung.

E. D. COURANT, M. ST. LIVINGSTON und H. S. SNYDER haben bemerkt[1], daß die Amplituden beider Schwingungsarten stark reduziert werden können, wenn man n_m mit dem Azimut ψ variieren läßt (Strong-Focusing). Eigentlich wäre hierfür die allgemeine Theorie mit von ψ abhängigen Entwicklungskoeffizienten zuständig, um mit der Potentialgleichung im Einklang zu sein. Aber man kann zur Vereinfachung des Problems mit den angeführten Autoren approximativ folgendermaßen vorgehen. Man nehme an, daß der Hauptkreis aus N Sektoren gleicher Länge besteht, mit $n_m = n_1$ und $n_m = n_2$ in zwei aufeinanderfolgenden Sektoren. Die Gleichungen der axialen und radialen Schwingungen sind dann

$$\frac{d^2 z}{d\psi^2} + n_1 z = 0, \qquad \frac{d^2 r}{d\psi^2} + (1 - n_1) r = 0 \quad \text{(gerade Sektoren)}, \tag{43.35}$$

$$\frac{d^2 z}{d\psi^2} + n_2 z = 0, \qquad \frac{d^2 r}{d\psi^2} + (1 - n_2) r = 0 \quad \text{(ungerade Sektoren)}. \tag{43.36}$$

Die Lösungen, die sich durch stetiges und glattes Aneinanderfügen der entsprechenden Teilbahnen ergeben sind

$$Z_k = A \, e^{2\pi i \mu_z k}, \qquad R_k = B \, e^{2\pi i \mu_r k}, \tag{43.37}$$

wo der Koeffizient μ_z durch die Gleichung

$$\cos 2\pi \mu_z = \cos \frac{2\pi \sqrt{n_1}}{N} \cos \frac{2\pi \sqrt{n_2}}{N} - \frac{n_1 + n_2}{2\sqrt{n_1 n_2}} \sin \frac{2\pi \sqrt{n_1}}{N} \sin \frac{2\pi \sqrt{n_2}}{N} \tag{43.38}$$

definiert ist.

---

[1] E. D. COURANT, M. ST. LIVINGSTON u. H. S. SNYDER: Phys. Rev. **88**, 1190 (1952).

Die Größe μ_r ist durch den gleichen Ausdruck gegeben, nur ist n_1 und n_2 durch $1 - n_1$ bzw. $1 - n_2$ zu ersetzen. Wenn die Bewegung sowohl in radialer, wie auch in axialer Richtung stabil sein soll, müssen die Bedingungen

$$-1 < \cos 2\pi\mu_z < 1, \qquad -1 < \cos 2\pi\mu_r < 1 \qquad (43.39)$$

erfüllt sein.

In Fig. 88 sind diese Grenzen und das Stabilitätsgebiet für $N = 10$ gezeichnet worden. Man sieht, daß das Stabilitätsgebiet für $n_2 \approx -n_1$ am weitesten ist. Fig. 89 zeigt das Stabilitätsgebiet für sehr große Sektorenzahlen N, wobei die Koordinaten n_1/N^2 und n_2/N^2 sind. Der Bereich von stabilen Werten von n ist

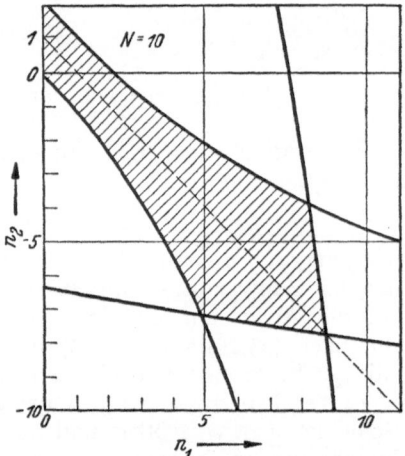

Fig. 88. Grenzen des Stabilitätsgebiets für $N = 10$.

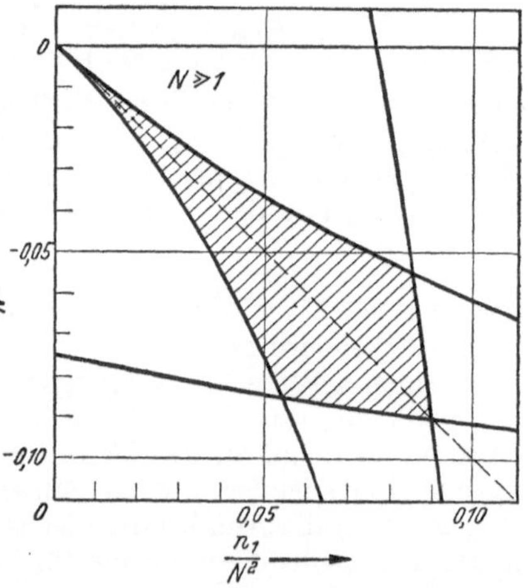

Fig. 89. Grenzen des Stabilitätsgebiets für sehr große Sektorenzahl N.

am weitesten, wenn N groß und $n_2 = -n_1$ ist. Das Zentrum des Stabilitätsgebietes ($\cos 2\pi\mu = 0$) liegt bei

$$|n| = \tfrac{1}{16} N^2. \qquad (43.40)$$

Die Amplitude der Schwingungen ergibt sich angenähert umgekehrt proportional zu N und sie kann daher durch eine große Zahl N von Sektoren und entsprechend große positive und negative Werte von n in aufeinanderfolgenden Sektoren merklich kleiner gemacht werden. (Zum Beispiel kann für ein Synchrotron von 240 abwechselnden Sektoren mit $n_1 = 3600$ und $n_2 = -3600$, die radiale Amplitude auf ungefähr $1/_{24}$, die axiale Amplitude auf $1/_{20}$ herabgesetzt werden, gegenüber einem solchen mit einem einzigen konstanten Wert $n = 0{,}6$.)

Im rein *elektrischen* Feld ($b = 0$, $e = 1$) folgt wegen $e = 1$ für (43.31)

$$e_1 = r_0 \frac{1}{E_r}\left(\frac{dE_r}{dr}\right)_{r=r_0} = -n_e, \qquad (43.41)$$

wenn wir den „Index des elektrischen Feldes" mit n_e bezeichnen. Die zugehörigen Fokussierungswinkel lauten

$$w_{1e} = \frac{\pi}{k_1} = \frac{\pi}{\sqrt{3 - n_e}}, \qquad w_{2e} = \frac{\pi}{k_2} = \frac{\pi}{\sqrt{n_e - 1}}. \qquad (43.42)$$

γ) *Richtungs-Doppelfokussierung.* Wir erhalten Richtungs-Doppelfokussierung für $F_{20} = F_{02}$ und $F_{11} = 0$. Die Stabilitätsbedingung (43.27) erhält die Gestalt $F_{20} < 0$, welche nach (43.28) automatisch erfüllt ist. Die Bedingungen $F_{20} = F_{02}$

und $F_{11}=0$ lauten mit (43.18)

$$e_1 = -b_1 - \tfrac{1}{2}(2-b)^2 + \tfrac{1}{2}c^2, \qquad f_1 = c_1 + c(b-1). \qquad (43.43)$$

Das stigmatische Elektronenbündel lautet:

$$\left.\begin{aligned}u &= u_0 \cos k\,w + \alpha_0 \frac{\sin k\,w}{k},\\[1mm] v &= v_0 \cos k\,w + \beta_0 \frac{\sin k\,w}{k},\end{aligned}\right\} \qquad (43.44)$$

wobei k durch

$$k^2 = -2F_{20} = \tfrac{1}{2}(c^2+b^2-2b+2) = \tfrac{1}{2}(1+e^2+f^2) \qquad (43.45)$$

definiert ist.

In der durch $w_1 = \pi/k$ festgelegten „GAUSSschen Bildebene" wird der Objektpunkt $u_0, v_0 (w=0)$ nach (43.44) mit der Vergrößerung -1 scharf abgebildet. Der Fokussierungswinkel ist nach (43.45) und (43.16) durch

$$w_1 = \frac{\pi\sqrt{2}}{\sqrt{1+e^2+f^2}} = \frac{2\pi U\sqrt{2}}{\sqrt{4U^2 + r_0^2(E_7^2+E_2^2)}} \qquad (43.46)$$

gegeben[1].

Im rein *magnetischen Feld* wird daher

$$w_{1m} = \pi\sqrt{2} = 254°\,33'. \qquad (43.47)$$

Aus (43.33) folgt für den zur Doppelfokussierung nötigen Feldindex

$$n_m = \frac{1}{2} \quad \text{oder} \quad B_z \sim \frac{1}{\sqrt{r}}. \qquad (43.48)$$

Dieses Feld hat beim Betatron[2] und Betaspektrographen[3] weitgehende Anwendung gefunden.

Ein doppelfokussierendes *elektrisches* Feld ergibt sich nach (43.42) für den Feldindex

$$n_e = 2 \quad \text{oder} \quad E_r \sim \frac{1}{r^2}, \qquad (43.49)$$

d.h. für das Feld eines Kugelkondensators. Der Fokussierungswinkel beträgt in diesem Falle nach (43.42)

$$w_{1e} = \pi = 180°. \qquad (43.50)$$

Der *Farbfehler nullter Ordnung* (Verschiebung der Hauptbahn) wird nach (42.16)

$$\Delta_U x_1 = -\frac{\Delta U}{\sqrt{U}} S_2, \qquad \Delta_U y_1 = -\frac{\Delta U}{\sqrt{U}} S_4, \qquad (43.51)$$

[1] R. WALLAUSCHEK: Diss. 1936. — Z. Physik **117**, 565 (1941). Unabhängig davon hat M. COTTE in seiner Dissertation [Ann. Phys., Paris **10**, 333 (1938)] den Fall der Richtungsdoppelfokussierung behandelt.

[2] D. W. KERST u. R. SERBER: Theorie des Betatrons. Phys. Rev. **60**, 53 (1941). Vgl. auch Bd. XLIV dieses Handbuches.

[3] K. SIEGBAHN u. N. SVARTHOLM: Nature, Lond. **157**, 872 (1946). — F. B. SHULL u. D. M. DENNISON: Phys. Rev. **71**, 681 (1947). Vgl. auch den Beitrag von T. R. GERHOLM in diesem Bande.

wobei die S_k durch (42.12) definiert sind. Mit

$$a_{10} = -\sqrt{U}\left(\frac{\partial e}{\partial U} + \frac{\partial b}{\partial U}\right) = \frac{1}{2\sqrt{U}}(2-b), \quad a_{01} = \sqrt{U}\left(\frac{\partial c}{\partial U} - \frac{\partial f}{\partial U}\right) = \frac{1}{2\sqrt{U}}c, \quad (43.52)$$

$$x_\gamma = \cos k w, \quad x_\alpha = \frac{1}{k}\sin k w \qquad (43.53)$$

ergibt sich aus (42.12)

$$\Delta_U r_1 = \frac{2(2-b)\,r_0}{c^2 + b^2 - 2b + 2}\,\frac{\Delta U}{U}, \qquad (43.54)$$

$$\Delta_U z_1 = \frac{2c\,r_0}{c^2 + b^2 - 2b + 2}\,\frac{\Delta U}{U}. \qquad (43.55)$$

Für die *Massendispersion* erhält man mit

$$b_{10} = -\sqrt{U}\left(\frac{\partial e}{\partial m_0} + \frac{\partial b}{\partial m_0}\right) = \frac{\sqrt{U}}{2m_0}b, \qquad b_{01} = 0 \qquad (43.56)$$

aus (42.12) und (42.16)

$$\Delta_{m_0} r_1 = \frac{2b\,r_0}{c^2 + b^2 - 2b + 2}\,\frac{\Delta m_0}{m_0}, \qquad (43.57)$$

$$\Delta_{m_0} z_1 = 0. \qquad (43.58)$$

Aus (43.55) erkennt man, daß im symmetrischen Feld $(c=0)$ die axiale Geschwindigkeitsdispersion verschwindet. Für den weiteren Sonderfall $b=2$, d.h. für

$$\frac{e\,r_0^2\,B_z^2(r_0, 0)}{2m_0\,U} = 2, \qquad (43.59)$$

verschwindet die gesamte Geschwindigkeitsdispersion.

Die dimensionslose Größe

$$D_U = \frac{U}{\Delta U}\,\frac{\Delta_U r_1}{r_0} = \frac{2(2-b)}{b^2 - 2b + 2} \qquad (43.60)$$

wird als „Geschwindigkeitsdispersion", die dimensionslose Größe

$$D_{m_0} = \frac{m_0}{\Delta m_0}\,\frac{\Delta_{m_0} r_1}{r_0} = \frac{2b}{b^2 - 2b + 2} \qquad (U = \text{const}) \qquad (43.61)$$

als „Massendispersion" bezeichnet.

Die Formel (43.57) gibt die Massendispersion für gleiche Voltgeschwindigkeit der eintretenden Teilchen an. Setzt man voraus, daß die eintretenden Teilchen gleiche lineare Geschwindigkeit v_0 haben, so hat man auf Grund von

$$\frac{m_0}{2}v_0^2 = e\,U, \quad \text{d.h.} \quad m_0 v_0 \Delta v_0 + \frac{1}{2}v_0^2 \Delta m_0 = e\,\Delta U \qquad (43.62)$$

in (43.60) $\Delta U/U$ durch $\Delta m_0/m_0$ zu ersetzen und zu (43.61) zu addieren. Man erhält so

$$D_{m_0} = \frac{4}{b^2 - 2b + 2} \qquad (v_0 = \text{const}). \qquad (43.63)$$

Die elementare Auswertung der weiteren Dispersionsglieder (42.12) für geneigte Bahnen sei dem Leser überlassen.

δ) *Bildfehler zweiter Ordnung.* Die Glieder dritter Ordnung (43.19) bestimmen die Bildfehler zweiter Ordnung. Mittels einer der üblichen Störungsmethoden z. B. nach Ziff. 25 [1] erhält man für die Abweichungen in der Bildebene

$$\left.\begin{array}{l} \varDelta u_1 = (V_2\,u_0^2 + V_4\,v_0^2 + V_5\,u_0\,v_0) + (S_2\,\alpha_0^2 + S_4\,\beta_0^2 + 2\,S_1\,\alpha_0\,\beta_0)\,, \\ \varDelta v_1 = (V_1\,u_0^2 + V_3\,v_0^2 + V_6\,u_0\,v_0) + (S_1\,\alpha_0^2 + S_3\,\beta_0^2 + 2\,S_4\,\alpha_0\,\beta_0)\,, \end{array}\right\} \quad (43.64)$$

wobei die Bildfehlerkoeffizienten V_k und S_k folgende Größen sind:

$$\left.\begin{array}{lll} V_1 = \dfrac{2}{3\,k^2}\,(F_{21} + 2\,k^2\,g_3)\,; & V_3 = \dfrac{2}{k^2}\,F_{03}\,; & V_5 = \dfrac{4}{3\,k^2}\,(F_{21} - k^2\,g_3)\,; \\[2mm] V_4 = \dfrac{2}{3\,k^2}\,(F_{12} + 2\,k^2\,g_2)\,; & V_2 = \dfrac{2}{k^2}\,F_{30}\,; & V_6 = \dfrac{4}{3\,k^2}\,(F_{12} - k^2\,g_2) \end{array}\right\} \quad (43.65)$$

und

$$\left.\begin{array}{ll} S_1 = \dfrac{2}{3\,k^4}\,(2\,F_{21} + k^2\,g_3)\,; & S_3 = \dfrac{2}{k^4}\,(2\,F_{03} + k^2\,g_3)\,; \\[2mm] S_4 = \dfrac{2}{3\,k^4}\,(2\,F_{12} + k^2\,g_2)\,; & S_2 = \dfrac{2}{k^4}\,(2\,F_{30} + k^2\,g_2)\,. \end{array}\right\} \quad (43.66)$$

Aus (43.64) erkennt man, daß das System in zweiter Ordnung im allgemeinen Verzeichnung (V_i) und sphärische Aberration (S_i) aufweist. Bei Symmetrie der Feldanordnung verschwinden die Aberrationskoeffizienten mit ungeradem Index.

Damit der Öffnungsfehler zweiter Ordnung verschwindet, müssen die folgenden Bedingungen erfüllt sein:

$$F_{30} = -\tfrac{1}{2}\,k^2\,g_2\,; \quad F_{21} = -\tfrac{1}{2}\,k^2\,g_3\,; \quad F_{12} = -\tfrac{1}{2}\,k^2\,g_2\,; \quad F_{03} = -\tfrac{1}{2}\,k^2\,g_3\,. \quad (43.67)$$

Die Verzeichnungskoeffizienten lauten dann

$$V_1 = -V_3 = -\tfrac{1}{2}\,V_5 = g_3\,, \quad V_2 = -V_4 = \tfrac{1}{2}\,V_6 = -g_2\,. \quad (43.68)$$

Die Bedingungen für eine stigmatische Abbildung zweiter Ordnung soll für das symmetrische Feld explizit angeschrieben werden. Aus $S_2 = 0$ und $S_4 = 0$ ergibt [2] sich mit Rücksicht auf (43.21) und (43.45)

$$\left.\begin{array}{l} b_1 = \dfrac{1}{2\,(b-1)} + \dfrac{b-2}{b-1}\left(\dfrac{3}{2}\,b^2 - \dfrac{7}{4}\,b + 1\right), \\[3mm] e_2 - 2\,b_2 = -\dfrac{1}{2} + \dfrac{1}{2}\,(b-2)\left(\dfrac{3}{2}\,b^2 + \dfrac{1}{2}\,b - 5 - 4\,b_1\right). \end{array}\right\} \quad (43.69)$$

Der rein magnetische Fall $b = 1$ (ebenso auch der rein elektrische) ist hierbei ausgeschlossen.

Wegen weitergehenden Untersuchungen, welche die Kaustik und geometrisch-optische Intensitätsverteilung, die Bildfehler dritter Ordnung und deren teilweise Korrektion sowie andere Fragen betreffen, sei auf die Literatur verwiesen [3].

---

[1] Oder direkt nach der Methode der Variation der Konstanten [N. SVARTHOLM: Ark. Fys. **2**, 195 (1951)] bzw. mittels des „gemischten Eikonals". Vgl. z. B. H. GRÜMM: Acta Phys. Austriaca **8**, 119 (1953) und W. GLASER in „Beiträge zur Elektronenoptik", herausgegeben von H. BUSCH und E. BRÜCHE, Leipzig 1937.

[2] Die Gleichungen finden sich in etwas anderer Gestalt bei N. SVARTHOLM und H. W. FRANKE, vgl. die Zitate auf S. 307.

[3] N. SVARTHOLM: Ark. Mat. Fys. **2**, 195 (1951). — H. W. FRANKE: Öst. Ing.-Arch. **5**, 372 (1951); **6**, 105 (1952). — H. GRÜMM: Acta Phys. Austriaca **8**, 119 (1953).

ε) *Das abgehackte Sektorfeld.* Die Voraussetzung der Rotationssymmetrie des Feldes hat zur Folge, daß alle Feldkoeffizienten in den Entwicklungen (43.4) und (43.11) von der azimutalen Variablen w unabhängig sind. Nimmt man an, daß das Feld nur innerhalb eines Sektors von Null verschieden ist (Fig. 86), so ist damit die Voraussetzung der Rotationssymmetrie verletzt, und das Feld ist nach der allgemeinen Potentialgleichung in Zylinderkoordinaten zu berechnen. Die Reihen (43.4) und (43.11) sind daher für diesen Fall nicht mehr zuständig, sondern die Feldkoeffizienten werden notwendigerweise auch von w abhängen. Wenn aber das Feld an den Sektorgrenzen sehr rasch auf Null absinkt, kann man annähernd von der Wirkung dieses Randfeldes absehen und das Feld plötzlich auf Null abfallen lassen. Dieser Verstoß gegen die Potentialtheorie wird sich auf die Paraxialbahnen nicht kritisch auswirken. Wir haben dann außerhalb des Sektorfeldes geradlinige Teilchenbahnen, welche im Innern desselben durch die Funktionen (43.29) fortgesetzt werden. Die optischen Konstanten folgen in diesem Falle aus (41.43) bis (41.46), indem man

$$
\left.
\begin{aligned}
u_1 &= \cos k_1 w; \quad u_2 = \sin k_1 w, \\
v_1 &= \cos k_2 w; \quad v_2 = \sin k_2 w
\end{aligned}
\right\}
\tag{43.70}
$$

einsetzt.

Für die von den Prismenflächen gezählten Abszissen der Brennpunkte erhält man

$$
\left.
\begin{aligned}
w_u(F_1) &= w_u(F_0) = \frac{1}{k_1} \cot k_1 \Phi \\
w_v(F_1) &= w_v(F_0) = \frac{1}{k_2} \cot k_2 \Phi
\end{aligned}
\right\}
\quad \text{mit} \quad \Phi = w_e - w_a,
\tag{43.71}
$$

und für die Brennweiten wird:

$$
\left.
\begin{aligned}
\frac{1}{f_{u1}} &= - k_1 \sin k_1 \Phi = - \frac{1}{f_{u0}}, \\
\frac{1}{f_{v1}} &= - k_2 \sin k_2 \Phi = - \frac{1}{f_{v0}}.
\end{aligned}
\right\}
\tag{43.72}
$$

Dabei bedeutet Φ den Prismenwinkel und k_1 und k_2 sind durch (43.30) gegeben. Durch Spezialisierung ergeben sich daraus die elementaren Formeln für das Sektorfeld des Zylinderkondensators mit überlagertem homogenem Magnetfeld[1]. Die Bildfehler sind berechnet worden, indem die Annahme eines abgehackten Feldes unmittelbar in die Ausgangsgleichungen eingeführt worden ist[2]. Im Hinblick auf die obigen, die Lösung der Potentialgleichung betreffenden Bemerkungen, scheint es jedoch zweckmäßiger, von der allgemeinen Theorie in Ziff. 42 auszugehen und mittels partieller Integration die höheren Ableitungen der Feldkoeffizienten wegzuschaffen. Erst im Endresultat kann zur approximativen Auswertung der Bildfehlerintegrale die Annahme von stückweise konstanten Feldkoeffizienten und trigonometrischen Lösungen der paraxialen Bahngleichung eingeführt werden. Man hat so den allgemeinen Einfluß des Randfeldes auf die Bildfehler erfaßt. Wir haben hier die gleichen Verhältnisse wie bei der Abbildung und Ablenkung durch ein begrenztes homogenes elektrisches oder magnetisches Feld, bei dem die gleichen Vorsichtsmaßnahmen getroffen werden müssen[3].

---

[1] R. Herzog: Z. Physik **89**, 447 (1934). — J. Mattauch u. R. Herzog: Z. Physik **89**, 786 (1934).
[2] E. G. Johnson u. A. O. Nier: Phys. Rev. **91**, 10 (1953).
[3] Vgl. z. B. W. Glaser: Grundlagen der Elektronenoptik, S. 484. Wien 1953.

VII. Elektronische Abbildung auf Grund der Wellenmechanik.

44. Grenzen der geometrischen Elektronenoptik als einer Näherung der Wellen-mechanik. Die Vorstellung, daß die Elektronen materielle Korpuskeln sind, welche in elektrisch-magnetischen Feldern nach der NEWTONschen Mechanik diskrete mechanische Bahnkurven durchlaufen, vermag zwar einem großen Erscheinungsgebiet gerecht zu werden; sie reicht aber bei weitem nicht aus, um *alle* an Elektronen beobachteten Tatsachen zu beschreiben. Wir haben hier den gleichen Fall wie in der Lichtoptik. Auch dort sind die Annahmen der geometrischen Optik, wie sie etwa im FERMATschen Prinzip ihren prägnantesten Ausdruck finden, nicht imstande, die Interferenz- und

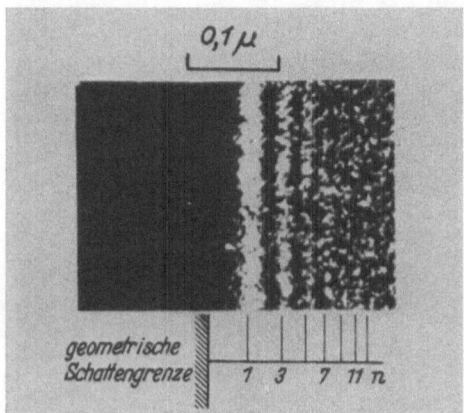

Fig. 90. Beugung von Elektronenstrahlen an einer geradlinigen Schirmkante. (Nach H. BOERSCH.)

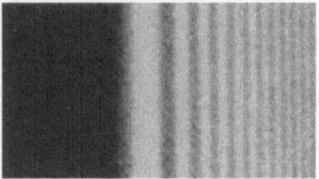

Fig. 91. Beugung von Licht an einer geradlinigen Schirmkante. (Nach W. ARKADIEW.)

Beugungserscheinungen zu erklären. Diese experimentellen Erfahrungen waren es, welche die Aufstellung der Wellentheorie des Lichtes notwendig gemacht haben.

In den letzten Jahrzehnten sind nun eine ganze Reihe von experimentellen Tatsachen aufgefunden worden, die ebenso überzeugend beweisen, daß auch die Ausbreitung von Kathodenstrahlen einen Wellenvorgang darstellt[1]. Am unmittelbarsten wird die Wellennatur der Elektronenstrahlen durch deren Beugung an der geradlinigen Kante eines undurchlässigen Schirmes bewiesen[2]. Wie die beiden Fig. 90 und 91 zeigen, hat man es hier mit Erscheinungen zu tun, die der Beugung des Lichtes an einer geradlinigen Schirmkante vollkommen entsprechen. Besonders sinnfällig kommt die Beugung von Elektronenstrahlen in Fig. 92 zum Ausdruck. Es handelt sich dabei um eine extrafokale Abbildung von Zinkoxydnadeln im Elektronenmikroskop[3]. Es erscheint aussichtslos, Aufnahmen der Art von Fig. 92 mit der Vorstellung von diskreten Elektronenbahnen der geometrischen Elektronenoptik erklären zu wollen. Wie bei den analogen Erscheinungen des Lichtes verlangen diese experimentellen Tatsachen die Entwicklung einer „Wellenmechanik" für die Elektronenbewegung. Zu einer derartigen Wellenmechanik ist man bekanntlich auch unabhängig von der Entdeckung (bzw. Deutung) der Elektronen-Beugungserscheinungen gelangt, als man feststellte, daß die Elektronenbewegung im Atombereich durch die LORENTZschen Bewegungsgleichungen nicht adäquat beschrieben wird. Von unserem heutigen Standpunkt wird die „Elektronenbewegung" in elektrisch-magnetischen Feldern am vollständigsten durch die SCHRÖDINGER-Gleichung und ihre relativistische Verallgemeinerung, die DIRAC-Gleichung, dargestellt.

α) *Elektronenstrom und Elektronendichte nach der Wellenmechanik.* Wir wollen im folgenden der Einfachheit halber voraussetzen, daß die Elektronengeschwindigkeit klein gegenüber der Lichtgeschwindigkeit ist, so daß wir mit der SCHRÖDINGER-Gleichung rechnen können. Um diese Gleichung für die Elektronenbewegung im gegebenen Feld mit den Potentialen φ und $\mathfrak{A}$ aufzustellen, hat man folgende formale Vorschrift. Man ersetzt in der HAMILTONschen

---

[1] C. J. DAVISSON u. C. H. KUNSMAN: Phys. Rev. **22**, 242 (1923). — W. ELSASSER: Naturwiss. **13**, 711 (1925). — Vgl. die Schilderung dieser Entdeckung bei M. v. LAUE: Materiewellen und ihre Interferenzen, S. 25ff. Leipzig 1948.

[2] H. BOERSCH: Naturwiss. **28**, 709, 711 (1940).

[3] H. BOERSCH: Phys. Z. **44**, 202 (1943).

Gl. (5.28):

$$\frac{1}{2m_0}\mathfrak{p}^2 + \frac{e}{m_0}(\mathfrak{p}\,\mathfrak{A}) + \left(-e\,\varphi + \frac{e^2}{2m_0}\mathfrak{A}^2\right) - H = 0 \qquad (44.1)$$

den generalisierten Impuls $\mathfrak{p}$ und die HAMILTONsche Funktion H durch die Operatoren

$$\mathfrak{p} = \frac{\hbar}{i}\nabla\,, \qquad H = -\frac{\hbar}{i}\frac{\partial}{\partial t} \qquad \left(\nabla = \mathfrak{i}\frac{\partial}{\partial x} + \mathfrak{j}\frac{\partial}{\partial y} + \mathfrak{k}\frac{\partial}{\partial z}\right) \qquad (44.2)$$

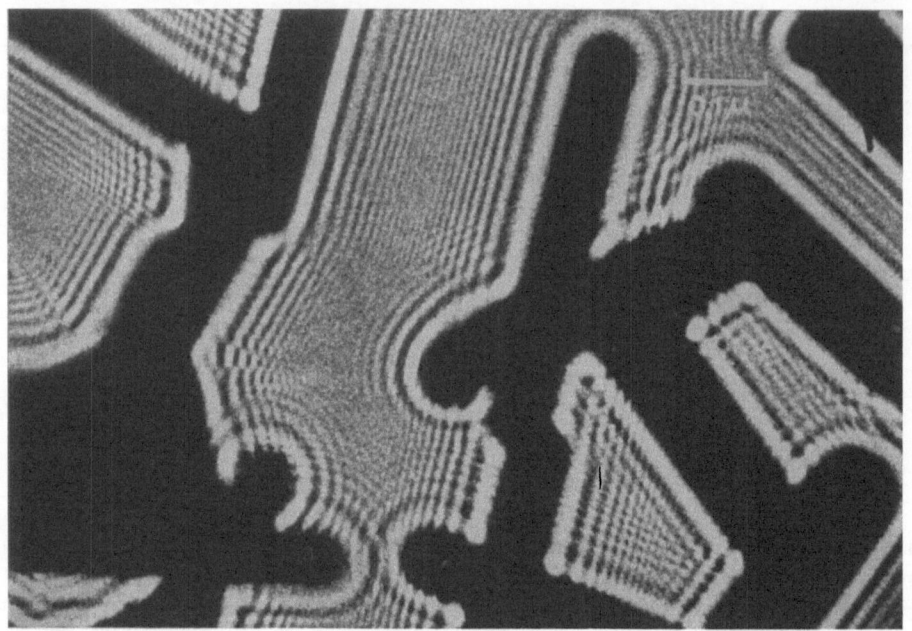

Fig. 92. Elektronenbeugung an den Kanten von Zinkoxydnadeln (extrafokales elektronenoptisches Bild (Nach H. BOERSCH).)

und wendet den auf diese Weise entstehenden Operator auf die „Wellenfunktion" ψ an:

$$-\frac{\hbar^2}{2m_0}\operatorname{div}\operatorname{grad}\psi + \frac{e\,\hbar}{i\,m_0}(\mathfrak{A}\operatorname{grad}\psi) + \left(-e\,\varphi + \frac{e^2}{2m_0}\mathfrak{A}^2\right)\psi + \frac{\hbar}{i}\frac{\partial\psi}{\partial t} = 0\,. \qquad (44.3)$$

Diese partielle Differentialgleichung für die Funktion ψ heißt die „SCHRÖDINGER-Gleichung". Aus der Wellenfunktion ψ bestimmt sich die Wahrscheinlichkeit dW, das Elektron zur Zeit t im Volumelement $dx\,dy\,dz$ an der Stelle x, y, z zu finden durch den (reellen) Ausdruck

$$dW = \psi\,\psi^* \, dx\,dy\,dz, \qquad (44.4)$$

wobei ψ^* die zu ψ konjugiert komplexe Wellenfunktion bedeutet. Ferner ist die Wahrscheinlichkeit dafür, daß das Elektron in der Zeiteinheit durch das Flächenelement $d\mathfrak{f}$ hindurchtritt, durch

$$dJ = \left[\frac{\hbar}{2i\,m_0}(\psi^*\operatorname{grad}\psi - \psi\operatorname{grad}\psi^*) + \frac{e}{m_0}\mathfrak{A}\,\psi\,\psi^*\right]d\mathfrak{f} \qquad (44.5)$$

gegeben.

Man nennt

$$\varrho = \psi\,\psi^*\,, \qquad \int \psi\,\psi^* \, d\tau = 1 \qquad (44.6)$$

die Wahrscheinlichkeitsdichte und

$$\mathfrak{u} = \frac{\hbar}{2i\,m_0}(\psi^*\operatorname{grad}\psi - \psi\operatorname{grad}\psi^*) + \frac{e}{m_0}\mathfrak{A}\,\psi\,\psi^* \qquad (44.7)$$

die Dichte des Wahrscheinlichkeitsstromes.

Die Bedeutung der neuen, in der SCHRÖDINGER-Gleichung (44.3) auftretenden Konstanten $\hbar$ erkennt man, wenn man den kräftefreien Fall $\varphi = 0$, $\mathfrak{A} = 0$ betrachtet. Wir können dann (44.3) durch Separation der Variablen lösen und erhalten mit den Konstanten E, p_x, p_y, p_z und C

$$\psi = C\, e^{-\frac{i}{\hbar}(E\,t - p_x\,x - p_y\,y - p_z\,z)} = C\, e^{-\frac{i}{\hbar}(E\,t - \mathfrak{p}\,\mathfrak{r})}, \tag{44.8}$$

wobei auf Grund von (44.3) zwischen den Konstanten E, p_x, p_y und p_z die Beziehung

$$E = \frac{1}{2\,m_0}\,(p_x^2 + p_y^2 + p_z^2) \tag{44.9}$$

besteht. Die Dichte ϱ wird

$$\varrho = C\,C^* = \text{const}, \tag{44.10}$$

und die Stromdichte $\mathfrak{u}$ erhält die Gestalt

$$\mathfrak{u} = \varrho\,\frac{\mathfrak{p}}{m_0}. \tag{44.11}$$

Durch Vergleich mit dem allgemeinen Ausdruck für die Stromdichte

$$\mathfrak{u} = \varrho\,\mathfrak{v}, \tag{44.12}$$

wobei $\mathfrak{v}$ die konstante Strömungsgeschwindigkeit ist, erkennt man den Zusammenhang

$$\mathfrak{p} = m_0\,\mathfrak{v}. \tag{44.13}$$

Der Vektor $\mathfrak{p}$ ist also der Teilchenimpuls und wegen (44.9) ist daher

$$E = \frac{m_0}{2}\,\mathfrak{v}^2. \tag{44.14}$$

E hat somit die Bedeutung der kinetischen Energie der Teilchenbewegung. Der Ausdruck (44.8) stellt andererseits eine ebene Welle

$$\psi = C\, e^{-i(\omega\,t - \mathfrak{k}\,\mathfrak{r})} \tag{44.15}$$

dar, deren Periode ω und deren Wellenzahlvektor $\mathfrak{k}$ mit der Energie E und dem Impuls $\mathfrak{p}$ der Teilchenbewegung nach (44.8) durch die Relation

$$\boxed{\omega = \frac{E}{\hbar}, \qquad \mathfrak{k} = \frac{\mathfrak{p}}{\hbar}} \tag{44.16}$$

verbunden sind. Man nennt (44.16) die PLANCK-DE BROGLIE*schen Beziehungen*. Der Betrag von $\mathfrak{k}$ ist die Wellenzahl $2\pi/\lambda$. Die Wellenlänge der Wellenbewegung, welche der kräftefreien Teilchenbewegung entspricht, ist also nach (44.16) $[|\mathfrak{k}| = 2\pi/\lambda]$ gegeben durch

$$\lambda = \frac{2\pi\,\hbar}{m_0\,v}. \tag{44.17}$$

Wenn ein derartiger gleichförmiger Elektronen- (Ionen-) Strom mit der Teilchengeschwindigkeit v der Fortpflanzung einer ebenen Welle der Wellenlänge λ nach (44.17) entspricht, so kann man erwarten, daß dieser Kathodenstrahl an Kristallgittern eine Beugung erfahren wird, welche der obigen Wellenlänge entspricht. Durch Messung der Wellenlänge λ kann so bei bekannter Elektronengeschwindigkeit, die Konstante $2\pi\hbar$, das sog. PLANCK*sche Wirkungsquantum* bestimmt werden. Die Erfahrung bestätigt diese Erwartung und man findet aus (44.17) für $\hbar$ den konstanten Wert

$$\hbar = 1{,}054 \cdot 10^{-34}\ \text{Ws}^2. \tag{44.18}$$

In einer Gesamtheit von (nicht miteinander in Wechselwirkung stehenden) Elektronen, gibt uns ϱ deren räumliche Dichte und $\mathfrak{u}$ die Elektronenstromdichte an. Gibt man sich zu einer bestimmten Anfangszeit t_0 die Wellenfunktion $\psi(x, y, z, t_0)$ als Funktion des Ortes vor, so ist damit nach (44.6), (44.7) auch die räumliche Verteilung der Elektronendichte ϱ_0 und der Stromdichte $\mathfrak{u}_0$ zu dieser Zeit gegeben. Aus der SCHRÖDINGER-Gleichung folgt nun $\psi(x, y. z, t)$ und damit auch ϱ und $\mathfrak{u}$ zu einer beliebigen Zeit t.

β) *Herleitung des* FERMAT*schen Prinzips der Elektronenoptik aus der* SCHRÖDINGER-*Gleichung.* Wir haben somit eine durch $\varrho(x, y, z, t)$ und $\mathfrak{u} = \mathfrak{u}(x, y, z, t)$

gegebene Ladungsströmung vor uns, welche aus der zur Zeit $t = t_0$ geltenden Strömung ϱ_0, $\mathfrak{u}_0$ hervorgeht. Stellt man sich auf den Standpunkt der Wellenmechanik, so kann man fragen: in welcher Beziehung steht diese wellenmechanische Ladungsströmung zu der Bewegung der Elektronen nach den LORENTZschen Bewegungsgleichungen, oder was gibt uns überhaupt die Berechtigung in so vielen Fällen in der geometrischen Elektronenoptik von diskreten Elektronenbahnen zu sprechen und diese Bahnen nach den Gesetzen der gewöhnlichen Mechanik zu bestimmen, wenn die Elektronenverteilung durch die Wellenmechanik gegeben ist? Was ist — anders gesagt — der Grund für die Anwendbarkeit der Gesetze der geometrischen Elektronenoptik? Da wir die ganze geometrische Elektronenoptik auf dem FERMATschen Prinzip bzw. dem Prinzip der kleinsten Wirkung aufgebaut haben, muß es nunmehr unsere Aufgabe sein, dieses Prinzip aus der SCHRÖDINGER-Gleichung herzuleiten.

Wir werden jedenfalls vermuten, daß das Verhältnis zwischen *Wellenmechanik* und *geometrischer Elektronenoptik* ganz analog dem ist, das zwischen *Wellenoptik* und *geometrischer Optik* beim Licht besteht. Wenn wir auch wissen, daß die genaue Beschreibung der Lichtausbreitung durch einen Wellenvorgang gegeben ist, so wenden wir doch im täglichen Leben und bei der Konstruktion vieler optischer Instrumente die geometrische Optik an. Wir nehmen dabei an, daß Abweichungen davon (Beugungserscheinungen) nur in besonderen Fällen — gleichsam als Ausnahmen — in Erscheinung treten werden. Tatsächlich kann man zeigen, daß die geometrische Optik eine Annäherung an die Wellenoptik darstellt, die um so genauer gilt, je kleiner die Wellenlänge des Lichtes gegen die Abmessungen der am Ausbreitungsvorgang beteiligten Körper (Blenden, Schirme usw.) ist. Die entsprechenden Bedingungen für die Anwendbarkeit der geometrischen Elektronenoptik wollen wir nun aus der SCHRÖDINGER-Gleichung gewinnen.

Wir schreiben die Lösung der SCHRÖDINGER-Gleichung in Gestalt einer komplexen Zahl, ausgedrückt durch ihren Absolutwert a und das Argument $\alpha = W/\hbar$:

$$\psi = a\, e^{\frac{i}{\hbar}W}. \tag{44.19}$$

Wenn wir (44.19) in (44.3) einsetzen, muß sowohl der Real- wie auch der Imaginärteil der entstehenden Gleichung Null sein:

$$\frac{1}{2m_0}(\operatorname{grad} W + e\,\mathfrak{A})^2 - e\,\varphi + \frac{\partial W}{\partial t} - \frac{\hbar^2}{2m_0}\frac{\Delta a}{a} = 0, \tag{44.20}$$

$$\operatorname{div}\frac{a^2}{m_0}(\operatorname{grad} W + e\,\mathfrak{A}) + \frac{\partial a^2}{\partial t} = 0. \tag{44.21}$$

Die letzte Gleichung kann nach (44.6) und (44.7) in der Gestalt

$$\operatorname{div}\mathfrak{u} + \frac{\partial \varrho}{\partial t} = 0 \tag{44.22}$$

geschrieben werden und stellt den Erhaltungssatz für die Teilchenzahl dar.

Unter der Voraussetzung, daß die Bedingung

$$\frac{\hbar^2}{2m_0}\left|\frac{\Delta a}{a}\right| \ll e\,\varphi \tag{44.23}$$

gilt, wird die Differentialgleichung für W unabhängig von a und geht in die HAMILTON-JACOBIschen Differentialgleichung über:

$$\frac{1}{2m_0}(\operatorname{grad} W + e\,\mathfrak{A})^2 - e\,\varphi + \frac{\partial W}{\partial t} = 0. \tag{44.24}$$

Die grundlegende Bedingung (44.23) wollen wir näher diskutieren. Durch

$$l(x, y, z) = \frac{\hbar}{\sqrt{2m_0 e \varphi}} \qquad (44.25)$$

ist jedem Raumpunkt x, y, z eine „Länge" l zugeordnet. Gl. (44.23) verlangt, daß

$$\left| \frac{\varDelta a}{a} \right| \ll \frac{1}{l^2} \qquad (44.26)$$

erfüllt ist. Dies bedeutet folgendes: Entwickeln wir $a(x, y, z)$ um einen Punkt $P_0 \equiv x_0, y_0, z_0$

$$\left. \begin{aligned} a = a_0 &+ (x - x_0) \left(\frac{\partial a}{\partial x} \right)_0 + (y - y_0) \left(\frac{\partial a}{\partial y} \right)_0 + (z - z_0) \left(\frac{\partial a}{\partial z} \right)_0 + \\ &+ \frac{1}{2} \left[(x - x_0)^2 \left(\frac{\partial^2 a}{\partial x^2} \right)_0 + (y - y_0)^2 \left(\frac{\partial^2 a}{\partial y^2} \right)_0 + (z - z_0)^2 \left(\frac{\partial^2 a}{\partial z^2} \right)_0 + \cdots \right] \end{aligned} \right\} \quad (44.27)$$

und bilden wir nun den Mittelwert über alle Raumrichtungen[1], d.h. auf der Oberfläche einer Kugel vom Radius r um P_0, so wird

$$\left. \begin{aligned} \overline{x - x_0} = \overline{y - y_0} = \overline{z - z_0} = 0, \\ \overline{(x - x_0)(y - y_0)} = \overline{(y - y_0)(z - z_0)} = \overline{(z - z_0)(x - x_0)} = 0, \end{aligned} \right\} \quad (44.28)$$

$$\overline{(x - x_0)^2} = \overline{(y - y_0)^2} = \overline{(z - z_0)^2} = \tfrac{1}{3} r^2, \qquad (44.29)$$

also

$$\overline{a - a_0} = \overline{\delta a} = \frac{1}{6} r^2 \left[\left(\frac{\partial^2 a}{\partial x^2} \right)_0 + \left(\frac{\partial^2 a}{\partial y^2} \right)_0 + \left(\frac{\partial^2 a}{\partial z^2} \right)_0 \right] = \frac{1}{6} r^2 (\varDelta a)_0. \qquad (44.30)$$

Damit erhält (44.26) die Gestalt

$$\frac{6 \, \overline{\delta a}}{r^2 a} \ll \frac{1}{l^2} . \qquad (44.31)$$

Wählt man insbesondere den Radius der Kugel r gleich der charakteristischen Länge l und führt $a^2 = \psi \psi^* = \varrho$ ein, so wird (44.31)

$$\boxed{\frac{\overline{\delta \varrho}}{\varrho} \ll \frac{1}{3} .} \qquad (44.32)$$

$\overline{\delta \varrho}$ bedeutet die mittlere Änderung der Elektronendichte auf einer Strecke l, welche durch (44.25) gegeben ist. Wenn also die mittlere relative Änderung der Dichte ϱ auf einer Strecke $l = \hbar / \sqrt{2m_0 e \varphi}$ klein gegen Eins ist, gilt für W die HAMILTON-JACOBIsche Differentialgleichung (44.24).

Wir wollen eine Strömung $\mathfrak{v}(x, y, z, t) = \mathfrak{u}/\varrho$ betrachten, welche nach (44.7) und (44.19) durch

$$m_0 \mathfrak{v} = \operatorname{grad} W + e \mathfrak{A} \qquad (44.33)$$

definiert ist. Nun sei $W(x, y, z, t)$ ein Integral der HAMILTON-JACOBIschen Differentialgleichung (44.24). Die Stromlinien (44.33) wollen wir dann — um einen kurzen Namen zu haben — als „Bahnkurven" bezeichnen.

Wenn wir unter $\mathfrak{r} = \bar{\mathfrak{r}}(t')$ eine beliebige, die beiden Punkte P_0 und P_1 verbindende Kurve C verstehen, so gilt mit (44.33) und (44.24)

$$W = {}^{(C)} \int_{P_0}^{P_1} dW = {}^{(C)} \int_{P_0}^{P_1} \left(\operatorname{grad} W \cdot d\bar{\mathfrak{r}} + \frac{\partial W}{\partial t} \, dt' \right) = {}^{(C)} \int_{P_0}^{P_1} \left[(m_0 \mathfrak{v} - e \mathfrak{A}) \bar{\mathfrak{v}} - \frac{m_0}{2} \mathfrak{v}^2 + e \varphi \right] dt'. \quad (44.34)$$

---

[1] Vgl. z. B. M. L. DE BROGLIE: Optique Électronique et corpusculaire, S. 10. Paris 1950.

Wählt man speziell die P_0 mit P_1 verbindende Bahnkurve B (den Bewegungs-ablauf), d.h. setzt man $\bar{\mathfrak{v}}=\mathfrak{v}$, $t'=t$, so wird

$$W = {}^{(B)}\!\!\int_{P_0}^{P_1}\left[m_0\,\mathfrak{v}^2 - e\,(\mathfrak{A}\,\mathfrak{v}) - \frac{m_0}{2}\,\mathfrak{v}^2 + e\varphi\right]dt = {}^{(B)}\!\!\int_{P_0}^{P_1} L\,dt, \qquad (44.35)$$

wenn wir zur Abkürzung

$$L = \frac{m_0}{2}\,v^2 + e\,\varphi - e\,(\mathfrak{A}\,\mathfrak{v}) \qquad (44.36)$$

einführen.

Nehmen wir einen beliebigen anderen Bewegungsablauf C und vergleichen wir die Werte der Integrale über L:

$$\varDelta = {}^{(C)}\!\!\int_{P_0}^{P_1}\left[\frac{m_0}{2}\,\bar{\mathfrak{v}}^2 + e\,\varphi - e\,(\mathfrak{A}\,\bar{\mathfrak{v}})\right]dt' - {}^{(B)}\!\!\int_{P_0}^{P_1}\left[\frac{m_0}{2}\,\mathfrak{v}^2 + e\,\varphi - e\,(\mathfrak{A}\,\mathfrak{v})\right]dt. \qquad (44.37)$$

Das zweite Integral über die Bahnkurve kann nach (44.35) und (44.34) über ein solches über den willkürlichen Bewegungsablauf C ausgedrückt werden:

$$\varDelta = {}^{(C)}\!\!\int_{P_0}^{P_1}\left[\frac{m_0}{2}\,\bar{\mathfrak{v}}^2 + e\,\varphi - e\,(\mathfrak{A}\,\bar{\mathfrak{v}}) - m_0\,\mathfrak{v}\,\bar{\mathfrak{v}} + e\,(\mathfrak{A}\,\bar{\mathfrak{v}}) + \frac{m_0}{2}\,\mathfrak{v}^2 - e\,\varphi\right]dt' \qquad (44.38)$$

oder

$$\varDelta = \frac{m_0}{2}\,{}^{(C)}\!\!\int_{P_0}^{P_1}(\mathfrak{v}^2 + \bar{\mathfrak{v}}^2 - 2\,\mathfrak{v}\,\bar{\mathfrak{v}})\,dt' = \frac{m_0}{2}\,{}^{(C)}\!\!\int_{P_0}^{P_1}(\mathfrak{v} - \bar{\mathfrak{v}})^2\,dt \geq 0. \qquad (44.39)$$

Die Ungleichung $\varDelta \geq 0$ besagt: Das Integral über L ist für einen beliebigen Bewegungsablauf stets größer als das über den tatsächlichen mechanischen Bewegungsablauf erstreckte Integral:

$$^{(B)}\!\!\int_{P_0}^{P_1} L\,dt \leq {}^{(C)}\!\!\int_{P_0}^{P_1} L\,dt', \qquad (44.40)$$

oder das Zeitintegral von L, erstreckt über die tatsächliche Elektronenbahn, hat einen minimalen Wert:

$$\delta W = \delta \int L\,dt = 0. \qquad (44.41)$$

Damit ist das HAMILTONsche Prinzip unter der Bedingung (44.32) aus der SCHRÖ-DINGER-Gleichung hergeleitet und damit der Anschluß der geometrischen Elektronenoptik an die Wellenmechanik hergestellt.

γ) *Die Grenzen der geometrischen Elektronenoptik.* Da die Wellenmechanik die umfassendere Theorie ist, welche einer größeren Zahl von Einzelerfahrungen gerecht wird, versagt also die geometrische Elektronenoptik überall dort, wo die Bedingung (44.32) verletzt ist. Sie besagt, daß die mittlere relative Änderung der Elektronendichte (bzw. der Aufenthaltswahrscheinlichkeit ϱ) auf einer Strecke von der Länge l nach Gl. (44.25) klein gegen Eins sein muß. Hieraus folgt, daß die Bedingung (44.32) insbesondere an den „Rändern von Elektronenbündeln", wo $\varrho = a^2$ einen sehr raschen Abfall zeigt, verletzt sein wird und somit dort Abweichungen von der geometrischen Elektronenoptik zu erwarten sind.

Betrachten wir z.B. ein kegelförmiges, ziemlich scharf begrenztes, gegen einen Punkt P konvergierendes Elektronenbündel (Fig. 93). Im Innern sei die Elektronendichte schwach veränderlich. Die Striche quer zur Bündelberandung in der Figur sollen nach beiden Seiten jeweils die Länge l haben. Da sich in dem quergestrichelten Gebiet die Elektronendichte ϱ sehr stark ändert, ist dort (44.32) verletzt und die geometrische Elektronenoptik versagt. Während nun in entsprechender Entfernung von P ausgedehnte Gebiete existieren, die nicht gestrichelt sind, wo also die Gesetze der geometrischen Optik herrschen, wird dieses Gebiet bei Annäherung an den Konvergenzpunkt des Bündels immer kleiner, bis es in der Umgebung von P völlig verschwindet. Das Gebiet um den Konvergenzpunkt, wo die geometrische Elektronenoptik sicher versagt, hat eine Ausdehnung der Größenordnung l. Damit haben wir folgende wichtige Erkenntnis gewonnen: *In den Konvergenzpunkten von Elektronenbündeln versagt notwendig die geometrische Elektronenoptik.* Von einer anderen Seite aus gesehen können wir auch sagen, daß die Vorstellung eines streng stigmatischen, nach einem *geometrischen Punkt* konvergierenden Elektronenbündels eine unerlaubte Fiktion ist. Diese Tatsache besteht bereits, auch wenn man von der gegenseitigen Abstoßung der Elektronen absieht. Die engsten in einem Elek-

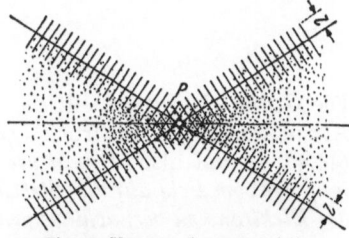

Fig. 93. Versagen der geometrischen Elektronenoptik in Konvergenzpunkten.

tronenbündel auftretenden Strahleinschnürungen, welche bei der elektronischen Abbildung die Bildpunkte darstellen, haben stets einen endlichen, von der Länge

$$l = \hbar / \sqrt{2 m_0 e\, \varphi} \qquad (44.42)$$

abhängenden Querschnitt.

Nun kann — physikalisch gesehen — eine scharfe „Bündelbegrenzung", d.h. ein extrem rascher Abfall der Elektronendichte nur durch „Kräfte", welche auf die Elektronen wirken, realisiert werden. Man ersetzt zwar oft den Einfluß von bündelbegrenzenden Blenden durch eine geometrische Strahlbegrenzung. Doch hat dieses Vorgehen den gleichen fiktiven Charakter wie die „geometrischen Bedingungsgleichungen" der Mechanik, durch die man die „Zwangskräfte" schematisiert. Man muß sich nämlich stets darüber im klaren sein, daß auch eine *reale* materielle Blende auf das Elektronenbündel nur durch ihre atomaren Kräfte einwirkt. Es muß daher möglich sein, die Größe der Kräfte abzuschätzen, die eine so starke Dichteänderung im Bündel hervorrufen, daß die Bedingung (44.32) verletzt wird. Auf diese Weise kann man die Größenordnung der Kräfte bestimmen, für welche die geometrische Elektronenoptik versagt.

Wir wollen uns im folgenden auf eine eindimensionale, in der z-Richtung unter dem Einfluß von elektrischen Kräften vor sich gehende Elektronenbewegung beschränken. Wegen (44.33) und (44.21) folgt für den stationären Fall ($\partial a/\partial t = 0$) durch Integration der Kontinuitätsgleichung

$$\frac{d}{dz}\left(a^2 v_z\right) = 0, \qquad a^2 = \frac{\text{const}}{v} \qquad \text{(mit } v_z = v) \qquad (44.43)$$

oder nach

$$m_0\, v = \sqrt{2 e\, m_0\, \varphi} \qquad (44.44)$$

für die Amplitude

$$a = \text{const } \varphi^{-\frac{1}{4}}. \qquad (44.45)$$

Wir müssen nun feststellen, ob die gefundene Lösung für a tatsächlich der Bedingung (44.23) genügt. Wenn dies nicht der Fall ist, können wir nicht die Gültigkeit der geometrischen Elektronenoptik annehmen.

21*

Aus (44.45) folgt

$$\frac{\operatorname{div}\operatorname{grad}a}{a} = \frac{5}{16}\left(\frac{\operatorname{grad}\varphi}{\varphi}\right)^2 - \frac{1}{4}\frac{\varDelta\varphi}{\varphi}. \qquad (44.46)$$

Setzt man voraus, daß das Gebiet frei von Raumladung ist, so gilt

$$\varDelta\varphi = 0 \qquad (44.47)$$

und die Bedingung (44.26) kann geschrieben werden:

$$\left|\frac{e\,l\,\operatorname{grad}\varphi}{e\,\varphi}\right| \ll \frac{4}{\sqrt{5}}. \qquad (44.48)$$

Die Größe el grad φ stellt die vom Feld auf der Strecke l am Elektron geleistete Arbeit dar. Der Ausdruck $e\varphi$ bedeutet die kinetische Energie. Die Bedingung (44.48) besagt also: *Damit die Gesetze der geometrischen Elektronenoptik zutreffen, muß die vom Feld auf der Strecke l geleistete Arbeit gegenüber der kinetischen Energie des Elektrons zu vernachlässigen sein.*

Mit dem Ausdruck (44.25) für l ergibt dies für die elektrische Feldstärke E die Bedingung

$$E \ll 10^{10}\,\varphi^{\frac{3}{2}}, \qquad (44.49)$$

wenn wir die „Beschleunigungsspannung" φ in Volt und die elektrische Feldstärke in V/m messen.

Wenn wir annehmen, daß die gleiche Bedingung für die mit E hinsichtlich der Kraftwirkung gleichwertige magnetische Feldstärke $B = E/v$ gilt, so folgt

$$B \ll 10^8\,\varphi, \qquad (44.50)$$

wobei die magnetische Feldintensität in Gauß zu messen ist. Die stärksten derzeit in Elektronenlinsen verwendeten magnetischen Feldstärken überschreiten nicht den Wert von 30000 Gauß. Die niedrigste Betriebsspannung, die zur Durchstrahlung von dünnen Objektfolien noch ausreicht, beträgt etwa 30000 V. Man erkennt, daß damit die Ungleichung (44.50) ausreichend erfüllt ist, also die Gültigkeit der geometrischen Elektronenoptik durch das Auftreten von zu starken *makroskopischen* Feldern nicht in Frage gestellt wird. Lediglich bei der Wechselwirkung mit den Atomen des Objekts und bei der Bündelbegrenzung durch materielle Blenden, treten so starke atomare Felder auf, daß hier die geometrische Elektronenoptik versagt. Ferner wird die geometrische Elektronenoptik in unmittelbarer Nähe des Bildschirmes ungültig, da hier die Elektronenbündel zu den GAUSSschen Bildpunkten konvergieren. Wenn wir daher die Stromdichteverteilung in der Nähe des Bildschirmes berechnen wollen, müssen wir uns in diesen Gebieten um eine strenge Lösung der SCHRÖDINGER-Gleichung umsehen. Das wird in Ziff. 50 unsere Aufgabe sein.

45. Wellenmechanischer Nachweis einer objekttreuen Abbildung im paraxialen Gebiet. Nachdem wir in Ziff. 44 die allgemeine Beziehung zwischen Wellenmechanik und geometrischer Elektronenoptik untersucht haben, wollen wir uns nun mit der elektronischen Abbildung vom Standpunkt der Wellenmechanik befassen[1]. Um die Existenz einer Abbildung durch rotationssymmetrische Felder im Rahmen der geometrischen Optik nachweisen zu können, mußten wir uns auf das paraxiale Gebiet beschränken. Diese Einschränkung wird daher auch in der Wellenmechanik notwendig sein. Wir haben daher die „Elektronenbewegung" in der Umgebung der Achse der durch (8.6) und (9.14), (9.15) gegebenen elektrisch-magnetischen Felder mittels der SCHRÖDINGER-Gleichung (44.3) zu untersuchen. Statt die allgemeine SCHRÖDINGER-Gleichung auf das paraxiale Gebiet zu spezialisieren[1], können wir jedoch von vornherein von der klassischen HAMILTONschen Funktion der paraxialen Elektronenbewegung ausgehen und diese mittels des Operator-Formalismus (44.2) in die entsprechende paraxiale SCHRÖDINGER-Gleichung übersetzen.

α) *Die paraxiale* SCHRÖDINGER-*Gleichung.* Wir wollen die folgenden Betrachtungen gleich allgemeiner für ein Orthogonalsystem durchführen. Auf diese Weise erhalten wir gleichzeitig eine wellenmechanische Theorie des axialen Astigmatismus. Durch Spezialisierung wird sich die Abbildung in rotationssymmetrischen Feldern ergeben. Um die Vorstellung festzulegen, wollen wir etwa zunächst an eine astigmatische elektrostatische Linse, die mit einer rotationssymmetrischen Magnetlinse kombiniert ist, denken[2]. Um die zugehörige SCHRÖDINGER-Gleichung aufzustellen, haben wir zunächst die zu den paraxialen Differentialgleichungen der Elektronenbewegung

$$\left.\begin{aligned} \frac{d}{dz}(p\,x') + \frac{e\,m_0}{2p}\left(\Phi'' - D + \frac{e}{2m_0}B_z^2\right)x = 0, \\ \frac{d}{dz}(p\,y') + \frac{e\,m_0}{2p}\left(\Phi'' + D + \frac{e}{2m_0}B_z^2\right)y = 0 \end{aligned}\right\} \tag{45.1}$$

gehörende HAMILTONsche Funktion zu bestimmen. Wir haben in (45.1) zur Abkürzung

$$p = \sqrt{2\,e\,m_0\,\Phi(z)}, \tag{45.2}$$

den Elektronenimpuls in der z-Richtung eingeführt.

Schreibt man (45.1) als EULER-LAGRANGEsche Gleichungen

$$\frac{d}{dz}\frac{\partial L}{\partial x'} - \frac{\partial L}{\partial x} = 0, \qquad \frac{d}{dz}\frac{\partial L}{\partial y'} - \frac{\partial L}{\partial y} = 0 \tag{45.3}$$

eines Variationsprinzips

$$S = \int L\,dz, \qquad \delta S = 0, \tag{45.4}$$

so erkennt man unmittelbar aus (45.1), daß die zugehörige Funktion L durch

$$\left.\begin{aligned} L = \frac{p}{2}(x'^2 + y'^2) - \frac{e\,m_0}{4p}\left(\Phi'' - D + \frac{e}{2m_0}B_z^2\right)x^2 - \\ - \frac{e\,m_0}{4p}\left(\Phi'' + D + \frac{e}{2m_0}B_z^2\right)y^2 \end{aligned}\right\} \tag{45.5}$$

gegeben ist.

Die zu (45.5) gehörenden generalisierten Impulse p_x und p_y lauten

$$p_x = \frac{\partial L}{\partial x'} = p\,x', \qquad p_y = \frac{\partial L}{\partial y'} = p\,y', \tag{45.6}$$

---

[1] W. GLASER u. P. SCHISKE: Ann Physik **12**, 240 (1953). — W. GLASER: Grundlagen der Elektronenoptik, S. 548. Wien 1953. — Ferner Electron Physics, Proc. of the NBS Semicentennial Symposium on Electron Physics, 5.—7. Nov. 1951, Washington 1954, S. 111. Die hier gegebene Darstellung ist auf Orthogonalsysteme erweitert worden.

[2] Die folgenden Überlegungen bleiben natürlich für das allgemeine Orthogonalsystem mit gerader Systemachse, deren paraxiale Differentialgleichung durch (37.9) bis (37.11) gegeben sind, und auch für Orthogonalsysteme mit krummer Achse (41.32) bis (41.35) bestehen, da allein diese Gestalt der Differentialgleichungen für sie wesentlich ist. Vgl. z.B. H. GRÜMM: Optik **12**, 153 (1955).

und die zu Gl. (45.5) gehörende HAMILTONsche Funktion H ist daher

$$
\left.
\begin{aligned}
H = x'\,p_x + y'\,p_y - L &= \frac{1}{2p}\,(p_x^2 + p_y^2) + \\
&+ \frac{e\,m_0}{4p}\left(\Phi'' - D + \frac{e}{2m_0}B_z^2\right)x^2 + \frac{e\,m_0}{4p}\left(\Phi'' + D + \frac{e}{2m_0}B_z^2\right)y^2.
\end{aligned}
\right\}
\tag{45.7}
$$

Die HAMILTON-JACOBIsche Differentialgleichung der achsennahen Elektronen-bahnen erhält nach Ziff. 5 die Gestalt

$$
\left.
\begin{aligned}
\left(\frac{\partial S}{\partial x}\right)^2 + \left(\frac{\partial S}{\partial y}\right)^2 &+ \frac{e\,m_0}{2}\left(\Phi'' - D + \frac{e}{2m_0}B_z^2\right)x^2 + \\
&+ \frac{e\,m_0}{2}\left(\Phi'' + D + \frac{e}{2m_0}B_z^2\right)y^2 + p\,\frac{\partial S}{\partial z} + \frac{\partial S}{\partial z}\,p = 0,
\end{aligned}
\right\}
\tag{45.8}
$$

wobei wir den letzten Term für den Übergang zur Wellenmechanik in „sym-metrisierter" Gestalt angeschrieben haben. Man gelangt zur entsprechenden SCHRÖDINGER-Gleichung, wenn man in der HAMILTON-JACOBIschen Differential-gleichung die Impulse $p_x = \dfrac{\partial S}{\partial x}$, $p_y = \dfrac{\partial S}{\partial y}$, $p_z = \dfrac{\partial S}{\partial z}$ durch die Operatoren

$$
\frac{\partial S}{\partial x} \to \frac{\hbar}{i}\,\frac{\partial}{\partial x}, \qquad \frac{\partial S}{\partial y} \to \frac{\hbar}{i}\,\frac{\partial}{\partial y}, \qquad \frac{\partial S}{\partial z} \to \frac{\hbar}{i}\,\frac{\partial}{\partial z}
\tag{45.9}
$$

ersetzt und den entstehenden Operator auf die Wellenfunktion ψ anwendet. Man erhält so

$$
\boxed{
\begin{aligned}
-\hbar^2\left(\frac{\partial^2\psi}{\partial x^2} + \frac{\partial^2\psi}{\partial y^2}\right) &+ \frac{e\,m_0}{2}\left(\Phi'' - D + \frac{e}{2m_0}B_z^2\right)x^2\psi + \\
&+ \frac{e\,m_0}{2}\left(\Phi'' + D + \frac{e}{2m_0}B_z^2\right)y^2\psi + \frac{\hbar}{i}\,p'\,\psi + \frac{2\hbar}{i}\,p\,\frac{\partial\psi}{\partial z} = 0
\end{aligned}
}
\tag{45.10}
$$

als SCHRÖDINGER-Gleichung der paraxialen Elektronenbewegung. Man kann zu ihr auch gelangen, indem man die allgemeine SCHRÖDINGER-Gleichung (44.3) auf das paraxiale Gebiet spezialisiert.

Multipliziert man (45.10) mit der konjugiert komplexen Wellenfunktion ψ^* und subtrahiert davon das Produkt aus der konjugiert komplexen Gleichung mit ψ, so erhält man

$$
-\frac{i\hbar}{2}\left[\frac{\partial}{\partial x}\left(\psi^*\frac{\partial\psi}{\partial x} - \psi\frac{\partial\psi^*}{\partial x}\right) + \frac{\partial}{\partial y}\left(\psi^*\frac{\partial\psi}{\partial y} - \psi\frac{\partial\psi^*}{\partial y}\right)\right] + \frac{\partial}{\partial z}(p\,\psi\,\psi^*) = 0.
\tag{45.11}
$$

Wir werden im folgenden den Fall betrachten, daß ψ in entsprechender Ent-fernung von der Achse Null wird. Nur dann nämlich hat man es wirklich mit einer *paraxialen* Elektronenbewegung zu tun, für welche ψ eine Lösung der *allgemeinen* SCHRÖDINGER-Gleichung für das paraxiale Gebiet darstellt.

Wenn man (45.11) über eine beliebige Einstellebene $z = \text{const}$ integriert, so verschwindet unter dieser Voraussetzung der Beitrag der beiden ersten Glieder, und man erhält

$$
\frac{\partial}{\partial z}\int p\,\psi\,\psi^*\,dx\,dy = 0.
\tag{45.12}
$$

Der Ausdruck

$$
\int p\,\psi\,\psi^*\,dx\,dy = \text{const}
\tag{45.13}
$$

ist daher für alle Einstellebenen gleich. Gl. (45.13) drückt die Erhaltung der Teilchenzahl aus, wenn wir

$$J_z = \frac{p}{m_0}\, \psi\, \psi^* \tag{45.14}$$

als Elektronenstromdichte senkrecht zur Auffangebene $z = \text{const}$ definieren. Die Stromdichte (45.14), welche die Helligkeitsverteilung auf dem Leuchtschirm bzw. die Schwärzungsverteilung auf der Photoplatte bestimmt, ist es, die uns im folgenden vor allem interessiert. Es sei bemerkt, daß man zu (45.14) auch gelangt, wenn man den allgemeinen Ausdruck für die Stromdichte (44.7) auf den paraxialen Fall spezialisiert[1].

β) *Integration der paraxialen* SCHRÖDINGER-*Gleichung*. Wir suchen zuerst eine spezielle Lösung von (45.10) in der Gestalt

$$\psi(x, y, z) = a(z)\, e^{\frac{i}{\hbar}\, S(x,\,y,\,z)}. \tag{45.15}$$

Einsetzen von (45.15) in (45.10) und Trennung von Real- und Imaginärteil ergibt

$$\left.\begin{aligned}
&\left(\frac{\partial S}{\partial x}\right)^2 + \left(\frac{\partial S}{\partial y}\right)^2 + \frac{e\,m_0}{2}\left(\Phi'' - D + \frac{e}{2m_0}B_z^2\right)x^2 + \\
&\qquad + \frac{e\,m_0}{2}\left(\Phi'' + D + \frac{e}{2m_0}B_z^2\right)y^2 + 2p\,\frac{\partial S}{\partial z} = 0
\end{aligned}\right\} \tag{45.16}$$

und

$$\frac{\partial^2 S}{\partial x^2} + \frac{\partial^2 S}{\partial y^2} + p' + 2p\,\frac{a'}{a} = 0. \tag{45.17}$$

Wir sehen, daß Gl. (45.16) für die gesuchte Funktion mit der HAMILTON-JACOBIschen Differentialgleichung (45.8) übereinstimmt. Da nach (45.4) die Wirkungsfunktion

$$\left.\begin{aligned}
S = \int_{z_0}^{z} L\, dz = \frac{1}{2}\int_{z_0}^{z}\Big[&p\,(x'^2 + y'^2) - \\
&- \frac{e\,m_0}{2p}\left(\Phi'' - D + \frac{e}{2m_0}B_z^2\right)x^2 - \frac{e\,m_0}{2p}\left(\Phi'' + D + \frac{e}{2m_0}B_z^2\right)y^2\Big]\, dz
\end{aligned}\right\} \tag{45.18}$$

stets eine Lösung der HAMILTON-JACOBIschen partiellen Differentialgleichung ist, haben wir in (45.18) über eine Elektronenbahn zu integrieren, um S zu erhalten. Ersetzt man im zweiten Glied $\frac{e\,m_0}{2p}\left(\Phi'' - D + \frac{e}{2m_0}B_z^2\right)x^2$ aus (45.1) durch $\frac{d}{dz}(p\,x')$ und analog das dritte Glied, so erhält man ein vollständiges Differential und die Integration ergibt

$$S = \tfrac{1}{2}p\,(x\,x' + y\,y') - \tfrac{1}{2}p_0\,(x_0\,x_0' + y_0\,y_0'). \tag{45.19}$$

Die Lösungen von (45.1) seien

$$x = x_0\,x_\gamma + x_0'\,x_\alpha; \qquad y = y_0\,y_\gamma + y_0'\,y_\alpha \tag{45.20}$$

mit den Anfangsbedingungen [vgl. (37.41)] $x_\gamma(z_0) = y_\gamma(z_0) = 1$, $x_\gamma'(z_0) = y_\gamma'(z_0) = 0$, $x_\alpha(z_0) = y_\alpha(z_0) = 0$, $x_\alpha'(z_0) = y_\alpha'(z_0) = 1$. Aus (45.20) folgt

$$x_0' = \frac{1}{x_\alpha}(x - x_\gamma\,x_0); \qquad y_0' = \frac{1}{y_\alpha}(y - y_\gamma\,y_0). \tag{45.21}$$

Auf Grund der Beziehungen

$$p\,(x_\gamma\,x_\alpha' - x_\gamma'\,x_\alpha) = p_0; \qquad p\,(y_\gamma\,y_\alpha' - y_\gamma'\,y_\alpha) = p_0 \tag{45.22}$$

---

[1] Vgl. W. GLASER: Grundlagen der Elektronenoptik, S. 551. Wien 1953.

erhält man aus (45.20), (45.21)

$$x' = \frac{1}{x_\alpha}\left(x'_\alpha x - \frac{p_0}{p} x_0\right); \qquad y' = \frac{1}{y_\alpha}\left(y'_\alpha y - \frac{p_0}{p} y_0\right). \qquad (45.23)$$

Mit (45.23) und (45.21) ergibt sich für (45.19)

$$S = \frac{1}{2x_\alpha}\left(p\, x'_\alpha x^2 - 2p_0 x x_0 + p_0 x_\gamma x_0^2\right) + \frac{1}{2y_\alpha}\left(p\, y'_\alpha y^2 - 2p_0 y y_0 + p_0 y_\gamma y_0^2\right). \qquad (45.24)$$

Mit (45.22) kann S in der Gestalt geschrieben werden:

$$S = \frac{p}{2}\left(\frac{x'_\gamma}{x_\gamma} x^2 + \frac{y'_\gamma}{y_\gamma} y^2\right) + \frac{p_0}{2 x_\alpha x_\gamma}(x - x_0 x_\gamma)^2 + \frac{p_0}{2 y_\alpha y_\gamma}(y - y_0 y_\gamma)^2. \qquad (45.25)$$

Nach (45.24) erhält man aus (45.17) für a die Gleichung

$$\frac{x'_\alpha}{x_\alpha} + \frac{y'_\alpha}{y_\alpha} + \frac{p'}{p} + 2\frac{a'}{a} = 0, \qquad (45.26)$$

deren Integration unmittelbar

$$a = \frac{\text{const}}{\sqrt{p\, x_\alpha y_\alpha}} \qquad (45.27)$$

ergibt. Wir haben somit für (45.10) die partikuläre Lösung

$$\psi = \frac{1}{\sqrt{p\, x_\alpha y_\alpha}}\, e^{\frac{i}{\hbar} S(x, y, x_0, y_0)}. \qquad (45.28)$$

erhalten, wobei S durch (45.25) definiert ist.

Man erhält eine allgemeinere Lösung, wenn man (45.28) mit einer willkürlichen Funktion $A(x_0, y_0)$ von x_0, y_0 multipliziert und über x_0, y_0 integriert:

$$\psi = \frac{1}{\sqrt{p\, x_\alpha y_\alpha}}\, e^{\frac{ip}{2\hbar}\left(\frac{x'_\gamma}{x_\gamma} x^2 + \frac{y'_\gamma}{y_\gamma} y^2\right)} \int_{-\infty}^{+\infty}\int_{-\infty}^{+\infty} A(x_0, y_0)\, e^{\frac{ip_0}{2\hbar}\left[\frac{1}{x_\alpha x_\gamma}(x - x_0 x_\gamma)^2 + \frac{1}{y_\alpha y_\gamma}(y - y_0 y_\gamma)^2\right]} dx_0\, dy_0. \qquad (45.29)$$

Läßt man $z \to z_0$, d.h. x_α und y_α gegen Null gehen, so wird die e-Potenz im Integral (45.29) eine sehr rasch oszillierende Funktion, so lange $x \neq x_0 x_\gamma$ und $y \neq y_0 y_\gamma$ ist. Die Beiträge dieser Glieder werden sich im Integral wegen ihres wechselnden Vorzeichens gegenseitig aufheben. Zum Integral tragen also nur die Werte von x_0 und y_0 bei, die sich in unmittelbarer Nähe von x/x_γ bzw. y/y_γ befinden. Wir können daher für $z \to z_0$ die Funktion A vor das Integral nehmen und schreiben:

$$\left.\begin{aligned}
\lim_{z \to z_0}\psi(x, y, z) = \lim_{z \to z_0}\frac{1}{\sqrt{p\, x_\alpha y_\alpha}} A\left(\frac{x}{x_\gamma}, \frac{y}{y_\gamma}\right) e^{\frac{ip}{2\hbar}\left(\frac{x'_\gamma}{x_\gamma} x^2 + \frac{y'_\gamma}{y_\gamma} y^2\right)} \times \\
\times \int_{-\infty}^{+\infty} e^{\frac{ip_0}{2\hbar}\frac{1}{x_\alpha x_\gamma}(x - x_0 x_\gamma)^2} dx_0 \cdot \int_{-\infty}^{+\infty} e^{\frac{ip_0}{2\hbar}\frac{1}{y_\alpha y_\gamma}(y - y_0 y_\gamma)^2} dy_0.
\end{aligned}\right\} \qquad (45.30)$$

Mit

$$\frac{p_0}{2\hbar\, x_\alpha x_\gamma}(x - x_0 x_\gamma)^2 = \frac{\pi}{2} v^2, \qquad \frac{p_0}{2\hbar\, y_\alpha y_\gamma}(y - y_0 y_\gamma)^2 = \frac{\pi}{2} u^2$$

erhalten wir

$$\lim_{z \to z_0}\psi(x, y, z) = \lim_{z \to z_0} A\left(\frac{x}{x_\gamma}, \frac{y}{y_\gamma}\right)\frac{\pi\hbar}{p_0\sqrt{p\, x_\gamma y_\gamma}}\, e^{\frac{ip}{2\hbar}\left(\frac{x'_\gamma}{x_\gamma} x^2 + \frac{y'_\gamma}{y_\gamma} y^2\right)} \int_{-\infty}^{+\infty} e^{i\frac{\pi}{2} v^2} dv \cdot \int_{-\infty}^{+\infty} e^{i\frac{\pi}{2} u^2} du.$$

Das Produkt der beiden Integrale ist $2i$, und wir können nun in diesem Ausdruck den Grenzübergang vollziehen. Wegen der für x_γ und y_γ geltenden Anfangsbedingungen, erhalten wir

$$A\,(x,\,y) = \frac{p_0^{\frac{3}{2}}}{2\pi\,i\,\hbar}\,\psi\,(x,\,y,\,z_0).\tag{45.31}$$

Damit ist die Amplitudenfunktion durch die Wellenfunktion in der Objektebene $z=z_0$ ausgedrückt. Für die Lösung (45.28) $\psi\,(x,\,y,\,z)$ der paraxialen SCHRÖDINGER-Gleichung in einer beliebigen Einstellebene $z=\text{const}$, ausgedrückt durch die Wellenfunktion $\psi\,(x_0,\,y_0,\,z_0)$ in der Dingebene $z=z_0$, ergibt sich damit endgültig:

$$\boxed{\begin{aligned}\psi = {}&\frac{p_0^{\frac{3}{2}}}{2\pi\,i\,\hbar\,\sqrt{p\,x_\alpha y_\alpha}}\,e^{\frac{ip}{2\hbar}\left(\frac{x_\gamma'}{x_\gamma}x^2+\frac{y_\gamma'}{y_\gamma}y^2\right)}\times\\[2mm]&\times\iint\psi\,(x_0,\,y_0,\,z_0)\,e^{\frac{ip_0}{2\hbar}\left[\frac{1}{x_\alpha x_\gamma}(x-x_0 x_\gamma)^2+\frac{1}{y_\alpha y_\gamma}(y-y_0 y_\gamma)^2\right]}dx_0\,dy_0.\end{aligned}}\tag{45.32}$$

Die allgemeine Formel (45.32) für die Wellenfunktion eines astigmatischen Systems spezialisieren wir nun auf ein rotationssymmetrisches Feld, indem wir in (45.10) $D=0$ setzen. Die beiden Differentialgleichungen (45.1) werden dann identisch und ebenso ihre beiden Lösungen x_α, y_α bzw. x_γ, y_γ, für die wir oben

$$x_\alpha = y_\alpha = t\,(z),\qquad x_\gamma = y_\gamma = s\,(z)$$

geschrieben haben.

Damit erhalten wir aus (45.32) die Wellenfunktion eines rotationssymmetrischen Abbildungsfeldes:

$$\boxed{\psi\,(x,\,y,\,z) = \frac{p_0^{\frac{3}{2}}}{2\pi\,i\,\hbar\,t\,\sqrt{p}}\,e^{\frac{ip\,s'}{2\hbar\,s}(x^2+y^2)}\int\limits_{-\infty}^{+\infty}\int\limits_{-\infty}^{+\infty}\psi\,(x_0,\,y_0,\,z_0)\,e^{\frac{ip_0}{2\hbar\,s\,t}[(x-x_0 s)^2+(y-y_0 s)^2]}\,dx_0\,dy_0.}\tag{45.33}$$

γ) *Nachweis der Abbildung.* Aus Gl. (45.33) kann man unmittelbar die Existenz einer optischen Abbildung vom wellenmechanischen Standpunkt nachweisen. Denn wie oben können wir schließen, daß bei Annäherung der Einstellebene an die Ebene $z=z_1$, wobei z_1 die auf z_0 folgende Nullstelle von $t\,(z)$ ist, die e-Potenz in allen Punkten $x \neq x_0 s$, $y \neq y_0 s$ eine sehr rasch oszillierende Funktion ist. Wir können daher $\psi\,(x_1/s_1,\,y_1/s_1,\,z_0)$ vor das Integral nehmen. Die Auswertung des übrigbleibenden Integrales wie oben ergibt für die Wellenfunktion in der Ebene $z=z_1$

$$\psi\,(x_1,\,y_1,\,z_1) = \sqrt{\frac{p_0}{p_1}}\,\frac{1}{s_1}\,\psi\left(\frac{x_1}{s_1},\,\frac{y_1}{s_1},\,z_0\right)e^{\frac{ip_1}{2\hbar}\frac{s_1'}{s_1}(x_1^2+y_1^2)},\tag{45.34}$$

und für die Stromdichte (45.14) in der Ebene $z=z_1$ erhält man die einfache Beziehung

$$\boxed{J_z(x_1,\,y_1,\,z_1) = \frac{1}{s_1^2}\,J_z\left(\frac{x_1}{s_1},\,\frac{y_1}{s_1},\,z_0\right),}\tag{45.35}$$

wobei $J_z(x_0,\,y_0,\,z_0)$ die Stromdichte in der Dingebene darstellt. Wählt man daher in der „Bildebene" $z=z_1$ eine s_1-mal größere Längeneinheit als in der Objektebene $z=z_0$ und mißt man dort die Elektronenstromdichte in einer s_1^2-mal kleineren Einheit, so zeigt (45.35), daß dann die Stromdichteverteilung in der Bildebene mit derjenigen in der Objektebene vollkommen übereinstimmt. Beide Stromverteilungen sind also einander ähnlich. Man kann auch sagen: Unter allen Einstellebenen $z = \text{const}$ gibt es eine bestimmte $z = z_1$, in welcher bis auf eine Maßstabsänderung die gleiche Stromverteilung wie in der Objektebene $z = z_0$ herrscht (Fig. 94).

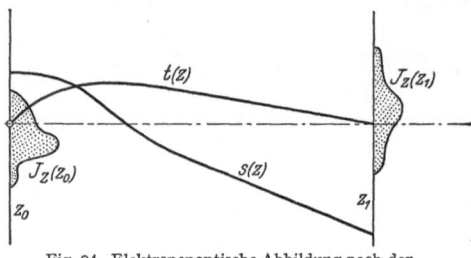

Fig. 94. Elektronenoptische Abbildung nach der Wellenmechanik.

Der Ort dieser Bildebene ist durch

$$t(z_1) = 0, \qquad (45.36)$$

und die Vergrößerung β ist durch

$$\beta = s(z_1) \qquad (45.37)$$

gegeben, wobei s und t Lösungen der Differentialgleichung (45.1) mit den Anfangsbedingungen (16.3) für $D = 0$ bedeuten. Da diese Gleichungen mit den Differentialgleichungen der achsennahen Bahnen der geometrischen Elektronenoptik identisch sind, stimmen also Bildlage und Vergrößerung mit den entsprechenden Größen der geometrischen Elektronenoptik überein.

$\delta)$ *Zusammenhang mit der Wellenausbreitung im feldfreien Raum.* Im feldfreien Raum erhalten die beiden Elektronenbahnen $t(z)$ und $s(z)$ die Gestalt $(z_0 = 0)$

$$t = z, \quad t' = 1; \quad s = 1, \quad s' = 0, \qquad (45.38)$$

und die Wellenfunktion (45.33) geht in

$$\psi(x, y, z) = \frac{p_0^{\frac{3}{2}}}{2\pi i \hbar z \sqrt{p}} \int_{-\infty}^{+\infty} \int_{-\infty}^{+\infty} \psi(x_0, y_0, z_0)\, e^{\frac{i p_0}{2 \hbar z}\left[(x - x_0)^2 + (y - y_0)^2\right]}\, dx_0\, dy_0 \qquad (45.39)$$

über. Setzen wir andererseits in (45.33)

$$\frac{x}{s} = \bar{x}, \quad \frac{y}{s} = \bar{y} \quad \text{und} \quad \frac{t}{s} = \bar{z}, \qquad (45.40)$$

so entsteht

$$\psi(x, y, z) = \frac{1}{s}\, \frac{p_0^{\frac{3}{2}}}{2\pi i \hbar \bar{z} \sqrt{p}}\, e^{\frac{i p s s'}{2 \hbar}(\bar{x}^2 + \bar{y}^2)} \int_{-\infty}^{+\infty} \int_{-\infty}^{+\infty} \psi(x_0, y_0, z_0)\, e^{\frac{i p_0}{2 \hbar \bar{z}}\left[(\bar{x} - x_0)^2 + (\bar{y} - y_0)^2\right]}\, dx_0\, dy_0. \qquad (45.41)$$

Bis auf einen unwesentlichen Faktor vom absoluten Betrag Eins[1], der auf die Stromdichte keinen Einfluß hat, kann also durch die Transformation (45.40) die Wellenfunktion im felderfüllten Raum x, y, z aus der Wellenfunktion des feldfreien Raumes $\bar{x}, \bar{y}, \bar{z}$ unmittelbar gewonnen werden.

Man kann diese Analogie ganz allgemein benützen, um die Wellenabbildung im Felde auf die Wellenausbreitung im leeren Raume zurückzuführen. Wir gehen aus von den Lösungen

$$x = x_0 s + x_0' t, \quad y = y_0 s + y_0' t \qquad (45.42)$$

der Differentialgleichungen (45.1) [mit $D = 0$].

---

[1] Da man zur LAGRANGEschen Funktion stets ein totales Differential addieren kann, ohne damit die Bewegung zu verändern, ist auch durch unsere Übersetzungsvorschrift die SCHRÖDINGER-Gleichung nicht eindeutig bestimmt; alle Lösungen unterscheiden sich nur durch einen Faktor vom absoluten Betrag Eins und geben gleichen Strom und gleiche Dichte (Prinzip der Eichinvarianz).

Indem wir durch s dividieren, schreiben wir sie in der Gestalt

$$\bar{x} = \frac{x}{s} = x_0 + x_0' \frac{t}{s}, \qquad \bar{y} = \frac{y}{s} = y_0 + y_0' \frac{t}{s}, \tag{45.43}$$

Setzen wir daher

$$\bar{z} = \frac{t}{s}, \tag{45.44}$$

so erhält man die Paraxialbahnen im „Koordinatensystem" $\bar{x}, \bar{y}, \bar{z}$ als lineare Gleichungen

$$\bar{x} = x_0 + x_0' \bar{z}, \qquad \bar{y} = y_0 + y_0' \bar{z}. \tag{45.45}$$

Durch Elimination der Integrationskonstanten, d.h. durch Differentiation, erhält man daraus die Differentialgleichungen der Elektronenbahnen in den neuen Variablen:

$$\frac{d^2 \bar{x}}{d \bar{z}^2} = 0, \qquad \frac{d^2 \bar{y}}{d \bar{z}^2} = 0. \tag{45.46}$$

Sie können als die EULERschen Gleichungen der zur HAMILTONschen Funktion

$$H = \frac{p_0}{2} (\bar{x}'^2 + \bar{y}'^2) = \frac{1}{2 p_0} (\bar{p}_x^2 + \bar{p}_y^2), \quad \bar{p}_x = p_0 \bar{x}', \quad \bar{p}_y = p_0 \bar{y}' \tag{45.47}$$

gehörenden kräftefreien Bewegung angesehen werden. Auf Grund von (44.2) ergibt sich die zu (45.47) gehörende SCHRÖDINGER-Gleichung

$$\frac{\hbar i}{2 p_0} \left(\frac{\partial^2 \Psi}{\partial \bar{x}^2} + \frac{\partial^2 \Psi}{\partial \bar{y}^2} \right) = \frac{\partial \Psi}{\partial \bar{z}}. \tag{45.48}$$

Sie stimmt mit (45.10) für den kräftefreien Fall überein. Diese Gleichung hat die Gestalt der partiellen Differentialgleichung für die Wärmeleitung bzw. der Diffusion, wobei der Diffusionskoeffizient D bzw. die Wärmeleitzahl λ durch $D = \lambda = \hbar i / 2 p_0$ gegeben ist und an die Stelle der Zeit die Variable $\bar{z}$ getreten ist. Die Lösung, welche für $\bar{z} = 0$ (d.h. für $z = z_0$) die Gestalt $\Psi(x_0, y_0, z_0)$ annimmt, ist aus der Wärmelehre bekannt und lautet

$$\Psi(\bar{x}, \bar{y}, \bar{z}) = \frac{i p_0}{2 \pi \hbar \bar{z}} \iint \Psi(x_0, y_0, z_0) e^{\frac{i p_0}{2 \hbar \bar{z}} [(\bar{x} - x_0)^2 + (\bar{y} - y_0)^2]} dx_0 dy_0. \tag{45.49}$$

Aus (45.48) folgt

$$\frac{\partial}{\partial \bar{z}} \int \Psi \Psi^* d\bar{x} d\bar{y} = 0 \quad \text{oder} \quad \frac{\partial}{\partial z} \int \frac{\Psi \Psi^*}{s^2} dx dy = 0. \tag{45.50}$$

Wir können daher

$$\psi(x, y, z) = \frac{1}{s} \Psi(\bar{x}, \bar{y}, \bar{z}) \tag{45.51}$$

setzen und die Stromdichte durch

$$J_z = \psi \psi^* \frac{p_0}{m_0} \tag{45.52}$$

definieren. Mit (45.51) und (45.40) erhält man so aus (45.49)

$$\psi = \frac{i p_0}{2 \pi \hbar i} \iint \psi(x_0, y_0, z_0) e^{\frac{i p_0}{2 \hbar s t} [(x - x_0 s)^2 + (y - y_0 s)^2]} dx_0 dy_0. \tag{45.53}$$

Die durch (45.52) und (45.53) definierte Stromdichte ist nach (45.33) mit der Stromdichte (45.14) identisch.

46. Wellenmechanische Abbildung spezieller Objekte. *α) Abbildung eines Rechteckes.* Die Lösung (45.33) soll nun speziell dazu verwendet werden, um die Abbildung bestimmter einfacher Objekte durch eine Elektronenlinse genauer zu diskutieren. Als eine erste Anwendung behandeln wir die Abbildung einer rechteckigen Öffnung in einem undurchlässigen Schirm. Zunächst werde der Fall einer völlig achsenparalleler Beleuchtung betrachtet (Fig. 95). Vom Standpunkt der geometrischen Optik aus existiert dann keine bestimmte Einstellebene, sondern es handelt sich um eine Art „Zentralprojektion" durch den Punkt F. Es liegt dies daran, daß wir in der Objektebene alle Strahlen als achsenparallel voraussetzen, also allein die Elektronenbahnen $s(z)$ betrachten. Wie wir sogleich sehen werden, ist nach der Wellenmechanik die Sachlage anders. Infolge

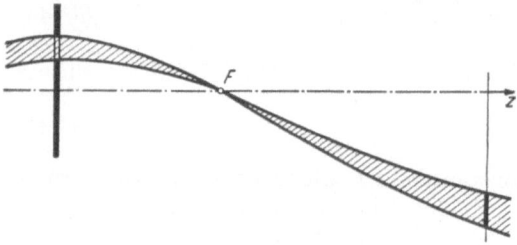

Fig. 95. Geometrisch-optische Abbildung bei streng achsenparalleler Beleuchtung (Zentralprojektion).

der „Beugung" an den Spalträndern treten nämlich auch Elektronen mit anderen Neigungen gegen die Achse ins Abbildungsfeld. Dadurch kommt es, daß wir eine wohldefinierte Bildebene erhalten, während in allen anderen Einstellebenen an den geometrisch-optischen Schattenrändern FRESNELsche Beugungserscheinungen auftreten (Fig. 96). Es werde angenommen, daß die Rechteckseiten durch

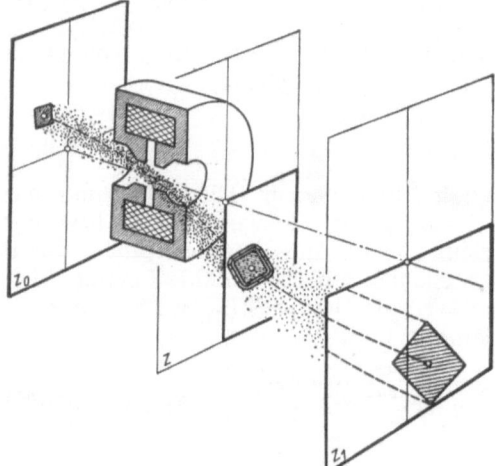

Fig. 96. Abbildung eines Rechtecks durch eine Elektronenlinse vom Standpunkt der Wellenmechanik. In beliebigen Einstellebenen entstehen FRESNELsche Beugungserscheinungen. In der Bildebene $z = z_1$ rücken die Beugungsstreifen am Rande zusammen und es entsteht ein scharf begrenztes, ähnlich vergrößertes Bild.

$$a_1 \ll x \ll a_2, \quad b_1 \ll y \ll b_2 \quad (46.1)$$

gegeben sind. Da wir die Öffnung mit einem achsenparallelen Strom von Elektronen der Geschwindigkeit v_0 „beleuchten", welcher durch eine ebene Welle

mit

$$\left.\begin{array}{l} \psi = e^{ikz}, \quad z \leq 0 \\[2mm] k = \dfrac{p_0}{\hbar} = \dfrac{m_0 v_0}{\hbar} \end{array}\right\} \quad (46.2)$$

dargestellt wird, haben wir in der Objektebene $z = 0$

$$\psi(x_0, y_0, 0) = 1 \quad (46.3)$$

zu setzen.

Schreibt man

$$v_1 = \sqrt{\frac{p_0}{\pi \hbar s t}} (x - s a_1); \quad u_1 = \sqrt{\frac{p_0}{\pi \hbar s t}} (y - s b_1), \quad (46.4)$$

$$v_2 = \sqrt{\frac{p_0}{\pi \hbar s t}} (x - s a_2); \quad u_2 = \sqrt{\frac{p_0}{\pi \hbar s t}} (y - s b_2), \quad (46.5)$$

so ergibt Gl. (45.33) mit (46.4), (46.5) unter Benützung der FRESNELschen Integrale

$$F(w) = \int_0^w e^{i\frac{\pi}{2}v^2}\,dv = C(w) + i\,S(w) \qquad (46.6)$$

für die SCHRÖDINGERsche Wellenfunktion

$$\psi = \frac{1}{2\,i\,s}\sqrt{\frac{p_0}{p}}\,e^{\frac{i p}{2\hbar}\frac{s'}{s}(x^2 + y^2)}\,[F(u_2) - F(u_1)]\,[F(v_2) - F(v_1)]. \qquad (46.7)$$

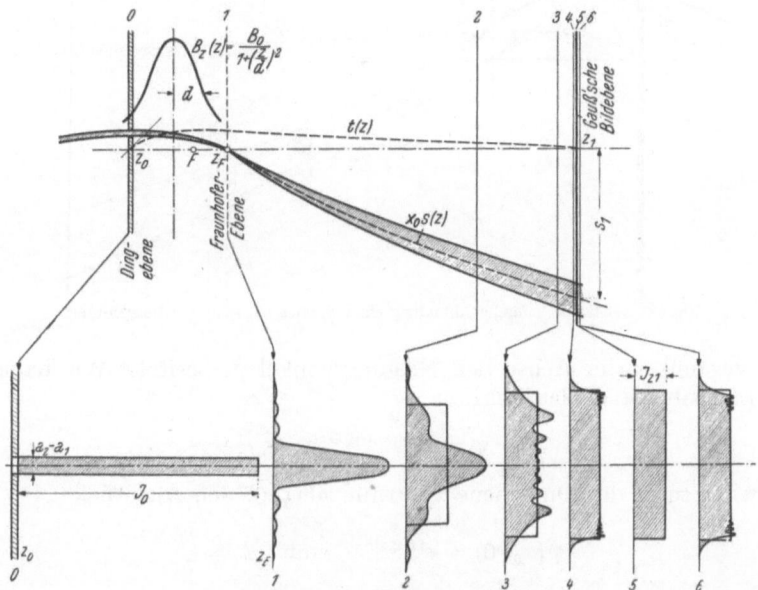

Fig. 97. Elektronenintensität in verschiedenen Einstellebenen bei der Abbildung eines unendlich langen Spaltes durch ein magnetisches Glockenfeld.

Wir erhalten aus (46.7) die Abbildung eines in der y-Richtung unendlich langen Spaltes, wenn wir dort $b_1 = -\infty$ und $b_2 = +\infty$ setzen. Wir haben dann $u_1 = +\infty$ und $u_2 = -\infty$, so daß die Wellenfunktion durch

$$\psi = -\frac{1+i}{2\,i\,s}\sqrt{\frac{p_0}{p}}\,e^{\frac{i p}{2\hbar}\frac{s'}{s}(x^2 + y^2)}\,[F(v_2) - F(v_1)] \qquad (46.8)$$

gegeben ist. Für die Stromdichte (45.14) erhält man

$$J_z = \frac{1}{2s^2}\frac{p_0}{m_0}\{[C(v_2) - C(v_1)]^2 + [S(v_2) - S(v_1)]^2\} = \frac{1}{2s^2}\frac{p_0}{m_0}\overline{P_1 P_2}^2, \qquad (46.9)$$

wobei $\overline{P_1 P_2}$ die Entfernung der beiden Punkte P_1 und P_2 auf der CORNUschen Spirale ist[1].

Dabei entsprechen den Punkten P_1 und P_2 nach (46.4), (46.5) die Parameterwerte

$$v_1 = \sqrt{\frac{p_0}{\pi\hbar s t}}(x - a_1 s), \qquad v_2 = \sqrt{\frac{p_0}{\pi\hbar s t}}(x - a_2 s). \qquad (46.10)$$

In Fig. 97 ist die auf diese Weise berechnete Elektronenintensität in den einzelnen Einstellebenen bei der Abbildung des Spaltes durch das magnetische

---

[1] Vgl. z. B. JAHNKE-EMDE: Tafeln höherer Funktionen, S. 38. Leipzig 1952.

Glockenfeld (23.15) dargestellt. Man erkennt, daß bei der Annäherung an die Bildebene die FRESNELschen Beugungsstreifen zum scharfen Bildrand zusammenrücken, um sich hinter der Bildebene wieder voneinander zu entfernen.

Bei den obigen Betrachtungen haben wir achsenparallele Beleuchtung des Objekts vorausgesetzt. Wir wollen nun annehmen, daß der Spalt durch ein paralleles, längs der y-z-Ebene einfallendes Elektronenbündel beleuchtet wird,

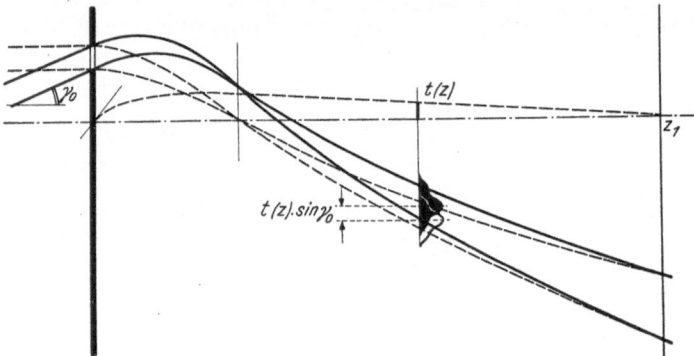

Fig. 98. Wellenmechanische Abbildung eines Spaltes bei schiefer „Beleuchtung".

welches gegenüber der Achse den Neigungswinkel γ_0 besitzt. Wir haben dann links vom Spalt die Wellenfunktion

$$\psi = e^{ik(x \sin \gamma_0 + z \cos \gamma_0)}, \tag{46.11}$$

so daß wir also in der Dingebene $z = 0$ für $\psi(x_0, 0)$ den Ausdruck

$$\psi(x_0, 0) = e^{ik x_0 \sin \gamma_0} \quad \text{mit} \quad k = \frac{p_0}{\hbar} \tag{46.12}$$

zu nehmen haben. Man erhält für J_z

$$J_z = \frac{1}{2 s^2} \frac{p_0}{m_0} \{[C(v_2) - C(v_1)]^2 + [S(v_2) - S(v_1)]^2\}, \tag{46.13}$$

wobei v_1 und v_2 durch

$$\left.\begin{aligned} v_1 &= \sqrt{\frac{p_0}{\pi \hbar s t}} (x - t \sin \gamma_0 - s a_1), \\ v_2 &= \sqrt{\frac{p_0}{\pi \hbar s t}} (x - t \sin \gamma_0 - s a_2) \end{aligned}\right\} \tag{46.14}$$

gegeben sind. Durch Vergleich von (46.14) und (46.13) mit (46.10) und (46.9) erkennt man, daß in jeder Einstellebene $z = $const die Intensitätsverteilung bei *schiefer Beleuchtung* denselben Verlauf wie bei axialer Beleuchtung besitzt. Nur ist nach (46.14) die Kurve der Intensitätsverteilung in der x-Richtung in jeder Einstellebene $z = z$ um die Strecke

$$d = t(z) \sin \gamma_0 \tag{46.15}$$

verschoben (Fig. 98).

Beleuchtet man den Spalt mit zwei inkohärenten Elektronenbündeln, von denen das eine axial, das andere unter dem Neigungswinkel γ_0 gegen die Achse auftrifft, so werden sich die entsprechenden Intensitäten in den einzelnen Einstellebenen überlagern. Die FRESNELschen Beugungsstreifen werden unsichtbar werden, wenn die Verschiebung der Intensitätskurve des zweiten Bündels in der betrachteten Einstellebene gerade so groß ist, daß das erste Maximum des zweiten Streifensystems auf das erste Minimum der Beugungsstreifen der axial gerichteten Strahlung zu liegen kommt. Dies gibt uns die Möglichkeit, die Größe der für die Sichtbarkeit der Streifen zulässigen Neigung γ_0 abzuschätzen.

Durch Diskussion der CORNUschen Spirale zeigt man in der Beugungstheorie des Lichtes, daß die Maxima von (46.9) angenähert bei

$$v_{\mathrm{max}} = \sqrt{4n + \tfrac{3}{2}} \quad (n = 0, 1, 2, \ldots) \tag{46.16}$$

und die Minima angenähert bei

$$v_{\mathrm{min}} = \sqrt{4n + \tfrac{7}{2}} \quad (n = 0, 1, 2, \ldots) \tag{46.17}$$

liegen. Für den Abstand des ersten Minimums vom ersten Maximum der Beugungsstreifen in der Variablen v erhält man somit

$$v = \sqrt{\tfrac{7}{2}} - \sqrt{\tfrac{3}{2}} = 0{,}65 . \tag{46.18}$$

Hieraus folgt auf Grund von (46.14), (46.15) für $\sin\gamma_0$ als Bedingung für die Sichtbarkeit der Streifen

$$\sin \gamma_0 \lesssim 0{,}65 \sqrt{\frac{\lambda_0}{2} \frac{s}{t}} . \tag{46.19}$$

β) Abbildung einer Kreislochblende. Als Objekt denken wir uns nun ein kleines Kreisloch (etwa ein Loch in einer Kollodiumfolie oder einer Diatomeenschale), das mit achsenparalleler Elektronenstrahlung beleuchtet wird. Das Kreisloch möge zur optischen Achse symmetrisch liegen. Es empfiehlt sich natürlich in diesem Falle Zylinderkoordinaten einzuführen. Für die Dingebene setzen wir

$$\left. \begin{aligned} x_0 &= r_0 \cos \varphi_0 \\ y_0 &= r_0 \sin \varphi_0 \end{aligned} \right\} \quad \text{mit} \quad 0 \le r_0 < R, \tag{46.20}$$

wobei R den Radius der Lochblende darstellt. In der Einstellebene lauten die Koordinaten

$$\left. \begin{aligned} x &= r \cos \varphi, \\ y &= r \sin \varphi. \end{aligned} \right\} \tag{46.21}$$

Mit (46.20), (46.21) nimmt die Gl. (45.33) die folgende Gestalt an:

$$\psi(r, \varphi, z) = \frac{p_0^{\frac{3}{2}}}{2 i \pi \hbar t \sqrt{p}} e^{\frac{i p t'}{2 \hbar t} r^2} \int_0^R \int_0^{2\pi} \psi_0 e^{\frac{i p_0}{2 \hbar t} [s\, r_0^2 - 2 r\, r_0 \cos(\varphi - \varphi_0)]} r_0 \, dr_0 \, d\varphi_0 . \tag{46.22}$$

Die Wellenfunktion in der Dingebene ist bei senkrechtem Einfall $\psi_0 = 1$. Auf Grund der Definition der nullten BESSEL-Funktion

$$J_0(x) = \frac{1}{2\pi} \int_0^{2\pi} e^{i x \cos \varphi} \, d\varphi, \tag{46.23}$$

der Substitution

$$\frac{p_0}{\hbar t} \frac{r}{r_0} = \eta \tag{46.24}$$

und der Abkürzung

$$\frac{\hbar\,s\,t}{2\,p_0\,r^2} = A \tag{46.25}$$

erhält man so für die Wellenfunktion:

$$\psi = \frac{\hbar\,t}{i\sqrt{p_0\,p}}\,\frac{1}{r^2}\,e^{\frac{i\,p\,t'}{2\hbar t}\,r^2}\int\limits_{0}^{Y} e^{i\,A\,\eta^2}\,J_0(\eta)\,\eta\,d\eta. \tag{46.26}$$

Hierbei ist

$$Y = \frac{p_0\,R}{\hbar\,t}\,r \tag{46.27}$$

gesetzt worden.

Das Integral kann durch die LOMMELschen U-Funktionen

$$U_1(X, Y) = \sum_{n=0}^{\infty} (-1)^n \left(\frac{2X}{Y}\right)^{2n+1} J_{2n+1}(Y), \tag{46.28}$$

$$U_2(X, Y) = \sum_{n=0}^{\infty} (-1)^n \left(\frac{2X}{Y}\right)^{2n+2} J_{2n+2}(Y) \tag{46.29}$$

ausgedrückt werden. Mit der Funktion

$$M^2(X, Y) = \frac{1}{X^2}\left[U_1^2(X, Y) + U_2^2(X, Y)\right] \tag{46.30}$$

ergibt sich für die Stromdichte

$$\boxed{J_z = \frac{p_0^3\,R^4}{4\,m_0\,\hbar^2\,t^2}\,M^2(X, Y),} \tag{46.31}$$

wobei X durch

$$X = A\,Y^2 = \frac{p_0\,R^2}{2\,\hbar}\,\frac{s(z)}{t(z)} \tag{46.32}$$

definiert ist.

Die bereits von E. LOMMEL[1] durchgeführte Tabellierung der Funktionen $U_1(X, Y)$, $U_2(X, Y)$ und $M^2(X, Y)$ ist in letzter Zeit von E. GÜTTER[2] bis in das Schattengebiet vervollständigt worden. Ferner sind auch die Maxima und Minima von $M^2(X, Y)$ von diesem Autor berechnet worden.

In den Fig. 99 ist der Verlauf der Funktion $M^2(X, Y)$ für verschiedene X-Werte (d.h. Einstellebenen) wiedergegeben. Kennt man $M^2(X, Y)$, so kann man nach (46.31) mit (46.27) und (46.32) für jede individuelle Kreislochblende und jedes Abbildungsfeld die Intensitätsverteilung in den einzelnen Einstellebenen bestimmen, wenn die beiden Elektronenbahnen $s(z)$ und $t(z)$ für das Abbildungsfeld bekannt sind.

Fig. 100 gibt die auf diese Weise von E. GÜTTER berechnete Stromdichteverteilung in den einzelnen Einstellebenen bei der Abbildung durch das magnetische Glockenfeld wieder. Die beiden Paraxialbahnen $s(z)$ und $t(z)$ sind gleichfalls eingetragen. Bemerkenswert ist insbesondere die Intensitätsverteilung in der dritten Einstellebene, die auf der Achse ein Minimum der Intensität aufweist. Auf dem Fluoreszenzschirm würde also das „Bild" des Kreisloches als ein heller Ring um ein dunkles Zentrum erscheinen.

---

[1] E. LOMMEL: Abh. kgl. bayr. Akad. Wiss. **15**, 233 (1884).
[2] E. GÜTTER: Diplomarbeit, Techn. Hochschule Wien 1951.

γ) Abbildung eines unscharf begrenzten Dingfleckes. Die vorhergehenden Objekte waren durch einen scharfen Rand, an dem sich die Elektronendurchlässigkeit plötzlich ändert, gekennzeichnet.

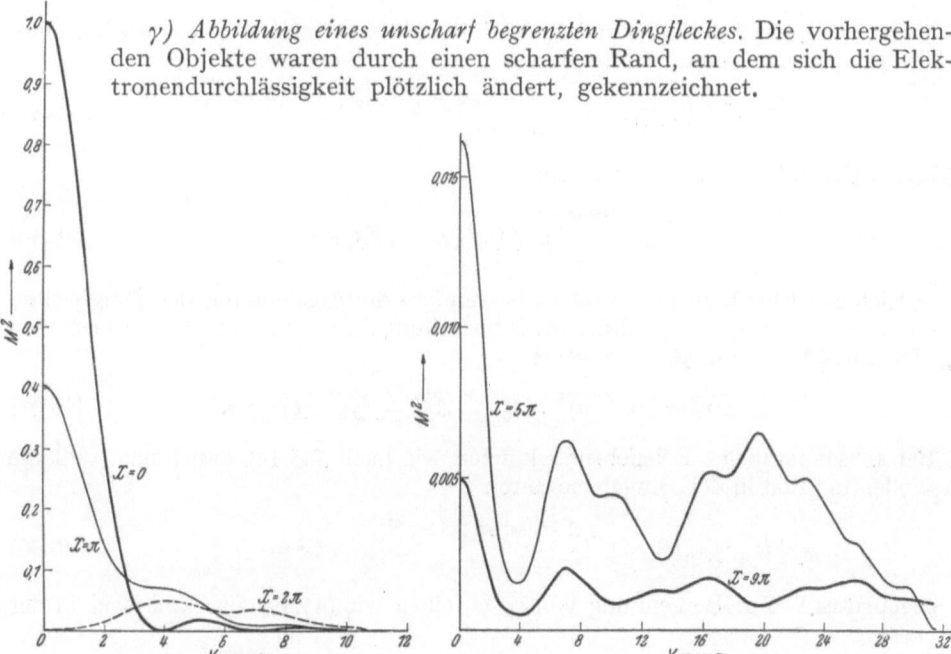

Fig. 99. Abbildung einer Kreislochblende. Die zur Stromdichte proportionale Funktion M^2 in Abhängigkeit von X (bestimmt durch die Lage der Einstellebene) und von Y (proportional dem Achsenabstand).

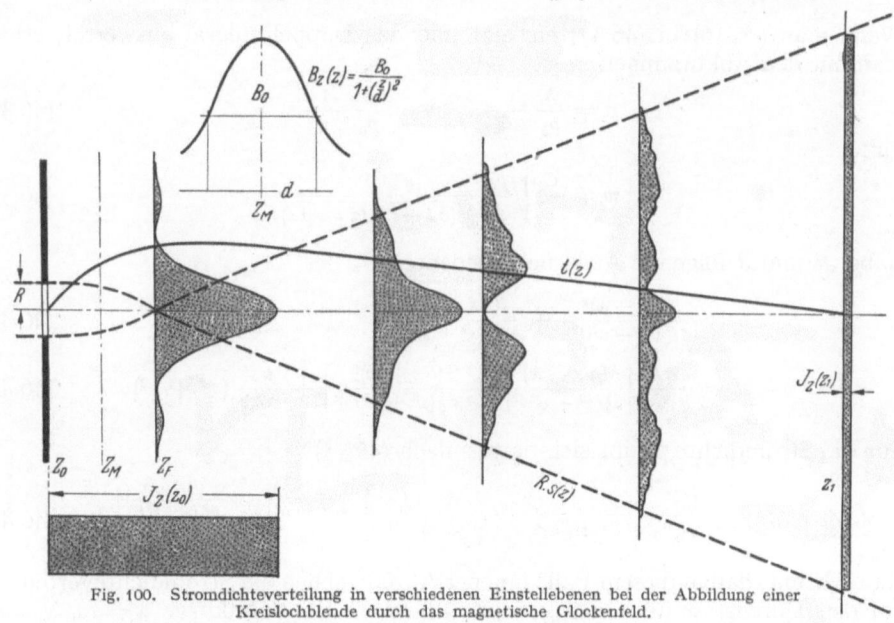

Fig. 100. Stromdichteverteilung in verschiedenen Einstellebenen bei der Abbildung einer Kreislochblende durch das magnetische Glockenfeld.

Wir wollen zeigen, daß das Auftreten der FRESNELschen Beugungssäume in erster Linie durch diese „Unstetigkeit" bedingt ist.

Dazu betrachten wir ein Objekt, das eine kontinuierlich abfallende Elektronendurchlässigkeit besitzt[1]. Wir setzen voraus, daß in der Dingebene die Stromdichte

---

[1] W. GLASER: Öst. Ing.-Arch. **7**, 144 (1953). Festheft zum 70. Geburtstag von R. v. MISES.

in der Umgebung des „Dingpunktes" mit den Koordinaten a und b nach einer GAUSSschen Glockenkurve abfällt:

$$J_z(x_0, y_0, z_0) = \frac{I_0}{2\pi l_0 n_0} e^{-\frac{1}{2}\left[\frac{(x_0-a)^2}{l_0^2} + \frac{(y_0-b)^2}{n_0^2}\right]}. \tag{46.33}$$

Mit I_0 haben wir den Gesamtstrom

$$I_0 = \int\limits_{-\infty}^{+\infty}\int\limits_{-\infty}^{+\infty} J_z(x_0, y_0, z_0)\, dx_0\, dy_0 \tag{46.34}$$

bezeichnet. Die Längen l_0 und n_0 bestimmen die Ausdehnung des Dingfleckes, indem sie die mittlere quadratische Abweichung (Streuung) der Elektronen vom „Dingpunkt" $x_0 = a$, $y_0 = b$ angeben:

$$\overline{\Delta x_0^2} = \overline{(x_0 - a)^2} = l_0^2, \qquad \overline{\Delta y^2} = \overline{(y_0 - b)^2} = n_0^2. \tag{46.35}$$

Bei achsenparalleler Beleuchtung können wir nach (45.14) annehmen, daß die Wellenfunktion in der Dingebene durch

$$\psi(x_0, y_0, z_0) = C\, e^{-\frac{1}{4}\left[\frac{(x_0-a)^2}{l_0^2} + \frac{(y_0-b)^2}{n_0^2}\right]}, \qquad C^2 = \frac{I_0 m_0}{2\pi p_0 l_0 n_0} \tag{46.36}$$

gegeben ist[1]. Zur Berechnung von ψ schreiben wir (45.33) zweckmäßiger in der Gestalt

$$\psi = \frac{p_0^{\frac{3}{2}}}{2\pi i \hbar t \sqrt{p}} \iint \psi(x_0, y_0, z_0)\, e^{\frac{i}{2\hbar t}[p t'(x^2+y^2) - 2p_0(x x_0 + y y_0) + p_0 s(x_0^2 + y_0^2)]}\, dx_0\, dy_0. \tag{46.37}$$

Wenn man (46.36) in (46.37) einsetzt und das Doppelintegral auswertet, erhält man mit den Abkürzungen

$$\sigma = \frac{\hbar}{p_0}\frac{1}{2l_0^2}, \qquad \tau = \frac{\hbar}{p_0}\frac{1}{2n_0^2} \tag{46.38}$$

für ψ

$$\psi = \frac{C}{i}\sqrt{\frac{p_0}{p}}\frac{e^{-R+iJ}}{\sqrt{(\sigma t - is)(\tau t - is)}}, \tag{46.39}$$

wobei R und J folgende Ausdrücke bedeuten:

$$R = \frac{(a s - x)^2}{4 l_0^2(s^2 + \sigma^2 t^2)} + \frac{(b s - y)^2}{4 n_0^2(s^2 + \tau^2 t^2)}, \tag{46.40}$$

$$J = \frac{\hbar t}{8 p_0 s}\left[\frac{(a s - x)^2}{l_0^4(s^2 + \sigma^2 t^2)} + \frac{(b s - y)^2}{n_0^4(s^2 + \tau^2 t^2)}\right] + \frac{p s'}{2\hbar s}(x^2 + y^2). \tag{46.41}$$

Für die Stromdichte ergibt sich daraus nach (45.15)

$$J_z(x, y, z) = \frac{I_0}{2\pi l_0 n_0}\frac{1}{\sqrt{(s^2 + \sigma^2 t^2)(s^2 + \tau^2 t^2)}} e^{-\frac{1}{2}\left[\frac{(as-x)^2}{l_0^2(s^2+\sigma^2 t^2)} + \frac{(bs-y)^2}{n_0^2(s^2+\tau^2 t^2)}\right]}. \tag{46.42}$$

Man erkennt, daß in diesem Falle in jeder Auffangebene die Stromdichteverteilung um den Durchstoßpunkt der geometrisch-optischen Bahnkurve $x = a s$, $y = b s$, gleichfalls durch eine elliptische GAUSSsche Glockenfläche

$$J_z(x, y, z) = \frac{I_0}{2\pi l(z) n(z)} e^{-\frac{1}{2}\left[\frac{(as-x)^2}{l^2(z)} + \frac{(bs-y)^2}{n^2(z)}\right]} \tag{46.43}$$

---

[1] Wellenpakete nach einer GAUSSschen Verteilung sind zuerst von W. HEISENBERG [vgl. z. B. Die physikalischen Prinzipien der Quantentheorie, Leipzig 1930] betrachtet worden.

so wie in der Dingebene gegeben ist. Nur sind die Streuungen um den Durchstoßpunkt der geometrisch-optischen Bahn

$$\overline{\Delta x^2} = \overline{(x - a\,s)^2} = l^2 = l_0^2(s^2 + \sigma^2 t^2), \\ \overline{\Delta y^2} = \overline{(y - b\,s)^2} = n^2 = n_0^2(s^2 + \tau^2 t^2) \Bigg\} \qquad (46.44)$$

von der Lage der Einstellebene abhängig. In der Bildebene $z = z_1$ sind wegen $t(z_1) = 0$ und $\beta = s(z_1)$ nach (46.44) die Streuungen um den Faktor β^2 ähnlich vergrößert.

Setzt man für σ^2 und τ^2 aus (46.38) ein, so erhält man unter Einführung der DE BROGLIE-Wellenlänge

$$l^2 = l_0^2 s^2 + \left(\frac{\lambda_0}{4\pi l_0}\right)^2 t^2, \\ n^2 = n_0^2 s^2 + \left(\frac{\lambda_0}{4\pi n_0}\right)^2 t^2. \Bigg\} (46.45)$$

Die Streuung in der x-Richtung wird für

$$s\,s' = -\frac{\lambda_0^2}{16\,\pi^2\,l_0^4}\,t\,t', \quad (46.46)$$

die in der y-Richtung für

$$s\,s' = -\frac{\lambda_0^2}{16\,\pi^2\,n_0^4}\,t\,t' \quad (46.47)$$

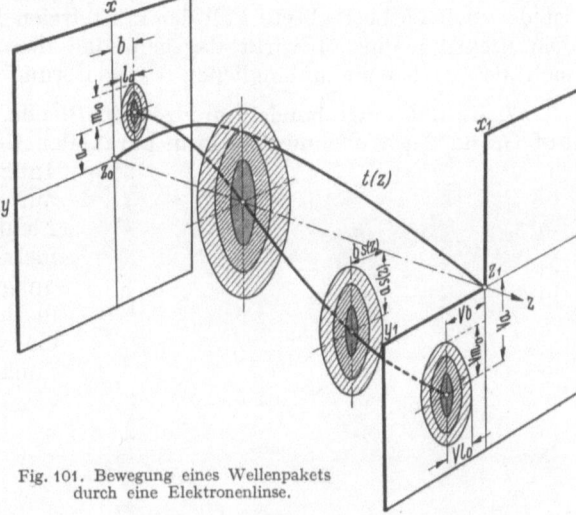

Fig. 101. Bewegung eines Wellenpakets durch eine Elektronenlinse.

ein Extremum. Für die Dingebene $z = z_0$ sind beide Extremumsbedingungen erfüllt. In Fig. 101 sind die Verhältnisse schematisch dargestellt.

Die Beziehungen (46.44) bzw. (46.45) können unmittelbar aus der HEISENBERGschen Unschärferelation verstanden werden. Gemäß der klassischen Mechanik ist nach (16.2) und mit $\Delta p_{x_0} = p_{x_0}$, $\Delta p_{y_0} = p_{y_0}$

$$\Delta x = (x - a\,s) = (x_0 - a)\,s + \frac{1}{p_0}\,p_{x_0}\,t = \Delta x_0\,s + \frac{1}{p_0}\,\Delta p_{x_0} \cdot t, \\ \Delta y = (y - b\,s) = (y_0 - b)\,s + \frac{1}{p_0}\,p_{y_0}\,t = \Delta y_0 \cdot s + \frac{1}{p_0}\,\Delta p_{y_0} \cdot t. \Bigg\} \quad (46.48)$$

Hieraus folgen mit $\qquad \overline{\Delta x_0} = \overline{\Delta p_{x_0}} = 0; \qquad \overline{\Delta y_0} = \overline{\Delta p_{y_0}} = 0;$

die quadratischen Mittelwerte

$$\overline{\Delta x^2} = \overline{\Delta x_0^2} \cdot s^2 + \frac{1}{p_0^2}\,\overline{\Delta p_{x_0}^2} \cdot t^2; \qquad \overline{\Delta y^2} = \overline{\Delta y_0^2} \cdot s^2 + \frac{1}{p_0^2}\,\overline{\Delta p_{y_0}^2} \cdot t^2. \quad (46.49)$$

Vergleichen wir diese Ausdrücke mit (46.44), so ergeben sich mit Rücksicht auf (46.38) die Beziehungen

$$\frac{1}{p_0^2}\,\overline{\Delta p_{x_0}^2} = \frac{\hbar^2}{p_0^2}\,\frac{1}{4\,l_0^2}; \qquad \frac{1}{p_0^2}\,\overline{\Delta p_{y_0}^2} = \frac{\hbar^2}{p_0^2}\,\frac{1}{4\,n_0^2} \quad (46.50)$$

oder

$$\overline{\Delta x_0^2} \cdot \overline{\Delta p_{x_0}^2} = \frac{\hbar^2}{4}, \qquad \overline{\Delta y_0^2} \cdot \overline{\Delta p_{y_0}^2} = \frac{\hbar^2}{4}, \quad (46.51)$$

d.h. die HEISENBERGschen Unschärferelationen für das GAUSSsche Wellenpaket.

Wenn wir die Elektronenlinse ausschalten, haben wir eine Bewegung im kräftefreien Raum vor uns, und die beiden Lösungen $s(z)$ und $t(z)$ gehen in die

Geraden
$$s(z) = 1, \quad t(z) = z \tag{46.52}$$

über. Die Stromdichte nimmt in diesem Falle die Gestalt

$$J_z = \frac{I_0}{2\pi l_0 n_0 \sqrt{(1 + \sigma^2 z^2)(1 + \tau^2 z^2)}} \, e^{-\frac{1}{2}\left[\frac{(a-x)^2}{l_0^2(1+\sigma^2 z^2)} + \frac{(b-y)^2}{n_0^2(1+\tau^2 z^2)}\right]} \tag{46.53}$$

an. Wir sehen, daß unter dieser Voraussetzung die Streuung (46.44) mit wachsendem z unbegrenzt wächst, das Wellenpaket also „auseinanderfließt". Das ist der vielfach betrachtete Fall der kräftefreien Bewegung eines Wellenpaketes. Die Elektronenlinse bewirkt dagegen, daß das Wellenpaket beisammenbleibt, sich also nach einer anfänglichen Verbreiterung wieder zusammenzieht.

47. Einfluß einer bündelbegrenzenden Blende. Wir haben gesehen, daß sich auf Grund der Wellenmechanik im paraxialen Gebiet eine ideale Abbildung der Intensitätsverteilung der Dingebene auf die Bildebene ergibt. In der Lichtoptik wird gezeigt, daß die geometrisch-optische „ideale" Abbildung durch Beugungserscheinungen in den optischen Instrumenten beeinträchtigt wird. Von diesem Standpunkt aus könnte es überraschend

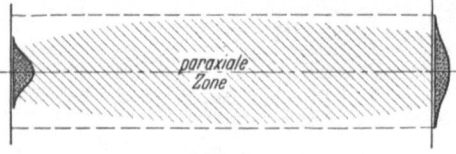

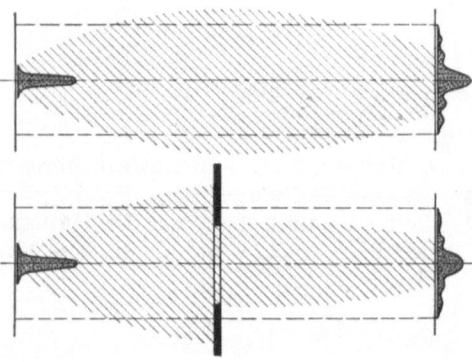

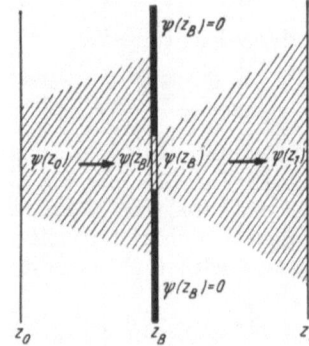

Fig. 102. Beugung am Objekt und an der Blende.

Fig. 103. Einfluß einer bündelbegrenzenden Blende.

erscheinen, daß wir in der wellenmechanischen Betrachtung der Elektronenoptik eine „ideale" Abbildung nachweisen konnten. Dieser scheinbare Widerspruch löst sich durch folgende Überlegungen auf.

Wir haben zu beachten, daß der Nachweis der objekttreuen Abbildung eine *Beschränkung auf das paraxiale Gebiet* zur wesentlichen Voraussetzung hat. Zur Erläuterung betrachten wir zunächst als „Objekt" eine für Elektronen durchlässige Stelle in einem undurchlässigen Schirm und zwar sei die Ausdehnung dieser Stelle zunächst groß gegenüber der DE BROGLIE-Wellenlänge (Fig. 102). Aus den einfachsten Gesetzen der Beugung bzw. aus der HEISENBERGschen Unschärferelation folgt, daß in diesem Falle die Elektronenstrahlen durch die „Beugung an dieser Öffnung" keine starke Ablenkung aus der Achsenrichtung erfahren und daher im paraxialen Gebiet verbleiben. Ein derartiges grobes Objekt wird daher nach unseren Überlegungen praktisch getreu abgebildet. Denkt man sich das Objekt kleiner werdend, so treten immer stärkere Beugungserscheinungen auf und ein immer größerer Anteil der Strahlung verläßt den paraxialen Bereich. In diesem Falle sind die Voraussetzungen für unsere Rechnung nicht mehr gegeben und wir können daher keine objekttreue Abbildung erwarten. Durch Einführung einer Blende können wir die Strahlung, welche zur Bildentstehung beiträgt, auf den paraxialen Bereich einschränken. Wir haben auf diese Weise zwar die Voraussetzung der Paraxialität erfüllt, müssen aber dafür den Einfluß der Blende in Betracht ziehen. Wir werden zeigen, daß durch die Beugung an der Blende die Objekttreue beeinträchtigt wird.

Wir sehen also: je feiner strukturiert das Objekt ist, desto schwieriger ist es, davon eine getreue Abbildung zu erreichen. Arbeitet man ohne bündelbegrenzende Blende, dann überschreitet man den paraxialen Bereich und die in Erscheinung tretenden Bildfehler verschlechtern die Abbildung. Schaltet man eine Blende ein, um die Bildfehler zu vermeiden, so hat man dafür die bildverschlechternde Beugung an der Blende in Kauf zu nehmen.

Um den Einfluß einer Blende auf die Abbildung zu erfassen, haben wir Gl. (46.37) zweimal anzuwenden, so wie es Fig. 103 andeutet. Wir berechnen zuerst die Wellenfunktion $\psi(x_B, y_B, z_B)$ in der Blendenebene $z = z_B$ nach (46.37)

$$\psi(x_B, y_B, z_B) = \frac{p_0^{\frac{3}{2}}}{2\pi i \hbar t_B \sqrt{p_B}} \int \psi(x_0, y_0, z_0) \, e^{\frac{i}{\hbar} S(P_0, P_B)} \, dx_0 \, dy_0, \qquad (47.1)$$

wobei $S(P_0, P_B)$ durch

$$S(P_0, P_B) = \frac{1}{2t_B} \left[p_0 s_B (x_0^2 + y_0^2) - 2p_0 (x_0 x_B + y_0 y_B) + p_B t'_B (x_B^2 + y_B^2) \right] \qquad (47.2)$$

gegeben ist. Aus der Wellenfunktion $\psi(x_B, y_B, z_B)$ berechnen wir durch neuerliche Anwendung von (46.37) die Wellenfunktion $\psi(x, y, z)$ in der Einstellebene, indem wir in der Blendenebene allein über die Blendenöffnung B integrieren, wobei wir also annehmen, daß außerhalb der Öffnung infolge der Undurchlässigkeit des Schirmes $\psi(x_B, y_B, z_B) = 0$ zu setzen ist. Wir bezeichnen mit $\bar{t}(z)$ und $\bar{s}(z)$ jene Lösungen von (45.1) $[D = 0]$, welche in der Blendenebene den Bedingungen

$$\bar{s}(z_B) = 1; \quad \bar{t}(z_B) = 0; \quad \bar{s}'(z_B) = 0; \quad \bar{t}'(z_B) = 1 \qquad (47.3)$$

genügen. Die Wellenfunktion in der Bildebene $z = z_1$ wird aus

$$\psi(x_1, y_1, z_1) = \frac{p_B^{\frac{3}{2}}}{2\pi i \hbar \bar{t}_1 \sqrt{p_1}} \int_B \psi(x_B, y_B, z_B) \, e^{\frac{i}{\hbar} S(P_B, P_1)} \, dx_B \, dy_B \qquad (47.4)$$

bestimmt, wobei $S(P_B, P_1)$ den Ausdruck

$$S(P_B, P_1) = \frac{1}{2\bar{t}_1} \left[p_B \bar{s}_1 (x_B^2 + y_B^2) - 2p_B (x_B x_1 + y_B y_1) + p_1 \bar{t}'_1 (x_1^2 + y_1^2) \right] \qquad (47.5)$$

bedeutet.

Da $\bar{s}(z)$ und $\bar{t}(z)$ Linearkombinationen von s und t sein müssen, folgen aus (47.3) und (16.3) die Beziehungen:

$$\bar{s} = \frac{p_B}{p_0} (t'_B s - s'_B t); \quad \bar{t} = \frac{p_B}{p_0} (s_B t - t_B s). \qquad (47.6)$$

Indem man für $\psi(x_B, y_B, z_B)$ aus (47.1) in (47.4) einsetzt, erhält man wegen $t(z_1) = 0$

$$\left. \begin{aligned} \psi(x_1, y_1, z_1) &= \frac{p_0^{\frac{5}{2}}}{4\pi^2 \hbar^2 t_B^2 s_1 \sqrt{p_1}} \times \\ &\times \iiiint \psi(x_0, y_0, z_0) \, e^{\frac{i}{\hbar} [S(P_0, P_B) + S(P_B, P_1)]} \, dx_0 \, dy_0 \, dx_B \, dy_B. \end{aligned} \right\} \qquad (47.7)$$

Dabei ist $S(P_0, P_B) + S(P_B, P_1)$ nach (47.2), (47.5) und (47.6) durch folgenden Ausdruck gegeben:

$$S(P_0, P_B) + S(P_B, P_1) = \frac{1}{2t_B}\left\{ p_0 s_B (x_0^2 + y_0^2) - \right.$$
$$\left. -2p_0\left[\left(x_0 - \frac{x_1}{s_1}\right)x_B + \left(y_0 - \frac{y_1}{s_1}\right)y_B\right] - \frac{p_1}{s_1}(s_B t_1' - t_B s_1')(x_1^2 + y_1^2)\right\}. \tag{47.8}$$

Setzt man

$$K(\xi, \eta) = \iint_{\text{Öffnung}} e^{-i(x_B\xi + y_B\eta)}\, dx_B\, dy_B, \tag{47.9}$$

so erhält man nach (47.8) und (47.7) für die Wellenfunktion in der Bildebene

$$\psi(x_1, y_1, z_1) = \frac{p_0^{\frac{3}{2}}}{4\pi^2 \hbar^2 s_1 t_B^2 p_1^{\frac{1}{2}}} e^{-\frac{i p_1}{2\hbar s_1 t_B}(s_B t_1' - t_B s_1')(x_1^2 + y_1^2)} \times$$
$$\times \iint K\left[\frac{p_0}{\hbar t_B}\left(x_0 - \frac{x_1}{s_1}\right), \frac{p_0}{\hbar t_B}\left(y_0 - \frac{y_1}{s_1}\right)\right] e^{\frac{i p_0}{2\hbar t_B} s_B(x_0^2 + y_0^2)} \psi(x_0, y_0, z_0)\, dx_0\, dy_0. \tag{47.10}$$

Wenn die Blendenöffnung unendlich groß wird, muß sich wieder eine scharfe Abbildung ergeben. In der Tat wird dann wegen

$$\frac{1}{2\pi}\int_{-\infty}^{+\infty} e^{i\xi\eta}\, d\eta = \delta(\xi), \tag{47.11}$$

wobei $\delta(\xi)$ die DIRACsche Deltafunktion bedeutet,

$$K\left[\frac{p_0}{\hbar t_B}\left(x_0 - \frac{x_1}{s_1}\right), \frac{p_0}{\hbar t_B}\left(y_0 - \frac{y_1}{s_1}\right)\right] = \left(\frac{2\pi\hbar t_B}{p_0}\right)^2 \delta\left(x_0 - \frac{x_1}{s_1}\right)\delta\left(y_0 - \frac{y_1}{s_1}\right) \tag{47.12}$$

und (47.10) erhält die Gestalt

$$\psi(x_1, y_1, z_1) = e^{\frac{i p_1}{2\hbar}\frac{s_1'}{s_1}(x^2 + y^2)} \frac{1}{s_1}\sqrt{\frac{p_0}{p_1}}\, \psi\left(\frac{x_1}{s_1}, \frac{y_1}{s_1}, z_0\right). \tag{47.13}$$

in Übereinstimmung mit (45.34).

48. Abbildung eines Objekts mit periodischer Struktur (Gitter) im System mit Blende. Die obigen Betrachtungen werden besonders anschaulich, wenn wir sie speziell auf die Abbildung eines Objekts mit periodischer Struktur, z.B. ein Gitter anwenden, das seit E. ABBE das typische Objekt für die Diskussion der Abbildung beim Mikroskop darstellt. Wenn die Spalte unendlich lang und zur y-Achse parallel sind, kann ein derartiges Objekt durch die Funktion

$$f(x_0) = D(x_0)\, e^{i\sigma(x_0)} \tag{48.1}$$

dargestellt werden, wobei die reellen Funktionen $D(x_0)$ und $\sigma(x_0)$ die multiplikative Änderung der Amplitude bzw. die (additive) Änderung der Phase der beleuchtenden Elektronenwelle durch das Objekt darstellen.

Wir wollen weiter annehmen, daß die Blende die Gestalt eines Rechtecks habe, dessen Seiten den Koordinatenachsen parallel sind[1]. Bedeuten a und b dessen Seitenlängen, so erhält man nach (47.9)

$$K\left(\frac{p_0}{\hbar t_B}x, \frac{p_0}{\hbar t_B}y\right) = a\,b\,\frac{\sin\omega x}{\omega x}\frac{\sin\omega' y}{\omega' y}, \tag{48.2}$$

---

[1] Wir wählen diese Blendenform, um für (47.9) elementare Integrale zu erhalten. Nimmt man eine kreisförmige Blende, so erhält man BESSEL-Funktionen. Vgl. analoge Betrachtungen bei Lord RAYLEIGH: Phil. Mag. **42**, 167 (1896).

wobei

$$\omega = \frac{p_0 \, a}{2 \hbar \, t_B}, \qquad \omega' = \frac{p_0 \, b}{2 \hbar \, t_B} \tag{48.3}$$

gesetzt worden ist.

Wir wollen annehmen, daß das Objekt durch eine auf der Achse im Punkte $z = z_Q$ befindliche „punktförmige" Elektronenquelle beleuchtet wird. Die auf das Objekt auftreffende Elektronenwelle können wir Gl. (46.37) entnehmen, wenn wir hier x_0, y_0 durch $x_Q = 0$, $y_Q = 0$ und x, y durch x_0, y_0 ersetzen. Die am Ort der Elektronenquelle verschwindende Lösung von (45.1) für $D = 0$ werde mit $\tau(z)$ bezeichnet. Für die allein vom Achsenelement $dx_Q \, dy_Q$ ausgehende Teilwelle erhalten wir

$$\psi_0(x_0, y_0, z_0) = \text{const } e^{\frac{i p_0}{2 \hbar} \frac{\tau_0'}{\tau_0} (x_0^2 + y_0^2)}. \tag{48.4}$$

Da $\tau(z)$ eine Linearkombination von s und t sein muß:

$$\tau(z) = c_1 \, s + c_2 \, t, \tag{48.5}$$

und da

$$\tau(z_Q) = c_1 \, s(z_Q) + c_2 \, t(z_Q) = 0 \tag{48.6}$$

ist, folgt, daß (48.4) in der Gestalt

$$\psi_0(x_0, y_0, z_0) = C \, e^{-\frac{i p_0}{2 \hbar} \frac{s(z_Q)}{t(z_Q)} (x_0^2 + y_0^2)} \tag{48.7}$$

geschrieben werden kann.

Für die Wellenfunktion unmittelbar hinter dem Objekt erhält man nach (48.1)

$$\psi(x_0, y_0, z_0) = f(x_0) \, \psi_0 = C \, f(x_0) \, e^{-\frac{i p_0}{2 \hbar} \frac{s(z_Q)}{t(z_Q)} (x_0^2 + y_0^2)}. \tag{48.8}$$

Einsetzen in (47.10) ergibt

$$\left. \begin{aligned} \psi(x_1, y_1, z_1) &= C \, e^{\frac{i p_1}{2 \hbar s_1 t_B} (t_B s_1' - s_B t_1')(x_1^2 + y_1^2)} \left(\frac{p_0}{2 \pi \hbar t_B} \right)^2 \frac{1}{s_1} \sqrt{\frac{p_0}{p_1}} \, a \, b \times \\ &\times \iint \frac{\sin \omega \left(x_0 - \frac{x_1}{s_1} \right)}{\omega \left(x_0 - \frac{x_1}{s_1} \right)} \frac{\sin \omega' \left(y_0 - \frac{y_1}{s_1} \right)}{\omega' \left(y_0 - \frac{y_1}{s_1} \right)} f(x_0) \, e^{\frac{i p_0}{2 \hbar} \left(\frac{s_B}{t_B} - \frac{s_Q}{t_Q} \right)(x_0^2 + y_0^2)} \, dx_0 \, dy_0. \end{aligned} \right\} \tag{48.9}$$

Die Integration wird sehr vereinfacht, wenn wir den Blendenort z_B so wählen, daß

$$\boxed{\frac{s_B}{t_B} = \frac{s_Q}{t_Q}} \tag{48.10}$$

wird. Diese Beziehung bedeutet, daß der Blendenort z_B zum Ort der Elektronenquelle konjugiert ist.

Wegen

$$\int\limits_{-\infty}^{+\infty} \frac{\sin u}{u} \, du = \pi \tag{48.11}$$

erhalten wir für ψ den Ausdruck

$$\psi(x_1, y_1, z_1) = \frac{p_0 \, a \, C}{2 \pi \hbar \, s_1 t_B} \sqrt{\frac{p_0}{p_1}} \, e^{\frac{i p_1}{2 \hbar s_1 t_B} (t_B s_1' - s_B t_1')(x_1^2 + y_1^2)} \int\limits_{-\infty}^{+\infty} f(x_0) \frac{\sin \omega \left(x_0 - \frac{x_1}{s_1} \right)}{\omega \left(x_0 - \frac{x_1}{s_1} \right)} \, dx_0. \tag{48.12}$$

Die Funktion $f(x_0) = D(x_0)$ [wir setzen $\sigma(x_0) = 0$] soll nun periodisch sein mit der Periode d. Damit wird die Gitterstruktur des Objekts zum Ausdruck gebracht. Die Größe d ist die Gitterkonstante:

$$f(x_0 + d) = f(x_0). \tag{48.13}$$

Wir können daher $f(x_0)$ in eine Fourier-Reihe entwickeln:

$$f(x_0) = \sum_{-\infty}^{+\infty} c_m\, e^{\frac{2\pi i}{d} m x_0}. \tag{48.14}$$

Wir setzen diese Reihe in (48.12) ein und erhalten

$$\psi(x_1, y_1, z_1) = \frac{p_0 a C}{2\pi \hbar s_1 t_B} \sqrt{\frac{p_0}{p_1}}\, e^{\frac{i p_1 (t_B s_1' - s_B t_1')}{2\hbar s_1 t_B}(x_1^2 + y_1^2)} \sum_{m=-\infty}^{-\infty} c_m K_m\, e^{\frac{2\pi i}{s_1 d} m x_1}, \tag{48.15}$$

wobei K_m eine Abkürzung für die Integrale

$$K_m = \int_{-\infty}^{+\infty} e^{\frac{2\pi i}{d} m x}\, \frac{\sin \omega x}{\omega x}\, dx \tag{48.16}$$

bedeutet. Auswertung — etwa durch Verformung des Integrationsweges im Komplexen[1] — gibt

$$K_m = \begin{cases} \dfrac{\pi}{\omega} & \text{für} \quad \dfrac{\omega d}{2\pi} > m > -\dfrac{\omega d}{2\pi}, \\[2ex] 0 & \text{für} \quad m > \dfrac{\omega d}{2\pi} \quad \text{oder} \quad m < -\dfrac{\omega d}{2\pi}. \end{cases} \tag{48.17}$$

Ist also m_g die größte ganze Zahl, welche der Bedingung

$$m_g < \frac{\omega d}{2\pi} = \frac{p_0 a d}{4\pi \hbar t_B} = \frac{a d}{2\lambda_0 t_B} \tag{48.18}$$

genügt, so gilt für die Wellenfunktion in der Bildebene

$$\psi(x_1, y_1, z_1) = \frac{C}{s_1} \sqrt{\frac{p_0}{p_1}}\, e^{\frac{i p_1}{2\hbar s_1 t_B}(t_B s_1' - s_B t_1')(x_1^2 + y_1^2)} \sum_{m=-m_g}^{m=+m_g} c_m\, e^{\frac{2\pi i}{s_1 d} m x_1}. \tag{48.19}$$

Aus dieser Gleichung erkennen wir zunächst, daß die Elektronenstromdichte $J_z = p|\psi|^2/m_0$ in der Bildebene

$$J_z(x_1) = \frac{1}{s_1^2} |C|^2 \frac{p_0}{m_0} \left| \sum_{-m_g}^{+m_g} c_m\, e^{\frac{2\pi i}{s_1 d} m x_1} \right|^2 \tag{48.20}$$

für $m_g > 1$ eine periodische Funktion mit der Periode $s_1 d = \beta d$ darstellt:

$$J_z(x_1 + \beta d) = J_z(x_1). \tag{48.21}$$

Die Periodenlänge ist also um den Faktor β gestreckt. Im Falle, daß m_g eine sehr große Zahl ist, geht die Reihe innerhalb der Absolutstriche von (48.20) in die Fourier-Entwicklung von $f(x_1/\beta)$ über, wodurch wieder die Objekttreue der Abbildung für diesen speziellen Fall bestätigt ist.

Ist in der Reihe (48.20) nur das konstante Glied von Null verschieden, so verliert die Abbildung vollkommen ihre Objektähnlichkeit. Es ergibt sich eine konstante Verteilung der Stromdichte über die Bildebene, und es kommt nicht

---

[1] Oder indem man (48.16) reell schreibt und durch den Dirichletschen Unstetigkeitsfaktor ausdrückt.

einmal mehr die periodische Struktur des Objekts zum Ausdruck. Das ist nach (48.18) der Fall, wenn d so klein ist, daß

$$\frac{a\,d}{2\,t_B\,\lambda_0} < 1 \qquad (48.22)$$

ist. Diese Bedingung für die „Auflösungsgrenze" d geht durch Einführung der Apertur ϑ_0 des abbildenden Bündels:

$$\vartheta_0 = \frac{a/2}{t_B} \qquad (48.23)$$

über in

$$d < \frac{\lambda_0}{\vartheta_0}. \qquad (48.24)$$

Die in (48.24) enthaltene Aussage stimmt im paraxialen Bereich, für den allein sie abgeleitet worden ist, mit der von E. ABBE für Nichtselbstleuchter in der Lichtoptik angegebenen Abbildungsgrenze $d < \lambda_0/\sin\vartheta_0$ überein.

Je größer der Blendendurchmesser a bzw. die Apertur ϑ_0 wird, desto mehr Glieder enthält die FOURIER-Reihe und desto objektähnlicher wird das Bild. Der FOURIER-Koeffizient c_m stellt — wie wir sogleich sehen werden — das m-te Beugungsspektrum dar, das sich bei der vorliegenden Beleuchtungsart in der Ebene $z = z_B$ ausbildet. Mit Hilfe der Gln. (47.1), (48.8) und (48.10) ergibt sich für die Wellenfunktion in der durch (48.10) definierten „FRAUNHOFERschen Ebene" $z = z_B$

$$\psi(x_B) \sim \int f(x_0)\, e^{-i\,p_0\,x_B\,x_0/\hbar\,t_B}\,dx_0, \qquad (48.25)$$

wobei die Integration über das ganze Gitter zu erstrecken ist. Da es sich selbstverständlich nur um ein endliches Gitter handeln kann, konvergiert das Integral (48.25). Setzt man für $f(x_0)$ die FOURIER-Reihe (48.14) ein, so ergibt sich

$$\psi(x_B) \sim \sum_{-\infty}^{+\infty} c_m \int e^{i\,(2\pi m/d \,-\, p_0\,x_B/\hbar\,t_B)\,x_0}\,dx_0. \qquad (48.26)$$

Da die Integranden in den Integralen (48.26) rasch oszillierende Funktionen darstellen, solange der Klammerausdruck im Exponenten von Null verschieden ist, werden sich ihre Beiträge zum Integral in diesen Gebieten größtenteils aufheben. Nur jene Strahlrichtungen, für welche

$$\frac{2\pi m}{d} = \frac{p_0\,x_B}{\hbar\,t_B} \qquad (48.27)$$

ist, geben einen wesentlichen Beitrag zur Wellenfunktion $\psi(x_B)$ in der FRAUNHOFERschen Ebene. (Im übrigen kann man sich auch für eine endliche Gitterlänge durch Rechnung davon überzeugen.) Durch Einführung des Neigungswinkels ϑ_0 der Wellennormalen bzw. der Strahlrichtung zur optischen Achse

$$\vartheta_0 = \frac{x_B}{t_B} \qquad (48.28)$$

und der DE BROGLIE-Wellenlänge λ_0 erkennen wir, daß (48.27) mit der Bedingung

$$d \cdot \vartheta_{0\,max} = m\,\lambda_0 \qquad (48.29)$$

identisch ist.

Diesen Beugungsmaximis entsprechen nach (48.26) die Werte der Wellenfunktion

$$\psi(x_{B_m}) \sim c_m \qquad (48.30)$$

während in $x_B \neq x_{B_m}$ die Wellenfunktion praktisch Null gesetzt werden kann.

Das „Abschneiden" der FOURIER-Reihe ist daher anschaulich als „Ausblenden" der höheren Beugungsspektren zu verstehen. Die Intensitäten der einzelnen Beugungsordnungen nehmen im allgemeinen mit der Ordnungszahl ab. Für Funktionen $f(x)$ mit endlich vielen Maximis und Minimis gilt bekanntlich eine für alle m gleichmäßig gültige Abschätzung

$$|c_m| \leqq \frac{M}{|m|}. \tag{48.31}$$

Erfolgt die Abnahme der Intensität mit der Ordnungszahl sehr rasch, so wird bereits eine gewisse *endliche* Blendengröße genügen, damit die von ihr erfaßten Spektren praktisch die ganze Intensität repräsentieren. In diesem Falle

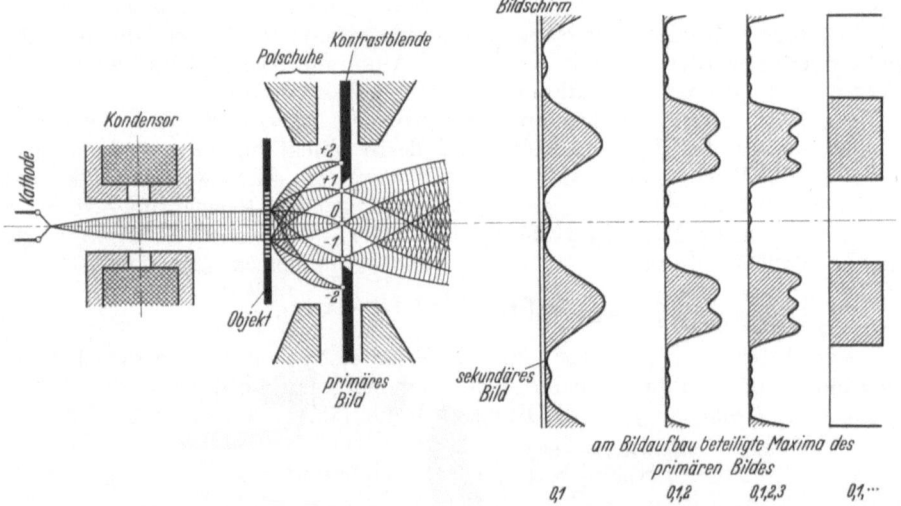

Fig. 104. Bildentstehung im Elektronenmikroskop bei der Abbildung eines Amplitudengitters. Die am Gitter gebeugten Elektronen werden vom Objektiv in der „FRAUENHOFERschen Ebene" zu entsprechenden Beugungsmaximis vereinigt (primäres Bild). Die von der Objektivblende nicht abgeschirmten Beugungsspektren bauen in der GAUSSschen Bildebene das Elektronenbild auf (sekundäres Bild). Die aufeinanderfolgenden Intensitätsverteilungen zeigen, wie mit zunehmender Anzahl der von der Objektivapertur erfaßten Beugungsmaxima die Objektähnlichkeit der Abbildung wächst.

haben wir bereits ein objekttreues Bild, und eine weitere Vergrößerung der Apertur wird die Objektähnlichkeit des Bildes nicht mehr steigern.

Die soeben über die Abbildung eines mit Elektronen bestrahlten Gitters durchgeführten Betrachtungen, decken sich ihrem qualitativen Inhalte nach mit der lichtoptischen Theorie der Abbildung von Nichtselbstleuchtern, wie sie von E. ABBE[1] und Lord RAYLEIGH[2] entwickelt worden ist. Nach ABBE spricht man vom „primären Bild" in der FRAUNHOFERschen, d.h. in der zur Elektronenquelle konjugierten Ebene. Das „primäre Bild" ist also das durch die Beugung am Objekt modifizierte geometrisch-optische Bild der Elektronenquelle. Aus diesem wird durch interferenzmäßige Überlagerung das eigentliche (sekundäre) Elektronenbild in der GAUSSschen Bildebene aufgebaut. In Fig. 104 sind diese Zusammenhänge noch einmal dargestellt.

Unsere Lösung der paraxialen SCHRÖDINGER-Gleichung (45.33) hat es erlaubt, diesen Anschluß an die ABBESche Theorie herzustellen. Die wellenmechanische

---

[1] E. ABBE: Die optischen Hülfsmittel der Mikroskopie, S. 411. Braunschweig 1878, abgedr. Ges. Abh. I, S. 152, Jena 1904. Ferner E. ABBE: Die Lehre von der Bildentstehung im Mikroskop, bearb. von O. LUMMER und F. REICHE. Braunschweig 1910.
[2] Lord RAYLEIGH: Phil. Mag. 42, 167 (1896).

Behandlung erscheint uns insofern befriedigender und einheitlicher, als hier die Wirkung des Abbildungsfeldes unmittelbar von der SCHRÖDINGERschen Wellengleichung miterfaßt wird, während in der Lichtoptik geometrisch-optische und wellentheoretische Betrachtungen mehr oder minder unverbunden nebeneinander herlaufen.

Da das eigentliche Bild eines Gitters durch interferenzmäßige Überlagerung der Beugungsspektren des primären Bildes entsteht, muß durch Abblendung einzelner Beugungsmaxima im primären Bild eine entsprechende Änderung des sekundären Bildes hervorgerufen werden. Dies ist für die Lichtmikroskopie von ERNST ABBE in eindrucksvollen Versuchen ausführlich gezeigt worden[1]. Er hat insbesondere bewiesen, daß *verschiedene* Gitterobjekte, sofern man nur ihre primären Bilder durch Ausblenden der verschiedenen Teile gleich macht, zu einem gleichen sekundären Bild führen. Aus diesen Betrachtungen ist die Folgerung gezogen worden[2], daß es möglich sein muß, ein Bild eines Gitters herzustellen, ohne daß sich überhaupt ein Gitter im Strahlengang befindet. Man muß dazu nur in der hinteren Brennebene des Objektivs die Lichtverteilung des zum Gitter gehörenden Interferenzdiagramms *künstlich* hervorrufen. Versuche bestätigen diese Erwartung[3].

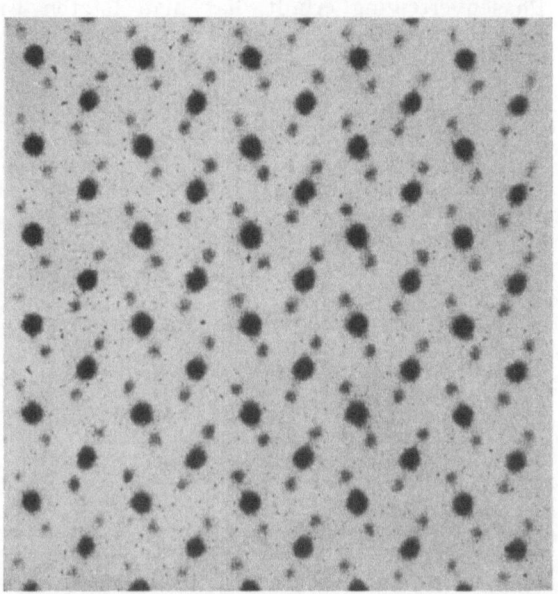

Fig. 105. Darstellung der Atomanordnung im Markasit (FeS₂) mit Hilfe der „Zweiwellen-Mikroskopie". Die großen Punkte stellen Eisenatome dar, die beiden helleren Nachbarpunkte bedeuten Schwefelatome. (Nach M. J. BUERGER.)

Das Ziel dieser Methode der Bilderzeugung war die bildmäßige Darstellung von Kristallgittern aus ihren (FRAUNHOFERschen) Röntgen- oder Elektroneninterferenzdiagrammen. (Es handelt sich bei dieser Darstellungsmethode im Prinzip um nichts anderes, als um die *optische* Ausführung der FOURIER-Analyse, mit deren Anwendung man auf rechnerischem Wege die Gestalt eines Kristallgitters ermittelt.) Allerdings muß man auch die Phasenbeziehungen zwischen den einzelnen Interferenzmaximis kennen und diese müssen durch Phasenverschiebungen in den verschiedenen Interferenzstrahlen gegeneinander mittels Phasenplättchen eingestellt werden. Mit dieser Methode — der sog. „*Zweiwellen-Mikroskopie*" — sind aus Röntgen-Interferenzdiagrammen Abbildungen von Kristallgittern hergestellt worden[4]. Fig. 105 zeigt eine auf diese Weise erhaltene Atomanordnung im Gitter von Markasit (Fe S₂)[5].

---

[1] Vgl. z.B. A. KÖHLER: Der Diffraktionsapparat nach E. ABBE. Forsch. Gesch. Optik **3**, 25 (1940). Ferner K. MICHEL: Die Grundlagen der Theorie des Mikroskops, S. 254. Stuttgart 1950.

[2] M. WOLFKE: Phys. Z. **21**, 495 (1920). — H. BOERSCH: Z. techn. Phys. **11**, 337 (1938).

[3] H. BOERSCH: Z. techn. Phys. **11**, 337 (1938).

[4] W. L. BRAGG: Nature, Lond. **143**, 678 (1939). — M. J. BUERGER: Proc. Nat. Acad. Sci. **36**, 330 (1950).

[5] M. J. BUERGER: Proc. Nat. Acad. Sci. **36**, 330 (1950).

Nach D. GABOR[1] kann diese Abbildungsmethode, der er den Namen „*Diffraktionsmikroskopie*" gegeben hat, auf FRESNELsche Beugungsbilder ausgedehnt werden, wobei man von den Phasenbeziehungen unabhängig werden soll.

Aus den vorhergehenden Betrachtungen und ihrer Ausdehnung auf den nicht-paraxialen Bereich im folgenden Abschnitt ist klar, daß die Vorgabe der Wellenfunktion ψ in einer beliebigen Querschnittsebene des Strahlenganges die Wellenfunktion in jeder anderen Ebene bestimmt. Da aber eine photographische Aufnahme in einer Querschnittsebene nur die Amplituden und nicht auch die Phasenverteilung erfaßt, hat man letzten Endes zu zeigen, daß es auf die Phasenbeziehungen im FRESNELschen Beugungsbild nicht ankommt. Ein überzeugender Beweis hierfür scheint uns bisher für allgemeine Objekte noch nicht erbracht worden zu sein.

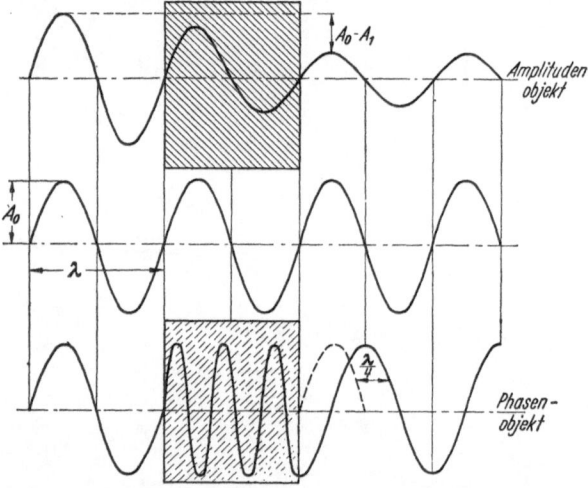

Fig. 106. Die beiden Grenzfälle eines Amplituden- bzw. Phasenobjekts.

Die Tatsache, daß man durch verschiedene Eingriffe im primären Bild das sekundäre Bild verändern und so verschiedene, zunächst unsichtbare Objekteigenschaften im Endbild hervorheben kann, ist besonders für die Abbildung durchsichtiger, d. h. kontrastloser Objekte wichtig geworden[2]. Um uns die Verhältnisse klar zu machen, müssen wir uns überlegen, in welcher Weise die beleuchtende Welle vom Objekt beeinflußt werden kann. Wir unterscheiden zwei Grenzfälle. Beim *Amplituden-* oder *Absorptionsobjekt* wird die Welle geschwächt, d.h. ihre Amplitude verkleinert (Fig. 106). Beim *Phasen-* bzw. *durchsichtigen Objekt* bleibt die Amplitude ungeändert. Da sich aber die Welle in derartigen Objekten mit anderer Geschwindigkeit fortpflanzt, tritt gegenüber der vom Objekt unbeeinflußten Welle, eine Phasenverschiebung auf. In Fig. 106 beträgt z. B. der Gangunterschied gerade ein Viertel einer Wellenlänge. Im allgemeinen wird ein Objekt sowohl Dämpfung der Amplitude, wie Phasenverschiebung bewirken. Die extrem dünnen Objektfolien, die in der Durchstrahlungs-Elektronenmikroskopie verwendet werden, sind für Elektronen praktisch völlig durchlässig und können daher als reine Phasenobjekte angesehen werden. Die Eingriffe in das primäre Bild können sich in analoger Weise entweder auf die Amplitude oder auf die Phase der hier herrschenden Wellenfunktion $\psi(x, y, z_B)$ beziehen. Man kann z. B. verschiedene Beugungsmaxima durch völliges Abblenden ganz unterdrücken, oder durch Absorption schwächen, oder man kann in verschiedenen Maximis mittels Phasenplättchen geeignete Phasenverschiebungen erzielen. Durch derartige Eingriffe ist es möglich, an sich unsichtbare Objekteigenschaften sichtbar zu machen. Als Beispiel betrachten wir mit F. ZERNIKE[3] ein typisches Phasen-

---

[1] D. GABOR: Nature, Lond. **161**, 777 (1948). — Proc. Roy. Soc. Lond., Ser. A **197**, 454 (1949). Ferner M. E. HAINE u. J. DYSON: Nature, Lond. **166**, 315 (1950).

[2] F. ZERNIKE: Phys. Z. **36**, 848 (1935). Vgl. zum folgenden auch den einschlägigen Beitrag von H. WOLTER in Bd. XXIV dieses Handbuches.

[3] F. ZERNIKE: Physica, Haag **9**, 686, 974 (1942).

objekt, nämlich ein Gitter aus durchsichtigem Material (Fig. 107). Ohne besondere Maßnahmen wäre es natürlich im Mikroskop unsichtbar. In der oberen Reihe der Figur sind drei Arten des Eingriffes in die Amplitude im primären Bild des Phasengitters dargestellt[1]. In den einzelnen Bildern ist links die Lage der Licht- bzw. Elektronenquelle angedeutet. Dann folgt das Objekt, z.B. eine Glasplatte wechselnder Dicke bzw. ein Phasengitter aus Kollodium, das für Elektronen durchlässig ist. Weiter rechts ist das primäre Bild und weiter die errechnete Intensitätsverteilung, wie sie sich im Endbild äußert, dargestellt. Ganz rechts ist schließlich die tatsächliche Intensitätsverteilung, wie sie im Anschluß an eine photographische Aufnahme gezeichnet worden ist, wiedergegeben. Das erste Bild zeigt die Intensitätsverteilung, die man erhält, wenn

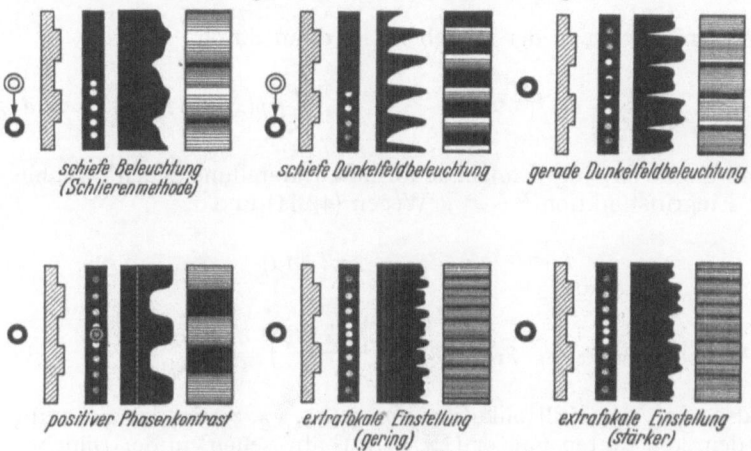

Fig. 107. Abbildung eines Phasenobjekts. (Nach K. MICHEL.)

man die eine Hälfte der Beugungsmaxima unterdrückt. Dies kann z.B. durch eine schiefe Beleuchtung erreicht werden. Man nennt dieses Verfahren der Kontrasterzeugung die „Schlierenmethode". Man erkennt, daß die Schwärzungsverteilung auf der Aufnahme nur ein unvollkommenes Abbild der vom Objekt bewirkten Phasenänderungen darstellt. Bei der *schiefen Dunkelfeldbeleuchtung*, wie wir sie im nächsten Bild sehen, ist auch noch das nullte Maximum ausgeblendet, während bei der *geraden Dunkelfeldbeleuchtung* nur das nullte Maximum abgedeckt ist.

Das erste Bild der unteren Reihe zeigt die Wirkung eines auf das nullte Maximum aufgelegten Phasenplättchens, das eine Gangdifferenz von $\lambda/4$ bewirkt. Man erkennt, daß die unsichtbaren Phaseneigenschaften des Objekts bei dieser Methode, dem „*Phasenkontrastverfahren*", am getreuesten in eine entsprechende Schwärzung der Photoplatte umgesetzt werden. Auch durch extrafokale Einstellung kann — wie die beiden nächsten Figuren zeigen — ein gewisser Kontrast erzielt werden.

Man kann diese Eingriffe ins primäre Bild zur Hervorhebung gewisser Objekteigenschaften rechnerisch am allgemeinsten dadurch erfassen, daß man die SCHRÖDINGERsche Wellenfunktion in der Ebene $z = z_B$ des primären Bildes mit einer komplexen „Eingriffsfunktion"

$$F(x_B, y_B) = A(x_B, y_B)\, e^{i\,\delta(x_B,\, y_B)} \qquad (48.32)$$

---

[1] Vgl. K. MICHEL: Die Grundlagen der Theorie des Mikroskops. Stuttgart 1950. — W. GLASER: Optik **11**, 101 (1954).

multipliziert und auf die Bildebene nach Gl. (47.4) umrechnet. $A(x_B, y_B)$ stellt die Veränderung der Amplitude, $\delta(x_B, y_B)$ diejenige der Phase dar.

Die Wellenfunktion $\psi(x_1, y_1, z_1)$ in der Bildebene ergibt sich in Verallgemeinerung der Betrachtungen von Ziff. 47 mit Rücksicht auf (48.7) auf folgende Weise. Durch Integration über die Fraunhofersche Ebene, deren Lage durch (48.10) bestimmt ist, berechnet man zunächst die Funktion

$$K(x_0, y_0, x_1, y_1) = \iint F(x_B, y_B) e^{-\frac{i p_0}{\hbar t_B}\left[\left(x_0 - \frac{x_1}{s_1}\right) x_B + \left(y_0 - \frac{y_1}{s_1}\right) y_B\right]} dx_B \, dy_B. \quad (48.33)$$

Die zum Objekt

$$f(x_0, y_0) = D e^{i\sigma} \quad (48.34)$$

gehörende Wellenfunktion in der Bildebene ist dann durch

$$\psi(x_1, y_1, z_1) = \frac{p_0^{\frac{5}{2}}}{4\pi^2 \hbar^2 s_1 t_B^2 p_1^{\frac{3}{2}}} e^{-\frac{i p_1}{2\hbar s_1 t_B}(s_B t_1' - t_B s_1')(x_1^2 + y_1^2)} \iint f(x_0, y_0) K(x_0, \ldots y_1) dx_0 \, dy_0 \quad (48.35)$$

gegeben. Man kann von (48.35) folgende formale Darstellung geben[1]. Wählen wir zunächst die Eingriffsfunktion $F \sim x_B$. Wegen (47.11) und

$$\int_{-\infty}^{+\infty} e^{-i\alpha x_B} x_B \, dx_B = 2\pi i \, \delta'(\alpha) \quad (48.36)$$

erhält man

$$\iint f(x_0, y_0) K(x_0, y_0, x_1, y_1) dx_0 \, dy_0 = \left(\frac{2\pi \hbar t_B}{p_0}\right)^2 \frac{\hbar t_B}{i p_0} \frac{\partial f}{\partial x_0}\bigg|_{x_0 = \frac{x_1}{s_1}}. \quad (48.37)$$

Wir sehen also, daß der Multiplikation von $\psi(x_B, y_B, z_B)$ in der Fraunhofer-Ebene [von dem konstanten Faktor $(2\pi\hbar t_B/p_0)^2$ abgesehen] in der Bildebene die Anwendung des Operators

$$x_B \to \frac{\hbar t_B}{i p_0} \frac{\partial}{\partial x_0} \quad (48.38)$$

auf die Objektfunktion $f(x_0, y_0)$ entspricht. Analog entspricht $F \sim y_B$ bzw. $F \sim x_B y_B$

$$y_B \to \frac{\hbar t_B}{i p_0} \frac{\partial}{\partial y_0} \quad \text{und} \quad x_B y_B \to \frac{\hbar t_B}{i p_0} \frac{\partial}{\partial x_0} \frac{\hbar t_B}{i p_0} \frac{\partial}{\partial y_0} = \left(\frac{\hbar t_B}{i p_0}\right)^2 \frac{\partial^2}{\partial x_0 \partial y_0}. \quad (48.39)$$

Durch Wiederholung erkennt man, daß der Eingriffsfunktion $F = C_{mn} x_B^m y_B^n$ der Operator

$$C_{mn}\left(\frac{\hbar t_B}{i p_0}\right)^{m+n} \frac{\partial^{m+n}}{\partial x_0^m \partial y_0^n} \quad (48.40)$$

auf $f(x_0, y_0)$ entspricht. Denkt man sich $F(x_B, y_B)$ in eine Taylorsche Reihe entwickelt, so ergibt sich auf Grund des linearen Charakters von (48.33), daß die Wellenfunktion in der Bildebene $z = z_1$ aus der Objektfunktion $f(x_0, y_0)$ durch den Operator

$$\psi_1 = \frac{1}{s_1} \sqrt{\frac{p_0}{p_1}} e^{-\frac{i p_1}{2\hbar s_1 t_B}(s_B t_1' - t_B s_1')(x_1^2 + y_1^2)} F\left(\frac{\hbar t_B}{i p_0} \frac{\partial}{\partial x_0}, \frac{\hbar t_B}{i p_0} \frac{\partial}{\partial y_0}\right) f(x_0, y_0) \quad (48.41)$$

hervorgeht, wobei nachträglich [vgl. (48.37)] x_0, y_0 durch x_1/s_1 bzw. y_1/s_1 zu ersetzen ist. Gl. (48.41) stellt die Verallgemeinerung von (47.13) dar. Auch der Blendeneinfluß kann dem betrachteten Fall untergeordnet werden. Man hat

---

[1] Vgl. hierzu H. Bremmer: Physica, Haag **17**, 63 (1951).

für die Eingriffsfunktion $F(x_B, y_B)$ zu setzen:

$$\left.\begin{array}{l} F(x_B, y_B) = 1 \quad \text{innerhalb} \\ F(x_B, y_B) = 0 \quad \text{außerhalb} \end{array}\right\} \text{ der Blendenöffnung.} \qquad (48.42)$$

Gl. (48.33) wird in diesem Fall mit (47.9) gleichbedeutend.

Um von (48.41) eine einfache Anwendung zu geben, wählen wir z.B.

$$F = a(x_B + i\, y_B) = A\, e^{i\,\delta} \qquad (48.43)$$

mit

$$A = a\sqrt{x_B^2 + y_B^2} \quad \text{und} \quad \tan\delta = \frac{y_B}{x_B}. \qquad (48.44)$$

Eine Folie in der FRAUNHOFER-Ebene mit einer Durchlässigkeit A, die eine Phasenverschiebung δ entsprechend (48.44) hervorruft, wird somit nach (48.41) für ein Objekt

$$f(x_0, y_0) = D(x_0, y_0)\, e^{i\,\sigma(x_0, y_0)} \qquad (48.45)$$

eine Stromdichte J_z in der Bildebene bewirken, für welche

$$J_z \sim \left|\frac{\partial f}{\partial x_0} + i\, \frac{\partial f}{\partial y_0}\right|^2 = \left(\frac{\partial D}{\partial x_0} - D\, \frac{\partial \sigma}{\partial y_0}\right)^2 + \left(\frac{\partial D}{\partial y_0} + D\, \frac{\partial \sigma}{\partial x_0}\right)^2 \qquad (48.46)$$

gilt. Für ein reines Absorptionsobjekt ($\sigma = 0$) gibt also die Stromdichte ein „Bild" des Gradientenquadrates der Objektdurchlässigkeit D. Für ein reines Phasenobjekt ($D = 1$) wird die Stromdichte proportional zum Quadrat des Gradienten der Phasenverschiebung.

Wie oben erwähnt, ist für die Elektronenoptik vor allem der Fall von Phasenobjekten interessant. Aus diesem Grunde haben die in Ziff. 46 erwähnten Beispiele von reinen Absorptionsobjekten nur die Bedeutung von Grenzfällen. Selbstverständlich lassen sich die analogen Phasenobjekte mit den obigen Beziehungen in gleicher Weise behandeln. Das lichtoptische Gegenstück ist die Beugung an der Kante eines *durchsichtigen* Schirmes[1]. Dieser „Beugung an der Phasenkante" entsprechen die Konturerscheinungen am Rand von Löchern in Kollodiumfolien, die in der Elektronenmikroskopie ein oft gebrauchtes Hilfsmittel zur Prüfung der Abbildungsgüte darstellen. Für eine qualitative Beurteilung hat sich diese Methode außerordentlich gut bewährt[2]. Für quantitative Anwendungen fehlt es leider noch an einer vollständigen, auch die sphärische und chromatische Aberration mitberücksichtigenden Theorie. Jedenfalls aber zeigen bereits die Rechnungen[3], die über die „Beugung an der Phasenkante" bei Abbildung durch eine ideale Linse durchgeführt worden sind, daß der Phasenkontrast für die Konturerscheinungen eine ausschlaggebende Rolle spielt. Aus diesem Grunde dürften die Anwendungen der elementaren Theorie für die FRESNELsche Beugung an der Kante eines undurchsichtigen Schirmes zu *quantitativen* Bestimmungen, z.B. des axialen Astigmatismus[4] das Problem vom theoretischen Standpunkt doch zu stark schematisieren.

49. Das allgemeine Problem der wellenmechanischen Abbildung. In den vorhergehenden Abschnitten haben wir die elektronenoptische Abbildung mittels der SCHRÖDINGER-Gleichung für das paraxiale Gebiet behandelt. Von der Beschränkung auf den paraxialen Bereich wollen wir uns im folgenden frei machen. Unsere

---

[1] W. KOSSEL u. K. STROHMAIER: Z. Naturforsch. **6**, 504 (1951).
[2] J. HILLIER u. E. G. RAMBERG: J. Appl. Phys. **18**, 48 (1947). — S. LEISEGANG: Optik **11**, 49 (1954). — M. E. HAINE u. T. MULVEY: J. Opt. Soc. Amer. **42**, 763 (1952).
[3] E. G. RAMBERG: J. Appl. Phys. **20**, 441 (1949).
[4] M. E. HAINE u. T. MULVEY: J. Sci. Instrum. **31**, 326 (1954).

Aufgabe besteht daher darin, die Wellenfunktion im ganzen Raum zu finden, wenn ihr Verlauf in der Dingebene und das Abbildungsfeld vorgegeben sind. Natürlich werden die Ergebnisse der paraxialen Abbildung in den folgenden allgemeineren Betrachtungen als Spezialfall enthalten sein.

Wir nehmen unmittelbar hinter der Objektfolie eine achsensenkrechte Ebene $z = z_0$ an, die wir mit E_0 bezeichnen und „Dingebene" nennen wollen. Auf ihr denken wir uns den Verlauf der Wellenfunktion $\psi(x_0, y_0, z_0)$ vorgegeben. Um daraus die der SCHRÖDINGER-Gleichung genügende Wellenfunktion im ganzen Raum zu berechnen, gehen wir in enger Analogie zu den Betrachtungen vor, die zur Aufstellung der KIRCHHOFFschen Beugungsformel in der Optik unternommen werden.

Wir schreiben die SCHRÖDINGER-Gleichung in der Gestalt

$$\Pi \psi = \left\{ -\hbar^2 \Delta + \frac{2\hbar e}{i} \mathfrak{A}\, \mathrm{grad} + e^2 \mathfrak{A}^2 - p^2 \right\} \psi = 0, \qquad (49.1)$$

wobei Π eine Abkürzung für den in der geschwungenen Klammer stehenden Differentialoperator darstellt. Die Größe p^2 bedeutet das Quadrat des Impulses

$$p^2 = 2\, e\, m_0\, \varphi. \qquad (49.2)$$

Wir bilden die Ausdrücke

$$\Pi u = -\hbar^2 \Delta u + \frac{2\hbar e}{i} \mathfrak{A}\, \mathrm{grad}\, u + e^2 \mathfrak{A}^2 u - p^2 u \qquad (49.3)$$

und

$$\Pi^* v = -\hbar^2 \Delta v - \frac{2\hbar e}{i} \mathfrak{A}\, \mathrm{grad}\, v + e^2 \mathfrak{A}^2 v - p^2 v. \qquad (49.4)$$

Multiplizieren wir (49.3) mit v, (49.4) mit u und subtrahieren die beiden Terme, so erhalten wir die für zwei beliebige Funktionen u und v geltende Identität:

$$v\,\Pi u - u\,\Pi^* v = \frac{\hbar}{i} \mathrm{div} \left\{ \frac{\hbar}{i} (v\, \mathrm{grad}\, u - u\, \mathrm{grad}\, v) + 2e\, \mathfrak{A}\, u\, v \right\}. \qquad (49.5)$$

Wählt man ein Raumgebiet τ, innerhalb dessen sich die beiden Funktionen u und v stetig verhalten und integriert man (49.5) über das Volumen τ, so kann man wegen der vorausgesetzten Stetigkeit den GAUSSschen Satz anwenden und gelangt zu

$$\int_{\tau} [v\,\Pi u - u\,\Pi^* v]\, d\tau = \frac{\hbar}{i} \int_{F} \left[\frac{\hbar}{i} (v\, \mathrm{grad}\, u - u\, \mathrm{grad}\, v) + 2e\, \mathfrak{A}\, u\, v \right] d\mathfrak{f}. \qquad (49.6)$$

Die so erhaltene GREENsche Formel soll uns nun dazu dienen, die Wellenfunktion in einem bestimmten Raumpunkt $P_1 \equiv x_1, y_1, z_1$ innerhalb τ aus ihren Werten auf der Hülle zu berechnen.

Als die eine begrenzende Hülle des Integrationsgebietes wählen wir nach Fig. 108 eine Halbkugel H, deren Grundfläche E_0 mit der Objektebene $z = z_0$ zusammenfällt. Den Radius dieser Halbkugel werden wir nachträglich gegen unendlich gehen lassen. Die Punkte der Objektebene E_0 bezeichnen wir wie bisher mit $P_0 \equiv x_0, y_0, z_0$. Die beiden Funktionen $u = \psi$ und $v = G$ sollen innerhalb des Gebietes τ der SCHRÖDINGER-Gleichung bzw. der konjugierten Gleichung

$$\Pi^* v = \left\{ -\hbar^2 \Delta - \frac{2\hbar e}{i} \mathfrak{A}\, \mathrm{grad} + e^2 \mathfrak{A}^2 - p^2 \right\} v = 0 \qquad (49.7)$$

genügen. Damit verschwindet die linke Seite von Gl. (49.6), und es bleibt allein das Integral über die Hülle $E_0 + H$. Von der Lösung v setzen wir speziell voraus, daß sie im Aufpunkt P_1 unendlich wird. Wir wollen sie mit

$$v = G(x, y, z, x_1, y_1, z_1) \tag{49.8}$$

bezeichnen. Die Art der Singularität in P_1 werden wir später festlegen. Jedenfalls müssen wir den Punkt P_1 durch eine kleine Kugel K mit dem Radius r vom Integrationsgebiet ausschließen. Die Integration in (49.6) ist also über die äußere Hülle $H + E_0$ und über die Oberfläche der Kugel K zu erstrecken. Da die Normale auf die Begrenzungsebene $z = z_0$ mit der negativen z-Achse zusammenfällt, gilt

$$\left.\begin{aligned}
\operatorname{grad} \psi \cdot d\mathfrak{f} &= -\frac{\partial \psi}{\partial z}\, dx_0\, dy_0, \\
\operatorname{grad} G \cdot d\mathfrak{f} &= -\frac{\partial G}{\partial z}\, dx_0\, dy_0.
\end{aligned}\right\} \tag{49.9}$$

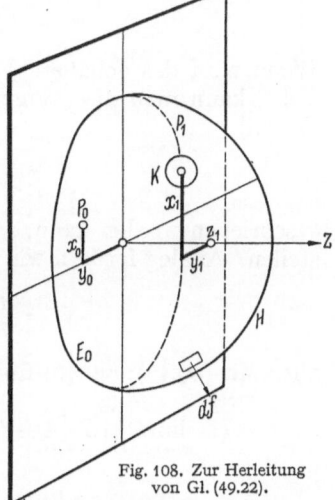

Auf der Oberfläche der kleinen Kugel K können wir

$$\left.\begin{aligned}
\operatorname{grad} \psi \cdot d\mathfrak{f} &= -\frac{\partial \psi}{\partial r}\, r^2\, d\Omega_K, \\
\operatorname{grad} G \cdot d\mathfrak{f} &= -\frac{\partial G}{\partial r}\, r^2\, d\Omega_K
\end{aligned}\right\} \tag{49.10}$$

Fig. 108. Zur Herleitung von Gl. (49.22).

setzen, wenn $d\Omega_K$ das Flächenelement auf der Einheitskugel bedeutet. Analoges gilt für die Halbkugel vom Radius R. Die Beziehung (49.6) erhält so die Gestalt

$$\left.\begin{aligned}
\int\limits_K &\left(G\frac{\partial \psi}{\partial r} - \psi\frac{\partial G}{\partial r} + \frac{2ei}{\hbar} A_r \psi G\right) r^2\, d\Omega_K \\
&= -\int\limits_{E_0} \left(G\frac{\partial \psi}{\partial z} - \psi\frac{\partial G}{\partial z} + \frac{2ei}{\hbar} A_z \psi G\right) dx_0\, dy_0 + \\
&\quad + \int\limits_H \left(G\frac{\partial \psi}{\partial R} - \psi\frac{\partial G}{\partial R} + \frac{2ei}{\hbar} A_R \psi G\right) R^2\, d\Omega_H.
\end{aligned}\right\} \tag{49.11}$$

Nach Voraussetzung ist uns die Lösung der SCHRÖDINGER-Gleichung nur auf der „Objektebene" E_0 bekannt. Wir werden daher trachten, den beiden Lösungen $v = G$ und $u = \psi$ auf der Halbkugel solche Grenzbedingungen aufzuerlegen, daß der Beitrag von H in (49.11) verschwindet, wenn wir mit $R \to \infty$ gehen. Dies kann leicht erreicht werden, da ψ auf der Halbkugelfläche eine divergierende Strömung darstellen muß. Man braucht lediglich dieses Ausstrahlungsverhalten als Randbedingung im Unendlichen für ψ und G vorzuschreiben.

Wir setzen voraus, daß das Vektorpotential $\mathfrak{A}$ im Unendlichen wie $1/R$ verschwindet und das elektrische Potential in den konstanten Wert φ_∞ übergeht. Wir nehmen also an, daß die felderzeugenden Ladungen und Ströme im Endlichen liegen. Für $R \to \infty$ geht dann die SCHRÖDINGER-Gleichung (49.1) in

$$\hbar^2 \Delta\psi + p_\infty^2 \psi = 0 \quad \text{mit} \quad p_\infty = \sqrt{2e\,m_0\,\varphi_\infty} \tag{49.12}$$

über.

Wir führen Polarkoordinaten (R, ϑ, χ) ein. Auf der Halbkugel wird also asymptotisch für großes R

$$\psi = \frac{A(\vartheta, \chi)}{R} e^{i\sigma(\vartheta, \chi) R} \quad (\sigma > 0). \tag{49.13}$$

Einsetzen in (49.12) und Unterdrückung der Terme mit $1/R^2$ liefert

$$\psi = \frac{A(\vartheta, \chi)}{R} e^{i p_\infty R/\hbar}. \tag{49.14}$$

Wenn man das genauere Verhalten von $\mathfrak{A}$ und ψ im Unendlichen in Betracht zieht, kann man die asymptotische Entwicklung weitertreiben, so daß ψ in der Gestalt

$$\psi = \frac{1}{R} e^{i p_\infty R/\hbar} \left(A_0 + \frac{A_1}{R} + \frac{A_2}{R^2} + \cdots \right) \tag{49.15}$$

geschrieben werden kann, wobei die A_k bestimmte Funktionen von ϑ und χ darstellen. Analog fordern wir nun, daß

$$G = \frac{1}{R} e^{i p_\infty R/\hbar} \left(B_0 + \frac{B_1}{R} + \frac{B_2}{R^2} + \cdots \right) \tag{49.16}$$

gilt. Mit (49.15), (49.16) finden wir

$$\left. \begin{aligned} &\lim_{R \to \infty} \int_H \left(G \frac{\partial \psi}{\partial R} - \psi \frac{\partial G}{\partial R} + \frac{2 e i}{\hbar} A_R \psi G \right) R^2 d\Omega_H \\ &= \lim_{R \to \infty} e^{2 i p_\infty R/\hbar} \int_H \left(\frac{2 e i}{\hbar} A_0 B_0 A_R + \cdots \right) d\Omega_H = 0. \end{aligned} \right\} \tag{49.17}$$

Die Punkte deuten dabei Glieder höherer Ordnung in $1/R$ an.

Wir haben in (49.11) noch das Integral über die Kugel K auszuwerten. Die Funktion G soll nun in P_1 wie $1/r$ gegen Unendlich gehen, so daß $G r \cdot r \frac{\partial \psi}{\partial r}$ mit r gegen Null geht. Wenn wir r gegen Null gehen lassen, d.h. die Kugel K auf den Punkt P_1 zusammenziehen, verschwinden auf der linken Seite von (49.11) das erste und das letzte Glied und es bleibt also noch der Ausdruck

$$- \lim_{r \to 0} \int_K \psi \frac{\partial G}{\partial r} r^2 d\Omega_K = - \psi(P_1) \lim_{r \to 0} \int_K \frac{\partial G}{\partial r} r^2 d\Omega_K. \tag{49.18}$$

Der rechts stehende Grenzprozeß führt zu einem endlichen Wert, da in der Nähe von P_1 die Funktion $G \sim 1/r$ also $\partial G/\partial r \sim 1/r^2$ vorausgesetzt werde. Da wegen der Linearität der SCHRÖDINGER-Gleichung G stets mit einer Konstanten multipliziert werden darf, können wir diesen Grenzwert gleich 1 setzen:

$$- \lim_{r \to 0} \int \frac{\partial G}{\partial r} r^2 d\Omega_K = 1. \tag{49.19}$$

Damit erhalten wir aus (49.11) endgültig die Formel

$$\psi(P_1) = - \int_{E_0} \left(G \frac{\partial \psi}{\partial z} - \psi \frac{\partial G}{\partial z} + \frac{2 e i}{\hbar} A_z \psi G \right) dx_0 dy_0. \tag{49.20}$$

Diese Beziehung kann uns dazu dienen, aus dem Verlauf von ψ und dem seiner Normalableitung $\partial \psi/\partial z$ auf der Dingebene E_0 bei bekannter Funktion G die Wellenfunktion $\psi(P_1)$ in jedem beliebigen Punkt P_1 zu berechnen.

Wenn wir die Funktion G so bestimmen können, daß sie außerdem auf der ganzen Dingebene verschwindet:

$$G = 0 \quad \text{auf} \quad E_0, \tag{49.21}$$

so geht (49.20) in

$$\psi(x_1, y_1, z_1) = \int\limits_{E_0} \psi(x_0, y_0, z_0) \frac{\partial G}{\partial z} dx_0 dy_0 \tag{49.22}$$

über und zur Berechnung von $\psi(P_1)$ genügt allein der Verlauf von $\psi(P_0)$ auf E_0. Nach Formel (49.22) läuft also alles darauf hinaus, eine geeignete Darstellung einer Lösung der konjugiert-komplexen SCHRÖDINGER-Gleichung (49.7) mit den Eigenschaften (49.16), (49.19) und (49.21), also der GREENschen Funktion G zu finden.

Aufstellung der GREENschen Funktion. Wir setzen die GREENsche Funktion G aus zwei Teilfunktionen $G_s(P, P_1)$ und $G_r(P, P_1)$ additiv zusammen:

$$G(P, P_1) = G_s(P, P_1) + G_r(P, P_1). \tag{49.23}$$

Der singuläre Teil G_s möge allen Anforderungen mit Ausnahme von (49.21) genügen. Der reguläre Teil G_r, der in P_1 endlich bleibt, möge durch sein Hinzutreten auch noch die Forderung (49.21) erzwingen. Selbstverständlich muß $G_r(P, P_1)$ ebenfalls der konjugierten SCHRÖDINGER-Gleichung (49.7) genügen und das vorgeschriebene Verhalten im Unendlichen zeigen.

Für G_s machen wir den Ansatz

$$G_s(P, P_1) = a(P, P_1) e^{-\frac{i}{\hbar} S(P, P_1)}, \tag{49.24}$$

wobei a und S reelle Funktionen darstellen sollen. Wir haben abweichend vom üblichen Ansatz den Exponenten mit negativem Vorzeichen geschrieben, weil G_s der konjugiert-komplexen SCHRÖDINGER-Gleichung genügen soll. Gl. (49.7) können wir mit (49.24) in zwei reelle Gleichungen aufspalten

$$(\operatorname{grad} S + e \mathfrak{A})^2 - p^2 - \hbar^2 \frac{\operatorname{div} \operatorname{grad} a}{a} = 0 \tag{49.25}$$

und

$$\operatorname{div} \{a^2 (\operatorname{grad} S + e \mathfrak{A})\} = 0. \tag{49.26}$$

Wie in Ziff. 44 ausgeführt worden ist, brauchen wir das Glied

$$\hbar^2 \frac{\operatorname{div} \operatorname{grad} a}{a} \tag{49.27}$$

nur an Stellen mit „rasch veränderlichem" a in Betracht zu ziehen. In allen anderen Fällen wird die Funktion S durch die HAMILTON-JACOBIsche Differentialgleichung (Eikonalgleichung)

$$(\operatorname{grad} S + e \mathfrak{A})^2 - p^2 = 0 \tag{49.28}$$

bestimmt. Nach Ziff. 5 genügt die Wirkungsfunktion

$$S(P_1, P) = \int\limits_{P_1}^{P} (m_0 v \, ds - e \mathfrak{A} \, d\mathfrak{r}) \tag{49.29}$$

der Differentialgleichung (49.28).

Um die Forderung (49.16) zu erfüllen, muß man als Integrationsweg jeweils die von P nach P_1 laufende Bahn wählen. Den Parameter s (die Bogenlänge) hat man so zu wählen, daß er beim Fortschreiten von P_1 nach P abnimmt.

Wir wollen zeigen, daß die durch G_s beschriebene Elektronenbewegung in der nächsten Umgebung des Aufpunktes P_1 als eine Radialströmung (Quellströmung) aufgefaßt werden kann. Im Punkte P, der sich in unmittelbarer Nähe des Aufpunktes P_1 befinden soll, können wir die Bahnkrümmung vernachlässigen und erhalten für (49.29)

$$S(P_1, P) = - m_0 v_1 r - e (\mathfrak{A}_1 \mathfrak{r}),\tag{49.30}$$

wobei $\mathfrak{r}$ den Radiusvektor der Länge r von P_1 nach P bedeutet. Für grad S erhält man aus (49.30)

$$\operatorname{grad} S = - m_0 v_1 \frac{\mathfrak{r}}{r} - e \mathfrak{A}_1,\tag{49.31}$$

so daß Gl. (49.26) in der Umgebung von P_1 die Gestalt

$$\operatorname{div} \left(a^2 m_0 v_1 \frac{\mathfrak{r}}{r} \right) = 0\tag{49.32}$$

erhält. Die nächstliegende Lösung dieser Gleichung ist

$$a = \frac{C}{r},\tag{49.33}$$

denn wegen

$$a^2 \frac{\mathfrak{r}}{r} = C^2 \frac{\mathfrak{r}}{r^3} = - C^2 \operatorname{grad} \frac{1}{r}\tag{49.34}$$

wird (49.32) mit der bekannten Beziehung

$$\Delta a = C \operatorname{div} \operatorname{grad} \frac{1}{r} = 0\tag{49.35}$$

identisch. Gl. (49.35) zeigt unmittelbar, daß in der Nähe des Konvergenzpunktes für unsere spezielle Quellströmung das wellenmechanische Zusatzglied (49.27) vernachlässigt werden kann. Nach (49.30) und (49.33) wird daher in der unmittelbaren Umgebung von P_1 die Funktion G_s von Gl. (49.24) durch

$$G_s = \frac{C}{r} e^{i (m_0 v_1 r + e \mathfrak{A}_1 \mathfrak{r})/\hbar}\tag{49.36}$$

dargestellt. Aus der Beziehung (49.19) bestimmt sich die Konstante C in (49.36) zu $1/4\pi$, so daß a in der Umgebung von P_1 durch

$$a = \frac{1}{4\pi r}\tag{49.37}$$

gegeben ist. In makroskopischen Feldern, zu denen unsere Abbildungsfelder zählen, kann nach Ziff. 44 das Zusatzglied (49.27) als verschwindend klein vernachlässigt werden. Eine Ausnahme könnte höchstens im Konvergenzpunkt P_1 auftreten. Gl. (49.35) aber hat uns gezeigt, daß dies nicht der Fall ist. Wir können daher S konsequent aus der Eikonalgleichung bestimmen. Das zugehörige a wird aus der Kontinuitätsgleichung (49.26) ermittelt, wobei wir zu berücksichtigen haben, daß bei Annäherung an den Punkt P_1 die Funktion a asymptotisch in (49.37) übergehen muß. Dadurch ist aber — wie wir sehen werden — a eindeutig bestimmt.

Nun haben wir noch den regulären Teil $G_r(P, P_1)$ darzustellen. In naheliegender Weise machen wir den Ansatz

$$G_r = - \bar{a} \, e^{-\frac{i}{\hbar} \bar{S}},\tag{49.38}$$

so daß G durch

$$G = a\,e^{-iS/\hbar} - \bar{a}\,e^{-i\bar{S}/\hbar} \qquad (49.39)$$

gegeben ist. Zur Erfüllung von (49.21) hat man dann nur zu verlangen, daß auf E_0 die Beziehungen

$$a\,(E_0) = \bar{a}\,(E_0)\,; \qquad S\,(E_0) = \bar{S}\,(E_0) \qquad (49.40)$$

bestehen. Wenn wir wieder (49.27) vernachlässigen, können wir für $\bar{S}$ eine Lösung der Eikonalgleichung benützen. Wir benötigen aber nur die Normalableitungen von G_r auf E_0. Es genügt daher, wenn G_r lediglich in der Umgebung von E_0 mit der klassisch bestimmten Funktion $\bar{S}$ dargestellt werden kann.

Auf E_0 haben wir nun

$$\frac{\partial \bar{S}}{\partial z_0} + e A_{z_0} = \pm \sqrt{m_0^2 v_0^2 - \left(\frac{\partial \bar{S}}{\partial x_0} + e A_{x_0}\right)^2 - \left(\frac{\partial \bar{S}}{\partial y_0} + e A_{y_0}\right)^2}\,. \qquad (49.41)$$

Der Ausdruck unter dem Wurzelzeichen muß aber auf E_0 nach (49.40) mit dem entsprechenden Ausdruck für S übereinstimmen. Dieser kann wieder durch $\partial S/\partial z_0$ ausgedrückt werden. Auf diese Weise erhält man auf E_0:

$$\frac{\partial \bar{S}}{\partial z_0} + e A_{z_0} = \pm \left(\frac{\partial S}{\partial z_0} + e A_{z_0}\right)\,. \qquad (49.42)$$

Das positive Vorzeichen würde auf E_0 zu $\partial \bar{S}/\partial z_0 = \partial S/\partial z_0$ führen, was bedeutet, daß G_r und G_s identisch sind. Das kommt natürlich nicht in Frage, und es gilt daher

$$\frac{\partial \bar{S}}{\partial z_0} = -2 e A_{z_0} - \frac{\partial S}{\partial z_0}\,. \qquad (49.43)$$

Nach (49.39) haben wir daher auf E_0, wenn wir das Glied, welches $\hbar$ nicht im Nenner enthält, gegenüber dem angeschriebenen als verschwindend klein vernachlässigen,

$$\frac{\partial G}{\partial z_0} = -\frac{i}{\hbar}\left(\frac{\partial S}{\partial z_0} - \frac{\partial \bar{S}}{\partial z_0}\right) a\,e^{-iS/\hbar}\,. \qquad (49.44)$$

Mit (49.44) ergibt sich nach (49.22)

$$\psi(P_1) = -\frac{2i}{\hbar} \int\limits_{E_0} \left(e A_{z_0} + \frac{\partial S}{\partial z_0}\right) a\,e^{-iS(P_1,\,P_0)/\hbar}\,\psi(P_0)\,df_0\,. \qquad (49.45)$$

Die Funktion $S(P_1,\,P_0)$ ist dabei durch

$$S(P_1,\,P_0) = \int\limits_{P_1}^{P_0} [m\,v - e\,(\mathfrak{A}\,\mathfrak{s})]\,ds \qquad (49.46)$$

definiert. Vertauscht man P_1 mit P_0, so ändert S sein Vorzeichen. Definieren wir also S durch

$$S(P_0,\,P) = \int\limits_{P_0}^{P} [m\,v - e\,(\mathfrak{A}\,\mathfrak{s})]\,ds\,, \qquad (49.47)$$

so geht (49.45) über in

$$\psi(P) = \frac{2}{i\,\hbar} \int\limits_{E_0} \left(e A_{z_0} - \frac{\partial S}{\partial z_0}\right) a\,e^{iS/\hbar}\,\psi(P_0)\,df_0\,. \qquad (49.48)$$

Den Aufpunkt haben wir nunmehr mit P, seine Koordinate mit $x,\,y,\,z$ bezeichnet. Die Bestimmung von a gelingt leicht, wenn die klassischen Elektronenbahnen oder — was dasselbe bedeutet — die Wirkungsfunktion gegeben sind.

Wir wählen ein von P ausgehendes Elektronenbündel mit der Öffnung $d\Omega$. Diese aus Elektronenbahnen gebildete kegelförmige Stromröhre schneidet aus der Dingebene E_0 das Flächenelement $df_0 = dx_0\, dy_0$ heraus (Fig. 109). Wenn wir um P eine kleine Kugel vom Radius r schlagen, ergibt sich aus dem Erhaltungssatz für die Teilchenzahl

$$a^2\, v\, r^2\, d\Omega = a^2\,(P_0)\, v_{z_0}\, df_0. \tag{49.49}$$

Hierbei bedeutet a den Wert auf der Oberfläche der kleinen, P umschließenden Kugel. Dieser Wert ist durch (49.37) gegeben. Damit erhält man

$$[4\pi\, a\,(P_0)]^2 = \frac{v}{v_{z_0}}\, \frac{d\Omega}{df_0}. \tag{49.50}$$

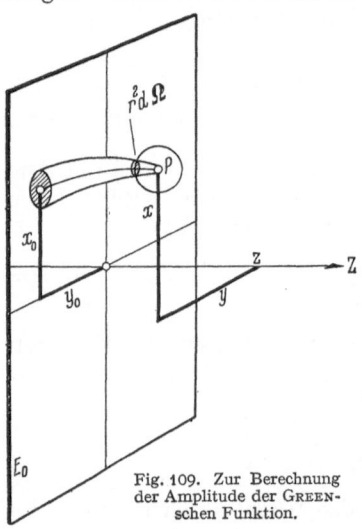

Fig. 109. Zur Berechnung der Amplitude der GREENschen Funktion.

$d\Omega/df_0$ kann nun in folgender Weise durch S ausgedrückt werden. Zunächst hat man

$$d\Omega = \frac{1}{\gamma}\, d\alpha\, d\beta = \frac{1}{\gamma}\, \frac{\partial(\alpha,\beta)}{\partial(x_0,y_0)}\, df_0, \tag{49.51}$$

also mit $v\,\gamma = v_z$

$$[4\pi\, a\,(P_0)]^2 = \frac{(m\,v)^2}{m\,v_z \cdot m\,v_{z_0}}\, \frac{\partial(\alpha,\beta)}{\partial(x_0,y_0)}. \tag{49.52}$$

Wegen $m\,v\,\mathfrak{z} = \operatorname{grad} S + e\,\mathfrak{A}$ ergibt dies

$$\left.\begin{aligned}
a\,(P_0) = \frac{1}{4\pi}\left(e\,A_z + \frac{\partial S}{\partial z}\right)^{-\frac{1}{2}} \times \\
\times \left(e\,A_{z_0} - \frac{\partial S}{\partial z_0}\right)^{-\frac{1}{2}} \cdot \begin{vmatrix} \dfrac{\partial^2 S}{\partial x\,\partial x_0} & \dfrac{\partial^2 S}{\partial x\,\partial y_0} \\[2mm] \dfrac{\partial^2 S}{\partial y\,\partial x_0} & \dfrac{\partial^2 S}{\partial y\,\partial y_0} \end{vmatrix}^{\frac{1}{2}} \cdot
\end{aligned}\right\} \tag{49.53}$$

Die Wellenfunktion $\psi(P)$ in einer beliebigen Einstellebene läßt sich damit aus der Wellenfunktion $\psi(P_0)$ in der Dingebene E_0 nach (49.48) und (49.53) durch folgende Formel berechnen:

$$\psi(P) = \frac{1}{2\pi\,i\,\hbar} \int_{E_0} \psi(P_0) \left(\frac{e\,A_{z_0} - \dfrac{\partial S}{\partial z_0}}{e\,A_z + \dfrac{\partial S}{\partial z}}\right)^{\frac{1}{2}} \begin{vmatrix} \dfrac{\partial^2 S}{\partial x\,\partial x_0} & \dfrac{\partial^2 S}{\partial x\,\partial y_0} \\[2mm] \dfrac{\partial^2 S}{\partial y\,\partial x_0} & \dfrac{\partial^2 S}{\partial y\,\partial y_0} \end{vmatrix}^{\frac{1}{2}} e^{i\,S/\hbar}\, dx_0\, dy_0. \tag{49.54}$$

Man überzeugt sich leicht, daß im feldfreien Raum Gl. (49.54) in

$$\psi(P) = \frac{1}{i\,\lambda_1} \int_{E_0} \frac{1}{r}\, \psi(P_0)\, e^{2\pi i r/\lambda_1} \cos\vartheta\, dx_0\, dy_0; \qquad \frac{2\pi}{\lambda_1} = \frac{p_1}{\hbar} \tag{49.55}$$

übergeht, die im wesentlichen mit der KIRCHHOFFschen Formel übereinstimmt. Dabei bedeutet ϑ den Neigungswinkel des Radiusvektors vom Aufpunkt zum Integrationspunkt gegenüber der optischen Achse.

Wie aus Fig. 109 hervorgeht, verlangen unsere Überlegungen, daß jeder Strahlrichtung (α,β) im Aufpunkt P ein anderer Punkt (x_0, y_0) in der Objektebene entspricht. Wir müssen also zunächst die Möglichkeit ausschließen, daß die Dingebene zur Auffangebene konjugiert ist. In diesem Falle würde nämlich die Determinante in (49.54) unendlich. Für den paraxialen Fall haben wir bereits festgestellt, daß diese Schwierigkeit durch Grenzübergang überwunden werden kann. Aber auch im allgemeinen Fall kann man die Wellenfunktion in der GAUSS-schen Bildebene nach unserer Formel im Prinzip berechnen. Man hat dazu die Wellenfunktion $\psi(z_B)$ zuerst in einer nichtkonjugierten Zwischenebene $z = z_B$ zu ermitteln und durch neuerliche Anwendung der Gl. (49.54) daraus die Wellenfunktion $\psi(z_1)$ in der GAUSSschen Bildebene zu bestimmen. Auf Grund der allgemeinen Formel (49.22) kann man übrigens leicht direkt beweisen, daß beide Verfahren (bei allgemeiner Lage der Zwischenebene) einander äquivalent sind (Gruppencharakter der Abbildung). Ein zum paraxialen Fall analoger Grenzübergang müßte das gleiche Ergebnis wie die zweimalige Anwendung von (49.22) liefern.

Selbstverständlich enthält Gl. (49.54) die Formel (45.33) bzw. (46.37) für die paraxiale Abbildung als Spezialfall. Man braucht dazu nur für S den paraxialen Ausdruck (45.24) in (49.54) einzusetzen.

Man kann zur Bestimmung der GREENschen Funktion (49.24) die vorhergehenden Überlegungen etwas verallgemeinern, so daß man $a(P, P_1)$ als eine nach Potenzen von $\hbar$ fortschreitende Reihe im Prinzip mit beliebiger Genauigkeit berechnen kann[1]. Man verlangt dazu, wie vorher, daß S eine Lösung der HAMILTON-JACOBIschen Differentialgleichung (49.28) ist, setzt aber von vornherein nicht voraus, daß (49.27) „klein" sei. Durch Einsetzen von (49.24) in die SCHRÖDINGER-Gleichung (49.7) folgt mit (49.28) für die nunmehr im allgemeinen komplexe Funktion a die Gleichung

$$\nabla a (\nabla S + e \mathfrak{A}) + \frac{a}{2} \Delta S = \frac{\hbar}{2i} \Delta a. \tag{49.56}$$

Für $a(P, P_1)$ machen wir den Ansatz

$$a = \sum_{k=0}^{\infty} a_k \hbar^k \tag{49.57}$$

und erhalten aus (49.56) die Rekursionsformeln

$$\nabla [a_0^2 (\nabla S + e \mathfrak{A})] = 0, \tag{49.58}$$

$$\nabla a_k (\nabla S + e \mathfrak{A}) + \frac{1}{2} a_k \Delta S = \frac{1}{2i} \Delta a_{k-1}. \tag{49.59}$$

Nach (44.33) und wegen div $\mathfrak{A} = 0$ geht (49.58) über in

$$2 a_0 m_0 \mathfrak{v} \nabla a_0 + a_0^2 \Delta S = 0. \tag{49.60}$$

Wegen $\mathfrak{v} \nabla a_0 = v (\mathfrak{s} \nabla a_0) = v \dfrac{d a_0}{d s}$ folgt durch Integration längs einer Stromlinie

$$a_0 = C e^{-\frac{1}{2} \int \frac{\Delta S}{m_0 v} d s}, \tag{49.61}$$

wobei C eine beliebige Konstante bedeutet. Gl. (49.59) erhält die Gestalt

$$\frac{d a_k}{d s} + a_k \frac{\Delta S}{2 m_0 v} = \frac{\Delta a_{k-1}}{2 i m_0 v}. \tag{49.62}$$

Dies ist eine inhomogene Differentialgleichung erster Ordnung für a_k. Wenn wir die Lösungen so normieren, daß mit $P \to P_1$ alle Funktionen $a_k(P, P_1)$ bis auf a_0 verschwinden, so ergibt sich mit Rücksicht auf (49.61)

$$a_k = -\frac{i}{2 m_0} a_0 \int_{P_1}^{P} \frac{\Delta a_{k-1}}{a_0 v} d s. \tag{49.63}$$

---

[1] W. GLASER u. G. BRAUN: Acta Phys. Austriaca 9, 41, 267 (1954).

Dabei ist in $S(P, P_s)$ und $v = \sqrt{\dfrac{2e}{m_0} \varphi(P_s)}$ als Integrationspunkt P_s ein laufender Punkt auf der von P_1 nach P führenden Bahnkurve zu wählen.

Die Bestimmung von a_0 kann in der gleichen Weise wie früher vorgenommen werden, und man erhält dafür den Ausdruck (49.53). Mittels der Rekursionsformeln (49.63) kann man daraus im Prinzip die höheren Entwicklungskoeffizienten bestimmen. Bezüglich der approximativen Auswertung der entstehenden Beugungsintegrale nach der Methode der stationären Phase und die Diskussion bestimmter Sonderfälle sei auf die Literatur[1] verwiesen.

50. Auflösungsvermögen des Elektronenmikroskops. α) *Die Wellenfunktion im feldfreien Bildraum.* Da bei den hochvergrößernden Abbildungen des Elektronenmikroskops der Bildschirm bereits im feldfreien Gebiet liegt, besteht die Möglichkeit, für diesen Fall das Problem der wellenmechanischen Abbildung stark zu vereinfachen. Wie wir in Ziff. 44 gesehen haben, liefert die geometrische Elektronenoptik überall dort eine hinreichend exakte Beschreibung der Vorgänge, wo die Elektronenbündel nicht gerade in Bildpunkten fokussiert werden. In der Umgebung solcher Stellen, d.h. in der Umgebung der Bildebene muß mit der strengen SCHRÖDINGER-Gleichung gerechnet werden. Da aber der Bildschirm im feldfreien Gebiet $e\varphi = e\varphi_1 = \text{const}$, $\mathfrak{A} = 0$ liegt, geht dort die SCHRÖDINGER-Gleichung (44.3) in die gewöhnliche Wellengleichung

$$\Delta \psi + k_1^2 \psi = 0; \qquad k_1^2 = \frac{2 m_0 e \varphi_1}{\hbar^2} \tag{50.1}$$

über. Von dieser Wellengleichung hat man eine Lösung ψ so zu bestimmen, daß deren Wellenflächen in entsprechender Entfernung vom Bildschirm mit den Wellenflächen der geometrischen Optik $S(x, y, z) = \text{const}$, wie sie aus

$$S = \int F \, dz \tag{50.2}$$

folgen, übereinstimmen. Aus dieser Lösung haben wir dann nach (44.7) die Stromdichte auf der Photoplatte oder auf dem Fluoreszenzschirm zu berechnen.

Die geradlinigen Elektronenstrahlen im feldfreien Bildraum sind die Normalen auf den Wellenflächen $S(x, y, z) = \text{const}$. Die Richtungskosinus dieser Strahlen mögen mit $\alpha_1, \beta_1, \gamma_1$ bezeichnet werden.

Die Koordinaten ξ, η, ζ der Wellenfläche können wir uns in Parameterform $\xi = \xi(\alpha_1, \beta_1)$, $\eta = \eta(\alpha_1, \beta_1)$, $\zeta = \zeta(\alpha_1, \beta_1)$ dargestellt denken. Setzt man zur Abkürzung

$$L = (x - \xi)\,\alpha_1 + (y - \eta)\,\beta_1 + (z - \zeta)\,\gamma_1, \tag{50.3}$$

so ist nach P. DEBYE[2] die verlangte Lösung der Wellengleichung durch

$$\psi = \frac{k_1}{2\pi i} \int\limits_{\Omega} A(\alpha_1, \beta_1)\, e^{i k_1 L(x, y, \alpha_1, \beta_1)} \, d\Omega_1 \tag{50.4}$$

gegeben, wobei $d\Omega_1$ das Raumwinkelelement $d\Omega_1 = d\alpha_1\, d\beta_1 / \gamma_1$ bedeutet und die Integration über die ganze räumliche Winkelöffnung des Strahlenbündels im Bildraum zu erstrecken ist. $A(\alpha_1, \beta_1)$ ist dabei eine willkürliche Funktion.

Die Funktion $A(\alpha_1, \beta_1)$ können wir nun auf folgende Weise festlegen[3]. Wir nehmen an, daß von jedem Flächenelement df_0 des Objekts Elektronenstrahlen

---

[1] W. GLASER u. G. BRAUN: Acta Phys. Austriaca **9**, 41, 267 (1954).
[2] P. DEBYE: Ann. Phys. **30**, 755 (1909). — J. FISCHER: Ann. Phys. **72**, 353 (1923). — J. PICHT: Ann. Phys. **77**, 685 (1925). — Ferner J. PICHT: Optische Abbildung, S. 119ff. Braunschweig 1931.
[3] W. GLASER: Z. Physik **121**, 647 (1943).

mit richtungsabhängiger Intensität und einer gewissen Geschwindigkeitsverteilung ins abbildende Feld eintreten. Diese Verteilung wollen wir durch die „dingseitige Strahlungscharakteristik" $K(x_0, y_0, \alpha_0, \beta_0, U)$ kennzeichnen. Wenn wir unter dN die Anzahl der Elektronen verstehen, die in der Zeitspanne $d\tau$ vom Flächenelement df_0 ausgehend in den Raumwinkel $d\Omega_0$ eintreten, wobei ihre Geschwindigkeiten den Spielraum dU um U aufweisen, so haben wir

$$\frac{dN}{d\tau} = K \, df_0 \, d\Omega_0 \, dU. \tag{50.5}$$

Dabei bedeuten x_0, y_0 die Lagekoordinaten des in der Dingebene $z = z_0$ liegenden Objektelementes df_0 und α_0, β_0 die Richtungskosinus der Achse des Raumwinkelelements $d\Omega_0$, d.h.

$$d\Omega_0 = d\alpha_0 \, d\beta_0/\gamma_0. \tag{50.6}$$

Die Strahlungscharakteristik, die uns als eine Art Verteilung der „Flächenhelligkeit" das Objekt als Gegenstand der Abbildung kennzeichnet, soll vorgegeben sein. Zum Elektronenbündel der Bündelöffnung $d\Omega_0$ gehöre im Bildraum die Bündelöffnung $d\Omega_1$. Aus dem Erhaltungssatz der Teilchenzahl erhält man die Beziehung

$$A \, d\Omega_1 = \sqrt{\frac{m_0}{\hbar k_1}} \, K \, d\Omega_0 \, d\Omega_1. \tag{50.7}$$

Mit Hilfe des Eikonalausdruckes

$$E(x_0, y_0, x_B, y_B) = \sqrt{\frac{U}{\Phi_1}} \int_{z_0}^{z_B} F \, dz \tag{50.8}$$

kann man $d\Omega_0$ und $d\Omega_1$ durch das entsprechende Flächenelement $dx_B \, dy_B$ in der Blendenebene ausdrücken. Mit den Abkürzungen

$$\Delta_0(x_B, y_B) = -\frac{p_1}{p_0} \begin{vmatrix} \dfrac{\partial^2 E}{\partial x_0 \partial x_B} & \dfrac{\partial^2 E}{\partial y_0 \partial x_B} \\[2mm] \dfrac{\partial^2 E}{\partial x_0 \partial y_B} & \dfrac{\partial^2 E}{\partial y_0 \partial y_B} \end{vmatrix} \left(\frac{\partial E}{\partial z_0} - \frac{e}{p_1} A_{z_0} \right)^{-1}, \tag{50.9}$$

$$\Delta_1(x_B, y_B) = \begin{vmatrix} \dfrac{\partial^2 E}{\partial x_B^2} & \dfrac{\partial^2 E}{\partial x_B \partial y_B} \\[2mm] \dfrac{\partial^2 E}{\partial x_B \partial y_B} & \dfrac{\partial^2 E}{\partial y_B^2} \end{vmatrix} \left(\frac{\partial E}{\partial z_B} \right)^{-1} \tag{50.10}$$

und

$$L(x, y, x_B, y_B) = (x - x_B)\frac{\partial E}{\partial x_B} + (y - y_B)\frac{\partial E}{\partial y_B} + (z - z_B)\frac{\partial E}{\partial z_B} + E(x_B, y_B) \tag{50.11}$$

ergibt sich endgültig die gesuchte Wellenfunktion[1]

$$\psi = \frac{1}{2\pi i} \sqrt{\frac{m_0 k_1}{\hbar}} \iint \sqrt{K \Delta_0 \Delta_1} \, e^{i k_1 L(x, y, x_B, y_B)} \, dx_B \, dy_B, \tag{50.12}$$

wobei die Integration über die von den Elektronen durchsetzte Blendenöffnung zu erstrecken ist.

Die Wellenfunktion ψ enthält die Dingpunktskoordinaten x_0, y_0 und die Voltgeschwindigkeit U_0 als Parameter. Die von den Elektronen des Bündels im Geschwindigkeitsbereich $U_0 - \Delta U_0$ und $U_0 + \Delta U_0$ herrührende Stromdichte, welche

---

[1] Vgl. W. GLASER: Sitzsber. Öst. Akad. Wiss., Math.-naturwiss. Kl. **159**, 297 (1950), wo auch die Beziehung zur „Beugungstheorie der Bildfehler" in M. BORN: Optik, Berlin 1932, dargelegt wird.

durch die Auffangebene tritt, ergibt sich zu

$$J_z = \frac{\hbar i}{2m_0} \int\limits_{U_0 - \Delta U_0}^{U_0 + \Delta U_0} \left(\psi \frac{\partial \psi^*}{\partial z} - \psi^* \frac{\partial \psi}{\partial z} \right) dU_0. \tag{50.13}$$

Da für die Übermikroskopie mit ihren extrem hohen Vergrößerungen und daher sehr kleinen bildseitigen Aperturen $\gamma_1 = 1$ gesetzt werden kann, erhält man aus (50.12) und (50.13)

$$J_z = \frac{\hbar k_1}{m_0} \int\limits_{U_0 - \Delta U_0}^{U_0 + \Delta U_0} |\psi|^2 \, dU_0. \tag{50.14}$$

$\hbar k_1/m_0$ bedeutet nach (50.1) die Elektronengeschwindigkeit im Bildraum. Da diese in unserem Falle praktisch mit der z-Komponente der Geschwindigkeit zusammenfällt, bedeutet (50.14) die übliche Stromdichtedefinition als Produkt aus Dichte und Elektronengeschwindigkeit.

Oft arbeitet man in der Elektronenoptik ohne bündelbegrenzende materielle Blende. Für diesen Fall ist es zweckmäßig, die Phasenfunktion L und die dingseitige Bündelöffnung $d\Omega_0$ durch die Strahlrichtung im Bildraum auszudrücken. Wir wollen insbesondere die Phasenfunktion L bis zu den Gliedern vierter Ordnung in α_1, β_1 berechnen, um so den Einfluß der SEIDELschen Bildfehler auf die wellenmäßige Elektronenintensität zu erfassen. Mit den Bezeichnungen

$$\varrho_1 = \alpha_1^2 + \beta_1^2, \quad \varkappa_1 = x_0 \alpha_1 + y_0 \beta_1, \quad R = x_0^2 + y_0^2, \quad \sigma_1 = x_0 \beta_1 - y_0 \alpha_1 \tag{50.15}$$

erhält man

$$\left. \begin{aligned} L = x\alpha_1 + y\beta_1 + z\gamma_1 - \beta\varkappa_1 - \tfrac{1}{4}\overline{B}\varrho_1^2 - \overline{C}\varkappa_1^2 - \tfrac{1}{2}\overline{D}R\varrho_1 - \overline{E}R\varkappa_1 - \overline{F}\varrho_1\varkappa_1 - \\ - \overline{f}\varrho_1\sigma_1 - \overline{c}\varkappa_1\sigma_1 - \overline{e}R\sigma_1, \end{aligned} \right\} \tag{50.16}$$

(wobei Glieder, die von α_1 und β_1 unabhängig und für unsere Zwecke belanglos sind, weggelassen worden sind). β bedeutet die Vergrößerung.

Die Koeffizienten $\overline{B}, \overline{C}, \ldots \overline{e}$ drücken sich dabei durch die Funktionen (25.27) (mit $u_1 = s$, $u_2 = t$) folgendermaßen aus:

$$\left. \begin{aligned} \overline{B} &= \beta^4 \frac{\Phi_1^{\frac{3}{2}}}{\Phi_0^2} B, \quad \overline{F} = \beta^3 \frac{\Phi_1}{\Phi_0^{\frac{3}{2}}} (F + \mu B), \\[2mm] \overline{C} &= \beta^2 \frac{\Phi_1^{\frac{1}{2}}}{\Phi_0} (C + 2\mu F + \mu^2 B), \\[2mm] \overline{D} &= \beta^2 \frac{\Phi_1^{\frac{1}{2}}}{\Phi_0} (D + 2\mu F + \mu^2 B), \\[2mm] \overline{E} &= \frac{\beta}{\Phi_0^{\frac{1}{2}}} [E + \mu(2C + D) + 3\mu^2 F + \mu^3 B], \\[2mm] \overline{A} &= \frac{1}{\Phi_1^{\frac{1}{2}}} [A + 4\mu E + 2\mu^2(2C + D) + 4\mu^3 F + \mu^4 B], \\[2mm] \overline{f} &= \beta^3 \frac{\Phi_1}{\Phi_0^{\frac{3}{2}}} f, \quad \overline{c} = \beta^2 \frac{\Phi_1^{\frac{1}{2}}}{\Phi_0} (c + 2\mu f), \quad \overline{e} = \frac{\beta}{\Phi_0^{\frac{1}{2}}} (e + \mu c + \mu^2 f). \end{aligned} \right\} \tag{50.17}$$

Die Konstante μ hat die Bedeutung

$$\mu = \frac{\beta}{f_0}, \tag{50.18}$$

wobei f_0 die dingseitige Brennweite darstellt.

Da nach (50.17) gleichzeitig mit den „Bildfehlern" $B, F, \ldots e$ auch die Größen $\overline{B}, \overline{C}, \ldots \overline{e}$ verschwinden, erkennt man, daß für ein „korrigiertes System" ($B=0$, $F=0, \ldots e=0$) die Wellenfunktion ψ durch

$$\psi = \text{const} \int e^{i k_1 [(x-\beta x_0)\alpha_1 + (y-\beta y_0)\beta + z \gamma_1]} \sqrt{K \, d\Omega_0 \, d\Omega_1} \tag{50.19}$$

gegeben ist. Vergleichen wir diese Formel mit (50.3), (50.4), so erkennen wir, daß die Gleichung der Wellenfläche durch $\xi = \beta x_0$, $\eta = \beta y_0$, $\zeta = 0$ dargestellt wird, also in den Punkt $x_1 = \beta x_0$, $y_1 = \beta y_0$ der GAUSSschen Bildebene entartet. Gl. (50.19) stellt also in diesem Falle — wie zu erwarten — eine nach den „Bildpunkt" x_1, y_1 konvergierende Kugelwelle dar.

β) *Der verallgemeinerte* HELMHOLTZ-CLAUSIUS*sche Satz.* Um die allgemeine Formel (50.4) auswerten zu können, müssen wir in (50.7) entweder $d\Omega_0$ durch $d\Omega_1$ oder umgekehrt ausdrücken. Wir brauchen dazu den *Zusammenhang zwischen den Bündelöffnungen im Ding- und Bildraum.* Für das Folgende brauchen wir den Bildraum zunächst nicht als feldfrei vorauszusetzen. Definiert man das „gemischte Eikonal T" durch

$$T = \mathfrak{r}_1 \mathfrak{p}_1 - S, \tag{50.20}$$

so folgt wegen

$$\delta S = \mathfrak{p}_1 \delta \mathfrak{r}_1 - \mathfrak{p}_0 \delta \mathfrak{r}_0 \tag{50.21}$$

für T die Eigenschaft

$$\delta T = \mathfrak{r}_1 \delta \mathfrak{p}_1 + \mathfrak{p}_0 \delta \mathfrak{r}_0. \tag{50.22}$$

Die zu $\mathfrak{p}_1$ und $\mathfrak{r}_0$ gehörenden Bahnkoordinaten $\mathfrak{r}_1$ und der Anfangsimpuls $\mathfrak{p}_0$ berechnen sich dabei nach (50.22) aus T zu

$$\mathfrak{r}_1 = \frac{\partial T}{\partial \mathfrak{p}_1}, \qquad \mathfrak{p}_0 = \frac{\partial T}{\partial \mathfrak{r}_0}. \tag{50.23}$$

Mit $\mathfrak{p}_0 = m_0 v_0 \mathfrak{s}_0 - e \mathfrak{A}_0$ folgt daher für $\mathfrak{s}_0 \equiv \alpha_0, \beta_0, \gamma_0$:

$$\left. \begin{aligned} \alpha_0 &= \frac{1}{m_0 v_0} \frac{\partial T}{\partial x_0} + \frac{e}{m_0 v_0} A_{x_0}, \\ \beta_0 &= \frac{1}{m_0 v_0} \frac{\partial T}{\partial y_0} + \frac{e}{m_0 v_0} A_{y_0}. \end{aligned} \right\} \tag{50.24}$$

Nun ist allgemein

$$d\Omega_0 = \frac{d\alpha_0 \, d\beta_0}{\gamma_0} = \frac{1}{\gamma_0} \frac{\partial(\alpha_0, \beta_0)}{\partial(\alpha_1, \beta_1)} \, d\alpha_1 \, d\beta_1 = \frac{\gamma_1}{\gamma_0} \frac{\partial(\alpha_0, \beta_0)}{\partial(\alpha_1, \beta_1)} \, d\Omega_1. \tag{50.25}$$

Auf Grund von (50.24) erhält man daher

$$v_0^2 \gamma_0 \, d\Omega_0 = \begin{vmatrix} \dfrac{\partial^2 T}{\partial x_0 \, \partial p_{x_1}} & \dfrac{\partial^2 T}{\partial x_0 \, \partial p_{y_1}} \\[2mm] \dfrac{\partial^2 T}{\partial y_0 \, \partial p_{x_1}} & \dfrac{\partial^2 T}{\partial y_0 \, \partial p_{y_1}} \end{vmatrix} \cdot v_1^2 \gamma_1 \, d\Omega_1. \tag{50.26}$$

Die Funktion $T = T(\mathfrak{r}_0, \mathfrak{p}_1)$ oder genauer $\tau = T/m_0 v_1$ heißt das „gemischte Eikonal".

Bis zu Gliedern vierter Ordnung erhält man bei feldfreiem Bildraum für das gemischte Eikonal den Ausdruck

$$\left. \begin{aligned} \tau = \frac{T}{m v_1} &= \beta \varkappa_1 + \frac{1}{2} \sqrt{\frac{\Phi_0}{\Phi_1}} \mu R + \frac{1}{4} \overline{A} R^2 + \frac{1}{4} \overline{B} \varrho_1^2 + \overline{C} \varkappa_1^2 + \\ &\quad + \frac{1}{2} \overline{D} R \varrho_1 + \overline{E} R \varkappa_1 + \overline{F} \varrho_1 \varkappa_1 + \overline{f} \varrho_1 \sigma_1 + \overline{c} \varkappa_1 \sigma_1 + \overline{e} R \sigma_1, \end{aligned} \right\} \tag{50.27}$$

wobei β die Vergrößerung bedeutet und die Koeffizienten $\overline{A}, \overline{B}, \ldots \overline{e}$ durch (50.17) definiert sind.

Sind die Bildfehler behoben, d.h. ist $\overline{B} = 0, \ldots \overline{e} = 0$, so ergibt sich mit (50.27) aus (50.26) der Zusammenhang

$$v_0^2\, \gamma_0\, d\Omega_0 = \beta^2\, v_1^2\, \gamma_1\, d\Omega_1 . \tag{50.28}$$

Wenn man in (50.28) v_0^2 und v_1^2 durch die Quadrate der Brechungsexponenten ersetzt, erhält man zwischen den Bündelöffnungen $d\Omega_0$ und $d\Omega_1$ eine Beziehung, die in der Optik als Helmholtz-Clausius*scher* Satz bekannt ist. Die Gl. (50.26), welche wir mit dem gemischten Eikonal τ in der Gestalt

$$v_0^2\, \gamma_0\, d\Omega_0 = v_1^2\, \gamma_1\, d\Omega_1 \left(\frac{\partial^2 \tau}{\partial x_0\, \partial \alpha_1} \cdot \frac{\partial^2 \tau}{\partial y_0\, \partial \beta_1} - \frac{\partial^2 \tau}{\partial x_0\, \partial \beta_1} \cdot \frac{\partial^2 \tau}{\partial y_0\, \partial \alpha_1} \right) \tag{50.29}$$

schreiben, stellt also die Verallgemeinerung des Helmholtz-Clausiusschen Satzes auf ein allgemeines (d.h. mit Bildfehlern behaftetes) System dar. Das gemischte Eikonal ist bei Beschränkung auf Glieder vierter Ordnung als Funktion von Dingort x_0, y_0 und Strahlrichtung α_1, β_1 im Bildraum durch (50.27) gegeben.

Wir spezialisieren Gl. (50.28) auf den Achsenpunkt eines rotationssymmetrischen Systems. Mit ϑ_0 als Polarwinkel können wir für die Raumwinkelelemente schreiben:

$$d\Omega_0 = 2\pi \sin \vartheta_0\, d\vartheta_0, \qquad d\Omega_1 = 2\pi \sin \vartheta_1\, d\vartheta_1 . \tag{50.30}$$

Wenn wir dies in (50.28) ($\gamma_0 = \cos \vartheta_0$) einsetzen und über die Bündelöffnung von 0 bis ϑ_0, bzw. von 0 bis zum entsprechenden Wert ϑ_1 integrieren, erhalten wir

$$v_0 \sin \vartheta_0 = \beta\, v_1 \sin \vartheta_1 . \tag{50.31}$$

Dies ist die sog. Abbe-Helmholtz*sche Sinusbedingung*. Sie folgt auch aus dem allgemeinen Cosinussatz (7.8), der die Bedingung für die scharfe Abbildung zweier Linienelemente aufeinander angibt, wenn man diesen auf rotationssymmetrische Felder spezialisiert. In derartigen Feldern stellt die Feldachse stets eine Elektronenbahn dar, deren generalisierter Impuls (3.23) in die Achsenrichtung fällt. [Auf der Achse verschwindet nämlich nach (9.12) das Vektorpotential $\mathfrak{A}$ des rotationssymmetrischen Feldes.] Wenn wir daher für zwei aufeinander abgebildete achsensenkrechte Linienelemente statt der Winkel χ_0 und χ_1 der Bahnen des Bündels mit den Linienelementen in Ding- und Bildraum die dazu komplementären Winkel ϑ_0 und ϑ_1 mit der optischen Achse betrachten, so ergibt Gl. (7.8) wegen $\cos \chi = \sin \vartheta$ unmittelbar (50.31).

Abweichung von der Sinusbedingung. In Verallgemeinerung von (50.31) können wir nun die Abbildung eines Achsenpunktes in einem mit Bildfehlern behafteten System betrachten. Wir gehen dazu von (50.24) und (50.27) aus. Da $\mathfrak{A}$ für $x_0 = 0$, $y_0 = 0$ verschwindet, erhalten wir

$$\left. \begin{aligned} \alpha_0 &= \left[\beta\, \alpha_1 + \overline{F}\, (\alpha_1^2 + \beta_1^2)\, \alpha_1 + \overline{f}\, (\alpha_1^2 + \beta_1^2)\, \beta_1 \right] \frac{v_1}{v_0}, \\ \beta_0 &= \left[\beta\, \beta_1 + \overline{F}\, (\alpha_1^2 + \beta_1^2)\, \beta_1 - \overline{f}\, (\alpha_1^2 + \beta_1^2)\, \alpha_1 \right] \frac{v_1}{v_0} . \end{aligned} \right\} \tag{50.32}$$

Hieraus folgt für $\sin^2 \vartheta_0 = 1 - \gamma_0^2 = \alpha_0^2 + \beta_0^2$ und $\sin^2 \vartheta_1 = 1 - \gamma_1^2 = \alpha_1^2 + \beta_1^2$ der Zusammenhang

$$v_0 \sin \vartheta_0 = \beta\, v_1 \sin \vartheta_1 + v_1 \overline{F} \sin^2 \vartheta_1. \qquad (50.33)$$

Die anisotrope Koma $\overline{f}$ ist aus den Gleichungen herausgefallen, so daß (50.33) im elektrisch-magnetischen Feld die gleiche Gestalt wie im rein elektrischen Feld hat. Wenn man aus (50.17) in (50.33) einsetzt, erhält man

$$v_0 \sin \vartheta_0 - \beta\, v_1 \sin \vartheta_1 = \beta^3 \frac{v_1^3}{v_0^3} \left(F + \frac{\beta}{f_0} B \right) \sin^3 \vartheta_1. \qquad (50.34)$$

Der rechte Ausdruck stellt die *Abweichung von der Sinusbedingung dar*. Verschwinden sphärische Abberation und Koma, so wird ein unendlich kleines, achsensenkrechtes Objekt scharf abgebildet. Denn „unendlich klein" heißt hier, daß man nur die erste Potenz der Objektgröße x_0 zu berücksichtigen braucht. Dann treten aber in den Gln. (26.11) nur die Koeffizienten B_1 und F_1 auf. Sind diese Null, so verschwinden auch die Bildabweichungen $x_1 - \beta x_0$ und $y_1 - \beta y_0$. In diesem Falle gilt die Sinusbedingung. Ist umgekehrt diese Bedingung für jeden Winkel ϑ_0 erfüllt, so müssen F und B verschwinden, und damit ist neuerlich bestätigt, daß (50.31) die Bedingung dafür darstellt, daß ein kleines, achsensenkrechtes Objekt scharf abgebildet wird. Selbstverständlich kann man (50.34) auch als Sonderfall aus (50.29) folgern.

Um (50.4) auswerten zu können, müssen wir den Ausdruck (50.7) entweder durch das Raumwinkelelement $d\Omega_1$ im Bildraum oder durch das entsprechende $d\Omega_0$ im Dingraum ausdrücken. Der strenge Zusammenhang ist durch (50.29) gegeben. In den meisten Fällen, insbesondere bei hoher Vergrößerung, genügt es aber, mit dem angenähert gültigen HELMHOLTZ-CLAUSIUSschen Satz (50.28) zu rechnen. Wir erhalten so mit (50.28) für (50.7)

$$A\, d\Omega_1 = \frac{\beta \sqrt{v_1}}{v_0} \sqrt{K \frac{\cos \vartheta_1}{\cos \vartheta_0}}\, d\Omega_1. \qquad (50.35)$$

Mit Einführung der spezifischen Strahlungsintensität bzw. der „Flächenhelligkeit" K_s, welche durch

$$K = K_s \cos \vartheta_0 \qquad (50.36)$$

definiert ist und für hohe Vergrößerung ($\cos \vartheta_1 \approx 1$) vereinfacht sich (50.35) und man erhält

$$\psi(P) = \frac{p_1^{\frac{3}{2}} \beta \sqrt{m_0}}{2 \pi i \hbar p_0} \int\limits_{\Omega_1} e^{\frac{i p_1}{\hbar} L} \sqrt{K_s}\, d\Omega_1. \qquad (50.37)$$

Für ein nach dem LAMBERTschen Gesetz strahlendes Objektelement ist nach (50.36) K_s gleich einer Konstanten. L ist als Funktion der Strahlrichtung im Bildraum durch (50.3) gegeben.

γ) *Wellenmäßige Abbildung eines Achsenpunktes*. Für die Übermikroskopie spielt vor allem die Abbildung eines auf der optischen Achse liegenden Objektelementes eine wichtige Rolle. Wir haben daher Gl. (50.37) auf diesen Fall zu spezialisieren. Dabei haben wir die dingseitige Apertur ϑ_0 auf die bildseitige ϑ_1 nach (50.33) umzurechnen. Man kann sich davon überzeugen, daß es für die praktisch verwendeten Abbildungsfelder bei den sehr kleinen in Frage kommenden Aperturen ausreicht, für diese Umrechnung den Sinussatz (50.31) zu benützen. Für das magnetische Glockenfeld (23.15) kann man die Zulässigkeit dieses Vorgehens unmittelbar feststellen. Dies kommt, wie oben erwähnt, auf die

Anwendung der Formel (50.37) hinaus. Nach (50.16) erhält L die Gestalt

$$L = x\,\alpha_1 + y\,\beta_1 + z\,(1 - \tfrac{1}{2}\varrho_1) - \tfrac{1}{4}(\overline{B} + \tfrac{1}{2}z)\,\varrho_1^2. \qquad (50.38)$$

Es sei ϑ_1 der Winkel, den der Elektronenstrahl im Bildraum mit der optischen Achse bildet ($\gamma_1 = \cos\vartheta_1$). Wir führen Polarwinkel ϑ_1 und χ durch

$$\alpha_1 = \sin\vartheta_1 \cos\chi, \qquad \beta_1 = \sin\vartheta_1 \sin\chi \qquad (50.39)$$

ein und legen den Aufpunkt in der Auffangebene durch Polarkoordinaten r, ψ entsprechend

$$x = r\cos\psi, \qquad y = r\sin\psi \qquad (50.40)$$

fest. Damit erhält L die Gestalt

$$L = r\sin\vartheta_1 \cos(\psi - \chi) + z\,(1 - \tfrac{1}{2}\sin^2\vartheta_1) - \tfrac{1}{4}(\overline{B} + \tfrac{1}{2}z)\sin^4\vartheta_1. \quad (50.41)$$

Für das Raumwinkelelement $d\Omega_1$ ergibt sich wegen der Kleinheit der bildseitigen Apertur ($\cos\vartheta_1 \approx 1$)

$$d\Omega_1 = \frac{d\alpha_1\,d\beta_1}{\cos\vartheta_1} = \frac{\partial(\alpha_1, \beta_1)}{\partial(\vartheta_1, \chi)}\,d\vartheta_1\,d\chi = \frac{1}{2}\,d\chi \cdot d\sin^2\vartheta_1. \qquad (50.42)$$

Wenn man (50.41), (50.42) in (50.37) einsetzt und die Definition (8.18) der nullten Bessel-Funktion beachtet, erhält man

$$\psi(P) = \mathrm{const}\int\limits_0^{\Theta_1} J_0\!\left(\frac{p_1 r}{\hbar}\sin\vartheta_1\right) e^{-\frac{i p_1 z}{2\hbar}\sin^2\vartheta_1 - \frac{i p_1}{4\hbar}\left(\overline{B}+\frac{1}{2}z\right)\sin^4\vartheta_1}\sqrt{K_s}\,d(\sin^2\vartheta_1). \quad (50.43)$$

Wir setzen

$$\frac{p_1}{4\hbar}\left(\overline{B} + \frac{1}{2}z\right)\sin^4\vartheta_1 = \xi^2. \qquad (50.44)$$

Die Größe $\overline{B}$ können wir mit (50.17) und (27.6) durch die Öffnungsfehlerkonstante C_δ ausdrücken. Es ist

$$\overline{B} = \beta^4\left(\frac{\Phi_1}{\Phi_0}\right)^{\frac{3}{2}} C_\delta. \qquad (50.45)$$

Ferner werde zur Abkürzung

$$A^2 = \frac{p_1}{4\hbar}\left(\overline{B} + \frac{1}{2}z\right) = \frac{\pi}{2\lambda_1}\left[\beta^4\left(\frac{\Phi_1}{\Phi_0}\right)^{\frac{3}{2}} C_\delta + \frac{1}{2}z\right] \qquad (50.46)$$

gesetzt. Wenn Θ_1 die bildseitige Strahlapertur bedeutet, d.h. ϑ_1 Werte zwischen 0 und Θ_1 hat, schreiben wir

$$\xi = A\sin^2\vartheta_1, \qquad \xi_1 = A\sin^2\Theta_1. \qquad (50.47)$$

Für (50.43) erhält man so

$$\psi(P) = \mathrm{const}\int\limits_0^{\xi_1} J_0\!\left(\frac{p_1 r}{\hbar\sqrt{A}}\sqrt{\xi}\right) e^{-\frac{i p_1 z}{2\hbar A}\xi - i\xi^2}\sqrt{K_s}\,d\xi. \qquad (50.48)$$

Weiter mögen die dimensionslosen Größen

$$s = \frac{p_1 r}{\hbar\sqrt{A}} = \frac{2\pi r}{\lambda_1}\left\{\frac{\pi}{2\lambda_1}\left[\beta^4\left(\frac{\Phi_1}{\Phi_0}\right)^{\frac{3}{2}} C_\delta + \frac{1}{2}z\right]\right\}^{-\frac{1}{4}} \qquad (50.49)$$

und

$$\sigma = \frac{p_1 z}{2\hbar A} = \frac{\pi z}{\lambda_1}\left\{\frac{\pi}{2\lambda_1}\left[\beta^4\left(\frac{\Phi_1}{\Phi_0}\right)^{\frac{3}{2}} C_\delta + \frac{1}{2}z\right]\right\}^{-\frac{1}{2}} \qquad (50.50)$$

eingeführt werden. Die Größe σ kennzeichnet den dimensionslos geschriebenen Abstand der Auffangebene von der GAUSSschen Bildebene (Einstellfehler). Mit (50.49), (50.50) erhält (50.48) die Gestalt

$$\psi(P) = \text{const} \int_0^{\xi_1} J_0\left(s\sqrt{\xi}\right) e^{-i\sigma\xi - i\xi^2}\sqrt{K_s}\, d\xi. \qquad (50.51)$$

Durch Auswertung des Integrales (50.51) für verschiedene σ erhält man die Wellenfunktion in den entsprechenden Auffangebenen als Funktion der „Bündelapertur" ξ_1. Bezeichnen wir mit X und $-Y$ Real- und Imaginärteil des Integrals in (50.51), also

$$X = \int_0^{\xi_1} J_0\left(s\sqrt{\xi}\right) \cos\left(\xi^2 + \sigma\xi\right)\sqrt{K_s}\, d\xi, \qquad (50.52)$$

$$Y = \int_0^{\xi_1} J_0\left(s\sqrt{\xi}\right) \sin\left(\xi^2 + \sigma\xi\right)\sqrt{K_s}\, d\xi, \qquad (50.53)$$

so ist die Aufenthaltswahrscheinlichkeit $\varrho = \psi\psi^*$ nach (50.52), (50.53) gegeben durch

$$\varrho = \text{const}\,(X^2 + Y^2). \qquad (50.54)$$

Die zur Auffangebene senkrechte Komponente der Stromdichte J_z berechnet sich nach (50.13) aus

$$\psi \sim \frac{1}{A(z)}\, e^{i k_1 z} \left[X(z) - i\, Y(z)\right] \qquad (50.55)$$

zu

$$J_z \sim \frac{1}{A^2} \left[\frac{p_1}{\hbar}\,(X^2 + Y^2) + Y\frac{\partial X}{\partial z} - X\frac{\partial Y}{\partial z}\right]. \qquad (50.56)$$

Wegen des großen Faktor $p_1/\hbar$ kommt in der Regel bei hoher Vergrößerung das zweite Glied gegenüber dem ersten nicht in Betracht und wir können schreiben:

$$J_z = \text{const}\,(X^2 + Y^2). \qquad (50.57)$$

Bezeichnen wir den Wert von J_z auf der Achse mit $J_z(0)$, so wird die in der Auffangebene $z = \text{const}$ herrschende Verteilung der Elektronenstromdichte durch

$$F(s, \sigma, \xi_1) = \frac{J_z(s)}{J_z(0)} = \frac{X^2 + Y^2}{X_0^2 + Y_0^2} \qquad (50.58)$$

gegeben. Auf diese Weise ist die Elektronenintensität durch die dimensionslosen Parameter s, σ, A und $\sin\Theta_1$ ausgedrückt.

Ist das Maximum der Intensität in (50.58) sehr ausgeprägt und fällt die Elektronendichte sehr rasch ab, so hat man ein „scharfes" Bild des Gegenstandspunktes vor sich und benachbarte Bildpunkte können gut getrennt werden. Ist dagegen das Maximum flach und verwaschen, so haben wir keine ausgeprägte „Punktabbildung" vor uns und auch die Trennung der Bildpunkte wird nur bei großem Abstand möglich sein. Damit kommen wir zur Frage des Auflösungsvermögens, von dem wir im folgenden sprechen wollen.

δ) *Das Auflösungsvermögen des Elektronenmikroskops.* Einem Elektronen emittierenden Dingpunkt auf der optischen Achse entspricht nach dem vorigen Kapitel eine bestimmte durch (50.58) gegebene Elektronenintensität um den entsprechenden GAUSSschen Bildpunkt. Streng genommen, können wir natürlich unter einem „Dingpunkt" nicht einen „Punkt" im geometrischen Sinne verstehen, denn ein derartiges Gedankengebilde ohne räumliche Ausdehnung kann niemals eine Quelle von Elektronen darstellen. Unter einem Dingpunkt im physikalischen Sinne verstehen wir ein kleines Körperelement, also im extremsten Sinne ein Atom, das Elektronen streuen oder emittieren und somit selbst zur Quelle von Elektronen für die Abbildung werden kann. Der Atomquerschnitt senkrecht zur optischen Achse (bzw. der Streuquerschnitt) würde das abgebildete Flächenelement des Objekts darstellen. Haben wir nur zwei benachbarte Objektpunkte, so entspricht jedem von ihnen ein bestimmtes Intensitätsgebirge in der Auffangebene und die Trennschärfe oder das Auflösungsvermögen des Instrumentes wird durch jenen kleinsten Abstand d der beiden Dingpunkte gegeben sein, für welchen die beiden entsprechenden, einander zum Teil überlagernden Intensitätsgebirge noch als getrennt festgestellt werden können.

Zuerst werde der einfachste (und für die gegenwärtige Elektronenmikroskopie stark idealisierte) Grenzfall betrachtet, bei dem der Öffnungsfehler $C_ö$ als unmerklich klein vorausgesetzt werde. Weiters wählen wir als Auffangebene die Gausssche Bildebene $z = 0$. Schließlich soll die vom Dingelement ausgehende Elektronenstrahlung dem Lambertschen Gesetz genügen. Es wird also $K_s = $ const vorausgesetzt. Diese Annahmen entsprechen denen, die man lichtoptischen Betrachtungen in der Regel zugrundelegt. Damit geht (50.43) über in

$$\psi(P) = \text{const} \int_0^{\Theta_1} J_0\left(\frac{p_1 r}{\hbar}\sin\vartheta_1\right)\sin\vartheta_1 \, d\sin\vartheta_1. \tag{50.59}$$

Führt man durch

$$\varrho = \frac{p_1 r}{\hbar}\sin\vartheta_1 = \frac{2\pi r}{\lambda_1}\sin\vartheta_1 \tag{50.60}$$

eine neue Variable ein, so erhält man mit

$$\varrho_1 = \frac{2\pi r}{\lambda_1}\sin\Theta_1 \tag{50.61}$$

für (50.59)

$$\psi(P) = \text{const}\,\frac{\lambda_1^2}{4\pi^2 r^2}\int_0^{\varrho_1} J_0(\varrho)\,\varrho\,d\varrho. \tag{50.62}$$

Die Integration ergibt

$$\psi(P) \sim \frac{J_1(\varrho_1)}{\varrho_1}, \tag{50.63}$$

so daß die Stromdichte J_z in der Gestalt

$$J_z = \left[\frac{2J_1(\varrho_1)}{\varrho_1}\right]^2 \cdot \text{const} \tag{50.64}$$

geschrieben werden kann. Wegen

$$\lim_{\varrho_1 \to 0}\frac{2J_1(\varrho_1)}{\varrho_1} = 1 \tag{50.65}$$

erhält man für den Intensitätsabfall $F = J_z/J_z(0)$ als Funktion des Abstandes r vom Gaussschen Bildpunkt

$$\boxed{F(\varrho_1) = \left[\frac{2J_1(\varrho_1)}{\varrho_1}\right]^2 \quad \text{mit} \quad \varrho_1 = \frac{2\pi r}{\lambda_1}\sin\Theta_1.} \tag{50.66}$$

Die Funktion $F(\varrho_1)$ ist in Fig. 110 wiedergegeben. Ihre Nullstellen liegen bei

$$\varrho_1' = 3{,}83; \quad \varrho_1'' = 7{,}02; \quad \varrho_1''' = 10{,}17; \quad \dots \tag{50.67}$$

Der einzelne Dingpunkt wird also in ein den GAUSSSchen Bildpunkt umgebendes Scheibchen vom Durchmesser

$$d_1' = \frac{\varrho_1'}{\pi} \frac{\lambda_1}{\sin \Theta_1} = 1{,}22 \frac{\lambda_1}{\sin \Theta_1} \qquad (50.68)$$

abgebildet, das von weiteren dunklen Beugungsringen mit den Durchmessern

$$d_2' = 1{,}83 d_1', \qquad d_3' = 2{,}65 d_1', \ \ldots \qquad (50.69)$$

umgeben ist.

Das dem Dingpunkt in der Bildebene entsprechende Intensitätsgebirge entsteht durch Rotation der Kurve $F(\varrho_1)$ von Fig. 110 um ihre Symmetrieachse. In das zentrale Beugungsscheibchen fallen 83,8% des gesamten Stromes.

Man nimmt an, daß zwei „Intensitätsgebirge" der Form (50.66) noch als getrennt festgestellt werden können, wenn ihre „Hauptgipfel" die Entfernung

$$d = \varkappa d_1' \qquad (50.70)$$

haben, wobei $\varkappa$ einen physiologischen Faktor bedeutet, welcher durch die Unterscheidungsfähigkeit des Auges für zwei sich zum Teil überdeckende Bildflecke bedingt ist. Er wäre als statistisches Mittel aus einer Reihe von Versuchen mit mehreren Versuchspersonen zu entnehmen. Man setzt gewöhnlich $\varkappa = 0{,}5$, nimmt also an, daß die beiden Intensitätsgebirge noch getrennt werden können, wenn das erste Maximum der einen Intensitätsverteilung gerade auf die erste Nullstelle der zweiten Intensitätsverteilung fällt. Die Entfernung der beiden Gipfel ist dann $\frac{1}{2} d_1'$, d.h. gleich dem Radius des Beugungsscheibchens. Damit erhält man

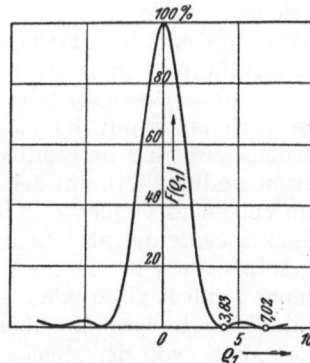

Fig. 110. Intensitätsverteilung in der GAUSSSchen Bildebene bei der Abbildung eines Achsenpunktes durch ein vom Öffnungsfehler freies System (AIRYsche Verteilung).

$$d_1 = 0{,}6 \frac{\lambda_1}{\sin \Theta_1}. \qquad (50.71)$$

Auf Grund der im betrachteten Falle erfüllten Sinusbedingung

$$v_0 \sin \Theta_0 = \beta v_1 \sin \Theta_1 \qquad (50.72)$$

und der Beziehung für die DE BROGLIE-Wellenlängen

$$\frac{\lambda_1}{\lambda_0} = \frac{v_0}{v_1} \qquad (50.73)$$

erhält man für die entsprechende Entfernung $d = d_1/\beta$ der beiden Dingpunkte, die gerade noch getrennt wahrgenommen werden können:

$$d = 0{,}6 \frac{\lambda_0}{\sin \Theta_0}. \qquad (50.74)$$

Diese Formel gibt die erstmals von H. v. HELMHOLTZ und E. ABBE aufgestellte *Auflösungsgrenze* eines korrigierten Mikroskops an. Da es korrigierte Objektive zur Zeit nur für die Lichtmikroskopie gibt, ist Formel (50.74) auch nur für das Lichtmikroskop anwendbar. Die Größe λ_0 bedeutet dabei die Wellenlänge des Lichtes im Dingraum. Wenn man daher das Objekt in ein Mittel vom Brechungsexponenten n_0 einbettet, so ist $\lambda_0 = \lambda/n_0$, wenn λ die Vakuum-Wellenlänge des bestrahlenden Lichtes ist. Benützt man als Immersionsflüssigkeit Zedernholzöl oder Monobrom-Naphtalin, so erzielt man Werte von $n_0 = 1{,}5$ und für d erhält man $d = 0,4\lambda$, da $\sin \Theta_0$ praktisch gleich Eins gemacht werden kann. Für eine Wellenlänge des sichtbaren Lichtes von $\lambda = 0,55\,\mu$, für welche das Auge maximale Empfindlichkeit besitzt, ergibt sich so eine „Auflösungsgrenze" des Lichtmikroskops von

$$d = 0,2\mu = 2 \cdot 10^{-4}\,\mathrm{mm}. \tag{50.75}$$

Könnte man ähnliche Verhältnisse beim Elektronenmikroskop erzielen, also eine Korrektur des Öffnungsfehlers und eine Objektivapertur $\sin \Theta_0 \approx 1$ erreichen, so würde sich nach (1.43) für 100 kV eine Wellenlänge von $\lambda_0 = 3,7 \cdot 10^{-9}\,\mathrm{mm}$ und damit nach (50.74) ein Auflösungsvermögen von $d = 2,2 \cdot 10^{-9}\,\mathrm{mm} = 0,022\,\text{Å}$ ergeben. Bei den größten zur Zeit verwendeten Aperturen, die bis $\Theta_0 = 10^{-2}$ reichen, würde sich bei vernachlässigbarem Öffnungsfehler gegenüber diesem Wert nur eine hundertfache Verschlechterung im Auflösungsvermögen ergeben. Die Auflösungsgrenze würde in diesem Falle $d = 2,2 \cdot 10^{-7}\,\mathrm{mm} = 2,2\,\text{Å}$ betragen.

Auflösungsvermögen und Unschärferelation. Wäre die Korpuskelvorstellung in Verbindung mit der klassischen Mechanik ohne Einschränkung auf die Elektronenbewegung anwendbar, so müßte die Auflösungsgrenze durch den Elektronenradius bestimmt sein. Denn denken wir uns etwa ein für Elektronen undurchlässiges Objekt durch einen von einer „Punktquelle" radial ausgehenden Elektronenstrom als „Schatten" abgebildet, so wird auf Grund des Trägheitsgesetzes, dem in diesem Falle die Elektronen gehorchen sollen, das Objekt so lange ähnlich abgebildet, als die Größenordnung des Objekts diejenige der abbildenden Korpuskeln übertrifft. Wenn Objektsausdehnung Δx und „Korpuskelradius" von der gleichen Größenordnung werden, kann von einer ähnlichen Abbildung nicht mehr gesprochen werden. Bei einem Elektronenradius von $10^{-12}\,\mathrm{mm}$ läge also bei strenger Gültigkeit der NEWTONschen Mechanik die Auflösungsgrenze etwa bei einigen Zehntausendstel Ångström-Einheiten.

Die aus der Wellennatur der Elektronenbewegung folgende HEISENBERGsche Unschärferelation, kann man dahingehend verstehen, daß sie die Grenze für die Anwendbarkeit des Trägheitsgesetzes auf die Bewegung der „Elektronenkorpuskel" angibt. Aus ihr folgt, daß die Auflösungsgrenze um einige Größenordnungen ungünstiger liegt als in dem eben erwähnten Fall der klassischen Mechanik. Wir wollen zeigen, daß sie für ein korrigiertes System im wesentlichen mit (50.74) übereinstimmt, so daß man diese Auflösungsgrenze auch als Ausdruck der Unschärferelation betrachten kann[1].

Damit nämlich das Objekt getroffen wird, müssen wir den Ort des Elektrons auf den Bereich der Objektausdehnung Δx beschränken. Nach der Unschärferelation müssen wir dabei eine Unbestimmtheit Δp_x der gleichgerichteten Impulskomponente p_x in Kauf nehmen, welche durch

$$\Delta x\, \Delta p_x \geq \hbar/2 \tag{50.76}$$

nach unten beschränkt ist. Die Richtung der Elektronen, welche das Objekt verlassen, ist daher bis auf die Größe ϑ_0 nach

$$\Delta p_x = p_0 \sin \vartheta_0 = \frac{\hbar}{\lambda_0}\, 2\pi \sin \vartheta_0 \tag{50.77}$$

unbestimmt, wenn p_0 den Betrag des Elektronenimpulses bedeutet. Nach (50.76) gilt also

$$2\pi \hbar\, \Delta x\, \frac{\sin \vartheta_0}{\lambda_0} \geq \frac{\hbar}{2}. \tag{50.78}$$

---

[1] Vgl. dazu W. HEISENBERG: Die physikalischen Prinzipien der Quantentheorie. Leipzig 1930.

Wenn daher Θ_0 die geometrische Objektivapertur ist, so muß jedenfalls

$$\sin \vartheta_0 \leq \sin \Theta_0 \qquad (50.79)$$

sein, damit die betrachteten Elektronen überhaupt ins Objekt gelangen und somit zur Abbildung beitragen können. Aus (50.78) und (50.79) folgt

$$\Delta x \, \frac{4\pi}{\lambda_0} \sin \Theta_0 \geq 1 \quad \text{oder} \quad \Delta x \geq \frac{\lambda_0}{4\pi \sin \Theta_0}, \qquad (50.80)$$

was größenordnungsmäßig mit (50.74) übereinstimmt.

Förderliche Vergrößerung. In engem Zusammenhang mit dem Begriff des Auflösungsvermögens oder der Trennschärfe eines optischen Instrumentes steht der Begriff der „förderlichen" oder „wirksamen" Vergrößerung. Wie Versuche mit einer Reihe von Versuchspersonen gezeigt haben, kann das menschliche Auge zwei verschiedene Objektpunkte nur dann als getrennt feststellen, wenn der Sehwinkel, den die beiden Sehstrahlen vom Auge nach den beiden Dingpunkten miteinander einschließen, mindestens ein bis zwei Bogenminuten beträgt. In der „deutlichen Sehweite" von ungefähr 250 mm (unakkomodiertes Auge) entspricht diesem Sehwinkel ein Objektpunktsabstand von $d_A = 0,1$ bis $0,2$ mm. Diese Größe kann daher als die *Auflösungsgrenze des menschlichen Auges* betrachtet werden. Vergrößern wir nun ein mikroskopisches oder übermikroskopisches Bild so stark, daß die vom Instrument noch aufgelöste Strecke d auf die Größe d_A gebracht wird, wählen wir also die Vergrößerung $\beta = \beta_w$ gemäß

$$d_A = \beta_w \cdot d, \qquad (50.81)$$

so heißt $\beta_w = d_A/d$ die *wirksame* oder *förderliche* Vergrößerung, weil eine weitere Steigerung der Vergrößerung keinen neuen Bildinhalt mehr zutage fördert. Man sagt mit E. ABBE: Vergrößerungen, die über die förderliche Vergrößerung hinausgehen, sind „leer". Da die Auflösungsgrenze für sichtbares Licht $2 \cdot 10^{-4}$ mm beträgt, liegt die förderliche Vergrößerung des Lichtmikroskops bei $\beta_w = 500$ bis 1000.

Der Einfluß des Öffnungsfehlers auf das Auflösungsvermögen. Nun soll die Voraussetzung $C_\delta \approx 0$ fallen gelassen werden. Es wird sich ergeben, daß infolge der Wirkung des Öffnungsfehlers die Elektronenintensität in den dunklen Beugungsringen der Bildebene keine Nullstellen mehr besitzt und das entsprechende Minimum ziemlich flach verläuft, so daß es nicht sehr scharf festgelegt werden kann. Wir können daher die frühere Definition der Auflösungsgrenze nicht wörtlich auf den gegenwärtigen Fall übertragen. Es muß also definiert werden, wann man die beiden Hauptgipfel der zwei Dingpunkten entsprechenden „Intensitätsgebirge" noch als „getrennt" auffassen will. Dazu kann man bemerken, daß sich bei der Überlagerung der beiden Intensitätsgebirge ohne Öffnungsfehler zwischen den beiden Hauptgipfeln ein Sattelpunkt der Intensität ergibt (Fig. 111). Sein Ort liegt bei $\varrho_{1s} = \frac{1}{2}\varrho_1' = 1,91$. Die Intensität beträgt dort nach (50.66)

$$2 \, \frac{J_z(\varrho_{1s})}{J_z(0)} = 2 \left[\frac{2 J_1(\varrho_{1s})}{\varrho_{1s}} \right]^2 = 0,74 = 74\%, \qquad (50.82)$$

d.h. nicht ganz 75% der Maximalintensität. Wir können also in Verallgemeinerung des Resultats verlangen, daß die beiden Gipfel noch dann als getrennt angesehen werden, wenn die Intensität im Sattelpunkt 75% der maximalen beträgt. Ob ein Intensitätsabfall im Sattel zwischen den beiden Gipfeln auf 75% der Maximalintensität für eine Trennung durch das Auge ausreicht, oder zu reichlich bemessen ist, kann nur durch Versuche mit einer größeren Zahl von Personen entschieden werden. Das Ergebnis solcher Versuche könnte die Festlegung eines anderen Prozentsatzes als zweckmäßig erscheinen lassen. Es ist wahrscheinlich, daß bereits ein bedeutend geringerer Unterschied zwischen der Intensität im Sattel und den Gipfeln vom Auge festgestellt werden kann. Für einen *relativen* Vergleich der Leistungsgüte verschiedener Instrumente ist der festgelegte Prozentsatz des „Sattelkontrastes" unwesentlich. Wir legen daher unseren Betrachtungen folgende Definition zugrunde: Unter der *elektronenoptischen Auflösungsgrenze* versteht man den linearen Abstand zweier gleicher Objektdetails, für welche die Elektronenintensität in der Auffangebene im Sattelpunkt zwischen den beiden Intensitätsmaximis auf einen geeignet zu definierenden Prozentsatz (z.B. 75%) des Maximalbetrages herabsinkt (Fig. 112).

Mit der Funktion $F(s, \sigma, \xi_1)$ von (50.58) können wir somit die Auflösungsgrenze folgendermaßen bestimmen. Wir bezeichnen mit s_a jene „Entfernung"

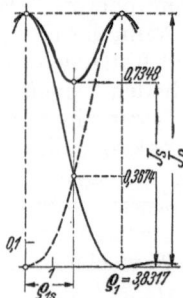

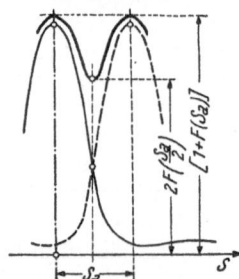

Fig. 111. Bei der üblichen Definition des Auflösungsvermögens eines aberrationsfreien Systems beträgt das Intensitätsminimum zwischen den beiden Gipfeln etwa 75% der Maximalintensität.

Fig. 112. Definition des Auflösungsvermögens eines nichtkorrigierten Systems. Die Intensität im Minimum soll auch hier 75% der Maximalintensität betragen.

der beiden Intensitätsgipfel, die im Sattelpunkt $75\% = \frac{3}{4}$ der Maximalintensität ergibt. Die Größe s_a ist somit nach (50.58) aus $F(s)$ wegen $F(0) = 1$ durch die Gleichung

$$\frac{3}{4}\left[1 + F(s_a)\right] = 2F\left(\frac{s_a}{2}\right) \tag{50.83}$$

festgelegt. Durch Auflösen dieser Beziehung ergibt sich

$$s_a = f(\sigma, \xi_1), \tag{50.84}$$

und nach (50.49) folgt daraus das Auflösungsvermögen

$$d = \frac{r_a}{\beta} = \frac{s_a}{2\sqrt[4]{2\pi^3}}\sqrt[4]{C_{\ddot{o}}\,\lambda_0^3}\left[1 + \frac{z}{2\beta^4 C_{\ddot{o}}}\left(\frac{\Phi_0}{\Phi_1}\right)^{\frac{3}{2}}\right]^{\frac{1}{4}} \tag{50.85}$$

in der entsprechenden Einstellebene σ für die „Apertur" ξ_1. Man wird speziell jenen ξ_1-Wert suchen, d.h. nach (50.47) jene Apertur bestimmen, für welche s_a und damit auch d seinen kleinsten Wert $d_{\min}$ annimmt. In diesem Falle wird $s_{a\min}$ allein eine Funktion der Einstellung σ und speziell für die GAUSSsche Bildebene ($\sigma = 0$) eine bestimmte Zahl. Man kann auch nach jener Einstellung σ_m fragen, für welche $d_{\min}(\sigma_m)$ seinen kleinsten Wert annimmt.

Wir wollen nun einen nach dem LAMBERTschen Gesetz $K_s = $ const strahlenden „Objektpunkt" betrachten. Ferner soll das Auflösungsvermögen der Einfachheit halber nur in der GAUSSschen Bildebene ($\sigma = 0$) bestimmt werden. Wir haben die Integrale

$$\left.\begin{aligned}X_1 &= \int_0^{\xi_1} J_0\left(s\sqrt{\overline{\xi}}\right)\cos\xi^2\,d\xi,\\Y_1 &= \int_0^{\xi_1} J_0\left(s\sqrt{\overline{\xi}}\right)\sin\xi^2\,d\xi\end{aligned}\right\} \tag{50.86}$$

auszuwerten und damit die Intensitätsverteilung $F(s)$ nach (50.58) zu bestimmen. Als Resultat der numerischen Auswertung ist in Fig. 113 der Verlauf der Kurven $F(s)$ für verschiedene Parameterwerte ξ_1 wiedergegeben. Mit diesen Kurven konnte für jeden ξ_1-Wert die Gl. (50.83) gelöst werden. Man erhält so s_a als Funktion von ξ_1. Nach (50.46), (50.47) hängt dabei ξ_1 mit der Apertur Θ_1 durch die Beziehung

$$\xi_1 = \sqrt{\frac{\pi}{2}}\,\beta^2 \left(\frac{\Phi_1}{\Phi_0}\right)^{\frac{3}{4}} \sqrt{\frac{C_\delta}{\lambda_1}}\,\sin^2\Theta_1 = \sqrt{\frac{\pi}{2}}\,\sqrt{\frac{C_\delta}{\lambda_0}}\,\sin^2\Theta_0 \qquad (50.87)$$

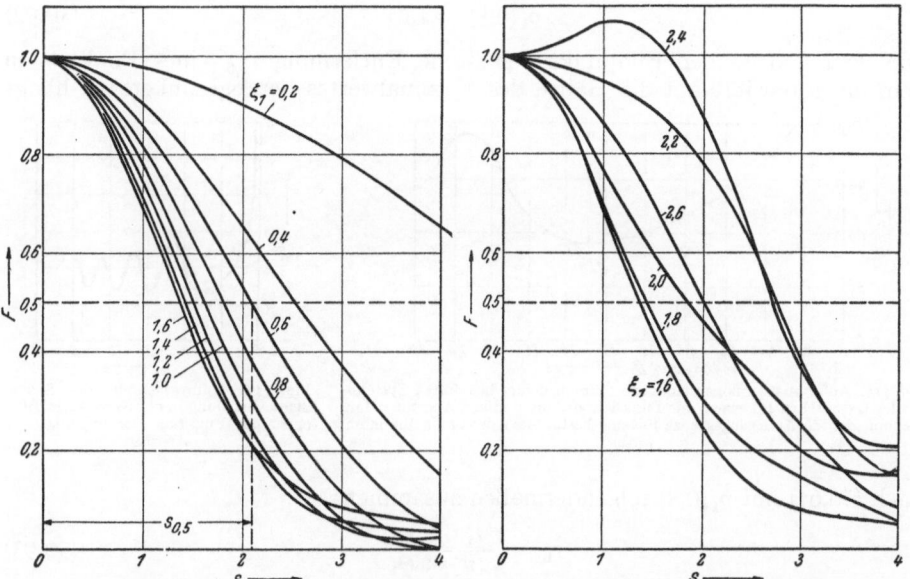

Fig. 113. Stromdichteverteilung in der GAUSSschen Bildebene bei der wellenmechanischen Abbildung durch ein mit Öffnungsfehler behaftetes System mit der „Apertur" $\xi_1 = A$, $\sin^2\Theta_1$ als Parameter.

zusammen. Das Auflösungsvermögen ergibt sich nach (50.85) aus s_a für $z=0$ gemäß

$$d = \frac{s_a}{2\sqrt[4]{2\pi^3}}\,\sqrt[4]{C_\delta\lambda_0^3}. \qquad (50.88)$$

In Fig. 114 ist $d/\sqrt[4]{C_\delta\lambda_0^3}$ als Funktion von $\sqrt{C_\delta/\lambda_0}\sin^2\Theta_0$ dargestellt. Im Gegensatz zu der für ein korrigiertes System geltenden Formel (50.74), die eine monotone Funktion der Apertur darstellt, nimmt die Auflösungsgrenze hier für einen bestimmten Wert der Apertur ein Minimum an. Dieser kleinste Wert von $d/\sqrt[4]{C_\delta\lambda_0^3}$ ergibt sich für

$$\sqrt{\frac{C}{\lambda_0}}\,\sin^2\Theta_0 = 1,28 \quad \text{oder} \quad \sin\Theta_0 = 1,13\,\sqrt[4]{\frac{\lambda_0}{C_\delta}} \qquad (50.89)$$

und beträgt 0,56. Der bei dieser günstigsten Apertur Θ_{0g} erreichbare Wert $d_{\min}$ des Auflösungsvermögen beträgt also:

$$\boxed{d_{\min} = 0,56\,\sqrt[4]{C_\delta\lambda_0^3}.} \qquad (50.90)$$

Das Auflösungsvermögen könnte im betrachteten Falle auch auf folgende Weise festgelegt und an die RAYLEIGHsche Definition bei verschwindendem Öffnungsfehler angeschlossen werden. Die Intensitätsverteilung besitzt — wie aus Fig. 113 hervorgeht — bei vorhandenem Öffnungsfehler um den GAUSSschen Bildpunkt keinen Beugungskreis der Intensität Null, sondern nur ein flaches Minimum. Die Breite des Intensitätsgipfels wird man daher — so wie in ähnlichen Fällen, z.B. bei der Resonanzkurve — durch die „Halbwertsbreite" der Intensitätsverteilung kennzeichnen. Bezeichnet man diese mit $s_{0,5}$, so ist

$$F(s_{0,5}) = \tfrac{1}{2}. \tag{50.91}$$

Für die „AIRYsche Intensitätsverteilung" (50.66) erhält man

$$\varrho_1(0,5) = 1,6. \tag{50.92}$$

Die vom GAUSSschen Bildpunkt gemessene Entfernung $r_{0,5}$ eines Punktes, in dem die Intensität auf die Hälfte des Maximalwertes herabgesunken ist, hängt

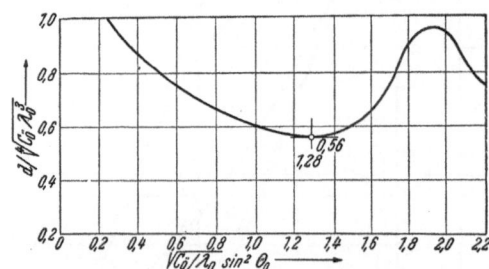

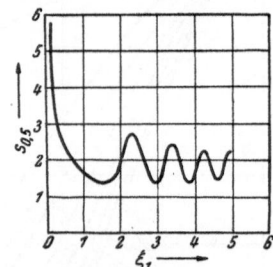

Fig. 114. Auflösungsvermögen eines mit Öffnungsfehler behafteten Systems in der GAUSSschen Bildebene als Funktion der dingseitigen Apertur. Man erkennt, daß die Auflösungsgrenze für eine bestimmte Apertur ein Minimum wird.

Fig. 115. Halbwertsbreite der Stromdichteverteilung in der GAUSSschen Bildebene als Funktion der objektseitigen Apertur.

nach (50.61) mit $\varrho_1(0,5)$ folgendermaßen zusammen:

$$r_{0,5} = \frac{\lambda_1}{2\pi} \frac{\varrho_1(0,5)}{\sin\Theta_1}. \tag{50.93}$$

Das Auflösungsvermögen kann nun durch die Gleichung

$$d = \frac{\varkappa \cdot 2r_{0,5}}{|\beta|} \tag{50.94}$$

definiert werden, wobei $\varkappa$ einen physiologischen „Unterscheidungsfaktor" bedeutet. Mit (50.93) und (50.72) geht (50.94) in

$$d = \varkappa \frac{\varrho_1(0,5)}{\pi} \frac{\lambda_0}{\sin\Theta_0} \tag{50.95}$$

über. Um bei *verschwindendem* Öffnungsfehler den gleichen Wert (50.74) für das Auflösungsvermögen wie früher zu erhalten, müssen wir den Faktor $\varkappa = 1,18$ wählen.

Wir können nun an der Definition (50.94) mit dem Faktor $\varkappa = 1,18$ auch im *allgemeinen* Fall ($C_\delta \neq 0$) festhalten:

$$d = 2,36 \frac{r_{0,5}}{|\beta|}. \tag{50.96}$$

Wenn wir $r_{0,5}$ nach (50.85) durch $s_{0,5}$ ausdrücken, ergibt sich

$$d = 1,18 \frac{s_{0,5}}{\sqrt[4]{2\pi^3}} \sqrt[4]{C_\delta \lambda_0^3}. \tag{50.97}$$

Der Verlauf der Funktion $s_{0,5}$ kann Fig. 115 entnommen werden. Den kleinsten Wert nimmt $s_{0,5}$ für $\xi_1 = 1,6$ an und er beträgt $s_{0,5} = 1,35$. Wenn wir diesen Wert in (50.97) eintragen, erhalten wir für d_{min}

$$d_{min} = 0,56\,\lambda_0 \sqrt[4]{\frac{C_{\ddot{o}}}{\lambda_0}} = 0,56\,\sqrt[4]{C\,\lambda_0^3}. \qquad (50.98)$$

Die dazugehörige, $\xi_1 = 1,6$ entsprechende Apertur ist

$$\sin\Theta_{0g} = 1,13\,\sqrt[4]{\frac{\lambda_0}{C_{\ddot{o}}}}. \qquad (50.99)$$

Man erkennt, daß das auf Grund der Halbwertsbreite definierte Auflösungsvermögen in der betrachteten Genauigkeit mit dem früheren aus dem Sattelpunktkontrast berechneten übereinstimmt. Da die erste Methode etwas einfacher ist, wollen wir sie bei der Bestimmung des Auflösungsvermögens für eine andere Strahlungscharakteristik benützen.

Auflösungsvermögen für eine „GAUSSsche Strahlungscharakteristik". Wir haben bisher vorausgesetzt, daß die Intensität der vom Dingpunkt ausgehenden Elektronenstrahlung von der Richtung nach dem LAMBERTschen Gesetz abhängt. Die Elektronen können dabei vom betrachteten Objektelement entweder unmittelbar emittiert oder gestreut werden. Der seitliche Intensitätsabfall ist nach diesem Gesetz relativ schwach, so daß noch in Richtungen, die zur Achse stark geneigt sind, ein merklicher Intensitätsanteil gestreut wird. Um also mit den Voraussetzungen der Abbildung im paraxialen Gebiet im Einklang zu bleiben, würde eine künstliche Strahlungsbegrenzung durch eine materielle Blende vonnöten sein. Nun zeigt aber die Erfahrung, daß die in größere Winkel gestreute Elektronenstrahlung relativ gering ist. Dies gibt die Möglichkeit, in der Elektronenmikroskopie ohne Aperturblende zu arbeiten. Wir wollen daher im folgenden eine Strahlungscharakteristik, die dem raschen Intensitätsabfall mit dem Streuwinkel besser entspricht als das LAMBERTsche Gesetz, annehmen. Als eine physikalisch plausible Form wollen wir daher für die spezifische Flächenhelligkeit K_s des Objekts setzen:

$$K_s = K_0\,e^{-\tau\vartheta_0^2}. \qquad (50.100)$$

Der Parameter τ bestimmt die Steilheit des Intensitätsabfalls mit steigendem Streuwinkel ϑ_0, also die „wirksame Apertur" des Bündels. Wir können diese durch die „Halbwertsapertur"

$$\vartheta_{0m} = \sqrt{\frac{\ln 2}{\tau}} \qquad (50.101)$$

kennzeichnen, bei welcher die Intensität je Raumwinkeleinheit auf die Hälfte des Maximalbetrages herabgesunken ist.

Da für unsere Betrachtungen nur kleine Aperturen in Frage kommen, können wir in (50.100) ϑ_0 durch $\sin\vartheta_0$ ersetzen und nach der Sinusbedingung auf den bildseitigen Aperturwinkel umrechnen:

$$\vartheta_0^2 \approx \sin^2\vartheta_0 \approx \left(\frac{\Phi_1}{\Phi_0}\right)\beta^2\sin^2\vartheta_1. \qquad (50.102)$$

Für das Argument der Strahlungscharakteristik ergibt sich so bei Einführung der Variablen ξ nach (50.47)

$$\tau\,\vartheta_0^2 = \tau\left(\frac{\Phi_1}{\Phi_0}\right)\beta^2\sin^2\vartheta_1 = \frac{\ln 2}{\vartheta_{0m}^2}\left(\frac{\Phi_1}{\Phi_0}\right)\beta^2\frac{\xi}{A}, \qquad (50.103)$$

wobei A durch (50.46) gegeben ist. Wir bezeichnen den Koeffizienten von ξ mit 2γ, setzen also

$$\gamma = \frac{\beta^2\ln 2}{2A}\left(\frac{\Phi_1}{\Phi_0}\right)\frac{1}{\vartheta_{0m}^2}. \qquad (50.104)$$

In der Variablen ξ erhält damit die Strahlungscharakteristik die Gestalt

$$K_s = K_0\, e^{-2\gamma\xi}. \tag{50.105}$$

Da die übermikroskopische Abbildung durch Bündel geringer Öffnung ($\Theta_0 \approx \frac{1}{100}$), also kleine ϑ_{0m}-Werte erfolgt, ist γ von der Größenordnung $\frac{1}{10}$ bis 1. Für das größtmögliche Θ_1 von $\pi/2$ wird ξ_1 bei einer Vergrößerung $\beta = 100$ mit einem C_δ-Wert ~ 1 mm und einer DE BROGLIE-Wellenlänge $\lambda = 4 \cdot 10^{-9}$ mm ($U = 100$ kV) größenordnungsmäßig $\sim 10^8$. Da hierfür $e^{-\gamma\xi}$ bereits verschwindend klein ist, können wir die Integration in (50.52), (50.53) statt bis ξ_1 bis unendlich ausdehnen. Mit (50.105) erhält man somit für die beiden Integrale (50.52), (50.53)

$$\left.\begin{aligned} X &= \int_0^\infty e^{-\gamma\xi} J_0\!\left(s\,\sqrt{\xi}\right) \cos\left(\xi^2 + \sigma\,\xi\right) d\xi, \\ Y &= \int_0^\infty e^{-\gamma\xi} J_0\!\left(s\,\sqrt{\xi}\right) \sin\left(\xi^2 + \sigma\,\xi\right) d\xi. \end{aligned}\right\} \tag{50.106}$$

Hier bestimmen s und σ den Aufpunkt, während durch γ nach (50.104) die Abhängigkeit von der Bündelöffnung zum Ausdruck gebracht wird.

Die Auswertung der Integrale wurde wieder der Einfachheit halber nur für die GAUSSsche Bildebene $z = 0$ (d.h. $\sigma = 0$) durchgeführt. In diesem Falle ist nach (50.49) s durch

$$s = 5{,}612\,\frac{\gamma}{|\beta|}\,\frac{1}{\sqrt[4]{C_\delta\,\lambda_0^3}} \tag{50.107}$$

und der Parameter γ nach (50.104) und (50.46) durch

$$\gamma = \frac{\ln 2}{\sqrt{2\pi}} \left(\frac{\Phi_1}{\Phi_0}\right)^{\frac{1}{4}} \sqrt{\frac{\lambda_1}{C}} \cdot \frac{1}{\vartheta_{0m}^2} = \frac{0{,}2765}{\vartheta_{0m}^2} \sqrt{\frac{\lambda_0}{C_\delta}} \tag{50.108}$$

gegeben.

Die Integrale (50.106) für $\sigma = 0$

$$X(s,\gamma) = \int_0^\infty e^{-\gamma\xi} J_0\!\left(s\,\sqrt{\xi}\right) \cos\xi^2\, d\xi, \tag{50.109}$$

$$Y(s,\gamma) = \int_0^\infty e^{-\gamma\xi} J_0\!\left(s\,\sqrt{\xi}\right) \sin\xi^2\, d\xi \tag{50.110}$$

wurden nun mit γ als Parameter als Funktionen von s numerisch ausgewertet, indem die BESSEL-Funktionen durch Reihen dargestellt und die einzelnen Terme mittels partieller Integrationen auf die tabulierten FRESNELschen Integrale zurückgeführt wurden.

Aus den gefundenen Werten kann das Auflösungsvermögen als Funktion der dingseitigen Halbwertsapertur ϑ_{0m} des abbildenden Elektronenbündels bestimmt werden. Wir haben dazu aus der Beziehung

$$F(s_{0{,}5}, \gamma) = \tfrac{1}{2} \tag{50.111}$$

die Größe $s_{0{,}5}$ als Funktion von γ zu bestimmen. Als Ergebnis dieser etwas langwierigen Rechnung ist in Fig. 116 die Größe $s_{0{,}5}$ in der Umgebung ihres Minimums als Funktion von γ wiedergegeben worden. In Fig. 117 ist die sich daraus ergebende Auflösungsgrenze $\dfrac{d}{\sqrt[4]{C_\delta\,\lambda_0^3}}$ als Funktion von $\left(\dfrac{1}{\vartheta_{0m}}\right)\sqrt[4]{\dfrac{\lambda_0}{C_\delta}}$ dargestellt. Man erkennt daraus, daß für große Werte des angeschriebenen Argumentes, d.h. für kleine Aperturen, die Größe d/λ_0 proportional zu $1/\vartheta_{0m}$ ist, was der alleinigen Wirkung der Beugung entspricht.

Von der Auflösungsgrenze d als Funktion von ϑ_{0m} interessiert uns vor allem der kleinste Wert, den d überhaupt annehmen kann. Aus Fig. 117 (bzw. aus der numerischen Rechnung) entnehmen wir, daß dieser Wert des Grenzauflösungs-vermögens für eine Strahlungscharakteristik (50.100) durch

$$d_{\min} = 0,78 \sqrt[4]{C_\delta \lambda_0^3} \qquad (50.112)$$

gegeben ist und für eine günstigste Halbwertsapertur ϑ_{0m}

$$\vartheta_{0m} = 0,92 \sqrt[4]{\frac{\lambda_0}{C_\delta}} \qquad (50.113)$$

angenommen wird. Man sieht, daß das Grenzauflösungsvermögen für die be-trachtete Strahlungscharakteristik gegenüber dem eines „LAMBERT-Strahlers'' etwa um den Faktor 1,5 schlechter ist.

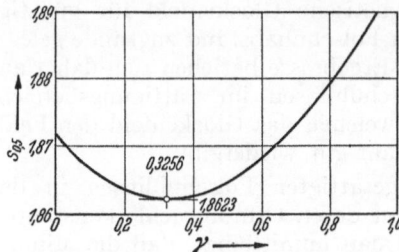

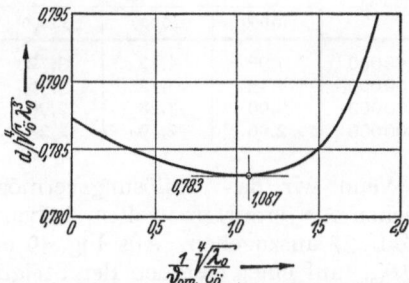

Fig. 116. Halbwertsbreite der Elektronenintensität $s_{0,5}$ in der GAUSSschen Bildebene als Funktion des die Öffnung kennzeichnenden Parameters γ.

Fig. 117. Auflösungsvermögen als Funktion der Halb-wertsapertur.

Die Formel (50.112) für das Auflösungsvermögen, können wir nun mit dem Ausdruck (27.20) für die Öffnungsfehlerkonstante von magnetischen Polschuh-linsen (mit günstigstem Polschuhabstand) kombinieren. Wenn wir gleichzeitig die DE BROGLIE-Wellenlänge nach (44.17) bzw. deren relativistische Verallge-meinerung, durch die Beschleunigungsspannung U^* ausdrücken

$$\lambda = \frac{2\pi\hbar}{mv} = \frac{2\pi\hbar}{\sqrt{2em_0 U(1 + \varepsilon U)}} = \frac{2\pi\hbar}{\sqrt{2em_0 U^*}}, \qquad (50.114)$$

erhalten wir so für das Grenzauflösungsvermögen des magnetischen Elektronen-mikroskops die einfache Formel

$$d = 6,93 \cdot 10^{-5} \frac{1}{\sqrt{B_0/G \cdot U^*/V}} \text{ mm.} \qquad (50.115)$$

Die dazugehörige günstigste Halbwertsapertur, bei welcher dieser minimale Wert der Auflösungsgrenze erreicht wird, ist nach (50.113) durch

$$\vartheta_{0mg} = 0,0126 \sqrt[4]{\frac{B_0/G}{U^*/V}} \qquad (50.116)$$

bestimmt. Der entsprechende günstigste Wert der Strahlapertur für einen nach dem LAMBERTschen Gesetz strahlenden Objektpunkt lautet nach (50.99)

$$\sin\Theta_{0g} = 0,0155 \sqrt[4]{\frac{B_0/G}{U^*/V}}, \qquad (50.117)$$

und die dazugehörige Auflösungsgrenze ist

$$d = 4{,}98 \cdot 10^{-5} \frac{1}{\sqrt{B_0/G \cdot U^*/V}} \text{ mm}. \tag{50.118}$$

In Tabelle 3 sind die nach Formel (50.115) bestimmten Werte des Grenzauflösungsvermögens des magnetischen Übermikroskops wiedergegeben. Die Gln. (50.115), bis (50.118) bringen die explizite Abhängigkeitder Auflösungsgrenze und der dazugehörigen günstigsten Apertur von der Beschleunigungsspannung U^* und dem Maximalwert der magnetischen Feldstärke im Objektiv zum Ausdruck. Man erkennt, daß das Grenzauflösungsvermögen $d_{\min}$ zu $\sqrt[4]{B_0 U^*}$ umgekehrt proportional ist.

Tabelle 3.
Grenzauflösungsvermögen des magnetischen Übermikroskops $d_{\min}$ *in* $\text{Å} = 10^{-7}$ *mm.*

Spannung U in Volt	Maximalwert der magnetischen Feldstärke B_0 in Gauß		
	10 000	20 000	30 000
40 000	4,90	4,12	3,72
60 000	4,43	3,72	3,36
100 000	3,90	3,28	2,96
300 000	2,96	2,49	2,25

Der Berechnung des Öffnungsfehlers wurde als Abbildungsfeld speziell das magnetische Glockenfeld für günstigsten Polschuhabstand zugrunde gelegt. Die Ergebnisse beziehen sich daher auf Polschuhlinsen im Sättigungsbereich, für welchen das Glockenfeld den Feldverlauf gut wiedergibt.

Wenn wir das Auflösungsvermögen ungesättigter Polschuhlinsen in der gleichen Art ermitteln wollen, haben wir von deren Öffnungsfehlerkonstanten in Ziff. 27 auszugehen. Aus Fig. 49 erkennt man unmittelbar, daß die Minima $(C_\delta/s)_{\min}$ auf einer Geraden der Steigung $1/\log 2$ liegen. Mit Rücksicht auf die doppelt logarithmische Darstellung in Fig. 49 ergibt sich somit

$$\left(\frac{C_\delta}{s}\right)_{\min} = \left(\frac{s}{2b}\right)_g^{\frac{1}{\lg 2}} = \left(\frac{s}{2b}\right)_g^{3{,}32}. \tag{50.119}$$

Das zu jedem vorgegebenen Betriebsparameter J^2/U^* gehörende günstigste Verhältnis von Spaltbreite zu Bohrungsdurchmesser $(s/b)_g$ kann aus Fig. 50 entnommen werden. Setzt man den so erhaltenen Wert von $(C_\delta/s)_{\min}$ in (50.112) ein, so ergibt sich für das Grenzauflösungsvermögen ungesättigter Polschuhlinsen die Formel

$$d_{\min} = 0{,}44 \left(\frac{s}{b}\right)_g^{0{,}83} \cdot \sqrt[4]{s\,\lambda_0^3}. \tag{50.120}$$

Das in der Praxis zumeist erreichte Auflösungsvermögen ist immer noch etwa um den Faktor 2 bis 3 schlechter, als das hier berechnete. Diese Tatsache muß also ihre Ursache in anderen Einflüssen als Beugung und Öffnungsfehler haben. Wie wir oben ausgeführt haben, liegt diese in erster Linie an Abweichungen von der idealen Rotationssymmetrie und der idealen Zentrierung der abbildenden Felder. Tatsächlich ist es S. LEISEGANG und E. RUSKA durch möglichst weitgehende Ausschaltung dieser Einflüsse gelungen, dem theoretischen Wert bedeutend näher zu kommen[1].

Ionenmikroskop. Wenn man an Stelle von Elektronen der Masse m, Partikeln größerer Masse M, z.B. Protonen oder andere Ionen zur Abbildung verwendet, so wird bei gleicher Beschleunigungsspannung nach (44.17) die Wellenlänge um den Faktor $(m_0/M)^{\frac{1}{2}}$ verkleinert. Aus den Ähnlichkeitssätzen von Ziff. 2 folgt, daß die Teilchenbahnen und damit auch die optischen Konstanten bei gleicher Voltgeschwindigkeit im gleichen System für Elektronen und schwere Teilchen

---

[1] S. LEISEGANG: Optik **11**, 49, 397 (1954).

dieselben sind, wenn es sich um *rein elektrische* Abbildungsfehler handelt. *Im Magnetfeld* müßte man dagegen, um gleiche optische Konstanten zu erreichen, die Kennzahl $\varkappa^2 = e B_0^2 a^2/m_0 U$ konstant halten, was bei gleicher Beschleunigungsspannung und gleichem Abbildungssystem eine Erhöhung der Maximalfeldstärke B_0 um den Faktor $(M/m_0)^{\frac{1}{2}}$ erfordert. Es ist daher zweckmäßig, für die Ionenmikroskopie elektrische Linsen zu verwenden. In diesem Falle bleibt C_δ gleich und Formel (50.112) zeigt, daß die Auflösungsgrenze im Verhältnis $(\lambda_M/\lambda_m)^{\frac{3}{4}}$, d.h. z.B. für Protonen auf $1/17$ verkleinert wird. Die ersten Abbildungsversuche mit schweren Teilchen, nämlich Lithium-Ionen, die zu einer übermikroskopischen Auflösung von ungefähr 500 Å führten, wurden 1942 veröffentlicht[1]. 1951 ist über ein mit dem Protonenmikroskop erreichtes Auflösungsvermögen von 300 Å berichtet worden[2]. Nach letzten Mitteilungen wurde mit Lithium-Ionen[3] ein Auflösungsvermögen von 80 Å und mit Protonen[4] eines von 50 Å erreicht.

VIII. Raumladungen.

51. Der Einfluß der Raumladung auf die elektronenoptische Abbildung. *a) Äußere Raumladung.* Statt durch aufgeladene Elektroden kann das auf die Elektronen und Ionen wirkende Feld auch durch eine von außen ins Vakuum eingebrachte Raumladung erzeugt werden. Für eine rotationssymmetrische Raumladungsverteilung ist das zugehörige elektrische Potential gleichfalls rotationssymmetrisch und die für Elektronen durchlässige Raumladung stellt in diesem Falle eine „Elektronenlinse" dar. Beispielsweise haben B. v. BORRIES und E. RUSKA schon im Jahre 1932 mit einer derartigen „Raumladungslinse" elektronenoptische Versuche unternommen, wobei die bei einer Gasentladung entstehende Raumladung benützt wurde[5].

Das zur Raumladung $\varrho(r, z)$ gehörende Potential φ ist durch die POISSONsche Gleichung

$$\Delta\varphi = \frac{1}{r}\left[\frac{\partial}{\partial r}\left(r\frac{\partial\varphi}{\partial r}\right) + \frac{\partial}{\partial z}\left(r\frac{\partial\varphi}{\partial z}\right)\right] = -\frac{1}{\varepsilon_0}\varrho \qquad (51.1)$$

gegeben, wobei ε_0 die absolute Influenzkonstante bedeutet. Es ist

$$1/\varepsilon_0 = 4\pi c^2 \cdot 10^{-7}\ \text{Vm/As}. \qquad (51.2)$$

Man denke sich $\varrho(r, z)$ in der Umgebung der Achse in eine Reihe entwickelt

$$\varrho(r, z) = \varrho(z) + \frac{r^2}{2!}\varrho''(z) + \frac{r^4}{4!}\varrho^{(4)}(z) + \cdots \qquad (51.3)$$

und in (51.1) eingesetzt. Vergleich der Reihenkoeffizienten ergibt

$$\varphi(r, z) = \Phi(z) - \frac{1}{4}\left(\Phi'' + \frac{1}{\varepsilon_0}\varrho\right)r^2 + \cdots. \qquad (51.4)$$

Die Radialkomponente des paraxialen elektrischen Feldes lautet daher

$$E_r = \frac{1}{2}\left(\Phi'' + \frac{1}{\varepsilon_0}\varrho\right)r. \qquad (51.5)$$

[1] H. BOERSCH: Jb. AEG-Forsch. **7**, 27 (1940). — Naturwiss. **30**, 711 (1942). — Experientia **4**, 1 (1948).

[2] P. CHANSON u. CL. MAGNAN: C. R. Acad. Sci. Paris **233**, 1436 (1951).

[3] M. GAUZIT: Int. Conf. on Electron Microscopy, London 1954, Mitteilung 66; Ann. Phys., Paris **9**, 683 (1954).

[4] CL. MAGNAN u. P. CHANSON: Int. Conf. on Electron Microscopy, London 1954, Mitteilung 67.

[5] B. v. BORRIES u. E. RUSKA: Z. Physik **76**, 649 (1932).

Wenn man diesen Wert in die Differentialgleichung der achsennahen Bahnen einführt, ergibt sich

$$\sqrt{\Phi(1+\varepsilon\,\Phi)}\,\frac{d}{dz}\left(\sqrt{\Phi(1+\varepsilon\,\Phi)}\,\frac{dx}{dz}\right)+\frac{1}{4}\left[\left(\Phi''+\frac{1}{\varepsilon_0}\varrho\right)(1+2\varepsilon\,\Phi)+\frac{e}{2m_0}B_z^2\right]x=0 \quad (51.6)$$

und eine analoge Gleichung für y.

Man erkennt, daß der einzige Unterschied gegenüber dem raumladungsfreien Fall darin besteht, daß Φ'' durch $\Phi''+\frac{1}{\varepsilon_0}\varrho$ ersetzt ist. Alle aus dem linearen und homogenen Charakter der Differentialgleichung (15.4) über die Existenz der optischen Abbildung gezogenen Schlüsse bleiben also aufrecht.

Wenn man an (51.6) die Umformung (19.1) vornimmt, erhält man wieder Gl. (19.2), nur ist in (19.3) $Q(z)$ durch

$$Q(z)=\frac{3}{16}\left(\frac{\Phi'}{\Phi}\right)^2\frac{1+\frac{4\varepsilon}{3}\Phi(1+\varepsilon\,\Phi)}{(1+\varepsilon\,\Phi)^2}+\frac{e}{8m_0\,\Phi\,(1+\varepsilon\,\Phi)}B_z^2+\frac{1}{4\varepsilon_0}\frac{1+2\varepsilon\,\Phi}{\Phi(1+\varepsilon\,\Phi)}\varrho \quad (51.7)$$

gegeben. Wir können nun nicht mehr schließen, daß beständig $Q(z)>0$ ist, sondern mittels einer entsprechend negativen Raumladungsverteilung sollte es möglich sein eine elektronenoptische Zerstreuungslinse zu verwirklichen.

b) Der Einfluß der Eigenladung des Elektronenstrahlbündels. Außer derartigen „von außen eingebrachten" Raumladungen erzeugen natürlich die im abbildenden Elektronenbündel selbst befindlichen Ladungen ebenfalls ein Feld. Bisher haben wir von dieser gegenseitigen Kraftwirkung, welche die im Strahlenbündel dahinfliegenden Teilchen aufeinander ausüben, abgesehen. Diese Wirkung wird um so größer sein, je größer die Stromdichte im Bündel ist.

Wir werden sehen, daß die im Elektronenmikroskop auftretenden Stromdichten so gering sind, daß der Einfluß des Feldes der Eigenladung gegenüber den äußeren fokussierenden Feldkräften nicht in Betracht kommt. Im Strahlerzeugungssystem, bei starken Ionenquellen und gewissen anderen Röhrentypen mit hohen Stromstärken spielen jedoch Raumladungseinflüsse eine wichtige Rolle.

Die Wechselwirkung der Elektronen besteht einerseits in der COULOMBschen Abstoßung der gleichnamigen Ladungen, andererseits in einer gegenseitigen magnetischen Anziehung. Zwei in gleicher Richtung nebeneinander dahinfliegende geladene Teilchen stellen nämlich gleichgerichtete elektrische Ströme dar, die sich bekanntlich anziehen. Man kann sich sogleich überlegen, daß die Abstoßung die Anziehung überwiegt. Unter dem Einfluß der Eigenladung erfolgt also eine *Strahlverbreiterung*. Betrachtet man nämlich die gegenseitige Kraftwirkung zweier Elektronenstrahlen von einem mit den Elektronen mitbewegten System aus, so besteht hier — da die Ladungen ruhen — allein eine elektrostatische Abstoßung und als Folge davon eine Vergrößerung ihres gegenseitigen Abstands. Transformiert man auf das raumfeste System zurück, so muß die Tatsache, daß das Bündel eine Verbreiterung erfährt, erhalten bleiben.

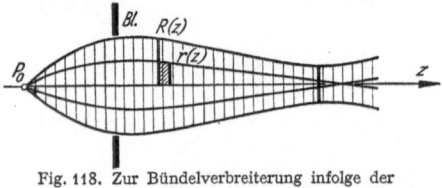

Fig. 118. Zur Bündelverbreiterung infolge der Eigenladung.

Untersuchen wir zunächst den Einfluß der Eigenladung des Bündels auf die Fokussierung eines Achsenpunktes. Man wird erwarten, daß infolge der gegenseitigen Abstoßung der Bündelquerschnitt nicht mehr Null werden kann. Den entstehenden engsten Querschnitt wollen wir berechnen. In Fig. 118 bedeute Bl die Blende, welche das abbildende Bündel bestimmt. Das schraffierte Gebiet innerhalb der Randbahn $R(z)$ wird von der Raumladung des Bündels erfüllt sein. Der Strom i, der durch einen beliebigen Querschnitt geht, ist eine Konstante des Bündels, wenn wir stationäre Verhältnisse voraussetzen. Ist ϱ die Raumladung, so gilt

$$\pi R^2 \varrho\, v_z = -\, i. \tag{51.8}$$

Die Ladung λ_r je Längeneinheit eines Zylinders vom Radius r ist

$$\lambda_r = \pi\, r^2 \varrho = -\, \frac{r^2}{R^2}\, \frac{i}{v_z}. \tag{51.9}$$

Für die Paraxialbahnen kann man annehmen, daß auf ein Elektron auf einer inneren Bahn $r = r(z)$ (wie bei einem langen Zylinder) nur die Ladung wirkt, welche sich innerhalb eines Zylinders vom Radius r befindet. Die radiale Feldstärke ist also

$$E_r^{(\varrho)} = \frac{\lambda_r}{2\pi\,\varepsilon_0}\, \frac{1}{r} = -\, \frac{i}{2\pi\,\varepsilon_0}\, \frac{r}{R^2}\, \frac{1}{v_z}. \tag{51.10}$$

Die X- und Y-Komponente dieser von der Raumladung herrührenden Feldstärke sind somit

$$E_X^{(\varrho)} = -\, \frac{1}{2\pi\,\varepsilon_0}\, \frac{i}{v_z}\, \frac{X}{R^2}\,, \qquad E_Y^{(\varrho)} = -\, \frac{1}{2\pi\,\varepsilon_0}\, \frac{i}{v_z}\, \frac{Y}{R^2}\,. \tag{51.11}$$

Bezeichnet man mit i_r den in dem Elektronenbündel mit dem Radius r fließenden Strom, so hat man unter den gleichen Voraussetzungen für das Magnetfeld

$$B_\psi^{(\varrho)} = -\, \frac{\mu_0}{2\pi}\, \frac{i_r}{r}. \tag{51.12}$$

Mit

$$\frac{i_r}{i} = \frac{r^2}{R^2} \tag{51.13}$$

und

$$B_X^{(\varrho)} = -\, B_\psi^{(\varrho)} \sin\psi = -\, B_\psi^{(\varrho)}\, \frac{Y}{r}\,, \qquad B_Y^{(\varrho)} = B_\psi^{(\varrho)} \cos\psi = B_\psi^{(\varrho)}\, \frac{X}{r} \tag{51.14}$$

erhält man

$$B_X^{(\varrho)} = \frac{\mu_0\, i}{2\pi}\, \frac{Y}{R^2}\,, \qquad B_Y^{(\varrho)} = -\, \frac{\mu_0\, i}{2\pi}\, \frac{X}{R^2}\,. \tag{51.15}$$

Die von der Raumladung herrührenden *axialen* Feldkomponenten können wir im paraxialen Gebiet außer Betracht lassen. Die beiden Felder (51.11) und (51.15) haben wir nun dem Linsenfeld

$$E_X = \tfrac{1}{2}\, \Phi''X, \qquad E_Y = \tfrac{1}{2}\, \Phi''Y, \qquad B_X = -\tfrac{1}{2}\, B_z' X, \qquad B_Y = -\tfrac{1}{2}\, B_z' Y \tag{51.16}$$

zu überlagern. Die Bewegungsgleichungen (1.1) werden so

$$\left.\begin{aligned} \frac{d}{dt}\,(m\dot{X}) &= -\, \frac{e}{2}\left[\Phi'' - \frac{1}{\pi\,\varepsilon_0}\, \frac{i}{R^2}\, \frac{1}{v_z}\left(1 - \frac{v_z^2}{c^2}\right)\right] X - e\left(\tfrac{1}{2}\, B_z' Y\dot{z} + B_z \dot{Y}\right), \\[2mm] \frac{d}{dt}\,(m\dot{Y}) &= -\, \frac{e}{2}\left[\Phi'' - \frac{1}{\pi\,\varepsilon_0}\, \frac{i}{R^2}\, \frac{1}{v_z}\left(1 - \frac{v_z^2}{c^2}\right)\right] Y + e\left(\tfrac{1}{2}\, B_z' X\dot{z} + B_z \dot{X}\right), \end{aligned}\right\} \tag{51.17}$$

wobei die Beziehung

$$\varepsilon_0 \mu_0 = \frac{1}{c^2} \tag{51.18}$$

benützt wurde.

Mit

$$W = X + j\,Y \qquad (j^2 = -1) \tag{51.19}$$

erhält man für (51.17)

$$\frac{d}{dt}(m\dot{W}) = -\frac{e}{2}\left[\Phi'' - \frac{1}{\pi\,\varepsilon_0}\frac{i}{R^2}\frac{1}{v_z}\left(1 - \frac{v_z^2}{c^2}\right)\right]W + \frac{e}{2}B_z'\,j\,W\,\dot{z} + e\,j\,B_z\dot{W}. \tag{51.20}$$

Setzt man

$$X + j\,Y = W = e^{j\,\Theta}w = e^{j\,\Theta}(x + j\,y), \qquad \dot{\Theta} = \frac{e}{2m}B_z, \tag{51.21}$$

so ergibt sich

$$\frac{d}{dt}(m\dot{w}) = -\frac{e}{2}\left[\Phi'' + \frac{e}{2m}B_z^2 - \frac{i}{\pi\,\varepsilon_0 v_z}\left(1 - \frac{v_z^2}{c^2}\right)\frac{1}{R^2}\right]w. \tag{51.22}$$

Mit $v_z = dz/dt$ wird

$$v_z\frac{d}{dz}\left(m\,v_z\frac{dw}{dz}\right) + \frac{e}{2}\left[\Phi'' + \frac{e}{2m}B_z^2 - \frac{i}{\pi\,\varepsilon_0 v_z}\left(1 - \frac{v_z^2}{c^2}\right)\frac{1}{R^2}\right]w = 0. \tag{51.23}$$

Ersetzt man v_z und mv_z nach (1.41) und (1.47) durch das Achsenpotential, so erhält man endgültig

$$\left.\begin{aligned}
&\frac{d^2w}{dz^2} + \frac{\Phi'(1 + 2\varepsilon\,\Phi)}{2\,\Phi(1 + \varepsilon\,\Phi)}\frac{dw}{dz} + \\
&+ \frac{1}{4}\left[\frac{\Phi''(1 + 2\varepsilon\,\Phi) + \dfrac{e}{2m_0}B_z^2}{\Phi(1 + \varepsilon\,\Phi)} - \frac{1}{\pi\,\varepsilon_0}\sqrt{\frac{m_0}{2e}}\frac{i}{\Phi^{\frac{3}{2}}(1 + \varepsilon\,\Phi)^{\frac{3}{2}}}\frac{1}{R^2}\right]w = 0.
\end{aligned}\right\} \tag{51.24}$$

Die Meridionalbahnen $x = r$ bzw. $y = r$ sind also durch

$$\left.\begin{aligned}
&r'' + \frac{\Phi'(1 + 2\varepsilon\,\Phi)}{2\,\Phi(1 + \varepsilon\,\Phi)}r' + \\
&+ \frac{1}{4}\left[\frac{\Phi''(1 + 2\varepsilon\,\Phi) + \dfrac{e}{2m_0}B_z^2}{\Phi(1 + \varepsilon\,\Phi)} - \frac{1}{\pi\,\varepsilon_0}\sqrt{\frac{m_0}{2e}}\frac{i}{\Phi^{\frac{3}{2}}(1 + \varepsilon\,\Phi)^{\frac{3}{2}}}\frac{1}{R^2}\right]r = 0
\end{aligned}\right\} \tag{51.25}$$

bestimmt.

Gl. (51.25) stellt die Differentialgleichung der „inneren Bahnen" dar. Die „äußere Bahn" oder die „Randbahn" des Bündels erhält man aus (51.25) für $r = R$ zu

$$\left.\begin{aligned}
&R'' + \frac{\Phi'(1 + 2\varepsilon\,\Phi)}{2\,\Phi(1 + \varepsilon\,\Phi)}R' + \\
&+ \frac{\Phi''(1 + 2\varepsilon\,\Phi) + \dfrac{e}{2m_0}B_z^2}{4\,\Phi(1 + \varepsilon\,\Phi)}R - \frac{1}{4\pi\,\varepsilon_0}\sqrt{\frac{m_0}{2e}}\frac{i}{\Phi^{\frac{3}{2}}(1 + \varepsilon\,\Phi)^{\frac{3}{2}}}\frac{1}{R} = 0.
\end{aligned}\right\} \tag{51.26}$$

Hieraus erkennt man, daß beständig $R \neq 0$ ist, die Randbahn also die Achse nicht schneidet. Ist (51.26) gelöst, so stellt $R(z)$ in (51.25) eine bekannte Funktion dar und die Differentialgleichung für die innere Bahn wird eine lineare homogene Differentialgleichung vom Typus der Gl. (51.6)[1].

---

[1] Die *beiden* Gln. (51.25) und (51.26) beschreiben den Einfluß der Bündelraumladung auf die Abbildung. Eine zu (51.26) analoge Differentialgleichung ist von J. R. PIERCE (Theory and Design of Electron Beams, S. 146, New York 1949) veröffentlicht worden. Die hier gegebene Darstellung ist insofern vollständiger, als sie die Unterscheidung zwischen innerer und äußerer Bahn und die magnetischen sowie relativistischen Einflüsse berücksichtigt. Man kann zu (51.26) (für $\varepsilon = 0$) nach J. R. PIERCE gelangen, indem man ϱ aus (51.8) in (51.6) einführt und $x = R$ setzt. Für $\varepsilon \neq 0$ versagt dieses Verfahren.

c) *Bündelverbreiterung durch Eigenladung im feldfreien Raum*[1]. Im feldfreien Raum $\Phi = U$, $B_z = 0$ erhalten wir nach (51.26) für die äußere Bahn

$$R'' = \frac{1}{4\pi\varepsilon_0}\sqrt{\frac{m_0}{2e}}\frac{i}{U^{\frac{3}{2}}(1+\varepsilon U)^{\frac{3}{2}}}\frac{1}{R}. \tag{51.27}$$

Wir setzen zur Abkürzung

$$\sigma = \frac{1}{2\pi\varepsilon_0}\sqrt{\frac{m_0}{2e}}\frac{i}{U^{\frac{3}{2}}(1+\varepsilon U)^{\frac{3}{2}}}, \tag{51.28}$$

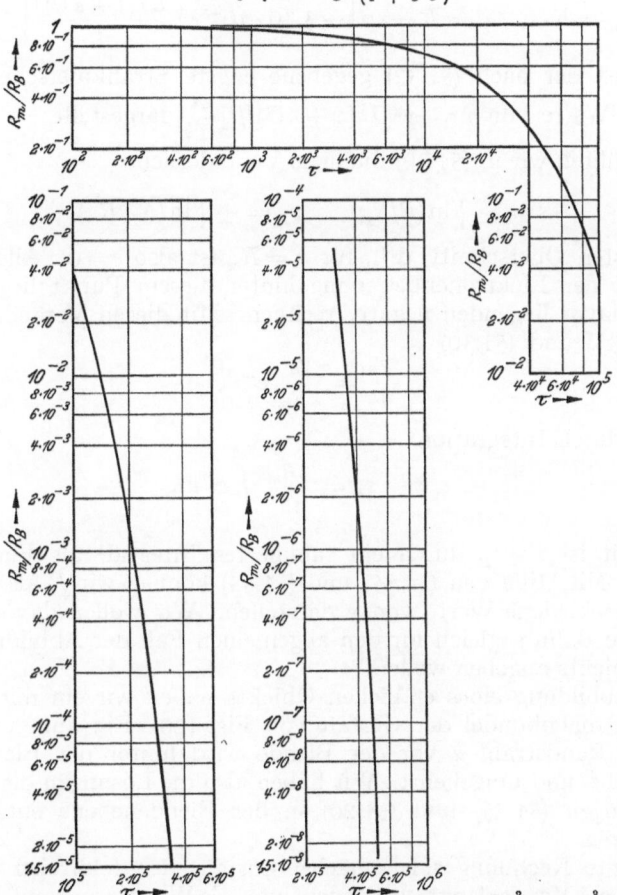

Fig. 119. Engster Strahlquerschnitt R_m/R_B als Funktion von $\tau = \left[\frac{\gamma^2 U^{\frac{3}{2}}(1+\varepsilon U)^{\frac{3}{2}}}{i}\right]\frac{A}{V^{\frac{3}{2}}}$.

multiplizieren (51.27) mit $2R'$ und erhalten durch eine erste Integration

$$R'^2 = \sigma \ln R + \text{const}. \tag{51.29}$$

Für den engsten Querschnitt ist $R' = 0$. Wenn also R_m den Radius der engsten Strahleinschnürung bedeutet, so gilt

$$R'^2 = \sigma \ln \frac{R}{R_m}. \tag{51.30}$$

---

[1] E. E. WATSON: Phil Mag. **3**, 849 (1927). — M. KNOLL u. E. RUSKA: Ann. Phys. **12**, 607 (1932). — B. v. BORRIES u. J. DOSSE: Arch. Elektrotechn. **32**, 221 (1938). — B. J. THOMSON u. L. B. HEADRICK: Proc. Inst. Radio Engrs. **28**, 318 (1940). — E. SCHWARTZ: Phys. Z. **44**, 348 (1943). — G. WENDT: Ann. Physik **2**, 256 (1948).

Wir bezeichnen die Entfernung des Konvergenzpunktes von der Blendenebene bei Vernachlässigung der Raumladungswirkung mit L. Der Konvergenzwinkel des Bündels sei in diesem Falle γ. Wir haben also

$$R'_B = - \frac{R_B}{L} = -\gamma. \tag{51.31}$$

Wenn man daher (51.30) für die Blendenebene anschreibt, erhält man

$$R_m = R_B e^{-\gamma^2/\sigma} = R_B \exp\left[-3,30 \cdot 10^{-5} \gamma^2 \frac{U^{\frac{3}{2}}(1 + \varepsilon U)^{\frac{3}{2}}}{i}\right]. \tag{51.32}$$

In Fig. 119 ist der nach (51.32) gegebene engste Strahlquerschnitt R_m/R_B für verschiedene Werte von $\tau = [\gamma^2 U^{\frac{3}{2}}(1 + \varepsilon U)^{\frac{3}{2}}/i]\frac{A}{V^{\frac{3}{2}}}$ dargestellt.

Statt R führen wir in (51.30) die neue Veränderliche

$$s = \pm \sqrt{\ln(R/R_m)}, \qquad s_B = \pm \sqrt{\ln(R_B/R_m)} \tag{51.33}$$

cin. Im engsten Querschnitt, d.h. für $R = R_m$ ist also $s = 0$. Alle Werte von s, die im Sinne der Elektronenbewegung hinter diesem Punkt liegen wollen wir positiv, die davor liegenden negativ rechnen. Mit diesen Veränderlichen ergibt sich aus (51.33) und (51.30)

$$\frac{ds}{dz} = \frac{\sqrt{\sigma}}{2R_m} e^{-s^2}, \tag{51.34}$$

woraus man durch Integration

$$z - z_B = \frac{2R_m}{\sqrt{\sigma}} \int_{s_B}^{s} e^{\alpha^2} d\alpha \tag{51.35}$$

erhält. Damit ist $z - z_B$ durch ein tabuliertes Integral[1] als Funktion von R ausgedrückt. Mit Hilfe von (51.35) und (51.33) können wir R als Funktion von $z - z_B$ für verschiedene Werte von γ darstellen. Wir wollen davon absehen, da wir die äußere Bahn sogleich für den allgemeinen Fall der Abbildung eines ausgedehnten Objekts angeben wollen.

Bei der Abbildung eines endlichen Objekts haben wir ein mit Raumladung erfülltes Elektronenbündel der Gestalt von Fig. 120. Ein äußerer, das Bündel begrenzender Randstrahl a vor der Blende wird hinter der Blende zu einem inneren Strahl i' und umgekehrt. Wir haben also die Lösungen der beiden Differentialgleichungen (51.25) und (51.26) in der Blendenebene entsprechend zusammenzusetzen.

Die explizite Rechnung soll zunächst nur für den feldfreien Raum durchgeführt werden. Man gelangt so zu dem von G. WENDT behandelten Fall[2].

Wir gewinnen ihn durch Spezialisierung aus unseren allgemeinen Gleichungen und erfassen so gleichzeitig auch die relativistischen und magnetischen Einflüsse, die sich bei hohen Strahlgeschwindigkeiten bemerkbar machen. Im feldfreien Raum erhält die Differentialgleichung (51.25) für den inneren Strahl die Gestalt

$$r'' = \frac{1}{4\pi\varepsilon_0} \sqrt{\frac{m_0}{2e}} \frac{i}{U^{\frac{3}{2}}(1 + \varepsilon U)^{\frac{3}{2}}} \frac{r}{R^2} = \frac{\sigma}{2R^2} r. \tag{51.36}$$

Die Ordinate R des äußeren Strahles wird nach (51.33)

$$R = R_m e^{s^2}. \tag{51.37}$$

---

[1] Funktionentafeln von JAHNKE-EMDE, S. 97.
[2] G. WENDT: Ann. Physik **2**, 256 (1948).

Gl. (51.36) wollen wir integrieren, indem wir mit Hilfe von (51.34) an Stelle von z die unabhängige Variable s einführen. Mit (51.37) und (51.34) erhält man zunächst für (51.36)

$$\frac{d^2 r}{d s^2} - 2s \frac{dr}{ds} - 2r = 0. \tag{51.38}$$

Die allgemeine Lösung dieser Differentialgleichung kann mit Hilfe des tabulierten Fehlerintegrales

$$\Phi(s) = \frac{2}{\sqrt{\pi}} \int\limits_0^s e^{-\xi^2} d\xi \tag{51.39}$$

in folgender Gestalt geschrieben werden:

$$r = \alpha e^{s^2} [1 + \beta \, \Phi(s)], \tag{51.40}$$

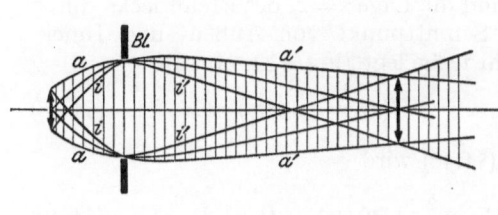

Fig. 120. Randstrahlen bei der Abbildung eines endlichen Objekts.

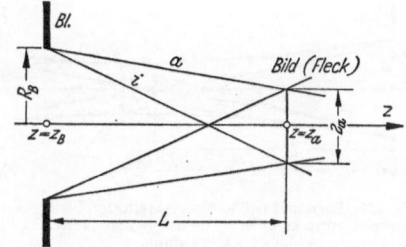

Fig. 121. Elektronenoptisches Strahlenbündel im feldfreien Raum bei Vernachlässigung der Raumladungswirkung.

wobei α und β willkürliche Integrationskonstanten sind. Sie sollen nunmehr durch direkt meßbare geometrische Größen ausgedrückt werden. Man hat am Blendenort

$$r_B = R_B. \tag{51.41}$$

Die Anfangsneigungen lassen sich durch den Radius a des Brennflecks bei *verschwindender Raumladung* und dessen Abstand L vom Blendenort ausdrücken (Fig. 121). Es ist

$$\left(\frac{dR}{dz}\right)_{z=z_B} = -\frac{R_B - a}{L}, \qquad \left(\frac{dr}{dz}\right)_{z=z_B} = -\frac{R_B + a}{L}. \tag{51.42}$$

[Diese Gleichungen stellen die Verallgemeinerung von (51.31) auf den Fall $a \neq 0$ dar.]

Nun folgt aus der ersten Gl. (51.42), aus Gl. (51.30) und Gl. (51.33)

$$s_B = -\frac{R_B - a}{L \sqrt{\sigma}}. \tag{51.43}$$

Aus (51.33) erhält man

$$\frac{R_m}{R_B} = e^{-\left(\frac{R_B - a}{L}\right)^2 \cdot \frac{1}{\sigma}}. \tag{51.44}$$

Schreibt man zur Abkürzung

$$N = \frac{2a}{L} \sqrt{\frac{\pi}{\sigma}} \, e^{s_B^2} = 0{,}0204 \, \frac{a}{L} \, \frac{U^{\frac{3}{4}} (1 + \varepsilon U)^{\frac{3}{4}}}{i^{\frac{1}{2}}} \cdot \frac{R_B}{R_m}, \tag{51.45}$$

so ergeben sich aus (51.41) und der zweiten Gl. (51.42) die Integrationskonstanten in der Gestalt

$$\alpha = R_m [1 + N \, \Phi(s_B)], \qquad \beta = -\frac{N}{1 + N \, \Phi(s_B)}. \tag{51.46}$$

Nachdem uns so innere und äußere Bahn bekannt sind, können wir Größe und Lage des verbreiterten Elektronenbrennflecks bestimmen. Für den Fall entsprechend hoher Stromstärke (oder kleinem a), bei welchem der Außenstrahl noch vor seinem Schnitt mit dem inneren Strahl von der Achse abbiegt ist die Größe des verbreiterten Brennfleckes mit R_m identisch und sein Wert ist durch (51.44) gegeben (Fig. 122, unten). Die Lage dieses engsten Strahlquerschnitts, d.h. sein Abstand L' vom Blendenort $z = z_B$ folgt aus (51.35), wenn man dort $R = R_m$ d.h. $s = 0$ setzt, zu

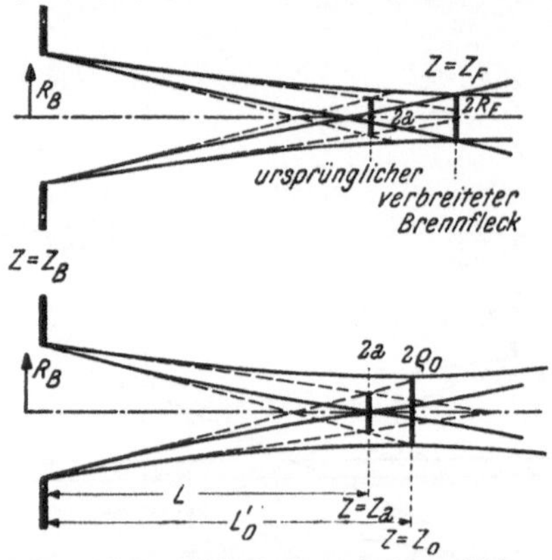

$$L' = z_a - z_B = \frac{2 R_m}{\sqrt{\sigma}} \int_0^{\sqrt{\ln (R_B/R_m)}} e^{s^2}\, ds. \qquad (51.47)$$

Im Falle geringerer Raumladung ist die Größe R_F und die Lage $z = z_a$ des Brennflecks durch den Schnittpunkt von Außen- und Innenstrahl festgelegt (Fig. 122, oben).

$$R(z_a) = -r(z_a) = R_F. \qquad (51.48)$$

Mit (51.46) wird

$$\Phi(s_a) = \frac{2}{N} + \Phi(s_B), \quad R_F = R_m e^{s_a^2}. \qquad (51.49)$$

Fig. 122. Lage und Größe des verbreiterten Elektronenbrennflecks, oben bei relativ geringer, unten bei hoher Raumladung.

Durch $\Phi(s_a)$ ist s_a und damit auch R_F bestimmt. Bezieht man den Halbmesser des verbreiterten Brennflecks auf seinen ursprünglichen Wert a (bei verschwindender Raumladung) so erhält man für die Fleckverbreiterung

$$\frac{R_F}{a} = \frac{R_m}{a} e^{s_a^2} = \frac{R_B}{a} e^{s_a^2 - s_B^2}. \qquad (51.50)$$

Der Abstand des durch die Raumladung verbreiterten Brennflecks folgt aus (51.35) für $z = z_a$. Bezogen auf den Abstand L des Brennflecks bei vernachlässigter Raumladung ergibt sich nach (51.43) für L'

$$\frac{L'}{L} = -\frac{2 s_B e^{-s_B^2}}{1 - \dfrac{a}{R_B}} \int_{s_B}^{s_a} e^{s^2}\, ds. \qquad (51.51)$$

Die Ausdrücke (51.50) und (51.51) wurden von G. Wendt numerisch ausgewertet und das Ergebnis wurde in der Kurventafel von Fig. 123 dargestellt. Mit G. Wendt soll die Benützung der Kurventafel an einem Beispiel erläutert werden. Die Strahlspannung betrage 500 V, der Strahlstrom sei 1 mA, der Blendenradius $R_B = 4$ mm, der durch geometrische Überlegungen ohne Berücksichtigung der Raumladung berechnete Strahlhalbmesser $a = 0,2$ mm und die ebenso berechnete Strahllänge $L = 40$ mm.

Wir gehen vom Wert $U = 500$ V der Strahlspannung aus, die als Abszisse auf der linken Kurventafel aufgetragen ist, gehen von diesem Punkt senkrecht herauf bis zur Schnitthöhe mit der gewünschten Stromgeraden $i = 1$ mA und von dort waagrecht nach rechts in das danebenliegende Kurvenblatt bis zum Schnittpunkt mit einer Geraden vom Parameterwert

$$\frac{R_B - a}{L} = \frac{4,0 - 0,2}{40} \approx 0,1.$$

Von diesem Schnittpunkt aus gehen wir einmal nach oben bis zur Kurve mit dem Parameterwert $R_B/a = 4{,}0/0{,}2 = 20$. An der Ordinatenachse lesen wir den Wert für die Fleckvergrößerung $R_F/a = 1{,}5$ ab. Da wir auf den ausgezogenen Teil der Kurve $R_B/a = 20$ treffen, wird die Größe des Brennflecks durch den Schnittpunkt des äußeren mit dem inneren Strahl bestimmt (Fig. 122, oben). Wären wir auf den gestrichelten Teil gekommen, so wäre der Brennfleck nur durch den äußeren Strahl begrenzt und durch (51.44) gegeben. Die beiden Gebiete sind durch eine strichpunktierte Linie voneinander getrennt.

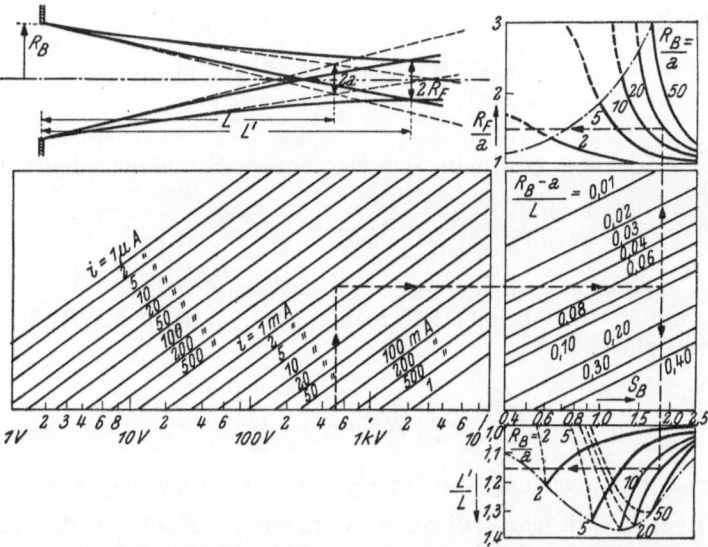

Fig. 123. Lage und Größe des verbreiterten Elektronenbrennflecks, in Abhängigkeit von den Betriebsdaten. In den Kurventafeln rechts oben und rechts unten gehören die ausgezogenen Kurven zu geringer, die gestrichelten zu höherer Raumladung (entsprechend den in Fig. 122 oben bzw. unten dargestellten Bündelformen). (Nach G. WENDT.)

Gehen wir vom Schnittpunkt im rechten Teil der mittleren Kurventafel statt nach oben nach unten bis zu dem entsprechenden Parameterwert R_B/a (an der ausgezogenen Kurve), so lesen wir an der Ordinate das Verhältnis der Abstände des Brennflecks von der Blende mit $1{,}15$ ab.

d) Wirkung der Raumladung im homogenen Magnetfeld. Eine strenge Integration der den Raumladungseinfluß enthaltenden Gln. (51.25) und (51.26) wird nur in ganz speziellen Fällen möglich sein[1]. Außer für den Fall des feldfreien Raumes, den wir eben besprochen haben, ist die Integration im homogenen Magnetfeld $B_z = B = \text{const}$ streng durchführbar. Gl. (51.26) erhält die Gestalt

$$R'' + \frac{e\,B^2}{8\,m_0\,U(1 + \varepsilon\,U)}\,R - \frac{1}{4\,\pi\,\varepsilon_0}\sqrt{\frac{m_0}{2e}}\,\frac{i}{U^{\frac{3}{2}}(1 + \varepsilon\,U)^{\frac{3}{2}}}\,\frac{1}{R} = 0. \qquad (51.52)$$

Unter Einführung der dimensionslosen Parameter

$$k_1^2 = \frac{e\,B^2\,L^2}{8\,m_0\,U(1 + \varepsilon\,U)}, \qquad k_2^2 = \frac{1}{2\,\pi\,\varepsilon_0}\sqrt{\frac{m_0}{2e}}\,\frac{i}{U^{\frac{3}{2}}(1 + \varepsilon\,U)^{\frac{3}{2}}}\,\frac{L^2}{R_B^2} \qquad (51.53)$$

---

[1] Unter der Voraussetzung, daß das Raumladungsglied eine kleine Störung darstellt, ist die Eigenladungsverbreiterung eines fokussierten Elektronenbündels von H. GRÜMM [Ann. Physik **11**, 131 (1953)] diskutiert worden.

25*

erhält man durch Multiplikation von (51.52) mit $2R'$ und Integration:

$$R'^2 + \frac{k_1^2}{L^2}(R^2 - R_m^2) - k_2^2 \frac{R_B^2}{L^2} \ln \frac{R}{R_m} = 0. \tag{51.54}$$

Schreibt man diese Gleichung für den Blendenort $z = z_B$ an, so folgt mit

$$\alpha = \frac{R_m}{R_B} \quad \text{und} \quad R_B' = -\frac{R_B - a}{L} \tag{51.55}$$

für α die Gleichung

$$1 + \frac{k_1^2}{\left(1 - \dfrac{a}{R_B}\right)^2}(1 - \alpha^2) + \frac{k_2^2}{\left(1 - \dfrac{a}{R_B}\right)^2}\ln \alpha = 0. \tag{51.56}$$

Aus dieser Beziehung bestimmt sich der engste Strahlquerschnitt R_m gemäß

$$\frac{R_m}{R_B} = \alpha\left(\frac{k_1^2}{\left(1 - \dfrac{a}{R_B}\right)^2}, \frac{k_2^2}{\left(1 - \dfrac{a}{R_B}\right)^2}\right). \tag{51.57}$$

Durch eine weitere Integration erhält man aus (51.54) mit $\varrho = R/R_B$ die Gleichung der äußeren Bahn

$$\frac{z - z_B}{L} = \int_1^\varrho \frac{d\varrho}{\sqrt{k_2^2 \ln(\varrho/\alpha) - k_1^2(\varrho^2 - \alpha^2)}}. \tag{51.58}$$

Die numerische Auswertung von (51.56) und (51.58) sei dem Leser überlassen.

Aus (51.52) erkennt man, daß auf den Geraden $R = R_0$ die von der Raumladung herrührende Abstoßung durch die magnetische Kraft gerade kompensiert wird ($\ddot{R} = 0$), wenn R_0 der Bedingung

$$\frac{e B^2 R_0^2}{8 m_0 U(1 + \varepsilon U)} = \frac{1}{4\pi\varepsilon_0}\sqrt{\frac{m_0}{2e}}\frac{i}{U^{\frac{3}{2}}(1 + \varepsilon U)^{\frac{3}{2}}} \quad \text{oder} \quad k_1 R_0 \sqrt{2} = k_2 R_B \tag{51.59}$$

genügt. Diese „quasistatische Bahn" ist „stabil". Denn setzt man in (51.52)

$$R = R_0 + \varrho, \quad \varrho \ll R_0, \tag{51.60}$$

so ergibt die entstehende Differentialgleichung für ϱ die „Schwingungen"

$$\varrho = A \cos k \frac{z}{L} + B \sin k \frac{z}{L} \quad \text{mit} \quad k^2 = k_1^2 + k_2^2 \frac{R_B^2}{2 R_0^2}, \tag{51.61}$$

wobei A und B beliebige, der Bedingung $A^2 + B^2 \ll a^2$ genügende Integrationskonstanten bedeuten[1].

In vielen Fällen kann man den Einfluß der Eigenladung auf die Teilchenbewegung durch ein Verfahren der schrittweisen Näherung erfassen. Man bestimmt zunächst den Verlauf der Elektronenbahnen ohne Berücksichtigung der Eigenladung und erhält daraus eine entsprechende Raumladungsverteilung. Nun ermittelt man das zu dieser Raumladung auf Grund der POISSONschen Gleichung

---

[1] Über die Messung der durch (51.61) gegebenen „Welligkeit" des Elektronenbündels vgl. H. SCHNITZER [Arch. elektr. Übertragg. **7**, 415 (1953)] und J. BERGHAMMER [Frequenz **9**, 25 (1955)].

gehörende Potential, das man zum Ausgangspotential addiert. In dem neuen Feld berechnet man abermals die Elektronenbahnen und fährt so fort bis keine Änderung der Raumladungsverteilung (und damit auch der Elektronenbahnen) mehr eintritt.

Zur Lösung der POISSONschen Gleichung hat man verschiedene Näherungsverfahren. Das geläufigste besteht darin, daß man die Differentialgleichung durch ein System von Differenzengleichungen ersetzt und dieses mittels Maschenverfahren[1] (Relaxationsmethode) oder mit Hilfe von Analogiegeräten[2] approximativ löst.

In der gleichen Weise kann man vom Standpunkt der Wellenmechanik vorgehen. Man bestimmt zunächst aus der SCHRÖDINGER-Gleichung für das gegebene Elektrodenpotential und magnetische Feld die entsprechende Ladungsdichte. Mit Hilfe der POISSONschen Gleichung ergibt sich nach einem der erwähnten Verfahren das zu dieser Raumladungsverteilung $\varrho^{(0)}$ gehörende Korrektionspotential $\varphi_\varrho^{(0)}$, das man zum äußeren Potential hinzufügt. Lösung der SCHRÖDINGER-Gleichung mit dem korrigierten Potential gibt eine genauere Raumladungsverteilung $\varrho^{(1)}$. So kann man fortfahren bis sich beim nächsten Schritt ϱ praktisch nicht mehr ändert (Methode des „self consistent" field). Im achsennahen Bereich kann man unmittelbar von den in Ziff. 45 und 46 angegebenen Lösungen der paraxialen SCHRÖDINGER-Gleichung ausgehen.

Literatur.

Zusammenfassende Darstellungen.

BRÜCHE, E., u. O. SCHERZER: Geometrische Elektronenoptik. Berlin 1934.
— u. W. HENNEBERG: Geometrische Elektronenoptik. Ergebn. exakt. Naturw. **15**, 365 (1936).
Beiträge zur Elektronenoptik, Vorträge auf der Physikertagung 1936, hrsg. von H. BUSCH u. E. BRÜCHE, Leipzig 1937.
MYERS, L. M.: Electron Optics. London 1939.
KLEMPERER, O.: Electron Optics. Cambridge 1939 und 1953.
PICHT, J.: Einführung in die Theorie der Elektronenoptik. Leipzig 1939.
MALOFF, I. G., and D. W. EPSTEIN: Electron Optics and Television. New York 1939.
KLEMPERER, O.: Rep. Progr. Phys. **7**, 107 (1940).
ARDENNE, M. v.: Elektronen-Mikroskopie. Berlin 1940.
BORRIES, B. v., u. E. RUSKA: Mikroskopie hoher Auflösung mit schnellen Elektronen. Ergebn. exakt. Naturw. **19**, 237 (1940).
BRÜCHE, E., u. A. RECKNAGEL: Elektronengeräte. Berlin 1941.
BURTON, E. F., and W. H. KOHL: The Electron Microscope. New York 1942.
ZWORYKIN, V. K., G. A. MORTON, E. G. RAMBERG, J. HILLIER and A. W. VANCE: Electron Optics and the Electron Microscope. New York 1945 und 1948.
L'Optique Électronique, Réunions-d'études et des mises au point, hrsg. von L. DE BROGLIE, Paris 1946.
MARTON, L.: Electron Microscopy. Rep. Progr. Phys. **10**, 204 (1946).
COSSLETT, V. E.: Introduction to Electron Optics. Oxford 1946 und 1950.
Advances in Electronics, hrsg. von L. MARTON, New York 1948 und spätere Berichte.

---

[1] H. LIEBMANN: Sitzgsber. bayr. Akad. Wiss. 385 (1918). Der Grundgedanke dieses Verfahrens geht nach H. LIEBMANN auf L. BOLTZMANN zurück. — R. V. SOUTHWELL: Relaxations-Method in Theoretical Physics. Oxford 1946. Über die Anwendung auf das vorliegende Problem vgl. R. HECHTEL, Telefunkenröhre Festschrift 1953 u. **32**, 38 (1955).

[2] R. MUSSON-GENON [Ann. Telecom. **2**, 298 (1947)], Elektrolytischer Trog; T. H. HOGAN, S. C. REDSHAW, D. C. PAKH, G. KRON und G. LIEBMANN [insbes. Nature Lond. **164**, 149 (1949)], Netzmethode; B. W. BOBYKIN, B. M. KELMAN und D. L. KAMINSKI [J. techn. fis. USSR. **22**, 736 (1950)]; G. A. ALMA, G. DIEMER und H. GROHNDIJK [Philips techn. Rev. **14**, 3 (1953)], Gummimembranmodell. Siehe auch J. R. PIERCE: J. Appl. Phys. **11**, 548 (1940). Vgl. das Literaturverzeichnis.

GABOR, D.: The Electron Microscope. London 1948.
MAHL, H.: Die elektronenmikroskopische Untersuchung von Oberflächen. Ergebn. exakt. Naturw. **21**, 262 (1945).
BORRIES, B. v.: Die Übermikroskopie. Berlin 1949.
PIERCE, J. R.: Theory and Design of Electron Beams. New York 1949.
WYCKOFF, R. W. G.: Electron Microscopy. New York 1949.
RUSTERHOLZ, A. A.: Elektronenoptik. Basel 1950.
BROGLIE, L. DE: Optique Électronique et Corpusculaire. Paris 1950.
JACOB, L.: An Introduction to Electron Optics. London 1951.
MAHL, H., u. E. GÖLZ: Elektronen-Mikroskopie. Leipzig 1951.
COSSLETT, V. E.: Practical Electron Microscopy. London 1951.
DUPOUY, G.: Éléments d'Optique Électronique. Paris 1952.
GLASER, W.: Grundlagen der Elektronenoptik. Wien 1952.
HALL, C. E.: Introduction to Electron Microscopy. New York 1953.
OLLENDORFF, F.: Innere Elektronik. Teil I: Elektronik des Einzelelektrons. Wien 1955.
SIEGBAHN, K.: Beta-Ray-Spectrometer in Beta- and Gamma-Ray Spectroscopy, edited by K. SIEGBAHN. Amsterdam 1955.
STURROCK, P. A.: Static and Dynamic Electron Optics. Cambridge 1955.

Bibliographien.

Schrifttum der Elektronenmikroskopie, 1.—5. Folge. Z. Mikrosk. **60**, 103, 212 (1951); **61**, 106, 253, 306 (1952/53), hrsg. von B. v. BORRIES u. H. RUSKA.
Bibliography of Electron Microscopy, edited by V. E. COSSLETT, London 1950.
Bibliography of Electron Microscopy, edited by CL. MARTON, S. SASS, M. SWERDLOW, A. VAN BRONKHORST and H. MERYMAN, (NBS Circ. 502). Washington 1950.

Weitere Arbeiten zur Elektronenoptik, die nach Abschluß der angeführten Bibliographien erschienen sind und nicht im Text zitiert wurden:

ALLARD, L. S., and D. B. CLAYSON: Electron beam plotting in cathode-ray tubes. J. Sci. Instrum. **29**, 377 (1952).
ARCHARD, G. D.: Magnetic electron lens aberration due to mechanical defects. J. Sci. Instrum. **30**, 352 (1953).
— The effect of the finite light sources of measuring instruments on the determination of electron diffraction ring radii. Brit. J. Appl. Phys. **5**, 69 (1954).
— Requirements contributing to the design of devices used in correcting electron lenses. Brit. J. Appl. Phys. **5**, 294 (1954).
— Two new simplified systems for the correction of spherical aberration in electron lenses. Proc. Phys. Soc. Lond. B **68**, 156 (1955).
ASH, E. A.: Use of space charge in electron optics. J. Appl. Phys. **26**, 327 (1955).
BAKER, B. O.: Automatic electron trajectory plotting using the electrolytic tank analogue. Brit. J. Appl. Phys. **5**, 191 (1954).
BARBIER, M.: Calcul pratique des aberrations du troisième ordre dans les systèmes centrés de l'optique électronique. Ann. Radioél. **8**, 111 (1953).
BAS, E. B.: Eine neue elektronenoptische Bank. Z. angew. Phys. **6**, 404 (1954).
BERNARD, M.: Le potentiel axial des lentilles à grille. C. R. Acad. Sci. Paris **233**, 298 (1951).
— Éléments gaussiens des lentilles à grilles. C. R. Acad. Sci. Paris **233**, 1354 (1951).
— Sur un modèle de potentiel permettant l'étude de la lentille à trois électrodes. C. R. Acad. Sci. Paris **233**, 1438 (1951).
— Une équation réduite des trajectoires dans un miroir électronique. C. R. Acad. Sci. Paris **234**, 606 (1952).
— Aberration de sphéricité des lentilles à grilles. C. R. Acad. Sci. Paris **235**, 1115 (1952).
— Focalisation des particules de grande énergie par des lentilles à grille. I. La convergence des lentilles à grille. J. Phys. Radium **14**, 381 (1953).
— Focalisation des particules de grande énergie par des lentilles à grille. II. Défauts des lentilles. J. Phys. Radium **14**, 451 (1953).
BERNARD, R., et E. PERNOUX: Franges d'interférences obtenues par la superposition de deux faisceaux électroniques cohérents. C. R. Acad. Sci. Paris **236**, 187 (1953).
BERTEIN, F.: Les trajectoires dans les lentilles électrostatiques. Une méthode d'approximation. J. Phys. Radium **13**, 41A (1952).
— Une méthode de calcul des trajectoires en optique électronique. Généralisation aux équations différentielles linéaires homogènes. J. Phys. Radium **13**, 91A (1952).
— Sur certaines méthodes de détermination du champ sur l'axe en optique électronique. C. R. Acad. Sci. Paris **234**, 417 (1952).

BERTEIN, F.: Aberrations des images électroniques des cathodes émissives imparfaites. J. Phys. Radium 14, 235 (1953).
— Sur une correspondence entre lentilles électroniques et quadripoles électriques. C. R. Acad. Sci. Paris 236, 2047 (1953).
— MARTON's Schlieren method and weak lenses. Nat. Bur. Stand., Circular 527, 271 (1954).
BETHGE, H.: Konstruktive Besonderheiten eines elektrostatischen Laboratorium-Mikroskopes. Optik 10, 137 (1953).
BOERSCH, H.: Auflösungsbegrenzung im Elektronenmikroskop durch Objektänderung. Z. Physik 127, 391 (1950).
— Eine Vakuum-Bank. Z. Physik 130, 517 (1951).
— Über die Bildentstehung im Elektronenmikroskop. Nat. Bur. Stand., Circular 527, 127 (1954).
BORRIES, B. v.: Die gegenwärtige Lage der Mikroskopie. Z. VDI 92, 240 (1950).
— Ein magnetostatisches Elektronenschattenmikroskop als Elektronenbeugungsapparatur. Kolloid-Z. 118, 110 (1950).
— Die Gradation des übermikroskopischen Bildes. Z. wiss. Mikrosk. 60, 69 (1951).
— Ein magnetostatisches Gebrauchs-Elektronenmikroskop für 60 kV Strahlspannung. Z. wiss. Mikrosk. 60, 329 (1952).
— Elektronenoptik und Feinmechanik. Jahrb. Rhein.-Westf. Techn. Hochschule Aachen.
—, F. LENZ u. G. OPFER: Über die Remanenz in Weicheisenkreisen magnetischer Elektronenlinsen. Optik 10, 132 (1953).
BOTHE, W.: Theorie des Doppellinsenspektrometers. Sitzgsber. Akad. Wiss. Heidelberg 191 (1950).
BRAGG, W. L.: Microscopy by reconstructed wave-fronts. Nature, Lond. 166, 399 (1950).
BREMMER, H.: The derivation of paraxial constants of electron lenses from an integral equation. Appl. Sci. Res. B 2, 416 (1952).
— Eine einfache Näherungsformel für die Feldverteilung längs der Achse magnetischer Elektronenlinsen mit ungesättigten Polschuhen. Optik 10, 1 (1953).
— On a phase-contrast theory of electron-optical image formation. Nat. Bur. Stand., Circular 527, 145 (1954).
BRUAUX, A.: Correction of field measurements in electron lenses. Nat. Bur. Stand., Circular 527, 411 (1954).
BRUCK, H., et P. GRIVET: Sur la lentille électrostatique. Rev. Opt. 29, 164 (1950).
BUERGER, M. J.: Generalized microscopy and the two wavelength microscope. J. Appl. Phys. 21, 909 (1950).
BURFOOT, J. C.: Numerical ray-tracing in electron lenses. Brit. J. Appl. Phys. 3, 22 (1952).
CASSANAS, F., et P. BARCHEWITS: Un traceur automatique de trajectoires d'électrons. J. Phys. Radium 13, 73A (1952).
CASTAING, R.: Une méthode de détection et de mesure de l'astigmatisme d'ellipticité. C. R. Acad. Sci. Paris 231, 894 (1950).
CLAVIER, P. A.: A property of the paraxial ray equation and some consequences. Nat. Bur. Stand., Circular 527, 197 (1954).
CLOGSTON, A. M., and H. HEFFNER: Focusing of an electron beam by periodic fields. J. Appl. Phys. 25, 436 (1954).
COSSLETT, V. E.: Present trends in electron microscopy. Nat. Bur. Stand., Circular 527, 291 (1954).
— Recent developments in electron microscopy. Research 8, 48 (1955).
—, and D. JONES: A reflexion electron microscope. J. Sci. Instrum. 32, 86 (1955).
—, and W. C. NIXON: The X-ray shadow microscope. J. Appl. Phys. 24, 616 (1953).
—, J. NUTTING and R. REED: Summarized proceedings of a conference on electron microscopy, Bristol 1952. Brit. J. Appl. Phys. 4, 1 (1953).
COUCHET, G., M. GAUZIT et A. SEPTIER: Microscopie ionique par ions Lithium. Bull. Micr. Appl. 2, 85 (1952).
COWLEY, J. M.: A new microscope principle. Proc. Phys. Soc. Lond. B 66, 1096 (1953).
DE, M. L.: An experimental study of the illuminating system of the electron microscope. Indian J. Phys. 24, 303 (1950).
—, and D. K. SAHA: Distorsion in electron lens. Indian J. Phys. 28, 263 (1954).
DURAND, E. M.: Détermination d'une trajectoire électronique par intégrations successives. C. R. Acad. Sci. Paris 236, 364 (1953).
— Détermination d'une trajectoire électronique par dérivations successives. C. R. Acad. Sci. Paris 236, 471 (1953).
— Le calcul numérique des trajectoires électroniques. 78. Congr. Nat. Soc. Savantes 1953.
EHINGER, P., et M. BERNARD: Théorie de la lentille électrostatique indépendante à électrode centrale épaisse. Cahiers Phys. 50, 8 (1954).

EHRENBERG, W., and J. C. E. JENNINGS: Measurements of the electron optical properties of solenoid prisms. Proc. Phys. Soc. Lond. B **65**, 265 (1952).

ERTAUD, A.: Construction d'une cuve rhéographique et son emploi dans le calcul des lentilles électrostatiques. Rev. Opt. **29**, 171 (1950).

FERT, CH.: Appareil de démonstration pour l'optique électronique. C. R. Acad. Sci. Paris **232**, 2085 (1951).

— Expériences d'optique électronique. J. Phys. Radium **13**, 64A (1952).

—, et P. GAUTIER: Méthode d'induction pour l'étude de la topographie du champ sur l'axe d'une lentille électronique magnétique de grande puissance. C. R. Acad. Sci. Paris **233**, 148 (1951).

FISCHER, D.: Fokussierungseigenschaften einer Kombination aus einem mit dem Radius abfallenden Magnetfeld und einem elektrischen Zylinderfeld. Z. Physik **133**, 455 (1952).

FLÜGGE, S.: Zur numerischen und graphischen Integration von Schwingungsgleichungen. Z. Physik **133**, 449 (1952).

FREY-WYSSLING, A.: Elektronenmikroskopie. Vjschr. naturforsch. Ges. Zürich **95**, 4 (1950).

GABOR, D.: Electron-optical system with helical axis. Proc. Phys. Soc. Lond. B **64**, 244 (1951).

— Microscopy by reconstructed wave fronts. Proc. Phys. Soc. Lond. B **64**, 449 (1951).

— Generalized schemes of diffraction microscopy. C. R. 1. Congr. Int. Micr. Électr., Paris 1952, S. 129.

— Progress in microscopy by reconstructed wave fronts. Nat. Bur. Stand., Circular **527**, 237 (1954).

GAUTIER, P.: Calcul numérique des trajectoires dans les systèmes centrés de l'optique électronique. J. Phys. Radium **14**, 524 (1953).

GEERH, J., u. C. HEINZ: Die Fokussierung zweiter Ordnung des magnetischen Sektorfeldes. Z. Physik **133**, 513 (1952).

GEORGE, D. E., R. G. E. HUTTER and M. COOPERSTEIN: The rotating beam method for investigating electron lenses. Sylvania Technologist **4**, 41 (1951).

GIANOLA, U. F.: Reduction of the spherical aberration of magnetic electron lenses. Proc. Phys. Soc. Lond. B **63**, 703 (1950).

— The correction of the spherical aberration of electron lenses using a correcting foil element. Proc. Phys. Soc. Lond. B **63**, 1037 (1950).

— Investigation of magnetic lenses having the axial field $H(0, z) = a/z^n$. Proc. Phys. Soc. Lond. B **65**, 597 (1952).

GLASER, W.: Berechnung der optischen Konstanten starker magnetischer Elektronenlinsen. Ann. Phys. **7**, 213 (1950).

—, u. H. ROBL: Strenge Berechnung typischer elektrostatischer Elektronenlinsen. ZAMP **2**, 444 (1951).

GRIVET, P.: Un nouveau modèle mathématique de lentille électronique. J. Phys. Radium **13**, 1A (1952).

— Les spectrographes β à lentilles électroniques I et II. J. Phys. Radium **11**, 582 (1950); **12**, 1 (1951).

—, et M. BERNARD: Elements gaussiens dans la lentille électrostatique formée de deux cylindres coaxiaux de même diamètre. C. R. Acad. Sci. Paris **233**, 788 (1951).

— — Théorie de la lentille électrostatique constituée par deux cylindres coaxiaux. Ann. Radioél. **7**, 3 (1952).

— — Sur le potentiel axial de la lentille à trois électrodes. J. Phys. Radium **13**, 47 (1952).

— — Etude théorique de la lentille formé de deux cylindres coaxiaux. Nat. Bur. Stand., Circular **527**, 205 (1954).

GRÜMM, H.: Die geometrisch-optische Intensitätsverteilung im Brennfleck des abgelenkten Elektronenstrahlbündels. Optik **11**, 32 (1954).

—, u. J. WAGNER: Die Deformation von Elektronen-Beugungsringen durch Linsenfehler. Acta Phys. Austriaca **9**, 33 (1954).

HAGEN, G. B.: Über die Konstruktion von Elektronenbahnen in Potentialfeldern. Ann. Phys. **13**, 257 (1953).

HAINE, M. E., and T. MULVEY: The formation of the diffraction image with electrons in the GABOR diffraction microscope. J. Opt. Soc. Amer. **42**, 763 (1952).

HALL, C. E.: Scattering phenomena in electron microscope image formation. J. Appl. Phys. **22**, 655 (1951).

HAMPIKIAN, A. M.: Une machine calculatrice analogique pour l'étude des trajectoires dans les lentilles électroniques. C. R. Acad. Sci. Paris **236**, 1864 (1953).

HELMCKE, J. G., u. H. J. ORTHMANN: Fehler bei der Tiefenbestimmung elektronenoptischer Stereoaufnahmen. Optik **11**, 562 (1954).

HERZOG, R. F. K.: Neue Erkenntnisse über die elektronenoptischen Eigenschaften magnetischer Ablenkfelder. Acta Phys. Austriaca **4**, 431 (1951).
— Über einen neuen Massenspektrographen mit astigmatischer Abbildung. Z. Naturforsch. 8a, 191 (1953).
HIBI, T., S. TAKAHASHI and K. YADA: Objective aperture and resolving power of electron microscope. J. Electronmicr. **1**, 23 (1953).
HILLIER, J.: New interference phenomena in the electron microscopic images of plate-like crystals. Nat. Bur. Stand., Circular **527**, 413 (1954).
—, u. E. G. RAMBERG: Kontrasterhöhung in der Elektronenmikroskopie. Z. angew. Phys. **2**, 293 (1950).
HO, K. C., and R. J. MOON: Electrostatic potential plotting for use in electron optical systems. J. Appl. Phys. **24**, 1186 (1953).
HOLLWAY, D. L.: The determination of electron trajectories in the presence of space charge. Austral. J. Phys. **8**, 74 (1955).
INANANANDA, S.: Long magnetic lens beta-ray spectrometers. J. Sci. Industr. Res. B **11**, 397 (1952).
JACOB, L.: The field in an electron optical immersion objective. Proc. Phys. Soc. Lond. B **63**, 75 (1950).
JENNINGS, J. C. E.: The virtual optics of the median plane of axially symmetric magnetic prisms. Proc. Phys. Soc. Lond. B **65**, 256 (1952).
KANAYA, K.: On the manufacture accuracy of magnetic lenses in electron microscopes. J. Electronmicr. **1**, 7 (1953).
— The temperature-distribution of specimens on thin substrates supposed over a circular opening in the electron microscope. J. Electronmicr. **3**, 1 (1955).
—, Y. INONE and A. ISHIKANA: Image formation of electron microscopes from view-point of wave-optics. J. Electronmicr. **2**, 1 (1954).
KATAGIRI, SH.: Experimental study of axial chromatic aberration. J. Electronmicr. **1**, 13 (1953).
KINDER, E.: Über die Dimensionierung von Kleinmikroskopen. Optik **10**, 171 (1953).
KNOLL, M.: Elektronenoptische Linsenraster-Systeme und ihre Anwendung für Elektronenbildspeicher. Z. angew. Phys. **6**, 442 (1954).
— Electron-lens raster systems I. Principle. Nat. Bur. Stand., Circular **527**, 329 (1954).
—, and P. RUDNICK: Direct view storage tube. Nat. Bur. Stand., Circular **527**, 339 (1954).
KÖNIG, H.: Schlierenoptik im Elektronenmikroskop. Naturwiss. **37**, 486 (1950).
LAUDET, M.: Calcul numérique d'une lentille électronique électrostatique à trois électrodes. 78. Congr. Nat. Soc. Savantes 1953.
— Optique électronique des systèmes cylindriques présentant un plan de symmetrie. I. L'approximation du premier ordre. J. Phys. Radium **16**, 118 (1955).
—, et P. PILOD: Potentiel d'une lentille électrostatique. Comparaison des résultats du calcul numérique et des mesures faites à cuve rhéographique. J. Phys. Radium **14**, 323 (1953).
LENZ, F.: Berechnung der Feldverteilung längs der Achse magnetischer Elektronenlinsen aus Polschuhabmessungen und Durchflutung. Optik **7**, 243 (1950).
— Berechnung optischer Kenngrößen magnetischer Elektronenlinsen vom erweiterten Glokkenfeldtyp. Z. angew. Phys. **2**, 337 (1950).
— Hochauflösende Geschwindigkeitsanalyse mit magnetischen Elektronenlinsen. Naturwiss. **38**, 524 (1951).
— Ein einfaches Verfahren zur Bestimmung der Feldform magnetischer Elektronenlinsen. Optik **9**, 3 (1952).
— Zur Einfachstreuung schneller Elektronen in kleine Winkel. Naturwiss. **39**, 265 (1952).
— Die magnetische Linse als Geschwindigkeitsanalysator. Optik **10**, 28 (1953).
— Über das chromatische Auflösungsvermögen von Elektronenlinsen bei der Geschwindigkeitsanalyse. Optik **10**, 439 (1953).
LIEBMANN, G.: Magnetic electron microscope projector lenses. Proc. Phys. Soc. Lond. B **65**, 95 (1952).
— The effect of pole piece saturation in magnetic electron lenses. Proc. Phys. Soc. Lond. B **66**, 448 (1953).
— A unified representation of magnetic electron lens properties. Proc. Phys. Soc. Lond. B **68**, 737 (1955).
LOCQUIN, M.: Recherche systématique de modificateurs de contraste par imprégnations sélectives en microscopie électronique. C. R. Acad. Sci. Paris **240**, 741 (1955).
— Premiers essais de contraste de phase en microscopie électronique. Z. wiss. Mikrosk. **62**, 220 (1955).
LOGAN, B. F., G. R. WELTI and G. C. SPONSLER: Analogue study of electron trajectories. J. Assoc. Comput. Mach. **2**, 28 (1955).

MacNAUGHTON, M. M.: The focal properties and spherical aberration constants of aperture electron lenses. Proc. Phys. Soc. Lond. B **65**, 590 (1952).

MARTON, L.: Electrons vs. photons: a comparison of microscopes. J. Opt. Soc. Amer. **40**, 269 (1950).

— Electron interferometer. Phys. Rev. **85**, 1057 (1952).

— Electron interferometry. Science, Lancaster, Pa. **118**, 470 (1953).

—, M. M. MORGAN, D. C. SCHUBERT, J. R. SHAH and J. A. SIMPSON: Electron-optical bench. J. Res. Nat. Bur. Stand. **47**, 461 (1951).

—, and D. L. REVERDIN: Electron optical properties of space-charge clouds. J. Appl. Phys. **21**, 842 (1950).

—, J. A. SIMPSON and J. A. SUDDETH: An electron interferometer. Rev. Sci. Instrum. **25**, 1099 (1954).

MICHEL, M., et M. BERNARD: Lentilles électrostatiques permettant de focaliser des particules de très grande énergie. Répartition des champs. C. R. Acad. Sci. Paris **236**, 185 (1953).

— — Lentilles électrostatiques permettant la focalisation des particules de grande énergie: Calcul des trajectoires. C. R. Acad. Sci. Paris **236**, 902 (1953).

MÖLLENSTEDT, G.: Elektronenmikroskopische Sichtbarmachung von Hohlstellen in Einkristall-Lamellen. Optik **10**, 72 (1952).

—, u. H. DÜKER: Emissionsmikroskopische Oberflächenabbildung mit Elektronen, die durch schrägen Ionenbeschuß ausgelöst werden. Optik **10**, 192 (1953).

— — FRESNELscher Interferenzversuch mit einem Biprisma für Elektronenwellen. Naturwiss. **42**, 41 (1955).

—, u. W. HUBIG: Substanzdifferenzierung im Elektronen-Emissionsmikroskop. Optik **11**, 528 (1954).

MÜLLER, E. W.: Point projection microscope. Nat. Bur. Stand., Circular **527**, 345 (1954).

MULVEY, T.: German society for electron microscopy. Fourth. Ann. Conf. Nature **170**, 271 (1952).

— The magnetic circuit in electron microscope lenses. Proc. Phys. Soc. Lond. B **66**, 441 (1953).

MUSCIA, C.: Studio di una lente elettronica con il metodo W. K. B. Rend. Acad. Lincei **12**, 575 (1952).

NADEAU, G.: Correction zonale de l'aberration sphérique dans les lentilles magnétiques. Rend. Acad. Lincei **10**, 225 (1951).

OWAKI, KENICHI: Controlling of electron beam by means of a rotating electric field and its application. Nat. Bur. Stand., Circular **527**, 371 (1954).

PEASE, R. S.: The determination of electron microscope magnification. J. Sci. Instrum. **27**, 182 (1950).

PIERCE, J. R.: Spatially alternating magnetic fields for low-voltage electron beams. J. Appl. Phys. **24**, 1247 (1953).

PRINCE, E.: The resolving power of an X-ray microscope. J. Appl. Phys. **21**, 698 (1950).

RANG, O.: Zur Frage der Objektbelastung im Elektronenmikroskop. Optik **9**, 19 (1952).

— Ferninterferenzen von Elektronenwellen. Z. Physik **136**, 465 (1953).

— Zur Justierung elektronenoptischer Filterlinsen. Optik **11**, 327 (1954).

—, u. F. SCHLEICH: Elektronenmikroskopische Dunkelfeld-Abbildung als Mittel zur Identifizierung kleiner Kristalle. Z. Physik **136**, 547 (1954).

—, u. H. SCHLUGE: Dunkelfeldmikroskopie mit definierten Gitter-Reflexen. Optik **9**, 463 (1952).

RANKIN, B.: The "mechanical particle", an analog computing machine. Res. Sci. Instrum. **25**, 675 (1954).

REGENSTREIF, E.: Note sur la théorie de la lentille électrostatique à électrode centrale elliptique. Nat. Bur. Stand., Circular **527**, 223, 231 (1954).

REISNER, J. H.: Electrostatic compensation of magnetic electron lenses. J. Appl. Phys. **24**, 1414 (1953).

—, and S. M. ZOLLERS: Permanent-magnet electron microscope. Electronics **24**, 86 (1951).

REUTERSWÄRD, C.: Two-directional focusing with short uniform magnetic fields. Ark. Fysik **4**, 159 (1952).

ROGERS, G. L.: The black and white hologram. Nature, Lond. **166**, 1027 (1950).

RUSKA, E.: Über neue magnetische Durchstrahlungs-Elektronenmikroskope im Strahlspannungsbereich 40 bis 220 kV. Kolloid-Z. **116**, 102 (1950).

— Untersuchungen über regelbare magnetostatische Elektronenlinsen. Z. wiss. Mikrosk. **61**, 152 (1952).

— Über den Aufbau einer elektronenoptischen Bank für Versuche und Demonstrationen. Z. wiss. Mikrosk. **60**, 317 (1952).

RUSKA, E.: Experiments with adjustable magnetostatic electron lenses. Nat. Bur. Stand., Circular **527**, 389 (1954).
— Grundlagen der Elektronenoptik und ihre Anwendung bei modernen Elektronenmikroskopen. Convegno di elletronica e televisione, Milano. Consiglio Naz. d. Ricerche, Roma 1954.
SANGSTER, M.: The influence of the space charge in an electron beam accelerated in a constant electrostatic field up to energies of several MeV. Appl. Sci. Res. B **4**, 261 (1955).
SCHIEKEL, M.: Elektronenoptische Geschwindigkeitsfilter. Optik **9**, 145 (1952).
SEPTIER, A.: Objectif à immersion électrostatique à haut pouvoir séparateur d'un type nouveau. C. R. Acad. Sci. Paris **235**, 652 (1952).
— Calcul de la répartition de potentiel $\Phi(z)$ sur l'axe d'un objectif électrostatique à immersion à électrodes épaisses. C. R. Acad. Sci. Paris **235**, 1203 (1952).
— Étude expérimentale de l'objectif électrostatique à immersion à électrodes planes: courbes de focalisation et distance focale. C. R. Acad. Sci. Paris **235**, 1621 (1952).
— Valeur du pouvoir séparateur théorique de l'objectif électrostatique à immersion. C. R. Acad. Sci. Paris **240**, 1200 (1955).
SHAH, J. R., and L. JACOB: Investigation of field distribution in symmetrical electron lens. J. Appl. Phys. **22**, 1236 (1951).
SHIPLEY, D. W.: A method for the measurement of spherical aberration of an electrostatic electron lens. J. Appl. Phys. **23**, 1310 (1952).
— Calculation of spherical aberration for the electrostatic electron lens. Sylvania Technologist **5**, 87 (1952).
SIMPSON, J. A.: The theory of the three-crystal electron interferometer. Rev. Sci. Instrum. **25**, 1105 (1954).
STURROCK, P. A.: Perturbation characteristic functions and their application to electron optics. Proc. Phys. Soc. Lond. A **210**, 269 (1951).
— Propriétés optiques des champs magnétiques de résolution de la forme $H = H_0/[1 - (z/a)^2]$ et $H = H_0/[(z/a)^2 - 1]$ sur l'axe optique. C. R. Acad. Sci. Paris **233**, 401 (1951).
SUGATA, E., Y. NISHITANI and H. HAMADA: The effects of pole piece saturation on the constants of magnetic lenses. J. Electronmicr. **3**, 9 (1955).
— —, K. ITO, T. ITO and Y. INONE: Measurements of field distribution in magnetic lenses by electron-image rotation. J. Electronmicr. **1**, 1 (1953).
TIEN, P. K.: Focussing of a long cylindrical electron stream by means of periodic electrostatic fields. J. Appl. Phys. **25**, 1281 (1954).
TRETNER, W.: Die untere Grenze des Öffnungsfehlers bei magnetischen Elektronenlinsen. Optik **11**, 312 (1954).
WAX, N.: Space charge requirements in some ideally focused electron-optical systems. J. Appl. Phys. **24**, 727 (1953).
WEGMANN, L.: Zur Bestimmung des Auflösungsvermögens durch FRESNELsche Beugung im Elektronenmikroskop. Helv. phys. Acta **23**, 437, (1950).
— Der Aufbau des TRÜB-TÄUBER-Elektronenmikroskopes. Optik **7**, 263 (1950).
— Zum Auflösungsvermögen des Elektronenmikroskops mit kalter Kathode. Helv. phys. Acta **26**, 449 (1953).
WENDT, G.: Zur Dioptrik elektrostatischer Elektronenlinsen. Z. angew. Phys. **3**, 219 (1951).
— Sur le pouvoir séparateur du convertisseur d'images à champs homogènes électrostatiques et magnétiques. Ann. Radioél. **10**, 74 (1955).
UYEDA, R.: A theory on image formation of electron microscope. J. Phys. Soc. Japan **10**, 256 (1955).

Für wertvolle Hilfe bei der Abfassung dieses Beitrages danke ich meinen beiden Mitarbeitern F. PUTZ und K. JELLECK.

Elektronenmikroskope.

Von

S. LEISEGANG.

Mit 137 Figuren.

1. Einleitung. *Entwicklung und Aufgaben der Elektronenmikroskopie.* Nach der Formulierung der ABBESchen Theorie des Mikroskops war klar zu erkennen, daß eine Steigerung des Auflösungsvermögens von Mikroskopen nur durch kürzere Wellenlängen der zur Abbildung verwendeten Strahlen erreichbar ist. Mit dieser Erkenntnis war zunächst nichts gewonnen: Für elektromagnetische Strahlung wesentlich kürzerer Wellenlänge als das Licht lassen sich keine Linsen kleiner Brennweite und damit keine Mikroskope im üblichen Sinne herstellen; allerdings ist es COSSLETT[1] in letzter Zeit gelungen, ein sehr wirksames Schattenmikroskop für Röntgenstrahlen herzustellen, dessen Auflösungsvermögen das des Lichtmikroskops erreicht.

Mit DE BROGLIEs Theorie von der Wellennatur der Materie (1924) und BUSCHs Erkenntnis, daß rotationssymmetrische elektromagnetische Felder als Linsen betrachtet werden können (1926), waren die Grundlagen für den Bau von Elektronenmikroskopen gelegt.

Die Arbeiten von RUSKA und KNOLL[2] und von BRÜCHE und JOHANNSON[3] zeigten, daß eine Abbildung mit Elektronen mit magnetischen und mit elektrostatischen Linsen möglich ist[4]. RUSKA[5] erreichte 1934 mit kurzbrennweitigen magnetischen Linsen in zweistufiger Abbildung eine Auflösung von 50 mμ. An demselben Gerät haben 1935 DRIEST und H. O. MÜLLER 40 mμ und 1937 BEISCHER und KRAUSE 10 mμ aufgelöst. MARTON[6] zeigte 1934, daß auch die feinen Strukturen biologischer Objekte im Elektronenmikroskop sichtbar gemacht werden können.

V. BORRIES und RUSKA konnten dann die Entwicklung soweit treiben, daß 1939 die ersten Elektronenmikroskope serienmäßig lieferbar waren, die eine Auflösung von 2,5 mμ erreichen [2].

In demselben Jahre wurde von MAHL[7] gezeigt, daß auch mit elektrischen Linsen 3 mμ aufgelöst werden können.

Heute werden Elektronenmikroskope an vielen Stellen gebaut und sind ein unentbehrliches Hilfsmittel zur Erforschung kleinster Strukturen. Eine Auflösung von 6 bis 8 Å ist nachgewiesen. Es ist zu hoffen, daß in nicht allzu ferner Zeit das Auflösungsvermögen soweit gesteigert werden kann, daß einzelne Molekülformen und Gitterstrukturen sichtbar werden.

---

[1] V. E. COSSLETT u. W. C. NIXON: Proc. Roy. Soc. Lond., Ser B **140**, 422 (1952).
[2] M. KNOLL u. E. RUSKA: Ann. Physik **12**, 607 (1932).
[3] E. BRÜCHE u. H. JOHANNSON: Naturwiss. **20**, 353 (1932).
[4] In diesem Zusammenhang sei auch auf die Patente von RÜDENBERG (DBP 889660 und 895635) hingewiesen, die am 30. Mai 1931 angemeldet wurden. Über die experimentellen Ergebnisse von KNOLL und RUSKA wurde von M. KNOLL am 4. Juni 1931 im CRANZ-Kolloquium der Technischen Hochschule Berlin vorgetragen. Siehe dazu R. RÜDENBERG [J. Appl. Phys. **14**, 434 (1943)], und B. v. BORRIES u. E. RUSKA [Frequenz **2**, 267 (1948)].
[5] E. RUSKA: Z. Physik **87**, 580 (1934).
[6] L. MARTON: Bull. Acad. Roy. Belg. **20**, 439 (1934) bis **23**, 672 (1937).
[7] H. MAHL: Z. techn. Physik **20**, 316 (1939).

Aus der Entwicklungsgeschichte des Elektronenmikroskops zeichnen sich die beiden Aufgabengebiete des Elektronenmikroskopes ab. Mit dem Elektronenmikroskop kann

a) die Materie im „Licht" der Elektronen untersucht werden, ganz unabhängig vom Auflösungsvermögen;

b) die Feinstruktur der Materie weit jenseits der Auflösungsgrenze des Lichtmikroskops betrachtet werden.

Die beiden Aufgaben sind nicht voneinander unabhängig: Erst die volle Kenntnis der Wechselwirkung zwischen Elektronen und Materie erlaubt eine richtige Deutung elektronenmikroskopischer Bilder. Die Wechselwirkung zwischen Elektron und Materie ist soweit bekannt, daß die Deutung elektronenmikroskopischer Bilder zunächst keine Schwierigkeiten macht. So liegt zur Zeit der Schwerpunkt elektronenmikroskopischer Untersuchungen bei der Erforschung der Feinstruktur der Materie und damit steht die Frage nach dem Auflösungsvermögen der Elektronenmikroskope im Mittelpunkt des Interesses. Doch mit dem Vordringen in immer feinere Strukturen traten neue Probleme auf: Das hohe Auflösungsvermögen verlangt nur wenige 100 Å dicke Präparate; der elektronenoptische Kontrast in so dünnen, besonders organischen Schichten wird gering, die Deutung der beobachteten Strukturen an der Auflösungsgrenze stößt auf Schwierigkeiten.

Es ist deshalb erwünscht, mehr vom Objekt zu kennen als nur die Gestalt. Das Elektronenmikroskop soll im Gebiet der feinsten Strukturen erlauben, eine möglichst vielseitige Auskunft über das betrachtete Objekt zu geben. Die ersten Ansatzpunkte zu einer solchen Entwicklung reichen bis in die Anfangszeiten der Elektronenmikroskopie zurück[1,2]. Die heute in voller Entwicklung stehende Erforschung der Feinheiten der Wechselwirkung Elektron — Materie werden bald erlauben, die Aussagen über den Aufbau der Materie immer mehr zu präzisieren.

Von den Elektronenmikroskopen haben — ähnlich wie beim Lichtmikroskop — die durchstrahlte Objekte mit Linsen abbildenden Mikroskope bei weitem die größte Bedeutung erlangt [8]. Es erscheint deshalb im Hinblick auf eine möglichst geschlossene Darstellung der Probleme vertretbar, die für solche Elektronenmikroskope geltenden Abbildungsbedingungen zur Grundlage dieses Artikels zu machen. Neben dieser „konventionellen" Form des Elektronenmikroskops[3] gibt es einige zum Teil mit anderen Abbildungsmethoden, zum Teil für spezielle Anwendungsgebiete entwickelte Mikroskope: Schattenmikroskop und Rastermikroskop haben keine abbildenden Linsen, Reflexions- und Emissionsmikroskope bilden die Oberflächen nicht durchstrahlbarer Objekte ab. Der Aufbau und die Eigenschaften dieser Spezialmikroskope sind in Teil II in jeweils in sich geschlossenen Abschnitten gesondert behandelt. Dabei zeigt sich, daß diese Spezialmikroskope in bezug auf spezielle Probleme auf andere Weise Aussagen über das betrachtete Objekt geben, die optische Leistung (Auflösung) des „konventionellen" Elektronenmikroskops aber in keinem Falle erreichen.

I. Grundlagen.

2. Prinzip des Elektronenmikroskops. Die Linsen des Elektronenmikroskops sind inhomogene, rotationssymmetrische Felder. Es läßt sich ganz allgemein zeigen, daß derartige Felder Abbildungseigenschaften im Sinne der NEWTONschen Gleichungen haben [14]; jeder Elektronenlinse lassen sich Brennweite

---

[1] E. RUSKA: Kolloid-Z. **100**, 212 (1942).

[2] M. v. ARDENNE: Kolloid-Z. **102**, 195 (1944).

[3] Conventional Electron Microscope in der englischen Literatur.

und Hauptebenen im geometrisch-optischen Sinne zuordnen. Damit ist der prinzipielle Aufbau des Elektronenmikroskops rein geometrisch-optisch verständlich; er unterscheidet sich vom Lichtmikroskop nur dadurch, daß das Endbild nicht durch ein Okular hindurch direkt mit dem Auge wahrgenommen, sondern auf einen für Elektronen empfindlichen Leuchtschirm oder auf eine photographische Platte projiziert wird.

Dieser prinzipielle Strahlengang ist in Fig. 1 dargestellt. Das Objekt befindet sich wegen der erstrebten hohen Vergrößerung praktisch in der Brennebene des

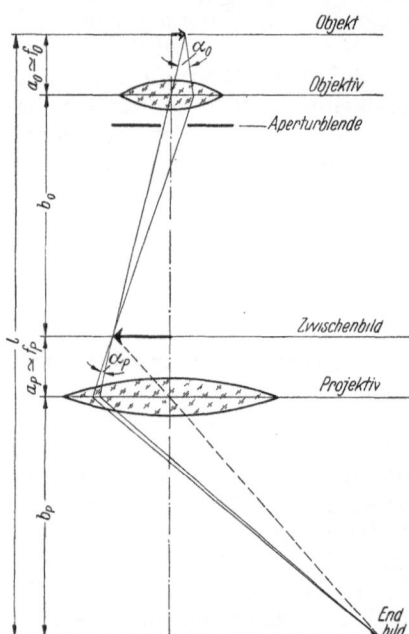

Objektivs, durch das Objektiv wird ein reelles Zwischenbild in der Gegenstandsebene der zweiten Linse, des Projektivs, erzeugt, das mit dem Projektiv auf dem Endbildleuchtschirm abgebildet wird.

Die Endvergrößerung V_E ist gegeben durch das Produkt der Objektivvergrößerung V_0 mit der Projektivvergrößerung V_P

$$V_E = V_0 \cdot V_P \approx \frac{b_0 \cdot b_P}{f_0 \cdot f_P}. \qquad (2.1)$$

Die Endvergrößerung V_E hat einen maximalen Wert, wenn $b_0 = b_P \approx \frac{1}{2} l$ ist; dabei ist l die Entfernung vom Objekt bis zum Endbild. Mit einer solchen zweilinsigen Anordnung läßt sich danach eine maximale Vergrößerung V_{max}

$$V_{max} = \frac{l^2}{4 f_0 f_P} \qquad (2.2)$$

erreichen.

Fig. 1. Abbildungsstrahlengang im Elektronenmikroskop.

Da sich Elektronenlinsen mit Brennweiten kürzer als 2 mm nur schwer mechanisch einwandfrei herstellen lassen, ergibt sich aus dieser Formel, daß bei nicht zu großer Baulänge ($l \lesssim 500$ mm) mit einem zweilinsigen System keine sehr hohe Vergrößerung erreicht werden kann. Deshalb wird bei hoher Vergrößerung ($V > 30000$) ein zweites Projektiv verwendet. Die drei Linsen werden dann als Objektiv, Zwischenlinse und Projektiv bezeichnet.

Optisch unterscheidet sich das Elektronenmikroskop vom Lichtmikroskop dadurch, daß die Abbildungsfehler von Elektronenlinsen nur eine kleine Objektivapertur α ($\alpha < 10^{-2}$) zulassen; die Objektivapertur muß zur Erreichung des optimalen Auflösungsvermögens durch eine Aperturblende begrenzt werden.

Die kleine Objektivapertur führt zu einer relativ großen Tiefenschärfe; wie in der Lichtoptik sind Tiefenschärfe T, Auflösungsvermögen δ und Objektivapertur α durch die Beziehung verbunden:

$$T = \frac{\delta}{\alpha}. \qquad (2.3)$$

Andererseits zwingt die kleine Objektivapertur zu einer Elektronenquelle mit hohem Richtstrahlwert und zu sehr guter Zentrierung des Gerätes.

Der große technische Aufwand für Elektronenmikroskope wird durch zwei Eigenschaften bedingt:

Der große Farbfehler von Elektronenlinsen verlangt eine sehr konstante Hochspannungsanlage und zur Erregung der Magnetfelder hochkonstante Ströme.

Die kleine mittlere freie Weglänge λ von Elektronen mittlerer Geschwindigkeiten ($U \approx 60$ keV) in Luft von 760 mm Hg ($\lambda \sim 1 \cdot 10^{-2}$ cm) erfordert im Elektronenmikroskop ein gutes Vakuum, Objekt und photographische Platten müssen in das Vakuum eingeschleußt werden, Elektronenquelle und Kondensor bilden mit dem Mikroskop eine Einheit. Die technischen Anlagen nehmen wesentlich mehr Raum ein als das eigentliche Mikroskoprohr. Damit wird die Güte eines Mikroskops nicht allein durch die optische Leistung gekennzeichnet; ein relativ großer Aufwand für die bequeme und rasche Bedienung des Gerätes, besonders für schnellen Objekt- und Plattenwechsel, wird dadurch gerechtfertigt, daß so das nun einmal unvermeidlich große (und teuere) Gerät voll ausgenutzt werden kann. Über diese kurze Bemerkung hinaus soll aber hier auf diese rein konstruktiven Probleme nicht näher eingegangen werden.

a) Objektive.

3. Die Eigenschaften von Elektronenlinsen. *α) Öffnungsfehler.* Die von einem Objektpunkt ausgehenden Elektronen werden nur durch den achsennahen Bereich der Linse in der GAUSSschen Bildebene im Bildpunkt vereinigt. Elektronen, die den Objektpunkt unter größerem Winkel verlassen, werden durch das nach dem Linsenrand hin zunehmende Feld stärker abgelenkt und schneiden die optische Achse vor der GAUSSschen Bildebene. In der GAUSSschen Bildebene entsteht das mit zunehmender Öffnung des Bündels größer werdende Öffnungsfehlerscheibchen. Der Radius dieses Öffnungsfehlerscheibchens, δ_δ, ist mit dem Aperturwinkel α, unter dem die Elektronen den Objektpunkt verlassen, bei Beschränkung auf nicht zu große Winkel auf das Objekt bezogen durch die Gleichung gegeben:

$$\delta_\delta = C_\delta \alpha^3. \tag{3.1}$$

Dabei ist C_δ eine Linsenkonstante, die Öffnungsfehlerkonstante. Der allgemeine Zusammenhang zwischen der Form des abbildenden Feldes und der Öffnungsfehlerkonstanten wird für magnetische bzw. elektrische Objektivlinsen in Ziff. 4 bzw. 5 beschrieben.

Die Öffnungsfehlerkonstante ist bei Elektronenlinsen — verglichen mit den im Lichtmikroskop vorliegenden Verhältnissen, — extrem groß. So ist bei einer guten magnetischen Objektivlinse $C_\delta \approx 1$ mm, das erstrebte Auflösungsvermögen etwa 1 mμ und damit die zulässige Apertur etwa $1 \cdot 10^{-2}$. Zur Verringerung des Öffnungsfehlers sollte die Apertur möglichst klein sein.

β) Beugungsfehler. Andererseits wird beim Elektronenmikroskop ebenso wie beim Lichtmikroskop das Auflösungsvermögen durch FRESNELsche Beugung begrenzt. Für den Radius des Beugungsfehlerscheibchens δ_B gilt hier ebenso die — wegen der kleinen Winkel vereinfachte — ABBEsche Beziehung

$$\delta_B = 0.6 \lambda / \alpha.$$

Die Apertur sollte also zur Vermeidung des Beugungsfehlers möglichst groß sein. Aus diesen beiden Forderungen ergibt sich bei gegebenem C_δ und λ eine optimale Apertur α_0, bei der das beste Auflösungsvermögen erreicht wird.

GLASER (vgl. den Artikel in diesem Bande, Ziff. 39) hat diese optimale Apertur und das damit erreichbare Auflösungsvermögen wellenmechanisch berechnet; ein Ergebnis dieser Rechnung ist, daß das Auflösungsvermögen abhängig ist von der Winkelverteilung $W(\alpha) \, \alpha \, d\alpha$ der vom Objektpunkt ausgehenden Elektronen. Glaser hat das Auflösungsvermögen für zwei Winkelverteilungen $W(\alpha)$ angegeben. Das Ergebnis der Rechnung wird in Ziff. 28 diskutiert.

Neben der Forderung auf optimale Objektivapertur wird damit eine Forderung an das Bestrahlungssystem gestellt, durch das die Winkelverteilung $W(\alpha)$ bei dünnen Objekten stark beeinflußt wird.

γ) Zentrierung und Astigmatismus. Der Berechnung des theoretischen Auflösungsvermögens liegen folgende Voraussetzungen zugrunde:

1. Der abgebildete Objektbereich muß nahe der Linsenachse liegen; quantitativ läßt sich diese Bedingung für eine Objektivlinse mit hoher Vergrößerung so formulieren:

$$\frac{r}{f} \ll \alpha_0 \quad \text{oder} \quad \frac{r}{f} \approx 0{,}2\alpha_0 \tag{3.2}$$

($r = $ Entfernung von der Linsenachse, $f = $ Brennweite der Linse).

2. Der Mittelstrahl des bestrahlenden Bündels muß paraxial verlaufen; der Winkel ϑ, den dieser Mittelstrahl mit der Linsenachse bildet, muß klein gegen α_0 sein.

3. Das abbildende Feld wird als im mathematischen Sinne rotationssymmetrisch angenommen.

Die Voraussetzungen 1 und 2 sind Forderungen hinsichtlich der Zentrierung der Elektronenlinsen zueinander. Werden diese Bedingungen nicht eingehalten, so treten zusätzliche Abbildungsfehler in Erscheinung. Diese Abbildungsfehler sind für magnetische Linsen bei Glaser (Artikel in diesem Band, Ziff. 28 bis 32) ausführlich behandelt. Doch zwingt auch der Farbfehler der Elektronenlinsen zu einer so scharfen Einhaltung der Bedingungen 1 und 2, daß diese anderen Abbildungsfehler zunächst keine praktische Bedeutung haben.

Die Voraussetzung 3 ist ohne weiteres nicht erfüllbar. Jede mechanisch hergestellte Bohrung ist nicht im mathematischen Sinne rotationssymmetrisch. Der reale ,,Radius" r ist immer eine Funktion des um die Achse der Bohrung umlaufenden Winkels ψ und läßt sich mathematisch formal so schreiben:

$$r(\psi) = \sum_{i=0}^{\infty} a_i \cos i (\psi - \psi_i^*), \tag{3.3}$$

wobei alle $a_i \ll a_0$ und alle $a_i \geq 2$ etwa von gleicher Größenordnung sein sollen.

Das durch derart unvollkommene Elektroden oder Polschuhe erzeugte elektrische oder magnetische Feld H ist dann auch nicht rotationssymmetrisch

$$H(r, \psi) = \sum_{i} h_i(r) \cos i (\psi - \psi_i^*). \tag{3.4}$$

Es läßt sich allgemein mathematisch zeigen, daß die $h_i(r)$ nach der Feldmitte zu ($r \to 0$) proportional zu r^i abnehmen, während $h_0(r)$ selbst, wenigstens im innersten Linsenbereich, proportional zu r^2 abnimmt. Das hat zur Folge, daß bei kleinem r ($r \ll a_0$) — und allein der innerste Feldbereich ist wegen des großen Öffnungsfehlers zugelassen — $h_{i \geq 3}(r) \ll h_2(r)$ wird.

Alle kleinen Störungen der Rotationssymmetrie mit $i \geq 3$ haben deshalb praktisch keinen Einfluß auf die Abbildungsgüte.

Der Koeffizient a_1 bewirkt eine Dezentrierung des Systems, nach (3.2) sollte, solange $f \approx a_0$ ist,

$$\frac{a_1}{a_0} < 0{,}2\alpha_0 \tag{3.5}$$

sein. Diese Bedingung ist nicht allzu schwer zu erfüllen.

Der Koeffizient a_2 gibt eine elliptische Deformation des Feldes derart, daß für $\psi = 0$ und $180°$ das Feld um a_2 größer, für $\psi = 90$ und $270°$ das Feld um a_2 kleiner ist als im rotationssymmetrischen Fall[1]. Das führt dazu, daß die vom Objekt ausgehenden und die Linse unter $\psi = 0$ und $180°$ bzw. 90 und $270°$ durchsetzenden Elektronen stärker bzw. schwächer abgelenkt werden als bei rotationssymmetrischem Feld. Die Wirkung eines solchen elliptisch deformierten Feldes läßt sich lichtoptisch vergleichen mit einer sphärischen Linse, hinter der senkrecht aufeinander je eine schwache zerstreuende und sammelnde Zylinderlinse angebracht ist. Ein solches System hat axialen Astigmatismus; die vom Objekt in zwei senkrecht aufeinander stehenden achsenparallelen Ebenen ausgehenden Strahlenbüschel schneiden sich in verschiedenen Bildebenen. Quantitativ läßt sich der Astigmatismus angeben durch die astigmatische Brennweitendifferenz Δf_A, die für die beiden senkrecht aufeinanderstehenden Strahlenbüschel besteht.

Für den aufs Objekt bezogenen Radius des astigmatischen Fehlerscheibchens δ_A ergibt sich rein geometrisch

$$\delta_A = \alpha \frac{\Delta f_A}{2},$$

d.h. bei einer Apertur von $7 \cdot 10^{-3}$ und einem erstrebten Auflösungsvermögen δ von $5 \cdot 10^{-7}$ mm sollte $2\delta_A \ll \delta$ oder

$$\Delta f_A \ll \frac{5 \cdot 10^{-7}}{7 \cdot 10^{-3}} = 0,7 \cdot 10^{-4} \text{ mm} \tag{3.6}$$

sein. Bis auf einen Faktor nahe 1 ist bei starken Linsen

$$\frac{\Delta f_A}{f} \approx \frac{2a_2}{a_0} \quad \text{und} \quad f \approx a_0. \tag{3.7}$$

Die quantitative theoretische Beziehung zwischen Astigmatismus und Polschuhunsymmetrie ist im Artikel von GLASER, Ziff. 37 gegeben.

Aus den Gln. (3.6) und (3.7) ergibt sich für a_2 die Bedingung: $a_2 \ll 0,03 \,\mu$.

Diese hohe Genauigkeit der Rotationssymmetrie läßt sich bis heute mit keiner Drehbank und keinem Schleif- und Polierverfahren erreichen. Nach einem Vorschlag von SCHERZER[2] kann dieser durch die gegebenen Grenzen unvermeidbare axiale Astigmatismus durch schwache elliptische Korrekturfelder beseitigt werden. Es ist zu fordern, daß die Größe des Korrekturfeldes gleich der Störung der Rotationssymmetrie des Linsenfeldes h_2 und die Richtung des Korrekturfeldes senkrecht zur Richtung des Störfeldes ist. Die dadurch entstehende vierzählige Feldunsymmetrie ($a_4 \approx a_2$) ist wegen der kleinen Objektivapertur auf die Abbildungsgüte ohne Einfluß. Eine solche Anordnung wird nach SCHERZER Stigmator genannt, sie sollte keinem Mikroskop höchster Leistung fehlen.

δ) *Farbfehler*. Die Brennweite von Elektronenlinsen ist eine Funktion der Energie der die Linse durchsetzenden Elektronen. Die durch Elektronen verschiedener Energie und damit verschiedener Wellenlänge auf diese Weise entstehende Bildunschärfe wird in Analogie zur Lichtoptik als Farbfehler bezeichnet.

Die vorliegenden Verhältnisse lassen sich qualitativ und annähernd auch quantitativ rein geometrisch-optisch verstehen.

Elektronen mit der Energie eU und $e(U - \Delta U)$ werden von einem Objektpunkt ausgehend durch die Linse in je einer Bildebene vereinigt. Die Linse hat für die beiden Elektronengruppen die Brennweite f bzw. $f + \Delta f$.

---

[1] $\psi_2^* = 0$ angenommen.
[2] O. SCHERZER: Phys. Bl. **2**, 110 (1946). — Optik **2**, 114 (1947).

Für einen auf der Linsenachse liegenden Punkt entsteht nach Fig. 2 ein Farbfehlerscheibchen, dessen Radius δ_F — aufs Objekt bezogen — bei hoher Vergrößerung gegeben ist durch

$$\delta_F = \Delta f \cdot \alpha. \tag{3.8}$$

Solange f proportional U ist, wird

$$\delta_F = \alpha \cdot f \cdot \frac{\Delta U}{U}. \tag{3.9}$$

mit $\delta_F = 5$ Å, $\alpha = 7 \cdot 10^{-3}$, $f = 2{,}6$ mm folgt daraus die für ein Auflösungsvermögen von 5 Å zulässige Schwankung der Elektronenenergie $\Delta U/U \ll 2{,}8 \cdot 10^{-5}$.

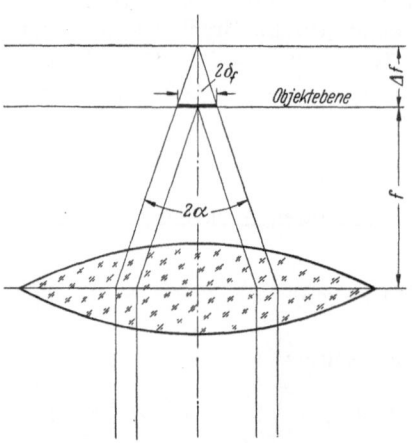

Fig. 2. Geometrisch-optischer Durchmesser $2\,\delta_F$ des Farbfehlerscheibchens eines Bildpunktes durch Defokussieren um $\Delta f \ll f$ bei paraxialer Bestrahlung mit der Apertur α und hoher Vergrößerung (Bildweite $b \gg f$), aufs Objekt bezogen.

Das bedeutet, daß bei elektromagnetischen Mikroskopen Hochspannung und Spulenstrom bis auf Schwankungen dieser Größenordnung geglättet sein müssen. Bei elektrostatischen Linsen läßt sich diese scharfe Forderung wesentlich dadurch reduzieren, daß die Beschleunigungsspannung für die Elektronen und die Linsenspannung ohne Phasenverschiebung miteinander gekoppelt sind. Durch den relativistischen Unterschied zwischen longitudinaler und transversaler Masse der beschleunigten Elektronen ergibt sich aber auch in diesem Falle (Linsenpotential = Beschleunigungsspannung) eine Abhängigkeit der Brennweite von der Spannung. In erster Näherung gilt für starke Linsen die Beziehung [3]:

$$\left.\begin{array}{r}\dfrac{\Delta f}{f} = - KU\,\dfrac{\Delta U}{U}, \\[2mm] K = 2{,}5 \cdot 10^{-7}\ \mathrm{V}^{-1}.\end{array}\right\} \tag{3.10}$$

Mit den praktisch erreichbaren Werten $f = 5$ mm und $U = 50$ kV wäre nach (3.10) unter sonst gleichen Bedingungen ($\delta_F = 5$ Å und $\alpha_0 = 7 \cdot 10^{-3}$) bei einer elektrostatischen Linse eine Hochspannungsschwankung $\Delta U/U < 1 \cdot 10^{-3}$ zulässig. Andererseits darf auch der Energieverlust der Elektronen im Objekt nicht größer sein als es der Forderung (3.9) entspricht, d.h., für extrem hohe Auflösung sind nur sehr dünne Objekte geeignet (s. Ziff. 28).

Die einfachen Annahmen (3.8) und (3.9) sind nicht voll erfüllt. Linsen kurzer Brennweite können nicht als dünne Linsen im Sinne von Gl. (3.8) betrachtet werden; die Verschiebung der Hauptebenen beim Ändern der Brennweite spielt für die Farbfehler besonders bei sehr kurzbrennweitigen Linsen eine entscheidende Rolle. Allgemein läßt sich der Radius des Farbfehlerscheibchens δ_F als Funktion der Apertur α und der Spannungsschwankung $\Delta U/U$ wiedergeben durch

$$\delta_F = C_F \alpha \frac{\Delta U}{U}. \tag{3.11}$$

Dabei ist C_F die Farbfehlerkonstante, die theoretisch oder experimentell für jede Linse bestimmt werden kann (s. Artikel Glaser, Ziff. 36).

Diese Überlegung gilt nur für den achsennahen Bereich. Für einen von der Objektivachse um r entfernten Objektpunkt ergibt sich beim Defokussieren um Δf eine aufs Objekt bezogene Bildwanderung Δr. Sie ist rein geometrisch-optisch bei paraxialer Bestrahlung und hoher Vergrößerung nach Fig. 3 gegeben durch

$$\Delta r = \frac{r}{f} \cdot \Delta f. \qquad (3.12)$$

Soll $\Delta r \ll \delta_f$ sein, so muß nach (3.8) $r/f \ll \alpha_0$ sein. Mit $f = 2{,}6$ mm und $\alpha_0 = 7 \cdot 10^{-3}$ folgt daraus $r \ll 2 \cdot 10^{-2}$ mm, d.h., will man die Forderung an die Konstanz von Hochspannung, Spulenstrom und Dünne des Objekts nicht noch weiter

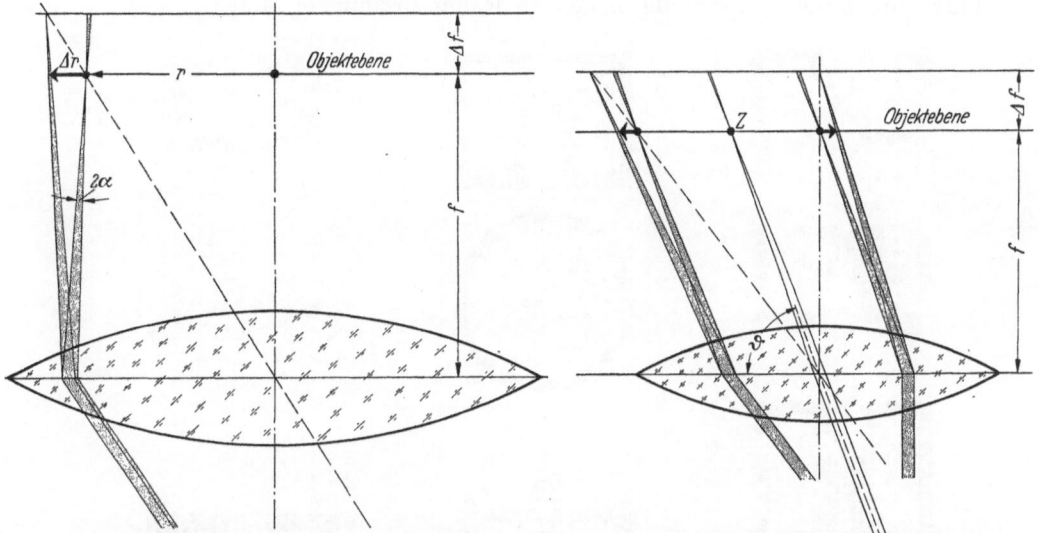

Fig. 3. Geometrisch-optische Bildwanderung Δr eines von der Linsenachse um r entfernten Bildpunktes durch Defokussieren um $\Delta f \ll f$ bei paraxialer Bestrahlung mit der Apertur α und hoher Vergrößerung (Bildweite $b \gg f$), aufs Objekt bezogen.

Fig. 4. Geometrisch-optische Bildwanderung $\Delta r(\rightarrow)$ eines von der Linsenachse um r entfernten Bildpunktes durch Defokussieren um $\Delta f \ll f$ bei um den Winkel ϑ gegen die Linsenachse geneigter Bestrahlungsrichtung. $Z = $ Öffnungszentrum.

verschärfen, so muß der betrachtete Objektbereich sehr gut zur Objektivlinse zentriert sein.

Bestrahlt man das Bild nicht paraxial, sondern mit einem um den Winkel ϑ gegen die Achse geneigten Bündel, so ist nach Fig. 4 ein um den Betrag $f \cdot \vartheta$ von der Achse entfernter Punkt das Zentrum Z, um das sich das Bild beim Defokussieren öffnet.

Bei magnetischen Linsen kommt zu dieser rein geometrisch-optischen Bildwanderung noch eine durch das Magnetfeld bedingte Bilddrehung hinzu: Das Bild öffnet sich beim Defokussieren spiralig um einen Mittelpunkt (s. Ziff. 26).

Die hier nur kurz angedeuteten wichtigsten Eigenschaften der Elektronenlinsen sind für den Aufbau eines Elektronenmikroskops von entscheidender Bedeutung.

Die Forderungen an die Justierung des Gerätes bei höchster Auflösung sind so streng, daß sie nur durch vielfache Verstellglieder erreichbar erscheinen. Ein Hochleistungsmikroskop ist daher heute ein nicht ganz einfach zu bedienendes Gerät. Soll es bis an die Grenze seiner Leistungsfähigkeit ausgenutzt werden, so müssen die Bedingungen hinsichtlich optimaler Apertur, guter Zentrierung und Korrektion des Astigmatismus quantitativ eingehalten werden.

Andererseits ist es heute mit relativ wenig Aufwand an Verstellgliedern möglich, ein Gerät zu bauen, das nur etwa 30 Å Auflösungsvermögen hat. So verzweigt sich der Bau von Elektronenmikroskopen in zwei Richtungen: Geräte für höchste Auflösung (kleiner 15 Å), die zum Erreichen der Grenzauflösung ein gewisses Verständnis der elektronenoptischen Zusammenhänge fordern und Geräte mittlerer Leistung, die soweit wie möglich fest justiert und leicht bedienbar sind.

4. Magnetische Objektivlinsen. *α) Erzeugung des Magnetfeldes.* Das abbildende magnetische Feld kann durch eisengekapselte Spulen oder Permanentmagnete[1] erzeugt werden. Zwischen den Objektivpolschuhen wird das Feld auf den für kurze Brennweiten notwendigen kleinen Raum zusammengedrängt.

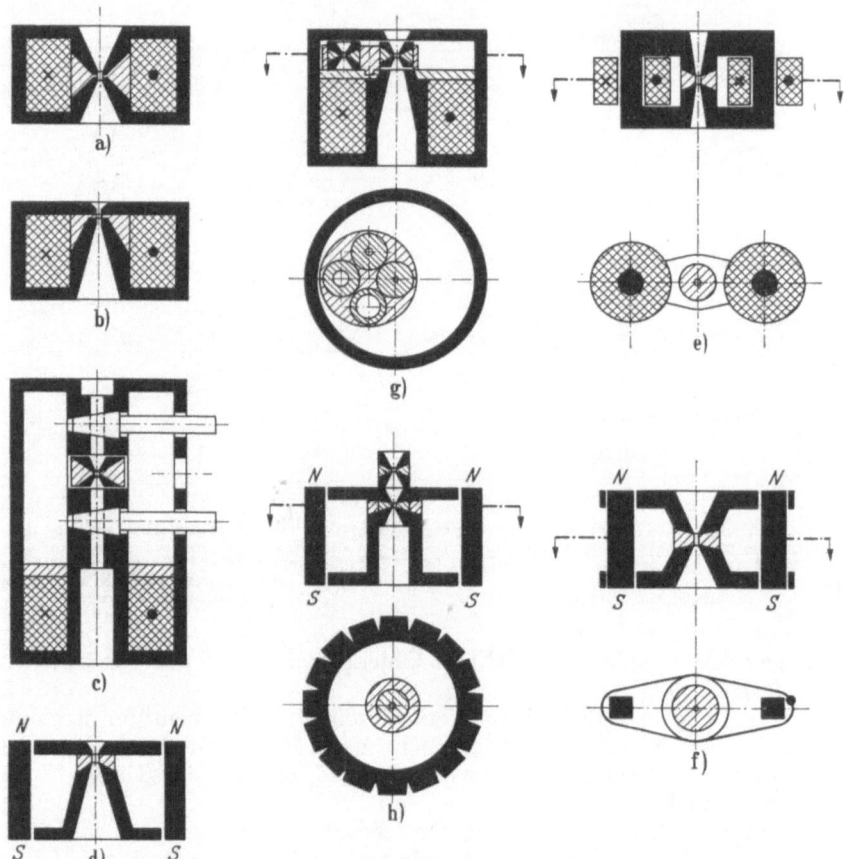

Fig. 5a—h. Schematische Darstellung verschiedener Bauweisen von Polschuhlinsen. a Konzentrische Wicklung symmetrisch zum Spalt. b Konzentrische Wicklung mit hochgezogenem Spalt, übliche Bauweise für Objektive wegen der so besonders einfachen Anordnung des Objektes. c Konzentrische Wicklung weit entfernt vom Spalt. d Konzentrische Anordnung von Stabmagneten. e und f Jochlinsen, mit Spule oder Permanentmagneten erregt, Anordnung mit kleinem Wirkungsgrad, unsymmetrischer Flußzuführung und starkem Streufeld. g und h Systeme mit unter Vakuum austauschbaren Polschuhen (besonders geeignete Projektivlinsen) (nach E. Ruska).

Die typischen Formen der Eisenkreise und Polschuhanordnungen sind in Fig. 5 zusammengestellt. Zur Vermeidung äußerer Streufelder, die den Elektronenstrahl bei nicht extrem guter Abschirmung des ganzen Rohres ablenken, ist es günstig, die Einzelteile des Eisenkreises so aneinanderzufügen, daß an allen Stoßstellen magnetische Kamine mit guter Schirmwirkung entstehen[2] und für einen genügend großen Querschnitt auch der äußeren Teile des Eisenkreises zu

---

[1] E. Ruska: Arch. Elektrotechn. **38**, 102 (1944), mit weiteren Literaturangaben.
[2] H. Kaden: Die elektromagnetische Schirmung. Berlin: Springer 1950.

sorgen. Das eigentliche Objektivpolschuhsystem wird in den Spulenkörper mit guter mechanischer Passung — am besten mit konischem Sitz — eingeschoben; es sollte zum gelegentlichen Reinigen leicht herausnehmbar sein.

Zur Berechnung der für eine magnetische Linse mit vorgegebenen Abbildungs-eigenschaften notwendigen Amperewindungszahl sei ein rechtwinkeliges Ko-ordinatensystem x, y, z eingeführt, dessen z-Komponente längs der Mikroskop-achse, verläuft; die positive z-Rich-tung stimme mit der Bewegungs-richtung der Elektronen überein. Die Abbildungseigenschaften der Linse werden durch den Verlauf der z-Komponente des magneti-schen Feldes auf der Linsenachse, $B_z(z)$ bestimmt (vgl. den Artikel von GLASER, Ziff. 11); die Ge-stalt von $B_z(z)$ ist gegeben durch die geometrische Form des Pol-schuhs. Als wesentliche Bestim-mungsstücke gehen der Bohrungs-durchmesser b und die Spaltweite s des Polschuhs ein. Solange das Polschuheisen nicht gesättigt ist, ist für die Ge-stalt von $B_z(z)$ das Verhältnis s/b allein maßgebend; s/b wird als Gestaltparameter bezeichnet [12].

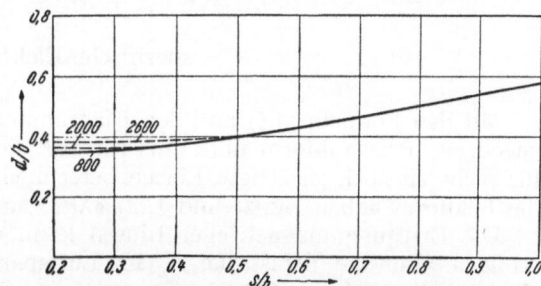

Fig. 6. Relative Halbwertsbreite des Linsenfeldes d/b als Funktion des Gestaltparameters s/b und der Durchflutung $J(A)$. (b Durch-messer der Polschuhbohrung, s Spaltweite) (nach GLASER).

Die relative Halbwertsbreite des Linsenfeldes d/b als Funktion des Gestalt-parameters s/b ist in Fig. 6 dargestellt.

Die zur Erzeugung des Linsenfeldes notwendige magnetische Erregung J ist gegeben durch

$$J = \frac{1}{\mu_0} \int_{-\infty}^{+\infty} B_z(z)\, dz. \quad (4.1)$$

Bei der GLASERschen Annahme eines Glockenfeldes (s. dort Ziff. 23) der Form

$$B_z(z) = \frac{B_0}{1 + (z/d)^2} \quad (4.2)$$

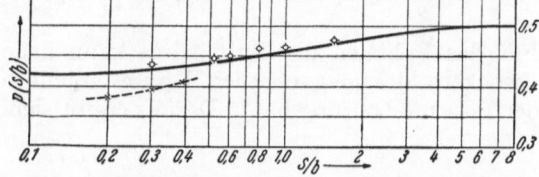

Fig. 7. Gestaltfunktion p als Funktion des Gestaltparameters s/b (nach GLASER), -◇- Meßwerte, — ×— im Sättigungsgebiet (nach GLASER).

($B_0 =$ Maximale Feldstärke, $d =$ Halbwertsbreite des Feldes) wird

$$J = \frac{\pi}{\mu_0} B_0 d. \quad (4.3)$$

Bei einem beliebigen, von (4.2) abweichenden glockenförmigen Feldverlauf kann eine Gestaltfunktion p definiert werden durch:

$$\int_{-\infty}^{+\infty} B_z(z)\, dz = \frac{1}{\mu_0\, p} B_0 d. \quad (4.4)$$

Diese Gestaltfunktion p ist in Fig. 7 als Funktion des Gestaltparameters s/b dargestellt.

Zwischen der Linsenstärke k^2, die die Abbildungseigenschaften der Linse bestimmt, und dem Betriebsparameter g^2, der allein von den Betriebsdaten

Spulenstrom und Strahlspannung abhängt, besteht dann die einfache Beziehung

$$\left.\begin{aligned}
k^2 &= (g\,\pi\,p)^2, \quad g^2 = 3{,}52 \cdot 10^{-3}\ (\mathrm{V}/\mathrm{A}^2) \cdot \frac{J^2}{U^*}, \\[4pt]
k^2 &= \frac{e}{8m}\frac{B_0^2\,d^2}{U^*} = 2{,}2 \cdot 10^{-2}\left(\frac{\mathrm{V}}{\mathrm{G}^2\,\mathrm{cm}^2}\right)\frac{B_0^2\,d^2}{U^*}, \\[4pt]
U^* &= U\left((1 + 10^{-6}\,\frac{U}{\mathrm{V}}\right), \\[4pt]
\frac{e}{m} &= \text{spezifische Elektronenladung.}
\end{aligned}\right\} \tag{4.5}$$

Mit den Formeln (4.5) und den Diagrammen der Fig. 6 und 7 lassen sich bei gegebener Polschuhform und Linsenstärke die notwendigen Amperewindungen für nicht zu hoch gesättigte Linsen berechnen. Den Einfluß der Sättigung auf die Feldform haben Lenz[1] und Liebmann[2] angegeben.

Die Erregung magnetischer Linsen kann ebenso durch Permanentmagnete erfolgen. Für die Feldstärke B_0 im Luftspalt der Linse gilt bei Verwendung elektromagnetischer CGS-Einheiten (H in Oersted, B in Gauß, $\mu_0 = 1$) bei optimaler Konstruktion des magnetischen Kreises[3]

$$B_0^2 = \frac{V_M}{V_L} \cdot \eta\,(B_M \cdot H_M)_{\max} \tag{4.6}$$

$V_M =$ Volumen des Magneten; $V_L =$ Volumen des Luftspaltes; $\eta =$ Wirkungsgrad des magnetischen Kreises; $(B_M \cdot H_M)_{\max} =$ maximale magnetische Energie des verwendeten Magnetmaterials.

Die Länge l des Magneten ist gegeben durch die Gleichung

$$\left(\frac{l}{s}\right)^2 = \frac{V_M}{V_L} \cdot \eta\left(\frac{B_M}{H_M}\right)_{\max}. \tag{4.7}$$

Für das Volumen des Luftspaltes kann angenommen werden, daß der innere Eisenkern des magnetischen Kreises mindestens den neunfachen Durchmesser der Polschuhbohrung hat[4]. Daraus ergibt sich V_L zu

$$V_L \approx 63\,b^2\,s. \tag{4.8}$$

Der Wirkungsgrad η permanentmagnetischer Kreise liegt bei 0,1 bis 0,5, der Wert 0,5 ist als obere Grenze zu betrachten.

Setzt man zur Abschätzung der Größenordnung $s = b$ und damit $d = 0{,}58\,b$ nach Fig. 6, so folgt aus Gl. (4.5) und (4.6) für die Linsenstärke k^2

$$k^2 = 1{,}2 \cdot 10^{-4}\,\frac{\mathrm{V}}{\mathrm{G}^2\,\mathrm{cm}^2}\,\frac{V_M\,\eta\,(B_M \cdot H_M)_{\max}}{s \cdot U^*}. \tag{4.9}$$

Für eine mittelstarke Linse ($k^2 = 0{,}3$, $b = s = 3$ mm) ergibt sich aus (4.9) und (4.7) bei Verwendung sehr guten Magnetmaterials [Al Ni Co Cu 400: $(B_M \cdot H_M)_{\max} = 4 \cdot 10^6$ G·Oe, $(B_M/H_M)_{\max} = 20$][3] bei einer Strahlspannung von $V = 60$ kV mit $\eta = 0{,}2$:

$$V_M = 100\ \mathrm{cm}^3,$$

$$l_M = 5\ \mathrm{cm}.$$

[1] F. Lenz: Optik **7**, 243 (1950).
[2] G. Liebmann: Proc. Phys. Soc. Lond. B **66**, 448 (1953).
[3] W. Krug: Der magnetische Kreis. Erlangen 1948.
[4] T. Mulvey: Proc. Phys. Soc. Lond. B **66**, 441 (1953).

Das Problem magnetostatischer Linsen[1] liegt in der Gestaltung eines Eisenkreises mit hohem Wirkungsgrad η. Prinzipiell lassen sich auch starke Linsen mit Permanentmagneten erregen. Der technische Aufwand für ein Hochleistungsmikroskop mit permanent-magnetischen Linsen erscheint heute noch so groß, daß eine elektromagnetische Erregung vorgezogen wird. Bei Erregung der Linsen mit Permanentmagneten fallen die Erregerspulen und mit ihnen die Spulenstromversorgung und die vielfach angewendete Wasserkühlung fort.

Zur Vermeidung der starken Streufelder permanent-magnetischer Kreise ist es vorteilhaft, durch einen Magneten zwei Linsen zu erregen. Die Regelung der Linsenstärke zur Fokussierung und zur Variation der Vergrößerung kann durch mechanische Änderung des magnetischen Widerstandes des Eisenkreises oder durch eine schwache Hilfsspule erfolgen. Ein magnetostatisches Linsensystem mit Regeleinrichtungen zeigt Fig. 8.

Hinsichtlich der vielfachen Probleme, die bei regelbaren magnetostatischen Systemen zu lösen sind, darf auf v. Borries[1] und Ruska[2] verwiesen werden.

Über magnetostatische Mikroskope kann hier abschließend gesagt werden, daß

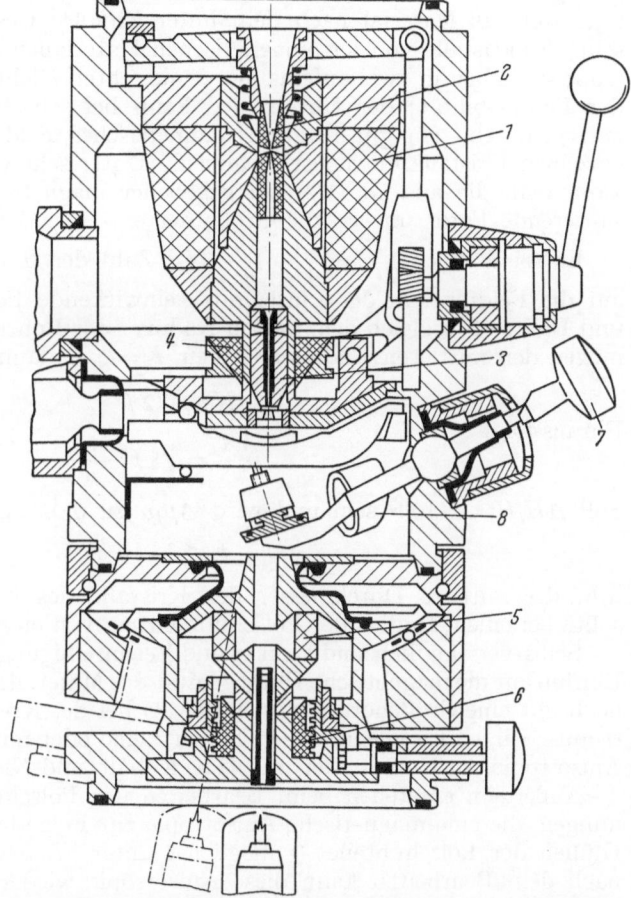

Fig. 8. Permanentmagnetisches, regelbares Linsensystem nach v. Borries. 1 Permanentmagnet für Abbildungssystem, 2600 AW. 2 Axial verschiebbares Polschuhsystem (Projektiv), Vergrößerungsweite von 0,9 bis 9 mm kontinuierlich regelbar (bei maximaler und minimaler Vergrößerung geringe Verzeichnung). 3 Objektiv mit Hauptspalt und Zwischenlinsenspalt. Brennweite von 2,1 mm bis ∞ regelbar. Bei geeigneter Einstellung ist eine Abbildung des primären Beugungsbildes in die Gegenstandsebene des Projektivs möglich (s. Ziff. 42). 4 Regelhülse für Objektiv, die als variable Überbrückung der Zwischenlinse wirkt. 5 Permanentmagnet für Kondensor. 6 Regelstück für Kondensor; 500 mm > f > 28 mm. 7 Objekthalterung und -bewegung. 8 Objektschleuse.

v. Borries[3] mit einem zweilinsigen Vergrößerungssystem bei 18000facher elektronenoptischer Vergrößerung 4 mμ und K. Müller[4] mit einem

[1] W. Krug: Der magnetische Kreis. Erlangen 1948. — J. Fischer: Abriß der Dauermagnetkunde. Berlin: Springer 1949. — T. Mulvey: Proc. Phys. Soc. Lond. B 66, 441 (1953). — B. v. Borries: Z. wiss. Mikrosk. 60, 329 (1952) mit ausführlicher Literaturzusammenstellung über magnetostatische Mikroskope.
[2] E. Ruska: Z. wiss. Mikrosk. 61, 152 (1952).
[3] B. v. Borries: Proc. of the Internat. Conference on Electron Microscopy, London 1954.
[4] K. Müller: Nicht veröffentlichte Messungen im Wernerwerk der Siemens & Halske AG, 1954.

vierlinsigen System bei 60000facher elektronenoptischer Vergrößerung 3 mμ auflösen konnten.

β) *Polschuhe*. Das Material eines guten Objektivpolschuhs sollte zunächst eine möglichst hohe Sättigung haben, damit die Feldstärke im Polschuhspalt groß gemacht und auf kleinen Raum zusammengedrängt werden kann. Andererseits soll das Material nach dem unter Ziff. 3 γ Gesagten möglichst homogen sein. Einkristalle von ferromagnetischen Materialien sind im allgemeinen anisotrop; sie haben in zwei aufeinander senkrechten Richtungen verschiedene Werte der Permeabilität; der Unterschied kann bei schwachen Feldern bis zu 20% betragen. Um ein gut rotationssymmetrisches Feld zu erreichen, müssen die einzelnen Kristalle möglichst klein sein. Unter sehr vereinfachenden Annahmen kann man die aus Gl. (3.7) bei gegebener magnetischer Anisotropie $\Delta\mu/\mu$ resultierende Forderung an die Größe der einzelnen Kristalle abschätzen.

Es sei $H \sim \mu$, $\dfrac{\Delta H}{H} = \dfrac{1}{\sqrt{N}} \dfrac{\Delta\mu}{\mu}$ (N = Zahl der H erzeugenden Kristalle), der auf die Feldform in der Linsenmitte einwirkende Polschuhbereich sei in Tiefe und Breite etwa gleich dem halben Radius r der Bohrung; die einzelnen Kristalle mögen den mittleren Radius r_k haben, $r_k = p \cdot r$, dann wird

$$N \approx 0,2\, p^{-3}.$$

Daraus folgt

$$\frac{\Delta H}{H} = \sqrt{5\, p^3}\; \frac{\Delta\mu}{\mu}. \tag{4.10}$$

Soll $\Delta H/H < 2 \cdot 10^{-5}$ sein und wird $\Delta\mu/\mu$ zu 0,02 angenommen, so folgt für p

$$p < 3 \cdot 10^{-3}$$

d.h. der mittlere Durchmesser der Kristalle des ferromagnetischen Materials sollte bei einem Radius der Polschuhbohrung von etwa 1 mm kleiner als 6μ sein.

Selbstverständlich sind Lunker und Verunreinigungen ebenfalls von störendem Einfluß auf die magnetische Homogenität des Materials; die Forderungen sind hier noch gut eine Größenordnung schärfer als bei der Kristallgröße des Ferromagnetismus. Einige Eisenlegierungen haben keine oder nur sehr geringe magnetische Anisotropie, so Kobalteisen mit 43% Kobalt und Nickeleisen mit 65% Nickel[1].

Außerdem entstehen beim Bearbeiten der Polschuhteile mechanische Spannungen, die eine magnetische Anisotropie zur Folge haben. Durch magnetisches Glühen der Polschuhteile — möglichst unter Wasserstoff oder im Vakuum — nach dem Bearbeiten kann diese Anisotropie wieder aufgehoben werden. Der Einfluß der wesentlichen den Astigmatismus der Linsen bestimmenden Größen — Korngröße der Kristalle, magnetische Anisotropie der Kristalle, Bearbeitungsgenauigkeit und magnetisches Glühen nach dem Bearbeiten — wurde von Leisegang[2] untersucht. Die Ergebnisse sind in Tabelle 1 zusammengestellt. Man sieht deutlich den Einfluß der Kristallgröße, der Glühbehandlung und der Bearbeitung auf die astigmatische Brennweitendifferenz. Nach Formel (3.7) ist durch den Schlag der Feindrehbank von $2\Delta a \leq 0,2\mu$ bei den hier vorliegenden Polschuhdaten ($2a = 2,6$ mm, $f = 2,7$ mm) eine astigmatische Brennweitendifferenz $\Delta f = 0,4\mu$ zu erwarten. Bei dem Material mit magnetisch isotropen oder sehr kleinen Kristallen scheint der Astigmatismus praktisch nur noch von der mechanischen Unrundheit hervorgerufen zu sein.

Die obengenannten Schwierigkeiten bei der Herstellung guter Objektivpolschuhe gehen in die Polschuhkonstruktion selbst ein. Die zunächst übliche

---

[1] R. M. Bozorth: Ferromagnetism. New York 1951.

[2] S. Leisegang: Nicht veröffentlichte Ergebnisse aus dem Wernerwerk für Meßtechnik der Siemens & Halske AG, 1952.

Tabelle 1. *Einfluß von Kristallgröße, Material, Glühbehandlung und Bearbeitungsmethode auf die astigmatische Brennweitendifferenz.*

Material	Kristallgröße (mm)	Astigmatische Brennweitendifferenz Δf_A [μ] nach dem			
		Drehen (Schlag < 1 μ)	Glühen	Feindrehen (Schlag < 0,2 μ)	Glühen
Carbonyleisen hochgesintert a) b) c)	3 1 0,3	20 10 1,5	20 10 1,5	19 10 1,4	19 10 1,4
Kobalteisen 43% Kobalt	0,1	1,4	0,9	0,5	0,5
Nickeleisen 50% Nickel	0,03	1,5	0,9	0,6	0,6

Polschuhkonstruktion geht von dem Gedanken aus, rein mechanisch eine gute Zentrierung der beiden Polschuhteile gegeneinander zu erreichen. Die beiden Polschuhteile wurden durch Gewinde auf guten Zylinderpassungen mit dem mittleren nicht magnetischen Teil fest verbunden und dann fertig bearbeitet[1] (Fig. 9). Ein Kompensieren der Form- und Materialfehler der einzelnen Polschuhteile gegeneinander ist dann nicht mehr möglich. Eine neuere dem vorliegenden Sachverhalt besser angepaßte Konstruktion zeigt Fig. 10.

Die einzelnen Polschuhteile werden mit guter mechanischer Passung in eine dünne Hülse aus ferromagnetischem Material geschoben. In dem starken Feld wird der schmale Eisensteg der Hülse stark übersättigt und hat praktisch keinen Einfluß auf die zur Erzeugung des Linsenfeldes notwendige Amperewindungszahl. Diese Konstruktion bietet den Vorteil, daß durch Drehen der einzelnen Linsenteile gegeneinander Form und Materialfehler bis zu einem gewissen Grade kompensiert werden können[2]. Auf diese Weise läßt sich die

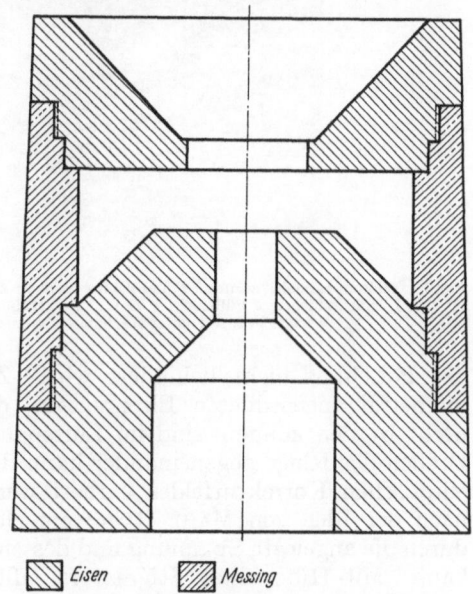

▨ *Eisen*   ▨ *Messing*

Fig. 9. Objektpolschuh der üblichen, festverschraubten Bauweise.

Lage der elektronenoptischen Achse relativ leicht bis zum theoretisch geforderten Maß korrigieren. Der axiale Astigmatismus kann zwar auch um einen Faktor reduziert werden, doch ist es im allgemeinen nicht möglich, den für höchste Auflösung theoretisch erforderlichen Wert zu erreichen.

Es ist deshalb notwendig, den axialen Astigmatismus mit einem Stigmator (s. Ziff. 3 δ) zu kompensieren. HILLIER[3] korrigierte den axialen Astigmatismus durch Einsetzen von acht verstellbaren Eisenschrauben in das den Polschuhspalt umgebende Messing. Durch systematische Einstellung der das äußere Streufeld deformierenden Schrauben kann der Astigmatismus nur für *einen* Betriebszustand

---

[1] E. RUSKA: Arch. Elektrotechn. **38**, 102 (1944).
[2] S. LEISEGANG: Zur Zentrierung von Elektronenlinsen. Optik **11**, 397 (1954).
[3] J. HILLIER u. E. G. RAMBERG: J. Appl. Phys. **18**, 48 (1947).

des Polschuhs beseitigt werden. Im Betrieb einstellbare Stigmatoren lassen sich auf verschiedene Weise realisieren[1]. Das Streufeld des Polschuhs kann dazu benutzt werden, verschiebbare und drehbare Eisenstücke zu magnetisieren, die so eingestellt werden, daß sie das schwache elliptische Störfeld kompensieren. In Fig. 23 (S. 418) ist eine Anordnung wiedergegeben, die eine unabhängige Einstellung der gewünschten Richtung und Stärke des Korrekturfeldes gestattet und fest in den Objektivspulenkörper eingebaut ist, so daß das Wechseln und Säubern

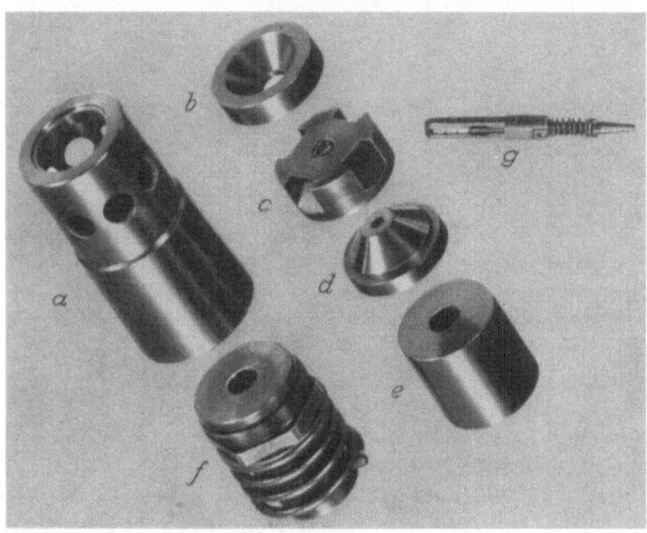

Fig. 10. Hülsenpolschuh. *a* Hülse; *b* und *d* Linsenteile; *c* Abstandsring aus Bronce mit eingearbeiteten Führungsnuten für den Blendenschieber; *e* Füllstück; *f* Verschlußschraube; *g* Blendenschieber für drei Aperturblenden. *b*, *c*, *d* und *e* werden in *a* mit guter mechanischer Passung eingeschoben. Siehe auch Fig. 23.

des Polschuhs nicht behindert wird. Zwei unmagnetische Ringe mit je zwei diametral angeordneten Eisenmassen, die miteinander und gegeneinander gedreht werden können, sind im Luftspalt des Spulenkörpers angebracht. Durch Drehen der Ringe gegeneinander kann die Stärke, miteinander die Richtung des elliptischen Korrekturfeldes variiert werden. HAINE[4] und PICARD[5] verwenden nach der Idee von MAHL (1944) ein elektrisches Korrekturfeld, dessen Stärke durch die angelegte Spannung und dessen Richtung mechanisch eingestellt werden kann. Mit Hilfe eines Stigmators läßt sich der axiale Astigmatismus eines guten Polschuhs soweit reduzieren, daß er nicht mehr auflösungsbegrenzend wirkt.

γ) Optische Daten. Die Abbildungseigenschaften der Linse werden wesentlich bestimmt durch Brennweite f, Öffnungsfehlerkonstante $C_\ddot o$ und Farbfehlerkonstante C_F (s. Ziff. 3 γ). Mit Hilfe des Glockenfeldes (4.2), das durch (4.4) in bezug auf maximale Feldstärke B_0 und Halbwertsbreite d an den tatsächlichen Feldverlauf angepaßt ist, lassen sich f, $C_\ddot o$ und C_f berechnen und sind Funktionen der Linsenstärke k^2 allein. Für die Brennweite f gilt die einfache Beziehung

$$\frac{f}{d} = \frac{1}{\sin \dfrac{\pi}{\sqrt{1+k^2}}} . \tag{4.11}$$

Öffnungsfehler- und Farbfehlerkonstante sind in Fig. 11 als Funktion von k^2 dargestellt. Das einfache Glockenfeld (4.2) gibt die Linsenkonstanten bei nicht

[1] S. LEISEGANG: Optik 11, 49 (1954). Dort auch weitere Literaturangaben.
[2] M. E. HAINE: Proc. of the Internat. Conference on Electron Microscopy, London 1954.
[3] R. G. PICARD: Proc. of the Internat. Conference on Electron Microscopy, London 1954.

zu starken Linsen $(k^2 < 2{,}5)$ mit 10 bis 20% Genauigkeit wieder. Für eine genauere Berechnung darf auf GLASER [14], LENZ[1] und LIEBMANN[2] verwiesen werden. Endgültig entscheidend für die wahren Konstanten einer Linse kann nur die Messung sein.

δ) *Aperturblenden.* Zur Erreichung des höchsten Auflösungsvermögens sollte die Apertur der das Objekt verlassenden und die Linse durchsetzenden Strahlen auf einen vorgegebenen Wert begrenzt sein. Das läßt sich nur mit einer Aperturblende im Objektiv erreichen. Für die Anordnung der Aperturblende sind folgende Gesichtspunkte maßgebend:

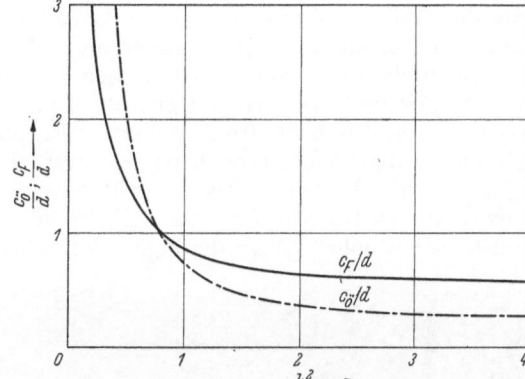

Fig. 11. Öffnungsfehlerkonstante $C_\ddot{o}/d$ und Farbfehlerkonstante C_F/d als Funktion der Linsenstärke k^2 (nach GLASER).

a) Die Aperturblende soll das Gesichtsfeld nicht oder nicht zu stark begrenzen; ihre Lage sollte deshalb möglichst nahe der bildseitigen Brennweite sein.

b) Die Blende muß wegen des großen Öffnungsfehlers leicht zur Linse zentrierbar sein.

c) Durch die unvermeidliche Elektronenbestrahlung verschmutzt die Aperturblende (s. Ziff. 34). Eine verschmutzte Aperturblende lädt sich auf und erzeugt axialen Astigmatismus. Deshalb sollten die Aperturblenden wegen der Blendenverschmutzung leicht auswechselbar und aus einem chemisch widerstandsfähigen Material hergestellt sein, das sich reinigen und ausglühen läßt. Eine Heizung der Aperturblenden auf etwa 300° C sollte die Verschmutzung soweit herabsetzen, daß sie nicht mehr stört[3]. Eine solche Einrichtung ist aber praktisch noch nicht verwendet worden.

Zwei prinzipielle Anordnungen sind für Aperturblenden möglich. Entweder wird die Aperturblende von unten in den Polschuh eingeführt, damit läßt sich Bedingung a) voll erfüllen, oder die Aperturblende wird in den Polschuhspalt geschoben, dabei sind die Bedingungen b) und c) leicht zu erfüllen. Beide Konstruktionen sind so durchgeführt, daß der Wechsel einiger Aperturblenden unter Vakuum möglich ist[4],[5] (s. auch Fig. 10 und 23).

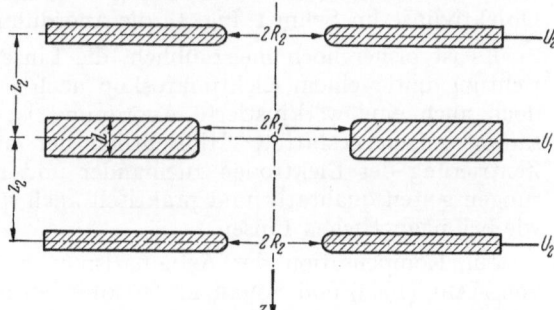

Fig. 12. Elektrodenanordnung bei elektrostatischen Objektivlinsen. U_1 Spannung an Mittelelektrode, U_2 Spannung an den äußeren Elektroden.

5. Elektrische Objektivlinsen. Bei den elektrischen Objektivlinsen wird ein stark inhomogenes, rotationssymmetrisches elektrisches Feld zur Abbildung benutzt. Die dazu prinzipiell verwendete Anordnung zeigt Fig. 12. Das Linsensystem besteht aus drei Elektroden. Die beiden äußeren Elektroden liegen

[1] F. LENZ: Ann. Physik **9**, 245 (1951).
[2] G. LIEBMANN: Proc. Phys. Soc. Lond. B **64**, 972 (1951); **65**, 188 (1952).
[3] A. E. ENNOS: Brit. J. Appl. Phys. **5**, 27 (1954).
[4] E. RUSKA u. O. WOLFF: Z. wiss. Mikrosk. (im Erscheinen).
[5] M. E. HAINE: Proc. of the Internat. Conference on Electron Microscopy, London 1954.

auf Erdpotential. Die Mittelelektrode kann ein veränderliches Potential haben, doch wird wegen der dann besonders einfachen Hochspannungsanordnung erstrebt, daß die Mittelelektrode auf Kathodenpotential liegt. Ebenso wie bei magnetischen Linsen ist es zur Erzeugung einer kurzen Brennweite notwendig, daß die Halbwertsbreite des Potentialverlaufs auf der Linsenachse[1] $\Phi_z(z)$ und damit der Abstand z_2 der Elektroden möglichst klein ist. Hier liegt das schwerste experimentelle Problem der elektrischen Linsen. Die Oberflächen der Elektroden müssen aufs beste poliert und gut abgerundet sein. Nach den Untersuchungen von Gölz[2] läßt sich bei frisch poliertem Chromnickelstahl eine Spannungsfestigkeit bis zu 440 kV/cm erreichen; sie sinkt aber nach einigen Überschlägen auf 275 kV/cm ab. Es scheint bisher nicht gelungen zu sein, elektrische Linsen kurzer Brennweite ($\approx 0,5$ cm) für Spannungen höher als 60 kV betriebssicher herzustellen. Die hohen Anforderungen hinsichtlich der Spannungsfestigkeit der

Fig. 13. Elektrostatische Objektivlinse im Schnitt (nach Mahl).

Linsen bedingen eine Linsenkonstruktion, bei der die einzelnen Elektroden leicht zum Nachpolieren herausgenommen werden können. Denn wie an allen anderen Teilen des Mikroskops tritt auch an den Linsenoberflächen Verschmutzung ein; die Spannungsfestigkeit wird herabgesetzt und unsymmetrische Aufladungen entstehen, die Astigmatismus erzeugen können. Fig. 13 zeigt eine elektrische Objektivlinse im Schnitt, Fig. 14 die Anordnung der Mittelelektrode im Isolator.

Es ist bisher noch meist üblich, die Linsenelektroden auf einer Justiervorrichtung unter einem Lichtmikroskop nach jedem Reinigen neu zu zentrieren, doch auch eine werkjustierte Anordnung ist möglich[3], die ein einfaches Zusammensetzen gestattet. Hinsichtlich der mechanischen Toleranzen bei der Zentrierung der Elektroden zueinander und für die Rundheit der Linsenbohrungen gelten qualitativ und praktisch auch quantitativ dieselben Bedingungen wie bei magnetischen Linsen.

Zur Kompensation des Astigmatismus hat Rang[4] 1949 nach Vorschlägen von Mahl (1944) und Scherzer (1946) einen im Betrieb einstellbaren Stigmator gebaut. Das Grundprinzip ist in Fig. 15 dargestellt. Dicht unter der Objektivlinse befindet sich eine Anordnung von acht je um $\psi = 45°$ versetzten Elektroden; gegenüberliegende Elektrodenpaare haben gleiches, senkrecht aufeinander stehende entgegengesetzt gleiches Potential, je zwei senkrecht zueinander stehende Elektrodenpaare sind zu einem Teilsystem zusammengefaßt. Jedes Teilsystem

---

[1] Die Symbolik ist die gleiche wie für $B_z(z)$ in Ziff. 4α.
[2] E. Gölz: Jb. AEG-Forschung **7**, 57 (1940).
[3] A. Recknagel: Wiss. Z. techn. Hochschule Dresden **2**, 515 (1953).
[4] O. Rang: Optik **5**, 518 (1949).

erzeugt einen zur angelegten Spannung U proportionalen Astigmatismus. Bei vorgegebener Spannung an beiden Teilsystemen U_a und U_b ergibt sich der resultierende Astigmatismus nach Amplitude A und Richtung ϑ durch vektorielle Addition über 2ϑ (der Astigmatismus ist gegen Drehung um 180° invariant) zu

$$A = \sqrt{U_a^2 + U_b^2}; \qquad \tan 2\vartheta = \frac{U_a}{U_b}. \tag{5.1}$$

Durch eine Kunstschaltung, die aus einigen Potentiometern und einem mechanischen Getriebe besteht, wird erreicht, daß Größe und Richtung des resultierenden Astigmatismus des Stigmators getrennt voneinander geregelt und der Astigmatismus des Objektivs korrigiert werden können.

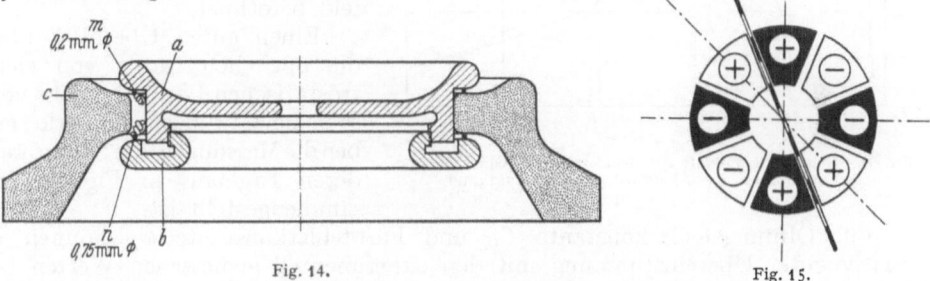

Fig. 14. Anordnung der Mittelelektrode im Isolator. *a* Mittelelektrode, *b* Schraubring für Mittelelektrode, *c* Isolator. *n* und *m*: Untergelegte Kupferdrähte zur Erhöhung der Spannungsfestigkeit.

Fig. 15. Elektrostatischer Stigmator mit acht Elektroden (nach RANG). ■ System *a* mit Spannung U_a, □ System *b* mit Spannung U_b; ϑ Winkel des resultierenden Korrekturfeldes; für $U_a = U_b$ ist $\vartheta = 22{,}5°$.

Die Zurückführung der optischen Daten auf die geometrische Gestalt der Linse ist bei elektrostatischen Linsen nicht in so einfacher Weise möglich wie bei den magnetischen Linsen. Wenn die Dicke der Elektroden $d \ll z_2$ ist, gilt nach REGENSTREIF[1]

$$\frac{f}{z_2} = F(x) \quad \text{mit} \quad x = \frac{\Phi(0)}{\Phi(z_2)}. \tag{5.2}$$

$\Phi(0) =$ Achsenpotential für $z = 0$; $\Phi(z_2) =$ Achsenpotential für $z = z_2$.

$$\left. \begin{aligned} \Phi(0) &= U_1 + \frac{(U_2 - U_1)}{1 + \dfrac{z_2}{R_1} \arctan \dfrac{z_2}{R_1}}, \\[2em] \Phi(z_2) &= U_1 + (U_2 - U_1) \left[1 - \frac{\dfrac{R_2}{2R_1}}{1 + \dfrac{z_2}{R_1} \arctan \dfrac{z_2}{R_1}} \right] \end{aligned} \right\} \tag{5.3}$$

$U_1 =$ Spannung an der Mittelelektrode; $U_2 =$ Spannung an den Außenelektroden; Bezugspotential ist das Kathodenpotential ($U_K = 0$).

Die Funktion $F(x)$ ist in Fig. 16 dargestellt. Die Brennweite hat bei $x = 5{,}8 \cdot 10^{-2}$ ein Minimum mit $f_{\min} = 0{,}77 z_2$.

Die Bedingung $d \ll z_2$ ist im allgemeinen nicht erfüllt; die Formeln (5.2) und (5.3) geben nur eine erste Orientierung. Doch auch für Linsen mit dicker Mittelelektrode erlaubt die REGENSTREIFsche Theorie eine Berechnung der Brennweite,

---

[1] E. REGENSTREIF: Ann. Radioélectr. **6**, 51, 114 (1951).

die recht gut mit den ausführlichen Messungen von Heise und Rang[1] übereinstimmt. Die allgemeine Funktion $F(x)$ bleibt erhalten; an Stelle der Gln. (5.3)
für $\Phi(0)$ und $\Phi(z_2)$ treten etwas umfangreichere Formeln, die die Dicke der
Mittelelektrode d als Parameter enthalten. Doch darf hier wegen der Länge der
Formeln und der Vielzahl der geometrischen Parameter auf die zitierten Original-
arbeiten und auf die Diskussion
der Ergebnisse bei Glaser [12],
[14] hingewiesen werden. Glaser
und Schiske[2] haben die optischen Eigenschaften elektrostatischer Linsen für ein der Gl. (4.2)
ähnliches elektrisches Glockenfeld berechnet.

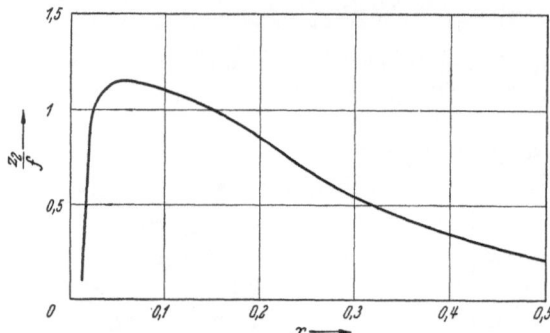

Fig. 16. Relative Brechkraft z_2/f elektrostatischer Objektivlinsen
als Funktion von $x = \Phi(0)/\Phi(z_2)$ (nach Regenstreif).

Einen guten Überblick über
die optischen Daten von elektrostatischen Linsen bei sehr verschiedener Linsengeometrie geben die Messungen von Seeliger[3],
deren Ergebnis in Fig. 17 zusammengestellt ist.

Für Öffnungsfehlerkonstante $C_Ö$ und Farbfehlerkonstante C_F können in
relativ guter Übereinstimmung mit den experimentell gemessenen Werten bei
kurzbrennweitigen Objektivlinsen die Faustformeln angewendet werden[4]:

$$C_Ö \approx 10f, \quad C_F \approx 4f. \tag{5.4}$$

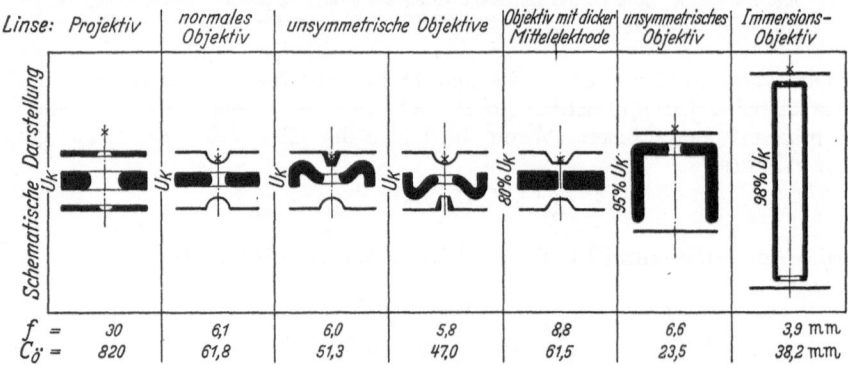

Fig. 17. Brennweite und Öffnungsfehler elektrostatischer Linsen (nach Seeliger). × Objektlage, 80% U_K: Potential
der Mittelelektrode 80% des Kathodenpotentials.

Hinsichtlich der Aperturblenden gelten dieselben Gesichtspunkte wie bei den
magnetischen Linsen mit dem Unterschied, daß bei elektrischen Linsen die Aperturblenden ebenso wie das Objekt außerhalb der Linsenfelder angebracht werden muß.

Die Spannungsfestigkeit der elektrostatischen Linsen begrenzt zunächst die
Strahlspannung auf etwa 60 kV. Durch den Zwischenbeschleuniger[5,6,7] kann

[1] F. Heise u. O. Rang: Optik 5, 201 (1949).
[2] W. Glaser und P. Schiske: Optik 11, 422, 445 (1954). Siehe auch den Beitrag von
Glaser in diesem Band, Ziff. 23.
[3] R. Seeliger: Optik 4, 258 (1948).
[4] O. Klemperer: Electron optics. Cambridge 1953.
[5] G. Möllenstedt: Phys. Verh. 2, 64 (1952), Optik 12, 441 (1955).
[6] O. Rang: Phys. Verh. 4, 120 (1953).
[7] H. Schluge: Zeiß-Werkz. 2, 105 (1954).

auch in elektrostatischen Mikroskopen die Energie der das Objekt durchsetzenden Elektronen bis auf etwa 120 keV gesteigert werden. Das Prinzip der Anordnung, die schon früher in Elektronenbeugungsapparaturen verwendet wurde, zeigt Fig. 18. Das Objekt befindet sich innerhalb eines als Linse ausgebildeten FARA-DAY-Käfigs, an den eine positive Spannung $+U$ angelegt wird. Durch die an der Kathode liegende Spannung $-U$ erhalten die Elektronen von Kathode bis Anode die Energie eU. Beim Eindringen in den Zwischenbeschleuniger werden sie weiter beschleunigt auf $2eU$; die sich zwischen Anode und Zwischenbeschleuniger ausbildende Linse wirkt zugleich als Kondensor.

Das sich auf dem Potential des Zwischenbeschleunigers befindende Objekt wird von Elektronen der Energie $2eU$ durchsetzt. Zwischen der unteren Elektrode des Zwischenbeschleunigers und der oberen, geerdeten Außenelektrode der üblichen Objektivlinse entsteht durch das Feld eine Immersionslinse, die als Teillinse des Objektivs betrachtet werden kann.

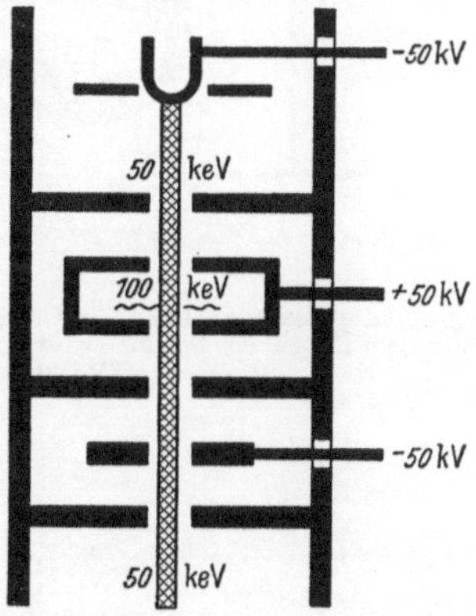

Genaue Daten über Öffnungsfehler und Farbfehler eines Systems mit Zwischenbeschleuniger liegen bisher nicht vor; nach den Angaben von PANZER[2] sollte eine Schwankung der Spannungsdifferenz um $0,2^0/_{00}$ ein Farbfehlerscheibchen von 3 Å Durchmesser ergeben.

Fig. 18. Der Zwischenbeschleuniger (nach MÖLLENSTEDT).

Der Vorteil des Zwischenbeschleunigers ist wesentlich darin zu sehen, daß mit einer relativ kleinen Hochspannungsanlage das Objekt mit Elektronen hoher Energie durchstrahlt werden kann. Durch die relativ langsamen auf Platte und Leuchtschirm auftreffenden Elektronen soll das Auflösungsvermögen der Platten und auch des Endbildleuchtschirms verbessert werden[3]. Bei dem heutigen Stand der Kenntnis über das Auflösungsvermögen photographischer Schichten und polykristalliner Leuchtschirme, bei denen das Auflösungsvermögen zunächst nicht durch die Reichweite der Elektronen begrenzt scheint (s. Ziff. 10), kann darüber wohl noch keine endgültige Aussage gemacht werden.

b) Anordnung und Bestrahlung des Objekts.

6. Anordnung des Objektes. Die elektronenmikroskopischen Objekte sind naturgemäß klein und dünn (bis unter 100 Å Dicke). Die Objekte werden auf Objektblenden mit einer oder mehreren kleinen Bohrungen (50 bis 100 μ Durchmesser) oder auf Siebblechen oder Netzen mit 10 bis 50 Maschen/mm aufgebracht. Die Blenden bestehen oft aus Platin, so daß sie gereinigt und mehrmals verwendet werden können; die Netze oder Siebbleche sind meist aus Kupfer und nur zur einmaligen Verwendung bestimmt. Blenden und Netze haben einen äußeren Durchmesser von 2 bis 3 mm. Diese kleinen Objektträger werden in eine Fassung eingesetzt, mit der sie bequem ins Mikroskop gebracht werden können.

Das Objekt muß in das Vakuum des Mikroskops eingeführt werden. Am einfachsten geschieht das durch eine vakuumdicht verschließbare Tür oberhalb des Objektivs; das Mikroskop ist dann bei jedem Objektwechsel zu belüften. Um trotzdem das Objekt rasch wechseln zu können, sollte die Pumpanlage —

---

[1] A. RECKNAGEL: Wiss. Z. techn. Hochschule Dresden **2**, 515 (1953).
[2] S. PANZER: Optik **10**, 107 (1953).
[3] G. MÖLLENSTEDT: Phys. Verh. **2**, 64 (1952).

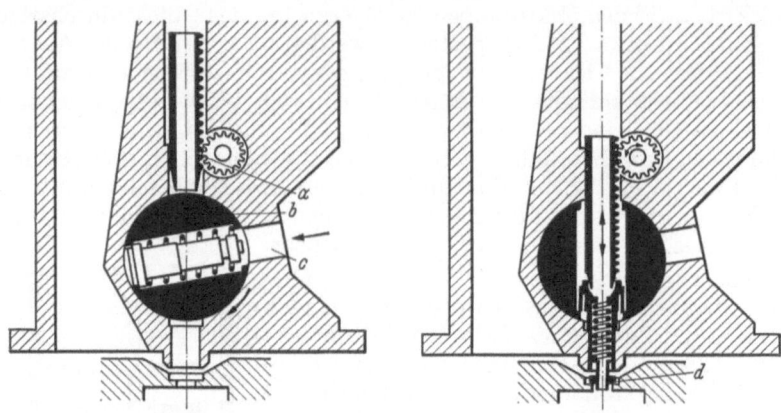

Fig. 19. Kegelschliff-Schleuse. Die Objektpatrone wird an den im Kegelschliff *b* befindlichen Fahrstuhl bei *c* angeschraubt. Nach dem Drehen des Schliffes wird der Fahrstuhl mit Hilfe des Ritzels und der Zahnstange *a* in die Brennebene des Objektivs bei *d* gebracht (nach v. Borries und Ruska).

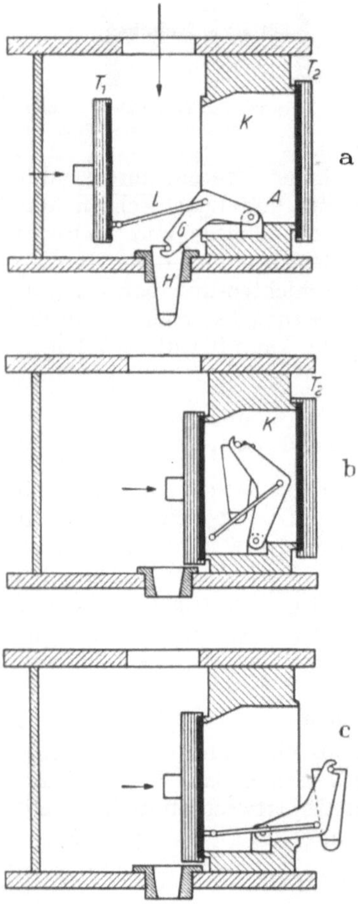

Fig. 20 a—c. Doppeltor-Schleuse (nach Brüche und Gölz). Beim Ausschleusen des Objekts wird mit dem Schließen des Tores T_1 der Objekthalter *H* durch die Schubstangen *S* und den Greifer *G* in die Kammer *K* gebracht. Nach Schließen des Tores T_1 kann T_2 geöffnet und das Objekt herausgenommen werden.

Fig. 21. Objekttisch mit horizontaler und vertikaler Objektverschiebung für ein elektrostatisches Mikroskop. *P* Objektpatrone, *H* waagerecht bewegliche Hülse, *R* senkrecht beweglicher Tisch, V_1, V_2 Verstellschrauben, F_1, F_2 Druckfedern (nach Mahl).

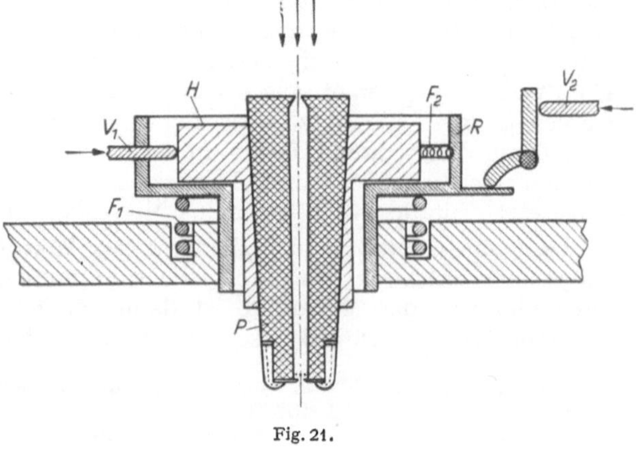

Fig. 21.

einschließlich der Vorpumpe — sehr leistungsfähig sein. Für einen Objektwechsel ist so eine Zeit von einigen Minuten notwendig. Die eigentlichen Objektschleusen die in sehr verschiedenen Ausführungen vorliegen, lassen sich auf drei typische Anordnungen zurückführen:

a) Die Kegelschliffschleuse mit einem beweglichen Fahrstuhl in der Bohrung (Fig. 19).

b) Die Doppeltorschleuse (Fig. 20).

c) Die Stabschleuse (Fig. 22).

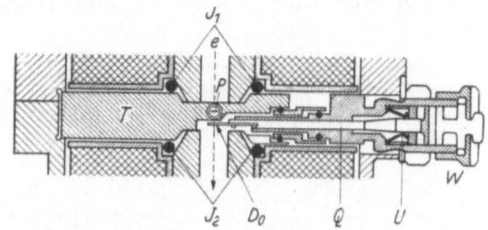

Für die Güte einer Schleuse sind folgende Gesichtspunkte maßgebend:

1. Das beim Objektwechsel in das Mikroskoprohr eingelassene Luftvolumen soll möglichst klein sein.

2. Die im Hochvakuum befindlichen Teile der Schleuse sollen möglichst fettfrei sein, um die Objektverschmutzung (Ziff. 36) nicht unnötig zu vergrößern.

3. Die Schleuse soll den Raum um das Objekt magnetisch und elektrisch gegen Störfelder gut abschirmen.

4. Der Objektwechsel soll bequem ausführbar sein.

Mit einer Objektschleuse läßt sich der Objektwechsel in 20 bis 30 sec durchführen.

Das Objekt muß nach dem Einschleusen in die Brennebene der Objektivlinse gebracht werden und dort zum Absuchen des Objektes in zwei Koordinaten bewegt werden können. Bei elektrostatischen Linsen, deren Brennweite durch die Forderung festgelegt ist, daß das Potential der Mittelelektrode etwa den gleichen Wert wie das Kathodenpotential hat, wird das Objekt zur Scharfstellung in Richtung der Mikroskopachse bewegt.

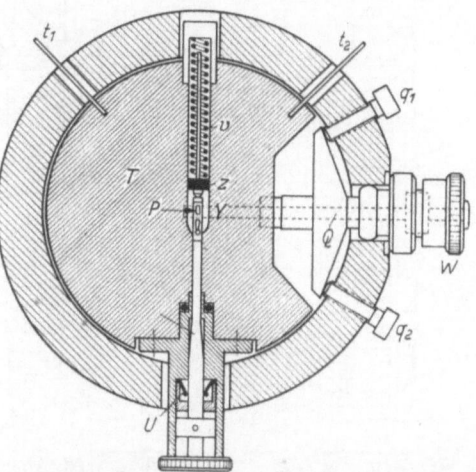

Fig. 22. Objektanordnung im Polschuhspalt. Das Objekt ist auf dem Objekthalter P angebracht. Beim Herausnehmen von P verschließt die Gummidichtung Z durch die Feder v die entstehende Öffnung. Der Objekttisch T ist zwischen den Gummiringen J_1 und J_2 schwingungsfrei und vakuumdicht gelagert und wird durch die Stangen t_1 und t_2 bewegt. Die Aperturblende D_0 kann mit dem Knopf W über ein Gewinde in Richtung der Triebachse und mit den Verstellgliedern Q, q_1, q_2 senkrecht zur Triebachse bewegt werden. U Gummidichtung (nach A. C. VAN DORSTEN u. Mitarbeiter).

An die Güte der Objektverschiebung werden, besonders bei hoher elektronenoptischer Vergrößerung, sehr hohe Anforderungen gestellt. Die Objektverschiebung sollte auf $^1/_{10}$ bis $^1/_{100}$ μ reproduzierbar sein und möglichst keine Lose haben.

Eine besonders einfache Lösung des Problems Objektschleuse—Objektverschiebung ergibt sich durch Verwendung einer dünnen Stabschleuse, bei der die eine Bewegungsrichtung durch Verschieben des Stabes selbst, die andere entweder durch Drehen des Stabes[1] oder durch federnde Aufhängung des eigentlichen Objektträgers und einen Quertrieb bewirkt wird.

In den meisten Fällen wird aber ein relativ großer und stabiler Kreuztisch, möglichst mit Dreipunktauflage, verwendet, der durch zwei Triebe mit Gegenfedern über Gewinde und Hebel bewegt und schwingungsfrei an das Objektiv

---

[1] J. H. REISNER u. S. M. ZOLLERS: Electronics **24**, 86 (1951).

angedrückt wird. Neben der Reproduzierbarkeit der Tischbewegung ist es notwendig, den Tisch so erschütterungsfrei mit gutem Wärmekontakt aufzustellen, daß das Auflösungsvermögen nicht durch mechanische oder thermische Bewegung des Objektes gefährdet wird. Diese Forderung bedeutet bei einem Hochleistungsmikroskop, daß die mechanische und thermische Bewegung des Objektes kleiner als 5 Å ist. Eine präzise Formulierung der Bedingungen, die eine derartige

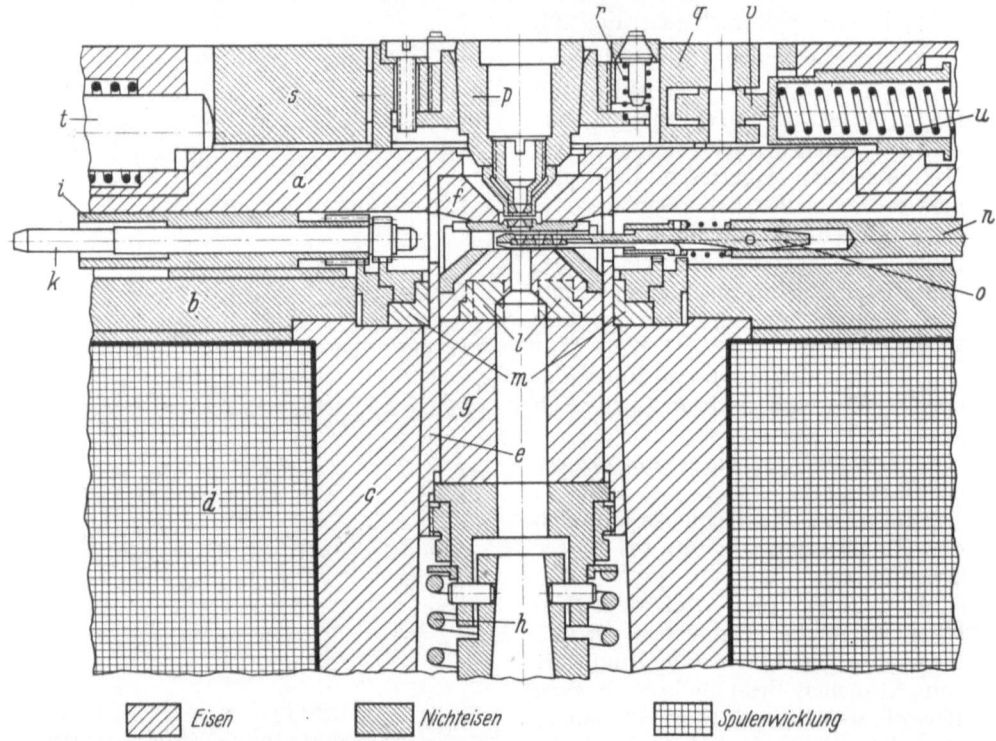

Fig. 23. Schnittzeichnung durch ein magnetisches Objektiv mit von oben eingeführtem Objekt, Objekttisch, eingebautem Stigmator und drei unter Vakuum auswechselbaren Aperturblenden (nach E. Ruska und O. Wolff). *a, c* Eisenkreis des Objektivspulenkörpers; *b* Messingplatte; *d* Spulenwicklung; *e, f, g* Teile des Polschuhs (siehe auch Fig. 10); *h)* Feder zum Andrücken des Polschuhs in den Konus, *i, k* Doppelachse zum Antrieb des Stigmators; *l, m* Stigmator: auf zwei Messingringen diametral angeordnete, mit- und gegeneinander drehbare Eisenstücke; *n* Aperturblendentrieb; *o* Aperturblendenschieber mit drei unter Vakuum austauschbaren Aperturblenden; *p* Objektpatrone mit Konussitz in *q; q* Objekttisch; *r* Andruckfeder für Objekttisch; *s* Schieber, der den Tisch in einer Richtung bewegt und als Führung für die Querbewegung dient; *t* Trieb zur Tischverstellung; *u* Druckfeder; *v* Gleitrolle für Tischbewegung.

Objektruhe garantieren, kann heute noch nicht gegeben werden. Doch steht fest, daß sich diese Forderung bei sorgfältiger Konstruktion[1] erfüllen läßt.

In Fig. 21 ist ein Objekttisch mit horizontaler und vertikaler Verschiebung für ein elektrostatisches Mikroskop dargestellt. Fig. 22 und 23 zeigen die vollständige Anordnung der Objektverschiebung und Aperturblendenjustierung bei Verwendung einer Stabschleuse und einer das Objekt von oben in den Objekttisch einfahrenden Schleuse.

7. Elektronenquelle. Als Elektronenquelle dient meist eine haarnadelförmige Wolframglühkathode. Auch Gasentladungskathoden sind mit Erfolg als Elektronenquelle angewendet worden[2]; wegen der bei Gasentladungskathoden um

---

[1] E. Ruska u. O. Wolff: Z. wiss. Mikrosk. (im Erscheinen). — M. E. Haine: Proc. of the Internat. Conference on Electron Microscopy, London 1954.

[2] G. Induni: Helv. phys. Acta **20**, 463 (1947).

etwa einen Faktor 3 breiteren Energieverteilung der emittierten Elektronen[1] ist für Hochleistungsmikroskope die Glühkathode trotz ihrer kürzeren Lebensdauer vorzuziehen. Mit einem WEHNELT-Zylinder wird eine möglichst gute Bündelung des Elektronenstrahls erstrebt.

Hinsichtlich der allgemeinen Eigenschaften einer aus Kathode, WEHNELT-Zylinder und Anode bestehenden Elektronenquelle kann auf den Beitrag von D. KAMKE in diesem Bande verwiesen werden. Der Strahlstrom wird durch einen veränderlichen Kathodenwiderstand zwischen Gitter (= WEHNELT-Zylinder) und Kathode geregelt.

Im Elektronenmikroskop interessieren die Stromdichte j_B, die Apertur α_B und der Durchmesser $2r_B$ des bestrahlten Bereiches in der Objektebene. Alle drei Größen sollen zur Anpassung an die gegebene Problemstellung in weiten Grenzen möglichst unabhängig voneinander variiert werden können.

Durch Änderung der Steuerspannung am WEHNELT-Zylinder kann nur einer der drei Parameter frei gewählt werden. Erst die Verwendung von unabhängig vom Strahlsystem regelbaren Kondensorlinsen macht eine Regelung in dem für Hochleistungsmikroskope notwendigen Umfang möglich.

Die Eigenschaften des Elektronenstrahlers S sind durch den Durchmesser des engsten Bündelquerschnittes $2r_S$, die Stromdichte im engsten Bündelquerschnitt j_S und die Apertur der den engsten Bündelquerschnitt verlassenden Elektronen α_S bestimmt. Für die mit einem Kondensor bei vorgegebener Apertur erreichbare Stromdichte ist der Richtstrahlwert $R = j_S/\pi\,\alpha_S^2$ maßgebend [7]. Bei vorgegebener Bestrahlungsapertur α_B ist die Stromdichte im Objekt j_B gegeben durch:

$$j_B = R\,\pi\,\alpha_B^2. \tag{7.1}$$

Die Stromdichte j_S ist nicht über den ganzen Bündeldurchmesser und die Zahl $N(\alpha)$ der unter dem Winkel α austretenden Elektronen nicht über den ganzen Winkelbereich konstant. Beide Verteilungsfunktionen $j_S(r)$ und $N(\alpha)$ lassen sich in guter Übereinstimmung zwischen Experiment und Theorie [7], [12] als GAUSS-Funktionen darstellen, so daß gilt:

$$\left.\begin{aligned}
j_S(r)\,r\,dr &= 2\pi j_S(0)\,e^{-(r/r_S)^2}\,r\,dr\,, \\
N_S(\alpha)\,\alpha\,d\alpha &= 2\pi N_S(0)\,e^{-(\alpha/\alpha_S)^2}\,\alpha\,d\alpha\,.
\end{aligned}\right\} \tag{7.2}$$

Innerhalb des Bereiches $r \leq r_S$ und $\alpha \leq \alpha_S$ liegen jeweils 63% der ausgesandten Elektronen.

Der Richtstrahlwert R wird damit Funktion von α und r. Der Richtstrahlwert ist analog der Leuchtdichte definiert. Tabelle 2 gibt eine Gegenüberstellung der licht- und elektronenoptischen Größen.

Tabelle 2. *Gegenüberstellung photometrischer und elektronenoptischer Größen.*

Licht	Elektronen
Lichtstrom Φ	Strahlstrom I_S
Lichtstärke $J = \dfrac{d\Phi}{d\omega}$	$\dfrac{\text{Strahlstromanteil}}{\text{Raumwinkelelement}} = \dfrac{dI_S}{d\omega}$
Beleuchtungsstärke $E = \dfrac{d\Phi}{df}$	Stromdichte $j = \dfrac{dI_S}{df}$
Leuchtdichte $B = \dfrac{J}{F}$	Richtstrahlwert $R = \dfrac{dI_S}{F \cdot d\omega}$

---

[1] G. MÖLLENSTEDT: Z. Naturforsch. **8**a, 79 (1953).

Aus Tabelle 1 und den Gln. (7.2) ergibt sich für den Richtstrahlwert $R(\alpha, r)$

$$R(\alpha, r) = \frac{\int_F d^2 I_S(\alpha, r)}{F \cdot d\omega},$$

$$d^2 I_S(\alpha, r) = j_0 \, e^{-[(r/r_S)^2 + (\alpha/\alpha_S)^2]} \, df \, d\omega$$

mit

$$j_0 = \frac{I_S}{\pi^2 \, r_S^2 \, \alpha_S^2},$$

$$R(\alpha, r) = j_0 \, e^{-(\alpha/\alpha_S)^2} \frac{\int_F e^{-(r/r_S)^2} df}{F}.$$

Als Fläche $F(r)$ werde eine Kreisscheibe um $r = 0$ mit dem Radius r betrachtet. Dann wird

$$R(\alpha, F(r)) = j_0 \frac{r_S^2 \, \pi \, (1 - e^{-(r/r_S)^2})}{\pi \, r^2} \, e^{-(\alpha/\alpha_S)^2}.$$

Für $r \ll r_S$ und $\alpha \ll \alpha_S$ wird R unabhängig von $F(r)$ und α.

$$R_0 = j_0 = \frac{I_S}{\pi^2 \, r_S^2 \, \alpha_S^2}.$$

Für $r \ll r_S$ und $\alpha = \alpha_S$ ist

$$R = 0.63 \, j_0.$$

Die Strahlapertur α_S und der engste Bündelquerschnitt r_S werden nicht nur durch die geometrische Form des Bestrahlungssystems bestimmt, sondern sind außerdem Funktionen der Strahlspannung U und der Breite der Energieverteilung der die Kathode verlassenden Elektronen ΔU. Es gilt allgemein [12]

$$\left. \alpha_S = \sqrt{\frac{\Delta U}{U}}, \qquad r_S = \alpha_S \cdot f \right\} \tag{7.3}$$

$(f = $ Brennweite des Wehnelt-Systems$).$

Der Richtstrahlwert eines Strahlers nimmt bei gleichem ΔU proportional mit der Strahlspannung zu.

Nach Langmuir[1] ist der größtmögliche erreichbare Richtstrahlwert gegeben durch

$$R_{\max} = \frac{j_K}{\pi} \cdot \frac{U}{\Delta U} \qquad (j_K = \text{Stromdichte der Kathode}). \tag{7.4}$$

Für Wolfram bei 2800° K ist $j_K = 3.5$ Amp/cm² und $\Delta U = \dfrac{T}{11\,600°\,\text{K}} = 0.24$ eV. Bei 50 kV Strahlspannung ergibt sich unter diesen Bedingungen ein maximaler Richtstrahlwert von $R = 2.3 \cdot 10^5$ Amp/cm². Er läßt sich bei gleicher Strahlspannung nur durch Erhöhen der Temperatur des Heizfadens vergrößern, doch wird damit die Lebensdauer der Kathode rasch auf einen unbequem kleinen Wert herabgesetzt. Der maximale Richtstrahlwert (7.4) wird auch praktisch erreicht, solange der Strahlstrom nicht durch Raumladungseffekte begrenzt wird[2]. Bei raumladungsbegrenztem Strahlstrom nimmt die Stromstärke durch Erhöhen der Temperatur der Kathode nicht mehr zu.

In Fig. 24 sind die Parameter von drei typischen Bestrahlungssystemen unter annähernd gleichen Bedingungen (Strahlspannung $U = 50$ bis 60 kV,

[1] D. B. Langmuir: Proc. Inst. Radio Engrs. **25**, 977 (1937).
[2] B. v. Borries: Optik **3**, 321, 389 (1948).

Temperatur des Glühfadens etwa 2800° K, Strahlstrom $I_S = 0$ bis 50 µA) zusammengestellt.

Der Elektronenstrahler a) gibt praktisch nur mit einem Kondensor für höhere Vergrößerungen ausreichende Stromdichte in der Bildebene[1, 2] [7]. Die Fernfocuskathode nach STEIGERWALD gibt für mittlere Vergrößerungen (etwa 15000 bis 20000 ×) unter normalen Bedingungen ausreichende Bildhelligkeit[3]. Die Anwendung eines zusätzlichen Kondensors bringt hier wenig Vorteile. Das System c) erlaubt unter normalen Bedingungen ohne Kondensor eine ausreichende Bildhelligkeit für 30000- bis 60000fache Vergrösserung[4, 5]; mit Kondensor lassen sich Stromdichten von 10 bis 20 Amp/cm² bei einer Apertur von etwa $5 \cdot 10^{-3}$ im Objekt erzielen. Daß das System c) schon bei so kleinem Strahlstrom praktisch den maximalen Richtstrahlwert (7.4) erreicht, ist wohl darauf zurückzuführen, daß wegen der relativ weit aus der Bohrung des WEHNELT-Zylinders herausragenden Kathode Raumladungseffekte nur eine geringe Rolle spielen. Bei dem System a) wird der maximale Richtstrahlwert erst bei einem Strahlstrom von etwa 350 mA erreicht[2].

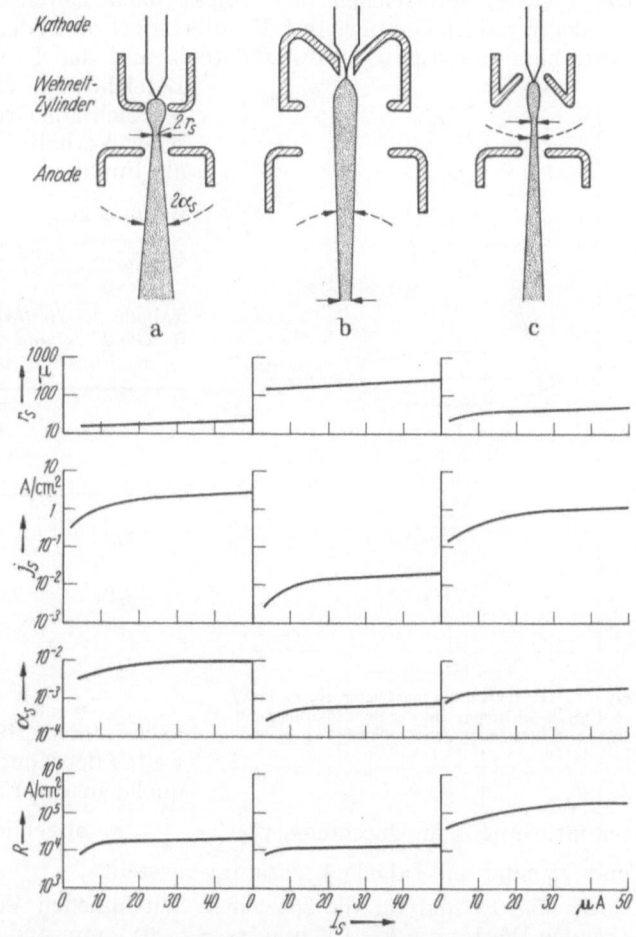

Fig. 24. Verschiedene Elektronenstrahler. r_S Radius des engsten Bündelquerschnitts; j_S Stromdichte im engsten Bündelquerschnitt; α_S Strahlapertur im engsten Bündelquerschnitt; R Richtstrahlwert.

8. Kondensor. Der Kondensor erlaubt es, die Bestrahlungsverhältnisse am Objekt in sehr weiten Grenzen zu ändern. Als Kondensorlinse werden meist magnetische Linsen verwendet, deren Brennweite durch Änderung des Spulenstroms leicht variiert werden kann. Zur Diskussion der Wirkung der Kondensorlinse reichen geometrisch-optische Betrachtungen weitgehend aus; es genügt zu

[1] B. v. BORRIES: Optik **3**, 321, 389 (1948).
[2] M. E. HAINE: Brit. J. Appl. Phys. **3**, 40 (1952), mit weiteren Literaturangaben.
[3] K. H. STEIGERWALD: Optik **5**, 469 (1949).
[4] Ein ähnliches System beschreiben M. BRICKA u. H. BRUCK: Ann. Radioélectr. **3**, 339 (1949).
[5] E. RUSKA: Z. wiss. Mikrosk. **62**, 205 (1955).

wissen, daß die Kondensorlinse bei gegebener Durchflutung eine nach Gl. (4.11) berechenbare Brennweite hat; der Öffnungsfehler spielt praktisch keine Rolle, solange $C_\delta \alpha_B^3 \ll r_B$ ist.

Es sei eine Strahlquelle S mit dem engsten Bündeldurchmesser $2r_S$, der Stromdichte im engsten Bündelquerschnitt j_S und der Strahlapertur α_S gegeben. Die Elektronen erreichen das Objekt nach Durchsetzen der Kondensorlinse mit der variablen Brennweite f. Es interessiert die in der Objektebene herrschende Bestrahlungsapertur α_B, Stromdichte j_B und der Durchmesser des bestrahlten

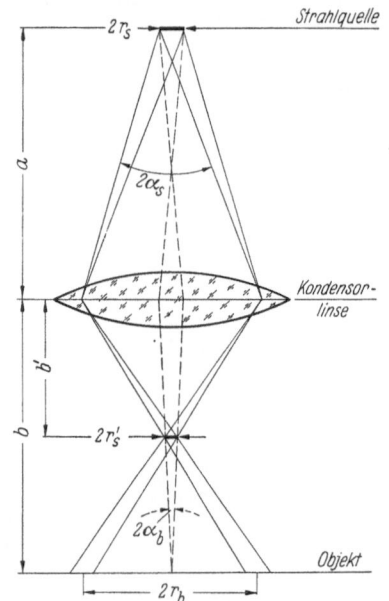

Bereiches r_B. Die gesuchten Größen lassen sich auf Grund rein geometrischoptischer Verhältnisse an Hand von Fig. 25 als Funktion von a, b, f und dem Parameter $g = \dfrac{1}{a} + \dfrac{1}{b} - \dfrac{1}{f}$ angeben, solange $\dfrac{r}{a+b} \ll \alpha_S$ ist. Diese Bedingung ist prak-

Tabelle 3. *Bestrahlungsapertur α_B, Stromdichte im Objekt j_B und Radius des bestrahlten Bereichs r_B als Funktion der Brennweite des Kondensors.*

	Kondensor fokussiert $g = \dfrac{1}{a} + \dfrac{1}{b} - \dfrac{1}{f} = 0$	Kondensor defokussiert $a\,b\,\lvert g\rvert \gg \dfrac{r_S}{\alpha_S}$
α_B	$\dfrac{a}{b}\,\alpha_S$	$\dfrac{r_S}{a\,b\,g}$
j_B	$R\,\pi\,\alpha_S^2 \left(\dfrac{a}{b}\right)^2$	$\left(\dfrac{r_S}{a\,b\,g}\right)^2 R\,\pi$
r_B	$r_S\,\dfrac{b}{a}$	$\alpha_S\,a\,b\,g$

Fig. 25. Die Bestrahlungsparameter α_B, r_B und j_B bei gegebener Brennweite der Kondensorlinse und gegebenen Parametern der Strahlquelle α_B, r_S und j_S $\left(\dfrac{1}{a} + \dfrac{1}{b'} = \dfrac{1}{f}\right).$

tisch immer erfüllt. Bei gegebener Brennweite f der Kondensorlinse wird die Strahlquelle in der Entfernung b' von der Linsenmitte mit dem Durchmesser $2r'_S = \dfrac{b'}{a} \cdot 2r_S$ abgebildet. Die Werte für α_B, j_B und r_B sind in Tabelle 3 zusammengestellt.

In Fig. 26 sind für die speziellen, den üblichen Verhältnissen etwa entsprechenden Werte: $a = b = 100$ mm, $r_S = 2 \cdot 10^{-2}$ mm und $\alpha_S = 6 \cdot 10^{-3}$, Strahlstromdichte j_B/j_S, Bestrahlungsapertur α_B und Durchmesser des bestrahlten Bereiches $2r_B$ als Funktion von $\sqrt{f_0/f'} = I/I_0$ für $k^2 < 0,3$ (I = Spulenstrom, I_0 = Spulenstrom bei Abbildung der Strahlquelle auf das Objekt) aufgetragen. Für $f_0/f \approx 1$ sind die Bestrahlungsparameter sehr empfindlich gegen kleine Änderungen der Brennweite. Um unter definierten Bedingungen arbeiten zu können, muß deshalb auch der Spulenstrom der Kondensorlinse sehr konstant sein. In der Kondensorlinse läßt sich eine Aperturblende mit Radius r_k anbringen, die die Bestrahlungsapertur beschränkt. Die vom Strahlstrom abhängige Apertur der Strahlquelle wird damit auf den Wert $\alpha_S^* \le \dfrac{r_k}{a}$ begrenzt. Die Formeln der Tabelle 1 bleiben gültig, wenn α_S durch α_S^* ersetzt wird ($\alpha_S^* < \alpha_S$).

Bei magnetischen Objektivlinsen hoher Vergrößerung befindet sich das Objekt im magnetischen Feld der Objektivlinse. Die vom Kondensor auf das

Objekt gelangenden Elektronen müssen den vom Objekt nach dem Kondensor hin auslaufenden Teil des Objektivlinsenfeldes durchlaufen, bevor sie das Objekt erreichen. Die sich dadurch ergebende Vergrößerung der Bestrahlungsapertur α_B läßt sich mit Hilfe der Gln. (23.16) des Beitrages von GLASER (S. 204) für nicht zu großen Linsenparameter der Objektivlinse ($k^2 < 2$; $d \ll b$) näherungsweise berechnen. Die Bestrahlungsapertur α_B^* wird dann

$$\left.\begin{array}{ll} \alpha_B^* = \alpha_B \left(- \dfrac{\omega \sin (\pi/\omega)}{\sin \omega \pi} \right) = h\,\alpha_B\,, \\[2mm] j_B^* = h^2 j\,, \qquad\qquad r_B^* = \dfrac{r_B}{h}\,. \end{array}\right\} \qquad (8.1)$$

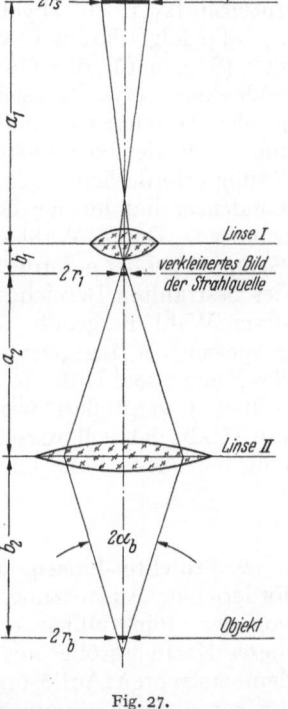

Eine ausführliche Darstellung der Änderung der Bestrahlungsapertur durch das Objektivfeld geben GLASER und ROBL[1] [12].

Die Erwärmung der Objekte durch die bei hoher Vergrößerung notwendige hohe Bestrahlungsstromdichte j_B läßt sich durch Verkleinern des bestrahlten

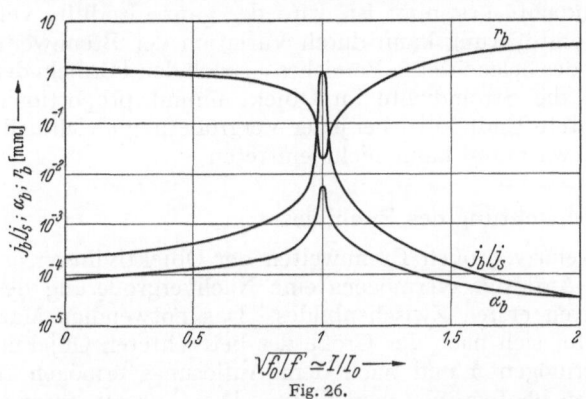

Fig. 26.

Fig. 27.

Fig. 26. Bestrahlungsparameter als Funktion der Kondensorbrennweite. j_B Bestrahlungsstromdichte; j_S Stromdichte der Strahlquelle; α_b Bestrahlungsapertur; r_b Radius des bestrahlten Bereiches; f_0 Brennweite bei fokussiertem Kondensor; f Kondensorbrennweite. $\sqrt{f_0/f}$ ist für kleines k^2 ($k^2 \lesssim 0,3$) proportional zum Spulenstrom I. I_0 Spulenstrom bei fokussiertem Kondensor.

Fig. 27. Zweilinsiger Feinstrahlkondensor.

Bereiches stark reduzieren (s. Ziff. 35). Der Durchmesser des bestrahlten Bereiches sollte dazu bis auf einige μ verkleinert werden können; das ist durch eine kurzbrennweitige Kondensorlinse möglich. Eine starke, kurz oberhalb der Objektivlinse angeordnete Kondensorlinse kurzer Brennweite führt zu einer unerwünschten Durchdringung von Kondensorfeld und Objektivfeld und zu konstruktiven Schwierigkeiten bei der Anordnung des Objektes. Diese Schwierigkeiten werden vermieden, wenn der durch eine kurzbrennweitige Linse erzeugte Brennfleck kleinen Durchmessers mit einer zweiten Kondensorlinse großer Brennweite auf das Objekt abgebildet wird. In Fig. 27 ist der Strahlengang eines solchen Doppelkondensors abgebildet. Die Stromdichte im verschieden stark verkleinert abgebildeten engsten Bündelquerschnitt bleibt bei gleicher zugelassener Bestrahlungsapertur α_B konstant, solange Öffnungsfehler und Astigmatismus der Linse I zu vernachlässigen sind. Das läßt sich für 1 μ Bündeldurchmesser leicht erreichen. Dagegen können Öffnungsfehler und Astigmatismus der zweiten Linse,

---

[1] W. GLASER u. H. ROBL: Öst. Ing.-Arch. **5**, 36 (1951).

die den verkleinerten engsten Bündeldurchmesser etwa im Verhältnis $1:1$ auf das Objekt abbildet, die aufs Objekt gebrachte Bestrahlungsstromdichte j_B und den dort erreichten Durchmesser des bestrahlten Bereichs r_B wesentlich beeinflussen. Bei gegebener Öffnungsfehlerkonstante $C_{\delta\,II}$ der Linse II und gewünschter Bestrahlungsapertur α_B wird der Radius des Öffnungsfehlerscheibchens $r_\delta = C_{\delta\,II}\,\alpha_B^3$. Soll der bestrahlte Bereich auf der Objektebene mit Radius r_B ohne wesentliche Intensitätsverluste abgebildet werden, so sollte $r_\delta < \tfrac{1}{2} r_B$ sein. Mit $\alpha_B = 6 \cdot 10^{-3}$, $r_B = 1\ \mu$ folgt daraus $C_\delta < 2000$ mm. Aus Gl. (27.13) des Beitrages von W. Glaser (S. 229) für den Öffnungsfehler folgt, daß die Halbwertsbreite des Linsenfeldes dann etwa $\tfrac{1}{3} b_2$ sein sollte, d.h., die Kondensorlinse II muß einen relativ großen Durchmesser und damit eine relativ hohe Amperewindungszahl haben, um einen kleinen Objektbereich mit der für gute Abbildung bei höchster Auflösung erforderlichen relativ großen Apertur zu bestrahlen. Ein solcher Doppelkondensor hat hinsichtlich objektschonender Bestrahlung nahezu ideale Eigenschaften. Durch Wahl der Brennweite der Linse I kann der aus thermischen Gründen bei der geforderten höchsten Stromdichte j_B noch zulässige Durchmesser des bestrahlten Bereiches eingestellt werden. Bei höchster Vergrößerung, durch deren Wahl die größte Stromdichte bestimmt ist, wird das ganze Endbild voll ausgeleuchtet, bei geringer Vergrößerung kann durch Variation der Brennweite des Kondensors II der Radius des beleuchteten Bereiches r_B nach den Formeln der Tabelle 3 vergrößert werden, die Stromdichte im Objekt nimmt proportional mit r_B^2 ab; das voll ausgeleuchtete Endbild ist bei jeder Vergrößerung gleich hell; eine unzulässig hohe Objekterwärmung kann nicht eintreten.

c) Beobachtung des Endbildes.

9. Projektiv-Linsen. Die relativ großen Brennweiten der Objektivlinsen erfordern zur Ausnutzung des Auflösungsvermögens eine Nachvergrößerung des von der Objektivlinse erzeugten ersten Zwischenbildes. Das notwendige Maß dieser Nachvergrößerung richtet sich nach der Größe des betrachteten Objekts, dem erstrebten Auflösungsvermögen δ und nach dem Auflösungsvermögen Δ der zur Aufnahme verwendeten photographischen Platte. Die Gesamtvergrößerung sollte in weiten Grenzen leicht geändert werden können wegen der verschiedenen Größe der betrachteten Objekte, die kleinste einstellbare Vergrößerung mit der eines Lichtmikroskops vergleichbar sein, um den Anschluß an lichtmikroskopische Untersuchungen zu ermöglichen. Die höchste erforderliche Vergrößerung $V_{\max}$ ist gegeben durch die Beziehung

$$V_{\max} > 2\,\frac{\Delta}{\delta}. \tag{9.1}$$

Das ist eine Minimalforderung, die besagt, daß die auf der Aufnahme gesuchten Objekteinzelheiten mindestens doppelt so weit voneinander entfernt sein sollen wie die Körnigkeitsbezirke der photographischen Platte. Gute photographische Platten nicht zu extrem geringer Empfindlichkeit haben bei starken Bildkontrasten zwar ein Auflösungsvermögen von 5 bis $10\ \mu$, bei den naturgemäß schwachen Bildkontrasten dünnster elektronenmikroskopischer Objekte — bei denen allein sich höchstes Auflösungsvermögen erzielen läßt — ist die Auflösung photographischer Platten kaum besser als $50\ \mu$. Daraus ergibt sich bei einem heute technisch erreichbaren Auflösungsvermögen von $1\ m\mu$ für die maximale Vergrößerung der Wert: $V_{\max} > 100000$.

Die hohe Endvergrößerung von 100000 läßt sich mit zwei Linsen bei nicht zu großer Baulänge des Mikroskops nicht erreichen; Hochleistungsmikroskope haben deshalb mindestens drei Vergrößerungslinsen: Objektiv, Zwischenlinse und Projektiv.

Die große Variationsbreite der Endvergrößerung kann mit einem solchen dreilinsigen System auf zwei Arten realisiert werden:

a) Die Brennweite von Zwischenlinse und Projektiv wird durch Variation von Spulenstrom oder Linsenspannung geändert; diese Anordnung birgt die Gefahr in sich, daß die Abbildungsfehler bei schwach erregten Linsen unangenehm groß werden[1].

b) Es werden mehrere, leicht unter Vakuum austauschbare Projektivpolschuhe verschiedener Brennweite verwendet.

Bei der gesamten Anordnung der Linsen spielt eine wesentliche Rolle der Gesichtspunkt, in einfacher Weise ein Beugungsbild des Präparates herstellen zu können und die vorhandene Optik für spezielle Beugungsuntersuchung des betrachteten Objektes verwendbar zu machen (s. Abschnitt IV b).

Wegen der vor dem Projektiv erfolgten Vergrößerung V_0 ist die Abbildungsapertur im Projektiv um den Faktor V_0 kleiner als die Objektivapertur α_0. Damit ergibt sich für die Abbildung mit einer Projektivlinse eine so große Tiefenschärfe, daß durch die Abbildungsgleichung die Abbildungseigenschaften nicht genügend bestimmt sind. Bezogen auf ein bei ausgeschaltetem Projektiv

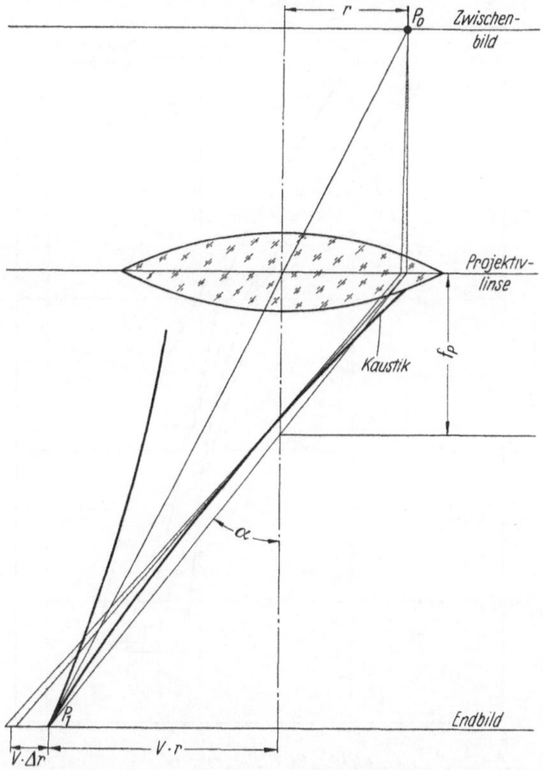

Fig. 28. Die radiale Verzeichnung von Projektivlinsen mit Öffnungsfehler C_δ. Ein bei P_0 achsenparallel mit kleiner Apertur einfallender Strahl wird durch den Öffnungsfehler um den Betrag $V \cdot \Delta r = V C_\delta \alpha^3$ vom GAUSSschen Bildpunkt P_1 entfernt abgebildet. (Die Abbildungsstrahlen sind Tangenten der Kaustik.)

in der Projektivebene liegendes Zwischenbild ergibt sich die Projektivvergrößerung V_p zu

$$V_p = \frac{z_s}{f_p} ; \qquad (9.2) \qquad f_p = \frac{d\sqrt{1+k^2}}{\sin \pi \sqrt{1+k^2}} \qquad (9.3)$$

(z_s = Abstand Beobachtungsleuchtschirm-Projektiv, f_p = virtuelle Brennweite des Projektives). Die maximale Vergrößerung einer Projektivlinse ist im Rahmen der GLASERschen Theorie [12] gegeben durch $V_{p\,max} = -0,68\,z_s/d$. Wegen der im Vergleich zum Objektiv kleinen Abbildungsapertur geben Farbfehler und axialer Astigmatismus der Projektivlinsen praktisch keine Auflösungsbegrenzung; sie sind um einen Faktor $1/V_0^2$ weniger wirksam.

Der Öffnungsfehler gibt wegen der kleinen Apertur keine Bildunschärfe, sondern eine radiale Verzeichnung des durch das Projektiv erzeugten Bildes. In

---

[1] Siehe hierzu W. LIPPERT: Optik **12**, 274 (1955).

Fig. 28 ist die Entstehung der radialen Verzeichnung qualitativ geometrisch-optisch dargestellt.

Der Strahl, der von dem um r von der Achse entfernten Punkt P_0, praktisch achsenparallel, mit kleiner Apertur ausgeht, wird durch den Öffnungsfehler um den Betrag $V \cdot \varDelta r = V\, C_\ddot{o}\, \alpha^3$ vom Gaussschen Bildpunkt entfernt abgebildet. Für die radiale Verzeichnung $\varDelta r/r$ ergibt sich aus Fig. 28:

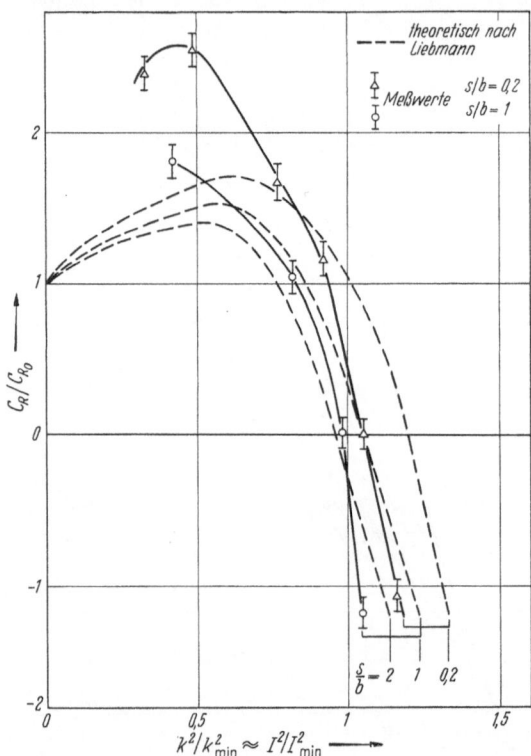

$$\left.\begin{aligned} V \cdot \varDelta r &= V \cdot C_\ddot{o}\, \alpha^3; \quad \alpha = \frac{r}{f_p}, \\ \frac{\varDelta r}{r} &= C_\ddot{o}\, \frac{r^2}{f^3}. \end{aligned}\right\} \tag{9.4}$$

Für kleine Werte des Linsenparameters k^2 ist $C_\ddot{o} \approx \dfrac{2\,d}{\pi^3\, k^6}$ und $f \approx \dfrac{2\,d}{\pi\, k^2}$, und damit

$$\frac{\varDelta r}{r} \approx \frac{1}{4}\, \frac{r^2}{d^2}. \tag{9.5}$$

Liebmann[2] berechnet die radiale Verzeichnung als Funktion des Gestaltparameters s/b und der Linsenstärke k^2.

Die radiale Verzeichnung ist allgemein gegeben durch die Beziehung

$$\frac{\varDelta r}{r} = C_R \cdot \left(\frac{r}{R}\right)^2$$

(C_R = radiale Verzeichnungskonstante, R = Radius der Linsenbohrung). Für kleines k^2 ($k^2 < 0{,}1$) ist C_R praktisch nur eine Funktion von $s/b = C_{R_0}(s/b)$

$$\left.\begin{aligned} C_{R_0} &= \left(\frac{b}{s+b}\right)^2 \\ 0{,}2 &< \frac{s}{b} < 3. \end{aligned}\right\} \tag{9.6}\,[1]$$

für

Fig. 29. Die radiale Verzeichnungskonstante C_R/C_{R_0} als Funktion der relativen Linsenstärke $k^2/k^2_{\min}$ bei verschiedenem Gestaltsparameter s/b nach Rechnungen von Liebmann und Messungen von Müller.

Für größer werdendes k^2 wird C_R von der Linsenstärke k^2 abhängig. In Fig. 29 ist der von Liebmann[2] berechnete Verlauf von C_R/C_{R_0} für verschiedene Werte von s/b als Funktion von $k^2/k^2_{\min}$ ($k^2_{\min}$ = Linsenstärke bei kleinster Brennweite) dargestellt. Die eingezeichneten Meßwerte sind aus Verzeichnungsmessungen von K. Müller[3] berechnet. Der Unterschied zwischen gerechneten und gemessenen Werten ist zum größten Teil dadurch zu erklären, daß die der Rechnung zugrunde liegende Annahme achsenparallel einfallender Strahlen nicht voll erfüllt ist. Theorie und Experiment zeigen, daß in der Nähe der minimalen Brennweite der Projektivlinsen ein verzeichnungsarmer Bereich liegt, bei dem

---

[1] Diese einfache Formel gibt das Ergebnis der Liebmannschen Rechnung in guter Näherung wieder.

[2] G. Liebmann: Proc. Phys. Soc. Lond. B **65**, 94 (1952).

[3] K. Müller: Nicht veröffentlichte Messungen aus dem Wernerwerk für Meßtechnik der Siemens & Halske AG, 1954.

die kissenförmige in eine tonnenförmige Verzeichnung übergeht. Die Linsenstärke des verzeichnungsarmen Gebietes k_0^2 ist größer bzw. kleiner als k_{min}^2 für kleinen bzw. großen Gestaltparameter s/b. k_0^2 muß zur verzeichnungsfreien Abbildung auf wenige Prozent genau eingehalten werden.

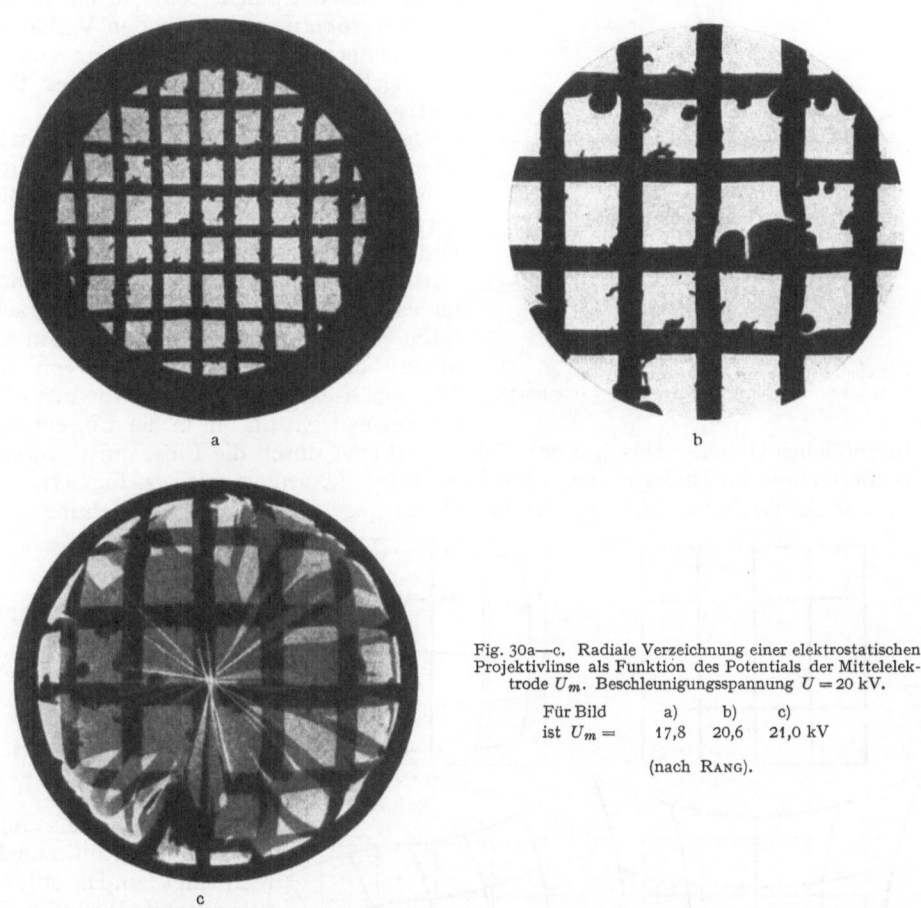

Fig. 30a—c. Radiale Verzeichnung einer elektrostatischen Projektivlinse als Funktion des Potentials der Mittelelektrode U_m. Beschleunigungsspannung $U = 20$ kV.

Für Bild	a)	b)	c)
ist $U_m =$	17,8	20,6	21,0 kV

(nach RANG).

Für ein an der Stelle r liegendes Objekt der Länge $l \ll R$ ergibt sich eine Änderung ΔV_R der Vergrößerung in radialer Richtung

$$\frac{\Delta V_R}{V} = \frac{d \Delta r}{d r} = 3\, C_R \left(\frac{r}{R}\right)^2 .$$

Bei elektrostatischen Projektivlinsen sind die Verhältnisse qualitativ ähnlich. Fig. 30 zeigt die Verzeichnung einer elektrostatischen Projektivlinse als Funktion des Potentials der Mittelelektrode. Der Übergang von kissenförmiger zu tonnenförmiger Verzeichnung ist deutlich zu sehen. Bei vorgegebenem Mittelpotential ist zur verzeichnungsfreien Abbildung die geometrische Form der Linse vorgegeben[1].

Unter der Bedingung $k^2 = k_0^2$ arbeitet jede Projektivlinse ohne oder mit sehr geringer radialer Verzeichnung und einer vorgegebenen Vergrößerung. Bei

---

[1] O. RANG: Optik **4**, 251 (1948).

starken magnetischen Linsen ist diese Vergrößerung wegen der auftretenden Sättigungserscheinungen von der Strahlspannung abhängig[1].

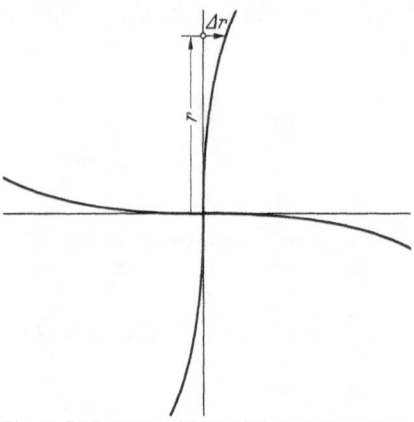

WEGMANN[2] zeigt, daß sich durch Kombination zweier magnetischer Projektivlinsen, deren Spulenströme in einem mit der Vergrößerung variierenden Verhältnis zueinander stehen, ein in weitem Vergrößerungsbereich verzeichnungsarmes Projektiv herstellen läßt.

Bei magnetischen Projektivlinsen tritt neben der radialen Verzeichnung eine Drehungsverzeichnung auf. Das ganze Bild wird durch das Magnetfeld gedreht; diese Drehung ist wegen des von der Linsenmitte nach außen zunehmenden Magnetfeldes abhängig vom Abstand des betrachteten Objektbereiches von der Linsenmitte; das Bild eines weiter von der Linsenachse entfernten Objektdetails wird stärker gedreht als ein in der Linsenmitte

Fig. 31. Drehungsverzeichnung bei magnetischen Projektivlinsen. Eine durch die optische Achse gehende Gerade wird zu einer kubischen Parabel verzeichnet.

befindliches Objekt. Das hat zur Folge, daß eine durch die Linsenmitte verlaufende Gerade im Bild zu einer s-förmigen Linie deformiert wird (s. Fig. 31).

Die Abweichung $\Delta(r)$ von der Gerade ist gegeben durch die Beziehung:

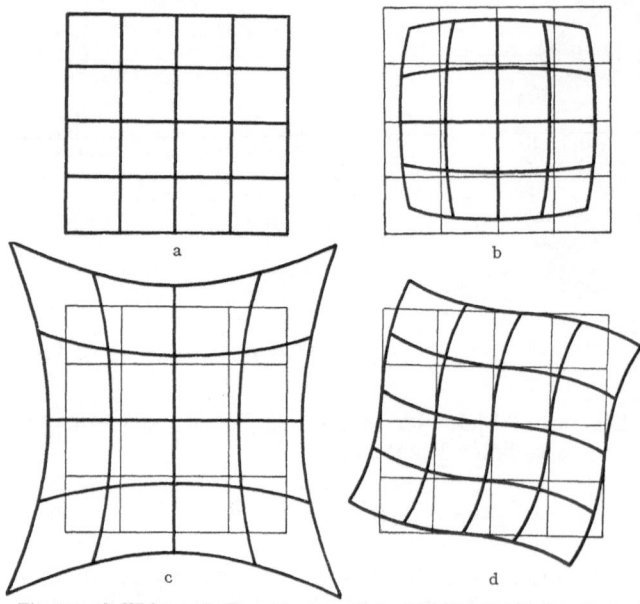

$$\frac{\Delta(r)}{r} = C_Z \left(\frac{r}{R}\right)^2.$$

Für C_Z gilt nach LIEBMANN für $s/b < 3$

$$C_Z = 3 \left(\frac{k^2}{k_{\min}^2}\right)^{1,23} \left(\frac{b}{s+b}\right)^2$$

$$\approx \left(\frac{I}{I_{\min}}\right)^{2,56} \left(\frac{b}{s+b}\right)^2.$$

Die Drehungsverzeichnung nimmt mit zunehmendem k^2 zu. Die objektverändernde Wirkung der radialen Verzeichnung und der Drehungsverzeichnung ist in Fig. 32 qualitativ bei starker Verzeichnung dargestellt.

Die radiale Verzeichnung ändert Größe und Form, die Drehungsverzeichnung nur die Form des betrachteten Objektes.

Fig. 32a—d. Wirkung der Vorzeichnung auf das Bild des Objektes. a Testobjekt; b radiale Verzeichnung, tonnenförmig; c radiale Verzeichnung, kissenförmig; d Drehungsverzeichnung (nach GLASER).

10. Leuchtschirmbeobachtung und Aufnahme. Auf dem Endbildleuchtschirm wird das elektronenoptisch vergrößerte Bild vom Beobachter betrachtet, nach

[1] Den Einfluß der Sättigung auf die Feldform der Linse berechnet LIEBMANN, Proc. Phys. Soc. Lond. B **66**, 448 (1953).
[2] L. WEGMANN: Optik **11**, 153 (1954).

interessierenden Einzelheiten abgesucht und zur photographischen Aufnahme scharfgestellt. Durch das Auflösungsvermögen des Leuchtschirms δ_L wird die erforderliche elektronenoptische Vergrößerung, durch die Lichtausbeute L des Leuchtschirms die erforderliche Stromdichte in der Endbildebene bestimmt. Die Güte G_L eines Leuchtschirms für elektronenmikroskopische Zwecke kann man durch die Forderung definieren, daß der Leuchtschirm bei geringster Objektbelastung die meisten Objektdetails zeigt; dann wird

$$G_L = \frac{L}{\delta_L^2}. \tag{10.1}$$

Der Leuchtschirm ist um so besser, je größer G_L wird. Nach neueren Messungen[1] würden ZnS-Einkristalle die zur Zeit größtmögliche Güte ergeben; doch ist es noch technisch sehr schwierig, größere fehlerfreie ZnS-Einkristalle mit maximaler Leuchtdichte zu züchten. Das Auflösungsvermögen derartiger Einkristalle ist von der Anregungsspannung abhängig und beträgt bei 60 kV und großem Kontrast 5 µ und ist etwa umgekehrt proportional der Spannung. Zur Ausnutzung solcher Leuchtschirme ist eine mindestens 40fache lichtoptische Nachvergrößerung notwendig. Die sich bei der Anwendung dieser optimalen Leuchtschirme ergebenden Folgerungen für den Aufbau eines Elektronenmikroskops sind in der Literatur[1] ausführlich diskutiert.

Die heute üblicherweise verwendeten Endbildleuchtschirme sind polykristalline Leuchtschirme aus ZnS-CdS-Kristallen mit großer Lichtausbeute. Ihr Auflösungsvermögen liegt[1] bei hohem Kontrast und 60 kV-Elektronen bei etwa 50 µ und ist nur wenig von der Spannung abhängig (20 kV → 40 µ). Die Lichtausbeute beträgt nach v. BORRIES [7], [8] bei 80 kV-Elektronen optimal etwa $6,3 \cdot 10^5$ asb Watt^{-1} cm².

Bei mittlerem Kontrast (50%) braucht das Auge zum Erkennen eines Objektabstandes von $\frac{1}{2}$ mm nach v. BORRIES [7], [8] eine Leuchtdichte von mindestens 6 asb. Bei 80 kV-Elektronen sollte danach die Stromdichte auf dem Endbildleuchtschirm zur Erkennung von Objektdetails in $\frac{1}{2}$ mm Abstand mindestens $1,2 \cdot 10^{-10}$ Amp/cm² betragen; um das Auflösungsvermögen des Leuchtschirms voll auszunutzen, sollte das Endbild durch eine mindestens 10fach vergrößernde, möglichst ohne Lichtverlust abbildende Lupe betrachtet werden. Eine ausführliche Diskussion der hier angedeuteten Zusammenhänge gibt v. BORRIES [7], [8], der sowohl die Abhängigkeit der Leuchtschirmausbeute von Strahlspannung und Belegungsdicke wie das Auflösungsvermögen des Auges als Funktion von Helligkeit und Kontrast behandelt und die optimalen Möglichkeiten diskutiert.

Das vergrößerte Bild der elektronenmikroskopischen Objekte wird auf photographischen Platten zum genauen Studium der Erscheinungen festgehalten. Die Eigenschaften einer photographischen Platte sind durch Empfindlichkeit E, Schwärzung S, Gradation γ und Größe und Kontrast der Körnigkeit gegeben.

Die Schwärzung S ist so definiert, daß eine Änderung der Schwärzung um dS proportional der relativen Änderung dJ/J des die geschwärzte Platte durchsetzenden Lichtstromes J ist.

$$dS = -0,43 \frac{dJ}{J} \quad \text{oder} \quad S = \mathrm{Log} \frac{J_0}{J} \tag{10.2}$$

($J_0 =$ auf die Platte auftreffender Lichtstrom).

Die Empfindlichkeit photographischer Schichten wird in der Lichtoptik dadurch definiert, daß die zur Erzeugung einer normierten Schwärzung ($S = 0,1$) bei

---

[1] H. AREND, R. BROSER-WARMINSKY u. E. RUSKA: Z. wiss. Mikrosk. **62**, 46 (1954).

gegebener Belichtungszeit notwendige Schwächung einer genormten Lichtquelle gegebener spektraler Zusammensetzung angegeben wird. Die Empfindlichkeit photographischer Platten für Elektronen steht in keinem eindeutigen Zusammenhang mit der Empfindlichkeit für Licht; die Sensibilisatoren für lichtempfindliche Platten haben auf die Empfindlichkeit für Elektronen keinen Einfluß. Eine normierte Definition für die Empfindlichkeit photographischer Platten für Elektronen besteht noch nicht.

Die Empfindlichkeit nimmt etwa proportional mit der Strahlspannung zu, bis die Reichweite der Elektronen in der Emulsion etwa gleich der Schichtdicke ist; bei weiterer Erhöhung der Strahlspannung nimmt die Empfindlichkeit wieder ab. Ausführliche Messungen dazu sind bei v. Borries [7], [8] zu finden. Um verschiedene Platten miteinander vergleichen zu können, ist in Tabelle 4

Tabelle 4. *Eigenschaften photographischer Platten bei mittlerer Schwärzung (S ≈ 1) und 80 kV Strahlspannung.*

Plattensorte	Entwickler	d_K [μ]	$\overline{K}$ %	E	γ	G %
Perutz						
Film Phototechnisch A	Final	50	8	0,5	1,5	0,5
Platte Phototechnisch A	Final	80	15	0,5	1,5	0,06
	Perutin	50	10	0,14	1,5	0,1
Silbereosin-Platte	Final	60	30	3,7	1	0,2
Kontrast-Platte	Final	70	15	2,3	3	0,3
Dokumentenfilm	Leicanol	30	5	0,09	1	0,6
Kranz						
Repro-Platte	Final	50	10	0,5	2	0,3
Feinkorn-Platte	Final	100	25	5,5	1	0,15
Spezial-Platte	Final	100	30	5,5	1,5	0,1
Ilford T 847-Film	Final	50	10	0,14	1,2	0,1
Gevaert						
Platte 19 D 50	Final	50	10	0,14	2	0,1
	Perutin	50	5	0,06	1,5	0,16
Platte 11 C 50	Final	50	10	0,06	1,3	0,04
Kodak-Platte						
Lantern slide Medium	Kodak D-11	20	10	0,15	1,6	0,6

d_K = mittlerer Abstand der Körnigkeitsbezirke
$\overline{K}$ = scheinbarer Kontrast der Körnigkeitsbezirke bezogen auf die vorgetäuschte Schwankung der Elektronendichte
$E = Q_0/Q$ bei mittlerer Schwärzung $(S = 1)$; $Q_0 = 10^{-10}$ Coul/cm²
γ = Gradation
G = Gütefaktor $= \dfrac{E}{d^2\,\overline{K}^2} \cdot \dfrac{e}{Q_0} \cdot 100$ (e = Elektronenladung)

für die Empfindlichkeit E die reziproke relative Ladungsdichte Q_0/Q angegeben, die für eine mittlere Schwärzung $(S = 1)$ der Platten bei 80 kV notwendig ist. Q_0 entspricht einer mittleren Empfindlichkeit und ist gegeben durch

$$Q_0 = 10^{-10}\,\text{Coul/cm}^2.$$

Die Gradation γ wird definiert durch die Gleichung

$$\gamma = \frac{dS}{d\,\text{Log}\,Q/Q_0}. \tag{10.3}$$

Im allgemeinen ist γ Funktion der Schwärzung S und nimmt mit zunehmender Schwärzung zu [7]. Im Bereich mittlerer Schwärzung $(0{,}5 < S < 1)$ ist γ

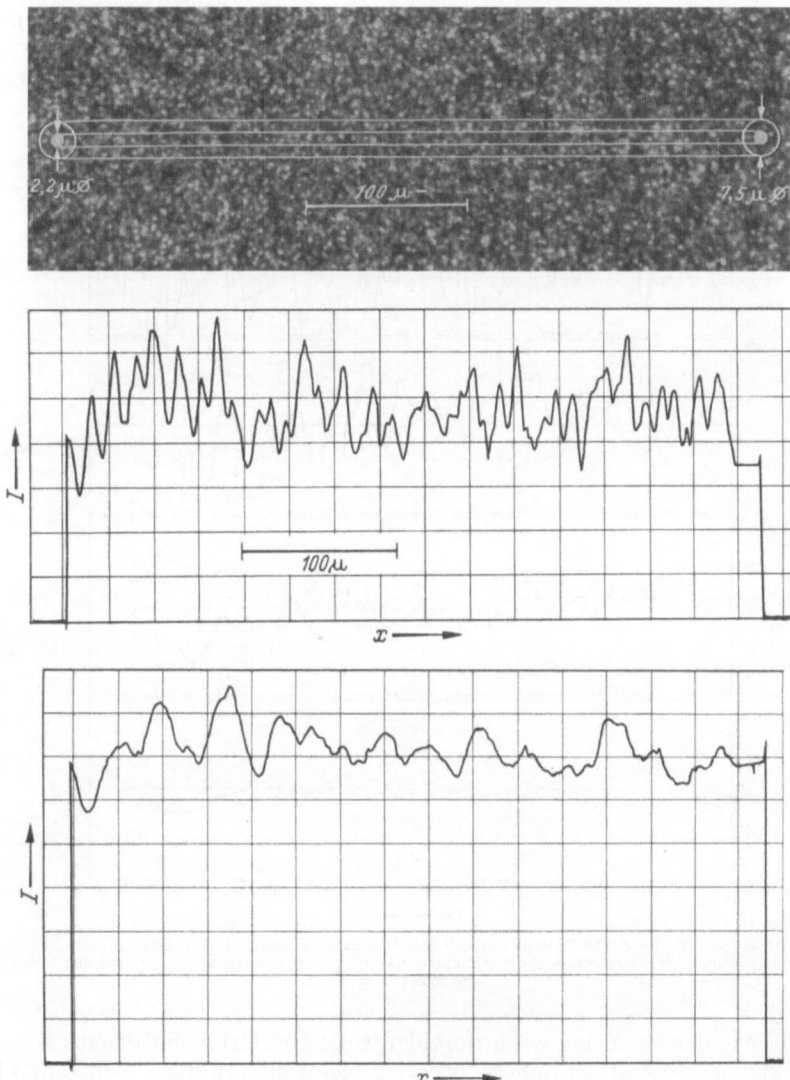

Fig. 33. 200fache lichtoptische Nachvergrößerung einer gleichmäßig mit Elektronen bestrahlten photographischen Platte (genaue Daten siehe Fig. 34). Darunter Photometerkurven, die längs des eingezeichneten Streifens mit einer Blende von 6,6 bzw. 22 μ ⌀ erhalten wurden (durchgelassene Lichtintensität I als Funktion der Ortskoordinate x) (nach NEIDER).

annähernd konstant. Dann ergibt sich aus $Q_0/Q = E$ und Gl. (10.3)

$$\frac{J}{J_0} = \frac{1}{10\,E^\gamma} \cdot \left(\frac{Q_0}{Q}\right)^\gamma. \tag{10.4}$$

Der durch die Platte hindurchgehende Lichtstrom ist proportional zu $Q^{-\gamma}$; je größer γ ist, desto stärker treten Kontrastunterschiede des Objektes hervor. Da bei den meisten Platten $\gamma > 1$ ist, sind auf der photographischen Platte die objekteigenen Kontraste besser zu erkennen als auf dem Leuchtschirm, für den nach allen vorliegenden Messungen $\gamma = 1$ ist[1].

Die Gradation nimmt mit zunehmender Strahlspannung zunächst etwa proportional zur Spannung zu (bei der Agfa-Normalplatte nach Messungen von v. Borries [7] beispielsweise um einen Faktor 5 bei Erhöhung der Spannung von 13 kV auf 75 kV). Wenn die Reichweite der Elektronen etwa gleich der

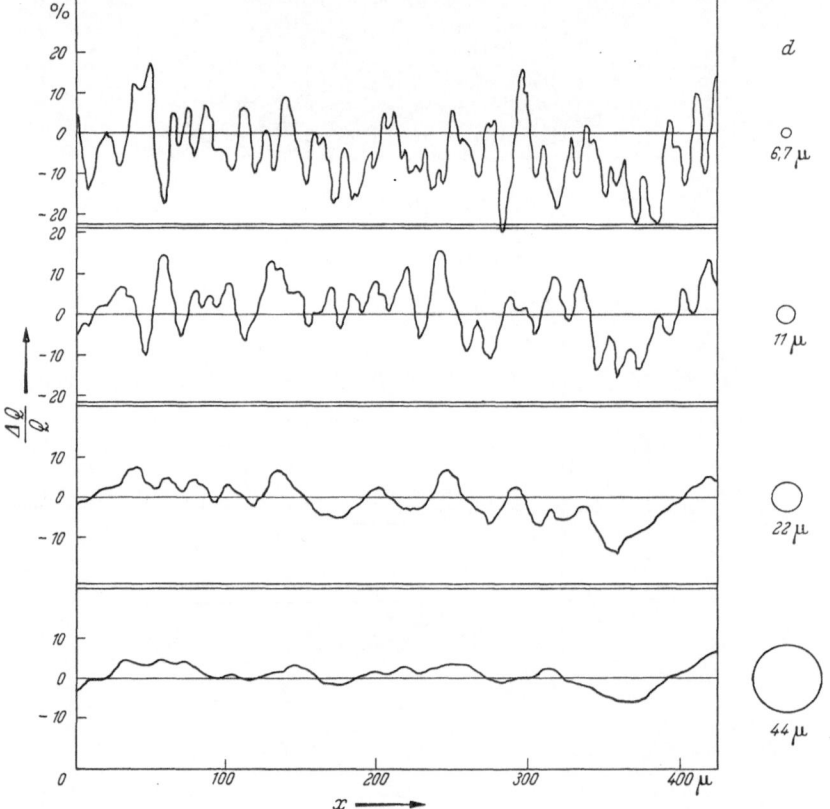

Fig. 34. Messungen der durch die Plattenkörnigkeit vorgetäuschten relativen Elektronendichteschwankungen $\Delta Q/Q$ (nach Neider). Parameter: Durchmesser d der Photometerblende. (Platte Gevaert 19 D 50, Entwickler Perufin 11 min., mittlere Schwärzung $S = 1,4$.)

Schichtdicke der Emulsion wird, durchläuft die Gradation ein flaches Maximum, für Elektronen wesentlich höherer Energie bleibt sie praktisch konstant. Dieses Verhalten ist qualitativ verständlich bei Betrachtung der Zahl der Ionenpaare, die in der Emulsion erzeugt werden.

Die Prüfung der Körnigkeit und des Kontrastunterschiedes der Körnigkeitsbezirke kann in einfacher Weise dadurch erfolgen, daß die Platte stufenweise mit um einen konstanten Faktor zunehmender Ladungsdichte bestrahlt wird. Eine etwa zehnfache lichtoptische Nachvergrößerung zeigt deutlich, wie groß Körnigkeit und Körnigkeitskontrast sind, und bis zu welcher Grenze die Platte noch ein treues Abbild eines Objektes geben kann. Fig. 33 zeigt eine 200fache lichtoptische Nachvergrößerung einer mit 80 kV-Elektronen bestrahlten Platte.

---

[1] H. Arend, R. Broser-Warminsky u. E. Ruska: Z. wiss. Mikrosk. **62**, 46 (1954).

Fig. 34 gibt Photometermessungen von NEIDER[1] wieder, bei denen der Durchmesser des auf der Platte mit dem Photometer abgetasteten Bereiches variiert wurde. Die durch die Körnigkeit hervorgerufene Schwankung der Lichtdurchlässigkeit von Bereich zu Bereich nimmt mit zunehmender Größe des betrachteten Bereiches ab, d.h., große Objekte lassen sich auch bei kleinem Kontrast noch sicher nachweisen, während kleine Objekte desselben Kontrastes in der Körnigkeit der Platte untergehen oder durch diese vorgetäuscht werden können.

Die quantitative statistische Auswertung der in Fig. 34 wiedergegebenen Messungen zeigt Fig. 35. Der mittlere Kontrast $\overline{K}$ zwischen zwei nebeneinander liegenden Körnigkeitsbezirken nimmt, wie aus statistischen Überlegungen zu erwarten, etwa umgekehrt proportional mit dem Durchmesser des betrachteten Bereiches d ab. Der mittlere Abstand der Körnigkeitsbezirke d_K ist proportional zu d; $d_K \approx 2d$.

Zu einer quantitativen Beurteilung der Eignung photographischer Platten für elektronenmikroskopische Zwecke kann folgende Frage führen: Welche Zahl von Elektronen ist notwendig, um ein Objektdetail gegebener Größe und gegebenen Kontrastes aus der Kornverteilung der Platte herauszuheben?

Diese Frage kann zunächst für den Idealfall beantwortet werden, daß die statistische Schwankung nur durch die Elektronenintensität gegeben ist. N_0 Elektronen/cm²

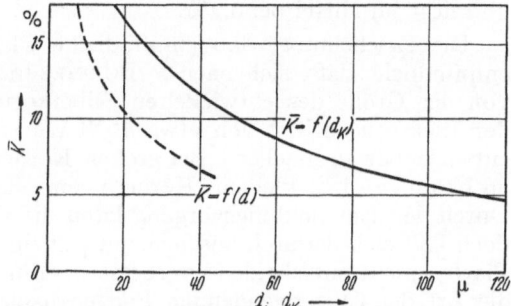

Fig. 35. Mittlerer Kontrast $\overline{K}$ der vorgetäuschten Elektronendichteschwankung als Funktion des Durchmessers der Photometerblende d und des mittleren Abstandes d_K der Körnigkeitsbezirke.

treffen auf das Objekt, das als kleiner Würfel der Kantenlänge d betrachtet werde. Von den auftreffenden Elektronen werden $d^2 N_0 (1 - e^{-d/\lambda_e})$ in große Winkel gestreut und tragen nicht zur Intensität im Bild bei ($\lambda_e =$ freie Weglänge für elastische Streuung, s. Ziff. 31), ein Bruchteil $d^2 N_0 e^{-d/\lambda_e}$ wird im Bild vereinigt. Es sei in der üblichen Weise gefordert, daß der durch das Objekt erzeugte Kontrast $1 - e^{-d/\lambda_e}$ mindestens dreimal größer sein soll als die statistische Schwankung der Elektronenzahl im betrachteten Bereich. Für kleine Objekte ($d/\lambda_e \ll 1$) ergibt sich daraus die Forderung

$$\frac{d}{\lambda_e} \geq \frac{3}{\sqrt{d^2 N_0}} \qquad \text{d.h.} \qquad N_0 \geq \frac{9\lambda_e^2}{d^4}. \tag{10.5}$$

Von der photographischen Platte sei die für gegebene Schwärzung notwendige mittlere Elektronenzahl/cm² N_S, der mittlere Abstand der Körnigkeitsbezirke d_K und der auf die vorgetäuschten Elektronendichteschwankungen bezogene mittlere Kontrast der Körnigkeitsbezirke $\overline{K}$ bekannt. Deutet man die Körnigkeit als statistische Schwankung der Dichte der geschwärzten Körner in der photographischen Schicht, so gilt zwischen der sich daraus formal ergebenden Zahl der Körner/cm² N_K, d_K und $\overline{K}$ die Beziehung:

$$\overline{K}^2 = \frac{1}{d_K^2 N_K}; \qquad N_K = \frac{1}{d_K^2 \overline{K}^2}. \tag{10.6}$$

---

[1] R. NEIDER: Zur Bestimmung des Auflösungsvermögens photographischer Platten. Diplomarbeit, Freie Universität Berlin, 1954.

Mit dem so definierten N_K kann in gleicher Weise wie beim idealen, jedes einzelne Elektron zählenden Fall gerechnet werden. Die Gln. (10.5) bleiben gültig, wenn N_0 durch N_K ersetzt wird. Für die gleiche Bildgüte sind um den Faktor N_S/N_K mehr Elektronen notwendig. Der Gütefaktor $G = \dfrac{N_K}{N_S} = \dfrac{1}{d_K^2 \, \bar{K}^2 \, N_S}$ gibt deshalb eine sehr anschauliche Beurteilung der photographischen Platte; er kann als Nutzeffekt der Platten in bezug auf die Wiedergabe kleiner Objekteinzelheiten geringen Kontrastes betrachtet werden. Für das ideale Nachweismittel, bei dem nur die statistische Schwankung der Elektronendichte die Auflösung begrenzt, ist $G = 1$.

In Tabelle 4 (s. oben S. 430) sind für einige im Elektronenmikroskop häufig verwendete Platten die aus orientierenden Messungen von Leisegang[1] erhaltenen Werte eingetragen. Der Faktor G bleibt innerhalb einer Größenordnung und liegt im Mittel bei 0,2%.

Die Erscheinung, daß empfindliche Platten grobkörniger sind als weniger empfindliche. läßt sich nach v. Borries [8] dadurch erklären, daß unabhängig von der Größe des entwickelten Silberkorns ein annähernd konstanter Betrag der Elektronenarbeit von etwa 10^{-15} Ws erforderlich ist, um je ein Silberkorn entwickelbar zu machen. Bei großen Körnern ergibt sich eine empfindliche und grobkörnige, bei kleinen Körnern eine unempfindliche feinkörnige Schicht. Durch den Entwicklungsvorgang kann die Größe der Körner beeinflußt werden, doch läßt sich dadurch anscheinend prinzipiell die Güte G der photographischen Platten nicht entscheidend verbessern. Für das praktische Arbeiten richtet sich die Art der zu verwendenden Platten nach dem Objekt, unter welchen Bedingungen es aufgenommen und was an ihm erkannt werden soll. B. v. Borries [8] gibt eine sehr ausführliche Darstellung der Eigenschaften von älteren photographischen Platten im Hinblick auf die elektronenmikroskopische Anwendung. Für verschiedene Ilford-Platten sind Empfindlichkeit, Gradation und Korngröße von Digby und Mitarbeitern[2] gemessen worden.

11. Vergrößerungsbestimmung. Zum Ausmessen der Objekte und zur Bestimmung des Auflösungsvermögens muß die elektronenoptische Vergrößerung bekannt sein. Die beim Lichtmikroskop übliche Methode der Vergrößerungsbestimmung mit Objekt- und Okularmikrometer versagt beim Elektronenmikroskop bei sehr hoher Vergrößerung: Es lassen sich keine hinreichend feinen Maßstäbe herstellen; bei mittlerer Vergrößerung (etwa 5000:1) erlauben Abdrucke von optischen Gittern eine Vergrößerungsbestimmung auf etwa $\pm 2\%$ genau[3] bei Ausmessung von jeweils zehn Gitterabständen. Fig. 36 zeigt die elektronenoptische Aufnahme eines lichtoptischen Gitters mit 4,3 μ Gitterabstand. Die zuverlässigste Methode der Vergrößerungsbestimmung ist die sukzessive Ausmessung eines Testobjektes, das noch im Lichtmikroskop erkennbare grobe Strukturen und sehr feine, bei höchster Vergrößerung sichtbare Einzelheiten hat, die in einer Ebene liegen. Die im Lichtmikroskop erkennbaren Einzelheiten werden mit Objekt- und Okularmikrometer und im Elektronenmikroskop bei

---

[1] S. Leisegang: Unveröffentlichte Messungen aus dem Wernerwerk für Meßtechnik der Siemens & Halske AG, 1952/53. Die Messungen dürfen nur als grob orientierend gewertet werden, da alle Größen vom Zustand des Entwicklers und vom Entwicklungsprozeß selbst abhängen. Außerdem schwanken die Werte bei gleicher Plattensorte, aber anderer Emulsionsnummer. Die Messungen erstreckten sich über einen längeren Zeitraum, die Entwicklungsbedingungen wurden im üblichen Rahmen konstant gehalten, aber nicht besonders sorgfältig überwacht.

[2] N. Digby, K. Firth u. R. J. Hercock: J. Phot. Sci. **1**, 194 (1953).

[3] J. H. L. Watson u. W. L. Grube: J. Appl. Phys. **23**, 793 (1952).

mäßiger Vergrößerung ausgemessen. Durch schrittweise, kontrollierbare Erhöhung der elektronenoptischen Vergrößerung um kleine Faktoren kann die Endvergrößerung mit einer Genauigkeit von wenigen Prozent angegeben werden[1]. Als Testobjekt sind leicht herstellbare Kollodiumfolien mit vielen kleinen Löchern gut geeignet.

Eine besonders einfache Methode der Vergrößerungsbestimmung ergibt sich aus der Tatsache, daß bei manchen Latexarten (z. B. Latex 580 G, Durchmesser $289 \pm 6\,m\mu$) die Größe der einzelnen Latexkugeln nur um wenige Prozent schwankt[2]. Einige solche Latexkugeln auf das Objekt gebracht und mit ihm photographiert geben einen einwandfreien und auf einige Prozent genauen Vergrößerungswert.

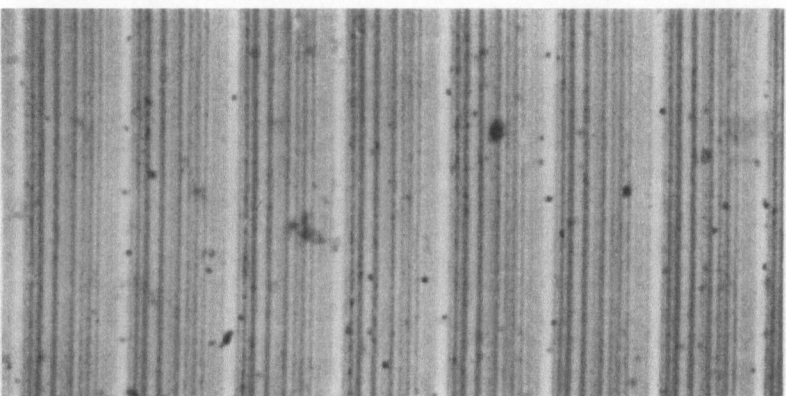

Fig. 36. Elektronenoptische Aufnahme des Abdruckes eines lichtoptischen Gitters.

Bei elektrostatischen Mikroskopen, die mit fester Brennweite der Linsen arbeiten, ist die Vergrößerung durch das Einschalten der Linsen bis auf die geometrischen Toleranzen festgelegt.

Bei magnetischen Mikroskopen mit Linsen variabler Brennweite kann durch das Einhalten vorgeschriebener geometrischer Bedingungen nach Eichen des Gerätes die Vergrößerung angegeben werden. Der Zusammenhang zwischen Spulenstrom und Brennweite der Linsen ist hier wegen der Hysterese des Eisenkreises nicht ganz eindeutig.

Eine besonders einfache Kontrolle der Vergrößerung ergibt sich, wenn in einem Zwischenbildleuchtschirm ein mäßig vergrößertes Bild sichtbar ist. Durch Anbringen genormter Gesichtsfeldblenden in Objektiv und Projektiv und Maßstäben auf Zwischen- und Endbildschirm ist bei Kenntnis der geometrischen Faktoren jederzeit eine rasche Prüfung der Vergrößerung möglich.

Bei allen Vergrößerungsbestimmungen ist darauf zu achten, daß die Verzeichnung besonders der Projektivlinse nicht größer ist als die erstrebte Meßgenauigkeit. Eine Genauigkeit der Vergrößerungsbestimmung von $\pm 5\%$ läßt sich relativ leicht erreichen und dürfte etwa der Genauigkeit der üblichen Angaben entsprechen. Soll die Vergrößerung wesentlich genauer bekannt sein, so muß die Vergrößerungsbestimmung mit sehr viel Sorgfalt durchgeführt werden: Objektverschmutzung, thermische Objektänderungen, Verzeichnung der Linsen und mechanische Toleranzen beim Wechseln der Objekte sind zu berücksichtigen.

---

[1] E. RUSKA u. O. WOLFF: Z. wiss. Mikrosk. (erscheint demnächst).
[2] J. H. L. WATSON u. W. L. GRUBE: J. Appl. Phys. **23**, 793 (1952).

II. Technische Formen.

a) Durchstrahlungsmikroskope.

12. Durchstrahlungsmikroskope mit magnetischen Linsen. Die meisten Elektronenmikroskope, die heute serienmäßig gebaut werden, sind Durchstrahlungsmikroskope mit magnetischen Linsen. Aus der großen Anzahl der vorliegenden Konstruktionen werden drei unter möglichst verschiedenen Gesichtspunkten entwickelte Geräte näher beschrieben: Ein Hochleistungsmikroskop mit einer serienmäßigen Auflösung von 15 Å, ein Gerät mittlerer Leistung mit etwa 50 Å Auflösung, dessen Aufbau mit dem schräg liegenden Mikroskoprohr von der meist verwendeten vertikalen Anordnung abweicht, und ein Kleinmikroskop mit magnetostatisch erregten Linsen und einer Auflösung von etwa 100 Å. Fig. 37 zeigt die im folgenden beschriebenen Mikroskope.

Siemens-Elmiskop I. Die Hochspannung wird durch ein außen geerdetes Kabel eingeführt. Am unteren Ende des Isolators sind Glühkathode und WEHNELT-Zylinder leicht auswechselbar befestigt. Der ganze Isolator mit WEHNELT-Zylinder ist gegen die Anode zentrierbar (Strahljustierung). Das Bestrahlungssystem ist von der in Fig. 24c beschriebenen Art. Der Doppelkondensor (s. Ziff. 8) erlaubt die Bestrahlungsbedingungen in der Objektebene in weiten Grenzen zu verändern. In die Linse des Kondensors II können unter Vakuum drei verschiedene Aperturblenden eingesetzt werden. Alle drei Blendensysteme (Kondensor, Objektiv, Zwischenlinse) sind gleich gebaut und erlauben mit einem Grobtrieb den Wechsel der drei eingesetzten Aperturblenden und das Herausnehmen der Blenden aus dem Strahlengang, mit einem Feintrieb die Zentrierung jeder einzelnen Blende zur Linse (s. Fig. 10 und 23). Die Blendentriebe können mit den Blendenschiebern seitlich herausgezogen werden. Das ganze Kondensorsystem kann mechanisch verschoben und auf einer Kugelkalotte zur paraxialen Bestrahlung des Objektes oder zur Dunkelfeldmikroskopie (s. Ziff. 35) um das Objekt um $\pm 2°$ geschwenkt werden.

Die Objektschleuse arbeitet nach dem Prinzip der Kegelschliffschleuse mit Fahrstuhl (Ziff. 6), ist aber zur Vermeidung übermäßiger Objektverschmutzung mit Gummimanschetten gedichtet. Das Objekt wird in eine Objektpatrone eingesetzt, die in den Objekttisch mit konischem Sitz eingedrückt wird (Fig. 23). Die Schleuszeit beträgt etwa 25 sec.

Der Objekttisch, in Rollenlagern geführt, wird federnd an das Objektiv mit Dreipunktauflage angedrückt. Die Tischverstellung erfolgt über Feingewinde und Kniehebel mit gutem Kraftschluß durch Gegenfedern und erlaubt auch bei höchster Vergrößerung (160000) ein Objektdetail sicher in die Mitte des Bildfeldes zu bringen. Objektiv und Zwischenlinse sind eine konstruktive Einheit, können aber unabhängig voneinander geregelt werden. Die Objektivlinse hat bei einer Linsenstärke $k^2 = 0,6$ eine Brennweite von 2,7 mm. Öffnungsfehler- und Farbfehlerkonstante können mit $C_\delta = 2,8$ und $C_F = 2,2$ mm angegeben werden. Die astigmatische Brennweitendifferenz der als Hülsenpolschuh gebauten Objektivlinse liegt unter $2\,\mu$. Mit dem im Objektivspulenkörper eingebauten Stigmator (s. Fig. 23) kann der axiale Astigmatismus bis zu dem für höchste Auflösung erforderlichen Wert korrigiert werden. Drei Aperturblenden verschiedener Größe können unter Vakuum wahlweise in den Strahlengang geschoben werden. In der Gegenstandsebene der Zwischenlinse ist ein drittes Blendensystem (Selektorblende) für Feinbereichsbeugung (s. Ziff. 42) angebracht, das mit Blenden von $5\,\mu$ bis 1 mm Durchmesser Objektbereiche von $0,2\,\mu$ bis $40\,\mu$ Durchmesser auszublenden gestattet. Über dem Projektiv befindet sich ein aus dem Strahlengang

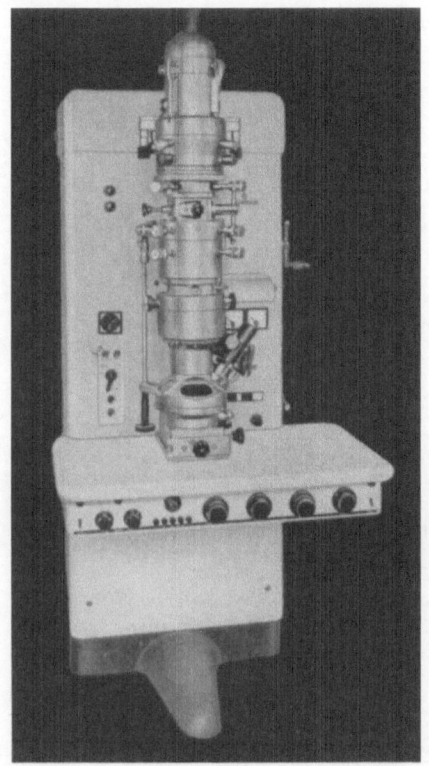

Siemens-Elmiskop I.

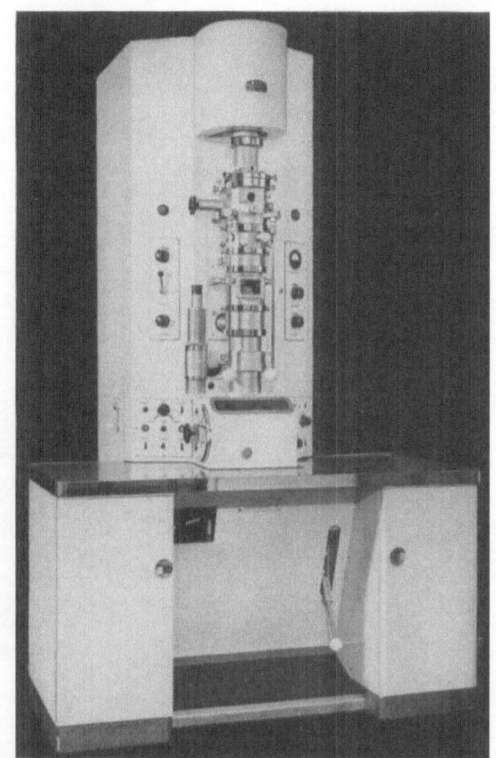

AEG-Zeiss EM 8.

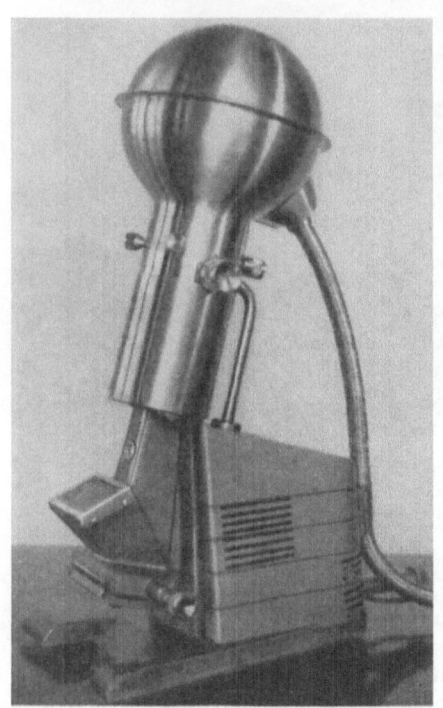

RCA-Typ EMT.

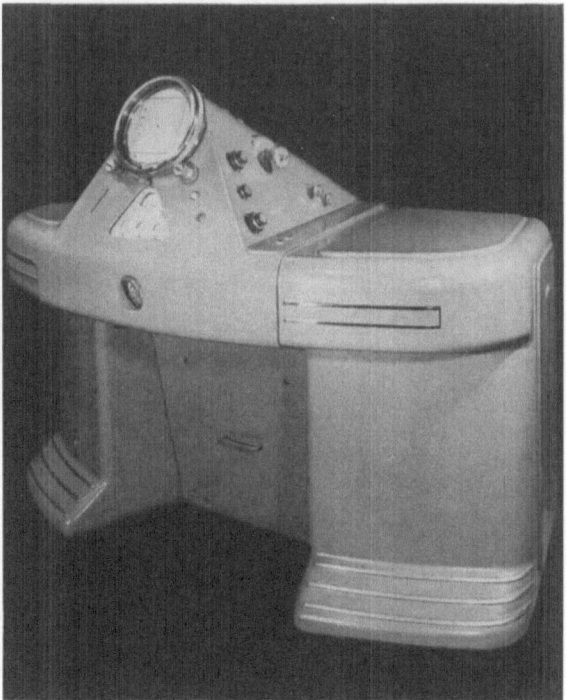

Philips 100 kV.

Fig. 37. Elektronenmikroskope.

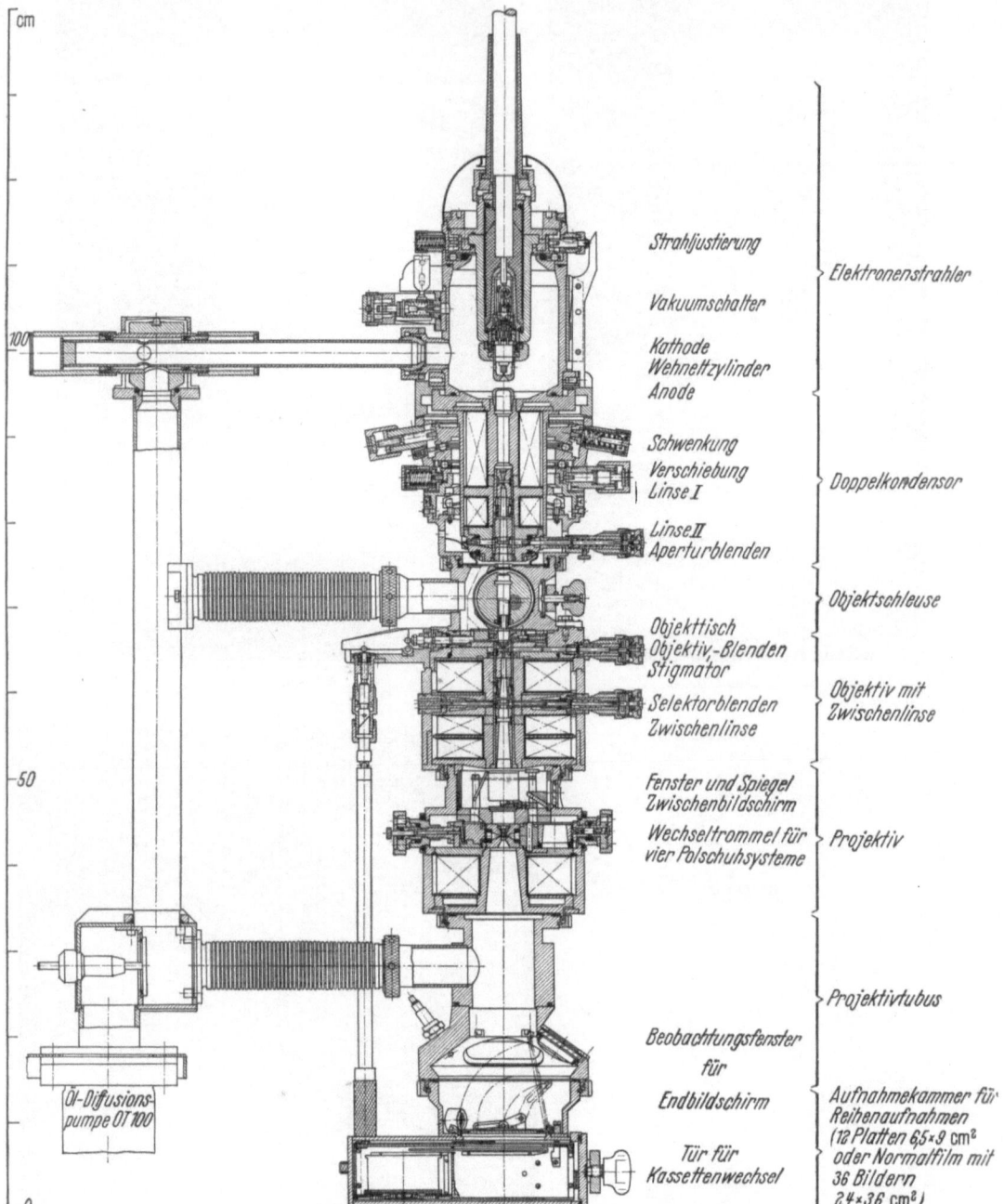

Fig. 38. Siemens-Elmiskop I, Querschnitt durch das Mikroskoprohr.

klappbarer Zwischenbildschirm, auf dem das 500 mal vergrößerte Zwischenbild
beobachtet werden kann. Im Projektiv sind in einer Trommel (s. Fig. 5g)
vier Projektivpolschuhe verschiedener Brennweite unter Vakuum austauschbar
angeordnet, die eine Vergrößerung des Zwischenbildes um die Faktoren 16, 80,

160 und 320 bewirken. Die Vergrößerung des Endbildes kann so durch Wahl der entsprechenden Linsen von 200 (Objektiv allein) bis 160000 (Objektiv, Zwischenlinse und höchstvergrößerndes Projektiv) eingestellt und mit Hilfe genormter Gesichtsfeldblenden in Objektiv und Projektiv gemessen werden (s. Ziff. 11).

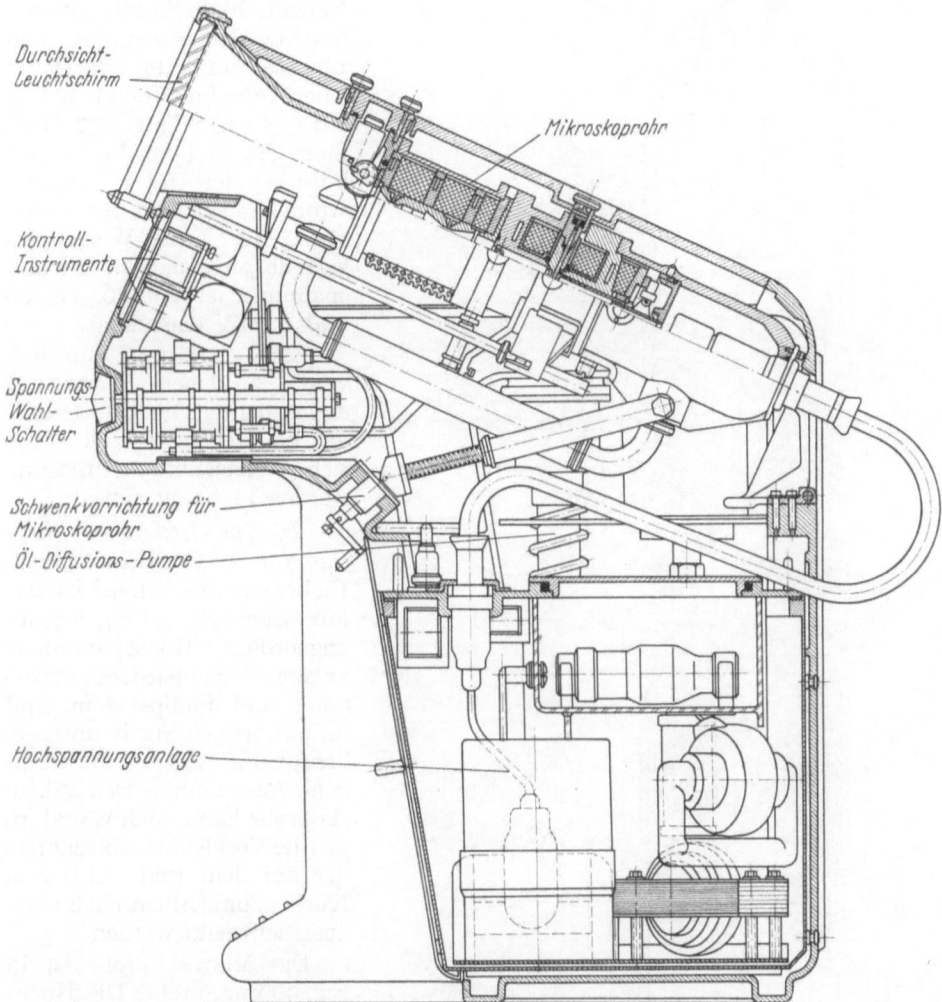

Fig. 39. Aufbau des Philips-Elektronenmikroskops für 100 kV.

Der große Durchmesser der ersten Projektivlinse erlaubt bei ausgeschalteten Linsen das Beugungsdiagramm des Objektes bis zu einem Winkel von $\pm 4°$ zu betrachten bzw. aufzunehmen. Der Endbildleuchtschirm ist schwenkbar. Er kann senkrecht zur Achse der drei- und zehnfach vergrößernden Betrachtungslupe gestellt werden und dient als Belichtungsklappe. Zwölf Platten oder ein Normalfilm mit 36 Aufnahmen können ohne Unterbrechung des Vakuums belichtet werden.

Das Pumpsystem (rotierende Vorpumpe, Vorvakuumbehälter, Quecksilber-Dampfstrahlpumpe Hg 12 und Öldiffusionspumpe OT 100) ist mit dem programmgesteuerten Ventilblock im Stativ des Mikroskops untergebracht und erreicht ein Endvakuum von $3 \cdot 10^{-5}$ Torr im Mikroskop.

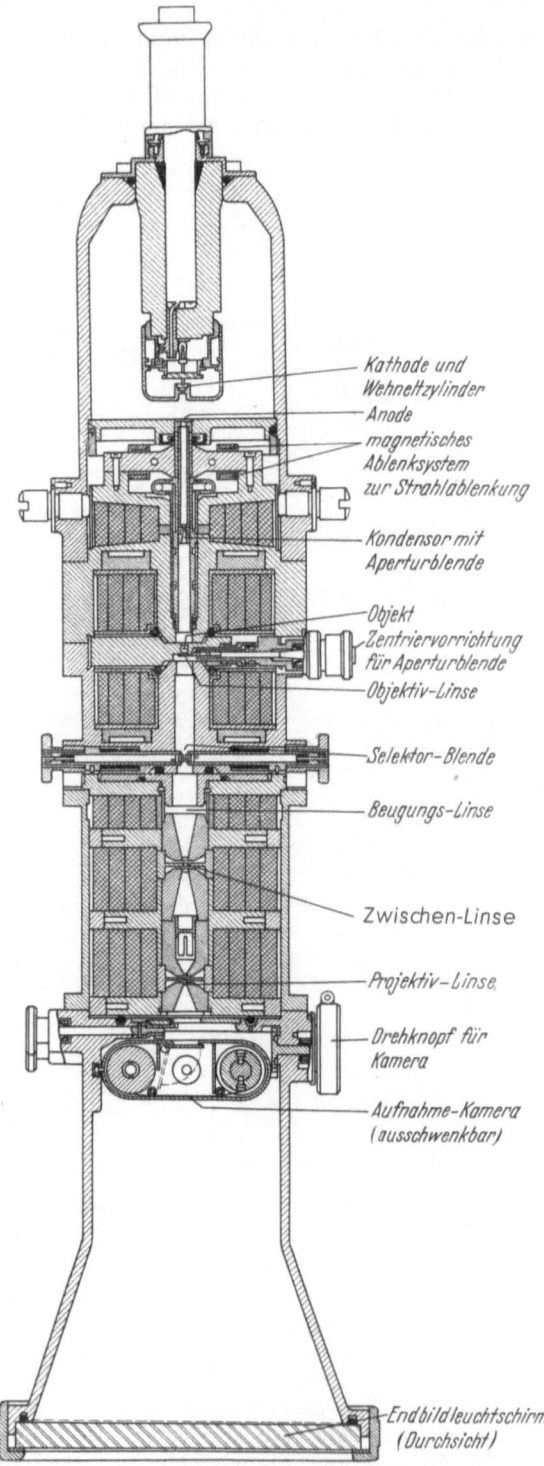

Kathode und
Wehneltzylinder

Anode

magnetisches
Ablenksystem
zur Strahlablenkung

Kondensor mit
Aperturblende

Objekt
Zentriervorrichtung
für Aperturblende

Objektiv-Linse

Selektor-Blende

Beugungs-Linse

Zwischen-Linse

Projektiv-Linse

Drehknopf für
Kamera

Aufnahme-Kamera
(ausschwenkbar)

Endbildleuchtschirm
(Durchsicht)

Fig. 40. Philips-Elektronenmikroskop, Querschnitt durch das
Mikroskoprohr.

Hochspannungs- und Linsenstromerzeuger, beide elektronisch sekundär konstant gehalten, sind in einem eigenen Netzanschlußschrank untergebracht. Hochspannung und Linsenstrom sind für die Dauer einer Aufnahme (bis zu 30 sec) auf $\pm 1 \cdot 10^{-5}$ bzw. $\pm 2 \cdot 10^{-6}$ ihres eingestellten Wertes stabilisiert; der Objektivspulenstrom kann in geeichten Stufen von $2 \cdot 10^{-5}$ seines Wertes eingestellt werden. Die Strahlspannung ist auf 40, 60, 80 und 100 kV einstellbar.

Eine Auflösung von 9 Å wurde an einem Seriengerät experimentell nachgewiesen [1], als bei geeigneten Objekten sicher erreichbare Auflösung werden 15 Å angegeben.

Philips - Elektronenmikroskop für 100 kV. Beim Philips-Elektronenmikroskop [2] ist das Mikroskoprohr schräg liegend angeordnet, Hochspannungsanlage, Spulenstromversorgung und Pumpsystem sind im pultartigen Stativ untergebracht. Fig. 39 zeigt die räumliche Anordnung. Das Mikroskoprohr kann nach Wegklappen der Verkleidungsbleche mit der auf dem Bild sichtbaren Kurbel zum Öffnen nach oben ausgeschwenkt werden.

Das Mikroskoprohr ist in Fig. 40 dargestellt. Die Hochspannung wird durch ein außen geerdetes Kabel zugeführt. Am Isolator sind Wehnelt-Zylinder und Kathode leicht auswechselbar befestigt. Der Elektronenstrahler entspricht der Anordnung in Fig. 24a. In die Kondensorlinse kann von

---

[1] E. Ruska u. O. Wolff: Z. wiss. Mikrosk. (erscheint demnächst).
[2] A. C. van Dorsten, H. Nieuwdorp u. A. Verhoeff: Philips techn. Rdsch. **12**, 33 (1950).

oben her eine Aperturblende eingesetzt werden. Mit Hilfe der Ablenkspulen wird der Elektronenstrahl durch diese Aperturblende gelenkt. Sämtliche Linsen des Mikroskops sind mechanisch mit engen Passungen zueinander zentriert. Eine Verschiebung und Neigung des Kondensors ist deshalb nicht vorgesehen. Der Objekttisch ist von der in Fig. 22 dargestellten Art. Die Objektivlinse hat bei großer Linsenstärke $k^2 \approx 2$ eine Brennweite von 4,5 mm. Öffnungsfehler- und Farbfehlerkonstante betragen $C_\delta \approx 1,8$ und $C_F \approx 2,9$ mm. Die Aperturblende kann mit der in Fig. 22 sichtbaren Anordnung zur Linse zentriert und zum Reinigen seitlich herausgenommen werden. Zwei Aperturblenden, von 40 μ Durchmesser (zur Abbildung) und von 1 mm Durchmesser (für Beugung), sind unter Vakuum austauschbar. Hinter dem Objektiv sind drei weitere Linsen angeordnet, die als Beugungslinse (große Bohrung), Zwischenlinse und Projektiv bezeichnet werden. Für Feinbereichsbeugung wird das primäre Beugungsbild durch die Beugungslinse in die Gegenstandsebene des Projektivs und, vom Projektiv vergrößert, auf dem Endbildleuchtschirm abgebildet. In der Gegenstandsebene der Beugungslinse ist zur Ausblendung kleiner Bereiche eine quadratische Selektorblende veränderlicher Größe angebracht: zwei schwalbenschwanzförmige, gegeneinander verstellbare Teile erlauben Objektbereiche von 1 bis 30 μ Größe auszublenden.

Bei der Abbildung wird das erste, vom Objektiv erzeugte Zwischenbild bei kleiner Vergrößerung (1000- bis 4000fach) durch die Beugungslinse, bei hoher Vergrößerung (4000- bis 60000fach) mit der Zwischenlinse in die Gegenstandsebene der Projektivlinse und durch sie vergrößert auf dem Leuchtschirm abgebildet. Die Vergrößerung von Objektiv und Projektiv bleibt konstant, allein die Erregung der Beugungs- bzw. Zwischenlinse wird zur Änderung der Vergrößerung variiert. Beim Umschalten der Hochspannung, die auf 40, 60, 80 und 100 kV eingestellt werden kann, werden alle Linsenströme proportional zu $\sqrt{U}$ mit umgeschaltet. Das Verhältnis des Stromes in der Beugungs- bzw. Zwischenlinse zum Objektivstrom dient als Maß für die Vergrößerung. Auf einem Meßinstrument ist die Vergrößerung ablesbar. Die Vergrößerung wird mit automatischer Umschaltung von Beugungs- auf Zwischenlinse im ganzen Bereich mit einem Einsteller geregelt. Zum Photographieren läßt sich die Filmkamera in den Strahlengang schieben, in der im Format 35 mm × 35 mm ein um den Faktor 4 kleineres Bild als auf dem Leuchtschirm entsteht.

Das Pumpsystem besteht aus rotierender Vorpumpe, Vorvakuumbehälter, Quecksilber-Dampfstrahlpumpe und Öldiffusionspumpe und erlaubt eine Einschleuszeit von 20 sec. Es wird mit einem programmgesteuerten Ventilblock bedient.

Die Primärspannung der Hochspannungslage erzeugt ein elektronisch sekundär stabilisierter 100 Hz-Röhrenoszillator. Die Schwankung der Hochspannung ist $\Delta U/U < 3 \cdot 10^{-5}$ in 30 sec.

Der Linsenstrom wird durch Rückwärtsregelung konstant gehalten, seine Schwankung ist $\Delta J/J < 2 \cdot 10^{-5}$ in 30 sec.

Die Auflösung wird mit $\delta < 50$ Å angeben; mit einer speziellen Objektiv-Linse kann eine Auflösung $\delta < 25$ Å erreicht werden.

RCA-Elektronenmikroskop Typ EMT. Das magnetostatische Mikroskop der RCA[1] kann als typisches Kleinmikroskop bezeichnet werden. Unter möglichst geringem Aufwand wird bei einfacher Bedienung eine Auflösung von etwa 100 Å erreicht. Fig. 41 zeigt den Aufbau dieses Mikroskops.

---

[1] J. H. REISNER u. E. G. DORNFELD: J. Appl. Phys. **21**, 1131 (1950). — J. H. REISNER u. S. M. ZOLLERS: Electronics **24**, 86 (1951).

Die Hochspannung von $U = 50$ kV wird in einem geerdeten Kabel in die geerdete, die Kathode umgebende Kugel eingeführt. Als Isolator zwischen Kathode und Anode dient ein Glaszylinder, durch den Anode und Kathode fest miteinander verbunden sind. Das ganze Bestrahlungssystem kann mit Verstellschrauben parallel zum Objekt verschoben werden. Objektiv- und Projektivlinse werden

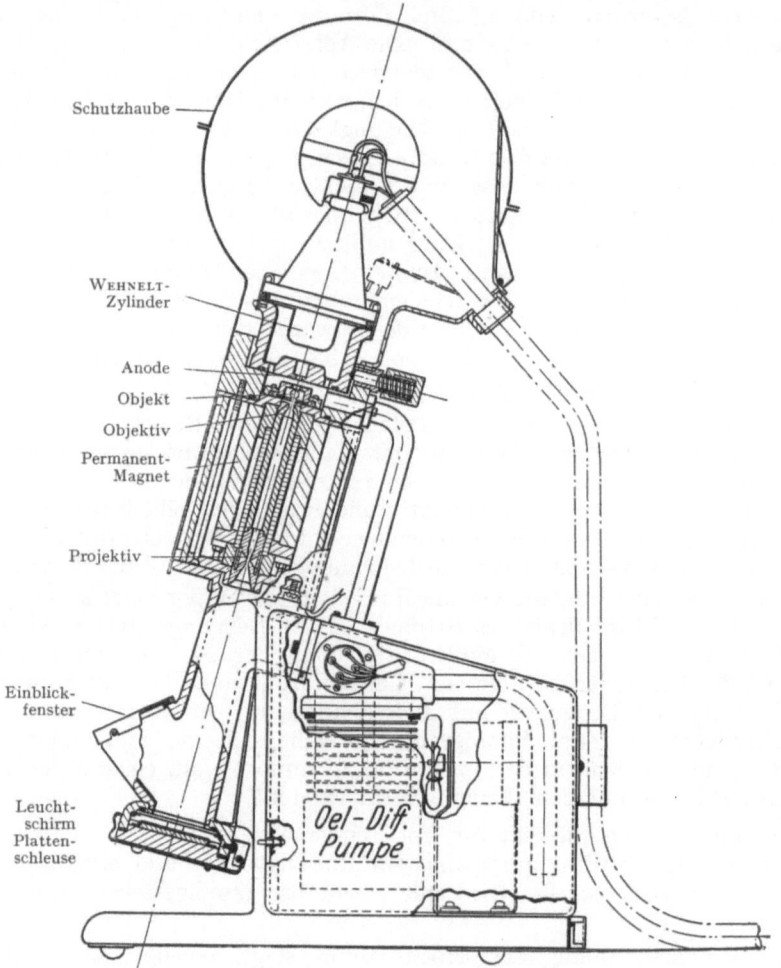

Fig. 41. Querschnitt durch das Mikroskoprohr eines magnetostatischen Mikroskops (RCA, Typ EMT).

mit einem Permanentmagneten erregt, die magnetische Spannung an den Linsen beträgt 1300 bzw. 900 G · cm. Der obere Objektivpolschuh kann zur guten Zentrierung des Objektivs mit vier Justierschrauben gegen den unteren Polschuh verschoben werden: Die einmal durchgeführte Zentrierung bleibt auch beim Wiedereinsetzen des Polschuhs nach dem Reinigen oder beim Wechsel von Polschuhen erhalten.

Eine die Größe des bestrahlen Bereiches begrenzende Blende oberhalb des Objektes und die Objektivaperturblende werden in Passungen eingesetzt, die fest mit dem oberen Objektivpolschuh verbunden und zu seiner Bohrung zentriert sind.

Als Objektschleuse und Objekttisch dient ein runder Stab von 8 mm Durchmesser, der, senkrecht durchbohrt, den Objekthalter von 3,4 mm Durchmesser aufnimmt. Der Stab gleitet in einer etwa 16 mm langen Neoprene-Dichtung, die als Objektschleuse dient. Nur das kleine Luftvolumen von etwa 0,07 cm³ wird in das Mikroskop eingeschleust.

Die Objektverschiebung in der Richtung der Achse des Stabes erfolgt durch Verschieben des Stabes über ein Feingewinde ($\pm$ 0,7 mm), senkrecht dazu durch Drehen des Stabes um seine Achse ($\pm 3° = \pm 0,17$ mm). Die Drehbewegung ist für empfindliche Einstellung 1:3 untersetzt. Fig. 42 zeigt das Prinzip der Anordnung. Eine in die Nut am Ende des Stabes einrastende Feder verhindert das Herausziehen des Stabes aus der Vakuumdichtung beim Objektwechsel.

Durch Einsetzen verschiedener Objektiv- und Projektivpolschuhe arbeitet das Mikroskop bei je einer festen Vergrößerung von 1500, 3000 oder 6000. Eine

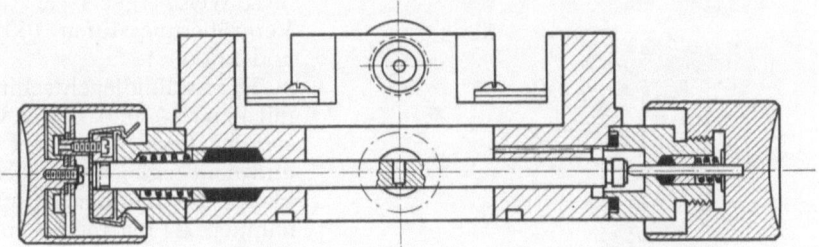

Fig. 42. Objekttisch und Objektschleuse des magnetostatischen Mikroskops EMT.

Plattenschleuse für je eine Platte erlaubt den Wechsel der Platten ohne Abschalten oder Absperren der Pumpen: In etwa 1 min sind die beim Einschleusen einer Platte eindringenden 80 cm³ Luft abgepumpt.

Das Pumpsystem besteht aus einer luftgekühlten Öldiffusionspumpe und einer rotierenden Vorpumpe ohne jedes Ventil, das Vakuumvolumen beträgt etwa 1 Liter.

Als Hochspannungsanlage dient ein elektronisch geregelter 80 kHz-Resonanzgenerator (17 kV) mit Spannungsverdreifachung. Die Spannungsschwankung ist $\Delta U/U < 1 \cdot 10^{-4}$. Die Strahlspannung ist zur Fokussierung von 45 bis 50 kV grob und fein regelbar. Der eingestellte Wert kann an einem Instrument abgelesen werden. Hochspannungsanlage und Regeleinrichtung sind zwei abgetrennte Einheiten.

13. Durchstrahlungsmikroskop mit elektrischen Linsen [1] (AEG-Zeiss EM 8).
Die Hochspannung für Kathode und Linsenelektroden wird über Isolatoren, die mit geerdeten Schutzkappen umgeben sind, zugeführt. Als Bestrahlungssystem dient eine STEIGERWALD-Kathode (s. Fig. 24b); eine unabhängig regelbare Kondensorlinse ist nicht vorgesehen. Das Kathodensystem kann horizontal verschoben und mit drei Verstellschrauben zur Achse des Mikroskops ausgerichtet werden. Die Objektschleuse ist als Doppeltorschleuse ausgebildet (s. Fig. 20), eine Vorvakuumpumpe (Schleusenpumpe) sorgt für die Vorevakuierung des relativ großen Schleusenraumes. Die Schleuszeit beträgt etwa 15 sec.

Der Objekttisch erlaubt zur groben Fokussierung eine vertikale Verschiebung des Objektes (s. Fig. 21), die endgültige Scharfstellung des Bildes erfolgt durch geringe Änderung der Hochspannung ($\Delta U < 1000$ V).

Die Objektivlinse ist in Fig. 13 und 14 dargestellt. Sie hat eine Brennweite von 6 mm, eine Öffnungsfehlerkonstante $C_{\ddot{o}} = 62$ mm und eine Farbfehlerkonstante $C_F \approx 24$ mm. Zur Korrektur des Astigmatismus ist ein elektrischer

---

[1] O. RANG u. H. SCHLUGE: AEG-Mitt. **1951**. — H. SCHLUGE: Zeiss-Werkz. **2**, 105 (1954).

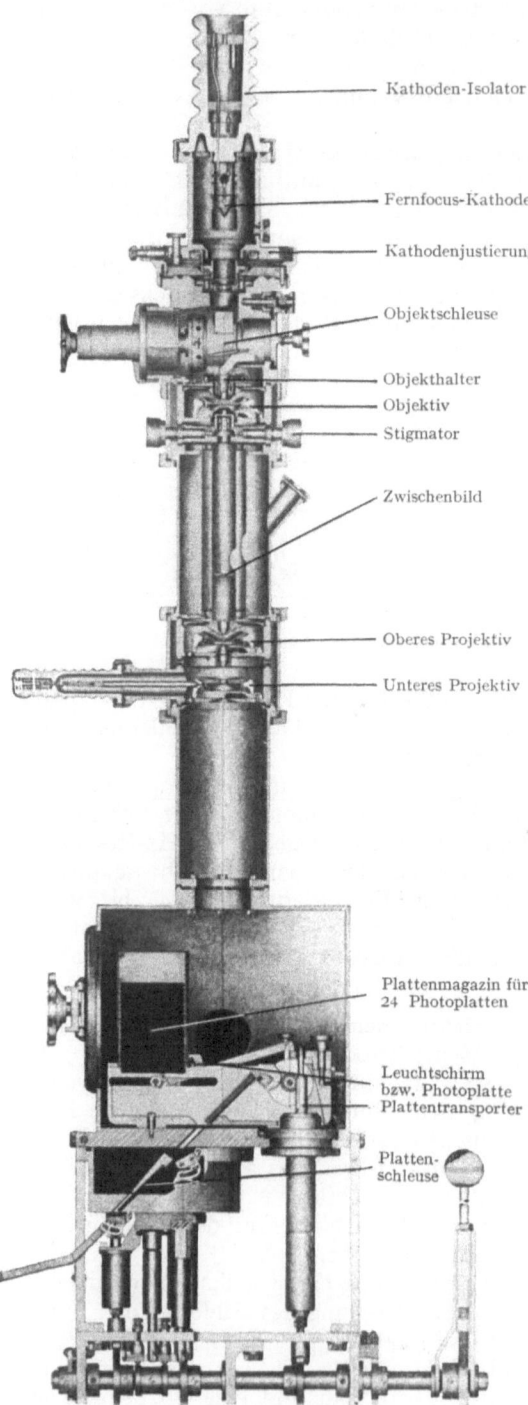

Kathoden-Isolator

Fernfocus-Kathode

Kathodenjustierung

Objektschleuse

Objekthalter
Objektiv
Stigmator

Zwischenbild

Oberes Projektiv

Unteres Projektiv

Plattenmagazin für
24 Photoplatten

Leuchtschirm
bzw. Photoplatte
Plattentransporter

Platten-
schleuse

Fig. 43. Elektrostatisches Mikroskop (AEG-Zeiss EM 8)
(nach GLASER).

Stigmator (s. Fig. 15) eingebaut, Stärke und Richtung des Korrekturfeldes können über mechanische Verstellglieder unabhängig voneinander geregelt werden [1]. Eine Aperturblende kann unterhalb des Objektivs eingesetzt und zum Strahl zentriert werden.

Als Projektiv sind zwei hintereinanderliegende Linsen verschiedener Brennweite vorgesehen, die jede für sich oder beide zusammen eingeschaltet werden können. Auf diese Weise ergeben sich drei feste Vergrößerungsstufen 1600, 5000 und 16000:1.

Der Endbildleuchtschirm kann mit einer 10- und 20fach vergrössernden Lupe betrachtet werden und dient zugleich als Belichtungsklappe für photographische Aufnahmen. 24 Platten 6,5 cm × 9 cm können in einem Plattenmagazin ins Vakuum gebracht werden. Die Plattenschleuse [2] erlaubt das Ausschleusen jeder einzelnen Platte nach erfolgter Aufnahme, die Schleusenpumpe sorgt für eine Vorevakuierung des Schleusenraumes.

Ein Zwischenbeschleuniger (s. Fig. 18) mit speziellem Objekttisch und spezieller Schleuse — das Objekt liegt beim Zwischenbeschleuniger auf Hochspannungspotential — kann an Stelle der normalen Objektivlinse eingesetzt werden.

Für Beugungsuntersuchungen ist eine in Fig. 43 nicht eingezeichnete Zwischenlinse vorgesehen, mit der das primäre Beugungsbild in die Gegenstandsebene der Projektivlinsen abgebildet wird. Die Mittelelektrode dieser Beugungslinse kann zur Zentrierung des Beugungsbildes auf dem Endbildschirm unter Vakuum horizontal verschoben werden. Für spezielle

---

[1] O. RANG: Optik 5, 518 (1949).
[2] E. BRÜCHE u. E. GÖLZ: Jb. AEG-Forschung 17, 60 (1940).

Beugungsuntersuchungen (hochauflösende Beugung) ist eine Objektschleuse unterhalb des Projektivs einsetzbar, die auch Elektronenbeugung in Reflexion erlaubt.

Das Pumpsystem (zwei rotierende Vorpumpen, davon eine als Schleusenpumpe, und eine Öldiffusionspumpe) ist im Stativ untergebracht und wird durch programmgesteuerte Ventile bedient.

Als Hochspannungsanlage dient ein Mittelfrequenz-Kaskadengenerator[1]. Durch Glimmstabilisierung wird die Anodenspannung des Mittelfrequenzerzeugers (100 kHz) konstant gehalten. Eine Netzspannungsschwankung von 3% führt zu einer Hochspannungsschwankung $\Delta U/U = 3 \cdot 10^{-4}$. Änderung der Belastung — etwa durch Sprühen — um 1 bis 2 μA führt zu Hochspannungsschwankungen von 0,5 bis $1^0/_{00}$. Für den Zwischenbeschleuniger kann eine zweite, entgegengesetzt gepolte Kaskade eingesetzt werden, die vom gleichen Sender gespeist wird. Die ganze Hochspannungsanlage ist im Stativ des Mikroskops untergebracht und liefert maximal eine Spannung von 65 kV.

Die beste, bisher erreichte Auflösung[2] beträgt 20 Å.

14. Schattenmikroskop.
Beim Schattenmikroskop werden die Elektronenlinsen dazu benutzt, ein stark verkleinertes Bild der Elektronenquelle herzustellen. Das verkleinerte Bild der Elektronenquelle dient als Lichtquelle, mit der eine Zentralprojektion des zu betrachtenden Objektes auf einen weit entfernten Leuchtschirm (photographische Platte) geworfen wird. In Fig. 44 ist das Prinzip des Schattenmikroskops dargestellt. Die Vergrößerung des Schattenmikroskops ist rein geometrisch gegeben durch das Verhältnis b/a.

Die Auflösung wird durch zwei Faktoren begrenzt:

Der kleinste, noch trennbare Punktabstand δ ist rein geometrisch-optisch etwa gleich dem Radius ϱ der verkleinerten Elektronenquelle. Mit einer guten, stigmatisch korrigierten magnetischen Linse sollte nach Ziff. 29 mit einer optimalen Apertur $\alpha_0 = 1,2 \cdot 10^{-2}$ ein Radius der verkleinerten Elektronenquelle $\varrho \approx 2$ Å erreichbar sein.

Durch FRAUENHOFERsche Beugung wird die Auflösung ebenso wie beim mit Linsen abbildenden Mikroskop durch die — wegen der kleinen Winkel vereinfachte — ABBEsche Gleichung begrenzt:

$$\delta = 0,6 \frac{\lambda}{\alpha}. \tag{14.1}$$

Dabei ist die für die Abbildung maßgebende Apertur α_B nach Fig. 44 gegeben durch:

$$\alpha_B = \frac{\varrho}{a}. \tag{14.2}$$

Soll die Auflösung $\delta = \varrho$ sein, so folgt aus Gl. (14.1) und (14.2) für den Objektabstand a von der Lichtquelle

$$a \leqq \frac{\delta^2}{0,6\lambda}. \tag{14.3}$$

Mit den in Durchstrahlungsmikroskopen praktisch erreichten Werten $\delta = 10$ Å und $\lambda = 3,7 \cdot 10^{-2}$ Å $(U = 100 \text{ kV})$ folgt $a \leqq 0,5\ \mu$. Um so kleine Abstände δ auch bei schwachem Kontrast auf der photographischen Platte nachweisen zu können, sollte nach Ziff. 10 die Vergrößerung $V \approx 100000$ und damit $b \approx 50$ mm betragen.

---

[1] S. PANZER: Optik **7**, 290 (1950).
[2] K. BEYERSDÖRFER: Optik **7**, 192 (1950).

Der Radius r des auf dem Objekt beleuchteten Bereichs ist nach Fig. 45 gegeben durch

$$r = a\,\alpha_0 = \delta \cdot \left(\frac{\delta \cdot \alpha_0}{0,6\,\lambda}\right). \qquad (14.4)$$

Daraus folgt mit den oben angenommenen Werten für α_0, δ und λ, daß $r = 5,5\,\delta$. Mit einem Schattenmikroskop könnten selbst unter diesen sehr günstigen theoretischen Annahmen bei einer Auflösung von 10 Å nur elf Bildpunkte innerhalb des Bilddurchmessers getrennt werden. Mit einem mit Linsen abbildenden magnetischen Mikroskop ist bei derselben Auflösung ein etwa 100 mal größerer Wert praktisch erreicht.

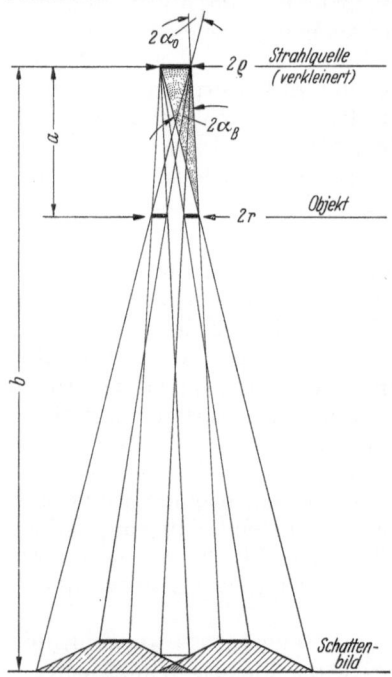

Fig. 44. Strahlengang beim Schattenmikroskop, geometrisch-optisch. 2ϱ Durchmesser der verkleinert abgebildeten Strahlquelle; α_0 Optimale Apertur der letzten Verkleinerungslinse; $2r$ Durchmesser des bestrahlten Bereichs; α_B Bestrahlungsapertur des Objektes.

Bei geringerer Auflösung (größer werdendem δ) erhöht sich nach Gl. (14.4) die Anzahl der Bildpunkte proportional mit δ. Die Intensität des Endbildes ist beim Schattenmikroskop stärker begrenzt als bei der Abbildung mit Linsen. Bei bekanntem Richtstrahlwert R des Elektronenstrahlers (s. Ziff. 7) ist die Stromdichte im engsten Bündelquerschnitt j_Q bei der optimalen Apertur α_0 nach Gl. (7.1) gegeben durch $j_Q = R\,\pi\,\alpha_0^2$. Bei einer Abbildung des Objektes mit einer Objektivlinse der gleichen optimalen Apertur α_0 würde diese Stromdichte im Objekt bei geeignet dimensioniertem Kondensorsystem erreichbar sein. Beim Schattenmikroskop dagegen ist die Bestrahlungsstromdichte im Objekt j_B um den Faktor $(r/\varrho)^2$ reduziert, der im hier betrachteten Beispiel eine um den Faktor 30 geringere Stromdichte im Objekt ergibt.

Die schattenmikroskopische Abbildung ist gut dafür geeignet, in speziellen Beugungsgeräten (s. Ziff. 43) und Elektronenspektrographen (s. Ziff. 45) ohne Abbildungsoptik ein Übersichtsbild mittlerer Auflösung des untersuchten Objektes zu geben. Für die Elektronenmikroskopie hoher Auflösung sind Abbildungslinsen besser geeignet

Boersch[1] konnte mit einem Schattenmikroskop eine Auflösung von 25 mμ erreichen. Mit zwei elektrostatischen Linsen wird die Elektronenquelle auf etwa 6 mμ im Durchmesser verkleinert, der Objektabstand a beträgt 18 μ, die Wellenlänge $\lambda = 7 \cdot 10^{-2}$ Å und damit nach Gl. (14.1) und (14.2) die Auflösung $\delta \approx 25$ mμ, d.h. die Auflösung wird begrenzt durch Beugung bei zu großem Objektabstand a. Hillier und Baker[2] erhielten in einer speziellen Beugungsapparatur für hochauflösende Beugung durch schattenmikroskopische Abbildung eine Auflösung von 35 mμ.

Ist der Objektabstand $a \gg \dfrac{\delta^2}{0,6\,\lambda}$, so tritt Fresnelsche Beugung auf. Aus dem Fresnelschen Beugungsbild kann nach Gabor das Bild des Objektes optisch rekonstruiert und dadurch ein hohes Auflösungsvermögen erreicht

[1] H. Boersch: Z. techn. Phys. **20**, 346 (1939). — Jb. AEG-Forschung **7**, 34 (1940).
[2] J. Hillier u. R. F. Baker: J. Appl. Phys. **17**, 12 (1946).

werden. Doch zeigt sich auch hier, daß dazu ein mit abbildenden Linsen durch
Defokussieren erzeugtes FRESNELsches Beugungsbild besser geeignet ist als ein
Schattenbild.

In Ziff. 30 werden die bei einer solchen „Zwei-Wellenlängen-Mikroskopie"
vorliegenden Verhältnisse näher besprochen.

15. Rastermikroskope. Auch beim Rastermikroskop[1] werden die Elektronenlinsen nur dazu verwendet, ein möglichst stark verkleinertes Bild der Elektronenquelle herzustellen. Mit dieser Elektronensonde wird das Objekt wie beim

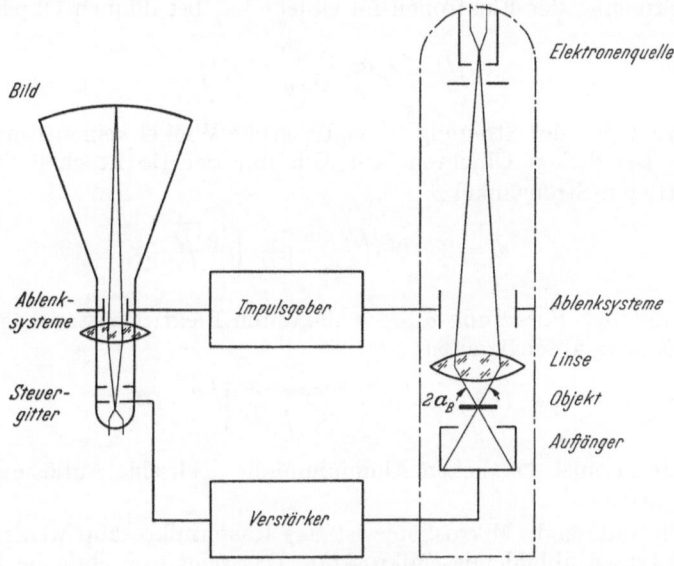

Fig. 45. Rastermikroskop.

Fernsehen in n Zeilen mit je m Punkten abgetastet. Die jedem einzelnen Bildpunkt zugeordnete Intensität wird in einem Auffänger gemessen. Der Bildkontrast
entsteht auch hier durch die Streuung der Elektronen im Objekt. Im synchron
mit der Abtastvorrichtung gesteuerten Empfänger wird das Bild aus den $n \cdot m$
Bildpunkten wieder zusammengesetzt und auf einer BRAUNschen Röhre oder
photographischen Platte festgehalten. In Fig. 45 ist das Prinzip des Rastermikroskops dargestellt. Der Vorteil des Rastermikroskops besteht darin, daß
der Energieverlust, den die Elektronen im Objekt erleiden, nicht zu einer Begrenzung des Auflösungsvermögens führt. Nach Ziff. 30 wird aber für dünne
Objekte — die allein für hohe Auflösung geeignet erscheinen — auch bei abbildenden Linsen mit Farbfehler die Auflösung durch den Energieverlust im Objekt
nicht herabgesetzt.

Beim Rastermikroskop begrenzen folgende Faktoren die Auflösung δ:

1. Der Durchmesser der Elektronensonde $2r$

$$\delta_1 \approx 2r. \tag{15.1}$$

[1] M. v. ARDENNE: Z. Physik **109**, 553 (1938). — Z. techn. Phys. **19**, 407 (1938). —
V. K. ZWORYKIN, J. HILLIER u. R. L. SNYDER: A. S. T. M. Bull. **17**, 15 (1942). — D. McMULLAN:
Proc. Inst. El. Engr. II **100**, 245 (1953). Letzte Arbeit mit Diskussionsbemerkungen von
AGAR, GABOR, HAINE LYBSZYNSKI und FEINBERG über Anwendung und Grenzen des Raster-
mikroskops.

2. Die Dicke des Objektes D und die Bestrahlungsapertur α_B nach der rein geometrischen Beziehung über die Tiefenschärfe [Gl. (2.3)]

$$\delta_2 \approx D \cdot \alpha_B. \tag{15.2}$$

Soll $\delta_2 = \delta_1$ sein, so gilt für D die Bedingung

$$D \leq \frac{2r}{\alpha_B}. \tag{15.3}$$

3. Die Streuung der Elektronen im Objekt hat bei dünnen Objekten

$$\left(D \leq \lambda_v \approx \frac{A \cdot \beta^2}{Z^{\frac{4}{3}} \cdot \varrho} \cdot 10^{-4} \right)$$

nach Ziff. 31 wegen der Streuung in relativ große Winkel keinen Einfluß auf die Auflösung. Bei dicken Objekten läßt sich mit der BOTHESCHEN Streuformel[1] für den mittleren Streuwinkel $\bar{\vartheta}$

$$\bar{\vartheta} = 8 \cdot 10^5 \cdot \left(\frac{\mathrm{V\,cm}}{\sqrt{\mathrm{g}}} \right) \frac{Z}{U} \sqrt{\frac{\varrho \cdot D}{A}} \tag{15.4}$$

aus (15.2) mit der Forderung $\alpha_B \ll \bar{\vartheta}$ die durch Elektronenstreuung reduzierte Auflösung δ_3 etwa abschätzen zu:

$$\delta_3 = D\,\bar{\vartheta} = 8 \cdot 10^5 \left(\frac{\mathrm{V\,cm}}{\sqrt{\mathrm{g}}} \right) \cdot \frac{Z}{U} \sqrt{\frac{\varrho}{A}} \cdot D^{\frac{3}{2}}. \tag{15.5}$$

Danach wäre in einer $1\,\mu$ dicken Aluminiumfolie noch eine Auflösung von etwa $0,3\,\mu$ zu erwarten.

Für hoch auflösende Mikroskopie ist das Rastermikroskop weniger geeignet als ein mit Linsen abbildendes Mikroskop. Das zeigt eine einfache Intensitätsabschätzung. Bei gleichem Richtstrahlwert R der Elektronenquelle und unter der Voraussetzung, daß beim Rastermikroskop die letzte Verkleinerungslinse, die die Elektronensonde erzeugt, dieselben Eigenschaften habe wie die Objektivlinse des abbildenden Mikroskops, ergibt sich für die zur Abbildung beitragende Stromdichte in der Objektebene in beiden Fällen der Wert:

$$j = R\,\pi\,\alpha_0^2 \tag{15.6}$$

($\alpha_0 =$ optimale Apertur der Objektiv- bzw. Verkleinerungslinse).

Beim abbildenden Mikroskop werden alle Objektpunkte zu gleicher Zeit, beim Rastermikroskop nur ein Objektpunkt mit dieser Stromdichte getroffen. Die Belichtungszeit ist bei sonst gleichen Bedingungen beim Rastermikroskop um den Faktor $m \cdot n$ (Zahl der Bildpunkte) größer.

Da die Intensitätsfrage beim Rastermikroskop eine entscheidende Rolle spielt, sollte der Empfänger möglichst empfindlich, sein Rauschen nur durch die statistische Schwankung der einfallenden Elektronen bestimmt und die Zahl der in der Sekunde auflösbaren Impulse möglichst hoch sein. Diese Bedingungen werden am besten von einem Elektronenvervielfacher erfüllt[2].

Die Zeit t zum Abtasten eines Bildes mit $n \cdot m$ Bildpunkten ergibt sich aus dem Richtstrahlwert R, der Zahl der Elektronen je Bildpunkt N, der gewünschten

---

[1] W. BOTHE: Handbuch der Physik, Bd. 22, Teil 2. Berlin 1933.
[2] D. McMULLAN: Vgl. obiges Zitat auf S. 447.

Auflösung δ und der Bestrahlungsapertur α_B zu

$$t = \frac{4e \cdot N \cdot m \cdot n}{R\,\pi^2\,\alpha_B^2\,\delta^2} \qquad (e = \text{Elektronenladung}).$$

Für eine gute magnetische Linse nach Ziff. 23 kann $\alpha_B = 1{,}2 \cdot 10^{-2}$ eingesetzt werden.

Mit $N = 1000$ (statistische Schwankung 3 %), $m = n = 500$, $R = 4{,}6 \cdot 10^5\,\text{Amp/cm}^2$ ($T = 2800°$, $U = 100\,\text{kV}$) und $\delta = 10\,\text{Å}$ wird $t = 25$ sec, eine Zeit, die bei den gegebenen Voraussetzungen als bester theoretisch erreichbarer Wert betrachtet werden muß. Bei einem mit Linsen abbildenden magnetischen Durchstrahlungsmikroskop wurde bei gleicher Bildpunktzahl, etwa um den Faktor 10 kleinerem Richtstrahlwert, einer Bestrahlungsapertur von $\alpha_B = 4 \cdot 10^{-3}$ und der gegenüber dem Elektronenvervielfacher um etwa einen Faktor 100 weniger empfindlichen photographischen Platte die gleiche Auflösung ($\delta = 10\,\text{Å}$) bei 2 sec Belichtungszeit praktisch erreicht[1].

Gegen das Rastermikroskop als hochauflösendes Durchstrahlungsmikroskop spricht außerdem der beim Rastermikroskop nicht vorhandene Phasenkontrast[2], durch den beim mit Linsen abbildenden Mikroskop die schwachen Amplitudenkontraste dünner Objekte erhöht werden können (s. Ziff. 33).

Im ersten, von v. ARDENNE gebauten Rastermikroskop[3] wurde durch zweistufige Verkleinerung der Elektronenquelle mit magnetischen Linsen ein Durchmesser der Elektronensonde von etwa 100 Å erreicht. Das Abtasten des Objektes erfolgte mit magnetischen Ablenkspulen, als Auffänger dient eine photographische Schicht, die auf eine synchron mit dem Ablenksystem mechanisch bewegte Trommel aufgespannt ist. Da der Zeilenabstand etwa um den Faktor 10 größer ist als der Sondendurchmesser, wird die Auflösung von 100 Å nur innerhalb einer Zeile erreicht. Das Rastermikroskop von v. ARDENNE arbeitet als Durchstrahlungsmikroskop.

Die später gebauten Rastermikroskope[4, 5] sind nicht unter dem Gesichtspunkt hergestellt, eine hohe Auflösung in durchstrahlbaren Objekten zu erreichen. Sie werden zur Abbildung von Oberflächen nicht durchstrahlbarer Objekte benutzt. Die vom Objekt ausgehenden, relativ langsamen Sekundärelektronen werden im Empfänger aufgefangen. Die Elektronensonde wird durch zweistufige Verkleinerung mit elektrostatischen Linsen erzeugt und hat einen Durchmesser von etwa 200 Å, die erreichte Auflösung liegt bei 500 Å. Als Empfänger verwenden ZWORYKIN und Mitarbeiter[2] einen Leuchtschirm, dessen Licht auf einer Photokathode Elektronen auslöst, die mit einem Elektronenvervielfacher verstärkt werden, während McMULLAN[5] die Sekundärelektronen direkt auf den Elektronenvervielfacher fallen läßt. Die Elektronenvervielfacher, die auch unter den relativ schlechten Vakuumbedingungen eines nicht ausheizbaren Systems arbeiten und bei Lufteinlaß nicht zerstört werden, wurden von BAXTER[4] angegeben. Beide Verfahren zählen praktisch jedes einzelne Elektron; die Zahl der Impulse/sec wird aber im ersten Fall bei geringer Stromdichte durch die Trägheit des Leuchtschirms auf etwa 1000/sec begrenzt[5]. Hinsichtlich der zahlreichen elektronischen Hilfsapparaturen darf auf die Arbeit von McMULLAN[5] verwiesen werden. Das Rastermikroskop scheint besonders geeignet für die Abbildung der

---

[1] S. LEISEGANG: Optik **11**, 49 (1954).

[2] Siehe die Diskussionsbemerkung von D. GABOR bei Fußnote 1 auf S. 447.

[3] M. v. ARDENNE: Z. techn. Physik **19**, 407 (1938).

[4] V. K. ZWORYKIN u. a.; Vgl. Fußnote 1 auf S. 447.

[5] D. McMULLAN: Vgl. Fußnote 1 auf S. 447.

[6] A. S. BAXTER: Diss. Cambridge 1949. Vgl. auch J. S. ALLEN: Rev. Sci. Instrum. **18**, 739 (1947).

Oberfläche nicht durchstrahlbarer Objekte und für die Abbildung relativ dichter Objekte in Durchstrahlung. So konnte McMullan Bilder von in 2,5 μ dicker Aluminiumfolie eingebetteten Teilchen erhalten[1].

b) Oberflächen abbildende Mikroskope.

16. Abdruckverfahren. Auch im Durchstrahlungsmikroskop können Oberflächen nicht durchstrahlbarer Objekte abgebildet werden, indem ein durchstrahlbarer Abdruck[2] (wenige 100 Å dick) der zu untersuchenden Oberfläche hergestellt

Fig. 46. Triafol-Abdruck einer Kupferoberfläche, mit Platin schräg bedampft ($\varphi = 30°$), photographisches Negativ. (Aufnahme C. Weichan.)

wird. Dazu sind verschiedene Verfahren entwickelt worden, die es zum Teil gestatten, Objekteinzelheiten der Oberfläche im 30-Å-Bereich im Abdruck wiederzugeben. Beim direkten Abdruckverfahren wird eine aufgewachsene Oxydschicht, aufgetragene Lackschicht oder eine aufgedampfte Schicht von der zu untersuchenden Oberfläche mechanisch oder chemisch gelöst, beim indirekten Abdruckverfahren wird eine relativ dicke Schicht auf das zu untersuchende Objekt gegossen oder gepreßt, abgezogen, mit einer geeigneten Substanz dünn bedampft, die dicke Schicht chemisch gelöst und die dünne Aufdampfschicht als Abbild der Oberfläche im Mikroskop betrachtet. Durch Schrägbedampfen läßt sich der plastische Eindruck solcher Abdrücke erhöhen, in stereoskopischen Bildpaaren kann der

---

[1] Vgl. die Diskussionsbemerkungen zu McMullan (Fußnote 1, S. 447).
[2] H. Mahl: Metallwirtsch. **19**, 488 (1940).

Abdruck ausgemessen werden. König[1] gibt eine Übersicht der bisher verwendeten Abdruckverfahren. Fig. 46 zeigt den Abdruck einer thermisch behandelten Kupferoberfläche, der Abdruck wurde im direkten Verfahren mit einer Triafol-Folie hergestellt und ist schräg mit Platin bedampft. Die Poren in der Oberfläche des Kupfers, die im Abdruck als lange Nadeln erscheinen, treten so besonders plastisch in Erscheinung.

17. Reflexionsmikroskope. Im Reflexionsmikroskop[2] wird die zu betrachtende Oberfläche von Elektronen unter dem Winkel ϑ_1 getroffen; die unter dem Winkel ϑ_2 reflektierten, gestreuten oder auch sekundär ausgelösten Elektronen werden zur Abbildung der Oberfläche benutzt (s. Fig. 47). Es handelt sich dabei im allgemeinen nicht um eine Reflexion im optischen Sinn: Bei unter dem Winkel ϑ_1 auf die Oberfläche auftreffenden Elektronen gleicher Energie werden nach allen Richtungen ϑ_2 Elektronen gestreut, deren Intensität und Energieverteilung materialabhängig und Funktion von ϑ_1 und ϑ_2 ist.

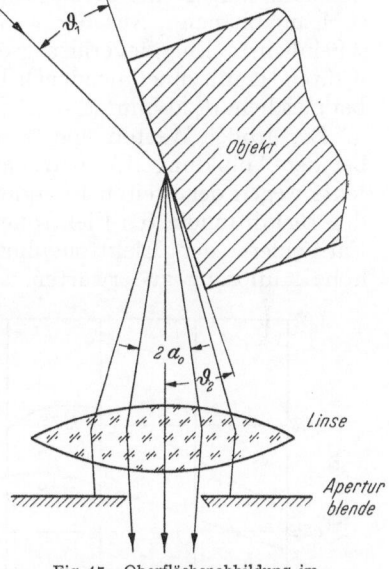

Fig. 47. Oberflächenabbildung im Reflexionsmikroskop.

Für kleine Winkel ($\vartheta_1 \sim 2,5°$, $\vartheta_2 \sim 1°$) hat Klein[3] die Energieverteilung der mit kleinem Energieverlust gestreuten Elektronen an verschiedenen Elementen gemessen. Ein Teil der Ergebnisse ist in Fig. 48 dargestellt.

Für das Verhältnis der an Aluminium unelastisch mit einem Energieverlust $\Delta E < 300$ eV gestreuten Elektronen n_u zu den elastisch gestreuten Elektronen n_e berechnet Klein aus seinen Messungen den Wert $n_u/n_e \approx 13$.

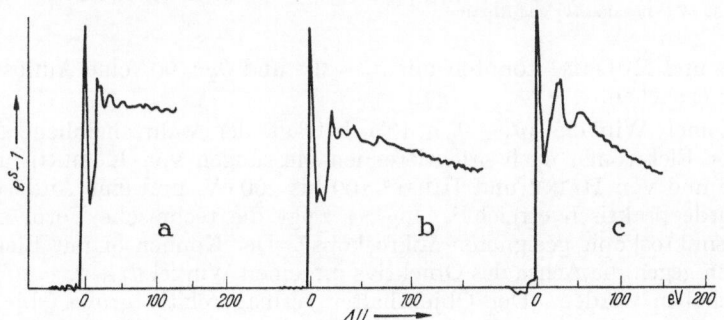

Fig. 48 a—c. Verteilung der unter kleinem Winkel ($\vartheta_1 + \vartheta_2 \sim 3,5°$) mit dem Energieverlust ΔU reflektierten Elektronen für a Beryllium, b Aluminium, c Molybdän. Die Ordinate ist proportional zu $e^s - 1$, $S =$ Schwärzung der Platte (Klein).

Einen Überblick über die bei großen Winkeln vorliegenden Verhältnisse geben Messungen von Kulenkampff und Rüttiger[4]. Die aus diesen Messungen

[1] H. König: Ergebn. exakt. Naturw. **27**, 188 (1953).
[2] B. v. Borries: Z. Physik **116**, 370 (1940). — M. E. Haine u. W. Hirst: Brit. J. Appl. Phys. **4**, 239 (1953). Dort auch weitere Literaturangaben.
[3] W. Klein: Optik **11**, 226 (1954).
[4] H. Kulenkampff u. K. Rüttiger: Z. Physik **137**, 426 (1954).

bei einem Einfallswinkel $\vartheta_1 = 90°$ folgende Wahrscheinlichkeit $N(\vartheta,\ U/U_0) \times$ $d\Omega\ dU/U_0$ der Ablenkung eines Elektrons der Energie eU_0 um den Winkel $\vartheta = \vartheta_2 + 90°$ in das Raumwinkelelement $d\Omega$ bei einem Energieverlust $U_0 - U$ ist als Funktion von U/U_0 in Fig. 49 für Aluminium, in Fig. 50 für Platin als streuende Substanz dargestellt. Der Verlauf der Kurven ist für 20 bis 40 kV von U_0 praktisch unabhängig. Aus Fig. 49 und 50 folgt, daß mit wachsendem ϑ_2 der wahrscheinlichste Energieverlust größer wird, während er mit zunehmender Ordnungszahl bei gleichem ϑ_2 abnimmt.

Bei großen Werten von ϑ_1 und ϑ_2 ist bei der Abbildung des betrachteten Objekts wegen der breiten Energieverteilung der rückdiffundierten Elektronen und des Farbfehlers der Elektronenlinsen keine hohe Auflösung zu erwarten.

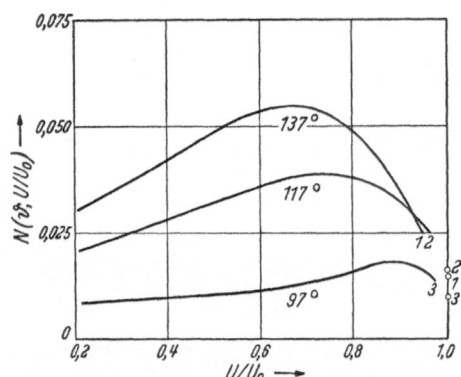

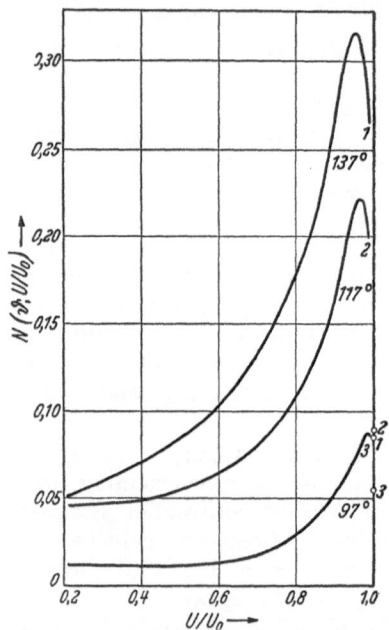

Fig. 49. Energieverteilung der aus Aluminium unter dem Winkel ϑ mit der Energie U rückdiffundierten Elektronen $N(\vartheta,\ U/U_0)\ d\Omega\ dU/U_0$, Parameter $\vartheta = \vartheta_1 + \vartheta_2$, $\vartheta_1 = 90°$, $U_0 = 30$ kV (KULENKAMPFF und RÜTTIGER).

Fig. 50. Energieverteilung der aus Platin rückdiffundierten Elektronen. Parameter wie in Fig.49 (KULENKAMPFF und RÜTTIGER).

RUSKA und MÜLLER[1] konnten mit $\vartheta_1 \sim 30°$ und $\vartheta_2 = 90°$ eine Auflösung von etwa 0,5 μ erreichen.

Bei kleinen Winkeln ($\vartheta_1 + \vartheta_2 \leq 12°$) beträgt der wahrscheinliche Energieverlust der Elektronen nach orientierenden Messungen von KUSHNIR und Mitarbeitern[2] und von HAINE und HIRST[3] 100 bis 200 eV, und eine Auflösung von 25 mμ wurde praktisch erreicht[4]. Fig. 51 zeigt die technische Form eines für Reflexionsmikroskopie geeigneten Mikroskops[5]. Der Kondensor mit Elektronenquelle kann gegen die Achse des Objektivs um einen Winkel $\vartheta_1 + \vartheta_2 = 10°$ geneigt und verschoben werden. Der Objekthalter vermag relativ große Objekte aufzunehmen ($5 \times 10 \times 10$ mm), die gegen die Objektivachse neigbar sind. Das Objektiv arbeitet mit relativ großer Brennweite ($f \approx 10$ mm). Das erste Zwischenbild wird durch die hier nicht mit gezeichnete Projektivlinse weiter vergrößert. Die kleine Neigung des Objektes gegen die Objektivachse um den Winkel ϑ_2 führt dazu, daß die Vergrößerung des Objektes in der Richtung parallel zur Ein-

[1] E. RUSKA u. H. O. MÜLLER: Z. Physik 116, 366 (1940).
[2] Y. M. KUSHNIR, L. M. BIBERMAN u. N. P. LEVKIN: Bull. Acad. Sci. URSS., Sar. Phys. 15, 306 (1951).
[3] M. E. HAINE u. W. HIRST: Brit. J. Appl. Phys. 4, 239 (1953).
[4] B. v. BORRIES: Z. Physik 116, 370 (1940).
[5] Metropolitan-Vickers Electrical Co. 100 kV Electron Microscope. Type EM 3.

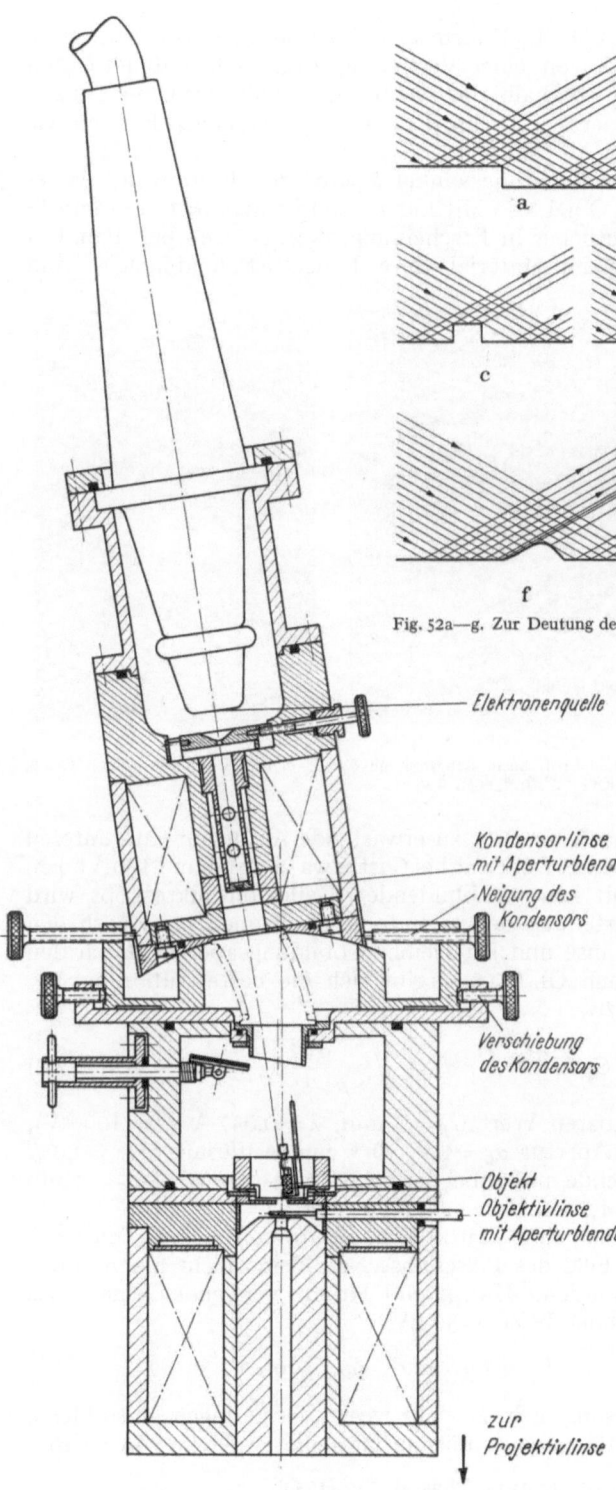

Fig. 52a—g. Zur Deutung des Kontrastes im Reflexionsmikroskop (HAINE).

Fig. 51. Aufbau eines Reflexionsmikroskops (Metropolitan Vickers).

Elektronenquelle

Kondensorlinse
mit Aperturblende

Neigung des
Kondensors

Verschiebung
des Kondensors

Objekt
Objektivlinse
mit Aperturblende

zur
Projektivlinse

fallsebene der Elektronen um den Faktor $\sin \vartheta_2$ kleiner ist als in der Richtung senkrecht dazu. Kleine Erhebungen der Höhe h auf der Oberfläche des Objektes werfen in Richtung der einfallenden Elektronen einen Schatten der Länge l, die bei bekannter Vergrößerung $V_\perp$ (senkrecht zur Einfallsebene) gegeben ist durch[1]

$$l = h V_\perp \frac{\sin(\vartheta_1 + \vartheta_2)}{\sin \vartheta_1} . \quad (17.1)$$

Die Deutung der Kontraste der Reflexionsbilder an der Oberfläche einheitlichen Materials erleichtert Fig. 52. Jedem einfallenden Strahl wird ein reflektierter Strahl zugeordnet unter der nur in erster Näherung gültigen Annahme, daß die reflektierte Intensität unabhängig vom Reflexionswinkel sei. Objektformen wie c, d und e geben

[1] M. E. HAINE u. W. HIRST: Brit. J. Appl. Phys. **4**, 239 (1953).

gleiche Schatten im Endbild, die Objektform a ist im Bild nicht sichtbar. Eine
Erhebung f unterscheidet sich von einer Vertiefung g dadurch, daß im ersten
Fall im Bild eine Aufhellung oberhalb, im zweiten unterhalb der Objekteinzel-
heit zu sehen ist. Durch Ändern der Winkel ϑ_1 und ϑ_2 lassen sich Formen wie
c und d voneinander trennen.

Fig. 53 zeigt bei einem Beobachtungswinkel $\vartheta_2 = 6°$ den Einfluß der Änderung von ϑ_1 auf das Bild des Objektes. Mit kleiner werdendem ϑ_1 treten feinste
Objekteinzelheiten immer deutlicher in Erscheinung, die Schatten bei A und B
entsprechen einer Vertiefung im Material (ihre Länge ist unabhängig vom

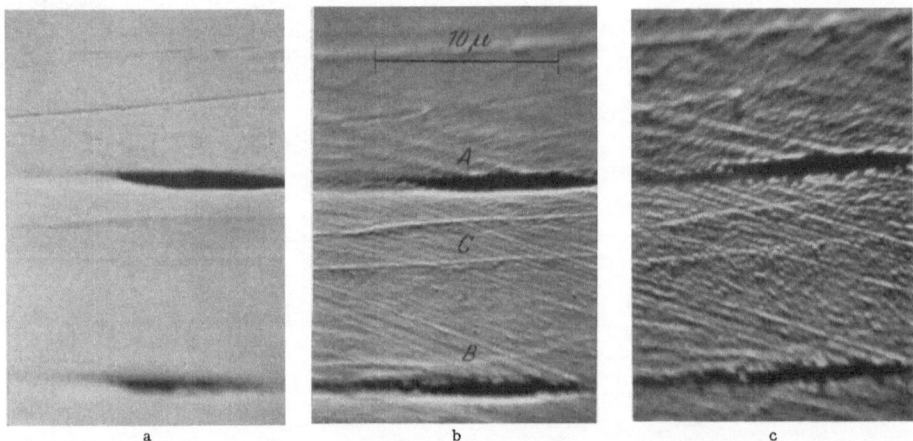

Fig. 53a—c. Aufnahme einer polierten Stahloberfläche in Reflexion mit $\vartheta_2 = 6°$ und verschiedenen Werten von ϑ_1
a $\vartheta_1 = 3°$, b $\vartheta_1 = \frac{3}{2}°$, c $\vartheta_1 = \frac{1}{8}°$.

Bestrahlungswinkel ϑ_1), die nach Fig. 52g zu erwartende Aufhellung am unteren
Rand tritt deutlich in Erscheinung. Der Grat bei C ist etwa 2μ breit und 100 Å hoch.

Die Auflösung δ eines mit Linsen abbildenden Reflexionsmikroskops wird
wegen der breiten Energieverteilung der gestreuten Elektronen nur durch den
Farbfehler der abbildenden Linse und bei kleiner Abbildungsapertur durch den
Beugungsfehler begrenzt. Nach Gl. (29.5) ergibt sich die beste Auflösung δ_{min}
bei der optimalen Apertur α_0' zu:

$$\delta_{min} = \sqrt{C_F \, \lambda \, \frac{\Delta U}{U}}, \qquad \alpha_0' = \sqrt{\frac{0,6\,\lambda}{C_F \cdot \Delta U/U}}. \qquad (17.2)$$

Mit dem nach Ziff. 23 erreichbaren Wert $C_F = 1$ mm, $\lambda = 0,037$ Å ($U = 100$ kV),
$\Delta U = 100$ V sollte bei einer Apertur $\alpha_0 = 1,5 \cdot 10^{-3}$ eine Auflösung $\delta_{min} = 20$ Å
erreichbar sein. Die Aperturblende müßte bei der nach Ziff. 23 den Wert $C_F = 1$ mm
zugeordneten Brennweite $f = 1,7$ mm einen Durchmesser $d_A = 5\,\mu$ haben.

Die der Rechnung zugrunde gelegte kurze Brennweite von $1,7$ mm führt zur
Anordnung des Objektes im Feld des Polschuhs: Nur kleine nicht magnetische
Objekte können betrachtet werden. Haine und Hirst[1] verwenden eine Linse
mit $f = C_F = 7$ mm und berechnen bei $U = 50$ kV

$$\alpha_0' = 5,4 \cdot 10^{-4}, \quad d_A = 7\,\mu \quad \text{und} \quad \delta_{min} = 66\,\text{Å}.$$

Doch wurde auch diese Auflösung nicht erreicht wegen der geringen, in so kleine
Aperturen gestreuten Intensität. Die Auflösung lag, einer Apertur von $5 \cdot 10^{-3}$

---

[1] M. E. Haine u. W. Hirst: Brit. J. Appl. Phys. **4**, 239 (1953).

entsprechend, bei etwa 400 Å, die Belichtungszeit betrug dabei 2 sec bei 1500-
facher Vergrößerung. Um eine n-mal bessere Auflösung zu erreichen, müßte die
Apertur um den Faktor n verkleinert, die Vergrößerung mindestens um den Faktor n größer gewählt werden: die Belichtungszeit nimmt damit um den Faktor n^4 zu.

Wie weit die Anwendung von Filterlinsen (s. Ziff. 46) eine Erhöhung der Auflösung bei nicht zu großer Belichtungszeit erlaubt, ist eine experimentell noch
offene Frage.

Die Begrenzung der Auflösung eines Reflexionsmikroskops durch den Farbfehler der Linsen verschwindet, wenn ein Rastermikroskop als Reflexionsmikroskop verwendet wird[1] (s. Ziff. 15). Die Winkel ϑ_1 und ϑ_2 können zur leichten
Deutung der Bilder groß gewählt werden.

Eine quantitativ vergleichende Abschätzung der Intensitätsverhältnisse zwischen abbildendem und abtastendem Reflexionsmikroskop ist wegen der mangel-
haften Kenntnis der Intensitätsverteilung der gestreuten Elektronen nicht möglich. Experimentell brauchte McMullan[2] eine Belichtungszeit von 5 min, um
bei 3000facher Vergrößerung eine Auflösung von 500 Å zu erreichen. Als wesentlich begrenzendes Element tritt beim Rastermikroskop neben dem Durchmesser
der Elektronensonde die Größe des Bereichs in Erscheinung, aus dem bei beliebig
kleiner Sonde die rückdiffundierten Elektronen austreten. Eine Abschätzung
von McMullan[1] zeigt, daß für eine Auflösung von 100 Å die Energie der einfallenden Elektronen bei Aluminium (Gold) kleiner als 7 kV (28 kV) sein sollte.
Durch diese relativ kleine Strahlspannung wird nach Gl. (7.4) der Richtstrahlwert der Elektronenquelle und damit die Intensität der Elektronensonde herabgesetzt.

18. Emissionsmikroskop. Im Emissionsmikroskop[3] können Elektronen emittierende Objekte abgebildet werden. Die aus der Oberfläche des Objektes austretenden langsamen Elektronen werden in einem elektrischen Feld beschleunigt.
Mit elektrischen oder magnetischen Linsen wird ein vergrößertes Bild der emittierenden Oberfläche hergestellt. Beim Immersionsobjektiv (Fig. 54) wirkt das
Beschleunigungsfeld zugleich als Objektivlinse. Die von der Kathode K ausgehenden Elektronen werden zwischen den Lochblenden des Gitters G und der
Anode A beschleunigt und in der Bildebene im Abstand z_1 von der Anode vereinigt.
Der Abstand der Bildebene z_1 und die Vergrößerung V lassen sich nach Glaser [12]
in erster Näherung aus dem Verhältnis der Potentiale $V_2/V_1 = \varkappa$, dem Abstand d_1
des Gitters G von der Kathode und dem Abstand d_2 der Anode vom Gitter
berechnen zu:

$$\left. \begin{aligned} z_1 &= d_2 \frac{4\varkappa(3 + 2\sqrt{\varkappa} - \varkappa + 3 d_2/d_1)}{3\left[(\varkappa - 1)^2 + (1 - 2\sqrt{\varkappa} - 3\varkappa)\,d_2/d_1\right]}, \\ V &= \frac{1}{2}\left(1 - \sqrt{\varkappa}\right) + \frac{1}{2\left(1 + \sqrt{\varkappa}\right)} \cdot \frac{d_2}{d_1} + \frac{1}{8\varkappa}\left[3\left(1 - \varkappa\right)\left(\sqrt{\varkappa} - 1\right) + \left(3\sqrt{\varkappa} - 1\right)\frac{d_2}{d_1}\right]\frac{z_1}{d} \cdot \end{aligned} \right\} \quad (18.1)$$

Die Auflösung δ eines Immersionsobjektivs ist nach Recknagel[4] bestimmt durch
die Feldstärke E vor dem Objekt und der Halbwertsbreite εe der Energieverteilung der vom Objekt emittierten Elektronen

$$\delta = \frac{2\varepsilon}{E}. \qquad (18.2)$$

[1] Vgl. Zworykin u. Mitarb. sowie McMullan: Zit. in Fußnote 1 auf S. 447.
[2] D. McMullan: Proc. Inst. El. Engr. II **100**, 245 (1953).
[3] G. Möllenstedt u. H. Düker: Optik **10**, 192 (1953). Dort auch weitere Literatur-
hinweise.
[4] A. Recknagel: Z. Physik **117**, 689 (1941).

Die Auslösung der Elektronen aus dem Objekt ist in verschiedener Weise möglich: Bei Metallen mit hohem Schmelzpunkt ($> 2500°$ C, Mo, Ta, W) können die Elektronen durch Glühemission ausgelöst werden. Die Halbwertsbreite der Energieverteilung der ausgelösten Elektronen εe beträgt nach Gl. (7.4) bei 2800° K etwa 0,24 eV. Durch Aufbringen einer dünnen, möglichst monatomaren Schicht von Barium oder Caesium tritt Glühemission schon bei 1000° C bzw. 500° C ein.

Die photoelektrische Auslösung von Elektronen mit ultraviolettem Licht führt nur zu relativ schwacher Intensität, eine mehr als 100fache Vergrößerung von mit ultraviolettem Licht bestrahlten Oberflächen konnte bisher nicht erreicht werden[1].

Beim Auslösen der Elektronen durch Ionenbeschuß wird die Energieverteilung der ausgelösten Elektronen breiter und beträgt nach Möllenstedt $\varepsilon e = 1$ eV

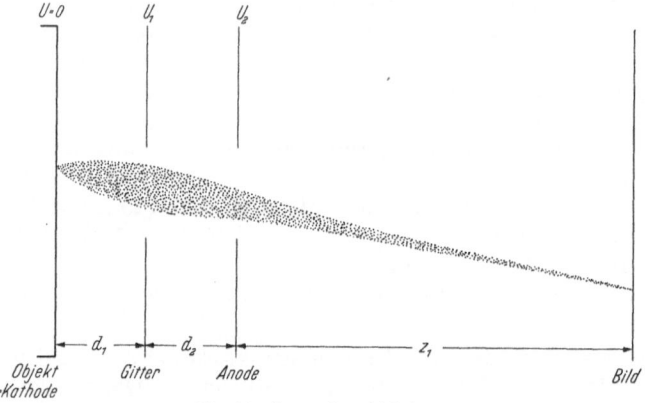

Fig. 54. Immersionsobjektiv.

bei einer Energie der auslösenden Ionen von 40 keV, bei kleinerer Energie der auslösenden Ionen kann eine kleinere Halbwertsbreite der Energieverteilung der ausgelösten Elektronen erwartet werden[2].

An Auflösung kann mit einer oberen Grenze für die Feldstärke E am Objekt von $1,5 \cdot 10^5$ V/cm nach Gl. (18.2) bei thermisch ausgelösten Elektronen $\delta \approx 320$ Å und bei mit Ionen von 40 keV ausgelösten Elektronen $\delta \approx 1200$ Å erwartet werden. Durch Anbringen einer Aperturblende im Objektiv, die den sphärischen und chromatischen Fehler begrenzt, kann die Auflösung nach Abschätzungen von Boersch[3] noch etwa um einen Faktor 3 bis 4 verbessert werden.

Praktisch wurde mit thermisch aus einer Ba-Sr-Oxydkathode ausgelösten Elektronen eine Auflösung[4] $\delta = 400$ Å und mit durch Ionen ausgelösten Elektronen[5] $\delta = 500$ Å bei einer Feldstärke $E = 40$ bis 50 kV/cm erreicht.

Fig. 55 zeigt den Querschnitt, Fig. 56 die Ansicht eines technischen Emissionsmikroskops[6] für Abbildung mit thermisch ausgelösten Elektronen. Das Objekt wird mit einer elektrischen und zwei magnetischen Linsen vergrößert abgebildet. Die Vergrößerung kann durch mechanische Änderung der Spaltweite des Projektivs (Drehen der Ringmutter R) und durch Verändern des Objektabstandes variiert werden. Bei kleinem Objektabstand erzeugt die Immersions-

[1] H. Mahl u. I. Pohl: Z. techn. Phys. **15**, 219 (1935).
[2] G. Möllenstedt u. H. Düker: Optik **10**, 192 (1953).
[3] H. Boersch: Z. techn. Phys. **23**, 129 (1942).
[4] W. Mecklenburg: Z. Physik **120**, 21 (1942).
[5] G. Möllenstedt u. W. Hubig: Optik **11**, 528 (1954).
[6] Philips Electron Emission Microscope.

linse ein virtuelles Bild des Objektes, das mit der ersten magnetischen Linse
in der Gegenstandsebene des Projektivs etwa 8,5mal vergrößert abgebildet wird.
Bei größerem Objektabstand entsteht hinter der Immersionslinse ein reelles

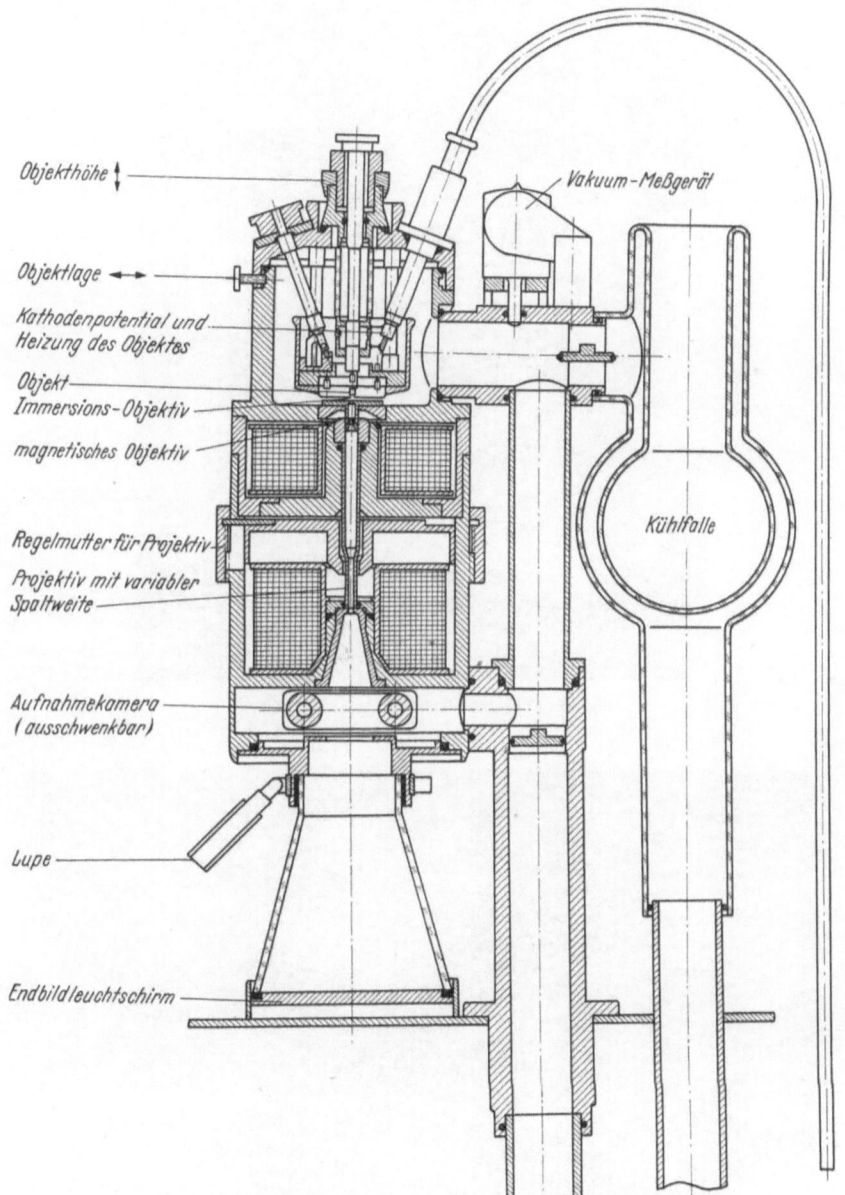

Objekthöhe

Objektlage

Kathodenpotential und
Heizung des Objektes

Objekt-
Immersions-Objektiv

magnetisches Objektiv

Regelmutter für Projektiv

Projektiv mit variabler
Spaltweite

Aufnahmekamera
(ausschwenkbar)

Lupe

Endbildleuchtschirm

Vakuum-Meßgerät

Kühlfalle

Fig. 55. Emissionsmikroskop für thermisch ausgelöste Elektronen (Philips).

Bild des Objektes, das in der Gegenstandsebene des Projektivs 30mal vergrößert
abgebildet wird.

Die Vergrößerung der Projektivlinse ist von $V = 20$ bis $V = 100$ regelbar, so
daß die Gesamtvergrößerung von $V = 170$ bis $V = 3000$ geregelt werden kann.

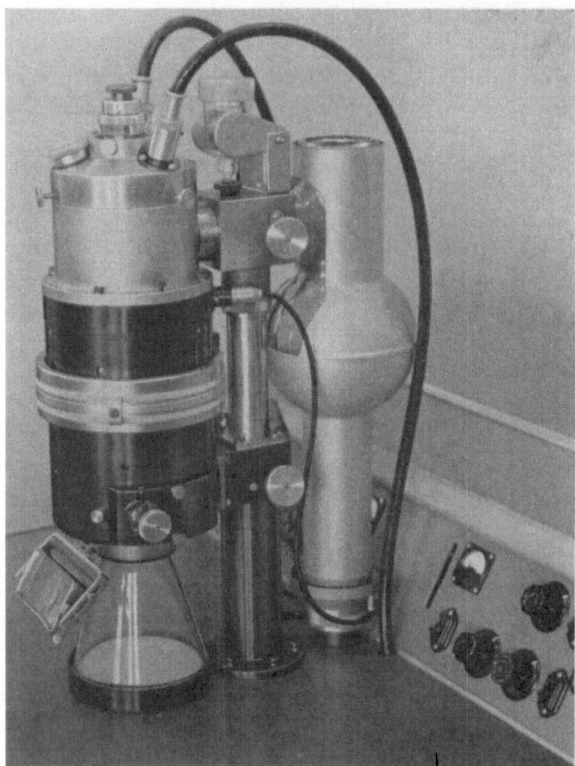

Fig. 56. Emissionsmikroskop, Ansicht (Philips).

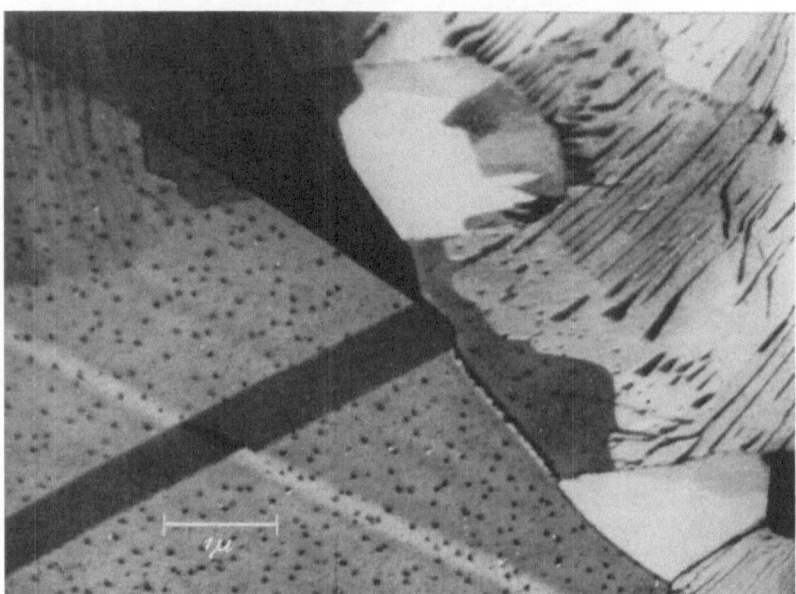

Fig. 57. Emissionsmikroskopisches Bild einer perlitisch-austenitischen Stahloberfläche, $T = 700°$ C, $U = 20$ kV (Philips).

Die elektronisch stabilisierte Hochspannung ist von 15 bis 45 kV regelbar. Fig. 57
zeigt die Aufnahme einer perlitisch-austenitischen Stahloberfläche, mit Caesium
aktiviert, bei 700° C und einer Hochspannung von $U = 20$ kV aufgenommen.
Ein solches Emissionsmikroskop erlaubt, die beim Erhitzen einer Substanz auftretenden Strukturänderungen zu beobachten oder auch kinematographisch aufzunehmen[1].

In Fig. 58 ist eine Anordnung dargestellt, bei der die Elektronen durch Ionenbeschuß aus dem Objekt ausgelöst werden[2]. Die Ionenquelle ist vom Mikroskop

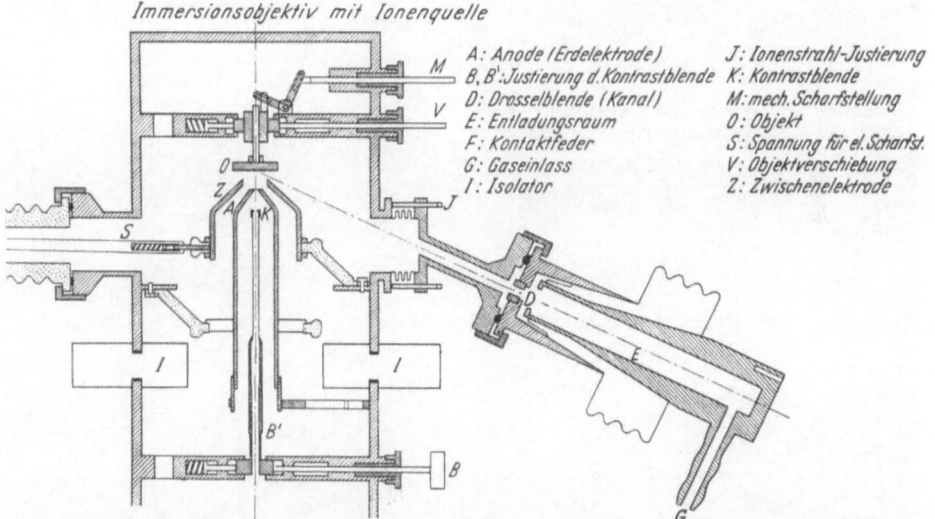

Fig. 58. Immersionsobjektiv mit Ionenquelle zur Auslösung der Elektronen (MÖLLENSTEDT und DÜKER).

durch eine enge Blende abgetrennt, aus der die Ionen austreten können, die aber
einen hohen Strömungswiderstand für das zur Ionenerzeugung notwendige Gas
darstellt. Das durch die Drosselblende ausströmende Gas wird von der Hochvakuumpumpe rasch abgesaugt, so daß vor dem Objekt und zwischen den Elektroden der Linse gute Vakuumverhältnisse vorliegen. Das Objektivgehäuse oberhalb des Isolators I befindet sich auf Kathodenpotential, zwischen E und D
werden die Ionen beschleunigt und treten bei D aus. Durch die Justierung J
kann der Ionenstrahl auf das Objekt gelenkt werden, das unter einem Winkel
von etwa 30° von den Ionen getroffen wird. Das Objekt wird durch die ausgelösten Elektronen mit der Immersionslinse in die Gegenstandsebene einer Projektivlinse abgebildet und durch diese weiter vergrößert. In der Immersionslinse ist eine justierbare Aperturblende K zur Erhöhung von Auflösung und
Kontrast angebracht.

Fig. 59 zeigt ein mit dieser Anordnung erhaltenes Bild, bei dem mit einer
Aperturblende von 25 μ Durchmesser und einer Feldstärke vor dem Objekt von
50 kV/cm eine Auflösung von 1000 Å erreicht wird. Eine Verbesserung der Auflösung durch Erhöhen der Feldstärke vor dem Objekt und durch Verminderung
der Ionengeschwindigkeit wird erwartet[2].

Der Kontrast in emissionsmikroskopischen Bildern entsteht durch die mate-
rialabhängige Emissionsfähigkeit. Die experimentellen Ergebnisse haben gezeigt,

[1] G. W. RATHENAU u. G. BAAS: Physica, Haag **17**, 117 (1951).
[2] G. MÖLLENSTEDT u. H. DÜKER: Optik **10**, 192 (1953).

daß ein ausreichender Kontrast vorhanden ist. Quantitative, theoretische oder experimentelle Angaben über die Abhängigkeit der Emission vom Material liegen bisher nicht vor. Durch Aufwachsen von Verschmutzungsschichten beim Ionenbeschuß geht der Kontrast verloren, durch Erhöhen der Temperatur des Objektes auf über 200° C kann diese Verschmutzung vermieden werden[1]. Als Emissionsmikroskop kann auch das Spitzenmikroskop betrachtet werden, das in seiner

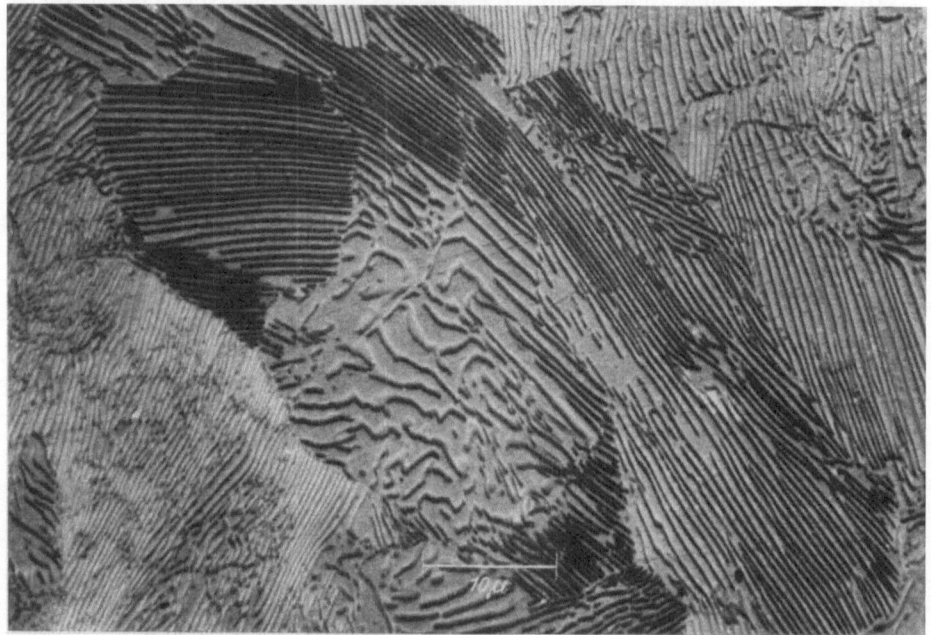

Fig. 59. Emissionsmikroskopisches Bild einer polierten Stahloberfläche. Elektronenauslösung durch Ionenbeschuß, $V = 1750$ (Aufnahme: M. Keller).

Anwendung auf feine, hoch ausheizbare Spitzen beschränkt ist, doch darf hier auf den Beitrag von Good und Müller in Bd. XXI dieses Handbuches verwiesen werden.

19. Auflicht-Elektronenmikroskop. Beim Auflicht-Elektronenmikroskop[2] wird ein Elektronenspiegel[3] als abbildendes Element benutzt. Als Objekt dient die spiegelnde Fläche, die beim Elektronenspiegel etwa gleich der auf Kathodenpotential befindlichen Elektrode ist. Fig. 60 zeigt das Prinzip der Anordnung und den entsprechenden geometrisch-optischen Strahlengang. Die vom Beleuchtungssystem mit Kondensor parallel ausgehenden Strahlen werden nach Ablenkung im Magnetfeld am Objekt gespiegelt und, nach entgegengesetzter Ablenkung, mit der Projektivlinse auf den Leuchtschirm geworfen.

Durch die vor dem Spiegel liegende Zerstreuungslinse entsteht ein virtuelles Bild der Lichtquelle hinter dem Elektronenspiegel: Der als Objekt dienende Elektronenspiegel wird, ähnlich wie beim Schattenmikroskop, in die Gegenstandsebene des Projektivs und durch dieses vergrößert auf den Leuchtschirm projiziert. Strukturen auf der Spiegeloberfläche, im optischen Analogon etwa

---

[1] G. Möllenstedt u. H. Düker: Optik **10**, 407 (1953).
[2] G. Bartz, G. Weissenberg u. D. Wiskott: Ein Auflicht-Elektronenmikroskop. In: Proc. of the Internat. Conference on Electron Microscopy, London 1954.
[3] G. Hottenroth: Ann. Physik **30**, 698 (1937).

nicht reflektierende Bereiche, können auf diese Weise abgebildet werden. Elektronenspiegel und Zerstreuungslinse werden durch das ebene, meist polierte Objekt, das auf ein nur wenig vom Kathodenpotential abweichendes Potential gebracht wird, und durch eine davor angebrachte, auf Anodenpotential befindliche Blende gebildet.

Beim Elektronenspiegel ist bei senkrechtem Einfall von Elektronen der Energie eU_0 die spiegelnde Fläche die Äquipotentialfläche $U = U_0$. Störungen

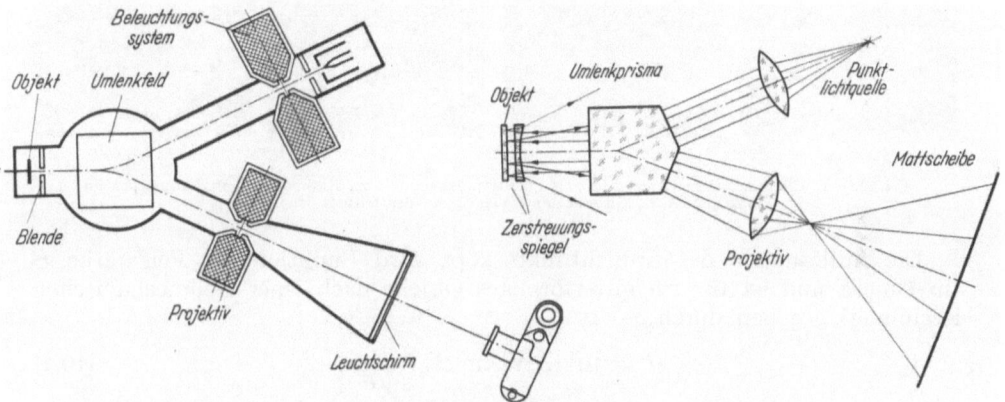

Fig. 60 Anordnung und Strahlengang des Auflicht-Elektronenmikroskops (BARTZ, WEISSENBERG und WISKOTT).

dieser Potentialfläche durch geometrische Formen oder durch Kontaktpotentiale zwischen einzelnen Teilen des Objektes führen zu Intensitätsschwankungen im Bild. Der Einfluß eines Kontaktpotentials längs einer Begrenzungslinie des Objektes ist in Fig. 61 qualitativ dargestellt: Im linken Teil des Bildes werden die einfallenden Elektronen noch reflektiert, im rechten Teil treffen sie auf das Objekt, das im Bild dann dunkel erscheint.

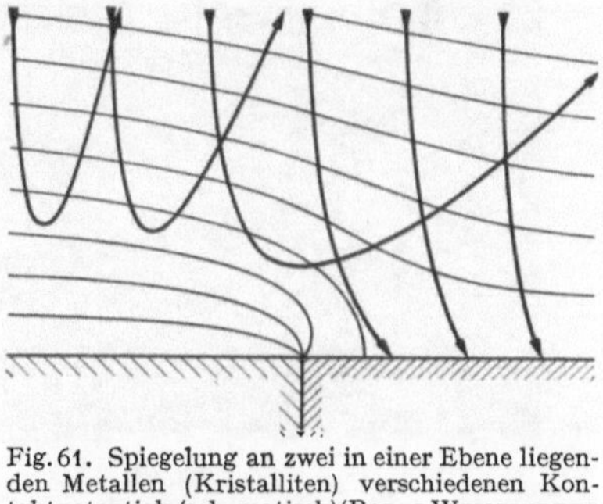

Die Anordnung wird besonders empfindlich gegen kleine geometrische Formänderungen und kleine Änderungen des Kontaktpotentials auf dem Objekt sein, wenn das mittlere Potential des Objektes gleich dem Kathodenpotential ist. Durch kleine Änderungen des Objektpotentials kann der Bildkontrast variiert werden.

Fig. 61. Spiegelung an zwei in einer Ebene liegenden Metallen (Kristalliten) verschiedenen Kontaktpotentials (schematisch) (BARTZ, WEISSENBERG und WISKOTT).

Die abbildenden Eigenschaften eines solchen Systems wurden mit einem einfachen Testobjekt geprüft: Auf eine mit Quarz bedampfte ebene Unterlage wurde ein feinmaschiges Netz (Gitterabstand $40\,\mu$) gelegt und durch dieses hindurch eine etwa 25 Å dicke Quarzschicht, auf das so entstandene netzförmige Relief eine 200 Å dicke Platinschicht aufgedampft. Es entsteht so ein Objekt gleichen Potentials mit kleinen Höhenunterschieden. Fig. 62 gibt Aufnahmen dieses Testobjektes bei verschiedenem um kleine Spannungen ΔU vom Kathodenpotential abweichendem Objektpotential wieder. Für $\Delta U = 0$ entsteht das kontrastreichste Bild.

Die Aufhellung der Bildmitte von Fig. 62c und d wird wahrscheinlich durch Sekundärelektronen hervorgerufen.

Es ist damit gezeigt, daß das Auflichtmikroskop kleine Höhenunterschiede des Objektes abzubilden vermag.

Fig. 63 zeigt die im Auflichtmikroskop gewonnene Aufnahme von sorgfältig poliertem, nicht geätztem, zementiertem Perlit.

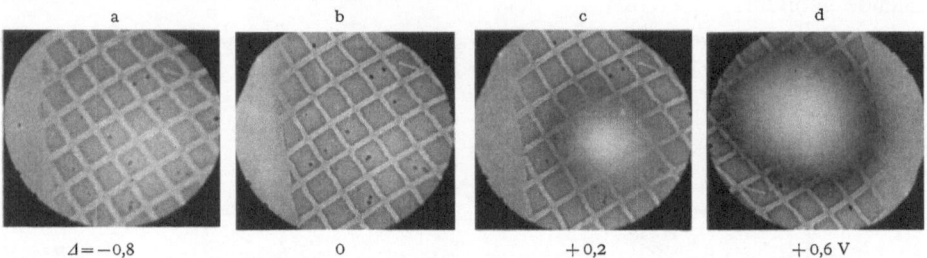

a b c d

Δ = −0,8 0 +0,2 +0,6 V

Fig. 62a—d. Bild eines Oberflächengitters als Funktion des um Δ vom Kathodenpotential abweichenden Objektpotentials, Gitterabstand 40 μ, Tiefe der Gitterstriche 25 Å.

Die Auflösung δ des Auflichtmikroskops wird Funktion der Feldstärke E am Objekt und ist für ein gitterförmiges Objekt nach einer wellmechanischen Rechnung[1] gegeben durch:

$$\delta = 10^4 \left[\text{Å } V^{\frac{1}{3}} \text{cm}^{-\frac{1}{3}} \right] \frac{1}{3 \sqrt[3]{E}} . \qquad (19.1)$$

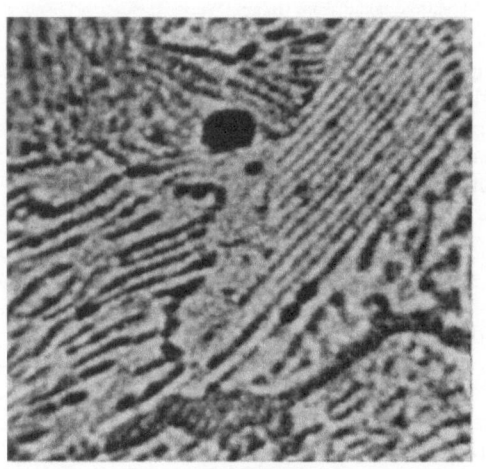

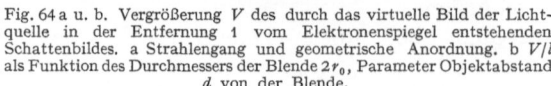

Fig. 63.

Fig. 63. Polierter, nicht geätzter, zementierter Perlit, Vergrößerung etwa 2000mal.

Fig. 64 a u. b. Vergrößerung V des durch das virtuelle Bild der Lichtquelle in der Entfernung 1 vom Elektronenspiegel entstehenden Schattenbildes. a Strahlengang und geometrische Anordnung. b V/l als Funktion des Durchmessers der Blende 2r₀, Parameter Objektabstand d von der Blende.

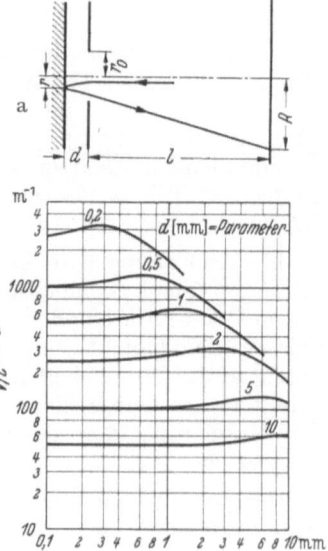

Fig. 64 a u. b.

Bei einer Feldstärke von 40 kV/cm sollte danach eine Auflösung von 100 Å erreichbar sein. Praktisch wurden bisher etwa 1000 Å erreicht. Die Vergrößerung ist abhängig von der Brechkraft der Zerstreuungslinse, die durch die vor dem Objekt angebrachte Lochblende und das auf Kathodenpotential befindliche Objekt gebildet wird.

---

[1] D. Wiskott: Diss. Marburg 1955.

In Fig. 64 ist die relative Vergrößerung V/l bei gegebener Entfernung l des Zwischenbildes von der Lochblende als Funktion des Durchmessers der Lochblende $2r_0$ bei verschiedenem Abstand d des Objektes von der Lochblende dargestellt.

Der besondere Vorteil dieses Auflichtmikroskopes liegt darin, daß das Objekt praktisch nicht von Elektronen oder höchstens von Elektronen sehr geringer Energie getroffen wird. Das Auflichtmikroskop erscheint besonders für metallurgische Objekte (Metallschliffe) geeignet. Durch Aufdampfen einer dünnen Metallschicht lassen sich aber auch Oberflächen nichtleitender Objekte abbilden (s. Fig. 62). Die nach Gl. (19.1) zu erwartende Auflösung von 100 Å ist ebenso gut, die mit der ersten experimentellen Ausführung praktisch erreichte Auflösung von 1000 Å nicht viel schlechter als die der anderen, Oberflächen abbildenden Elektronenmikroskope.

c) Technische Anlagen.

20. Hochspannungsanlage. Die Hochspannungsanlage eines Elektronenmikroskops soll eine Spannung von 40 bis 100 kV hoher Konstanz und geringer Welligkeit erzeugen. Die Stromentnahme ist gering und liegt unter 0,1 mA. Zur Spannungserzeugung werden die verschiedenen bekannten Anordnungen gewählt:

Niederfrequenz (50 Hz) — oder Mittelfrequenztransformator (20 bis 80 kHz) mit Gleichrichtern und Sieb-

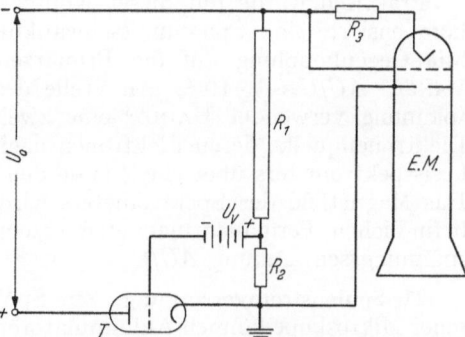

Fig. 65. Prinzipschaltung zur Hochspannungsstabilisierung, U_0 Hochspannung aus Hochspannungserzeuger; $R_1 + R_2$ Meßwiderstand; U_V Gittervorspannung; T Triode; R_3 Kathodenwiderstand zur Regelung des Strahlstromes. Bei sinkender Hochspannung nimmt der Widerstand der Triode T ab, die Spannung am Mikroskop bleibt konstant.

gliedern, oft in Spannungsvervielfacherschaltung bis zum Kaskadengenerator[1]. Höhere Frequenzen bringen gegenüber der technischen Netzfrequenz den Vorteil kleinerer Bauelemente, außerdem kann an Stelle eines Transformators Spannungsüberhöhung an einem Resonanzkreis angewendet werden.

Zur Erzeugung einer sehr konstanten Hochspannung führen mehrere Wege:

a) die Primärspannung wird konstant gehalten. Das kann mit magnetischen Spannungsgleichhaltern erreicht werden. Da die magnetischen Spannungsgleichhalter frequenzabhängig sind, empfiehlt sich eine Anordnung mit zwei magnetischen Spannungsgleichhaltern zwischen denen ein Frequenz-Entzerrer angebracht ist[2]. Eine solche Anordnung führt bei einer Primärspannungsschwankung von $\pm 10\%$ zu einer Hochspannungsschwankung $\Delta U/U = \pm 2 \cdot 10^{-4}$. Bei Verwendung eines Röhrengenerators zur Erzeugung der Primärspannung kann durch stabilisierte Gleichspannung an Gitter und Anode der Röhren des Generators eine gute Konstanz der Primärspannung erreicht werden[1, 3]. Doch ist die Konstanz der Hochspannung bei konstant gehaltener Eingangsspannung des Hochspannungserzeugers nicht voll befriedigend. Durch Ladungstransport im Öl (bei ölgefüllten Anlagen) oder durch Kriechströme und Coronaentladung entspricht die Konstanz der Hochspannung nicht der Konstanz der Primärspannung. Praktisch konnte bisher mit solchen, nur primär konstant gehaltenen Hochspannungs-

---

[1] S. PANZER: AEG-Mitt. **1951**, H. 7/8.

[2] E. RUSKA: Kolloid-Z. **116**, 102 (1950).

[3] A. C. VAN DORSTEN, H. NIEUWDORP u. A. VERHOEFF: Philips techn. Rdsch. **12**, 33 (1950).

anlagen die Hochspannungsschwankung nicht unter $\Delta U/U \approx 5 \cdot 10^{-5}$ in 30 sec gehalten werden.

b) Eine bessere und für höchste Auflösung notwendige Konstanz wurde nur durch Konstanthalten der Hochspannung selbst erreicht. Verschiedene Methoden sind dazu angewendet worden. In den meisten Fällen wird die Hochspannung über einen hochohmigen, möglichst konstanten, Widerstand gemessen. Die Meßgröße steuert einen Verstärker.

Die Kompensation kann durch Gegenkopplung an der Primärseite des Hochspannungstransformators [1,2] oder mit einer durch den Verstärker gesteuerten Triode auf der Hochspannungsseite [3,4] erfolgen. Die Prinzipschaltung einer solchen Anordnung zeigt Fig. 65.

Praktisch wurde mit dieser Kompensationsschaltung, die im Sekundärkreis kompensiert, eine Spannungsschwankung $\Delta U/U < 1 \cdot 10^{-5}$ in 30 sec erreicht [4]. Mit Gegenkopplung auf die Primärseite des Hochspannungserzeugers erhielt Vance [1] $\Delta U/U \approx 3 \cdot 10^{-5}$. An Stelle des Widerstandes zur Messung der Hochspannung verwendet Haine [5] eine zweite, dem Mikroskop parallel geschaltete Elektronenquelle, deren Elektronen nach Durchlaufen eines magnetischen Halbkreisspektrometers über eine Sonde den Verstärker mit Gegenkopplung steuern. Das Magnetfeld des Spektrometers wird von einem auf konstanter Temperatur befindlichen Permanentmagneten erzeugt. Auf diese Weise wurde die Hochspannungsschwankung $\Delta U/U < 3 \cdot 10^{-6}$ über mehrere Stunden.

21. Spulenstromversorgung. Zur Spulenstromversorgung der Linsen magnetischer Mikroskope können Akkumulatorenbatterien verwendet werden. Sie liefern bei genügend großer Kapazität eine hinreichend konstante Spannung. Durch Joulesche Wärme wird aber die Spule erwärmt bis zu einer Endtemperatur T_∞, bei der Wärmezufuhr und Wärmeabgabe an die Umgebung gleich sind. Der Widerstand der Spule, die meist mit Kupferdraht bewickelt ist, nimmt zu, der Spulenstrom ab. Der Verlauf des Spulenstroms als Funktion der Zeit $I(t)$ läßt sich in guter Näherung wiedergeben durch die Gleichung:

$$I(t) = I(\infty) - \{I(\infty) - I(0)\} e^{-t/\tau}. \tag{21.1}$$

Die gesamte relative Stromänderung ist Funktion der Endtemperatur T_∞ und gegeben durch:

$$\frac{I_\infty - I(0)}{I(\infty)} = a \cdot \left(T(\infty) - T(0)\right) \tag{21.2}$$

($a =$ Temperaturkoeffizient des Spulendrahtes in grad^{-1}).

Die Zeitkonstante τ der Gl. (21.1) ist neben der Wärmeleitung durch die Wärmekapazität, also durch die Größe der Spule bestimmt und von der Größenordnung $\tau \sim 30$ min.

Für die relative Stromänderung $\Delta I/I$ im Zeitintervall Δt ergibt sich aus (21.1) und (21.2):

$$\frac{\Delta I(t)}{I} = a \{T(\infty) - T(0)\} \frac{\Delta t}{\tau} e^{-t/\tau}. \tag{21.3}$$

Soll für Aufnahmen höherer Auflösung die relative Stromänderung $\Delta I/I \leq 1 \cdot 10^{-5}$ in einem Zeitintervall $\Delta t = 30$ sec sein, so ergibt sich aus Gl. (21.3) mit $a = 4{,}3 \cdot 10^{-3}$/grad (Kupfer), $T(\infty) - T(0) = 40°$, $\tau = 30$ min, für die Zeit t, die

[1] A. W. Vance: RCA-Review **5**, 293 (1940/41).
[2] J. H. Reisner u. S. M. Zollers: Electronics **23**, 86 (1951).
[3] A. C. van Dorsten: Philips techn. Rdsch. **10**, 137 (1948/49).
[4] E. Ruska u. O. Wolff: Z. wiss. Mikrosk. (erscheint demnächst).
[5] M. E. Haine: AEI-Research Laboratories, Aldermaston, mündliche Mitteilung.

nach dem Einschalten der Spule vergangen sein muß, bis diese Bedingung erfüllt ist, der Wert $t \approx 3$ Std, eine Bedingung, die auch den praktisch vorliegenden Verhältnissen entspricht. Die Größen $T(\infty) - T(0)$ und τ sind durch Messung des Widerstandes der Spule als Funktion der Zeit bestimmbar.

Wegen dieser unbequem langen Wartezeiten auf die für höchste Auflösung erforderliche Konstanz wird in Hochleistungsmikroskopen eine elektronische Stabilisierung des Spulenstromes vorgezogen. Das Prinzip der dabei verwendeten Schaltung ist in Fig. 66 wiedergegeben[1].

Eine Erhöhung des Widerstandes der Spule L führt über den Vergleichswiderstand R_V zu einer Verminderung der Gitterspannung von B und zu einer Erhöhung der Gitterspannung an A. Dadurch wird der Spannungsabfall an A verkleinert und damit der Strom in L konstant gehalten.

Als Regelröhren B werden meist steile Penthoden und für starke Linsen an Stelle von A mehrere parallel geschaltete Röhren verwendet. Für die Konstanz des Spulenstromes ist die Konstanz des Vergleichswiderstandes R_V und der Spannungsquelle E_V maßgebend. Eine Regelung des Linsenstromes kann durch Ändern von R_V erreicht werden. Die Gleichspannung wird relativ hoch gewählt (≈ 500 V), um bei gegebenen Amperewindungen mit einer nicht zu großen Zahl von Röhren bei A auszukommen, und mit einem Gleichrichter geringer Welligkeit erzeugt. Mit einer solchen Anordnung wurde bei entsprechend großem elektronischen Aufwand eine Schwankung $\Delta I/I < 3 \cdot 10^{-6}$ in 30 sec erreicht[2].

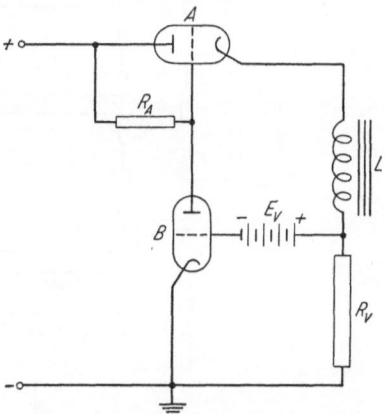

Fig. 66. Prinzipschaltung zur Spulenstromstabilisierung. L Spule; R_V Vergleichswiderstand; E_V Gittervorspannung; A Röhre hoher Leistung; B Röhre hoher Verstärkung; R_A Anodenwiderstand für B. Zunahme des Widerstandes von L führt zur Abnahme des Widerstandes von A.

22. Hochvakuumanlagen. An die Hochvakuumanlage eines Elektronenmikroskops werden folgende Forderungen gestellt:

Das Hochvakuum im Mikroskoprohr soll zur Vermeidung von Hochspannungsüberschlägen besser als 5×10^{-4} Torr und die Saugleistung der Pumpen (Liter/sec) zur schnellen Erreichung des Endvakuums groß gegenüber dem Volumen des Mikroskoprohres sein, das mit seinen nicht ausgeheizten Metallteilen und vielen Gummidichtungen laufend adsorbierte Gase und Dämpfe abgibt. Die Anlage soll bequem und ohne Fehlschaltungen bedienbar sein. Die rotierende Vorpumpe sollte zur Vermeidung von Lärm und Erschütterung entweder schallisoliert und mechanisch gedämpft aufgestellt sein oder längere Zeit abgeschaltet werden können. Folgende Pumpenkombinationen werden verwendet:

1. Vorpumpe, Vorvakuumbehälter, Quecksilberdiffusionspumpe, Kühlfalle, eine sehr stabile, gegen Lufteinbruch unempfindliche Anordnung, welche aber die als unbequem empfundene Kühlung mit flüssiger Luft braucht und kaum mehr verwendet wird.

2. Vorpumpe, eventuell Vorvakuumbehälter, Öldiffusionspumpe. Die Empfindlichkeit von Öldiffusionspumpen gegen Lufteinbrüche kann durch geeignete Treibmittel (etwa Siliconöl) soweit reduziert werden, daß sie praktisch nicht

[1] A. W. VANCE: RCA-Review **5**, 293 (1940/41). — A. C. VAN DORSTEN: Philips techn. Rdsch. **10**, 137 (1948/49).
[2] E. RUSKA u. O. WOLFF: Z. wiss. Mikrosk. (erscheint demnächst).

stört. Doch erfordert das für Öldiffusionspumpen notwendige gute Vorvakuum ein fast dauerndes Laufen der Vorpumpe.

3. Vorpumpe, Vorvakuumbehälter, Quecksilberdampfstrahlpumpe, Öldiffusionspumpe. Hier dient die Quecksilberpumpe nur dazu gegen ein relativ schlechtes Vorvakuum im Vorvakuumbehälter bei abgeschalteter Vorpumpe das notwendige gute Vorvakuum für die Öldiffusionspumpe zu schaffen. Diese Pumpenkombination arbeitet einwandfrei, wenn durch geeignete Quecksilber- und Ölabscheider dafür gesorgt wird, daß im Zwischenvakuum zwischen Quecksilber- und Öldiffusionspumpe keine Vermischung von Öl und Quecksilber (Verseifung

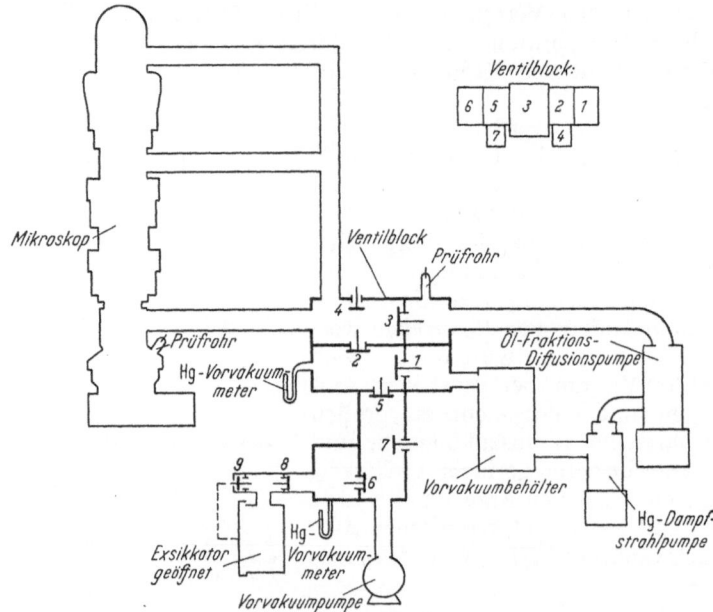

Fig. 67. Vakuumschaltplan eines Elektronenmikroskops. Die Ventile werden über eine Nockenwelle gesteuert, die bei jedem Betriebszustand für die richtige Stellung der Ventile sorgt.

des Quecksilbers) stattfinden kann. Sie verbindet den Vorteil der Anordnung 1. (langes Abschalten der Vorpumpe) mit dem Vorteil der Anordnung 2. (kein Kühlmittel).

4. Auch die Kombination rotierende Vorpumpe—Molekularpumpe wird in einem technischen Elektronenmikroskop[1] mit Erfolg verwendet. Die Molekularpumpe arbeitet gegen ein Vorvakuum bis zu 10 mm. Die Vorpumpe kann deshalb für lange Zeiten abgestellt bleiben. Trotz relativ geringer Saugleistung der Molekularpumpe sind die Zeiten für Objektwechsel (5 sec) und Plattenwechsel (4 min) etwa von gleicher Größe wie bei anderen Geräten.

Die bequeme Bedienung des Vakuumsystems wird durch halbautomatisch gesteuerte Ventile erreicht, die in der Hochvakuumleitung den für hohe Saugleistung erforderlichen großen Durchmesser haben. Die Hochvakuumleitungen führen wegen der engen Blenden, die im Mikroskop vorhanden sind, meist an mehrere Stellen des Mikroskoprohres. Die gesamte Vakuumanlage eines großen Elektronenmikroskops wird mit dem Ventilblock, durch den die verschiedenen Verbindungen hergestellt werden, eine recht umfangreiche Anordnung. Als

---

[1] L. Wegmann: Der Aufbau des Trüb-Täuber-Elektronenmikroskops. Optik **7**, 263 (1950).

Beispiel sei in Fig. 67 die Vakuumeinrichtung eines großen Mikroskops[1] wiedergegeben, bei der auch ein Exsiccator für das Vorevakuieren der photographischen
Platten vorgesehen ist. Die Steuerung der einzelnen Ventile erfolgt über eine
Nockenwelle, die von einem Handrad angetrieben wird und automatisch für die
jeder Schaltstellung zugeordnete Kombination geschlossener und offener Ventile
sorgt.

Das hochvakuumdichte Aneinandersetzen einzelner Bauteile mit Gummidichtungen (Rundschnurringe) und die hochvakuumdichte Einführung von dreh-
und verschiebbaren Trieben durch Nutring-Manschetten hat einen so hohen
Grad von Sicherheit erreicht, daß bei sauberem Arbeiten in einem in seinen einzelnen Teilen dichten Gerät Vakuumschwierigkeiten kaum auftreten trotz der
großen Zahl von Dichtungen und Durchführungen.

III. Theoretische und experimentelle Grenzen.

a) Gerätbedingte Grenzen.

23. Öffnungsfehler und Beugungsfehler. Das Auflösungsvermögen des Elektronenmikroskops wird durch den großen Öffnungsfehler der Elektronenlinsen
begrenzt. Bei gegebener Öffnungsfehlerkonstante C_δ ist der kleinste noch trennbare Abstand δ zweier Objekteinzelheiten und die dann notwendige optimale
Apertur α_0 gegeben durch die Gleichungen[2]:

$$\delta = A\,\lambda^{\frac{3}{4}}\sqrt[4]{C_\delta}\,;\qquad \alpha_0 = B\sqrt[4]{\frac{\lambda}{C_0}}\,. \qquad (23.1)$$

Die Faktoren A und B sind von der Größenordnung 1; sie hängen ab von der
Winkelverteilung der vom Objektpunkt ausgehenden Elektronen. Darüber soll
in Ziff. 25 mehr gesagt werden. Die Wellenlänge λ ist Funktion der Energie der
Elektronen gemäß

$$\lambda = \frac{12{,}25\,\text{Å}}{\sqrt{U^*/\text{V}}}\,,\qquad U^* = U\left(1 + 10^{-6}\,\frac{U}{\text{V}}\right). \qquad (23.2)$$

Damit nimmt das Auflösungsvermögen bei gegebenem C_δ — abgesehen von dem
geringen Einfluß des relativistischen Unterschiedes zwischen U^* und U — proportional mit $U^{\frac{3}{8}}$ zu.

Die Frage nach der kleinstmöglichen Öffnungsfehlerkonstanten C_δ läßt sich
im Rahmen der GLASERschen Theorie bei Beschränkung auf das Glockenfeld
$B_z(z) = \dfrac{B_0}{1 + (z/d)^2}$ einfach beantworten[3]: Die Öffnungsfehlerkonstante als Funktion des Linsenparameters k^2 hat ein Minimum für $k^2 = 2{,}8$ und ergibt sich
dort zu

$$C_{\delta\,\text{min}} = C \cdot \frac{\sqrt{U^*/\text{V}}}{B_0/\text{G}} \qquad (23.3)$$

mit $C = 34$ mm.

Zum praktisch gleichen Ergebnis kommt LIEBMANN[4], der die kleinstmögliche
Öffnungsfehlerkonstante als Funktion des Gestaltparameters s/b (s. Ziff. 4a) mit
dem Widerstandsnetzwerk numerisch berechnet. C wird Funktion von s/b.
Für $s/b = 0{,}2$; 0,6; 1 und 2 ergibt sich C zu 34, 38, 40,5 und 43 mm: Die Öffnungsfehlerkonstante hängt nur wenig von der Geometrie des Polschuhs ab. Die Änderung von C_δ um den Faktor $43/34 = 1{,}26$ verändert das Auflösungsvermögen nur

---

[1] E. RUSKA u. O. WOLFF: Z. wiss. Mikrosk. (erscheint demnächst).
[2] Siehe den Beitrag von W. GLASER in diesem Bande, besonders Gl. (50.89) und (50.90).
[3] Ebendort, Gl. (27.19) und (27.20).
[4] G. LIEBMANN: Proc. Phys. Soc. Lond. B **64**, 972 (1951); **65**, 188 (1952).

um 6%. Die Linse mit dem kleinsten Wert von $C\,(s/b = 0,2)$ ist aber nicht die bestmögliche Linse. Die auf der Linsenachse maximal erreichbare Feldstärke B_0 wird begrenzt durch die Sättigung im Polschuheisen; sie ist gegeben durch das Feld an der Polschuhfläche B_P. Zwischen B_0 und B_P besteht nach Liebmann und Grad[1] die Beziehung:

$$B_0 = B_P \left(1 - e^{-1,7\,s/b}\right).\tag{23.4}$$

Daraus ergibt sich für $C_{\ddot{o}\,\mathrm{min}}$ die Gleichung:

$$C_{\ddot{o}\,\mathrm{min}} = C' \cdot \frac{\sqrt{U^*/\mathrm{V}}}{B_P/\mathrm{G}}\,.\tag{23.5}$$

Für

$$\frac{s}{b} = 0,2 \quad 0,6 \quad 1 \quad 2$$

wird

$$C' = 130 \quad 58 \quad 49 \quad 45\ \mathrm{mm}.$$

Für $s/b \geq 2$ ändert sich C' praktisch nicht mehr.

Setzt man (23.5) und (23.2) in Gl. (23.1) ein, so ergibt sich für δ_{min} bei $s/b = 1$

$$\delta_{\mathrm{min}} = A \cdot \frac{10^{-4}}{\sqrt[4]{B_P/\mathrm{G} \cdot U^*/\mathrm{V}}}\ [\mathrm{mm}].\tag{23.6}$$

Damit ist das erreichbare Auflösungsvermögen begrenzt durch die Sättigung des Polschuheisens bei etwa 25000 G und heute noch durch die technischen Schwierigkeiten, die eine hochkonstante Hochspannungsanlage mit Spannungen höher als 100 kV verursacht. Da das Auflösungsvermögen nur wie $\sqrt[4]{U}$ zunimmt und außerdem mit höherwerdender Spannung die Kontraste in dünnen Objekten

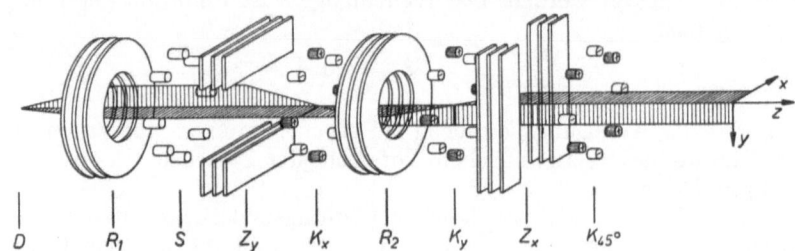

Fig. 68. Elektronenoptisches System zur Korrektur des Öffnungsfehlers (nach Seeliger).

abnehmen, scheint der bei sehr hohen Spannungen erforderliche Aufwand heute in keinem befriedigenden Verhältnis zu der dadurch möglichen Auflösungssteigerung zu stehen.

Die Gl. (23.6) bezieht sich auf rotationssymmetrische, raumladungsfreie und zeitlich konstante Felder. Scherzer[2] zeigt, daß die Aufhebung irgendeiner dieser drei einschränkenden Bedingungen genügt, um freie Parameter zur Korrektur des Öffnungsfehlers zu erhalten. Die quantitativen Bedingungen für alle drei Fälle sind bei Scherzer angegeben. Das qualitative Ergebnis sei mit Scherzers Worten wiedergegeben:

„So erfreulich es einerseits ist, daß für die Korrektur der Elektronenlinsen mehrere Wege zur Verfügung stehen, so unbefriedigend ist der Zustand, daß keines der Verfahren durch besondere Einfachheit hervortritt."

---

[1] G. Liebmann u. E. M. Grad: Proc. Phys. Soc. Lond. B **64**, 956 (1951).
[2] O. Scherzer: Optik **2**, 114 (1947); **5**, 497 (1949).

SEELIGER[1] hat den Versuch unternommen, durch Aufheben der Rotationssymmetrie eine sphärisch korrigierte elektrische Linse herzustellen. Das Prinzip der Anordnung ist in Fig. 68 dargestellt: Sie besteht aus zwei rotationssymmetrischen elektrischen Linsen R_1 und R_2, zwei senkrecht aufeinander stehenden Zylinderlinsen Z_x und Z_y, einem Stigmator S und drei Korrekturstücken mit vierzähliger Symmetrie K_x, K_y und $K_{45°}$.

Anschaulich läßt sich der Grundgedanke der Anordnung folgendermaßen verstehen (s. Fig. 69 im Beitrag von GLASER in diesem Band, S. 267): Die Zylinderlinse Z_y bildet den vom Objekt ausgehenden Strahlenkegel in der Ebene des Korrekturstücks K_x als zur x-Achse parallelen Strich ab. Die als Pfeile angedeuteten, durch das Korrekturstück auf die Elektronen ausgeübten Kräfte sind proportional der dritten Potenz des Achsenabstandes. Bei geeigneter Wahl der Spannung am Korrekturstück kann so der Öffnungsfehler, durch den die äußeren Elektronen proportional α^3 zu stark nach der Achse hin gebogen werden, in der Richtung parallel zur x-Achse beseitigt werden. Dasselbe geschieht für die Elektronen, die das Objekt in Richtung der y-Achse verlassen, durch das Korrekturstück K_y. Der dann in den beiden um 45° gegen x- und y-Richtung gedrehten Ebenen auftretenden Restfehler wird durch das Korrekturstück $K_{45°}$ beseitigt. SEELIGER konnte mit dieser Methode, von einem elektrostatischen Linsensystem mit $C_\delta = 126$ mm ausgehend, den Öffnungsfehler bei einer Apertur von $2,6 \cdot 10^{-2}$ um einen Faktor 16 reduzieren. Absolut gesehen liegt dieser reduzierte Öffnungsfehler von $C_\delta \approx 8$ mm noch um einen Faktor der Größenordnung 10 über dem Öffnungsfehler guter

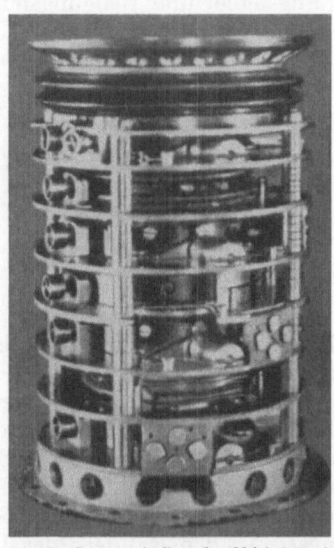

Fig. 69. Innerer Aufbau des Objektivs mit Korrektursystem (nach Fig. 68 SEELIGER).

magnetischer Linsen, doch ist damit die Brauchbarkeit der Methode gezeigt.

Einen Eindruck vom notwendigen Aufwand mag Fig. 69 vermitteln. ARCHARD[2] untersuchte die Frage, ob es möglich ist, den Aufwand zu reduzieren, und prüft gleichzeitig, welche mechanischen Toleranzen einzuhalten sind. Er zeigt, daß die Zylinderlinsen nicht notwendig sind, wenn eine runde Linse und ein Stigmator hinzugefügt werden. Dieses System würde dann, in der Terminologie von Fig. 68 bestehen aus R_1, S_1, K_x, R_2, K_y, S_2, R_3 und $K_{45°}$, hätte also auch acht Elemente, von denen aber drei runde Linsen sind.

Die mechanische Toleranz für die Lage der einzelnen Elektroden der Korrekturstücke ergibt sich zu $\pm 1\mu$ bei einer erstrebten Erhöhung des Auflösungsvermögens um einen Faktor 3, solange die an die einzelnen Elektroden eines Korrekturstücks angelegten Spannungen nur zusammen geregelt werden können. Wird eine schwache unabhängige Regelung der Spannung an den einzelnen Elektroden vorgesehen, so sollten mechanische Toleranzen von $\pm 10\mu$ genügen, um eine zehnfache Verbesserung des Auflösungsvermögens zu erreichen. Die bei SEELIGER noch vorgesehene mechanische Zentrierung der Korrekturstücke wäre dann nicht mehr notwendig. Sollten die experimentellen Ergebnisse auch nur annähernd so günstig ausfallen wie das Ergebnis dieser Rechnung, so würde sich hier ein Weg zeigen, das Auflösungsvermögen beträchtlich zu erhöhen.

[1] R. SEELIGER: Optik **10**, 29 (1953).
[2] G. D. ARCHARD: Brit. J. Appl. Phys. **5**, 294 (1954).

24. Astigmatismus. In Ziff. 4 wurde gezeigt, daß das Auflösungsvermögen von Elektronenlinsen zunächst nicht durch den Öffnungsfehler, sondern durch den wegen der mechanischen Toleranzen unvermeidlich auftretenden axialen Astigmatismus begrenzt wird. Erst mit Hilfe eines Stigmators kann der Astigmatismus so weit reduziert werden, daß die durch den Öffnungsfehler hervorgerufene Auflösungsbegrenzung in Erscheinung tritt.

Quantitativ ist folgende Forderung zu stellen: Der Durchmesser $2\delta_A$ des durch die astigmatische Brennweitendifferenz Δf_A in der Gaußschen Bildebene entstehenden Kreises kleinster Verwirrung muß kleiner sein als das durch Öffnungsfehler und Beugungsfehler berechnete Auflösungsvermögen δ_0. Damit gilt

$$2\delta_A = \Delta f_A \alpha_0 < \delta_0. \tag{24.1}$$

Durch Einsetzen der Werte für δ_0 und α_0 aus (23.1) in (24.1) folgt:

$$\Delta f_A < \frac{A}{B} \lambda^{\frac{1}{4}} C_{\ddot{o}}^{\frac{1}{2}} = \frac{1}{AB\lambda} \cdot \delta_0^2. \tag{24.2}$$

Werden in (22.2) nach Ziff. 28 die günstigsten, heute theoretisch vertretbaren Werte $A = 0,43$; $B = 1,4$; $\delta = 2$Å und $\lambda_{100\,\text{kV}} = 3,7\cdot 10^{-2}$ Å eingesetzt, so ergibt sich:

$$\Delta f_A < 0,018\,\mu \tag{24.3}$$

bei einer optimalen magnetischen Linse mit der Öffnungsfehlerkonstante $C_{\ddot{o}} = 0,8$ mm.

Bis heute ist nur eine Methode bekannt, die die Messung so kleiner astigmatischer Brennweitendifferenzen annähernd gestattet: Beobachtung und Messung der bei defokussiertem Bild auftretenden Fresnelschen Beugungssäume an möglichst runden Löchern in einer nicht zu dünnen Folie. Wegen der Beständigkeit auch bei extrem hoher Stromdichte sind Kohlefolien dafür besonders geeignet[1]. An den Rändern der Löcher einer solchen Folie treten bei stigmatischer Abbildung folgende Beugungserscheinungen auf: Bei unterfokussiertem Bild (zu schwachem Spulenstrom) ist ein heller, innerhalb der Begrenzungslinie des Folienloches liegender Beugungssaum zu sehen, der mit zunehmendem Spulenstrom schmaler wird und bei idealer Fokussierung verschwindet. Bei überfokussiertem Bild entsteht ein dunkler Beugungssaum der durch einen hellen Saum vom dunklen Untergrund der Folie getrennt wird.

Eine astigmatische Linse hat für Objektkonturen in zwei senkrecht zueinander liegenden Richtungen verschiedene Brennweiten, die sich um Δf_A unterscheiden. Bei relativ großer Unterfokussierung ist auch hier der Folienrand von einem weißen Beugungssaum umgeben. Mit zunehmendem Linsenstrom wird der helle Saum schmaler und verschwindet zunächst an zwei gegenüberliegenden Seiten des Folienloches, die beim Strom J_1 ideal fokussiert seien. Bei weiterer Steigerung des Stromes treten an diesen beiden Seiten des Folienloches die dunklen Beugungssäume auf, an den dazu senkrechten werden die weißen Beugungssäume schmaler, bis dort beim Strom J_2 fokussiert ist. Eine weitere Erhöhung des Stromes führt zu dunklen Beugungssäumen, die das ganze Folienloch umgeben. Fig. 70 zeigt eine solche Focus-Serie bei astigmatischer Linse.

Durch die astigmatische Stromdifferenz $\Delta J_A = J_2 - J_1$ ist die astigmatische Brennweitendifferenz bestimmt. Zwischen Objektlage Z_0 und Spulenstrom J besteht eine von den Linsenparametern abhängige, leicht meßbare Beziehung,

[1] S. Leisegang: Optik **11**, 49 (1954). — M. E. Haine u. T. Mulvey: J. Sci. Instrum. **31**, 326 (1954). Beide Arbeiten enthalten weitere Literaturangaben.

die in dem zur Messung des Astigmatismus notwendigen kleinen Strombereich als $Z_0 \sim J^\gamma$ dargestellt werden kann. Dann wird

$$\Delta f_A = \gamma\, Z_0\, \frac{\Delta J_A}{J} \approx \gamma\, f\, \frac{\Delta J_A}{J}\,. \tag{24.4}$$

Theoretisch ist γ mit der Farbfehlerkonstanten verbunden durch die Gleichung

$$\gamma \approx \frac{2\,C_F}{f}\,. \tag{24.5}$$

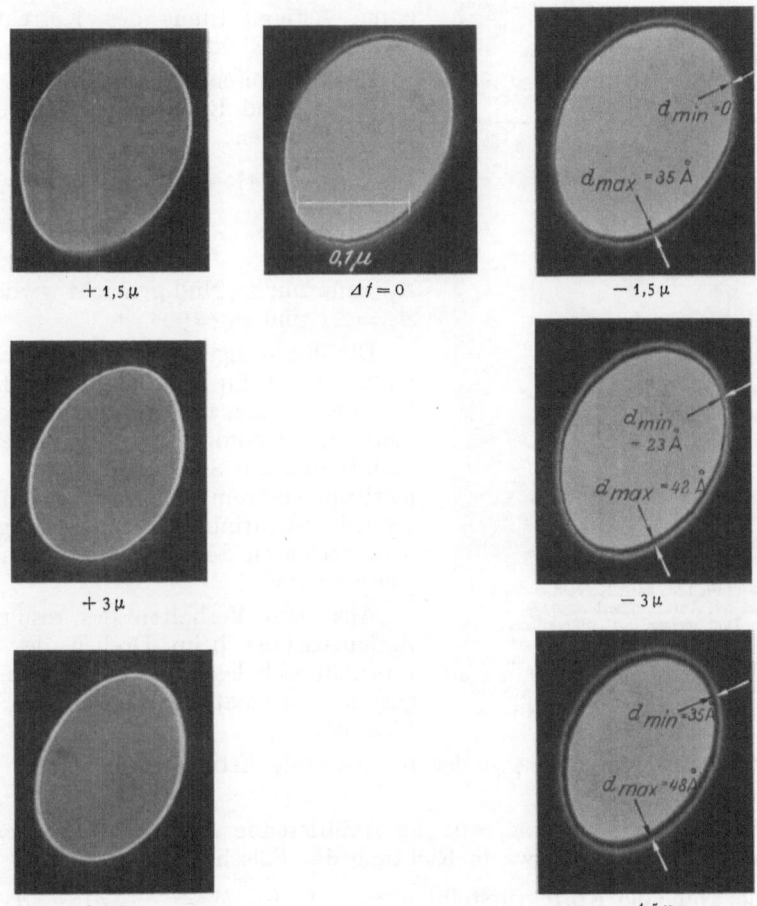

Fig. 70. Focus-Serie mit FRESNEL-Säumen bei relativ großem Astigmatismus ($\Delta f_A = 3\mu$). Focusdifferenz Δf von Aufnahme zu Aufnahme 1,5 μ, $\lambda = 0{,}04$ Å. d_{max} und $d_{min} =$ größter bzw. kleinster Abstand der FRESNEL-Säume bei überfokussiertem Bild nach Gl. (24.10). (Bei einer Defokussierung um $\Delta f > \Delta f_A$ ist der Astigmatismus an den FRESNEL-Säumen nur schwach zu erkennen.)

Auf diese Weise kann bei hoher elektronenoptischer Vergrößerung (≈ 100000), hellem Endbild und kleiner Bestrahlungsapertur ($\alpha_B \leq \frac{1}{3}\alpha_0$) der Astigmatismus allein durch Beobachten des Leuchtschirmbildes bis zu $\Delta f_A \approx 0{,}1\,\mu$ gemessen werden; das würde für ein Auflösungsvermögen von etwa 6 Å ausreichen[1].

---

[1] S. LEISEGANG: Optik **11**, 49 (1954). — M. E. HAINE u. T. MULVEY: J. Sci. Instrum. **31**, 326 (1954). Beide Arbeiten enthalten weitere Literaturangaben.

Für eine noch bessere Korrektur des Astigmatismus scheint das Beobachten auf dem Leuchtschirm nicht mehr möglich zu sein[1]; durch das Ausmessen photographischer Aufnahmen und anschließende Korrektur des Astigmatismus konnte Haine den Astigmatismus so weit beseitigen, daß das astigmatische Fehlerscheibchen nach seinen Angaben theoretisch einen Durchmesser von 2 bis 3 Å haben sollte. In Fig. 71 ist diese Testaufnahme wiedergegeben.

Die Methoden zum Einstellen des Stigmators ergeben sich aus der vektoriellen Addition des vorhandenen Polschuhastigmatismus (Stärke A_P, Richtung $\varphi_P = 0°$) mit dem nach Särke und Richtung frei wählbaren Astigmatismus des Korrekturfeldes (Stärke A_K, Richtung φ_K) über 2φ.

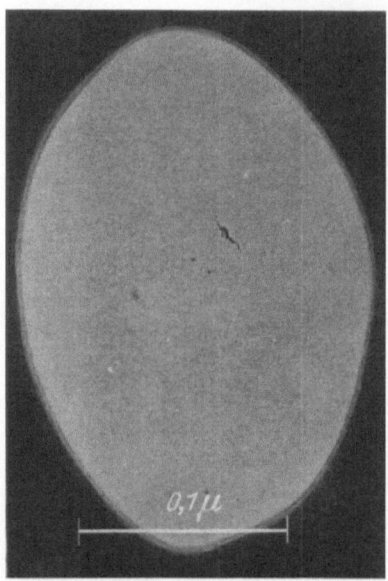

Der resultierende Astigmatismus ist nach Stärke A_R und Richtung φ_R gegeben durch die Gleichungen:

$$A_R^2 = A_P^2 + A_K^2 + 2 A_P A_K \cos 2\varphi_K, \quad (24.6\text{a})$$

$$\tan 2\varphi_R = \frac{A_K \sin 2\varphi_K}{A_P + A_K \cos 2\varphi_K}. \quad (24.6\text{b})$$

A_R kann nur zu Null gemacht werden, wenn $A_P = A_K$ und $\varphi_K = 90°$ ist.

Die Richtung des resultierenden Astigmatismus ist im Bild durch die Lage der Beugungssäume, die Stärke durch die astigmatische Stromdifferenz ΔJ_A gegeben, die unmittelbar am Stromeinsteller für den Objektivspulenstrom abgelesen oder noch besser bei diskontinuierlicher Regelung in kleinen, geeichten Schritten einfach abgezählt werden kann.

Fig. 71. Testaufnahme nach Korrektur des Astigmatismus durch Aufnahmeserien. $\Delta f = -0,16\mu$, berechneter Durchmesser des astigmatischen Fehlerscheibchens $2\delta_A$ etwa 2—3 Å, $U = 50$ kV. (Die Angabe über δ_A wurde aus einer um $0,07\mu$ defokussierten Aufnahme berechnet, deren Beugungssäume $6 \pm 0,3$ Å breit sind. Diese Aufnahme ist zur Reproduktion nicht geeignet (Haine).

Aus dem Verhalten des resultierenden Astigmatismus beim Drehen des Stigmators läßt sich leicht feststellen, ob die eingestellte Stigmatorstärke zu groß oder zu klein ist.

Für $A_K \gg A_P$ ist $\varphi_R \approx \varphi_K$: der resultierende Astigmatismus dreht sich mit dem Stigmator mit.

Für $A_K \ll A_P$ ist $\varphi_R \approx \varphi_0 = 0$: der resultierende Astigmatismus bleibt beim Drehen des Stigmators etwa in Richtung des Polschuhastigmatismus.

In der Nähe der Korrekturstellung $A_K = A_P \pm \alpha$, $\varphi_K = \dfrac{\pi}{2} \pm \varepsilon \left(\alpha \ll A_P, \ \varepsilon \ll \dfrac{\pi}{2} \right)$ gilt für A_R und φ_R die Beziehung:

$$A_R \approx \alpha; \quad \cos 2\varphi_R = \frac{\pm \alpha}{\sqrt{\alpha^2 + 4\varepsilon^2 A_P^2}}. \quad (24.7)$$

Ist $\varepsilon \ll \dfrac{\alpha}{2 A_P}$, so gilt

$$\left. \begin{aligned} \varphi_R &= \frac{\pm \varepsilon}{\alpha} A_P && \text{für } \alpha < 0, \\ \varphi_R &= 90 \mp \frac{\varepsilon}{\alpha} A_P && \text{für } \alpha > 0. \end{aligned} \right\} \quad (24.8)$$

---

[1] M. E. Haine u. T. Mulvey: J. Sci. Instrum. **31**, 326 (1954).

Das heißt anschaulich: Solange $\varepsilon < 0{,}2\alpha/A_P$ ist, zeigt die Richtung und Stärke des resultierenden Astigmatismus deutlich an, ob und wieviel die Stärke des Stigmators zu groß oder zu klein ist: Steht der resultierende Astigmatismus senkrecht zum Astigmatismus des Polschuhs und hat den Betrag α, so ist er um den Faktor α/A_P zu groß; bleibt er in der gleichen Richtung wie der Polschuhastigmatismus, so ist der Stigmator um den Faktor α/A_P zu klein. Die Bedingung $\varepsilon < 0{,}2\alpha/A_P$ ist eingehalten, wenn die Richtung des resultierenden Astigmatismus um nicht mehr als $\pm 11°$ von der 0°- oder 90°-Richtung abweicht.

So ist es in relativ rascher und einfacher Weise möglich, den Astigmatismus bis zu der zunächst durch die visuelle Erkennbarkeit der Säume gesetzten Grenze zu korrigieren. Voraussetzung dazu ist selbstverständlich, daß der Spulenstrom oder die Linsenspannung in entsprechend feinen Stufen regelbar und genügend konstant ist.

Beim Testen des Astigmatismus durch photographische Aufnahmen kann auch die in der Nähe des Focus auftretende Unsymmetrie der FRESNELschen Säume zur Messung des Astigmatismus verwendet werden. Für den Abstand der FRESNELschen Beugungssäume[1] d_0 bei um Δf überfokussiertem Bild gilt nach HAINE und MULVEY[2] mit einer Genauigkeit von $\pm 25\%$:

$$d_0 = \sqrt{\lambda \cdot \Delta f}. \tag{24.9}$$

Sei bei gesuchter astigmatischer Brennweitendifferenz $d_{\max}$ der größte und $d_{\min}$ der kleinste Abstand der FRESNELschen Säume (s. Fig. 70), so wird nach (24.9) mit einer Genauigkeit von $\pm 50\%$:

$$\Delta f_A = \frac{1}{\lambda}\left(d_{\max}^2 - d_{\min}^2\right). \tag{24.10}$$

Diese Gleichung erlaubt aus einer Aufnahme in der Nähe des Focus $(\Delta f \approx \Delta f_A)$ bei leicht überfokussiertem Bild noch eine recht gute Abschätzung der Größe des vorhandenen Astigmatismus. Werden die aus Fig. 70 folgenden Werte für $d_{\max}$ und $d_{\min}$ in Gl. (24.10) eingesetzt, so folgt $\Delta f_A = 3 \pm 0{,}1\mu$ in guter Übereinstimmung mit dem aus der astigmatischen Stromdifferenz bestimmten Wert.

25. Farbfehler. Der Farbfehler der Elektronenlinsen bewirkt, daß bei einer Schwankung der Elektronenenergie um $e\Delta U$ und — bei magnetischen Linsen — bei einer Schwankung des Spulenstromes um ΔJ ein auf das Objekt bezogenes Farbfehlerscheibchen mit dem Radius δ_F entsteht, das nach (3.9) und (4.5) gegeben ist durch

$$\delta_F = \alpha \cdot C_F \sqrt{\left(\frac{\Delta U}{U}\right)^2 + \left(\frac{2\Delta J}{J}\right)^2} \tag{25.1}$$

Gl. (23.1) gilt nur bei gut zentrierter Linse. Bei schlechter Zentrierung kann der Farbfehler wesentlich größer sein. Die gute Zentrierung sei hier vorausgesetzt und hinsichtlich der Bedingungen für gute Zentrierung auf Ziff. 26 verwiesen.

Die Schwankung der Elektronenenergie um $e\Delta U$ kann zwei Ursachen haben:

a) Die Energieverteilung der auf das Objekt treffenden Elektronen ist nicht homogen, verursacht durch Schwankung der Hochspannung, durch die Energieverteilung der die Kathode verlassenden Elektronen und durch die von BOERSCH[3] festgestellte Verbreiterung der Energieverteilung bei hoher Stromdichte.

---

[1] $d_0 =$ Abstand zwischen Intensitätsmaximum und Intensitätsminimum der FRESNEL-Säume bei überfokussiertem Bild.

[2] M. E. HAINE u. T. MULVEY: J. Sci. Instrum. **31**, 326 (1954).

[3] H. BOERSCH: Z. Physik **139**, 115 (1954).

b) Beim Durchsetzen des Objektes erleiden die Elektronen Energieverluste, die die Energieverteilung verbreitern. Dieser objektbedingte Farbfehler soll hier nicht betrachtet werden; in Ziff. 31 und 34 wird gezeigt, daß bei dünnen Objekten die Energieverluste im Objekt praktisch nicht auflösungsbegrenzend wirken.

Die Frage nach der kleinstmöglichen Farbfehlerkonstanten wird von Glaser in diesem Bande und von Liebmann[1] behandelt.

Glaser berechnet mit dem Glockenfeld $B_z(z) = \dfrac{B_0}{1 + (z/d)^2}$:

$$C_{F_{min}} = 58{,}5 \text{ mm } \frac{U^*/\text{V}}{B_0/\text{G}} \quad \text{für} \quad k^2 = 1{,}2. \tag{25.2}$$

Im Bereich $0{,}7 < k^2 < 2{,}2$ ist $C_F \lesssim 1{,}1\,C_{F_{min}}$.

Liebmann berechnet $C_{F_{min}}$ als Funktion des Gestaltparameters s/b. Für $s/b \gtrless 2$ ist $C_{F_{min}}$ praktisch unabhängig von s/b und gegeben durch

$$C_{F_{min}} = 53 \text{ mm } \frac{U^*/\text{V}}{B_P/\text{G}} \quad \text{für} \quad k^2 = 1{,}2\,[†]. \tag{25.3}$$

Für $s/b = 1$ ist $C_F = 1{,}2\,C_{F_{min}}$.

Zur Definition von B_P siehe (23.4).

Für $k^2 = 2{,}8$ hat der Öffnungsfehler ein — allerdings sehr flaches — Minimum, während die Farbfehlerkonstante $1{,}15\,C_{F_{min}}$ beträgt. Für $k^2 = 2$ ist $C_{\delta} = 1{,}03\,C_{\delta min}$, $C_F = 1{,}04\,C_{F_{min}}$, so daß dieser Wert von k^2 eine hinsichtlich Farbfehler und Öffnungsfehler gleich gute Linse ergibt.

Mit $B_P = 25\,000$ G, $s/b = 1$ und damit nach (23.4) $B_0 = 20\,000$ G, $U = 100$ kV und $k^2 = 2$ ergeben sich für die geometrischen und optischen Daten der Linse folgende Werte:

Feldhalbwertsbreite	$d = 0{,}16$ cm,	
Bohrungsdurchmesser	$b = 0{,}27$ cm [††],	
Amperewindungszahl	$n \cdot I = 6300$ Amp [††],	
Brennweite	$f = 0{,}17$ bis $0{,}16$ cm [†††],	(25.4)
Öffnungsfehlerkonstante	$C_{\delta} = 0{,}06$ bis $0{,}09$ cm [†††],	
Farbfehlerkonstante	$C_F = 0{,}1$ cm,	
Optimale Apertur	$\alpha_0 = 1{,}2 \cdot 10^{-2}$.	

Diese Linse dürfte das Optimum in Bezug auf Auflösungsvermögen darstellen, das mit den heutigen technischen Mitteln ohne Schwierigkeiten zu realisieren ist. Eine wesentliche Überschreitung dieser Grenze würde eine unverhältnismäßig große Erhöhung des Aufwandes bedingen.

Mit den so gewonnenen Daten kann geprüft werden, welche Forderungen an die Konstanz der Elektronenenergie und des Spulenstroms gestellt werden müssen, um eine Auflösung von 2 Å zu erreichen.

Es sei angenommen, daß sich die durch Strom- und Spannungsschwankungen erzeugten Fehlerscheibchen quadratisch dem durch Öffnungs- und Beugungs-

---

[1] G. Liebmann: Proc. Phys. Soc. Lond. B **35**, 188 (1952).

[†] Da Liebmann abweichend von Glaser und von Gl. (4.5) k^2 durch $0{,}022\,H_0^2 R^2/U^* = k_L^2$ definiert ($2R = b$), sind die bei Liebmann angegebenen Werte von k_L^2 mit $(2d/b)^2$ multipliziert: $k_L^2 \cdot (2d/b)^2 = k^2$.

[††] Sättigungserscheinungen nicht eingerechnet.

[†††] Glaser bis Liebmann.

fehler erzeugten Fehlerscheibchen überlagern[1]. Dann sollte gelten

$$\delta^2 \gg (2\,\delta_F)^2 = 4\alpha^2\, C_F^2 \left[\left(\frac{\varDelta U}{U}\right)^2 + \left(\frac{2\,\varDelta J}{J}\right)^2\right].$$

Mit $\alpha = 1{,}2 \cdot 10^{-2}$ [aus (23.1) mit $C_\delta = 0{,}6\,\mathrm{mm}$ und $B = 1{,}4$ nach Ziff. 26], $C_F = 1\,\mathrm{mm}$ und $\delta = 2\,\text{Å}$ folgt daraus:

$$\left(\frac{\varDelta U}{U}\right)^2 + \left(\frac{2\,\varDelta J}{J}\right)^2 \ll 2{,}8 \cdot 10^{-10},$$

oder

$$\frac{\varDelta U}{U} \approx \pm\, 2{,}6 \cdot 10^{-6}; \qquad \frac{\varDelta J}{J} \approx \pm\, 1{,}3 \cdot 10^{-6}. \tag{25.5}$$

Beide Forderungen liegen hinsichtlich der Konstanz von Hochspannungsanlage und Spulenstromerzeuger an der Grenze des heute Erreichbaren, scheinen aber realisierbar zu sein, bei der Hochspannung allerdings zunächst nur mit recht großem Aufwand (s. Ziff. 20).

Die Energieverteilung der aus einer Glühkathode austretenden Elektronen ist in ihrer Halbwertsbreite nach LANGMUIR[2] gegeben durch

$$\varDelta U = \frac{T}{11\,600^\circ\ \mathrm{K}}\ \mathrm{eV}. \tag{25.6}$$

Bei der für hohe Stromdichte notwendigen Temperatur von 2800° K ergibt sich daraus $\varDelta U = 0{,}24$ eV. Bei einer Strahlspannung von 100 kV liegt dieser Wert unter der in (25.5) angegebenen Grenze.

Nach Messungen von BOERSCH[3] wird aber diese thermische Energieverteilung in den üblichen Bestrahlungssystemen (WEHNELT-Zylinder und Kondensor) bei hoher Stromdichte um einen Faktor verbreitert. Die Halbwertsbreite der Energieverteilung $\varDelta U$ der Gl. (25.6) ist danach nicht allein durch die Temperatur T der Glühkathode, sondern auch durch die Stromdichte j_s im Elektronenstrahler bestimmt. Bei hoher Stromdichte tritt in Gl. (25.6) an Stelle der Temperatur der Glühkathode eine Rechentemperatur $T^* > T$.

Bezogen auf die Stromdichte in 10 cm Abstand von der Kathode $j_{10\,\mathrm{cm}}$ lassen sich die Meßergebnisse bis zur höchsten, von BOERSCH gemessenen Rechentemperatur von 19000° K in guter Näherung wiedergeben durch die Gleichung

$$T^* = \sqrt{T^2 + 1{,}27 \cdot 10^{10}\, (^\circ\mathrm{K})^2\, \mathrm{cm}^2\, \mathrm{A}^{-1}\, j_{10\,\mathrm{cm}}}. \tag{25.7}$$

Für $j_{10\,\mathrm{cm}}$ kann nach Ziff. 8, Tabelle 3 eingesetzt werden:

$$j_{10\,\mathrm{cm}} = \frac{R\,\pi\,r_s^2}{100\ \mathrm{cm}^2}. \tag{25.8}$$

Aus Gl. (25.7) und (25.8) folgt für T^*:

$$T^* = \sqrt{T^2 + 4 \cdot 10^8\ (^\circ\mathrm{K})\ \mathrm{A}^{-1} \cdot R\,r_s^2}. \tag{25.9}$$

Bei hoher Strahlstromdichte $(4 \cdot 10^8\, R\,r_s^2 \gg T^2)$ wird nach den Gl. (7.3), (7.4) und (25.9) die relative Halbwertsbreite der Energieverteilung $\varDelta U/U \sim U^{-\frac{1}{2}}$.

Die Messungen von BOERSCH wurden an einem normalen Strahlsystem (Fig. 24a) und einem speziellen, stark davon abweichenden Strahlsystem mit etwa gleichem

---

[1] Für sämtliche Verteilungsfunktionen kann eine GAUSS-Verteilung angenommen werden.
[2] D. B. LANGMUIR: Proc. Inst. Radio Engrs. **25**, 977 (1937).
[3] H. BOERSCH: Z. Physik **139**, 115 (1954).

Ergebnis durchgeführt, so daß die Übertragung der Formel (25.9) auf andere Bestrahlungssysteme wenigstens die richtige Größenordnung für T^* liefern sollte.

Für die in Fig. 24a und c wiedergegebenen Strahlsysteme sind die nach Formel (25.9) berechneten relativen Halbwertsbreiten $\Delta U/U$ der Energieverteilung für verschiedene Betriebszustände in Tabelle 5 zusammengestellt.

Tabelle 5. *Relative Halbwertsbreite $\Delta U/U$ der Energieverteilung der aus Elektronenstrahlern nach Fig. 24a und c austretenden Elektronen als Funktion des Strahlstroms I_s und der Strahlspannung U.*

U	Strahlsystem			
	a)		c)	
kV	$I_s = 10\,\mu A$	$I_s = 50\,\mu A$	$I_s = 10\,\mu A$	$I_s = 50\,\mu A$
40	8,5	9,5	3,2	8
60	6 $\cdot 10^{-6}$	7 $\cdot 10^{-6}$	2,6 $\cdot 10^{-5}$	6,5 $\cdot 10^{-5}$
100	4	3	2	5

Bei Anwendung eines Kondensors ohne Astigmatismus und Öffnungsfehler, der die im Strahlsystem herrschenden Verhältnisse in die Objektebene abbildet, wird die Halbwertsbreite der Energieverteilung um etwa einen Faktor zwei verbreitert. In dem Maße, wie Aperturblenden im Kondensor oder Abbildungsfehler der Linse eine Reduktion der Stromdichte in der Objektebene bei fokussiertem Kondensor bewirken, wird die durch die Abbildung hervorgerufene Verbreiterung der Energieverteilung abnehmen.

In erster Näherung kann angenommen werden, daß bei Abbildung des engsten Bündelquerschnitts mit einer Linse, in der die Apertur des ins Bild der Strahlquelle gelangenden Elektronenstrahls durch eine Aperturblende oder durch Abbildungsfehler (s. Ziff. 8) auf den Wert $\alpha_k < \alpha_s$ beschränkt wird, für die Rechentemperatur T^* gilt:

$$T^* = \sqrt{T^2 + 4 \cdot 10^8 \,(^\circ K)\, A^{-1} R\, r_s^2 \left[1 + \left(\frac{\alpha_k}{\alpha_s} \right)^2 \right]}. \qquad (25.10)$$

Aus Gl. (25.10) folgt, daß bei stark verkleinerter Abbildung (etwa 1:50) der Elektronenquelle mit hohem Richtstrahlwert keine merkliche Vergrößerung von T^* durch die Abbildung erfolgt [$\alpha_k \ll \alpha_s$ auch für eine Linse mit relativ kleiner Öffnungsfehlerkonstanten wie etwa in Gl. (25.4). Das entspricht dem experimentellen Ergebnis von Boersch[1] mit einer kurzbrennweitigen elektrischen Linse, die allerdings einen größeren Öffnungsfehler hat.

Die Zahlenwerte der Tabelle 5 zeigen, daß bei dem für hohe Vergrößerung erwünschten System c) mit hohem Richtstrahlwert eine über Gl. (25.5) hinausgehende und die Auflösung begrenzende Halbwertsbreite der Energieverteilung auftritt. Sie kann nach Gl. (25.9) bei gleichem Richtstrahlwert durch Verkleinern des engsten Strahlquerschnitts reduziert werden.

Die beobachtete Erscheinung läßt sich theoretisch deuten als eine durch Raumladungs-Wechselwirkung hervorgerufene Umwandlung der statistischen Stromschwankungen (Schrot-Effekt) in Energieschwankungen[1,2].

Fack[2] berechnet aus der bekannten Wahrscheinlichkeitsverteilung der Amplituden und Phasen des Schrot-Stromes in linearer Näherung die sich so ergebende Energieschwankung. In Übereinstimmung mit dem experimentellen Ergebnis der Gl. (25.8) wird $T^* \sim \sqrt{j}$.

---

[1] H. Boersch Z. Physik **139**, 115 (1954).
[2] H. Fack: Phys. Verh. Mosbach **6**, 6 (1955).

Die von den übrigen Parametern (Laufraumlänge, Strahlquerschnitt und mittlerer Elektronengeschwindigkeit) abhängende Proportionalitätskonstante ist bei der hier nur möglichen groben Abschätzung in größenordnungsmäßiger Übereinstimmung mit dem experimentellen Wert.

26. Zentrierung. Die in Ziff. 23 und 25 berechneten Werte für das Auflösungsvermögen und die dafür ausreichende Konstanz von Spannung und Strom gelten nur bei paraxialer Bestrahlung des achsennahen Bereiches; wird diese der theoretischen Rechnung zugrunde liegende Annahme nicht eingehalten, so werden Farbfehler und Öffnungsfehler größer und andere Bildfehler treten in Erscheinung (s. Ziff. 26 des Beitrages von W. GLASER in diesem Bande).

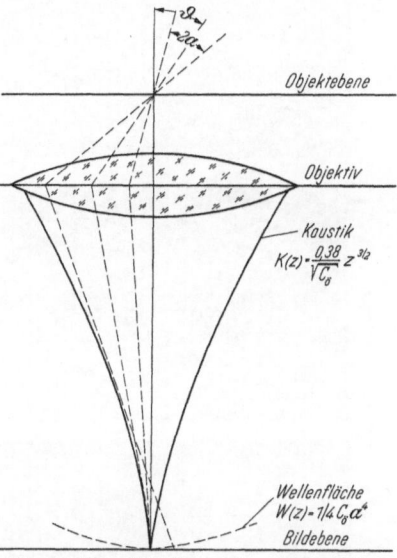

Fig. 72. Zur Entstehung der unsymmetrischen Phasenkontraste bei zur Kaustikachse schiefer Bestrahlung.

Da geometrische und elektronenoptische Achse nicht immer genügend genau zusammenfallen, muß zunächst ein Verfahren gefunden werden, das es gestattet, die paraxiale Richtung und das Bild des achsennahen Bereiches nachzuweisen.

Bei magnetischen Linsen ist es durch das Zusammenwirken von Öffnungsfehler und Farbfehler beim Ändern der Bestrahlungsrichtung leicht möglich, die gesuchten Größen zu finden. Die beim Ändern der Bestrahlungsrichtung auftretenden Erscheinungen seien kurz beschrieben.

α) *Öffnungsfehler.* Beim Ändern des Bestrahlungswinkels ϑ wandert die Kaustikspitze K, d.h. der Bereich des Objektes, der mit kleinstem Öffnungsfehler abgebildet wird, über das Bildfeld. Zwischen der objektbezogenen Entfernung der Kaustikspitze von der Linsenachse, r_K, und dem Neigungswinkel ϑ besteht in erster Näherung die rein geometrisch-optische Beziehung:

$$r_K = \vartheta \cdot f. \tag{26.1}$$

Dieses Wandern der Kaustikspitze kann bei großer Bestrahlungsapertur — ohne Objektivaperturblende — im schwach vergrößerten Bild (etwa 1000×) deutlich an dem durch den Öffnungsfehler verursachten Phasenkontrast beobachtet werden. Bei Bestrahlung parallel zur Kaustikachse (die geometrisch-optisch vom Objektpunkt mit Achsenentfernung r durch die Linsenmitte geht, bei hoher Objektivvergrößerung also die Richtung $\vartheta \approx r/f$ hat) ist der auftretende Phasenkontrast symmetrisch zum betrachteten Objektpunkt. Die mittlere Bestrahlungsrichtung ϑ, die durch die Linsenmitte geht, legt den optisch kürzesten Weg zurück, das um $\pm\alpha$ geöffnete Bündel hat nach allen Richtungen die gleiche, $\frac{1}{4}C_\ddot{o}\alpha^4$ betragende Weglängendifferenz. Bei zur Kaustikachse schiefer mittlerer Bestrahlungsrichtung wird der Phasenkontrast unsymmetrisch (s. Fig. 72). Als Testobjekt, das die Erscheinung gut zeigt, ist auch hier eine dicke Kohlefolie mit vielen kleinen Löchern gut geeignet[1]. Die an den Löchern der Kohlefolie auf dem Leuchtschirm beobachtbaren Phasenkontraste und die beim Neigen

---

[1] S. LEISEGANG: Optik **11**, 397 (1954).

des Kondensors auftretende Verschiebung der Kaustikspitze sind in Fig. 73 a u. c
wiedergegeben.

β) *Farbfehler.* Die durch den Farbfehler hervorgerufenen Erscheinungen lassen
sich leicht beobachten bei geringer Variation von Hochspannung oder Linsenstrom, d.h. durch bewußtes Erzeugen eines Farbfehlers. Bei geometrisch-

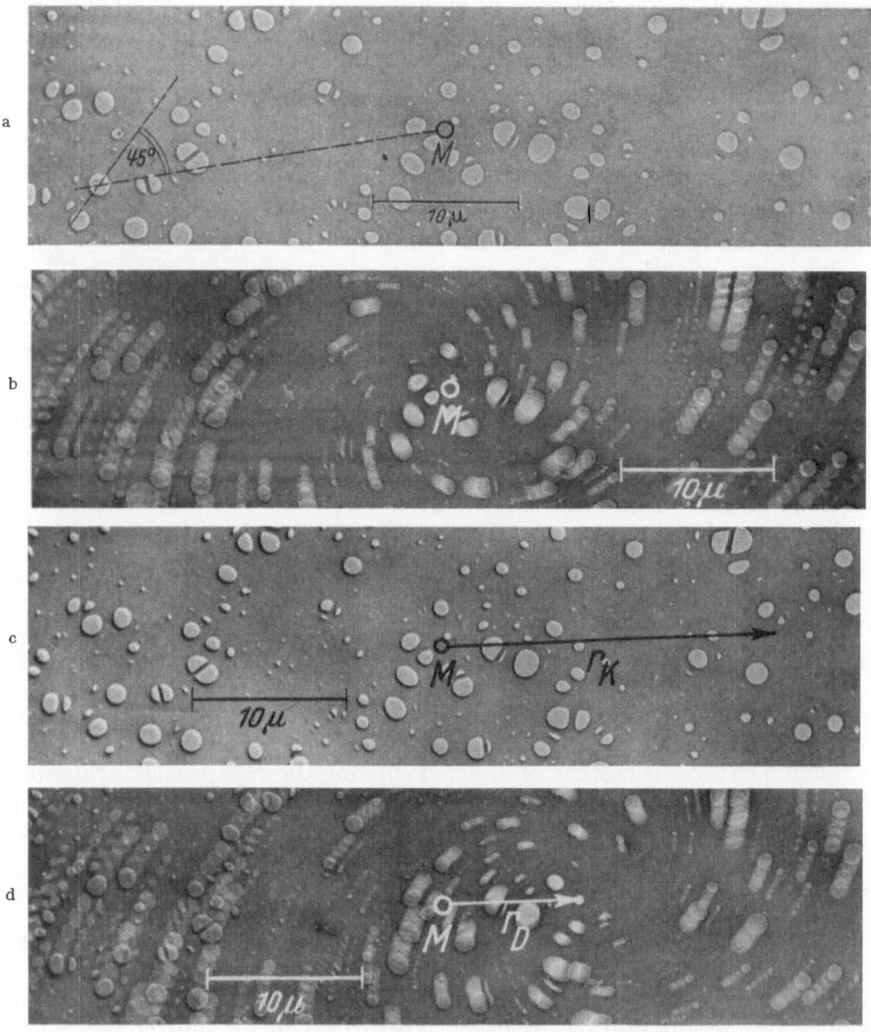

Fig. 73 a—d. Die beim Ändern der Bestrahlungsrichtung um den Winkel ϑ beobachtbare Verschiebung von Kaustikspitze
und Drehzentrum um r_K bzw. r_D ($f = 2,7$ mm, $k^2 = 0,5$). $\bigcirc M$ Mittelpunkt des Endbildschirmes. $\vartheta = 0°$, a Kaustikspitze
in M^1; b Drehzentrum in M. $\vartheta = 0,5°$, c Kaustikspitze um $r_K = 22$ μ verschoben; d Drehzentrum um $r_0 = 8$ μ verschoben.

optischen und elektrischen Linsen öffnet sich nach Ziff. 3 δ das Bild beim Defokussieren um ein Zentrum Z, dessen objektbezogener Abstand von der Linsenachse r_Z beim Ändern der Bestrahlungsrichtung ϑ sich verschiebt nach der
Gleichung:

$$r_Z = \vartheta\, f. \tag{26.2}$$

---

[1] Die deutlich sichtbare Verdrehung der Kaustik um 45° ist in guter Übereinstimmung
mit dem sich aus der GLASERschen Theorie [*14*, Gl. (38.29)] ergebenden Wert.

Bei magnetischen Linsen überlagert sich diesem zentrischen Öffnen des Bildes eine Bilddrehung, die dazu führt, daß

1. Das Bild sich spiralig um ein Drehzentrum D öffnet.
2. Gl. (26.2) sich ändert zu

$$r_D = \varepsilon \vartheta f \quad \text{mit} \quad \varepsilon < 1. \tag{26.3}$$

Die Verschiebung des Drehzentrums D nach der Linsenmitte zu läßt sich qualitativ verstehen durch die vektorielle Addition der radial vom Öffnungszentrum bei $r_Z = \vartheta f$ ausgehenden Bildwanderung Δr_1 und der durch die Magnetfeldänderung ΔH zentrisch um den Linsenmittelpunkt erfolgenden Bilddrehung um $d\Theta$.

Quantitativ läßt sich der Faktor ε aus den bei GLASER [12], [14] angegebenen allgemeinen Formeln für den Farbfehler berechnen oder — wesentlich rascher — durch Messung bestimmen. Für eine spezielle Linse ($k^2 = 0,5$) fand LEISEGANG[1] $\varepsilon = \frac{1}{3}$ in guter Übereinstimmung mit dem theoretischen Wert. Fig. 74b u. d zeigt die bei Änderung des Objektivspulenstroms und Neigung des Kondensors auftretenden Erscheinungen.

Nach Gl. (26.1) und (26.3) können bei magnetischen Linsen Kaustikspitze und Drehzentrum nur für $\vartheta = 0$ zusammenfallen: Die dann vorhandene Bestrahlungsrichtung ist paraxial, der unter dieser Bedingung abgebildete Objektbereich ist der achsennahe Bereich. Durch systematisches Neigen des Kondensors unter gleichzeitiger Beobachtung der Wanderung von K und D lassen sich beide zur Deckung bringen; damit ist bekannt, wohin der achsennahe Bereich abgebildet wird. Dieser achsennahe Bereich muß bei schwacher Vergrößerung in der Mitte des Endbildleuchtschirms liegen und bei hoher Vergrößerung durch das Projektiv abgebildet werden. Ist diese Bedingung nicht erfüllt, so kann immer nur eine der beiden Forderungen (Farbfehler minimal oder Öffnungsfehler minimal) erfüllt werden, und es besteht die Gefahr, daß andere Abbildungsfehler (Astigmatismus schiefer Bündel, Koma) auftreten. GLASER ([12], S. 423) zeigt, daß bei einem Neigungswinkel $\vartheta = 1 \cdot 10^{-2}$ und einer Apertur $\alpha = 5 \cdot 10^{-3}$ die durch die Linsenfehler erzeugte Zerstreuungsfigur schon 18mal größer ist als bei $\vartheta = 0$.

Die einzuhaltenden Zentrierbedingungen lassen sich in einfacher Weise abschätzen. Bei um den Winkel ϑ geneigter Bestrahlung des achsennahen Bereiches wird das Öffnungsfehlerscheibchen zu einer Ellipse verzeichnet mit dem größten Durchmesser

$$d(\vartheta) = C_{\ddot{o}} [(\alpha + \vartheta)^3 + (\alpha - \vartheta)^3]. \tag{26.4}$$

Soll der durch Dezentrierung erzeugte Fehler nicht größer als 10% von $d(0)$ sein, so ergibt sich aus (26.4) und (26.1):

$$\vartheta \leq \frac{\alpha}{8}; \quad r_K \leq \alpha \frac{f}{8}. \tag{26.5}$$

Für den Farbfehler folgt aus den Gln. (3.7), (3.9), (3.10) und (26.3) in erster Näherung die Bedingung:

$$\vartheta \lesssim \frac{0,1}{\varepsilon} \alpha; \quad r_D \leq 0,1 \alpha f. \tag{26.6}$$

Doch gestattet hier das Mikroskop selbst einen sehr einfachen Test: Beim Defokussieren soll die Bildwanderung sehr klein sein gegenüber der durch das Defokussieren entstehenden allgemeinen Unschärfe.

Für die in Ziff. 25 beschriebene Linse mit $\alpha = 1,2 \cdot 10^{-2}$ und $f = 1,7$ mm ergibt sich nach (26.5) und (26.6) die Zentrierbedingung:

$$\vartheta \leq 1,5 \cdot 10^{-3} = 0,09°; \quad r_K < 2,5 \mu; \quad r_D \leq 2 \mu. \tag{26.7}$$

Die Beobachtung von Kaustikspitze und Drehzentrum auf dem Endbildleucht-schirm bei etwa 1000facher Vergrößerung erlaubt, r_K mit einiger Mühe und r_D ohne Schwierigkeiten innerhalb dieser Toleranzen zu messen. Durch sorgfältige Justierung des Objektivpolschuhs ist es möglich, ohne zusätzliche Verstellglieder zu erreichen, daß der achsennahe Bereich innerhalb dieser Toleranzen auf der Mitte des Endbildleuchtschirmes abgebildet wird[1]. So scheint bei sorgfältiger Zentrierung keine zusätzliche Auflösungsbegrenzung aufzutreten.

Eine schlechte Zentrierung macht sich bei der Korrektur des Astigmatismus bei hoher Vergrößerung deutlich bemerkbar: Die FRESNEL-Säume verlieren ihre 180°-Symmetrie und eine einwandfreie Korrektur des Astigmatismus ist nicht mehr möglich.

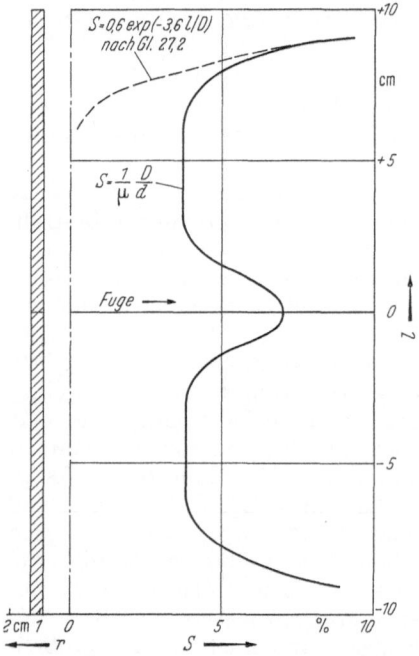

Die Forderungen hinsichtlich der Zen-trierung des Projektivs sind nicht kri-tisch: Sie liegen wegen der bis zum Pro-jektiv schon erreichten Vergrößerung V_1 um den Faktor V_1 günstiger als beim Ob-jektiv und können leicht eingehalten wer-den [4].

Bei elektrischen Linsen erlaubt das von SEELIGER[2] angegebene Verfahren der Mes-sung des Öffnungsfehlers durch Neigen des Kondensors eine quantitative Prüfung der Zentrierbedingung. Beim Neigen des Kondensors um den Winkel ϑ muß in der GAUSSschen Bildebene nach allen Rich-tungen für die Verschiebung des Bildpunk-tes Δr die Bedingung $\Delta r = C_\delta (\vartheta - \vartheta_0)^3$ erfüllt sein. Für $\vartheta = \vartheta_0$ soll der Bildpunkt in die Leuchtschirmmitte abgebildet wer-den und zugleich Öffnungszentrum beim Variieren der Hochspannung sein.

Fig. 74. Schirmfaktor $S = H_i/H_A$ für einen endlich lan-gen Eisenzylinder mit Fuge ($D = 2,4$ cm, $d = 4$ mm).

27. Störfelder. Äußere elektrische oder magnetische, zeitlich veränderliche Stör-felder, die in das Mikroskop, besonders in den Raum zwischen Objekt und Ob-jektivlinse eindringen, können das Auflösungsvermögen verschlechtern. Elek-trische Felder werden durch das Mikroskoprohr im allgemeinen so gut abgeschirmt, daß sie praktisch keinen Einfluß haben; dagegen ist die Abschirmung magnetischer Störfelder ein zwar durchaus lösbares, aber ein ernsthaft zu diskutierendes Pro-blem. Magnetische Wechselfelder haben die unangenehme Eigenschaft, die Fugen zwischen stumpf aufeinandergesetzten Eisenteilen zu durchdringen. In Fig. 74 ist ein einfaches Beispiel dieser Art wiedergegeben. Nur durch festes Aneinander-pressen gut eben geschliffener, breiter Auflageflächen oder durch die als „Magneti-scher Kamin" bekannte Anordnung[3] kann der Durchgriff äußerer Störfelder an den Fugen vermieden werden (s. Fig. 75).

Der Schirmfaktor $S = H_i/H_A$ ($H_i =$ Feld im Innenraum, $H_A =$ Feld im Außen-raum) eines unendlich lang gedachten Zylinders des Durchmessers D, der Wand-

---

[1] S. LEISEGANG: Optik **11**, 397 (1954).

[2] R. SEELIGER: Optik **4**, 258 (1948).

[3] H. KADEN: Die elektromagnetische Schirmung. Berlin: Springer 1950.

stärke d und der Permeabilität μ ist gegeben durch

$$S = \frac{1}{\mu} \cdot \frac{D}{d} \quad \text{für} \quad \frac{\mu d}{D} \gg 1 \,. \tag{27.1}$$

Bei einem oben offenen, nach unten unendlich lang gedachten Zylinder mit $\mu = \infty$ gilt für den Schirmfaktor S als Funktion der Entfernung l vom oberen Rand des Zylinders[1]

$$S = 0,6 \exp\left(-3,6 l/D\right). \tag{27.2}$$

Kleine Bohrungen mit Durchmesser b in einem Eisenzylinder beeinflussen die Abschirmung nur wenig; der Schirmfaktor S ist in diesem Fall

$$S = 0,3 \left(\frac{b}{D}\right)^3 . \tag{27.3}$$

Besonders kritisch wird die Abschirmfrage dadurch, daß sich oberhalb des Objektivs die Objektschleuse — ein meist kompliziert gebautes Teil mit vielen

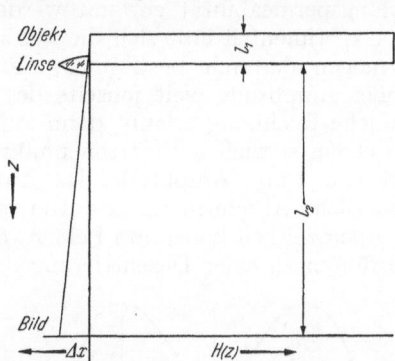

Fig. 75. Magnetischer Kamin zur Vermeidung des Durchgriffs äußerer Störfelder an der Fuge zweier Eisenteile.

Fig. 76. Zur Berechnung der Bildverwacklung Δx durch ein magnetisches Störfeld $H(z)$ in der Nähe des Objekts.

Fugen — befindet, deren Schirmwirkung nicht besonders gut ist. Nach (27.2) dringt das im Raum der Schleuse befindliche Störfeld bis in den Objektivpolschuh ein, und es ist leicht möglich, daß in der Nähe des Objektes noch 10% des äußeren Störfeldes vorhanden sind. Im Innern des Polschuhs klingt das Störfeld dann rasch ab. Dabei wirkt das oberste Linsenteil, das durch Fugen und den Polschuhspalt von dem übrigen Eisen des Kreises getrennt ist, praktisch nicht abschirmend. Mit einer einfachen Überlegung läßt sich abschätzen, welche Störfelder in der Nähe des Objektes noch zugelassen werden können. Es sei nach Fig. 76 angenommen, daß unterhalb des Objektes auf der Strecke l_1 ein homogenes Wechselfeld der Feldstärke H herrsche. Bis zum ersten Zwischenbild, das die Strecke $l_1 + l_2$ vom Objekt entfernt ist, sei kein Störfeld mehr vorhanden (rasches Abklingen im Polschuh).

Für die Ablenkung durch das magnetische Störfeld H im ersten Zwischenbild gilt dann

$$\Delta x = l_1^2 \frac{(1 + 2 l_2/l_1)}{2 r_H} \,; \qquad r_H = \frac{m V}{e H} = 12,5 \, \frac{U \, \mathrm{G}}{H \, \mathrm{kV}} \quad \text{cm} \,. \tag{27.4}$$

Mit $l_1 = 0,5$ cm, $l_2 = 5$ cm, $U = 100$ kV ergibt sich für Δx

$$\Delta x \approx 2 \cdot 10^{-3} \, \frac{H}{\mathrm{G}} \, \text{cm}$$

---

[1] H. KADEN: Die elektromagnetische Schirmung, Berlin, Springer 1950.

im ersten Zwischenbild. Mit der Brennweite $f = 0,17$ cm von Gl. (25.4) wird die Vergrößerung bis zum Zwischenbild $V_1 \approx \frac{l_2}{f} = 30$, die aufs Objekt bezogene Bildverwacklung

$$\Delta x \approx \pm\, 7 \cdot 10^{-5}\, \frac{H}{G}\ \text{cm}.$$

Mit der Forderung $2\Delta x \ll 2$ Å folgt für die Amplitude des Störfeldes in Objektnähe
$$H \ll 1,5 \cdot 10^{-4}\ G.$$

Unter den in einem Institut normalen, keinesfalls extrem schlechten Bedingungen herrscht ein magnetisches Wechselfeld von etwa 2 bis 3 mG, so daß der Schirmfaktor bis zum Objekt $S \ll \frac{1}{20}$ sein sollte. Das läßt sich bei sorgfältiger Konstruktion erreichen; es muß aber überlegt werden. Die Abschirmung nach dem ersten Zwischenbild kann ohne große Schwierigkeiten so gut gemacht werden, daß kein auflösungsbegrenzender Einfluß entsteht; doch zeigt Gl. (27.1), daß die Wandstärke der Eisenteile nicht zu dünn sein darf oder Material mit großer Anfangspermeabilität gewählt werden muß.

Experimentell läßt sich die Wirkung äußerer Störfelder auf das Auflösungsvermögen dadurch bestimmen, daß der Einfluß eines bekannten Störfeldes großer Amplitude weit jenseits des Auflösungsvermögens gemessen wird; eine einfache Rechnung erlaubt dann auf das zulässige äußere Störfeld zu schließen. Bei einem speziellen Elektronenmikroskop (Siemens ÜM 100) begrenzt ein Störfeld von 1 mG Amplitude das Auflösungsvermögen auf 3,4 Å, eine einfache zusätzliche Abschirmung gestattet, diesen Wert auf 1,2 Å zu reduzieren.

Auch zeitlich konstante Felder können ins Innere des Mikroskops eindringen. Sie führen zu einer Dezentrierung des elektronenoptischen Systems (s. Ziff. 26).

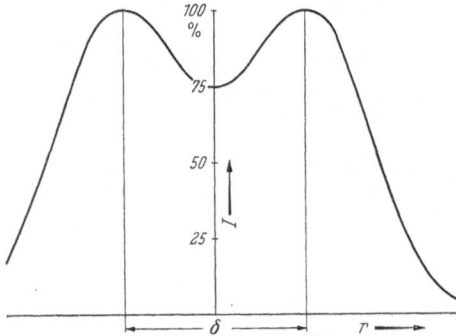

Fig. 77. Zur theoretischen Definition des Auflösungsvermögens: Zwei Punkte sollen dann noch als getrennt abgebildet bezeichnet werden, wenn die Intensität I im Minimum 75% der maximalen Intensität beträgt.

Doch da im allgemeinen die konstanten Störfelder sehr klein gegen die Linsenfelder sind, kann die durch sie hervorgerufene Dezentrierung durch Neigen oder Verschieben des Kondensors ausgeglichen werden. Mechanische Formfehler oder Inhomogenität des verwendeten Materials spielen für die Zentrierung im allgemeinen eine grössere Rolle als äußere konstante Felder.

28. Theoretische Auflösungsgrenze.

Das Auflösungsvermögen des Elektronenmikroskops wird nach Gl. (23.1) durch den Öffnungsfehler der Elektronenlinsen und die Wellenlänge der abbildenden Elektronen begrenzt. Der in Gl. (23.1) angegebene Faktor A ist zunächst Funktion der Definition des Auflösungsvermögens. Es ist heute in enger Anlehnung an die Lichtoptik üblich, zwei Objekteinzelheiten dann als getrennt zu betrachten, wenn die Intensitätsverteilung im Bild die in Fig. 77 wiedergegebene Form hat; die Intensität im Sattelpunkt zwischen den beiden Gipfeln soll 75% der Intensität der Gipfelpunkte betragen. Diese Definition ist relativ willkürlich: Es wird angenommen, daß das Auge eine solche Intensitätsschwankung noch wahrnehmen kann ([14], Ziff. 50). Bei der wellenmechanischen Berechnung des Faktors A geht die Winkelverteilung der vom Objektpunkt ausgehenden Elektronen $W(\alpha)$ wesentlich ein. Glaser ([14], Ziff. 50) hat A für eine Lambertsche Verteilung und für eine Gausssche

Verteilung berechnet, d.h. für

$$W(\alpha) = \text{const für } 0 < \alpha < \alpha_0 \quad (\text{LAMBERT})$$
$$W(\alpha) = e^{-0,7\,(\alpha/\alpha_0)^2} \qquad\qquad (\text{GAUSS}).$$

Bei dünnen Objekten $(n_e \ll 1)$ wird nach Ziff. 31 $W(\alpha)$ ganz wesentlich durch die Winkelverteilung der vom Kondensor auf das Objekt auftreffenden Elektronen $W_B(\alpha)$ bestimmt und ist in erster Näherung (solange $\alpha_B \ll \chi_0$ ist und unelastische Stöße nicht berücksichtigt werden) gegeben durch

$$W(\alpha)\,\alpha\,d\alpha = \left[(1 - n_e)\,W_B(\alpha) + W_B(0)\,n_e\,\frac{\alpha_B^2}{\chi_0^2}\right]\alpha\,d\alpha. \tag{28.1}$$

Werden für n_e und χ_0, die von Ordnungszahl, Dichte und Dicke des Objektes und von der Energie eU der Elektronen nach Gl. (31.5) abhängen, die Werte für

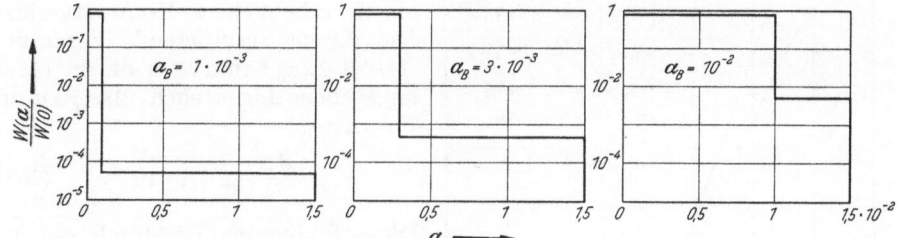

Fig. 78. Winkelverteilung $W(\alpha)$ der in einer 10 Å dicken Silberfolie elastisch gestreuten Elektronen $(U = 100 \text{ kV})$ bei LAMBERTscher Bestrahlung mit verschiedener Bestrahlungsapertur α_B. (Die sich nach der genaueren Formeln (31.16) ergebende leichte Abnahme von $W(\alpha)$ über α ist hier eingerechnet und in der logarithmischen Darstellung kaum sichtbar.)

mittlere Ordnungszahl $(Z = 47,\ \text{Ag},\ \varrho = 10,5)$ und für $U = 100 \text{ kV}$ eingesetzt, so wird $W_{47}(\alpha)$:

$$W_{47}(\alpha) = \left[(1 - 1,1 \cdot 10^{-2}\,d/\text{Å})\,W_B(\alpha) + W_B(0) \cdot \alpha_0^2 \cdot 5,4\,d/\text{Å}\right]. \tag{28.2}$$

Diese Verteilung $W_{47}(\alpha)$ ist für eine 10 Å dicke Silberschicht bei Annahme einer LAMBERTschen Bestrahlungsverteilung $W_B(\alpha)$ für verschiedene Bestrahlungsapertur α_B in Fig. 78 aufgetragen. 90% der Elektronen durchdringen das Objekt ohne elastische Streuung. (Unelastisch gestreute Elektronen dürfen wegen ihres Energieverlustes und des damit auftretenden Farbfehlers der Linse zunächst ausgeschlossen werden, s. dazu Ziff. 31.) Von den elastisch gestreuten Elektronen, die mit dem Objekt in Wechselwirkung getreten sind, gelangt nur ein kleiner Teil durch die Objektivaperturblende (mit $\alpha_0 = 1,2 \cdot 10^{-2}$ in diesem Beispiel 7% der elastisch gestreuten Elektronen). Bei einer Bestrahlungsapertur α_B, die kleiner als die für höchste Auflösung nach (25.4) bestimmte Objektivapertur α_0 ist, durchsetzt der größte Teil der Elektronen Bereiche der Linse mit kleinem Öffnungsfehler, nur die geringe nach Winkeln $\alpha < \alpha_0$ elastisch gestreute Intensität gelangt in die Zonen großen Öffnungsfehlers. Bestrahlungsapertur α_B und Objektivapertur α_0 sind dann frei wählbare Parameter, während das Intensitätsverhältnis $J(\alpha < \alpha_B)/J(\alpha > \alpha_B)$ durch Gl. (28.1) gegeben ist. Mit diesen, durch die Wechselwirkung der Elektronen mit der Materie gegebenen Voraussetzungen ist die Frage nach dem Auflösungsvermögen bisher nicht beantwortet. Den theoretischen Ansatz zur Behandlung des Problems gibt GLASER [12].

In Anlehnung an Rechnungen von CONRADY[1] kommen HAINE und MULVEY[2] zu einer günstigeren Angabe für die Konstante A der Gl. (23.1). CONRADY berechnet die Intensitätsverteilung im Zerstreuungsscheibchen für verschiedene

---

[1] A. E. CONRADY: Mon. Not. Roy. Astronom. Soc. **79**, 575 (1919).
[2] M. E. HAINE u. T. MULVEY: J. Sci. Instrum. **31**, 326 (1954).

Werte der Öffnungsfehlerkonstanten bei vorgegebener Objektivapertur α und Wellenlänge λ. Für $C_\delta = 0$ ergibt sich die bekannte Airysche Verteilung. Für $C_\delta = \lambda/\alpha^4$ findet eine Verringerung des Kontrastes um etwa 20%, aber praktisch keine Änderung der Halbwertsbreite der Verteilung statt; außerdem wird die Verteilung wenig geändert, wenn auf die Paraxialen oder auf die Randstrahlen fokussiert wird. Auch für $C_\delta = 4\lambda/\alpha^4$ ergibt sich praktisch die gleiche Intensitätsverteilung wie bei $C_\delta = \lambda/\alpha^4$, wenn auf die Ebene zwischen dem Focus der Paraxialen und der Randstrahlen fokussiert

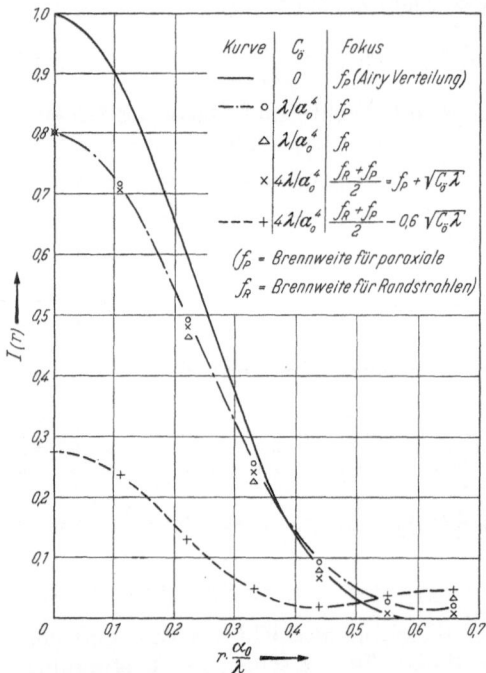

wird; allerdings führt dann eine leichte Defokussierung (um $\Delta f = -1,2\,\lambda\alpha^{-2}$)[†] zu einem Absinken der Intensität im Maximum auf 27% der Intensität der Airy-Verteilung, d.h. zu einem erheblichen Kontrastverlust. Die daraus resultierende Forderung $\Delta f \ll 1,2\,\lambda\alpha_0^{-2}$ führt für die in (25.4) angegebene Linse nach (25.1) zu der Forderung[1]:

$$\frac{\Delta U}{U} \ll 3,1 \cdot 10^{-5}. \qquad (28.3)$$

Diese Bedingung ist durch die aus dem Farbfehler bei geometrischer Betrachtung resultierende Forderung (25.5) gut erfüllt.

Auch den Rechnungen von Conrady liegt die Annahme Lambertscher Intensitätsverteilung zugrunde. Der Unterschied zwischen den Ergebnissen von Glaser [12] und Conrady[1] ist dadurch zu erklären, daß Glaser die Intensitätsverteilung in der Gaussschen Bildebene, Conrady in der optimalen zwischen der Gausssschen und der für die Randstrahlen liegenden Bildebene untersucht. In Fig. 79 ist das Ergebnis der Conradyschen Rechnung wiedergegeben.

Fig. 79. Intensitätsverteilung $I(r)$ im Zerstreuungsscheibchen bei endlicher Öffnungsfehlerkonstante C_δ, Objektivapertur α_0 und Lambertscher Bestrahlung (Conrady).

Scherzer[2] berechnet in Fraunhoferscher Näherung die Auflösung für ein idealisiertes Objekt, das aus zwei Löchern in einer undurchsichtigen Folie im Abstand δ besteht. Die Rechnung wird für eine Linse mit Öffnungsfehler C_δ bei verschiedener Objektivapertur ($\alpha = \alpha_0$ und $\alpha \gg \alpha_0$) und verschiedener Bestrahlungsapertur ($\alpha_B = \alpha_0$ und $\alpha_B \ll \alpha_0$) als Funktion der Defokussierung Δf gegenüber der Gaussschen Bildebene berechnet. Die beste Auflösung ergibt sich ebenso wie bei Conrady für

$$\Delta f = + \sqrt{\lambda\,C_\delta}.$$

[†] Nach der rein geometrischen Betrachtung von Conrady besteht zwischen Brennweitendifferenz df, optischem Weglängenunterschied dp und Objektivapertur α_0 die Beziehung: $df = 2\,dp\,\alpha_0^{-2}$; dp ist im gerechneten Beispiel $\frac{7}{12}\lambda$.

[1] Es wird für den Radius des Farbfehlerscheibchens in (25.1) angesetzt:

$$\delta_F = \Delta f \cdot \alpha_0 = \alpha_0\,C_F\,\frac{\Delta U}{U} \to \frac{\Delta U}{U} = \frac{\Delta f}{C_F}.$$

[2] O. Scherzer: J. Appl. Phys. **20**, 20 (1949).

Bei sehr kleiner Bestrahlungsapertur $(\alpha_B \ll \alpha_0)$ ist die optimale Auflösung um etwa einen Faktor 1,5 schlechter als bei voller Ausleuchtung der Objektivapertur.

Eine wesentliche Vergrößerung der Objektivapertur gegenüber dem optimalen Wert α_0 führt unter sonst gleichen Bedingungen $(\alpha_B \leq \alpha_0)$ zu einer um etwa 20% schlechteren Auflösung. Die Formeln von SCHERZER sind auch für absorbierende Teilchen auf einer sehr dünnen („ideal durchsichtigen") Folie in guter Näherung gültig.

Tabelle 6. *Auflösungsvermögen δ bei optimaler Objektivapertur α_0 als Funktion der Winkelverteilung $W(\alpha)$ der das Objekt verlassenden Elektronen bei verschiedenen theoretischen Annahmen.*

Berechnet nach	$W(\alpha)$	$\dfrac{\delta}{\lambda^{\frac{3}{4}}\cdot\sqrt[4]{C_\delta}}=A$	$\alpha_0\sqrt[4]{\dfrac{C_\delta}{\lambda}}=B$	Für optimale Linse mit $U=100$ kV, $B_0=20$ kG nach (25.4)	
				δ [Å]	$\alpha_0 \times 10^2$
GLASER (GAUSSsche Ebene)	GAUSS	0,78	0,92	3,2	0,82
	LAMBERT	0,56	1,13	2,4	1
CONRADY/HAINE (Optimale Ebene, $\Delta f=\sqrt{\lambda C_\delta}$	LAMBERT	0,43	1,4	1,8	1,24
SCHERZER (GAUSSsche Ebene)	LAMBERT	0,6	1,2	2,6	1,1
	$\alpha_B \ll \alpha_0$	0,8	1,2	3,4	1,1
SCHERZER (Optimale Ebene, $\Delta f=\sqrt{\lambda C_\delta}$	LAMBERT	0,4	1,4	1,7	1,24
	$\alpha_B \ll \alpha_0$	0,6	1,4	2,6	1,24

In Tabelle 6 sind die sich nach den verschiedenen theoretischen Annahmen ergebenden Werte für die Konstanten A und B der Gl. (23.1) zusammengestellt. Außerdem ist das daraus folgende theoretische Auflösungsvermögen für die in (25.4) berechnete, bei $B_0 = 20000$ G und $U = 100$ kV optimale Linse angegeben. Bei Steigerung des Aufwandes in bezug auf B_0 und U würde sich nach (23.6) eine Verbesserung des Auflösungsvermögens um den Faktor F

$$F = \sqrt[4]{\frac{B_0 \cdot U}{20\,\text{kG} \cdot 100\,\text{kV}}} \qquad (28.4)$$

ergeben. Sei als oberste Grenze des mit sehr viel Aufwand Realisierbaren $U = 400$ kV, $B_0 = 30$ kG angenommen, so wird $F = 1,56$; unter diesen Bedingungen sollte vom rein optischen Gesichtspunkt aus ein Auflösungsvermögen von 1,2 Å erreichbar sein.

Dem steht als ernstes Hindernis — neben der Kontrastfrage bei so hoher Spannung, die in Ziff. 32 diskutiert wird — die von BOERSCH[1] gemessene Verbreiterung der thermischen Energieverteilung bei hoher Intensität im Wege und solange nicht ein Weg gefunden ist, diese Schwierigkeit zu umgehen, dürfte dadurch eine Grenze der Elektronenmikroskopie gegeben sein.

Eine experimentelle Untersuchung über den Einfluß von Bestrahlungsapertur und Objektivapertur liegt bisher nicht vor. Das ist leicht verständlich: Die experimentellen Bedingungen zur Erreichung der theoretischen Auflösung sind nach Ziff. 23 bis 27 nicht leicht zu realisieren. Erst wenn alle diese Bedingungen quantitativ erfüllt sind, kann die Frage nach dem Auflösungsvermögen als Funktion von α_B und α_0 experimentell beantwortet werden.

Bei kleiner Bestrahlungsapertur $(\alpha_B \leq \frac{1}{4}\alpha_0)$ werden die FRESNELschen Beugungssäume an den Löchern in Folien oder an dunklen Objekteinzelheiten sehr

---

[1] H. BOERSCH: Z. Physik **139**, 115 (1954), siehe auch Ziff. 25.

gut sichtbar und das Bild kann auf dem Leuchtschirm fast innerhalb der theoretischen Grenzen für die zulässige Defokussierung an Hand der Fresnelschen Beugungssäume fokussiert werden, deshalb wird heute meist mit kleiner Bestrahlungsapertur gearbeitet.

Bei großer Bestrahlungsapertur $(\alpha_B \approx \alpha_0)$ sind die Fresnelschen Beugungssäume kaum mehr auf dem Leuchtschirm sichtbar, der Phasenkontrast (Ziff. 33) verschwindet. Alle Linsenfehler, die proportional der Apertur sind (Farbfehler, Astigmatismus), treten wegen der nun voll ausgeleuchteten Objektivapertur stärker in Erscheinung als bei kleiner Bestrahlungsapertur. Die bei großer Bestrahlungsapertur theoretisch zu erwartende bessere Auflösung wird nur erreicht, wenn die Bedingungen der Ziff. 24 und 25 in bezug auf Astigmatismus und Farbfehler quantitativ eingehalten sind. Die experimentellen Schwierigkeiten für eine gut fokussierte Aufnahme sind größer wegen der nun nicht mehr möglichen Kontrolle der Fokussierung mit Hilfe der Fresnelschen Säume.

29. Experimentelle Auflösungsgrenze. Das nach der Theorie ohne extrem großen Aufwand möglich erscheinende Auflösungsvermögen von etwa 2 Å ist bisher experimentell noch nicht erreicht. Es ist in den letzten Jahren durch Einführung eines Stigmators auch in magnetische Mikroskope gelungen, ein Auflösungsvermögen von 5 bis 6 Å in einzelnen Fällen[1, 2] und ein Auflösungsvermögen besser als 15 Å in serienmäßig gelieferten Geräten[3] sicher zu erreichen. Fig. 80 zeigt eine solche Aufnahme. Dabei sollte nach den von Scherzer[4] formulierten Testbedingungen ein Auflösungsvermögen erst dann als erreicht gelten, wenn auf mindestens zwei Platten, möglichst in zwei senkrecht aufeinander stehenden Richtungen, dieselben Objekteinzelheiten im Abstand δ nachgewiesen werden können. Es ist im heute interessierenden Bereich $10\,\text{Å} > \delta > 2\,\text{Å} \approx$ Atomabstand schwierig, geeignete Testobjekte zu finden. Deshalb haben Haine und Mulvey[2] vorgeschlagen, die beim Testen des Astigmatismus verwendeten Beugungssäume (s. Ziff. 24) auch als Auflösungstest zu verwenden. Diese Methode wurde früher viel diskutiert und in ihrer primitiven Form — Abstand der Säume = Auflösungsvermögen — abgelehnt[5]; denn am Zustandekommen der Säume sind nur schmale Linsenzonen beteiligt. Trotzdem gibt eine solche Testaufnahme sehr weitgehende Aussagen über das verwendete Mikroskop, die im Zusammenhang mit den theoretischen Forderungen erlauben, eine Aussage über das mit diesem Gerät mögliche Auflösungsvermögen zu machen. Beispielsweise erlaubt die in Fig. 71 wiedergegebene Aufnahme festzustellen:

1. Objekt und Mikroskop sind mechanisch schwingungsfrei bis mindestens zur halben Breite der Säume $(\varDelta x < 4\,\text{Å})$,

2. die astigmatische Brennweitendifferenz

$$\varDelta f_A \approx \frac{1}{\lambda}\,(d_{\max}^2 - d_{\min}^2) < 0,05\,\mu \quad [\text{nach (24.9)}].$$

3. Hochspannung und Spulenstrom sind konstant bis mindestens auf die dem halben Abstand der Säume entsprechende Defokussierung

$$\frac{\varDelta U}{U} \leqq \frac{d^2}{\lambda\,C_F}\,; \quad \frac{\varDelta J}{J} \leqq \frac{d^2}{2\,\lambda\,C_F}\,.$$

4. Die Zentrierung ist ausreichend gut; es treten keine einseitigen Unsymmetrien der Beugungssäume auf (s. Ziff. 27).

[1] S. Leisegang: Optik **11**, 49 (1954).
[2] M. E. Haine u. T. Mulvey: J. Sci. Instrum. **31**, 326 (1954).
[3] E. Ruska u. O. Wolff: Z. wiss. Mikrosk. (im Erscheinen).
[4] E. Brüche u. O. Scherzer: Phys. Bl. **6**, 693 (1950).
[5] L. Wegmann: Helv. Phys. Acta **23**, 437 (1950).

5. Äußere Streufelder haben keinen Einfluß auf die Bildgüte bis zu einer Auflösung des halben Abstands der Säume.

Die Grenzen dieses Testverfahrens lassen sich folgendermaßen abschätzen[1]:

Durch den Öffnungsfehler der Linse wird ein optischer Weglängenunterschied der Größe $\Delta l = \frac{1}{4} C_\delta \alpha^4$ hervorgerufen. Zur Erkennbarkeit der Säume muß dieser Weglängenunterschied klein gegen die Wellenlänge sein: $\Delta l \approx \frac{\lambda}{8}$. Der Abstand d der Beugungssäume ist nach Ziff. 22 durch $d = \Delta f \cdot \alpha = \sqrt{\lambda \Delta f}$ gegeben. Daraus

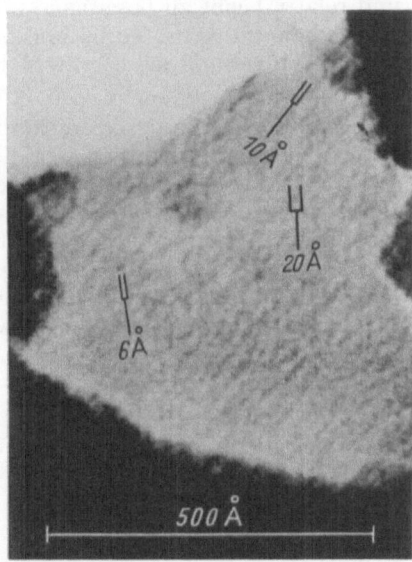 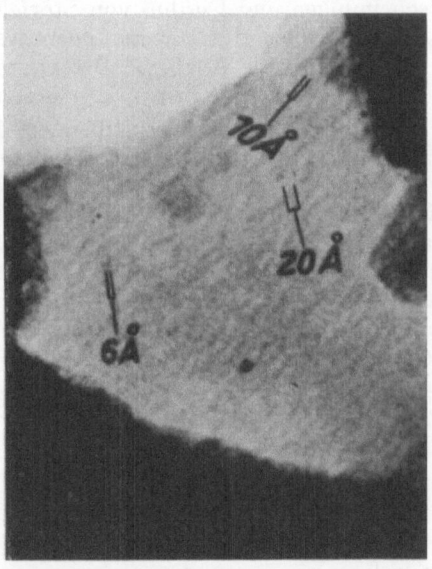

Fig. 80. Zwei verschiedene Aufnahmen der gleichen Stelle einer mit Beryllium und Platin bedampften Kollodiumfolie mit einer Auflösung von etwa 6 Å (LEISEGANG). Abbildungsmaßstab 120000:1, Elektronenoptische Abbildung A_e = 150000:1, Belichtungszeit (Kranz-Repro Platte) $t = 2$ sec, Strahlspannung $U = 80$ kV, Stromdichte im Objekt $j = 1{,}7$ A/cm², Bestrahlungsapertur $\alpha_B = 4 \cdot 10^{-3}$, Objektivapertur $\alpha_0 = 1 \cdot 10^{-2}$, astigmatische Brennweitendifferenz $\Delta f_A < 0{,}1\mu$, Spulenstromschwankung $\Delta J/J < \pm 1 \cdot 10^{-5}$, Strahlspannungsschwankung $\Delta U/U < \pm 5 \cdot 10^{-5}$.

ergibt sich für die kleinste erkennbare Fokusdifferenz Δf_{min} und den kleinsten erkennbaren Abstand der Beugungssäume d_{min}:

$$\Delta f_{min} = \sqrt{2 C_\delta \lambda}; \quad d_{min} = \sqrt[4]{2} \; \lambda^{\frac{3}{4}} \sqrt[4]{C_\delta} = \frac{\sqrt[4]{2}}{A} \delta_0 \tag{29.1}$$

[δ_0 = theoretisch optimal erreichbare Auflösung nach (23.1)].

Setzt man für $\Delta f = C_F \Delta U/U$, für $A = 0{,}43$ und für die übrigen Werte die Konstanten der in (25.4) berechneten Linse ein, so folgt für die kleinste nachweisbare Spannungsschwankung $\Delta U/U$ und für d_{min}:

$$\frac{\Delta U}{U} = 7 \cdot 10^{-5}; \quad d_{min} = 2{,}8 \, \delta_0. \tag{29.2}$$

Damit ist das Verfahren geeignet, in sehr einfacher Weise die theoretisch für hohe Auflösung geforderten Bedingungen zu prüfen bis zu Werten, die einer Auflösung von $\approx 2\delta_0$ entsprechen. Das ist in recht guter Übereinstimmung mit der praktisch erreichten Auflösung.

---

[1] M. E. HAINE u. T. MULVEY: J. Sci. Instrum. **31**, 326 (1954).

Ein quantitatives Prüfen der zum Überschreiten dieser Grenze notwendigen Bedingungen scheint zunächst nur durch direkte Messung der das Auflösungsvermögen begrenzenden Faktoren möglich. Das ist bei den hohen Forderungen, die gestellt werden müssen, nur mit großem Aufwand möglich.

Die theoretisch optimal erreichbare Auflösung δ_0 ist gegeben durch Öffnungsfehler und Beugung. Soll δ_0 erreicht werden, so muß die Wirkung aller anderen die Auflösung begrenzenden Faktoren sehr klein gegen δ_0 sein. Das ist praktisch im allgemeinen nicht erfüllt. Die in einfacher Weise prüfbaren auflösungsbegrenzenden Faktoren Objektbewegung, Bildverwacklung durch Aufladungserscheinungen und Einfluß von Störfeldern sind relativ leicht zu beseitigen, und es soll im folgenden angenommen werden, daß dadurch keine Auflösungsbegrenzung eintritt. Auch die Bedingung der guten Zentrierung des Gerätes, die sich nach Ziff. 26 gut prüfen läßt, soll als erfüllt gelten.

Das durch die noch verbleibenden, gerätbedingten Fehler, Astigmatismus und Farbfehler, erzeugte Fehlerscheibchen ist proportional der Apertur α. Ist der Durchmesser dieses Fehlerscheibchens $2\delta \geq \delta_0$, so wird das Auflösungsvermögen nicht mehr durch Beugung und Öffnungsfehler, sondern durch Beugung und Farbfehler bzw. Astigmatismus begrenzt. Es ergibt sich dann eine andere optimale Apertur α_0', die unter den gegebenen Umständen zum besten Auflösungsvermögen δ_0' führt. Für das durch Strom- oder Spannungsschwankung oder durch Astigmatismus erzeugte Fehlerscheibchen mit Durchmesser $2\delta_f$ bzw. $2\delta_A$ sei angesetzt:

$$\left.\begin{aligned} 2\delta_f &= 2\alpha\,C_F\frac{\Delta U}{U} = 2\alpha\,C_F p_1, \\ 2\delta_f &= 2\alpha\,C_F\frac{2\Delta J}{J} = 2\alpha\,C_F p_2, \\ 2\delta_A &= 2\alpha\,C_F\frac{2\Delta J_A}{J} = 2\alpha\,C_F p_3. \end{aligned}\right\} \tag{29.3}$$

Weiter sei in erster Näherung angenommen, daß sich die Fehler quadratisch addieren, so daß für das resultierende Fehlerscheibchen gilt:

$$(0{,}6\,\lambda/\alpha^2) + (2\alpha\,C_F)^2 \sum_{i=1}^{3} p_i^2 = \delta^2(\alpha). \tag{29.4}$$

$\delta(\alpha)$ hat seinen kleinsten Wert für $d\delta(\alpha)/d\alpha = 0$. Daraus folgt:

$$\alpha_0' = \sqrt[2]{\frac{0{,}3\,\lambda}{C_F}} \cdot \frac{1}{\sqrt[4]{\Sigma\,p\,i^2}}; \qquad \delta_0' = \frac{0{,}85\,\lambda}{\alpha_0'}. \tag{29.5}$$

Daraus läßt sich bei gegebenen p_i, λ und C_F das erreichbare Auflösungsvermögen berechnen.

In Fig 81 ist die Abhängigkeit der zulässigen Strom- und Spannungsschwankung und die zulässige astigmatische Stromdifferenz für die in Gl. (25.4) berechnete Linse als Funktion der erstrebten Auflösung δ unter der Bedingung aufgetragen, daß jeweils nur eine dieser Größen das Auflösungsvermögen begrenzt. Sind alle drei betrachteten Schwankungen p_i von gleicher Größe, so wird der in Fig. 81 aufgetragene Wert von δ um einen Faktor $\sqrt[4]{3} \approx 1{,}3$ vergrößert. Fig. 81 zeigt, daß bei dieser Linse die Bedingungen für Hochspannungskonstanz und Spulenstromschwankung für ein Auflösungsvermögen von 3 Å durchaus eingehalten werden können (s. Ziff. 20 und 21). Das wesentliche auflösungsbegrenzende Element bleibt der Astigmatismus, der hinsichtlich der Einstellung des Stigmators sehr hohe Forderungen stellt. Ebenso ist die Fokussierung des Bildes auf $1 \cdot 10^{-5}$ des Spulenstromes nicht leicht zu erreichen.

Die Forderungen (29.5) gelten bei dünnen Objekten nur dann in voller Schärfe, wenn die Bestrahlungsapertur $\alpha_B \approx \alpha_0$ ist: Wird $\alpha_B \ll \alpha_0$, so ist die Intensitätsverteilung im Farbfehlerscheibchen und im astigmatischen Kreis kleinster Verwirrung wegen der geringen Streuung in dünnen Objekten durch α_B begrenzt (s. hierzu Ziff. 31).

Die theoretische Auflösung wird bei kleiner Bestrahlungsapertur nach Ziff. 28 um den Faktor 1,5 schlechter, während der Einfluß von Farbfehler und Astigma-

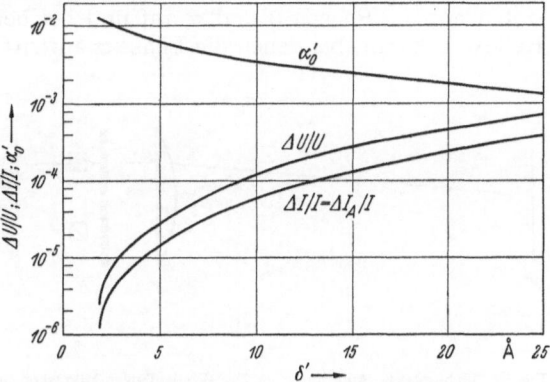

tismus im Verhältnis α_B/α_0 zurückgehen. Der Phasenkontrast (s. Ziff. 33), der bei kleiner Bestrahlungsapertur auftritt, führt aber bei Defokussierung und Astigmatismus leicht zu nicht objekteigenen Scheinstrukturen.

30. Zwei-Wellenlängen-Mikroskopie. Nach der ABBEschen Theorie der Abbildung im Mikroskop enthält das primäre Beugungsbild, das in der hinteren Brennebene des Objektivs entsteht, den vollen Inhalt des dieses Beugungsbild erzeugenden Objektes. BOERSCH[1] konnte experi-

Fig. 81. Das Auflösungsvermögen δ'_0 und die optimale Apertur α'_0 als Funktion der Spulenstromschwankung $\Delta I/I$, der Hochspannungsschwankung $\Delta U/U$ oder der astigmatischen Stromdifferenz $\Delta I_A/I$ für die in Gl. (25.4) berechneten Linsendaten (die astigmatische Brennweitendifferenz $\Delta f_A = 2\Delta I_A/I$ mm).

mentell zeigen, daß auch ohne vorhandenes Objekt aus einem in die hintere Brennebene des Objektivs gebrachten Beugungsbild eines Gitters das Bild dieses Gitters entsteht. Allerdings ist dabei zu beachten, daß zum vollen Bildinhalt des primären Beugungsbildes auch die Phasenbeziehung gehört, die zwischen den einzelnen Beugungsreflexen besteht. Wird aus dem mit einer Wellenlänge λ_1 erzeugten primären Beugungsbild eines Objektes das Bild des Objektes mit einer Wellenlänge $\lambda_2 \gg \lambda_1$ dargestellt, so tritt neben der durch die geometrischen Daten gegebenen Vergrößerung eine Erhöhung der Vergrößerung um den Faktor λ_2/λ_1 ein.

Auf diesen Grundgedanken aufbauend, konnten BRAGG[2] und BUERGER[3] mit einem „Zwei-Wellenlängen-Mikroskop" das Bild eines Atomgitters darstellen. Die von BUERGER verwendete Versuchsanordnung zeigt Fig. 82. Das von der Lichtquelle Q ausgehende Licht wird durch die Linse L_1 parallel gemacht. Der Durchmesser der Lichtquelle d muß klein sein gegenüber dem Produkt aus dem gewünschten Auflösungsvermögen δ mit dem Verhältnis der Wellenlängen λ_2/λ_1.

$$d \ll \delta \frac{\lambda_2}{\lambda_1}. \qquad (30.1)$$

Zwischen den beiden Linsen L_1 und L_2 befindet sich das durch Beugung mit Röntgenstrahlen oder Elektronen der Wellenlänge λ_1 erzeugte primäre Beugungsbild B_1. Die Intensitätsverteilung im primären Beugungsbild, das durch normale Beugung in einer Beugungsapparatur erzeugt wurde, muß, etwa durch einen

---

[1] H. BOERSCH: Z. techn. Phys. **11**, 337 (1938).
[2] W. L. BRAGG: Nature, Lond. **166**, 399 (1950).
[3] M. J. BUERGER: J. Appl. Phys. **21**, 909 (1950).

rotierenden Sektor, mit Lorentz- und Polarisationsfaktor multipliziert werden. Hinter dem Bild jedes einzelnen Beugungsreflexes befindet sich ein Phasenschieber P. Durch die Linse L_2 wird das Bild der Lichtquelle, durch die im primären Beugungsbild auftretenden Beugungserscheinungen modifiziert, auf der sekundären Bildebene B_2 abgebildet. Bei richtiger Phasenbeziehung der einzelnen Reflexe zueinander ist dieses Beugungsbild des primären Beugungsbildes gleich dem Bild des Objektes. In der richtigen Phasenbeziehung der einzelnen Reflexe zueinander liegt das Problem der Anordnung. Diese Phasenbeziehung geht bei der Herstellung des primären Beugungsbildes verloren. Bei zentral-symmetrischen Kristallen ist dieses Problem relativ einfach zu lösen: Es treten nur die Phasen 0 und π auf und bei bekannter Kristallstruktur sind die Reflexe bekannt, bei denen die Phase π auftritt. So verwendet Buerger bei der

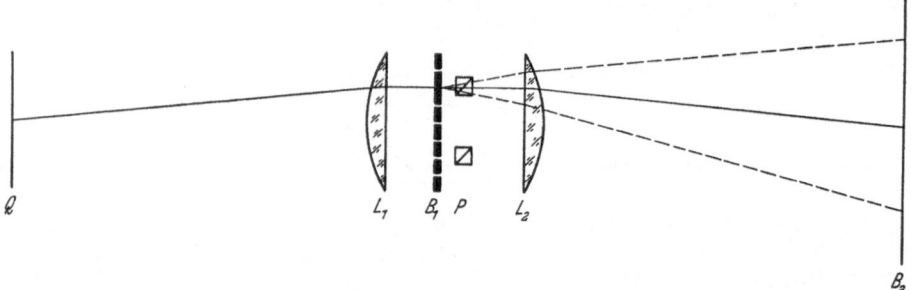

Fig. 82. Lichtoptische Anordnung im Zwei-Wellenlängen-Mikroskop nach Buerger. Q Lichtquelle, L_1, L_2 zwei Linsen mit $f = 180$ cm, B_1 primäres Beugungsbild, durch Röntgenstrahlen ($\lambda = 7 \times 10^{-9}$ cm) erzeugt, P Phasenschieber (Glimmerplättchen), B_2 Beugungsbild des primären Beugungsbildes = vergrößertes Bild des Objektes.

Abbildung des FeS_2-Gitters (Markasit) insgesamt 150 Reflexe des primären Beugungsbildes, bei 30 von ihnen wird die Phase um π verschoben. So entsteht die im Beitrag von Glaser in Fig. 105 (S. 347) wiedergegebene Atomanordnung im Markasit. Ohne Phasenschiebung läßt sich nur die Lage der schweren Eisenatome, nicht aber die Existenz der Schwefelatome nachweisen. Die dargestellte Atomanordnung gibt nur den Mittelwert über eine große Zahl von Elementarzellen wieder. Einzelne Fehlstellen können so nicht — oder nur bei voller Kenntnis der Phasenbeziehung im primären Beugungsbild — dargestellt werden.

Bei nicht zentral-symmetrischen Kristallen hat im allgemeinen jeder Reflex seine eigene Phase, die bekannt sein und in den einzelnen Phasenschiebern eingestellt werden muß.

Gabor[1] hat theoretisch und im lichtoptischen Experiment gezeigt, daß auch bei nicht periodischen Objekten eine Rekonstruktion des Bildes des Objektes aus dem durch Zentralprojekten mit der Wellenlänge λ_1 erhaltenen Fresnelschen Beugungsbild mit einer Wellenlänge $\lambda_2 \gg \lambda_1$ möglich ist. Der Durchmesser der Elektronen oder Röntgenstrahlquelle d, mit der die Zentralprojektion erzeugt wird, muß kleiner sein als das erstrebte Auflösungsvermögen δ. Die Abbildungsfehler des lichtoptischen Systems, mit dem aus dem Fresnelschen Beugungsbild (= Hologramm) das Bild des Objektes erzeugt wird, sollen gleich den Abbildungsfehlern des elektronenoptischen Systems sein, das die Elektronenquelle mit Durchmesser $d < \delta$ erzeugt.

Haine und Mulvey[2] haben das Gaborsche Verfahren experimentell geprüft. Mit einem vierlinsigen System erzeugten sie ein stark verkleinertes Bild der

[1] D. Gabor: Proc. Roy. Soc. Lond., Ser. A 197, 454 (1949). — Proc. Phys. Soc. Lond. B 64, 449 (1951).
[2] M. E. Haine u. T. Mulvey: J. Opt. Soc. Amer. 42, 763 (1952).

Elektronenquelle, das für eine Auflösung von 2 Å ausreichen sollte. Auch die sich aus der Theorie ergebenden sehr scharfen Forderungen an Hochspannungs-
und Spulenstromkonstanz wurden quantitativ eingehalten. Der Ausgang der Versuche sei mit den Worten der Verfasser wiedergegeben: „Die mit dieser Anordnung erhaltenen Ergebnisse waren enttäuschend. Die besten Bilder zeigten ein Auflösungsvermögen schlechter als 50 Å."

Eine genaue theoretische Analyse[1] der einzuhaltenden Bedingungen zeigt, daß die geforderten geometrischen Bedingungen kaum praktisch einhaltbar erscheinen. Eine etwas modifizierte Methode des GABORschen Verfahrens führt zu besseren Ergebnissen. Das FRESNELsche Beugungsbild wird in einem üblichen Elektronenmikroskop durch leicht überfokussierte Abbildung bei extrem kleiner Bestrahlungsapertur erzeugt. HAINE und MULVEY bezeichnen diese Methode als „Transmission Method" im Gegensatz zur ursprünglichen GABORschen „Projection Method". Die kleine Bestrahlungsapertur ist notwendig, um die für FRESNELsche Beugungssäume hoher Ordnung notwendige Kohärenz zu erreichen. Die kleine Bestrahlungsapertur führt bei dem begrenzten Richtstrahlwert der Elektronenstrahler (Ziff. 7) zu sehr langen Belichtungszeiten t, die HAINE und MULVEY unter günstigen Umständen abschätzen zu

$$t \approx \frac{8000\ \text{Å}^4}{d^4}\ \text{sec}. \qquad (30.2)$$

Bei einem gewünschten Auflösungsvermögen von 2 Å würde

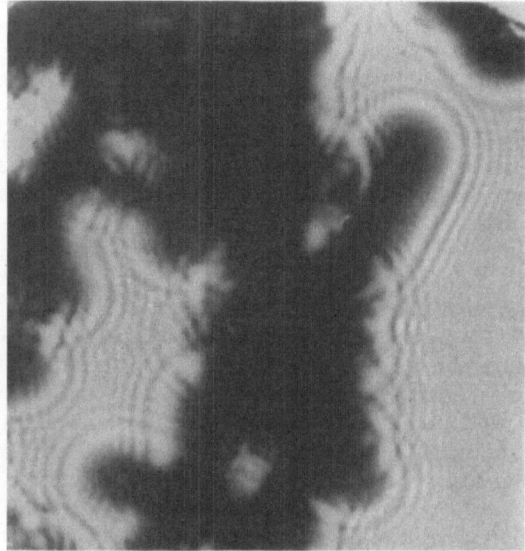

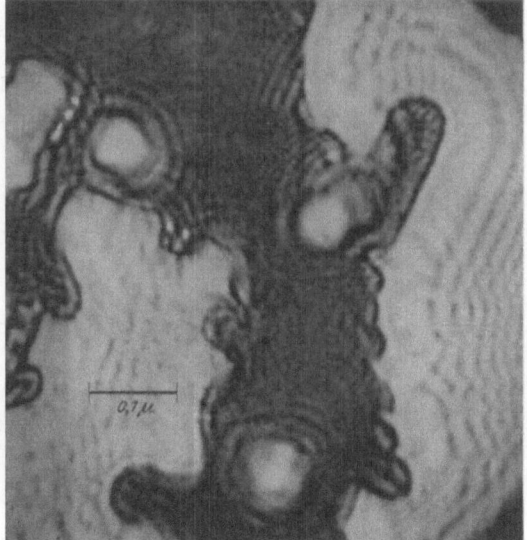

Fig. 83 a u. b. FRESNELsches Beugungsbild (Hologramm) (a) und lichtoptische Rekonstruktion (b) von Zinkoxydkristallen nach der „Transmission Method" (HAINE und MULVEY).

die Belichtungszeit 500 sec betragen. Hochspannung und Spulenstrom müssen über lange Zeit konstant sein bis auf einen Wert, der nach HAINE und MULVEY[1] gegeben ist durch

$$\frac{\Delta U}{U} < \frac{4\delta^2}{f\lambda}, \qquad \frac{\Delta I}{I} = \frac{1}{2}\frac{\Delta U}{U}. \qquad (30.3)$$

---

[1] M. E. HAINE u. T. MULVEY: J. Opt. Soc. Amer. **42**, 763 (1952).

Für $f = 2$ mm, $\delta = 2$ Å, $\lambda = 0{,}05$ Å folgt daraus $\Delta U/U < 1{,}6 \cdot 10^{-5}$ für eine Zeit von 500 sec.

Haine und Mulvey konnten mit dieser Anordnung ein Auflösungsvermögen von 6 Å erreichen.

Die Schwierigkeiten des Verfahrens liegen in den langen, erforderlichen Belichtungszeiten, die an Objektruhe, Objektverschmutzung, Hochspannungs- und Spulenstromkonstanz sehr hohe Anforderungen über lange Zeiten stellen.

Außerdem wurde die Brauchbarkeit des Verfahrens bisher nur an sehr kontrastreichen Objekten geprüft. Im Fresnelschen Beugungsbild gehen, ebenso wie beim Buergerschen Verfahren, die Phasenbeziehungen der Interferenzen verloren und es kann — in Analogie zum Buergerschen Verfahren — angenommen werden, daß ohne richtige Phasenbeziehung nur kontrastreiche Objekteinzelheiten wiedergegeben werden, während kontrastschwache Objektdetails verloren gehen.

Die ersten Versuche, mit dem Gabor-Verfahren die Auflösungsgrenze des klassischen Elektronenmikroskops zu überschreiten, zeigen, daß die Schwierigkeiten experimenteller Art nicht leicht zu überwinden sind und daß beim heutigen Stand der Technik das Gabor-Verfahren unter wesentlich erschwerten experimentellen Bedingungen nicht mehr zu leisten vermag als das übliche Elektronenmikroskop.

In Fig. 83 sind Beugungsbild (Hologramm) und optische Rekonstruktion eines Zinkoxydkristalls wiedergegeben.

b) Objektbedingte Grenzen.

31. Streuung und Energieverlust im Objekt. Die Streuung und der Energieverlust von Elektronen in so dünnen Schichten und unter den kleinen Winkeln, die für die Bildentstehung im Elektronenmikroskop maßgebend sind, ist heute weder experimentell noch theoretisch quantitativ bekannt, doch erlaubt die Theorie eine Abschätzung der auftretenden Effekte, die mit den vorliegenden experimentellen Ergebnissen in recht guter Übereinstimmung steht.

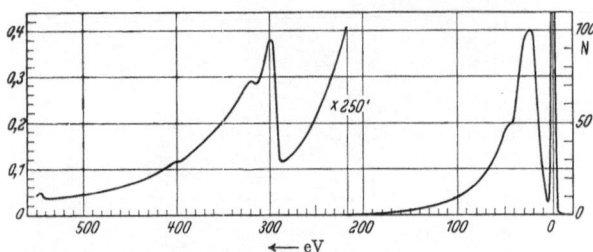

Fig. 84. Energieverteilung von 7,5 keV-Elektronen nach dem Durchgang durch eine dünne Kollodiumhaut. Beim linken Teil der Kurve ist der Ordinatenmaßstab 250 mal vergrößert. Streuwinkel der Elektronen 1,7 ± 1/4°.

Unter dem Streuwinkel 0° ist das Intensitätsverhältnis $\dfrac{J_{290V}}{J_{20V}}$ noch um etwa einen Faktor 10 kleiner (Ruthemann).

Die Experimente von Ruthemann[1], Möllenstedt[2] und Marton[3] zeigen, daß Elektronen beim Durchsetzen dünner Schichten (Dicke etwa 300 Å) charakteristische Energieverluste I_s von etwa 20 eV erleiden. Der größte Teil der Elektronen durchdringt die Folie ohne Energieverlust. Zwischen 0 und I_s treten praktisch keine Energieverluste auf. In Fig. 84 sind die Intensitätsverteilung der Energieverluste von 7,5 keV-Elektronen nach dem Durchgang durch eine dünne Kollodiumhaut ($d \approx 100$ Å) nach Ruthemann, in Fig. 85 einige von Möllenstedt[3] mit dem hochauflösenden Geschwindigkeitsanalysator erhaltene Geschwindigkeitsspektrogramme wiedergegeben. Fig. 86 gibt die quantitativen

[1] G. Ruthemann: Ann. Physik **2**, 113 (1948).
[2] G. Möllenstedt: Optik **5**, 497 (1949).
[3] L. Marton: Phys. Rev. **94**, 203 (1954).

Werte und die geschätzten Intensitätsverteilungen der Energieverluste verschiedener Substanzen bei 25 bis 40 kV-Elektronen wieder. Die experimentellen Ergebnisse zeigen, daß im festen Körper Elektronen nur relativ große Energieverluste erleiden können; an den niedrigen Anregungsstufen findet praktisch kein Energieverlust statt.

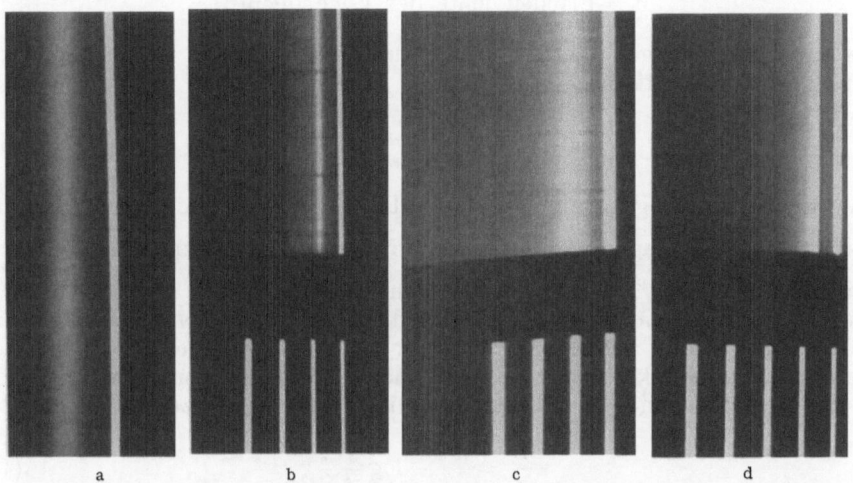

Fig. 85a—d. Energieverteilung von 35 keV-Elektronen nach dem Durchgang durch dünne Folien. Eichmarkenabstand 20 eV. a Kollodium, b Antimon, c Nickel, d Vakuum, 10⁻³ mm Hg (nach MÖLLENSTEDT).

Zwei theoretische Ansätze zur Deutung dieses Verhaltens liegen vor:

H. FRIEDMANN[1] meint, daß im festen Körper die am leichtesten gebundenen Elektronen in die Leitfähigkeitsbänder eingebaut sind; ein Übergang in diese besetzten Zustände ist nach dem PAULI-Prinzip verboten und auf die Weise sei erklärt, daß — bei etwas verschobenem Termschema — die gemessenen großen Energieverluste stattfinden können. Die hoch angeregten Übergänge der äußersten Elektronen bilden durch Mehrfachstreuung das beobachtete Kontinuum. Diese Annahme würde erlauben, die hohe Wahrscheinlichkeit der Energieverluste $Q = I_s$ nach BOHR[2] zu deuten als einen Resonanzeffekt am mit I_s an das Atom gebundenen Elektron.

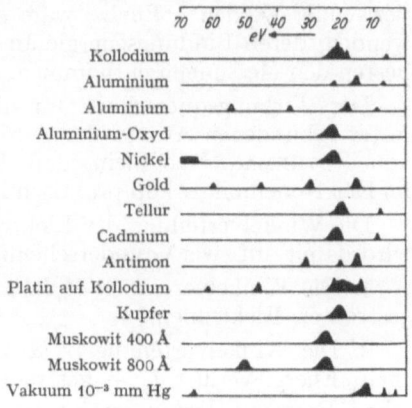

Fig. 86. Diskrete Energieverluste in dünnen Folien bei 25 bis 40 kV (MÖLLENSTEDT).

Für einen solchen Resonanzverlust ergibt sich nach BOHR — unter der vereinfachenden Annahme, daß der Resonanzverlust nur für Energieverluste $(1 - \varepsilon)$ $I_s < Q < (1 + \varepsilon) I_s$ stattfindet — eine Wahrscheinlichkeit $W_R(Q)$:

$$W_R(Q) = a \sum_s \frac{n_s}{Z} \cdot \frac{1}{2\varepsilon I_s^2} \log \frac{2U}{I_s(1 - \beta^2)} \qquad (31.1)$$

[1] H. FRIEDMANN: Naturwiss. **41**, 569 (1954).
[2] N. BOHR: Kgl. Danske Vid. Selsk. nat.-fys. Medd. **18**, H. 8 (1948).

mit

$$a = \frac{2\pi e^4 NZ \varkappa}{m v^2} = 1{,}54 \cdot 10^5 \cdot \frac{Z}{A} \cdot \frac{\sigma}{\beta^2} \ \mathrm{V/cm},$$

$I_s = $ Bindungsenergie des s-ten Elektrons,

$n_s = $ Anzahl der Elektronen mit I_s,

$\sigma = $ Flächendichte der Folie (g/cm²).

Das ergibt für den gesamten Energieverlust dE/dx an den n_s Elektronen mit I_s die quantentheoretische Formel:

$$\frac{dE}{dx} = \frac{2\pi n_s e^4}{E_0} \log \frac{2E_0}{I_s} \quad \text{für} \quad \beta^2 \ll 1. \tag{31.2}$$

Eine andere Deutung geben Pines und Bohm[1]: Sie betrachten die Leitungselektronen als schwingungsfähiges Plasma mit einer Eigenfrequenz $\omega = \sqrt{\frac{4\pi n e^2}{m}}$ ($n = $ Elektronen/cm³). Die experimentellen Untersuchungen von Marton[1] und von Rollwagen[3] scheinen zu zeigen, daß die Theorie von Pines und Bohm nicht in der Lage ist, alle auftretenden Effekte quantitativ zu deuten. Doch bleibt interessant zu bemerken, daß sich auch nach der Theorie von Pines und Bohm der Energieverlust an den n Elektronen mit $I_s = \hbar\omega$ ergibt zu:

$$\frac{dE}{dx} = \frac{\pi n e^4}{E_0} \log \frac{3E_0}{kT}. \tag{31.3}$$

Aus (31.3) folgt beim Einsetzen von $T = 300°$ K und $E_0 = 60$ kV praktisch der gleiche Wert wie aus (31.2). Abschätzungen des Wirkungsquerschnitts[1] bestätigen in gleicher Weise (31.3) und (31.2), genaue Messungen des Wirkungsquerschnitts liegen nicht vor.

Damit kann Gl. (31.1) in erster Näherung für die Wahrscheinlichkeit $W_R(Q)$ verwendet werden[4]. Für n_s wäre sinngemäß die Zahl aller Elektronen zu verwenden, deren Bindungsenergie an das freie Atom $I_s' \approx I_s$ ist. I_s selbst wird am besten den Messungen entnommen.

Der Wirkungsquerschnitt für die größeren Energieverluste an den inneren, fester gebundenen Atomelektronen ist nach Gl. (31.1) und nach den Messungen von Ruthemann[5] so klein, daß diese Energieverluste für die Bildentstehung im Elektronenmikroskop praktisch keine Bedeutung haben.

Die Winkelverteilung der Elektronen nach Durchsetzen des dünnen Objektes wird damit auf zwei Grunderscheinungen reduziert:

1. Die Winkelverteilung $W_e(\alpha) \propto d\alpha$ der elastisch — ohne Energieverlust — gestreuten Elektronen.

2. Die Winkelverteilung $W_u(\alpha) \propto d\alpha$ der unelastisch — mit annähernd gleichem Energieverlust I_s — gestreuten Elektronen. Bei mehreren charakteristischen Energieverlusten sei in erster Näherung ein Mittelwert $\overline{I}_s$ angenommen. Für die Winkelverteilung der elastisch gestreuten Elektronen zeigen Messungen

[1] O. Pines u. D. Bohm: Phys. Rev. 85, 338 (1952).

[2] L. Marton: Phys. Rev. 94, 203 (1954).

[3] W. Rollwagen: Vortrag auf der Tübinger Arbeitstagung über diskrete Energieverluste, Juli 1954.

[4] Für relativ dicke Schichten ($d \sim 1\mu$) führt (31.1) zu guter Übereinstimmung mit der experimentell gemessenen Verteilung der Energieverluste $W(Q)\, dQ$. Vgl. dazu O. Blunck u. S. Leisegang: Z. Physik 128, 500 (1950).

[5] G. Ruthemann: Ann. Physik 2, 113 (1948).

von LEISEGANG[1] bei Foliendicken von 100 bis 1000 Å und verschiedener Ordnungszahl Z bis herunter zu Winkeln $\vartheta \geq 10^{-2}$ gute Übereinstimmung mit den theoretischen Ansätzen von MOLIÈRE[2].

Es scheint erlaubt, den Gültigkeitsbereich dieser Formeln bis auf Winkel $\vartheta \approx 10^{-3}$ auszudehnen.

Die elastische Streuung wird danach bestimmt durch die mittlere Stoßzahl n_e und die Winkelverteilung der in sehr dünner Schicht $(n_e \ll 1)$ gestreuten Elektronen $W_e(\alpha)\,\alpha\,d\alpha$. Für beide Größen ergibt sich bei Annahme eines Potentialverlaufs im Atom $V(r)$:

$$V(r) = \frac{Z\,e^2}{r}\,e^{-\frac{r}{r_a}}\;;\quad r_a = Z^{-\frac{1}{3}}\,0,52\,\text{Å}, \tag{31.4}$$

$$\left.\begin{aligned} n_e &= \frac{0,88\,Z^{\frac{4}{3}}\cdot\sigma\cdot 10^4}{A\,\beta^2}, \\[4pt] W_e(\alpha)\,\alpha\,d\alpha &= \frac{2\,n_e}{\chi_0^2}\left[1+\left(\frac{\alpha}{\chi_0}\right)^2\right]^{-2}\alpha\,d\alpha, \\[4pt] \chi_0 &= 0,84\cdot Z^{\frac{1}{3}}\,\frac{\sqrt{1-\beta^2}}{\beta}\cdot 10^{-2}. \end{aligned}\right\} \tag{31.5}$$

Bei gegebener Bestrahlungsapertur α_B (s. Ziff. 8) ist die Intensitätsverteilung $I_e(\alpha)\,\alpha\,d\alpha$ der von einem Objektpunkt ausgehenden elastisch gestreuten Elektronen für dünne Schichten $(n_e < \frac{1}{3})$ unter der praktisch immer erfüllten Annahme $\alpha_B \ll \chi_0$ gegeben durch:

$$J_e(\alpha)\,\alpha\,d\alpha = (1-n_e)\,J_B(\alpha) + n_e\cdot J_B(0)\,\frac{\alpha_B^2}{\chi_0^2}\left[1+\left(\frac{\alpha}{\chi_0}\right)^2\right]^{-2}\alpha\,d\alpha. \tag{31.6}$$

$J_B(\alpha) =$ Bestrahlungsintensität als Funktion von α.

Für $n_e > 0,5$ treten mehrfache Stöße mit endlicher Wahrscheinlichkeit auf und die Intensitätsverteilung ist nur durch Faltungsintegrale zu berechnen. Diese Rechnung ist bei LEISEGANG[1] bis zu $n_e = 8$ durchgeführt. Für $n_e \leq 2$ (größere Werte von n_e sind elektronenmikroskopisch ohne Interesse) läßt sich das Ergebnis mit guter Näherung durch die Formel wiedergeben:

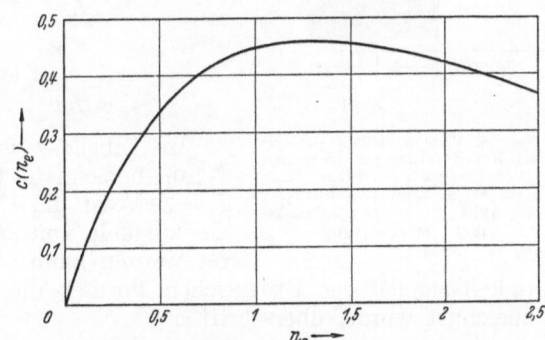

Fig. 87. Die Funktion $C(n_e)$ der Gl. (31.7).

$$J_e(\alpha)\,\alpha\,d\alpha = e^{-n_e}\,J_B(\alpha) + C(n_e)\,J_B(0)\,\frac{\alpha_B^2}{\chi_0^2}\left[1+\left(\frac{\alpha}{\chi_0}\right)^2\right]^{-\frac{3}{2}}\alpha\,d\alpha. \tag{31.7}$$

Die Funktion $C(n_e)$ ist in Fig. 87 dargestellt. Gl. (31.7) gibt für $\alpha < \chi_0$ die durch Faltungsintegrale berechnete Winkelverteilung bis auf $\pm 10\%$ ($=$ größte Abweichung bei $\alpha = \chi_0$) wieder.

---

[1] S. LEISEGANG: Z. Physik **132**, 183 (1952).
[2] G. MOLIÈRE: Z. Naturforsch. 2a, 133 (1947); **3a**, 78 (1948). Allerdings ist dabei zu beachten, daß nur der Winkel χ_0 der Gl. (31.5) die experimentellen Ergebnisse gut wiedergibt, das von MOLIÈRE eingeführte χ_α ergibt eine zu breite Winkelverteilung und ein zu kleines n_e. Siehe die ausführliche Diskussion bei LEISEGANG [Z. Physik **132**, 183 (1952)].

Für die Winkelverteilung $W_u(\alpha)$ der unelastisch gestreuten Elektronen liegt experimentell eine Angabe von RUTHEMANN[1] vor. Die Ergebnisse sind in Tabelle 7 wiedergegeben.

Qualitativ ist das rasche Absinken der Intensität an einer Aufnahme von MÖLLENSTEDT[2] (Fig. 88) gut zu sehen.

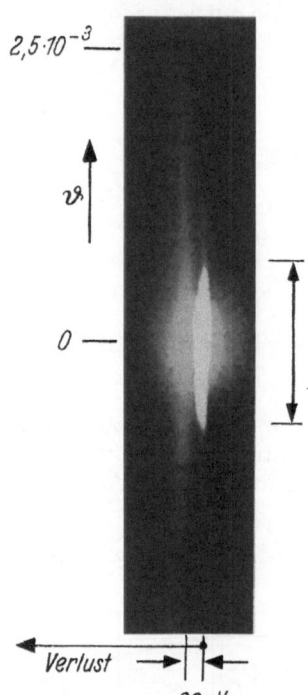

Theoretisch erlauben die Rechnungen von BETHE[3] über die unelastische Streuung an Wasserstoff folgende Aussage über $W_u(\alpha)$:

$$
\left.\begin{array}{ll}
1. \ W_u(\alpha) = C_1 & \text{für} \quad 0 < \alpha < \dfrac{I_s}{U}, \\[2ex]
2. \ W_u(\alpha) = \dfrac{C_2}{\vartheta^2} & \text{für} \quad \dfrac{I_s}{U} < \alpha < \sqrt{\dfrac{I_s}{U}}, \\[2ex]
3. \ W_u(\alpha) = \dfrac{C_3}{\vartheta^4} & \text{für} \quad \alpha > \sqrt{\dfrac{I_s}{U}}.
\end{array}\right\} \quad (31.8)
$$

An den Grenzen der Gültigkeitsbereiche ($\alpha = I_s/U$ und $\alpha = \sqrt{I_s/U}$) stimmen die zusammengehörigen Näherungslösungen überein. Deshalb gilt:

$$
\left.\begin{array}{l}
C_1 = C_2 \left(\dfrac{U}{I_s}\right)^2; \quad C_3 = C_2 \dfrac{I_s}{U}, \\[2ex]
\displaystyle\int_0^{I_s/U} W_1(\alpha)\, \alpha\, d\alpha = \dfrac{C_2}{2}, \\[2ex]
\displaystyle\int_{I_s/U}^{\sqrt{I_s/U}} W_2(\alpha)\, \alpha\, d\alpha = C_2 \log \sqrt{\dfrac{U}{I_s}}, \\[2ex]
\displaystyle\int_{\sqrt{I_s/U}}^{\infty} W_3(\alpha)\, \alpha\, d\alpha = \dfrac{C_2}{2}.
\end{array}\right\} \quad (31.9)
$$

In Tabelle 7 ist der nach den Gln. (31.8) und (31.9) berechnete Intensitätsabfall eingetragen. Für $I_s = 22$ V ist die Übereinstimmung so gut, wie aus Genauigkeit von Messung und Theorie nur erwartet werden kann. Für $I_s = 291$ V ist wohl der Gültigkeitsbereich der BETHEschen Formel, die für Wasserstoff mit $I_s = 13,5$ V berechnet wurde, überschritten.

Fig. 88. Winkelverteilung der elastisch und unelastisch gestreuten Elektronen nach Durchgang durch eine 400 Å dicke Kollodiumfolie, $U = 35$ kV, $\updownarrow$ = Breite des Primärflecks (MÖLLENSTEDT).

Tabelle 7. *Intensitätsabnahme als Funktion des Streuwinkels nach* RUTHEMANN.
[Kollodiumfolie etwa 100 Å dick, $U = 7,5$ kV. — Zum Vergleich sind die nach Gl. (31.8) berechneten Werte eingesetzt.]

Streuwinkel × 10²	$I_s = 22$ V		$I_s = 291$ V	
	gemessen	berechnet	gemessen	berechnet
$0 \pm 0,4$	1	1	1	1
$3 \pm 0,4$	$\frac{1}{100}$	$\frac{1}{100}$	$\frac{1}{8}$	1
$6 \pm 0,4$	$\frac{1}{500}$	$\frac{1}{480}$	$\frac{1}{20}$	$1:2,5$

[1] G. RUTHEMANN: Ann. Physik **2**, 113 (1948).
[2] G. MÖLLENSTEDT: Optik **5**, 497 (1949).
[3] H. BETHE: Ann. Physik **5**, 325 (1930). Vgl. hierzu auch H. BOERSCH: Mh. Chem. **76**, 163 (1946).

Da in dem Integral über W_2 in den Gln. (31.9) $\sqrt{U/I_s}$ unter dem Logarithmus eingeht, kann hier ohne großen Fehler für alle elektronenmikroskopisch interessanten Werte ein mittlerer Wert von $U \approx 70$ kV, $I_s \approx 20$ V eingesetzt werden. Außerdem kann $W_3(\alpha)$ wegen $\sqrt{I_s/U} \approx 1{,}8 \cdot 10^{-2}$ und

$$\int\limits_{\sqrt{I_s/U}}^{\infty} W_3\,\alpha\,d\alpha \approx 0{,}1 \int\limits_{0}^{\sqrt{I_s/U}} (W_1 + W_2)\,\alpha\,d\alpha$$

vernachlässigt werden. Daraus ergibt sich für die Zahl n_u und die Winkelverteilung W_u der mit Energieverlust I_s unelastisch gestreuten Elektronen bei kleinem n_u ($n_u < \tfrac{1}{3}$) nach (31.1)

$$n_u = \int\limits_{(1-\varepsilon)\,I_s}^{(1+\varepsilon)\,I_s} W_R(Q)\,dQ = a\,\frac{n_s}{Z} \cdot \frac{1}{I_s}\,\log\frac{2\,U}{I_s(1-\beta^2)}\,. \tag{31.10}$$

$$\left.\begin{aligned}
W_u(\alpha)\,\alpha\,d\alpha &= \frac{n_u}{4{,}55}\cdot 1{,}1 \cdot 10^7 \cdot \alpha\,d\alpha \quad \text{für} \quad 0 < \alpha < 3 \cdot 10^{-4},\\[4pt]
W_u(\alpha)\,\alpha\,d\alpha &= \frac{n_u}{4{,}55}\cdot \frac{1}{\alpha^2}\cdot \alpha\,d\alpha \qquad\quad \text{für} \quad 3 \cdot 10^{-4} < \alpha < 1{,}7 \cdot 10^{-2}.
\end{aligned}\right\} \tag{31.11}$$

Für die später notwendigen Faltungsoperationen kann $W_u(\alpha)$ für $\alpha < 10^{-2}$ in ausreichend guter Näherung als Summe zweier e-Funktionen dargestellt werden:

$$W_u(\alpha)\,\alpha\,d\alpha = n_u \cdot e^{-n_u} \cdot 2{,}3 \cdot 10^6 \left[0{,}95\,e^{-2{,}42 \cdot 10^7 \alpha^2} + 0{,}05\,e^{-10^5 \alpha^2}\right]\alpha\,d\alpha. \tag{31.12}$$

Die Hälfte aller unelastisch gestreuten Elektronen liegt innerhalb eines Winkels von $\alpha = 3 \cdot 10^{-3}$. Die Winkelverteilung der unelastisch gestreuten Elektronen ist sehr schmal (Halbwertsbreite $\alpha_u \lesssim 1 \cdot 10^{-3}$). Dieses Ergebnis stimmt qualitativ mit den in Fig. 88 wiedergegebenen Messungen überein. Auch die neueren Messungen von LEONHARD[1] und MARTON[2] sind, soweit sie quantitative Aussagen zulassen, in guter Übereinstimmung mit diesen einfachen theoretischen Annahmen. Wird $n_u > \tfrac{1}{3}$, so dürfen auch hier die Mehrfachstöße nicht mehr vernachlässigt werden. Die Wahrscheinlichkeit W_{nu}, daß bei gegebenem n_u n Stöße mit dem Energieverlust $n \cdot I_s$ auftreten, ist nach der POISSONschen Formel gegeben durch:

$$W_{nu} = \frac{n_u^n}{n!} \cdot e^{-n_u}. \tag{31.13}$$

In Fig. 89 ist W_{nu} als Funktion von n_u für $n = 1$, 2 und 3 aufgetragen.

Die sich dann ergebende Winkelverteilung $W_{nu}(\alpha)$, die sich mit FOURIER-Transformationen an dem durch (31.12) gegebenen $W_u(\alpha)$ leicht durchführen läßt ist für $n = 1$ bis 3 in Fig. 90 (S. 498) dargestellt.

Damit ist auch die Winkelverteilung der mehrfach unelastisch gestreuten Elektronen gegeben. Sie kann nach (31.9) in erster Näherung als von der Spannung U unabhängig betrachtet werden. Das Verhalten bei sehr kleinem Winkel ($\alpha < 3 \cdot 10^{-4}$) wird dann nicht ganz theoretisch richtig wiedergegeben.

Beim Durchsetzen der Materie treten elastische und unelastische Stöße auf. Es kann ohne Bedenken angenommen werden, daß diese beiden statistischen Prozesse voneinander unabhängig sind, ihre Wahrscheinlichkeiten sich also multiplizieren. Bei der Berechnung der resultierenden Winkelverteilung bei

---

[1] F. LEONHARD: Z. Naturforsch. 9a, 727, 1019 (1954).
[2] L. MARTON, J. A. SIMPSON u. T. F. McCRAW: Phys. Rev. 99, 495 (1955).

elastischen und unelastischen Stößen wird die Überlegung ganz wesentlich dadurch vereinfacht, daß $\alpha_u \ll \alpha_e$ (α_u, α_e = Halbwertsbreite der Winkelverteilung der unelastisch bzw. elastisch gestreuten Elektronen) ist. Wenn überhaupt ein elastischer Streuakt erfolgt, so ist der mittlere Streuwinkel so groß, daß ein vorher erfolgter oder nachher eintretender unelastischer Streuprozeß praktisch keinen Einfluß auf die resultierende Winkelverteilung hat; nur bei den nicht elastisch gestreuten Elektronen tritt die Winkelverteilung der unelastisch gestreuten

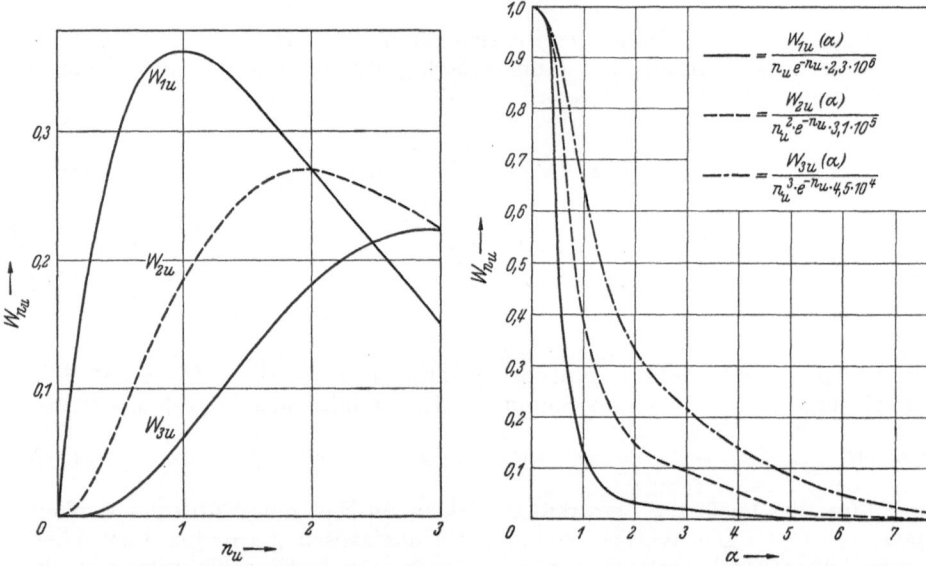

Fig. 89. Wahrscheinlichkeit $W_{n\,u}$, daß bei mittlerer Stoß-zahl für unelastische Stöße n_u mit Energieverlust I_s, n Stöße ($n = 1, 2, 3$) mit einem Energieverlust $n I_s$ stattfinden [nach Formel (31.13)].

Fig. 90. Winkelverteilung der unelastisch gestreuten Elektronen nach n Stößen mit Energieverlust $I_s \sim 20$ eV, $W_{n\,u}(\alpha) \, \alpha \, d\alpha$ ($n = 1, 2, 3$).

Elektronen in Erscheinung. In Tabelle 8 sind Winkelverteilung und Energieverlust beim Zusammenwirken von elastischen und unelastischen Stößen dargestellt.

Daraus ergibt sich bei kleiner Halbwertsbreite des bestrahlenden Bündels $\alpha_B < 3 \cdot 10^{-4}$ die Winkelverteilung der gestreuten Elektronen, die einen Energieverlust $n I_s$ erlitten haben, $J_n(\alpha) \, \alpha \, d\alpha$ zu:

$$
\left.
\begin{aligned}
J_0(\alpha) &= e^{-(n_e + n_u)} J_B(\alpha) + J_B(0) \frac{\alpha_B^2}{2} \cdot e^{-n_u} W_e(\alpha), \\
J_1(\alpha) &= J_B(0) \frac{\alpha_B^2}{2} \left[e^{-n_e} \cdot W_u(\alpha) + n_u \, \dot{e}^{-n_u} W_e(\alpha) \right], \\
J_2(\alpha) &= J_B(0) \frac{\alpha_B^2}{2} \left[e^{-n_e} \cdot W_{2u}(\alpha) + \frac{n_u^2}{2} e^{-n_u} W_e(\alpha) \right], \\
J_3(\alpha) &= J_B(0) \frac{\alpha_B^2}{2} \left[e^{-n_e} \cdot W_{3u}(\alpha) + \frac{n_u^3}{6} e^{-n_u} W_e(\alpha) \right].
\end{aligned}
\right\}
\tag{31.14}
$$

Die nach (31.12) berechneten Winkelverteilungen $W_{n\,u}(\alpha)$ sind für $n = 1$ bis 3 in Fig. 90 dargestellt. Für $W_e(\alpha)$ kann nach (31.7) in genügend guter Näherung gesetzt werden:

$$
W_e(\alpha) = C(n_e) \frac{2}{\chi_0^2} \left[1 + \left(\frac{\alpha}{\chi_0} \right)^2 \right]^{-\frac{3}{2}} \text{ (oder } -2 \text{ für } n_e < 0{,}5)
\tag{31.15}
$$

Tabelle 8. *Winkelverteilung und Energieverlust bei elastischen und unelastischen Stößen* (ES = Elastischer Stoß; US = Unelastischer Stoß mit $\Delta U = n\overline{I}_s$).

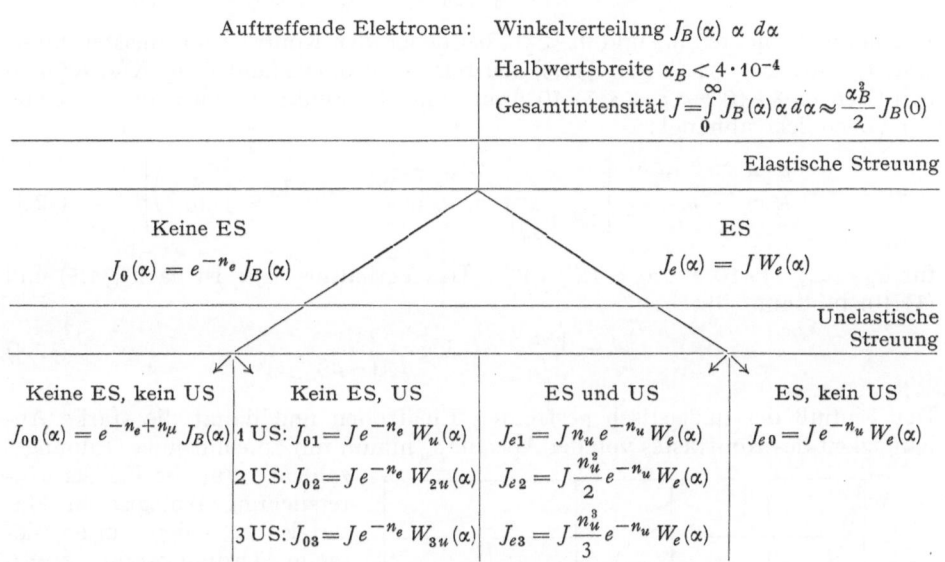

Auftreffende Elektronen: Winkelverteilung $J_B(\alpha) \propto d\alpha$

Halbwertsbreite $\alpha_B < 4 \cdot 10^{-4}$

Gesamtintensität $J = \int_0^\infty J_B(\alpha)\,\alpha\,d\alpha \approx \dfrac{\alpha_B^2}{2} J_B(0)$

Elastische Streuung

Keine ES

$J_0(\alpha) = e^{-n_e} J_B(\alpha)$

ES

$J_e(\alpha) = J W_e(\alpha)$

Unelastische Streuung

Keine ES, kein US	Kein ES, US	ES und US	ES, kein US
$J_{00}(\alpha) = e^{-n_e+n_\mu} J_B(\alpha)$	1 US: $J_{01} = J e^{-n_e} W_u(\alpha)$	$J_{e1} = J n_u e^{-n_u} W_e(\alpha)$	$J_{e0} = J e^{-n_u} W_e(\alpha)$
	2 US: $J_{02} = J e^{-n_e} W_{2u}(\alpha)$	$J_{e2} = J \dfrac{n_u^2}{2} e^{-n_u} W_e(\alpha)$	
	3 US: $J_{03} = J e^{-n_e} W_{3u}(\alpha)$	$J_{e3} = J \dfrac{n_u^3}{3} e^{-n_u} W_e(\alpha)$	

Hinsichtlich der zahlreichen theoretischen Arbeiten über Streuung und Energieverlust darf auf die ausführlichen Diskussionen bei BOERSCH[1], v. BORRIES [8] und LENZ[2] verwiesen werden.

32. Kontrast in ausgedehnten Objekten. Der Kontrast in elektronenmikroskopischen Bildern wird hervorgerufen durch die Elektronenstreuung. Die von einem Objektpunkt ausgehenden, in größere Winkel ($\alpha > \alpha_0$) gestreuten Elektronen werden bei Verwendung einer Objektiv-Aperturblende von dieser abgefangen oder beim Arbeiten ohne Aperturblende durch den Öffnungsfehler in vom Objektpunkt weit entfernte Gebiete abgebildet. Durch das Fehlen einer Aperturblende wird der bei dünneren Objekten schwache Kontrast weiter reduziert, deshalb soll im folgenden immer eine Aperturblende vorausgesetzt werden, die den zur Abbildung zugelassenen Winkelbereich auf den Wert α_0 begrenzt. Auch der Farbfehler hat bei kleinen Objekten Einfluß auf den Kontrast (s. Ziff. 34). Davon soll zunächst abgesehen werden; es sei nur vom Kontrast in gegenüber dem Farbfehlerscheibchen großen Objekten die Rede. Wird die Objektivapertur α_0 so klein gemacht, daß sämtliche elastisch und unelastisch gestreuten Elektronen abgefangen werden, so entsteht der theoretisch größtmögliche Kontrast $K(\alpha_0 \to 0)$ $= K(0)$. Voraussetzung zur Erreichung dieses Kontrastes ist die Forderung, daß die Halbwertsbreite der Bestrahlungsapertur $\alpha_B < \alpha_0$ ist.

Dieser optimale Kontrast ist nach den Gln. (31.15) gegeben durch

$$K(0) = 1 - \frac{J(0)}{J_B(0)} = 1 - e^{-(n_e+n_u)}. \qquad (32.1)$$

Bei größer werdender Apertur α_0 wird der Kontrast Funktion von α_0. Die durch die Aperturblende durchgelassene Intensität $J_D(\alpha_0)$ ergibt sich nach Gl. (31.14)

---

[1] H. BOERSCH: Z. Naturforsch. **2a**, 615 (1947).
[2] F. LENZ: Z. Naturforsch. **9a**, 185 (1954).

für $\alpha_B \ll \alpha_0$ zu

$$J_D(\alpha_0) = \int\limits_{0}^{\alpha_0} \sum_{i=0}^{\infty} J_i(\alpha)\, \alpha\, d\alpha. \qquad (32.2)$$

Für dünne Schichten (n_e und $n_u < \frac{1}{3}$), bei denen der Kontrast am meisten interessiert, wird aus (31.5) und (31.9) die relative Kontraständerung $K(\alpha)/K(0)$ in den Grenzen $3 \cdot 10^{-4} < \alpha < 1{,}7 \cdot 10^{-2}$ eine einfache Funktion von α, die nicht von der Foliendicke abhängt:

$$\frac{K(\alpha)}{K(0)} = \frac{n_e}{n_e + n_u} \left[\frac{1}{1 + \left(\dfrac{\alpha}{\chi_0}\right)^2} + \frac{n_u}{n_e}\left(0{,}89 - 0{,}5\ \mathrm{Log}\ \frac{\alpha_0}{3 \cdot 10^{-4}}\right) \right] \qquad (32.3)$$

für $\alpha_B < \alpha_0$; $3 \cdot 10^{-4} < \alpha_0 < 1{,}7 \cdot 10^{-2}$. Das Verhältnis n_u/n_e ist nach (31.5) und (31.10) bestimmt durch:

$$\frac{n_u}{n_e} = \frac{17{,}5\,\mathrm{V}}{I_s} \cdot \frac{n_s}{Z^{\frac{1}{3}}} \log \frac{2U}{\overline{I}_s(1 - \beta^2)}. \qquad (32.4)$$

Der Einfluß der unelastisch gestreuten Elektronen und damit die starke Abhängigkeit des Kontrastes von der Apertur α_0 nimmt mit zunehmender Ordnungs-

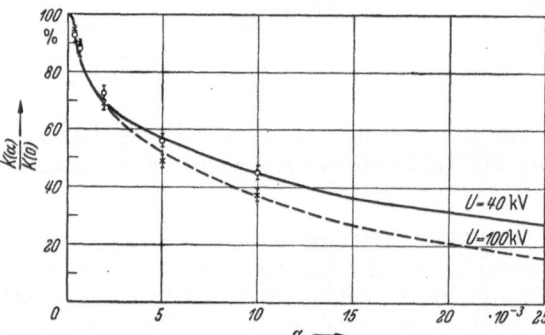

zahl ab. Für die bei der Untersuchung biologischen Materials besonders interessierende Ordnungszahl $Z = 6$ (Kohlenstoff) wurde Gl. (32.3) für $U = 40$ und $100\ \mathrm{kV}$ mit $I_s = 20\ \mathrm{eV}$ und $n_s = 2$ ausgewertet[1].

Das Ergebnis dieser Rechnung ist in Fig. 91 dargestellt und mit Messungen von Leisegang[2] verglichen.

Der Kontrast als Funktion von Strahlspannung und Objektivapertur kann für

Fig. 91. Relativer Kontrast $K(\alpha)/K(0)$ als Funktion der Objektivapertur α_0 bei dünnen Kohlefolien ($d \sim 280\ \text{Å}$), Strahlspannung $U = 40$ und $100\ \text{kV}$, die Kurven sind nach Gl. (30.3) berechnet, Meßpunkte von Leisegang.

dünne Folien aus (32.1) und (32.3) berechnet werden. Fig. 92 zeigt das theoretische Ergebnis und Messungen von Leisegang[2]. Daraus folgt, daß zur Erhöhung des Kontrastes die Erniedrigung der Strahlspannung zu einem besseren Ergebnis führt als die Verkleinerung der Apertur. Nach Fig. 97 ist der Kontrast des gleichen Objektes bei einer Strahlspannung von $100\ \mathrm{kV}$ und einer Apertur $\alpha_0 = 3 \cdot 10^{-4}$ etwa derselbe wie bei $40\ \mathrm{kV}$ und $\alpha_0 = 1 \cdot 10^{-2}$. Bei sonst gleichen Linsendaten wird das Auflösungsvermögen durch Verkleinern der Apertur um den Faktor 30 um etwa diesen Faktor schlechter, während es durch die 2,5mal kleinere Spannung nach Ziff. 23 nur $2{,}5^{\frac{3}{4}} = 1{,}4$mal schlechter wird. Die Zunahme des Kontrastes bei kleinerer Spannung wird allerdings nach dem in Ziff. 10

---

[1] Die Ionisierungsspannung der vier L-Elektronen von Kohle beträgt nach Landolt-Börnstein, Bd. I, 1: 11,3; 24,8; 47,9 und 64,5 eV; die Bindungsenergie danach 11,3; 13,5; 23,1 und 18,6 eV. Die beiden am leichtesten gebundenen Elektronen werden als in Leitfähigkeitsbänder eingebaut und nicht zu charakteristischen Energieverlusten beitragend betrachtet.

[2] S. Leisegang: Unveröffentliche Messungen aus dem WWM der Siemens & Halske AG, 1954. Die Messung des Kontrastes erfolgte im Endbild mit Elektrometer, die Aperturblenden wurden ohne Unterbrechung des Vakuums rasch gewechselt, so daß der störende Einfluß der Objektivverschmutzung eliminiert werden konnte.

Gesagten dadurch teilweise wieder rückgängig gemacht, daß die Gradation der photographischen Platte kleiner wird und so auf Aufnahmeserien der Eindruck entstehen kann, als sei praktisch keine Kontraständerung bei Variation der Spannung zu sehen.

Bei einem nach Ziff. 28 theoretisch möglich erscheinenden Auflösungsvermögen von etwa 2 Å ist hier die Frage zu beantworten, welcher Kontrast bei so dünnen Schichten zu erwarten ist und welcher geringste Kontrast auf dem heute üblichen Nachweismittel, der photographischen Platte, bei so kleinen Gebilden noch wiedergegeben wird. Bei einer 200000fachen elektronenoptischen Ver-

größerung wurde ein 2 Å großes Objekt mit 40 μ Durchmesser abgebildet. Nach Fig. 35 beträgt in so kleinen Bereichen die durch die

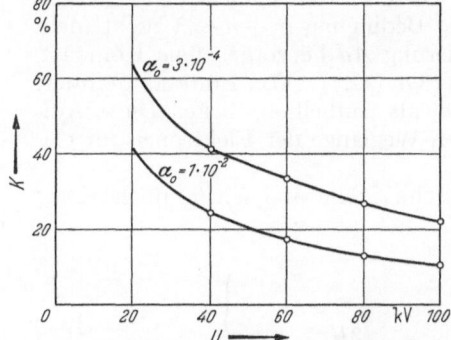

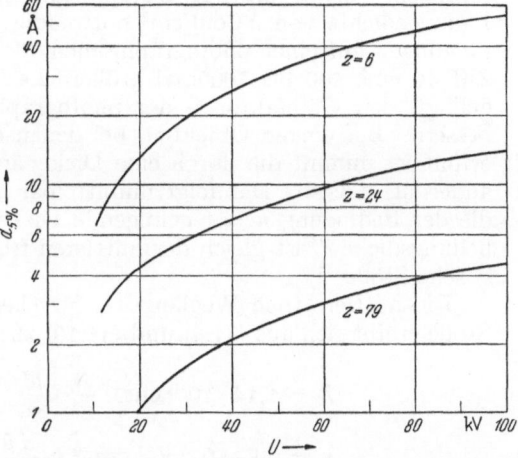

Fig. 92. Kontrast K einer 280 Å dicken Kohlefolie als Funktion der Strahlspannung U. Parameter: Objektivapertur α_0. Ausgezogene Kurven berechnet nach Gl. (32.1) und (32.3). o Meßpunkte von LEISEGANG.

Fig. 93. Foliendicke $d_{5\%}$, die durch elastische und unelastische Streuung für $\alpha_0 \to 0$ zu einem Elektronendichtekontrast von 5% führt, als Funktion der Strahlspannung U bei verschiedener Ordnungszahl Z nach Gl. (30.1). Kohle ($Z = 6$, lockeres Gefüge, $\varrho = 1,6$ g/cm³), Chrom ($Z = 24$, $\varrho = 7,1$ g/cm³), Gold ($Z = 79$, $\varrho = 19,3$ g/cm³).

Körnigkeit der Platte vorgetäuschte Elektronendichteschwankung $\approx 10\%$. Nur durch eine wesentliche Erhöhung der Vergrößerung könnte erreicht werden, daß bei so kleinen Objekten ein Kontrast von 5% noch sicher nachzuweisen wäre. In Fig. 93 ist unter der Annahme, ein Kontrast von 5% könne in so kleinen Bereichen nachgewiesen werden, nach Gl. (32.1) die Objektdicke $d_{5\%}$ als Funktion von Ordnungszahl und Strahlspannung aufgezeichnet, die zu einem Elektronendichtekontrast von 5% führt. Danach scheint es nur für hohe Ordnungszahlen bei nicht zu hoher Strahlspannung möglich, einzelne Atome sichtbar zu machen.

v. BORRIES [7], [8] und BOERSCH[1] kommen bei der Behandlung der gleichen Frage zu einem etwas günstigeren Ergebnis. Das liegt zum Teil daran, daß die von ihnen verwendete Streuformel für n_e einen um den Faktor 2,4 höheren Wert ergibt, der hier zwar bei kleinen Ordnungszahlen durch die mit einbezogene unelastische Streuung etwa kompensiert, bei hoher Ordnungszahl aber nicht erreicht wird[2].

v. BORRIES kommt durch Messungen an relativ großen Bereichen photographischer Platten (2×7 mm²) zu dem Ergebnis, daß, abhängig vom γ der Platte,

---

[1] H. BOERSCH: Z. Naturforsch. **2**a, 615 (1947). ·
[2] Zur Frage der Streuquerschnitte des THOMAS-FERMI-Modells, das den Rechnungen von BOERSCH und v. BORRIES zugrunde liegt, darf auf F. LENZ [Z. Naturforsch. **9**a, 185 (1954)] verwiesen werden.

der erkennbare Elektronendichtekontrast K_{min} gegeben ist durch

$$K_{min} = \frac{2,4}{\gamma} \% . \tag{32.5}$$

Bei einem γ von 3,1 (Agfa, Diapositivplatte) ergibt sich $K_{min} = 0,8\%$. Dieser Wert kann als Grenzwert betrachtet werden, der bei extrem hoher elektronenoptischer Vergrößerung erreichbar erscheint. Prinzipiell ist der Nachweis eines gegebenen Kontrastes durch die statistische Schwankung der Elektronendichte begrenzt. Zum sicheren Nachweis eines Kontrastes von 5% in einem scheibenförmigen Objekt mit 2 Å Durchmesser wäre nach Gl. (10.5) mindestens eine Ladungsdichte von 2 Coul/cm² notwendig; soll der Kontrast unter gleichen Bedingungen auf einer photographischen Platte nachgewiesen werden, so ist nach Ziff. 10 eine 100 bis 1000mal größere Ladungsdichte erforderlich, falls es nicht gelingt, den Gütefaktor G der photographischen Platten entscheidend zu verbessern. Bei dicken Objekten, bei denen die Bedingung $n_e + n_u \ll 1$ nicht mehr erfüllt ist, nimmt die durch eine Dickenänderung $\varDelta d$ hervorgerufene Kontraständerung $\varDelta K$ ab. Das folgt unmittelbar aus Gl. (32.1). Von Borries definiert die der Bedingung $n_e = 1$ genügende Dicke d' als Aufhellungsdicke. Diese Aufhellungsdicke d' ist gleich der mittleren freien Weglänge der Elektronen für elastische Stöße, λ_e.

Die mittlere freie Weglänge λ_e für elastische Stöße und λ_u für unelastische Stöße ergibt sich aus (31.5) und (31.10) zu:

$$\left. \begin{aligned} \lambda_e &= 1,14 \cdot 10^{-4}\,\mathrm{cm}^{-2}\,\frac{A}{Z^{\frac{4}{3}}} \cdot \frac{\beta^2}{\varrho}, \\[2mm] \lambda_u &= 6,5 \cdot 10^{-4}\,\mathrm{V}^{-1}\,\mathrm{cm}^{-2}\,I_s\,\frac{A\,\beta^2}{n_s\,\varrho}\left[\log\frac{2U}{I_s(1-\beta^2)}\right]^{-1}. \end{aligned} \right\} \tag{32.6}$$

Von Objekten, deren Dicke um mehr als den Faktor 3 größer ist als λ_e können praktisch nur mehr die Konturen, aber keine inneren Strukturen gesehen werden.

33. Kontrast bei kristallinen Objekten, Phasenkontrast. Der nach Gl. (32.1) berechnete Kontrast berücksichtigt nur die durch Streuung der Elektronen an amorphen, nicht kristallinen Substanzen hervorgerufene Intensitätsabnahme der Elektronen. Bei kristallinen Objekten wird der Kontrast durch die auftretenden Beugungserscheinungen beeinflußt.

Für dünne, kristalline Schichten hat Boersch[1] den Einfluß der Kristallgitterinterferenzen nach der kinematischen Theorie berechnet. Er kommt zu folgendem Ergebnis:

Bei monoatomaren Schichten ist der Einfluß der Interferenzmaxima auf den Kontrast gering und führt für $\alpha_0 \to 0$ zu einem von der Ordnungszahl abhängigen Kontrastverlust von im Mittel etwa 20%. Bei räumlichen Kristallen mit mehreren Atomlagen wird der Kontrast für $\alpha_0 \to 0$ um einen Faktor etwa 1,5 bei zwei und um einen Faktor etwa 2,8 bei fünf Atomlagen erhöht.

Das Kristallgitter kann auch als Phasengitter betrachtet werden. Das periodisch wechselnde Potential, dem in der Lichtoptik ein periodisch wechselnder Brechungsindex entspricht[2], führt zu einer Phasenverschiebung. Wenn es gelingt, eine Phasenverschiebung der abgebeugten Elektronen gegenüber dem Primärstrahl zu erreichen, so kann analog dem lichtoptischen Phasenkontrastverfahren eine Erhöhung des Kontrastes erwartet werden.

---

[1] H. Boersch: Mh. Chem. **78**, 163 (1947).
[2] Zum Zusammenhang zwischen elektrischem Potential und „Brechungsindex" s. W. Glaser, Ziff. 3, in diesem Bande.

LOCQUIN[1] hat versucht, durch in die Linse gebrachte aufgeladene Blenden eine Phasenverschiebung zu realisieren. Er konnte damit bei gegenüber dem Auflösungsvermögen großen Objekteinzelheiten eine Kontrasterhöhung nachweisen. Doch auch ohne das Einführen von aufgeladenen Blenden oder Phasenverschiebung erzeugenden Folien läßt sich durch leichtes Defokussieren ein Phasenkontrast erzeugen. MENZEL[2] hat für das Lichtmikroskop an einem optischen Phasengitter den bei Defokussierung im Bild entstehenden Amplitudenkontrast quantitativ untersucht. Zwischen der optischen Dicke δ, der Intensitätsverteilung bei reinem Amplitudenkontrast im fokussierten Bild $J_0(x)$ und der bei Defokussierung durch Phasenkontrast hervorgerufenen Intensitätsverteilung $J(x)$ besteht die Beziehung

$$\delta \sim \iint \left(J(x) - J_0(x) \right) dx^2. \qquad (33.1)$$

Qualitativ sind die in einem Modellmikroskop mit großer Brennweite vorliegenden Verhältnisse in Fig. 94 wiedergegeben.

Unter der Voraussetzung einer idealen Phasenschiebung, durch die das Phasengitter im Bild ohne Kontrastverlust als Amplitudengitter abgebildet wird, schätzt BOERSCH[3] ab, daß die Atomstruktur von monoatomaren kristallinen Schichten bei ausreichendem Auflösungsvermögen auch bei kleiner Ordnungszahl nachweisbar sein sollte. SCHERZER[4] zeigt, daß eine schwach defokussierte Linse mit Öffnungsfehler Phasenkontrast erzeugt. Durch das Zusammenwirken der durch Öffnungsfehler und Defokussieren hervorgerufenen

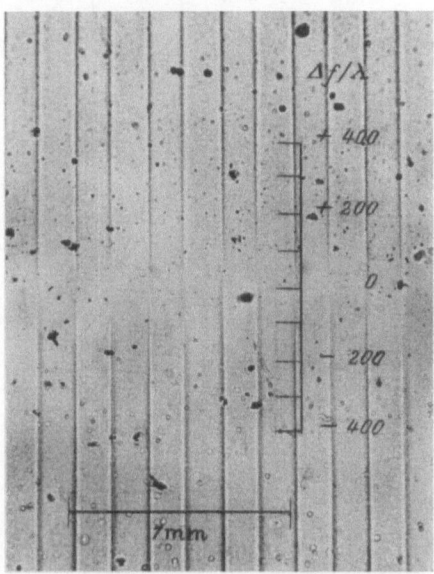

Fig. 94. Phasenkontrast durch Defokussieren bei einem Phasengitter im Lichtmikroskop. Phasenunterschied zweier nebeneinander liegender Bereiche 66,5°. Das Gitter war bei der Aufnahme um 20° gegen die Fokalebene geneigt. Wellenlänge des verwendeten Lichts $\lambda = 5461$ Å. An der rechten Seite des Bildes ist die relative Defokussierung $\Delta f/\lambda$ angegeben (Aufnahme MENZEL und HERCHENBACH).

Phasenverschiebung entstehen Verhältnisse, die der Forderung von BOERSCH auf idealen Phasenkontrast sehr nahe kommen.

Die Phasenverschiebung γ als Funktion des Winkels α, unter dem die Elektronen das Objekt verlassen, ist bei vorgegebener Defokussierung um $\Delta f = + n \sqrt{\frac{\lambda C_\delta}{2\pi}}$ gegeben durch:

$$\gamma = \alpha'^4 - n \alpha'^2 \quad \text{mit} \quad \alpha' = \sqrt[4]{\frac{\pi C_\delta}{2\lambda}}. \qquad (33.2)$$

In Fig. 95 ist die Phasenverschiebung γ als Funktion von α' bei verschiedener Defokussierung dargestellt. Für $n = 3$ wirkt die Linse nahezu wie ein Phasenkontrastobjektiv, in dem in der Zone $0,7 < \alpha' < 1,6$ ein $\lambda/4$-Plättchen eingesetzt ist.

SCHERZER[4] hat den Phasenkontrast, der in einer solchen Linse ($n = 3$) beim Abbilden eines einzelnen Atoms entsteht, mit Hilfe des THOMAS-FERMI-Modells in FRAUNHOFERscher Näherung berechnet.

[1] M. LOCQUIN: Proc of the Internat. Conference on Electron Microscopy, London 1954.
[2] E. MENZEL: Optik **8**, 295 (1951).
[3] H. BOERSCH: Mh. Chem. **78**, 163 (1947).
[4] O. SCHERZER: J. Appl. Phys. **20**, 20 (1949).

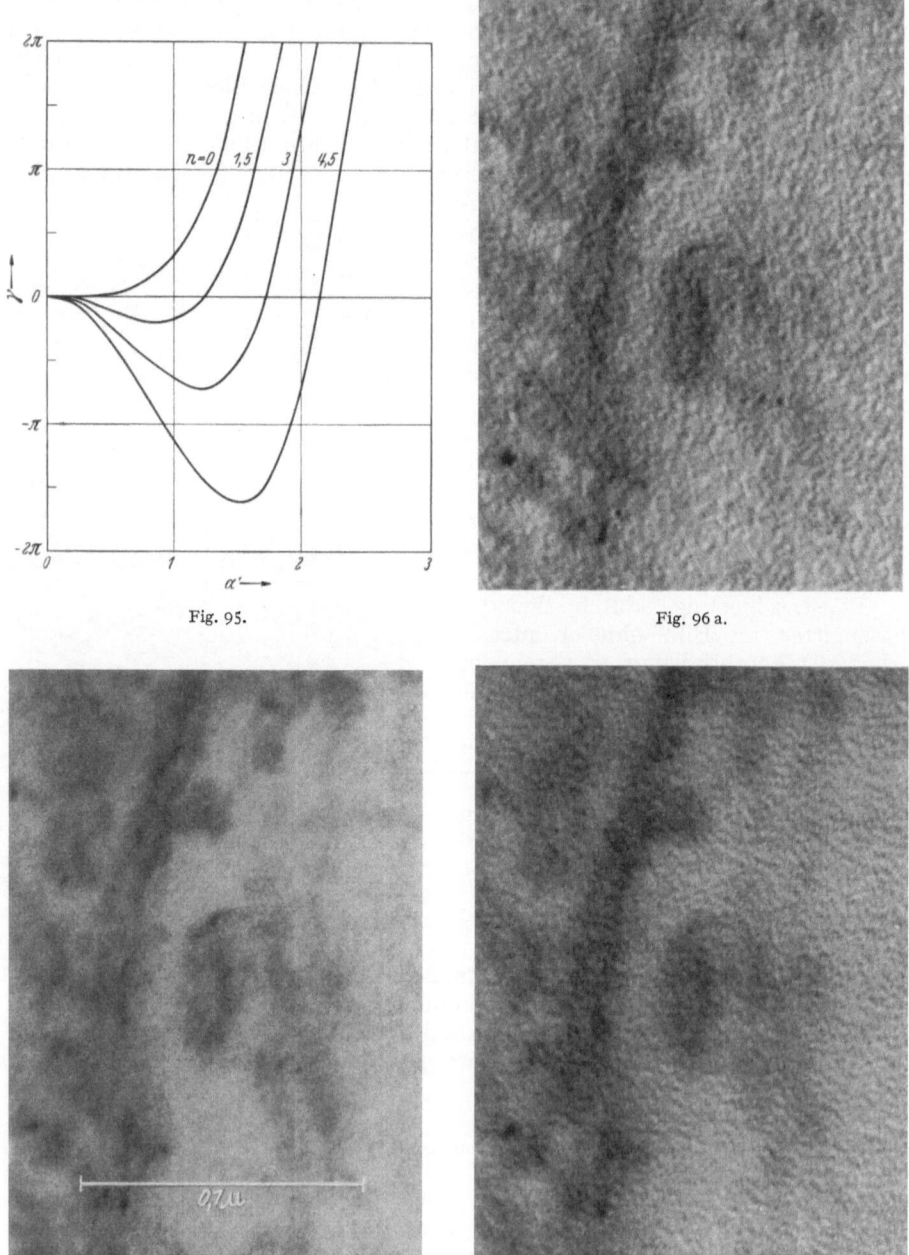

Fig. 95.

Fig. 96 a.

Fig. 96 b.

Fig. 96 c.

Fig. 95. Phasenverschiebung γ der aus dem Objekt unter dem Winkel α austretenden Elektronen als Funktion von $\alpha' = \sqrt[4]{\dfrac{\pi C_\delta}{2\lambda}}\,\alpha$ in einer Linse mit Öffnungsfehlerkonstante C_δ. Parameter: Defokussierung um $\Delta f = n\,\sqrt{\dfrac{\lambda C_\delta}{2\pi}}$.

Fig. 96 a—c. Phasenkontrast durch Defokussieren. Objekt: Gewebedünnschnitt ($d \approx 200$ Å) durch ein Mitochondrium. a Unterfokussiert, $\Delta f = +0,4\mu$. b In Focus, $\Delta f = 0$. c Überfokussiert, $\Delta f = -0,4\mu$. Bestrahlungsapertur $\alpha_B = 5 \cdot 10^{-4}$, Strahlspannung $U = 80$ kV (Aufnahme C. WEICHAN).

Durch eine Korrektur des Streufaktors F der MOTTschen Streuformel wird die zu starke Streuung des THOMAS-FERMI-Modells nach kleinen Winkeln unterdrückt. SCHERZER setzt an:

$$\frac{Z-F}{\alpha^2} = \text{const} = Z \cdot 10^4 \cdot Z^{\frac{2}{3}} \beta^2 \quad \text{für} \quad \alpha < \frac{6 \cdot 10^{-3}}{\beta}. \tag{33.3}$$

Die nach dieser SCHERZERschen Formel nach kleinen Winkeln ($\alpha \to 0$) gestreute Intensität $I_s(0)$ kann mit der nach Gl. (31.5) in kleine Winkel elastisch gestreuten Intensität $W_e(0)$ dargestellt werden als:

$$I_s(0) = 0.18 \cdot Z^{\frac{2}{3}} \cdot W_e(0). \tag{33.3}$$

Die SCHERZERsche Formel stimmt für mittlere Ordnungszahl ($Z \approx 40$) mit Gl. (31.5) überein und gibt für kleine Ordnungszahl ($Z \approx 6$) eine um den Faktor 1,7 kleinere Streuintensität nach kleinen Winkeln als Gl. (31.5).

Unter diesen Annahmen gilt für den Phasenkontrast K' bei paraxialer Bestrahlung ($\alpha_B \ll \alpha_0$) und der damit gegebenen theoretischen Auflösung δ_0' (s. Tabelle 6 in Ziff. 28) innerhalb der angegebenen Grenzen:

$$K' = \frac{1.2 \cdot Z^{\frac{2}{3}} \cdot \lambda}{\delta_0'} \quad \text{für} \quad 1 \text{ Å} < Z^{\frac{1}{3}} \delta_0' < 12 \text{ Å}. \tag{33.4}$$

Bei einer Wellenlänge von $\lambda = 0.42$ Å ($U = 80$ kV) und einer Auflösung bei paraxialer Bestrahlung $\delta_0' = 3$ Å [Linse der Gl. (25.4)] ergibt sich für ein einzelnes Kohlenstoffatom nach Gl. (33.4) ein Phasenkontrast von 6%.

Die theoretischen Überlegungen von BOERSCH und SCHERZER lassen es möglich erscheinen, wegen des Phasenkontrastes auch ein einzelnes Atom niedriger Ordnungszahl sichtbar zu machen. Daß der Phasenkontrast um eine Größenordnung stärker sein kann als der reine Amplitudenkontrast zeigt Fig. 96. Im gut fokussierten Bild tritt die Struktur des Untergrundes nicht in Erscheinung, erst der Phasenkontrast durch Defokussieren macht sie deutlich sichtbar.

An der Grenze der Auflösung kann der durch leichte Defokussierung entstehende Phasenkontrast aber auch störend in Erscheinung treten. Es werden leicht Strukturen vorgetäuscht, die nicht objekteigen sind, während die wahre Struktur des Objektes verloren geht. Durch eine Focusreihe, die neben dem gut fokussierten Bild leicht über- und unterfokussierte Bilder des gleichen Objektes enthält, können Phasenkontrast und Amplitudenkontrast bis zu der Grenze, die der Öffnungsfehler setzt, getrennt werden. Doch liegen hierüber bisher keine experimentellen Ergebnisse vor. Nach den theoretischen Überlegungen muß aber angenommen werden, daß der Phasenkontrast zur Deutung hochvergrößerter elektronenmikroskopischer Bilder herangezogen werden muß.

Der Phasenkontrast durch Defokussieren tritt — ebenso wie beim Lichtmikroskop — nur bei gegenüber der Objektivapertur kleiner Bestrahlungsapertur auf (vgl. hierzu auch Ziff. 28 und 29).

Bei dickeren kristallinen Objekten, bei denen die BRAGG-Reflexe gut ausgebildet sind, entstehen starke, von der Bestrahlungsrichtung abhängige Kontraste, die mit der Dicke des Objektes selbst nichts mehr zu tun haben, sondern durch die Orientierung der Gitterebenen hervorgerufen werden. Die durch BRAGGsche Reflexion an den Gitterebenen hervorgerufenen Kontraste im elektronenmikroskopischen Bild werden in Ziff. 48 behandelt.

34. Farbfehler und Kontrast. Durch den Farbfehler werden Elektronen, die einen Objektpunkt nach einem Energieverlust ΔU unter dem Winkel α verlassen, in der GAUSSschen Bildebene auf einem Kreis mit dem Radius r abgebildet, der nach Gl. (25.1) gegeben ist durch:

$$r = \alpha\, C_f \frac{\Delta U}{U}. \tag{34.1}$$

Bei bekannter Winkelverteilung der unelastisch mit dem Energieverlust $U = I_s$ gestreuten Elektronen $J_u(\alpha)\,\alpha\,d\alpha$ kann die Intensitätsverteilung der von einem Objektpunkt ausgehenden unelastisch gestreuten Elektronen in der Bildebene $i_u(r)\,r\,dr$ aus Gl. (34.1) berechnet werden:

$$
\begin{aligned}
i_u(r)\,r\,dr &= J_u(\alpha)\,\alpha(r)\,\frac{d\alpha}{dr}\,dr \\
&= c_u^2\,J_u(c_u \cdot r)\,r\,dr \quad \text{mit} \quad c_u = \frac{1}{C_F}\frac{U}{\Delta U}.
\end{aligned}
\quad\Biggr\}
\tag{34.2}
$$

Für dünne Schichten ($n_e, n_u < \tfrac{1}{3}$) ergibt sich für $i_u(r)$ nach Gl. (31.14)

$$
i_u(r)\,r\,dr = 2{,}3 \cdot 10^6\,c_u^2\,J_B(0)\,\frac{\alpha_B^2}{2}\,e^{-n_e}\,W_u(c_u r)\,r\,dr.
\tag{34.3}
$$

Die in der Gaußschen Bildebene bei elastischer und unelastischer Streuung resultierende Intensitätsverteilung läßt sich durch Faltungsintegrale mit Fourier-Transformationen bei dünnen Objekten einfach berechnen, wenn für die Dicke des Objekts als Funktion von r ebenfalls eine Gaußsche Verteilung angenommen wird. Die Form eines derartigen Objektes, bei dem Dicke und Durchmesser von gleicher Größe sind, kann durch die folgende Gleichung dargestellt werden:

$$
d(r) = d_0\,e^{-2{,}8\,\frac{r^2}{d_0^2}}.
\tag{34.4}
$$

In Fig. 97 ist die Form dieses Objektes wiedergegeben. Die Intensität der das Objekt ohne Energieverlust durchsetzenden Elektronen, die in der Gaußschen Bildebene objektgetreu abgebildet werden, ist nach Gl. (31.14) wegen $W_e(\alpha) \ll 1$ gegeben durch:

$$
\begin{aligned}
i_e(r)\,r\,dr &= J_B(0)\,\frac{\alpha_B^2}{2}\,e^{-[n_e(r)+n_u(r)]}\,r\,dr \\
&\approx J_B(0)\,\frac{\alpha_B^2}{2}\left[1-\left(\frac{d_0}{\lambda_e}+\frac{d_0}{\lambda_u}\right)e^{-2{,}8\,\frac{r^2}{d_0^2}}\right]r\,dr \quad \text{für} \quad n_e, n_u \ll 1.
\end{aligned}
\quad\Biggr\}
\tag{34.5}
$$

Bei extrem kleiner Objektivapertur $\alpha_0 \to 0$ wird, bei vernachlässigtem Beugungsfehler, nur die durch Gl. (34.5) gegebene Intensität im Bild vereinigt. Bei großem α_0 ist die von jedem Objektpunkt nach Gl. (34.3) im Bild auftretende, unelastisch gestreute Intensität über alle Objektpunkte zu integrieren. Für die resultierende, unelastisch gestreute Intensität entsteht ein Integral der Form:

$$
\frac{J_u(r)}{J_B(0)\,\dfrac{\alpha_B^2}{2}} = \frac{1}{2\pi}\iint\left(\sum_i A_i e^{a_i r'^2}\right)\left(\sum_k B_k e^{b_k(\mathbf{r}-\mathbf{r}')^2}\right)r'\,dr'\,d\varphi.
\tag{34.6}
$$

Durch Fourier-Transformation[1] ergibt sich daraus:

mit

$$
\frac{J_u(r)\,r\,dr}{J_B(0)\,\dfrac{\alpha_B^2}{2}} = \sum_{i,k}\frac{A_i B_k}{2(a_i+b_k)}\,e^{-\frac{a_i b_k}{a_i+b_k}}\,r\,dr
$$

$$
\begin{aligned}
A_1 &= \frac{d_0}{\lambda_u}, & a_1 &= \frac{2{,}8}{d_0^2}, \\[4pt]
A_2 &= -\frac{d_0^2}{\lambda_e \cdot \lambda_u}, & a_2 &= \frac{5{,}6}{d_0^2}, \\[4pt]
B_1 &= 2{,}3 \cdot 10^6\,c_u^2, & b_1 &= 2{,}4 \cdot 10^6\,c_u^2, \\[4pt]
B_2 &= 0{,}05\,B_1, & b_2 &= 10^5\,c_u^2.
\end{aligned}
\quad\Biggr\}
\tag{34.7}
$$

---

[1] G. Molière: Z. Naturforsch. 2a, 133 (1947); 3a, 78 (1948).

Voraussetzung für die Gültigkeit der Gln. (34.7) ist neben der Bedingung $n_e, n_u \ll 1$ die Annahme, daß die unelastisch gestreuten Elektronen nicht mehr kohärent sind.

Nach diesen Formeln wurde für eine niedrige Ordnungszahl ($Z = 6$) und für geringe Strahlspannung ($U = 40$ kV) die Wirkung des Farbfehlers ($C_F = 2$ mm) auf Kontrast und Auflösungsvermögen berechnet. Da die Winkel-
verteilung der unelastisch gestreuten Elektronen eine sehr kleine
Halbwertsbreite $\alpha_u \sim 5 \cdot 10^{-4}$ hat,
ist das so berechnete Ergebnis
nur für kleine Bestrahlungsapertur
$\alpha_B < 5 \cdot 10^{-4}$ gültig. Für größere Be-
strahlungsaperturen muß die Winkelverteilung der unelastisch gestreuten Elektronen noch mit der
Winkelverteilung der das Objekt
bestrahlenden Elektronen gefaltet
werden. Das wurde für eine GAUSS-
sche Verteilung der das Objekt
bestrahlenden Elektronen mit einer
Halbwertsbreite $\alpha_B = 3 \cdot 10^{-3}$ durchgeführt. In Fig. 98 ist das Ergebnis
der Rechnung für ein 20 Å und ein
200 Å dickes Objekt dargestellt.

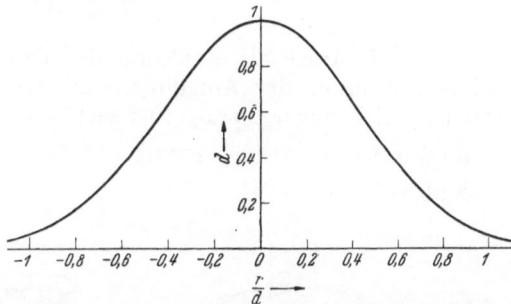

Fig. 97. Form des der Rechnung zugrunde gelegten Objektes.

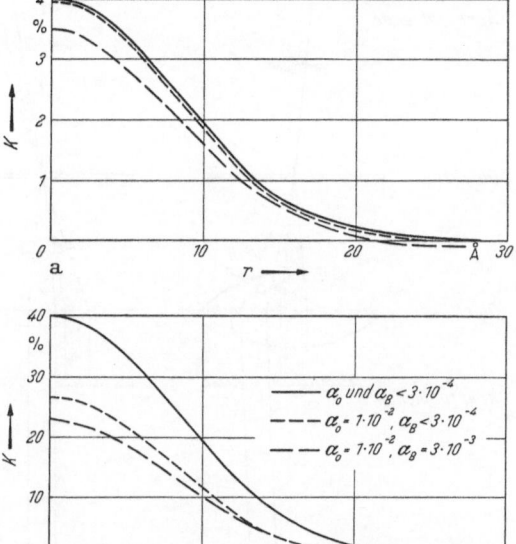

Bei sehr dünnen und kleinen
Objekten ($n_e + n_u < 0{,}2$) werden
durch den Farbfehler die unelastisch gestreuten Elektronen weit
entfernt vom Objekt abgebildet und
haben auf Kontrast und Auflösungsvermögen keinen Einfluß. Für den
Kontrast ist auch bei großer Objektivapertur ($\alpha_0 \sim 10^{-2}$) die Zahl der
elastischen und unelastischen Stö-
ße, $n_e + n_u$, maßgebend, d.h., der
Farbfehler führt dazu, daß bei einzelnen kleinen Objekten auch mit
großer Objektivapertur der theoretisch optimale Kontrast erreicht
wird. Das stimmt mit dem von B. v.
BORRIES [Optik **4**, 235 (1948)] auf
etwas anderem Wege erhaltenen Er-

Fig. 98. Abbildung eines Objektes niedriger Ordnungszahl ($Z = 6$) der in Fig. 97 dargestellten Form durch eine Linse mit Farbfehler ($C_F = 2$ mm). Strahlspannung $U = 40$ kV, Parameter: Be-
strahlungsapertur α_B und Objektivapertur α_0. K Kontrast.
a für $d = 20$ Å, b für $d = 200$ Å.

gebnis überein. Bei extrem kleiner Bestrahlungsapertur ($\alpha_B < 10^{-3}$) tritt ein geringer Kontrastverlust um etwa 15 % ein. (Das gilt nur für den durch die Streuung der Elektronen hervorgerufenen Amplitudenkontrast. Phasenkontrast entsteht nach Ziff. 33 besonders bei kleiner Bestrahlungsapertur.) Bei Objekten mittlerer Größe [$d_0 \approx 0{,}5 \, (\lambda_e + \lambda_u)$] wird bei großer Objektivapertur ein Teil der unelastisch gestreuten Elektronen wieder im Bild vereinigt, und es tritt ein merklicher Kontrastverlust ein; das Auflösungsvermögen wird durch die unelastisch gestreuten Elektronen auch hier nur wenig beeinflußt.

Bei dicken Objekten ($d_0 \gg \lambda_e + \lambda_u$) wird die Winkelverteilung der unelastisch gestreuten Elektronen durch Mehrfachstöße verbreitert und der Einfluß des

Farbfehlers auf Auflösungsvermögen und Kontrast läßt sich nicht mehr in so einfacher Weise behandeln. Der Radius des Farbfehlerscheibchens δ_f kann mit dem mittleren Energieverlust $n_u \cdot I_s$ als Funktion der Objektivapertur α_0 aus Gl. (25.1) abgeschätzt werden:

$$\delta_f \leq \alpha_0 \, C_F \, \frac{n_u \, I_s}{U}. \tag{34.8}$$

Für den Kontrast als Funktion der Objektivapertur α_0 ergibt sich aus den Gl. (31.14) unter der Annahme, daß die Halbwertsbreite der unelastisch gestreuten Elektronen $\alpha_u \approx n_u \cdot 10^{-3}$ sei:

$$\left. \begin{array}{l} K(\alpha) = 1 - e^{-(n_e + n_u)} - e^{-n_u}(1 - e^{-n_u})\left(1 - e^{-\left(\frac{\alpha_0}{\alpha_u}\right)^2}\right)\frac{\alpha_u^2}{2} - \frac{C(n_e)}{2}\left(\frac{\alpha_0}{\chi_0}\right)^2, \\[2mm] K(0) = 1 - e^{-(n_e + n_u)}. \end{array} \right\} \tag{34.9}$$

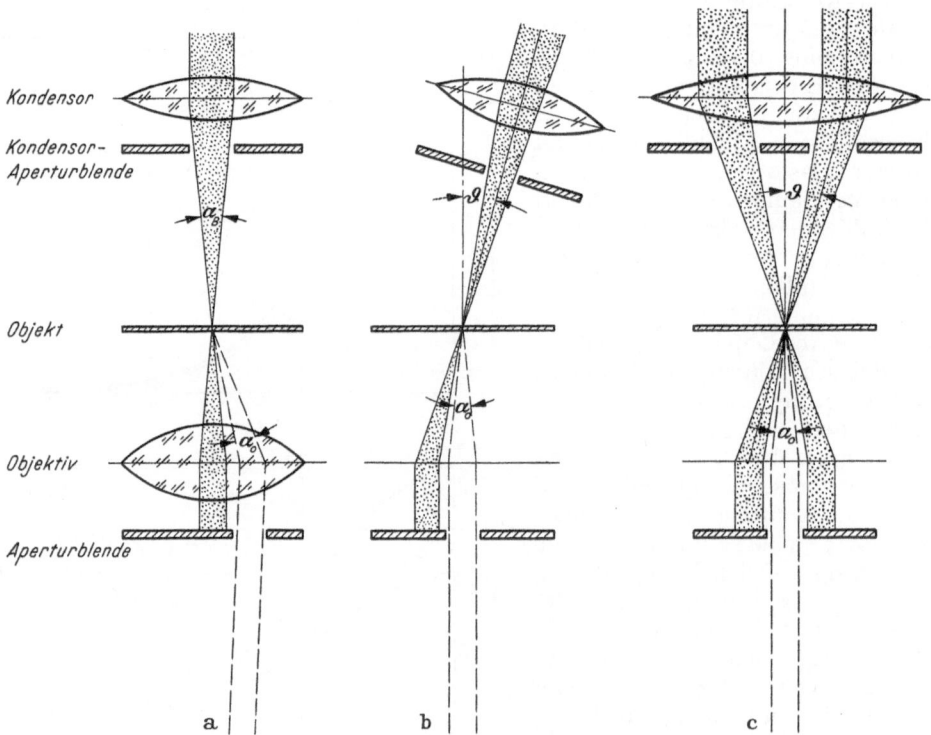

Fig. 99a—c. Dunkelfeldabbildung. a Durch Verschieben der Aperturblende; b durch Neigen des Kondensors; c durch Ringblende im Kondensor.

35. Dunkelfeld-Abbildung. Bei der Dunkelfeld-Abbildung wird das Objekt im Licht der gestreuten Elektronen abgebildet. Das kann auf verschiedene Weise erreicht werden [7] (s. Fig. 99):

a) Durch Verschieben der Aperturblende. Dabei durchlaufen die gestreuten Elektronen nicht paraxiale Zonen großer Linsenfehler. Diese Dunkelfeldabbildung ist für hohe Auflösung nicht geeignet, liefert aber in einfacher Weise einen raschen Überblick über das Dunkelfeldbild. Bei kristallinen Objekten kann so das Objekt bequem im Licht einzelner definierter Reflexe betrachtet werden (s. Ziff. 43).

b) Durch Neigen des Kondensors. Diese Methode ist bei Mikroskopen mit um das Objekt schwenkbarem Kondensor möglich und liefert eine der Auflösung der Linse entsprechende Dunkelfeldabbildung.

c) *Durch Anbringen einer Ringblende im Kondensor.* Diese Methode liefert gegenüber b) bei genügend großer Bestrahlungsapertur $\alpha_B (\alpha_B \gtrsim 3\alpha_0)$ im nahen Dunkelfeld unter den in Fig. 99 skizzierten Verhältnissen eine um den Faktor 8 größere Bestrahlungsintensität. Sie stellt — besonders bei kleinem Radius r_B des bestrahlten Bereichs- an die Kondensorlinse hohe Anforderungen. Der Radius des Öffnungsfehlerscheibchens $C_\delta (3\alpha_0)^3$ muß kleiner als r_B sein (s. Ziff. 8).

Bei der Dunkelfeldmikroskopie dünner Objekte ist die abgestreute Intensität sehr klein. Das ist qualitativ verständlich aus der Tatsache, daß in der Elektronenmikroskopie die Wellenlänge der Elektronen sehr klein gegen die betrachteten Objekte ist.

Im nahen Dunkelfeld (Neigungswinkel des Kondensors $\vartheta \approx \alpha_0$) läßt sich die Bildintensität im Dunkelfeld aus den Gln. (31.14) unter folgenden vereinfachenden Annahmen abschätzen:

a) Objektivapertur $\alpha_0 \ll \chi_0$.

Daraus folgt, daß $W_e(\chi) \approx \text{const} = W_e(0)$ im betrachteten Bereich.

b) Neigungswinkel $\vartheta \gg \alpha_u = $ Halbwertsbreite der Winkelverteilung der unelastisch gestreuten Elektronen.

Daraus folgt, daß die Bildintensität der unelastisch gestreuten Elektronen durch $W_u(\alpha) = \text{const} = (1 - e^{-n_u}) \cdot W_e(0)$ gegeben ist. Beide Forderungen sind mit der für hohe Auflösung notwendigen Apertur $\alpha_0 \sim 10^{-2}$ etwa erfüllt.

Dann ergibt sich für die relative Intensität der in die Objektivaperturblende bei Dunkelfeldabbildung ohne (D_e) und mit (D_u) Energieverlust gestreuten Elektronen

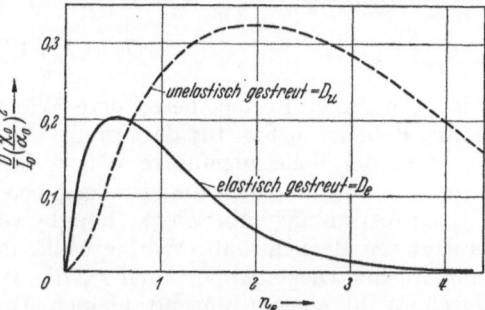

$$\left.\begin{aligned} \frac{D_e}{J_0} &= e^{-n_u} \frac{\alpha_0^2}{\chi_0^2} C(n_e), \\[2mm] \frac{D_u}{J_0} &= (1 - e^{-n_u}) \frac{\alpha_0^2}{\chi_0^2} C(n_e) \end{aligned}\right\} \quad (35.1)$$

Fig. 100. Relative Intensität D/I_0 der elastisch und unelastisch bei Dunkelfeldabbildung in die Objektivapertur α_0 gestreuten Elektronen. Ordinatenmaßstab in Einheiten $(\alpha_0/\chi_0)^2$. χ_0 ist durch Gl. (31.5) definiert.

(J_0 = Einfallende Intensität).

Mit der Annahme $n_e = n_u$, die im allgemeinen etwa erfüllt ist, läßt sich die Dunkelfeldintensität der elastisch und unelastisch gestreuten Elektronen als Punktion von n_e berechnen. Das Ergebnis ist in Fig. 100 dargestellt. Bei kleinen Objekten werden die unelastisch gestreuten Elektronen wegen der die ganze Apertur etwa mit konstanter Intensität ausfüllenden Winkelverteilung ($W_u(\alpha) \sim$ const) auf ein Fehlerscheibchen verteilt, das groß gegenüber dem Objekt ist. (Mit $C_F = 2$ mm, $\Delta U/U = 5 \cdot 10^{-4}$ und $\alpha_0 = 10^{-2}$ wird nach Gl. (25.1) $\delta_F = 100$ Å.)

Die Intensität im chromatischen Fehlerscheibchen ist bei erstrebter Auflösung δ um den Faktor $(\delta/\delta_F)^2$ kleiner, gibt also in der Nähe der Auflösungsgrenze bei dünnen Objekten keinen merklichen Beitrag zur Bildintensität. Mit $\alpha_0 = 10^{-2}$ und einem mittleren Wert von $\chi_0 \approx 3.1 \cdot 10^{-2}$ folgt für die Dunkelfeldintensität bei kleinem n_e ($n_e < 0.3$)

$$D_e \approx 0.1 \, n_e J_0. \quad (35.2)$$

Bei einer Dicke d der betrachteten Schicht von $0.1 \, \lambda_e$ die im Hellfeld wegen $n_u \approx n_e$ bei einem Teilchen vom Durchmesser $\approx d$ nach Ziff. 34 zu einem Kontrast von 20% führen würde, werden ins Dunkelfeld nur 1% der primär einfallenden Intensität, allerdings bei einem Kontrast von 100%, gestreut. Die schwachen Intensitäten im Dunkelfeld bei dünnen Schichten lassen es wegen der dann notwendigen langen Belichtungszeit für eine sichtbare Schwärzung der Platte experimentell schwierig erscheinen, an der Nähe der Auflösungsgrenze gute Dunkelfeldbilder zu erhalten. Boersch[1] hat aber gezeigt, daß nach rein statistischen Überlegungen prinzipiell für den Nachweis eines einzelnen Atoms im Dunkelfeld die gleiche Primärintensität wie im Hellfeld ausreicht. Bei dickeren Schichten $(\lambda_e > 0,5)$ nimmt die Zahl der unelastisch gestreuten im Verhältnis zu den elastisch gestreuten Elektronen rasch zu, so daß eine Dunkelfeldabbildung hoher Auflösung nicht mehr möglich ist.

36. Objekterwärmung. Durch den Energieverlust, den die Elektronen beim Durchsetzen elektronenmikroskopischer Objekte erleiden, werden die Objekte erwärmt. Die Frage, welcher Teil des Energieverlustes der Elektronen in so dünnen Folien in Wärme umgesetzt wird, ist heute weder theoretisch noch experimentell mit Sicherheit zu beantworten. Zur Abschätzung soll angenommen werden, daß nur die kleinen Energieverluste [Resonanzverluste nach Gl. (31.1)] in der dünnen Folie in Wärme umgesetzt werden, während die bei großen Energieverlusten erzeugten Sekundärelektronen nicht in der dünnen Folie absorbiert werden.

Unter dieser Voraussetzung ergibt sich für den in Wärme umgesetzten Teil des Energieverlustes der Elektronen Q_T die Formel[2]:

$$Q_T = I_s \int_0^\infty W_R(Q)\, dQ. \tag{36.1}$$

Die nach dieser Formel berechnete Wärmeabgabe Q_T eines Elektrons an eine dünne Folie ist in Fig. 101 dargestellt.

Diese der Folie zugeführte Wärme kann durch Wärmeleitung und Wärmestrahlung an die Umgebung abgegeben werden. Ob Wärmeableitung oder Wärmeabstrahlung überwiegt, hängt wesentlich vom Durchmesser $2r_B$ des bestrahlten Bereiches ab: Wärmezufuhr und Wärmeabstrahlung sind bei Folien einheitlicher Dicke proportional r^2, die Wärmeableitung ist proportional r und durch Wahl eines genügend kleinen Durchmessers des bestrahlten Bereichs kann erreicht werden, daß die Wärmeableitung überwiegt. Dann gilt für die Temperatur in der Folienmitte $T(0)$:

$$\frac{T(0)}{T_0} = 1 + 0,12\, \frac{Q_T \cdot j}{d\,\lambda\, T_0}\, r_B^2 \log\left(\frac{R}{r_B}\right). \tag{36.2}$$

$T_0 =$ Zimmertemperatur (°K)
$j =$ Stromdichte der Bestrahlung (Amp/cm²)
$d =$ Foliendicke (cm)
$\lambda =$ Wärmeleitvermögen der Folie (cal/cm sec °K)
$r_B =$ Radius des bestrahlten Bereiches (cm)
$R =$ Radius der Bohrung in der Objektblende, über die die Folie gespannt ist (cm).

Gl. (36.2) ist gültig[2], wenn

$$\frac{8\,C\,R^2\,T_0^3}{\lambda\,d} \ll 1 \quad \text{und} \quad \frac{r_B}{R} \ll 1 \tag{36.3}$$

$C =$ Strahlungskonstante der Folie [cal cm⁻² sec (°K)⁻⁴].

Sind die Bedingungen (36.3) nicht erfüllt, so muß die von v. Borries und Glaser[3] aufgestellte Differentialgleichung für die Temperaturverteilung auf der Folie gelöst werden. Das ist näherungsweise möglich. Die Temperaturverteilung auf der Folie wurde für den Fall[3] $r_B = R$ und als Funktion von[2] $\varrho_B = r_B/R$

[1] H. Boersch: Z. Physik **127**, 391 (1950).
[2] S. Leisegang: Proc. of the Internat. Conference on Electron Microscopy, London 1954.
[3] B. v. Borries u. W. Glaser: Kolloid-Z. **106**, 123 (1944).

berechnet. Aus den Differentialgleichungen für die relative Temperatur $\tau(\varrho) = T(\varrho)/T_0$ als Funktion von $\varrho = r/R$

$$\frac{d^2\tau(\varrho)}{d\varrho^2} + \frac{1}{\varrho}\frac{d\tau(\varrho)}{d\varrho} - \frac{\gamma^2}{4}\left(\tau^4(\varrho) - \bar{\tau}^4\right) = 0$$

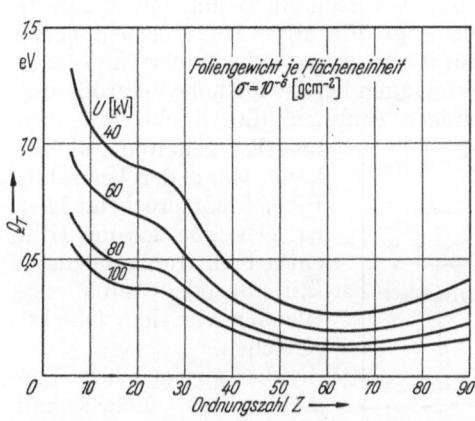

Fig. 101. Der in einer dünnen Folie in Wärme umgesetzte Teil des Energieverlustes eines Elektrons Q_T als Funktion der Ordnungszahl Z und der Strahlspannung U.

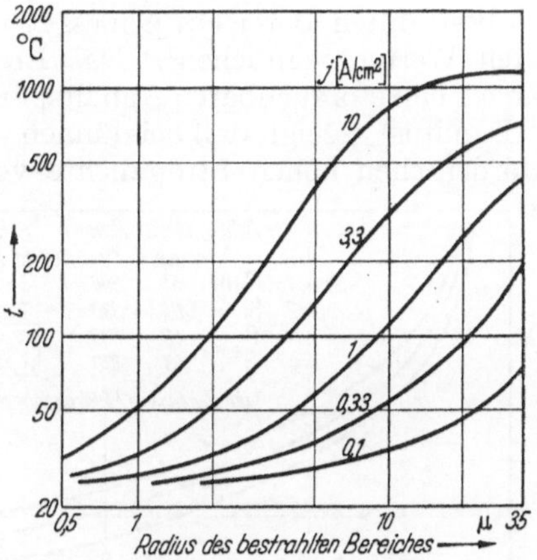

Fig. 102. Temperatur t in der Mitte einer bestrahlten, 10 mμ dicken SiO$_2$-Folie (Strahlspannung 60 kV, Radius der Objektblendenbohrung $R = 35\mu$).

ergibt sich für die relative Temperatur $\tau(\varrho_B, 0)$ in der Mitte der Folie bei vorgegebenem relativen Radius ϱ_B des bestrahlten Bereiches:

$$\tau(\varrho_B, 0) = \bar{\tau} + (\bar{\tau} - 1)\left[\bar{\tau}^{\frac{3}{2}} \cdot B_3 \cdot \frac{A_2 C_1 - C_2 A_1}{B_2 C_1 + D_2 A_1} - A_3\right]^{-1}$$

mit

$$\tau(\varrho_B, 0) = \frac{T(\varrho_B, 0)}{T_0},$$

$$\bar{\tau}^4 = 1 + \frac{0{,}12\, Q_T \cdot j}{C\, T_0^4},$$

$$\gamma = \sqrt{\frac{8\, C\, R^2\, T_0^3}{\lambda\, d}},$$

$$A_1 = J_0(i\gamma)$$

$$A_2 = J_0(i\gamma\varrho_B), \qquad\qquad B_2 = i\, J_1(i\gamma\varrho_B),$$

$$A_3 = J_0(i\gamma\bar{\tau}^{\frac{3}{2}}\cdot\varrho_B), \qquad B_3 = i\, J_1(i\gamma\bar{\tau}^{\frac{3}{2}}\varrho_B),$$

$$C_1 = i\, H_0^{(1)}(i\gamma),$$

$$C_2 = i\, H_0^{(1)}(i\gamma\varrho_B), \qquad D_2 = H_1^{(1)}(i\gamma\varrho_B).$$

$$(36.4)$$

Diese Lösung gilt für $\bar{\tau} \gg 1$ und $\gamma \gg 4\sqrt{\dfrac{\bar{\tau}-1}{\bar{\tau}\,4}}$, d.h. bei überwiegender Wärmeabstrahlung. Für $\varrho_B = 1$ (ganze Folie bestrahlt) wird daraus die einfache Gleichung:

$$\tau(1,0) = \bar{\tau} - \frac{\bar{\tau}-1}{J_0(i\gamma\bar{\tau}^{\frac{3}{2}})}.$$

Für eine spezielle Folie wurde die Temperatur in der Mitte der Folie nach (36.2) und (36.4) als Funktion von Stromdichte und Durchmesser des bestrahlten Bereiches berechnet. Das Ergebnis ist in Fig. 102 wiedergegeben.

Experimentell ist eine orientierende Messung der Folientemperatur möglich, indem auf die Folie eine im Vergleich zur Foliendicke dünne Schicht einer bei bestimmter Temperatur schmelzenden Substanz aufgedampft und das Schmelzen dieser Substanz beobachtet wird. Mit dieser Methode wurde die Temperatur in der Folienmitte als Funktion von Bestrahlungsstromdichte und Durchmesser des bestrahlten Bereiches gemessen und mit den nach (36.2) und (36.4) berechneten Werten verglichen[1]. Das Ergebnis zeigt Fig. 103. Die Formeln geben danach einen brauchbaren Anhaltspunkt für die zu erwartende Objekttemperatur.

Damit ist gezeigt, daß bei dünnen Objekten auch bei der für hohe Vergrößerung erforderlichen hohen Stromdichte von einigen Amp/cm² die Objekttemperatur

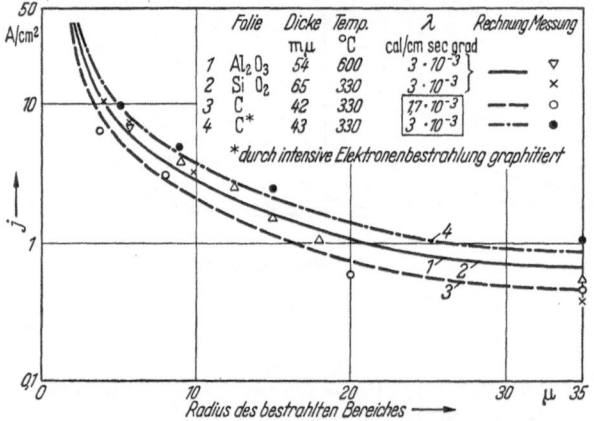

Fig. 103. Stromdichte j als Funktion der Größe des bestrahlten Bereiches für konstante Objekttemperatur. (Strahlspannung 60 kV, Radius der Blendenbohrung 35μ.)

niedrig gehalten werden kann, wenn der bestrahlte Bereich entsprechend klein ist. Das läßt sich mit Hilfe eines Feinstrahlkondensors (Ziff. 8) oder durch enge Blenden vor dem Objekt[2] erreichen.

Die angegebenen Formeln gelten zunächst nur für Folien einheitlicher Dikke und Wärmeleitfähigkeit. Für einzelne dicke Objekte auf dünner Folie kann die Temperatur des Objektes aus Gl. (36.2) oder (36.4) abgeschätzt werden, wenn für r_B der Radius des betrachteten Objektes und für Q_T ein der Dicke und Art des Objektes entsprechender Wert eingesetzt wird.

Wird eine genau definierte Objekttemperatur gefordert, so ist es günstig, die Bestrahlungsbedingungen durch geringe Stromdichte oder Kleinfeldbestrahlung so zu wählen, daß durch die Elektronenbestrahlung keine Objekterwärmung eintritt. Mit einer unabhängig von der Bestrahlung regelbaren Heizvorrichtung kann dann das Präparat auf die gewünschte Temperatur gebracht werden. V. Ardenne[3] beschreibt je eine Heizvorrichtung für mittlere Temperaturen ($\approx 800°$ C), bei der die normale Objektblende verwendet und indirekt geheizt wird, und für hohe Temperaturen (bis zu 2500° C), bei der das Objekt direkt auf ein stromdurchflossenes und durchbohrtes Platin- oder Tantalband aufgebracht wird.

37. Objektverschmutzung. Die Objektverschmutzung wird hervorgerufen durch organische Dämpfe, die sich im Vakuum des Mikroskops, wenn auch unter sehr kleinem Dampfdruck, befinden. Durch die Untersuchungen von Ennos[4] konnte geklärt werden, daß diese Gase zum Teil von den großen Metalloberflächen des nicht ausheizbaren Mikroskops abdampfen; aber auch der Dampfdruck des Pumpenöls oder aus den Gummidichtungen austretende Gase führen zur Objektverschmutzung. In Tabelle 9 sind die Objektverschmutzungen, die durch verschiedene Substanzen bei Zimmertemperatur hervorgerufen werden, zusammengestellt.

[1] S. Leisegang: Proc. of the Internat. Conference on Electron Microscopy, London 1954.
[2] M. v. Ardenne: Kolloid-Z. **111**, 22—30 (1948).
[3] M. v. Ardenne; Kolloid-Z. **97**, 257 (1947).
[4] A. E. Ennos: Brit. J. Appl. Phys. **4**, 101 (1953); **5**, 27 (1954).

Zur Objektverschmutzung ist notwendig, daß ein Molekül (höhere Kohlenwasserstoffe) auf der Folie vom Elektronenstrahl getroffen wird: Die Objektverschmutzung findet nur an den vom Elektronenstrahl getroffenen Flächen statt. Damit sind die Parameter der Objektverschmutzung unmittelbar verständlich. Die Objektverschmutzung ist proportional dem Dampfdruck der Kohlenwasserstoffe, proportional der Stromdichte der auftreffenden Elektronen, etwa umgekehrt proportional der Temperatur der Folie (proportional der Verweilzeit der Moleküle auf der Folie). Die aufwachsende Schicht besteht aus Kohle[1].

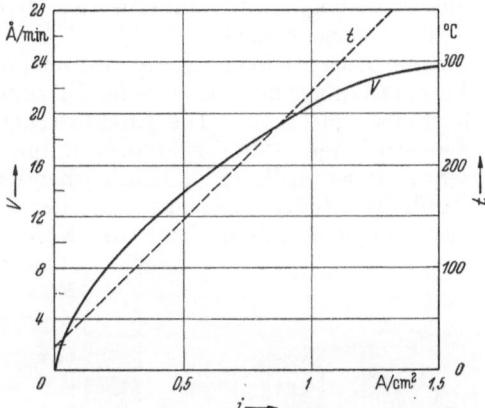

Fig. 104. Objektverschmutzung V (gemessen) und Objekttemperatur t [berechnet nach Gl. (36.2)] als Funktion der Stromdichte j bei Bestrahlung großer Objektbereiche $(\Phi \sim 70\,\mu)$. Objekt: Kohlefolie, $d \sim 200$ Å.

Bei der Bestrahlung relativ großer Flächen ($\sim 70\,\mu$ Durchmesser) nimmt bei kleiner Bestrahlungsstromdichte j_B die Temperatur in der Folienmitte nach Gl. (36.2) zunächst proportional mit j_B zu. Deshalb nimmt die Objektverschmutzung bei Bestrahlung großer Bereiche weniger als proportional mit der Strahlstromdichte zu. Das ist in Fig. 104 nach Messungen von LEISEGANG[2] in einem speziellen Fall gezeigt. Wird die Objekttemperatur durch Bestrahlung kleiner Bereiche zur Objektschonung klein gehalten, so tritt die Objektverschmutzung stärker in Erscheinung, und bei Zimmertemperatur wachsen unter den üblichen Verhältnissen etwa 14 Å/sec Kohle bei einer Stromdichte von 1 Amp/cm² und einem Durchmesser des bestrahlten Bereiches von etwa 5 μ auf[3]. Das stimmt bei einer Stromdichte von 0,01 Amp/cm² mit den mittleren Werten der Tabelle 9 gut überein. Besonders bei der Mikroskopie höchster Auflösung ist die Objektverschmutzung störend. Bei hoher Stromdichte soll die Temperatur des Objektes möglichst niedrig sein, beide Faktoren führen zu starker

Tabelle 9. *Objektverschmutzung V bei Zimmertemperatur und einer Bestrahlungsstromdichte von 0.01 Amp/cm²* (nach ENNOS).

Substanz	Dampfdruck bei 20° C (Tabellenwert, Tor) bzw. Reinigungsmethode	V [Å/min]
Pumpenöl Apiezon B . .	10^{-7}	17
Pumpenöl Silicon DC 703	$1,5 \cdot 10^{-8}$	5
Vakuum Fett Apiezon M . .	nicht meßbar	15
Vakuum Wachs Apiezon W . .	nicht meßbar	< 0,5
Gummi (Mittelwert) .	gekocht in Sodalösung	8
Neopren	gekocht in Sodalösung	< 0,5
Metall	mit fettlösenden Mitteln gereinigt (Äther usw.)	7
Metall	Oberfläche mit Säure abgeätzt	< 0,5

Objektverschmutzung. Der einzige noch freie Parameter ist der Dampfdruck der Restgase. Er kann dadurch herabgesetzt werden, daß das Objekt und seine

---

[1] H. KÖNIG: Z. Physik **129**, 483 (1951).

[2] S. LEISEGANG: Nicht veröffentlichte Messungen aus dem Wernerwerk für Meßtechnik der Siemens & Halske AG, 1953.

[3] S. LEISEGANG: Proc. of the Internat. Conference on Electron Microscopy, London 1954.

Umgebung auf tiefe Temperatur gebracht und der ganze gekühlte Raum durch enge Blenden vom Mikroskop abgeschlossen wird. LEISEGANG[1] konnte mit einer einfachen Kühlanordnung (Fig. 105) zeigen, daß die Objektverschmutzung unter diesen Bedingungen Funktion der Temperatur der Kühlpatrone ist und bei — 80° C verschwindet.

Bei noch tieferen Temperaturen werden Kohleschichten und organische Präparate abgebaut. Eine volle Klärung der dabei auftretenden Erscheinungen liegt noch nicht vor. Die Effekte scheinen deutbar mit der Annahme, daß in dem auf unter — 80° C gekühlten Raum der Dampfdruck der Kohlenwasserstoffe sehr klein ist im Vergleich zum vorhandenen Sauerstoff. Stark bestrahlte kohlenstoffhaltige Substanzen und auch der Sauerstoff werden durch die Elektronenbestrahlung chemisch aktiv; die Kohle wird zu CO_2 verbrannt und abgebaut.

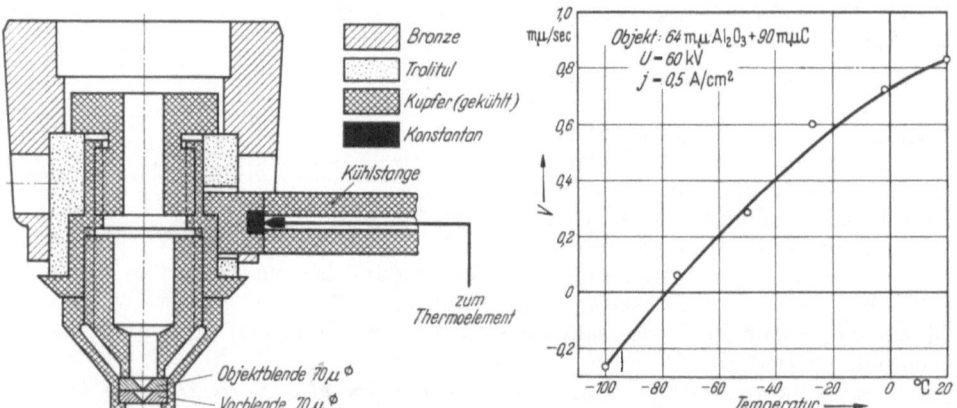

Fig. 105. Kühlbare Objektpatrone. Die kupferne Kühlstange wird außerhalb des Mikroskops mit flüssiger Luft gekühlt.

Fig. 106. Objektverschmutzung als Funktion der Temperatur der Objektpatrone nach Fig. 105 bei Bestrahlung eines Bereiches von 5µ ⌀.

Für diese Deutung spricht, daß sich in der Umgebung der intensiv bestrahlten Bereiche ein dunkler Niederschlag bildet, der bei Erhöhung der Temperatur der Folie bei — 80° C verschwindet. Andere Substanzen, wie Al_2O_3 und SiO_2, werden auch bei Temperaturen der Kühlpatrone von — 150° C und langer intensiver Bestrahlung nicht zerstört. In Fig. 106 ist die Objektverschmutzung als Funktion der Temperatur der Kühlpatrone dargestellt; der Abbau der auf die Al_2O_3-Folie aufgebrachten Kohleschicht führt bei Temperaturen unter — 80° C zu „negativer" Objektverschmutzung. Das eigenartige, von der Temperatur der Kühlpatrone abhängige Verhalten organischer Objekte ist noch nicht geklärt. Bei Temperaturen um — 100° C werden im bestrahlten Bereich besonders die äußeren Substanzen einer Bakterie abgebaut. Bei Temperaturen unter — 130° C scheinen die inneren Substanzen die Hülle der Bakterie zu sprengen: Es entstehen fast masselose Löcher in der Bakterie. Die Erscheinungsformen sind denen der rein thermischen Zerstörung von Bakterien ähnlich[2]. Doch ist zu betonen, daß bei Bestrahlung so kleiner Bereiche (3 µ Durchmesser), wie es hier der Fall ist, bei Zimmertemperatur der Kühlpatrone und gleicher Stromdichte dieselben Bakterien nicht thermisch zerstört werden, sondern nur normale Objektverschmuzung eintritt.

In Fig. 107 ist dieses Verhalten wiedergegeben. Ein Bereich der Bakterie wurde bei einer Temperatur der Kühlpatrone von — 105° C, ein anderer bei

---

[1] S. LEISEGANG: Proc. of the Internat. Conference on Electron Microscopy, London 1954.
[2] H. RUSKA u. Mitarb.: Z. wiss. Mikrosk. **60**, 425 (1952). Dort auch weitere Literaturangaben.

— 150° C bestrahlt. Deutlich zu sehen ist die objektreinigende Wirkung der Bestrahlung bei so tiefen Temperaturen. Die bestrahlten Bereiche sind stark aufgehellt. Das Objekt war bei der Aufnahme gleichmäßig ausgeleuchtet.

Die Objektverschmutzung läßt sich also durch eine solche kühlbare Objektpatrone soweit reduzieren, daß sie beim Mikroskopieren nicht mehr stört. Ob der darüber hinaus auftretende Effekt des Abbaus von Kohleschichten oder

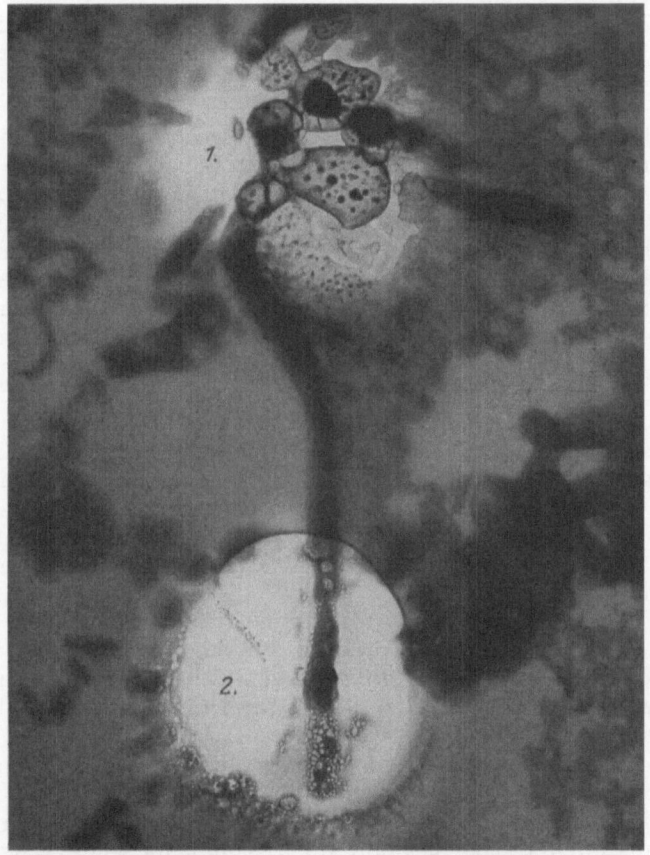

Fig. 107. Abbau eines Präparates bei verschiedener Temperatur der Kühlpatrone. Präparat: Bakterien und Rickettsien auf mit SiO bedampfter Kollodiumfolie. Ein Bereich von 3μ Durchmesser wird mit 0,5 Amp./cm² bestrahlt. *1.* Objektstelle: 4 min bei — 105° C. *2.* Objektstelle: 4 min. bei — 150° C.

organischer Materie dazu führt, daß eine gezielte Präparation organischer Objekte im Mikroskop möglich wird, ohne daß Scheinstrukturen auftreten, ist eine heute noch offene Frage.

38. Spezielle Objektpräparation. Das Mikroskopieren in der Nähe der Auflösungsgrenze fordert sehr dünne Präparate ($d < 200$ Å). Dabei sind zwei Schwierigkeiten zu überwinden:

1. Das Herstellen so dünner und auch bei intensiver Elektronenbestrahlung haltbarer Präparate.

2. Das Einhalten der nach (25.1) sehr scharfen Fokussierungsbedingungen.

Bei den Testpräparaten zur Bestimmung des Auflösungsvermögens hat sich ein Verfahren besonders bewährt, das die Einhaltung beider Bedingungen ermöglicht. Eine Kollodiumfolie mit sehr vielen kleinen Löchern (Durchmesser etwa

1 μ) wird durch Beglimmen in Benzoldampf[1] oder durch Bedampfen mit Kohle[2] auf ≈ 1000 Å Dicke verstärkt. Es entsteht so eine sehr haltbare Schicht mit relativ guter Wärmeleitung. Diese dicke Folie wird mit einer sehr dünnen $(d \approx 30$ Å) Kollodiumfolie überzogen, die nun über den kleinen Löchern freitragend gespannt ist. Die ganze Folie wird mit dem als Testobjekt dienenden Schwermetall bedampft. Die dünne Kollodiumschicht über den Löchern ist dann auch bei hoher Stromdichte (1 Amp/cm^2) beständig.

Die Einzelheiten des Objektes von der Größenordnung des Auflösungsvermögens sind auf dem Leuchtschirm kaum zu sehen; ein Fokussieren nach dem Objekt selbst ist auch nicht annähernd mit der nach Gl. (25.1) erforderlichen Genauigkeit möglich.

An den Rändern der kleinen Löcher in der relativ dicken Folie treten bei kleiner Bestrahlungsapertur die Fresnelschen Beugungssäume so deutlich in Erscheinung, daß auf dem Leuchtschirm die Fokussierung mit dem Auge bis auf ein für 5 bis 10 Å Auflösung ausreichendes Maß kontrolliert werden kann. Dadurch wird die Ausbeute an gut fokussierten Aufnahmen ganz wesentlich erhöht.

Im Anwendungsgebiet der Biologie ist es durch die Fortschritte der Mikrotomie gelungen, Gewebeschnitte bis herunter zu 200 Å Dicke herzustellen[3]. In solchen dünnen Schnitten ist bei gleicher mittlerer Ordnungszahl und gleicher Dicke zunächst praktisch kein Kontrastunterschied zu bemerken. Durch das Fixieren mit Osmiumsäure oder Phosphor-Wolframsäure[3] werden Schwermetalle in das Gewebe eingebaut, die aber bei sehr dünnen Schnitten auch nur zu schwachen Kontrasten führen. Deshalb ist es auch hier nicht möglich, am Objekt selbst hinreichend genau zu fokussieren. Nur mit einer Fokussierungshilfe ist eine hohe Ausbeute an gut fokussierten Aufnahmen zu erwarten. Als Fokussierungshilfe, an der die Fresnelschen Beugungssäume erkennbar sind, können Latexkugeln oder kleine aufs Objekt gebrachte Rußteilchen oder Löcher in der tragenden Folie verwendet werden.

Beim Streben nach höchstem Auflösungsvermögen ist die den Schnitt tragende Folie, die etwa von gleicher Dicke wie der Schnitt selbst ist, störend. Dünnschnitte sollten — möglichst freitragend — über kleinere Löcher in Folien angebracht werden, so daß sich dann auch für Dünnschnitte die gleichen günstigen Fokussierungsbedingungen wie bei den Testpräparaten ergeben und zu hoffen ist, daß auch bei dünnsten biologischen Schnitten das Auflösungsvermögen des Mikroskops voll ausgenutzt werden kann.

Hinsichtlich der übrigen Präparationstechnik, die sich zu einem großen Arbeitsgebiet ausgeweitet hat, darf auf die zusammenfassende Darstellung von König[4] verwiesen werden.

IV. Aussagen über das Objekt.

a) Gestalt und Kontrast.

39. Gestalterkennbarkeit. Bisher war nur vom Auflösungsvermögen der Elektronenmikroskope die Rede. Nach der Definition der Auflösung (s. Fig. 77) erlaubt ein Mikroskop mit gegebener Auflösung δ für zwei Teilchen im Abstand δ und für ein Teilchen mit einem Durchmesser $2r \leq \delta$ nur festzustellen, daß zwei bzw. ein Teilchen vorhanden sind. Die geometrische Form der Teilchen bleibt

---

[1] H. König u. G. Helwig: Z. Physik **129**, 491 (1951).
[2] D. E. Bradley: Proc. of the Internat. Conference on Electron Microscopy, London 1954.
[3] Vgl. F. S. Sjöstrand: Proc. of the Internat. Conference on Electron Microscopy, London 1954: mit weiteren Literaturangaben.
[4] H. König: Ergebn. exakt. Naturw. **27**, 188 (1953).

unbestimmt. Soll nicht nur das Vorhandensein, sondern auch die Gestalt eines Teilchens bestimmt werden, so muß der mittlere Durchmesser des Teilchens $d' \gg \delta$ sein. B. v. BORRIES und KAUSCHE[1] haben für regelmäßige n-Ecke unter einfachen geometrischen Annahmen das Verhältnis d'/δ berechnet, das notwendig ist, um zu erkennen, daß das betrachtete Teilchen n Ecken hat. Sie erhalten für $n \geq 3$ das Ergebnis:

$$\frac{d'}{\delta} = 2\left(1 + \cos\frac{\pi}{n}\right)\sqrt{\frac{n}{\pi} \cdot \cot\frac{\pi}{n}}. \tag{39.1}$$

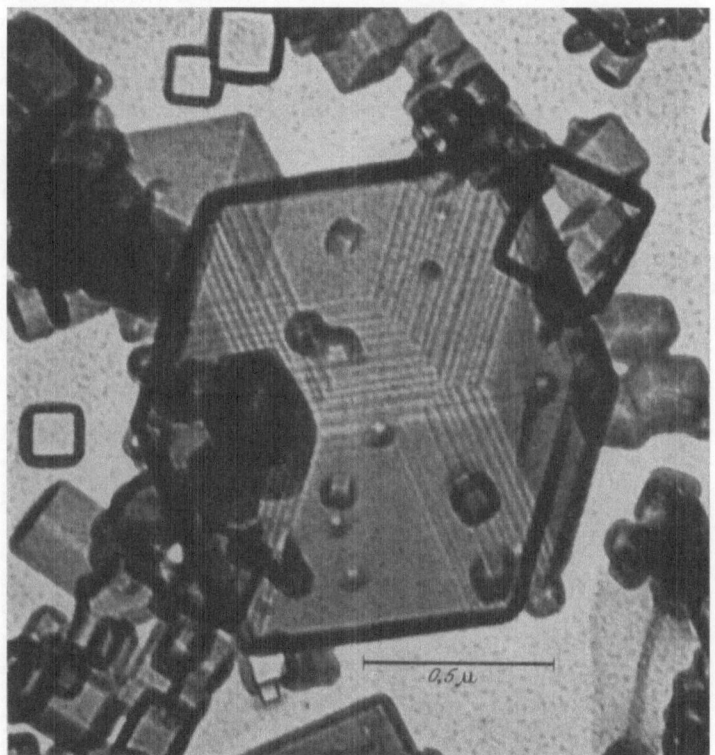

Fig. 108. Kohlehülle eines Magnesium-Oxydkristalles (Aufnahme E. WIESENBERGER).

Ein Dreieck sollte danach noch für $d'/\delta = 2,2$ erkennbar sein, für großes n ergibt sich aus (39.1)

$$\frac{d'}{\delta} = 1,3 \cdot n. \tag{39.2}$$

SEELIGER[2] kommt in einem Modellversuch zu etwa um den Faktor 2 günstigeren Werten für d'/δ. Bei SEELIGER ist die Zahl der Ecken gerade noch, bei v. BORRIES gut zu erkennen.

Von räumlich ausgedehnten Objekten liefert das Elektronenmikroskop wegen seiner großen Tiefenschärfe [Gl. (2.3)] das Bild der Projektion auf die Objektebene. Verschiedene Verfahren gestatten auch Aussagen über die räumliche Ausdehnung des Objektes zu machen.

---

[1] B. v. BORRIES u. G. A. KAUSCHE: Kolloid-Z. **90**, 132 (1940).
[2] R. SEELIGER: Optik **3**, 315 (1948).

Unter definierten Versuchsbedingungen kann bei Kenntnis der mittleren Ordnungszahl Z, Der Dichte ϱ und bei nicht zu großer Dicke des Objektes aus dem Kontrast auf die Dicke des Objektes geschlossen werden (s. Ziff. 41).

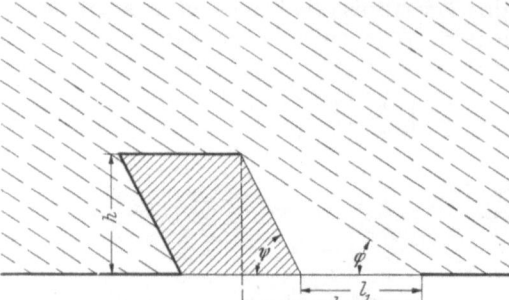

Fig. 109. Zur Bestimmung der Höhe h eines Objektes bei Schrägbedampfung des Präparates unter dem Winkel φ.

Bei relativ dicken, nicht durchstrahlbaren Objekten wird ein räumlicher Eindruck der Gestalt gewonnen, wenn das Objekt mit einer Kohlehülle umgeben, die Substanz chemisch aus dieser Hülle herausgelöst und dann die leere Hülle photographiert wird[1,2]. In Fig. 108 ist die Aufnahme der Kohlehülle eines MgO-Kristalles wiedergegeben, an der die Kristallwachstumsstufen deutlich zu sehen sind. Eine andere Methode besteht darin, das Objekt mit einem Schwermetall unter einem bekannten Winkel schräg zu bedampfen. Aus dem Bedampfungswinkel φ und der Länge des Schattens l läßt sich nach Fig. 109 die Höhe des Objektes h bestimmen zu

$$h = \frac{l_1 \tan \varphi}{1 - \tan \varphi \cot \psi} \qquad \text{für} \quad \psi \lessgtr 90° \text{ bei nicht durchstrahlbaren Objekten,}$$

$$h = l_2 \cdot \tan \varphi \qquad \text{für} \quad \psi > 90° \text{ und für durchstrahlbare Objekte.}$$

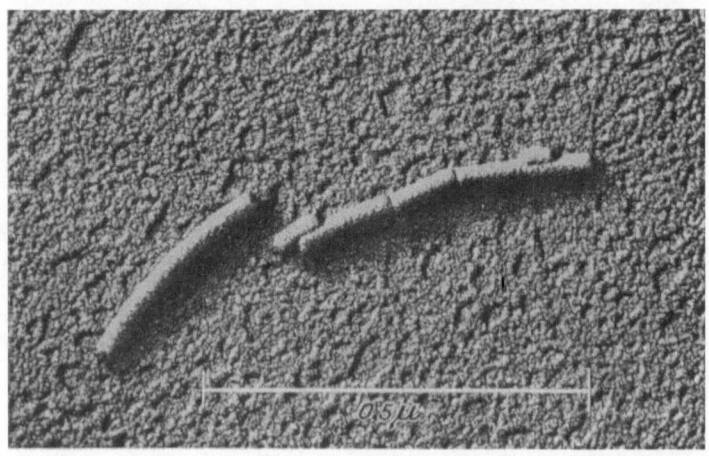

Fig. 110. Tabakmosaikvirus, mit Palladium unter einem Winkel $\varphi = 30°$ schräg bedampft (Aufnahme C. WEICHAN).

Das Verfahren ist begrenzt durch die von vornherein unbekannte geometrische Gestalt des Objektes (der Winkel ψ des einfachen Beispiels von Fig. 109 ist im allgemeinen nicht bekannt), durch die endliche Ausdehnung der Bestrahlungsquelle, durch die Struktur der Bedampfungsschicht und durch die vom Vakuum der Bedampfungsapparatur abhängige Schärfe der Schatten. Außerdem tritt eine Beugung des Atomstrahles am Objekt ein[3]. Trotz dieser Einschränkungen liefert das Verfahren der Schrägbedampfung einen kontrastreichen plastischen

[1] H. KÖNIG u. G. HELWIG: Z. Physik **129**, 491 (1951).
[2] F. GRASENICK u. R. HAEFER: Mh. Chem. **85**, 1069 (1952).
[3] C. E. HALL: J. Appl. Physics **18**, 273 (1947).

Eindruck auch kontrastarmer Objekte[1]. Fig. 110 zeigt Tabakmosaikviren, die mit Palladium unter dem Winkel $\varphi = 30°$ schräg bedampft sind.

40. Stereomikroskopie. Das Elektronenmikroskop ist wegen seiner großen Tiefenschärfe [Gl. (2.3)] ganz besonders für stereoskopische Aufnahmen der betrachteten Objekte geeignet. Stereoskopische Bildpaare können durch Neigung des Objektes um je einen kleinen Winkel $\pm \varphi/2$ gegen die Objektebene gewonnen werden.

Die Neigung des Objektes um den Winkel φ sollte unter Vakuum durchgeführt werden können und außerdem zum bequemen Arbeiten folgende Bedingungen erfüllen:

a) Beim Neigen des Objektes sollte sich der betrachtete Objektbereich nicht oder nur sehr wenig gegenüber dem betrachteten Gesichtsfeld und der vorgegebenen Objektebene verschieben.

b) Der Konvergenzwinkel φ sollte je nach der Höhe des Objektes frei wählbar ($6° < \varphi < 14°$) und zur späteren Auswertung genau meßbar sein.

c) Eine Objektbewegung zum Absuchen des Objektes in zwei Koordinaten soll möglich und ohne Einfluß auf den Konvergenzwinkel φ sein.

d) Die Zuordnung der Stereobilder zueinander muß eindeutig erfolgen können (darauf ist besonders bei magnetischen Mikroskopen, bei denen das Bild durch das Magnetfeld gedreht wird, zu achten).

Fig. 111a u. b. Zur Erzeugung eines stereoskopischen Bildpaares durch Verwendung zweier Elektronenstrahler, die um $\pm 4°$ gegen die Linsenachse geneigt sind (MÖLLENSTEDT und HEISE). a Strahlengang in einer Linse mit Öffnungsfehler. b Stereoskopisches Bildpaar.

Diese Forderungen sind konstruktiv in sehr verschiedener Weise gelöst worden je nach der Anordnung des Objektes. Zwei Grundprinzipien werden bei der Lösung des Problems verwendet.

1. Das Objekt ist auf der Achse eines um den Winkel φ drehbaren Stabes angeordnet, in oder mit dem es in zwei Koordinaten bewegt werden kann[2,3].

2. Die Objekthalterung gleitet auf einer zur Objektlage koaxialen Zylinderschale und kann mit einem Stößel um den Winkel φ gekippt werden; die ganze Anordnung wird in den normalen Objekttisch eingesetzt[4].

MÖLLENSTEDT und HEISE[5] haben durch Ausnutzung des großen Öffnungsfehlers elektrostatischer Linsen erreicht, daß auf dem Endbildleuchtschirm von vornherein ein stereoskopisches Bildpaar entsteht, das unmittelbar betrachtet werden kann. Das Prinzip der Anordnung ist in Fig. 111 wiedergegeben. Die von

[1] Vgl. etwa R. C. WILLIAMS u. W. G. WYCKOFF: J. Appl. Phys. **17**, 23 (1946).
[2] R. RÜHLE: Optik **5**, 534 (1949).
[3] A. C. VAN DORSTEN u. H. NIEUWDORP u. A. VERHOEFF: Philips techn. Rdsch. **12**, 33 (1950). Vgl. auch Fig. 22.
[4] P. C. SMITH u. R. C. PICARD: Radio News **32**, 41 (1944).
[5] G. MÖLLENSTEDT u. F. HEISE: Optik **5**, 531 (1949).

zwei Strahlerzeugungssystemen ausgehenden Elektronen treffen das Objekt unter einem Winkel von $\pm 4°$. Die beiden die Linse unter so großem Winkel durchsetzenden Strahlenbündel werden nicht mehr in der Gaussschen Bildebene, sondern auf der Kaustik zu zwei getrennten Bildern wieder vereinigt. Die hier zur Abbildung benutzten Linsenbereiche haben große Abbildungsfehler, so daß bisher nur eine Auflösung von 600 Å erreicht wurde. Mit Zylinderlinsen zur Korrektur des Astigmatismus schiefer Bündel und durch Verwendung von Aperturblenden sollte sich nach den Verfassern[1] das Auflösungsvermögen noch verbessern lassen.

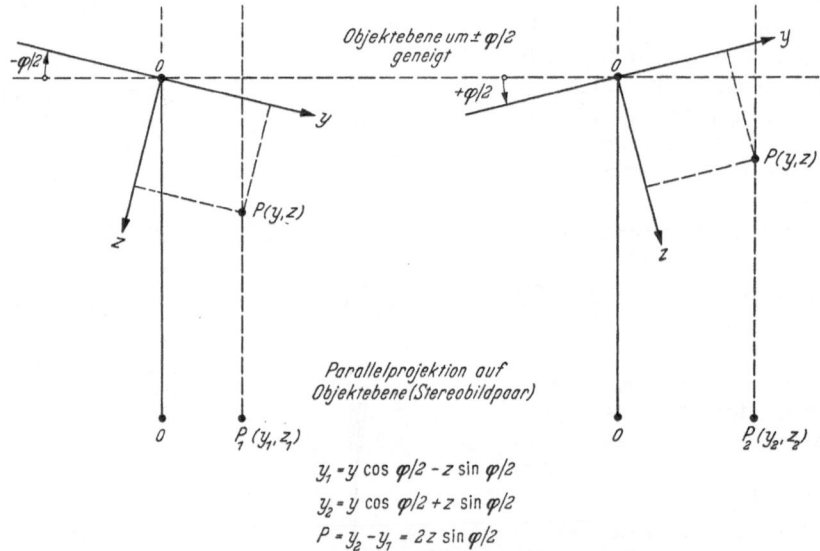

Fig. 112. Beziehung zwischen den Koordinaten des Objektes und der durch Parallelprojektion entstehenden Koordinaten im stereoskopischen Bildpaar (p stereoskopische Parallaxe).

Ein ähnliches Verfahren mit magnetischen Linsen beschreibt Kinder[2], der nur mit einer Elektronenquelle arbeitet. Mit magnetischen Ablenksystemen wird dafür gesorgt, daß die Elektronen auf das Objekt alternierend jeweils unter $\pm 4°$ auftreffen. Kinder konnte mit dieser Anordnung Stereobildpaare in etwa 100facher Vergrößerung herstellen.

Wegen der kleinen betrachteten Objektbereiche (Durchmesser $< 0,1$ mm) und des relativ großen Abstandes l der Elektronenquelle vom Objekt ($l > 100$ mm) ist die Änderung des Konvergenzwinkels $\Delta\varphi$ im betrachteten Objektbereich sehr klein gegen den Konvergenzwinkel selbst:

$$\Delta\varphi < 5 \cdot 10^{-4} = 0,03°. \tag{40.1}$$

Deshalb können die beiden um den Konvergenzwinkel φ gegeneinander geneigten Stereobilder zur Ableitung der Beziehung zwischen Bildkoordinaten, Konvergenzwinkel und räumlichen Objektkoordinaten durch zwei mit verschiedener Projektionsrichtung hergestellte parallelperspektive Bilder ersetzt werden.

Es werde ein rechtwinkliges räumliches Koordinatensystem in der Objektebene x, y, z angenommen; die z-Richtung sei parallel zur Mikroskopachse (Höhe des Objektes), die x-Richtung parallel zu der Achse, um die das Objekt geneigt

---

[1] G. Möllenstedt u. F. Heise: Optik 5, 531 (1949).
[2] E. Kinder: Naturwiss. 33, 367 (1946).

wird, und der Koordinatenursprung liege in einem als Bezugspunkt gewählten Objektdetail. Dann besteht nach Fig. 112 zwischen den räumlichen Koordinaten x, y, z des Objektes und den Koordinaten x_1, y_1 bzw. x_2, y_2 der beiden um den

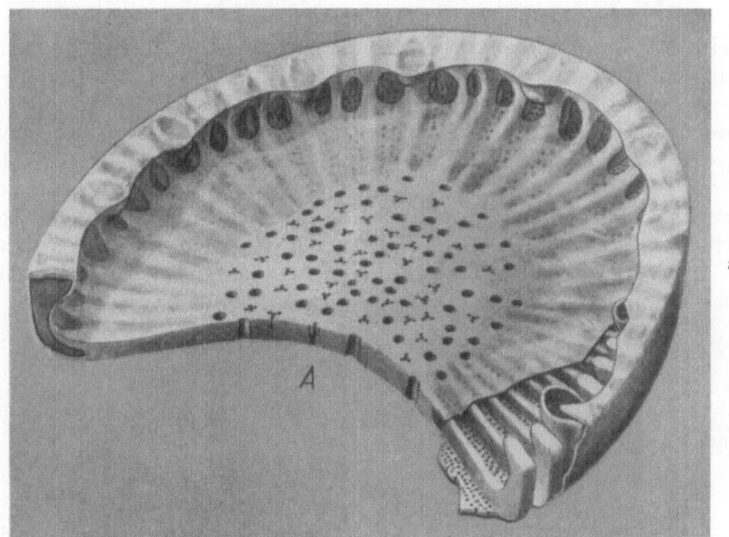

a

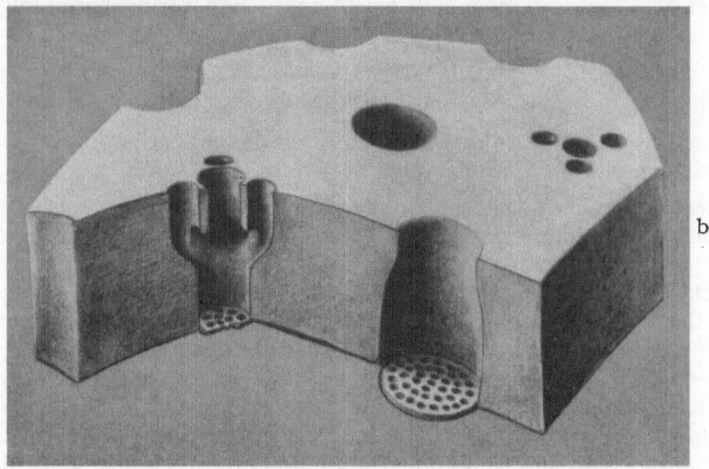

b

Fig. 113a u. b. Räumliche Rekonstruktionszeichnung einer Diatomeenschale (Cyclotella comta) nach photogrammetrischer Ausmessung. a Übersichtsbild, 6000:1; b Einzelheit bei „A", 50000:1 (HELMCKE und KRIEGER).

Konvergenzwinkel φ gegeneinander geneigten Stereobilder des Objektes die Beziehung:

$$x = x_1 = x_2,\qquad (40.2\,\mathrm{a})$$

$$y = \frac{y_1 + y_2}{2\cos\varphi/2} \approx \frac{y_1 + y_2}{2},\qquad (40.2\,\mathrm{b})$$

$$z = \frac{y_1 - y_2}{2\sin\varphi/2} = \frac{p}{2\sin\varphi/2} \approx \frac{p}{\varphi}\qquad (40.2\,\mathrm{c})$$

(p = Stereoskopische Parallaxe).

Die Gln. (40.2) erlauben bei bekannter Neigungsebene des Objektes und gegebenem Konvergenzwinkel φ auch ohne Stereokomparator ein orientierendes Ausmessen besonders interessierender Höhenunterschiede im Objekt.

Stereobildpaare, in einem Stereoskop betrachtet, vermitteln einen guten räumlichen Eindruck des betrachteten Objektes.

Mit einem Stereokomparator[1] oder mit den für die Luftbildausmessung entwickelten photogrammetrischen Universalgeräten[2] können die Stereoaufnahmen ausgemessen werden. Die großen photogrammetrischen Geräte erlauben Schichtlinien und Profilzeichnungen besonders interessierender Objekte herzustellen, doch ist der Aufwand entsprechend groß[2]. Helmcke und Mitarbeiter[2, 3] haben die Technik der photogrammetrischen Auswertung auf elektronenmikroskopische Bildpaare übertragen. Als eines ihrer Ergebnisse sei die räumliche Rekonstruktionszeichnung des Aufbaus einer Diatomeenschale in Fig. 113 wiedergegeben.

Die Genauigkeit, mit der die räumliche Ausmessung der Objekte möglich ist, ergibt sich unmittelbar aus Gl. (40.2c). Danach gilt:

$$\frac{\Delta z}{z} = \sqrt{\left(\frac{\Delta p}{p}\right)^2 + \left(\frac{\Delta \varphi}{\varphi}\right)^2}. \qquad (40.3)$$

Der Konvergenzwinkel sei zunächst als beliebig genau meßbar angenommen, dann folgt für Δz aus (40.2) und (40.3)

$$\Delta z = \frac{\Delta p}{\varphi}. \qquad (40.4)$$

Unter der Annahme, daß bei gegebener Auflösung δ ein Abstand zweier Punkte der Größenordnung δ auf etwa 20% genau angegeben werden kann, folgt bei einem Konvergenzwinkel φ von 12°, daß Höhenunterschiede im Objekt etwa mit der Genauigkeit der Auflösung ausgemessen werden können. Um diese Genauigkeit zu erreichen, muß $\frac{\Delta \varphi}{\varphi} \ll \frac{\Delta p}{p}$ sein[4]. Dabei ist die Auflösung δ bei zu geringer elektronenoptischer Vergrößerung nicht durch das Mikroskop, sondern durch die Körnigkeit der photographischen Platte (s. Ziff. 10) begrenzt.

41. Messung und Deutung des Kontrastes. Die direkte Messung des Kontrastes elektronenmikroskopischer Bilder ist eine Frage des physikalischen Aufwandes. Bei einer gut erreichbaren Stromdichte im Objekt von 1 Amp/cm² und der mit einem Elektrometer oder einer Elektrometerröhre möglichen Messung von Strömen der Größenordnung 10^{-14} Amp/cm² werden selbst Objektstrukturen von etwa 10 Å Größe der direkten Kontrastmessung zugänglich; mit Zählrohren oder Elektronenvervielfacher-Röhren lassen sich die der direkten Messung zugänglichen Bereiche noch weiter verkleinern. Voraussetzung für solche direkten Messungen des Kontrastes ist eine genügend gute Stabilität des Strahlstromes, die bei neueren Geräten angenommen werden kann. Auch darf keine die Messung störende Objektverschmutzung bestehen (s. Ziff. 37). Direkte Messungen des Kontrastes an so kleinen Bereichen liegen bisher nicht vor. Damit sind experimentelle Anhaltspunkte für den Einfluß des Farbfehlers auf den Kontrast kleiner Bereiche (s. Ziff. 34) und für den zu erwartenden Phasenkontrast (s. Ziff. 33) nicht gegeben.

[1] E. Gotthard: Z. Physik **118**, 714 (1942). — Z. wiss. Mikrosk. **61**, 249, 251 (1953).
[2] J. G. Helmcke u. H. Richter: Z. wiss. Mikrosk. **60**, 189 (1951); **61**, 249 (1953).
[3] J. G. Helmcke u. W. Krieger: Verh. der Dtsch Zool. Ges. in Wilhelmshafen 1951, S. 438. Vgl. auch von denselben Verfassern: Diatomeenschalen im elektronenmikroskopischen Bild, I. Teil. Berlin 1953.
[4] Eine sehr ausführliche Diskussion der Fehler bei der Tiefenbestimmung elektronenmikroskopischer Stereo-Aufnahmen geben J. G. Helmcke u. H. J. Orthmann [Optik **11**, 562 (1954)].

Bei gegenüber dem Farbfehlerscheibchen großen Bereichen verschwindet der Einfluß des Farbfehlers auf den Kontrast. Auch der Phasenkontrast durch Defokussieren, der sich an den Rändern der betrachteten Bereiche ausbildet, kann vernachlässigt werden. Der Kontrast wird dann allein Funktion der Dicke, Ordnungszahl und Dichte des betrachteten Objektes und, solange die Bestrahlungsapertur $\alpha_B \ll \alpha_0$ ist, von Strahlspannung U und Objektivapertur α_0. Der Kontrast als Funktion dieser Parameter ist bei nicht kristallinen Objekten theoretisch durch Gl. (32.1) und (32.2) gegeben. Neben den in Ziff. 32 angeführten Messungen des Kontrastes an Kohle-folien liegen Messungen an Aluminiumoxydfolien von LIPPERT[1] vor. In Fig. 114 sind die nach Gl. (32.3) berechneten[2] und die von LIPPERT gemessenen Werte des Kontrastes für eine 50 Å dicke Al_2O_3-Folie als Funktion der Objektivapertur α_0 bei verschiedener Strahlspannung U aufgetragen.

Für höhere Ordnungszahlen sind experimentell noch keine Kontrastmessungen als Funktion der Apertur ausgeführt worden, doch kann auch hier — zumindest bei größeren Aperturen ($\alpha_0 \sim 10^{-2}$), bei denen die unelastisch gestreuten Elektronen keinen wesent-

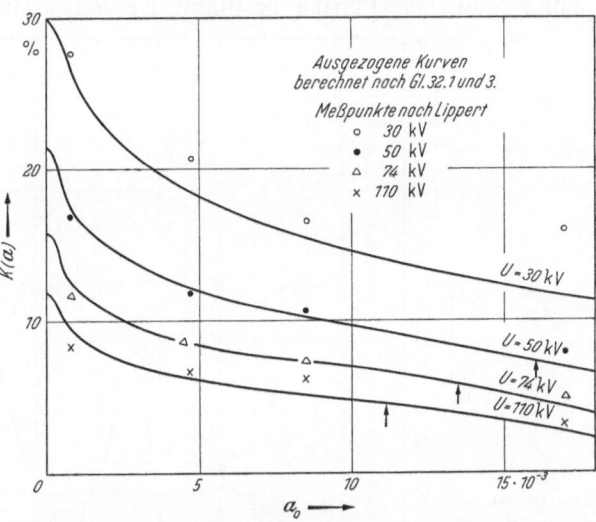

Fig. 114. Der Kontrast $K(\alpha)$ einer 50 Å dicken Al_2O_3-Folie als Funktion der Objektivapertur α_0; Parameter: Strahlspannung U. Die an den Kurven eingezeichneten Pfeile ↑ deuten die Lage der diffusen Beugungsringe des Al_2O_3 an.

lichen Beitrag zum Kontrast geben, — nach den Messungen von LEISEGANG[3] angenommen werden, daß Gl. (32.3) in guter Übereinstimmung mit dem Experiment ist.

Damit ist es möglich, bei gegebener Strahlspannung und Objektivapertur durch Messung des Kontrastes bei bekannter Ordnungszahl und Dichte die Dicke größerer Objektbereiche zu bestimmen. Dagegen kann aus dem gemessenen Kontrast bei bekannter Dicke des Objektes nicht eindeutig auf die Ordnungszahl des Objektes geschlossen werden. Die den Kontrast bei größerer Apertur ($\alpha \sim 10^{-2}$) nach Gl. (32.1) erzeugende Anzahl der elastischen Stöße n_e ist proportional zu $\varrho \cdot Z^{\frac{2}{3}}/A$. Das „Atomvolumen" A/ϱ wird wesentlich durch die peripheren Eigenschaften des Atoms bestimmt[4]. Fig. 115 zeigt die Größe $\varrho \cdot Z^{\frac{2}{3}}/A$ als Funktion der Ordnungszahl Z. Zwischen der mittleren Zahl der elastischen Stöße n_e und der Größe $\varrho \cdot Z^{\frac{2}{3}}/A$ besteht nach Gl. (31.5) die Beziehung:

$$\frac{\varrho \cdot Z^{\frac{2}{3}}}{A} = 1{,}14 \cdot 10^{-4}\,\mathrm{cm}^{-2}\,\frac{\beta^2}{d}\,n_e. \qquad (41.1)$$

---

[1] W. LIPPERT: Optik **11**, 412 (1954).

[2] Der Rechnung sind die Werte $\overline{Z} = 10$, $\overline{A} = 20$, $n_s = \dfrac{2 \cdot 3 + 3 \cdot 6}{5} = 5$, $I_s = 22\,\mathrm{V}$ [nach G. MÖLLENSTEDT: Optik **5**, 497 (1949)] und $\varrho = 3$ zugrunde gelegt.

[3] S. LEISEGANG: Z. Physik **132**, 183 (1952).

[4] Vgl. etwa A. SOMMERFELD: Atombau und Spektrallinien, 5. Aufl., S. 154, Bd. I. Braunschweig 1931.

Schon bei diesen sehr vereinfachenden Annahmen, daß der Kontrast K im amorphen Objekt nur durch die mittlere elastische Stoßzahl n_e bestimmt sei, zeigt sich, daß eine Berechnung der mittleren Ordnungszahl aus Dicke und Kontrast des Objektes nach Fig. 115 nur in ganz wenigen Fällen zu einem eindeutigen Resultat führt. Auf den Kontrast in kristallinen Objekten, der sich durch Elektronenstreuung allein nicht erklären läßt, soll in Ziff. 43 eingegangen werden.

Neben der immer mit einem gewissen Aufwand verbundenen direkten Messung des Kontrastes kann der Kontrast auch durch photometrische Ausmessung der photographischen Platten bestimmt werden. Dazu muß die Gradationskurve

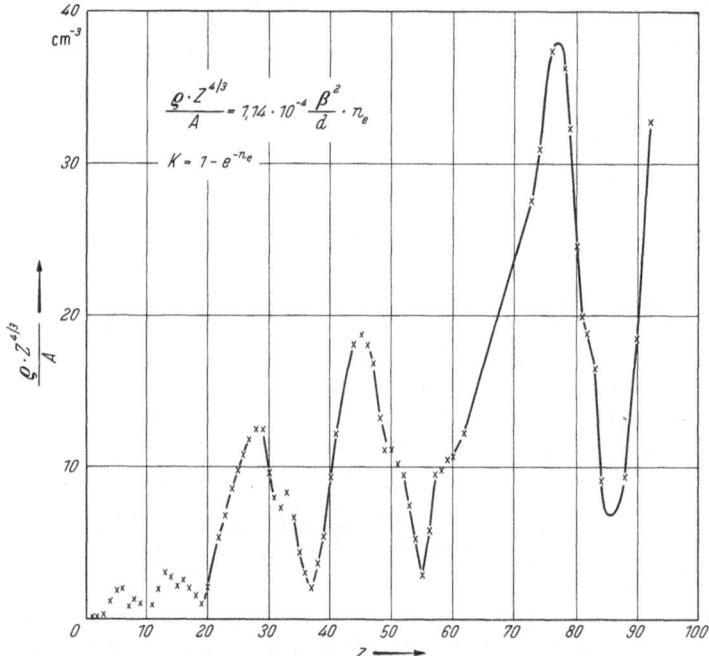

Fig. 115. Die der mittleren Stoßzahl n_e proportionale Größe $\varrho Z^{\frac{4}{3}}/A$ als Funktion der Ordnungszahl Z.

der verwendeten Platten bekannt sein und bei jeder Emulsion neu bestimmt werden; auf definierte Entwicklungsbedingungen ist besonders sorgfältig zu achten. Eine Bestimmung der durch die photographische Platte bedingten und nicht ohne weiteres übersehbaren Fehler kann wohl nur durch statistische Auswertung mehrerer Messungen erfolgen.

b) Analyse durch Elektronenbeugung.

42. Das Elektronenmikroskop als Beugungsgerät. Die wesentlichen Bestandteile einer Beugungsapparatur, nämlich ein Strahlerzeugungssystem mit hohem Richtstrahlwert, eine hochkonstante Hochspannungsanlage, einsetzbare Blenden, einfache Einbringung eines Objektes und photographische Einrichtung, sind zugleich Bestandteile des Elektronenmikroskops. Wird durch konstruktive Maßnahmen dafür gesorgt, daß alle, den vom Objekt ausgehenden Beugungskegel begrenzenden Elemente, wie Aperturblenden und hochvergrößernde Projektivdolschuhe, aus dem Strahlengang entfernt werden können, so ist das Elektronenmikroskop ein Beugungsgerät[1,2]. Durch den bei größeren Mikroskopen vor-

---

[1] Über den Aufbau von Beugungsgeräten, Theorie und Ergebnisse der Elektronenbeugung s. H. Raether in Bd. XXXII dieses Handbuches.

[2] E. Ruska: Wiss. Veröff. Siemens, Werkstoff-Sonderheft, S. 372, 1940.

handenen Kondensor läßt sich die Bestrahlungsapertur in weiten Grenzen variieren; durch die mögliche Kippung und Verschiebung des Kondensors kann die Bestrahlungsrichtung um kleine Winkel meßbar verändert und gut zum Gerät zentriert werden; die Objektschleuse gestattet einen schnellen Wechsel der Objekte, das zu gleicher Zeit mögliche Betrachten des Objektes erlaubt eine gute Orientierung über das beugende Objekt. Bei magnetischen Mikroskopen ist

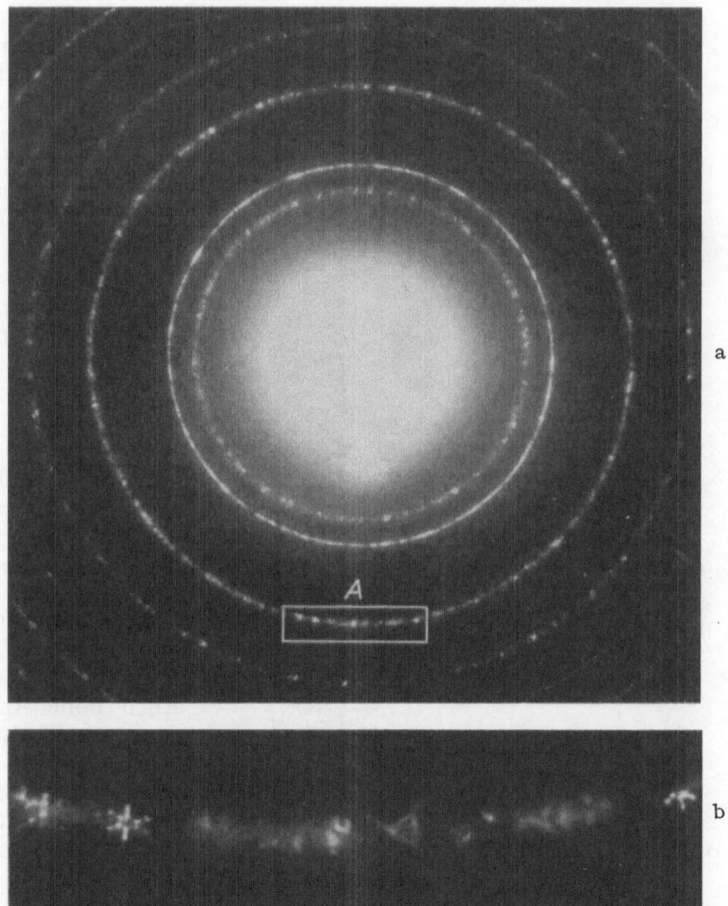

Fig. 116a u. b. Hochauflösende Beugungsaufnahme von Zinkoxyd mit Feinstrahlkondensor, kleiner Bestrahlungsapertur ($\alpha_B \sim 10^{-5}$) und Bestrahlungssystem mit hohem Richtstrahlwert nach Fig. 24 c (Elmiskop I). a Beugungsbild. b Einzelheit bei „A". Belichtungszeit $t = 15$ sec; Strahlspannung $U = 80$ kV (W. D. RIECKE).

allerdings zu beachten, daß auch bei ausgeschalteten Linsenströmen ein remanentes Feld zurückbleibt, durch das der Durchmesser der Beugungsringe um einige Prozent, eventuell auch unsymmetrisch, verändert wird. Durch eine Eichung mit einem Objekt bekannter Gitterkonstante läßt sich dieser Einfluß quantitativ bestimmen.

Mit speziellen Objektpatronen kann die RIEDMILLERsche Simultanbeugung durchgeführt werden[1], die eine genaue Bestimmung der Gitterkonstanten eines unbekannten Präparates im direkten Vergleich mit einem Eichpräparat erlaubt.

---

[1] R. RIEDMILLER: Z. Physik **102**, 408 (1936).

Da mit dem Kondensorsystem die Bestrahlungsapertur sehr klein gemacht werden kann (s. Ziff. 8), sind auch hochauflösende Beugungsaufnahmen möglich. In besonders einfacher Weise — ohne unbequem kleine Blenden — gelingt das mit einem Doppelkondensor (s. Ziff. 8). Der engste Bündelquerschnitt der Strahlquelle kann mit der ersten Kondensorlinse stark verkleinert werden (Durchmesser $\sim 1\,\mu$). Mit der zweiten Kondensorlinse wird der verkleinerte Bündelquerschnitt auf die photographische Platte abgebildet. Bei einem Elektronenstrahler mit hohem Richtstrahlwert sind auch für hochauflösendeBeugungsbilder nur relativ kurze Belichtungszeiten (~ 15 sec) notwendig. Fig. 116 zeigt eine so erhaltene hochauflösende Beugungsaufnahme[1].

Bei Mikroskopen mit mindestens drei unabhängig voneinander regelbaren Abbildungslinsen kann das in der hinteren Brennebene des Objektivs entstehende sehr kleine primäre Beugungsbild durch die schwach erregte Zwischenlinse auf die Gegenstandsebene des Projektivs abgebildet und mit dem Projektiv vergrößert werden[2]. Dieses Verfahren bietet zwei Vorteile: Auch ohne Auswechseln des Projektivpolschuhs kann ein Beugungsbild erzeugt werden; mit einer Gesichtsfeldblende in der Gegenstandsebene der — starkerregten — Zwischenlinse (Selektorblende) lassen sich sehr kleine Kristalle oder Kristallbereiche ausblenden. Durch Abbildung des primären Beugungsbildes kann dann das Beugungsdiagramm dieses kleinen Kristallbereiches photographiert werden. Bei gut zueinander zentrierten Blenden und Linsen gelingt es so, das Beugungsbild von einzelnen Kristallen oder Kristallbereichen

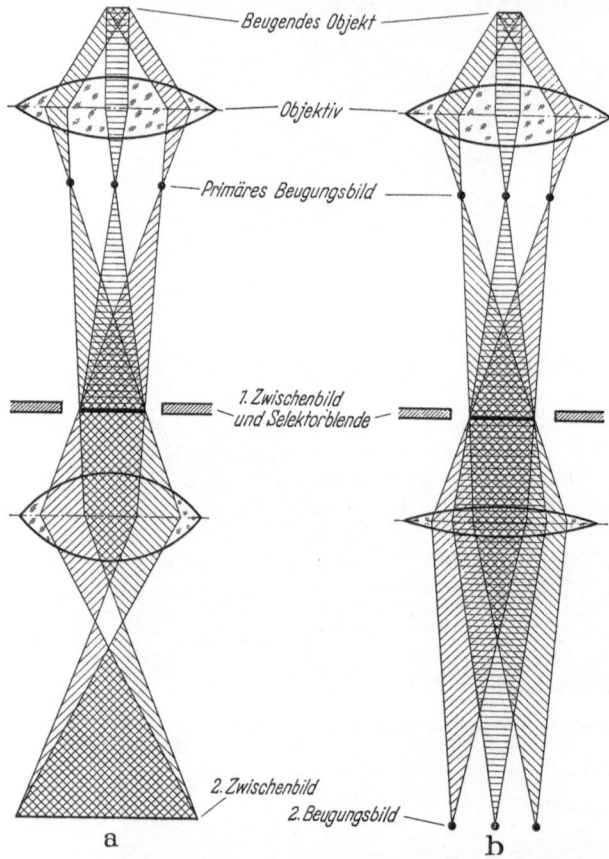

Fig. 117a u. b. Feinbereichsbeugung mit einem Drei-Linsensystem und Selektorblende. Die nicht mitgezeichnete Projektivlinse bildet das zweite Zwischenbild oder das zweite Beugungsbild auf dem Endbild-Leuchtschirm vergrößert ab. a Abbildung des ersten Zwischenbildes in die Gegenstandsebene der Projektivlinse. Die Zwischenlinse arbeitet mit kurzer Brennweite. b Abbildung des primären Beugungsbildes in die Gegenstandsebene der Projektivlinse. Die Zwischenlinse arbeitet mit langer Brennweite.

[1] W. D. Riecke: Bisher unveröffentlichte Aufnahme aus dem Wernerwerk für Meßtechnik der Siemens & Halske AG.   Zur Deutung der Feinstruktur der Reflexe siehe K. Molière und H. Niehrs, Z. Phys. **137**, 445 (1954) und H. J. Altenheim und K. Molière, Z. Phys. **139**, 103 (1954).

[2] H. Boersch: Ann. Phys. **26**, 631 (1936); **27**, 75 (1937). — J. B. Le Poole: Philips techn. Rdsch. **9**, 33 (1947).

von weniger als 1 μ Durchmesser nachzuweisen. Der Strahlengang einer solchen Anordnung ist in Fig. 117 wiedergegeben.

Die in der Ebene des ersten Zwischenbildes liegende Selektorblende gibt auch bei Abbildung des primären Beugungsbildes in die Gegenstandsebene des Projektivs den Weg nur für die vom ausgeblendeten Objektbereich ausgehenden

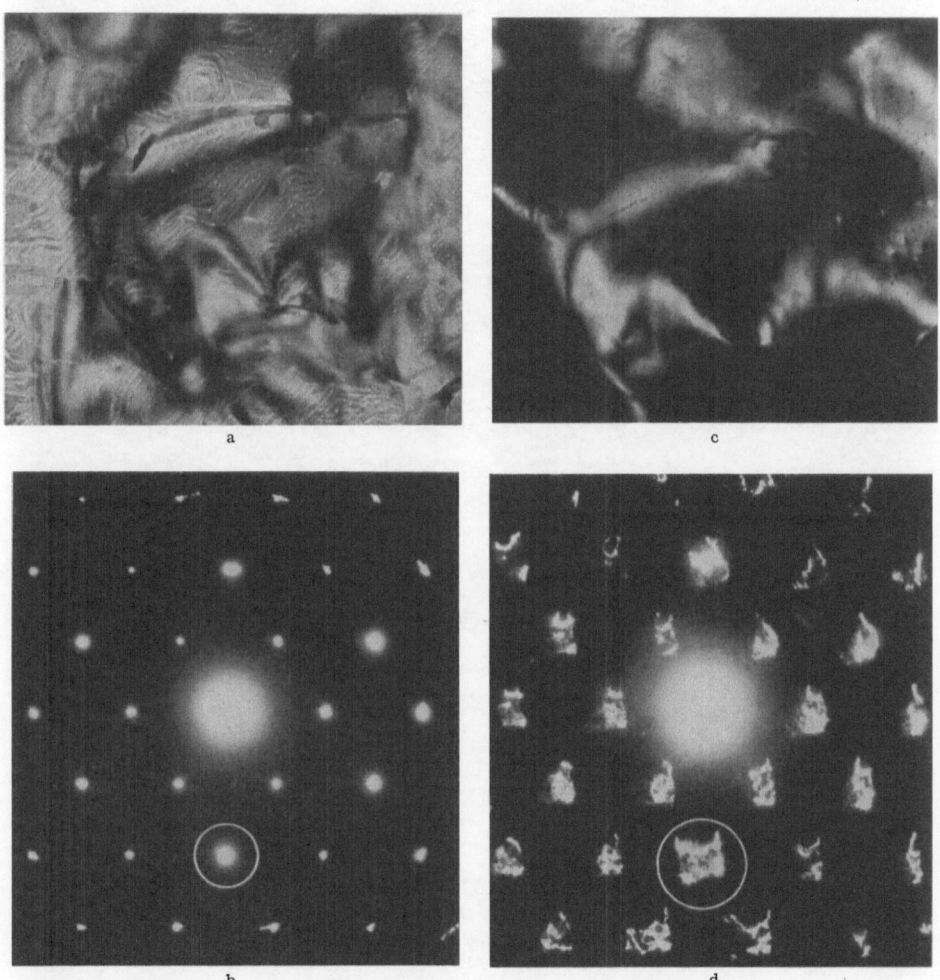

Fig. 118 a—d. Feinbereichsbeugung mit einem dreilinsigen System und Selektorblende nach Fig. 117 (Aufnahme W. D. RIECKE). Objekt: Aluminiumoxyd; Strahlspannung $U = 80$ kV. a Bild des ausgeblendeten Objektbereichs, Objektivapertur $\alpha_0 = 6 \cdot 10^{-3}$, Bereich 1μ². b Beugungsbild des ausgeblendeten Objektbereiches. c Der Objektbereich im Lichte des in b bezeichneten Reflexes. d Defokussiertes Beugungsbild: Die jeden einzelnen Reflex erzeugenden Bereiche des Objektes werden sichtbar.

Reflexe frei. Die Anordnung ist deshalb besonders bequem, weil durch die Vergrößerung V_0 des Objektivs bis zum ersten Zwischenbild zur Ausblendung eines Bereiches mit dem Durchmesser d nur eine Blende vom Durchmesser $d \cdot V_0$ notwendig und eine eindeutige und rasche Zuordnung zwischen Beugungsbild und beugendem Objektdetail möglich ist.

Mit der meist vorhandenen und verschiebbaren Aperturblende des Objektivs lassen sich einzelne Reflexe im primären Beugungsbild ausblenden bei Beobachtung des zweiten Beugungsbildes; durch Fokussieren der Zwischenlinse auf das erste Zwischenbild kann der Kristall im Lichte dieses definierten Reflexes betrachtet werden. Beim Übergang von der Abbildung des primären Beugungsbildes zur Abbildung des ersten Zwischenbildes tritt bei leicht defokussierter

Fig. 119. Durch Braggsche Reflexion hervorgerufene Scheinstrukturen in einem leicht verbogenen und mit Hohlstellen versehenen PbJ₂-Einkristall (Möllenstedt).

Zwischenlinse das defokussierte Beugungsbild auf[1]. In jedem einzelnen Reflex erscheint ein Schattenbild des kleinen, betrachteten Objektbereiches, in dem die Stellen des Objektes aufleuchten, für die die Braggsche Bedingung (43.1) erfüllt ist. Diese kleinen Schattenbilder in den einzelnen Reflexen geben eine rasche

---

[1] J. Hillier u. R. F. Baker: J. Appl. Phys. **17**, 12 (1946).

Orientierung über die Entstehung der einzelnen Reflexe. Fig. 118 zeigt die Möglichkeiten der Feinbereichsbeugung an einem einfachen Beispiel.

So ist es möglich, bei kristallinen Objekten neben dem elektronenmikroskopischen Bild aus dem Beugungsbild Gitterstruktur, Gitterabstände und bei hoher Genauigkeit der Messung und eindeutiger Zuordnung vielleicht die chemische Zusammensetzung des betrachteten Objektes zu bestimmen. Doch versagt das Verfahren bei den häufig auftretenden nichtkristallinen Objekten. Hinsichtlich der Aussagen, die bei bekannter Substanz über die Struktur des Objektes aus dem Beugungsbild abgelesen werden können, darf auf den Beitrag von RAETHER in Bd. XXXII dieses Handbuches verwiesen werden.

43. Mikroskopie kristalliner Objekte. Bei der Abbildung kristalliner Objekte treten Scheinstrukturen auf, die durch die Reflexion der Elektronen an den Netzebenen hervorgerufen werden. Bildet die Richtung der einfallenden Elektronen mit einer Netzebenenschar des Abstandes d einen Winkel ϑ, der der BRAGGschen Gleichung

$$\sin \vartheta = \frac{n \lambda}{2 d} \qquad (43.1)$$

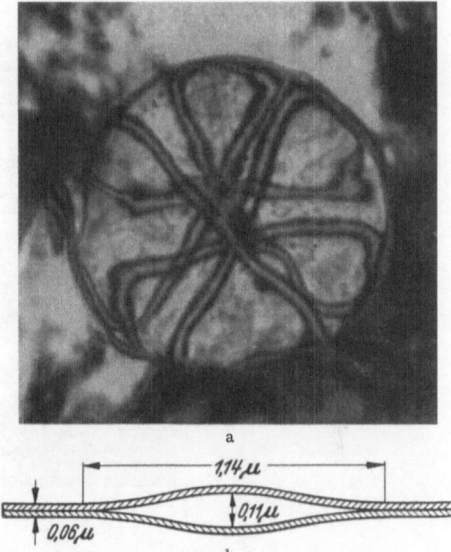

a

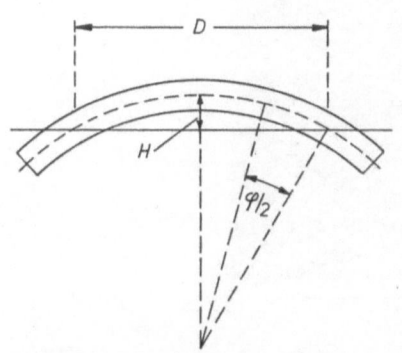

b

Fig. 120. Zur Berechnung des Krümmungsradius ϱ und der Höhe H einer Hohlstelle in einem Einkristall (MÖLLENSTEDT).

Fig. 121 a u. b. a Elektronenoptisches Bild. b Nach Gl. (39.1) bis (39.3) berechnete Form einer Hohlstelle in einem PbJ₂-Einkristall (nach MÖLLENSTEDT).

genügt, so werden die Elektronen an diesen Netzebenen reflektiert und von der Aperturblende des Objektivs aufgefangen. Im Bild des Kristalls entsteht an dieser Stelle ein dunkler Streifen. Diese durch Reflexion der Elektronen entstehenden Scheinstrukturen können durch Ändern der Bestrahlungsrichtung oder Neigen des Objektes leicht von echten Amplitudenkontrasten getrennt werden; sie verschwinden oder verschieben sich bei geänderter Bestrahlungsrichtung. Besonders eindrucksvoll werden diese Reflexionen an gebogenen oder mit kleinen Hohlstellen versehenen Einkristallen. Fig. 119 zeigt die Aufnahme eines PbJ₂-Einkristalles[1]. MÖLLENSTEDT[1] und RANG[2] konnten die Entstehung dieser Figuren klären und darüber hinaus ein Verfahren angeben, das es gestattet, mit Hilfe der BRAGGschen Beziehung (43.1) aus der Form der Reflexe auf Krümmung und Form der Kristallamellen zu schließen.

Zwischen dem Krümmungsradius ϱ des Kristallblättchens, dem Glanzwinkel ϑ und dem Abstand $\varDelta$ der reflektierenden Netzebenenschar vom Zentrum

[1] G. MÖLLENSTEDT: Optik **10**, 72 (1953).
[2] O. RANG: Optik **10**, 90 (1953).

einer Hohlstelle besteht nach Fig. 120 die Beziehung:

$$\frac{\varDelta}{\varrho} = \vartheta. \tag{43.2}$$

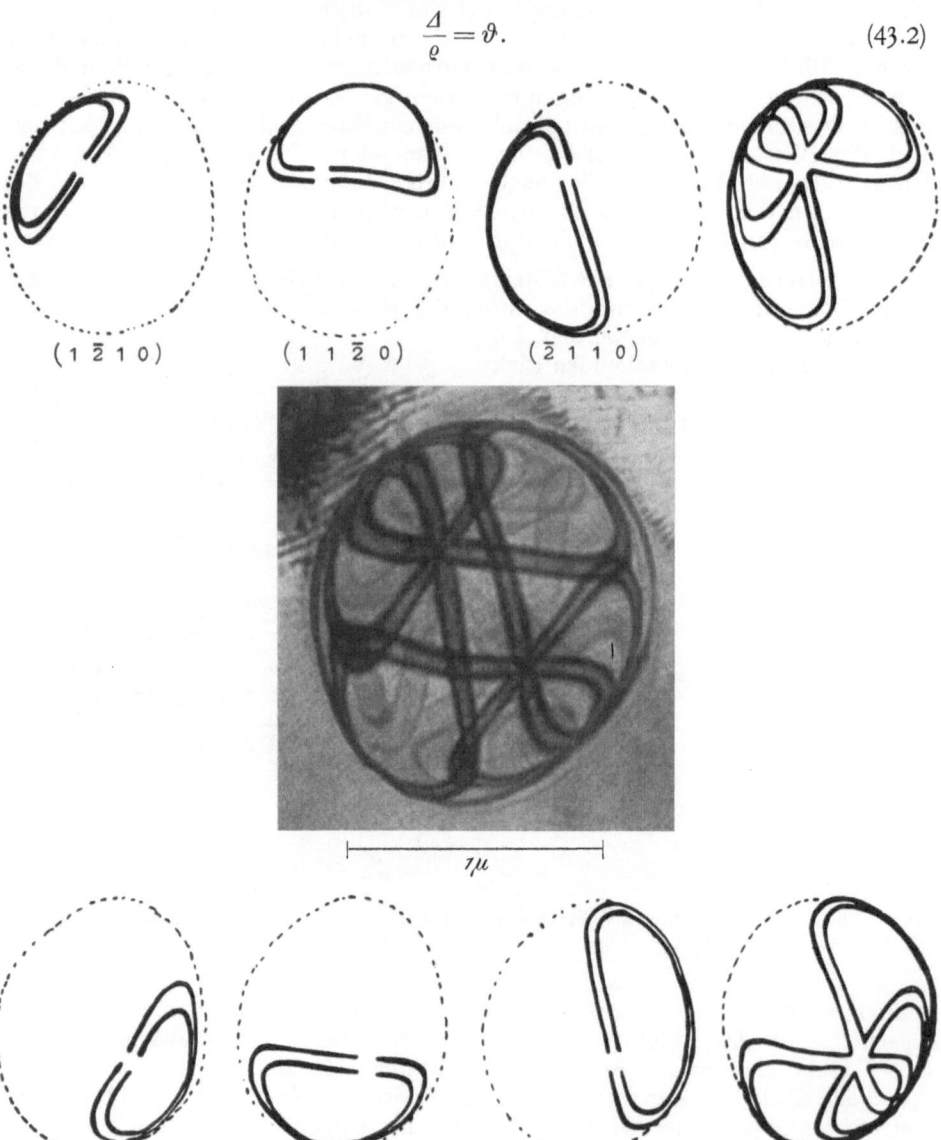

$(1\,\bar{2}\,1\,0)$ $(1\,1\,\bar{2}\,0)$ $(\bar{2}\,1\,1\,0)$

Fig. 122. Indizierung der an einer Hohlstelle entstehenden Reflexe.

Die Höhe H der Hohlstelle kann aus ihrem horizontalen Durchmesser D und dem Winkel $\varphi = D/2\varrho$ berechnet werden zu:

$$H = \frac{D \cdot \varphi}{4}. \tag{43.3}$$

Nach Indizierung der Reflexe konnte Möllenstedt mit den Gln. (43.1) bis (43.3) bei bekannter Dicke des Einkristalls ($d = 600\,\mu$) für die in Fig. 121 wiedergegebene Hohlstelle die dargestellte Form berechnen.

RANG[1] gibt ein Verfahren an, das auch bei beliebig gekrümmten Kristall-flächen eine Berechnung der verbogenen Form durch graphische Integration gestattet.

MÖLLENSTEDT[2] und RANG[1] haben die an je einer Netzebenenschar entstandenen Reflexe getrennt betrachtet und kommen so zu der in Fig. 122 gegebenen Analyse der an einer Hohlstelle entstehenden Scheinstruktur.

Die von einem Reflex erzeugten Linien sind Kurven gleicher Neigung auf der gewölbten Oberfläche der Hohlstelle. Diese Kurven gleicher Neigung lassen sich einfach berechnen, wenn die von RANG[1] gemessene Form einer solchen Hohlstelle mit Radius R und Höhe H durch eine GAUSS-Funktion angenähert wird, so daß für die einzelnen Kristall-Lamelle gilt:

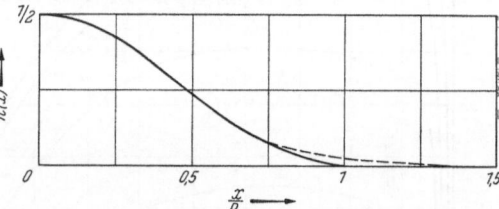

$$h(x, y) = \frac{H}{2} e^{-\frac{x^2+y^2}{0,36\,R^2}}. \quad (43.4)$$

Für die Kurven gleicher Neigung ψ folgt daraus:

$$\frac{\partial h}{\partial x} = \psi = \frac{xH}{0,36\,R^2} e^{-\frac{x^2+y^2}{0,36\,R^2}}. \quad (43.5)$$

Fig. 123. Darstellung der von RANG[1] gemessenen Form $h(x)$ einer Hohlstelle mit Höhe H und Radius R durch eine GAUSS-Funktion. ——— von RANG gemessene Form; – – – Näherung durch GAUSS-Funktion nach Gl. (43.4).

Bei vorgegebenem Neigungswinkel ψ ergibt sich damit für die Kurven gleicher Neigung mit $\xi = x/R$ und $\eta = y/R$ die Darstellung:

$$\eta = \sqrt{0,36 \log \frac{\xi \cdot H}{0,36\,R \cdot \psi} - \xi^2}. \quad (43.6)$$

Gl. (43.6) gibt nach Fig. 123 den Verlauf der Kurven gleicher Neigung für $\sqrt{x^2+y^2} = r < 0,7R$ gut wieder; für $r > 0,7R$ läßt sich der Verlauf der Kurven aus der Abweichung der Näherung (43.4) (s. Fig. 123) abschätzen. In Fig. 124 sind die Kurven gleicher Neigung auf einer solchen Hohlstelle als Funktion des Parameters $p = \frac{H}{R \cdot \psi}$ dargestellt. Die Kurvenform verändert sich für großes p nur wenig und stimmt mit den Formen von Fig. 122 überein.

Es besteht danach kein Zweifel, daß die in Fig. 119 wiedergegebenen verschlungenen Linien durch BRAGGsche Reflexion an verschieden geneigten Netzebenen eines leicht verbogenen Kristalls mit Hohlstellen entstanden sind.

An kleinen Hohlstellen in Glimmer konnte RANG[1] Ferninterferenzen von Elektronen beobachten. Bilden die Netzebenen, an denen die Elektronen reflektiert werden, mit der Kristalloberfläche einen von 90° abweichenden Winkel, so entsteht für die an der oberen und unteren Kristall-Lamelle von der gleichen Netzebene reflektierten Elektronen eine vom Abstand der beiden Lamellen der Hohlstelle abhängige Phasendifferenz $\Delta \psi$.

RANG berechnet die Phasendifferenz zwischen den an der oberen und unteren Kristall-Lamelle reflektierten Elektronen in erster Näherung mit folgenden einfachen Annahmen:

Die reflektierende Netzebene bilde mit der Normalen auf die Kristalloberfläche (Spaltfläche) den Winkel α. Die beiden Lamellen seien einander parallel und haben den Abstand H. Ist $H = n \dfrac{d}{\sin \alpha}$ (n = ganze Zahl), so setzen sich nach

[1] O. RANG: Optik **10**, 90 (1953).
[2] G. MÖLLENSTEDT: Optik **10**, 72 (1953).

Fig. 125 die Netzebenen der oberen Lamelle in der unteren ungestört fort; der gespaltene Kristall bringt keine zusätzliche Phasendifferenz, $\Delta\varphi=0$. Ist $H = H_0 = \dfrac{d}{(n+\frac{1}{2})\sin\alpha}$, so trifft die Verlängerung der Netzebenen der oberen Lamelle

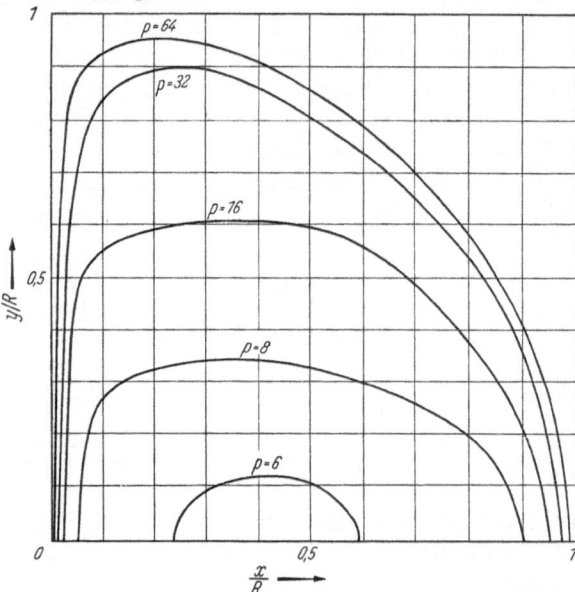

gerade zwischen die Netzebenen der unteren Lamelle, die am oberen und unteren Kristall reflektierten Elektronen haben eine Phasendifferenz $\Delta\varphi=\pi$. Die Phasendifferenz $\Delta\varphi$ als Funktion der Höhe H ergibt sich damit zu

$$\Delta\varphi = 2n\pi\frac{\sin\alpha}{d}\cdot H. \quad (43.6)$$

Die auf diese Weise an schwach gekrümmten Flächen mit variablem H entstehenden Interferenzen lassen sich im Dunkelfeldbild besonders schön zeigen. Durch Neigen der Bestrahlungsrichtung können die an der unteren und oberen Kristall-Lamelle entstandenen Reflexe gegeneinander bewegt und miteinander zur Deckung gebracht werden. Fig. 126

Fig. 124. Kurven gleicher Neigung ψ auf einer Hohlstelle mit der Höhe H und dem Radius R nach (43.4) und (43.6). Parameter $p=\dfrac{H}{R\cdot\psi}$.

zeigt solche im Lichte des $1\bar{1}0$-Reflexes aufgenommenen Dunkelfeldbilder von Hohlstellen in Glimmer[1]. Die Bestrahlungsrichtung wurde zwischen beiden Bildern um einen kleinen Winkel $(\sim 3\cdot 10^{-2})$ geändert. Im linken unteren Teil von Fig. 126 b überdecken sich

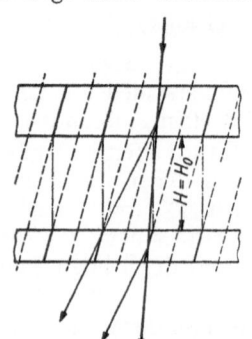
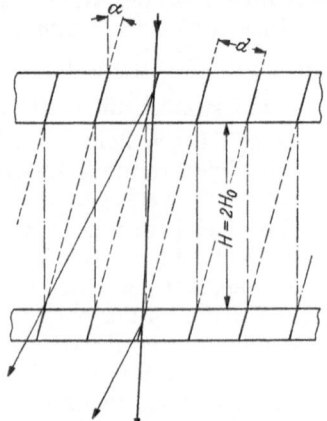

Fig. 125. Zur Deutung der Phasendifferenz zwischen den an der oberen und unteren Lamelle einer Hohlstelle reflektierten Elektronen (RANG). α Neigung der Netzebene gegen die Normale der Kristalloberfläche. d Netzebenenabstand. H Abstand der Lamellen (Höhe der Hohlstelle).

längs einer Linie die Reflexe der oberen und der unteren Lamelle, und die aus (43.6) und der Form der Hohlstelle (s. Fig. 123) zu erwartenden Interferenzen treten auf. Aus der Zahl der Interferenzen bis zur Mitte der Hohlstelle ($n=8,5$) ergibt sich

[1] O. RANG: Z. Physik 136, 465 (1953).

mit den aus dem Kristallgitter von Glimmer folgenden Werten $\alpha = 5{,}5°$ und $d = 5{,}18$ Å aus (43.3) $H = 462$ Å. Das ist in guter Übereinstimmung mit dem für dieselbe Hohlstelle nach Gl. (43.2) und (43.3) berechneten Wert von 453 Å. Die Kohärenzlänge beträgt bei diesen Aufnahmen etwa neun Wellenlängen.

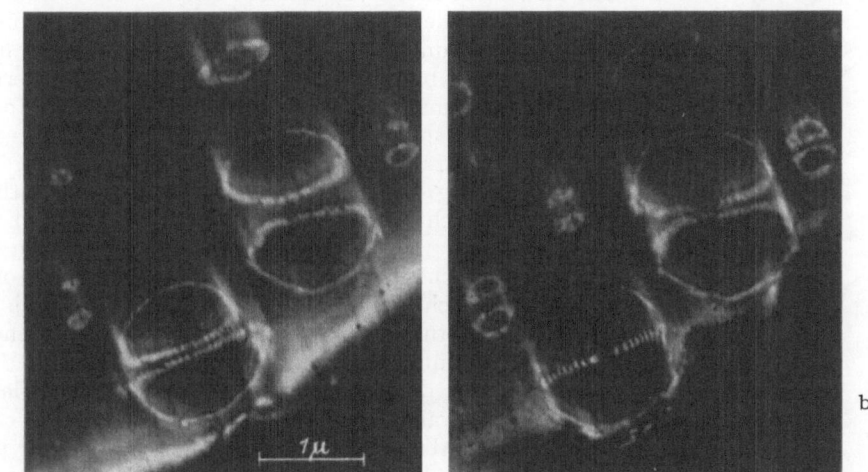

a   b

Fig. 126 a u. b. Ferninterferenzen an den ($\bar{1}$10)-Reflexen einer Hohlstelle in Glimmer. Bei b wurde die Bestrahlungs-richtung um einen Winkel $\Delta\alpha \sim 3 \cdot 10^{-3}$ geändert (nach RANG).

MÖLLENSTEDT und DÜKER[1] konnten an übereinander präparierten Molybdan-sulfid-Lamellen Ferninterferenzen mit einer Kohärenzlänge von 84 Wellenlängen nachweisen.

a   b

Fig. 127 a u. b. Interferenzen parallel zu einer brechenden Kante an einem MgO-Kristall mit Wachstumsstufen (stereoskopisches Aufnahmepaar, Winkel von a nach b um 6° geändert (A. D'ANS).

Die an den Hohlstellen in Glimmer auftretenden Ferninterferenzen wurden von RANG dadurch erklärt, daß die Dicke der *zwischen* den beiden Kristall-Lamellen liegenden Schicht sich ändert. Eine ähnliche Erscheinung liegt vor, wenn ein würfelförmiger Kristall, auf einer Kante stehend, unter dem BRAGG-schen Winkel von Elektronen getroffen wird. Dabei tritt eine Änderung der

---

[1] G. MÖLLENSTEDT u. H. DÜKER: Phys. Verh. **4**. 98 (1953).

Dicke des *Kristalls* in der Durchstrahlungsrichtung ein. Die von Rang[1] zur Berechnung der Phasendifferenzen verwendete Versetzung der Netzebenen gegeneinander findet nicht statt.

Doch auch hier treten Interferenzen parallel zur Dickenänderung des Kristalls auf (Fig. 127). Sie wurden an Magnesiumoxydkristallen schon früh beobachtet und zu deuten versucht[2]. Daß es sich bei dieser Erscheinung nicht um Fresnelsche Beugung handelt, ergibt sich aus der von der Fokussierung nahezu unabhängigen Art und Zahl der Interferenzen und aus ihrer starken Abhängigkeit von der Bestrahlungsrichtung. Kossel[3] hat die Erscheinung nach der dynamischen Interferenztheorie als sichtbar gemachte Ewaldsche Pendellösung gedeutet. Niehrs[4] berechnet allgemein nach der dynamischen Theorie — allerdings zunächst ohne Berücksichtigung der Absorption — das durch die Überlagerung der aus dem Kristall austretenden Wellen entstehende Strahlungsfeld für einen Kristall bei dem Eintrittsfläche und Austrittsfläche nicht parallel sind.

Der Abstand s = Länge einer Periode der parallel zur brechenden Kante verlaufenden Interferenzstreifen wird Funktion der Kristallgeometrie, des inneren Potentials und der Abweichung δ der Bestrahlungsrichtung vom Braggschen Winkel ϑ. Beispielsweise ergibt sich bei Reflexion an der (200) Ebene von Magnesiumoxyd und einer Strahlspannung $U = 100$ kV für $\delta = 10'$ schon eine Verminderung der Streifenbreite um 20% gegenüber $\delta = 0$.

Wird die Braggsche Bedingung genau eingehalten ($\delta = 0$), so ergibt sich maximaler Streifenkontrast, und die maximale Streifenbreite s_0 wird

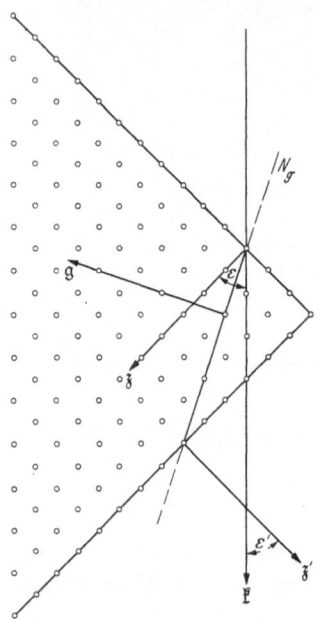

Fig. 128. Zur Berechnung der Streifenbreite der Interferenzen an der brechenden Kante eines Kristalls.
$\mathfrak{k}$ Wellenvektor der einfallenden Welle;
N_g reflektierende Netzebenenschar mit Indextripel g;
$\mathfrak{z}, \mathfrak{z}'$ Normalen auf die Kristallflächen;
$\mathfrak{g}$ reziproker Gittervektor.

$$s_0 = \frac{\lambda U}{\left| \dfrac{\mathfrak{z}}{\cos \varepsilon} - \dfrac{\mathfrak{z}'}{\cos \varepsilon'} \right| \Phi_g} \qquad (43.7)$$

mit den Vektoren (s. Fig. 128)

$$\mathfrak{z} = \text{innere Normale der Eintrittsfläche } (|\mathfrak{z}| = 1),$$

$$\mathfrak{z}' = \text{äußere Normale der Austrittsfläche } (|\mathfrak{z}'| = 1),$$

$$\mathfrak{g} = \text{reziproker Gittervektor zum Indextripel } g$$

und

$$\cos \varepsilon, \cos \varepsilon' = \frac{(\mathfrak{k}, \mathfrak{z})}{|\mathfrak{k}|} \quad \text{bzw.} \quad \frac{(\mathfrak{k}, \mathfrak{z}')}{|\mathfrak{k}|}$$

Φ_g = Strukturpotential der Interferenz = Fourier-Koeffizient der Ortsfunktion des inneren Kristallpotentials zum Indextripel g. $\mathfrak{k}$ = Wellenvektor; $|\mathfrak{k}| = 1/\lambda$.

Zur Abschätzung der Streifenbreite sei ein würfelförmiger Kristall und $\cos \varepsilon \approx \cos \varepsilon' = 0,7$, d.h. Einstrahlung etwa in Richtung (011) angenommen.

[1] O. Rang: Z. Physik **136**, 465 (1953).
[2] R. D. Heidenreich: Phys. Rev. **62**, 291 (1942).
[3] W. Kossel: Naturwiss. **31**, 323 (1943).
[4] H. Niehrs: Z. Physik **138**, 570 (1954).

Dann folgt für s_0:

$$s_0 \approx \frac{\lambda}{2} \cdot \frac{U}{\Phi_g}. \qquad (43.8)$$

Mit $U = 80\,\mathrm{kV}$ und einem Wert von $\Phi_g = 7{,}6\,\mathrm{eV}$ $[g = (200)]$ wird $s = 22\,\mathrm{m\mu}$ in guter Übereinstimmung mit dem sich aus Fig. 127 ergebenden Wert, wenn angenommen wird, daß die ebenfalls möglichen Interferenzen $02\bar{2}$ bzw. $0\bar{2}2$ nicht mitwirken.

Für die Änderung der Streifenbreite s bei $\delta \neq 0$ ergibt sich nach NIEHRS[1] für kubische Kristallgitter in erster Näherung

$$\left(\frac{s}{s_0}\right)^2 = \left[1 + \left(\delta \cdot \frac{\lambda}{d_g} \cdot \frac{U}{\Phi_g}\right)^2\right]^{-1}. \qquad (43.9)$$

Soll die Änderung von s kleiner als 10% sein, so muß gelten:

$$\delta < 0{,}33 \, \frac{d_g}{\lambda} \cdot \frac{\Phi_g}{U}. \qquad (43.10)$$

Das führt mit den der Abschätzung von s_0 zugrunde gelegten Werten zu der Forderung $\delta < 1{,}5 \cdot 10^{-3}$. Kann δ mit hoher Genauigkeit bestimmt werden, so erlaubt die Streifenbreite s_0 eine Berechnung von Φ_g; andererseits kann bei bekanntem Φ_g aus der Streifenbreite s der Winkel δ bestimmt werden. Eine quantitative experimentelle Prüfung der Formel (43.9) liegt bisher wegen der hohen Genauigkeitsanforderungen an die Bestimmung von δ nicht vor. Die Streifen können auch im Dunkelfeld beobachtet werden. Ein Betrachten der Kristalle im Licht definierter Reflexe erlaubt eine eindeutige Zuordnung zum Indextripel g.

c) Geschwindigkeitsanalyse.

44. Geschwindigkeitsanalysator für kleine Energieverluste. Beim Durchgang durch dünne Folien erleiden Elektronen für das betreffende Material charakteristische kleine Energieverluste der Größenordnung $10\,\mathrm{eV}$ (s. auch Ziff. 31). Zum Nachweis dieser kleinen Energieverluste an den die Folie verlassenden Elektronen ist ein Spektrometer hoher Auflösung erforderlich. Diese hohe Auflösung von etwa $30\,000:1$ wurde mit folgenden Anordnungen erreicht:

1. Magnetisches Halbkreisspektrometer[2].
2. Gegenfeldmethode[3].
3. Verwendung des Farbfehlers elektrostatischer Linsen[4].
4. Verwendung des Farbfehlers magnetischer Linsen[5].

Magnetisches Halbkreisspektrometer und Gegenfeldmethode erfordern zur Erreichung dieses hohen Auflösungsvermögens großen Aufwand und empfindliche Anordnungen, doch konnte BOERSCH[3] mit der Gegenfeldmethode eine noch um eine Größenordnung bessere Auflösung erreichen. Die elektrische Linse ist als hochauflösender Geschwindigkeitsanalysator wegen ihres größeren Farbfehlers der magnetischen Linse prinzipiell überlegen[6] und führt zu einer relativ einfachen Anordnung, mit der MÖLLENSTEDT[4] und MARTON und LEDER[7] bei einer Elektronenenergie von etwa $30\,\mathrm{keV}$ eine Energiedifferenz von $1\,\mathrm{eV}$ noch nachweisen konnten.

---

[1] H. NIEHRS: Z. Physik **138**, 570 (1954).
[2] G. RUTHEMANN: Ann. Physik **2**, 113 (1948).
[3] H. BOERSCH: Z. Physik **139**, 115 (1954).
[4] G. MÖLLENSTEDT: Optik **5**, 499 (1949).
[5] F. LENZ: Naturwiss. **22**, 524 (1951).
[6] F. LENZ: Optik **10**, 439 (1953).
[7] L. MARTON u. L. B. LEDER: Phys. Rev. **94**, 203 (1954).

Die Elektronen durchsetzen achsenparallel die Randgebiete einer elektrischen Linse. Fig. 129 zeigt schematisch den Strahlengang und die Ablenkung ϱ eines Elektrons als Funktion des Achsenabstandes r. Die bei großem Achsenabstand r durch die Linse gehenden Elektronen werden in der Nähe der Mittelelektrode stark abgebremst und die Ablenkung wird so besonders empfindlich gegen kleine Änderungen der Elektronenenergie. Im Gebiet zwischen den Strahlen 2 und 3 der Fig. 129 (nahezu teleskopischer Strahlengang) ist die Beziehung zwischen Energieverlust ΔU und Strahlablenkung $\Delta \varrho$ praktisch linear.

Möllenstedt verwendet als Analysatorlinse eine elektrostatische Zylinderlinse, die dadurch entsteht, daß an Stelle der rotationssymmetrischen Bohrung ein breiter Spalt in der Mittelelektrode der Linse angebracht wird. Über der

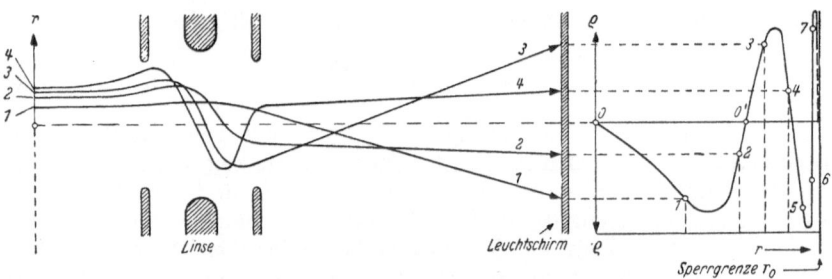

Fig. 129. Bahn und Ablenkung ϱ eines Elektronenstrahls als Funktion des Abstandes r von der Linsenachse einer elektrostatischen Linse (nach Möllenstedt).

Linse wird ein schmaler Spalt (5μ) parallel zum Spalt der Linse, aber um die Entfernung r gegen die Mittellinie des Linsenspaltes verschoben, angebracht. Diese Analysatorlinse ist in Fig. 130 dargestellt.

Ein solcher Analysator läßt sich in ein Elektronenmikroskop einbauen und damit ergibt sich die Möglichkeit, eine Analyse kleinster durchstrahlter Bereiche auf Grund der charakteristischen Energieverluste zu versuchen. Die von Möllenstedt dazu verwendete Anordnung ist in Fig. 131 wiedergegeben. Fig. 98 zeigt, daß bei einem Teilchen von 200 Å Durchmesser noch etwa 50% der Elektronen, die einen Energieverlust von 20 eV erlitten haben, wieder in der Gaussschen Bildebene vereinigt werden. Auf Bereiche dieser Größenordnung könnte die Analyse bei empfindlichen Nachweismethoden ausgedehnt werden.

Doch die theoretische Deutung der charakteristischen Energieverluste ist noch nicht vollständig gelungen (s. Ziff. 31). Die charakteristischen Energieverluste der Größenordnung 10 eV finden auf jeden Fall an den äußeren Elektronen der Atome statt und die chemische Bindungsenergie hat einen Einfluß auf die Größe der charakteristischen Energieverluste. So findet Möllenstedt[1] beim Aluminiumoxyd die charakteristischen Werte des Aluminiums nicht wieder (s. Fig. 86) und Marton[2] findet für Natrium auf Quarz andere Werte als für Natrium auf Kollodium, die mit den Werten von Kollodium und Quarz allein nicht eindeutig zusammenhängen (s. Tabelle 11).

Gypta[3] konnte zeigen, daß bei Elementen kleiner Ordnungszahl für die charakteristische Röntgenstrahlung ein Zusammenhang zwischen der Verschiebung der K_β-Linie und der chemischen Bindungsenergie besteht. Bei einer Verbindung aus zwei Elementen $A_n B_m$ mit einer chemischen Bindungsenergie

---

[1] G. Möllenstedt: Optik **5**, 499 (1949).
[2] L. Marton u. L. B. Leder: Phys. Rev. **94**, 203 (1954).
[3] D. Gypta: Phys. Rev. **80**, 281 (1950).

$Q_{AB} = Q_A + Q_B$ [kcal/Mol] gilt für jede einzelne Komponente die Beziehung

$$Q_A = 23 \,[\text{kcal} \cdot \text{Mol}^{-1} V^{-1}]\, n \cdot V_A \,\varDelta E_A \qquad (44.1)$$

V_A = Anzahl der Valenzelektronen von A,
$\varDelta E_A$ = Verschiebung der K_β-Linie von A [eV].

GYPTA[1] hat diese Beziehung an einigen Verbindungen geprüft und eine überraschend gute Übereinstimmung zwischen der chemischen Bindungsenergie und der mit dem Röntgenspektrometer gemessenen Verschiebung der K_β-Linie gefunden. In Al_2O_3 ergibt sich eine Verschiebung der K_β-Linie von Al um etwa 5 eV, die eine Deutung der Messungen von MÖLLENSTEDT ($\varDelta E \sim 5$ eV, s. Fig. 86) an den diskreten Energieverlusten in Al und Al_2O_3 erlaubt.

LEDER und MARTON[2] haben an verschiedenen Metalloxyden und -sulfiden die Gültigkeit der Gl. (44.1) für die charakteristischen Energieverluste untersucht. Dabei zeigt sich wieder die ganze Schwierigkeit der Deutung der charakteristischen Energie-

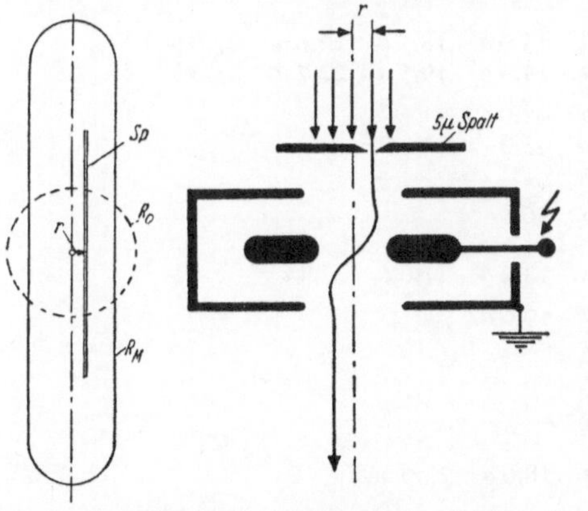

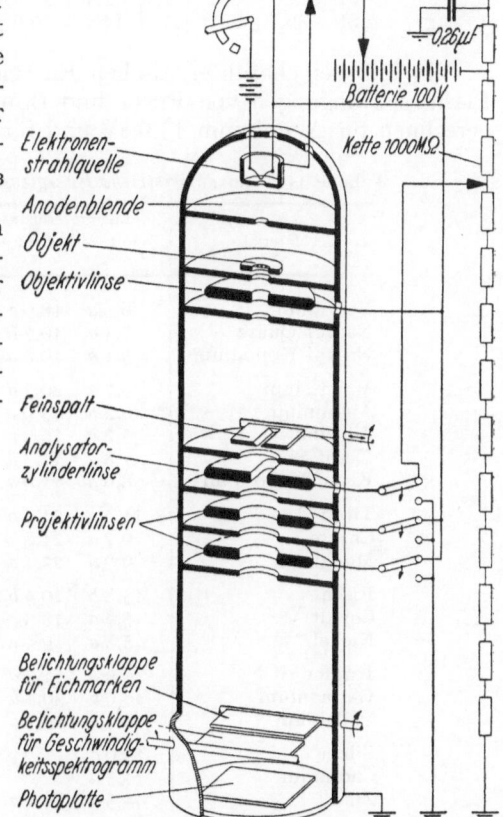

Fig. 130. Elektrische Analysatorlinse. Sp Feinspalt, R_0 Lochrand der geerdeten Elektroden, R_M Rand der Mittelelektrode (nach MÖLLENSTEDT).

Fig. 131. Elektronenmikroskop mit Analysatorlinse (nach MÖLLENSTEDT).

verluste: Bei den Metalloxyden zeigte nur der zweite (größere), bei den Sulfiden nur der erste (kleinste) charakteristische Energieverlust die aus Gl. (44.1) erwartete Verschiebung um $\varDelta E_A$. Die anderen charakteristischen Energieverluste zeigen teils größere, teils kleinere Verschiebung als nach Gl. (44.1) erwartet. In Tabelle 10 sind die Ergebnisse von LEDER und MARTON zusammengestellt[3].

---

[1] D. GYPTA: Phys. Rev. **80**, 281 (1950).
[2] L. B. LEDER u. L. MARTON: Phys. Rev. **95**, 1345 (1954).
[3] Eine zusammenfassende kritische Übersicht über die charakteristischen Energieverluste in festen Körpern von MARTON und Mitarbeitern erscheint demnächst in Adv. Electronics **7** (1956).

Tabelle 10. *Verschiebung ΔE_i der charakteristischen Energieverluste E_i eines Elementes beim Übergang vom Element zum Oxyd bzw. Sulfid (nach Leder und Marton). In der letzten Spalte ist die nach Gl. (44.1) erwartete Verschiebung ΔE_A eingetragen.*

Element →Verbindung	E_i(eV)			ΔE_i			ΔE_A
	$i=1$	2	3	$i=1$	2	3	
Si→SiO$_2$	4,8	16,9		0,6	2,5		3,7
Te→TeO$_2$	4,6	16,0		5,0	1,5		1,6
Mg→MgO	9,7	20,3		1,7	4,7		4,7
Pb→PbS	5,1	12,1	21,8	1,7	2,6	0	1,9
Sb→Sb$_2$S$_3$	4,3	14,9	30,6	2,0	3,1	4,8	2,2

Ein Teil der charakteristischen Energieverluste kann durch die Theorie der Plasmaschwingungen von Pines und Bohm[1] erklärt werden. Pines und Bohm berechnen für Aluminium 15,9 eV und für Beryllium 18,8 eV, während Marton

Tabelle 11. *Charakteristische Energieverluste (nach Marton und Leder).*

Material	Energieverluste in eV und Halbwertsbreite der Linien [$a = 1,2$ eV, $b = 2,4$ eV, $c = 3,6$ eV $d = 4,8$ eV, $e = 5,6$ eV Halbwertsbreite]				
Beryllium	6,5 a	18,9 e			
Na auf Quarz	5,4 a	10,7 a	13,3 a	17,5 e	
Na auf Kollodium	5,1 a	10,8 a	17,5 b	18,6 e	
Magnesium	9,7 a	20,3 d			
Aluminium	6,2 a	13,9 a	19,2 b	27,8 a	35,0 b
Silicium	5,2 a	16,9 c			
K auf Si	7,8 a	11,3 a	15,0 a	18,7 a	22,6 a 27,8 b
K auf Kollodium	8,0 a	11,0 a	14,9 a	19,5 a	22,7 a 25,8 b
Titan	11,4 a	21,4 b	42,9 b		
Chrom	9,7 a	21,8 d	45,0		
Mangan	9,9 a	22,1 d			
Eisen	15,8 b	19,4 b	56,1		
Cobalt	5,7 a	18,3 c			
Nickel	5,8 a	9,4 a	13,2 a	17,6 c	23,4 c
Kupfer	6,9 a	11,3 a	19,6 d		
Germanium	16,0 b	30,1 b			
Palladium	15,7 a	21,5 a			
Silber	16,0 c				
Cadmium	14,5 a				
Zinn	4,5 a	12,4 a	18,0 a	23,9 a	
Antimon	14,2 a	24,3 a			
Gold	16,5 a	21,5 a			
Wismuth	13,0 a	25,2 a			
Kollodium	4,5 a	19,3 d			
Quarz	5,5 a	19,4 e			
Stickstoff	12,9 a				

13,9 bzw. 18,9 eV gemessen hat. Die Erweiterung dieser Theorie durch Wolff[2] führt zu dem Ergebnis, daß die Breite der Energieverluste beim Übergang von Scandium zu Nickel beim Auffüllen der 3 d-Schale zunehmen sollte; das ist aber nach den Messungen von Marton und Leder[3] nicht der Fall.

---

[1] D. Pines u. D. Bohm: Phys. Rev. **85**, 338 (1952). — D. Pines: Phys. Rev. **92**, 626 (1953).

[2] P. A. Wolff: Phys. Rev. **92**, 18 (1953).

[3] L. Marton u. L. B. Leder: Phys. Rev. **94**, 203 (1954).

Eine eindeutige Analyse einer unbekannten Substanz ist deshalb heute bei der geringen Kenntnis über Entstehung und Zuordnung der charakteristischen Energieverluste der Größenordnung 10 eV noch nicht möglich, besonders deshalb, weil die bei chemischen Verbindungen auftretenden Linienverschiebungen die Deutung der Spektren erschweren.

Tabelle 11 gibt eine Zusammenstellung der von MARTON und LEDER[1] an verschiedenen Substanzen gemessenen Werte.

45. Geschwindigkeitsanalysator für große Energieverluste. Die in Ziff. 44 besprochenen charakteristischen Energieverluste der Größenordnung 10 eV können im wesentlichen im Sinne der Gl. (31.1) als Resonanzverluste an einem mit der kleinen Bindungsenergie I_s gebundenen äußeren Atomelektron gedeutet werden. Daneben treten ebenso Resonanzverluste an den inneren, mit größerer Bindungsenergie an das Atom gebundenen Elektronen auf. Zwischen der charakteristischen Röntgenstrahlung der K, L, M-Schale mit der Frequenz v_c und dem charakteristischen Energieverlust $\Delta E = I_c$ besteht in erster Näherung die Beziehung

$$h\,v_c = I_c. \tag{45.1}$$

Diese großen charakteristischen Energieverluste liegen, abhängig von Ordnungszahl und Atomschale der betrachteten Substanz, zwischen 100 und 100000 eV. Gelingt die Messung dieser Energieverluste, so ist auf Grund der bekannten Systematik der Röntgenterme eine eindeutige Zuordnung zwischen gemessenen Energieverlusten und Ordnungszahl der durchstrahlten Substanz möglich.

Die Realisierung einer solchen Analyse stößt auf verschiedene experimentelle Schwierigkeiten.

Die Wahrscheinlichkeit $W(Q)$, daß ein Elektron an einem mit der Energie I_c an das Atom gebundenen Elektron im Energiebereich dQ einen Resonanzverlust $Q \approx I_c$ erleidet, ist nach Gl. (31.1) gegeben durch

$$W(Q)\,dQ \sim \frac{dQ}{I_c^2}. \tag{45.2}$$

Schon bei Elementen mittlerer Ordnungszahl wird die Wahrscheinlichkeit für einen Resonanzverlust an einem Elektron der K-Schale sehr gering. Für Eisen ($I_K = 7100$ eV) gilt nach (45.2):

$$\frac{W(20)}{W(7100)} \approx \left(\frac{7100}{20}\right)^2 = 1,3 \cdot 10^5. \tag{45.3}$$

So scheint zunächst wegen der starken Abnahme der Intensität mit Q eine Beschränkung auf nicht zu große Energieverluste ($Q \lesssim 1000$ eV) notwendig und bei Elementen höherer Ordnungszahl müßte die Analyse durch die Resonanzverluste an L-, M- oder N-Schale erfolgen; doch auch das sollte noch eine eindeutige Analyse ermöglichen.

Die Winkelverteilung der mit großem Energieverlust Q im Resonanzfall unelastisch gestreuten Elektronen wird breiter als bei kleinem Energieverlust. Nach Gl. (31.8) sollte bei einem Resonanzverlust näherungsweise für die Halbwertsbreite ϑ_{HR} gelten

$$\vartheta_{HR} \approx \frac{Q}{U}. \tag{45.4}$$

Bei $Q = 1000$ eV und $U = 50$ keV wäre danach $\vartheta_H \approx 0,02$; die maximale Intensität der durch Resonanzverlust unelastisch gestreuten Elektronen liegt nach Gl. (31.8) und nach den Messungen von RUTHEMANN bei $\vartheta = 0°$. Sobald $Q \gg I_c$, gelten

---

[1] L. MARTON u. L. B. LEDER: Phys. Rev. **94**, 203 (1954).

praktisch die Stoßgesetze am freien Elektron. Die an den mit kleiner Bindungsenergie I_s am Atom gebundenen Elektronen mit demselben Energieverlust $Q \gg I_s$ unelastisch gestreuten Elektronen werden deshalb um den mittleren Winkel $\vartheta_F \approx \sqrt{Q/U}$ abgelenkt.

Die von Möllenstedt[1] zur Analyse der kleinen Energieverluste ($\Delta U \sim 10$ eV) verwendete Anordnung des Analysators hinter der Objektivlinse ist zur Analyse der großen Energieverluste nur bedingt brauchbar. Durch den Farbfehler der Objektivlinse werden die von einem Objektpunkt ausgehenden Elektronen mit großem Energieverlust auf ein Farbfehlerscheibchen mit dem Durchmesser d_F verteilt, der bei einer Objektivapertur α_0 und einer Farbfehlerkonstanten C_F nach Gl. (3.9) gegeben ist durch:

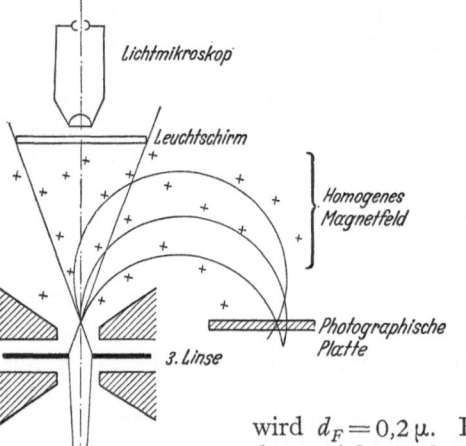

$$d_F = 2\alpha_0 \, C_F \frac{I_c}{U}. \qquad (45.5)$$

Bei einer Objektivapertur $\alpha_0 = 5 \cdot 10^{-3}$, $I_c = 1000$ eV, $U = 50$ keV und einer guten Objektivlinse mit $C_F = 1$ mm wird $d_F = 0{,}2\,\mu$. Für kleinere Bereiche ist eine Analyse dann nicht mehr oder nur bei einer spektrometergekoppelten Defokussierung des Objektivs möglich.

Hillier und Baker[2] haben aus diesem Grunde die in Fig. 132 wiedergegebene Anordnung verwendet. Durch einen Doppelkondensor kann der engste Bündelquerschnitt der Strahlquelle bis zu einem Durchmesser von 70 Å verkleinert werden. Das Objekt wird in der Ebene des verkleinerten Bildes der Strahlquelle angeordnet. Eine dritte Linse bildet den bestrahlten Objektbereich auf ein magnetisches Halbkreisspektrometer ab. Ein Spektrometerspalt ist wegen des kleinen Bildes der so dreistufig verkleinerten Elektronenquelle nicht notwendig. Der Farbfehler der dritten Linse wird durch Neigen der photographischen Platte derart korrigiert, daß für jeden Energieverlust die Fokussierungsbedingung des magnetischen Spektrometers erfüllt ist.

Durch Defokussieren der Linse 2 kann bei ausgeschaltetem Magnetfeld des Analysators ein Schattenbild auf dem Durchsicht-Leuchtschirm erzeugt und mit einem Mikroskop betrachtet werden, so daß der analysierte Bereich mit einem seiner Größe entsprechenden Auflösungsvermögen nachgewiesen werden kann.

Fig. 132. Mikroanalysator (nach Hillier und Baker).

Nach dem in Ziff. 37 Gesagten tritt bei intensiver Bestrahlung so kleiner Bereiche die Objektverschmutzung sehr störend in Erscheinung (Aufwachsgeschwindigkeiten der Größenordnung 10 Å/sec bei einer Stromdichte von 0,5 Amp/cm²). Deshalb mußte sich Hillier auf die Analyse größerer Bereiche (0,2 μ Durchmesser)

[1] G. Möllenstedt: Optik 5, 499 (1949).
[2] J. Hillier u. R. F. Baker: J. Appl. Phys. 15, 663 (1944).

beschränken. Doch da sich die Objektverschmutzung durch geeignete Maßnahmen vermeiden läßt (s. Ziff. 37), besteht diese Beschränkung heute nicht mehr.

HILLIER und BAKER[1] konnten mit dieser Anordnung charakteristische Energieverluste bis zu 2000 eV (K-Schale von Si) nachweisen.

In Fig. 133 ist das Spektrum der Energieverluste von Eisen wiedergegeben. Neben dem ersten charakteristischen Energieverlust von 20 eV und dem an der M-Schale von 51 eV (vgl. dazu auch Ziff. 44, Tabelle 11) ist der charakteristische Energieverlust an den Elektronen der L-Schale von 704 eV deutlich zu erkennen.

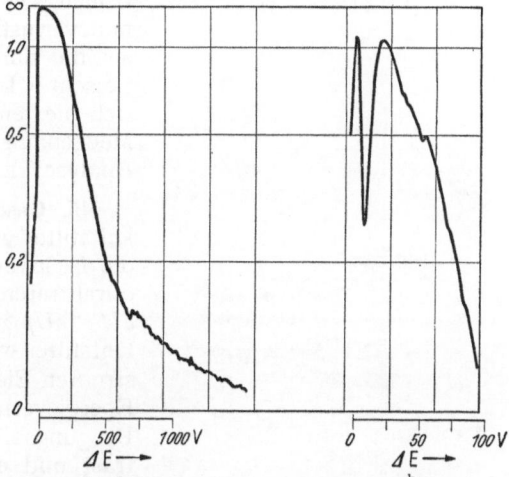

Fig. 133a u. b. Spektrum der Energieverluste der Elektronen nach Durchsetzen einer auf Kollodium aufgedampften Eisenschicht. a Lange Belichtungszeit, das L-Niveau von Eisen wird deutlich sichtbar. b Kurze Belichtungszeit, der erste charakteristische Energieverlust und das M-Niveau von Eisen sind meßbar (nach HILLIER und BAKER).

In Tabelle 12 sind die an verschiedenen Elementen von HILLIER und BAKER[1] gemessenen Werte zusammengestellt und mit den Energien der Röntgenterme verglichen. Bei Kohle und Sauerstoff konnte schon RUTHEMANN[2] mit 7 keV-Elektronen die charakteristischen Energieverluste an der K-Schale mit 286 bzw. 537 eV in guter Übereinstimmung mit den Werten der Tabelle 12 bestimmen.

Bei Kohle und Sauerstoff beobachten HILLIER und BAKER[1] ein Anwachsen des charakteristischen Energieverlustes an der K-Schale mit zunehmender Energie der einfallenden Elektronen. Bei Kohle nimmt der charakteristische Energieverlust von 286 eV bei 26 keV-Elektronen auf 340 eV bei 65 keV-Elektronen zu. Diese Zunahme des Energieverlustes Q ist etwa proportional zu $(1 - \beta^2)^{-1}$, und es kann damit in erster Näherung angenommen werden:

$$Q = \frac{I_s}{1 - \beta^2} \cdot \quad (45.6)$$

Tabelle 12. *Charakteristische Energieverluste ΔE von Elektronen der Energie E an K-, L- und M-Schale verschiedener Elemente der Ordnungszahl Z (nach HILLIER und BAKER).*

Element	Z	ΔE [eV]	Atomschale	E [keV]	ΔE[3] [eV]
Be	4	129,3	K	46,5	—
C	6	286,2	K	26,0	284,2
N	7	404	K	26,0	397,6
O	8	525,8	K	26,0	526,2
Al	13	1605	K	46,0	1533,7
Si	14	2033	K	47,8	1830[4]
Fe	26	703,9	L_{III}	26,0	709,8
			L_{II}		723,9
Fe	26	51,3	M	26,0	56,5
Zn	30	1160	L_{III}	46,0	1021,1
			L_{II}		1044,4

Doch außer diesen Messungen von HILLIER und BAKER liegt keine weitere Bestätigung dieser Abhängigkeit vor. Die experimentellen Schwierigkeiten einer Analyse nach dieser Methode treten in Fig. 133 deutlich in Erscheinung. Die

[1] HILLIER u. R. F. BAKER: J. Appl. Phys. **15**, 663 (1944).
[2] G. RUTHEMANN: Ann. Physik **2**, 135 (1948).
[3] Röntgenterme nach International Critical Tables.
[4] Interpoliert zwischen Al und P.

Intensität der durch Resonanzverlust gestreuten Elektronen ist nicht wesentlich größer als die Zahl der durch freien Stoß unelastisch nach $\vartheta = 0$ gestreuten Elektronen. Die Intensitätszunahme durch den Resonanzverlust ist kaum um einen Faktor 3 größer als die durch die Körnigkeit der Platte vorgetäuschte Intensitätsschwankung. Doch scheint sich hier ein Weg zu zeigen, durch Erhöhung der Meßgenauigkeit zu einer quantitativen chemischen Analyse kleinster Bereiche vorzudringen.

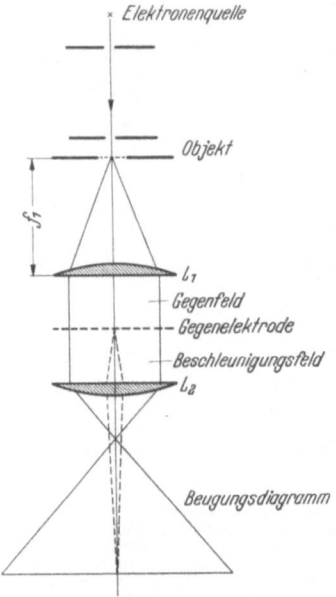

Fig. 134. Strahlengang in einem Netzfilter (Boersch).

46. Geschwindigkeitsfilter. Als Geschwindigkeitsfilter wird eine Anordnung bezeichnet, durch die Elektronen mit einer Energie $eU > eU_F$ hindurchtreten, während Elektronen mit einer Energie $eU < eU_F$ zurückgehalten werden. Geschwindigkeitsfilter werden erstrebt, um alle unelastisch gestreuten Elektronen mit einem charakteristischen Energieverlust ΔE aus elektronenoptischen oder Beugungsbildern zu entfernen und so den Kontrast und die durch den Farbfehler der Linsen reduzierte Auflösung zu erhöhen. Zwei Verfahren haben hier bisher zum Erfolg geführt

a) das Netzfilter[1],

b) die Filterlinse[1, 2].

Der Strahlengang in einem Netzfilter ist in Fig. 134 wiedergegeben. Die von einem Objekt ausgehenden Elektronen der Energie eU werden durch die Linse L_1 parallel gemacht. Sie treffen auf ein feinmaschiges Netz mit großer Durchlässigkeit[3],

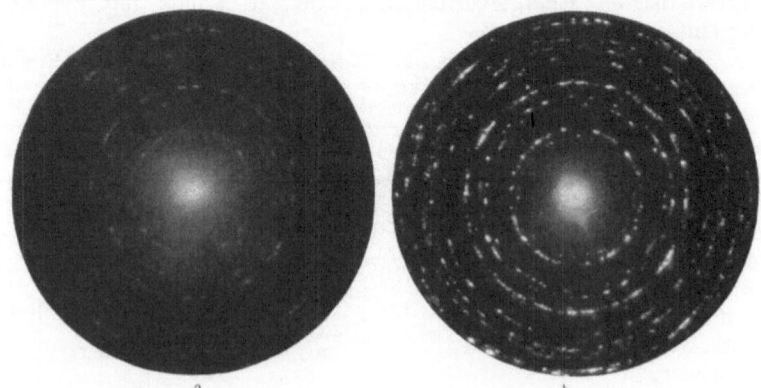

a   b

Fig. 135a u. b. Elektronenbeugungsdiagramm einer relativ dicken Al_2O_3-Folie (Boersch). a Ohne Filter; b mit Filter, $\Delta E \leq 4$ eV.

an das eine Gegenspannung $U_F = -U + \varepsilon$ angelegt wird. Nur Elektronen mit der Energie $eU > e(U - \varepsilon)$ vermögen durch das Netz hindurchzutreten. Durch die Linse L_2 wird das Beugungsbild oder auch das Bild des Objektes

[1] H. Boersch: Z. Physik **134**, 156 (1953).

[2] G. Möllenstedt u. O. Rang: Z. angew. Physik **3**, 187 (1951).

[3] Boersch verwendet ein Netz mit einer Gitterkonstanten von 25 µ und einer Durchlässigkeit von etwa 70%.

abgebildet. Dabei ist dem Bild ein Schattenbild des Netzes überlagert. Dieses. Schattenbild kann durch leichtes Defokussieren[1] der Linse L_2 oder durch eine „kompensierte Verschiebung" des Bildes[2] verwischt werden: Ein elektrisches. oder magnetisches Wechselfeld verschiebt dabei das Bild des Objekts vor dem Netz etwa um eine Gitterkonstante über den Gittermaschen; durch ein gegenphasiges Wechselfeld gleicher Amplitude hinter dem Netz wird diese Verschiebung wieder kompensiert: Das Bild bleibt scharf, die Netzstruktur wird verwischt.

Mit einem Gegenfeldfilter konnte BOERSCH[1] den Kontrast des Beugungsdiagrammes einer relativ dicken Al_2O_3-Folie wesentlich steigern. Alle Elektronen mit einem Energieverlust $\Delta E > 4$ eV können durch das Filter zurückgehalten werden (s. Fig. 135).

Im Prinzip ähnlich arbeitet die Filterlinse. Das Gegenfeld $U - \varepsilon$, das die Elektronen der Energie $eU < e(U - \varepsilon)$ zurückhält, wird dabei durch die Mittelelektrode der elektrostatischen Linse selbst erzeugt. Um eine genügend hohe Empfindlichkeit der Filterlinse und doch eine Abbildung mit geringer Verzeichnung und kleinem Farbfehler zu erreichen, muß die Filterlinse im Bereich eines höheren Brechkraftmaximums arbeiten. Die Forderung auf geringen Farbfehler ist notwendig, weil die das Objekt ohne Energieverlust durchsetzenden Elektronen eine durch die Temperatur der Glühkathode gegebene Energieverteilung haben (s. Ziff. 7). MÖLLENSTEDT und RANG[3] arbeiten im zweiten, BOERSCH[1] im dritten Brechkraftmaximum.

Das Arbeiten in einem höheren Brechkraftmaximum kann entweder durch Erhöhung des Potentials der Mittelelektrode oder,

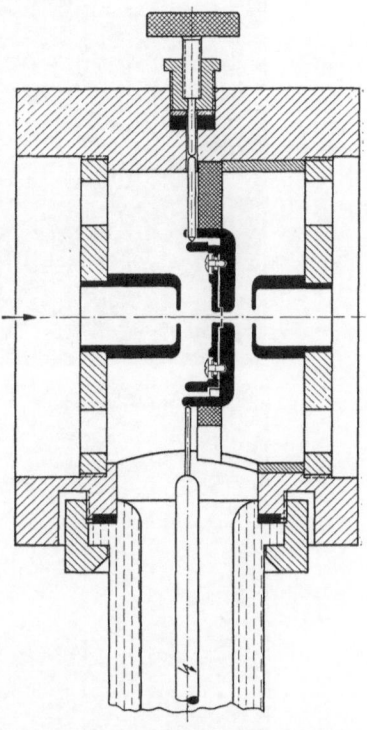

Fig. 136. Filterlinse mit zentrierbarer Vorblende- (BOERSCH).

da bei der Forderung Potential der Mittelelektrode = Kathodenpotential eine elektrostatische Linse gegen Schwankungen der Hochspannung unempfindlich wird, durch geeignete Formgebung der Elektroden erreicht werden. In Fig. 136 ist als Beispiel die Filterlinse von BOERSCH wiedergegeben. Die Mittelelektrode hat zur Verringerung des Durchgriffs eine Bohrung von nur etwa 0,1 mm Durchmesser. Durch zwei vor und hinter der Mittelelektrode angebrachte Blenden von 3 mm Durchmesser wird der Durchgriff des Feldes weiter verringert und damit das Gegenfeld im Sattelpunkt erhöht. Eine solche Filterlinse ist gegen Dezentrierung der Elektroden und gegen nicht paraxiale Bestrahlung sehr anfällig. Deshalb ist bei der Filterlinse in Fig. 136 eine Zentrierung der Vorblende vorgesehen. RANG[4] zeigt, daß ein gutes Kriterium für das Einhalten der Zentrierbedingungen das Zusammenfallen der durch n- und $(n + 1)$-stufige Kathodenabbildung auf dem

[1] H. BOERSCH: Z. Physik **139**, 115 (1954).
[2] H. BOERSCH: Optik **5**, 436 (1949).
[3] G. MÖLLENSTEDT u. O. RANG: Z. angew. Phys. **3**, 187 (1951).
[4] O. RANG: Optik **11**, 327 (1954).

Leuchtschirm entstehenden Kaustikfiguren bei relativ großer Bestrahlungs-apertur ist.

Wegen ihres großen Öffnungsfehlers kann eine Filterlinse nur als Projektiv-linse, also bei kleiner Abbildungsapertur, verwendet werden. MÖLLENSTEDT und RANG[1] und BOERSCH[2] konnten mit einer Filterlinse als Projektiv 200 Bildpunkte längs eines Bilddurchmessers auflösen[3].

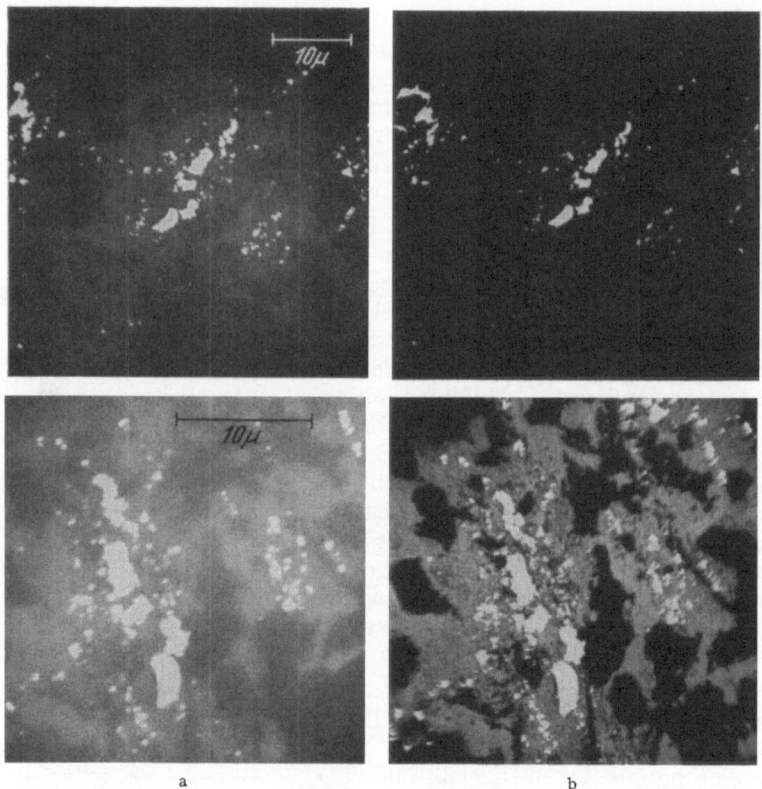

a   b

Fig. 137a u. b. Elektronenmikroskopische Abbildung einer relativ dicken Goldfolie (nach BOERSCH). a Ohne Filterlinse; b mit Filterlinse $\Delta E \leq 5$ eV. Die unteren Aufnahmen sind länger belichtet als die oberen.

Fig. 137 zeigt die Wirkung einer Filterlinse bei der Abbildung einer dicken Goldfolie[2]. Kontrast und Auflösung sind im gefilterten Bild wesentlich erhöht. Untersuchungen über die kontraststeigernde Wirkung von Filterlinsen bei dünnen Objekten an der Grenze des Auflösungsvermögens und an dickeren biologischen Objekten (Bakterien) wurden noch nicht durchgeführt. Die Formeln der Ziff. 33 lassen erwarten, daß bei dünnen Objekten mit einzelnen Strukturen durch die Filterlinse kaum, bei die ganze Fläche bedeckenden feinen Strukturen eine Kon-traststeigerung um einen Faktor 2 bis 3 zu erwarten ist. Bei dickeren organischen Objekten sollte nach dem Ergebnis von Fig. 137 eine wesentlich bessere Dar-stellung der inneren Strukturen mit der Filterlinse möglich sein.

---

[1] G. MÖLLENSTEDT u. O. RANG: Z. angew. Phys. **3**, 187 (1951).
[2] H. BOERSCH: Z. Physik **134**, 156 (1953).
[3] In normalen elektronenoptischen Bildern werden etwa 1000 Bildpunkte pro Durch-messer erreicht.

Bibliographie.

A. Zusammenfassende Darstellung über Elektronenmikroskopie.

[1] ARDENNE, M. v.: Elektronenmikroskopie. Berlin 1940.
[2] BORRIES, B. v., u. E. RUSKA: Mikroskopie hoher Auflösung mit schnellen Elektronen. Ergebn. exakt. Naturw. **19**, 237—272 (1940).
[3] MAHL, H.: Die elektronenmikroskopische Untersuchung von Oberflächen. Ergebn. exakt. Naturw. **21**, 226—312 (1945).
[4] ZWORYKIN, V. K., G. A. MORTON, E. G. RAMBERG, J. HILLIER and A. W. VANCE: Electron Optics and the Electron Microscope. New York 1945 u. 1948.
[5] MARTON, L.: Electron Microscopy. Rep. Progr. Phys. **10**, 204 (1946).
[6] GABOR, D.: The Electron Microscope. London 1948.
[7] BORRIES, B. v.: Die energetischen Daten und Grenzen der Übermikroskopie. Optik **3**, 321, 389 (1948).
[8] BORRIES, B. v.: Die Übermikroskopie. Berlin 1949. Mit sehr ausführlichen Literaturangaben bis Anfang 1949.
[9] WYCKOFF, R. W. G.: Electron Microscopy. New York 1949.
[10] MAHL, H., u. E. GÖLZ: Elektronen-Mikroskopie. Leipzig 1951.
[11] COSSLETT. V. E.: Practical Electron Microscopy. London 1951.
[12] GLASER, W.: Grundlagen der Elektronenoptik. Wien 1952.
[13] HALL, C. E.: Introduction to Electron Microscopy. New York 1953.
[14] GLASER, W.: Elektronen- und Ionenoptik, in diesem Band, mit ausführlichen Literaturangaben über Probleme der Elektronenoptik.

B. Literaturverzeichnisse.

MARTON, C., u. S. SASS, fortgesetzt von M. E. RATHBUN, M. J. EASTWOOD u. D. M. ARNOLD: A Bibliography of Electron Microscopy. J. Appl. Phys. **14**, 522 (1943); **15**, 575 (1944); **16**, 373 (1945); **17**, 759 (1946).
The NYSEM-Bibliography of Electron Microscopy, New York. Ab 1950 laufend ergänzte Karteikarten (Lochkarten).
BORRIES, B. v., u. E. RUSKA: Schrifttum der Elektronenmikroskopie. Z. wiss. Mikrosk. **60**, 103, 212 (1951); **61**, 106, 253, 306, 448 (1952—1954).

Massenspektroskopische Apparate.

Von

H. EWALD.

Mit 66 Figuren.

1. Einleitende Bemerkungen. Die im Artikel von D. KAMKE in diesem Band beschriebenen Ionenquellen liefern von gas- oder dampfförmigen oder auch von festen Substanzen Ionenstrahlen, die im allgemeinen ein Gemisch von verschiedensten Ionenarten darstellen: Molekül-Ionen, Bruchstück-Ionen, Atom-Ionen, wie auch unter Umständen Ionen, die durch sekundäre Reaktionen aus Ionen, Molekülen und Molekülresten entstanden sein können. Die Ionen sind meist einfachpositiv geladen, weniger häufig tragen sie zwei oder mehrere positive Elementarladungen oder sind auch negativ geladen. Sie haben entsprechend ihren unterschiedlichen chemischen Formeln verschiedenste Massen und e/m-Werte.

Die im folgenden beschriebenen massenspektroskopischen Apparate gestatten mit Hilfe von elektrischen und magnetischen Feldern die räumliche Trennung von Ionen verschiedener e/m-Werte in die sog. *Massenspektren*. Aus diesen können die relativen Häufigkeiten und die genauen Massenwerte der jeweils vorkommenden Ionenarten entnommen werden. Die Messung der in den Massenspektren getrennten Ionenströme kann elektrisch mittels Austrittsspalt, Auffänger, Elektrometer, Röhrengalvanometer oder dergleichen geschehen. Apparate, die mit einer solchen elektrischen Meßeinrichtung versehen sind, heißen speziell *Massenspektrometer*. Apparate, bei denen die Massenspektren mittels Photoplatte erhalten werden, heißen dagegen *Massenspektrographen*.

Die massenspektroskopischen Apparate haben wichtige und ausgedehnte Anwendungen erfahren in der Physik, Chemie, Biochemie, Geologie und in der Technik. Hervorgehoben seien hier nur die Bestimmungen der relativen Isotopenhäufigkeiten der Elemente und der genauen Isotopenmassen, Untersuchungen der Produkte von radioaktiven Umwandlungen und von Isotopenanreicherungen, von Moleküleigenschaften, Ionisations- und Dissoziations-Wahrscheinlichkeiten, die vorteilhafte Durchführbarkeit von massenspektrometrischen, quantitativen chemischen Analysen, besonders an Gemischen von organischen Dämpfen, und die geologischen Altersbestimmungen an Gesteinen.

Der vielseitigen Anwendbarkeit von Massenspektrometern, insbesondere für chemische Probleme, verdanken wir es, daß solche Apparate komplett mit allem Zubehör und in vorzüglicher Ausführung heute schon von Industrie-Firmen bezogen werden können. Apparate mit extrem hohem Auflösungsvermögen, wie sie vor allem für die Isotopen-Massenbestimmungen benötigt werden, werden auch heute noch durchweg von ihren Benutzern in den Forschungs-Laboratorien selber erbaut. Apparate zur Trennung von Isotopen in wägbaren Mengen werden in Bd. XLIV dieses Handbuches gesondert behandelt.

I. Parabelspektrographen.

2. Parabelspektrographen. Um die Jahrhundertwende befaßten sich zahlreiche Untersuchungen (J. J. THOMSON, W. WIEN u. a.) damit, die Natur und die Eigenschaften der 1886 von E. GOLDSTEIN entdeckten Kanalstrahlen zu klären [1] bis [4]. Ein Ergebnis dieser Bemühungen war unter anderem die Konstruktion des Parabelspektrographen durch J. J. THOMSON[1]. Dabei durchsetzt ein von einer Kanalstrahlröhre oder einer anderen Ionenquelle gelieferter scharf gebündelter Ionenstrahl auf einem Wegstück der Länge l ein homogenes Magnetfeld und ein diesem überlagertes und gleichgerichtetes homogenes elektrisches Feld senkrecht zu den Kraftlinien und wird im Abstand L dahinter auf einem Leuchtschirm oder einer Photoplatte aufgefangen (Fig. 1). Durch die Einwirkung der Feldstärken E und H auf Ionen der Masse m, der Ladung e, der Geschwindigkeit v und der kinetischen Energie $\frac{m}{2} v^2 = e V$ ($V =$ durchlaufene Beschleunigungsspannung) erfahren die Ionen Ablenkungen in Richtung der Kraftlinien bzw. senkrecht dazu und treffen mit den Auslenkungen x bzw. y auf den Auffänger auf,

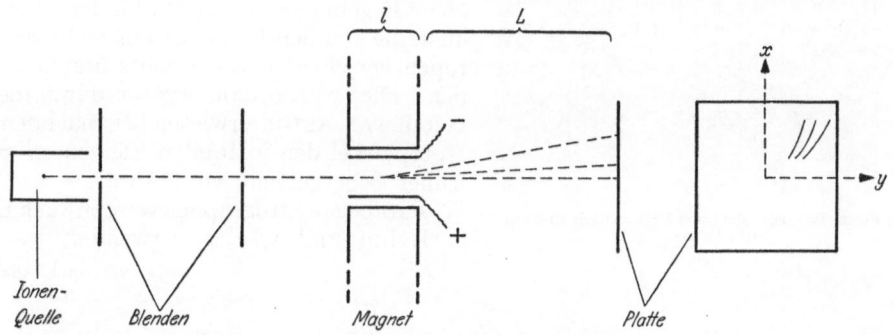

Fig. 1. Schema des Parabelspektrographen.

wobei letztere vom Auftreffpunkt des unabgelenkten Strahles aus gezählt werden. Es ist näherungsweise

$$x = \frac{e}{m} \cdot E \cdot \frac{lL}{v^2} = \frac{E}{2V} \cdot l L, \tag{2.1}$$

$$y = \frac{e}{m} \cdot \frac{H}{c} \cdot \frac{lL}{v} = \sqrt{\frac{e}{m}} \cdot \frac{H}{c \sqrt{2V}} \cdot l L. \tag{2.2}$$

Elimination von V ergibt

$$y^2 = \frac{e}{m} \cdot \frac{H^2}{E c^2} \cdot l L x; \tag{2.3}$$

d.h., daß die Auftreffpunkte für die Ionen eines bestimmten e/m-Wertes die Punkte einer bestimmten Parabel bilden. Nach (2.1) hängt die elektrische Ablenkung x von der Beschleunigungsspannung V ab, die die Ionen durchlaufen haben, nicht aber von e/m. Ionen eines bestimmten e/m-Wertes von verschiedenen kinetischen Energien eV kommen demnach zu verschiedenen Punkten der betreffenden Parabel. Aus der beobachteten Intensitätsverteilung längs dieser Parabel kann man auf die Energieverteilung schließen, mit der die betreffende Ionenart von der verwendeten Ionenquelle geliefert wird.

Ionen mit anderen e/m-Werten führen zu anderen Parabeln. Alle Parabeln haben den Nullpunkt ($x = y = 0$) als gemeinsamen Scheitelpunkt. Da die Ladung e meist bekannt und meist gleich einer Elementarladung oder mit kleinerer Wahrscheinlichkeit gleich einem kleinen Vielfachen davon ist, bedeutet das, daß einer bestimmten Parabel auch eine bestimmte Ionenmasse entspricht. Für Ionen einer bestimmten Ladung e und einer bestimmten kinetischen Energie eV ist die magnetische Auslenkung y nach (2.2) umgekehrt proportional zu $\sqrt{m}$.

---

[1] J. J. THOMSON: Phil. Mag. **20**, 752 (1910); **21**, 225 (1911).

Die Parabelspektrographen weisen analog einer Lochkamera keine fokussierenden Eigenschaften auf und lassen dementsprechend auch bei feiner Ausblendung der Strahlen durch eine längere Kollimatorstrecke mit zwei feinen Lochblenden nur ein begrenztes Auflösungsvermögen $A = \dfrac{M}{\varDelta M}$ von der Größenordnung 100 erreichen, wobei M und $M + \varDelta M$ zwei gerade noch trennbare Massen bedeuten.

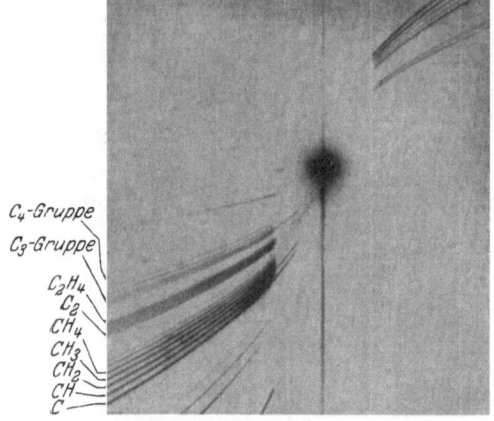

Fig. 2. Parabelanalyse von Methan nach Eisenhut und Conrad [1] [4].

Mit seinem ersten, etwa 1910 erbauten Parabelspektrographen erhielt Thomson am Neon Ergebnisse, die darauf hindeuteten, daß auch die stabilen Elemente aus mehreren Isotopen verschiedenen Gewichts bestehen können. Dies wurde dann später durch die Arbeiten von Aston erwiesen [3], nachdem die Isotopie bei den instabilen Elementen schon früher sichergestellt worden war.

Parabelspektrographen werden auch heute noch hin und wieder verwendet, wenn es

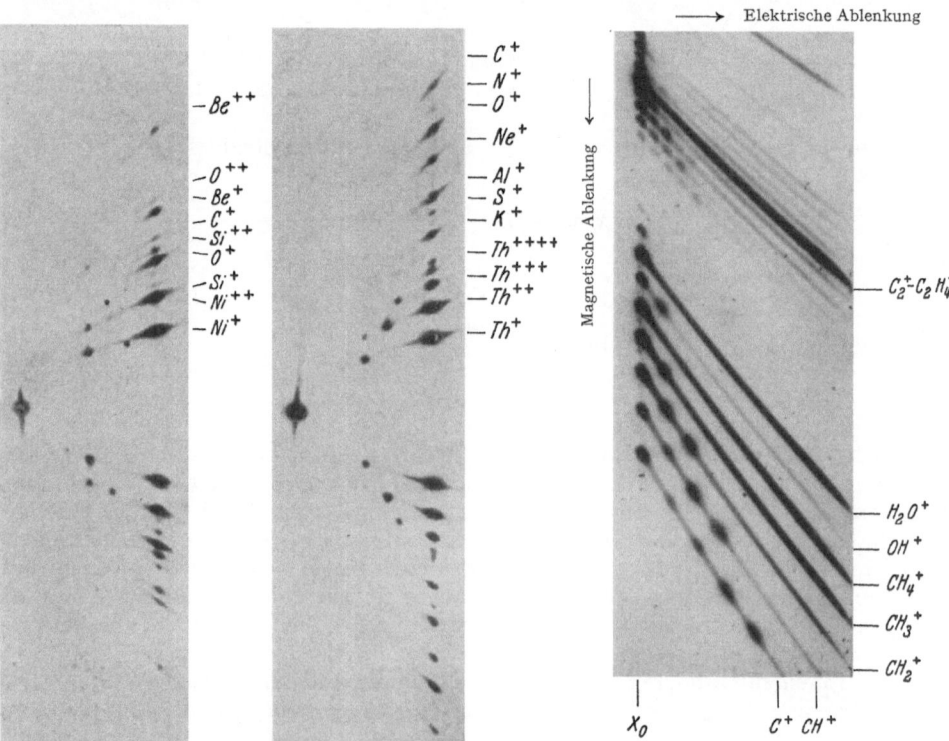

Fig. 3. Parabelspektrogramm mit einem Hochfrequenzfunken als Ionenquelle aufgenommen.

Fig. 4. Dissoziationsspektrum der Bestandteile des Leuchtgases.

sich darum handelt, das Massenspektrum und die Energieverteilung von Ionenstrahlen zugleich festzustellen, z. B. zur Untersuchung von Ionenquellen

[1] O. Eisenhut u. R. Conrad: Z. Elektrochem. **36**, 654 (1930).

oder von Ionen-Umladungs- und -Dissoziationsvorgängen[1-4]. Fig. 2 zeigt die von CONRAD von Methan erhaltenen Parabeln. Fig. 3 zeigt ein Parabelspektrogramm, welches mit einer DEMPSTERschen Hochfrequenz-Funken-Ionenquelle erhalten wurde[2], die sich durch intensive Bildung auch mehrfach geladener Ionen auszeichnet. Die relative Energiebreite der von dieser Quelle gelieferten Ionen beträgt nur wenige Prozent, und entsprechend sind jeweils nur kurze Parabelstücke geschwärzt.

Bei Verwendung einer Elektronenstoß-Ionenquelle, deren Energie-Inhomogenität nur etwa $1^0/_{00}$ beträgt, erscheinen überhaupt nur einzelne Punkte der Parabeln verschiedener Massen und zwar alle bei gleich großer elektrischer Ablenkung x auf einer Parallelen zur y-Achse. Falls die Ionen auf dem Wege zwischen der Ionenquelle und den Ablenkfeldern Energieverluste, Umladungen oder Dissoziationen erleiden, etwa durch Stöße mit Restgasmolekülen oder auch spontan, dann werden außer dieser Punktreihe der primären Ionen perlschnurartig in Richtung der unter Umständen schwächer angedeuteten Parabeln aufgereiht auch die Punkte der verschiedensten sekundär gebildeten Ionen beobachtet[4] (Fig. 4). Aus der Lage der Punkte läßt sich meist mit Sicherheit auf den sekundären Bildungsprozeß schließen.

Für genauere Messungen der Ionenintensitäten und -massen sind Parabelspektrographen wegen der Krümmung der Spektrallinien und wegen des geringeren Auflösungsvermögens wenig geeignet. Über einen Impuls-Massenspektrographen, der ebenfalls parabel-ähnliche Spektren liefert, berichtet HIGATSBERGER[5].

II. Richtungsfokussierende massenspektroskopische Apparate kleinerer Auflösung ($A < 1000$).

3. DEMPSTERscher Apparat. In den Jahren 1918/19 vollendeten etwa gleichzeitig und unabhängig voneinander DEMPSTER[6] und ASTON[7] ihre in der Folgezeit durch viele bahnbrechende Resultate berühmt gewordenen Apparate *[3]*, *[5]*, *[15]*, *[16]*. Sie verzichteten dabei im Unterschied zum Parabelspektrographen auf die direkte Aufzeigung der Energieverteilung der Ionen und suchten im Gegenteil Ionen eines engen Energiebereiches zu verwenden.

ASTON schaltete zu diesem Zweck ein elektrisches Ablenkfeld vor ein zur Massenanalyse verwendetes homogenes magnetisches Ablenkfeld. Er kombinierte beide zueinander gekreuzte Felder dabei in der Weise, daß die auftretende kleine systematische Energievariation der durch eine Zwischenfeldblende hindurchtretenden Ionen (s. Ziff. 20) durch die Wirkung des Magnetfeldes gerade kompensiert wird, so daß sie in erster Näherung ohne Einfluß auf die Breite der in diesem Falle geraden und zueinander parallelen Massenlinien bleibt. Dies ist die sog. Geschwindigkeits- oder auch Energiefokussierung, welche in Abschnitt III ausführlich besprochen wird.

DEMPSTER setzte die von ihm entwickelte Elektronenstoß-Ionenquelle (s. den Artikel von D. KAMKE, Ziff. 36—39, in diesem Band) oder auch eine thermische Ionenquelle (ebenda, Ziff. 12, 45, 46), die beide sehr energiehomogene Strahlen liefern, an den geradlinigen Rand eines homogenen Magnetfeldes (Fig. 5). Die

[1] O. EISENHUT u. R. CONRAD: Z. Elektrochem. **36**, 654 (1930).
[2] SHENG-LIN CH'U: Phys. Rev. **50**, 212 (1936).
[3] W. SCHÜTZE: Wiss. Veröff. Siemens-Werk **16**, 89 (1937); **17**, 341 (1938).
[4] H. EWALD u. A. HENGLEIN: Z. Naturforsch. **6**a, 463 (1951). — A. HENGLEIN: Z. Naturforsch. **7**a, 165 (1952).
[5] M. J. HIGATSBERGER: Z. Naturforsch. **6**a, 151 (1951); **8**a, 206 (1952).
[6] A. J. DEMPSTER: Phys. Rev. **11**, 316 (1918).
[7] F. W. ASTON: Phil. Mag. **38**, 707 (1919).

durch den Eintrittsspalt mit kleiner Winkeldivergenz $2\alpha'$ und bestimmter Energie eV annähernd senkrecht zu den Kraftlinien und zum Feldrand in das Feld H eintretenden Ionen beschreiben in diesem Kreisbahnen, deren Krümmungsradien a von ihrer Energie eV und Masse $m = M \cdot m_0$ abhängen

$$a = k \frac{\sqrt{MV}}{H}\ [\mathrm{cm}], \quad \left[k = c\ \sqrt{\frac{m_0}{150\,e}} = 143{,}6\right]. \tag{3.1}$$

V in Volt,

H in Gauß

$m_0 = 1{,}660 \cdot 10^{-24}\mathrm{g} = $ Masse der physikalischen Atomgewichtseinheit,

$M = \dfrac{m}{m_0} = $ Masse der Teilchen in Atomgewichtseinheiten.

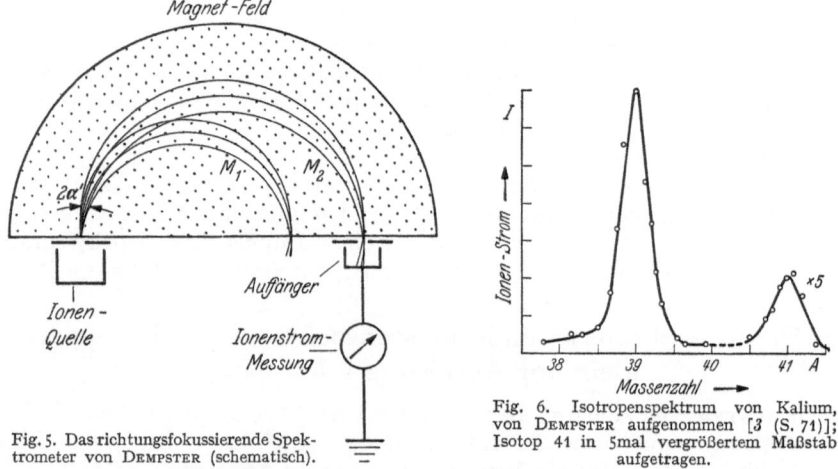

Fig. 5. Das richtungsfokussierende Spektrometer von Dempster (schematisch).

Fig. 6. Isotropenspektrum von Kalium, von Dempster aufgenommen [3 (S. 71)]; Isotop 41 in 5mal vergrößertem Maßstab aufgetragen.

Dempster machte sich dabei die schon 1907 von Classen[1] für Elektronenstrahlen verwendete Tatsache zunutze, daß die anfangs etwas richtungsdivergenten Strahlen nach einer Ablenkung von 180° im homogenen Magnetfeld Richtungsfokussierung in erster Näherung erfahren. Beim Austritt der Strahlen aus dem Feld an derselben geraden Feldgrenze, an der sich auch der Eintrittsspalt befindet, wird dabei das Massenspektrum mit optimaler Massentrennung erhalten. Dort ordnete Dempster in 10 cm Abstand vom Eintrittsspalt einen Austrittsspalt an und dahinter einen Auffänger zur elektrischen Messung der getrennten Ionenströme. Durch Veränderung der Beschleunigungsspannung V oder der Magnetfeldstärke H in kleinen Schritten kann das Massenspektrum über den Auffängerspalt hinweg geführt werden. Fig. 6 zeigt das auf diese Weise von Dempster[2] erhaltene Massenspektrum der Kaliumisotope. Die möglichst genau gemessenen Linienhöhen geben ein direktes Maß für die relativen Häufigkeiten der verschiedenen Ionenarten. Auf diese Weise wurden von Dempster für eine größere Anzahl von Elementen die Isotopenzusammensetzungen und relativen Isotopenhäufigkeiten bestimmt. Diese elektrische Meßmethode erwies sich für die Häufigkeitsmessungen späterhin auch als die genauere und einfachere gegenüber der von Aston zunächst mit großem Erfolg und an vielen Elementen erprobten photographischen Methode, bei der man aus den erhaltenen Linienschwärzungen auf die relativen Häufigkeiten schließt [3] (s. auch Ziff. 18, 28, 29). Falls genügend

[1] Classen: Jb. Hamburg. wiss. Anst. 25, 1 (1907).
[2] A. J. Dempster: Phys. Rev. 20, 631 (1922).

energiereiche Ionen (im allgemeinen > 5000 eV) verwendet werden, kann in der Bildebene an der Grenze des Feldes auch eine Photoplatte zur Aufnahme des Spektrums angebracht werden[1]. Über die verwendeten Photoplatten wird in Ziff. 28 gesprochen.

Nach dem Vorgang von DEMPSTER wurden an den verschiedensten Stellen richtungsfokussierende Apparate mit 180° Ablenkung im homogenen Magnetfeld erbaut und ausgiebig verwendet (Ziff. 15). Die Fig. 7 und 8 zeigen als Beispiele zwei charakteristische Ausführungen von BLEAKNEY[2] und NIER[3].

Ein Nachteil dieser 180°-Anordnung ist, daß sich Ionenquelle und Auffänger im störenden Streufeld an der Magnetfeldgrenze befinden müssen. Wegen ihrer relativ leichten Justierbarkeit wird sie aber auch heute noch zum Teil, auch in namhaften Industrieapparaten, bevorzugt.

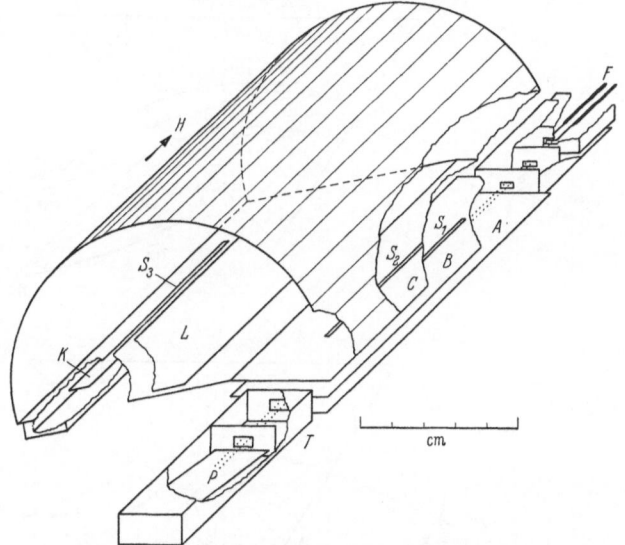

Fig. 7. Das Massenspektrometer-System von BLEAKNEY.

4. Das magnetische Sektorfeld. Das von DEMPSTER benutzte 180°-Magnetfeld ist ein Spezialfall des allgemeinen magnetischen Sektorfeldes, dessen Eigenschaften von BARBER[4], STEPHENS[5], HENNEBERG[20], HERZOG [21] u. a. diskutiert worden sind [15]. Betrachten wir an Hand von Fig. 9a gleich den allgemeinsten Fall, daß energiehomogene Ionen verschiedener Massen mit kleiner Winkel-

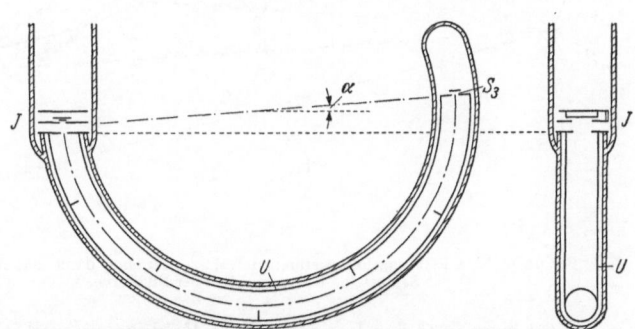

Fig. 8. Das 180°-Massenspektrometer von NIER.

divergenz $2\alpha'$ von einem Spaltpunkt A' in die mittlere Richtung $A'O$ in das Magnetfeld hinein emittiert werden, dann ergibt sich hinter dem Felde für die Massen M_i ($i = 1, 2, 3 \ldots$) Massentrennung und Richtungsfokussierung erster Näherung in den Punkten A_i'' einer Bildkurve, welche nach den Ableitungen der Ionenoptik (Artikel von W. GLASER in diesem Band) [15] an Hand von Fig. 9b durch die folgende einfache Konstruktion gefunden werden können[6], wobei nur die Mittelstrahlen

---

[1] K. T. BAINBRIDGE: J. Franklin Inst. **212**, 489 (1931).

[2] W. BLEAKNEY: Phys. Rev. **40**, 496 (1932).

[3] A. O. NIER: Phys. Rev. **52**, 933 (1937).

[4] N. F. BARBER: Proc. Leeds Phil. Soc. **2**, 427 (1933).

[5] W. E. STEPHENS: Phys. Rev. **45**, 513 (1934).

[6] L. CARTAN: J. de Phys. **8**, 453 (1937).

der Bündel gezeichnet zu werden brauchen. Die Krümmungsradien a_i der Bahnen der Massen M_i im Feld sind nach (3.1) berechenbar. Sie werden auf der auf $A'O$ in O errichteten Senkrechten von O aus abgetragen und ergeben so die Krümmungsmittelpunkte P_i der Mittelbahnen der verschiedenen Massen im Feld. Man zeichnet die Mittelbahnen bis zu den Austrittspunkten U_i und dann die austretenden Bahngeraden im feldfreien Raum als Lote auf den Strecken $P_i U_i$. Weiter

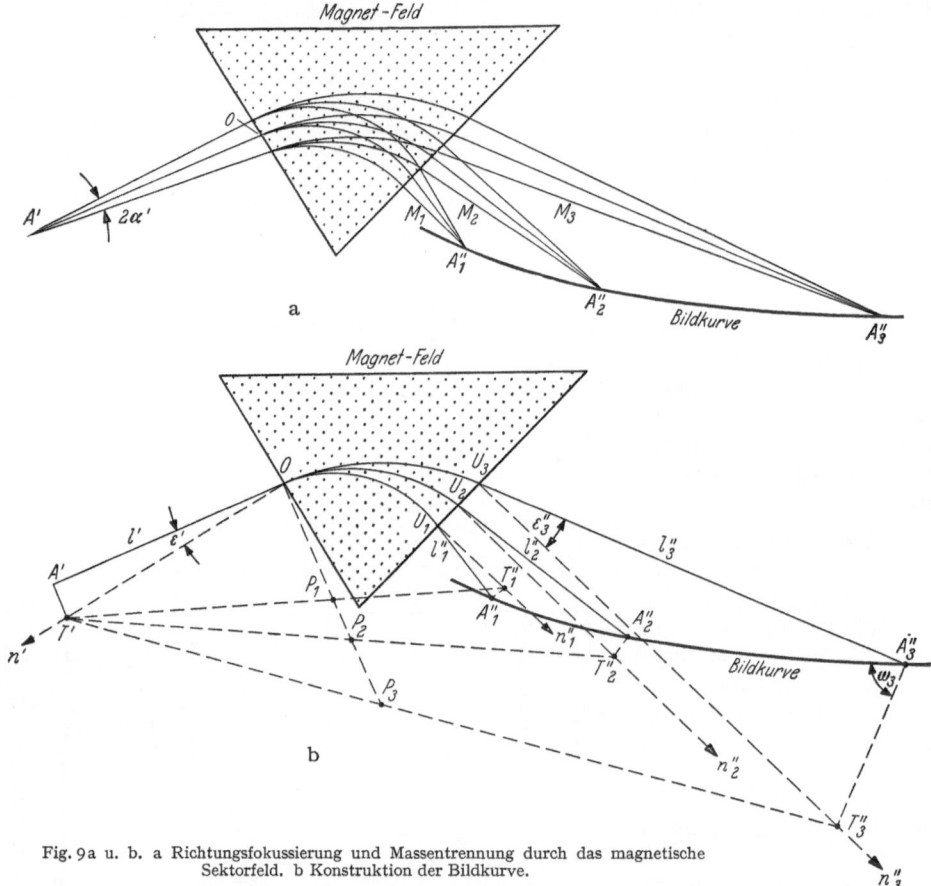

Fig. 9a u. b. a Richtungsfokussierung und Massentrennung durch das magnetische
Sektorfeld. b Konstruktion der Bildkurve.

errichtet man in O das Lot n' auf der Feldgrenze und in A' das Lot auf der Strecke $A'O$. Der Schnittpunkt dieser beiden Lote ist T'. Weiterhin errichtet man in den Austrittspunkten U_i die Lote n_i'' zur Feldgrenze. Man verbindet dann den Punkt T' mit den P_i und zeichnet die Verlängerungen dieser Geraden bis zu den Schnittpunkten T_i'' mit den n_i''. Von dort fällt man die Lote auf die in den zugehörigen U_i austretenden Mittelstrahlen. Die Fußpunkte A_i'' dieser Lote sind die gesuchten Bildpunkte der Massen M_i, durch diese Punkte ist die im allgemeinen gekrümmte Bildkurve (Richtungs-Fokussierungskurve) hindurch zu zeichnen.

Von Wichtigkeit für das Verständnis der Sektorfeldapparate und auch für die spätere Besprechung der doppelfokussierenden Massenspektrographen (Abschnitt III) ist die Kenntnis der Dispersionsformeln des magnetischen Sektorfeldes (s. [21], [5], [15], und den Artikel von W. Glaser). Die sog. *Geschwindigkeitsdispersion* $D(\beta)$ gibt für Ionen einer bestimmten Masse M den Abstand der Fokussierungsorte auf der Bildkurve, falls die Ionen mit zwei benachbarten Energien eV und $e(V+\Delta V)$

$= eV(1 + 2\beta)$ von der Ionenquelle ausgehen ($\beta \ll 1$). Meist wird als Geschwindigkeitsdispersion aber nicht dies $D(\beta)$, sondern einfach der seitliche Abstand $d(\beta)$ der Mittelstrahlen der beiden betrachteten focussierten Bündel am Ort der Bildkurve angegeben, wobei $d(\beta) = D(\beta) \cdot \cos \omega$ und ω den Winkel zwischen der Bildkurve und der Normalen zu den annähernd gleichgerichteten Mittelstrahlen bedeutet (Fig. 9b). Aus einfachen ionenoptischen Rechnungen folgt

$$d(\beta) = \beta \cdot K'' \tag{4.1}$$

$$K'' = a(1 - \cos \Phi) + l'' [\sin \Phi + (1 - \cos \Phi) \tan \varepsilon''] . \tag{4.2}$$

Es bedeuten hierbei und im folgenden:

a und Φ = Krümmungsradius und Ablenkungswinkel der Mittelbahn der Ionen der Masse M und der Energie eV im Feld.

l', l'' = Gegenstands- und Bildweite derselben Bahn (über Brennweite, Brennpunktsabstände und Linsengleichung des magnetischen Sektorfeldes s. [21], [15]).

ε', ε'' = Ein- und Austrittswinkel derselben Bahn gegen die in den Ein- und Austrittspunkten O und U errichteten Normalen n', n'' zur Feldgrenze (positiv, falls n' bzw. n'' auf der dem Ablenkungszentrum P abgewendeten Seite des Mittelstrahles liegen).

Entsprechend ist der Abstand der Fokussierungspunkte zweier benachbarter Massen M und $M(1 + \gamma)$ auf der Bildkurve, falls alle Ionen die gleiche Energie eV haben und $\gamma \ll 1$, durch die sog. *Massendispersion* $D(\gamma)$ gegeben

$$D(\gamma) = \frac{\gamma}{2} \cdot \frac{K''}{\cos \omega} , \tag{4.3}$$

und für die Größe der Verschiebung einer bestimmten Massenlinie bei einer Änderung der Magnetfeldstärke von H auf $H + \Delta H$ gilt

$$D\left(\frac{\Delta H}{H}\right) = - \frac{\Delta H}{H} \cdot \frac{K''}{\cos \omega} . \tag{4.4}$$

In Wirklichkeit hat man bei einer Massenspektrometer-Anordnung an Stelle eines ionen-emittierenden Punktes A' (Fig. 9) immer einen Eintrittsspalt der Weite s' und an einer geeigneten Stelle der Bildkurve einen Auffängerspalt der Weite s'' mit der Spaltebene senkrecht zu den dort hinzielenden Strahlen. Das ganze Spektrum der Massenlinien wird erhalten, indem es ähnlich wie bei DEMPSTER langsam schrittweise oder kontinuierlich durch Verändern der Beschleunigungsspannung oder der Magnetfeldstärke über den Auffängerspalt hinweggeführt und so durchgemessen oder mit einem Linienschreiber registriert wird. Das Massen-Auflösungsvermögen einer solchen Anordnung ist

$$A = \frac{M}{\Delta M} = \frac{1}{\frac{2(|s'G| + |s''|)}{|K''|} + \left|\frac{\Delta V}{V}\right|} , \tag{4.5}$$

wobei M und $M + \Delta M$ zwei benachbarte Massen sind, die bei der Durchmessung als zwei gerade getrennte Linien erscheinen. $\Delta V/V$ ist die relative Energiebreite der von der Ionenquelle gelieferten Ionen und G die Vergrößerung, mit der der Eintrittsspalt der Weite s' in die Ebene des Austrittsspaltes abgebildet wird. Es ist

$$G = - \frac{1}{\cos \varepsilon'} \left[\frac{l''}{a} \frac{\sin(\Phi - \varepsilon' - \varepsilon'')}{\cos \varepsilon''} - \cos(\Phi - \varepsilon') . \right] \tag{4.6}$$

Falls kein Austrittsspalt vorhanden ist, sondern mit in der Bildkurve angebrachten Photoplatten gearbeitet wird, ist in (4.5) $s'' = 0$ zu setzen.

Für den Spezialfall eines symmetrischen Strahlenganges $(l' = l'')$ und für senkrechten Ein- und Austritt der Mittelstrahlen $(\varepsilon' = \varepsilon'' = 0)$ ist, wie aus Fig. 10 zu ersehen, $l'' = a \cot \frac{\Phi}{2}$ und damit vereinfachen sich (4.5), (4.6), (4.2) zu

$$A = \frac{1}{\dfrac{s' + s''}{a} + \dfrac{\Delta V}{V}}, \quad G = -1, \quad K'' = 2a. \tag{4.7}$$

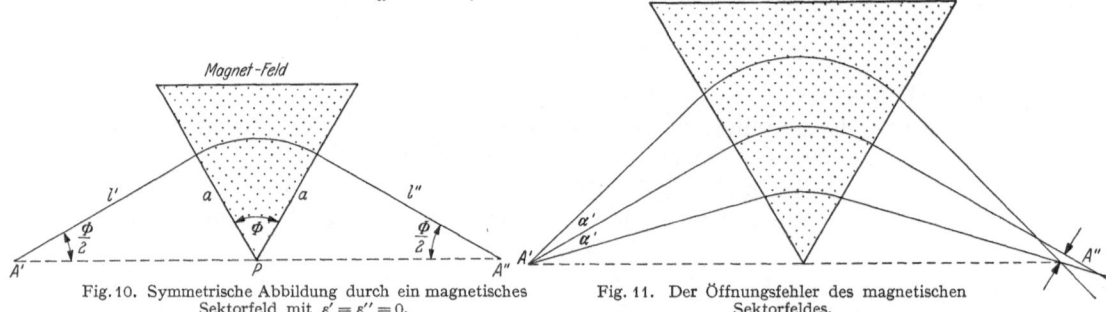

Fig. 10. Symmetrische Abbildung durch ein magnetisches Sektorfeld mit $\varepsilon' = \varepsilon'' = 0$.

Fig. 11. Der Öffnungsfehler des magnetischen Sektorfeldes.

A ist also unabhängig von Φ. Mit $a = 10$ cm, $s' = s'' = 0,2$ mm und $\Delta V/V = 0,001$ läßt sich z. B. $A = 200$ erreichen. Für diesen symmetrischen Spezialfall ist die

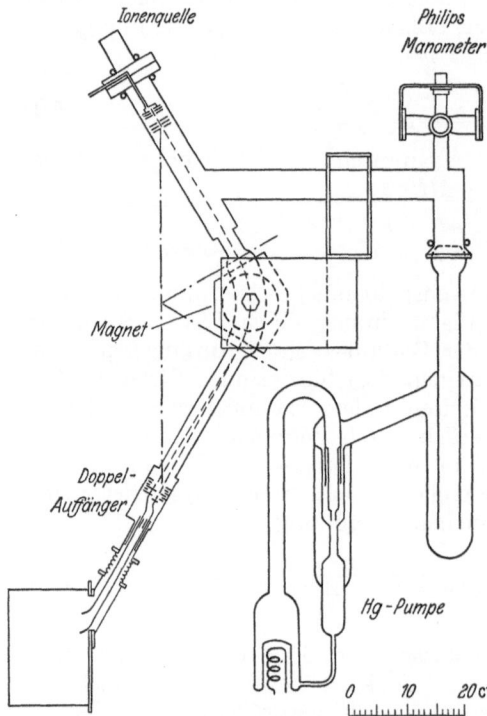

Fig. 12. 60°-Massenspektrometer von NIER.

zeichnerische Auffindung von Dingort A' und Bildort A'' besonders einfach. Die Punkte A', A'' und das Ablenkungszentrum P, das jetzt mit dem Scheitel des Sektorfeldes zusammenfällt, müssen auf einer Geraden liegen, die auf der Halbierenden des Sektorfeldwinkels senkrecht steht.

Zu beachten ist weiterhin der Einfluß der Winkeldivergenz $2\alpha'$ der eintretenden Strahlen auf das Auflösungsvermögen. Die Linienbreiten sind zwar in erster Näherung unabhängig von α', in zweiter Näherung verbleibt aber, wie in Fig. 11 angedeutet, ein endlicher kleiner Anteil zur Linienbreite (Öffnungsfehler), der für die symmetrische Anordnung mit $\varepsilon' = \varepsilon'' = 0$ gleich $-a\alpha'^2$, für andere Anordnungen im allgemeinen von der Größenordnung $a\alpha'^2$ ist und nur für besondere Fälle klein von höherer Ordnung gemacht werden kann (Ziff. 16).

Für das Auflösungsvermögen des symmetrischen Sektorfeldes mit $\varepsilon' = \varepsilon'' = 0$ ergibt sich daher unter Berücksichtigung des Öffnungsfehlers an Stelle von (4.7)

$$A = \frac{1}{\dfrac{2\left(|s'G| + |s''| + |a\alpha'^2|\right)}{|K''|} + \dfrac{\Delta V}{V}} = \frac{1}{\dfrac{s' + s''}{a} + \alpha'^2 + \dfrac{\Delta V}{V}}. \tag{4.8}$$

Für obiges Zahlenbeispiel mit $a = 10$ cm, $s' = s'' = 0{,}2$ mm, $\Delta V/V = 0{,}001$ wird z.B. mit $\alpha' = \pm 2°$ nach (4.8) $A = 162$ an Stelle von $A = 200$ ohne Berücksichtigung des Öffnungsfehlers.

5. Sektorfeldapparate. Ein richtungsfokussierendes magnetisches Sektorfeld mit einem Ablenkwinkel $\Phi < 180°$, und zwar mit $\Phi = 60°$, wurde erstmalig von

Fig. 13. Ansicht des 60°-Massenspektrometers von NIER (1947).

BAINBRIDGE und JORDAN [29] als Bestandteil eines doppelfokussierenden Massenspektrographen verwendet (Ziff. 23). Ein einfach-richtungsfokussierendes magnetisches Sektorfeldspektrometer mit $\Phi = 60°$ kam zuerst durch A. O. NIER [22], [23] zur Ausführung (Fig. 12) und wurde von ihm in vielen Einzelheiten vorzüglich durchgebildet und in zahlreichen Untersuchungen zu Isotopen-Häufigkeitsbestimmungen verwendet. Fig. 13 zeigt eine Ansicht dieses Apparates, der zum Vorbild für die meisten heutigen einfach-richtungsfokussierenden Geräte wurde.

Es handelt sich bei diesen Geräten [*19a*], die fast immer als Spektrometer mit elektrischer Meßeinrichtung versehen sind, um symmetrische Ausführungen gemäß Fig. 10 mit $\Phi = 60$ oder $90°$. Die Justierung ist zwar bei diesen Apparaten etwas schwieriger als bei den 180°-Geräten, aber Ionenquelle und Auffänger befinden sich außerhalb des Streufeldes des Magneten. Dieser ist kleiner und leichter als bei 180°-Apparaten gleicher Auflösung, d. h. nach (4.7) bei gleichen Krümmungsradien a der Bahnen in den Feldern. Dafür ist allerdings der Strahlengang länger.

Genannt seien hier als Beispiele die Apparate von Thode [*24*] und Urey [*25*] und ihren Mitarbeitern, welche zu sehr interessanten Untersuchungen über kleine Schwankungen der relativen Isotopenhäufigkeiten einiger Elemente Verwendung fanden (Ziff. 15). Aber auch die heutzutage in vorzüglicher Ausführung von einigen Industriefirmen beziehbaren Massenspektrometer schließen wesentlich an die Nierschen Entwicklungen an (Ziff. 14).

6. Die Vakuumeinrichtung. Das anfangs oft aus Glas gefertigte Vakuumrohr (s. z.B. Fig. 8), das den Strahlengang einschließt, wird jetzt meist aus Metall hergestellt, z. B. aus Kupfer oder neuerdings oft aus unmagnetischem Stahl. Das Rohr von einigen Zentimetern Durchmesser kann entsprechend dem

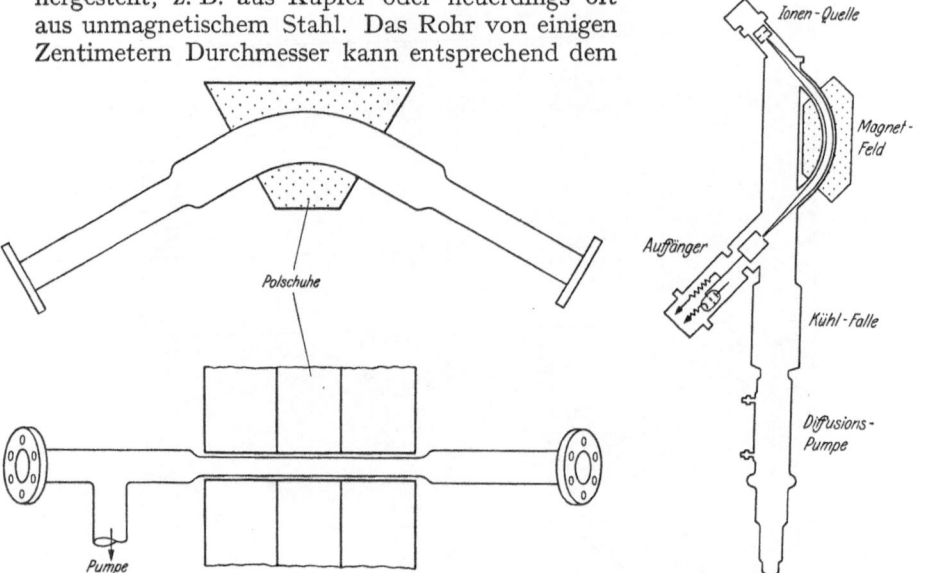

Fig. 14. Eine Ausführungsform des Vakuumrohres.

Fig. 15. Vakuumsystem des Massenspektrometers der Metropolitan Vickers Electrical Co. Ltd.

vorgesehenen Ablenkwinkel gebogen und in dem gebogenen Teil, der zwischen die Polschuhe des Magneten geschoben wird, auf etwa 1 cm lichte Weite flachgedrückt (Fig. 14) sein, damit man mit etwa 1,0 bis 1,5 cm Polschuhabständen bei Feldstärken von vielleicht 5000 Gß auskommt.

Das Rohr ist mit einem seitlichen Stutzen versehen, der zur Hochvakuumpumpe führt und meist beidseitig mit hart angelöteten oder angeschweißten Flanschen, an die die Ionenquelle und das Auffängersystem angeschraubt werden können. Um möglichst gutes Vakuum im Rohr und deshalb auch Ausheizbarkeit desselben im Betrieb zu ermöglichen, geschieht die Abdichtung der Flansche gegeneinander mit Metallfolien, auch mit relativ hitzebeständigen Kunststoffen (Teflon) oder bei guter Pumpleistung auch mit Gummiringen. Gegebenenfalls können die Flansche während des Ausheizvorganges zum Schutze des Dichtungsmaterials mit Wasser gekühlt werden, z. B. mit Hilfe von aufgelöteten Kühlrohren.

Das Vakuum muß mindestens etwa 10^{-5} Torr betragen, besser jedoch 10^{-6} bis 10^{-8} Torr[1].

Dies ist wichtig bei vielen Messungen, besonders im Massenzahlbereich $A < 100$, wenn man möglichst frei von Störlinien, die auf Restgase, besonders Kohlenwasserstoff-Dämpfe zurückgehen, arbeiten will. Die laufende Kontrolle des Vakuums ist äußerst nützlich.

Um möglichst schnell ein gutes Vakuum zu erreichen, werden zum Teil auch andere Ausführungen des Vakuumsystems bevorzugt. Fig. 15 zeigt die Anordnung bei dem Gerät, das von der Firma Metropolitan-Vickers in den Handel gebracht wird.

Zur massenspektrometrischen Untersuchung extrem kleiner Gasmengen kann man sich auch der neuentwickelten Höchstvakuum-Methoden bedienen und das Spektrometerrohr entsprechend ausbilden[2].

7. Ionenquellen. Zur Erzeugung der Ionenstrahlen (s. den Artikel von D. KAMKE in diesem Band) für die einfachen richtungsfokussierenden Apparate werden für eine kleinere Anzahl von Elementen und deren Verbindungen mit niedriger Ionisierungsarbeit gerne thermische Ionenquellen verwendet, wegen ihrer Einfachheit und der

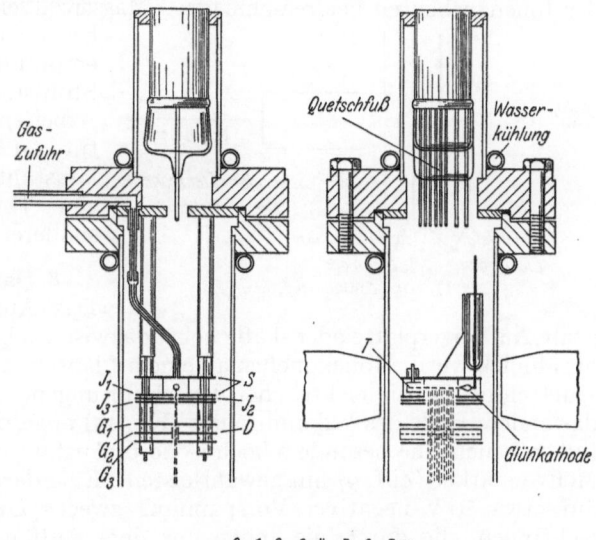

Fig. 16. Elektronenstoß-Ionenquelle von NIER.

besonders guten Energiehomogenität der Ionen. Die Anwendungsmöglichkeiten solcher Quellen sind von INGHRAM und CHUPKA[3] durch gleichzeitige Benutzung mehrerer, auf verschiedener Temperatur gehaltener Heizfäden neuerdings beträchtlich erweitert worden. Am allgemeinsten verwendbar und deshalb auch weit verbreitet sind jedoch die Elektronenstoß-Ionenquellen, die auf DEMPSTER zurückgehen (Ziff. 3) und von SMYTH, BLEAKNEY, TATE, NIER u. a. zu hoher Brauchbarkeit entwickelt worden sind. Fig. 16 zeigt die von NIER [23] angegebene Ausführung einer solchen Quelle, welche bei Neubauten vielerorts als Vorbild genommen wurde. Das Elektrodensystem der Quelle ist möglichst exakt an einem Flansch montiert, der an den einen Endflansch des Vakuumrohres (Fig. 14) angesetzt werden kann. Die vakuumdichte Einführung der benötigten elektrischen Anschlüsse geschieht mittels eines angeglasten Quetschfußes. Die Zuführung des zu untersuchenden Dampfes in die Elektronenstoßkammer kann mittels eines Röhrchens geschehen, das in den Flansch eingelötet ist. Zur Untersuchung fester Substanzen wird hinter einer Öffnung der Stoßkammer ein Verdampfungsöfchen angeordnet.

Die von der Ionenquelle gelieferten Ionenstrahlen sollen während der Meßdauer von zumindest einigen Minuten auf einige Promille konstant bleiben. Das

---

[1] N. WARMOLTZ: In [17], S. 94.

[2] J. H. REYNOLDS: Vortrag Mass Spectrometry Meeting, San Francisco, 22.—27. Mai 1955.

[3] M. G. INGHRAM u. W. A. CHUPKA: Rev. Sci. Instrum. **24**, 518 (1953).

erfordert konstante Gas- oder Dampfzufuhr (Ziff. 10) und entsprechende Konstanz sämtlicher Spannungen und Ströme. Man verwendet röhrengeregelte Netzgeräte für die Elektronen- und Ionenbeschleunigungsspannungen und für die Zwischenpotentiale an Zieh- und Focussierungselektroden [22] bis [25]. Mit besonderer Sorgfalt ist der durch die Stoßkammer hindurchgehende und dahinter von einer Elektronenfalle aufgefangene Elektronenstrom konstant zu halten. Das geschieht ebenfalls mit einer Röhrenregelung [15], [16], [23] bis [25] oder noch einfacher mit einer kleinen Steuerelektrode zwischen Heizfaden und Stoßkammer[1, 2].

Da sich nach Arbeiten von Hipple u. a. [8], [10] gezeigt hat, daß die Werte der Ionenausbeuten bei verschiedenen Massenzahlen und auch ihre Verhältnisse,

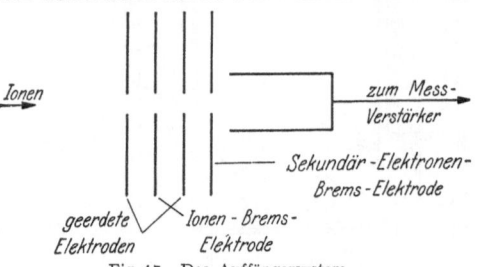

Fig. 17. Das Auffängersystem.

besonders bei organischen Molekülen, empfindlich von der Temperatur der Stoßkammer abhängen, ist es für viele Arbeiten erforderlich, diese Temperatur auf 1° oder besser auf 0,1° genau konstant zu halten. Das kann z.B. mit einer Thermoelementregelung mit besonderer Heizvorrichtung geschehen.

8. Das elektrische Auffängersystem. Das Auffängersystem mit Austrittsspalt, Auffängerplatte oder -käfig nebst dazwischen befindlichen Hilfselektroden ist oft ähnlich wie die Ionenquellen an einem Flansch montiert mit einem angeglasten Quetschfuß für die elektrischen Durchführungen. Es kann mit dem Flansch an das andere Ende des Vakuumrohres (Fig. 14) angeschraubt werden. Der Quetschfuß soll auch eine besonders hoch isolierte Ausführung des Auffängerstromes zum Meßverstärker (Ziff. 9) hin gewährleisten. Eine der Hilfselektroden befindet sich auf etwa 50 V negativer Vorspannung zwecks Unterdrückung von Sekundärelektronen, die durch die Ionen aus dem Auffänger herausgeschlagen werden können (Fig. 17). Eine andere Elektrode, deren positives Potential zwischen Null und dem der vollen Beschleunigungsspannung beliebig einstellbar ist, dient der Unterdrückung solcher Ionen, die durch Stöße mit Restgasmolekülen und wegen sekundärer Bildung durch Dissoziationen oder Umladungen (Ziff. 2) auf ihrem Wege durch die Apparatur nicht die volle Beschleunigungsenergie besitzen. Dies ist ein wichtiges Hilfsmittel zur Erzielung sauberer, untergrundfreier Spektren[3] (Fig. 18). Zugleich kann damit auf rein elektrischem Wege die Austrittsspaltweite s'' effektiv verengert und damit nach (4.5) das Auflösungsvermögen beeinflußt werden[4].

Die normale, massenspektrometrische Meßmethode besteht darin, daß das Spektrum durch Variation eines der Felder V oder H über den Auffängerspalt hinweggeführt und so punktweise durchgemessen oder kontinuierlich registriert wird (Ziff. 13). Die Intensitäten zweier zu vergleichender Ionenlinien werden also zeitlich nacheinander aufgenommen, wobei dann die erreichbare Genauigkeit wegen der begrenzten zeitlichen Konstanz des ganzen Systems auf etwas besser als 1% des Verhältniswertes begrenzt ist.

Eine etwa um eine Zehnerpotenz größere Genauigkeit erhält man, wenn man zwei Auffänger in solchem Abstand dicht nebeneinander anordnet[5], daß man beide zu vergleichende Ionenlinien *gleichzeitig* mittels zweier Meßverstärker messen und

---

[1] E. B. Winn u. A. O. Nier: Rev. Sci. Instrum. **20**, 773 (1949).

[2] V. J. Caldecourt: Rev. Sci. Instrum. **22**, 58 (1951).

[3] J. A. Hipple, R. E. Fox u. E. U. Condon: Phys. Rev. **69**, 347 (1946).

[4] R. D. Craig: In [17], S. 230.

[5] H. A. Straus: Phys. Rev. **59**, 430 (1941).

deren Ausgänge nach einer Nullmethode von NIER, NEY und INGHRAM[1] direkt miteinander vergleichen kann (s. auch Ziff. 9). Fig. 19 zeigt ein von NIER [23] und anderen Autoren benutztes Auffängersystem, bei dem die eine Ionenlinie von einer Platte 1 aufgefangen wird, während die Ionen der anderen Linie durch einen in 1 befindlichen Spalt hindurch zur Auffängerplatte 2 laufen. Es sind auch Mehrfachauffänger für mehr als zwei Ionenlinien gebaut worden [16].

An Stelle des FARADAY-Käfigs oder der einfachen Auffängerplatte kann zur Messung sehr geringer Ionenströme oder sogar einzelner Ionen ein Sekundär-Elektronenvervielfacher angeordnet werden. Zu diesem Zwecke sind von ALLEN und anderen Autoren[2] Vervielfacher entwickelt worden, die an die Vakuumapparaturen angeschlossen werden können und deren erste Elektrode direkt von den durch das Auffänger-Spaltsystem gelangenden Ionen getroffen wird [7], [19a]. Es werden Cu—Be-

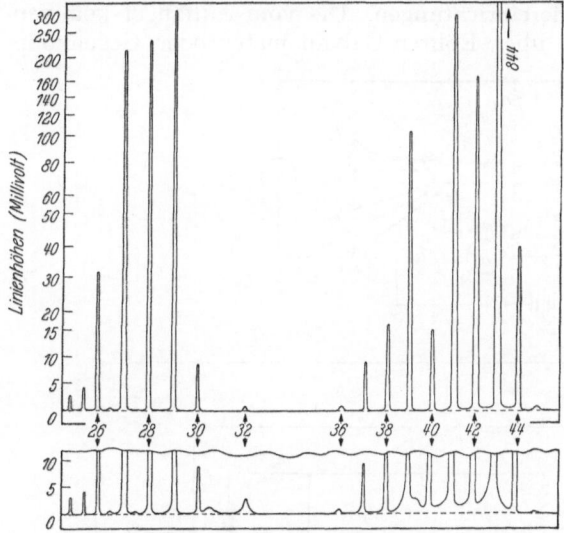

Fig. 18. *n*-Butan-Spektrum mit (oben) und ohne (unten) Ionenbremsfeld im Auffänger.

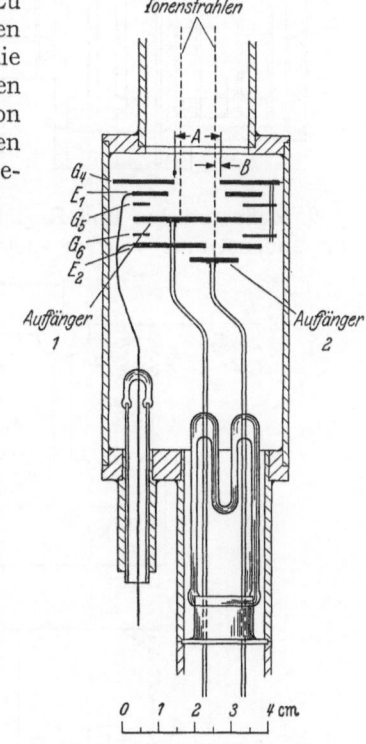

Fig. 19. Doppelauffänger von NIER.

oder Ag—Mg-Elektroden mit etwa 2% Be bzw. 2 bis 4% Mg verwendet, die einer speziellen Aktivierung unterzogen werden. Diese gestatten einen wiederholten Zutritt der Atmosphärenluft ohne allzu große Änderungen ihrer Sekundär-Emissionseigenschaften. Dies ist erforderlich, weil es sich nicht umgehen läßt, daß die Apparaturen hin und wieder geöffnet werden müssen.

Fig. 20 zeigt das Schema eines solchen von INGHRAM und Mitarbeitern[3] benutzten Vervielfachers. Solche Vervielfacher fanden auch zur Messung der einzelnen Rückstoßkerne bei radioaktiven Zerfällen zum Nachweis des Neutrinorückstoßes eine hervorragende Verwendung[4]. Da die Bahnen der

---

[1] A. O. NIER, E. P. NEY, M. G. INGHRAM: Rev. Sci. Instrum. **18**, 294 (1947).

[2] J. S. ALLEN: Phys. Rev. **55**, 966 (1939). — A. A. COHEN: Phys. Rev. **63**, 219 (1943). — J. M. ROBSON: Rev. Sci. Instrum. **19**, 865 (1948). — W. T. LELAND: Phys. Rev. **77**, 634 (1950). — J. S. ALLEN: Proc. Inst. Radio Engrs. **38**, 346 (1950). — L. G. SMITH: Rev. Sci. Instrum. **22**, 166 (1951). — M. G. INGHRAM, R. J. HAYDEN u. D. C. HESS: In [14], S. 257.

[3] Siehe [14], S. 258.

[4] Zum Beispiel G. W. RODEBACK u. J. S. ALLEN: Phys. Rev. **86**, 446 (1952).

Sekundärelektronen durch ein Magnetfeld sehr stark verändert werden, ist von SMITH[1] eine spezielle Konstruktion zur Ausführung gekommen, die ein Arbeiten auch in einem solchen Feld bestimmter Größe gestattet.

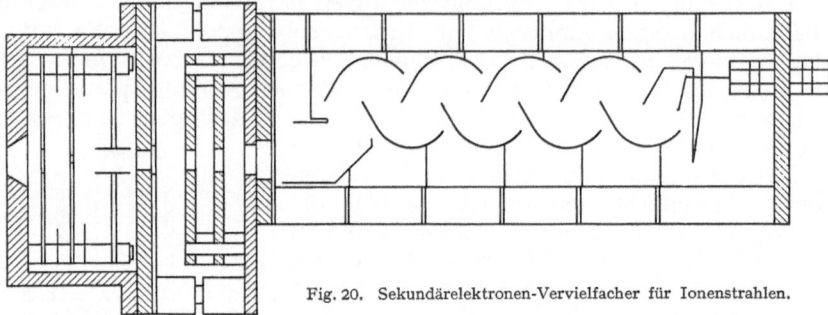

Fig. 20. Sekundärelektronen-Vervielfacher für Ionenstrahlen.

9. Meßverstärker und Registriereinrichtungen. Die vom Auffänger kommenden Ionenströme werden meist über Röhren-Galvanometer oder Gegenkopp-

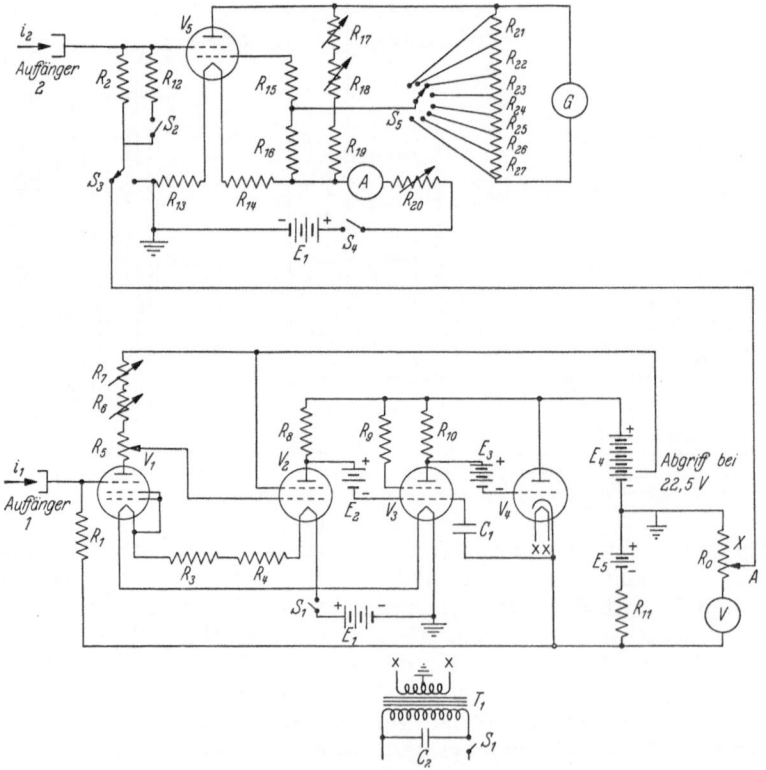

Fig. 21. Schaltung zum Vergleich zweier Ionenströme.

lungs-Verstärker zur Erde geleitet. Detaillierte Schaltpläne von solchen Verstärkern sind unter anderem von NIER, THODE, UREY und ihren Mitarbeitern [22] bis [25] veröffentlicht worden. Auch Schwing-Kondensator-Elektro-

---

[1] L. G. SMITH: Rev. Sci. Instrum. **22**, 166 (1951).

meter[1, 2, 3], die auch im Handel erhältlich sind, werden mit Vorteil verwendet. Die linear verstärkten Ströme können am Ausgang dann galvanometrisch gemessen oder oszillographisch-photographisch oder auch mittels Kompensations-Linien-Schreiber mit eingebautem Nachverstärker auf etwa 0,2% getreu registriert werden.

Bei Verwendung der Doppel-Auffänger-Methode von NIER, NEY und INGHRAM (Ziff. 8) werden 2 Verstärker verwendet und die Ausgänge durch Kompensation nach einer Nullmethode miteinander verglichen. Man erhält dann am gemeinsamen Ausgang galvanometrisch oder auch durch Registrierung direkt das gesuchte Linienverhältnis. Fig. 21 zeigt die von NIER und Mitarbeitern verwendete Schaltung, eine genaue Stückliste dazu findet sich in der Originalarbeit.

Eine ähnliche Anordnung benützten UREY und Mitarbeiter [25], [14], [15], [16], für sehr genaue Relativbestimmungen der Sauerstoff-Isotopen-Verhältnisse. Sie untersuchten O_2-Proben aus den Kalkschalen fossiler Meerestiere und konnten daraus Rückschlüsse ziehen auf die jährlichen Temperaturschwankungen von Paläo-Meeren. Diese Doppel-Auffänger-Methode bewährt sich vorzüglich zur Elimination kleiner Schwankungen der Ionen-Quellen-Emission, da sich die Intensitätsverhältnisse zweier Linien bei solchen Schwankungen weniger stark ändern als die Intensitäten selber. Sie konnte daher in etwas abgewandelter Weise mit Vorteil sogar bei Hochfrequenz-Funken-Ionenquellen, die recht große Schwankungen zeigen, an doppel-focussierenden Apparaten verwendet werden (Ziff. 22).

10. Gas- und Dampfzuführung zur Ionenquelle. Die zu untersuchenden Gase oder Dämpfe leichter verdampfbarer Flüssigkeiten werden unter Drucken von etwa 10^{-2} bis 10^2 Torr in Vorratsbehälter eingefüllt. Von dort führt eine Leitung über eine Drosselstelle zwecks Einstellung des sehr kleinen konstanten Gasstromes (etwa 0,01 bis 0,1 cm³ atm/h) zur Stoßkammer der Ionenquelle. Der große Strömungswiderstand dieser Drosselstelle muß die Anforderung erfüllen, daß bei Gemischen die Partialdrucke der Komponenten im Vorratsbehälter und in der Stoßkammer trotz des großen Druckabfalls in den gleichen unveränderten Verhältnissen zueinander stehen, oder daß zumindest eine bekannte Beziehung zwischen den Partialdruck-Verhältnissen in beiden Räumen besteht[4, 5, 6] [7], [15], [16]. Das erstere erreicht man nach HONIG[4], wenn man dafür sorgt, daß durch die Drosselstelle hindurch und auf dem weiteren Weg durch das Spektrometer Molekularströmung für die Mischung vorliegt, daß also überall die freie Weglänge groß ist gegen den Leitungsdurchmesser. Als Drosselstellen dienen feine Löcher von einigen Hundertstel Millimeter Durchmesser in einer den Gasstrom sperrenden dünnen Folie und der Druck im Vorratsbehälter darf etwa 0,1 Torr nicht übersteigen. Dann kommen die Komponenten kleineren Molekulargewichtes M zwar mit einer größeren, zu $1/\sqrt{M}$ proportionalen Wahrscheinlichkeit durch das Loch hindurch und in die Stoßkammer hinein, sie entweichen aber auch in ebendemselben Maße schneller wieder aus dieser in das hochevakuierte Spektrometerrohr. Auf diese Weise sind die Verhältnisse der Partialdrucke in der Stoßkammer dieselben wie im Vorratsbehälter. Nachteilig bei dieser Methode ist der notwendigerweise kleine Druck im Vorratsbehälter und

---

[1] H. PALEVSKY, R. K. SWANK, R. CRENCHIK: Rev. Sci. Instrum. **18**, 298 (1947).

[2] S. A. SCHERBATSCHKOY, T. H. GILMARTIN u. G. SWIFT: Rev. Sci. Instrum. **18**, 415 (1947).

[3] H. REESE: Nucleonics **6**, Märzheft, 40 (1950).

[4] R. E. HONIG: J. Appl. Phys. **16**, 646 (1945).

[5] R. E. HALSTED u. A. O. NIER: Rev. Sci. Instrum. **21**, 1019 (1950).

[6] J. KISTEMAKER: Physica, Haag **18**, 163 (1952); in [14], S. 243.

die dadurch bedingten großen Volumina dieser Behälter von unter Umständen einigen Litern. Sonst würde der Druck darin allzu schnell absinken und sich die eintretende Anreicherung der schwereren Komponenten zu schnell bemerkbar machen. Bei genauen Messungen sind solche Druckabnahmen und Anreicherungen durch Eichungen oder Korrekturen zu berücksichtigen.

Die andere Möglichkeit, daß eine bekannte Beziehung zwischen den Partialdruckverhältnissen im Vorratsbehälter und denen in der Stoßkammer besteht, kann man nach Halsted und Nier[1] folgendermaßen erreichen: Die Autoren benützen zwischen Vorratsbehälter und Ionenquelle eine Cu-Capillare von 50 bis 100 cm Länge und etwa 0,2 mm innerem Durchmesser (Fig. 22). Die Capillare ist durch Quetschen an einer Stelle nahe der Ionenquelle so weit verengert,

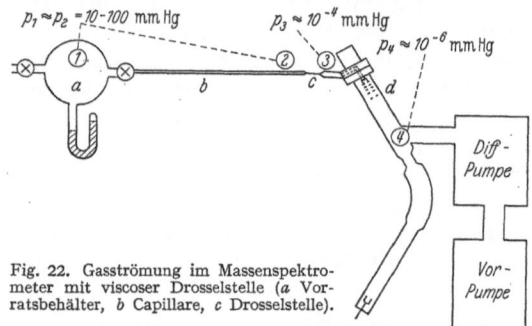

daß sich bei Drucken von 10 bis 100 Torr im Vorratsbehälter die gewünschte Strömungsrate einstellt. In der Capillare ist die Strömung viscos. Innerhalb der Drosselstelle gibt es in einem gewissen Bereich den Übergang zwischen viscoser und molekularer Strömung. Die Capillare ist nach Näherungsrechnungen und Versuchen von Halsted und Nier so dimensioniert,

Fig. 22. Gasströmung im Massenspektrometer mit viscoser Drosselstelle (a Vorratsbehälter, b Capillare, c Drosselstelle).

daß sich die in der Drosselstelle einsetzende teilweise Entmischung nicht entgegen der Strömungsrichtung rückwärts in die Capillare hinein auswirken kann, daß also die Rückdiffusionsgeschwindigkeiten der Komponenten bei auftretenden Konzentrationsunterschieden klein bleiben gegen die viscose Wanderungsgeschwindigkeit der Gasmischung in der Capillare vor der Drosselstelle. Die Mengenverhältnisse der durch die Stoßkammer fließenden Komponenten der Mischung sind dann die gleichen wie im Vorratsbehälter. Da aber von der Drosselstelle ab Molekularströmung herrscht und die Komponenten kleinerer Molekulargewichte schneller aus der Stoßkammer entweichen, sind die Partialdruckverhältnisse dort proportional zu den Wurzeln aus den Molekulargewichten verändert. Das ist z.B. bei Isotopen-Häufigkeits-Messungen durch eine entsprechende Korrektur zu berücksichtigen. Vorteilhaft ist bei einer solchen viscosen Drosselstelle (viscous leak) für viele Zwecke der relativ hohe Druck im Vorratsbehälter (> etwa 10 Torr). Nachteilig ist, daß sie für quantitative chemische Untersuchungen (Ziff. 15) kaum verwendbar ist, da die viscosen Durchflußgeschwindigkeiten der Komponenten nicht unabhängig voneinander sind und sich daher ihre Beiträge zu den Intensitäten der einzelnen Ionenlinien nicht linear überlagern [7], [16].

Zur Untersuchung verdampfbarer Flüssigkeiten werden diese z.B. mittels Mikropipetten in genau abgemessenen Mengen durch Hg- oder Ga-überdeckte Fritten in den vorher gut evakuierten Vorratsbehälter eingebracht, und zwar in so kleinen Mengen, daß sie dort vollkommen zur Verdampfung kommen[2, 3]. Bei der Einbringung reiner Verbindungen läßt sich dann aus dem Molekulargewicht, der Dichte und dem eingeführten Volumen der Flüssigkeit und dem Volumen des Vorratsbehälters der darin eingestellte Dampfdruck berechnen.

---

[1] R. E. Halsted u. A. O. Nier: Rev. Sci. Instrum. 21, 1019 (1950).
[2] R. C. Taylor u. W. S. Young: Industr. Engng. Chem. 17, 811 (1945).
[3] M. J. O'Neal: In [17], S. 27.

In vielen Fällen ist man aber bei quantitativen massenspektrometrischen Analysen (Ziff. 15) auf direkte genaue Messung des im Vorratsbehälter eingestellten Gas- oder Dampfdruckes angewiesen. Das kann für höhere Drucke von 10 bis 100 Torr mit Hg-Manometern geschehen, für kleinere Drucke durch nachherige Ausdehnung aus einem kleinen kalibrierten Meßgefäß in den viel größeren, ebenfalls kalibrierten Vorratsbehälter [27]. Für Drucke von etwa 10^{-3} bis 10^{-1} Torr sind hochempfindliche Mikro-Manometer[1-4] meist als Membran-Manometer entwickelt worden, deren Anzeige absolut geeicht werden kann und unabhängig von der Gasart ist. Der zu messende Druck wird der einen Seite der dünnen Membran ($\approx 0{,}02$ mm) zugeführt, während auf der anderen Seite Hochvakuum herrscht. Die Membran bildet z.B. in einer Ausführungsform die eine Belegung eines Kondensators von kleinem Plattenabstand ($\approx 0{,}5$ mm), welcher sich als Kapazität im Schwingkreis eines Röhrenoszillators befindet. Die durch Einwirkung des zu messenden Gasdruckes bewirkte kleine Verstellung der Membran ergibt eine Kapazitätsänderung und damit eine Verstimmung des Oszillators. Durch einen zusätzlich eingebauten Präzisions-Drehkondensator kann wieder auf Resonanz eingestellt

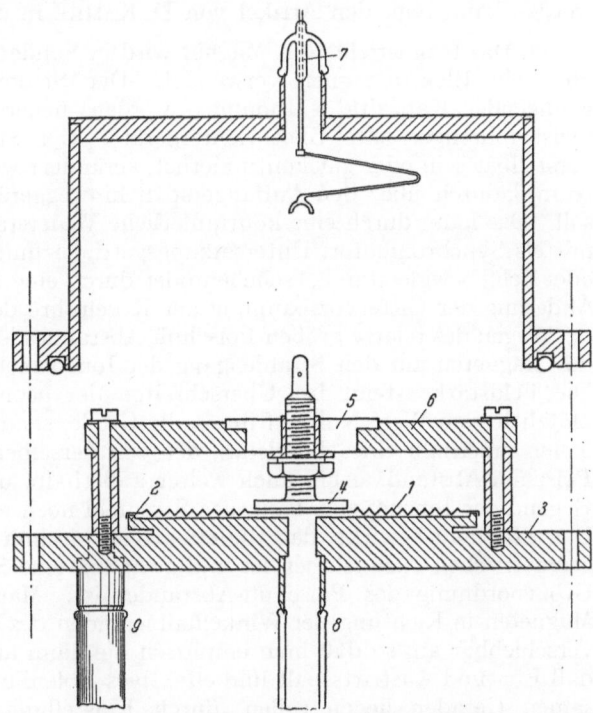

Fig. 23. Schema eines Mikro-Manometers (1 Membran, 2 Lötung, 3 Flansch, 4 Kondensatorplatte, 5 Isolator, 6 Halter, 7 Durchführung, 8 Zuführung des zu messenden Druckes, 9 Hochvakuumleitung).

werden. Die Skala dieses Kondensators kann direkt in Bruchteilen von Torr geeicht werden. Fig. 23 zeigt das Schema einer solchen Anordnung[4]. Auf diese und ähnliche Weise sind die Druckmessungen im genannten Bereich auf $\pm 10^{-3}$ bis 10^{-4} Torr genau durchführbar. Solche Geräte sind auch im Handel erhältlich.

Die massenspektrometrische Untersuchung fester Substanzen ist heute erst zum Teil gelöst und ist noch in vieler Beziehung problematisch. Es ist im allgemeinen nicht möglich, die verschiedenen chemischen Bestandteile einer festen Substanzprobe ohne sehr erhebliche Entmischungsvorgänge zur Verdampfung zu bringen und in der Ionenquelle zu ionisieren. Daher sind quantitative massenspektrometrische chemische Analysen an festen Substanzen vorerst nicht recht möglich. Leicht durchführbar jedoch sind Isotopenanalysen der Elemente, wenn diese, wie es vielfach der Fall ist, elementar oder in Verbindungen nur in

[1] W. S. YOUNG u. R. C. TAYLOR: Analyt. Chem. 19, 133 (1947).
[2] Consolidated Engineering Corp. Pasadena, Recordings 4, No. 3, 11 (1950).
[3] V. H. DIBELER u. F. CORDERO: J. Res. Nat. Bur. Stand. 46, 1 (1951).
[4] D. B. COOK u. C. J. DANBY: J. Sci. Instrum. 30, 238 (1953).

fester Form vorliegen. Da hierbei nur die Intensitäten chemisch identischer Ionenarten zu vergleichen sind, kann man die betreffenden festen Substanzen z.B. aus kleinen elektrisch beheizten Öfchen verdampfen und durch eine kleine Öffnung in die Stoßkammer der Ionenquelle eintreten lassen. Bei einem kleineren Teil der Elemente lassen sich vorteilhafter thermische Ionenquellen verwenden, bei denen die feste Substanz in sehr dünner Schicht auf einen Heizfaden aufgetragen oder eingedampft wird und von dort zum Teil in Ionenform abgedampft werden kann (vgl. den Artikel von D. Kamke in diesem Band).

11. Das Magnetfeld. Als Magnet wird in Sonderfällen ein permanenter, meist aber ein Elektromagnet verwendet. Der Strom kann einer Akku-Batterie genügender Kapazität entnommen werden, neuerdings verwendet man jedoch meist röhrengeregelte Gleichrichtergeräte. Der Strom muß in kleinen Stufen verstellbar sein oder gar kontinuierlich verändert werden können, falls das Spektrum dadurch über den Auffängerspalt hinweggeführt und so registriert werden soll. Das kann durch eine kontinuierliche Widerstandsänderung im Magnetkreis mittels Synchronmotor, Untersetzungsgetriebe und präzise verstellbarem Dreh- oder Schiebewiderstand geschehen oder durch eine entsprechende kontinuierliche Änderung der Gittervorspannung der Regelröhre des Gleichrichtergerätes.

Wegen des relativ großen Polschuh-Abstandes ist die Wirkung des Streufeldes des Magneten auf den Strahlengang der Ionen nicht zu vernachlässigen [22][1-6]. Die Feldstärke steigt bei Überschreiten der geometrischen Feldgrenzen nicht plötzlich vom Wert Null auf ihre volle Größe, sondern kontinuierlich im wesentlichen innerhalb eines Bereiches, der von derselben Größenordnung ist wie der Polschuh-Abstand. Aber auch weiter außerhalb, unter Umständen auch in der Gegend der Ionenquelle, kann das Streufeld noch eine wesentliche Größe haben. Das Streufeld bewirkt, daß die effektive Polschuh-Grenze etwas außerhalb der geometrischen anzunehmen ist und zwar um eine Strecke, die ebenfalls von der Größenordnung des Polschuh-Abstandes ist. Man ordnet daher vielfach den Magneten in Richtung der Winkelhalbierenden des Sektorfeldes leicht und exakt verschiebbar an, so daß man empirisch die dann angenähert gültige Bedingung, daß Ein- und Austrittsspalt und effektives Ablenkungszentrum auf einer gemeinsamen Geraden liegen sollen, durch Einstellung auf optimale Linienschärfe erfüllen kann [22]. Dabei muß man unter Umständen auch l' und l'' entsprechend korrigieren. Die Verhältnisse werden dadurch etwas kompliziert, daß die angenommenen effektiven Polschuh-Grenzen im allgemeinen merklich gekrümmt sind, auch wenn die geometrischen gerade sind[4]. Den störenden Einfluß dieser Krümmungen kann man nach Paul durch geeignetes Shimmen beheben.

Wenn das Streufeld außerhalb des Magneten zu sehr stört, kann man den Strahlengang bis ziemlich dicht an die Polschuhe heran auch durch Eisen-Abschirmrohre führen.

12. Die Linienformen. Die Formen der massenspektrometrisch aufgenommenen Massenlinien [15] hängen in erster Näherung von den Spaltweiten s', s'' und von der Energieverteilung der Ionen innerhalb der relativen Energiebreite $\Delta V/V$ ab. Sind die Spaltweiten zunächst als klein angenommen gegen die durch die Energiebreite der Ionen allein bedingte Strahlbreite $b^* = \frac{1}{2}\frac{\Delta V}{V}K''\left(=\frac{\Delta V}{V}\cdot a \text{ für die sym-}\right.$

---

[1] N. D. Coggeshall: Phys. Rev. **70**, 270 (1946). — J. Appl. Phys. **18**, 855 (1947).
[2] K. T. Bainbridge: Phys. Rev. **75**, 216 (1949).
[3] W. Ploch u. W. Walcher: Z. Physik **127**, 274 (1950).
[4] W. Paul: In [14], S. 107.
[5] L. A. König u. H. Hintenberger: Z. Naturforsch. **10**a, 877 (1955).
[6] R. Herzog: Z. Naturforsch. **10**a, 887 (1955).

metrische Anordnung mit $\varepsilon' = \varepsilon'' = 0$) einer Massenlinie am Auffängerort (Ziff. 4), so ist die Linienform nur durch die spezielle Energieverteilung bei allerdings sehr kleiner Intensität bestimmt (z. B. Fig. 24, Kurve 1). Denkt man sich die Eintritts-Spaltweite s' schrittweise vergrößert, so ändert sich die Linienform und -breite zunächst nicht, solange $|s' \cdot G| \ll |b^*|$ ($|G| = 1$ im symmetrischen Fall, Ziff. 4), nur die Intensität nimmt unter der Voraussetzung gleichmäßiger Ausleuchtung des Spaltes proportional zu s' zu. Wird $|s' \cdot G|$ vergleichbar mit $|b^*|$,

dann nimmt die Intensität in Linienmitte zunehmend weniger als proportional mit s' zu, um für $|s' G| > |b^*|$ schließlich konstant zu werden (Kurve 2). Bei weiterer Vergrößerung von s' nimmt dann nur noch die Linienbreite zu. Die Linie weist dann in der Mitte ein Plateau der Breite $|s' G| - |b^*|$ auf.

Denken wir uns jetzt den Austrittsspalt s'' schrittweise erweitert, so tritt zunächst für $s'' \ll |s' G|$ eine proportionale Intensitätssteigerung ein bei ungefähr gleicher Linienbreite. Wird s'' vergleichbar mit $|s' G| - |b^*|$, so tritt eine zunehmende Ausrundung des Plateaus ein, falls ein solches vorhanden, und die Linie wird breiter. Für

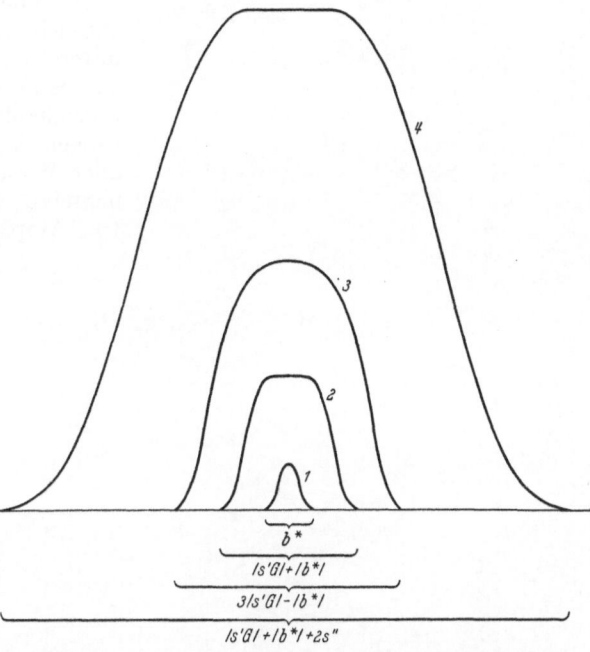

Fig. 24. Massenspektrometrische Linienformen (schematisch).

$s'' = |s' G| - |b^*|$ ist das Plateau verschwunden (Kurve 3). Bei weiterer Vergrößerung von s'' nimmt die Intensität in Linienmitte weiter zu, wenn auch zunehmend weniger als proportional. Für $s'' > |s' G| + |b^*|$ nimmt sie einen konstanten, von s'' unabhängigen Endwert an mit einem Plateau der Breite $s'' - |s' G| - |b^*|$ in der Mitte (Kurve 4). Im Bereich des Plateaus wird dann also die gesamte Linienintensität vom Auffänger erfaßt. Soweit es mit dem erforderlichen Auflösungsvermögen vereinbar ist, wird diese Linienform maximaler Intensität und möglichst mit einem Plateau angestrebt. Ein solches erleichtert die genaue Ausmessung der Linienhöhe, also der Ionenintensität, wie sie bei quantitativen Messungen erwünscht ist. Die Fig. 18 und 26 zeigen Beispiele von Registrierkurven ohne und mit Plateau.

13. Aufnahme der Spektren. Nach Erreichung eines guten Vakuums in der Apparatur und nach konstantem Einbrennen der Ionenquelle und des Meßverstärkers kann das Massenspektrum in der in Ziff. 11 beschriebenen Weise über den Auffängerspalt hinweggeführt und Punkt für Punkt gemessen oder kontinuierlich mit einem Oszillographen oder einem Kompensations-Linienschreiber aufgezeichnet werden. Anstatt das Magnetfeld zu ändern, kann man dasselbe auch durch eine entsprechende Änderung der Beschleunigungsspannung erreichen. Das darf aber nur mit Vorsicht geschehen, da die Ausbeuten und die effektiven Winkeldivergenzen der aus der Ionenquelle austretenden Strahlen im allgemeinen nicht unabhängig von dieser Spannung sind[1, 2]. Über diese und andere Fehlermöglichkeiten bei massenspektrometrischen Messungen siehe [15], [16], [18].

Bei der Registrierung von Ionenspektren mit mehreren Linien möchte man meist die Intensitätsverhältnisse der Linien mit möglichst großer Genauigkeit ($\leq 1\%$) bestimmen, auch wenn sich die Intensitäten selber um Zehnerpotenzen unterscheiden. Deshalb muß man die Intensitäten von Linien erheblich unterschiedlicher Intensität aus Registrierungen verschiedener Oszillographen- oder Verstärkerempfindlichkeiten entnehmen. Schwache Linien von z. B. 10^{-12} Amp. Ionenstrom sind mit höchster

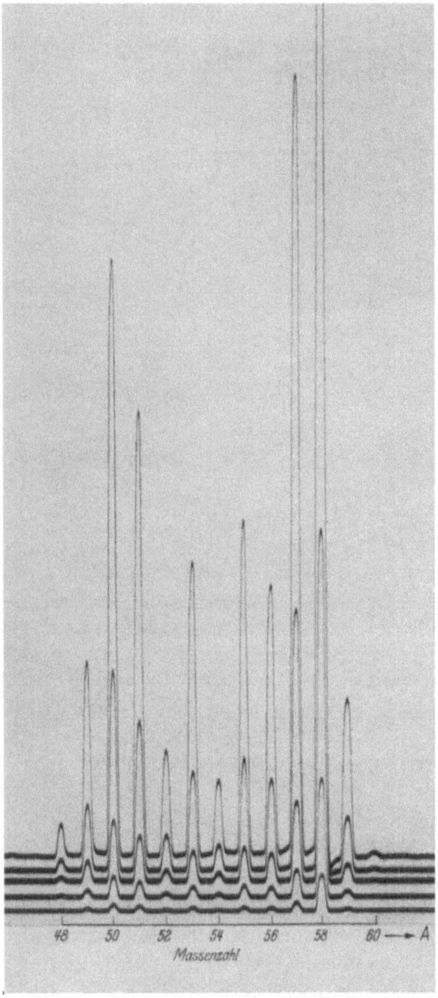

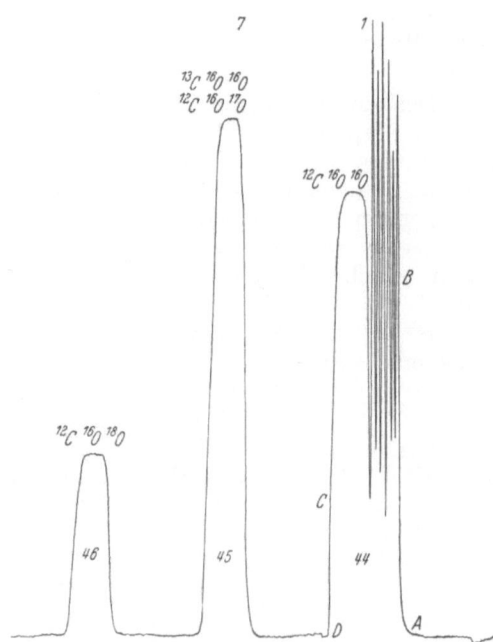

Fig. 25. Ausschnitt aus einer Fünffach-Registrierung des n-Butan-Spektrums.

Fig. 26. Ausschnitt aus dem CO_2-Spektrum.

Empfindlichkeit zu registrieren, intensivere mit herabgeminderter, wobei die Empfindlichkeitsfaktoren genau bekannt sein müssen. Die auszumessende Linie muß auf dem Registrierstreifen jeweils möglichst groß erscheinen.

Dieses Ziel kann auf verschiedenen Wegen erreicht werden. Bei oszillographisch-photographischer Registrierung kann man gleichzeitig mit mehreren, z. B. fünf Galvanometern entsprechend abgestufter Empfindlichkeiten auf dasselbe Papier registrieren und benutzt zur Ausmessung für jede Linie die Kurve, auf der die Linie möglichst groß, die Linienspitze aber noch innerhalb der Streifenbreite geblieben ist. Dies zuerst von Washburn und Mitarbeitern [26] innerhalb

[1] N. D. Coggeshall: J. Chem. Phys. 12, 19 (1944).
[2] C. E. Berry: Phys. Rev. 78, 597 (1950).

der Firma Consolidated Engineering Corporation, Pasadena, angewandte Verfahren, ist auch für die von dieser Firma hergestellten Massenspektrometer übernommen worden. Fig. 25 zeigt eine solche Registrierung. Für eine Registrierung beispielsweise über den Massenzahlbereich 60 bis 120 sind einige Minuten erforderlich. Bei Verwendung von Kompensations-Linienschreibern besteht die Möglichkeit, die Empfindlichkeit des Schreibers automatisch um einen bestimmten, genau bekannten Faktor, z.B. 2, herunterzuschalten, sobald die Schreibfeder einen durch die Registrierstreifenbreite bedingten maximal zulässigen Ausschlag überschreitet. Wenn dann der Ausschlag immer noch zu groß würde, kann auf die gleiche Weise noch einmal oder mehrmals die Empfindlichkeit um den gleichen oder einen ähnlichen Faktor heruntergeschaltet werden, bis die Linienspitze im Registrierbereich bleibt. Ist z.B. siebenmalige Empfindlichkeits-Reduzierung um den Faktor 2 vorgesehen, dann ergibt das eine maximal mögliche Reduzierung im Verhältnis $1:128$. Intensitätsverhältnisse z.B. von der Größe 1000 können damit noch etwa mit 1% Genauigkeit bestimmt werden. Fig. 26 zeigt eine auf diese Weise mit dem von der Firma Metropolitan-Vickers hergestellten Massenspektrometer erhaltene Registrierkurve. Nach Aufzeichnung jeder Linie kehrt die Einrichtung von selbst in den Bereich größter Empfindlichkeit zurück.

Ähnliche Schalteinrichtungen sind auch von anderen Seiten beschrieben worden[1,2]. Zur Messung extremer Intensitätsverhältnisse $(> 10^5)$ benachbarter Linien benutzen INGHRAM und HESS zwei hintereinandergeschaltete Spektrometer zwecks Unterdrückung der Ausläufer der starken Linien am Orte der schwachen Linien [19a].

14. Industrie-Massenspektrometer. Komplette Massenspektrometer für Gas- und Dampfanalysen mit allem Zubehör und auch Spezialausführungen können heute von der Industrie bezogen werden. Pionierarbeit geleistet hat in dieser Richtung die Consolidated Engineering Corporation (CEC), Pasadena, und innerhalb dieser Firma unter anderen besonders H. W. WASHBURN, der Mitbegründer des massenspektrometrisch-chemischen Gas-Analyse-Verfahrens (Ziff. 15). Die Firma nahm schon um 1940 herum im wesentlichen im Anschluß an die Arbeiten von A. O. NIER die Fabrikation von Massenspektrometern auf und konnte sie bald zu vorzüglichen Präzisionsinstrumenten für die zahlreichen möglichen Anwendungen (Ziff. 15) entwickeln. Bald danach haben sich auch andere Firmen in verschiedensten Ländern erfolgreich dieser Aufgabe zugewandt[3]. Fig. 27 zeigt eine Ansicht eines neuen Modells der Firma CEC, im Hintergrunde der Magnet mit der eigentlichen Spektrometeranordnung, im linken Gehäuse die Gaszuführungseinrichtung nebst Mikromanometer, im rechten Gehäuse die Spannungsversorgung für die Ionenquelle, Meßverstärker und Registriereinrichtung.

15. Wichtigste Anwendungen der richtungsfokussierenden Massenspektrometer und -spektrographen. Einfach richtungsfokussierende Massenspektrometer und in geringerem Maße auch -spektrographen haben zahlreiche Anwendungen erfahren in der Physik, in verschiedenen anderen Wissenschaftszweigen und in der Technik. Die Arbeiten lassen sich einteilen in zwei große Gruppen, in *Isotopen-Häufigkeitsmessungen* und in *chemisch-analytische Messungen*. Bei ersteren werden nur die Intensitätsverhältnisse von chemisch identischen Ionenlinien gemessen, die sich nur dadurch unterscheiden, daß sie verschiedene Isotope ein- und desselben Elementes enthalten und daher entsprechend bei verschiedenen

---

[1] D. J. GROVE u. J. A. HIPPLE: Rev. Sci. Instrum. **18**, 837 (1947).

[2] F. P. LOSSING: Canad. J. Res., Sect. B **25**, 397 (1947).

[3] Zum Beispiel a) General Electric, Apparatus Dept. b) Metropolitan Vickers Electrical Co., Ltd., Manchester. c) Atlas-Werke, Bremen. d) Process & Instruments, Brooklyn 22, New York. e) C. G. de télégraphie sans fil, Paris. f) Italelettronica, Rom. g) Vard Company, Pasadena. h) Beckman, Instrument Inc., Fullerton, Calif. i) Philips, Niederlande.

Massenzahlen auftreten. Als Beispiele seien genannt die Ionen $^{23}Na^{79}Br^+$ und $^{23}Na^{81}Br^+$ aus NaBr bei den Massenzahlen 102 und 104. Da für beide Ionenarten wegen der chemischen Identität hinreichend gleiche Ionisierungs-Wahrscheinlichkeiten angenommen werden müssen, folgt aus dem gemessenen Intensitäts-verhältnis der Linien 102 und 104 direkt das Isotopen-Häufigkeitsverhältnis der beiden Bromisotope. Für solche Isotopen-Häufigkeitsbestimmungen können neben gas- und dampfförmigen ohne weiteres auch feste Ausgangssubstanzen zur Ionisierung verwendet werden.

Fig. 27. Ansicht des Massenspektrometers der Consolidated Engineering Corporation.

Die zweite im Prinzip schwierigere Gruppe der chemischen Messungen bedient sich der Intensitätsvergleiche zwischen chemisch verschiedenen Ionen-linien. Das erfordert zusätzlich die Kenntnis der für verschiedene Atome und Moleküle verschiedenen Ionisations- und Dissoziations-Wahrscheinlichkeiten durch Elektronenstoß unter genau zu definierenden Bedingungen. Diese Aufgabe ist zur Zeit nur gelöst für Gas- und Dampfanalysen mit Hilfe von Eich-messungen und Druckbestimmungen der Proben im Vorratsbehälter.

α) *Isotopen-Häufigkeitsmessungen und ihre Anwendungen.* Die erste wichtige Aufgabe, die von der Massenspektrometrie etwa in den ersten 20 Jahren ihres Bestehens sehr vollkommen erfüllt werden konnte, war die sorgfältige Bestimmung der relativen Isotopen-Häufigkeiten aller natürlich vorkommenden Elemente. Schon die ersten Arbeiten, die Dempster mit seinem Apparat (Ziff. 3) ausführte, waren diesem Ziel gewidmet. Historisch ging die Entwicklung dann jedoch so, daß für die meisten Elemente die ersten Häufigkeitsbestimmungen zunächst von F. W. Aston mit seinem zu gleicher Zeit entstandenen geschwin-digkeits-fokussierenden Massenspektrographen (Ziff. 18) auf dem Wege über die photographisch erhaltenen Linienschwärzungen gegeben wurden. Sein

Buch „Mass spectra and isotopes" [3] vermittelt darüber eine umfassende Zusammenstellung. Es zeigte sich dann aber durch weitere massenspektrometrische Arbeiten der verschiedensten Autoren, insbesondere durch diejenigen von A. O. NIER und Mitarbeitern, daß die massenspektrometrische Methode der massenspektrographischen bezüglich der Genauigkeit aller Intensitätsmessungen überlegen ist. Alle natürlichen Elemente wurden daher im Laufe der Jahre nochmals und meist sogar mehrfach massenspektrometrisch durchgemessen. Die Genauigkeit der gefundenen Relativzahlen der Häufigkeiten ist etwas besser als 1%, für sehr seltene Isotope ist sie entsprechend geringer. Die Ergebnisse all dieser Messungen sind von BAINBRIDGE und NIER [12] zusammengestellt.

Die erhaltenen Häufigkeitszahlen erwiesen sich im allgemeinen als Konstante der betreffenden Elemente, gleichgültig woher man die untersuchten Proben der betreffenden Elemente entnahm. Es fanden sich aber auch Ausnahmen von dieser Regel. Und zwar einmal bei solchen Isotopen einiger weniger Elemente, die als Endprodukte natürlich radioaktiver Zerfälle noch heute laufend entstehen in Mengen, die von den örtlich sehr verschiedenen Konzentrationen der besonders langlebigen Muttersubstanzen abhängen. Es sind dies unter anderen die Isotope ^{206}Pb, ^{207}Pb, ^{208}Pb, ^{187}Os, ^{87}Sr, ^{40}A und ^{40}Ca, die aus ^{238}U, ^{235}U, ^{232}Th, ^{187}Re, ^{87}Rb und ^{40}K entstehen. Pb-, Os-, Sr-, Ca- oder A-Proben, die aus U-, Th-, Re-, Rb- oder K-reichen, alten Gesteinen entnommen worden sind, weisen daher je nach deren Alter und Konzentrationen der Muttersubstanzen wechselnde und relativ erhöhte Konzentrationen der obengenannten Endprodukte auf[1-4]. Darauf gründen sich die bekannten Methoden der radioaktiven Altersbestimmungen von Gesteinen: die U/Pb-, die Rb/Sr- (Ziff. 24) und die K/A-Methode [15], [16][5]. Es muß dazu an einer kleinen Probe das heute im Gestein vorgefundene Atomzahlverhältnis von Mutter- und Tochterelement durch chemische oder spektral-analytische Methoden (oder mittels der Isotopen-Verdünnungsmethode, siehe S. 571) festgestellt werden. Zusätzlich muß dann eine aus dem Gestein abgetrennte Probe des Tochterelementes massenspektroskopisch auf seine Isotopenzusammensetzung hin untersucht werden. Werden außer den oben aufgeführten radiogenen Isotopen der Tochterelemente auch andere im gewöhnlichen nichtradiogenen Vorkommen derselben Elemente in bekannter Zusammensetzung vorhandene Isotope mehr oder minder stark beobachtet, dann kann man berechnen, welcher Anteil des Tochterelementes radiogenen Ursprungs ist und welcher Anteil nicht-radiogenen Ursprunges schon bei der Bildung des Gesteines in diesem vorhanden war. Aus der relativen Atomzahl $N(M)$ des zerfallenden Isotopes des Mutterelementes, seiner Zerfallskonstanten $\lambda(M)$ und der Atomzahl des radiogenen Anteiles des Tochterelementes $N(T)$ folgt das Alter des Gesteines aus der Beziehung

$$t = \frac{1}{\lambda(M)} \log\left(\frac{N(T)}{N(M)} + 1\right). \tag{15.1}$$

In der Praxis entstehen zum Teil Schwierigkeiten dadurch, daß das Gestein in der Zeit seines Bestehens Veränderungen erlitten haben kann, wodurch unbekannte Anteile des einen oder anderen Elementes verlorengegangen oder hinzugekommen sein können. Mittels eines spezielleren Verfahrens lassen sich diese Fehlerursachen bei der U/Pb-Methode bis zu einem gewissen Grade eliminieren[6].

---

[1] O. HAHN, F. STRASSMANN u. E. WALLING: (Strontium.) Naturwiss. **25**, 189 (1937). — J. MATTAUCH: Naturwiss. **25**, 189 (1937).

[2] L. T. ALDRICH u. A. O. NIER: (Argon.) Phys. Rev. **74**, 876 (1948).

[3] H. HINTENBERGER, W. HERR u. H. VOSHAGE: (Osmium.) Phys. Rev. **95**, 1690 (1954).

[4] M. G. INGHRAM, H. BROWN, C. PATTERSON u. D. C. HESS: Phys. Rev. **80**, 916 (1950).

[5] T. P. KOHMAN u. N. SAITO: Ann. Rev. of Nucl. Sci. **4**, 401 (1954).

[6] A. O. NIER: Phys. Rev. **55**, 150, 153 (1939). — A. O. NIER, R. W. THOMPSON u. B. F. MURPHEY: Phys. Rev. **60**, 112 (1941).

Auch bei den Elementen He, Ne[1], Kr, Xe haben sich kleine Schwankungen der Isotopen-Zusammensetzung durch kleine radiogene Anteile erklären lassen, die auf die Wirkung der Höhenstrahlen und auf die α-Strahlen und die Spaltung von U und Th zurückgehen [19b].

Aber auch bei solchen, insbesondere leichteren Elementen, die seit Festwerden der Erdkruste und Entstehen der Gesteine keine Häufigkeitsveränderungen durch radiogen hinzukommende Anteile einzelner Isotope mehr erlitten haben können, fanden sich bei genauen Nachmessungen, zum Teil mit der Doppelauffänger-Methode (Ziff. 8) kleine Schwankungen in den Relativzahlen je

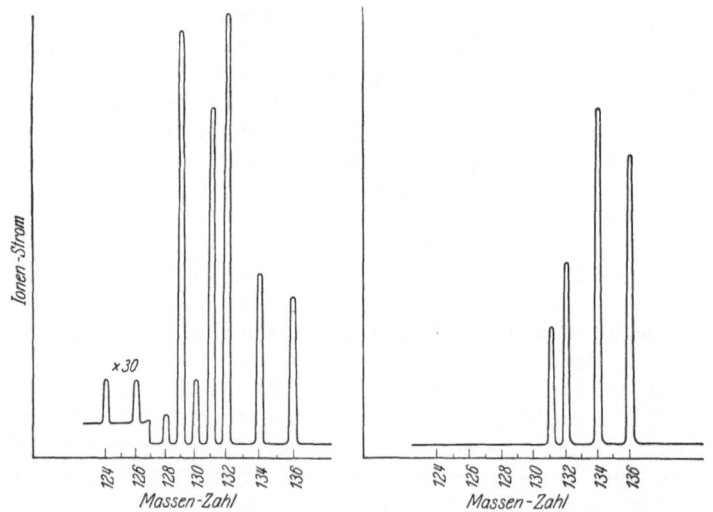

Fig. 28. Links normales Xenon und rechts solches, das bei der Uranspaltung entstanden ist.

nach der Herkunft der Proben [9]. Sie sind als Folge von in der Natur wirksamen Trennvorgängen zu verstehen, z.B. infolge der Massenabhängigkeit von Diffusionsvorgängen, von Austauschgleichgewichten, von Bindungsfestigkeiten und Reaktionsgeschwindigkeiten usw. Gefunden wurden sie besonders stark bei den Wasserstoffisotopen wegen ihres besonders großen relativen Massenunterschiedes, viel weniger stark und zum Teil gerade nachweisbar bei B, C, N, O, S. Die Meinung geht nach Thode [9], jetzt dahin, daß man bei genügend genauen Messungen bei allen Elementen, wenn auch sehr kleine, Schwankungen als Abweichungen von den in erster Näherung als konstant anzunehmenden relativen Häufigkeitszahlen finden wird. Besonders hervorzuheben sind die sehr eindrucksvollen Messungen dieser kleinen Schwankungen, die Urey und Mitarbeiter[2] mittels der Doppelauffänger-Methode an Sauerstoffproben vorgenommen haben, die aus den Kalkschalen fossiler Meerestierchen gewonnen wurden. Die Verfasser konnten aus den beobachteten Schwankungen auf den jährlichen Temperaturgang der Paläo-Meere schließen.

Weitere vielfältige Aufgaben erwuchsen der Massenspektrometrie durch die mannigfaltigen Versuche zur willkürlichen Änderung der natürlichen Isotopen-Häufigkeitsverhältnisse und zur Isotopen-Trennung nach den verschiedensten Methoden. Massenspektrometer sind dann unentbehrliche Hilfsmittel zur laufen-

---

[1] G. W. Wetherill u. M. G. Inghram, in Nuclear Processes in Geologic Settings, Conference in Williamsbay, Sept. 1953.

[2] H. C. Urey u. Mitarb.: Science, Washington, **108**, 489 (1948). — J. Chem. Phys. **18**, 849 (1950). — Bull. Geol. Soc. Amer. **62**, 399, 417 (1951). — S. Epstein: In [14], S. 133.

den Kontrolle des Erfolges solcher Bemühungen wie auch für zahlreiche Indikator-
versuche, die man in Physik, Chemie, Biologie ,Medizin usw. mit getrennten
stabilen Isotopen unternehmen kann [15], [16]. Bekannt sind z.B. die aufschluß-
reichen Versuche, die SCHOENHEIMER, RITTENBERG u. a.[1] mit Hilfe von ange-
reichertem ^{15}N über den Eiweißstoffwechsel im lebenden Körper anstellten.
Erwähnt sei hier als weiteres Beispiel nur noch die sog. Verdünnungsmethode[2].

Man setzt dabei zwecks quantita-
tiver Bestimmung eines mehr-iso-
topigen Elementes in einer Substanz einer abgewogenen Menge
derselben eine abgewogene kleine
Menge desselben Elementes zu, die
an einem Isotop stark angereichert
ist, sorgt für gute Durchmischung
und untersucht dann eine qualitative Abtrennung desselben Elementes auf seine Isotopen-Zusammensetzung. Aus den gemessenen Werten für die Isotopen-Häufigkeiten
des gewöhnlichen Elementes, der
zugesetzten angereicherten Probe
und der entstandenen Mischung
ergibt sich in einfacher Weise die
anfangs in der Substanzprobe enthaltene Menge des betreffenden Elementes.

Auch für die durch
die Uranspaltung jetzt
allgemein möglich gewor-
denen Kernumwandlun-
gen in wägbaren Mengen
haben sich die massen-
spektrometrischen Me-
thoden als willkommene
Untersuchungsmittel er-
wiesen. Durch Vergleich
der relativen Isotopen-
Häufigkeiten vor und
nach dem Umwandlungs-

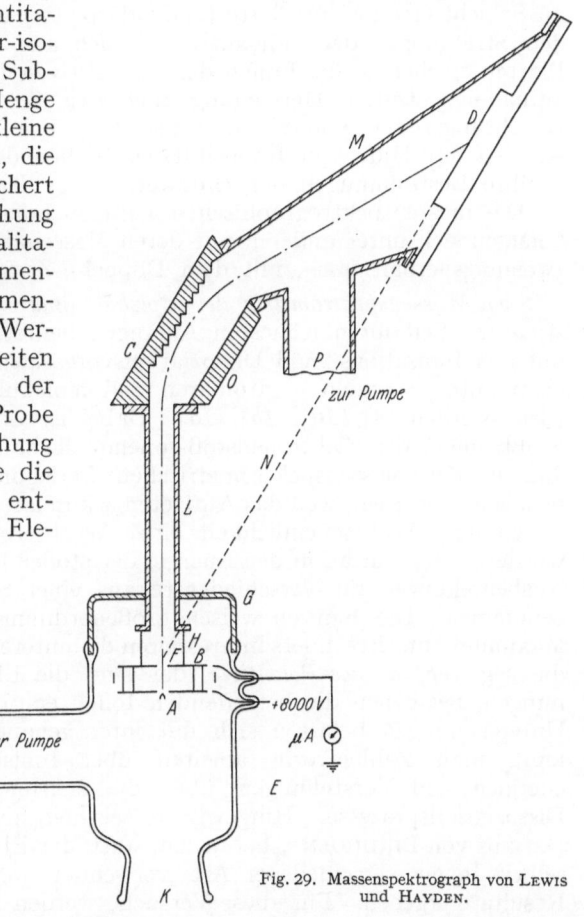

Fig. 29. Massenspektrograph von LEWIS und HAYDEN.

vorgang können Angaben erhalten werden über die Umwandlungsausbeuten
und Wirkungsquerschnitte, über die Massenzahlen der beteiligten Kerne und
gegebenenfalls über die Halbwertszeiten bei der Umwandlung entstehender in-
stabiler Kerne. Fig. 28 zeigt die von THODE[3] erhaltenen Massenspektren von
normalem Xenon und von Xenon, das in einem Pile als Produkt der Uranspaltung
entstanden ist.

β) Massenspektrographische Untersuchungen von radioaktiven Isotopen. Zur
Untersuchung von radioaktiven Produkten von Kernumwandlungen sind auch
einfach-richtungsfokussierende Spektrographen mit Vorteil verwendet worden,
bei denen also an Stelle der elektrischen Meßeinrichtung eine Photoplatte etwa in

[1] R. SCHOENHEIMER, D. RITTENBERG u. a.: J. of Biol. Chem. **127** u. folg. Bd.
[2] M. G. INGHRAM: Ann. Rev. of Nucl. Sci. **4**, 81 (1954).
[3] H. G. THODE: Nucleonics **3**, Nr. 3, 14 (1948).

Richtung der Bildkurve angeordnet ist [15], [16][1]. Fig. 29 zeigt einen solchen von Lewis und Hayden[2] erbauten Apparat. Erfolgreich wurde von diesen und anderen Autoren das auf Dempster zurückgehende sog. Kontaktverfahren angewendet, mit Hilfe dessen man feststellen kann, welche in den verschiedenen Massenlinien getrennten Isotope radioaktiv sind. Man legt dazu auf die mit dem Massenspektrum bestrahlte, aber noch nicht entwickelte primäre Photoplatte Schicht an Schicht eine zweite Platte (Sekundärplatte) und setzt diese eine gewisse Zeit den Strahlungen der radioaktiven Linien aus. Nach der Entwicklung beider Platten erscheinen die Linien der radioaktiven Isotope auch auf der Sekundäraufnahme. Durch Herstellung mehrerer Sekundärplatten mit abgestuften Belichtungszeiten von ein und derselben Primärplatte kann man unter Umständen mit Hilfe von Intensitätsvergleichen der sekundären Linien auch ungefähre Bestimmungen der Halbwertszeiten der aktiven Isotope durchführen.

Die massenspektrographischen Untersuchungen von radioaktiven Isotopen befassen sich unter anderen mit deren Massenzahlen, Halbwertszeiten und Verzweigungsverhältnissen, mit dem Doppel-β-Zerfall und Spaltausbeuten.

γ) Massenspektrometrie der Moleküle und massenspektrometrische chemische Analyse. Seit ihren frühesten Anfängen befaßte sich die Massenspektrometrie mit den Ionisations- und Dissoziationsvorgängen, die durch Elektronenstrahlen bestimmter Energien in atomaren und molekularen Gasen und Dämpfen bewirkt werden [8], [10], [15], [16]. Dabei ist es notwendig, den Druck in der Stoßkammer der Elektronenstoß-Ionenquelle so niedrig zu halten ($< 10^{-4}$ Torr), daß in der massenspektrometrischen Zerlegung nur primäre Stoßprodukte beobachtet werden, weil das Auftreten sekundärer Umwandlungsprodukte wegen zu geringer Wahrscheinlichkeit einer Wechselwirkung ausgeschlossen ist. Es wurden unter Variation der Energie der stoßenden Elektronen die Ionisierungs-Ausbeutekurven für verschiedenste aus einer Substanz erhältliche Ionen aufgenommen. Die Kurven weisen größenordnungsmäßig bei 100 eV ein flaches Maximum auf. Besonders interessieren die unteren Einsatzpunkte dieser Kurven, die sog. *Appearance-Potentiale*, das sind die Elektronen-Beschleunigungsspannungen, bei denen die betreffenden Ionen erstmalig beobachtet werden. Viele Untersuchungen befassen sich mit ihrer genauen Bestimmung[3-7]. Aus ihnen kann man Zahlenwerte ableiten über Ionisierungsenergien, Dissoziationsenergien und Vorstellungen über die zugrunde liegenden Ionisations- und Dissoziationsprozesse. Hingewiesen sei hier nur kurz auf Arbeiten jüngsten Datums von Lindholm[8], bei denen statt der Elektronen als stoßende Teilchen selber Ionen verschiedener Art verwendet werden, wobei sich interessante Resultate ergeben. Für diese Versuche werden zwei hintereinander geschaltete Massenspektrometer verwendet.

Die Elektronenstoß-Untersuchungen an Gasen oder Dämpfen einheitlicher chemischer Verbindungen haben zu einem besonders wichtigen Ergebnis geführt. Wird der Beschuß mit fest vorgegebener Elektronenenergie durchgeführt, z.B. mit 75 eV, dann werden massenspektrometrisch im allgemeinen die Molekül-Ionen und die Ionen aller möglichen Dissoziationsprodukte mehr oder minder stark

---

[1] Siehe auch M. G. Inghram: In [14], S. 151.

[2] L. G. Lewis u. R. J. Hayden: Rev. Sci. Instrum. **19**, 599 (1948).

[3] R. H. Vought: Phys. Rev. **71**, 93 (1947).

[4] Th. Mariner u. W. Bleakney: Phys. Rev. **72**, 792, 807 (1947).

[5] R. E. Honig: J. Chem. Phys. **16**, 105 (1948).

[6] J. J. Mitchell u. F. F. Coleman: J. Chem. Phys. **17**, 44 (1949).

[7] R. E. Fox, W. M. Hickam, T. Kjeldaas u. D. J. Grove: Phys. Rev. **84**, 859 (1951); **89**, 555 (1953).

[8] E. Lindholm: Z. Naturforsch. **9**a, 535 (1954). — Ark. Fysik **8**, 257, 433 (1954).

beobachtet. Es hat sich gezeigt, daß die relativen Häufigkeiten aller auftretenden Ionenlinien dann charakteristisch für die betreffende Molekülsorte sind und als Molekülkonstanten aufgefaßt werden können, die nur geringfügig von Apparatureigenschaften abhängen. Man spricht daher von den charakteristischen Massenspektren der Moleküle. Sie sind inzwischen für viele, insbesondere organische Verbindungen, unter festgelegten Apparaturbedingungen durchgemessen und tabellarisch gesammelt [11]. Dabei sind die Häufigkeitszahlen z.B. so normiert, daß sie für die intensivste in einem Molekülspektrum auftretende Linie jeweils gleich 100 gesetzt wurde. Diese Linie wird auch als Bezugslinie bezeichnet.

Tabelle 1. *Charakteristische Molekülspektren* [11].

Massenzahl A	Relative Häufigkeiten für 70 eV-Elektronen			Massenzahl A	Relative Häufigkeiten für 70 eV-Elektronen		
	Propan	n-Butan	iso-Butan		Propan	n-Butan	iso-Butan
1	1,98	1,11	0,98	36	0,52	0,08	0,10
2	0,14	0,10	0,06	37	3,38	1,01	1,41
				38	5,29	1,89	2,77
12	0,37	0,13	0,14	39	17,0	12,5	16,5
13	0,71	0,26	0,32	40	2,52	1,63	2,37
14	2,08	0,96	1,18	41	12,7	27,8	38,1
15	6,19	5,30	6,41	42	5,82	12,2	33,5
16	0,15	0,12	0,18	43	22,8	**100,0**	**100,0**
				44	29,0	3,33	3,33
19	1,10	0,04	0,05	45	0,88	0,05	0,03
20	1,12	0,02	0,04				
21	0,02			48		0,06	0,04
				49		0,40	0,27
24	0,12	0,03	0,02	50		1,29	0,89
25	0,79	0,46	0,22	51		1,05	0,74
26	8,59	6,17	2,36	52		0,26	0,15
27	39,4	37,1	27,8	53		0,74	0,50
28	59,1	32,6	2,62	54		0,19	0,07
29	**100,0**	44,2	6,16	55		0,93	0,42
30	2,20	0,98	0,13	56		0,72	0,34
				57		2,42	3,00
				58		12,3	2,73
				59		0,54	0,11

Tabelle 1 gibt als Beispiele die Zahlenwerte für Propan, n-Butan (s. auch Fig. 18) und iso-Butan. Man sieht daraus, daß selbst chemisch sehr ähnliche Verbindungen (z. B. Isomere) sehr unterschiedliche Massenspektren haben können. Weiter enthalten die Tabellen meist eine Angabe über die sog. Empfindlichkeit s (sensitivity) der Bezugslinie, das ist der mit dem betreffenden Apparat, mit dem die Messung vorgenommen wurde, erhaltene Galvanometerausschlag für die Bezugslinie, bezogen auf einen Normaldruck von 10^{-3} Torr im Vorratsbehälter. Unter Berücksichtigung der tabellierten relativen Häufigkeiten aller Linien derselben Verbindungen lassen sich dann auch sofort die Empfindlichkeiten s_i ($i =$ Massenzahl der Linie) für alle Linien angeben. Die relativen Häufigkeiten sind, wie schon bemerkt, annähernd als Molekülkonstanten zu betrachten, die nur in geringem Maße von speziellen Apparateigenschaften abhängen. Dagegen sind die Empfindlichkeiten s von Apparat zu Apparat verschieden und müssen daher durch Eichungen mit den reinen Verbindungen bestimmt werden. Ist das geschehen und sind damit die s_{ij} ($j = 1, 2, \ldots, n$) für n verschiedene Verbindungen bekannt, dann läßt sich für eine in Dampfform vorliegende Mischung dieser Verbindungen deren prozentuale Zusammensetzung aus dem Mischungs-Massenspektrum ermitteln [10]. Es überlagern sich nämlich bei jeder Massenzahl i

die auf die verschiedenen einzelnen Verbindungen zurückgehenden Intensitäten entsprechend ihren Partialdrucken x_j (in 10^{-3} Torr) im Vorratsbehälter und ihren Empfindlichkeiten s_{ij} zu einer gemessenen Gesamtintensität m_i

$$m_i = s_{i1} x_1 + s_{i2} x_2 + \cdots + s_{in} x_n .   (15.2)$$

Da bei vielen Mischungen, z.B. von organischen Dämpfen, meist eine größere Anzahl von Linien auftritt, hat man hiermit ein System von linearen Simultan-Gleichungen mit den bekannten Eichwerten der s_{ij}, den Meßwerten der m_i und den unbekannten Partialdrucken x_j, das nach letzteren auflösbar ist, sobald die Anzahl der Linien brauchbarer Intensität gleich oder größer als die Zahl der Komponenten ist. Damit ist dann die quantitative Analyse durchgeführt, wobei allerdings die erforderliche Rechenarbeit den Zeitaufwand für die massenspektro-metrische Registrierung oft übersteigt. Es können so vielfach z.B. mehr als 10komponentige organische Dampfmischungen innerhalb von Stunden mit etwa 1% Genauigkeit der Resultate analysiert werden. Es sind dies oft Analysen, die sich auf andere Weise nur schwer oder gar nicht durchführen lassen.

In Industriebetrieben, in denen sehr ähnliche Analysen oft in sehr großer Zahl auszuführen sind, läßt sich der Zeitaufwand für deren Auswertung sehr verringern, indem man das Massenspektrometer mit einem automatischen Linien-wähler (peak selector) ausrüstet, der es in schneller Folge auf eine größere Anzahl frei wählbarer Massenlinien umschaltet, deren Intensitäten für die betreffende Analyse benötigt werden. Die jeweiligen Ausgangsspannungen am Meßverstärker werden mittels eines Analog-Ziffernumsetzers unter Vermeidung jeglicher Regi-strierung direkt als dreistellige Zahlen erhalten und einer elektrischen Schreib-maschine oder einem Lochkartenschreiber zugeführt. Aus diesen Resultaten läßt sich mit Hilfe spezieller Rechenautomaten auf schnellstem Wege die Lösung des vorliegenden Gleichungssystems finden.

Die massenspektrometrischen Analysen-Methoden haben sich auch in viel-fältiger Weise auf andere Probleme der Chemie ausdehnen lassen, z.B. zum Studium von Bindungsfestigkeiten in den Molekülen, von Isomerisationsvor-gängen, zwischenmolekularen Austauschvorgängen, katalytischen Wirkungen, der Zusammensetzung von Flammengasen und ähnliches mehr. Besonders er-folgreich konnten damit auch die bei chemischen Umwandlungen auftretenden Radikale untersucht werden[1, 2, 3]. Es sind auch spezielle Massenspektrometer zur laufenden automatischen Kontrolle von chemischen Prozessen eingesetzt worden[4] und auch im Handel erhältlich. Über die Feldemission von Ionen führten Inghram und Gomer[5] interessante massenspektrometrische Untersuchungen durch.

Zur Untersuchung von Substanzen höherer Molekulargewichte und geringer Dampfdrucke kann man die gesamte Gaseinlaßvorrichtung in einen Ofen ein-bauen und z.B. auf 300 bis 400° C halten. Auf diese Weise konnten die Messungen bis $M \approx 600$ ausgedehnt werden[6]. Das bedeutet eine wichtige Erweiterung des Anwendungsbereiches der massenspektrometrischen Analysenmethoden.

Hier ist nicht der Platz, auf diese Methoden im einzelnen einzugehen, so daß auf die vorhandene zusammenfassende Literatur verwiesen werden muß [8], [10], [15], [16]. Betont sei hier aber, daß diese Methoden ähnlich wie in der Ultrarot-

[1] G. C. Eltenton: J. Chem. Phys. 15, 455 (1947).
[2] F. P. Lossing und Mitarb.: J. Chem. Phys. 20, 907 (1952); siehe auch [17], S. 102.
[3] A. J. Robertson: Siehe [17], S. 112. Proc. Roy. Soc. Lond., Ser. A 199, 394 (1949).
[4] A. O. Nier, T. A. Abott, J. K. Pickard, W. T. Leland, T. I. Taylor, C. M. Stevens, D. L. Duckey u. G. Goertzel: Analyt. Chem. 20, 188 (1948).
[5] M. G. Inghram u. R. Gomer: J. Chem. Phys. 22, 1279 (1954). — J. Amer. Chem. Soc. 77, 500 (1955). — Z. Naturforsch. 10a, 863 (1955).
[6] M. J. O'Neal u. T. P. Wier: Analyt. Chem. 23, 830 (1951); siehe auch [14], S. 217 und [17], S. 27.

Spektroskopie heute die bedeutungsvollste Anwendung der Massenspektrometrie darstellen und daß wir es hauptsächlich ihrem weitgehenden Erfolg zu verdanken haben, daß sich die Industrie der apparativen Weiterentwicklung angenommen hat und Apparate auf den Markt bringt, die auch Nicht-Physikern in die Hand gegeben werden können (Ziff. 14).

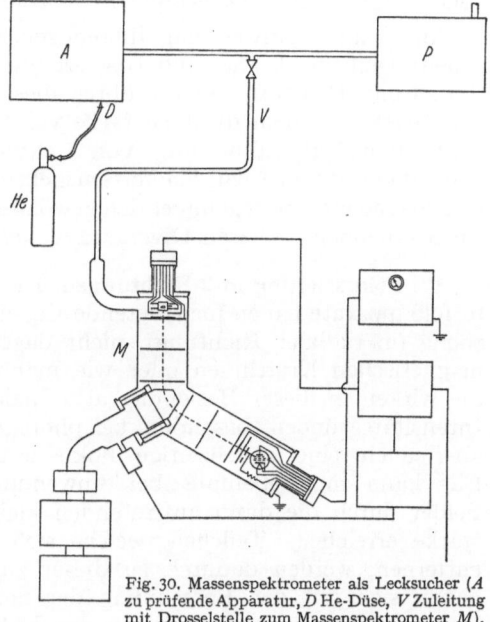

δ) Massenspektrometer als Lecksucher. Es sei hier noch die Anwendung spezieller kleiner Massen·spektrometer als Lecksucher bei Hochvakuum-Arbeiten erwähnt. Die Ionenquelle des Spektrometers, das nur ein kleines Auflösungsvermögen zu haben braucht, wird in Vakuum-Verbindung mit der betreffenden, zu prüfenden Hochvakuum-Apparatur gebracht. Der Anschluß kann z.B. zwischen Diffusionspumpe und rotierender Vorpumpe dieser Apparatur geschehen. Wird die zu prüfende Apparatur dann mit einem aus einer Schlauchdüse austretenden Strahl eines Prüfgases abgetastet, dann spricht das Massen·spektrometer sofort an, sobald der

Fig. 30. Massenspektrometer als Lecksucher (*A* zu prüfende Apparatur, *D* He-Düse, *V* Zuleitung mit Drosselstelle zum Massenspektrometer *M*).

Strahl das Leck trifft. Am besten eignet sich He als Prüfgas und der Leckprüfer ist dann fest auf die Massenzahl 4 einzustellen. Fig. 30 zeigt ein Schema einer solchen Prüfanordnung[1, 2] [15], [16]. Solche Apparate sind auch im Handel zu haben.

16. Richtungsfokussierung höherer Ordnung. Nach den Ausführungen von Ziff. 4 bewirkt ein magnetisches Sektorfeld im allgemeinen nur Richtungsfokussierung in erster Näherung. Es verbleibt im allgemeinen in zweiter Näherung ein Beitrag zur Linienbreite von der Größenordnung $a\alpha'^2$, nebst Gliedern von höherer Ordnung in α', wobei a nach (3.1) den Krümmungsradius der Ionen im Felde und α' den halben

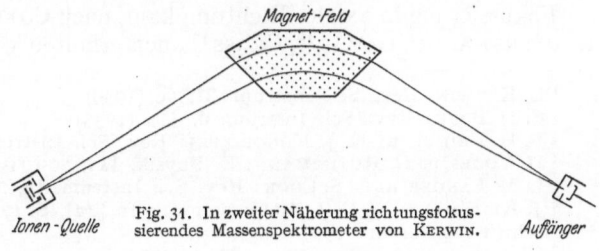

Fig. 31. In zweiter Näherung richtungsfokussierendes Massenspektrometer von KERWIN.

Divergenzwinkel, mit dem die Strahlen aus der Ionenquelle austreten, bedeuten[3]. Durch spezielle Wahl der Ein- und und Austrittswinkel ε', ε'' und auch durch Anwendung von gekrümmten Feldgrenzen bestimmter Krümmungsradien oder durch beides zugleich, lassen sich Feldformen finden, bei denen dieser Linienbreitenanteil in zweiter oder höherer Näherung verschwindet. Es liegen von einer Reihe von Autoren hierüber theoretische Untersuchungen vor (BAINBRIDGE, HINTENBERGER, KERWIN, GEOFFRION, GEERK, PERSSON, CAMAC u. a.)

---

[1] A. O. NIER, C. M. STEVENS, A. HUSTRULID u. T. A. ABOTT: J. Appl. Phys. **18**, 30 (1947).
[2] H. A. THOMAS, T. W. WILLIAMS u. J. A. HIPPLE: Rev. Sci. Instrum. **17**, 368 (1946).
[3] L. CARTAN: J. Phys. et Radium **8**, 453 (1937).

[15], [16], [18]. Kerwin[1] hat einen solchen Apparat ausgeführt, der genügende Auflösung bis zur Massenzahl 800 ergibt. Bei einer gesamten Winkeldivergenz $2\alpha' = 8°$ und relativ weiten Spalten wurde noch eine Auflösung von etwa 100 erreicht. Fig. 31 gibt die geometrische Anordnung dieses Apparates wieder.

Auch durch Anwendung inhomogener Felder läßt sich nach theoretischen Ableitungen von Bock[2] und Beiduk und Konopinski[3] dasselbe Ziel erreichen. Voges und Ruthemann[4] erprobten dies für Elektronenstrahlen in einem 180°-Magnetfeld, bei dem die Feldstärke von der Mittelbahn aus beidseitig radial in geeignetem Maße abnimmt. Von Langer und Cook[5] und von Kistemaker und Zilverschoon[6] wurden Massenspektrometer und Massentrenner nach diesem Prinzip gebaut, die gegenüber den gewöhnlichen bei gleichem Auflösungsvermögen einen erheblich größeren Divergenzwinkel $2\alpha'$ zulassen.

17. Fokussierung in 2 Richtungen. Die normalen, einfach fokussierenden Sektorfeldapparate haben focussierende Eigenschaften nur in Richtung der Umlenkebene (in radialer Richtung), nicht dagegen senkrecht dazu, in Richtung der magnetischen Kraftlinien oder wie man auch kurz sagt, in axialer Richtung. Sie wirken in dieser Beziehung also analog den Zylinderlinsen der Optik. Aus Intensitätsgründen, besonders bei photographischem Nachweis der Teilchen, ist aber auch eine gleichzeitige Fokussierung in axialer Richtung erwünscht. Das kann man ebenfalls bei Anwendung leicht inhomogener, magnetischer Felder durch die dann auftretenden kleinen radialen Komponenten der Feldstärke erreichen. Teilchen, welche sich leicht divergent von der Mittelebene entfernen, werden dadurch zu dieser zurückgeholt. Eine Reihe von Autoren haben sich mit der Berechnung der notwendigen Feldformen befaßt[7-13]. Die Magnetfeldstärke muß dabei in der Nähe der Mittelbahn in ganz bestimmter Weise radial nach außen hin abnehmen. Durch Svartholm und Siegbahn[10] u. a. sind nach diesem Prinzip β-Spektrographen erbaut und mit Erfolg benutzt worden. In der β-Spektroskopie spielt ja die Intensitätsfrage eine mindestens ebenso große Rolle wie in der Massenspektroskopie. Über massenspektroskopische Apparate, in denen solche inhomogenen Magnetfelder mit elektrischen Ablenkfeldern kombiniert verwendet werden, wird in Ziff. 27 gesprochen.

Fokussierung in axialer Richtung kann nach Cotte[14], Lavatelli[15], Herzog[16], Reuterswärd[17], Camac[18], Cross[19] auch erhalten werden durch die Wirkung der

[1] L. Kerwin, Rev. Sci. Instrum. **21**, 96 (1950).
[2] C. D. Bock: Rev. Sci. Instrum. **4**, 575 (1933).
[3] F. H. Beiduk u. E. J. Konopinski: Rev. Sci. Instrum. **19**, 594 (1948).
[4] H. Voges u. G. Ruthemann: Z. Physik. **114**, 709 (1939).
[5] L. M. Langer u. C. S. Cook: Rev. Sci. Instrum. **19**, 257 (1948).
[6] J. Kistemaker u. C. J. Zilverschoon: In [14], S. 179. — C. J. Zilverschoon: Acad. Proefschrift Amsterdam 1954.
[7] W. Henneberg: Ann. Phys. **20**, 1 (1934).
[8] G. Wendt: Z. Physik **120**, 720 (1943). — H. Marschall: Phys. Z. **45**, 1 (1944).
[9] K. Siegbahn u. N. Svartholm: Nature, Lond. **157**, 872 (1946).
[10] N. Svartholm u. K. Siegbahn: Ark. Mat. Astronom. Fys., Ser. A **33**, Nr. 21 (1946).
[11] N. Svartholm: Ark. Mat. Astronom. Fys., Ser. A **33**, Nr. 24 (1946). — Phys. Rev. **74**, 108 (1948). — Ark. Fys. **2**, Paper 14, 115 (1950). — Proc. Phys. Soc. Lond. **63**, 960 (1950).
[12] F. B. Shull u. D. M. Dennison: Phys. Rev. **71**, 681 (1947); **72**, 256 (1947).
[13] D. L. Judd: Rev. Sci. Instrum. **21**, 213 (1950).
[14] M. Cotte: Thèses, S. 40, Paris 1938. — Ann. Physique **10**, 333 (1938).
[15] L. S. Lavatelli: Los Alamos Doc. LADC 128.
[16] R. Herzog: Acta Phys. Austriaca **4**, 431 (1951); siehe auch in [14], S. 85.
[17] C. Reuterswärd: Ark. Fys. **3**, 53 (1951); **4**, 159 (1951).
[18] M. Camac: Rev. Sci. Instrum. **22**, 197 (1951).
[19] W. Cross: Rev. Sci. Instrum. **22**, 717 (1951).

Streufelder des Sektorfeldes, wenn diese von den Strahlen nicht senkrecht, sondern unter bestimmten Winkeln ε', ε'' schräg zu den Feldgrenzen durchlaufen werden. Nach den Berechnungen der entsprechenden axialen Brennweiten und Brennpunktsabstände durch HERZOG[1], gibt z. B. eine symmetrische Sektorfeldanordnung mit $\Phi = 100°$ und $\varepsilon' = \varepsilon'' = 31°$ am Bildort zugleich radiale und axiale Fokussierung, liefert also stigmatische Abbildung der Punkte des Eintrittsspaltes. Zur Ausführung eines solchen Apparates ist es noch nicht gekommen, jedoch kombinierte HERZOG ein ähnliches magnetisches Sektorfeld mit einem ebenfalls stigmatisch abbildenden Kugelkondensator zu einem insgesamt stigmatisch abbildenden doppelfokussierenden Massenspektrographen (Ziff. 26).

III. Kombinationen von elektrischen und magnetischen Ablenkfeldern zu richtungs-, geschwindigkeits- und doppelfokussierenden Apparaten meist hoher Auflösung.

18. ASTONsche Apparate. Das Auflösungsvermögen der im vorstehenden beschriebenen einfachen richtungsfocussierenden Apparate ist nach (4.5) durch die Energiebreite $\Delta V/V$ der von der verwendeten Ionenquelle gelieferten Ionen

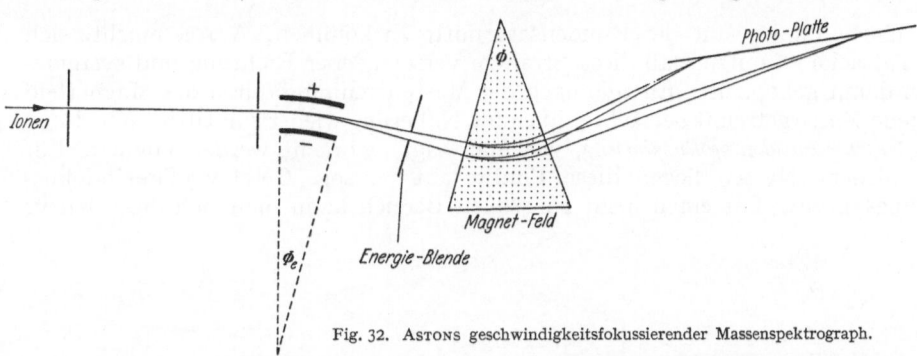

Fig. 32. ASTONS geschwindigkeitsfokussierender Massenspektrograph.

begrenzt. Die für diese Apparate am allgemeinsten verwendbaren Elektronenstoß-Ionenquellen haben bei den üblichen Beschleunigungsspannungen V von einigen tausend Volt $\Delta V/V$-Werte, die nicht wesentlich unter 0,001 liegen. Ionenquellen mit kleinerer Energiebreite, die Ionenstrahlen für alle Elemente in vergleichbarer Intensität liefern, stehen nicht zur Verfügung; d. h. aber, daß das Auflösungsvermögen dieser Apparate in ihrer üblichen Ausführung kaum über $A = 1000$ hinausgehen kann.

Über diese Schwierigkeit sollte das 1918/19 von F. W. ASTON verwirklichte Prinzip der Geschwindigkeitsfokussierung hinweghelfen. In diesen Jahren baute ASTON[2] [3], [5], [15] seinen ersten geschwindigkeitsfokussierenden Massenspektrographen, also in der gleichen Zeit, in der auch, aber ganz unabhängig voneinander, der erste DEMPSTERsche richtungsfokussierende Apparat (Ziff. 3) entstand.

ASTON verwendete eine Kanalstrahlröhre, also eine Ionenquelle sehr breiter Energieverteilung. Er schickte die Ionen zur Erzielung sehr kleiner effektiver Winkeldivergenz durch zwei enge Blenden, die in beträchtlichem Abstand hintereinander angeordnet waren und danach durch einen elektrischen Ablenk-Kondensator (Plattenkondensator, später Zylinderkondensator), der die Teilchen

---

[1] R. HERZOG: Acta Phys. Austriaca **4**, 431 (1951); siehe auch in [14], S. 85.
[2] F. W. ASTON: Phil. Mag. **38**, 709 (1919).

je nach ihrer Energie mehr oder weniger ablenkte. Mittels einer dahinter angebrachten Blende wurde aus diesem Energiefächer der Ionen ein kleinerer Energiebereich ausgesondert und durch ein Magnetfeld der Massenanalyse unterworfen
(Fig. 32). Die Energien und Durchtrittsrichtungen der so verwendeten Ionen variieren linear mit der Ordinate y ihres Durchtrittsortes durch die Blende (s. Ziff. 20
und Fig. 35). Nach den Ableitungen der Ionenoptik scheinen sie in erster Näherung

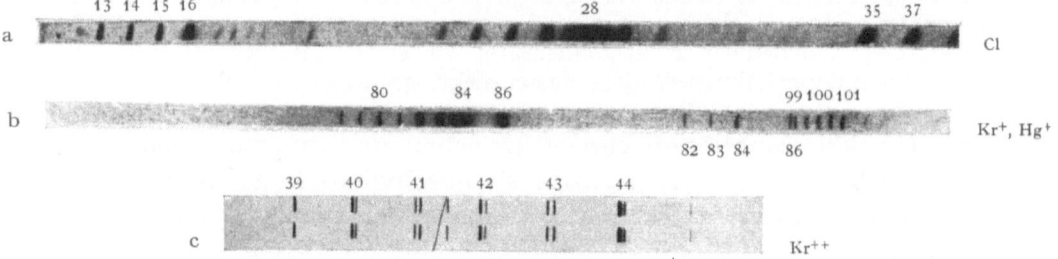

Fig. 33 a—c. Mit den drei Astonschen Apparaten aufgenommene Spektren. a zeigt unter anderen die Linien ^{35}Cl und
^{37}Cl. b zeigt Kr$^+$-Linien (aufgenommen mit zwei verschiedenen Feldstärken) nebst Hg^{++}-Linien bei den Massenzahlen
99, 99,5, 100, 100,5, 101. c zeigt Dubletts von Kr^{++}-Linien und Kohlenwasserstoff-Linien.

von einem Punkt nahe der Kondensatormitte zu kommen. Aston machte sich
die Tatsache zu nutze, daß diese Strahlen verschiedener Richtung und systematisch damit gekoppelter Energie·nach der Massentrennung durch das Magnetfeld
für jede Masse getrennt betrachtet in erster Näherung wieder zur Überschneidung,
zur *Geschwindigkeitsfokussierung*, wie man sagt, gebracht werden können. Für
verschiedene Massen liegen diese Punkte auf der sog. Geschwindigkeitsfokus-
sierungskurve[1]. Für einen nicht zu großen Bereich kann man sich diese Kurve

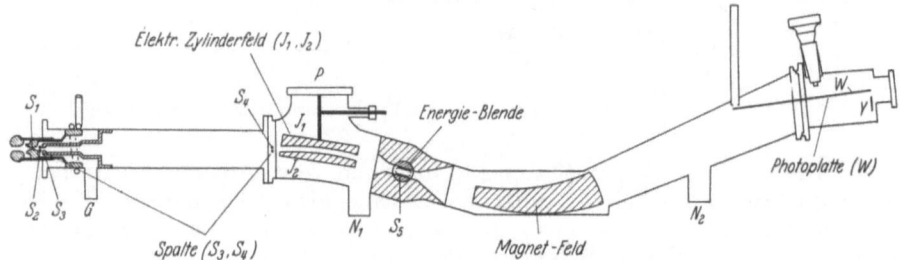

Fig. 34. Der dritte Astonsche Apparat.

durch eine Gerade angenähert denken. Hierhin ungefähr brachte Aston photographische Platten zur Aufnahme der Massenspektren.

Aston baute drei jeweils verbesserte Apparate dieser Art [3]. Fig. 33 zeigt
Proben von Spektren, die mit diesen Apparaten erhalten wurden. Das anfänglich
erreichte Auflösungsvermögen von 130 konnte er dabei schließlich auf 2000 steigern[2]. Fig. 34 zeigt die Anordnung der dritten Apparatur.

Aston konnte mit diesen Apparaten eine Fülle bedeutend gewordener Arbeiten durchführen. Sein Buch "Mass spectra and isotopes,, [3] gibt darüber
umfassenden Aufschluß. Er konnte die auf Arbeiten von J. J. Thomson fußende
Entdeckung sicherstellen, daß die stabilen Elemente im allgemeinen Mischungen
von Isotopen verschiedener Massenzahlen darstellen. Er untersuchte einen großen
Teil der Elemente des Periodischen Systems erstmals auf ihre Isotopenzusam-

---

[1] R. Herzog u. V. Hauk: Z. Physik **108**, 609 (1938).
[2] Siehe auch J. Costa: Ann. Physique **4**, 425 (1925).

mensetzung und erhielt aus den Linienschwärzungen für damalige Zeit schon
sehr genaue Werte für die relativen Isotopen-Häufigkeiten (Ziff. 3, 15). Weiterhin fand und untersuchte ASTON im Einzelnen die kleinen Abweichungen der
genauen Isotopengewichte von der Ganzzahligkeit. Nach der von ihm begrün-
deten Dublettmethode [3], [15] (Ziff. 29) führte er für eine größere Anzahl von
Atomarten erstmals genaue Messungen dieser Abweichungen durch.

19. Doppelfokussierung. Die ASTONschen Apparate geben am Ort der Platte
keine Richtungsfocussierung, deshalb mußte durch enge Ausblendung für kleine
Winkeldivergenz gesorgt werden. Man kann aber auch für diese Apparate, wie
es HERZOG und HAUK[1] später allgemein gemacht haben, die sog. Richtungs-
focussierungskurve berechnen, auf der die Ionen verschiedener Massen zur
Focussierung kommen würden unter der Annahme, daß sie mit endlicher kleiner
Winkeldivergenz $2\alpha'$ und alle mit einer exakt gleichen mittleren Energie vom
Eintrittsspalt ausgehen würden.

Daß es im Prinzip möglich ist, jedenfalls für eine bestimmte Stelle des Massenspektrums, gleichzeitig Richtungs- und Geschwindigkeitsfokussierung zu erreichen, haben 1929 erstmalig BARTKY und DEMPSTER[2] gezeigt für eine Feldkombination, die aus einem Zylinderkondensator des Ablenkwinkels $\Phi = 127°$
mit dem Eintrittsspalt an dessen einem Ende und einem überlagerten gekreuzten
homogenen Magnetfeld besteht. Sie berechneten, daß die Linienbreiten des am
anderen Ende des Kondensators erhaltenen Massenspektrums in erster Näherung
unabhängig von kleinen Winkeldivergenzen und kleinen Energieunterschieden
der eintretenden Strahlen sind, falls man die Feldstärken so einstellt, daß die
auf die Ionen bestimmter Masse wirkende elektrische Feldkraft genau so groß
und von gleicher Richtung ist wie die Zentrifugalkraft und daß die magnetische
Feldkraft in doppelter Größe zum Ablenkungszentrum hin wirkt. Eine danach
erbaute Versuchsapparatur wurde von BONDY und POPPER[3] erprobt.

Etwa um das Jahr 1934 herum entstanden dann an drei verschiedenen und
voneinander unabhängigen Stellen Apparate aus hintereinandergeschalteten
elektrischen Zylinderkondensatoren und magnetischen Sektorfeldern, die Rich-
tungs- und Geschwindigkeitsfokussierung zugleich, kurz auch Doppelfokussierung
genannt, ergaben. Diese Konstruktionen stellen Abwandlungen der ASTONschen
Apparatur dar durch Wahl anderer Winkel mit dem Ziel, die beiden Fokussierungskurven an geeigneter Stelle zum Überschneiden oder gar ganz zum Zusammenfallen zu bringen. Es sind das die Apparate von DEMPSTER in Chicago [28],
von BAINBRIDGE und JORDAN in Cambridge (Mass.) [29] und von MATTAUCH
und HERZOG in Wien [30]. Zu gleicher Zeit entstanden auch im Anschluß an die
Berechnungen der fokussierenden Wirkung von homogenen Magnetfeldern und
von elektrischen Zylinderkondensatoren durch BARBER [31], STEPHENS [32] bzw.
HUGHES und ROJANSKY [33] die allgemeinen Ableitungen der Eigenschaften
ionen-optischer Zylinderlinsen durch HENNEBERG [20] und HERZOG [21]. MAT-
TAUCH und HERZOG [34] und HERZOG und HAUK [35] entwickelten daraus eine
allgemeine Theorie der doppelfokussierenden Massenspektrographen mit hintereinander geschalteten Feldern, die es ihnen unter anderem gestattete, für ihren
Apparat einen besonders günstigen Fall auszuwählen, bei dem die beiden Kurven
ganz zusammenfallen und noch dazu in eine Gerade ausarten.

Die Bedingung für Doppelfokussierung an einer Stelle der Massenskala ist
die Gleichheit der Absolutwerte der Geschwindigkeitsdispersion des elektrischen

---

[1] R. HERZOG u. V. HAUK: Z. Pysik **108**, 609 (1929).

[2] W. BARTKY u. A. J. DEMPSTER: Phys. Rev. **33**, 1019 (1929).

[3] H. BONDY u. K. POPPER: Ann. Phys. **17**, 425 (1933). — H. BONDY, G. JOHANNSEN u.
K. POPPER: Z. Physik **95**, 46 (1935).

Feldes (Ziff. 20) und der Geschwindigkeitsdispersion des magnetischen Sektorfeldes (Ziff. 4), die allerdings für einen vom Doppelfokussierungspunkt rückwärts
verlaufend gedachten Strahlengang anzusetzen ist.

Zum besseren Verständnis dieser Aussage seien hier die Ergebnisse der
ionenoptischen Rechnungen [21], [15] für den elektrischen Zylinderkondensator kurz zusammenge-
stellt.

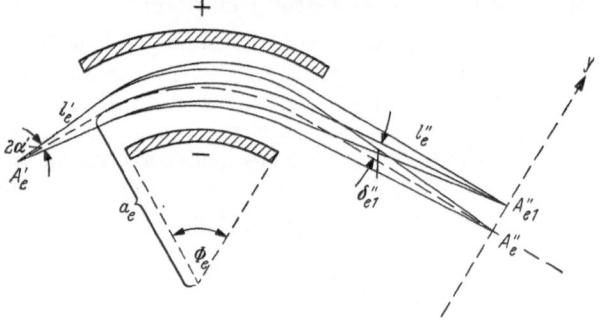

Fig. 35. Elektrischer Zylinderkondensator.

**20. Elektrischer Zylin-
derkondensator.** Ein solcher in Fig. 35 dargestell-
ter Kondensator mit dem
mittleren Ablenkwinkel Φ_e
fokussiert Ionenstrahlen
einer bestimmten Ener-
gie eV_0, die mit kleiner
Winkeldivergenz $2\alpha'$ von
einem im Abstande l'_e senkrecht vor dem einen Kon-
densatorende befindlichen Punkt A'_e ausgehen, in einem Punkt A''_e im Abstande l''_e
hinter dem Feld, der bestimmt ist durch die Linsengleichung

$$(l'_e - g_e)(l''_e - g_e) = f_e^2 \tag{20.1}$$

mit

$$g_e = \frac{a_e}{\sqrt{2}} \cot \sqrt{2}\,\Phi_e \qquad \text{Brennpunktsabstand}, \tag{20.2}$$

$$f_e = \frac{a_e}{\sqrt{2}\sin\sqrt{2}\,\Phi_e} \qquad \text{Brennweite}. \tag{20.3}$$

a_e bedeutet den Krümmungsradius der gestrichelt gezeichneten mittleren Ab-
lenkbahnen im Feld. A'_e und A''_e sind in Fig. 35 der Einfachheit halber auf den
in den feldfreien Räumen gradlinigen Verlängerungen der gestrichelten Mittelbahn angenommen. Das setzt bei festem eV_0 eine bestimmte Größe der ablenkenden Feldstärke voraus. Wenn von A'_e jetzt Teilchen der benachbarten Energie
$eV_0(1 + 2\beta)$ $(\beta \ll 1)$ ausgehen, dann werden diese bei in erster Näherung unver-
ändertem l''_e nicht mehr auf der gestrichelten Mittellinie, sondern im Abstand

$$d_e(\beta) = \beta \cdot K''_e \tag{20.4}$$

mit

$$K''_e = a_e\left(1 + \frac{f_e}{l'_e - g_e}\right) = a_e(1 - \cos\sqrt{2}\,\Phi_e) + l''_e \cdot \sqrt{2}\sin\sqrt{2}\,\Phi_e \tag{20.5}$$

seitlich daneben im Punkte A''_{e1} fokussiert. $d_e(\beta)$ wird als Geschwindigkeitsdispersion des elektrischen Feldes bezeichnet. Der kleine Winkel der mittleren
Bahn dieses seitlichen Bündels gegen die gestrichelte Mittelbahn ist

$$\delta''_{e1} = \beta \cdot \frac{a_e}{f_e}. \tag{20.6}$$

Wenn an Stelle des Punktes A'_e ein ionenemittierender Spalt der Weite s'_e symmetrisch zur gestrichelten Mittellinie vorhanden ist, entstehen an Stelle der Bildpunkte A''_e, A''_{e1}, ... für die betrachteten Energien Spaltbilder der Breite

$$s''_e = \left| s'_e \frac{f_e}{l'_e - g_e} \right|. \tag{20.7}$$

In der Ebene der Bildpunkte A''_e, A''_{e1}, ... wird gewöhnlich eine Blende (auch Energieblende genannt) angebracht, deren Weite $b \ll a_e$ ist, wobei in der Regel aber noch $b \gg s''_e$ ist. Diese Blende läßt also nur Teilchen eines kleinen Energie-bereiches hindurch.

21. Doppelfokussierende Apparate, allgemein. Die Ionen der in Fig. 35 betrachteten Bündel zweier verschiedener Energien laufen hinter einer solchen Blende von den Punkten A''_e, A''_{e1}, ... wiederum divergent auseinander. In einem nachgeschalteten magnetischen Sektorfeld können sie der Massenanalyse und neuerlichen Richtungs-fokussierung unterworfen werden. Das ist in Fig. 36 für zwei verschiedene Massen gezeichnet. Im all-gemeinen fallen die Orte der Richtungsfokussierung einer Masse für die beiden Bündel verschiedener Ener-gien nicht zusammen wie z. B. für die Masse M_2 ge-zeichnet, während sie unter Umständen für eine ganz bestimmte andere Masse M_1 zusammenfallen kön-nen. Hier tritt also Doppelfokussierung ein. Die Be-dingung dafür ist aus Fig. 36 leicht abzulesen. Die Mittellinien der in A''_1 sich überschneidenden und

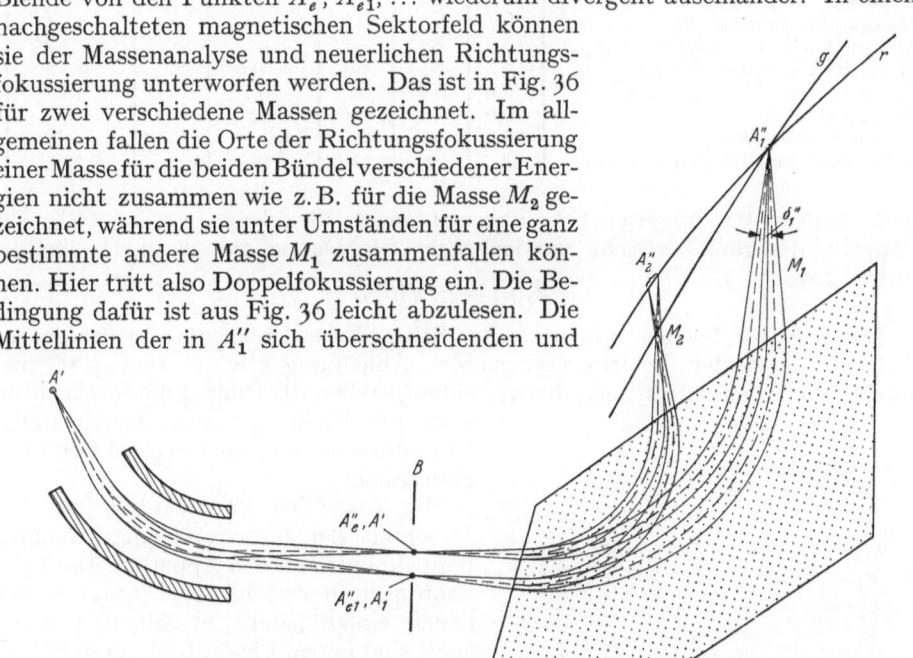

Fig. 36. Doppelfokussierende Apparate, schematisch (g Geschwindigkeits-Fokussierungskurve, r Richtungsfokussierungskurve, A''_1 Doppelfokussierungspunkt).

fokussierten Bündel verschiedener Energie schließen einen Winkel δ''_1 miteinander ein, der von derselben Größenordnung klein ist, wie die Divergenz- und Konvergenz-winkel der Bündel selber. In den Figuren werden diese Winkel und entsprechend auch die Weiten der Blendenöffnungen aus Gründen der Übersichtlichkeit stets sehr vergrößert wiedergegeben. Aus Ziff. 4 geht hervor, daß die Winkel bei Anordnungen, die Richtungsfokussierung nur in 1. Näherung ergeben, wegen des Öffnungsfehlers selbst bei Apparaten geringerer Auflösung 1 bis 2° nicht über-schreiten dürfen. Man kann sich wegen der in erster Näherung zu fordernden Um-kehrbarkeit des Strahlenganges die Ionen der beiden Teilbündel auch in umge-kehrter Richtung vom Punkt A''_1 ausgehend denken (bei umgepoltem Feld); dann würden sie selbstverständlich wieder in den Punkten $A' = A''_e$ und $A'_1 = A''_{e1}$ fokussiert. Denkt man sich nun das Teilbündel der Energie $eV_0(1 + 2\beta)$ um den kleinen Winkel δ''_1 um den Punkt A''_1 verdreht, so daß es auf der betreffenden Seite des Feldes mit dem Teilbündel der Energie eV_0 zusammenfällt, so wird es in erster Näherung nach wie vor im Punkt A''_{e1} zur Fokussierung kommen. Das heißt jetzt aber, daß der Abstand der Punkte A''_e und A''_{e1}, der ja nach Ziff. 20 gleich der Geschwindigkeitsdispersion $d_e(\beta)$ des elektrischen Feldes ist, auch gleich der Geschwindigkeitsdispersion $d(\beta)$ des magnetischen Sektorfeldes für den

Tabelle 2. *Doppel-*

Alle Längen sind in cm angegeben. $D(\gamma)_{1\%} =$ Massendispersion für 1% Massenunter-
führen. Das Auflösungsvermögen A ist für die ersten und zum Teil auch für die neuesten

Apparat von	l'_e	l''_e	l'	l''_d	a_e	a_d
Dempster [28]	1	5,7	0	0	8,5	10
Bainbridge-Jordan [29]	0	0	44	44	25,4	25,4
Mattauch-Herzog [30]	19,8	∞	∞	0	28	4,5—25
Reuterswärd (siehe S. 587). . . .	3	∞	∞	4—10	30	9—22
Nier-Roberts (S. 588)	6,6	6,6	34,8	20,7	18,9	15,2
Herzog (S. 590)	9,9	∞	∞	1—3	13,1	5—13
Ewald-Sauermann (S. 592). . . .	28,9	∞	∞	1—3	12	5—20
Ogata-Matsuda (S. 585)	134	0	120	448	109,3	120

einen bestimmten umgekehrt zu durchlaufenden Strahlengang sein muß, falls
Doppelfokussierung erreicht werden soll. Die Doppelfokussierungsbedingung
lautet also

$$d_e(\beta) = \pm d(\beta) . \tag{21.1}$$

Das negative Zeichen auf der rechten Seite gilt für den ebenfalls realisierbaren
Fall, daß in beiden Feldern gegensinnige Ablenkung erfolgt. In Fig. 36 sind
durch die Fokussierungs- und Überschneidungsstellen der Bündel hindurchgehend
auch die Richtungs- bzw. Geschwindig-
keits-Fokussierungskurven stückweise eingezeichnet.

Im folgenden kommen wir zur Besprechung der zur Ausführung gelangten
doppelfokussierenden Apparate. Die Feld-
anordnungen verschiedener Autoren, von
denen einige bereits in Ziff. 19 genannt
sind, sind in den Fig. 37ff. dargestellt; die
wichtigsten Zahlenangaben sind aus Tabelle 2 zu entnehmen.

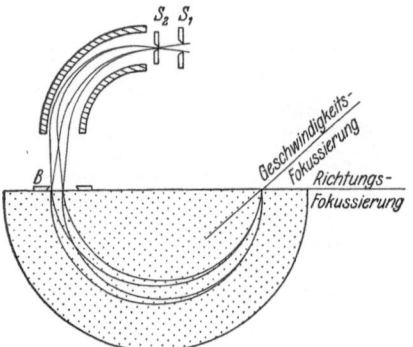

Fig. 37. Doppelfocussierender Massenspektrograph von
Dempster.

**22. Dempsters doppelfokussierender
Apparat.** Bei dem Apparat von Dempster [28] werden die Energiebilder des
Eintrittsspaltes durch ein 90°-Zylinder-
feld in die Energieblende am Rand eines 180°-Magnetfeldes entworfen (Fig. 37).
Der Magnetfeldrand ist dann auch Richtungsfokussierungskurve. Doppelfocussierung wird aber, wie aus (21.1) mit den in Tabelle 2 gegebenen Zahlenwerten leicht abzuleiten ist, nur für einen bestimmten Krümmungsradius $a = a_d$
$= 1,18 a_e$ der Bahnen im Magnetfeld erhalten. Für einen kleineren Radius a ist
nach (4.1) die Geschwindigkeitsdispersion $d(\beta)$ des Magnetfeldes zu klein, um die
des elektrischen Feldes kompensieren zu können. Es findet daher schon nach
kleinerem Ablenkwinkel im Feld Überschneidung der Bündel benachbarter Energien statt. Bei größeren Radien a liegen die Überschneidungsstellen entsprechend
weit außerhalb des Feldes. Die sich daraus ergebende Lage der Geschwindigkeits-
fokussierungskurve ist in Fig. 37 mit eingezeichnet [35]. Beide Fokussierungskurven
schließen den recht großen Winkel von 41° miteinander ein, d. h. die Massenlinien
müssen beidseitig des Doppelfocussierungspunktes relativ schnell unschärfer
werden. Die Photoplatten sind am Rand des Magnetfeldes, also in der Richtungs-
fokussierungskurve angebracht. Die Ionenlinien verschiedener Massen werden

fokussierende Apparate.

schied. Der Index d bezieht sich auf die Strahlen, die zum Doppelfokussierungspunkt hin-
Konstruktionen der betreffenden Apparatetypen angegeben.

Φ_e	Φ_d	ε'	ι''_d	$D\,(\gamma)_{1\%}$	Auflösung A anfangs	Auflösung A neueste Konstr.	Massenskala
90°	180°	0	0	0,1	1 000	7 000	quadratisch
127,3°	60°	0	0	0,5	10 000	60 000	fast linear
31,8°	90°	0	—45°	0,03—0,18	6 500	100 000	quadratisch
58°	70°	35°	—55°	0,07—0,17	3 500		quadratisch
90°	60°	0°	0		5 000	100 000	
53°	106°	31°	—41°	0,04—0,10	≈ 300		quadratisch
29,7°	87,5°	0	—45°	0,04—0,14	25 000		quadratisch
84,8°	60°	0	0	7,6	500 000		

dort an Stellen erhalten, deren Abstände von der Eintrittsstelle der Strahlen ins
Magnetfeld nach (3.1) proportional sind zu den Wurzeln aus den Massen. Das
heißt, die Massen sind proportional zu den Quadraten dieser Abstände. Man spricht
deshalb von einer quadratischen Massenskala.

DEMPSTER kombinierte seinen Apparat mit der von ihm entwickelten Hochfrequenz Funken-Ionenquelle (vgl. den Artikel von D. KAMKE, Ziff. 43, in diesem

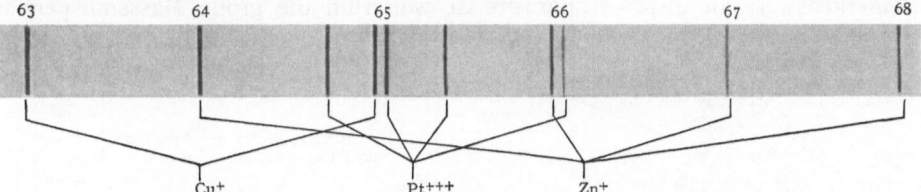

Fig. 38. Ein mit einem DEMPSTERSCHEN Apparat erhaltenes Massenspektrum.

Band) [15], die Ionen auch von festen Substanzen liefert und zwar, was besonders
bemerkenswert ist, in erheblicher Intensität auch mehrfach geladene Ionen (Ziff. 2).
Solche Ionen erscheinen im Massenspektrum bei den entsprechenden Bruchteilen
ihrer Massen und geben willkommene neue Möglichkeiten zur Bildung von Dubletts
(Ziff. 29), mittels derer die Bestimmung der genauen Massenwerte vor sich geht.
DEMPSTER und seine Mitarbeiter haben damit und mit später erbauten verbesser-
ten Apparaten[1,2] eine große Zahl von Dublettmessungen durchgeführt. Insbesondere DUCKWORTH und seine Mitarbeiter haben in den letzten Jahren viele
neue Zahlenwerte im Physical Review veröffentlicht [19] und im Hinblick auf das
Kernschalenmodell der Atomkerne diskutiert. Fig. 38 zeigt ein von DUCKWORTH[1]
erhaltenes Massenspektrum. Ein Apparat gleicher Art wurde von HIPPLE und
Mitarbeitern[3] als Massenspektrometer versuchsweise auch zu chemisch-analyti-
schen Arbeiten verwendet, wobei die beim Hochfrequenzfunken unvermeidlichen
Intensitätsschwankungen durch einen vor dem Magnetfeld angeordneten Hilfs-
auffänger automatisch eliminiert werden, in ähnlicher Weise, wie das bei der
Doppelauffängermethode (Ziff. 8) geschieht.

23. Der Apparat von BAINBRIDGE und JORDAN. Der Apparat von BAINBRIDGE
und JORDAN [29] (Fig. 39) besitzt ein elektrisches Feld von $\Phi_e = 127,3°$. Bei
diesem speziellen Winkel wird $l''_e = 0$ für $l'_e = 0$, d. h. die Energiefokussierung tritt

---

[1] H. E. DUCKWORTH: Rev. Sci. Instrum. **21**, 54 (1950).
[2] A. E. SHAW u. W. RALL: Rev. Sci. Instrum. **18**, 278 (1947).
[3] J. G. GORMAN, E. J. JONES u. J. A. HIPPLE: Analyt. Chem. **23**, 438 (1951).

genau am Ende des Kondensators ein, wenn sich der Spalt an seinem Anfang
befindet. Mit einem 60°-Magnetfeld wird nach (21.1) für senkrechten Ein- und
Austritt der Strahlen und für symmetrischen Strahlengang Doppelfokussierung

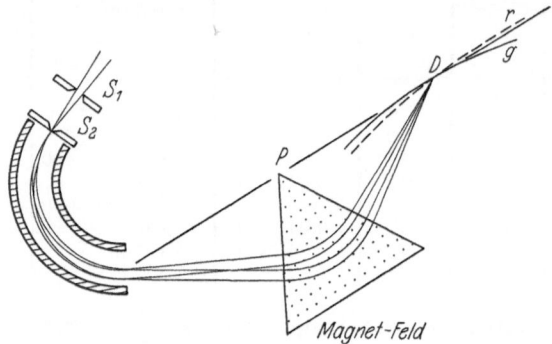

Fig. 39. Doppelfokussierender Massenspektrograph von BAINBRIDGE und JORDAN.

erzielt, wenn $a = a_e$ gewählt wird. Die Doppelfokussierungskurven schneiden
sich unter kleinem Winkel und sind nur wenig gekrümmt [35], so daß über einen
erheblichen Bereich der Massenskala scharfe Linien erhalten werden können.
Bemerkenswert an dieser Apparatur ist weiterhin die große Massendispersion

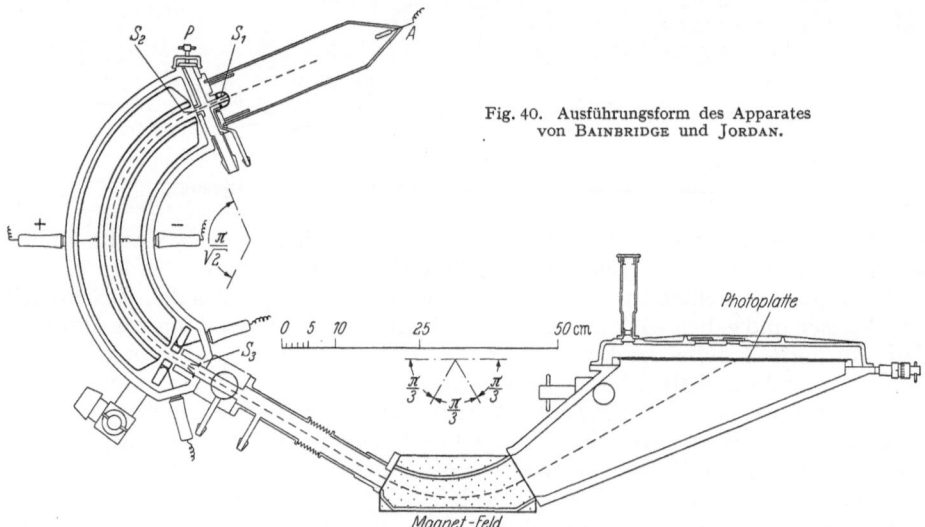

Fig. 40. Ausführungsform des Apparates
von BAINBRIDGE und JORDAN.

(s. Tabelle 2), so daß die Linienbreiten bei dem erreichten Auflösungsvermögen von etwa 50000 noch etwa 0,01 mm betragen und damit noch erheblich
größer bleiben als die Körner der verwendeten Photoplatten (Ziff. 28) und auch
mit den verfügbaren Meßkomparatoren noch leicht genau genug gemessen werden
können. Die Massenskala ist im Unterschied zum DEMPSTERschen Apparat
(Ziff. 22) in der Nähe des Doppelfokussierungspunktes annähernd linear [35].
    BAINBRIDGE und JORDAN haben mit diesem Apparat (Fig. 40) eine größere
Anzahl recht genauer Messungen durchgeführt [3], [15], [19]. Apparate derselben
Art wurden dann auch von einer japanischen Forschergruppe[1, 2] erbaut und werden

---

[1] T. ASADA, T. OKUDA, K. OGATA u. S. YOSHIMOTO: Nature, Lond. **143**, 797 (1939).
[2] K. OGATA u. H. MATSUDA: Phys. Rev. **89**, 27 (1953).

noch heute von OGATA u. a. zu laufenden Messungen verwendet. Fig. 41 zeigt eine damit erhaltene Aufnahme (Unterschrift beachten!).

Von JORDAN[1] wurde ein Apparat erbaut, bei dem an Stelle des 127°-Zylinder-kondensators ein WIENsches Geschwindigkeitsfilter vor das 60°-Magnetfeld gesetzt wurde. Der Apparat kam aber nicht zur konti-nuierlichen Verwendung.

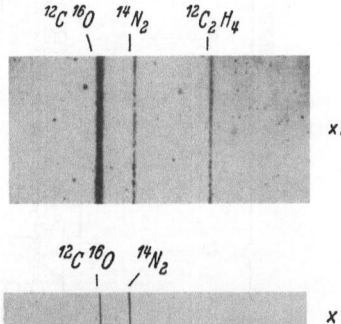

24. Der Apparat von MATTAUCH und HERZOG.
Der Apparat von MATTAUCH und HERZOG [*30*] be-steht aus einem 31,8°-Zylinderfeld und einem 90°-Magnetfeld (Fig. 42). Der Eintrittsspalt befin-det sich im dingseitigen Brennpunkt des Zylinder-kondensators (also $l'_e = g_e$), die zugehörigen Energie-bilder liegen daher im Unendlichen. Strahlen ein und derselben Energie verlaufen im Raum zwischen den Feldern als Parallelstrahlen, die Parallelbündel benachbarter Energien sind unter kleinem Winkel gegeneinander geneigt. Das hat zur Folge, daß der Abstand der Felder beliebig gewählt werden kann, auch der Ort der Zwischenfeldblende, die als Energieblende wirken soll, ist beliebig. Am besten werden jedoch zwei Blenden verwendet, je eine gleich hinter dem elektrischen Feld und eine direkt vor dem Magnetfeld.

Fig. 41. Oben: Das Triplett bei der Massenzahl 28 mit einem BAINBRIDGE-JORDANschen Apparat von OGATA aufge-nommen (20fach vergrößert). Unten: Zwei Linien desselben Tripletts mit einem neuen sehr großen Apparat spezieller Konstruktion von OGATA und MATSUDA aufgenommen [natürliche Größe; Z. Naturforsch. 10 a, 843 (1955)].

Dieser ausgezeichnete Spezialfall gibt für $\Phi = 90°$ und senkrechten Eintritt der Strahlen ins Magnetfeld Doppelfokussierung für alle Krümmungsradien a, d.h. für alle Massen zugleich an der geradlinigen Austrittsgrenze des Magnet-feldes. Beide Fokussierungskurven fallen hier also zu einer Geraden zusammen, deren Verlängerung durch den Eintrittspunkt der Strahlen ins Magnetfeld weist. Die Massenskala ist quadratisch; als ihr Nullpunkt ist wie beim DEMPSTERschen Apparat (Ziff. 22), der Eintritts-punkt der Strahlen ins Magnetfeld anzunehmen. MATTAUCH und seine Mitarbeiter haben mit diesem Apparat zahlreiche genaue Dublettmessungen (Ziff. 29) und Bestim-mungen von relativen Isotopenhäufig-keiten, besonders zum Zwecke der Alters-bestimmungen von Gesteinen nach der Sr-Methode und andere Untersuchun-gen [*3*], [*5*], [*15*], [*19*][2, 3, 4] durchgeführt.

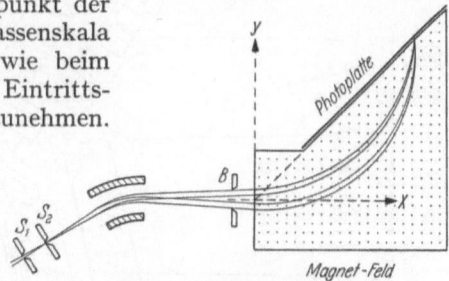

Fig. 42. Schema des Apparates von MATTAUCH und HERZOG.

Fig. 43 zeigt eine von EWALD[5] durchgeführte technisch verbesserte Neukonstruk-tion dieses Apparates in schematischer Darstellung. Fig. 44 und 45 zeigen mit diesen Apparaten erhaltene Dublettaufnahmen. Es wurde ein Auflösungsvermögen von ungefähr 50000 damit erreicht. BIERI, EVERLING und MATTAUCH[6] berich-teten kürzlich über eine weitere Verbesserung (Auflösung 100000).

[1] E. B. JORDAN: Phys. Rev. **58**, 1009 (1940); **60**, 710 (1941).
[2] J. MATTAUCH: Naturwiss. **25**, 189 (1937).
[3] H. EWALD: Z. Naturforsch. **6**a, 293 (1951).
[4] J. MATTAUCH u. R. BIERI: Z. Naturforsch. **9**a, 303 (1954).
[5] H. EWALD: Z. Naturforsch. **1**, 131 (1946).
[6] R. BIERI, F. EVERLING u. J. MATTAUCH: Z. Naturforsch. **10**a, 659 (1955).

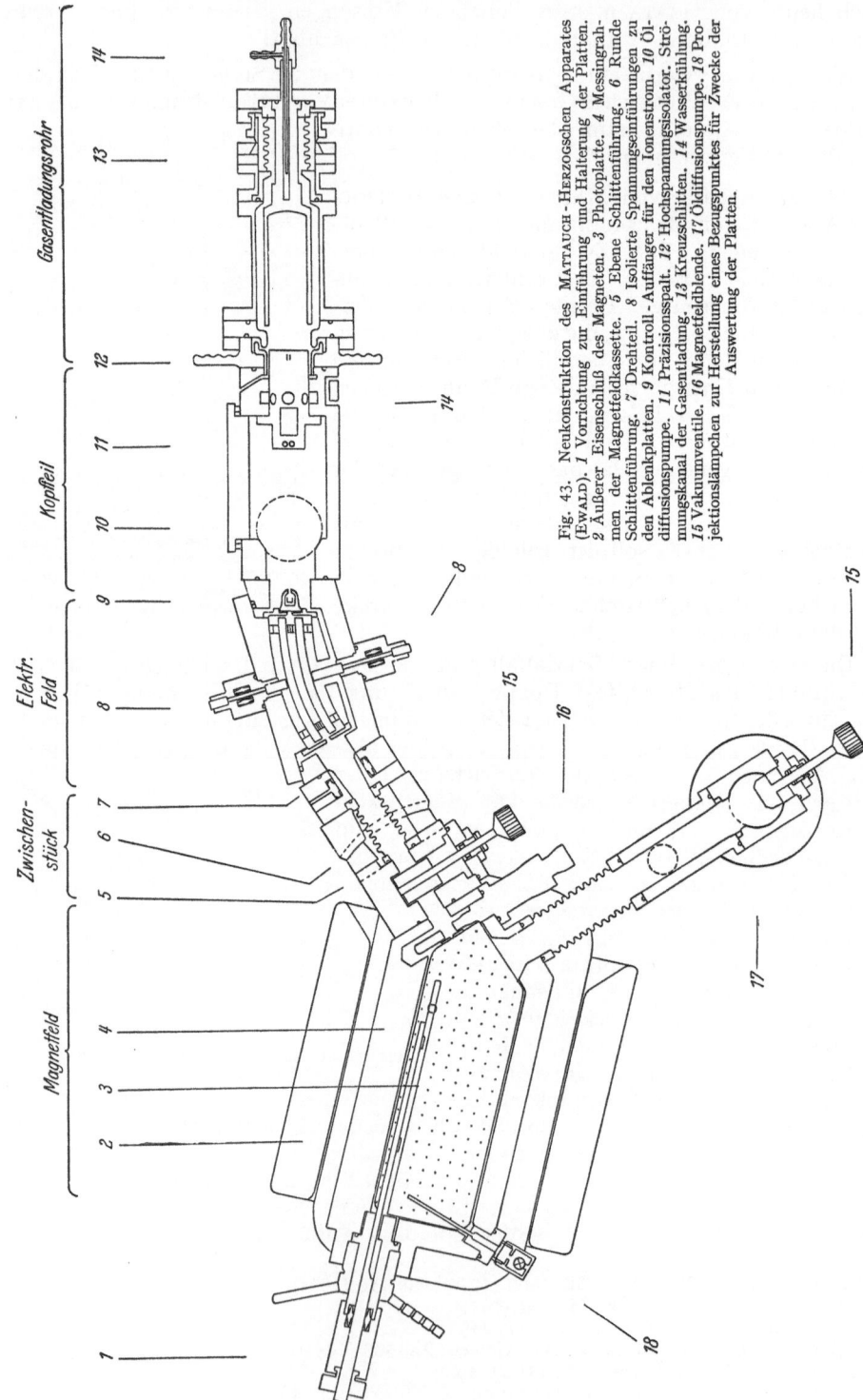

Fig. 43. Neukonstruktion des Mattauch-Herzogschen Apparates (Ewald). *1* Vorrichtung zur Einführung und Halterung der Platten. *2* Äußerer Eisenschluß des Magneten. *3* Photoplatte. *4* Messingrahmen der Magnetfeldkassette. *5* Ebene Schlittenführung. *6* Runde Schlittenführung. *7* Drehteil. *8* Isolierte Spannungseinführungen zu den Ablenkplatten. *9* Kontroll-Auffänger für den Ionenstrom. *10* Öldiffusionspumpe. *11* Präzisionsspalt. *12* Hochspannungsisolator. Strömungskanal der Gasentladung. *13* Kreuzschlitten. *14* Wasserkühlung. *15* Vakuumventile. *16* Magnetfeldblende. *17* Öldiffusionspumpe. *18* Projektionslämpchen zur Herstellung eines Bezugspunktes für Zwecke der Auswertung der Platten.

Von Reuterswärd[1] gelangte ein Apparat zur Ausführung (Fig. 46), bei dem sich der Eintrittsspalt ebenfalls im dingseitigen Brennpunkt des elektrischen

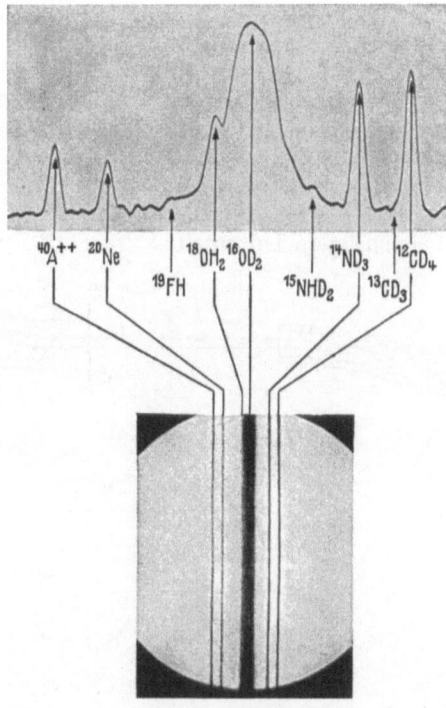

Fig. 44. Multiplett bei der Massenzahl 20 [J. Mattauch, Phys. Z. **39**, 892 (1938)].

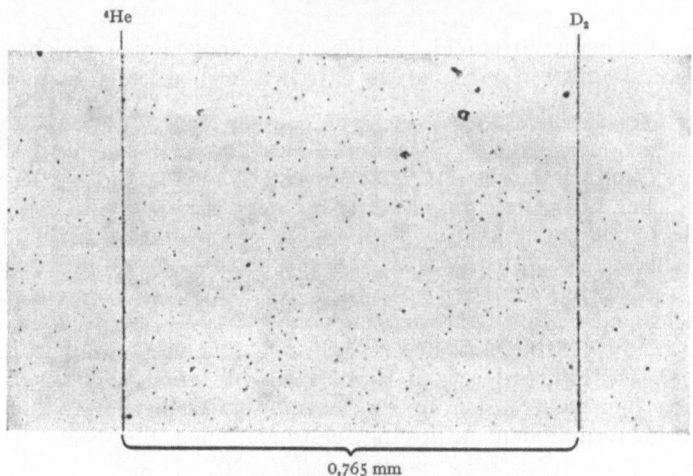

0,765 mm
25,604±0,008 mME

Fig. 45. Das Dublett $D_2 - {}^4$He, mit einem Mattauch-Herzogschen Apparat aufgenommen
[H. Ewald, Z. Naturforsch. **5**a, 1 (1950)].

Feldes (hier $\Phi_e = 58°$) befindet, die Strahlen aber schräg zur Begrenzung ins Magnetfeld eintreten ($\varepsilon' = 35°$). In diesem allgemeineren Falle wird nach Mattauch

[1] C. Reuterswärd: Ark. Mat. Astronom. Fys., Ser. A **30**, Nr. 7 (1943).

und HERZOG [*34*] ebenfalls Doppelfokussierung für alle Massen zugleich erreicht
auf einer Bildgeraden, die mit der Einfallsrichtung einen Winkel von 45° bildet
und deren Verlängerung durch den Eintrittspunkt geht. Die gerade Austrittsgrenze des Magnetfeldes, die hier nicht mit der Bildgeraden zusammenfällt,
bildet mit der Einfallsrichtung einen Winkel
von 35° ($\Phi = 70°$) und weist ebenfalls durch
den Eintrittspunkt. Die Massenskala ist
ebenfalls quadratisch. Es wurde ein erreichtes
Auflösungsvermögen von $A = 3500$ angegeben,
die Arbeiten daran jedoch offenbar nicht
fortgesetzt. Damit bleibt die Frage zunächst
noch offen, ob sich bei schrägem Durchtritt

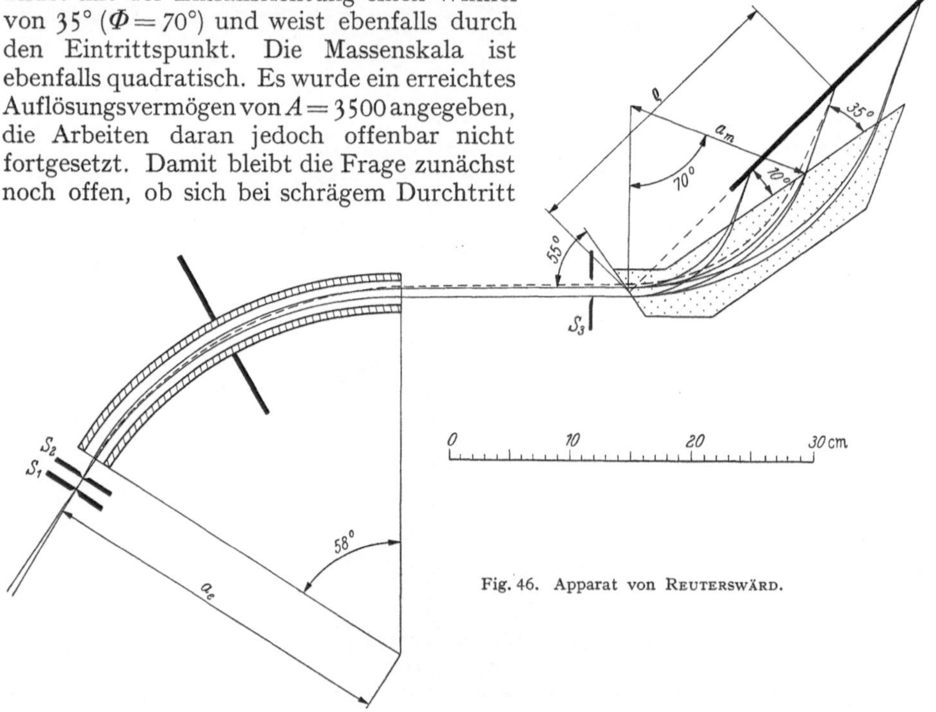

Fig. 46. Apparat von REUTERSWÄRD.

der Strahlen durch die Streufelder Auflösungsvermögen von gleicher Güte wie
bei den Apparaten mit senkrechtem Durchtritt erreichen lassen (s. auch Ziff. 26).

25. Doppelfokussierendes Massenspektrometer von NIER. Ein doppelfokussierendes Massenspektrometer mit $\Phi_e = 90°$ und $\Phi = 60°$ (s. auch Tabelle 2) wurde 1951
von NIER und ROBERTS[1] erbaut (Fig. 47). Auf Grund besonderer Rechnungen[2]
wurde ein solcher Spezialfall ausgewählt, bei dem an der Stelle des Auffänger-
spaltes Geschwindigkeitsfokussierung in erster Näherung und Richtungsfokussierung
in zweiter Näherung erzielt wird. In Fig. 48 ist schematisch und nicht maßstäblich
der Verlauf der Mittel- und Seitenstrahlen des Strahlenganges dargestellt. Es
wurde zunächst ein Auflösungsvermögen von $A = 3000$ bis 5000 erreicht. Ein
neuer Apparat mit erheblich größerer Auflösung (bis zu 100000) ist inzwischen
fertig gestellt[3]. Der Apparat ist mit Elektronenstoß-Ionenquelle ausgerüstet und
gestattet mit seiner elektrischen Meßeinrichtung und seiner gegenüber normalen
Massenspektrometern hohen Auflösung erstmals auch die Registrierung von

---

[1] A. O. NIER u. T. R. ROBERTS: Phys. Rev. **81**, 507 (1951). — A. O. NIER in [*14*], S. 29.
[2] E. G. JOHNSON u. A. O. NIER: Phys. Rev. **91**, 10 (1953). — Über Doppelfokussierung
in zweiter Näherung siehe H. HINTENBERGER, H. WENDE u. L. A. KÖNIG, Z. Naturforsch.
10a, 605 (1955).
[3] A. O. NIER: Third Annual Meeting on Mass Spectrometry, 22.—27. Mai 1955. San
Francisco. — T. T. SCOLMAN, K. S. QUISENBERRY u. A. O. NIER: Bull. Amer. Phys. Soc. **30**,
No. 7, 18 (1955).

Dubletts zum Zwecke der Isotopen-Massenbestimmungen. Eine solche Registrierkurve ist in Fig. 49 wiedergegeben. Die Registrierkurven gestatten durch Messung

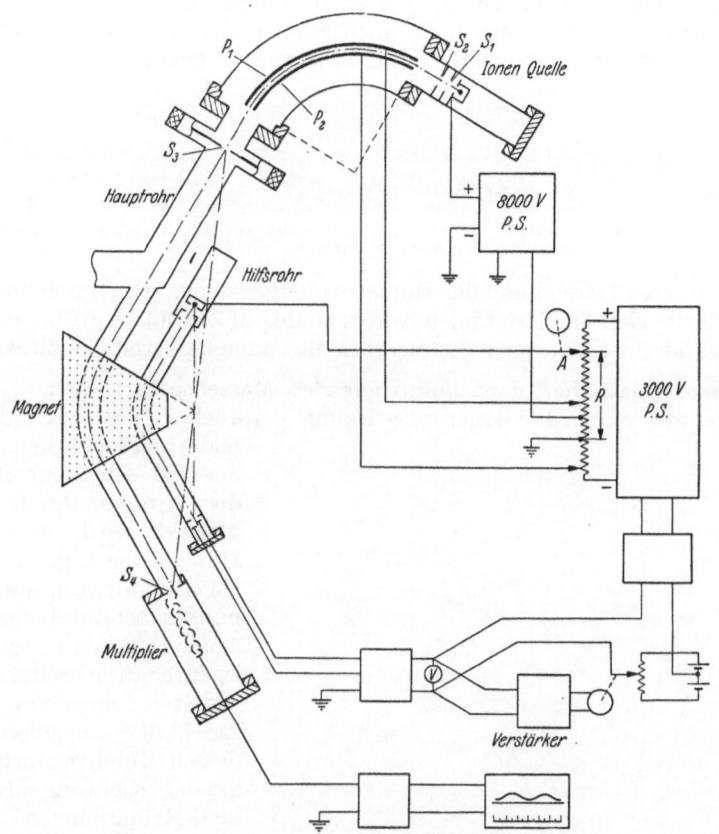

Fig. 47. Doppelfokussierendes Massenspektrometer von NIER.

der Halbwertsabstände eine genaue Ermittlung der Massenunterschiede (Ziff. 29),
Die Registrierung der Dubletts geschieht durch potentiometrische Änderung

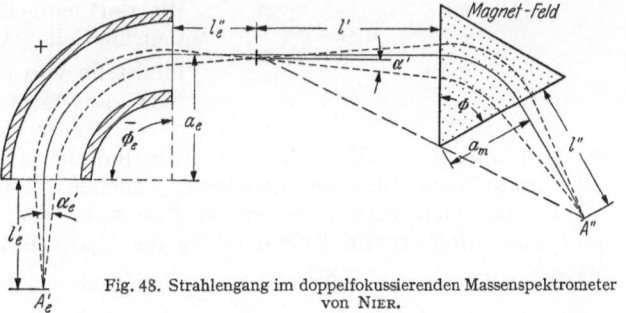

Fig. 48. Strahlengang im doppelfokussierenden Massenspektrometer
von NIER.

der Beschleunigungs- und Ablenkspannung. Dabei werden Marken, die jeweils
$1/10000$ relativer Spannungsänderung entsprechen, mit auf den Registrierstreifen
gedruckt und geben den nötigen Maßstab für die Umrechnung der gemessenen

Linienabstände in mME (Milli-Massen-Einheiten[1]). Ein Vorteil der massenspektrometrischen Aufnahme der Dubletts ist auch die dabei erreichbare größere Schnelligkeit des Arbeitens besonders im Hinblick auf die notwendige Intensitätsabgleichung der Dublettlinien. So konnten denn auch Nier und Mitarbeiter binnen weniger Jahre eine große Zahl Messungen durchführen[2]. Neuerdings wurde dabei zu

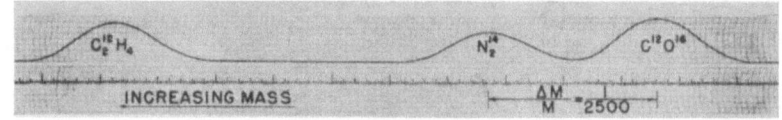

Fig. 49. Registrierkurve des Tripletts $C_2H_4-N_2-CO$, aufgenommen mit dem Nierschen doppelfokussierenden Massenspektrometer.

oscillographischer Darstellung der Dubletts übergegangen, wobei sich durch Überlagerung der beiden Dublett-Linien, wie es analog in Ziff. 34 beim Massensynchrometer geschildert ist, eine noch gesteigerte Meßgenauigkeit ergibt (s. Zitat 3, S. 588).

26. Anastigmatischer doppelfokussierender Massenspektrograph. In Ziff. 17 wurde über die axiale Fokussierungswirkung gesprochen, die durch die Streufelder magnetischer Sektorfelder bei schrägem Durchtritt der Strahlen durch dieselben bewirkt wird, und für die Herzog die zugehörigen axialen Brennweiten und Brennpunktsabstände berechnet hat. Analoge axiale Fokussierungseigenschaften besitzt nun auch, wie seit längerem bekannt ist[3,4], der Kugelkondensator, dessen Kondensatorflächen in axialer Richtung also dieselben Krümmungen aufweisen wie in radialer. Die optischen Größen eines solchen Kondensators ergeben sich leicht dadurch, daß man z.B. in den Formeln von Herzog [21] für die dort eingeführte Größe $\varkappa$ den speziellen Wert 1 einsetzt an Stelle von $\sqrt{2}$ beim Zylinderkondensator. Radiale und axiale Brennweiten und Brennpunktsabstände sind gleich groß, d. h. der Kugelkondensator führt von einem Spaltpunkt ausgehende Strahlen geladener Teilchen bestimmter Energie in erster Näherung auch wieder in einem Punkt in der Bildebene zusammen. Er gibt also stigmatische Energiebilder der Spaltpunkte. Herzog[5]

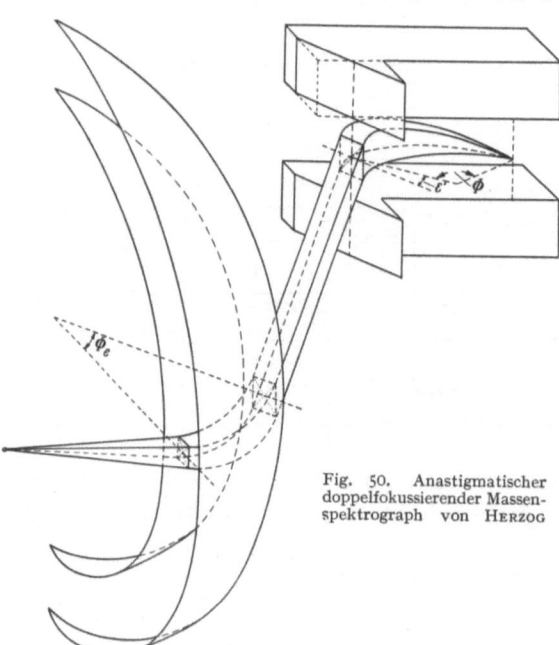

Fig. 50. Anastigmatischer doppelfokussierender Massenspektrograph von Herzog

[1] 1 mME $= 10^{-3}$ ME. 1 ME ist der 16. Teil der Masse eines neutralen Atoms des Sauerstoffisotops 16.

[2] A. O. Nier u. a.: Phys. Rev. **81**, 507 (1951); **86**, 408 (1952); **88**, 666 (1952); siehe auch [19].

[3] E. Brüche u. W. Henneberg: DRP. 651008 (angemeldet 1935). — E. M. Purcell: Phys. Rev. **54**, 818 (1938).

[4] O. Hachenberg: Ann. Phys. **2**, 225 (1948).

[5] R. Herzog: Z. Naturforsch. **8**a, 191 (1953); in [14], S. 85

kombinierte nun, wie es in Fig. 50 gezeigt ist, einen solchen Kugelkondensator und ein stigmatisch abbildendes magnetisches Sektorfeld mit schrägem Strahleneintritt ($\varepsilon' = 31°$) zu einem doppelfokussierenden stigmatisch abbildenden Massenspektrographen. Mit $\Phi_e = 53°$ und $\Phi = 106°$ wird wiederum Doppelfokussierung für alle Massen erreicht. Der Eintrittsspalt befindet sich, wie bei dem normalen Apparat von MATTAUCH und HERZOG [30], [34] im dingseitigen Brennpunkt, weshalb jetzt von einem Spaltpunkt mit kleinen radialen und axialen Divergenzen ausgehende Strahlen einer bestimmten Energie im Raume zwischen den Feldern sowohl radial wie auch axial als Parallelstrahlen verlaufen. Strahlen

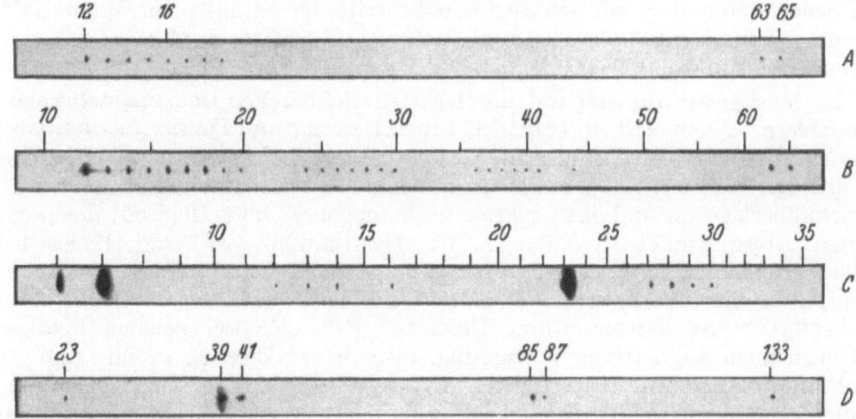

Fig. 51. Mit dem anastigmatischen Massenspektrographen erhaltene Punktspektren. A zeigt die Ionen $^{12}C^+$, CH^+, .. und $^{63}Cu^+$, $^{65}Cu^+$; B C^+, CH^+, ..., C_2^+, C_2H^+, ..., C_3^+, C_3H^+, ..., $^{63}Cu^+$, $^{65}Cu^+$; C besonders stark die Ionen $^6Li^+$, $^7Li^+$, $^{23}Na^+$. D $^{23}Na^+$, $^{39}K^+$, $^{41}K^+$, $^{85}Rb^+$, $^{87}Rb^+$, $^{133}Cs^+$.

mit einer etwas anderen, benachbarten Energie verlaufen dort ebenfalls als Parallelbündel, aber radial in etwas anderer Richtung als erstere. Das Magnetfeld ist so dimensioniert, daß diese Parallelbündel in radialer und axialer Richtung am Ort der Doppelfokussierung fokussiert werden. HERZOG verwendete bei seinen Versuchen eine kleine Lochblende von 0,1 mm Durchmesser an Stelle eines Eintrittsspaltes und erhielt bei kurzen Belichtungen wohldefinierte Punkte von etwa derselben Größe an Stelle der sonstigen Massenlinien (Fig. 51). Bei Überbelichtung zeigen die Punkte sehr erhebliche zum Teil verwaschene, zum Teil strahlenförmige Verbreiterungen, die auf die zu starke elektrische Aufladung der photographischen Schicht an diesen Stellen zurückgeführt werden.

Der Vorteil der stigmatischen Abbildung, besonders bei photographischer Aufnahme der Spektren liegt auf der Hand. Wie in Ziff. 28 angegeben, werden bei den bisherigen doppelfokussierenden Massenspektrographen (Ziff. 22 bis 25) zur Erzielung optimaler Auflösung vorteilhaft nicht nur sehr enge (0,001 bis 0,01 mm) sondern auch sehr kurze (0,1 bis 0,3 mm) Eintrittsspalte verwendet. Die von diesen kurzen Spalten ausgehende Intensität verteilt sich bei diesen Apparaten auf vielleicht 10- bis 50mal längere Spektrallinien, bei stigmatischer Abbildung aber auf Linien, die etwa ebenso kurz sind, wie die Spalte. Dies bedeutet bei photographischem Ionennachweis einen entsprechenden Intensitätsgewinn, falls sich die Auflösung dabei nicht wesentlich verschlechtert. Da die Intensitätsfrage vielfach, z. B. bei der Untersuchung von Isotopen, deren relative Häufigkeiten unter 1% liegen, schon sehr problematisch wird, besteht an einer Weiterentwicklung in dieser Richtung großes Interesse.

Hier sei darauf hingewiesen, daß auch für den allgemeineren Toroidkondensator, für den also die radialen und axialen Krümmungen beliebig verschieden sein können, die ionenoptischen Größen bekannt sind[1,2]. Man erhält sie z. B. aus den Herzogschen Formeln für den Zylinderkondensator, indem man für die dort eingeführte Größe $\varkappa$ den Wert $\varkappa = \sqrt{2 - a_e/R_e}$ einsetzt, wobei a_e und R_e die radialen und axialen Krümmungsradien der mittleren Potentialfläche zwischen den Elektroden eines solchen Kondensators bedeuten[2]. Solche Toroidkondensatoren, die also im allgemeinen ungleiche radiale und axiale Bildweiten haben, kann man auch mit Vorteil zum Bau von doppelfokussierenden Massenspektrographen verwenden, die exakt zwar nur für eine Stelle der Massenskala, im übrigen Massenbereich aber mit recht guter Annäherung stigmatische Abbildung ergeben, bei denen dafür aber mit senkrechtem Eintritt der Strahlen ins Magnetfeld gearbeitet werden kann[2]. Ewald und Sauermann erreichten mit einem Versuchsapparat die Auflösung 25 000.

27. Massenspektrometer mit überlagerten elektrischen und magnetischen Ablenkfeldern. Wie in Ziff. 19 bemerkt, gaben Bartky und Dempster erstmals eine spezielle Feldkombination an, mit der man Doppelfokussierung erreichen kann. Es handelt sich um das Feld eines elektrischen Zylinderkondensators und ein diesem überlagertes und dazu gekreuztes homogenes Magnetfeld mit dem gemeinsamen Ablenkwinkel $\Phi_e = \Phi = 127{,}3°$. Henneberg [20] und Herzog [21] behandelten danach allgemeiner die massentrennenden und fokussierenden Eigenschaften solcher überlagerter Felder für beliebige Ablenkwinkel. Nach Wendt[3] Marschall[4], Svartholm[5] und Fischer[6] läßt sich bei solchen Feldkombinationen auch stigmatische Abbildung, also in 1. Näherung radiale und axiale Richtungsfokussierung am gleichen Ort, erreichen, wenn man an Stelle des homogenen Magnetfeldes ein solches überlagert, dessen Feldstärke mit einem bestimmten Gradienten radial nach außen hin abfällt. Die Rechnungen zeigen, daß man bei spezieller Wahl der Feldstärken sogar radiale Doppelfokussierung (Richtungs- und Geschwindigkeitsfokussierung) und axiale Richtungsfokussierung gleichzeitig erreichen kann, nämlich dann, wenn die auf die zu fokussierenden Teilchen wirkende elektrische Feldkraft gleiche Größe und Richtung hat wie die auftretende Zentrifugalkraft[6]. Die magnetische Feldkraft muß dann doppelt so groß sein und von entgegengesetzter Richtung. Die magnetische Feldstärke muß dabei in der Nähe der Bahn umgekehrt proportional zur Wurzel aus dem Abstand vom Ablenkungszentrum des Apparates nach außen hin abfallen. Wenn der ganze Strahlengang im Feld verläuft, beträgt der Fokussierungswinkel $\Phi = 180°$, also ebenso wie beim homogenen Magnetfeld ohne elektrisches Feld. Bei Sektorfeldern dieser Feldkombination mit $\Phi < 180°$ gilt ebenso wie beim einfachen homogenen Magnetfeld für die Bildweite hinter dem Feld

$$l'' = a \frac{l' \cot \Phi + a}{l' - a \cot \Phi}. \tag{27.1}$$

Von Fischer[7] wurde ein solcher Apparat mit $\Phi = 127{,}3°$ erprobt und das Eintreten der Doppelfocussierung und der stigmatischen Abbildung nachgewiesen. Fig. 52 zeigt einen Horizontalschnitt durch die verwendete Ablenkkammer und einen Vertikalschnitt durch die Polschuhe und die Ablenkelektroden (unter Weglassung des Vakuumrohres).

---

[1] O. Hachenberg: Ann. Phys. **2**, 225 (1948).
[2] H. Ewald: Third Annual Meeting on Mass Spectrometry. 22.—27. Mai 1955, San Francisco. — H. Ewald u. H. Liebl: Z. Naturforsch. **10**a, 872 (1955). — H. Ewald u. G. Sauermann: Z. Naturforsch. (im Druck).
[3] G. Wendt: Z. Physik **120**, 720 (1943).
[4] H. Marschall: Phys. Z. **45**, 1 (1944).
[5] N. Svartholm: Ark. Fys. **2**, 195 (1950).
[6] D. Fischer: Z. Physik **133**, 455, 471 (1952).
[7] D. Fischer: Z. Physik **133**, 471 (1952).

Die oben zitierten Rechnungen von WENDT, MARSCHALL und SVARTHOLM befassen sich mit dem noch allgemeineren Fall, daß überlagert zu einem radial-inhomogenen Magnetfeld an Stelle des Zylinderkondensators ein allgemeineres elektrisches Feld verwendet wird, das in bezug auf die mittlere Umlenkebene

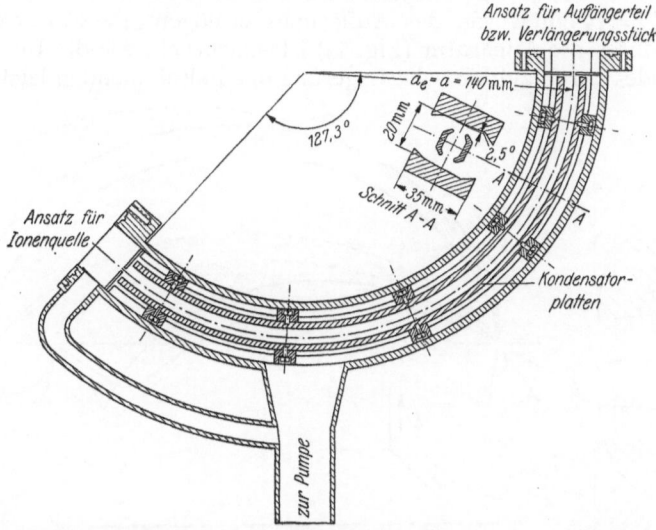

Fig. 52. Ablenkkammer des doppelfokussierenden und stigmatisch abbildenden Massenspektrometers von D. FISCHER (*A — A* Schnitt durch die Polschuhe und die Ablenkelektroden, unter Weglassung des Vakuumrohres).

Spiegelsymmetrie und in bezug auf die senkrecht dazu durch das Ablenkungs zentrum hindurchgehende Achse Zylindersymmetrie aufweist.

Von Interesse ist auch der Grenzfall des WIENschen Geschwindigkeitsfilters der sich aus obiger Kombination überlagerter und gekreuzter elektrischer und

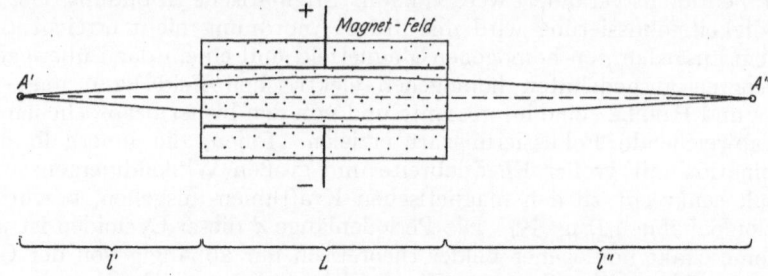

Fig. 53. WIENsches Geschwindigkeitsfilter mit inhomogenem Magnetfeld.

magnetischer Felder für $a \rightarrow \infty$ und $\Phi \rightarrow 0$ ergibt, wobei $L = a \cdot \Phi$ die endliche Länge des Filters bedeutet (Fig. 53). Der Zylinderkondensator ist hier zu einem Plattenkondensator entartet. Ionenstrahlen einer bestimmten Geschwindigkeit, die mit kleiner Winkeldivergenz von einem Spaltpunkt A' ausgehen, können diese Feldanordnung nahezu unabgelenkt passieren, wenn die Feldstärken so gewählt sind, daß sich die beiden Feldkräfte auf die Teilchen bei dieser bestimmten Geschwindigkeit gerade kompensieren. Wenn eine Quelle verwendet wird, die Ionen einer ganz bestimmten Energie liefert, dann entsprechen den Ionen der gewählten bestimmten Geschwindigkeit solche einer ganz bestimmten Masse. Nach HERZOG [21] werden diese Ionen auch beim normalen WIENschen Filter mit homogenen

Feldern im allgemeinen in einem endlichen Bildabstand wieder in einem Punkt A'' fokussiert. Diesen Bildabstand kann man nun dadurch beliebig verkürzen, daß man eines der Felder oder beide quer zur Strahlrichtung leicht inhomogen macht. Ein solches verkürztes Wiensches Filter wurde als Massenspektrometer mit variabler Inhomogenität des Magnetfeldes von Ewald und Garbe[1] erprobt. Mit $l' = L = l'' = 14$ cm wurde das Auflösungsvermögen $A = 150$ erreicht. Aus dem Schnitt durch die Apparatur (Fig. 54) ist ersichtlich, wie die Inhomogenität des Magnetfeldes durch zylindrische Lagerung der Polschuhenden leicht während

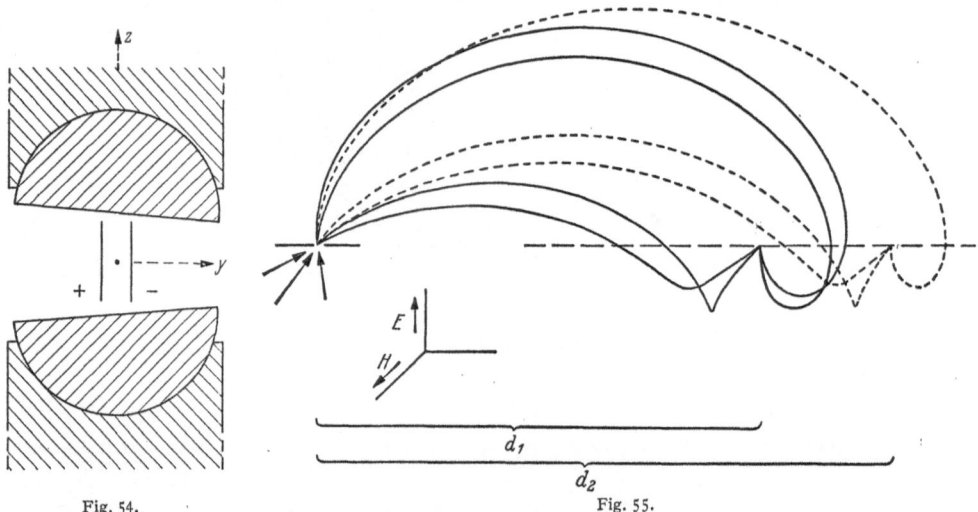

Fig. 54.   Fig. 55.

Fig. 54. Schnitt durch die Polschuhe des Wienschen Geschwindigkeitsfilters mit inhomogenem Magnetfeld.
Fig. 55. Exakte Doppelfokussierung in überlagerten und gekreuzten homogenen magnetischen und elektrischen Feldern.

des Experimentierens verändert werden kann. Stigmatische Abbildung oder auch Geschwindigkeitsfokussierung wird mit dieser Anordnung nicht erreicht.

In einem ausgedehnten homogenen Magnetfeld und einem dazu überlagerten und gekreuzten ausgedehnten homogenen elektrischen Feld kann man nach Bleakney und Hipple[2] eine interessante und von den bisher besprochenen vollkommen abweichende Fokussierungsart erzielen. Ionen, die innerhalb dieser Feldkombination mit großer Energiebreite und großen Winkeldivergenzen von einem Spalt senkrecht zu den magnetischen Kraftlinien ausgehen, beschreiben darin Cycloidenbahnen (Fig. 55). Die Periodenlänge d dieser Cycloiden ist unter der Annahme exakt homogener Felder theoretisch nur abhängig von der Größe der Feldstärken E und H und von der Masse m der Teilchen, nicht aber von deren Energie oder Anfangsrichtung. Es gilt exakt

$$d = \frac{2\pi E m c^2}{e H^2}.\qquad(27.2)$$

Nach jeweils einer Cycloidenperiode erhält man also exakte Doppelfokussierung für die verschiedenen Massen $m_i = M_i m_0$ (s. Ziff. 3) in Fokussierungspunkten, die in den seitlichen Abständen $d_i = \text{const} \cdot m_i$ vom Eintrittsspalt auf der gemeinsamen Doppelfokussierungsgeraden liegen. Die Massenskala ist also linear. Hipple und Bleakney haben ein Massenspektrometer nach diesem Prinzip

---

[1] H. Ewald u. S. Garbe: Phys. Verh. **5**, 104 (1954).
[2] W. Bleakney u. J. A. Hipple: Phys. Rev. **53**, 521 (1938).

erbaut und erfolgreich für Ionen-Häufigkeitsmessungen verwendet. Größere Apparate wurden inzwischen von MARINER und BLEAKNEY[1] und HIPPLE und SOMMER [14] aufgestellt. Wichtig ist bei solchenApparaten die Erzielung genügend homogener Felder zwecks Erreichung höherer Auflösung. Das ausgedehnte homogene elektrische Feld zwischen den Polschuhen des Magneten und senkrecht zu dessen Kraftlinien läßt sich durch zwei Parallel-Leitersysteme in der Nähe der Polschuhoberflächen erzielen, an dessen gegenüberliegende Leiterpaare entsprechend abgestufte Potentiale angelegt werden (Fig. 56).

28. Technische Einzelheiten über die in Ziff. 22 bis 25 beschriebenen doppelfokussierenden Apparate. α) Ionenquellen.

Zunächst wurden von ASTON, BAINBRIDGE, MATTAUCH und ihren Mitarbeitern hauptsächlich Kanalstrahlröhren, die für gas- und dampfförmige Ausgangssubstanzen für die Ionenerzeugung äußerst bequem sind, verwendet. Auch feste Substanzen, die im Kathodenmaterial enthalten waren, oder auf die Kathodenoberfläche aufgebracht

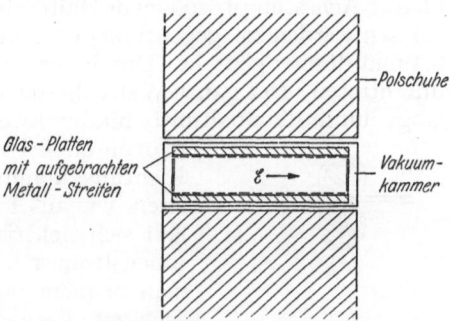

Fig. 56. Zur Erzeugung des ausgedehnten homogenen elektrischen Feldes im Apparat von BLEAKNEY und HIPPLE.

wurden, konnten damit infolge der immer vorhandenen Kathodenzerstäubung untersucht werden. Jedoch waren die auf diese Weise erzielten Intensitäten meist gering und die erforderliche Intensitätsabstimmung der Dublettlinien ließ sich nur schwer durchführen.

DEMPSTER und später andere benutzten mit Erfolg die Hochfrequenz-Funken-Ionenquelle, die mit guter Intensität und mit leidlicher Energiehomogenität Ionen von den benutzten festen Funken-Elektroden-Materialien liefert. Diese Quellen geben mit erheblicher Intensität auch mehrfach geladene Ionen, wodurch die Möglichkeiten zur Dublettbildung für die Isotopenmassenbestimmungen sehr erweitert werden. Besonders gute Intensitäten konnten mit Hilfe von Elektroden erhalten werden, die aus Metallpulvern gepreßt wurden und denen dabei nach Belieben andere Substanzen, bis zu etwa 10% auch in Form von Salzpulvern zugemengt wurden[2]. Bei Zuführung geringer Gasmengen in den Funken können auch von diesen gleichzeitig Ionen erhalten werden.

NIER und Mitarbeiter verwenden für ihren doppelfokussierenden Apparat die von ihrer Arbeit mit einfach-fokussierenden Spektrometern her gewohnten Elektronenstoß-Ionenquellen. Auch andere Autoren sind inzwischen dazu übergegangen.

Für die Gas- und Dampfzuführung der vorgenannten Ionenquellen werden zur Intensitätsabstimmung der Linien bei den doppelfokussierenden Apparaten vielfach feinverstellbare Drosselventile benötigt. Es sind verschiedenste Arten, Nadelventile u. dgl., in der Literatur beschrieben (z. B. [3,4,5]) und zum Teil auch im Handel erhältlich.

β) Eintrittsspalte. Es wurden zum Teil ebensolche Spalte verwendet, wie sie in der Lichtoptik gebräuchlich sind und welche aus zwei Spaltbacken bestehen,

[1] TH. MARINER u. W. BLEAKNEY: Rev. Sci. Instrum. **20**, 297 (1949).
[2] J. MATTAUCH u. H. EWALD: Z. Physik **122**, 314 (1944).
[3] R. D. FOWLER: Rev. Sci. Instrum. **6**, 26 (1935).
[4] A. O. NIER, E. P. NEY u. M. G. INGHRAM: Rev. Sci. Instrum. **18**, 191 (1947).
[5] H. EWALD: Z. Naturforsch. **5**a, 230 (1950).

zwischen denen der gewünschte kleine Durchlaß freibleibt. Bei sehr kleinen Spalt-
weiten von einigen Tausendstel Millimetern entstehen dabei aber besonders bei
Verwendung von Kanalstrahlröhren Schwierigkeiten dadurch, daß der feine
Spalt leicht verschmutzt, sich zusetzt oder durch die Strahlen auch ausgeschossen
wird. Gut bewährt hat sich unter solchen Umständen das in Fig. 57 dargestellte
Spaltsystem[1], das in ähnlicher Form schon von Aston [3] verwendet wurde.
Zwei Stahlwalzen von z.B. 7 mm Durchmesser sind parallel zueinander mittels
kleiner Achsstümpfe in einem Halterahmen gelagert. Durch Federkraft gegen die
Achsen werden sie gegeneinander gedrückt. Die eine Walze ist in der Mitte um
0,3 mm dünner gedreht. Durch den so gebildeten Spalt können die Ionenstrahlen
durchtreten. Der ganze Walzenhalter ist drehbar angeordnet um eine Achse, die
längs durch die Spaltmitte hindurchweist. Durch Kippen des Walzenhalters kann

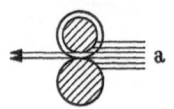

man die effektive Spaltweite in bezug auf die aus bestimmter
Richtung kommenden Ionenstrahlen nach Belieben variieren, wie aus Fig. 57 zu ersehen. Die effektive Spaltweite
läßt sich elektrisch durch Messung des hindurchgelassenen
Ionenstromes kontrollieren. Mit dieser Anordnung kann
man bequem mit Spaltweiten bis zu 0,001 mm herunter-
arbeiten. Reinigung der Walzen ist nur in Zeitabständen
von Monaten erforderlich.

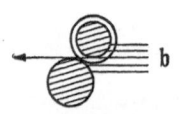

Fig. 57 a u. b. Der kippbare
Walzenspalt. a Größte effektive Spaltweite; b sehr kleine
effektive Spaltweite.

Diese engen Spalte müssen zur Erreichung optimaler
Auflösung der Spektren sorgfältig justiert werden. Dazu
sind besondere Justiervorrichtungen vorgesehen, die Ver-
drehungen und Verschiebungen gestatten und zum Teil im
Betrieb bedient werden können.

Beim Arbeiten mit sehr engen Spalten müssen diese so gut wie möglich parallel
zu den magnetischen Kraftlinien ausgerichtet werden. Bei genauen Dublettmessungen (Ziff. 29) können sich schon Fehljustierungen von 0,1° durch Linienverbreiterungen und Meßfehler bemerkbar machen[2], besonders weil die von der
Ionenquelle gelieferten Ionenarten verschiedene Bündeldurchmesser und Winkeldivergenzen haben können, wie das z.B. für die Kanalstrahlröhre nachgewiesen
ist. Die möglichen Linienverbreiterungen ergeben sich als Produkt von Spaltlänge mal Sinus des kleinen Fehl-Justierungs-Winkels mal Vergrößerungs-
faktor (≈ 1). Spaltlängen von einigen Millimetern können unter Umständen
10^3mal größer sein als die benutzten Spaltweiten, deshalb machen sich selbst sehr
kleine Winkelverdrehungen schon durch Linienverbreiterungen bemerkbar.
Um die daraus möglicherweise resultierenden Meßfehler zu vermeiden, wird zum
Teil mit reduzierten Spaltlängen von einigen Zehntel Millimeter Länge gearbeitet.

Diese kurzen Spalte erwiesen sich auch in anderer Beziehung als vorteilhaft.
Die von jedem Spaltpunkt ausgehenden Ionen geben wegen der Zylinder-Linsen-
eigenschaft der verwendeten Sektorfelder zu längeren Massenlinien am Ort der
Photoplatte Anlaß. Die so von den verschiedensten Spaltpunkten erzeugten
Linien würden sich zu intensiven Gesamtlinien unverminderter Schärfe überlagern, falls die Teillinien exakt gerade wären. Das ist aber wegen kleiner Feld-
störungen durchaus nicht immer der Fall. Wenn die Teillinien aber etwas gekrümmt sind, dann können sie sich nur zu Summationslinien geringerer Schärfe
überlagern. Durch Verwendung der kurzen Spalte kann diese Schwierigkeit
ebenfalls behoben werden.

---

[1] H. Ewald: Z. Naturforsch. 5a, 229 (1950).
[2] H. Ewald: Z. Naturforsch. 2a, 384 (1947); 3a, 114 (1948).

γ) *Streufeld-Abschirmungen.* Um in bestimmter Weise definierte Streufeld-verhältnisse an den Grenzen der elektrischen und magnetischen Felder zu haben, werden dort beim MATTAUCH-HERZOGschen und bei anderen Apparaten geerdete bzw. eiserne Abschirmblenden angebracht, deren Dimensionierung aus Berechnungen von HERZOG [1] entnommen werden kann.

δ) *Photoplatten und Multiplier.* Für den photographischen Nachweis der getrennten Ionenströme werden feinkörnige und wegen der geringen Eindringtiefe der Strahlen besonders gelatinearme Emulsionen benötigt. Zunächst hat man mit handelsüblichen Platten, u. a. auch mit SCHUMANN-Platten gearbeitet [4]. Zum Teil stellen sich die Benutzer ihre Platten selber her [4] [2]. Vorzügliche Platten für diesen Zweck werden jedoch seit etwa 20 Jahren von der Firma Ilford als Q-Platten in den Handel gebracht. Sie sind von ASTON in Zusammenarbeit mit dieser Firma entwickelt worden [3] und finden jetzt bevorzugte Verwendung. Im letzten Krieg haben MATTAUCH und Mitarbeiter „SCHUMANN-Hartplatten" verwendet, die in Zusammenarbeit mit der Agfa-Filmfabrik Wolfen entwickelt und von dieser Firma geliefert wurden.

Auch über die Schwärzungsfunktionen und -ausbeuten sind Untersuchungen und Angaben in der Literatur zu finden [15], [19a].

Bei dem doppelfokussierenden Massenspektrometer von NIER und Mitarbeitern (Ziff. 25) findet ein Sekundär-Elektronenvervielfacher für die auffallenden Ionenstrahlen Verwendung [14] (Ziff. 8).

29. Anwendungen der hochauflösenden Apparate. Ihre wichtigste Anwendung erfahren die in Ziff. 22 bis 25 besprochenen doppelfokussierenden Apparate bei den genauen Massenbestimmungen der Isotope der Elemente. Dazu muß man den Abstand der Massenlinien möglichst genau bestimmen und in Masseneinheiten umrechnen.

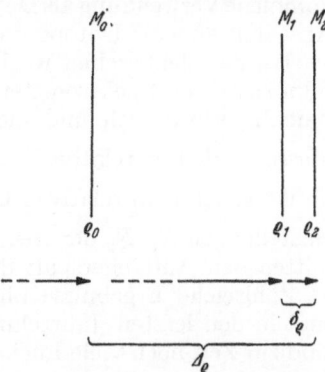

Fig. 58. Zur Dublett-Methode.

Man kann die unbekannte Masse M_1 einer Linie ermitteln, wenn im Spektrum zwei weitere Linien bekannter Massen M_0 und M_2 in der Nähe von M_1 vorhanden sind (Fig. 58) und wenn der funktionelle Zusammenhang zwischen den Orten der Linien auf der Photoplatte und ihren Massen, die sog. Massenskala (Ziff. 22 bis 24), für den betreffenden Apparat bekannt ist. Am genauesten ist dieser Massenvergleich, wenn die eine Linie bekannter Masse, etwa M_2, sehr nahe der Linie unbekannter Masse M_1 liegt. Man verwendet daher als Linien M_1 und M_2 nur solche, die als Linien eines Dubletts bei ein und derselben Massenzahl liegen. Die andere Linie bekannter Masse M_0 kann dann bei einer anderen, möglichst benachbarten Massenzahl liegen. Aus den genau gemessenen Linienabständen $\delta\varrho$ und $\varDelta\varrho$ der Dublettlinien M_1 und M_2 bzw. der Dispersionslinien M_0 und M_2 ergibt sich z.B. bei quadratischer Massenskala [15] die Massendifferenz $M_2 - M_1$ aus der Beziehung

$$M_2 - M_1 = M_2 \left[1 - \left(1 - \frac{\delta\varrho}{\varDelta\varrho} \cdot \frac{\sqrt{M_2} - \sqrt{M_0}}{\sqrt{M_2}} \right)^2 \right]. \tag{29.1}$$

Da das Produkt der beiden Quotienten in der Klammer klein ist gegen 1, brauchen die Massen M_0 und M_2 nur mit relativ geringerer Genauigkeit bekannt

[1] R. HERZOG: Z. Physik **97**, 596 (1935). — Arch. Elektrotechn. **29**, 790 (1935).
[2] K. OGATA u. H. MATSUDA: Phys. Rev. **89**, 27 (1953).

zu sein, um die kleine Massendifferenz $M_2 - M_1$ dennoch mit großer Absolutgenauigkeit zu erhalten. Vielfach genügt es zunächst, Näherungswerte für M_0 und M_2 einzusetzen. Besonders bei der Auswertung der ersten Dublettaufnahmen zum Anschluß der Massen von ^{1}H, ^{2}D, ^{12}C usw. an die anfangs allein bekannte Masse von ^{16}O $= 16,000000$ ME mußte man so vorgehen. Der meist gegangene Weg führt über die Ausmessung der Astonschen Grunddubletts

$$^1H_2^+ - {}^2D^+ = \alpha, \quad {}^2D_3^+ - {}^{12}C^{++} = \beta, \quad {}^{12}C^1H_4^+ - {}^{16}O^+ = \gamma, \tag{29.2}$$

und zwar z.B. mit ^{1}H$^+$, ^{2}D$_2^+$, ^{12}CH$_3^+$ als Dispersionslinien M_0. Zur Ermittlung von α, β, γ wurden nach Ausmessung der Dubletts Näherungswerte von ^{1}H, ^{2}D und ^{12}CH$_3^+$ in (29.1) eingesetzt. Sobald α, β, γ bekannt sind, lassen sich die drei Gleichungen (29.2) nach ^{1}H, ^{2}D und ^{12}C auflösen. Mit den so erhaltenen, schon recht genauen Werten läßt sich die ganze Auswertung dann nochmals durchführen, um so zu noch zuverlässigeren Werten zu kommen. Mit ^{1}H, ^{2}D, ^{12}C sind zugleich auch die Massen von zahlreichen anderen Ionenlinien im Massenspektrum bekannt, die aus organischen Dämpfen vielfach entstehen können. Sie finden willkommene Verwendung als Dispersionslinien bei zahlreichen Dublettmessungen zum Anschluß anderer Isotope und Elemente.

Bei der elektrischen Registrierung von Dubletts mit dem Nierschen doppelfokussierenden Spektrometer ist nur die Kenntnis der Masse der einen Dublettlinie M_2 erforderlich und nicht außerdem die einer Masse M_0 bei einer anderen Massenzahl. Der relative Massenunterschied der beiden Dublettlinien $\dfrac{M_2 - M_1}{M_2}$ ist direkt gleich dem relativen Unterschied $\dfrac{R_1 - R_2}{R_2}$ der Potentiometer-Widerstandseinstellungen R_1, R_2 der Beschleunigungsspannung, bei denen die beiden Linienmitten den Auffängerspalt durchsetzen.

Zahlreiche Ergebnisse photographischer und elektrischer Dublettmessungen sind in den letzten Jahrzehnten gesammelt worden [3], [15], [18], [19]. Jedoch sind zur Zeit noch viele Lücken auszufüllen, besonders seltenere Isotope sind noch nicht erfaßt. Auch mit der Genauigkeit und der Übereinstimmung der Ergebnisse ist es noch nicht immer zum besten bestellt. Selbst bei den leichten Isotopen, z.B. beim ^{12}C, bestanden bis vor kurzem zwischen den Resultaten verschiedener Autoren bedenkliche Diskrepanzen[1-5], die sich aber in jüngster Zeit erheblich verringert haben.

Einige der Fehlerursachen konnten eliminiert werden[1,4], nach weiteren bleibt noch zu suchen. Die Einwirkung kleiner Magnetfeld-Inhomogenitäten kann durch besondere Korrekturen berücksichtigt werden[4,6,7,8].

Auf die Wichtigkeit der Isotopenmassen-Bestimmungen für die gesamte Kernphysik braucht hier nicht näher eingegangen zu werden (vgl. Band XXXVIII dieses Handbuchs). In verschiedenster Hinsicht, so z.B. für die Diskussion der vorgeschlagenen Schalenmodelle der Atomkerne ist es wünschenswert, die Messungen zu größtmöglicher Genauigkeit weiterzutreiben.

Weiterhin sind die hochauflösenden Massenspektrographen zunächst, besonders durch Aston, in vielen Fällen zu Isotopen-Häufigkeitsmessungen verwendet

[1] H. Ewald: Z. Naturforsch. 2a, 384 (1947); 3a, 114 (1948); 6a, 293 (1951).
[2] T. L. Collins, A. O. Nier u. W. H. Johnson: Phys. Rev. 84, 717 (1951). — K. S. Quisenberry, T. T. Scolman u. A. O. Nier: Bull. Amer. Phys. Soc. 30, No. 7, 18 (1955).
[3] K. Ogata u. H. Matsuda: Phys. Rev. 89, 27 (1953).
[4] J. Mattauch u. R. Bieri: Z. Naturforsch. 9a, 303 (1954).
[5] L. G. Smith u. C. C. Damm: Phys. Rev. 90, 324 (1953).
[6] A. Bönisch: Diss. Wien 1939.
[7] H. Ewald: Z. Naturforsch. 5a, 1 (1950).
[8] J. Mattauch u. L. Waldmann: Z. Naturforsch. 8a, 293 (1953).

worden, indem die Häufigkeitszahlen aus den erhaltenen Linienschwärzungen abgeleitet wurden (Ziff. 18, 24) [3], [15][1].

Heute werden aber für diesen Zweck fast ausschließlich die normalen Massenspektrometer verwendet. Andererseits werden den hochauflösenden Massenspektrometern in Zukunft sicher zahlreiche neue Anwendungen, besonders bei chemischen Aufgaben, erwachsen.

IV. Hochfrequenz-Massenspektrometer[2].

30. Allgemeines. In den vorhergehenden Abschnitten sind nur solche Apparate beschrieben, bei denen die Massentrennung durch zeitlich konstante Beschleunigungs- und Ablenkfelder bewirkt wird. Bei den Massenspektrometern wird allerdings das Massenspektrum zur Durchmessung oder Registrierung durch langsame Veränderung eines dieser Felder innerhalb von Minuten über den Auffängerspalt hinweggeführt. Im folgenden soll über Apparate berichtet werden, die im letzten Jahrzehnt mit zunehmendem Erfolg entwickelt worden sind, bei denen die Häufigkeits- und Massenanalysen von Ionenstrahlen, und im Sonderfall der Mikrowellen-Untersuchungen auch diejenigen von neutralen Gasen und Dämpfen, unter Zuhilfenahme von hochfrequenten elektrischen Wechselfeldern erhalten werden[3]. Einige dieser Apparate kleineren Auflösungsvermögens benötigen dabei kein magnetisches Ablenkfeld und zeichnen sich daher durch Billigkeit und kleines Gewicht aus. Andere Apparate erfordern zusätzlich ein solches Magnetfeld, lassen aber dann ein sehr hohes Auflösungsvermögen erreichen. Sie sind deshalb besonders für sehr genaue Isotopenmassen-Bestimmungen geeignet. Die Bestimmungen der relativen Massen werden dabei auf Frequenzvergleiche zurückgeführt, die sich ja sehr genau durchführen lassen.

31. Radiofrequenz-Massenspektrometer von BENNETT. Eine Ausführungsform eines sehr einfachen von BENNETT[4] entwickelten Massenspektrometers sei hier beschrieben (Fig. 59). In einem Glaskolben befindet sich eine Elektronenstoß-Ionisationskammer (Elektronenstrahl a' als punktierte Linie angedeutet) und daran anschließend in 3 Gruppen eine Reihe von parallelen Drahtnetz-Elektroden c bis n und ein Auffänger p. An den Elektroden c, d, f, g, i, j, l, m, liegen feste Gleichspannungen, zwischen der Ionenquelle und d die Beschleunigungsspannung für den konstant fließenden Ionenstrom und an n eine beliebig einstellbare konstante Bremsspannung. An den Elektroden e, h, k liegt ein und dieselbe HF-Spannung variabler Frequenz. In den HF-Feldern zwischen den Elektroden d und f, g und i, j und l erfahren die Ionen zusätzliche Energiegewinne, deren

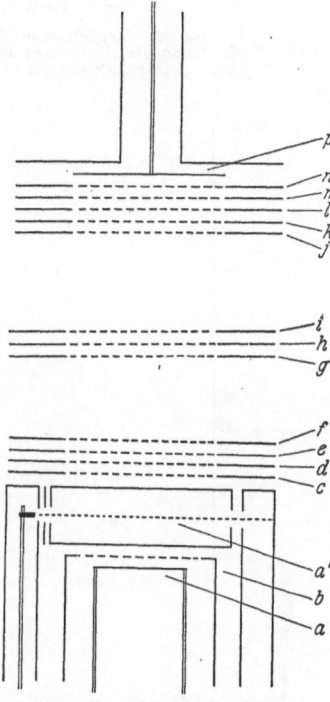

Fig. 59. Das HF-Massenspektrometer von BENNETT.

[1] J. MATTAUCH u. H. EWALD: Z. Physik **122**, 314 (1944).
[2] Im folgenden wird Hochfrequenz wie üblich mit HF abgekürzt.
[3] W. R. SMYTHE u. J. MATTAUCH: Phys. Rev. **40**, 429 (1932).
[4] W. H. BENNETT: J. Appl. Phys. **21**, 143 (1950).

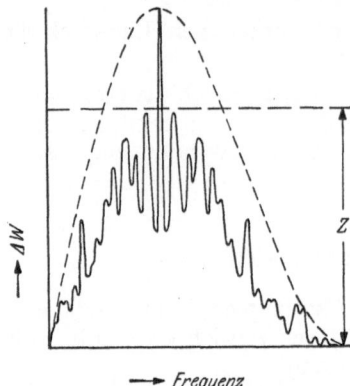

Fig. 60. Energiegewinne für Ionen bestimmter Masse und Energie in Abhängigkeit von der Frequenz.

Größen von den kleinen Elektrodenabständen s, von der Frequenz f, von den Phasen der HF bei Durchtritt der Ionen durch die HF-Elektroden und von den auf der Beschleunigungsstrecke zwischen Ionenquelle und d erlangten Geschwindigkeiten v der Ionen abhängen. Einer bestimmten Geschwindigkeit v entspricht ja bei fester Beschleunigungsspannung V auch eine bestimmte Ionenmasse M gemäß $eV = \frac{1}{2} M m_0 v^2$ (Ziff. 3). Für eine bestimmte Masse sind die Energiegewinne am größten, wenn die Ionen die HF-Strecken bei der Phase 46° betreten und die drei HF-Elektroden bei der Phase 180° durchsetzen; d. h. die Laufzeiten

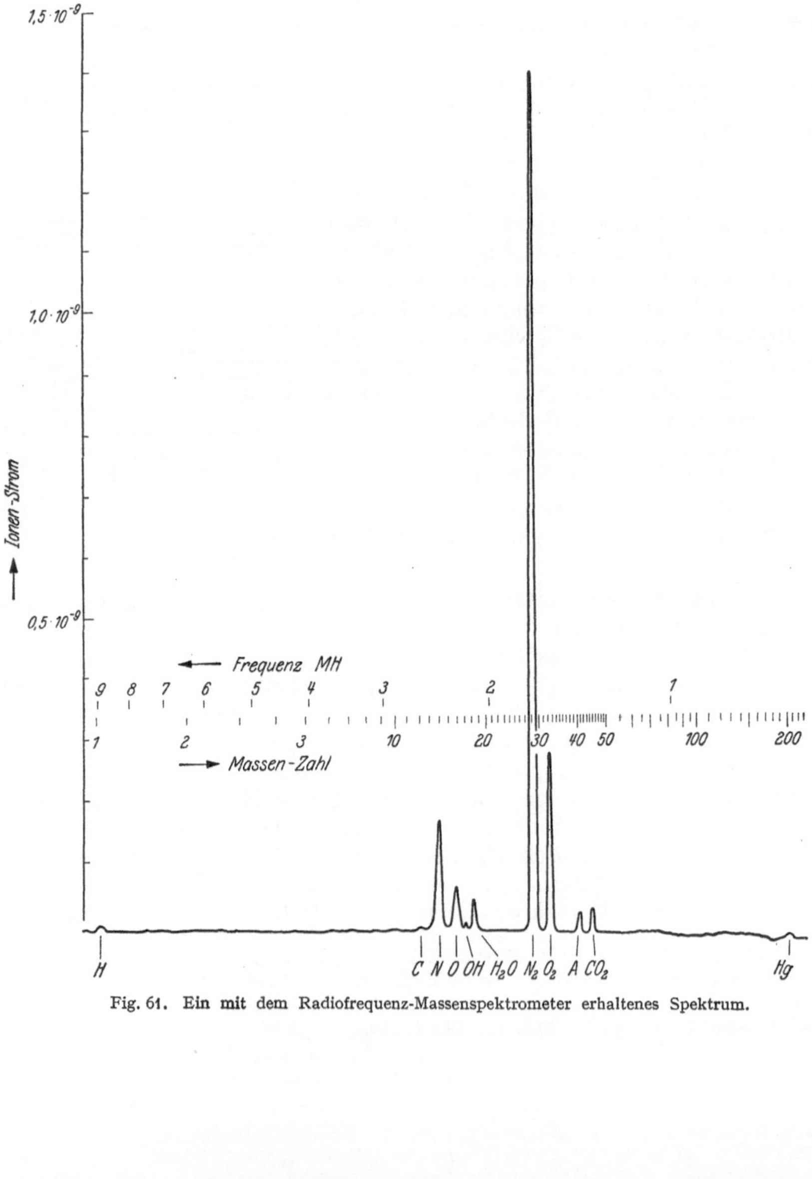

Fig. 61. Ein mit dem Radiofrequenz-Massenspektrometer erhaltenes Spektrum.

zwischen den HF-Elektroden müssen dann ganze Vielfache der HF-Periode betragen. Entsprechend müssen die Abstände dimensioniert sein. Wenn die
HF-Amplituden klein bleiben gegen die Beschleunigungsspannung V, lassen sich
die Energiegewinne näherungsweise berechnen. In Fig. 60 sind für eine bestimmte
Anordnung und eine bestimmte Masse die gesamten Energiegewinne in Abhängigkeit von der Frequenz dargestellt. Aus der Frequenz f des spitzen Maximums
folgt die Ionenmasse mittels der Beziehung

$$M = \frac{0{,}266 \cdot 10^{12} V}{s^2 f^2}.$$ (31.1)

Man wählt nun die Bremsspannung an der Elektrode n so, daß nur die Ionen, die
zu der mittleren scharfen Spitze bei der Frequenz f Anlaß geben, hindurchge-
lassen werden. Die Lage des Bremspotentials ist durch die horizontale gestrichelte
Linie angegeben. Es wird dann am Auffänger in Abhängigkeit von der Frequenz
eine scharfe Massenlinie beobachtet. Wenn die Ionenstrahlen mehrere Ionenarten enthalten, tauchen weitere Linien bei entsprechenden anderen Frequenzen
auf. Fig. 61 zeigt ein auf diese Weise erhaltenes Spektrogramm[1]. Ein solches
Massenspektrometer ist auch gebaut worden als Einbau-Instrument für Raketen
für Untersuchungen der Luftzusammensetzung in der hohen Atmosphäre[2]
(100 bis 160 km Höhe, Druckbereich $8 \cdot 10^{-4}$ bis
$2 \cdot 10^{-6}$ mm Hg). Es wiegt mit allem Zubehör weniger als 50 Pfund und benötigt einen Raum von nur
1,4 Kubik-Fuß.

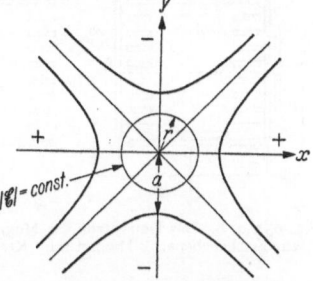

32. Das elektrische Massenfilter.
PAUL und
Mitarbeiter[3,4] betrachten die in Fig. 62 dargestellte Anordnung von 4 Hyperbel-Elektroden, die
in z-Richtung senkrecht zur Zeichenebene eine
nicht zu kleine Länge L hat. An den mit $+$ bezeichneten Elektroden liegt die Spannung
$+\frac{1}{2}(U + V \cos \omega t)$, an den mit $-$ bezeichneten die

Fig. 62. Die Hyperbel-Elektroden des
elektrischen Massenfilters.

Spannung $-\frac{1}{2}(U + V \cos \omega t)$, zwischen zwei benachbarten Elektroden also die Potentialdifferenz $(U + V \cos \omega t)$. Potential und
Betrag der Feldstärke an einem Punkt (x, y) zwischen den Elektroden sind

$$\varphi(x, y, t) = \frac{U + V \cos \omega t}{a^2} \cdot \frac{x^2 - y^2}{2},$$ (32.1)

$$|\mathfrak{E}| = \frac{U + V \cos \omega t}{a^2} \cdot r,$$ (32.2)

wobei a den Abstand der Elektroden von der z-Achse bedeutet und $r = \sqrt{x^2 + y^2}$ ist.
Die Bewegungsgleichungen in den x- und y-Richtungen für Ionen, die mit beliebigen Anfangsbedingungen zwischen die Elektroden geschossen werden, führen
auf eine MATHIEUsche Gleichung (vgl. den Artikel von J. MEIXNER, Ziff. 22, in
Band I dieses Handbuchs) mit den Parametern

$$\lambda = \frac{4 e U}{m a^2 \omega^2}, \qquad q = \frac{4 e V}{m a^2 \omega^2}.$$ (32.3)

Diese Gleichung hat nur in gewissen Bereichen von λ und q, also auch nur in
gewissen Bereichen von m (z. B. von m_1 bis m_2) „stabile" Lösungen, d. h. Lösungen

[1] W. H. BENNETT: In [14], S. 114.
[2] J. W. TOWNSEND: NRL Report 3928, Washington 1952.
[3] W. PAUL u. H. STEINWEDEL: Z. Naturforsch. 8a, 448 (1953).
[4] W. PAUL u. M. RAETHER: Z. Physik 140, 262 (1955).

bei denen x und y für alle Werte von t bestimmte Maximalwerte nicht überschreiten. Außerhalb dieser Stabilitätsbereiche wachsen die allgemeinen Lösungen
exponentiell mit ωt an, d.h. die betreffenden Ionen werden schon nach kurzer
Zeit auf die Elektroden fliegen. Die Anordnung wirkt als Massenfilter, das Ionen
im Massenbereich m_1 bis m_2 in z-Richtung hindurch läßt, alle anderen Massen aber
gegen die Elektroden zieht.

Im tiefsten Stabilitätsbereich der Mathieuschen Gleichung existieren zwei
Grenzfälle. Bei $U = 0$ ist $m_1 = 2,2 \dfrac{eV}{a^2 \omega^2}$ und $m_2 = \infty$, d.h. es werden alle Massen
$m > m_1$ durchgelassen. Bei $U = 0,17 V$ ist $m_1 = m_2 = 2,85 \dfrac{eV}{a^2 \omega^2}$, es wird also nur
diese Masse durchgelassen $\left(\text{Beispiel: } a = 1 \text{ cm}, \ V = 1500 \text{ Volt}, \ U = 256 \text{ Volt},\right.$
$\left. m_1 = m_2 = 1,6 \cdot 10^{-22} \text{g} = 100 \text{ ME}, \ \dfrac{\omega}{2\pi} = 1 \text{ MHz}\right)$. Man kann also den Durchlaß-
bereich leicht durch Verändern des Verhältnisses U/V variieren. Das Auflösungs-
vermögen ist unabhängig von Richtung und Betrag der Anfangsgeschwindigkeit
der Ionen, also von der Energie-Homogenität der Ionen und von der Bündelbreite. Paul und Mit-
arbeiter[1] haben ein solches Massenspektrome-
ter erprobt, indem sie
die   Hyperbel-Elektro-
den durch Zylinderrohre
angenähert haben, und
haben damit die Auf-
lösung 250 erreicht.

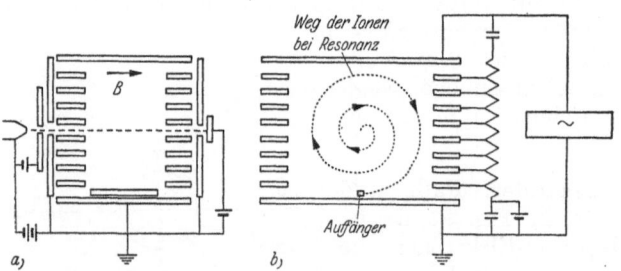

Fig. 63a u. b. Das Omegatron. a Magnetische Kraftlinien horizontal parallel
zur Zeichenebene. b Magnetische Kraftlinien senkrecht zur Zeichenebene.

33. Das Omegatron.

Unter diesem Namen
wurde von Hipple, Som-
mer und Thomas[2] ein kleiner cyclotronähnlicher Apparat als hochauflösendes Massenspektrometer gebaut (Fig. 63). In einem homogenen Magnetfeld befindet sich
ein HF-Kondensator mit den Platten parallel zu den magnetischen Kraftlinien.
Plattengröße und -abstand sind 3×5 cm bzw. 2 cm. Schutzringe zwischen
den Kondensatorplatten dienen der Homogenisierung des Kondensatorfeldes. In
der Mitte des Kondensatorraumes wird parallel zu den magnetischen Kraftlinien
ein feines Elektronenbündel zur Ionisierung der zugeführten geringen Gasmengen
eingeschossen. Wenn die Kreisfrequenz ω des HF-Feldes $E = E_0 \sin \omega t$ etwa
gleich ist der geschwindigkeits-unabhängigen Cyclotron-Umlaufsfrequenz

$$\omega_c = 2\pi f_c = \frac{eH}{mc} \qquad (33.1)$$

von Ionen der Masse m und Ladung e im homogenen Feld H, werden die gebildeten Ionen mit der Winkelgeschwindigkeit $\dfrac{\omega + \omega_c}{2}$ auf Spiralbahnen nach außen
beschleunigt. Mit $\varepsilon = |\omega - \omega_c| \ll \omega_c$ folgt für die Zeitabhängigkeit des Radius
dieser Bahnbewegung

$$r = \frac{E_0 c}{H \varepsilon} \cdot \sin \frac{\varepsilon t}{2} . \qquad (33.2)$$

---

[1] W. Paul u. M. Raether: Z. Physik 140, 262 (1955).
[2] J. A. Hipple, H. Sommer u. H. A. Thomas: Rev. Phys. 76, 1877 (1949); 78, 332 (1950); 82, 697 (1951).

Für $\varepsilon \to 0$ gibt das $r = \dfrac{E_0 c}{2H} \cdot t$; bei Resonanz steigt also der Radius linear mit der Zeit an.

Für $\varepsilon \neq 0$ erreichen die Ionen nur einen maximalen Radius

$$r_m = \frac{c E_0}{H \varepsilon}, \qquad (33.3)$$

nämlich dann, wenn sie um $\pm 90°$ aus der Phase gefallen sind. Danach werden sie wieder bis zur Geschwindigkeit Null verlangsamt und spiralen dabei wieder nach innen. Der Bahnradius eines solchen Ions oszilliert also zwischen den Werten 0 und r_m. Im Abstand R_0 von der Mitte ist nun ein Auffänger angebracht. Für $r_m < R_0$ erreicht das betreffende Ion niemals den Auffänger. Es gibt aber kritische Werte von ε

$$\varepsilon = \varepsilon' = \frac{c E_0}{R_0 H}, \qquad (33.4)$$

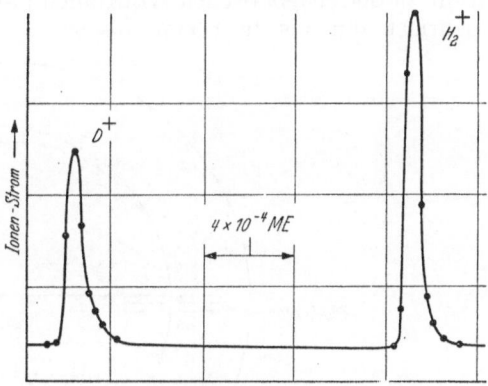

Fig. 64. Das Dublett $H_2^+ - D^+$, mit dem Omegatron aufgenommen.

für die gerade $r_m = R_0$ ist. Im Frequenzintervall $\omega_c - \varepsilon' < \omega < \omega_c + \varepsilon'$ trifft der Strom der Ionen dieser Masse auf den Auffänger und kann also beim Hindurchgehen durch das Resonanzgebiet (durch Verändern von ω oder H) als Massenlinie mit dem Maximum bei $\omega = \omega_c$ gemessen und aufgezeichnet werden. Verschiedenen Massen entsprechen nach (33.1) verschiedene ω_c-Werte, die zugehörigen Linien erscheinen also bei verschiedenen Resonanzfrequenzen oder -feldstärken. Aus den Resonanzfrequenzen oder -feldstärken kann man nach (33.1) direkt auf das Massenverhältnis zweier Ionenarten schließen. Für das erreichbare Auflösungsvermögen ergibt sich

$$\frac{m}{\Delta m} = \frac{\omega_c}{2\varepsilon'}. \qquad (33.5)$$

HIPPLE und Mitarbeiter konnten mit ihrer kleinen Versuchsapparatur das Dublett $H_2^+ - D^+$ mit dem Auflösungsvermögen 35 000 aufnehmen (Fig. 64). Sie berichteten dabei auch von gewissen Schwierigkeiten, die auf Raumladungswirkungen zurückgehen und die zu kleinen Verschiebungen der effektiven Resonanz-Frequenzen führen. Darauf mag es auch zurückzuführen sein, daß mit dem Omegatron bisher weiter keine Dublettmessungen ausgeführt wurden.

Jedoch wurden solche Apparate an verschiedenen Stellen für Ionenhäufigkeits-Messungen eingesetzt. Besonders interessant ist die Verwendung eines Omegatrons in einer Höchstvakuumapparatur aus Glas zwecks Analyse der Restgase. ALPERT und BURITZ[1] konnten damit zeigen, daß Helium aus der umgebenden Atmosphäre durch das Glas in den Vakuumraum hineindiffundierte und so das erreichbare Endvakuum auf etwa $5 \cdot 10^{-11}$ Torr begrenzte.

Eine nähere Diskussion der Ionenbahnen im Omegatron wurde von BERRY[2] gegeben.

[1] D. ALPERT u. R. S. BURITZ: J. Appl. Phys. **25**, 202 (1954).
[2] C. E. BERRY: J. Appl. Phys. **25**, 28 (1954).

34. Laufzeitspektrometer und Massensynchrometer. Nach Stephens[1] und Cameron und Eggers[2] kann man auch die Massenabhängigkeit der Laufzeiten von kurzzeitigen Ionenimpulsen zur Massenspektrometrie benutzen. Von Goudsmit und Mitarbeitern und anderen[3] wurden Anordnungen vorgeschlagen und erprobt, die es gestatten, die Umlaufzeiten von solchen Ionenimpulsen in homogenen Magnetfeldern zu messen und daraus nach (33.1) auf die relativen Ionenmassen zu schließen. Bei dem Apparat von Goudsmit und Mitarbeitern sind Ionenquelle und Auffänger in Richtung der Kraftlinien um 12 cm gegeneinander versetzt angeordnet. Die Ionen laufen zum Teil nur annähernd senkrecht zu den magnetischen Kraftlinien auf Spiralbahnen mit kleinen Ganghöhen mehrfach um, bis zu 12mal, bis sie den Auffänger erreichen. Die Laufzeiten

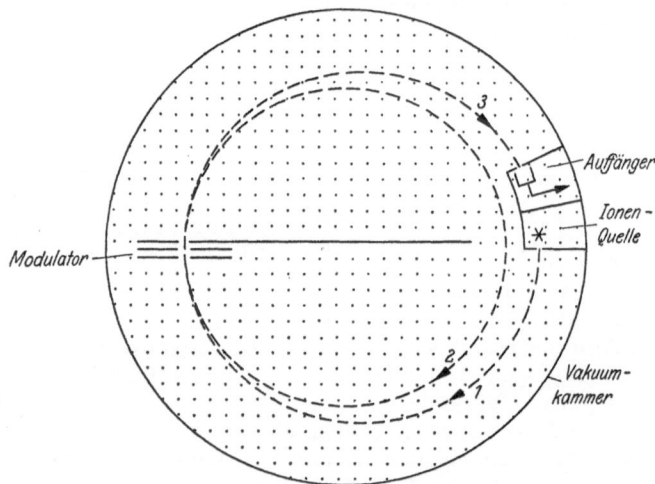

Fig. 65. Das Massensynchrometer.

werden oszillographisch gemessen. Da die verwendete gepulste Ionenquelle Ionen gleichen Impulses aussendet, ist das gesuchte Massenverhältnis zweier Ionenarten gleich dem Verhältnis ihrer Laufzeiten. Goudsmit und Mitarbeiter konnten auf diese Weise eine Anzahl Isotopen-Massenbestimmungen auf etwa 0,002 ME genau durchführen.

Als besonders erfolgreich hat sich ein von L. G. Smith[4] unter dem Namen Massen-Synchrometer entwickelter Apparat erwiesen, dessen eine Ausführung hier beschrieben werden soll. In einem homogenen Magnetfeld befindet sich eine flache Vakuumkammer (Fig. 65) und darin am Rande eine Ionenquelle, die einen kontinuierlichen Strom von energiehomogenen Ionen (etwa 1000 eV) in azimutaler Richtung aussendet. Die Ionen eines kleinen Massenbereiches durchsetzen nach 180° Ablenkung drei Spalte in einem aus drei Platten bestehenden Modulator, wobei die äußeren Platten geerdet sind, während an die mittlere Platte eine Hochfrequenzspannung von größenordnungsmäßig 100 Volt Amplitude einstellbarer Frequenz (um 10 MHz) angelegt ist. Die Ionen erfahren in dieser Modulationsstrecke Energieänderungen, die von ihrer Masse und von der Phase

[1] W. E. Stephens: Phys. Rev. **69**, 691 (1946). — M. M. Wolff u. W. E. Stephens: Rev. Sci. Instrum. **24**, 616 (1953).

[2] E. A. Cameron u. D. F. Eggers: Rev. Sci. Instrum. **19**, 605 (1948).

[3] S. A. Goudsmit u. Mitarb.: Phys. Rev. **74**, 622 (1948); **84**, 824 (1951); **85**, 630, 1065 (1952); s. auch in [*14*], S. 115. — J. A. Hipple u. H. A. Thomas: Phys. Rev. **75**, 1616 (1949).

[4] L. G. Smith: In [*14*], S. 117. — L. G. Smith u. C. C. Damm: Phys. Rev. **90**, 324 (1953). — L. G. Smith: Third Annual Meeting on Mass Spectrometry, 22.—27. Mai 1955, San Francisco.

der Hochfrequenz im Moment des Durchtrittes durch den Modulator abhängen. Sie beschreiben daher nach Austritt aus dem Modulator Bahnen, deren Krümmungsradien in einem weiten Bereich verteilt sind. Sie können daher nach weiteren 180° Ablenkung zu einem erheblichen Anteil innen an der Ionenquelle vorbeilaufen und nach 360° Ablenkung wieder in den Spalten des Modulators zur exakten Richtungsfokussierung und für eine bestimmte Masse auch zur zeitlichen Fokussierung gebracht werden. Die Frequenz des Umlaufes ist nach (33.1) nur von der Masse, aber nicht von der Energie der Ionen abhängig. Wenn die Ionen der bestimmten Masse bei ihrem zweiten Durchtritt durch den Modulator genau die um 180° entgegengesetzte Phase des HF-Feldes antreffen, wird die ihnen beim ersten Durchtritt erteilte Energiemodulation wieder rückgängig gemacht. Sie laufen daher von da an wieder auf der Fortsetzung ihrer anfänglichen Bahn und mit dem anfänglichen Krümmungsradius weiter und fallen genau hinter der Ionenquelle durch den Spalt eines Auffängers. Dies ist erfüllt, wenn die Periodendauer $T_c = \dfrac{1}{f_c}$ des Umlaufes gleich ist dem $\left(n + \dfrac{1}{2}\right)$-fachen der Periodendauer $T = \dfrac{1}{f} = \dfrac{2\pi}{\omega}$ der Hochfrequenz. Aus (33.1) folgt $T_c = 652\,M/H\,\mu\mathrm{sec}$, wobei M in Atomgewichts-Einheiten und H in Gauß einzusetzen ist. Aus der Gleichsetzung ergibt sich

$$f = \left(n + \frac{1}{2}\right) \cdot \frac{10^6 H}{652\,M}, \qquad (34.1)$$

z. B. für $n = 100$, $H = 2000$ Gß, $M = 100$ ME muß f ungefähr gleich 3 MHz sein. Durch Verändern der Frequenz kann man die Linien eines Dubletts als scharfe Maxima des Auffängerstromes ausmessen. Das Massenverhältnis folgt dann ohne weiteres aus den Frequenzlagen der Linienmaxima. Das theoretische Auflösungsvermögen dieser Anordnung ist nach SMITH

$$A = \frac{n + \dfrac{1}{2}}{\dfrac{1}{3} \cdot \dfrac{s}{\varDelta D}}, \qquad (34.2)$$

wobei s die Eintritts-Spaltweite und $\varDelta D$ die Durchmesservariation der an der Ionenquelle vorbeilaufenden Ionenbahnen bedeuten. Zum Beispiel mit $n = 100$, $s = 1$ mm, $\varDelta D = 25$ mm wird $A = 7500$. SMITH und DAMM haben mit dieser Anordnung Dublettmessungen durchgeführt, deren Genauigkeit nach den angegebenen Fehlergrößen die der mit den bisher besten doppelfokussierenden Apparaten erhaltenen Ergebnisse etwas übertrifft [19]. Sie erreichen dies, indem sie die Dublettlinien auf dem Schirm eines Kathodenstrahl-Oszillographen durch entsprechende Frequenzmodulation sichtbar machen. Durch eine zusätzliche, alternierend vorgenommene Frequenzänderung um einen bestimmten Betrag $\varDelta f$ können bei gleichzeitiger Abstimmung der Meßempfindlichkeit beide Linien genau zur Deckung gebracht werden. Aus f und $f + \varDelta f$ folgt dann nach (34.1) das Verhältnis der Massen M und $M + \varDelta M$.

35. Cycloiden-Laufzeitspektrometer. HIPPLE und SOMMER[1] benutzten ein Cycloiden-Spektrometer (Ziff. 27) als Laufzeitspektrometer. Es ist bekannt, daß die Umlaufzeit der Ionen pro Cycloiden-Periode gleich der Cyclotron-Umlaufzeit $T_c = \dfrac{2\pi}{\omega_c}$ ist, wobei für ω_c (33.1) einzusetzen ist. Die elektrische Feldstärke geht

---

[1] J. A. HIPPLE u. H. SOMMER: In [14], S. 123.

dabei also nicht ein. HIPPLE und SOMMER verwendeten einen großen Apparat von 225×48 cm Polschuhfläche (Fig. 66), in dem die Ionen einer bestimmten Masse mehr als 5 ganze Cycloiden-Perioden durchlaufen können. Sie ordneten in der Gegend der ersten und fünften Fokussierungsstelle kleine HF-Kondensatoren mit der Feldrichtung parallel zu den magnetischen Kraftlinien an, durch die die Ionen hindurchfliegen müssen. Im allgemeinen erfahren die Ionen durch diese HF-Felder Ablenkungen aus der Mittelebene heraus und gegen die Polschuhe, so daß sie für die Messung mit dem Auffänger am Ende des Feldes ausfallen. Nur diejenigen Ionen, welche beide Kondensatoren, an denen dieselbe

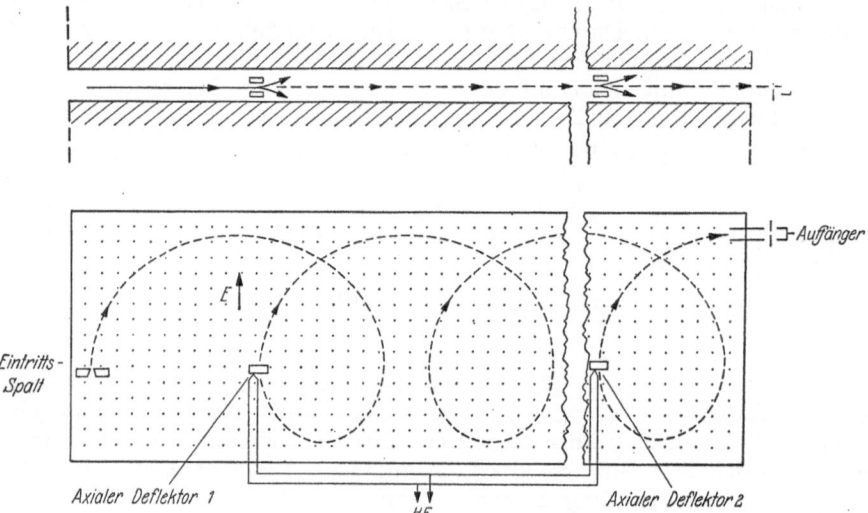

Fig. 66. Das Cycloiden-Laufzeitspektrometer.

HF-Spannung liegt, ziemlich genau während zweier Nullphasen-Durchgänge passieren, können den Auffänger erreichen. Das ist möglich, wenn die Laufzeit zwischen den Kondensatoren gleich ist einem ganzzahligen Vielfachen der halben HF-Periode. Das gibt für die Hochfrequenz f die Bedingung

$$f = \frac{n}{2N} f_c = \frac{n}{4\pi N} \cdot \frac{eH}{mc}, \qquad (35.1)$$

wobei n eine ganze Zahl, N die Zahl der Cycloiden-Perioden zwischen den Kondensatoren und f_c die durch (33.1) gegebene Cyclotron-Umlaufsfrequenz bedeuten. HIPPLE und SOMMER haben bei den ersten Versuchen mit diesem Apparat mit $n = 270$ und $N = 4$ und Flugzeiten von 100 µsec zwischen den Kondensatoren die Auflösung 12000 erreicht.

36. Verwendung von Mikrowellen-Spektrographen zu Isotopen-Massenbestimmungen. Die mit optischen Spektrographen beobachteten Isotopieverschiebungen von Spektrallinien gestatten im Prinzip ebenfalls die Bestimmung der Isotopenzusammensetzung von Elementen und der Isotopenmassen. Die Genauigkeit solcher Messungen ist aber im allgemeinen nicht mit der massenspektroskopisch erreichbaren vergleichbar. In den letzten Jahren ist es jedoch möglich geworden, aus Bestimmungen der Rotationsübergänge von isotopen Molekülen mit Hilfe von Mikrowellen-Spektrographen recht genaue Massenwerte von Isotopen abzuleiten[1,2]. Am besten geht das an zwei-atomigen Molekülen, gut auch noch an linearen dreiatomigen, weniger gut jedoch an komplizierteren Molekülen.

Für zwei-atomige, chemisch identische, isotope Moleküle mit den Atommassen m_1, m_2 bzw. m_1', m_2 ist das Verhältnis der reduzierten Massen $\mu' = \dfrac{m_1' \cdot m_2}{m_1' + m_2}$ und $\mu = \dfrac{m_1\, m_2}{m_1 + m_2}$ gleich dem umgekehrten Verhältnis der Gleichgewichtswerte der zugehörigen Rotationskonstanten $B_e' = h/(8\pi^2\mu' r_e^2)$ und $B_e = h/(8\pi^2\mu r_e^2)$

$$\mu'/\mu = B_e/B_e'. \tag{36.1}$$

Hierbei bedeutet r_e den Gleichgewichtsabstand der beiden Atome. B_e und ebenso auch B_e', die ja ziemlich genau den halben Wellenzahlabstand benachbarter Rotationslinien der betreffenden Moleküle angeben, lassen sich ermitteln, wenn jeweils 2 Rotationslinien des Schwingungs-Grundzustandes und 2 Rotationslinien eines angeregten Schwingungszustandes ausmeßbar sind. Auch wenn für eine der beiden isotopen Molekelarten Rotationslinien eines angeregten Schwingungszustandes nicht ausmeßbar sind, läßt sich das Massenverhältnis noch ermitteln. Aus μ'/μ läßt sich dann das Verhältnis m_1'/m_1 errechnen.

Bei drei-atomigen linearen Molekülen müssen schon die in drei isotopen Molekülen (m_1, m_2, m_3), (m_1', m_2, m_3) und (m_1'', m_2, m_3) enthaltenen Einzelmassen m_1', m_1'', m_2, m_3 bekannt sein, um die Masse m_1 zu ermitteln. Mit hinreichender Genauigkeit kann das unter Vernachlässigung der Nullpunktsschwingungen geschehen mit Hilfe der Beziehung

$$\frac{m_1 - m_1''}{m_1 - m_1'} = \frac{B_0'}{B_0''} \cdot \frac{B_0'' - B_0}{B_0' - B_0} \cdot \frac{m_1'' + m_2 + m_3}{m_1' + m_2 + m_3}, \tag{36.2}$$

wobei B_0, B_0', B_0'' die aus den Messungen zu entnehmenden Werte der Rotationskonstanten für den Schwingungs-Grundzustand bedeuten. Auf diese Weise hat man z. B. die Masse von ^{35}S an einer OCS-Probe, die weniger als 1 mg ^{35}S enthielt, bestimmen können[3]. Auch an mehr als drei-atomigen isotopen Molekülen sind Bestimmungen relativer Isotopenmassen vorgenommen worden[1,2].

Literatur.

Bücher, zusammenfassende Artikel und Tabellen.

[1] THOMSON, J. J.: Rays of positive electricity and their application to chemical analyses. London: Longmans & Green 1913.

[2] WIEN, W.: Kanalstrahlen. In Handbuch der Experimentalphysik, Bd. 14, S. 433. 1927.

[3] ASTON, F. W.: Mass spectra and isotopes, 2. Aufl. London 1942.

[4] RÜCHARDT, E.: Durchgang von Kanalstrahlen durch Materie. In Handbuch der Physik, Bd. XXII/2, S. 75. 1933.

[5] MATTAUCH, J.: Massenspektrographie und ihre Anwendung auf Probleme der Atom- und Kernchemie. Ergebn. exakt. Naturwiss. **19**, 170 (1940).

[6] BAINBRIDGE, K. T.: In Rapports et discussions sur les isotopes, 7th Solvay Congress in Chemistry, Sept. 1947, S. 55. Brüssel: R. Stoops 1948.

[7] INGHRAM, M. G.: In Advances in Electronics, herausgeg. von L. MARTON, S. 219. New York 1948.

[8] HIPPLE, J. A.: Applications of the mass spectrometer. In Recent advances in analytical chemistry. New York u. London 1949.

---

[1] S. GESCHWIND, G. R. GÜNTHER-MOHR, C. H. TOWNES: Determination of Atomic Masses by Microwave Spectroscopy. Rev. Mod. Phys. **25**, 444 (1954). Vgl. auch den Beitrag von S. GESCHWIND in Bd. XXXVIII dieses Handbuchs.

[2] W. GORDY, W. V. SMITH u. R. F. TRAMBARULO: Microwave Spectroscopy. S. 275. New York u. London 1953.

[3] T. WENTINK, W. S. KOSKI u. V. W. COHEN: Phys. Rev. **81**, 948 (1951).

[9] THODE, H. G.: Variations in abundances of isotopes in nature. Research 2, 154 (1949).
[10] WASHBURN, H. W.: Mass spectrometry. In Physical methods in chemical analysis, Bd. I. New York 1950.
[11] Catalog of mass spectral data. Amer. Petrol. Inst. Res. Proj. 44 (Nat. Bur. of Stand., Washington).
[12] BAINBRIDGE, K. T., u. A. O. NIER: Relative isotopic abundances of the elements. Nat. Res. Counc. Prelim. Rep. No. 9, 1950.
[13] MAYNE, K. I.: In Reports on progress in physics 15, 24 (1952).
[14] Mass spectroscopy in physics research, Symposium on mass spectrometry at the Nat. Bur. of Standards on Sept. 6—8, 1951, herausgeg. von J. A. HIPPLE. Washington 1953.
[15] EWALD, H., u. H. HINTENBERGER: Methoden und Anwendungen der Massenspektroskopie. Weinheim 1953.
[16] BARNARD, G. P.: Modern mass spectrometry. London 1953.
[17] Applied mass spectrometry, Report of a conference hold in London 29.—31. October 1953. The Institute of Petroleum, London 1954.
[18] BAINBRIDGE, K. T.: In Experimental Nuclear Physics, Bd. I, herausgeg. von E. SEGRÈ, J. Wiley & Sons. New York 1953.
[19] DUCKWORTH, H. E., B. G. HOGG u. E. M. PENNINGTON: Mass Spectroscopic Atomic Mass Differences. Rev. Mod. Phys. 26, 463 (1954).
[19a] INGHRAM, M. G., u. R. J. HAYDEN: Mass Spectroscopy, Nuclear Science Series, Rep. No. 14, Nat. Res. Counc., Washington 1954.
[19b] K. RANKAMA: Isotope Geology, London: Pergamon Press 1954.

Original-Arbeiten:

[20] HENNEBERG, W.: Ann. Phys. 19, 335 (1934).
[21] HERZOG, R.: Z. Physik 89, 447 (1934).
[22] NIER, A. O.: Rev. Sci. Instrum. 11, 212 (1940).
[23] NIER, A. O.: Rev. Sci. Instrum. 18, 398 (1947).
[24] GRAHAM, R. L., A. L. HARKNESS and H. G. THODE: J. Sci. Instrum. 24, 119 (1947).
[25] McKINNEY, C. R., J. M. McCREA, S. EPSTEIN, H. A. ALLEN and H. C. UREY: Rev. Sci. Instrum. 21, 724 (1950).
[26] WASHBURN, H. W., H. F. WILEY and S. M. ROCK: Ind. Engng. Chem. 15, 541 (1943).
[27] WASHBURN, H. W., H. F. WILEY, S. M. ROCK and C. E. BERRY: Ind. Engng. Chem. 17, 74 (1945).
[28] DEMPSTER, A. J.: Proc. Amer. Phil. Soc. 75, 755 (1935).
[29] BAINBRIDGE, K. T., and E. B. JORDAN: Phys. Rev. 50, 282 (1936).
[30] MATTAUCH, J.: Ber. Akad. Wiss. Wien, math.-nat. Kl. IIa 145, 461 (1936).
[31] BARBER, N. F.: Proc. Leeds Phil. Soc. 2, 427 (1933).
[32] STEPHENS, W. E.: Phys. Rev. 45, 513 (1934).
[33] HUGHES, A. L., u. V. ROJANSKY: Phys. Rev. 34, 284 (1929).
[34] MATTAUCH, J., u. R. HERZOG: Z. Physik 89, 786 (1934). — Ann. Phys. 19, 358 (1934).
[35] HERZOG, R., u. V. HAUK: Z. Physik 108, 609 (1938). — Ann. Phys. 33, 89 (1938).

Beta-Ray Spectroscopes.

By

T. R. GERHOLM[1].

With 64 Figures.

I. Introduction.

1. Beta- and gamma-ray spectroscopy. The term beta-ray spectroscopy is generally used to cover a wide variety of investigations, all of which are in some way related to the study of beta-decay of radioactive nuclei. These may be roughly divided into three groups:

1. Detailed studies of nuclear disintegrations and construction of nuclear decay schemes,

2. Investigations of nuclear structure,

3. Study of nuclear forces.

The last ten years have seen a rapid development in the apparatus and techniques used in these experiments. We now have at our disposal, apart from the various types of beta-ray spectrographs and spectrometers, a great number of relatively new instruments, such as scintillation spectrometers, proportional counters and gamma-ray diffraction spectrometers. In addition, methods have been devised for measuring angular correlations, the very short lifetimes of excited nuclear levels etc. Experiments such as those concerning neutrino recoil, nuclear resonance scattering and the study of certain nuclear properties by means of nuclear systems oriented at very low temperatures may all be regarded as coming within the field of beta- and gamma-ray spectroscopy.

A survey of the whole of this field is beyond the scope of the present chapter and the reader is referred to volumes XLI, XLII and XLV of this Encyclopedia, where theory and experiments are extensively treated.

In the following we will restrict ourselves to a consideration of some of the experimental problems involved in the analysis of beta- and gamma-ray spectra by means of *beta-ray spectrometers* or *spectrographs*.

2. Different types of instrument. Soon after the discovery of radioactivity it was found that the alpha- and beta-radiations consisted of charged particles, and it was realized that deflection in a magnetic field provided a simple method of measuring their energies, since the curvature of the trajectory of such a particle moving in a magnetic field depends on its momentum. Nearly all beta-ray spectroscopes as we know them to-day employ this principle, and they may be classified into two fairly distinct groups: *flat* spectroscopes, in which the central points of the source and detector are in a plane which is perpendicular to the magnetic field, and *lens* spectroscopes, in which they are both located on the

---

[1] The author is much indebted to Professor KAI SIEGBAHN for valuable advice and information about some of the topics treated in this contribution to the Encyclopedia of Physics.

Further, my sincere thanks are due to Dr. JOHN McDONELL, who has carefully corrected the language and made several valuable suggestions.

axis of symmetry of the field. It should also be mentioned that beta-ray spectroscopes are usually described as *spectrometers* or *spectrographs*, according to whether the detector used is a counter or a photographic plate.

We shall consider first the flat spectroscopes. The first instrument of this type was that of v. Baeyer and Hahn[1], who employed the *direct deflection method* (Fig. 1). In an evacuated chamber, beta-rays from the source S pass through a narrow slit A and are recorded on a photographic plate P. When a uniform magnetic field B is applied perpendicular to the plane of the figure, the electrons are registered at P_1. The distance PP_1 is a measure of their momentum. In this simple way v. Baeyer, Hahn and Meitner discovered definite lines in the beta-ray spectrum.

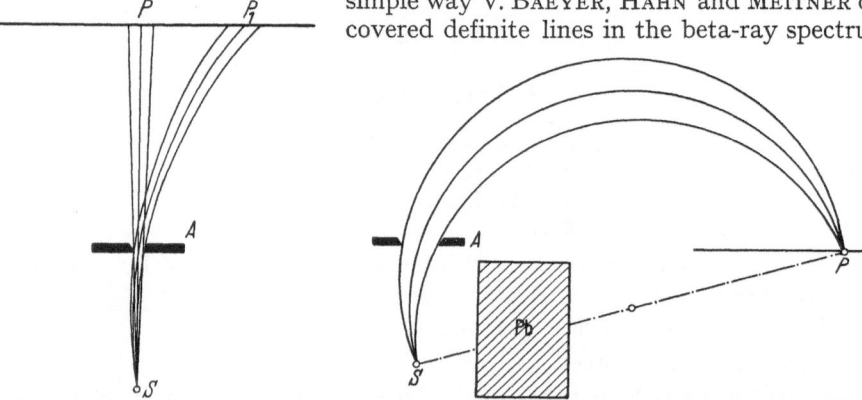

Fig. 1. The direct deflection method.   Fig. 2. The semicircular focusing principle.

An important development was made when Danysz[2] (1914) introduced the *semicircular focusing* principle (Fig. 2). This method is closely related to the *direct deflection* method as is realized from a comparison between Fig. 1 and Fig. 2. For simple geometrical reasons there will be a "focusing" of the electrons after 180° as shown in Fig. 2.

The semicircular focusing principle was employed by Rutherford and Robinson[3] and later by Ellis[4] and Meitner[5] who discovered that the energy differences between certain lines in beta-spectra were equal to the differences in binding energies of the electron shells of the daughter atoms. This was the first evidence of what is now known as internal conversion.

A further development came in 1914 when Chadwick[6] replaced the photographic plate by a point counter. In this way he was able to record the focused beta particles *individually*, and with the aid of this *spectrometer* he discovered the continous beta-ray spectrum.

The semicircular focusing spectrometer is characterised by a high resolving power, and with minor modifications it is still frequently used in beta-ray spectroscopy.

Starting from this device various instruments have been developed using magnetic fields "shaped" in different ways. One of those most directly related to the semicircular focusing instrument is the *third order focusing spectrometer*

[1] O. v. Baeyer and O. Hahn: Phys. Z. **11**, 488 (1910). — O. v. Baeyer, O. Hahn and L. Meitner: Phys. Z. **12**, 273, 378 (1911); **13**, 264 (1912).
[2] J. Danysz: C. R. Acad. Sci. Paris **153**, 339, 1066 (1911). — Le Radium **9**, 1 (1912); **10**, 4 (1913).
[3] E. Rutherford and H. Robinson: Phil. Mag. (6) **26**, 717 (1913).
[4] C. D. Ellis: Proc. Roy. Soc. Lond., Ser. A **99**, 261 (1921).
[5] L. Meitner: Z. Physik **9**, 131 (1922); **11**, 35 (1922); **17**, 54 (1923).
[6] J. Chadwick: Verh. dtsch. physik. Ges. **16**, 383 (1914).

(cf. Sect. 6), which may be described as a semicircular focusing spectroscope in which the spherical aberration is reduced by means of a suitably shaped field. Another type belonging to this group is the *double focusing spectrometer* of SIEG-BAHN and SVARTHOLM[1] (cf. Sect. 7). In this instrument the choice of a certain field gradient gives axial as well as radial focusing.

Certain spectroscopes in which the source and the detector are located *outside* the magnetic field come within this group. In this case another degree of freedom is introduced, i.e. the pro-files of the magnet pole pieces.

An entirely different type of beta-ray spectro-meters was suggested by KAPITZA[2] in 1924. In an axially symmetric mag-netic field, electrons leav-ing a point on the axis will return to the axis again and it is possible to make use of this fact to obtain some degree of focusing. Consider, for example, a homogenous field (Fig. 3). An electron emitted from the source S will describe a helical

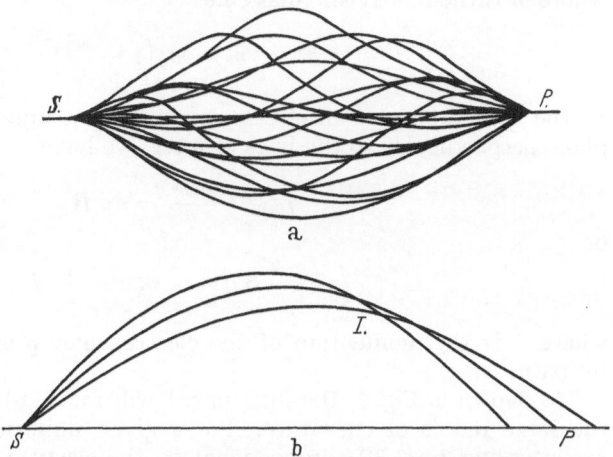

Fig. 3a and b. a Focusing of electrons in solenoidal magnetic field. b The spherical aberration in a solenoidal magnetic field.

path and return to the axis at the "focus" P. For a given distance SP and for a given direction of emission, only electrons of a single momentum, depending on the value of the field strength B, will be focused at P. The first instrument of this type was built by TRICKER[3].

As is shown in Fig. 3b electrons with different angles of emission are not focused at exactly the same point. A "caustic" will appear, and this effect is referred to as spherical aberration. An improvement was made by WITCHER[4] who introduced an annular slit at I. This has the effect of increasing the resolving power for a given transmission.

All axially symmetric fields have focusing properties similar to those of the solenoidal field. Several different types of lens spectrometers have been developed, such as the *short lens* spectrometer (KLEMPERER[5], DEUTSCH, ELLIOTT and EVANS[6], SIEGBAHN[7]), and the *long lens* spectrometer (SIEGBAHN[8]).

Lens spectrometers are generally used when there is need for high trans-mission. In this respect a particularly interesting instrument belonging to this group is the so-called *intermediate image* spectrometer (see Sect. 14).

The focusing properties of *electrostatic* fields have been studied but so far they have been used very little, and only for low energy electrons (see Sect. 16).

---
[1] N. SVARTHOLM and K. SIEGBAHN: Ark. Mat. Astronom. Fys., Ser. A **33**, No. 21 (1946). — K. SIEGBAHN and N. SVARTHOLM: Nature, Lond. **157**, 872 (1946).

[2] P. KAPITZA: Proc. Cambridge Phil. Soc. **22**, 454 (1924).

[3] R. A. R. TRICKER: Cambridge Phil. Soc. **22**, 454, 474 (1924/25).

[4] C. M. WITCHER: Phys. Rev. **60**, 32 (1941). — S. FRANKEL: Phys. Rev. **73**, 804 (1948).

[5] O. KLEMPERER: Phil. Mag. **20**, 545 (1935).

[6] M. DEUTSCH, L. G. ELLIOTT and R. D. EVANS: Rev. Sci. Instrum. **15**, 178 (1944).

[7] K. SIEGBAHN: Ark. Mat. Astronom. Fys., Ser. A **28**, No. 17 (1942).

[8] K. SIEGBAHN: Ark. Mat. Astronom. Fys., Ser. A **30**, No. 1 (1943).

II. Fundamental principles of beta-ray spectroscopy.

3. Basic formulae. An electron charge[†] e having a velocity $\boldsymbol{v}$ moves in a magnetic field $\boldsymbol{B}$, according to the relativistic equation of motion

$$\frac{d}{dt}(m\,\boldsymbol{v}) = e\,\boldsymbol{v} \times \boldsymbol{B} \tag{3.1}$$

where m is the relativistic mass, i.e.

$$m = m_0\left(1 - \frac{v^2}{c^2}\right)^{-\frac{1}{2}}. \tag{3.2}$$

In the special case of an electron moving in a uniform magnetic field and in a plane perpendicular to the lines of force, we have

$$\frac{m\,v^2}{\varrho} = e\,v\,B \tag{3.3}$$

or

$$B\,\varrho = \frac{1}{e}\,m\,v = \frac{1}{e}\cdot p \tag{3.3'}$$

where p is the momentum of the electron and ϱ is the radius of curvature of its path.

As shown in Fig. 2, the instrument will focus all electrons whose paths have the same radius of curvature. For a given uniform magnetic field this radius is, according to (3.3'), proportional to the electron momentum, and so the instrument is said to be *momentum selective*.

It can be shown that all magnetic spectroscopes are momentum selective, irrespective of the type of focusing employed[1].

The $B\varrho$-value in *gauss·cm* units is adopted in beta-ray spectroscopy as a useful measure of the momentum of the electron, since it gives a direct indication of the field necessary to focus the electron in a given geometry.

The kinetic energy

$$E = m\,c^2 - m_0\,c^2 \tag{3.4}$$

is usually expressed in MeV.

Sometimes it is convenient to measure the momentum and energy in *relativistic units*, i.e. by means of the ratios

$$\frac{E}{m_0\,c^2} = \frac{E}{E_0} = \frac{E\,(\text{MeV})}{0.510984} = \varepsilon \tag{3.5}$$

and

$$\frac{p}{m_0\,c} = \frac{p}{p_0} = \frac{B\,\varrho\,(\text{gauss}\cdot\text{cm})}{1704.45} = \zeta. \tag{3.6}$$

From the expressions (3.2) to (3.6) one obtains the following relations between the kinetic energy and the momentum:

$$(\varepsilon + 1)^2 = \zeta^2 + 1 \tag{3.7}$$

or

$$E = m_0\,c^2\left\{\sqrt{\left(\frac{e}{m_0}\cdot\frac{B\,\varrho}{c}\right)^2 + 1} - 1\right\}. \tag{3.8}$$

[†] According to DuMond and Cohen's least squares adjusted values of 1953 [Rev. Mod. Phys. **25**, 691 (1953)] the electron (negatron) charge is $e = -1.60199 \times 10^{-20}$ emu. Cf. their contribution to vol. XXXV of this Encyclopedia.

[1] Electrostatic instruments, however, are energy selective (cf. Sect. 16).

The values of the atomic constants required in these expressions are given by DuMond and Cohen[1] as

$$E_0 = m_0 c^2 = (0.510984 \pm 0.000016) \text{ MeV}$$

and

$$\frac{e}{m_0} = (1.75888 \pm 0.00005) \times 10^7 \text{ emu g.}^{-1}$$

$$c = (2.997929 \pm 0.000008) \times 10^{10} \text{ cm. sec.}^{-1}.$$

Differentiating (3.8) we obtain another relation

$$\frac{dE}{E} = \frac{E + 2E_0}{E + E_0} \cdot \frac{d(B\varrho)}{B\varrho}. \tag{3.9}$$

This expression can be used for interpolation in tables giving $B\varrho$ as a function of energy (cf. Fig. 4).

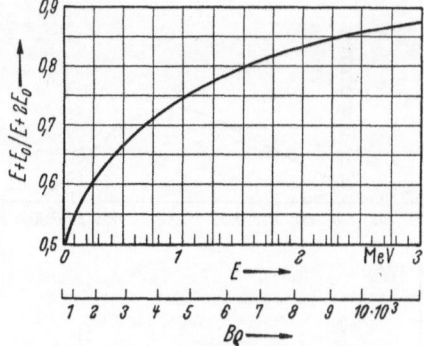

Fig. 4. The ratio $\dfrac{\Delta(B\varrho)}{B\varrho} \Big/ \dfrac{\Delta E}{E}$ versus $B\varrho$ and E.

The relations (3.8) and (3.9) are tabulated in the Appendix for $B\varrho$-values between 100 and 100000 gauss·cm, corresponding to the energy region 0.9 keV to 30 MeV.

4. Parameters describing the performance of a spectroscope. In order to discuss the focusing properties of different instruments and to make comparisons between them, it is necessary to define some important concepts which will be frequently used in the following.

α) Resolving power. If the source emits monoenergetic electrons, the corresponding "spectral line" recorded by the spectroscope will always have a finite width. The shape of this line is called the *line profile* or *window curve* for the particular setting of the instrument used. Its width is contributed to in varying degree by factors such as the spherical aberration of the focusing system, the finite dimensions of the source, etc. Obviously, the finite width of this curve will limit the ability of the instrument to separate electrons having slightly different energies. We therefore define the *resolving power R*, in the following way. If the peak of the window curve corresponds to a momentum $(B\varrho)'$ and the width of the curve at half height is $\Delta(B\varrho)'$, then

$$R = \frac{(B\varrho)'}{\Delta(B\varrho)'}. \tag{4.1}$$

It has become customary to refer to the quantity

$$\eta = \frac{1}{R} = \frac{\Delta(B\varrho)'}{(B\varrho)'} \tag{4.2}$$

generally expressed as a percentage, as the *resolution* of the spectroscope, and to quote numerical values of η rather than of R.

A closely related quantity of some importance is the *base spread* η_0, defined by

$$\eta_0 = \frac{\Delta_0(B\varrho)'}{(B\varrho)'} \tag{4.3}$$

where $\Delta_0(B\varrho)'$ is the base width of the window curve.

[1] J. DuMond and E. R. Cohen: Rev. Mod. Phys. **25**, 691 (1953).

An exact relation between η and η_0 can only be derived under rather special assumption and this problem will not be discussed here. However, as a general rule the base spread is about twice the resolution.

It is sometimes useful to know the "energy resolution" $(\Delta E)'/E'$, which is related to η, by the expression (3.9).

It should be pointed out that it is often necessary to know η as a function of $B\varrho$ for the particular settings of the instrument used to measure a spectrum.

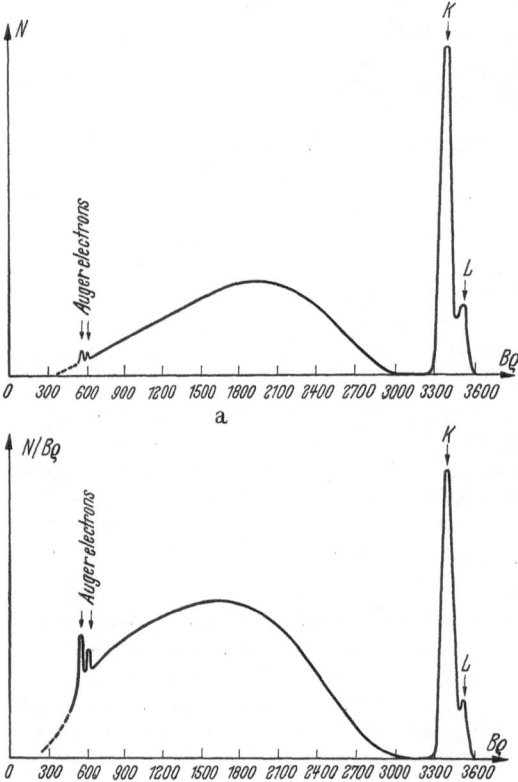

For example, in an iron-free spectrometer η and η_0 are constant for a given source and fixed apertures. Thus the accepted momentum spread $\Delta_0(B\varrho)$ is proportional to $(B\varrho)$. This means that if we require the true momentum spectrum, i.e. the intensity per unit momentum interval, we must plot $\dfrac{N(B\varrho)}{B\varrho}$ as a function of $B\varrho$, where $N(B\varrho)$, is the counting rate recorded for each field setting of the instrument (cf. Fig. 5).

β) Dispersion. Even though the resolving power of a beta-ray spectroscope may be very high it will only be possible to resolve two adjacent spectral lines, if the geometrical distance between corresponding images is appreciably greater than the widths of the lines.

Therefore, the dispersion, defined as

$$\gamma = \frac{dx}{d(B\varrho)}, \qquad (4.4)$$

where x is the appropriate coordinate specifying the position of the image, must be taken into consideration.

Fig. 5a and b. The beta-ray spectrum of Cs[137]. a Number of counts per unit time (N) versus $B\varrho$. b Intensity per unit momentum interval ($N/B\varrho$) versus $B\varrho$.

γ) Transmission. The fraction of all electrons emitted from the source, which will pass through the spectrometer entrance aperture, i.e. are emitted into the acceptance solid angle Ω, is measured by the gathering power ω, where

$$\omega = \frac{\Omega}{4\pi}, \qquad (4.5)$$

is usually expressed as a percentage.

Generally not all of the electrons passing through the entrance aperture will reach the detector. This means that the effective solid angle, which we call the transmission T will always be less than the gathering power, i.e.

$$T \lesssim \omega. \qquad (4.6)$$

The transmission can also be expressed as the probability that electrons of a given momentum, emitted from the source, are reaching the detector, when the instrument is set to focus these electrons.

δ) *Luminosity*. In most cases one is limited not by the *total activity* of the source but by its *specific activity*, i.e. the total activity of the source divided by its weight. Under these circumstances the performance of the instrument is better described by its *luminosity* Λ, defined here as the source area times the gathering power:

$$\Lambda = \sigma \cdot \omega. \tag{4.7}$$

By analogy with the relation between ω and T we introduce the *overall-luminosity* L:

$$L = \sigma \cdot T \leq \Lambda. \tag{4.8}$$

III. Flat spectroscopes.

5. The semicircular spectroscope. α) *The focusing properties of the semicircular spectroscope.* According to the relation (3.3), electrons moving in a plane perpendicular to a constant magnetic field B will describe circles whose radii are proportional to the particle momenta. Let us choose our coordinates so that the z-axis is parallel to B.

As illustrated in Fig. 6 electrons of momentum p will be focused at a distance 2ϱ from the source, where ϱ is the radius given by (3.3). Thus the position of the image at a given field strength is a measure of the particle momentum.

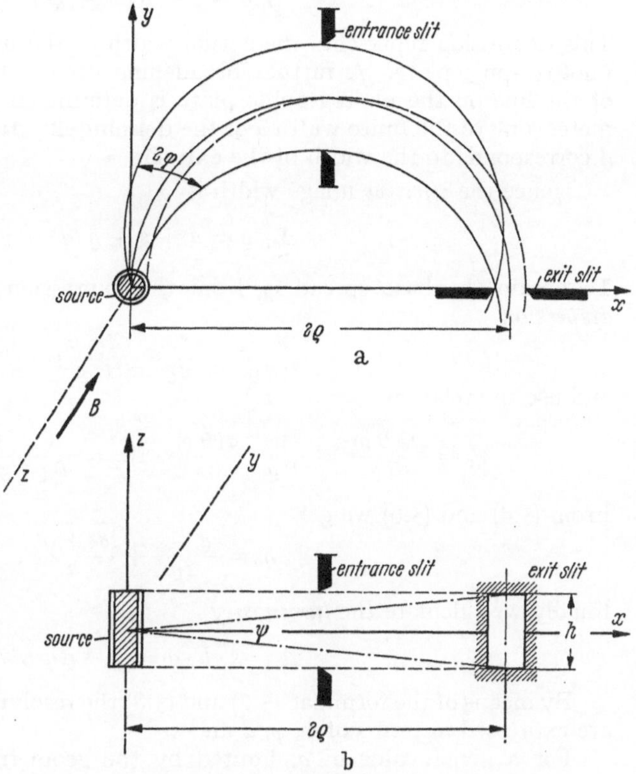

Fig. 6. The focusing of electrons in a semicircular spectrometer.

We shall now consider this method of focusing in more detail. First of all we notice that there will be no focusing along the z-axis since there is no restoring force in this direction. Hence the semicircular spectroscope is *single focusing*.

As is shown in Fig. 6 there will be no exact focusing because of the spherical aberration, the finite width of the source and the fact that not all of the electrons move in a plane perpendicular to the lines of force.

Let 2φ be the angle between the two extreme rays in the (x, y) plane, these being defined by the width and position of the entrance slit, and let ψ be the angle between the two extreme rays in the (y, z)-plane, i.e.

$$\psi = \frac{h}{\pi \varrho}, \tag{5.1}$$

where the source, entrance slit and exit slit are all of height h.

With the assumption that the source is of negligible thickness, we obtain for the width of the line

$$\Delta_0 \varrho = 2\varrho\,(1 - \cos\varphi \cdot \cos\psi) = \varrho\,(\varphi^2 + \psi^2), \qquad (5.2)$$

as φ and ψ are small angles.

If we also take into account the width s of the source, we have to add a third term whose magnitude is just s; then we have

$$\Delta_0 \varrho = s + \varrho\,(\varphi^2 + \psi^2). \qquad (5.3)$$

This expression represents the actual width of the line when it is recorded on a photographic plate. A further broadening occurs, however, when the position of the line on the photographic plate is determined by means of a microphotometer, due to the finite width d of the defining slit. In the case of a spectrometer, d corresponds to the width of the exit slit.

Hence the *effective* image width is

$$\Delta_{\text{eff}}\,\varrho = d + s + \varrho\,(\varphi^2 + \psi^2). \qquad (5.4)$$

To obtain the base spread η_0 from the expression (5.4) we have to find the *dispersion*

$$\gamma = \frac{dx}{d(B\varrho)} = \frac{dx}{d\varrho} \cdot \frac{d\varrho}{d(B\varrho)} = \frac{2}{B} \qquad (5.5)$$

and use the relation

$$\eta_0 = \frac{\Delta_0(B\varrho)}{B\varrho} = \frac{1}{B\varrho} \cdot \frac{d(B\varrho)}{dx} \cdot \Delta x = \frac{1}{B\varrho} \cdot \frac{1}{\gamma} \cdot \Delta_{\text{eff}}\,\varrho = \frac{\Delta_{\text{eff}}\,\varrho}{2\varrho}. \qquad (5.6)$$

From (5.4) and (5.6) we get

$$\eta_0 = \frac{d + s}{2\varrho} + \frac{\varphi^2 + \psi^2}{2}. \qquad (5.7)$$

Finally we calculate the *luminosity*

$$\Lambda = s \cdot h \cdot \omega = \tfrac{1}{2} \cdot s\,\varrho\,\varphi\,\psi^2. \qquad (5.8)$$

By means of the formulae (5.7) and (5.8) the resolving power and the luminosity are expressed in terms of φ, ψ, d and s.

For a given value of ϱ, limited by the geometrical dimensions, these four instrumental parameters should be adjusted to give optimum conditions of operation, i.e. the highest possible luminosity at a given resolving power.

This problem has been attacked by several authors [1-5] in various different ways. One possibility is to calculate the intensity distribution within the line and to adjust the parameters in order to maximize the area under the line profile.

Let us consider the case in which the four contributions to the effective line width [formula (5.4)], are all made equal. For an instrument adjusted in this way, which will certainly not be far from the optimum adjustment, one has:

$$d = s = \varrho\,\varphi^2 = \varrho\,\psi^2, \qquad (5.9)$$

and the base spread becomes

$$\eta_0 = 2\varphi^2. \qquad (5.10)$$

[1] W. A. Wooster: Proc. Roy. Soc. Lond., Ser. A **114**, 729 (1927).
[2] K. T. Li: Proc. Cambridge Phil. Soc. **33**, 164 (1937).
[3] J. L. Lawson and A. W. Tyler: Rev. Sci. Instrum. **11**, 6 (1940).
[4] K. Siegbahn: Ark. Mat. Astronom. Fys., Ser. A **30**, No. 20 (1944).
[5] G. E. Owen: Rev. Sci. Instrum. **20**, 916 (1949).

Hence the gathering power is

$$\omega = \frac{\eta_0}{4\pi} \qquad (5.11)$$

and the luminosity

$$\Lambda = \frac{1}{8\sqrt{2}} \cdot \varrho^2 \cdot \eta_0^{\frac{5}{4}}. \qquad (5.12)$$

In practice, expressions corresponding to (5.11) and (5.12) but involving the "experimental" concepts, namely resolution, transmission and over-all-luminosity are more useful. To derive these formulae we have to take into account the intensity distribution within the line. This problem will not be discussed here, but with the simple assumption that $\eta = \frac{1}{2}\eta_0$, $T = \frac{1}{2}\omega$ and $L = \frac{1}{2}\Lambda$, which are at least approximately correct, we get

$$T \sim 0.08\eta, \qquad (5.13)$$

$$L \sim 0.25\,\varrho^2\,\eta^{\frac{3}{2}}. \qquad (5.14)$$

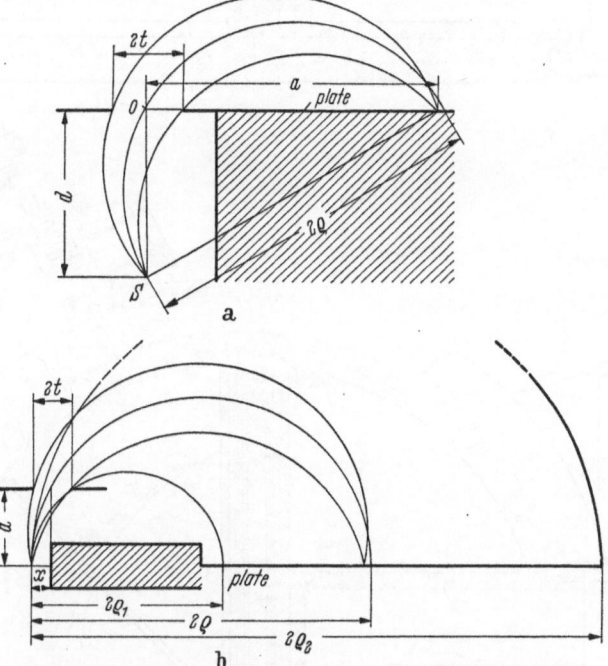

GEOFFRION[1] has pointed out that more favourable conditions than these of (5.9) may be found. It turns out that the choice

$$\left. \begin{array}{l} d = s = 2\varrho\,\varphi^2, \\ \psi = \varphi\sqrt{2} \end{array} \right\} (5.15)$$

gives a higher luminosity at a given resolving power. According to GEOFFRION one then has

$$L = 0.456\,\varrho^2\,\eta^{\frac{3}{2}}. \qquad (5.16)$$

Fig. 7a and b. Two alternatives for semicircular spectrographs. a The RUTHER-FORD-ROBINSON mounting: source and plate not in the same plane. b The SIEGBAHN mounting: source and plate in the same plane.

The increased luminosity is due to an increase in the height of the source relative to the values of s, d, and φ. GEOFFRION[2] has built a spectrometer of this "high source" type. The experimental results are in good agreement with the theoretical predictions.

For practical reasons, however, the height of the source used is generally smaller than either of the values indicated by (5.9) or (5.15).

β) *Design of the semicircular spectroscope.* Having discussed the optimum conditions of operation we will now consider some of the design problems.

Modern *spectrographs* generally employ one of the two alternative mountings shown in Fig. 7a and b. The main difference is obviously in the relative positions of the source S and the photographic plate P.

In the RUTHERFORD-ROBINSON mounting, as is seen from Fig. 7a, the central ray always passes through the centre of the entrance slit. In order to obtain

---

[1] C. GEOFFRION: Rev. Sci. Instrum. **20**, 638 (1949).
[2] Private communication.

the radius of curvature ϱ one has to measure the distances a and d, both of which involve the "imaginary" point 0. For simple technical reasons it is difficult to achieve high precision in this way[1]. The oblique angle of incidence of the

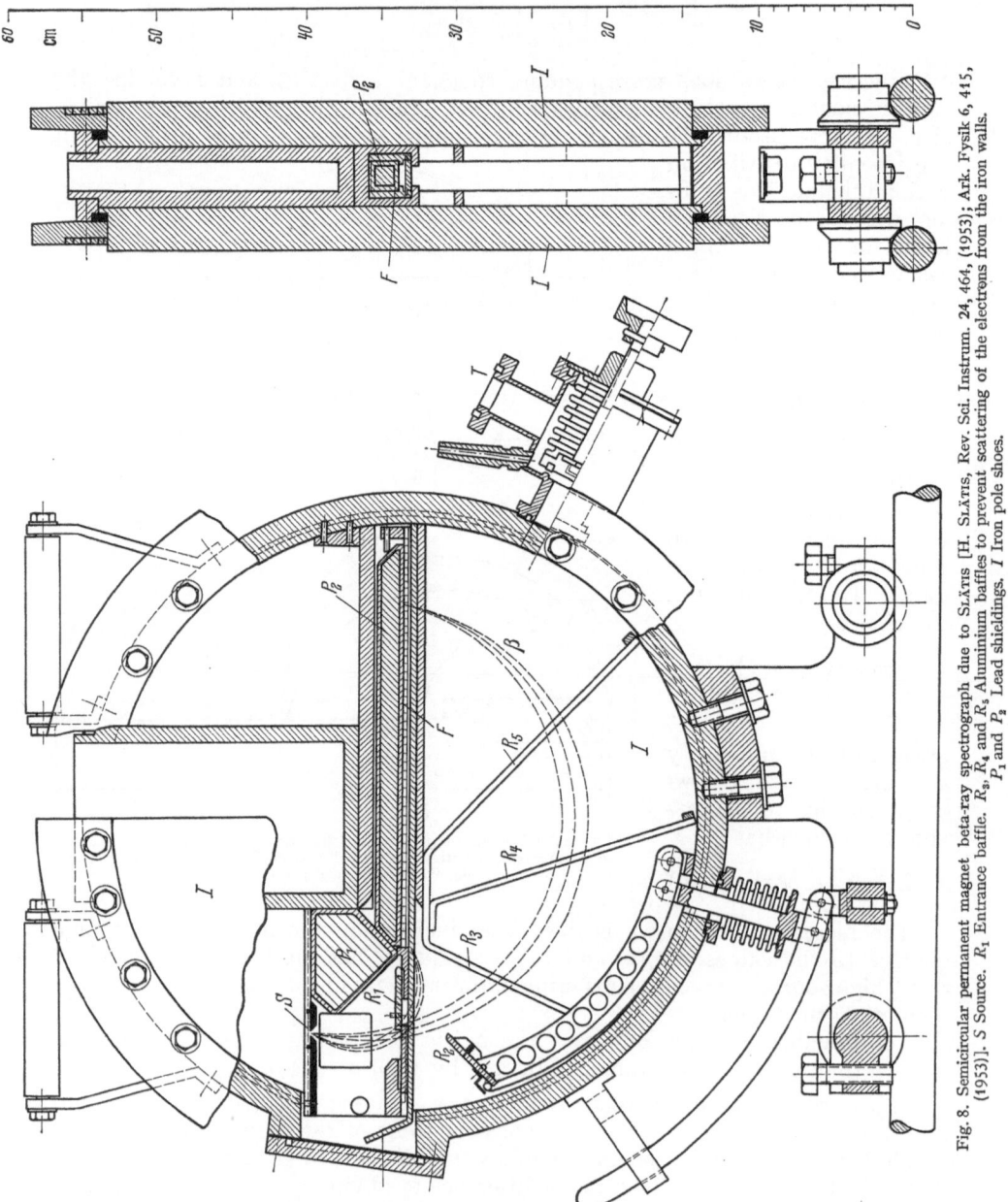

Fig. 8. Semicircular permanent magnet beta-ray spectrograph due to SLÄTIS [H. SLÄTIS, Rev. Sci. Instrum. 24, 464, (1953); Ark. Fysik 6, 415, (1953)]. S Source. R_1 Entrance baffle. R_3, R_4 and R_5 Aluminium baffles to prevent scattering of the electrons from the iron walls. P_1 and P_2 Lead shieldings. I Iron pole shoes.

electrons on the photographic plate may constitute another source of error, if the plate is not of perfectly uniform thickness. In a mounting where $a = 2$ cm.

---

[1] It is however possible to determine ϱ with sufficient accuracy by means of an indirect method developed by SLÄTIS. H. SLÄTIS: Ark. Fysik **6**, 415 (1953).

and $d = 10$ cm., a variation in the plate thickness of 0.1 mm. introduces an error of 0.1 % in the determination of ϱ. Furthermore, due to the unavoidable dispersion in the photographic emulsion itself, there will be an unsymmetrical broadening of the line which may influence the determination of its position.

In SIEGBAHN's mounting (Fig. 7b) the opposite state of affairs occurs. ϱ is then determined with high precision from a single direct measurement, and the

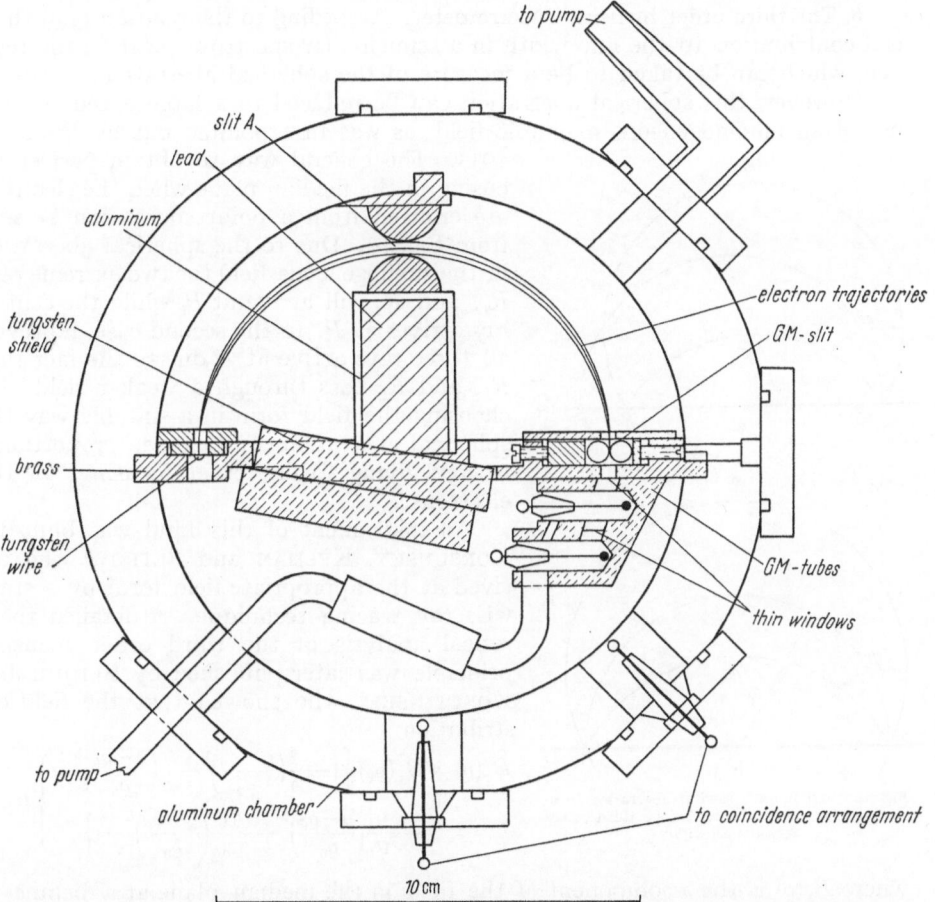

Fig. 9. Semicircular spectrometer due to LINDSTRÖM (see reference 3 on p. 647). The two GM-tubes are operated in coincidence to reduce background. The instrument is designed for high precision, absolute measurements (cf. Sect. 18).

electrons always enter the photographic emulsion in the direction of the normal. However the optimum conditions are realized only for a given mean radius ϱ_m. As shown in Fig. 7b, for $\varrho < \varrho_1$ and $\varrho > \varrho_2$ even the central ray is stopped by the entrance slit. The usable $B\varrho$-interval will therefore be limited to $B\varrho_1 \leq B\varrho \leq B\varrho_2$. As is realized from Fig. 7b, this interval becomes smaller when the resolving power increases.

To some extent, therefore, the two methods may be regarded as complimentary. The RUTHERFORD-ROBINSON design is to be preferred in instruments where a large part of the spectrum is required on one photographic plate, while SIEGBAHN's mounting is most suited to absolute precision determinations of lines within a limited region.

In a *spectrometer* the situation is entirely different. The radius of curvature ϱ is then kept constant and the magnetic field strength is varied by varying the current through the coils.

Since ϱ is constant the line profile, the resolving power, and the luminosity will all be independent of the electron momentum. The radius ϱ is easily measured once and for all with high accuracy.

6. The third order focusing spectrometer. According to the relation (5.4) there is a contribution to the line width in a semicircular spectroscope from the term $\varrho \varphi^2$, which can be taken to be a measure of the spherical aberration.

However, this spherical aberration can be reduced to a large extent by the use of an inhomogeneous magnetic field, as was first pointed out by BOCK[1] in

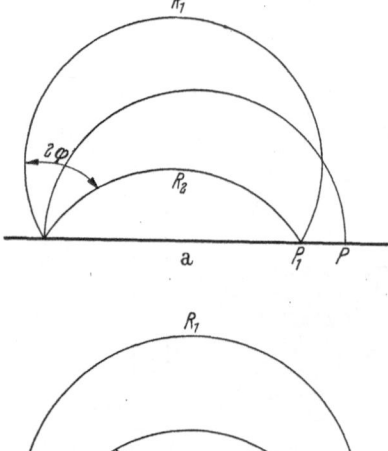

Fig. 10a and b. a Spherical aberration in a semicircular spectroscope. b The third order focusing principle.

1933. The general way to obtain perfect focusing in the median plane when the electrons are emitted from a point source can be seen from Fig. 10. Due to the spherical aberration in the homogeneous field the two extreme rays R_1, and R_2 will arrive at P_1 while the central ray arrives at P. In the second case, however, all three rays arrive at P due to the fact that R_1, and R_2 pass through a weaker field. By choosing the field form in a suitable way the spherical aberration can be made proportional to $\varrho \varphi^4$ giving "third order focusing" of the electrons.

An instrument of this kind was built by KORSUNSKY, KELMAN and PETROV[2] who arrived at the appropriate field form by a step-wise ray tracing technique. A detailed theoretical analysis of the third order focusing principle was later published by BEIDUK and KONOPINSKI[3], who showed that the field distribution

$$B_z(\varrho) = B_z(\varrho_0)\left\{1 - \frac{3}{4}\left(\frac{\varrho-\varrho_0}{\varrho_0}\right)^2 + \frac{7}{8}\left(\frac{\varrho-\varrho_0}{\varrho_0}\right)^3 - \frac{9}{16}\left(\frac{\varrho-\varrho_0}{\varrho_0}\right)^4 + \frac{51}{320}\left(\frac{\varrho-\varrho_0}{\varrho_0}\right)^5 \ldots\right\}, \quad (6.1)$$

where $B_z(\varrho)$ is the z-component of the field in the median plane at a distance ϱ from the axis of symmetry, should, for a point source at $\varrho = \varrho_0$, give perfect third order focusing of the electron orbits confined to the median plane. They also investigated the influence of the source dimensions and of trajectories deviating from the median plane.

A large third order focusing spectrometer has been built by LANGER and COOK[4]. By machining the profiles of the magnet pole faces in rectangular steps (Fig. 11) they obtained a field distribution closely resembling that given by (6.1).

In order to take full advantage of the third order focusing such instruments are generally operated with large values of φ ($2\varphi = 30°$ in a typical case), whereas ψ is kept small. The use of third-order focusing certainly results in a considerably

[1] C. O. BOCK: Rev. Sci. Instrum. **4**, 575 (1933).
[2] M. KORSUNSKY, V. KELMAN and B. PETROV: J. Phys. USSR. **9**, 7 (1945).
[3] F. M. BEIDUK and E. J. KONOPINSKI: Rev. Sci. Instrum. **19**, 594 (1948).
[4] L. M. LANGER and C. S. COOK: Rev. Sci. Instrum. **19**, 257 (1948).

greater luminosity for a given resolving power than is obtainable in the simple semicircular focusing instrument.

So far we have only discussed the trajectories confined to the median plane. At all points outside this plane, the magnetic field will however, have a *radial* component besides the axial one. It is easy to see that there will be a focusing or defocusing effect depending on the directions of this radial component. Thus electrons whose paths lie "inside" the central ray will be defocused while those "outside" will be focused.

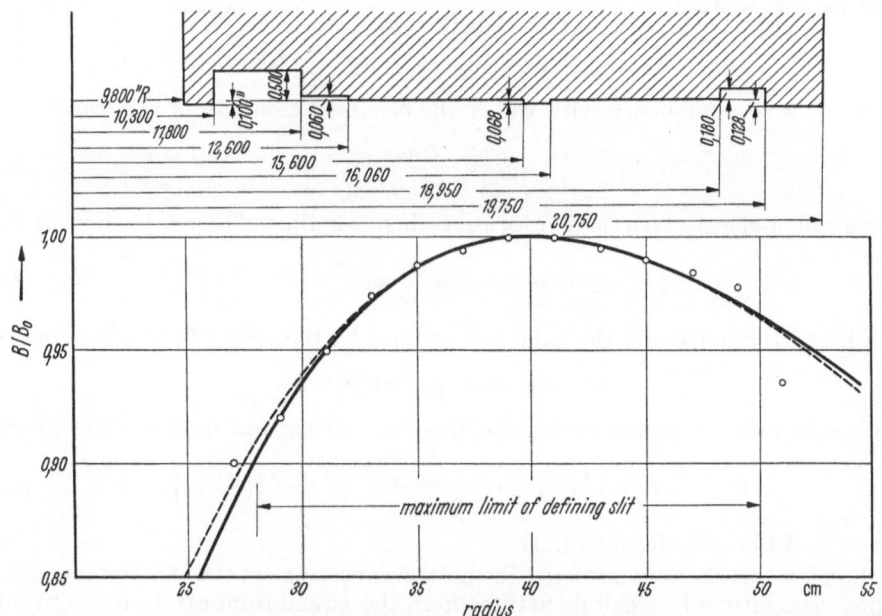

Fig. 11. The third order focusing field distribution. The solid curve corresponds to the field distribution as calculated by BEIDUK and KONOPINSKI. The broken curve is the distribution according to BOCK. The points are those measured experimentally for the profile shown.

It has therefore been suggested that the baffle system should be designed to accept only the outer trajectories. Such an instrument has been built by BRUNER and SCOTT[1]. However, with this arrangement one does not make full use of the third order focusing properties of the BEIDUK-KONOPINSKI field.

7. The double focusing spectrometer. α) *The double focusing magnetic field.* Consider a magnetic field, symmetric with respect to a given axis as well as to a plane perpendicular to this axis. Then the following general expression holds for the field in the median plane:

$$B(\varrho) = B(\varrho_0)\left\{1 + \alpha\,\frac{\varrho - \varrho_0}{\varrho_0} + \beta\left(\frac{\varrho - \varrho_0}{\varrho_0}\right)^2 + \delta\left(\frac{\varrho - \varrho_0}{\varrho_0}\right)^3 + \cdots\right\} \qquad (7.1)$$

As was discussed in the previous section, the values $\alpha = 0$, $\beta = -\frac{3}{4}$, $\delta = +\frac{7}{8}$ will give perfect third order focusing. However, as was first pointed out by SVARTHOLM and SIEGBAHN[2], it is possible to choose the field parameters α and β in order to give focusing in both the radial and the axial directions. The theory

[1] J. A. BRUNER and F. R. SCOTT: Rev. Sci. Instrum. **21**, 545 (1950).

[2] N. SVARTHOLM and K. SIEGBAHN: Ark. Mat. Astronom. Fys., Ser. A. **33**, No. 21 (1946). — K. SIEGBAHN and N. SVARTHOLM: Nature, Lond. **157**, 872 (1946).

of this double, or two-directional mode of focusing is closely related to the theory of the radial and axial oscillations of betatron orbits.

KERST and SERBER[1] have shown that if the magnetic field in the region of the equilibrium orbit of a betatron decreases radially according to the relation

$$B(\varrho) = B(\varrho_0) \cdot \left(\frac{\varrho_0}{\varrho}\right)^n \tag{7.2}$$

the frequencies ω_r and ω_z of the radial and axial oscillation, about the equilibrium orbit may be written

$$\omega_r = \omega_0 (1 - n)^{\frac{1}{2}}, \tag{7.3}$$

$$\omega_z = \omega_0 \cdot n^{\frac{1}{2}}, \tag{7.4}$$

where ω_0 is the frequency with which the electrons circulate in the equilibrium orbits, i.e.

$$\omega_0 = \frac{e\,B(\varrho_0)}{m}. \tag{7.5}$$

There will obviously be a double focusing effect for the value $n = \frac{1}{2}$, since in this case

$$\omega_r = \omega_z = \frac{1}{\sqrt{2}}\,\omega_0 \tag{7.6}$$

and hence the radial and the axial foci, defined by the angles Φ_r and Φ_z coincide:

$$\Phi_r = \Phi_z = \pi \cdot \sqrt{2} = 255{,}6°.$$

With this value of n, the expression (7.2) can be expanded as a series giving,

$$B(\varrho) = B(\varrho_0) \left\{ 1 - \frac{1}{2} \cdot \frac{\varrho - \varrho_0}{\varrho_0} + \frac{3}{8}\left(\frac{\varrho - \varrho_0}{\varrho_0}\right)^2 + \cdots \right\}, \tag{7.7}$$

which is of the same form as (7.1).

So far we have only considered the central rays, since in the theory of betatron orbital stability only small deviations from the equilibrium orbit are taken into account. In the case of a spectrometer, however, noncentral rays and the influence of source dimensions have also to be considered. These problems have been studied by various authors (SVARTHOLM[2], SHULL and DENNISON[3]). Their calculations show that double focusing will be realized if

$$\alpha = -\tfrac{1}{2},$$

while the value of β can be chosen within certain limits. The theory indicates, however, that there is only one field form which gives double focusing for all values of ϱ, namely that varying as $\varrho^{-\frac{1}{2}}$ resulting from $\beta = \frac{3}{8}$.

From the general theory of the double focusing spectrometer one obtains, in analogy with the semi-circular focusing case,

$$\eta_0 = \frac{s+d}{4\varrho_0} + \left|\frac{8\beta - 1}{6}\right|\varphi^2 + \left|\frac{3 - 8\beta}{6}\right|\psi^2 + \left|\frac{3 - 4\beta}{48}\right|\frac{h^2}{\varrho_0^2}. \tag{7.8}$$

This formula gives the base spread as a function of the instrumental parameters s, d, φ, ψ and h, and of the field parameter β. For the special case $\beta = \frac{3}{8}$ (7.8) becomes

$$\eta_0 = \frac{s}{4\varrho_0} + \frac{d}{4\varrho_0} + \frac{1}{3}\varphi^2 + \frac{1}{32} \cdot \frac{h^2}{\varrho_0^2}. \tag{7.9}$$

[1] D. W. KERST and R. SERBER: Phys. Rev. 60, 53 (1941).
[2] N. SVARTHOLM: Ark. Mat. Astronom. Fys., Ser. A 33, No. 24 (1946).
[3] F. SHULL and D. DENNISON: Phys. Rev. 71, 681 (1947); 72, 256 (1947).

It should be noted that the resolving power is independent of ψ, to a second order approximation. Hence the double focusing instrument is, for $\beta = \frac{3}{8}$, second order focusing in the axial direction.

The formula (7.8) also shows another important feature of the double focusing principle—the dispersion is twice that obtained with semicircular focusing. This means that the width of the source and of the exit slit may be doubled, resulting in an increased luminosity, without reducing the resolving power.

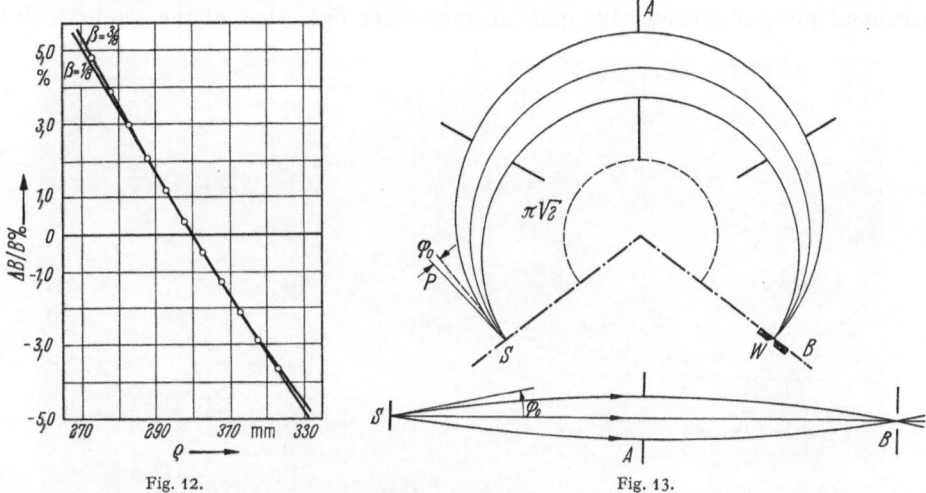

Fig. 12.   Fig. 13.

Fig. 12. Double focusing field distribution. The points are those measured experimentally for the iron-free double focusing instrument shown in Fig. 16.

Fig. 13. The double focusing principle.

The optimum conditions of operation have not yet been rigorously established but should not differ greatly from those obtained by equalizing the various contributions to the base spread, i.e.

$$\frac{s}{4\varrho_0} = \frac{d}{4\varrho_0} = \frac{1}{3}\varphi^2 = \frac{1}{32} \cdot \frac{h^2}{\varrho_0^2} \qquad (7.10)$$

for $\beta = \frac{3}{8}$, in which case

$$\eta_0 = \frac{4}{3}\varphi^2. \qquad (7.11)$$

The gathering power and the luminosity depend on the maximum value of the angle ψ. This angle is arbitrary, to a second order approximation, but in practice it is generally limited by the geometry of the instrument. If the maximum value is ψ_0 we obtain for the gathering power,

$$\omega = \frac{\sqrt{3}}{2\pi} \cdot \psi \eta_0^{\frac{1}{2}} \qquad (7.12)$$

and in the special case, when the aperture is square,

$$\omega_{sq} = \frac{3}{4\pi} \cdot \eta_0. \qquad (7.13)$$

For the luminosity we obtain

$$\Lambda = \frac{\sqrt{6}}{\pi} \cdot \psi \varrho_0^2 \eta_0^2 \qquad (7.14)$$

and

$$\Lambda_{sq} = \frac{3}{\pi\sqrt{2}} \cdot \varrho_0^2 \cdot \eta_0^{\frac{5}{2}}. \qquad (7.15)$$

Finally, in order to make a comparison with the semi-circular focusing instrument we consider the case in which $\psi = \varphi$, and make the same assumptions as were made previously, namely $\eta = \frac{1}{2}\eta_0$, $T = \frac{1}{2}\omega$ and $L = \frac{1}{2}\Lambda$. Then we have

$$T_{sq} \sim 0.24\eta, \tag{7.16}$$

$$L_{sq} \sim 1.9\varrho_0^2 \cdot \eta^{\frac{5}{3}}. \tag{7.17}$$

Due to the doubled dispersion, and to the double focusing action, this instrument gives a considerable gain in luminosity over that of the semi-circular

Fig. 14. Double focusing spectrometer due to Hedgran[1], Siegbahn and Svartholm (see reference 1 on p. 624). The instrument is designed for high precision measurements. By means of a rotating coil system the magnetic field in the spectrometer is measured (null method) against a reference field produced by a Helmholtz coil (shown in the figure) placed at a distance from the instrument.

spectroscope. This can be utilized either to increase the intensity at a given resolution, or to obtain higher resolution, at a given luminosity, simply by using a larger instrument. For this reason the double focusing instrument is frequently used for precision measurements.

Lastly we will consider the influence of a small deviation from the correct field gradient, i.e. $\alpha = -\frac{1}{2}(1 + \varepsilon)$ where $\varepsilon \ll 1$. In this case the radial and the axial foci will no longer coincide. In order to allow for this *astigmatic* error one has to add another term to the expression (7.8), namely one corresponding to the astigmatic line width which is given[1] by

$$\Delta_{as}\varrho = \varrho_0 \varphi \varepsilon \pi \sqrt{2}. \tag{7.18}$$

It should be noticed, however, that a small astigmatic error can be easily corrected for without any appreciable lose of resolution. Because of the second order axial focusing, one can adjust the position of the detector from the plane

---

[1] A. Hedgran, K. Siegbahn and N. Svartholm: Proc. Phys. Soc. Lond., Ser. A **63**, 960 (1950).

$\Phi = \pi \sqrt{2}$ to the plane of the radial image. The axial height of the exit slit should then be correspondingly increased because of the imperfect axial focusing.

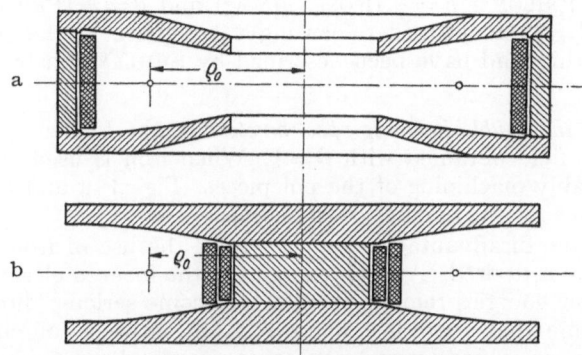

Fig. 15a and b. Two alternatives for the double focusing magnet.

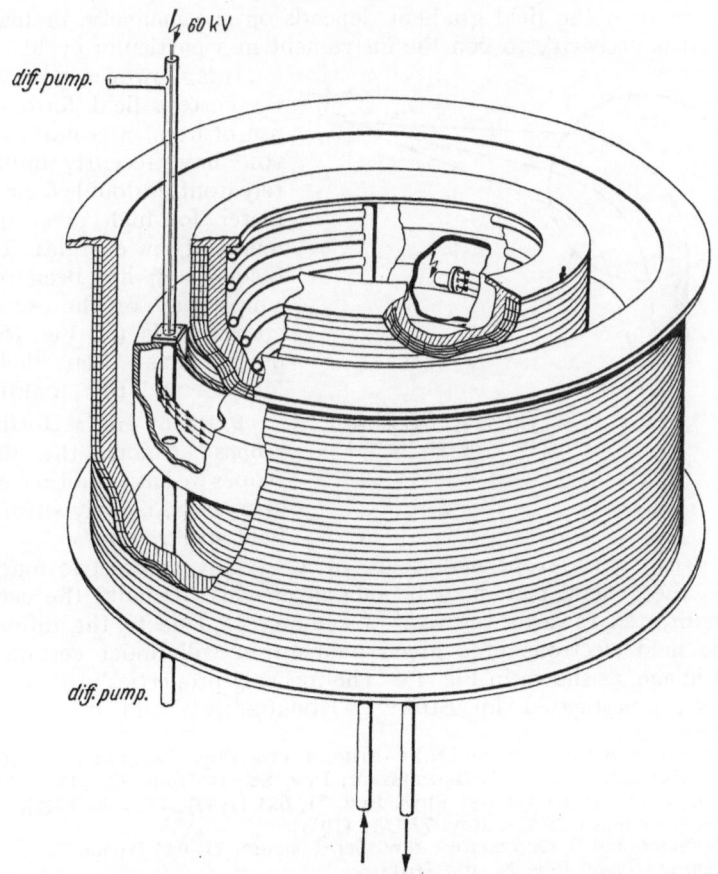

Fig. 16. Iron-free double focusing spectrometer due to Siegbahn and Edvarson (see reference 8 on p. 626). The required field distribution is produced by means of two long coaxial coils. For special purposes (cf. Sect. 23) the instrument is supplied with an X-ray tube mounted inside the vacuum chamber.

The formulae (7.9) to (7.17) were derived for the special field described by $\beta = \frac{3}{8}$. Instruments of this type have been built by Hedgran, Siegbahn and

SVARTHOLM[1], BARTLETT and BAINBRIDGE[2] and others. For other values of β similar formulae can be derived. Values which have been suggested are $\beta = \frac{1}{8}$ (SHULL and DENNISON[3]) $\beta = \frac{1}{4}$ (ROSENBLUM[4]) and $\beta = \frac{3}{4}$ (PERSICO and GEOFFRION[5]). For $\beta = \frac{1}{8}$ second order focusing takes place in the radial direction. Instruments of this kind have been described by SHULL[6] and by KURIE, OSOBA and SLACK[7].

β) *Design of the double focusing spectrometer.* In the following we will restrict ourselves to the field obtained with $\beta = \frac{3}{8}$. When iron is used this field can be realized by suitably machining of the polepieces. Figs. 15a and b show two different alternatives for the magnet construction.

There are some disadvantages resulting from the use of iron, particularly if extreme accuracy is desired. At high energies of the focused electrons, saturation occurs and at low energies remanence effects become serious. For these reasons one cannot assume that there is a linear relation between coil current and field strength. Hence, it is necessary to measure accurately the magnetic field for each point of the run, and this is a rather elaborate procedure. Furthermore at lower energies the field gradient depends on the magnetic prehistory of the iron and it is necessary to run the instrument in a particular cycle.

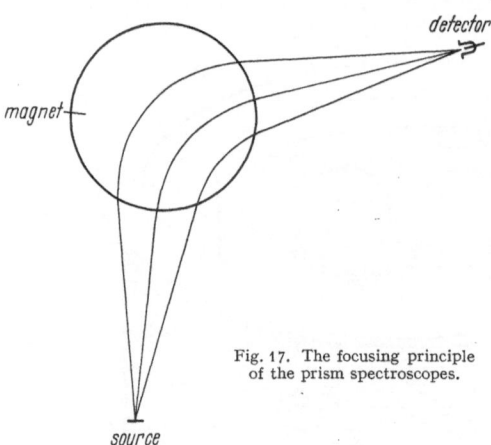

Fig. 17. The focusing principle of the prism spectroscopes.

It is, however, possible to obtain the correct field form without the use of iron. SIEGBAHN and EDVARSON[8] have recently built a completely ironfree double focusing spectrometer for high precision measurements at low energies. The required field ($\beta = \frac{3}{8}$) has been realized in a simple way by the use of two long coaxial coils (cf. Fig. 16). Another design has been developed by MOUSSA and BELLICARD[9].

8. Prism and sectorfield spectroscopes. Among the flat spectroscopes we have another group of instruments, namely prism and sector field spectroscopes.

The *prism spectroscope* makes use of an axially symmetric magnetic field, which in the general case may be inhomogeneous. Usually the central ray is initially directed towards the axis of symmetry. Due to the influence of the magnetic field electrons of a given momentum will under certain conditions form an image, as shown in Fig. 17. The focusing properties of this arrangement have been investigated by SIDAY[10], KORSUNSKY[11] and others. SIDAY and

[1] A. HEDGRAN, K. SIEGBAHN and N. SVARTHOLM: Proc. Phys. Soc. Lond., Ser. A **63**, 960 (1950).
[2] A. A. BARTLETT and K. T. BAINBRIDGE: Rev. Sci. Instrum. **22**, 517 (1951).
[3] F. SHULL and D. DENNISON: Phys. Rev. **71**, 681 (1947); **72**, 256 (1947).
[4] E. S. ROSENBLUM: Phys. Rev. **72**, 731 (1947).
[5] E. PERSICO and C. GEOFFRION: Rev. Sci. Instrum. **21**, 945 (1950).
[6] F. SHULL: Phys. Rev. **74**, 917 (1948).
[7] F. N. D. KURIE, J. S. OSOBA and L. SLACK: Rev. Sci. Instrum. **19**, 771 (1948).
[8] K. SIEGBAHN and K. EDVARSON: To be published in Nuclear Physics.
[9] A. MOUSSA and J. B. BELLICARD: J. Rech. Cent. Nat. Rech. Sci. **18**, 131 (1952). — C. R. Acad. Sci. Paris **234**, 1681 (1952).
[10] R. E. SIDAY: Proc. Phys. Soc. Lond. **59**, 905 (1947).
[11] M. KORSUNSKY: J. Phys. USSR. **2**, 7 (1945).

SILVERSTONE[1] have recently described an instrument of this type having a particularly high resolving power (0.07% resolution).

The main drawback of this type of spectroscope seems to be the inherent low transmission due to the poor focusing in the axial direction.

In the prism spectroscope only a small part of the magnetic field is actually utilized. A logical procedure would be to replace the axially symmetric field

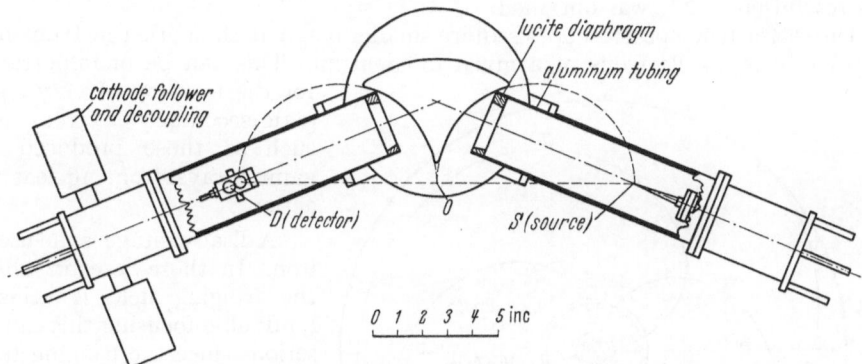

Fig. 18. Sectorfield spectrometer due to BAINBRIDGE, BENNER and LAVATELLI (see reference 1 on p. 628).

by a sector field, as is generally done in mass spectroscopy. In this way one introduces several new degrees of freedom (and corresponding complications in the theory and the experimental adjustments) such as the sector angle Φ

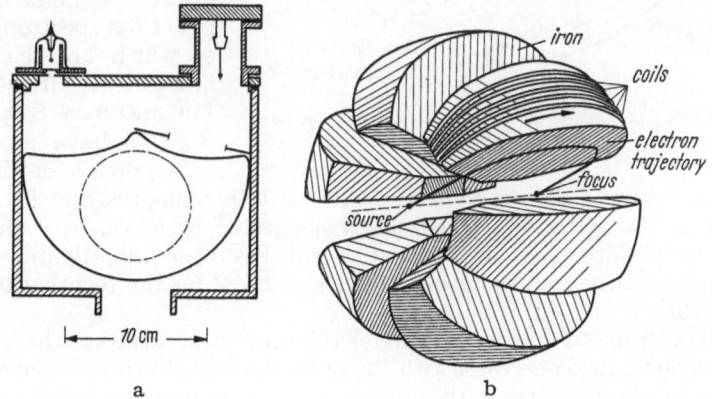

a   b

Fig. 19a and b. a Sectorfield spectrometer due to KOFOED-HANSEN, LINDHARD and NIELSEN (see reference 2 on p. 628). b "Orange" spectrometer due to KOFOED-HANSEN, LINDHARD and NIELSEN (see reference 2 on p. 628).

and the radial boundaries of the polepieces. The sector field apart from the fringing field may be homogeneous[2,3] or inhomogeneous[4-6].

Furthermore, by a suitable machining of the profile of the polepieces the influence of the fringing field can be utilized to obtain two-directional focusing[3].

---

[1] R. E. SIDAY and D. A. SILVERSTON: Proc. Phys. Soc. Lond., Ser. A **65**, 328 (1952).
[2] M. CAMAC: Rev. Sci. Instrum. **22**, 197 (1951).
[3] W. G. CROSS: Rev. Sci. Instrum. **22**, 717 (1951).
[4] N. SVARTHOLM: Ark. Fys. **2**, 115 (1950).
[5] D. L. JUDD: Rev. Sci. Instrum. **21**, 213 (1950).
[6] E. S. ROSENBLUM: Rev. Sci. Instrum. **21**, 586 (1950).

An instrument of the inhomogeneous sector field type was first built by BAINBRIDGE, BENDER and LAVATELLI[1] (cf. Fig. 18).

An instrument which is fundamentally similar was developed by KOFOED-HANSEN, LINDHARD and NIELSEN[2]. However it consists of several sector field spectrometers operated in parallel and having a common axis, source and detector (the "orange" spectrometer, cf. Fig. 19). In this way the total transmission was increased by a factor of six so that a transmission as high as 12% at a resolution of 2% was obtained.

The sector field spectroscopes require smaller magnets than other instruments, in order to focus electrons of a given momentum. This can be of importance for the focusing of very energetic secondary electrons, e.g. such as those produced by gamma-rays from nuclear reactions.

A disadvantage is the use of iron. In those cases in which the fringing field is utilized for double-focusing this can be serious since the fringing field may be sensitive to the magnetic prehistory of the iron, especially at low fields.

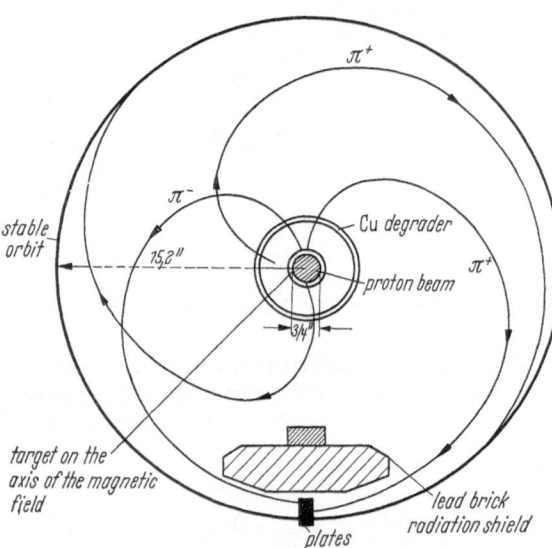

Fig. 20. Focusing of π mesons in a spiral orbit spectrometer (see reference 7 on this page).

9. Spiral orbit spectrometer and miscellanous types. There exsist a number of other types of flat spectrometers, some of which are related to the instruments discussed above. For instance SIEGBAHN and SLÄTIS[3] have designed the "limegraph" for the study of the upper limits of beta-ray spectra. A most interesting instrument of a different type is the *spiral orbit spectrometer* suggested by MIYAMOTO[4] and by SHIPNEL[5]. The performance of this instrument has been investigated by SAKAI[6] and it was recently used by SAGANE and DUDZIAK[7] for the focusing of π mesons (cf. Fig. 20).

This spectrometer has interesting electron optical features. The axially symmetric magnetic field decreases with the radius and all electrons leaving the source (on the axis of symmetry) with a given momentum move in spiral orbits, which asymptote to a circle of convergence. The momentum of the electrons arriving at this circle is, of course, dependent on the applied magnetic field. Even electrons

[1] K. BAINBRIDGE and B. BENDER: Private communication to DEUTSCH et al., Rev. Sci. Instrum. **15**, 178 (1944). — B. BENDER: Thesis, Harward 1947. — L. LAVATELLI: Thesis, Harward 1950.

[2] O. KOFOED-HANSEN, J. LINDHARD and O. B. NIELSEN: Kgl. danske Véd. Selsk. mat.-fys. Medd. **25**, No. 16 (1950).

[3] K. SIEGBAHN and H. SLÄTIS: Ark. Mat. Astronom. Fys., Ser. A **36**, 22 (1949).

[4] MIYAMOTO: Proc. Phys. Mat. Soc. Japan **17**, 587 (1943) (in japanese). — G. IWATA, G. MIYAMOTO and M. KOTANI: J. Phys. Soc. Japan **2**, 1 (1947) (in japanese).

[5] V. S. SHIPNEL: C. R. Acad. Sci. USSR. **53**, 793 (1946) (in english).

[6] M. SAKAI: J. Phys. Soc. Japan **5**, 178, 184 (1950) (in english); **6**, 529 (1951) (in french).

[7] R. SAGANE and W. DUDZIAK: Phys. Rev. **92**, 212 (1953).

not confined to the median plane will arrive at this stable orbit, due to the space focusing effect of the magnetic field. Hence the acceptance solid angle is theoretically almost 4π and according to SAKAI a transmission of 78% at a resolution of 1,25% has been obtained.

Due to its very high transmission an instrument of this kind should be very powerful for beta-gamma coincidence spectrometry (cf. Sect. 27).

However, this instrument must be regarded as still in the development stage. Certain difficulties have to be overcome: for example the exit slit and the necessary gamma-ray shielding between source and detector must both be designed in such a way that they do not drastically reduce the transmission.

IV. Lens spectroscopes.

10. The solenoidal spectrometer with uniform magnetic field. α) *The focusing properties of the uniform field.* Consider a uniform magnetic field $\boldsymbol{B}$, parallel to

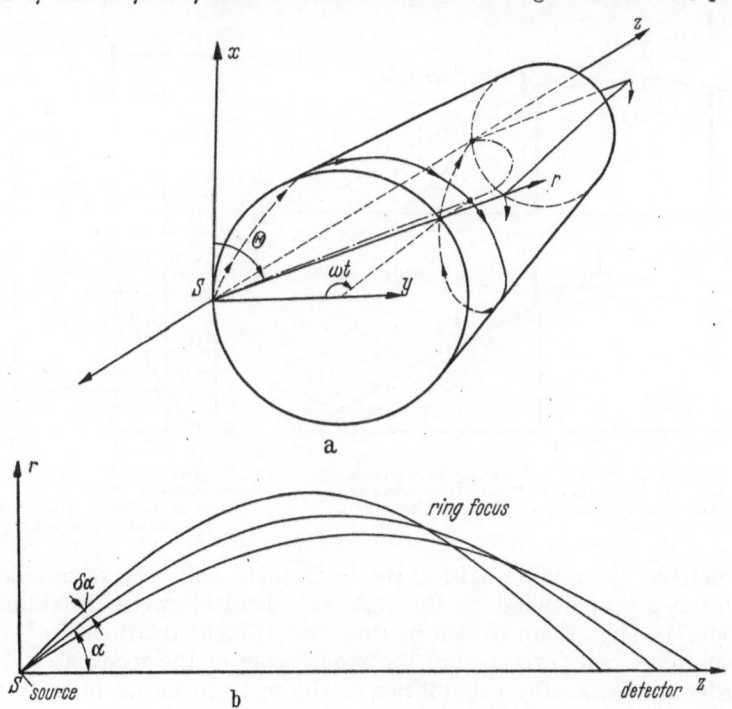

Fig. 21 a and b. The solenoidal focusing principle: a The electron trajectory in the x, y, z space. b Electron traces in a meridional plane revolving with the electron around the z-axis.

the z-axis as in Fig. 21, S is a point source emitting monoenergetic electrons isotropically. As is well known, each electron emitted from the source S, at an angle α to the axis, describes a cylindrical helix such that the z-axis is tangential to each loop.

Let us consider the angular and radial components of this helical motion. If (z, r, ϑ) are cylindrical polar coordinates such that the direction of emission of the electrons lies in the plane $\vartheta = 0$, we find that

$$\dot{\vartheta} = \frac{e\,B}{2\,m} = \frac{\dot{z}}{D \cdot \cos\alpha}, \tag{10.1}$$

and

$$\vartheta = \frac{z}{D \cdot \cos \alpha}, \qquad r = D \cdot \sin \alpha \cdot \sin \vartheta \qquad (10.2)$$

where

$$D = \frac{2p}{eB}.$$

The constant D is equal to the diameter of the circle that the electron describes if it is ejected perpendicular to the z-axis[1].

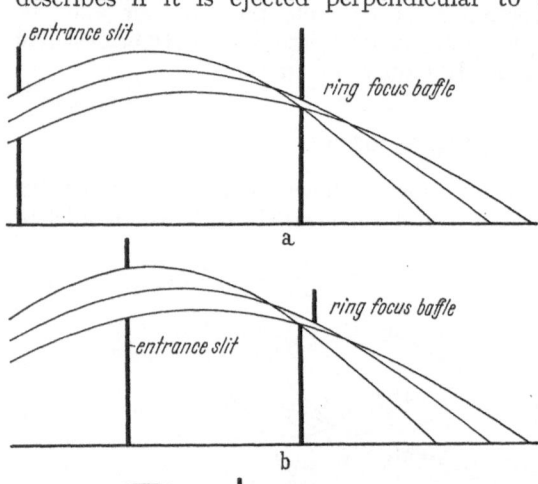

According to (10.2) we get $r = 0$ for $\vartheta = 0$ (source), $\vartheta = \pi$ (first focus), etc. The *focal length* is thus

$$f = \pi D \cos \alpha. \qquad (10.3)$$

Hence, if the detector is situated at a distance f from the source

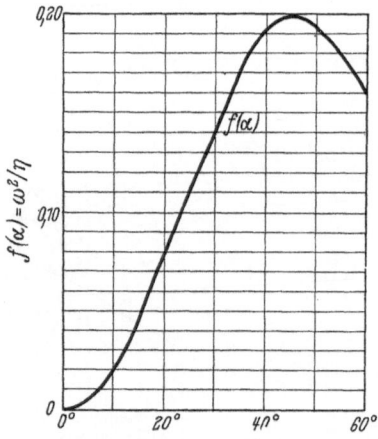

Fig. 22a—c. Ring focus baffles. a According to Witcher (see reference 1 on p. 631). b According to Persico (see reference 2 on p. 631). c According to Hubert (see reference 3 on p. 631).

Fig. 23. The function $f(\alpha) = \omega^2/\eta$ versus the average emission angle α for a point source [quoted from Persico and Geoffrion (see reference 2 on p. 631)].

and α is defined by suitable baffles, the instrument will only record electrons of a momentum p proportional to the magnetic field strength, according to the relation (10.3). Thus there is also in this case a linear relationship between the field strength, or coil current, and the momentum of the focused electrons.

In order to discuss the capabilities of the instrument we have to take into account the influence of spherical aberration and of the finite width of both the source and the exit slit.

As shown in Fig. 21, the traces having emission angles between $\alpha - \delta\alpha$ and $\alpha + \delta\alpha$ cross one other, forming a ring shaped image. The position of this *ring focus* is defined by (10.2) together with the condition

$$\frac{\partial r}{\partial \alpha} = 0. \qquad (10.4)$$

The most favourable position of the defining exit aperture is at this ring focus, where the envelope of trajectories has its minimum thickness. Such a

---

[1] $2\dot{\vartheta}$ is equal to the electron "cyclotron frequency" $\omega = \dfrac{eB}{m}$.

ring focus baffle was first introduced by WITCHER[1]. Later on FRANKEL[1] and PERSICO[2] further developed the idea and pointed out that the use of this baffle gives considerable gain in resolution at a given transmission, when compared with the older arrangement in which the exit aperture was located at the "focus" P.

The ring focus baffle can be arranged in several ways (Fig. 22). As pointed out by HUBERT[3], the ideal baffle consists of only one single inner edge, but an infinite number of outer edges, thereby limiting the envelope to contain only those traces having emission angles between $\alpha - \delta\alpha$ and $\alpha + \delta\alpha$. In practice, however, it is sufficient to use only a few outer edges, and in any case it is desirable to keep this number to a minimum, in order to avoid scattering.

For the optimum conditions of operation one should choose the most suitable emission angle. According to PERSICO one has

$$\frac{\omega^2}{\eta} = f(\alpha) \quad (10.5)$$

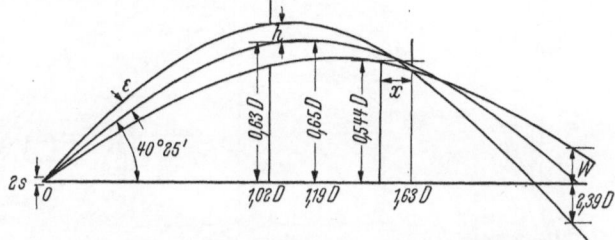

Fig. 24. Solenoidal spectrometer under optimum conditions of operation [(quoted from PERSICO and GEOFFRION (see reference 2 on p. 631)].

where $f(\alpha)$ gives the relation between gathering power and resolution for different values of the emission angle.

For a *point source* $f(\alpha)$ is a maximum for $\alpha = 45° \ 37'$. The maximum is rather broad so that it is possible without sacrificing too much of the resolution, to use smaller emission angles ($\alpha \sim 35°$). This is preferable from an economical point of view since it results in a considerable reduction of the size of the coils.

The problem of optimum conditions of operation has been studied by DuMOND[4] and by PERSICO[2]. Although they have not yet been rigorously established, the following conditions (cf. Fig. 24) given by PERSICO[2] are certainly not far from optimum:

angle of emission $\alpha = 40°25'$

source radius $s = 2.84 D \varepsilon^2$

entrance slit (vertical) $z_A = 1.02 D, \quad r_A = 0.63 D, \quad h = 0.88 D \varepsilon$

exit slit (horizontal) $z_E = 1.63 D, \quad r_E = 0.54 D, \quad x_2 = 12.3 D \varepsilon^2$

minimum radius of the counter window $w = 1.74 D \varepsilon^2$

focal length $f = 2.39 D$

gathering power $\omega = 0.65 \varepsilon$

luminosity $\Lambda = 16.5 D^2 \varepsilon^5$

resolution $\eta = 3.56 \varepsilon^2$.

From DuMOND's analysis of the line profile, one gets the following relations

$$T \sim 0.17 \eta^{\frac{1}{2}}, \quad (10.6)$$

$$L \sim 0.41 D^2 \eta^{\frac{5}{2}}. \quad (10.7)$$

[1] C. M. WITCHER: Phys. Rev. **60**, 32 (1941). — S. FRANKEL: Phys. Rev. **73**, 804 (1948).
[2] E. PERSICO: Phys. Rev. **73**, 1475 (1948). — E. PERSICO: Rev. Sci. Instrum. **20**, 191 (1949). — E. PERSICO and C. GEOFFRION: Reov. Sci. Instrum. **21**, 945 (1950).
[3] R. HUBERT: C. R. Acad. Sci. Paris **230**, 1464 (1950). — Physica, Haag **18**, 1129 (1952).
[4] J. DuMOND: Rev. Sci. Instrum. **20**, 160, 616 (1949).

It should be observed that the resolving power increases as the square of the transmission, which means that this type of instruments is still able to give good resolution ($\sim$0.5%) at a fairly high transmission ($\sim$3%).

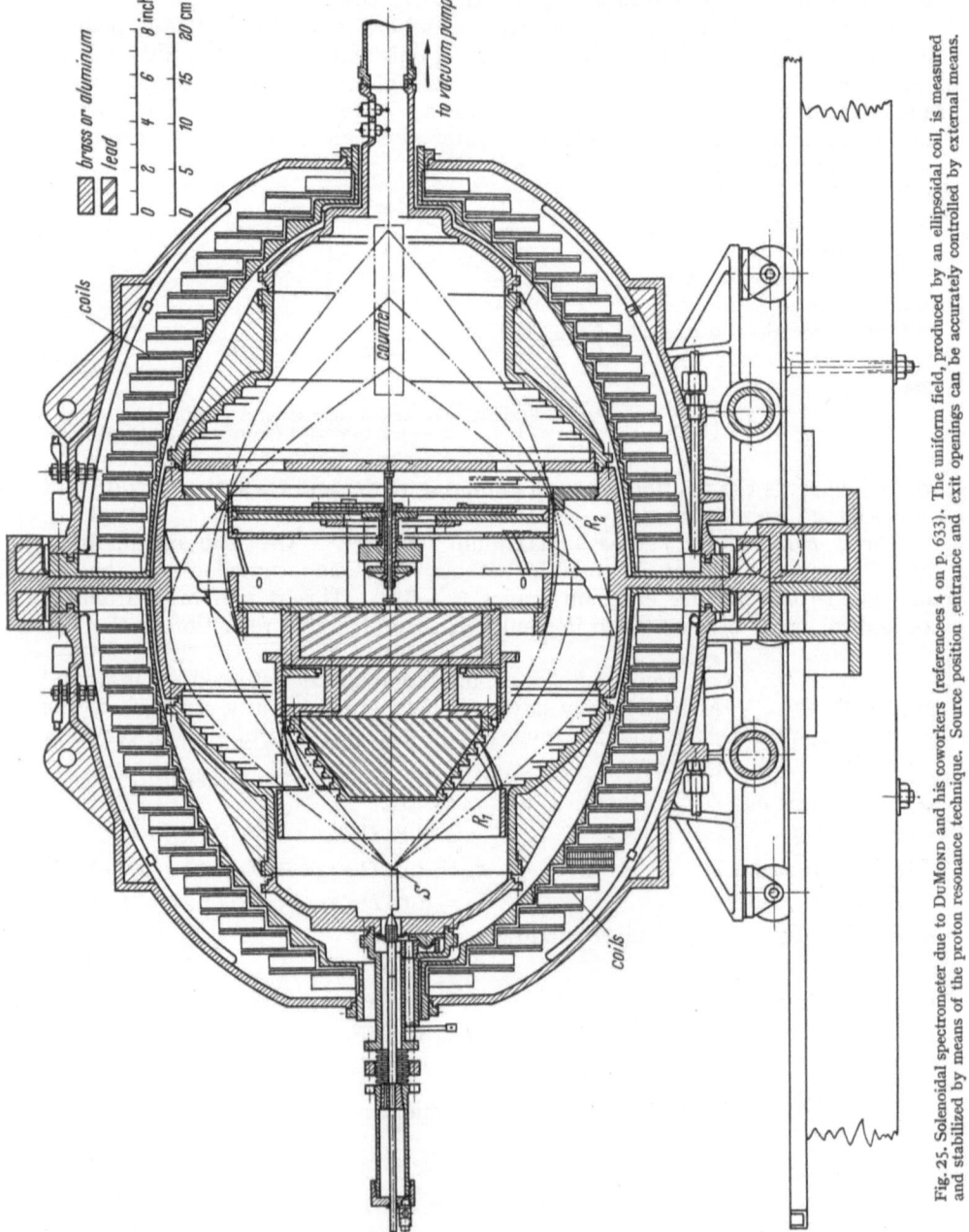

Fig. 25. Solenoidal spectrometer due to DuMond and his coworkers (references 4 on p. 633). The uniform field, produced by an ellipsoidal coil, is measured and stabilized by means of the proton resonance technique. Source position, entrance and exit openings can be accurately controlled by external means.

β) Design of the uniform field solenoidal spectrometer. Several instruments of this type have been designed. The uniform field is generally obtained by means of a long solenoid with suitable compensation coils to reduce the effect of the finite length.

The ring focus baffle was first introduced in a spectrometer by WITCHER[1] in 1941. This instrument is still in use after several improvements by FELD-MAN and WU[2] and others, and is now operated under the optimum conditions given above. A similar instrument has been constructed by F. H. SCHMIDT[3].

In an interesting design due to DuMOND and his co-workers[4] the solenoid is replaced by an ellipsoidal coil (Fig. 25).

FELDMAN and WU use an α-value of 38°, SCHMIDT 35°, while DuMOND's spectrometer is designed for $\alpha = 45°$.

From (10.1) one can cerive the following expression

$$\frac{d\vartheta}{dz} = \frac{eB}{2p\cos\alpha} = \frac{1}{D\cos\alpha}. \tag{10.8}$$

Thus one has

$$\vartheta_{\text{focus}} = \pi.$$

Since the direction of rotation given by (10.8) depends on the sign of the charge, the paths of negatrons and positrons rotate in *opposite directions*. If a twisted baffle system is introduced, as was first suggested by DEUTSCH et al[5] particles having the corresponding charge will be transmitted with an efficiency of more than 90% while the intensity of those with the opposite charge is reduced to a negligible amount.

11. The focusing properties of inhomogeneous, axially symmetric magnetic fields. The uniform field which we have considered in the previous section has the advantage of giving simple equations describing the trajectories and it is therefore possible to derive the focusing properties in an straightforward way.

There is, however, no obvious reason why this special field form should be particularly advantageous. Actually it turns out that certain inhomogeneous, but axially symmetric magnetic fields, "shaped" in different ways, have focusing properties which are superior to those of the uniform field.

In order to determine an axially symmetric magnetic field distribution in space it is sufficient to know the field strength along the axis, because of fundamental properties of the magnetic field.

Thus one has for the *axial* component

$$\left. \begin{aligned} B_z(r, z) &= B(0, z) - \frac{r^2}{4} \cdot B''(0, z) + \frac{r^4}{64} \cdot B''''(0, z) - \cdots \\ &= \sum_0^\infty \frac{(-1)^n}{(n!)^2} \cdot \left(\frac{r}{2}\right)^{2n} \cdot B^{(2n)}(0, z) \end{aligned} \right\} \tag{11.1}$$

and for the *radial* component

$$\left. \begin{aligned} B_r(r, z) &= -\frac{r}{2} B'(0, z) + \frac{r^3}{16} \cdot B'''(0, z) - \cdots \\ &= \sum_0^\infty \frac{(-1)^n}{n!(n-1)!} \cdot \left(\frac{r}{2}\right)^{2n-1} \cdot B^{(2n-1)}(0, z). \end{aligned} \right\} \tag{11.2}$$

These two expressions form the basis for all discussionson the focusing properties of axially symmetric inhomogeneous fields, and they therefore correspond

[1] C. M. WITCHER: Phys. Rev. **60**, 32 (1941). — S. FRANKEL: Phys. Rev. **73**, 804 (1948).
[2] L. FELDMAN and C. S. WU: Phys. Rev. **87**, 1091 (1952).
[3] F. H. SCHMIDT: Rev. Sci. Instrum. **23**, 361 (1952).
[4] J. W. M. DuMOND, L. BOGART, J. L. KOHL, D. E. MULLER and J. R. WILTS: California Institute of Technology, Special Technical Report No. 16.
[5] M. DEUTSCH, L. ELLIOTT and R. EVANS: Rev. Sci. Instrum. **15**, 178 (1944).

to the expression (7.1), for flat spectroscopes. From a comparison between (11.1), (11.2) and (7.1) it is realized that the theoretical treatment of the non-uniform field spectroscopes is much more complicated than the analysis of the shaped field flat spectroscopes.

In the latter case only the first few coefficients in the series expansion (7.1) are of importance while in (11.1) and (11.2) the complete function $B(0, z)$ and all its derivatives appear.

One way to attack the problem is to limit the treatment to paraxial rays only. In this approximation the differential equation of motion is

$$\frac{d^2 r}{dz^2} = -\frac{1}{4(B\varrho)^2} \cdot B^2(0, z) \cdot r. \tag{11.3}$$

From this equation Busch[1] deduced the following formula for the focal length of a *short lens*[2]:

$$f = \frac{4(B\varrho)^2}{\int\limits_{-\infty}^{+\infty} B^2(0, z)\, dz}. \tag{11.4}$$

Since it was realized that spherical aberration increases with the emission angle, the older lens spectrometers were generally adjusted to accept only electrons having small emission angles ($\sim 10°$ to $20°$) and for that reason the paraxial ray approximation was fairly good. When a ring focus baffle is introduced, however, a second order focusing is obtained, i.e. the width of the line is of the order $\delta\alpha^2$. In this way the influence of the spherical aberration is to some extent reduced and this opens up the possibility of using somewhat larger values of $\alpha (30°–45°)$.

This is an advantage, since the transmission increases as α^2. Furthermore, it may be shown that the resolving power — provided spherical aberration is neglected — increases as α increases.

However, the gain in efficiency obtained in this way is sooner or later counterbalanced by the increased spherical aberration. Since the paraxial ray approximation cannot be used for higher values of α it is necessary to use the complete expressions (11.1) and (11.2) in the equations of motion:

$$\ddot{z} = -\left(\frac{e}{m}\right)^2 A\, \frac{\partial A}{\partial z}, \tag{11.5}$$

$$\ddot{r} = -\left(\frac{e}{m}\right)^2 A \cdot \frac{\partial A}{\partial r}, \tag{11.6}$$

$$\dot{\vartheta} = -\left(\frac{e}{m}\right) \frac{\dot{A}}{r}, \tag{11.7}$$

where A is the magnetic vector potential.

An exact solution of these equations is possible only in very special cases; for example it may be possible to find an analytical expression for the field in the whole (r, z) space. For the uniform field discussed in the previous section we obtain the following simple expressions:

$$\ddot{r} = -\left(\frac{eB}{2m}\right)^2 r, \tag{11.8}$$

$$\ddot{z} = 0. \tag{11.9}$$

---

[1] Busch: Arch. Elektrotechn. **17**, 583 (1927). — Ann. Phys., Lpz. **81**, 974 (1926).
[2] See Sect. 2.

Another interesting special case has been investigated by RICHARDSON[1].

In all other cases it is necessary to resort to numerical ray tracing techniques[2,3]. To avoid these very elaborate calculations one can instead determine the electron trajectories directly by means of a photographic plate (see for example Fig. 29 due to SLÄ-TIS and SIEGBAHN)[4].

By suitable adjustment of the field shape it is possible to obtain considerable improvement in the electron optics of the system. For instance, as may be seen from Fig. 21b the spherical aberration is reduced if the outer trajectories pass through a *weaker* field. According to (11.1) this corresponds to $B''(0, z) > 0$, i.e. the field distribution, measured along the axis, should be concave upwards (cf. Fig. 26).

Usually the source cannot be made to have negligible dimensions, so that its diameter will contribute to the line width. In fact theory indicates that in this case the line broadening caused by the finite source diameter is 4/5 of the total base width (at the ring focus). Thus it may be more profitable to try to reduce this contribution to the line width, rather than concentrate on reduction of the spherical aberration in the way outlined above. In a coincidence lens spectrometer due to GERHOLM (cf. Sect. 28) the field is zero at the position of the source and increases approximately linearly when measured along the axis ("triangular" field). Photographs of the electron paths show a somewhat in-

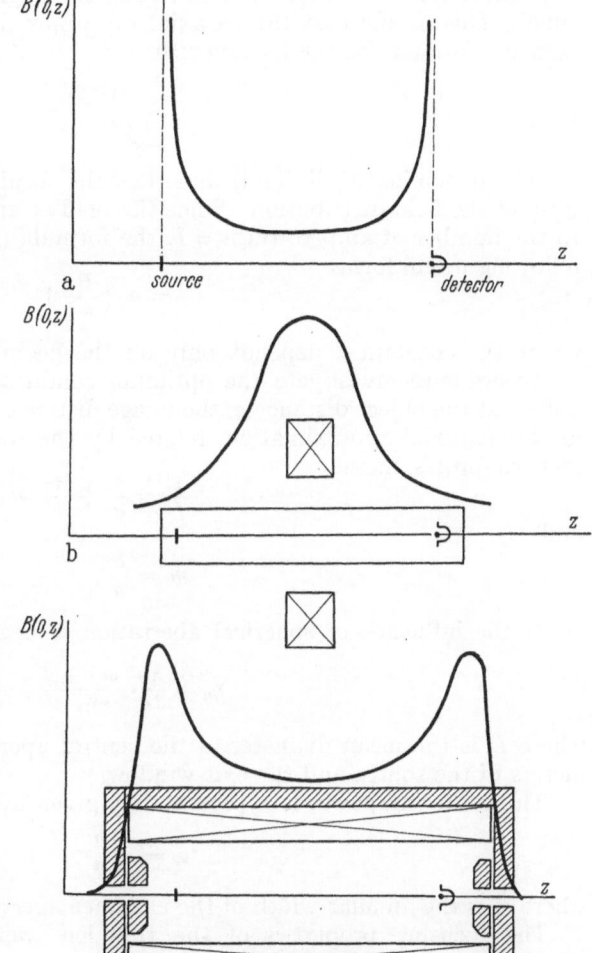

Fig. 26a—c. a Field form according to GLASER [Z. Physik 66, 19 (1940)] giving zero spherical aberration. b The bell-shaped field in a short-lens spectrometer giving a large spherical aberration. c The concave field in a long-lens giving a reduced spherical aberration.

creased spherical aberration, but on the other hand the width of the line at the ring focus is substantially less than the diameter of the source, i.e. the *magnification is less than one*. It is found from experiments and also indicated by the theory, that this triangular field gives rise to a greater luminosity than does the uniform field.

[1] H. O. RICHARDSON: Phil. Mag. 40, 233 (1949). — J. Sci. Instrum. 29, 93 (1952).
[2] R. E. SIDAY: Proc. Phys. Soc. Lond. 54, 266 (1942).
[3] KLEMPERER and GODDARD: Proc. Phys. Soc. Lond. 56, 578 (1944).
[4] H. SLÄTIS and K. SIEGBAHN: Ark. Fysik 1, 399 (1949).

12. The short lens spectrometer. As pointed out in the previous section it is not possible to give a rigorous treatment of the focusing properties of this type of instrument, since one cannot derive any reasonably simple analytical expression for the electron trajectories. However, since the spherical aberration is particularly serious for the short lens, the angle of emission is generally kept small. This means that the paraxial ray approximation holds and we may use BUSCH's formula for the focal length,

$$f = \frac{4\,(B\,\varrho)^2}{\int\limits_{-\infty}^{+\infty} B^2\,(0,\,z)\,dz}. \tag{11.4}$$

The denominator of (11.4) and thus the focal length, is independent of the form of the field distribution. Since the field at any point is always proportional to the number of ampere turns $n\,I$, the formula (11.4) may be re-written in the following useful form

$$f = c \cdot \left(\frac{B\,\varrho}{n\,I}\right)^2 \tag{12.1}$$

where the constant c depends only on the geometrical dimensions of the coil.

In order to investigate the optimum conditions of operation it is useful to note that the object distance a, the image distance b and the magnification m are, in this paraxial approximation, related by the well-known lens formula of geometrical optics, namely

$$\frac{1}{f} = \frac{1}{a} + \frac{1}{b} \tag{12.2}$$

and

$$m = \frac{b}{a}. \tag{12.3}$$

If the influence of spherical aberration is neglected it may be shown that

$$\eta_0 = \frac{1}{D} \cdot \frac{m\,s + d}{m + 1}, \tag{12.4}$$

where D is the mean diameter of the central aperture and s and d are the diameters of the source and the exit window.

The gathering power is approximately given by

$$\omega = \frac{D\,\varDelta}{4\,a^2}, \tag{12.5}$$

where $\varDelta$ is the annular width of the entrance aperture.

The focusing properties of the thin lens were first studied by DEUTSCH, ELLIOTT and EVANS[1] who showed that the maximum luminosity is obtained when

$$\frac{r_1}{r_2}\sqrt{2} \quad \text{and} \quad d = m\,s,$$

where r_1 and r_2 are the external and internal radii of the central aperture. m is generally chosen equal to unity.

According to (12.4) the electron emission angle $\alpha = D/2a$, should be as large as possible, but it must be born in mind that we have not taken into account the effects of spherical aberration. In fact this limits α to about 10 to 15°.

It has been observed[2,3] that if one introduces a ring focus exit slit a gain in efficiency of about a factor of two is obtained, other conditions of operation

[1] M. DEUTSCH, L. ELLIOTT and R. EVANS: Rev. Sci. Instrum. **15**, 178 (1944).
[2] J. M. KELLER, E. KOENIGSBERG and A. PASKIN: Rev. Sci. Instrum. **21**, 713 (1950).
[3] W. W. PRATT, F. I. BOLEY and R. T. NICHOLS: Rev. Sci. Instrum. **22**, 92 (1951).

being unchanged. On the other hand the presence of a ring focus suggests the use of larger α-values. According to calculations by GRIVET[1] this should give a considerably increased over-all efficiency.

The transmission at a given luminosity for those short lens instruments which have been constructed to date seems, however, to be about a factor of ten less than that of ordinary long lens spectrometers.

The instrument is very sensitive to external magnetic fields. One has therefore, to eliminate the defocusing effects of the earth's magnetic field, and this

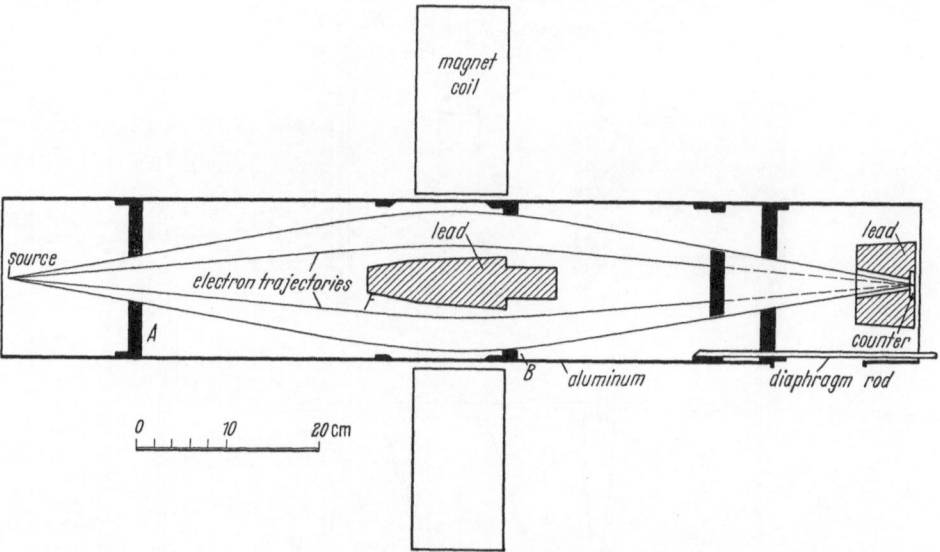

Fig. 27. Short lens spectrometer due to JENSEN (E. N. JENSEN, U.S. Atomic Energy Comm. Doc. 2399).

is usually done with the aid of compensating coils. Alternatively, the spectrometer may be aligned in the direction of the earth's field.

The electrical power necessary to focus electrons of a given momentum is less than that required in other lens spectroscopes. Furthermore this instrument has the advantage of having source and detector in almost field-free regions. This characteristic feature of the short lens spectrometer is essential in certain applications of beta-spectroscopy, notably in angular correlation measurements (cf. Sect. 28).

The analogy with geometrical optics mentioned above is, however, not complete, since in addition to the radial deflection the magnetic field produces an azimuthal rotation in the electron trajectory. This will cause an *image rotation* which, for paraxial rays (cos α ∼ 1) is easily obtained from a simple generalisation of the formula (10.8), viz.

$$\vartheta = \frac{1}{2B\varrho} \cdot \int_a^b B_z(0, z)\, dz. \tag{12.7}$$

Just as in the solenoidal spectrometer, this effect can be utilized to separate positrons and negatrons by means of a twisted baffle system. Another interesting application is discussed in Sect. 25.

---

[1] P. GRIVET: C. R. Acad. Sci. Paris **230**, 936 (1950).

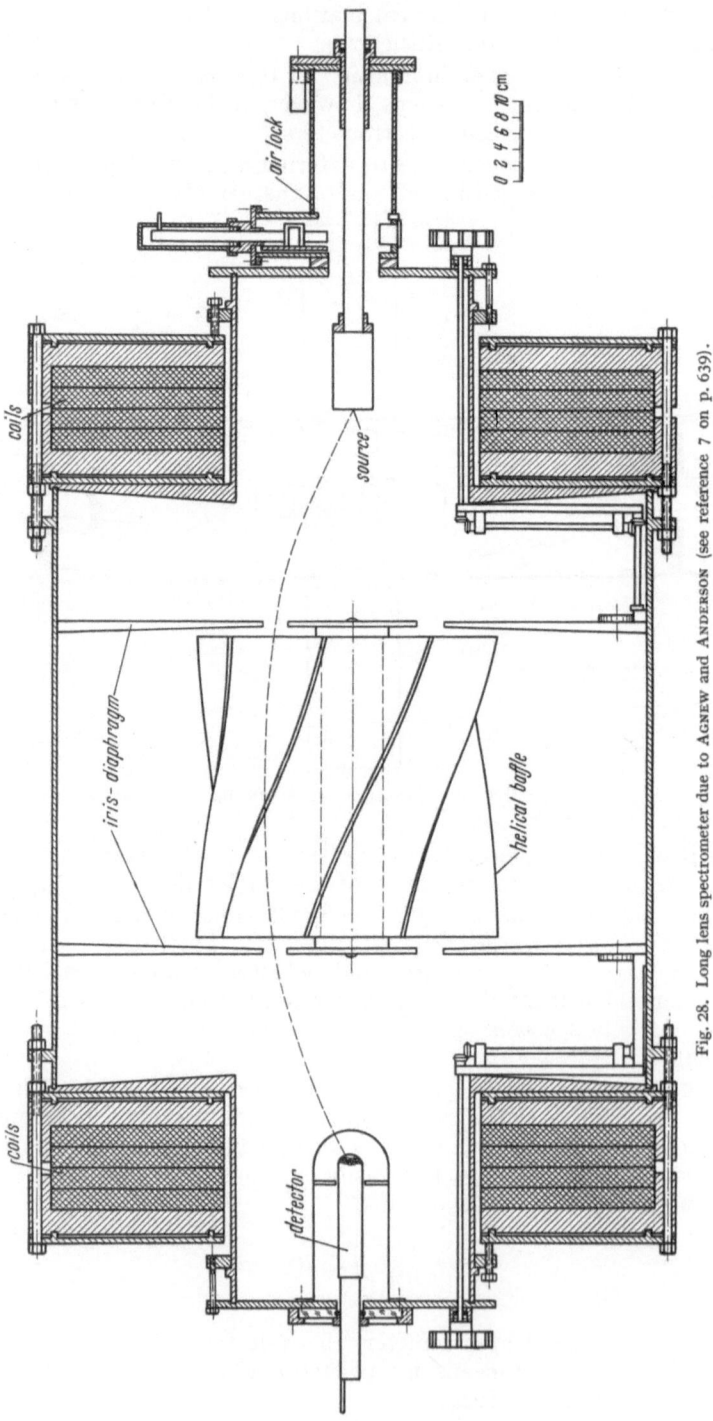

Fig. 28. Long lens spectrometer due to Agnew and Anderson (see reference 7 on p. 639).

Evidently the total angle of rotation is a measure of the momentum. It has been suggested[1,2] that this effect may be used to determine $B\varrho$-values ("image rotation spectrograph"). Recently CRAIG and DIETRICH[3] have constructed an instrument of this kind designed for absolute determinations of beta ray energies with high precision.

13. The long lens spectrometer. In Sect. 11 we showed that the field produced by a single thin lens will give a large spherical aberration. This can be considerably reduced by means of a long lens giving an axial field distribution which, when plotted as a function of the distance along the axis, is concave upwards.

Such a field form can be produced using a completely ironclad spectrometer with suitable pole pieces (Fig. 26) (SIEGBAHN[4], ZÜNTI[5]) or by means of two or more separate iron-free coils (QUADE and HALLIDAY[6], AGNEW and ANDERSSON[7], Fig. 28). Theoretical analyses of the focusing properties of the long lens spectrometers have been made by VERSTER[8] and by PAQUIEN and GRIVET[9] using the paraxial ray approximation.

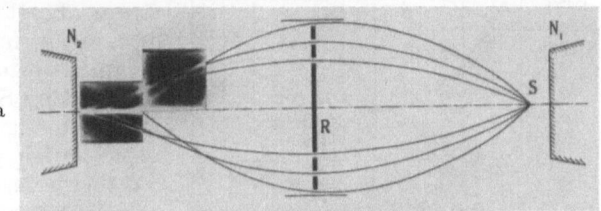

In order to focus electrons of a given momentum the long lens requires more copper and more electrical power than does the short lens. The efficiency, i.e. the transmission at a given resolving power is, however, much higher.

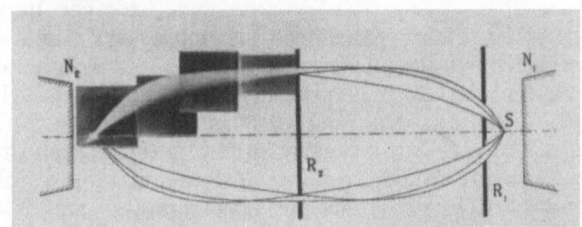

Fig. 29a and b. a Focusing of electrons in a uniform field. b Intermediate image focusing.

14. The intermediate image spectrometer. In 1949 SLÄTIS and SIEGBAHN[10] described a spectrometer of the long lens type, in which they used another focusing principle, the so-called intermediate image focusing. They found that if the field was shaped in a certain way an appreciable increase in efficiency was obtained.

As illustrated in Fig. 29 the electron traces are approximately symmetrical with respect to a central plane perpendicular to the spectrometer axis. The traces cross each other near this plane. Forming a ring-shaped "intermediate image". A second point image is formed on the axis in front of the detector.

The electron optical geometry is determined by the distance between the source and the detector and by the diameters and annular widths of the entrance

[1] D. K. BUTT: Proc. Phys. Soc. Lond., Ser. B **62**, 551 (1949).

[2] M. GEORGESCO: C. R. Acad. Sci. Paris **229**, 297 (1949).

[3] H. CRAIG and C. F. DIETRICH: Proc. Phys. Soc. Lond., Ser. B **66**, 201 (1953). — H. CRAIG: Phys. Rev. **85**, 688 (1952).

[4] K. SIEGBAHN: Phil. Mag. **37**, 162 (1946).

[5] W. ZÜNTI: Helv. phys. Acta **21**, 179A (1948).

[6] E. A. QUADE and D. HALLIDAY: Rev. Sci. Instrum. **19**, 234 (1948).

[7] H. M. AGNEW and H. L. ANDERSSON: Rev. Sci. Instrum. **20**, 869 (1949).

[8] N. F. VERSTER: Appl. Sci. Res. B**1**, 363 (1950).

[9] G. PAQUIEN and P. GRIVET: C. R. Acad. Sci. Paris **230**, 65, 196 (1950). — P. GRIVET: C. R. Acad. Sci. Paris **230**, 1048, 1652 (1950).

[10] H. SLÄTIS and K. SIEGBAHN: Ark. Fysik **1**, 339 (1949).

slit, near the source, and the exit slit in the central plane. The corresponding field gradient necessary to produce the intermediate image was found by varying the ratio between the current through the central coils and the total current. The resulting field strength measured along the axis is illustrated in Fig. 30.

It was shown that the geometrical parameters can be changed within certain limits, provided that the field gradient is changed in a corresponding way.

This mode of focusing has been investigated theoretically, in the paraxial ray approximation, by GRIVET[1] and BOTHE[2].

SLÄTIS and SIEGBAHN used an ironclad "closed" magnet but a similar field distribution can be obtained using two or more thin ironfree coils (BONNER et al[3], DANIEL and BOTHE[4]). The inter-

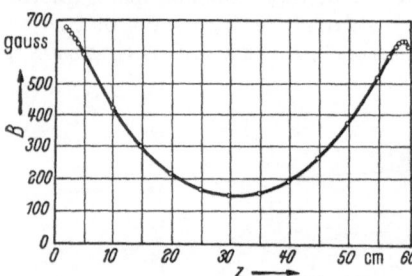

Fig. 30. The intermediate image field distribution.

mediate image spectrometer has several advantages over the ordinary long lens instrument. It gives a higher transmission at a given, moderate, resolving power. As a typical example we may quote the results obtained by SLÄTIS and SIEGBAHN who got a transmission of 8% at a resolving power of 4% with a source of 5 mm. diameter. Furthermore, because of the existence of the second point image, a very small detector can be used, with a consequent reduction in the background. This is in contrast to the state of affairs in the solenoidal and long lens spectrometers, in which there is a considerable divergence of the trajectories beyond the ring focus. It is also very unlikely that electrons scattered from baffles or the walls of the chamber will reach the detector. This is of importance in cases where lines of very low intensity have to be studied in the presence of other strong lines.

The intermediate image instrument requires more copper and more electrical power than do other lens spectrometers and is therefore less favourable from an economical point of view.

In an instrument designed by RICHARDSON[5] the electrons are focused in a field shaped by two hyperbolic polepieces. The focused electrons are emitted almost at right angles to the axis of symmetry. This instrument seems to have features similar to the intermediate image type. Thus in RICHARDSON's[5] spectrometer the electron traces cross each other near the central plane and form a second image, a point focus, on the spectrometer axis.

V. Comparison between different types.

15. Figures of merit. A few general conclusions. In a particular beta ray spectroscope, an increased resolving power is possible only at the expense of a reduced transmission and overall luminosity. In general, it is very difficult to obtain mathematical expressions for $T(\eta)$ and for $L(\eta)$.

However, in a few special cases this has been done. Thus one has for the ordinary *semicircular* spectroscope (Sect. 5),

$$T \sim 0.08\,\eta\,,$$

$$L \sim 0.25\,\varrho^2\eta^{\frac{5}{3}}.$$

[1] P. GRIVET: C. R. Acad. Sci. Paris **230**, 936 (1950).
[2] W. BOTHE: Naturwiss. **37**, 41 (1950).
[3] Private communication.
[4] H. DANIEL and W. BOTHE: To be published.
[5] H.O. RICHARDSON: Phil. Mag. **40**, 233 (1949). —J. Sci. Instrum. **29**, 93 (1952).

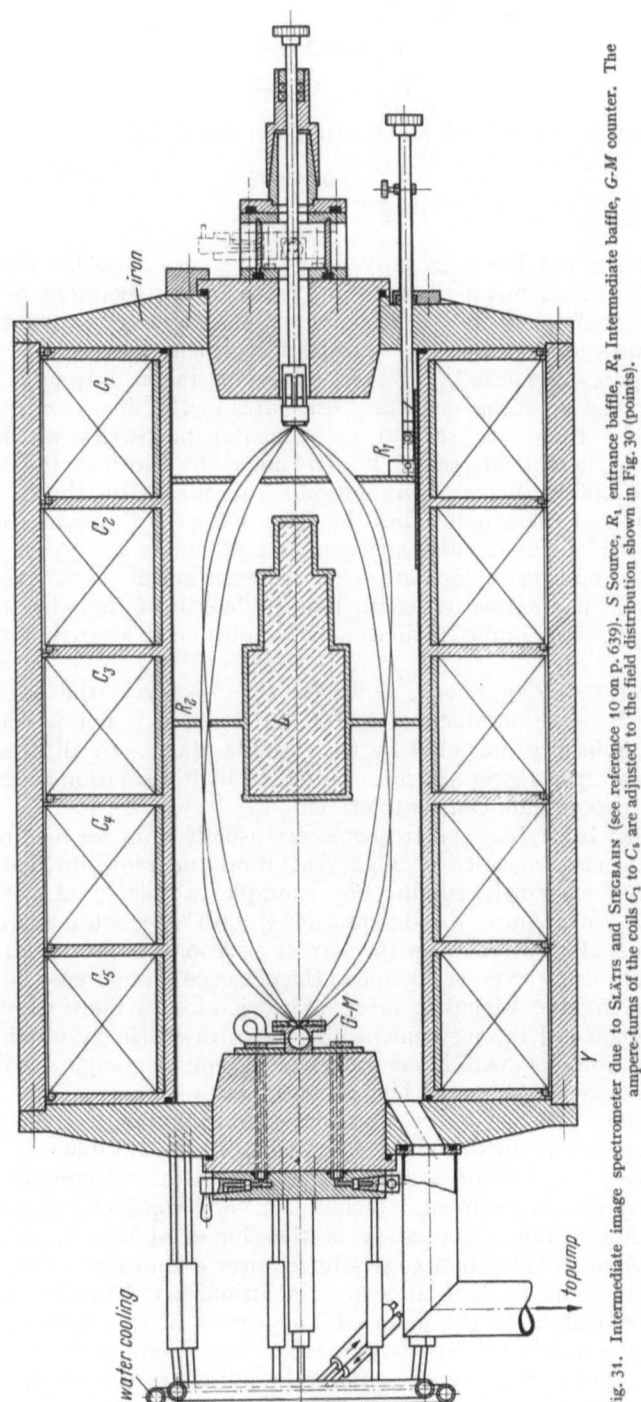

Fig. 31.   Intermediate image spectrometer due to SLÄTIS and SIEGBAHN (see reference 10 on p. 639). S Source, R_1 entrance baffle, R_2 Intermediate baffle, G-M counter. The ampere-turns of the coils C_1 to C_5 are adjusted to the field distribution shown in Fig. 30 (points).

For the double focusing spectrometer, operated with a square entrance aperture we have obtained (Sect. 7)

$$T_{sq} \sim 0.24\,\eta\,,$$
$$L_{sq} \sim 1.9\,\varrho_0^2\,\eta^{\frac{5}{3}}.$$

Finally one has for the solenoidal spectrometer (Sect. 10)

$$T \sim 0.17\,\eta^{\frac{1}{2}}\,,$$
$$L \sim 0.41\,D^2\,\eta^{\frac{5}{3}}.$$

Though it has not yet been proved, it seems very probable that similar expressions hold for all magnetic spectroscopes. It has therefore been suggested that the numerical values for the proportionality constants in these relations may serve as "figures of merit" for the various instruments.

These "figures of merit", however, should be taken only as a rough guide, since they depend on rather arbitrary estimates of the line profiles.

Furthermore there are several instrumental properties which cannot be described in mathematical terms. For instance, the width of the source should be reduced to obtain increased resolution. This means, in the case of the flat spectroscopes, that the source takes the form of a very thin wire, but still has a finite length. In a semicircular spectrometer of radius $\varrho = 30$ cm., adjusted to the optimum conditions of operation for a resolution of 0.1%, the diameter of this wire should not exceed 0.2 mm., but the length of the wire might well be 2 to 3 cm., so that the source is still easy to handle and to locate in its appropriatet position.

At a lower resolving power, however, ($\eta = 1\%$, say) the optimum height of the source becomes impractical ($h = 10$ cm.) and it is not possible to realize the over-all luminosity indicated by the formula above. In all, this means that the semicircular spectroscope is most suited to high resolution measurements in which a low transmission can be tolerated.

On the other hand, lens spectroscopes are usually built for medium resolution and high transmission, since at high resolution the requisite diameter of the source becomes extremely small. For example, a solenoidal spectrometer of focal length 70 cm. requires $d = 0.5$ mm. for $\eta = 0.1\%$. Such a source is difficult to prepare and also to locate in its correct position on the spectrometer axis.

If we wish to study a very weak line in the presence of an intense line or of strong gamma-radiation, the "signal to noise" ratio is often a more relevant measure of the performance of the instrument. The gain in efficiency obtained by using solenoidal spectrometers with larger values of the emission angle α is then reduced, to some extent, by the increased background due to the necessary increase in the *size of the counter*. However, as was pointed out previously, the intermediate image spectrometer is, in this respect, particularly favourable.

Since a wide range of problems is studied in beta and gamma ray spectroscopy, the required experimental techniques vary considerably from one case to another. For instance, the study of the shapes of beta ray spectra which arise from forbidden transition generally requires a thin and hence large source and can therfore only be done at a low resolution, say 5 to 10%. On the other hand the investigation of the inherent line-widths of conversion lines needs a resolution of the order of a few parts in 10^4. This is one of the reasons why no single type of spectroscope can be said to be quite superior to the others.

Finally we will briefly discuss the choice between a *spectrometer* and a *spectrograph*.

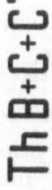

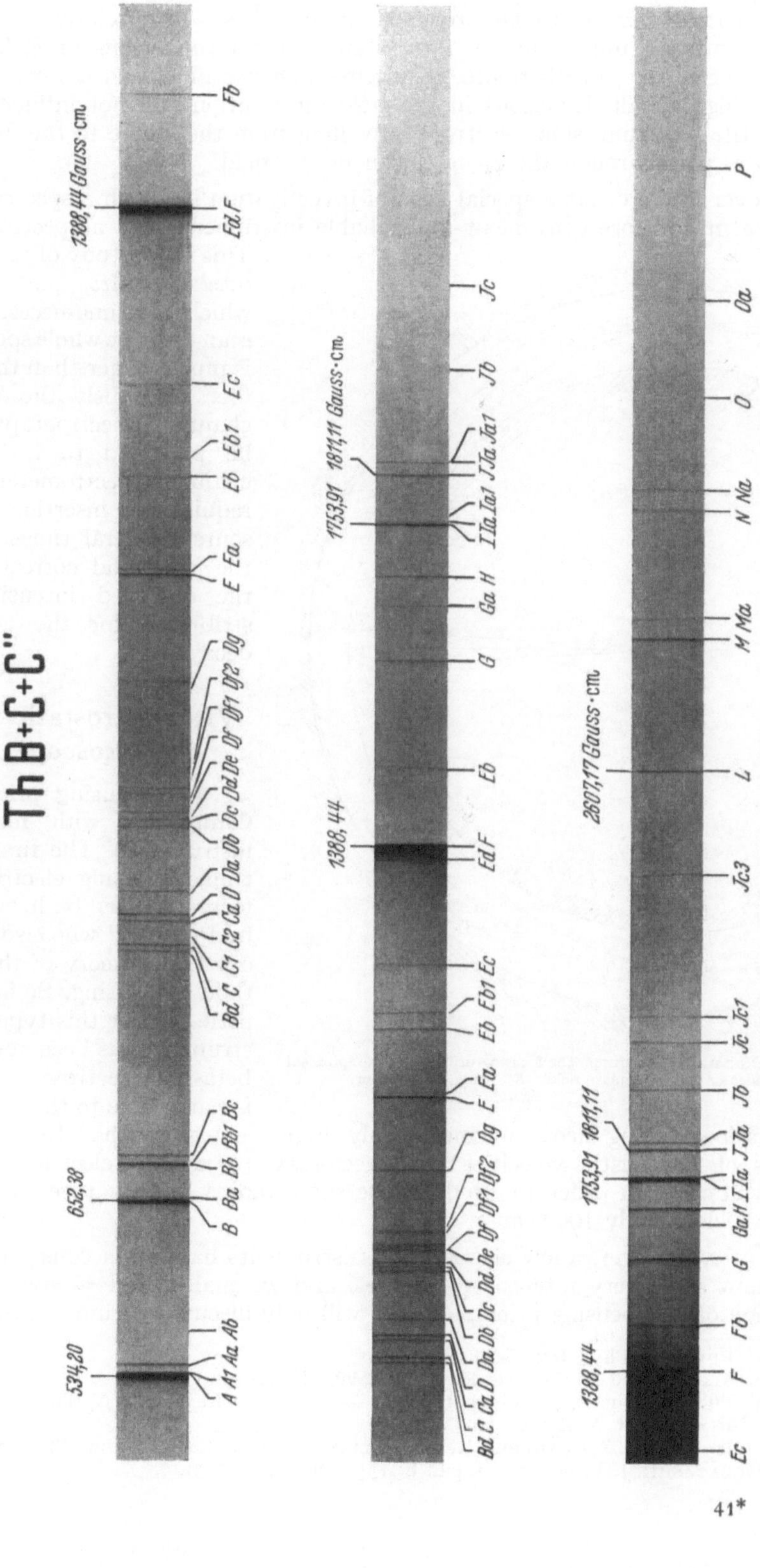

Th B+C+C"

7388,44 Gauss·cm.

Fb

Ed.F

Ec

Eb Eb1

E Ea

Dg

Bd C C1 C2 Ca D Da Db Dc Dd De Df Df1 Df2

652,38

B Ba Bb Bb1 Bc

534,20

A A1 Aa Ab

1753,91 1814,11 Gauss·cm.

Jc

Jb

IIa Ia1 J Ja Ja1

Ga H

G

Eb

1388,44

Ed F

Eb Eb1 Ec

Og E Ea

Bd C Ca D Da Db Dc Dd De Df Df1 Df2

2607,17 Gauss·cm.

P

Oa

O

N Na

M Ma

L

Jc3

Jc Jc1

Jb

IIa Ja Ja1

Ga H

G

Fb

F

1753,91 1814,11

1388,44

Ec

Fig. 32. The beta-ray spectrum of Th (B+C+C') recorded by StÅrrs in the semicircular permanent magnet spectrograph shown in Fig. 8 at a resolution of 1.2·10⁴.

The spectrometer is to be preferred in all cases where relative intensity measurements are important, as for instance in determinations of K/L-ratios or branching ratios. Furthermore, requirements concerning field uniformity are less exacting. Small deviations in the field distribution will not influence the shape of the spectrum, since electrons travelling from the source to the detector will always pass through the same region of the field.

However, there exists a special type of investigation in which a spectrograph often is a much more convenient and reliable instrument than a spectrometer.

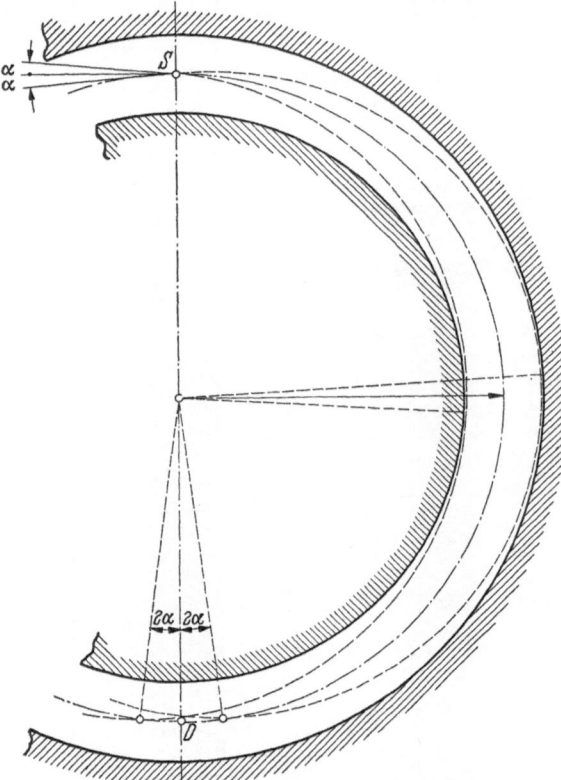

This is the study of *very short lived activities*, i.e. cases in which the time necessary to scan over the whole spectrum is much longer than the half life. Obviously the "multi channel" spectrograph is to be preferred to a "single channel" spectrometer which requires the insertion of new sources several times during the run, and correction of the observed intensity distribution for the activity decay.

Fig. 33. Electrostatic field focusing. The focusing principle of the spherical condenser (inverse square field). *S* Source, *D* Detector.

VI. Electrostatic field spectroscopes.

16. Focusing principles. Comparison with magnetic instruments. The first spectrometer using electrostatic focusing, was built in 1938 by PURCELL[1] who also developed the theory of this method of focusing. So far very little use for this type of instrument has been found in beta-ray spectroscopy. This is partly due to the fact that electrostatic focusing needs uncomfortably high field strengths. In fact, for electrons of relativistic velocities it is necessary to use an electric field of 300000 volt cm.$^{-1}$ in order to produce the same radius of curvature as does a magnetic field of only 1000 gauss.

Recently, however, a few electrostatic instruments have been constructed[2-5] which show some very interesting features, and we shall therefore give a brief description of the focusing principles. We will only discuss instruments utilizing

[1] E. M. PURCELL: Phys. Rev. **54**, 818 (1938).
[2] S. K. ALLISON and H. CASSON: Phys. Rev. **90**, 880 (1953).
[3] B. V. THOSAR: Thesis, Birmingham 1949. — M. C. JOSHI and B. V. THOSAR: Proc. Indian Acad. Sci., Sect. A **38**, 367 (1953).
[4] C. P. BROWNE, D. S. CRAIG and R. M. WILLIAMSON: Rev. Sci. Instrum. **22**, 952 (1951).
[5] Y. KOBAYASHI: J. Phys. Soc. Japan **8**, 135, 440, 648 (1953).

the *inverse square* field (spherical condenser), since other fields such as the cylindrically symmetrical field, appear to have no special advantages over this type.

As shown in Fig. 33, the focusing principle is very similar to that of the magnetic semicircular spectroscope, but in this case *space focusing* takes place, due to the rotational symmetry about the axis *SD*.

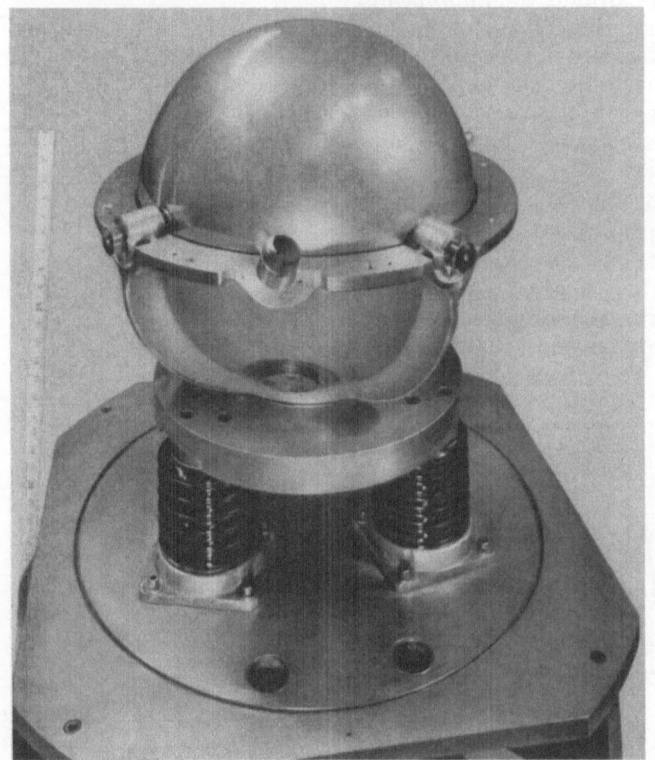

Fig. 34. Spherical electrostatic analyser due to ALLISON (see reference 2 on p. 644).

If the LORENTZ force $e\,\boldsymbol{v}\times\boldsymbol{B}$ is replaced by the electrostatic force, the equation of motion reads

$$V\cdot\frac{R_1 R_2}{R_1-R_2}\cdot\frac{1}{\varrho^2}=\frac{m\,v^2}{\varrho}, \tag{16.1}$$

where V is the potential difference between the two concentric spheres of radii R_1 and R_2. If the radius of curvature of the central ray is equal to $\frac{1}{2}(R_1+R_2)$ we find that, neglecting relativistic effects, the voltage difference $\overline{V}$ necessary to focus electrons of the energy E is

$$\overline{V}=\left(\frac{R_2}{R_1}-\frac{R_1}{R_2}\right)E. \tag{16.2}$$

Thus the electrostatic instrument is *energy selective*.

The magnetic focusing equation (3.3) is relativistically invariant, but this is not true for its electrostatic analogue (16.2). For this reason the nonrelativistic focus will be spread out at higher energies. The relativistic calculations are rather complicated and will not be given here. An extensive analysis of the problem has been published by ROGERS[1] in a series of papers.

However, it is possible to get a rough qualitative idea of the results of taking relativistic effects into consideration[2], if one realize that the inverse square field spectrometer can be regarded as a scaled-up atom. Relativistic effects produce the well known SOMMERFELD-precession of the orbits around the appropriate foci, and since these foci, for all but the central ray, are not located at the centre of the orbit, the shift caused by the precession becomes rather large, even though the orbits are very nearly circular.

In the case of electrons this effect gives an upper energy limit of about 2 MeV. But on the other hand at lower electron energies the electrostatic spectrometer offers several advantages over magnetic instruments. At medium resolution $\eta \sim 0.5 - 1\%$,

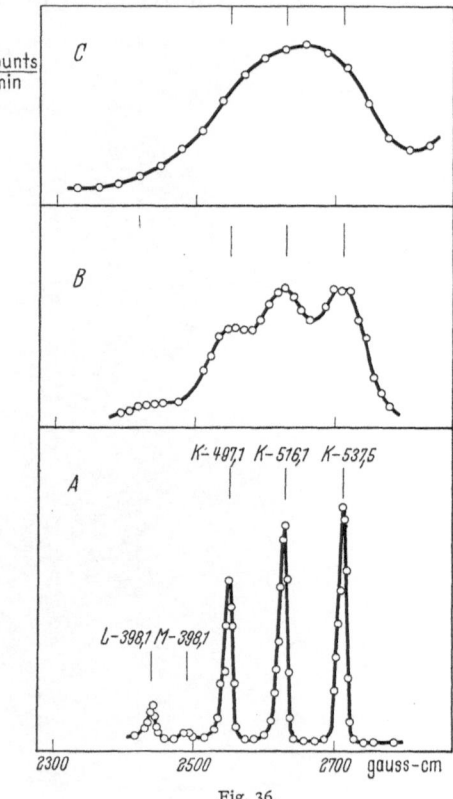

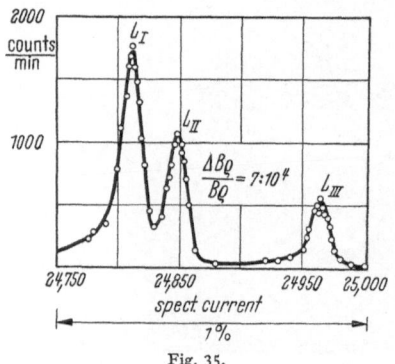

Fig. 35.

Fig. 36.

Fig. 35. $L_I L_{II} L_{III}$ triplet from the 279 keV transition of Hg^{203} according to SIEGBAHN and EDVARSON (see reference 8 on p. 626). The triplet has been measured using the ironfree spectrometer shown in Fig. 16 at a resolution of $7:10^4$.

Fig. 36. Resolution of closely spaced lines in Bi^{206}. The K-conversion electrons of the 497.1, 516.1 and 537.5 keV transitions as observed in an intermediate image spectrometer at a resolution of 5.5% (curve C) in a short lens spectrometer at 3% (curve B) and in a double focusing spectrometer at 0.5% (curve A) [quoted from D. ALBURGER and M. H. L. PRYCE, Phys. Rev. 95, 1482 (1954)].

the transmission at a given resolving power is comparable with that of the best magnetic instruments $(T \sim 4\%)$. Another important advantage is that the fringing field can be controlled much better than can the fringing fields from magnets. This suggests the use of two electrostatic instruments placed "end to end" for electron-electron coincidence spectroscopy (cf. Sect. 28).

At a given focusing voltage the instrument selects all particles of the same charge to kinetic energy ratio. This means that the instrument can also be used as a heavy particle analyzer.

---

[1] F. T. ROGERS jr.: Rev. Sci. Instrum. 8, 22 (1937); 11, 19 (1940). — F. T. ROGERS jr. and C. W. HORTON: Rev. Sci. Instrum. 14, 216 (1943). — F. T. ROGERS jr.: Phys. Rev. 69, 537 (1946). — Rev. Sci. Instrum. 22, 723 (1951).

[2] E. M. PURCELL: Phys. Rev. 54, 818 (1938).

VII. High precision beta and gamma-ray spectroscopy.

17. Introduction. The present accuracy in determinations of the excited energy levels of nuclei is rather low, usually only about 0.5 to 2%. This is much less than the accuracy which is generally achieved in atomic and molecular spectroscopy. There exist, however, several reasons for trying to increase this accuracy, and serious efforts have been made in this direction during recent years.

The development of high precision beta- and gamma-ray spectroscopy has proceeded along two different paths. One of these has been the development of high resolution semicircular and double focusing spectroscopes (SIEGBAHN, SLÄTIS, HEDGRAN, LINDSTRÖM and others), while the other has been the application of a large curved crystal diffraction spectrometer to the accurate determination of gamma-ray wavelengths (DuMOND and co-workers).

Most high precision determinations are *relative* measurements, i.e. the unknown $B\varrho$-value is compared to that of an accurately known standard line. The "folding" technique (cf. Fig. 37) is generally used for a precise determination of the relative positions of the two lines on a momentum scale. A set of standard lines suitable for these measurements is given in Table 1.

In order to establish these standards, however, it is necessary to perform *absolute* measurements, i.e. measurements independent of other beta-ray spectroscopic data. Absolute determinations require considerably more complicated experimental procedures than do relative measurements.

18. Precision absolute measurements. The most direct way to determine an unknown $B\varrho$-value is to use a semicircular spectroscope to measure simultaneously the radius of curvature ϱ, and the corresponding field strength B. If the field is uniform, one can employ the proton resonance method. At resonance the field is given by

$$B = \frac{2\pi}{\gamma_p} \cdot \nu_p. \qquad (18.1)$$

Since the radio frequency ν_p can be measured with very high precision, and the gyromagnetic ratio of the proton γ_p is accurately known from the measurements of THOMAS, DRISCOLL and HIPPLE[1] which give

$$\gamma_p = (2.67523 \pm 0.00006) \cdot 10^4 \text{ sec.}^{-1} \text{ gauss}^{-1},$$

it is possible to determine the field strength very precisely, provided that the field is sufficiently uniform.

The proton resonance method offers another great advantage. In contrast to most other methods, the mean field strength is in this case measured within a very small volume. It is therefore possible to determine the field at each point along the electron trajectory. From this field the equivalent *mean* field strength may be calculated by means of a correction formula due to HARTREE[2].

An instrument of this type has been used by LINDSTRÖM[3] to establish some of the standard lines given in Table 1.

This method is limited to use in conjunction with the semicircular instruments, since a very uniform field is needed to give a sharp signal at resonance. Furthermore, at lower field strengths the resonance signal becomes small and difficult to observe.

---

[1] H. A. THOMAS, D. L. DRISCOLL and J. A. HIPPLE: Phys. Rev. **78**, 787 (1950).
[2] D. R. HARTREE: Proc. Cambridge Phil. Soc. **21**, 746 (1923).
[3] G. LINDSTRÖM: Ark. Fysik **4**, 1 (1951).

Table 1.

Line	Assignment	Daughter nucleus	$B\varrho$ gauss · cm.	Electron energy keV	Binding energy keV
ThC-A	L_{I}-conv.	$_{81}$Tl^{208}	**534.20 ± 0.06**	24.509 ± 0.005	15.3
ThC-B	M_{I}-conv.	$_{81}$Tl^{208}	**652.38 ± 0.07**	36.150 ± 0.007	3.7
ThB-F	K-conv.	$_{83}$Bi^{212}	**1388.44 ± 0.10**	148.08 ± 0.02	90.5
ThB-I	L_{I}-conv.	$_{83}$Bi^{212}	**1753.91 ± 0.14**	222.22 ± 0.03	16.4
ThB-Ia	L_{II}-conv.	$_{83}$Bi^{212}	**1757.07 ± 0.14**	222.90 ± 0.03	15.7
ThB-J	M_{I}-conv.	$_{83}$Bi^{212}	**1811.11 ± 0.15**	234.61 ± 0.03	4.0
Au^{198}	K-conv.	$_{80}$Hg^{198}	2222.6	328.7	83.1
ThC''-L	K-conv.	$_{82}$Pb^{208}	**2607,17 ± 0.3**	422.84 ± 0.08	88.0
$m_0 c^2$	—	—	—	—	—
Cs^{137}	K-conv.	$_{56}$Ba^{137}	**3381.28 ± 0.5**	624.21 ± 0.15	37.4
Bi^{207}	K-conv.	$_{82}$Pb^{207}	**4657.9 ± 1.0**	976.0 ± 0.3	88.0
RaC-R	K-conv.	$_{84}$Po^{214}	**4839.8 ± 0.8**	1027.3 ± 0.3	93.2
Co^{60} I	K-conv.	$_{28}$Ni^{60}	5322.5	1164.5	8.3
RaC-T	K-conv.	$_{84}$Po^{214}	**5874.4 ± 0.6**	1322.8 ± 0.2	93.2
Co^{60} II	K-conv.	$_{28}$Ni^{60}	5879.4	1324.2	8.3
ThC''-X	K-conv.	$_{82}$Pb^{210}	**9986.7 ± 1.5**	2526.3 ± 0.5	88.0
Na^{24}	U_K-phot.	$_{11}$Mg^{24}	**10363.5 ± 4**	2637.7 ± 1.0	115.0

Primary data are given in bold faced types. Corresponding electron energies, transition constants. [J. DuMond and E. R. Cohen: Rev. Med. Phys. **25**, 691 (1953).] Binding energies

There exists however, an entirely different method of absolute calibration, which is particularly suitable at lower energies. As first pointed out by Sieg-bahn[1], it is possible to calculate the absolute $B\varrho$-values of two different conversion lines of the same gamma-ray from the following re-lations:

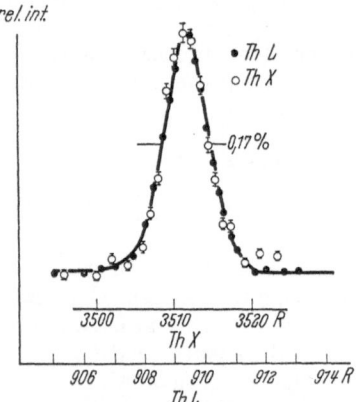

$$\frac{B\varrho_1}{B\varrho_2} = a, \qquad (18.2)$$

$$E_1 - E_2 = b. \qquad (18.3)$$

Where a is the experimentally determined ratio between the two $B\varrho$-values and b is the energy difference between the two lines in question. If, for example, the two conversion lines originate from the K and L_{I} shells respectively one has

$$\Delta E = W_{L_{\mathrm{I}}} - W_K = h\, \nu_{L_{\mathrm{I}} \to K}.$$

Fig. 37. The folding technique for precise relative measurements. The figure shows the ThC''L and X lines normalized to the same height and brought to coincidence for the comparison [Hedgran (see reference 1 on p. 657)].

The transition $L_{\mathrm{I}} \to K$ is very difficult to observe[2], but the corresponding frequency can be calculated with high accuracy from various combinations of X-ray data. From the equations (18.2) and (18.3) together with the fundamental relation

[1] K. Siegbahn: Ark. Mat. Astronom. Fys., Ser. A **30**, No. 20 (1944).
[2] See however: O. Beckman: Ark. Fysik **9**, 495 (1955).

Standard lines.

Transition energy keV	Method	Reference
39.9 39.9 238.6 238.6 238.6 238.6	absolute	K. SIEGBAHN and K. EDVARSON to be published in Nuclear Physics.
411.82 ± 0.06	against annihil. rad.	D. LIND and A. HEDGRAN: Ark. Fys. **5**, 29 (1952).
510.8	absolute	G. LINDSTRÖM: Ark. Fys. **4**, 1 (1951).
510.984 ± 0.016	from fundamental constants	J. DuMOND and E. R. COHEN: Rev. Mod. Phys. **25**, 691 (1953).
661.6	absolute against ThC″-*L* against annihil. rad.	G. LINDSTRÖM, K. SIEGBAHN and A. H. WAPSTRA: Proc. Phys. Soc., Lond. **66**, 54 (1953).
1063.9	against RaC-*R*	D. E. ALBURGER: Phys. Rev. **92**, 1257 (1953).
1120.5	absolute	G. LINDSTRÖM, A. HEDGRAN and D. E. ALBURGER: Phys. Rev. **89**, 1303 (1953).
1172.8 ± 0.5	against Co^{60} II	
1415.9	absolute	
1332.5 ± 0.3	against RaC-*T*	
2614.3	absolute	G. LINDSTRÖM: Phys. Rev. **87**, 687 (1952).
2752.7	against ThC″-*X*	A. HEDGRAN and D. E. LIND: Ark. Fys. **5**, 177 (1952).

energies or $B\varrho$-values are calculated from the least squares adjusted values of fundamental are quoted from: R. D. HILL. E. L. CHURCH and J. W. MIHELICH, Rev. Sci. Instrum. **23**, 523 (1952).

(3.4) the following formulae can be derived:

$$
\left.
\begin{aligned}
(B\varrho)_1 &= U + \sqrt{U^2 - V}\,, \\
U &= \frac{a^2 + 1}{(a^2 - 1)^2} \cdot \frac{h}{e} \cdot \nu_{1\to 2}^2\,, \\
V &= \frac{4 - s^2}{(a^2 - 1)^2} \cdot \left(\frac{h}{e}\right)^2 \cdot \left(\frac{e}{m_0}\right)^{-2} \cdot c^2 \nu_{1\to 2}^2\,, \\
s &= \frac{h\,\nu_{1\to 2}}{m_0 c} \ll 1\,.
\end{aligned}
\right\}
\qquad (18.5)
$$

Obviously, the calculations are quite independent of the method used to focus the electrons, and in particular, are applicable in the case of a shaped field spectrometer.

A completely ironfree double focusing spectrometer, designed for high precision absolute measurements of low energy electrons, has recently been built by SIEG-BAHN and EDVARSON[1]. The instrument has been calibrated in the way discussed above, using the ThB *F*- and *I*-lines and X-ray data. A resolution of a few parts in 10^4 has been obtained and since no iron is used and the position of the lines can be defined to better than $1/_{10}$ of the line-width, it is possible to determine $B\varrho$-values with an accuracy of 1–2 in 10^5. For absolute measurements one is then limited by the uncertainties in the X-ray data.

The high degree of precision achieved in present beta-ray spectroscopy suggests the use of this technique for the determination of some fundamental constants.

---

[1] K. SIEGBAHN and K. EDVARSON: To be published in Nuclear Physics.

As an example Hedgran and Lind[1] have obtained evidence for the mass equivalence of the positron and the negatron.

Siegbahn[2] has used beta-ray spectroscopic methods for the determination of $h/m_0 c$ and has also suggested[3] a method for measuring h/e.

The former ratio may be calculated from measurements of two line pairs. For instance, the value for $h/m_0 c$ derived from the experimental ratios $(B\varrho)_F/(B\varrho)_I$ and $(B\varrho)_B/(B\varrho)_A$ (from the spectrum of $Th(B+C+C'')$) is

$$\frac{h}{m_0 c} = (2.4262 \pm 0.0016) \times 10^{-10} \text{ cm.}$$

which coincides exactly with the value found by DuMond and co-workers[4] from a measurement of the annihilation radiation wavelength.

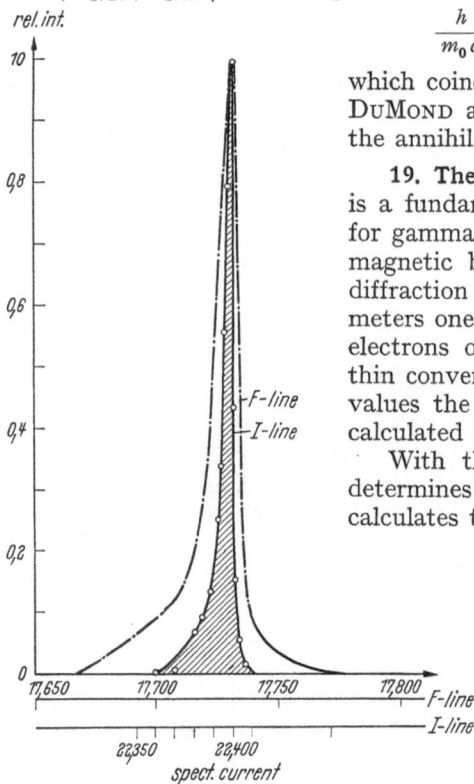

Fig. 38. The ThB F and I-lines according to Siegbahn and Edvarson (see reference 8 on p. 626). The two lines have been registrated in an ironfree double focusing spectrometer (cf. Fig. 16) at a resolution of $1:10^4$. To illustrate the natural line width of conversion lines the two peaks have been normalized to the same height and brought into coincidence.

19. The crystal diffraction spectrometer. There is a fundamental difference between the methods for gamma-ray energy measurements by means of magnetic beta-ray spectroscopes and the crystal diffraction technique. With the beta-ray spectrometers one measures the $B\varrho$-values of conversion electrons or of secondary electrons ejected from thin converter foils (cf. Sect. 22). From these $B\varrho$-values the corresponding gamma-ray energies are calculated from Eq. (3.8).

With the crystal diffraction spectrometer one determines the gamma-ray wave length and then calculates the energy from the relation

$$E = \frac{hc}{\lambda}. \qquad (19.1)$$

According to DuMond and Cohen[5] the least squares adjusted values of the conversion factor from wavelengths in centimeters λ_g to quantum energy in electron volts E is known to an accuracy of about 4 parts in 10^5:

$$E\,\lambda_g = (12397.8 \pm 0.5) \times 10^{-8} \text{ eV cm.}$$

According to the well known principle of the curved crystal transmission spectroscope, X-rays (or gamma-rays) directed towards a virtual source S_{λ_1}, will be reflected in the crystal and form a real image I_{λ_2}, as illustrated in Fig. 39. The position of this image will depend on the wavelength. With decreasing wavelength the image and the virtual source approach the point C.

In the crystal diffraction spectrometer developed by DuMond and co-workers[4], the curved crystal principle is utilized but with several modifications, of which the following are the most important (cf. Fig. 40).

[1] A. Hedgran and D. Lind: Phys. Rev. **82**, 126 (1951). — Ark. Fysik **5**, 177 (1952).
[2] Unpublished.
[3] K. Siegbahn: Appl. Sci. Res. B**4**, 1 (1953).
[4] J. W. M. DuMond: Rev. Sci. Instrum. **18**, 626 (1947). — D. E. Muller, H. C. Hoyt, D. J. Klein and J. W. M. DuMond: Phys. Rev. **88**, 775 (1952).
[5] J. DuMond and E. Cohen: Rev. Mod. Phys. **25**, 691 (1953).

a) The positions of source and image are interchanged. In this way the whole aperture of the crystal is utilized with a resultant increase in *luminosity*. The curved crystal used in this way acts as a monochromator selecting gamma-rays of a specified wavelength, determined by the position of the source. By moving the source along the periphery of the circle in small steps it is possible to scan the entire gamma-ray spectrum.

Once calibrated, by means of a suitable X-ray line of accurately known wave length, the position of the source as measured with a precision screw device, gives immediately the wavelength of the gamma-rays reflected at the crystal.

b) Behind the crystal a lead collimator system selects the reflected gamma-rays and prevents the transmitted unreflected beam from reaching the detector. In this way the *sensitivity* or "signal to noise" ratio of the instrument is increased by reducing the background level.

c) A further increase in the sensitivity is obtained by replacing the photo-

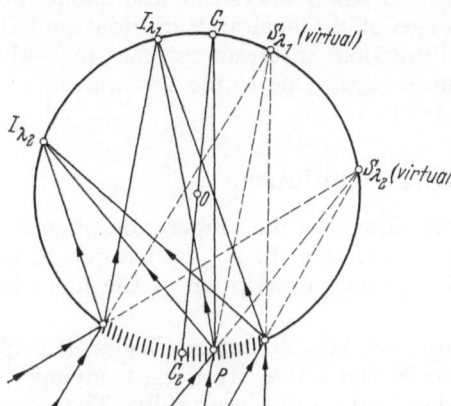

Fig. 39. The curved crystal spectrograph.

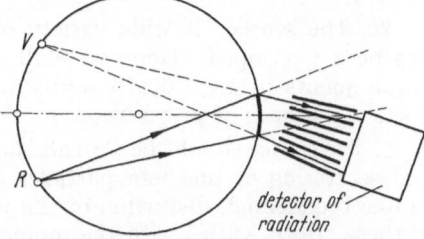

Fig. 40. The crystal diffraction spectrometer due to DuMond (see reference 4 on p. 650).

graphic plate by a NaI (Tl) scintillation detector. A coincidence circuit reduces the dark-current background from the photomultiplier tubes and differential pulse height discriminators eliminate pulses due to cosmic rays and other unwanted radiations.

In the very short wavelength region the BRAGG angles become extremely small and this introduces severe experimental difficulties. The highest energy so far measured with the crystal diffraction spectrometer is that of the 1.3 MeV ($\lambda_g = 9$ mÅ) gamma-rays from Co^{60}. The first order reflection from the (310) planes of quartz ($d = 1.2$ Å) occurs at about 0.2° and hence the angle between the reflected beam and the directly transmitted beam which is of about 2000 times higher intensity (and which must be screened off) is only 0.4°.

It is very difficult to make a direct comparison between the crystal diffraction spectrometer and the various magnetic beta-ray spectroscopes. The "transmission"[1] at a given resolving power of the crystal spectrometer is substantially less than that which is easily obtained in beta-ray spectrometers; the particular spectrometer discussed above, needs sources 100 to 1000 times as strong as those generally used in beta-ray spectroscopy. This drawback is compensated in part by the fact that "thick" sources can be used—within certain limites set by the geometry—without loss in resolution, because of the great difference in the energy loss in such a source for gamma-rays and electrons of the same energy.

---

[1] "Transmission" means the probability that gamma-quanta of a given energy, emitted from the source, are reaching the detector, when the instrument is set to select these gamma-quanta, i.e. the *overall- efficiency* of the instrument. "Transmission" is used here for comparison with magnetic spectrometers

In order to make a comparison between the degrees of precision obtainable by the two methods, one has to consider the fact that the wavelength band-pass $\Delta\lambda$ of the crystal is a constant and therefore the resolving power $\lambda/\Delta\lambda$ decreases with increasing energy and shorter wavelength, while the momentum resolving power of a beta--ray spectroscope, $\dfrac{\Delta(B\varrho)}{B\varrho}$ is energy independent, provided that source broadening effects (in the low energy region) can be neglected.

At higher energies the beta-ray spectroscopes will certainly be the more accurate but at sufficiently low energies the crystal diffraction spectrometer becomes more favourable.

It should be observed that a beta-ray spectrometer may provide information not only about the energies of the converted gamma-rays but also about their multipolarities, the spin and parity changes of the nuclear transitions and the nature of beta decay. The crystal diffraction spectrometer, on the other hand, gives only the energies of the gamma-rays. Due to the low transmission it can not be used for coincidence experiments.

VIII. Experimental techniques.

20. The source. A wide variety of techniques for the preparation of sources has been developed. Here we shall restrict ourselves to a consideration of the requirements of an "ideal" source, and a general description of the more important methods of preparation.

1. The source should be *thin and uniformly distributed*; otherwise loss of energy and scattering of the beta particles occur in the active layer itself, giving rise to line broadening, distortion of the window curve and a peak shift. The extent of these effects varies with the momentum of the focused particles.

2. The *source backing* should be thin in order to mimimize the appearance of backscattered low energy electrons in the observed spectrum and the resultant errors in the measured intensity distribution.

3. To prevent the source from charging, an effect which also gives rise to distortions and peak shifts in the spectrum, it should be *electrically grounded*.

The most common technique is that of chemically concentrating the activity into a droplet which is then evaporated to dryness on the thin backing foil[1]. The method is, however, of limited value since it has been observed that the distribution of the active material can be extremely non-uniform[2] and it is often difficult to limit the size of the source to that required.

A much better, but more elaborate method, is to evaporate the active material in vacuum directly onto the backing, which may itself have been prepared by evaporation. Techniques for the evaporation of small amounts of active material have been developed and extensively studied by Frauenfelder[3] (cf. Fig. 41).

In other cases it is possible to use electroplating or electromagnetic isotope separation. With the latter method one has the further advantage that the source is free from admixture of other radioactive isotopes of the same element. This results in a considerable simplification in the analysis of the data. The technique is particularly suitable for the preparation of beta-ray sources of the inert gases[4, 5].

[1] L. M. Langer: Rev. Sci. Instrum. **20**, 216 (1949).
[2] L. M. Langer, R. D. Moffat and H. C. Price: Phys. Rev. **76**, 1725 (1949).
[3] H. Frauenfelder: Helv. phys. Acta **23**, 347 (1950).
[4] I. Bergström: Ark. Fysik **5**, 191 (1952).
[5] S. Thulin: Ark. Fysik **9**, 107 (1955).

A special technique is used to prepare sources of Th(B + C + C''). A strong Rd Th source is kept in a closed vessel. The gas thoron, produced during the decay, diffuses throughout the activation chamber. The thoron nucleus decays ($t_{\frac{1}{2}} = 54.5$ sec.) to Th A ($t_{\frac{1}{2}} = 0.158$ sec.) and the latter to Th B ($t_{\frac{1}{2}} = 10.6$ h.). Since the decay products are produced in an ionized state they can easily be collected on a metal foil or a thin wire, if the latter is kept at a negative potential (~ 1000 volt). The Th B atoms and its decay products Th C, Th C', Th C'' and

Fig. 41. Evaporation chamber for preparation of beta-ray sources (WETZENSTEIN, unpublished). The active material is evaporated from a graphite oven heated by AC-current. Temperatures of oven and backing can be measured and controlled by external means. To measure the source strength the sample holder can be moved over to a beta counter shielded by lead, not shown in the figure) placed in the vacuum chamber.

Th D, remain on the backing material and this *thorium deposit* can be used directly as a source for a beta-ray spectroscope. In the same way, sources of Ra B and Ac B may be obtained.

Mica, aluminium or thin organic foils, such as zapon, nylon or formvar, have all been used as backing materials. In order to make an electrical contact, a thin metallic layer may be evaporated onto the foil. Other methods[1] including the application of a thin film of colloidal graphite (Aquadag) have also been used.

21. The detector. Hitherto the type of detector most frequently used in beta-ray spectrometer is the GEIGER-MÜLLER-*counter*. To permit detection of low energy electrons the counter window must be thin, and in order to provide sufficient mechanical strength it is often supported by a grid. The counter is then filled *in situ* and the leakage of filling gas, unavoidable in the case of a very thin window, necessitates the use of a ballast tank or an automatic filling device[2]. Windows are made from the same class of materials as are used for the

[1] J. L. WOLFSON: Rec. Sci. Instrum. **22**, 280 (1951).
[2] L. M. LANGER and R. D. MOFFAT: Phys. Rev. **80**, 651 (1g50 . — Rev. Sci. Instrum. **21**, 266 (1951).

backing foils and generally consist of a number of thin foils stacked together to reduce leakage through small holes in each layer.

G.M. counters can be used for electron energies down to a few keV with almost 100% efficiency. Efforts have been made to reduce this low energy limit by accelerating the beta-particles [1-5], but so far have met with limited success, mainly due to the appearance of an intense background of low energy electrons.

The *scintillation counter* has become most important as a spectrometer detector. Its main advantage is that it is about 100 to 1000 times as fast as the G.M. counter. This is of great importance for coincidence measurements (cf. Sect. 26 to 28). Another advantage arises from the relationship between the pulse height and the energy of the electron incident on the crystal, since this makes it possible to discriminate against most of the background radiation.

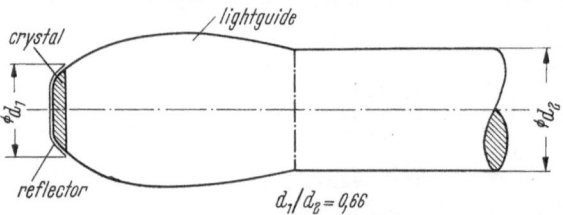

Fig. 42. Matched profile lucite light guide (Gerholm, Rev. Sci. Instr., in course of publication.

Some of the experimental difficulties that arise are due to the fact that a photomultiplier is sensitive to the magnetic field and this may necessitate the use of a light guide in a spectrometer whose detector is situated within the magnetic field. However, it is possible to get almost 100% light collection by suitably machining the light guide profile (cf. Fig. 42).

In a spectrograph the blackening at each point of the photographic plate is a measure of the intensity of the corresponding part of the beta spectrum, but in order to obtain the true intensity distribution it is necessary to correct for the variation of the sensivity of the photographic plate [6] with the electron energy [6]. This correction is rather uncertain and for this reason the spectrograph is not so well suited for intensity determinations.

IX. Beta-ray spectroscopic technique applied to gamma-ray spectroscopy.

22. General survey. The instruments described in the preceding sections do not, of course, provide the only methods of measuring gamma-ray energies. Mention should be made of the *proportional counter spectrometer*, developed by Curran and his co-workers [7], and by Kirkwood, Pontecorvo and Hanna [8]. Which is especially suitable for low energy (0.2 to 500 keV) gamma-rays. Another instrument which has assumed great importance in recent years is the NaI (Tl) *scintillation spectrometer*. While both of these instruments have low resolution (in contrast to the crystal diffraction spectrometer described above) and cannot therefore be used to distinguish between closely spaced lines, their outstanding characteristic is their high efficiency.

[1] L. M. Langer and C. S. Cook: Rev. Sci. Instrum. **19**, 257 (1948).

[2] H. M. Angew and H. L. Anderson: Rev. Sci. Instrum. **20**, 869 (1949).

[3] D. K. Butt: Proc. Phys. Soc. Lond., Ser. A **63**, 986 (1950).

[4] C. H. Chang and C. S. Cook: Nucleonics **10**, No. 4, 24 (1952).

[5] H. Schneider, O. Huber, F. Humbel, A. de Shalit and W. Zünti: Helv. phys. Acta **25**, 259 (1952).

[6] H. Slätis: Ark. Fys. **8**, 441 (1954).

[7] S. C. Curran, J. Angus and A. L. Cockroft: Nature, Lond. **162**, 302 (1948). — Phil. Mag. **40**, 36, 929 (1949).

[8] D. H. W. Kirkwood, B. Pontecorvo and G. C. Hanna: Phys. Rev. **74**, 497 (1948).

However, beta-ray spectroscopic technique applied to the measurement of gamma-ray energies, is, so far, responsible for the majority of known gamma-ray energy data. In the following, we shall consider some of the possible techniques by which energies and relative intensities of gamma-rays may be measured with the aid of a beta-ray spectrograph or spectrometer.

If the beta decay is complex, one can, by analysing the components of the beta spectrum, determine the energies of the corresponding gamma transitions. This method is certainly of very limited application, but may sometimes yield valuable information.

In all other cases it is necessary to make use of electrons to which a kinetic energy corresponding to the total energy of the gamma-quantum—or a well-defined fraction of this energy—has been transferred. This can be done in several ways, the most suitable one being to employ the method of *internal conversion*. The de-excitation of a nucleus can take place either by gamma-ray emission or by internal conversion, where in the latter case, one of the orbital electrons is ejected with an energy E_{e^-} equal to the energy of the gamma-quantum E_γ minus the binding energy W of the orbital electron in the shell of the daughter nucleus:

$$E_{e^-} = E_\gamma - W. \tag{22.1}$$

Thus, by measuring the $B\varrho$-value of these internal conversion electrons one obtains the gamma-ray energy, since for various electron shells the binding energies are accurate-ly known. This method is capable of a *high precision* and for sufficiently thin sources the ultimate limits in accuracy are set by the inherent widths of the atomic levels.

To each gamma ray corresponds a number of lines in the electron spectrum, arising from internal conversion in the $K, L_\mathrm{I}, L_\mathrm{II}, L_\mathrm{III}, M_\mathrm{I}$ etc. shells. Since the energy difference between any two of these lines is equal to the difference in binding energy of the corresponding two electron shells of the daughter nucleus, one can use the internal conversion lines for the *assignment*, i.e. to determine in which isotope the nuclear transition in question takes place. This is of importance in many practical cases, in which the source contains a mixture of several radioactive isotopes.

The internal conversion coefficient for a certain electron shell, for instance the K-shell, is defined as:

$$\alpha(K) = \frac{N_{e^-}(K)}{N_\gamma}. \tag{22.2}$$

where $N_{e^-}(K)$ is the number of K-conversion electrons and N_γ the number of corresponding gamma rays emitted from the source per unit time.

The internal conversion coefficient depends among other things on the multipolarity of the gamma radiation, as well as the nuclear parity change.

Absolute measurements of internal conversion coefficients, or relative intensity measurements, e.g. the so-called K/L-ratios and $L_\mathrm{I}:L_\mathrm{II}:L_\mathrm{III}$-subshell ratios, can therefore be used to determine the *character* (electric or magnetic), and the *multipole order* of the gamma radiation.

As a general trend, however, the internal conversion coefficient decreases with increasing energy and decreasing Z-value, and therefore the internal conversion method cannot always be used.

Fortunately, there exists a third de-excitation possibility. Between levels more than $2m_0c^2$ apart, the transition may take place by means of the formation of an electron-positron pair. The total kinetic energy of this pair, $E_{e^+} + E_{e^-}$, corresponding to the excess energy, $E_\gamma - 2m_0c^2$, is shared between the positron and the electron, i.e.

$$E_{e^+} + E_{e^-} = E_\gamma - 2m_0c^2 . \tag{22.3}$$

Like the internal conversion coefficient, the internal pair coefficient[1],

$$I = \frac{N_{\text{pair}}}{N_\gamma} \tag{22.4}$$

is a function of multipolarity, energy and Z-value, but the general trends are different. The probability for internal pair formation increases rapidly with

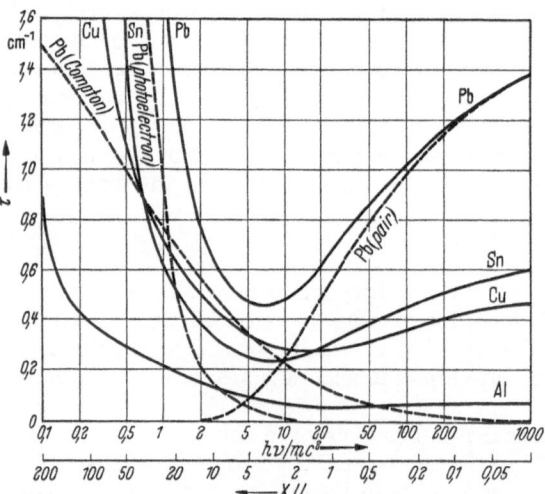

Fig. 43. Total gamma-ray absorption coefficient in various materials versus gamma-ray energy.

increasing energy, while the Z-dependence is not very pronounced. The effect is somewhat higher for low Z-values. Since I also depends on the multipolarity of the radiation, it is possible to determine the multipole order of the nuclear transition from a measurement of I. Gamma-rays above the threshold ($2m_0c^2 = 1.01$ MeV) do not occur very frequently in the decay schemes of radioactive nuclei, and furthermore the effect is rather small ($I = 10^{-3}$ to 10^{-4} for 1 to 3 MeV gamma-rays) and hard to detect. On the other hand, the internal pair technique has been used successfully in measurements of gamma-rays from *nuclear reactions*. In this higher energy-region the circumstances are much more favourable, and it seems likely that the method will be more frequently used in this connection than hitherto.

When neither the internal conversion electrons nor the internal pairs can be utilized it may be practicable to use an *external converter*. In this case we have to consider the interactions between the gamma-rays and the converter material. Neglecting smaller effects, we may write the total absorption coefficient as a sum of three terms

$$\tau = \tau_{\text{phot}} + \tau_{\text{compt}} + \tau_{\text{pair}}, \tag{22.5}$$

where τ_{phot} corresponds to the absorption by photoelectric effect, τ_{compt} by Compton scattering and τ_{pair} by pair formation.

Fig. 43 shows the variation of these coefficients with energy in the case of Pb, which is frequently used as the converter material, and the variation of the total absorption coefficient for Al, Cu, and Sn.

The photoelectric process dominates in the low energy region (< 500 keV) and pair production at higher energies (> 5 MeV) while in the intermediate region, Compton scattering is responsible for the main contribution to the total absorption coefficient. Fig. 43 gives some idea of the energy regions within which these processes may be utilized. In practice, however, the circumstances are much

---

[1] N_{pair} is the number of pairs emitted per unit time.

more complicated than indicated by this diagram. One must also take into account the angular distribution of the secondary electrons, the effects of scattering in the converter and, in the case of COMPTON and pair electrons, the continuous energy distribution.

Though the converter introduces several complications in the experimental technique and in the analysis of the data, it is still possible to obtain with this method much better accuracy than with present proportional counters or scintillation spectrometers. On the other hand, the latter methods have considerably higher efficiency. For obvious reasons, measurements obtained in this way do not provide any information concerning the multipole order and character of the nuclear transition.

In the following sections we shall consider some of the problems in the experimental techniques.

23. Photoelectrons. A radiator consists of a capsule containing the source, and a converter (cf. Fig. 44). Evidently the converter replaces the ordinary beta-ray source and it should therefore fulfill the same conditions regarding its geometrical dimensions and position in the spectrometer

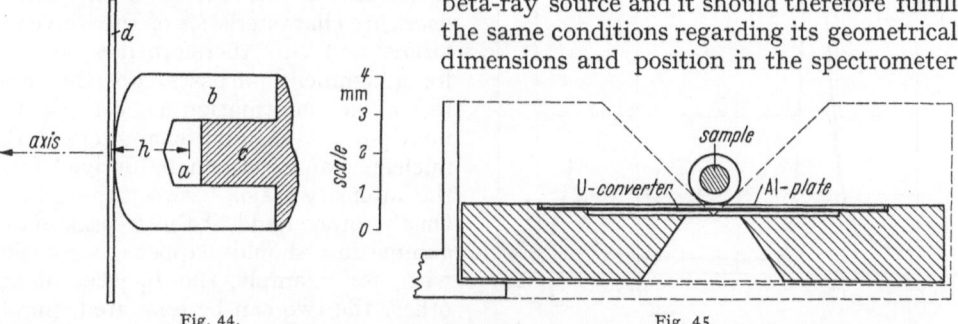

Fig. 44.   Fig. 45.

Fig. 44a—d. Radiator for lens spectrometers. a Source. b Brass or copper capsule. c Wax. d Converter [DEUTSCH, ELLIOTT and EVANS (see reference 1 on p. 661)].

Fig. 45. Radiator for flat spectrometers [HEDGRAN (see reference 1 on p. 657)].

(Fig. 45). Since the photoelectric conversion increases as Z^5 the converter should be made of a heavy element such as gold, lead, bismuth, thorium or uranium. The walls of the capsule should be thick enough to absorb all beta-rays emitted by the source and should be made of a material of low photoelectric absorption coefficient. Copper is very suitable due to its high density and rather low Z-value.

In the choice of converter thickness a compromise between efficiency and resolution usually becomes necessary. For a given photo-line the peak counting rate increases up to a certain limit with increasing converter thickness. On the other hand the line is broadened due to the energy losses experienced by the photoelectrons in the converter. It is easily realized that there will be a maximum converter thickness, depending on the spectrometer resolution, such that any increase in thickness beyond this value will result in a still broader line, but not in a higher peak counting rate.

In practice however, the converter thickness is generally kept far below this maximum limit, especially if high resolution is pursued. HEDGRAN[1] used a large double focusing spectrometer for accurate determinations of gamma-ray energies by means of photoelectrons expelled from thin, evaporated uranium converters. He measured at a resolution of 0.2% the Au^{198} 411 keV gamma-rays with a converter thickness of 0.7 mg. cm.$^{-2}$ and the Co^{60} 1.33 MeV gamma-rays with a

---

[1] A. HEDGRAN: Ark. Fysik **5**, 1 (1952). — D. LIND and A. HEDGRAN: Ark. Fysik **5**, 29 (1952). — A. HEDGRAN and D. LIND: Ark. Fysik **5**, 177 (1952).

3 mg. cm.$^{-2}$ converter. In the latter case the estimated converter efficiency was about 5×10^{-5} and since the spectrometer transmission was 0.1%, the over-all efficiency was only 5×10^{-8}, corresponding to a source strength of about 5 mc. for a convenient measurement[1].

At lower resolution the over-all efficiency will be considerably higher, since one can use higher transmission as well as thicker converters.

To a first approximation the energy of the photoelectron E_{e^-} is equal to the energy of the primary gamma-ray E_γ, minus the binding energy W of the electron in the shell of the converter atom, i.e.

$$E_{e^-} = E_\gamma - W. \qquad (23.1)$$

Thus, just as in the case of internal conversion, to each gamma-ray energy corresponds a number of photo-lines, orginating from the $K_I, L_I, L_{II}, L_{III}, M_I$ shells. But in this case the energy differences are characteristics of the converter atoms and can therefore not be used for assignment purposes. For the same reason no information concerning the multipole order and character of the nuclear transition can be derived from the intensity ratios between these lines. On the other hand, if the K peak of one gamma-ray should happen to coincide with, for example, the L_I peak of another, the two can be separated, simply by using a different converter material.

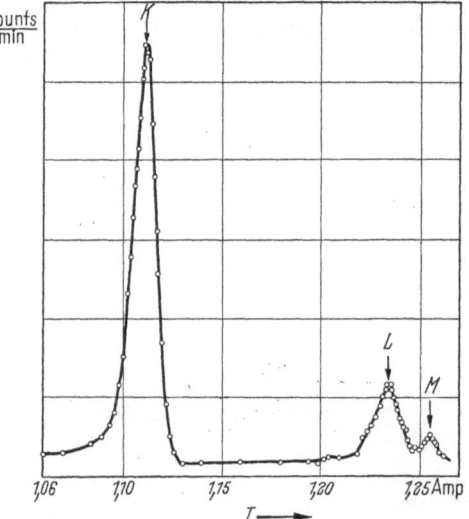

Fig. 46. Photo-electron spectrum of the annihilation radiation according to Siegbahn and Deutsch [Ark. Fysik 2, 9 (1950)].

If the energy of the initial photon is known with high accuracy, for example from a wavelength determination using an X-ray spectrograph, one might use the relation (23.1) to derive the binding energies of the electron shells from beta-ray spectrometer measurements. The ironfree double focusing spectrometer, due to Siegbahn and Edvarson[2] (cf. Fig. 16) is well suited to such determinations and for this reason supplied with an X-ray tube, mounted inside the vacuum chamber.

In order to determine gamma-ray *energies* one measures firstly the momenta of the corresponding photoelectron lines. The position of a certain line on the momentum scale of the spectrometer may be defined either by its peak position or by the position of its extrapolated high energy edge. These two definitions are generally equivalent and in ordinary beta-ray spectroscopy there will be a significant difference between the two alternatives only in cases in which one has to take into account the inherent widths of internal conversion lines or in which the line profile is not constant. The latter case may occur at low magnetic fields in instruments which use iron to produce a shaped field. A further condition for this equivalence is that the source can be regarded as infinitely thin. Quite often this condition must be violated when the method of external conversion is to be used, since the converter must be given a finite thickness and

---

[1] It should be observed that in such a case the limitations to the measurements are set by the total acitivity of the source, whereas in ordinary beta-ray spectroscopy they are generally set by the specific activity.

[2] K. Siegbahn and K. Edvarson: To be published in Nuclear Physics.

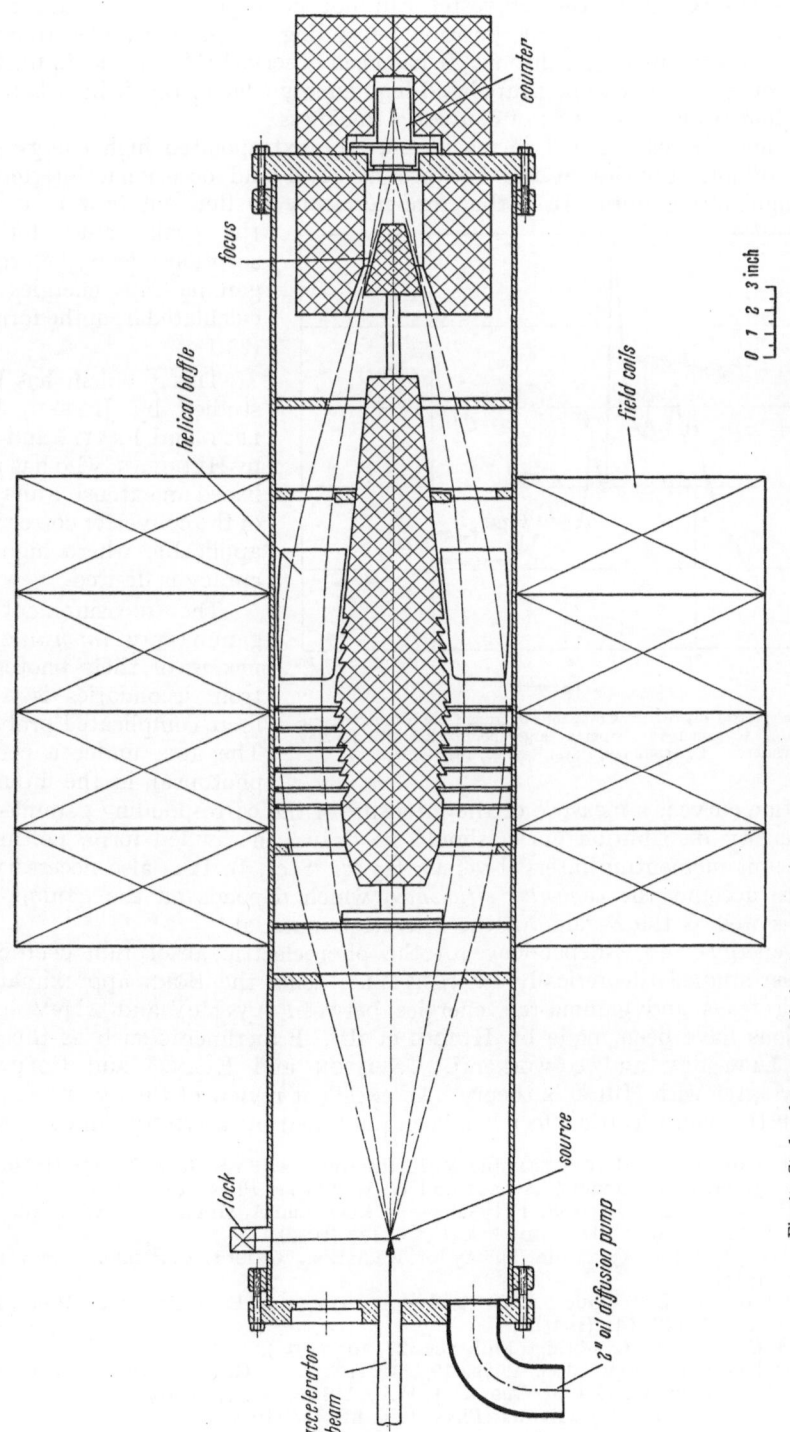

Fig. 47. Study of gamma-radiation from charged particle reactions [HORNYAK, LAURITSEN and RASMUSSEN (see reference 1 on p. 660)].

therefore absorption in the converter can not be neglected. The absorption introduces a shift in the peak position depending on the converter thickness and on the spectrometer resolution. It has been observed (Hornyak, Lauritsen and Rasmussen[1]) that the extrapolated high energy edge of the K-lines is rather independent (to within 0.2%) of converter thickness.

It is not always possible to measure at the extrapolated high energy edge because of uncertainties in the background level and occasional interference from neighbouring lines. It is therefore necessary to find out how to correct the peak values for absorption effects, before the gamma-ray energies are calculated from the formula (23.1).

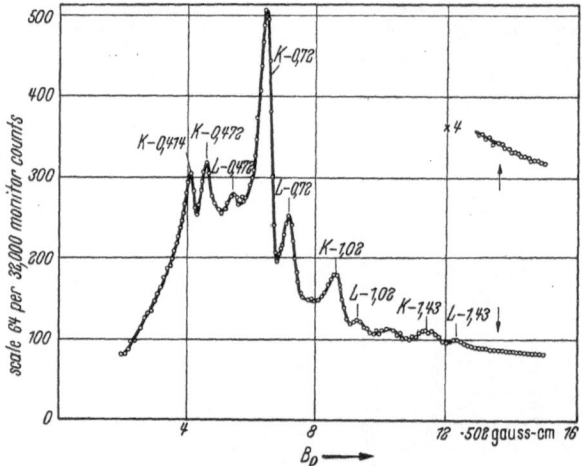

Fig. 48. The spectral distributions of photoelectrons from a uranium converter exposed to gamma-rays from a target bombarded with 1.2 MeV deuterons [D. Alburger, Phys. Rev. 83, 184 (1951)].

This problem has been studied by Jensen, Laslett and Pratt[2] and also by Hedgran[3] who has published an extensive analysis of the converter corrections applicable where high accuracy is desired.

The measurement of gamma-ray *intensities* by means of their photoelectron secondaries is a far more complicated problem. The area under a certain photopeak in the intensity distribution curve is a measure of the intensity of the corresponding gamma-ray. The intensity distribution curve should be drawn in divided form, i.e. intensity per unit momentum interval versus $B\varrho$ (cf. Sect. 4). It is also necessary to take into account the *converter efficiency,* which depends on the gamma-ray energy as well as the Z-value of the converter material.

The energy- and Z-dependence of the photoelectric absorption coefficient have been studied theoretically by Heitler[4], using the Born approximation. For K-electrons and gamma-ray energies between 0.35 MeV and 2 MeV exact calculations have been made by Hulme et al.[5]. Experiments such as those of Gray[6], Latyshev and co-workers[7], Davisson and Evans[8] and Colgate[9] generally agree with Hulme's theory. An excellent review of theory and experiments on the photoelectric effect has been published by Davisson and Evans[10].

[1] W. F. Hornyak, T. Lauritsen and V. K. Rasmussen: Phys. Rev. 75, 458 (1949).

[2] E. N. Jensen, L. Jackson Laslett and W. W. Pratt: Phys. Rev. 75, 458 (1949).

[3] A. Hedgran: Ark. Fysik 5, 1 (1952). — D. Lind and A. Hedgran: Ark. Fysik 5, 29 (1952). — A. Hedgran and D. Lind: Ark. Fys 5, 177 (1952).

[4] W. Heitler: The Quantum Theory of Radiation. Oxford: Clarendon Press 1936, 3rd edition 1954.

[5] H. R. Hulme, J. McDougall, R. A. Buckingham and B. H. Fowler: Proc. Roy. Soc. Lond., Ser. A 149, 131 (1935).

[6] L. H. Gray: Proc. Cambridge Phil. Soc. 27, 103 (1931).

[7] G. D. Latyshev: Rev. Mod. Phys. 19, 132 (1947). — G. D. Latyshev, A. F. Kompaneetz, N. D. Borisov and I. M. Gusak: J. Phys. USSR. 3, 251 (1940).

[8] C. M. Davison and R. D. Evans: Phys. Rev. 81, 404 (1951).

[9] S. A. Colgate: Phys. Rev. 87, 592 (1952).

[10] C. M. Davison and R. D. Evans: Rev. Mod. Phys. 24, 79 (1952).

Since the spectrometer accepts only those electrons ejected within a certain solid angle, it is easily realized that the converter efficiency will also depend on the angular distribution of the electrons expelled from it. At low energies the most probable direction of the ejected photoelectron makes quite a large angle with that of the incident photon, and this angle then decreases with increasing gamma-ray energy. Straggling effects in the converter will tend to smooth out these angular distributions to an extent depending on the converter thickness.

Due to these various effects it is a very complicated problem to calculate the converter efficiency in an actual case. It is therefore advisable to obtain the converter efficiency curve experimentally using known relative gamma-ray intensities for calibration, as has been done by DEUTSCH et al.[1] and others. In this way it has been found possible, under favourable conditions, to determine relative gamma-ray intensities to an accuracy of about 5%.

The photoelectric method has been successfully used to measure gamma-ray energies from charged particle reactions by HORNYAK, LAURITSEN and RASMUSSEN[2] (Fig. 47) and by ALBURGER[3]. As shown in Fig. 47, the source capsule in this case is replaced by the target. If no beta-activities are produced in the target, this can be made very thin and be placed close to the converter foil, thus allowing an increased fraction of the gamma-rays to reach the converter.

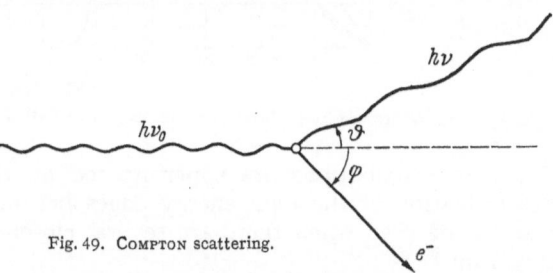

Fig. 49. COMPTON scattering.

24. COMPTON electrons. In the energy region from about 0.5 MeV, to about 5 MeV COMPTON scattering is responsible for the main contribution to the total gamma-ray absorption coefficient. Various methods for the determination of the gamma-ray energies by means of their COMPTON secondaries have been developed, bridging the regions covered by internally and externally converted electrons at lower energies and by internal and external positron-negatron pairs at higher energies. Since, in the case of COMPTON absorption, the mass absorption coefficient is proportional to the number of electrons per gram, i.e. to the ratio between the mass number and the atomic weight, the COMPTON absorption decreases slowly with increasing Z-value. The radiator should therefore be made of a low Z-material, such as beryllium or aluminium, in which the photo-electric cross section is quite negligible. This means that it is possible to obtain a spectrum of COPMTON electrons only, free from admixture of photoelectrons or primary beta-rays.

The kinetic energy of the COMPTON electrons E_{e^-}, varies with their angle of ejection φ (cf. Fig. 49), so that they have, in contrast to photoelectrons, a continuous energy distribution described by the well known relation

$$E_{e^-} = \frac{2k}{1 + 2k + (1 + k)^2 \tan^2 \varphi} \cdot h\nu \qquad (24.1)$$

where

$$k = \frac{h\nu}{m_0 c^2}$$

and $h\nu$ is the energy of the primary gamma-ray.

[1] M. DEUTSCH, L. ELLIOTT and R. EVANS: Rev. Sci. Instrum. **15**, 178 (1944).
[2] W. F. HORNYAK, T. LAURITSEN and V. K. RASMUSSEN: Phys. Rev. **76**, 731 (1949).
[3] D. E. ALBURGER: Phys. Rev. **83**, 184 (1951).

For obvious reasons this continuous distribution is a complicating factor in the measurement of gamma-ray *energies* by means of their Compton secondaries. In principle there are two alternative approaches to the problem.

One possibility is to determine the gamma-ray energy from the extrapolated high energy edge of the Compton distribution. According to (24.1) this maximum energy corresponds to

$$E_{e^-}^{\max} = \frac{2k}{1 + 2k} \cdot h\nu.$$

This method was adopted at an early stage by Curran, Dee and Strothers[1] who used a modified semicircular spectrometer. Later on, it was further developed and applied to lens instruments by Deutsch[2] and others[3]. When gamma-quanta of different energies are emitted from the sources, the corresponding

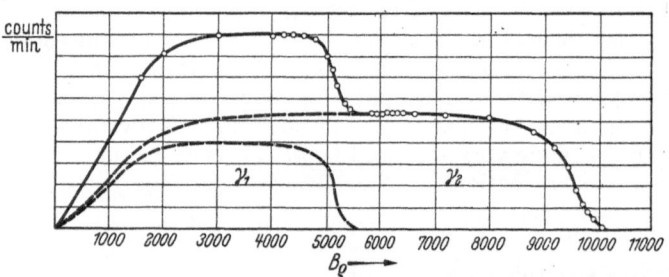

Fig. 50. Compton secondaries produced by gamma-rays from Na²⁴ according to Siegbahn (see reference 3 on p. 662).

Compton distributions are superimposed on one other (see Fig. 50) and the determination of the high energy edges becomes uncertain. Thus the method can not be used when there are several closely spaced lines in the gamma-ray spectrum.

The other alternative, which was first used successfully by Latyshev and co-workers[4], is to use a collimated gamma-ray beam, to accept only those electrons ejected into a small angular range and to measure the energies of these Compton secondaries at the peaks of the "Compton lines" that correspond to the initial gamma-rays. The increased resolution is obtained at the expense of a considerably decreased efficiency (counts per gamma-quantum from the source).

As shown in Fig. 51, the instrument will only accept electrons for which the variation in φ, and therefore in the corresponding energy spread, is kept within certain limits, depending on the aperture angle of the radiator as seen from the position of the source, and on the entrance aperture of the instrument. A further spread of these more or less monochromatic Compton electrons is caused by scattering and absorption in the finite thickness of the radiator. Finally, the instrumental response, i.e. the relative half-width of the Compton lines, will of course depend on the thickness of the radiator, as well as on the transmission setting.

It is an intricate problem to adjust all these parameters to their optimum values. Mladjenović and Hedgran[5] used a double focusing spectrometer

[1] S. C. Curran, P. J. Dee and J. E. Strothers: Proc. Roy. Soc. Lond., Ser. A **174**, 546 (1940).

[2] M. Deutsch, L. Elliott and R. Evans: Rev. Sci. Instrum. **15**, 178 (1944).

[3] K. Siegbahn: Proc. Roy. Soc. Lond., Ser. A **188**, 541 (1947). — V. K. Rasmussen, W. F. Hornyak, C. C. Lauritsen and T. Lauritsen: Phys. Rev. **77**, 617 (1950).

[4] G. D. Latyshev: Rev. Mod. Phys. **19**, 132 (1947). — G. D. Latyshev, A. F. Kompaneetz, N. D. Borisov and I. M. Gusak: J. Phys. USSR. **3**, 251 (1940).

[5] M. Mladjenović and A. Hedgran: Ark. Fysik **8**, 27 (1954).

($\varrho = 50$ cm.) to investigate the gamma-radiation from RaC. They obtained a resolution of 2 to 3% at an aperture angle of 0.04% (of 4π) and a spectrometer transmission of 0.1%. The aluminium radiator area was 2×2 cm.^{2} and its thickness was 16 mg. cm.$^{-2}$.

The gamma-ray *intensity* is proportional to the area under the intensity distribution curve, i.e. the intensity per unit momentum interval as a function of momentum (cf. Sect. 7). The efficiency as a function of energy can be determined experimentally (SIEGBAHN[1]). Alternatively it is possible, in this case, to calculate the efficiency from the KLEIN-NISHINA formula, with a correction for scattering effects. This has been done by RASMUSSEN et al.[2] and by MOTZ and co-workers[3] who have constructed an instrument especially designed for gamma-ray measurements by this technique.

The main drawback of the method is its low efficiency. According to MOTZ et al., the number of

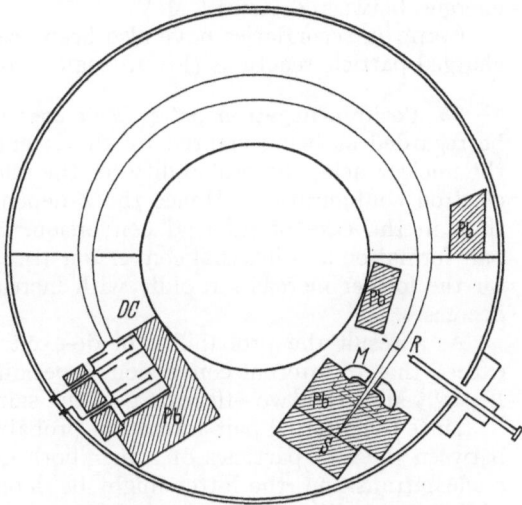

Fig. 51. The "COMPTON line" method. S source; M sweeping magnet to remove all primary electrons; R converter and DC double counter operated in coincidence to reduce the background.

photons per cm.^{2} which must traverse the converter foil in order to produce one count in the detector is, in their case, 1.6×10^6 at a resolution of 2.8%. It is therefore necessary to use very strong sources. However, this limitation has been partially overcome by the progress in nuclear reactor technique. The source dimensions are arbitrary within reasonable limits. The counting rate depends mainly on the total activity of the source.

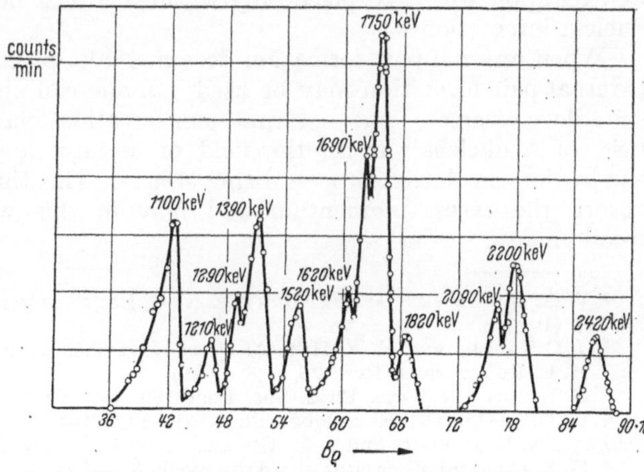

It is interesting to compare the COMPTON line method as developed by MOTZ with the crystal diffraction spectrometer (cf. Sect. 19). At energies of about 400 keV the COMPTON lines are at least 4 times broader than the corresponding crystal

Fig. 52. "COMPTON line" spectrum of gamma-rays from RaC [LATYSHEV (see reference 4 on p. 662)].

spectrometer lines on a momentum scale, while at higher energies the two instruments give comparable resolutions. One may conclude that these two

[1] K. SIEGBAHN: Proc. Roy. Soc. Lond., Ser. A **188**, 541 1947).

[2] V. K. RASMUSSEN, W. F. HORNYAK, C. C. LAURITSEN and T. LAURITSEN: Phys. Rev. **77**, 617 (1950).

[3] J. W. MOTZ, W. MILLER, H. O. WYCKOFF, H. F. GIBSON and F. S. KIRN: Rev. Sci. Instrum. **24**, 929 (1953).

methods are to some extent complimentary, since they apply to different energy regions. The crystal diffraction spectrometer is useful below 1.5 MeV, while the COMPTON method, as was pointed out above, is best suited to gamma-ray energies between 0.5 and 5 MeV.

COMPTON secondaries have also been used to study gamma-ray energies from charged particle reactions (RASMUSSEN et al.[1]).

25. Positron-negatron pairs. Pair spectrometers. Since an internal pair can be regarded as being created by the interaction of a primary gamma-ray with the nuclear field, the probability for the effect will be independent of the atomic electron configuration. Hence the Z-dependence is very much less pronounced than in the case of internal conversion. Another difference between internal pair formation and internal conversion arises from the fact that the cross-section for the former increases rapidly with increasing energy, while that of the latter decreases.

As a result the probability of de-excitation by internal pair formation can exceed that of internal conversion, especially at higher energies. At $Z = 40$ and $E_\gamma = 2.5$ MeV the two effects are of the same order of magnitude.

Since the internal pair formation probability[2,3] and the angular correlation[3,4] between the two particles of a pair both depend on the multipole order of the nuclear transition, the latter might be determined from measurements of either of these quantities[5,6-10].

A special situation arises in the case of zero-zero spin transitions (monopole radiation). In this case a single gamma-radiation transition is strictly forbidden and in a light nucleus internal pair-formation becomes the dominating process. If there is no parity change, the pair is created within the nucleus itself (*nuclear pairs*[11]), while if the parity does change, pair formation is also forbidden and the de-excitation will take place only by means of a non-electromagnetic electron-nuclear interaction.

When internal pair formation does not take place to any appreciable extent, external pair formation may be used, i.e. one can observe pairs expelled from a suitable converter. The external pair creation may take place either in the field of a nucleus[12] or in the field of an atomic electron[13,14], the threshold energy for the latter process being $4m_0c^2$. The third particle is necessary to absorb the excess momentum and may in this way receive an appreciable recoil energy.

---

[1] V. K. RASMUSSEN, W. F. HORNYAK, C. C. LAURITSEN and T. LAURITSEN: Phys. Rev. **77**, 617 (1950).

[2] J. C. JAEGER and H. R. HULME: Proc. Roy. Soc. Lond., Ser. A **148**, 708 (1935).

[3] M. E. ROSE: Phys. Rev. **76**, 678 (1949).

[4] G. K. HORTON: Proc. Phys. Soc. Lond. **60**, 457 (1948).

[5] G. D. LATYSHEV: Rev. Mod. Phys. **19**, 132 (1947). — G. D. LATYSHEV, A. F. KOMPANEETZ, N. D. BORISOV and I. M. GUSAK: J. Phys. USSR. **3**, 251 (1940).

[6] H. SLÄTIS and K. SIEGBAHN: Ark. Fysik **4**, 485 (1952).

[7] S. D. BLOOM: Phys. Rev. **88**, 312 (1952).

[8] E. R. RAE: Phil. Mag. **40**, 1155 (1949).

[9] K. SIEGBAHN: Ark. Fysik **4**, 223 (1952).

[10] S. DEVONS and G. R. LINDSEY: Nature, Lond. **164**, 539 (1949).

[11] L. NEDELSKY and J. R. OPPENHEIMER: Phys. Rev. **44**, 948 (1933). — J. R. OPPENHEIMER and J. S. SCHWINGER: Phys. Rev. **56**, 1066 (1939).

[12] H. A. BETHE and W. HEITLER: Proc. Roy. Soc. Lond., Ser. A **146**, 83 (1934). — H. A. BETHE: Proc. Cambridge Phil. Soc. **30**, 524 (1934).

[13] F. PERRIN: C. R. Acad. Sci. Paris **197**, 1100 (1933).

[14] A. BORSELLINO: Rev. Univ. Nac. Tucuman A**6**, 7 (1947). — Helv. phys. Acta **20**, 136 (1947).

According to the theory of BETHE and HEITLER[1], the total cross-section for external pair formation increases as Z^2 so that it is advantageous to use a heavy element such as uranium for converter.

The total available kinetic energy of the pair

$$E_{e^+} + E_{e^-} = E_\gamma - 2 m_0 c^2 \qquad (22.3)$$

is shared between the positron and the negatron according to a certain distribution, shown in Fig. 53. The asymmetric energy distribution of the positrons (shown for $Z=84$) is a result of the COULOMB force of the nucleus acting in opposite directions for positrons and negatrons. Thus gamma-rays of a single energy ($>2m_0c^2$) produce continuous distributions of positrons and negatrons and when gamma-rays of several different energies are present these distributions are superimposed on one another. For obvious reasons this complicates the analysis. Further complication is caused by the angular distribution of the positrons and negatrons with respect to the direction of the originating gamma-ray. For external and internal pairs the average angle ϑ_{av} between each of the positron and the negatron velocity vectors and the direction of the gamma-ray is

$$\vartheta_{av} \sim \frac{m_0 c^2}{E_\gamma}, \qquad (25.1)$$

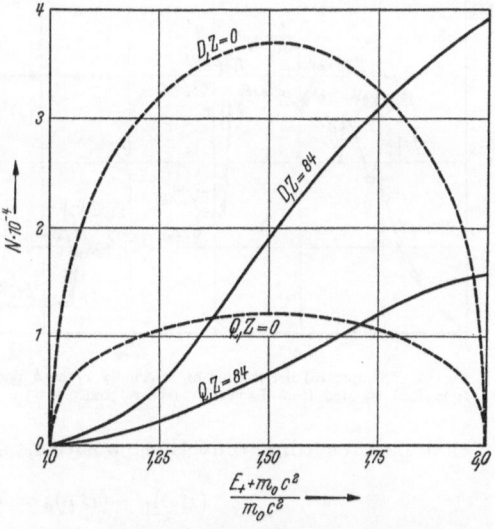

Fig. 53. Energy distribution between the positron and the negatron in a pair; according to JAEGER and HULME (see reference 2 on p. 664): Number of positrons emitted per unit energy range versus total positron energy in relativistic units. D electric dipole; Q electric quadripole.

while for the nuclear pairs the members are more likely to appear at larger angles to one another[2]. The momentum distributions of external and internal pairs are similar, while the probability for the two particles of a nuclear pair to be ejected with the same energy is larger.

Finally, when considering the possibilities of using pair formation for gamma-ray energy determinations, it should be borne in mind that all three pair formation processes are small effects and very often hard to detect in the presence of an intense gamma-ray background.

The upper energy limit of the positron intensity distribution resulting from a single gamma-ray energy corresponds to the case in which the positron has taken up the total available kinetic energy, leaving the negatron at rest, so that

$$E_{e^+}^{\max} = E_\gamma - 2 m_0 c^2. \qquad (25.2)$$

Thus from the extrapolated high energy edges, the gamma-ray energies can be derived.

Furthermore, if the area under the positron distribution curve is compared to the area under the beta-ray spectrum, one can calculate the internal pair

[1] H. A. BETHE and W. HEITLER: Proc. Roy. Soc. Lond., Ser. A 146, 83 (1934). — H. A. BETHE: Proc. Cambridge Phil. Soc. 30, 524 (1934).

[2] J. R. OPPENHEIMER: Phys. Rev. 60, 164 (1941).

formation coefficient and thus determine the multipole order of the nuclear transition. This method has been used by Alichanov et al.[1], and by Rae[2] using semicircular instruments, and by Slätis and Siegbahn[3], Bloom[4], and others, using lens instruments with twisted baffles to distinguish between positrons and negatrons. Fig. 54 taken from a paper by Latyshev[5] gives a good idea of the possibilities and limitations of the method.

The difficulties caused by the continuous distributions are to some extent overcome by the use of *pair spectrometers*, i.e. beta-ray spectrometers, modified to count only positron-negatron pairs of a given total momentum. In a spectrum recorded by such a spectrometer, there corresponds a single peak to each gamma-ray energy. Pair spectrometers utilizing the semicircular focusing principle have been built by Dzelepov[6], by Walker and his co-workers[7], and by others[8]. In the spectrometer due to Walker (Fig. 55) the inherent low transmission of the semicircular instruments is compensated for by the use of several counters. These are operated in coincident pairs, each pair recording only those positrons and negatrons which fulfill the condition,

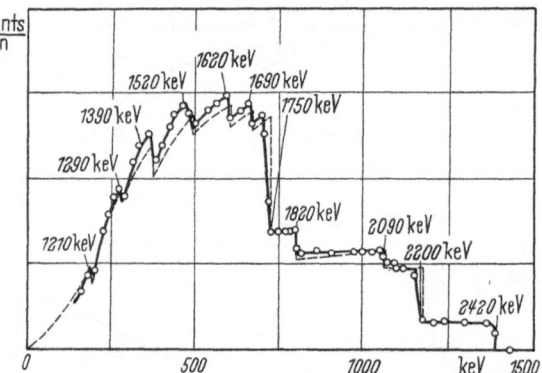

$$(B\varrho)_1 + (B\varrho)_2 = B(\varrho_1 + \varrho_2) = 2B\varrho',$$

where $2\varrho'$ is the distance between the slits in front of the two particles of the pair. The coincidences between all such pairs of counters are recorded simultaneously. The main drawback to this method is that it restricts the measurements to external pairs only, since the total momentum vector of the pair must be directed at least approximately perpendicular to the converter. This necessitates the use of a more or less collimated gamma-ray beam.

Lens spectrometers can also be modified to record only pairs, although in the existing types it is only possible to record those pairs in which the kinetic energy of the positron and the negatron are approximately equal. In the off-axis type (Siegbahn and Johansson[9], Bame and Bagget[10]), the source (or the radiator) is displaced a little from the axis of symmetry. Because of the opposite rotations of their trajectories the positrons and the negatrons will be focused

[1] A. I. Alichanov and G. D. Latyshev: C. R. Acad. Sci. URSS. **20**, 429 (1938). — A. I. Alichanov and V. P. Dzelepov: C. R. Acad. Sci. URSS. **20**, 113 (1938).

[2] E. R. Rae: Phil. Mag. **40**, 1155 (1949).

[3] H. Slätis and K. Siegbahn: Ark. Fys. **4**, 485 (1952).

[4] S. D. Bloom: Phys. Rev. **88**, 312 (1952).

[5] G. D. Latyshev: Rev. Mod. Phys. **19**, 132 (1947). — G. D. Latyshev, A. F. Kompaneetz, N. D. Borisov and I. M. Gusak: J. Phys. USSR. **3**, 251 (1940).

[6] B. S. Dzelepov: C. R. Acad. Sci. URSS. **23**, 24 (1939).

[7] B. D. McDaniel, G. v. Dardel and R. L. Walker: Phys. Rev. **72**, 985 (1947). — R. L. Walker and B. D. McDaniel: Phys. Rev. **74**, 315 (1948).

[8] J. Terrell: Phys. Rev. **80**, 1076 (1950).

[9] K. Siegbahn and S. Johansson: Rev. Sci. Instrum. **21**, 442 (1950).

[10] S. J. Bame and L. M. Bagget: Phys. Rev. **79**, 415 (1950). — R. D. Bent, T. W. Bonner and R. F. Sippel: Phys. Rev. **91**, 472 (1953).

on different spots. By means of two separate counters operated in coincidence and located at the positron and the negatron foci respectively, it is possible to select the pairs from the high background of single events. With an instrument modified in this way pair peaks are recorded in the same way as one records internal conversion lines.

Closely related to this method is the *statistical separation* technique (BAME and BAGGET[1], ALBURGER[2]). As shown in Fig. 56, the source (or radiator) is located in its ordinary position on the axis. The detector is divided into two identical halves, and the signals from these two detectors are fed to a coincidence circuit. In this case there is a 50% probability that the two particles of each pair will be focused on different detectors. Thereby causing a coincidence count. Although one can use G.M. counters for the two detectors, scintillation counters have many advantages, and are generally used in such an arrangement. The usual method is to divide a crystal into halves which

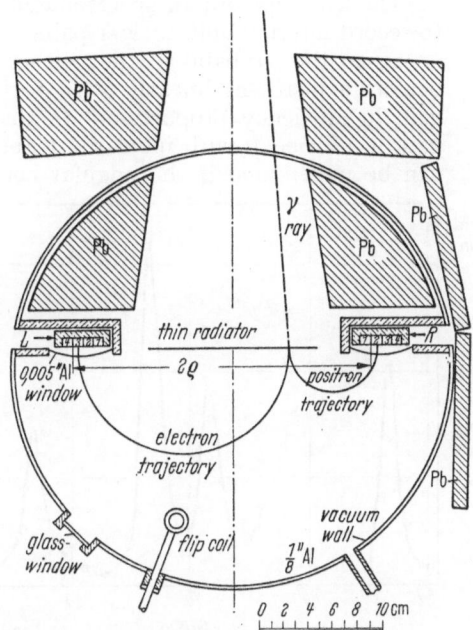

Fig. 55. Semi-circular pair spectrometer due to WALKER and McDANIEL (see reference 7 on p. 666).

are shielded from each other, and connected via light pipes to separate photomultipliers. The statistical separation method is more efficient than the off-axis

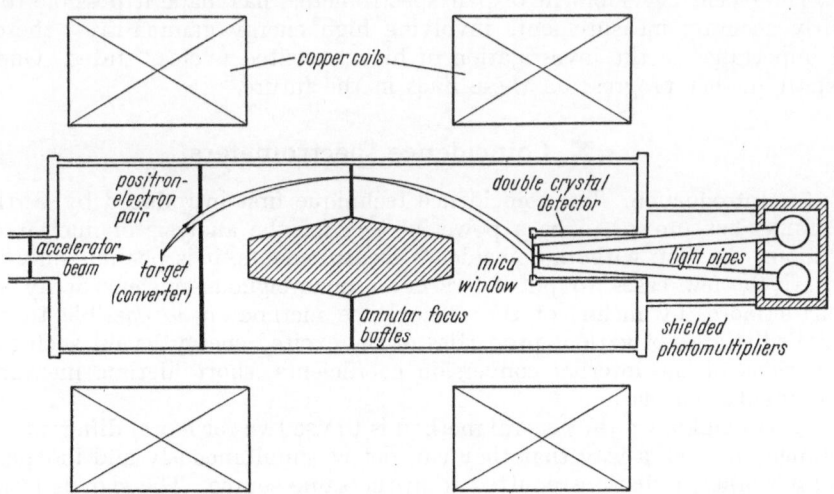

Fig. 56. Intermediate image statistical separation pair spectrometer due to ALBURGER.

[1] S. J. BAME and L. M. BAGGET: Phys. Rev. **79**, 415 (1950). — R. D. BENT, T. W. BONNER and R. F. SIPPEL: Phys. Rev. **91**, 472 (1953).
[2] D. E. ALBURGER: Rev. Sci. Instrum. **23**, 671 (1952); **25**, 1025 (1954).

technique, since the 50% loss of pairs is more than compensated for by the gain in transmission due to the cylindrical symmetry of the arrangement.

The lens type of pair spectrometer has the advantage that it can also be used to record internal and nuclear pairs.

Since the probability that either of the two pair particles will reach the detectors increases linearly with increasing transmission, one would expect a gain in efficiency proportional to the square of the transmission. In fact the gain in efficiency with increased transmission is found to be even greater. This can be understood if the angular correlation between the two pair particles is taken into consideration. For the same reason any attempt to improve the resolution will also result in a considerably reduced efficiency.

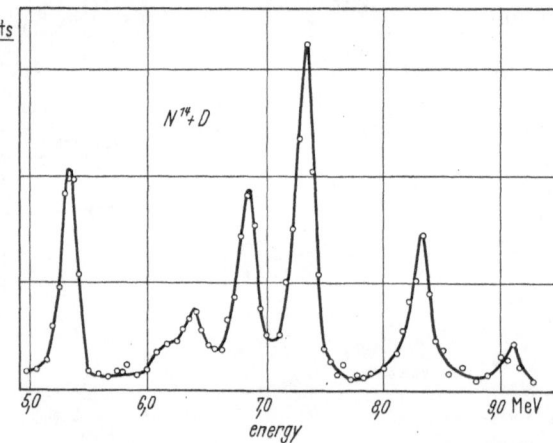

Such considerations suggest the use of the intermediate image focusing principle, which gives a particularly high transmission (cf. Sect. 14). It has a further advantage in the small size of the second image which enables small counter crystals to be used with a consequent reduction in the background level. This type of instrument has been used by Bonner and his co-workers[1] and a similar spectrometer has been designed by Alburger[2].

Fig. 57. Internally produced pairs from the reaction $N^{14} + D$. According to Bame, Bonner and Sippel (private communication). The "pair peak" spectrum has been measured in an intermediate image statistical separation pair spectrometer similar to that shown in Fig. 56.

The recent development of pair spectrometers has made it possible to obtain fairly accurate measurements involving high energy gamma-rays, these being of importance in the investigation of higher excited nuclear states. One might expect further progress on these lines in the future.

X. Coincidence spectrometers.

26. Introduction. The coincidence technique first introduced by Bothe and Geiger[3] has proved to be a powerful tool for the analysis of nuclear disintegrations. In fact, without coincidence measurements, it is possible only in comparatively few cases to put forward an unambiguous nuclear decay scheme. Furthermore, by means of the coincidence method, it is possible to perform detailed studies of various properties of the excited energy levels, such as determinations of the internal conversion coefficients, short lifetime measurements and angular correlations.

As is well known the general method is to use two (or more) different counters arranged in such a way that they can detect simultaneously and independently of each other, radiations emitted from the same source. The signals from these counters are fed to a coincidence circuit, which selects and transmits to the recording unit only those signals that arrive within a certain time interval of

---

[1] Private communication.

[2] D. E. Alburger: Rev. Sci. Instrum. **23**, 671 (1952); **25**, 1025 (1954).

[3] W. Bothe and H. Geiger: Z. Physik **32**, 639 (1925).

one another, "the coincidence resolving time". If this resolving time is sufficiently short the coincident events are likely to have originated in the same
nucleus—"genuine coincidences"—but since the signals from each counter are
distributed at random, there will be some which happen to be separated by a
time interval less than the resolving time, and these will result in "chance coincidences".

In older experiments of this kind, there was either no energy selection, or
only a very rough discrimination obtained by the absorption method. An excellent review of these early experiments has been given by DUNWORTH[1].

However, in all cases where the nuclear decay is not very simple it is necessary
to use energy selection in one or both of the channels, i.e. one measures coincidences between radiation of a specified energy and radiations of all other energies
involved—"single channel coincidence spectrometry"—or between radiations
of two different defined energies—"double channel coincidence spectrometry".

In many cases it is possible to use scintillation spectrometers or proportional
counters for this energy selection. Due to the rather low resolution of these
instruments the decay must not be too complicated, but on the other hand their
efficiencies are high, giving a high coincidence counting rate, which is of importance in many applications such as angular correlation measurements.

The efficiency of the coincidence arrangement will be considerably reduced
if beta-ray spectrometers are used for the energy selection in one or both of the
channels, but the increased resolution makes it possible to disentangle more
complex decays. A beta-ray spectrometer can be used together with a scintillation spectrometer for double channel coincidence spectrometry. It is also
possible to use two beta-ray spectrometers—such an instrument will be referred
to as a "double coincidence-spectrometer".

27. Single coincidence-spectrometers. An ordinary beta-ray spectrometer is
converted into a single channel coincidence spectrometer simply by providing
it with a second detector situated near the source and in coincidence with the
spectrometer detector. If this extra detector is sensitive to gamma-rays and
if the electrons coming from the source are stopped by suitable absorbers, the
instrument will record beta-gamma coincidences only, while if one uses a beta-
detector instead and substracts the beta-gamma coincidence background, one
obtains the electron-electron coincidence spectrum.

The method was introduced in 1937 by BOTHE and MAIER-LEIBNITZ[2] who
used a semicircular spectrometer provided with a gamma-sensitive detector near
the source, in order to observe the beta-gamma coincidence spectrum from RaC.
The technique was further developed and applied to high transmission lens
spectrometers by DEUTSCH and his co-workers[3] and others[4-6].

In all such experiments energy selection takes place only in the spectrometer
channel. If, however, the gamma-sensitive G.M.-counter is replaced by a NaI (Tl)
scintillation detector and the pulse height distribution is analyzed by a
differential discriminator, one has energy selection in both channels.

During the last few years several coincidence measurements of this type
have been performed (BROSI et al.[7], MOREAU[8]) and recently JENSEN and his

[1] J. V. DUNWORTH: Rev. Sci. Instrum. **11**, 167 (1940).
[2] W. BOTHE and M. MAIER-LEIBNITZ: Z. Physik **104**, 604 (1937).
[3] M. DEUTSCH, L. ELLIOTT and R. EVANS: Rev. Sci. Instrum. **15**, 178 (1944).
[4] K. SIEGBAHN and A. JOHANSSON: Ark. Mat. Astronom. Fys., Ser. A **34**, 10 (1946).
[5] K. SIEGBAHN and H. SLÄTIS: Ark. Fysik **2**, 5 (1949).
[6] K. SIEGBAHN: Phys. Rev. **77**, 233 (1950).
[7] A. R. BROSI, B. H. KETEN, H. ZELDES and E. FAIRSTEIN: Phys. Rev. **84**, 586 (1951),
[8] J. MOREAU: Ark. Fysik **7**, 391 (1954).

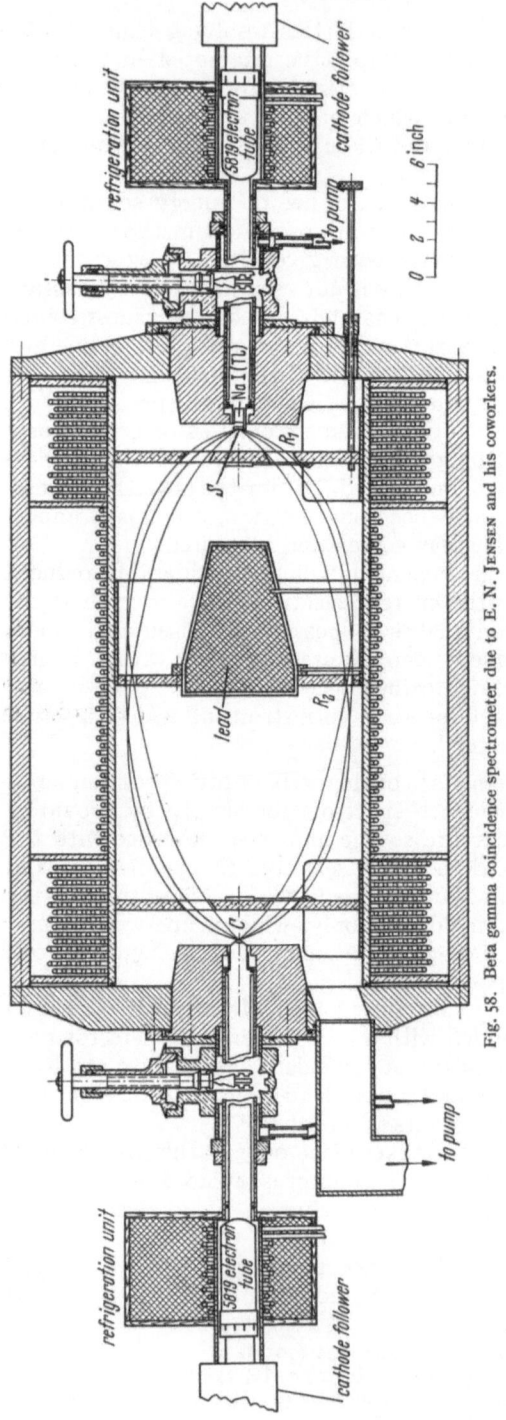

Fig. 58. Beta gamma coincidence spectrometer due to E. N. Jensen and his coworkers.

co-workers[1] have developed an instrument especially designed for beta-gamma coincidence spectrometry (Fig. 58).

A further development, which probably will be used more frequently in the future, is the combination of a beta-ray spectrometer with a multichannel scintillation spectrometer or a grey-wedge analyzer, to record simultaneously gamma-rays in coincidence with beta-rays or internal conversion electrons of an energy defined by the beta-ray spectrometer setting.

When comparing NaI(Tl) and organic scintillation crystals, for use in the beta-gamma coincidence measurements discussed here, it should be borne in mind that the much higher efficiency of the NaI(Tl) crystals is to some extent counter-balanced by its slower response to incident radiation. This will limit the resolving time to about 10 times that which is suitable when organic crystals are used. But on the other hand, the organic crystals give only Compton distributions superimposed on each other; no photopeaks appear and hence, when several components are present in the gamma-ray spectrum, no effective energy selection is possible.

In the case of electron-electron coincidence measurements, however, organic crystals are preferable from several points of view. Energy analysis is possible in cases in which gamma-rays are strongly internally converted, giving rise to "internal conversion peaks" in the pulse height distribution; however, the resolution is poor ($\sim$20% at 500 keV). On the other hand the electron detection efficiency is high and furthermore the method is well suited to the

[1] R. T. Nichols, A. V. Pohm, J. H. Talboy jr. and E. N. Jensen: U.S. Atom. Energy Comm. Doc. ISC-345, 1953. — A. V. Pohm, W. E. Lewis, J. H. Talboy jr. and E. N. Jensen: Phys. Rev. 95, 1523 (1954).

measurement of short lifetimes of excited nuclear levels by means of the delayed coincidence technique.

An instrument operated in this way has been in use at Zürich[1] and DE WAARD[2] has described a very efficient spectrometer of this type which is provided with a fast coincidence circuit ($\tau \sim 10^{-9}$ sec.).

28. Double coincidence spectrometers. α) *Some general considerations.* In the conversion of an ordinary beta-ray spectrometer into a single coincidence-spectrometer of the type discussed above, the problems encountered usually are of a minor nature only, associated with the mounting of the crystal and photomultiplier. In the design of a double coincidence-spec-

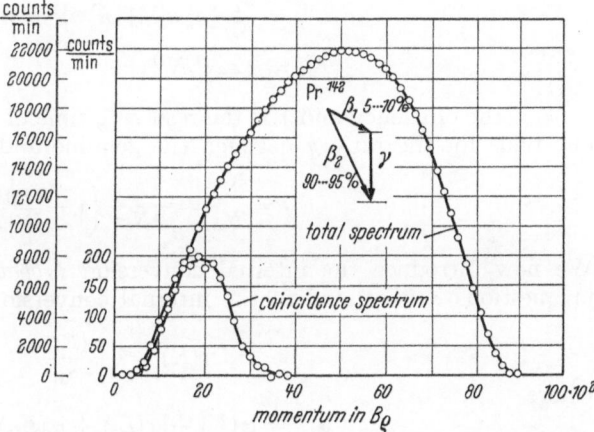

Fig. 59. Beta-ray spectrum and beta-gamma coincidence spectrum of Pr¹⁴² according to E. N. JENSEN and his co-workers (see reference 1 on p. 670).

trometer, however, there are more serious difficulties to be overcome, of which the two most important will be mentioned.

1. The efficiency, i.e. the number of recorded coincidences per nuclear disintegration, will be considerably less than that of a comparable single coincidence-spectrometer.

2. The two spectrometer should be independent of each other, i.e. there should not be any mutual interference between the two magnetic fields.

In order to discuss the simportance of the various parameters of the instrument as far as (1.) is concerned, we shall consider a special case, namely the decay shown in Fig. 60. N_0 denotes the number of atoms of the source disintegrating per unit

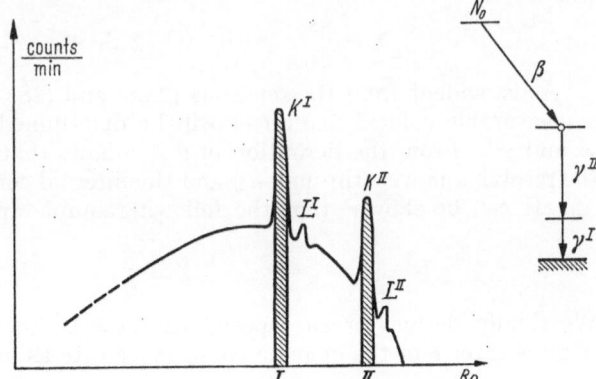

Fig. 60. Beta-ray spectrum with superimposed conversion lines.

time. N^I and N^{II} are the counting rates and N_g and N_{ch} are the genuine and chance coincidence rates respectively. If one denotes the number of single counts due to the conversion electrons by n_e^I (channel I) and n_e^{II} (channel II) and correspondingly by n_β^I and n_β^{II} the contributions of beta ray electrons, one then

[1] O. HUBER, F. HUMBEL, H. SCHNEIDER and A. DE SHALIT: Helv. phys. Acta **25**, 3 (1952).
[2] H. DE WAARD: Thesis 1954, University of Groningen, Holland.

obtains the following expressions:

$$N^{\mathrm{I}} = n_e^{\mathrm{I}} + n_\beta^{\mathrm{II}}, \tag{28.1}$$

$$N^{\mathrm{II}} = n_e^{\mathrm{II}} + n_\beta^{\mathrm{II}}, \tag{28.2}$$

$$N_g = \frac{\varepsilon_c}{N_0} \{ n_e^{\mathrm{I}} n_e^{\mathrm{II}} + n_e^{\mathrm{I}} n_\beta^{\mathrm{II}} + n_\beta^{\mathrm{I}} n_e^{\mathrm{II}} \}, \tag{28.3}$$

$$N_{ch} = 2 \tau N^{\mathrm{I}} N^{\mathrm{II}}. \tag{28.4}$$

ε_c is the efficiency and τ is the resolving time of the coincidence circuit. Thus one finds for the ratio q between the genuine and the chance coincidences,

$$q = \frac{N_g}{N_{ch}} = \frac{\varepsilon_c}{2 N_0 \tau} \left\{ 1 - \frac{n_\beta^{\mathrm{I}} n_\beta^{\mathrm{II}}}{N^{\mathrm{I}} N^{\mathrm{II}}} \right\}. \tag{28.5}$$

We now introduce the internal conversion *probability* $\varkappa$ for the electron shell in question. $\varkappa$ is related to the internal conversion coefficient according to

$$\varkappa(K) = \frac{\alpha(K)}{1 - \alpha_{\mathrm{tot}}}, \tag{28.6}$$

where

$$\alpha_{\mathrm{tot}} = \alpha(K) + \alpha(L_{\mathrm{I}}) + \alpha(L_{\mathrm{II}}) + \cdots. \tag{28.7}$$

With the transmission T and the detector efficiency ε, the formulae (28.3) and (28.5) can be conveniently re-written as follows:

$$N_g = \varepsilon_c \cdot N_0 \varkappa^{\mathrm{I}} \varkappa^{\mathrm{II}} \cdot T^{\mathrm{I}} \cdot T^{\mathrm{II}} \cdot \varepsilon^{\mathrm{I}} \varepsilon^{\mathrm{II}} \{ 1 + \chi^{\mathrm{I}} + \chi^{\mathrm{II}} \} \tag{28.8}$$

and

$$q = \frac{\varepsilon_c}{4 N_0 \tau} \cdot \frac{1 + \chi^{\mathrm{I}} + \chi^{\mathrm{II}}}{1 + \chi^{\mathrm{I}} + \chi^{\mathrm{II}} + \chi^{\mathrm{I}} \chi^{\mathrm{II}}} \tag{28.9}$$

where

$$\chi = \frac{n_\beta}{n_e} \quad \text{with} \quad 0 \le \chi \le \infty. \tag{28.10}$$

As is evident from the relations (28.8) and (28.9) the possibility of obtaining a measurable coincidence effect will be determined by the numerical values of χ^{I} and χ^{II}. From the definition of χ it follows that those values will depend on the resolving power (through n_β) and the internal conversion probability (through n_e). It can be shown[1] that the following simple approximation holds:

$$\chi \le \frac{\eta}{\varkappa}. \tag{28.11}$$

We finally derive for the special case $q=1$ the following expression for the relative error e in the genuine coincidence rate as measured in a time interval t;

$$e = \frac{\sqrt{2 N_g t}}{N_g t} = \left\{ \frac{t}{2} \cdot \varepsilon_c N_0 \varkappa^{\mathrm{I}} \varkappa^{\mathrm{II}} T^{\mathrm{I}} T^{\mathrm{II}} \varepsilon^{\mathrm{I}} \varepsilon^{\mathrm{II}} (1 + \chi^{\mathrm{I}} + \chi^{\mathrm{II}}) \right\}^{-\frac{1}{2}}. \tag{28.12}$$

---

[1] $\chi = \dfrac{n_\beta}{n_e} \sim \dfrac{f(p)\, \Delta p}{\varkappa}$, where $f(p)$ is the distribution function giving the continuous beta-ray spectrum. This may be approximated to by $f(p) = \dfrac{2}{p_{\max}} \cdot \sin^2 \left(\pi \cdot \dfrac{p}{p_{\max}} \right)$ and in the most unfavourable case, when $p = \frac{1}{2} p_{\max}$ i.e. when the conversion line is situated at the maximum of the beta-ray distribution, one obtains

$$f(p) \Delta p \sim \frac{2}{p_{\max}} \cdot \sin^2 \left(\frac{\pi}{2} \right) \cdot \frac{\Delta p}{p} \cdot \frac{p_{\max}}{2} = \eta.$$

These results can be summarized as follows:

In order to obtain a genuine coincidence effect $(q \gtrsim 1)$ in the shortest possible time of observation and with a minimum statistical error, one should aim at:

1. Short revolving time τ.
2. High efficiency ε_c of the coincidence circuit.
3. High efficiency ε of the detectors.
4. High transmission T in each channel.
5. Good resolution η in each channel.

1. and 2. are related. If τ is reduced gradually, ε_c ultimately falls to zero and in practice a compromise must be chosen. Generally one prefers a resolving time sufficiently long to provide 100% coincidence efficiency, since this choice gives stable operation and is simple to realize with conventional electronics.

The shortest resolving time is obtained if one uses organic scintillation detectors. This advantage is less pronounced at lower energies since the statistical nature of the process by which the photoelectrons are produced in the photomultiplier then necessitates the use of longer resolving times[1]. Furthermore the detector efficiency decreases markedly with decreasing electron energy, being almost zero at about 10 keV. On the other hand G.M. counters supplied with thin windows can then be used with almost 100% efficiency down to a few keV.

The remaining factors 4 and 5 in the summary above are also related (cf. Sect. 15). It should be observed that for a double coincidence spectrometer the genuine coincidence counting rate is proportional to the square of the transmission.

The formulae above were derived under somewhat simplified assumptions, neglecting angular correlation effects, cross over gamma-rays and complex decay, and for a special case involving only two excited energy levels. It is, of course, possible to derive similar expressions for the general case. In more complicated decays the importance of good resolution in the two channels is still more pronounced.

β) Different types of double coincidence-spectrometers. The first double coincidence-spectrometer was proposed in 1940 by FEATHER[2], and later FEATHER and his co-workers[3] described the design of an instrument of this kind. As shown in Fig. 61, it is built up of two semicircular spectrometers in coincidence. The electron-electron coincidence spectrum is recorded for a fixed position of one counter and for a constant magnetic field by scanning over a certain $B\varrho$-interval with the other counter. This is accomplished by moving the counter stepwise away from the source. Several modifications of this type of instrument have been published[4-7].

The main drawback of this method is the inherent low transmission of the semicircular instrument. Consider for example the case of a K-capture $(\chi^{\mathrm{I}} = \chi^{\mathrm{II}} = 0)$ followed by two gamma-rays in cascade. From (28.9) we obtain for the maximum source strength giving equal numbers of genuine and chance coincidences, the expression $N_0 = \dfrac{1}{2\tau}$. If G.M. counters $(\tau \sim 2 \times 10^{-7}$ sec.) are used, this corresponds

---

[1] R. F. POST and L. I. SCHIFF: Phys. Rev. **80**, 1113 (1950).

[2] N. FEATHER: Proc. Cambridge Phil. Soc. **36**, 224 (1940).

[3] N. FEATHER, J. KYLES and R. W. PRINGLE: Proc. Phys. Soc. Lond. **61**, 466 (1948). — J. KYLES, C. G. CAMPBELL and W. J. HENDERSON: Proc. Phys. Soc. Lond., Ser. A **66**, 519 (1953). — C. G. CAMPBELL and J. KYLES: Proc. Phys. Soc. Lond., Ser. B **66**, 911 (1953).

[4] L. V. GROSHEV and L. YA SHAVTVALOV: Dokl. Akad. Nauk SSSR. **68**, 257 (1949).

[5] C. FOWLER and R. SCHREFFER: Rev. Sci. Instrum. **21**, 740 (1950).

[6] R. KATZ, R. HILL and M. GOLDHABER: Phys. Rev. **78**, 9 (1950).

[7] S. KAGEYAMA: J. Phys. Soc. Japan **8**, 689 (1953).

to a strength of source 2.5×10^6 sec.$^{-1}$, or roughly $70\ \mu C$. The time of observation necessary to obtain the coincidence effect with a relative error e is then, according to (28.12),

$$t = \frac{2}{e^2\, N_0\, T^{\mathrm{I}}\, T^{\mathrm{II}}\, \varkappa^{\mathrm{I}}\, \varkappa^{\mathrm{II}}}\,.$$

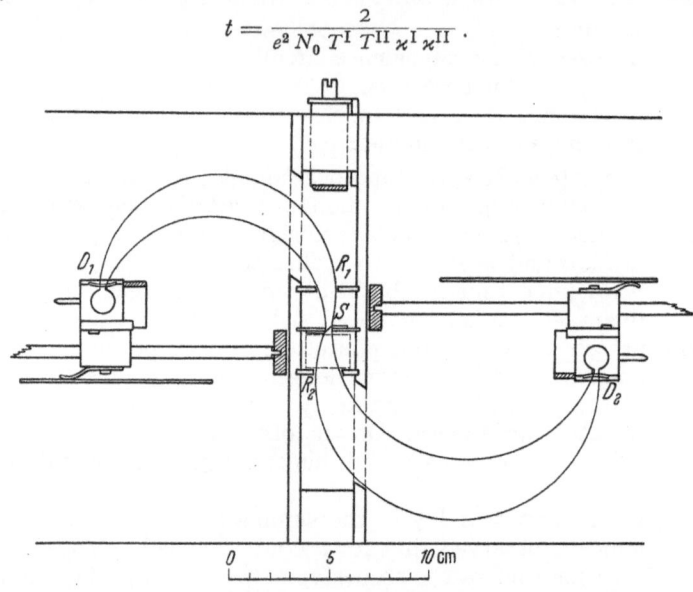

Fig. 61. Semi-circular electron-electron coincidence spectrometer due to FEATHER and his co-workers (see reference 3 on p. 673).

For $T^{\mathrm{I}} = T^{\mathrm{II}} = 10^{-3}$ (corresponding to $\eta \sim 1.5\%$) and $\varkappa^{\mathrm{I}} = \varkappa^{\mathrm{II}} = 0.03$, we have, for an error of 10%, $t_{10\%} = 80000$ sec. $= 22$ h. The genuine coincidence counting

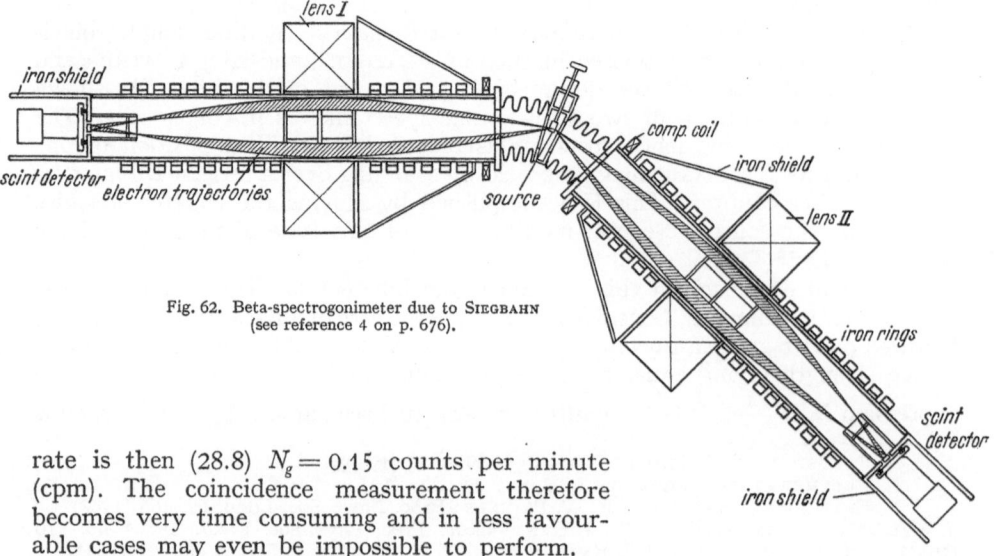

Fig. 62. Beta-spectrogonimeter due to SIEGBAHN (see reference 4 on p. 676).

rate is then (28.8) $N_g = 0.15$ counts per minute (cpm). The coincidence measurement therefore becomes very time consuming and in less favourable cases may even be impossible to perform.

Considerable improvement was obtained when the G.M. counters where replaced by scintillation detectors. This makes use of stronger sources possible due to the reduced value of τ.

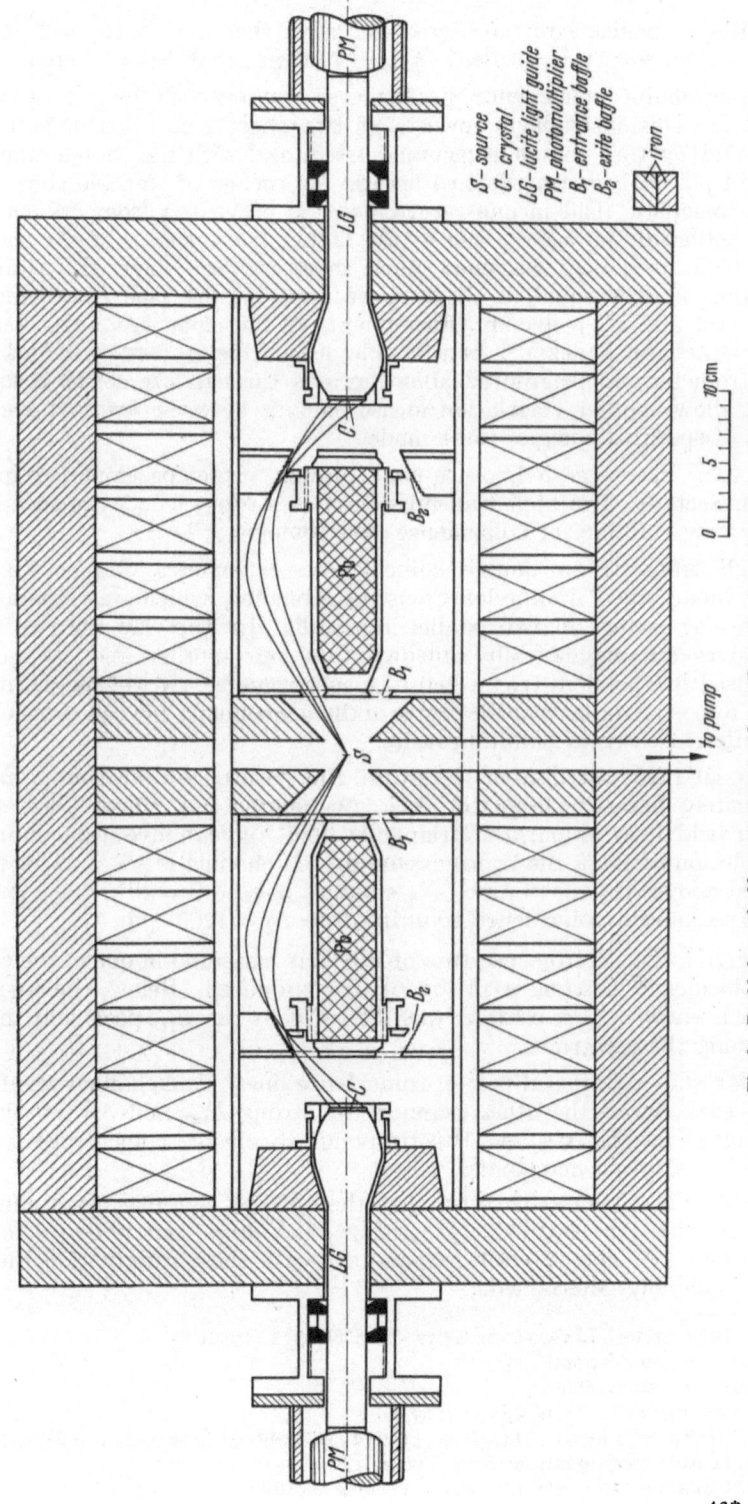

S – source
C – crystal
LG – lucite light guide
PM – photomultiplier
B_1 – entrance baffle
B_2 – exit baffle

– iron

10 cm
5
0

to pump

Fig. 63. Double lens coincidence spectrometer due to GERHOLM (see reference 6 on p. 676).

43*

For the particular case considered above we then obtain, if $\tau = 2 \times 10^{-8}$ sec., and $N_0 = 2.5 \times 10^7$ sec$^{-1} = 0.7$ mC: $t_{10\%} = 130$ min. and $N_g = 1.5$ cpm.

Another double coincidence-spectrometer has been developed by GRAHAM and BELL[1]. This instrument consists of two short lens spectrometers placed "end to end" with a common vacuum system and with the source mounted on a thin foil placed between the two lenses. By means of suitable compensation coils, the magnetic field in one spectrometer is prevented from influencing the focusing action of the other. Due to the higher transmission of the short lens, this type of instrument becomes much more efficient than the semicircular type. Thus, if T is equal to 5×10^{-3}, we have, in the case considered above $t_{10\%} = 5$ min. and $N_g = 40$ cpm. Instruments of this type have also been built by CAVANAGH[2] and PASSELL[3]. In a flexible design due to SIEGBAHN[4] (cf. Fig. 62) one spectrometer can be rotated about an axis through the common source, in order to allow angular correlation measurements between internal conversion electrons of specified energies to be made.

MALLMAN[5] has suggested to use two "orange" type spectrometers in coincidence (cf. Sect. 8). The high transmission of this type of beta-ray spectrometer makes it very suitable for coincidence spectrometry.

A high transmission double coincidence-spectrometer due to GERHOLM[6] (Fig. 63) was derived from a long lens spectrometer, which was separated into two halves by means of two parallel iron walls. In this way the two spectrometer halves are magnetically shielded from one another and each of them may be used independently as a beta-ray spectrometer. If the source, mounted on a thin foil, is introduced at the centre of the instrument, one can focus electrons of two different energies simultaneously.

The axial field distribution is zero at the position of the source and rises approximately linearly along the axis. As pointed out above (Sect. 11) this particular field distribution, the "triangular field", gives a favourable luminosity. At a resolution of 1.5% the transmission in each channel is 3% and for the case considered above ($\tau = 2 \times 10^{-8}$ sec., $N_0 \sim 0.7$ mC ($q = 1$, $\varkappa^{\mathrm{I}} = \varkappa^{\mathrm{II}} = 0.03$) we obtain $t_{10\%} = 10$ sec. and a coincidence counting rate $N_g = 1200$ cpm.

In Fig. 64a the electron spectrum of Pb^{200}, as measured in one of the channels of the coincidence instrument in Fig. 63, is reproduced. Below, the coincidence spectrum is shown. One channel was set to focus the L_{148}-peak and the other was scanning the spectrum.

Fig. 64b shows a typical pair of coincidence lines. One channel was focusing the K_{142} peak, while the other scanned the strong L_{143} and M_{143} peaks. The dotted curves in Fig. 64a and b corresponds to chance coincidences recorded with a time delay in one channel.

Together Fig. 64a and b show, that the 148 keV gamma-ray is emitted in coincidence with the 109, 142, 235, and 268 keV lines, but not in coincidence with the 159, 257, and 289 keV gamma-rays. By these information the decay scheme is uniquely determined.

---

[1] R. E. BELL and R. L. GRAHAM: Phys. Rev. **86**, 212 (1952).

[2] Private communication.

[3] Private communication.

[4] K. SIEGBAHN: Ark. Fysik **4**, 223 (1952).

[5] C. A. MALLMAN: Physica, Haag **18**, 1139 (1952). Publicationes de la Comisión Nacional de la Energía Atómica Argentina (Serie Fisica) **1**, 1 (1953).

[6] T. R. GERHOLM: Rev. Sci. Instrum. (in course of publ.).

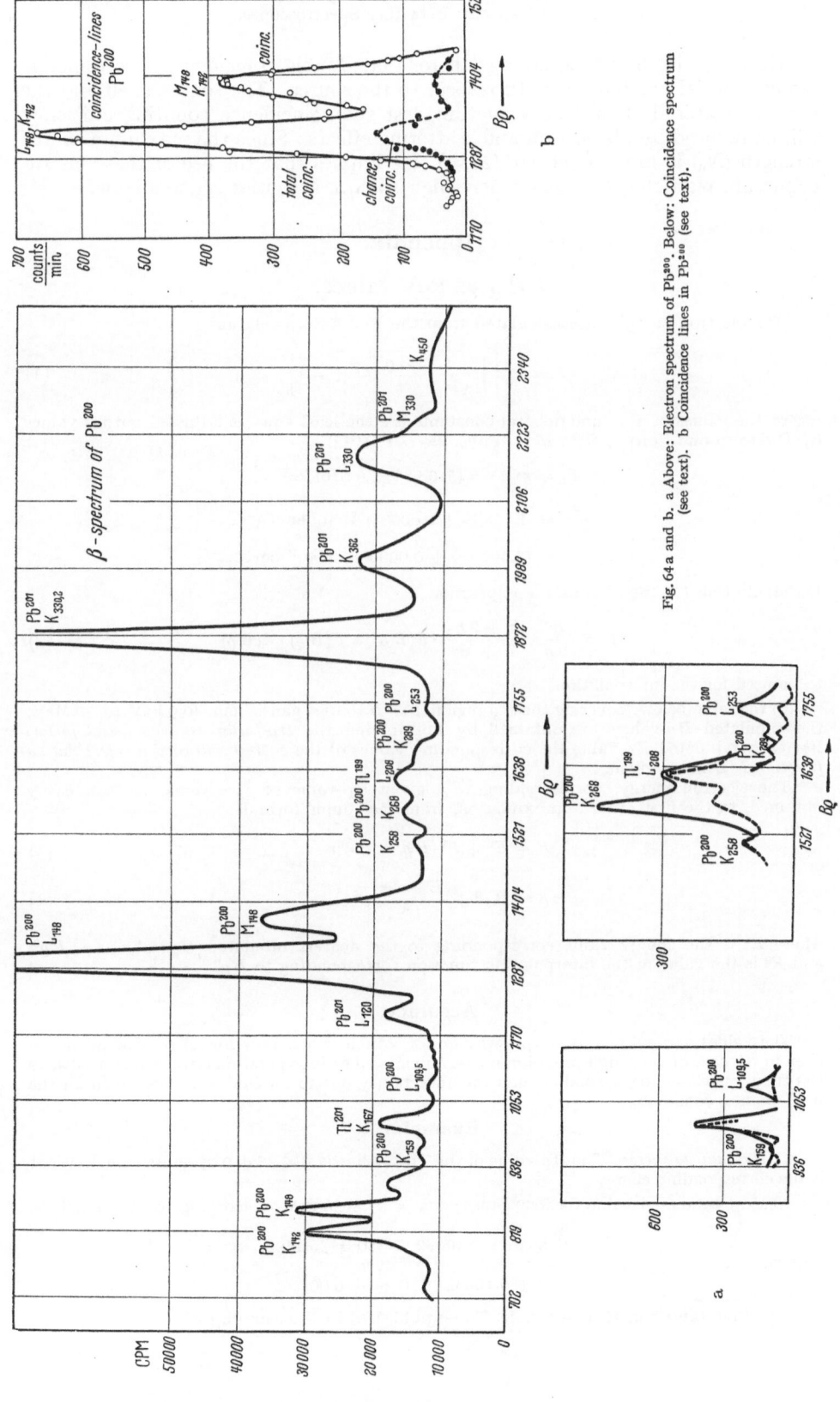

Fig. 64 a and b. a Above: Electron spectrum of Pb²⁰⁰. Below: Coincidence spectrum (see text). b Coincidence lines in Pb²⁰⁰ (see text).

However, its hould be stressed here, that double coincidence-spectrometers require special precautions with respect to the source. The source itself and the backing material should be very thin, lest the coincidence counting efficiency will be reduced by absorbtion and scattering effects. Since the maximum source strength (N_0) is limited [cf. eq. (28.9)] this implies that the use of these instruments are restricted to cases, where high *specific* activities are available.

Appendix.

$B\varrho$ vs keV tables.

The electron energies are calculated from the well known relation

$$E = E_0 \left\{ \sqrt{\left(\frac{e}{m_0} \cdot \frac{B\varrho}{c}\right)^2 + 1} - 1 \right\}, \tag{1}$$

where the values of the fundamental constants are the least squares adjusted output values by DuMond and Cohen, Rev. Mod. Phys. **25**, 691 (1953):

$$E_0 = m_0 c^2 = (510.984 \pm 0.016) \text{ keV}$$

$$\frac{e}{m_0} = (1.75888 \pm 0.00005) \times 10^7 \text{ emu g}^{-1}.$$

$$c = (2.997929 \pm 0.000008) \times 10^{10} \text{ cm sec.}^{-1}.$$

Differentiating (1) one obtains the expression

$$dE = \frac{E}{B\varrho} \cdot \frac{E + 2E_0}{E + E_0} \cdot d(B\varrho) = F(B\varrho) \cdot d(B\varrho) \tag{2}$$

to be used for the interpolation.

In the table below, covering the $B\varrho$-region 100 to 100000 gauss · cm. (0.9 keV to 30 MeV, the tabulated $B\varrho$-values are obtained by multiplying the $B\varrho$-factor by the *decad factor*. For each tabulated $B\varrho$-value the corresponding values of the *energy* and of the *interpolation function* $F(B\varrho)$ are given.

The electron energy, corresponding to a given $B\varrho$-value or vice versa, is then easily obtained, to the first order approximation, from the simple formula

$$E = E^0 + F^0(B\varrho - B\varrho^0) \tag{3}$$

or

$$B\varrho = B\varrho^0 + \frac{E - E^0}{F^0}, \tag{3}$$

where E^0 is the energy value corresponding to the nearest tabulated $B\varrho$-value, i.e. $B\varrho^0$, and F^0 is the value of the interpolation function corresponding to $B\varrho^0$.

Accuracy.

The values derived in this simple way are of sufficient accuracy for all present purposes, even in the case of very high precision measurements. The interpolation error, which is always less than 3 parts in 10^5, is smaller than the uncertainty due to the limits of error given for the fundamental constants.

Examples.

1. *$B\varrho$-value to energy.* The $B\varrho$-value of the ThC B-line is 652.38 ± 0.07 gauss · cm.[1]. What is the corresponding energy?

Nearest tabulated value 650.000 gauss · cm. $= 35.8956$ keV. According to (3) we get

$$35.8956 + 0.10682 \cdot 2.380 = 36.1498.$$

Experimental errors

$$\pm 0.10682 \cdot 0.07 \sim \pm 0.007.$$

K. Siegbahn and K. Edvarson: To be published in Nuclear Physics.

Thus we obtain from the table for the ThC B-line 36.150 ± 0.007 keV while the "correct" value i.e. the value calculated directly from the formula (1) is 36.1502 keV. The interpolation error is then 0.0004 keV (1 part in 10^5) and obviously much less than the experimental errors and the uncertainty due to the fundamental constants.

2. Energy to $B\varrho$-value. The $B\varrho$-value of the ThB F-line (K-conversion line) is measured as 1388.44 gauss $\cdot$ cm.[1]. What will the $B\varrho$-value of the ThB I-line (L_1 conversion line) be if we know from X-ray data[2] that the energy difference $(K-L_1)$ should be 74.1379 ± 0.004 keV? From the table we get

Energy of ThB F-line $= 148.079$ keV.

And thus

Energy of ThB I-line $= 148.079 + 74.138 = 222.217$ keV.

Nearest tabulated value: 1760.00 gauss $\cdot$ cm. $= 223.526$ keV, and then from (3') we get

$$1760.00 - \frac{223.526 - 222.217}{0.21536} = 1753.92.$$

Uncertainty in the $B\varrho$-value due to errors in the X-ray data

$$\pm \frac{0.004}{0.21536} \sim \pm 0.02.$$

Thus we obtain from the table for the ThB I-line, 1753.92 ± 0.02 gauss cm. The experimentally found value is 1753.91 ± 0.14 gauss $\cdot$ cm.[1].

The table has been computed in a BESK-machine by the Swedish Board for Computing Machinery. Our thanks are due to Dr. S. COMÉT for his kind co-operation.

$B\varrho$ factor gauss·cm.	Decade factor 10^2		Decade factor 10^3		Decade factor 10^4	
	Energy keV	Interpol. keV / gauss·cm.	Energy keV	Interpol. keV / gauss·cm.	Energy keV	Interpol. keV / gauss·cm.
1.00000	0.878686	0.017559	81.4523	0.15171	2530.19	0.29553
1.01000	0.896332	0.017734	82.9750	0.15283	2559.74	0.29561
1.02000	0.914153	0.017909	84.5089	0.15395	2589.31	0.29569
1.03000	0.932149	0.018084	86.0539	0.15505	2618.88	0.29577
1.04000	0.950320	0.018258	87.6099	0.15615	2648.46	0.29585
1.05000	0.968666	0.018433	89.1769	0.15724	2678.05	0.29592
1.06000	0.987187	0.018608	90.7547	0.15832	2707.65	0.29599
1.07000	1.00588	0.018783	92.3433	0.15940	2737.25	0.29606
1.08000	1.02475	0.018958	93.9426	0.16046	2766.86	0.29613
1.09000	1.04380	0.019133	95.5525	0.16152	2796.48	0.29619
1.10000	1.06302	0.019308	97.1729	0.16256	2826.10	0.29626
1.11000	1.08241	0.019482	98.8037	0.16360	2855.73	0.29632
1.12000	1.10198	0.019657	100.445	0.16463	2885.36	0.29638
1.13000	1.12173	0.019832	102.096	0.16566	2915.00	0.29644
1.14000	1.14165	0.020007	103.758	0.16667	2944.65	0.29650
1.15000	1.16174	0.020181	105.430	0.16768	2974.30	0.29655
1.16000	1.18201	0.020356	107.111	0.16867	3003.96	0.29661
1.17000	1.20245	0.020531	108.803	0.16966	3033.62	0.29666
1.18000	1.22307	0.020705	110.505	0.17064	3063.29	0.29671
1.19000	1.24386	0.020880	112.216	0.17162	3092.97	0.29676
1.20000	1.26483	0.021054	113.937	0.17258	3122.65	0.29681
1.21000	1.28597	0.021229	115.668	0.17354	3152.33	0.29686
1.22000	1.30729	0.021404	117.408	0.17449	3182.02	0.29691
1.23000	1.32878	0.021578	119.157	0.17543	3211.71	0.29696

[1] K. SIEGBAHN and K. EDVARSON: To be published in Nuclear Physics.
[2] Y. CAUCHEIS and H. HULUBEI: Tables de constantes et données numériques, Paris 1947.

$B\varrho$ factor gauss · cm.	Decade factor 10^2		Decade factor 10^3		Decade factor 10^4	
	Energy keV	Interpol. keV gauss · cm.	Energy keV	Interpol. keV gauss · cm.	Energy keV	Interpol. keV gauss · cm.
1.24000	1.35045	0.021753	120.916	0.17637	3241.41	0.29700
1.25000	1.37228	0.021927	122.685	0.17729	3271.11	0.29704
1.26000	1.39430	0.022102	124.462	0.17821	3300.82	0.29709
1.27000	1.41649	0.022276	126.249	0.17912	3330.53	0.29713
1.28000	1.43885	0.022450	128.045	0.18003	3360.24	0.29717
1.29000	1.46139	0.022625	129.849	0.18092	3389.96	0.29721
1.30000	1.48410	0.022799	131.663	0.18181	3419.69	0.29725
1.31000	1.50699	0.022974	133.486	0.18269	3449.41	0.29729
1.32000	1.53005	0.023148	135.317	0.18356	3479.14	0.29733
1.33000	1.55328	0.023322	137.157	0.18443	3508.88	0.29736
1.34000	1.57669	0.023497	139.005	0.18529	3538.62	0.29740
1.35000	1.60028	0.023671	140.863	0.18614	3568.36	0.29743
1.36000	1.62403	0.023845	142.728	0.18698	3598.10	0.29747
1.37000	1.64797	0.024019	144.602	0.18782	3627.85	0.29750
1.38000	1.67207	0.024193	146.484	0.18865	3657.60	0.29753
1.39000	1.69635	0.024368	148.375	0.18947	3687.36	0.29756
1.40000	1.72081	0.024542	150.274	0.19028	3717.12	0.29760
1.41000	1.74544	0.024716	152.181	0.19109	3746.88	0.29763
1.42000	1.77024	0.024890	154.096	0.19189	3776.64	0.29766
1.43000	1.79522	0.025064	156.019	0.19269	3806.41	0.29769
1.44000	1.82037	0.025238	157.949	0.19347	3836.18	0.29772
1.45000	1.84569	0.025412	159.888	0.19426	3865.95	0.29774
1.46000	1.87119	0.025586	161.834	0.19503	3895.73	0.29777
1.47000	1.89686	0.025760	163.789	0.19580	3925.51	0.29780
1.48000	1.92271	0.025934	165.750	0.19656	3955.29	0.29782
1.49000	1.94873	0.026108	167.720	0.19731	3985.07	0.29785
1.50000	1.97493	0.026282	169.696	0.19806	4014.86	0.29788
1.52000	2.02784	0.026629	173.672	0.19953	4074.44	0.29793
1.54000	2.08144	0.026977	177.678	0.20098	4134.03	0.29797
1.56000	2.13575	0.027324	181.712	0.20241	4193.63	0.29802
1.58000	2.19074	0.027672	185.774	0.20381	4253.23	0.29806
1.60000	2.24643	0.028019	189.864	0.20518	4312.85	0.29811
1.62000	2.30282	0.028366	193.981	0.20653	4372.48	0.29815
1.64000	2.35990	0.028713	198.125	0.20786	4432.11	0.29819
1.66000	2.41767	0.029060	202.295	0.20917	4491.75	0.29823
1.68000	2.47614	0.029407	206.491	0.21045	4551.40	0.29826
1.70000	2.53530	0.029753	210.713	0.21171	4611.06	0.29830
1.72000	2.59515	0.030100	214.960	0.21295	4670.72	0.29833
1.74000	2.65570	0.030446	219.231	0.21416	4730.39	0.29837
1.76000	2.71694	0.030793	223.526	0.21536	4790.07	0.29840
1.78000	2.77887	0.031139	227.845	0.21653	4849.75	0.29843
1.80000	2.84149	0.031485	232.187	0.21768	4909.44	0.29846
1.82000	2.90481	0.031831	236.552	0.21882	4969.13	0.29849
1.84000	2.96881	0.032177	240.940	0.21993	5028.83	0.29852
1.86000	3.03351	0.032522	245.349	0.22103	5088.54	0.29854
1.88000	3.09890	0.032868	249.781	0.22210	5148.25	0.29857
1.90000	3.16498	0.033213	254.233	0.22316	5207.97	0.29859
1.92000	3.23175	0.033558	258.707	0.22420	5267.69	0.29862
1.94000	3.29922	0.033903	263.201	0.22522	5327.41	0.29864
1.96000	3.36737	0.034248	267.715	0.22622	5387.14	0.29867
1.98000	3.43621	0.034593	272.250	0.22721	5446.88	0.29869
2.00000	3.50574	0.034938	276.804	0.22817	5506.62	0.29871
2.02000	3.57596	0.035283	281.377	0.22913	5566.36	0.29873

$B\varrho$ factor gauss · cm.	Decade factor 10^2		Decade factor 10^3		Decade factor 10^4	
	Energy keV	Interpol. keV gauss · cm.	Energy keV	Interpol. keV gauss · cm.	Energy keV	Interpol. keV gauss · cm.
2.04000	3.64687	0.035627	285.968	0.23006	5626.11	0.29875
2.06000	3.71847	0.035971	290.579	0.23098	5685.86	0.29877
2.08000	3.79076	0.036315	295.207	0.23188	5745.62	0.29879
2.10000	3.86373	0.036659	299.854	0.23277	5805.38	0.29881
2.12000	3.93739	0.037003	304.518	0.23364	5865.15	0.29883
2.14000	4.01174	0.037347	309.200	0.23450	5924.91	0.29885
2.16000	4.08678	0.037690	313.898	0.23535	5984.68	0.29886
2.18000	4.16250	0.038034	318.613	0.23617	6044.46	0.29888
2.20000	4.23892	0.038377	323.345	0.23699	6104.24	0.29890
2.22000	4.31601	0.038720	328.093	0.23779	6164.02	0.29891
2.24000	4.39380	0.039063	332.857	0.23858	6223.80	0.29893
2.26000	4.47227	0.039406	337.636	0.23935	6283.59	0.29894
2.28000	4.55142	0.039748	342.431	0.24011	6343.38	0.29896
2.30000	4.63126	0.040091	347.241	0.24086	6403.17	0.29897
2.32000	4.71178	0.040433	352.065	0.24160	6462.97	0.29899
2.34000	4.79299	0.040775	356.904	0.24232	6522.77	0.29900
2.36000	4.87488	0.041117	361.758	0.24304	6582.57	0.29901
2.38000	4.95746	0.041459	366.626	0.24374	6642.37	0.29903
2.40000	5.04072	0.041801	371.507	0.24442	6702.18	0.29904
2.42000	5.12466	0.042142	376.403	0.24510	6761.99	0.29905
2.44000	5.20929	0.042484	381.311	0.24577	6821.80	0.29906
2.46000	5.29460	0.042825	386.233	0.24642	6881.62	0.29908
2.48000	5.38059	0.043166	391.168	0.24707	6941.43	0.29909
2.50000	5.46726	0.043507	396.116	0.24770	7001.25	0.29910
2.52000	5.55462	0.043847	401.076	0.24833	7061.07	0.29911
2.54000	5.64265	0.044188	406.049	0.24894	7120.90	0.29912
2.56000	5.73137	0.044528	411.034	0.24954	7180.72	0.29913
2.58000	5.82076	0.044868	416.031	0.25014	7240.55	0.29914
2.60000	5.91084	0.045208	421.039	0.25072	7300.38	0.29915
2.62000	6.00159	0.045548	426.059	0.25130	7360.21	0.29916
2.64000	6.09303	0.045887	431.091	0.25186	7420.04	0.29917
2.66000	6.18514	0.046227	436.134	0.25242	7479.88	0.29918
2.68000	6.27794	0.046566	441.188	0.25297	7539.71	0.29919
2.70000	6.37141	0.046905	446.252	0.25351	7599.55	0.29920
2.72000	6.46556	0.047244	451.328	0.25404	7659.39	0.29921
2.74000	6.56038	0.047583	456.414	0.25456	7719.23	0.29922
2.76000	6.65589	0.047921	461.510	0.25507	7779.08	0.29922
2.78000	6.75207	0.048259	466.617	0.25558	7838.92	0.29923
2.80000	6.84892	0.048597	471.733	0.25608	7898.77	0.29924
2.82000	6.94646	0.048935	476.860	0.25657	7958.62	0.29925
2.84000	7.04466	0.049273	481.996	0.25705	8018.47	0.29926
2.86000	7.14355	0.049611	487.142	0.25753	8078.32	0.29926
2.88000	7.24311	0.049948	492.297	0.25800	8138.18	0.29927
2.90000	7.34334	0.050285	497.462	0.25846	8198.03	0.29928
2.92000	7.44425	0.050622	502.635	0.25891	8257.89	0.29928
2.94000	7.54583	0.050959	507.818	0.25936	8317.74	0.29929
2.96000	7.64808	0.051295	513.010	0.25980	8377.60	0.29930
2.98000	7.75101	0.051632	518.210	0.26023	8437.46	0.29930
3.00000	7.85461	0.051968	523.419	0.26066	8497.32	0.29931
3.05000	8.11654	0.052807	536.478	0.26170	8646.98	0.29933
3.10000	8.38268	0.053645	549.589	0.26270	8796.65	0.29934
3.15000	8.65300	0.054482	562.748	0.26367	8946.32	0.29936

$B\varrho$ factor gauss·cm.	Decade factor 10^2		Decade factor 10^3		Decade factor 10^4	
	Energy keV	Interpol. keV gauss·cm.	Energy keV	Interpol. keV gauss·cm.	Energy keV	Interpol. keV gauss·cm.
3.20000	8.92750	0.055318	575.955	0.26460	9096.01	0.29937
3.25000	9.20617	0.056152	589.207	0.26550	9245.69	0.29938
3.30000	9.48901	0.056985	602.504	0.26636	9395.39	0.29939
3.35000	9.77602	0.057816	615.843	0.26720	9545.09	0.29941
3.40000	10.0672	0.058647	629.223	0.26800	9694.79	0.29942
3.45000	10.3625	0.059475	642.643	0.26878	9844.51	0.29943
3.50000	10.6619	0.060303	656.101	0.26953	9994.22	0.29944
3.55000	10.9655	0.061129	669.596	0.27026	10143.9	0.29945
3.60000	11.2732	0.061953	683.126	0.27096	10293.7	0.29946
3.65000	11.5850	0.062776	696.691	0.27164	10443.4	0.29947
3.70000	11.9010	0.063597	710.289	0.27229	10593.1	0.29948
3.75000	12.2210	0.064417	723.920	0.27292	10742.9	0.29948
3.80000	12.5451	0.065236	737.582	0.27354	10892.6	0.29949
3.85000	12.8734	0.066053	751.273	0.27413	11042.4	0.29950
3.90000	13.2057	0.066868	764.994	0.27470	11192.1	0.29951
3.95000	13.5420	0.067682	778.743	0.27526	11341.9	0.29951
4.00000	13.8825	0.068494	792.520	0.27580	11491.6	0.29952
4.05000	14.2270	0.069305	806.323	0.27632	11641.4	0.29953
4.10000	14.5755	0.070114	820.152	0.27683	11791.2	0.29953
4.15000	14.9281	0.070922	834.005	0.27732	11940.9	0.29954
4.20000	15.2847	0.071728	847.883	0.27779	12090.7	0.29955
4.25000	15.6454	0.072532	861.784	0.27825	12240.5	0.29955
4.30000	16.0101	0.073334	875.708	0.27870	12390.3	0.29956
4.35000	16.3787	0.074135	889.654	0.27913	12540.0	0.29956
4.40000	16.7514	0.074934	903.621	0.27955	12689.8	0.29957
4.45000	17.1281	0.075732	917.609	0.27996	12839.6	0.29957
4.50000	17.5087	0.076528	931.616	0.28036	12989.4	0.29958
4.55000	17.8934	0.077322	945.644	0.28074	13139.2	0.29958
4.60000	18.2819	0.078114	959.690	0.28112	13289.0	0.29959
4.65000	18.6745	0.078904	973.755	0.28148	13438.8	0.29959
4.70000	19.0710	0.079693	987.838	0.28183	13588.6	0.29960
4.75000	19.4714	0.080480	1001.94	0.28218	13738.4	0.29960
4.80000	19.8758	0.081265	1016.06	0.28251	13888.2	0.29960
4.85000	20.2841	0.082049	1030.19	0.28284	14038.0	0.29961
4.90000	20.6963	0.082830	1044.34	0.28315	14187.8	0.29961
4.95000	21.1124	0.083610	1058.50	0.28346	14337.6	0.29962
5.00000	21.5324	0.084388	1072.69	0.28376	14487.4	0.29962
5.05000	21.9562	0.085164	1086.88	0.28405	14637.2	0.29962
5.10000	22.3840	0.085938	1101.09	0.28433	14787.0	0.29963
5.15000	22.8156	0.086711	1115.31	0.28461	14936.8	0.29963
5.20000	23.2511	0.087481	1129.55	0.28488	15086.6	0.29963
5.25000	23.6904	0.088250	1143.80	0.28514	15236.5	0.29964
5.30000	24.1336	0.089017	1158.07	0.28540	15386.3	0.29964
5.35000	24.5806	0.089781	1172.34	0.28565	15536.1	0.29964
5.40000	25.0314	0.090544	1186.63	0.28589	15685.9	0.29964
5.45000	25.4860	0.091305	1200.93	0.28613	15835.7	0.29965
5.50000	25.9445	0.092064	1215.24	0.28636	15985.6	0.29965
5.55000	26.4067	0.092821	1229.57	0.28658	16135.4	0.29965
5.60000	26.8727	0.093576	1243.90	0.28680	16285.2	0.29965
5.65000	27.3424	0.094329	1258.25	0.28702	16435.1	0.29966
5.70000	27.8160	0.095081	1272.60	0.28723	16584.9	0.29966
5.75000	28.2932	0.095830	1286.97	0.28743	16734.7	0.29966
5.80000	28.7743	0.096577	1301.35	0.28763	16884.5	0.29966
5.85000	29.2590	0.097322	1315.73	0.28783	17034.4	0.29967

$B\varrho$ factor gauss · cm.	Decade factor 10^2		Decade factor 10^3		Decade factor 10^4	
	Energy keV	Interpol. keV gauss · cm.	Energy keV	Interpol. keV gauss · cm.	Energy keV	Interpol. keV gauss · cm.
5.90000	29.7475	0.098065	1330.13	0.28802	17184.2	0.29967
5.95000	30.2397	0.098806	1344.53	0.28820	17334.0	0.29967
6.00000	30.7355	0.099545	1358.95	0.28838	17483.9	0.29967
6.05000	31.2351	0.10028	1373.37	0.28856	17633.7	0.29967
6.10000	31.7384	0.10102	1387.80	0.28873	17783.6	0.29968
6.15000	32.2453	0.10175	1402.24	0.28890	17933.4	0.29968
6.20000	32.7559	0.10248	1416.69	0.28907	18083.2	0.29968
6.25000	33.2701	0.10321	1431.15	0.28923	18233.1	0.29968
6.30000	33.7880	0.10394	1445.62	0.28939	18382.9	0.29968
6.35000	34.3095	0.10466	1460.09	0.28954	18532.8	0.29969
6.40000	34.8346	0.10538	1474.57	0.28970	18682.6	0.29969
6.45000	35.3633	0.10610	1489.06	0.28984	18832.4	0.29969
6.50000	35.8956	0.10682	1503.56	0.28999	18982.3	0.29969
6.55000	36.4315	0.10754	1518.06	0.29013	19132.1	0.29969
6.60000	36.9710	0.10825	1532.57	0.29027	19282.0	0.29969
6.65000	37.5141	0.10897	1547.09	0.29041	19431.8	0.29970
6.70000	38.0607	0.10968	1561.61	0.29054	19581.7	0.29970
6.75000	38.6108	0.11038	1576.14	0.29067	19731.5	0.29970
6.80000	39.1645	0.11109	1590.68	0.29080	19881.4	0.29970
6.85000	39.7217	0.11179	1605.22	0.29092	20031.2	0.29970
6.90000	40.2824	0.11249	1619.77	0.29105	20181.1	0.29970
6.95000	40.8466	0.11319	1634.32	0.29117	20330.9	0.29970
7.00000	41.4144	0.11389	1648.89	0.29128	20480.8	0.29970
7.10000	42.5602	0.11528	1678.02	0.29151	20780.5	0.29971
7.20000	43.7199	0.11666	1707.19	0.29173	21080.2	0.29971
7.30000	44.8934	0.11803	1736.37	0.29194	21379.9	0.29971
7.40000	46.0805	0.11939	1765.58	0.29214	21679.6	0.29971
7.50000	47.2811	0.12074	1794.80	0.29234	21979.3	0.29972
7.60000	48.4953	0.12209	1824.04	0.29253	22279.0	0.29972
7.70000	49.7229	0.12342	1853.30	0.29271	22578.8	0.29972
7.80000	50.9638	0.12475	1882.58	0.29288	22878.5	0.29972
7.90000	52.2179	0.12607	1911.88	0.29305	23178.2	0.29972
8.00000	53.4851	0.12738	1941.19	0.29321	23477.9	0.29973
8.10000	54.7654	0.12868	1970.52	0.29337	23777.7	0.29973
8.20000	56.0586	0.12997	1999.87	0.29352	24077.4	0.29973
8.30000	57.3648	0.13125	2029.23	0.29367	24377.1	0.29973
8.40000	58.6837	0.13253	2058.60	0.29381	24676.9	0.29973
8.50000	60.0153	0.13379	2087.99	0.29394	24976.6	0.29973
8.60000	61.3595	0.13505	2117.39	0.29407	25276.3	0.29973
8.70000	62.7162	0.13629	2146.80	0.29420	25576.1	0.29974
8.80000	64.0853	0.13753	2176.23	0.29432	25875.8	0.29974
8.90000	65.4668	0.13876	2205.67	0.29444	26175.5	0.29974
9.00000	66.8605	0.13998	2235.12	0.29456	26475.3	0.29974
9.10000	68.2664	0.14120	2264.58	0.29467	26775.0	0.29974
9.20000	69.6844	0.14240	2294.05	0.29478	27074.7	0.29974
9.30000	71.1144	0.14359	2323.53	0.29488	27374.5	0.29974
9.40000	72.5562	0.14478	2353.03	0.29498	27674.2	0.29974
9.50000	74.0099	0.14595	2382.53	0.29508	27974.0	0.29975
9.60000	75.4753	0.14712	2412.04	0.29518	28273.7	0.29975
9.70000	76.9523	0.14828	2441.57	0.29527	28573.5	0.29975
9.80000	78.4409	0.14943	2471.10	0.29536	28873.2	0.29975
9.90000	79.9409	0.15057	2500.64	0.29545	29173.0	0.29975
10.0000	81.4523	0.15171	2530.19	0.29553	29472.7	0.29975

Bibliography.

a) Magnetic beta-ray spectrometers.

Pᴇʀsɪᴄᴏ, E., and C. Gᴇᴏꜰꜰʀɪᴏɴ: Rev. Sci. Instrum. **21**, 945 (1950).
Cᴀᴠᴀɴᴀɢʜ, P. E.: Progress in Nuclear Physics (O. Fʀɪsᴄʜ), Vol. 1, p. 140. London: Butter-worth-Springer 1950.
Gʀɪᴠᴇᴛ, P.: J. Phys. Radium **11**, 582 (1950); **12**, 1 (1951).
Vᴇʀsᴛᴇʀ, N. F.: Progress in Nuclear Physics (O. Fʀɪsᴄʜ), Vol. 2, p. 1. London: Butterworth-Springer 1952.
Hᴀʏᴡᴀʀᴅ, R. W.: Advances in Electronics (L. Mᴀʀᴛᴏɴ), Vol. 5, p. 97. New York: Academic Press 1953.
Sɪᴇɢʙᴀʜɴ, K.: Beta- and Gamma-Ray Spectroscopy (K. Sɪᴇɢʙᴀʜɴ), Chap. III. North Holland Publishing Company 1955.

b) High precision beta- and gamma-ray spectroscopy.

Sɪᴇɢʙᴀʜɴ, K.: Physica, Haag **18**, 1043 (1952).
Du Mᴏɴᴅ, J. W. M.: Physics today, p. 13, Nov. 1952.
— Beta- and Gamma-Ray Spectroscopy (K. Sɪᴇɢʙᴀʜɴ), Chap. IV. North Holland Publishing Company 1955.

c) Experimental techniques.

Cᴏᴏᴋ, C. S.: Nucleonics **11**, No 12, p. 28 (1952); **12**, No 2, p. 43 (1953).
Sʟᴀ̈ᴛɪs, H.: Beta- and Gamma-Ray Spectroscopy (K. Sɪᴇɢʙᴀʜɴ), Chap. VIII (II). North Holland Publishing Company 1955.

d) Gamma-ray spectroscopy.

Lᴀᴛʏsʜᴇᴠ, G. D.: Rev. Mod. Phys. **19**, 132 (1947).
Dᴀᴠɪssᴏɴ, C. M., and R. D. Eᴠᴀɴs: Rev. Mod. Phys. **24**, 79 (1952).
— Beta- and Gamma-Ray Spectroscopy (K. Sɪᴇɢʙᴀʜɴ), Chap. II. North Holland Publishing Company 1955.
Cᴜʀʀᴀɴ, S. C.: Phil. Mag. Suppl. **2**, 411 (1953).
Mɪᴛᴄʜᴇʟʟ, A.: Beta- and Gamma-Ray Spectroscopy (K. Sɪᴇɢʙᴀʜɴ), Chap. VIII (I). North Holland Publishing Company 1955.
Wɪʟsᴏɴ, R.: Beta- and Gamma-Ray Spectroscopy (K. Sɪᴇɢʙᴀʜɴ), Chap. XX (II). North Holland Publishing Company 1955.
Aʟʙᴜʀɢᴇʀ, D.: Beta- and Gamma-Ray Spectroscopy (K. Sɪᴇɢʙᴀʜɴ), Chap. XXIV. North Holland Publishing Company 1955.

Sachverzeichnis.

(Deutsch-Englisch.)

Bei gleicher Schreibweise in beiden Sprachen sind die Stichwörter nur einmal aufgeführt.

Abbau von Kohleschichten, *disintegration of coal-layers* 515.

ABBE-HELMHOLTZsche Sinusbedingung, ABBE-HELMHOLTZ *sine condition* 364.

Abbildung, Hauptsatz über die elektronenoptische, *principal theorem for the electron-optical imaging* 177.

— durch eine lange Magnetspule, *by a long magnetic coil* 179.

— einer Kreislochblende, *of a circular aperture* 335.

— eines Objekts mit periodischer Struktur, *of an object with periodic structure (grating)* 342.

— eines Rechteckes, *of a rectangle* 332.

— eines unscharf begrenzten Dingfleckes, *of a diffuse object* 337.

—, elektronenoptische, vom wellenmechanischen Standpunkt, *electron optical image formation, wave mechanical* 324, 329.

—, stigmatische, *stigmatic focussing* 577, 592.

—, wellenmechanische, eines Achsenpunktes, *wave mechanical image of an axial point* 365.

—, wellenmechanische, allgemeines Problem, *wave mechanical image formation, general problem* 351.

Abbildungsgleichung, *imaging equation* 178.

Abdruckverfahren, *impression method* 450.

Aberration, geometrische, *geometrical aberrations* 218.

—, sphärische, *spherical* 611, 620, 630, 635.

Aberrationskurven, *curves of aberrations* 226.

Ablenkastigmatismus, *deflection astigmatism* 291.

Ablenkfehler, *deflection aberration* 289.

— in gekreuzten Systemen, *aberrations in crossed systems* 292.

Ablenkfeld, *deflector field* 286.

Ablenkfelder, elektrisch und magnetisch überlagerte, *crossed electric and magnetic fields* 592.

Ablenkkoma, *deflection coma* 291.

Ablenk-Kondensator, elektrischer, *electrical condensor for deflection* 577.

Ablenkung von Elektronenstrahlbündeln, *deflection of electron beams* 284.

Ablenkungs-Methode, direkte, *direct deflection method* 610.

Ablenkverzeichnung, *deflection distortion* 291.

Ähnlichkeitssätze, *similarity theorems* 130.

Aktivitäten, spezifische, *specific activities* 678.

Altersbestimmungen von Gesteinen, *geologic age determinations* 585.

— —, radioaktive, *radioactive age measurements of minerals* 569.

Amplituden- oder Absorptionsobjekt, *amplitude object* 348.

Analysatorlinse, *analyzer lens* 536.

Angularvergrößerung, *angular magnification* 184.

Apertur, optimale, *aperture, optimum* 488.

Aperturblenden, *aperture-diaphragms* 411, 414.

Appearance-Potentiale, *appearance potentials* 572.

Assignment 655.

astigmatischer Fehler, *astigmatic error* 624.

Astigmatismus, *astigmatism* 400, 409, 470.

—, anisotroper, *anisotropic* 240.

—, axialer, *axial* 259.

—, isotroper, *isotropic* 240.

— eines allgemeinen Strahlenbündels, *of a general ray-bundle* 234.

ASTONsche Grunddubletts, ASTON'S *fundamental doublets* 598.

Asymptotenabbildung, *asymptotic image formation* 191, 209.

Asymptotenbrennweite, *asymptotic focal length* 209.

Atomgewichteinheit, physikalische, *physical atomic weight unit* 550.

Atom-Ionenanteil, *fraction of atomic ions* 62.

Atom-Ionenbildung, *production of atomic ions* 62.

Atomvolumen, *atom-volume* 523.

Auffängerstrom, *collector current* 35.

Auffängersystem, *collector system* 558.

Aufheiz-Pastenkathoden, *self-heating oxide cathodes* 9.

Aufhellungsdicke, *clearing thickness* 502.

Auflicht-Elektronenmikroskop, *direct light electron microscope* 460.

Auflösung, *resolution* 400, 424, 467, 480, 482, 485, 522, 544.

Subject Index.

(English-German.)

Where English and German spelling of a word is identical the German version is omitted.

ABBE-HELMHOLTZ sine condition, ABBE-HELMHOLTZsche Sinusbedingung 364.
Aberration, chromatic cf. chromatic aberration.
—, longitudinal spherical, Längsabweichung, zentrische 228.
—, spherical, Öffnungsfehler 227, 399, 410, 414, 467, 477, 484.
— —, sphärische Abberation 611, 620, 630, 635.
Aberrations in crossed systems, Ablenkfehler in gekreuzten Systemen 292.
—, curves of, Aberrationskurven 226.
—, geometrical, geometrische 218.
— of the second order, Bildfehler zweiter Ordnung 315.
Abundances of ions, relative, relative Häufigkeiten 550, 551.
Activities, specific, spezifische Aktivitäten 678.
Age determinations, geologic, Altersbestimmungen von Gesteinen 585.
— measurements of minerals, radioactive, radioaktive 569.
Amplifiers, Meßverstärker 560.
Amplitude object, Amplituden- oder Absorptionsobjekt 348.
Analyzer lens, Analysatorlinse 536.
Angular distribution, Winkelverteilung 22.
— — of the electrons, der Elektronen 494.
— magnification, Angularvergrößerung 184.
Aperture, influence on the bundle, Einfluß einer bündelbegrenzenden Blende 340.
— optimum, optimale Apertur 488.
Aperture-diaphragms, Aperturblenden 411, 414.
Apparent structures, Scheinstrukturen 529.
Appearance-potential, Erscheinungsspannung 38.
— potentials, Appearance-Potentiale 572.
Assignment 655.
Astigmatic error, astigmatischer Fehler 624.
Astigmatism, Astigmatismus 400, 409, 470.
—, anisotropic, anisotroper 240.
—, axial, axialer 259.
—, isotropic, isotroper 240.
— of a general raybundle, eines allgemeinen Strahlenbündels 234.
ASTON's fundamental doublets, ASTONsche Grunddubletts 598.
Asymptotic focal length, Asymptotenbrennweite 209.
— image formation, Asymptotenabbildung 191, 209.

Atom-volume, Atomvolumen 523.
Atomic ions, fraction of, Atom-Ionenanteil 62.
— —, production of, Atom-Ionenbildung 62.
— weight unit, physical, Atomgewichteinheit, physikalische 550.
Axial magnification, Axialvergrößerung 185.
Axis of symmetry of the system, Symmetrieachse der Anordnung 16.
Azimuthal rotation, Azimutalrotation 637.

Ballast tank, Ballasttank 653.
Barrel distortion, Tonnenverzeichnung 243.
Base spread 613.
Basic lines, Basiskurven 278.
Beam producing systems, limits of efficiency, Leistungsgrenzen der Bündelerzeugungssysteme 19.
— production, Strahlbildung 47.
— — and space charge, und Raumladung 24.
Beams of carriers, potential in free, Potentialverlauf in freien Trägerbündeln 28.
BEIDUK-KONOPINSKI field, BEIDUK-KONOPINSKI Feld 621.
Beta- and gamma-ray spectroscopy, high precision, Präzisions-, Beta- und Gamma-Strahl-Spektroskopie 647.
Beta-ray spectrometers or spectrographs, Beta-Strahlen-Spektrometer oder Spektrographen 609.
— spectrum, continous, Beta-Strahlen-Spektrum, kontinuierliches 610.
Beta-particles, acceleration of, Beschleunigung von Beta-Teilchen 654.
Blackening, Schwärzung 429, 430, 431.
BLEAKNEY and HIPPLE, exact focussing of, exakte Doppelfokussierung nach BLEAKNEY und HIPPLE 594.
$B\varrho$-factor, $B\varrho$-Faktor 678.
$B\varrho$-value in gauss·cm., $B\varrho$-Wert in Gauss-cm 612.
$B\varrho$ vs keV tables, $B\varrho$ gegen keV Tafeln 678.

Calibration, absolute, Kalibrierung, absolute 648.
Canal-ray-discharge ion-sources, Kanalstrahl-Ionenquellen 64.
— tubes, Kanalstrahlröhren 595.
Cathode, powder, Sinterkathode 9.
— rays, Kathodenstrahlen 1.
— sputtering, Kathodenzerstäubung 41.
Cathodes, life-time of, Lebensdauer der Kathoden 5, 6.